中国科学技术大学精品教材

线性代数

XIANXING DAISHU

第 2 版

李炯生　查建国　王新茂　编著

中国科学技术大学出版社

内 容 提 要

本书是作者在中国科学技术大学数学系多年教学的基础上编写成的.它由多项式、行列式、矩阵、线性空间、线性变换、Jordan标准形、Euclid空间、酉空间和双线性函数等九章组成.在内容的叙述上,力图做到矩阵方法与几何方法相并重.每章都配有丰富的典型例题和充足的习题.

本书适合作为综合性大学理科数学专业的教材,也可以作为各类大专院校师生的教学参考书,以及关心线性代数与矩阵论的科技工作者的自学读物或参考书.

图书在版编目(CIP)数据

线性代数/李炯生,查建国,王新茂编著. —2版. —合肥:中国科学技术大学出版社,2010.1(2021.9重印)

(中国科学技术大学精品教材)

"十一五"国家重点图书

中国科学院指定考研参考书

ISBN 978-7-312-02298-2

Ⅰ.线… Ⅱ.①李… ②查… ③王… Ⅲ.线性代数—高等学校—教材 Ⅳ.O151.2

中国版本图书馆CIP数据核字(2009)第100473号

中国科学技术大学出版社出版发行

安徽省合肥市金寨路96号,230026

http://press.ustc.edu.cn

https://zgkxjsdxcbs.tmall.com

安徽省瑞隆印务有限公司印刷

全国新华书店经销

开本:710×960 1/16 印张:28.75 插页:2 字数:560千

1989年4月第1版 2010年1月第2版 2021年9月第8次印刷

定价:69.00元

总　　序

2008年是中国科学技术大学建校五十周年．为了反映五十年来办学理念和特色，集中展示教材建设的成果，学校决定组织编写出版代表中国科学技术大学教学水平的精品教材系列．在各方的共同努力下，共组织选题281种，经过多轮、严格的评审，最后确定50种入选精品教材系列．

1958年学校成立之时，教员大部分都来自中国科学院的各个研究所．作为各个研究所的科研人员，他们到学校后保持了教学的同时又作研究的传统．同时，根据“全院办校，所系结合”的原则，科学院各个研究所在科研第一线工作的杰出科学家也参与学校的教学，为本科生授课，将最新的科研成果融入到教学中．五十年来，外界环境和内在条件都发生了很大变化，但学校以教学为主、教学与科研相结合的方针没有变．正因为坚持了科学与技术相结合、理论与实践相结合、教学与科研相结合的方针，并形成了优良的传统，才培养出了一批又一批高质量的人才．

学校非常重视基础课和专业基础课教学的传统，也是她特别成功的原因之一．当今社会，科技发展突飞猛进、科技成果日新月异，没有扎实的基础知识，很难在科学技术研究中作出重大贡献．建校之初，华罗庚、吴有训、严济慈等老一辈科学家、教育家就身体力行，亲自为本科生讲授基础课．他们以渊博的学识、精湛的讲课艺术、高尚的师德，带出一批又一批杰出的年轻教员，培养了一届又一届优秀学生．这次入选校庆精品教材的绝大部分是本科生基础课或专业基础课的教材，其作者大多直接或间接受到过这些老一辈科学家、教育家的教诲和影响，因此在教材中也贯穿着这些先辈的教育教学理念与科学探索精神．

改革开放之初，学校最先选派青年骨干教师赴西方国家交流、学习，他们在带回先进科学技术的同时，也把西方先进的教育理念、教学方法、教学内容等带回到中国科学技术大学，并以极大的热情进行教学实践，使“科学与技术相结合、理论与实践相结合、教学与科研相结合”的方针得到进一步深化，取得了非常好的效果，培养的学生得到全社会的认可.这些教学改革影响深远，直到今天仍然受到学生的欢迎，并辐射到其他高校.在入选的精品教材中，这种理念与尝试也都有充分的体现.

中国科学技术大学自建校以来就形成的又一传统是根据学生的特点，用创新的精神编写教材.五十年来，进入我校学习的都是基础扎实、学业优秀、求知欲强、勇于探索和追求的学生，针对他们的具体情况编写教材，才能更加有利于培养他们的创新精神.教师们坚持教学与科研的结合，根据自己的科研体会，借鉴目前国外相关专业有关课程的经验，注意理论与实际应用的结合，基础知识与最新发展的结合，课堂教学与课外实践的结合，精心组织材料、认真编写教材，使学生在掌握扎实的理论基础的同时，了解最新的研究方法，掌握实际应用的技术.

这次入选的50种精品教材，既是教学一线教师长期教学积累的成果，也是学校五十年教学传统的体现，反映了中国科学技术大学的教学理念、教学特色和教学改革成果.该系列精品教材的出版，既是向学校50周年校庆的献礼，也是对那些在学校发展历史中留下宝贵财富的老一代科学家、教育家的最好纪念.

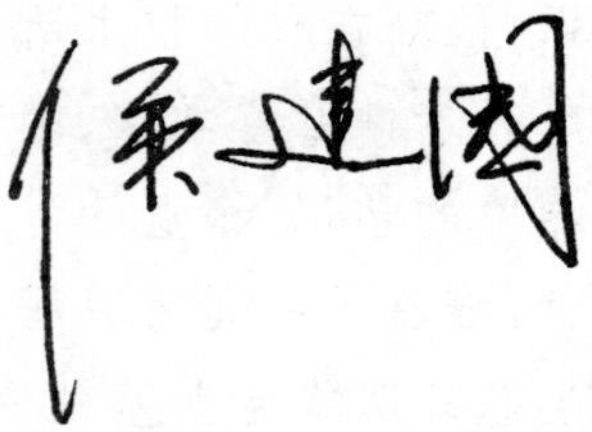

2008年8月

第 2 版序言

自 1989 年 4 月第 1 版面世以来，本书已经伴随着一届又一届的学子度过了二十年的春秋，并受到了读者的广泛好评. 为了满足读者的需求，本书经历了多次的增印. 2002 年，本书被列入了《中国科学院指定考研参考书》；2008 年，本书又被列入《中国科学技术大学精品教材》丛书，作为向中国科学技术大学建校五十周年的献礼教材.

然而，在本书二十年的教学实践和使用过程中，广大读者和作者都发现了书中存在着一些缺点和错误. 其中既有正文表述中的语病或错误的习题，也有多次重印所带来的印刷排版错误. 为此，我们特地邀请了中国科学技术大学数学系 1990 级学生王新茂同我们一起对原书进行了仔细的全面的修订.

在保留原书的章节结构和主体内容的基础之上，新版修改或删除了一些错误的表述和错误的习题，简化了一些定理的冗长证明，突出了矩阵方法和几何方法并重的思想. 但百密难免一疏，新版中还会留有许多缺点和错误. 衷心希望广大读者和同行批评指正或提出建议. 我们的联络方式：安徽省合肥市金寨路 96 号，中国科学技术大学数学系，王新茂收，邮政编码 230026.

编著者

2009 年 1 月

第 1 版序言

本书初稿完成于 1983 年.当时中国科学技术大学数学系领导冯克勤教授委托编著者编写一本供数学系用的线性代数讲义.接受这项任务后,我们专程到北京,拜访了中国科学院系统科学研究所万哲先研究员、中国科学院数学研究所许以超研究员、北京大学数学系聂灵沼教授和中国科学院研究生院曾肯成教授,请教他们对数学系线性代数教学的设想.他们都热情地给予指导,从而为编写讲义提供了坚实的基础.1984 年春天,讲义便开始在数学系 1983 级使用,并作为数学系线性代数教材一直使用到现在.1985 年,讲义曾获得中国科学技术大学首次颁发的优秀教材一等奖.此后,在使用过程中对讲义又作了进一步的修改.出版前编著者又作了全面的加工和充实.

线性代数研究的是线性空间以及线性空间的线性变换.在线性空间取定一组基下,线性变换便和矩阵建立了一一对应关系.这样,线性变换就和矩阵紧密联系起来.于是,研究线性空间以及线性空间关于线性变换的分解即构成了线性代数的几何理论,而研究矩阵在各种关系下的分类问题则是线性代数的代数理论.本书编写的一个着眼点是,着力于建立线性代数的这两大理论之间的联系,并从这种联系去阐述线性代数的理论.当然,线性代数内容非常丰富,本书尽可能地按照 1980 年教育部颁发的综合性大学理科数学专业高等代数教学大纲进行选择,并在体系安排与叙述方式上尽量吸收中国科学技术大学数学系长期从事线性代数教学的老师与同事们,特别是曾肯成教授、许以超研究员的教学经验.在处理行列式理论时,采用了曾肯成教授 1965 年首先在中国科学技术大学数学系使用的将 n 阶行列式视为数域 $\boldsymbol{F}$ 上 n 维向量空间的规范反对称 n 重线性函数的讲法;在处理线性方程组理论时,利用了矩阵在相抵下的标准形理论;在处理 Jordan 标准形时,先考虑了线性空间关于线性变换的分解,然后再用纯矩阵方法处理了 Jordan 标准形.同时也着重于阐述已故著名数学家华罗庚教授的独具特色的矩阵方法.

为了便于读者掌握解题技巧,提高分析问题、解决问题的能力,本书几乎每一章都专门用一节讲述各种典型例题.这部分内容是为习题课安排的.每一节后面都附有大量习题,教师与读者可以根据具体情况选择使用.这些习题除了在众多的线性代数、矩阵论教材以及习题集中选取之外,有一些是取自我国历届研究生试题,还有一些是自己编撰的.在教学过程中,有些同学对线性代数的某些课题产生了兴趣,进行了一些研究.有些结果即成为本书的习题.这里应该提到的有中国科学技术大学数学系 1981 级同学陈贵忠、黄渝、窦昌柱,1982 级同学陈秀雄等.

冯克勤教授对本书的编写自始至终都给予了热情的关心与帮助.在编写过程中,得到了万哲先、许以超、聂灵沼、曾肯成诸教授的热心指导,编著者谨致衷心感谢.中国科学技术大学数学系陆洪文教授、杜锡录和李尚志副教授曾经使用本书的前身——《线性代数讲义》作为教材,他们对讲义的修改提出了许多有益的意见.中国科学技术大学数学系讲师屈善坤、徐俊明协助编著者仔细地审核了原稿,安徽大学数学系夏恩虎同志、中国科学技术大学 1986 级硕士研究生黄道德审核了习题,在此一并致谢.

由于编著者水平所限,错误与缺点在所难免.热忱欢迎同行们和广大读者批评指正.

李炯生　查建国

1988 年 1 月

目　　次

第1章　多　项　式

本章将介绍数域上的多项式理论，读者如果有机会学习抽象代数中的环论的话，将会对本章的内容有更深刻的理解. 1.1 节从代数的观点定义了数环与数域，即具有加法与乘法两种运算且满足一定的运算规则的数的集合. 1.2 节给出了一元多项式环的定义，以及多项式的加法与乘法的基本性质. 读者将会看到，多项式有许多性质与整数相类似. 1.3 节讨论了多项式的整除性以及一组多项式的最大公因式，这里的关键是两个多项式的辗转相除法. 1.4 节给出了本章的第一个主要定理——唯一析因定理，即每一个多项式都可以唯一地写成不可约多项式的乘积. 读者把它同整数中的算术基本定理进行比较，就可知道这一定理的重要意义. 根据唯一析因定理，不可约多项式的地位相当于整数中素数的地位. 因此，自然需要一些方法来判定多项式的不可约性. 1.5 节说明了复系数不可约多项式只能是一次多项式，而实系数不可约多项式只能是一次或二次多项式. 1.6 节给出了最有应用价值的判断整系数多项式不可约性的 Eisenstein 准则. 1.7 节把一元多项式推广为多元多项式. 1.8 节讲述了本章的第二个主要定理——对称多项式基本定理，即每一个对称多项式都是基本对称多项式的多项式.

1.1　整数环与数域

迄今为止，我们已经接触到的数系有自然数系、整数系、有理数系、实数系与复数系. 在这些数系中，都可以进行加法运算与乘法运算. 譬如，自然数系中的加法运算是指一个对应关系，即对于任意一对自然数 m 与 n，按照加法，可以确定唯一一个自然数与它们对应，这个自然数就是 m 与 n 的和 $m+n$；而自然数系中的乘法运算也是一个对应关系，即对于任意一对自然数 m 与 n，按照乘法，可以确定唯一一个自然数与它们对应，这个自然数就是 m 与 n 的积 mn. 抽象地说，所谓集合 S 中的代数运算是指一个对应关系，即对于集合 S 中任意一对元素 a 与 b，按照这一对应关系，可以确定集合 S 中的唯一一个元素 c 与它们对应. 例如，复数的加、减、乘、除四则运算都是复数系中的代数运算. 一个集合引进了代数运算，这些代数运算往往具有某些性质. 例如，整数系的加法运算与乘法运算具有以下的性质：

(A1) 加法结合律：

$$(a+b)+c=a+(b+c);$$

(A2) 加法交换律：

$$a+b=b+a;$$

(A3) 有整数 0，它具有性质：

$$a+0=0+a=a;$$

(A4) 对每个整数 a，总有相反数 $-a$，使得

$$a+(-a)=(-a)+a=0;$$

(M1) 乘法结合律：

$$(ab)c=a(bc);$$

(M2) 乘法交换律：

$$ab=ba;$$

(M3) 有整数 1，它具有性质：

$$a1=1a=a;$$

(D) 加乘分配律：

$$a(b+c)=ab+ac.$$

其中 a，b 和 c 是任意整数.

集合 S 的每一种代数运算所适合的一些最基本的性质，以及不同代数运算之间最基本的联系便构成了界定这些代数运算的公理，例如，上面提到的整数的加法与乘法就适合结合律、交换律以及加乘分配律等. 把整数系连同加法与乘法运算的特性抽象化，便引出以下的定义.

定义 1 在非空集合 R 中规定两种代数运算. 一种称为加法运算，即对于集合 R 中任意一对元素 a 与 b，按照加法运算，集合 R 中有唯一一个元素 $a+b$ 与它们对应，元素 $a+b$ 称为 a 与 b 的和. 另一种称为乘法运算，即对于集合 R 中任意一对元素 a 与 b，按照乘法运算，集合 R 中有唯一一个元素 ab 与它们对应，元素 ab 称为 a 与 b 的积. 并且，加法运算与乘法运算适合下列公理：对于集合 R 中任意元素 a，b 与 c，有

(A1) 加法结合律:

$$(a+b)+c=a+(b+c);$$

(A2) 加法交换律:

$$a+b=b+a;$$

(A3) R 中存在一个元素,它称为 R 的零元素,记作 0,使得

$$a+0=0+a=a;$$

(A4) 对于 R 中每个元素 a,存在元素 b,使得

$$a+b=b+a=0,$$

元素 b 称为元素 a 的负元素,记为 $-a$;

(M1) 乘法结合律:

$$a(bc)=(ab)c;$$

(M2) 乘法交换律:

$$ab=ba;$$

(M3) R 中存在一个元素,它称为单位元素,记为 1,使得

$$a1=1a=a;$$

(D) 加乘分配律:

$$a(b+c)=ab+ac.$$

则集合 R 称为交换环.

容易验证,整数系是一个交换环,称为整数环,记为 $\mathbf{Z}$. 另外,有理数系、实数系与复数系也都是交换环,都是复数系的子集合. 凡复数系的子集合,如果对复数的加法与乘法成为交换环,则称为数环.

应当指出,有理数系、实数系和复数系的乘法运算所具有的性质有些是和整数环的乘法性质不同的. 例如,在整数环中,对于非零数 $a\neq\pm1$,不存在整数 b,使得 $ab=ba=1$;但在实数环中,对于非零实数 a,一定存在实数 b,使得 $ab=ba=1$. 为区别起见,引进以下的定义.

定义 2　设 F 是至少有两个元素的交换环. 如果对于 F 中每个非零元素 a,存在元素 $b\in F$,使得 $ab=ba=1$,则 b 称为 a 的逆元素,记作 a^{-1},这时交换环 F 称为域.

例如,有理数系、实数系与复数系都是域,它们依次称为有理数域、实数域与复数域,并依次记为 $\mathbf{Q}$,$\mathbf{R}$ 和 $\mathbf{C}$. 如果复数域 $\mathbf{C}$ 的子集合 F 对复数的加法与乘法成为一个域,则 F 称为数域. 可以验证,复数域的子集合

$$\mathbf{Q}[\sqrt{2}]=\{a+b\sqrt{2}: a,b\in\mathbf{Q}\}$$

对复数的加法与乘法成为一个域，所以，$\mathbf{Q}[\sqrt{2}]$是一个数域.

习　题

1. 记$\mathbf{Q}[\sqrt{2}]=\{a+b\sqrt{2}: a, b\in\mathbf{Q}\}$. 验证$\mathbf{Q}[\sqrt{2}]$是数域.

2. 记$\mathbf{Z}[\sqrt{2}]=\{m+n\sqrt{2}: m, n\in\mathbf{Z}\}$. 验证$\mathbf{Z}[\sqrt{2}]$是数环. $\mathbf{Z}[\sqrt{2}]$是数域吗?

3. 设F是数域，a, b和c是F中的任意三个元素，证明下列性质成立：

(1) 如果$a+b=a+c$，则$b=c$；

(2) 定义$a-b=a+(-b)$，则$a+(b-a)=b$；

(3) $a0=0a=0$；

(4) $(-1)a=-a$；

(5) 如果$ab=0$，则$a=0$或$b=0$.

4. 设F是所有有序实数对(a, b)的集合，其中$a, b\in\mathbf{R}$.

(1) 如果集合F的加法与乘法分别定义为

$$(a,b)+(c,d)=(a+c,b+d),$$
$$(a,b)(c,d)=(ac,bd).$$

那么F是否成为域?

(2) 如果F的加法与乘法分别定义为

$$(a,b)+(c,d)=(a+c,b+d)$$

与

$$(a,b)(c,d)=(ac-bd,ad+bc),$$

那么F是否成为域?

(3) 如果F表示所有有序复数对的集合，加法与乘法仍如(1)与(2)那样规定，结论又怎样?

5. 证明：在交换环的定义中，如果除加法交换律外，其他公理都假定成立，则可以推出加法交换律也成立. 换句话说，在交换环的定义中，加法交换律这一公理可以去掉.

1.2　一元多项式环

在中学里，我们遇到过一次方程与二次方程，它们可以从两方面推广. 一方面从次数推广，即推广为三次、四次以至n次的方程；另一方面从系数所属的范围推广. 由上节可以看到，系数所属的实数域可以推广为其他的数域. 这就引出以下的定义.

定义　设 F 是数域，x 是未定元，$a_0,a_1,\cdots,a_n\in F$，$a_n\neq 0$，n 是非负整数，则

$$f(x)=a_nx^n+a_{n-1}x^{n-1}+\cdots+a_1x+a_0$$

称为数域 F 上一元多项式，其中 a_ix^i 称为多项式 $f(x)$ 的 i 次项，数 a_i 称为 $f(x)$ 的 i 次项系数，$i=0,1,2,\cdots,n$. 特别地，a_0 称为 $f(x)$ 的常数项，a_nx^n 称为 $f(x)$ 的首项（或最高次项），a_n 称为 $f(x)$ 的首项系数. 如果 $a_n=1$，则 $f(x)$ 称为首一多项式. 非负整数 n 称为 $f(x)$ 的次数，记为 $\deg f(x)$. 如果多项式 $f(x)$ 的系数全为零，则 $f(x)$ 称为零多项式，记为 0. 约定零多项式的次数为 $-\infty$.

注意，零次多项式不是零多项式. 有时也称零次多项式为纯量多项式. 如果上述定义中，把数域 F 改成数环，则 $f(x)$ 称为数环 F 上一元多项式，其他的规定是相同的.

数域 F 上一元多项式 $f(x)$ 的全体所成的集合记为 $F[x]$. 设

$$f(x)=a_nx^n+a_{n-1}x^{n-1}+\cdots+a_1x+a_0,\quad a_n\neq 0,$$

$$g(x)=b_mx^m+b_{m-1}x^{m-1}+\cdots+b_1x+b_0,\quad b_m\neq 0$$

是数域 F 上两个多项式. 如果 $f(x)$ 与 $g(x)$ 满足 $a_i=b_i$，$i=0,1,2,\cdots$，则 $f(x)$ 与 $g(x)$ 称为相等，记为 $f(x)=g(x)$. 多项式 $f(x)$ 与 $g(x)$ 的和定义为多项式 $f(x)+g(x)=(a_0+b_0)+(a_1+b_1)x+\cdots$，即多项式 $f(x)+g(x)$ 的 i 次项系数为 a_i+b_i，$i=0,1,2,\cdots$，其中当 $n\geqslant m$ 时，约定 $g(x)$ 的系数 $b_{m+1},b_{m+2},\cdots,b_n$ 都为零，而当 $n<m$ 时，约定 $f(x)$ 的系数 $a_{n+1},a_{n+2},\cdots,a_m$ 都为零. 于是便定义了多项式的加法，容易看出

$$\deg(f(x)+g(x))\leqslant\max\{\deg f(x),\deg g(x)\}.$$

容易验证，多项式的加法满足以下公理. 设多项式 $f(x),g(x),h(x)\in F[x]$，则有

（A1）加法结合律：

$$(f(x)+g(x))+h(x)=f(x)+(g(x)+h(x));$$

（A2）加法交换律：

$$f(x)+g(x)=g(x)+f(x);$$

（A3）存在零元素，即存在零多项式 $0\in F[x]$，使得

$$f(x)+0=0+f(x)=f(x);$$

（A4）对每个多项式

$$f(x)=a_nx^n+a_{n-1}x^{n-1}+\cdots+a_1x+a_0,$$

都存在多项式

$$-f(x)=-a_nx^n-a_{n-1}x^{n-1}-\cdots-a_1x-a_0,$$

它称为多项式 $f(x)$ 的负多项式，使得

$$f(x)+(-f(x))=(-f(x))+f(x)=0.$$

对于 $F[x]$ 中两个多项式 $f(x)$ 和 $g(x)$，其**乘积** $f(x)g(x)$ 定义为

$$f(x)g(x)=c_{n+m}x^{n+m}+c_{n+m-1}x^{n+m-1}+\cdots+c_1x+c_0,$$

其中

$$c_{n+m}=a_nb_m,$$

$$c_{n+m-1}=a_nb_{m-1}+a_{n-1}b_m,$$

…………

$$c_i=\sum_{j+k=i}a_jb_k,$$

…………

$$c_0=a_0b_0.$$

于是规定了多项式的乘法. 因为 $a_n\neq0$, $b_m\neq0$，故 $a_nb_m\neq0$. 所以

$$\deg(f(x)g(x))=\deg f(x)+\deg g(x).$$

容易验证，多项式的乘法适合以下的公理. 设多项式 $f(x),g(x),h(x)\in F[x]$，则有

(M1) 乘法结合律：

$$(f(x)g(x))h(x)=f(x)(g(x)h(x));$$

(M2) 乘法交换律：

$$f(x)g(x)=g(x)f(x);$$

(M3) 存在单位元素，即存在纯量多项式 $e(x)=1$，使得

$$f(x)e(x)=e(x)f(x)=f(x);$$

(D) 加乘分配律：

$$f(x)(g(x)+h(x))=f(x)g(x)+f(x)h(x).$$

于是根据定义，$F[x]$ 是交换环，称为数域 F 上**一元多项式环**.

习　题

1. 设多项式 $f(x),g(x)\in F[x]$. 证明：当且仅当 $f(x)=0$ 或 $g(x)=0$ 时，$f(x)g(x)=0$.

2. 设多项式 $f(x),g(x),h(x)\in F[x]$，且 $f(x)\neq0$. 证明：如果 $f(x)g(x)=f(x)h(x)$，则 $g(x)=h(x)$.

3. 设非零的实系数多项式 $f(x)$(即系数都是实数的多项式)满足 $f(f(x))=f^k(x)$,其中 k 是给定的正整数.求多项式 $f(x)$.

4. 设非零的实系数多项式 $f(x)$满足 $f(x^2)=f^2(x)$.求多项式 $f(x)$.

5. 设实系数多项式 $P(x)=a_0+a_1x+\cdots+a_nx^n$ 满足 $0\leqslant a_0=a_n\leqslant a_1=a_{n-1}\leqslant\cdots\leqslant a_{[n/2]}=a_{[(n+1)/2]}$,所有这样的多项式 $P(x)$的集合记作 $A(n)$. 证明:如果 $P(x)\in A(n)$, $Q(x)\in A(m)$,则乘积 $P(x)Q(x)\in A(n+m)$.

1.3　整除性与最大公因式

数域 F 上一元多项式环 $F[x]$是我们遇到的第一个不是由数构成的交换环.它的性质是否与数环,特别是与整数环 $\mathbf{Z}$ 相同?譬如,在整数环 $\mathbf{Z}$ 中,对于任意整数 $a,b\in\mathbf{Z},b\neq0$,总存在唯一一对整数 q 和 $r,0\leqslant r<|b|$,使得 $a=qb+r$.整数环 $\mathbf{Z}$ 的这一性质,多项式环 $F[x]$是否也具有?对此,有:

定理 1　设多项式 $f(x),g(x)\in F[x],g(x)\neq0$.则存在唯一一对多项式 $q(x),r(x)\in F[x],\deg r(x)<\deg g(x)$,使得

$$f(x)=q(x)g(x)+r(x).\tag{1.3.1}$$

证明　先证明 $q(x)$和 $r(x)$的存在性.设

$$f(x)=a_nx^n+a_{n-1}x^{n-1}+\cdots+a_1x+a_0,\quad a_n\neq0,$$
$$g(x)=b_mx^m+b_{m-1}x^{m-1}+\cdots+b_1x+b_0,\quad b_m\neq0.$$

显然,当 $n<m$ 时,取 $q(x)=0,r(x)=f(x)$,则式(1.3.1)成立.当 $n\geqslant m$ 时,记

$$f(x)-a_nb_m^{-1}x^{n-m}g(x)=f_1(x).$$

显然,$\deg f_1(x)<\deg f(x)$.于是对 $\deg f(x)=n$ 用归纳法,则存在多项式 $q_1(x)$, $r(x)\in F[x],\deg r(x)<\deg g(x)$,使得

$$f(x)-a_nb_m^{-1}x^{n-m}g(x)=f_1(x)=q_1(x)g(x)+r(x).$$

因此

$$f(x)=(a_nb_m^{-1}x^{n-m}+q_1(x))g(x)+r(x).$$

这表明,如果记 $q(x)=a_nb_m^{-1}x^{n-m}+q_1(x)$,则式(1.3.1)成立.

再证明 $q(x)$和 $r(x)$的唯一性.设多项式 $q_1(x),r_1(x)\in F[x],\deg r_1(x)<\deg g(x)$,使得式(1.3.1)成立.则

$$(q(x)-q_1(x))g(x)=r_1(x)-r(x).$$

因此，如果 $q(x)\neq q_1(x)$，则由上式可得

$$\deg g(x)\leqslant \deg(q(x)-q_1(x))+\deg g(x)=\deg(r_1(x)-r(x)).$$

但因 $\deg r(x)<\deg g(x)$，$\deg r_1(x)<\deg g(x)$，因此

$$\deg(r_1(x)-r(x))<\deg g(x),$$

这不可能. 所以，$q(x)=q_1(x)$，从而 $r(x)=r_1(x)$. 这就证明了 $q(x)$和 $r(x)$是唯一的.

和整数环 **Z** 相仿，定理 1 中多项式 $q(x)$与 $r(x)$分别称为多项式 $f(x)$除以 $g(x)$的**商式**与**余式**. 应当指出，定理 1 关于商式 $q(x)$与余式 $r(x)$的存在性证明是构造性的. 换句话说，给定多项式 $f(x)$与 $g(x)$，$g(x)\neq 0$，可以按照定理 1 的证明方法求出商式 $q(x)$与余式 $r(x)$，其过程如下：当 $\deg f(x)<\deg g(x)$时，$q(x)=0$，$r(x)=f(x)$；当 $\deg f(x)\geqslant\deg g(x)$时，记

$$f(x)-b_m^{-1}a_nx^{n-m}g(x)=f_1(x).$$

如果 $\deg f_1(x)<\deg g(x)$，则 $f(x)=b_m^{-1}a_nx^{n-m}g(x)+f_1(x)$，此时 $q(x)=b_m^{-1}a_nx^{n-m}$，$r(x)=f_1(x)$；如果 $\deg f_1(x)\geqslant\deg g(x)$，且 $f_1(x)$的首项系数为 $c_l\neq 0$，$l<\deg f(x)$，则记

$$f_1(x)-b_m^{-1}c_lx^{l-m}g(x)=f_2(x).$$

如果 $\deg f_2(x)<\deg g(x)$，则

$$f(x)=(b_m^{-1}a_nx^{n-m}+b_m^{-1}c_lx^{l-m})g(x)+f_2(x).$$

此时 $q(x)=b_m^{-1}a_nx^{n-m}+b_m^{-1}c_lx^{l-m}$，$r(x)=f_2(x)$. 如果 $\deg f_2(x)\geqslant\deg g(x)$，则重复上述过程，于是得到多项式 $f(x),f_1(x),f_2(x),\cdots,f_k(x),\cdots$，它们满足

$$\deg f(x)>\deg f_1(x)>\deg f_2(x)>\cdots>\deg f_k(x)>\cdots\geqslant\deg g(x).$$

由于 $\deg f(x)-\deg g(x)$是有限的，因此，经有限步后，必有 k，使得

$$f_{k-1}(x)=b_m^{-1}d_sx^{s-m}g(x)+f_k(x),$$
$$f_k(x)=b_m^{-1}e_hx^{h-m}g(x)+f_{k+1}(x),$$

其中 d_s 与 e_h 分别是多项式 $f_{k-1}(x)$与 $f_k(x)$的首项系数，$s>h\geqslant m_s$，并且 $\deg f_{k+1}(x)<\deg g(x)$. 于是

$$f(x)=(b_m^{-1}a_nx^{n-m}+b_m^{-1}c_kx^{k-m}+\cdots+b_m^{-1}d_sx^{s-m}+b_m^{-1}e_hx^{h-m})g(x)+f_{k+1}(x),$$

因此

$$q(x)=b_m^{-1}a_nx^{n-m}+b_m^{-1}c_kx^{k-m}+\cdots+b_m^{-1}d_sx^{s-m}+b_m^{-1}e_hx^{h-m},\ r(x)=f_{k+1}(x).$$

上式过程可以写成如下形式：

$$
g(x)=b_mx^m+b_{m-1}x^{m-1}+\cdots+b_1x+b_0\ \overline{\big)\, a_nx^n+a_nx^{n-1}+\cdots+a_{n-m}x^{n-m}+\cdots+a_1x+a_0}\quad\cdots\cdots\ f(x)
$$

Quotient: $a_nb_m^{-1}x^{n-m}+c_lb_m^{-1}x^{l-m}+\cdots+d_sb_m^{-1}x^{s-m}+e_hb_m^{-1}x^{h-m}$

$$
\underline{a_nx^n+a_nb_m^{-1}b_{m-1}x^{n-1}+\cdots+a_nb_m^{-1}b_0x^{n-m}}\quad\cdots\cdots\ a_nb_m^{-1}x^{n-m}g(x)
$$

$$
c_lx^l+c_{l-1}x^{l-1}+\cdots+c_1x+c_0\quad\cdots\cdots\ f_1(x)
$$

$$
\underline{c_lx^l+c_lb_m^{-1}b_{m-1}x^{l-1}+\cdots+c_lb_m^{-1}b_0x^{l-m}}\quad\cdots\cdots\ c_lb_m^{-1}x^{l-m}g(x)
$$

$$
\cdots\cdots\cdots
$$

$$
d_sx^s+d_{s-1}x^{s-1}+\cdots+d_1x+d_0
$$

$$
\underline{d_sx^2+d_sb_m^{-1}b_{m-1}x^{s-1}+\cdots+d_sb_m^{-1}b_0x^{s-m}}\quad\cdots\cdots\ d_sb_m^{-1}x^{s-m}g(x)
$$

$$
e_hx^h+e_{h-1}x^{h-1}+\cdots+e_1x+e_0\quad\cdots\cdots\ f_k(x)
$$

$$
\underline{e_hx^h+e_hb_m^{-1}b_mb_{m-1}x^{h-1}+\cdots+e_hb_m^{-1}b_0x^{h-m}}\quad\cdots\cdots\ e_hb_m^{-1}x^{h-m}g(x)
$$

$$
p_qx^q+p_{q-1}x^{q-1}+\cdots+p_1x+p_0\quad\cdots\cdots\ f_{k+1}(x)=r(x)
$$

以上算法称为Euclid长除法.

例 1 设 $f(x)=x^4+3x^3-x^2-4x-3$，$g(x)=3x^3+10x^2+2x-3$，求 $f(x)$ 除以 $g(x)$ 的商式 $q(x)$ 和余式 $r(x)$.

解 作 Euclid 长除法如下：

$$
\begin{array}{r|l}
 & \frac{1}{3}x-\frac{1}{9} \\
\hline
3x^3+10x^2+2x-3 & x^4+3x^3-x^2-4x-3 \\
 & x^4+\frac{10}{3}x^3+\frac{2}{3}x^2-x \\
\cline{2-2}
 & -\frac{1}{3}x^3-\frac{5}{3}x^2-3x-3 \\
 & -\frac{1}{3}x^3-\frac{10}{9}x^2-\frac{2}{9}x+\frac{1}{3} \\
\cline{2-2}
 & -\frac{5}{9}x^2-\frac{25}{9}x-\frac{10}{3}
\end{array}
$$

由此得到，$q(x)=\frac{1}{3}x-\frac{1}{9}$，$r(x)=-\frac{5}{9}x^2-\frac{25}{9}x-\frac{10}{3}$.

设多项式 $f(x)=a_nx^n+a_{n-1}x^{n-1}+\cdots+a_1x+a_0\in F[x]$，$a\in F$. $f(a)=a_na^n+a_{n-1}a^{n-1}+\cdots+a_1a+a_0$ 称为多项式 $f(x)$ 在 $x=a$ 处的值. 如果 $f(a)=0$，则 a 称为多项式 $f(x)$ 的根. 定理 1 的一个重要特例是：

推论 1（剩余定理） 设多项式 $f(x)\in F[x]$，$a\in F$，则存在唯一的多项式 $q(x)\in F[x]$，使得

$$f(x)=(x-a)q(x)+f(a). \tag{1.3.2}$$

证明 由定理 1，存在唯一一对多项式 $q(x)$，$r(x)\in F[x]$，使得 $f(x)=(x-a)q(x)+r(x)$，其中 $\deg r(x)<1$. 将 $x=a$ 代入，得到 $f(a)=r(x)$. 这就证明了推论 1.

定义 1 设非零多项式 $g(x)\in F[x]$. 如果存在多项式 $q(x)\in F[x]$，使得多项式 $f(x)=g(x)q(x)$，则多项式 $g(x)$ 称为多项式 $f(x)$ 的一个因式，而多项式 $f(x)$ 称为多项式 $g(x)$ 的一个倍式，并说多项式 $g(x)$ 整除多项式 $f(x)$，记为 $g(x)\mid f(x)$. 否则就说多项式 $g(x)$ 不能整除多项式 $f(x)$，记作 $g(x)\nmid f(x)$.

关于多项式的整除性，有以下性质：

性质 1 如果 $h(x)\mid g(x)$，$g(x)\mid f(x)$，则 $h(x)\mid f(x)$.

性质 2 如果 $g(x)\mid f_1(x)$，$g(x)\mid f_2(x)$，则对任意多项式 $h_1(x)$，$h_2(x)\in F[x]$，$g(x)\mid(f_1(x)h_1(x)+f_2(x)h_2(x))$.

性质 3 如果 $g(x)\mid f(x)$，$f(x)\mid g(x)$，则存在非零的数 $\lambda\in F$，使得 $f(x)=\lambda g(x)$.

上述性质请读者自证之.

推论 2(因式定理) 设多项式 $f(x)\in F[x]$，$a\in F$，则当且仅当 $f(a)=0$ 时，$(x-a)\mid f(x)$.

定义 2 设多项式 $f_1(x)$，$f_2(x)$，$h(x)\in F[x]$. 如果 $h(x)$ 是 $f_1(x)$ 与 $f_2(x)$ 的因式，则 $h(x)$ 称为 $f_1(x)$ 与 $f_2(x)$ 的一个**公因式**. 设 $f_1(x)$，$f_2(x)$ 不全为零. 如果首一多项式 $d(x)$ 是 $f_1(x)$ 与 $f_2(x)$ 的公因式，而且 $f_1(x)$ 与 $f_2(x)$ 的每个公因式都是 $d(x)$ 的一个因式，则 $d(x)$ 称为 $f_1(x)$ 与 $f_2(x)$ 的**最大公因式**，记为 $d(x)=\gcd(f_1(x),f_2(x))$.

关于两个不全为零的多项式 $f_1(x)$ 与 $f_2(x)$ 的最大公因式，有

定理 2 任意两个不全为零的多项式 $f_1(x)$ 与 $f_2(x)$ 的最大公因式 $d(x)$ 存在且唯一.

证明 先证明唯一性. 设 $d_1(x)$ 与 $d_2(x)$ 都是 $f_1(x)$ 与 $f_2(x)$ 的最大公因式. 由最大公因式的定义，$d_1(x)$ 是 $f_1(x)$ 与 $f_2(x)$ 的一个公因式，而 $d_2(x)$ 是 $f_1(x)$ 与 $f_2(x)$ 的最大公因式，因此，$d_1(x)\mid d_2(x)$. 反之，同样有 $d_2(x)\mid d_1(x)$. 由性质 3，存在非零的数 $\lambda\in F$，使得 $d_1(x)=\lambda d_2(x)$. 由于 $d_1(x)$ 与 $d_2(x)$ 都是首一多项式，比较上式两边的首项系数，得到 $\lambda=1$，即 $d_1(x)=d_2(x)$. 这就证明了最大公因式的唯一性.

现在证明存在性. 不妨设 $f_2(x)\neq 0$. 由定理 1，存在多项式 $q_1(x)$ 与 $r_1(x)$，使得

$$f_1(x) = q_1(x)f_2(x) + r_1(x),$$

其中 $\deg r_1(x)<\deg f_2(x)$. 如果 $\deg r_1(x)=-\infty$，即 $r_1(x)$ 为零多项式，则停止. 如果 $r_1(x)$ 是非零多项式，则由定理 1，存在多项式 $q_2(x)$ 与 $r_2(x)$，使得

$$f_2(x) = q_2(x)r_1(x) + r_2(x),$$

其中 $\deg r_2(x)<\deg r_1(x)$. 如果 $r_2(x)$ 是零多项式，则停止. 如果 $r_2(x)$ 是非零多项式，则重复上述过程. 于是得一连串的等式：

$$f_1(x) = q_1(x)f_2(x) + r_1(x), \tag{1}$$

$$f_2(x) = q_2(x)r_1(x) + r_2(x), \tag{2}$$

$$r_1(x) = q_3(x)r_2(x) + r_3(x), \tag{3}$$

…………

$$r_{k-2}(x) = q_k(x)r_{k-1}(x) + r_k(x), \tag{k}$$

…………

其中 $\deg f_2(x) > \deg r_1(x) > \deg r_2(x) > \cdots > \deg r_k(x) > \cdots$. 由于 $\deg f_2(x)$ 是一个给定的非负整数，因此，存在某个正整数 k，使得 $r_k(x) \neq 0$，而 $r_{k+1}(x)=0$，即最后必有

$$r_{k-1}(x) = q_{k+1}(x) r_k(x).$$

这表明，$r_k(x) \mid r_{k-1}(x)$. 因此，由第 k 个等式，$r_k(x) \mid r_{k-2}(x)$ 再由第 $k-1$ 个等式，$r_k(x) \mid r_{k-3}(x)$，等等. 于是，$r_k(x)$ 整除 $r_{k-1}(x), r_{k-2}(x), \cdots, r_2(x), r_1(x)$. 因此，由第二个等式，$r_k(x) \mid f_2(x)$. 最后，由第一个等式，$r_k(x) \mid f_k(x)$. 所以，$r_k(x)$ 是 $f_1(x)$ 与 $f_2(x)$ 的一个公因式.

反之，设 $h(x)$ 是 $f_1(x)$ 与 $f_2(x)$ 的一个公因式. 由第一个等式，$h(x)$ 是 $r_1(x)$ 的因式. 再由第二个等式，$h(x)$ 是 $r_2(x)$ 的因式，等等. 于是 $h(x)$ 是 $r_{k-2}(x)$，$r_{k-1}(x)$ 的因式. 由第 k 个等式，$h(x)$ 是 $r_k(x)$ 的一个因式. 因此，如果 $r_k(x)$ 的首项系数为 a，则由最大公因式的定义，$d(x) = a^{-1} r_k(x)$ 是 $f_1(x)$ 与 $f_2(x)$ 的最大公因式. 定理 2 证毕.

定理 2 关于多项式 $f_1(x)$ 与 $f_2(x)$ 的最大公因式的存在性证明给出了求最大公因式的一个方法，即所谓**辗转相除法**. 其过程如下：设 $f_1(x), f_2(x) \in F[x]$，$\deg f_1(x) \geqslant \deg f_2(x)$. 先对 $f_1(x)$ 与 $f_2(x)$ 用 Euclid 长除法，得到商式 $q_1(x)$ 与余式 $r_1(x)$，$\deg r_1(x) < \deg f_2(x)$.

如果 $r_1(x)$ 是零多项式，则停止. 如果 $r_1(x)$ 是非零多项式，则对 $f_2(x)$ 和 $r_1(x)$ 用长除法，得到商式 $q_2(x)$ 与余式 $r_2(x)$，$\deg r_2(x) < \deg r_1(x)$.

如果 $r_2(x)$ 是零多项式，则停止. 如果 $r_2(x)$ 是非零多项式，则对 $r_1(x)$ 和 $r_2(x)$ 用长除法，得到商式 $q_3(x)$ 和余式 $r_3(x)$.

如此继续，即可求得 $f_1(x)$ 与 $f_2(x)$ 的最大公因式. 以上过程可以写成如下形式：

$$\begin{array}{rr}
 & f_1(x) \\
 & f_2(x) \\
q_1(x) = f_1(x)/f_2(x) & r_1(x) = f_1(x) - q_1(x) f_2(x) \\
q_2(x) = f_2(x)/r_1(x) & r_2(x) = f_2(x) - q_2(x) r_1(x) \\
\vdots & \vdots \\
q_k(x) = f_{k-2}(x)/f_{k-1}(x) & r_k(x) = r_{k-2}(x) - q_k(x) r_{k-1}(x) \\
q_{k+1}(x) = f_{k-1}(x)/f_k(x) & 0 = r_{k-1}(x) - q_{k+1}(x) r_k(x)
\end{array}$$

例 2 求多项式 $f_1(x) = x^4 + 3x^3 - x^2 - 4x - 3$ 与 $f_2(x) = 3x^3 + 10x^2 + 2x - 3$ 的最大公因式.

解　对多项式 $f_1(x)$ 和 $f_2(x)$ 用辗转相除法如下：

$$f_1(x) = x^4 + 3x^3 - x^2 - 4x - 3$$
$$f_2(x) = 3x^3 + 10x^2 + 2x - 3$$
$$q_1(x) = \frac{1}{3}x - \frac{1}{9} \qquad r_1(x) = -\frac{5}{9}x^2 - \frac{25}{9}x - \frac{10}{3}$$
$$q_2(x) = -\frac{27}{5}x + 9 \qquad r_2(x) = 9x + 27$$
$$q_3(x) = -\frac{5}{81}x - \frac{10}{81} \qquad r_3(x) = 0$$

所以，$\gcd(f_1(x), f_2(x)) = x + 3$.

定理 3　设不全为零的多项式 $f(x), g(x) \in F[x]$，$d(x)$ 是 $f(x)$ 与 $g(x)$ 的最大公因式．则存在多项式 $u(x), v(x) \in F[x]$，使得

$$f(x)u(x) + g(x)v(x) = d(x). \tag{1.3.3}$$

证明　设 $h(x)$ 为所有形如

$$f(x)u(x) + g(x)v(x) \tag{$*$}$$

的首一非零多项式中次数最小者．则有 $h(x) \mid f(x)$．否则 $f(x)$ 除以 $h(x)$ 的余式 $r(x)$ 同样具有形式（$*$），与 $h(x)$ 的次数最小矛盾．同理 $h(x) \mid g(x)$．于是 $h(x) \mid d(x)$．由式（$*$）又可知 $d(x) \mid h(x)$．因此 $h(x) = d(x)$．

容易看出，对两个不全为零的多项式 $f(x)$ 与 $g(x)$，所有零次多项式都是它们的公因式．如果 $f(x)$ 与 $g(x)$ 除零次多项式外不含其他的公因式，则 $f(x)$ 与 $g(x)$ 称为**互素**．根据最大公因式的定义可以看出，两个多项式互素的充分必要条件是它们的最大公因式为 1．因此，由定理 3 直接得到

推论 3　多项式 $f(x)$ 与 $g(x)$ 互素的充分必要条件是，存在多项式 $u(x)$ 与 $v(x)$，使得

$$f(x)u(x) + g(x)v(x) = 1. \tag{1.3.4}$$

关于两个多项式的互素，有以下性质．

性质 4　设 $f(x), g(x), h(x)$ 是多项式，$\gcd(f(x), g(x)) = 1$，$\gcd(f(x), h(x)) = 1$，则 $\gcd(f(x), g(x)h(x)) = 1$．

证明　因为 $\gcd(f(x), g(x)) = 1$，故存在多项式 $u(x)$ 和 $v(x)$，使得

$$f(x)u(x) + g(x)v(x) = 1.$$

上式两端同乘以 $h(x)$，得

$$f(x)(u(x)h(x)) + (g(x)h(x))v(x) = h(x).$$

由此可知，如果多项式 $w(x)$ 是 $f(x)$ 与 $g(x)h(x)$ 的公因式，则 $w(x)$ 也是 $f(x)$ 与

$h(x)$的公因式. 由于 $\gcd(f(x),h(x))=1$,因此 $w(x)$是零次多项式. 这表明,$f(x)$与 $g(x)$除零次多项式外不含其他公因式,即 $f(x)$与 $g(x)h(x)$互素.

性质 5 设 $f(x)$,$g(x)$与 $h(x)$是多项式,$\gcd(h(x),g(x))=1$,且 $h(x)\mid f(x)g(x)$,则 $h(x)\mid f(x)$.

证明 因为 $\gcd(h(x),g(x))=1$,故存在多项式 $u(x)$与 $v(x)$,使得

$$h(x)u(x)+g(x)v(x)=1.$$

上式两端同乘以 $f(x)$,得

$$h(x)(u(x)f(x))+(g(x)f(x))v(x)=f(x).$$

由此可知,$h(x)\mid f(x)$.

性质 6 设 $f(x)$,$g(x)$与 $h(x)$是多项式,$f(x)\mid h(x)$,$g(x)\mid h(x)$,且 $\gcd(f(x),g(x))=1$,则 $f(x)g(x)\mid h(x)$.

例 3 求多项式 $u(x)$和 $v(x)$,使得

$$x^m u(x)+(1-x)^n v(x)=1. \tag{1.3.5}$$

解 显然,多项式 x^m 与$(1-x)^n$ 互素. 由定理 3,适合式(1.3.5)的多项式 $u(x)$,$v(x)$是存在的. 如果多项式 $u_0(x)$,$v_0(x)$也适合式(1.3.5),则

$$x^m(u(x)-u_0(x))+(1-x)^n(v(x)-v_0(x))=0.$$

于是

$$(1-x)^n \mid (u(x)-u_0(x)),\quad x^m \mid (v(x)-v_0(x)),$$

存在多项式 $w(x)$,使得

$$\begin{cases} u(x)=u_0(x)+(1-x)^n w(x), \\ v(x)=v_0(x)-x^m w(x). \end{cases} \tag{1.3.6}$$

反之,对任意 $w(x)$,由式(1.3.6)定义的 $u(x)$,$v(x)$都适合式(1.3.5). 因此,式(1.3.6)是式(1.3.5)的通解公式. 式(1.3.5)有唯一的特解 $u_0(x)$,$v_0(x)$,满足 $\deg u_0(x)<n$,$\deg v_0(x)<m$.

由 $u_0(x)=(1-(1-x)^n v_0(x))x^{-m}$ 和 $v_0(x)=(1-x^m u_0(x))(1-x)^{-n}$ 可得

$$u_0^{(i)}(1)=(x^{-m})^{(i)}\big|_{x=1}=(-1)^i m(m+1)\cdots(m+i-1),\ i=1,2,\cdots,n-1,$$

$$v_0^{(i)}(0)=((1-x)^{-n})^{(i)}\big|_{x=0}=n(n+1)\cdots(n+i-1),\ i=1,2,\cdots,m-1.$$

根据 Taylor 公式,

$$u_0(x)=\sum_{i=0}^{n-1} C_{m+i-1}^{i}(1-x)^i,\quad v_0(x)=\sum_{i=0}^{n-1} C_{m+i-1}^{i}x^i. \tag{1.3.7}$$

注 对于给定的多项式 $f(x)$,$g(x)$,求多项式 $u(x)$与 $v(x)$,使得 $f(x)u(x)$ $g(x)v(x)=d(x)$,这里 $d(x)$是 $f(x)$与 $g(x)$的最大公因式,其方法很多. 方法之一是,用辗转相除法求出定理 2 的证明中的等式(1),(2),$\cdots$,(k),$(k+1)$,然后,

如同定理2的证明,把这些等式逐个地由后往前代入,即可求出 $u(x)$ 与 $v(x)$. 方法之二是,由于定理3保证了 $u(x)$ 与 $v(x)$ 的存在性,因此可以用待定系数法. 例3采用的就是待定系数法.

最大公因式的概念可以推广到有限多个不全为零的多项式的情形.

定义3 设不全为零的多项式 $f_1(x),f_2(x),\cdots,f_s(x)\in F[x]$, $h(x)\in F[x]$. 如果 $h(x)\mid f_i(x)$, $i=1,2,\cdots,s$, 则 $h(x)$ 称为 $f_1(x),f_2(x),\cdots,f_s(x)$ 的公因式. 如果首一多项式 $d(x)\in F[x]$ 是 $f_1(x),f_2(x),\cdots,f_s(x)$ 的公因式,而 $f_1(x),f_2(x),\cdots,f_s(x)$ 的每个公因式都是 $d(x)$ 的因式,则 $d(x)$ 称为多项式 $f_1(x),f_2(x),\cdots,f_s(x)$ 的最大公因式,记为 $d(x)=\gcd(f_1(x),f_2(x),\cdots,f_s(x))$.

定理4 不全为零的多项式 $f_1(x),f_2(x),\cdots,f_s(x)$ 的最大公因式存在且唯一,而且

$$\begin{aligned}&\gcd(f_1(x),f_2(x),\cdots,f_s(x))\\&\quad=\gcd(\gcd(f_1(x),f_2(x),\cdots,f_{s-1}(x)),f_s(x)).\end{aligned}\tag{1.3.8}$$

证明 先证明最大公因式的存在性与式(1.3.8)成立. 对多项式的个数 s 用归纳法. 当 $s=2$ 时,显然最大公因式存在且式(1.3.8)成立. 假设当 $s=k-1$ 时最大公因式存在且式(1.3.8)成立. 记 $k-1$ 个不全为零的多项式 $f_1(x),f_2(x),\cdots,f_{k-1}(x)$ 的最大公因式为 $\tilde{d}(x)$. 由定理2,多项式 $\tilde{d}(x)$ 与 $f_k(x)$ 的最大公因式存在,记为 $d(x)$. 显然,$d(x)$ 是 $\tilde{d}(x)$ 与 $f_k(x)$ 的公因式. 由于 $\tilde{d}(x)$ 是 $f_1(x),f_2(x),\cdots,f_{k-1}(x)$ 的公因式,因此,$d(x)$ 是 $f_1(x),f_2(x),\cdots,f_k(x)$ 的公因式. 另一方面,设 $h(x)$ 是 $f_1(x),f_2(x),\cdots,f_k(x)$ 的公因式,则 $h(x)$ 是 $f_1(x),f_2(x),\cdots,f_{k-1}(x)$ 的公因式,从而 $h(x)$ 是 $\tilde{d}(x)$ 的因式,即 $h(x)$ 是 $\tilde{d}(x)$ 和 $f_k(x)$ 的公因式,这表明,$d(x)$ 是 $f_1(x),f_2(x),\cdots,f_k(x)$ 的最大公因式,即 $d(x)=\gcd(\tilde{d}(x),f_k(x))$. 这就证明了 $f_1(x),f_2(x),\cdots,f_s(x)$ 的最大公因式存在且式(1.3.8)成立.

至于唯一性的证明,和 $s=2$ 的情形是类似的,从略.

由式(1.3.8)与定理3直接得到:

推论4 设 $d(x)$ 是多项式 $f_1(x),f_2(x),\cdots,f_s(x)\in F[x]$ 的最大公因式,则存在多项式 $u_1(x),u_2(x),\cdots,u_s(x)\in F[x]$,使得

$$f_1(x)u_1(x)+f_2(x)u_2(x)+\cdots+f_s(x)u_s(x)=d(x).\tag{1.3.9}$$

如果多项式 $f_1(x),f_2(x),\cdots,f_s(x)$ 的公因式只能是零次多项式,则称 $f_1(x),f_2(x),\cdots,f_s(x)$ 是互素的. 容易看出,多项式 $f_1(x),f_2(x),\cdots,f_s(x)$ 互素的充分必要条件是它们的最大公因式为1. 注意,当 $s>2$ 时,如果 $f_1(x),f_2(x),\cdots,f_s(x)$

互素，这些多项式并不一定两两互素.

习　题

1. 设多项式 $g(x)=x^2-2ax+2$ 整除多项式 $f(x)=x^4+3x^2+ax+b$，求 a 和 b. 这里 $a,b\in\mathbf{R}$.

2. 设 m,n 和 p 为正整数. 证明：多项式 $g(x)=x^2+x+1$ 整除多项式 $f(x)=x^{3m}+x^{3n+1}+x^{3p+2}$.

3. 证明：当 $n=6m+5$ 时，多项式 x^2+xy+y^2 整除多项式 $(x+y)^n-x^n-y^n$；当 $n=6m+1$ 时，多项式 $(x^2+xy+y^2)^2$ 整除多项式 $(x+y)^n-x^n-y^n$. 这里 m 是使 $n>0$ 的整数，而 x,y 是实数.

4. 求多项式 $f(x)$ 与 $g(x)$ 的最大公因式：

(1) $f(x)=x^4+x^3-3x^2-4x-1$，$g(x)=x^3+x^2-x-1$；

(2) $f(x)=x^6+2x^4-4x^3-3x^2+8x-5$，$g(x)=x^5+x^2-x+1$；

(3) $f(x)=3x^6-x^5-9x^4-14x^3-11x^2-3x-1$，$g(x)=3x^5+8x^4+9x^3+15x^2+10x+9$.

5. 求多项式 $u(x)$ 与 $v(x)$，使得 $f(x)u(x)+g(x)v(x)=d(x)$，$d(x)$ 是多项式 $f(x)$ 与 $g(x)$ 的最大公因式：

(1) $f(x)=x^4+2x^3-x^2-4x-2$，$g(x)=x^4+x^3-x^2-2x-2$；

(2) $f(x)=3x^5+5x^4-16x^3-6x^2-5x-6$，$g(x)=3x^4-4x^3-x^2-x-2$；

(3) $f(x)=3x^3-2x^2+x+2$，$g(x)=x^2-x+1$；

(4) $f(x)=x^4-x^3-4x^2+4x+1$，$g(x)=x^2-x-1$.

6. 用待定系数法求多项式 $u(x)$ 与 $v(x)$，使得 $f(x)u(x)+g(x)v(x)=1$，其中多项式 $f(x)$ 与 $g(x)$ 如下：

(1) $f(x)=x^3$，$g(x)=(1-x)^2$；

(2) $f(x)=x^4$，$g(x)=(1-x)^4$；

(3) $f(x)=x^4-4x^3+1$，$g(x)=x^3-3x^2+1$.

7. 求次数最低的多项式 $u(x)$ 与 $v(x)$，使得

(1) $(x^4-2x^3-4x^2+6x+1)u(x)+(x^3-5x-3)v(x)=x^4$；

(2) $(x^4+2x^3+x+1)u(x)+(x^4+x^3-2x^2+2x-1)v(x)=x^3-2x$.

8. 求次数最低的多项式 $f(x)$，使得 $f(x)$ 被多项式 $(x-1)^2$ 除时余式为 $2x$，被多项式 $(x-2)^3$ 除时余式为 $3x$.

9. 求次数最低的多项式 $f(x)$，使得 $f(x)$ 被多项式 $x^4-2x^3-2x^2+10x-7$ 除时余式为 x^2+x+1，被多项式 $x^4-2x^3-3x^2+13x-10$ 除时余式为 $2x^2-3$.

10. 设 $f(x)$ 是 $2n+1$ 次多项式，n 为正整数，$f(x)+1$ 被 $(x-1)^n$ 整除，而 $f(x)-1$ 被 $(x+1)^n$ 整除. 求 $f(x)$.

1.4　唯一析因定理

大家知道,在整数环 $\mathbf{Z}$ 中素数起着重要的作用.所谓素数是指,除 ± 1 和自身外不含其他因子的整数.整数环 $\mathbf{Z}$ 中每个非零整数都可以分解为若干个素数的乘积,而且不计素因子的正负号和顺序,这种分解是唯一的.对数域 F 上一元多项式环 $F[x]$,也有类似的结论.为了介绍多项式的唯一析因定理,先引述以下的定义.

定义　设 $f(x)$ 是数域 F 上 n 次多项式,$n \geqslant 1$.如果存在次数小于 n 的多项式 $g(x), h(x) \in F[x]$,使得 $f(x) = g(x)h(x)$,则多项式 $f(x)$ 称为在 F 上可约.如果多项式 $f(x)$ 不是在 F 上可约,则 $f(x)$ 称为 F 上不可约.

应当注意,一个多项式在数域 F 上不可约,在包含数域 F 的数域 K 上这个多项式有可能是可约的.例如,多项式 x^2+1 在实数域 $\mathbf{R}$ 上不可约,但是,由于 $x^2+1 = (x-\mathrm{i})(x+\mathrm{i})$,这里 $\mathrm{i}^2 = -1$.因此多项式 x^2+1 在复数域上可约的.所以,多项式的不可约性是相对给定的数域而言的.

关于不可约多项式,有以下简单性质:

性质 1　设多项式 $p(x)$ 在 F 上不可约,且 a 是 F 中非零的数,则多项式 $ap(x)$ 在 F 上不可约.

性质 2　设多项式 $f(x) \in F[x]$,且 $p(x)$ 是 F 上不可约多项式,则 $p(x) \mid f(x)$,或者 $p(x)$ 与 $f(x)$ 互素.

证明　设 $f(x)$ 与 $p(x)$ 不互素,则它们的最大公因式 $d(x) \neq 1$,即 $d(x)$ 是 $p(x)$ 的因式.因为 $p(x)$ 在 F 上不可约,所以,$p(x) = ad(x)$,$a \in F$.而 $d(x)$ 是 $f(x)$ 的因式,故 $p(x)$ 也是 $f(x)$ 的因式,即 $p(x) \mid f(x)$.

性质 3　设多项式 $f(x), g(x) \in F[x]$,$p(x)$ 是数域 F 上不可约多项式.如果 $p(x) \mid f(x)g(x)$,则 $p(x) \mid f(x)$,或者 $p(x) \mid g(x)$.

证明　如果 $p(x) \nmid f(x)$,则 $\gcd(p(x), f(x)) = 1$.因此,存在多项式 $u(x)$,$v(x) \in F[x]$,使得

$$p(x)u(x) + f(x)v(x) = 1.$$

因此

$$p(x)(u(x)g(x)) + (f(x)g(x))v(x) = g(x).$$

由此即知，$p(x)\mid g(x)$.

下面是本节的主要定理：

定理（唯一析因定理） 设 n 次多项式 $f(x)\in F[x]$，则存在数域 F 上不可约多项式 $p_1(x),p_2(x),\cdots,p_s(x)$，使得 $f(x)=p_1(x)p_2(x)\cdots p_s(x)$. 如果另有不可约多项式 $q_1(x),q_2(x),\cdots,q_t(x)\in F[x]$，使得 $f(x)=q_1(x)q_2(x)\cdots q_t(x)$，则 $s=t$，并且可以适当调动因式的次序，使得 $q_i(x)=a_ip_i(x),a_i\in F,i=1,2,\cdots,s$.

如果不可约多项式 $p(x)$ 整除多项式 $f(x)$，则 $p(x)$ 称为 $f(x)$ 的不可约因式. 把多项式 $f(x)$ 分解为若干个不可约因式的乘积，称为对 $f(x)$ 施行不可约分解. 于是，定理可以简单叙述为：每个多项式都可以分解为不可约因式的乘积，而且如果不计不可约因式的次序和零次因式，这种不可约分解是唯一的.

证明 先证明多项式的不可约分解的存在性. 对多项式的次数 n 用归纳法. 显然，一次多项式在数域 F 上都是不可约的，因此结论对 $n=1$ 成立. 假设结论对次数小于 n 的多项式都成立，下面证明结论对 n 次多项式 $f(x)$ 成立. 如果 $f(x)$ 本身在 F 上不可约则 $f(x)$ 的不可约分解由自身组成；如果 $f(x)$ 在 F 上可约，则存在次数小于 n 的多项式 $g(x),h(x)\in F[x]$，使得 $f(x)=g(x)h(x)$. 由于 $g(x)$ 和 $h(x)$ 的次数都小于 n，故由归纳假设，存在不可约多项式 $p_1(x),p_2(x),\cdots,p_k(x),p_{k+1}(x),\cdots,p_s(x)\in F[x]$，使得 $g(x)=p_1(x)p_2(x)\cdots p_k(x),h(x)=p_{k+1}(x)p_{k+2}(x)\cdots p_s(x)$. 于是，$f(x)=p_1(x)p_2(x)\cdots p_k(x)p_{k+1}(x)\cdots p_s(x)$. 这就证明，每个多项式都具有不可约分解.

现在设多项式 $f(x)$ 具有两个不可约分解，即设

$$f(x)=p_1(x)p_2(x)\cdots p_s(x)=q_1(x)q_2(x)\cdots q_t(x).\qquad(1.4.1)$$

因为 $q_1(x)$ 在 F 上不可约，并且 $q_1(x)\mid p_1(x)p_2(x)\cdots p_s(x)$，因此，由性质 3，$q_1(x)\mid p_i(x),1\leqslant i\leqslant s$. 适当地调整不可约因式 $p_1(x),p_2(x),\cdots,p_s(x)$ 的次序，可设 $q_1(x)\mid p_1(x)$. 由于 $p_1(x)$ 在 F 上不可约，因此，存在 $a_1\in F$，使得 $p_1(x)=a_1q_1(x)$. 于是由式(1.4.1)得到

$$(a_1p_2(x))p_3(x)\cdots p_s(x)=q_2(x)q_3(x)\cdots q_1(x)=g(x).\qquad(1.4.2)$$

由性质 1，$a_1p_2(x)$ 在 F 上不可约. 因此式(1.4.2)是次数小于 n 的多项式 $g(x)$ 的两个不可约分解，由归纳法得到，$s-1=t-1$，即 $s=t$，并且可适当调整不可约因式 $a_1p_2(x),p_3(x),\cdots,p_s(x)$ 的次序，使得 $q_2(x)=a'_2a_1p_2(x),q_3(x)=a_3p_3(x),\cdots,q_s(x)=a_sp_s(x)$，其中 $a'_2,a_3,\cdots,a_s\in F$. 记 $a'_2a_1=a_2$，则得到 $q_i(x)=a_ip_i(x),i=1,2,\cdots,s$. 定理证毕.

应当指出，如果要求数域 F 上不可约多项式是首一的，则由定理直接得到：存

在首一不可约多项式 $p_1(x), p_2(x), \cdots, p_s(x) \in F[x]$，使得多项式 $f(x)$ 可以表示为 $f(x) = a_0 p_1(x) p_2(x) \cdots p_s(x)$，其中 a_0 为 $f(x)$ 的首项系数. 对于多项式 $f(x)$ 的这种不可约分解，除了不可约因式的次序外是唯一的.

一般地，出现在多项式 $f(x)$ 的一个不可约分解中的不可约因式不一定都不相同. 如果不可约因式 $p(x)$ 不只出现一次，则 $p(x)$ 称为 $f(x)$ 的重因式，否则称为单因式. 如果 $p(x)$ 恰好出现 k 次，则 $p(x)$ 称为 $f(x)$ 的 k 重因式.

设多项式 $f(x)$ 具有不可约分解

$$f(x) = a_0 p_1(x) p_2(x) \cdots p_s(x), \tag{1.4.3}$$

其中 $p_1(x), p_2(x), \cdots, p_s(x)$ 是不可约的首一多项式，a_0 是 $f(x)$ 的首项系数，不妨设分解式(1.4.3)中所有不同的不可约因式为 $p_1(x), p_2(x), \cdots, p_l(x)$，它们分别是 $f(x)$ 的 $k_1, k_2, \cdots, k_l$ 重因式，则式(1.4.3)可以写为

$$f(x) = a_0 p_1^{k_1}(x) p_2^{k_2}(x) \cdots p_l^{k_l}(x). \tag{1.4.4}$$

设多项式 $f(x)$ 和 $g(x)$ 的所有不同的首一不可约因式分别为 $h_1(x), h_2(x), \cdots, h_s(x)$ 和 $q_1(x), q_2(x), \cdots, q_t(x)$. 它们的并集记为 $\{p_1(x), p_2(x), \cdots, p_l(x)\}$. 则 $f(x)$ 与 $g(x)$ 的不可约分解可以表为

$$f(x) = a_0 p_1^{k_1}(x) p_2^{k_2}(x) \cdots p_l^{k_l}(x),$$

$$g(x) = b_0 p_1^{e_1}(x) p_2^{e_2}(x) \cdots p_l^{e_l}(x),$$

其中 a_0 与 b_0 分别是 $f(x)$ 和 $g(x)$ 的首项系数，而 k_i 与 e_i 是非负整数，$i = 1, 2, \cdots, l$. 于是，$f(x)$ 与 $g(x)$ 的最大公因式为

$$\gcd(f(x), g(x)) = p_1^{m_1}(x) p_2^{m_2}(x) \cdots p_l^{m_l}(x),$$

其中 $m_i = \min\{k_i, e_i\}$，$i = 1, 2, \cdots, l$.

1.5　实系数与复系数多项式

系数都是实数或者都是复数的多项式分别称为实系数或复系数多项式. 这节讨论实系数多项式与复系数多项式的唯一析因理论. 先证明以下的定理.

定理 1　数域 F 上 n 次多项式 $f(x)$ 在 F 上至多有 n 个不同的根，其中 $n > 0$.

证明　设 $a_1, a_2, \cdots, a_r$ 是 $f(x)$ 的不同的根，$a_1, a_2, \cdots, a_r \in F$. 下面对 r 用归纳法证明，$(x - a_1)(x - a_2) \cdots (x - a_r) \mid f(x)$. 事实上，当 $r = 1$ 时，因为 a_1 是 $f(x)$

的根，故由因式定理，$(x-a_1)\mid f(x)$. 因此结论对 $r=1$ 成立. 假设结论对 $r-1$ 成立，现在证明结论对 r 成立. 因为 $a_1,a_2,\cdots,a_{r-1}$ 是 $f(x)$ 的根，故由归纳假设，$(x-a_1)(x-a_2)\cdots(x-a_{r-1})\mid f(x)$，即 $f(x)=(x-a_1)(x-a_2)\cdots(x-a_{r-1})h(x)$，其中 $h(x)\in F[x]$. 由于 a_r 为 $f(x)$ 的根，故

$$f(a_r)=(a_r-a_1)(a_r-a_2)\cdots(a_r-a_{r-1})h(a_r)=0.$$

因为 $a_1,a_2,\cdots,a_r$ 是 $f(x)$ 的不同的根，因此，$a_r-a_i\neq 0, i=1,2,\cdots,r-1$. 所以，$h(a_r)=0$. 由因式定理，$h(x)=(x-a_r)g(x)$，于是

$$f(x)=(x-a_1)(x-a_2)\cdots(x-a_{r-1})(x-a_r)g(x).$$

这就证明，如果 $a_1,a_2,\cdots,a_r$ 是 $f(x)$ 的不同的根，则 $(x-a_1)(x-a_2)\cdots(x-a_r)\mid f(x)$. 由此即得到定理 1.

定理 1 并没有告诉我们，n 次多项式 $f(x)\in F[x]$ 一定在 F 上有根. 例如，多项式 x^2+1 在实数域 $\mathbf{R}$ 上就没有根. 但是，当数域 F 为复数域 $\mathbf{C}$ 时，有

定理 2（代数基本定理） 任意一个 n 次复系数多项式一定有复数根，其中 $n\geqslant 1$.

这个定理是人们早就知道的. 直到 1797 年，二十岁的德国大数学家 Gauss 才给出第一个证明. 后来 Gauss 又给出三个证明. 由于十九世纪以前的代数是以研究代数方程为中心的，而这个定理对代数方程论又具有基本重要性，所以人们称它为代数基本定理. 这个定理的证明有的涉及复变函数论知识，而初等证明的篇幅又嫌太长，这里就不给出了.

利用代数基本定理容易证明：

定理 3 设 $f(x)$ 是任意一个 n 次复系数多项式，$n>0$，则 $f(x)$ 恰有 n 个复数根 $c_1,c_2,\cdots,c_n$，而且

$$f(x)=a_0(x-c_1)(x-c_2)\cdots(x-c_n), \tag{1.5.1}$$

其中 a_0 是 $f(x)$ 的首项系数.

证明 对多项式 $f(x)$ 的次数 n 用归纳法. 当 $n=1$ 时定理显然成立. 假设定理对次数为 $n-1$ 的多项式成立. 设 $f(x)$ 是 n 次复系数多项式. 由代数基本定理，$f(x)$ 具有复数根 c_1，由因式定理，$f(x)=(x-c_1)g(x)$，其中 $g(x)$ 为 $n-1$ 次复系数多项式. 由归纳假设，$g(x)$ 恰有 $n-1$ 个复数根 $c_2,c_3,\cdots,c_n$，并且 $g(x)=a_0(x-c_2)(x-c_3)\cdots(x-c_n)$. 于是，$f(x)=a_0(x-c_1)(x-c_2)\cdots(x-c_n)$. 显然，$c_1,c_2,\cdots,c_n$ 是 $f(x)$ 的 n 个复数根，而且 a_0 是 $f(x)$ 的首项系数. 定理 3 证毕.

应当说明，n 次多项式 $f(x)$ 的 n 个根 $c_1,c_2,\cdots,c_n$ 不一定都不相同. 如果 $f(x)$ 的根 c 在 $c_1,c_2,\cdots,c_n$ 中出现 k 次，则 c 称为 $f(x)$ 的 **k 重根**. 1 重根称为单

根. 不妨设 n 次多项式 $f(x)$ 的所有不同的根为 $c_1, c_2, \cdots, c_s$，它们的重数分别为 $k_1, k_2, \cdots, k_s$，则 $f(x)$ 的分解式(1.5.1)可以写为

$$f(x) = a_0(x-c_1)^{k_1}(x-c_2)^{k_2}\cdots(x-c_s)^{k_s},$$

其中正整数 $k_1, k_2, \cdots, k_s$ 满足 $k_1 + k_2 + \cdots + k_s = n$.

我们知道，复系数一次多项式一定是不可约的. 定理 2 表明，任何 n 次复系数多项式 $f(x)$ 在复数域上都是可约的，其中 $n \geqslant 2$. 因此，复系数多项式 $p(x)$ 在复数域 $\mathbf{C}$ 上不可约的充分必要条件是 $\deg p(x) = 1$. 利用这一事实和上节证明的唯一析因定理，也可以直接得到定理 3. 所以，定理 3 是复系数多项式的唯一析因定理.

下面讨论实系数多项式的不可约分解.

定理 4 实系数多项式 $f(x)$ 的复数根共轭成对出现.

证明 设 $f(x) = a_n x^n + a_{n-1}x^{n-1} + \cdots + a_1 x + a_0$，其中 $a_0, a_1, \cdots, a_n \in \mathbf{R}$，且设 c 是 $f(x)$ 的复数根，则

$$f(c) = a_n c^n + a_{n-1}c^{n-1} + \cdots + a_1 c + a_0 = 0.$$

上式两端取共轭，并注意 a_i 是实数，$i = 1, 2, \cdots, n$，则得到

$$a_n \bar{c}^n + a_{n-1}\bar{c}^{n-1} + \cdots + a_1 \bar{c} + a_0 = 0,$$

其中 $\bar{c}$ 是 c 的共轭复数，即 $f(\bar{c}) = 0$. 因此，$\bar{c}$ 也是 $f(x)$ 的根. 定理 4 证毕.

对复系数多项式，定理 4 并不成立. 例如，复系数多项式 $x^2 - \mathrm{i}x = x(x-\mathrm{i})$ 的根为 0 和 i，它们并不共轭.

由定理 4 可以知道，奇次实系数多项式一定有实数根.

定理 5 设实系数多项式 $p(x)$ 在实数域上不可约，则 $p(x)$ 的次为 1 或 2.

证明 反证法. 设 $\deg p(x) = n \geqslant 3$. 根据定理 2，作为复系数多项式，$p(x)$ 具有复数根. 如果 $p(x)$ 具有实数根 a，则由因式定理，$p(x) = (x-a)f(x)$，$f(x)$ 是实系数多项式. 这表明，$p(x)$ 在实数域上可约，与假设矛盾；如果 $p(x)$ 的根都是复数(不能是实数)，则由定理 4，n 为偶数. 设 $n = 2k$，$k \geqslant 2$，且设 $c_1, \bar{c}_1, c_2, \bar{c}_2, \cdots, c_k, \bar{c}_k$ 是 $p(x)$ 的根. 因此

$$p(x) = a_0(x-c_1)(x-\bar{c}_1)\cdots(x-c_k)(x-\bar{c}_k).$$

记

$$p_i(x) = (x-c_i)(x-\bar{c}_i) = x^2 - (c_i + \bar{c}_i)x + c_i\bar{c}_i, \quad i = 1, 2, \cdots, k.$$

显然，$p_i(x)$ 是实系数的. 因此，$p(x)$ 在实数域上可约，与假设矛盾. 这就证明，$1 \leqslant \deg p(x) \leqslant 2$. 定理 5 证毕.

利用二次方程的判别式，容易知道，实二次多项式 $x^2 + px + q$ 在实数域上不可约的充分必要条件是，它的判别式 $p^2 - 4q < 0$.

定理 6 n 次实系数多项式 $f(x)$ 可以分解为一次因式和二次不可约因式的乘积，即

$$f(x)=a_0(x-c_1)^{k_1}(x-c_2)^{k_2}\cdots(x-c_s)^{k_s}(x^2+p_1x+q_1)^{e_1}$$
$$\cdot(x^2+p_2x+q_2)^{e_2}\cdots(x^2+p_tx+q_t)^{e_t}, \tag{1.5.2}$$

其中 k_i 和 e_j 是正整数，$1\leqslant i\leqslant s, 1\leqslant j\leqslant t$，且

$$k_1+k_2+\cdots+k_s+2e_1+2e_2+\cdots+2e_e=n,$$

而 a_0 是 $f(x)$ 的首项系数，$c_1, c_2, \cdots, c_s, p_1, p_2, \cdots, p_t$ 和 $q_1, q_2, \cdots, q_t$ 都是实数，并且 $p_j^2-4q_j<0, j=1,2,\cdots,t$.

当然，如果 $f(x)$ 没有实根，则式(1.5.2)中的一次因式不出现；如果 $f(x)$ 的根都是实数，则二次因式不出现.

证明 这是 1.4 节中唯一析因定理和本节定理 5 的直接推论.

习 题

1. 把下列复系数多项式分解为一次因式的乘积：

(1) $(x+\cos\theta+\mathrm{i}\sin\theta)^n+(x+\cos\theta-\mathrm{i}\sin\theta)^n$；

(2) $(x+1)^n+(x-1)^n$；

(3) $x^n-C_{2n}^2x^{n-1}+C_{2n}^4x^{n-2}+\cdots+(-1)^nC_{2n}^{2n}$；

(4) $x^{2n}+C_{2n}^2x^{2n-2}(x^2-1)+C_{2n}^4x^{2n-4}(x^2-1)^2+\cdots+(x^2-1)^n$；

(5) $x^{2n+1}+C_{2n+1}^2x^{2n-1}(x^2-1)+C_{2n+1}^4x^{2n-3}(x^2-1)^2+\cdots+x(x^2-1)^n$.

2. 把下列实系数多项式分解为实的不可约因式的乘积：

(1) x^4+1；　　(2) x^6+27；

(3) $x^4+4x^3+4x^2+1$；　　(4) $x^{2n}-2x^n+2$；

(5) $x^4-ax^2+1, -2<a<2$；　　(6) $x^{2n}+x^n+1$.

3. 证明：复系数多项式 $f(x)$ 对所有实数 x 恒取正值的充分必要条件是，存在复系数多项式 $\varphi(x)$，$\varphi(x)$ 没有实数根，使得 $f(x)=|\varphi(x)|^2$.

4. 证明：实系数多项式 $f(x)$ 对所有实数 x 恒取非负实数值的充分必要条件是，存在实系数多项式 $\varphi(x)$ 和 $\psi(x)$，使得 $f(x)=[\varphi(x)]^2+[\psi(x)]^2$.

1.6 整系数与有理系数多项式

系数都是整数或者都是有理数的多项式称为**整系数多项式**或**有理系数多项**

式.根据1.4节定理1,有理系数多项式可以分解为有理系数不可约多项式的乘积,而且不计不可约因式的次序与零次因式,不可约分解是唯一的.问题是,如何判定一个有理系数多项式是否在有理数域 **Q** 上不可约?另外,1.4节定理1(即多项式的唯一析因定理)是对数域 F 而言的,对整数环 **Z**,唯一析因定理是否仍成立,这是本节所要讨论的.

和数域 F 上不可约多项式的定义相仿,可以给出不可约整系数多项式的定义.设 n 是正整数,如果 n 次整系数多项式 $f(x)$ 可以表为两个次数小于 n 的整系数多项式的乘积,则 $f(x)$ 称为在整数环 **Z** 上不可约.否则,$f(x)$ 称为在整数环 **Z** 上可约.

容易看出,如果整系数多项式 $f(x)$ 在 **Z** 上可约,则作为有理系数多项式,$f(x)$ 在有理数域 **Q** 上也可约.反之,如果整系数多项式 $f(x)$ 在 **Q** 上可约,$f(x)$ 是否在 **Z** 上也可约?为了回答这个问题,先引进以下的概念.

定义　如果整系数多项式 $f(x)=a_0+a_1x+\cdots+a_nx^n$ 的系数 $a_0,a_1,\cdots,a_n$ 的最大公因子为1,则 $f(x)$ 称为本原多项式.

设整系数多项式 $f(x)=a_0+a_1x+\cdots+a_nx^n$ 的系数的最大公因子为 $d=\gcd(a_0,a_1,\cdots,a_n)$,则 $a_i=d_ia_i'$,其中 $a_i'\in\mathbf{Z}$,$i=0,1,2,\cdots,n$,并且 $\gcd(a_0',a_1',\cdots,a_n')=1$.因此

$$f(x)=d(a_0'+a_1'x+\cdots+a_n'x^n).$$

设 $f_1(x)=a_0'+a_1'x+\cdots+a_n'x^n$.显然,$f_1(x)$ 是本原多项式,并且 $f(x)=df_1(x)$.这说明,每个整系数多项式都可以表成系数的最大公因子和本原多项式的乘积.

Gauss 引理　任意两个本原多项式的乘积是本原多项式.

证明　设 $f(x)=a_0+a_1x+\cdots+a_nx^n$ 与 $g(x)=b_0+b_1x+\cdots b_mx^m$ 是本原多项式.设 $f(x)g(x)=c_0+c_1x+\cdots+c_{n+m}x^{n+m}$,其中 $c_k=a_0b_k+a_1b_{k-1}+\cdots+c_{k-1}b_1+a_kb_0$,$k=0,1,\cdots,n+m$.这里约定,当 $i>m$ 时,$b_i=0$,而当 $j>n$ 时,$a_j=0$.如果 $f(x)g(x)$ 不是本原的,则 $\gcd(c_0,c_1,\cdots,c_{n+m})\neq1$.设素数 p 是 $c_0,c_1,\cdots,c_{n+m}$ 的公因子.由于 $f(x)$ 是本原的,故 p 不是 $a_0,a_1,\cdots,a_n$ 的公因子.因此,可设 a_i 是 $a_0,a_1,\cdots,a_n$ 中第一个不被 p 整除的系数.同理可设 b_j 是 $b_0,b_1,\cdots,b_m$ 中第一个不被 p 整除的系数.考察 $f(x)g(x)$ 的系数

$$c_{i+j}=a_0b_{i+j}+\cdots+a_{i-1}b_{j+1}+a_ib_j+a_{i+1}b_{j-1}+\cdots+a_{i+j}b_0.$$

由于素数 p 整除 $a_0,a_1,\cdots,a_{i-1},b_0,b_1,\cdots,b_{j-1}$ 和 c_{i+j},因此,p 整除 a_ib_j.因为 p 是素数,故 p 整除 a_i,或者整除 b_j,不可能.因此,$\gcd(c_0,c_1,\cdots,c_{n+m})=1$.这就证明了 Gauss 引理.

定理1　设 n 次整系数多项式 $f(x)$ 在 **Z** 上不可约,则 $f(x)$ 在 **Q** 上不可约.

证明 设 $f(x)$ 在 $\mathbf{Q}$ 上可约，则存在次数小于 n 的多项式 $g(x),h(x)\in\mathbf{Q}[x]$，使得 $f(x)=g(x)h(x)$. 将多项式 $g(x)$ 的系数通分，得到 $g(x)=b_1g_1(x)$，$b_1\in\mathbf{Q}$，$g_1(x)\in\mathbf{Z}[x]$，而 $g_1(x)$ 可表为系数最大公因子 d_1 和本原多项式 $\tilde{g}(x)$ 的乘积. 因此，$g(x)=b\tilde{g}(x)$，其中 $b=b_1d_1\in\mathbf{Q}$. 同理，$h(x)=c\tilde{h}(x)$，$c\in\mathbf{Q}$，$\tilde{h}(x)$ 为本原多项式. 于是，$f(x)=bc\tilde{g}(x)\tilde{h}(x)$. 由 Gauss 引理，$\tilde{g}(x)\tilde{h}(x)$ 是本原多项式，记 $bc=\dfrac{u}{v}$，$u,v\in\mathbf{Z}$. 由于 $f(x)$ 是整系数多项式，且 $\tilde{g}(x)\tilde{h}(x)$ 是本原的，因此，v 整除 u. 所以，$bc\in\mathbf{Z}$. 这就说明，$f(x)$ 在 $\mathbf{Z}$ 上可约，矛盾. 定理 1 证毕.

定理 1 说明，如果整系数多项式 $f(x)$ 在 $\mathbf{Q}$ 上可约，则 $f(x)$ 在 $\mathbf{Z}$ 上可约；反之，如果整系数多项式 $f(x)$ 在 $\mathbf{Z}$ 上可约，则 $f(x)$ 当然在 $\mathbf{Q}$ 上可约. 因此，整系数多项式 $f(x)$ 相对于整数环 $\mathbf{Z}$ 和有理数域 $\mathbf{Q}$ 的不可约性是相同的.

定理 2 n 次整系数多项式 $f(x)$ 可以分解为一个整数和若干个本原不可约多项式的乘积，而且不计因式的次序和符号，这种分解是唯一的.

证明 根据数域 F 上多项式的唯一析因定理，作为有理系数多项式，$f(x)$ 可以表为 $f(x)=a_0p_1(x)\cdots p_s(x)$，其中 $a_0\in\mathbf{Q}$ 是 $f(x)$ 的首项系数，$p_i(x)$ 是首一的有理系数多项式，且在 $\mathbf{Q}$ 上不可约，$i=1,2,\cdots,s$. 如同定理 1 的证明，$p_i(x)=b_iq_i(x)$，其中 $b_i\in\mathbf{Q}$，而 $q_i(x)$ 是本原多项式. 如果 $q_i(x)$ 在 $\mathbf{Z}$ 上可约，则 $q_i(x)$ 在 $\mathbf{Q}$ 上可约，从而 $p_i(x)$ 在 $\mathbf{Q}$ 上可约，不可能. 因此，$q_i(x)$ 在 $\mathbf{Z}$ 上不可约，$i=1,2,\cdots,s$. 于是

$$f(x)=a_0b_1\cdots b_sq_1(x)q_2(x)\cdots q_s(x).$$

和定理 1 的证明相同，可以证明，$a_0b_1\cdots b_s\in\mathbf{Z}$. 因此，$f(x)$ 可以表示为一个整数和若干个本原不可约多项式的乘积.

现在设

$$f(x)=a_0p_1(x)p_2(x)\cdots p_s(x)=b_0q_1(x)q_2(x)\cdots q_t(x),\quad(1.6.1)$$

其中 $a_0,b_0\in\mathbf{Z}$，$p_1(x),p_2(x),\cdots,p_s(x)$ 和 $q_1(x),q_2(x),\cdots,q_t(x)$ 是本原不可约多项式. 根据定理 1，$p_1(x),\cdots,p_s(x)$ 和 $q_1(x),\cdots,q_t(x)$ 在 $\mathbf{Q}$ 上不可约. 显然，$a_0p_1(x)$，$b_0q_1(x)$ 在 $\mathbf{Q}$ 上也不可约. 把 $f(x)$ 视为有理系数多项式，根据有理数域 $\mathbf{Q}$ 上多项式的唯一析因定理，$s=t$，并且可以适当地调整不可约因式的次序，使得相应的有理系数不可约因式只相差一个有理数因子. 为简单计，设 $a_0p_1(x)=c_1b_0q_1(x)$，$p_2(x)=c_2q_2(x)$，$\cdots$，$p_s(x)=c_sq_s(x)$，其中 $c_1,c_2,\cdots,c_s\in\mathbf{Q}$. 当 $2\leqslant i\leqslant s$ 时，由于 $p_i(x),q_i(x)$ 是本原的，因此 $c_i=\pm1$，即 $p_i(x)=\pm q_i(x)$. 由于 $p_1(x)=a_0^{-1}c_1b_0q_1(x)$，且 $p_1(x),q_1(x)$ 是本原的，因此 $a_0^{-1}c_1b_0=\pm1$，即 $a_0=$

$\pm c_1 b_0$，所以，$p_1(x)=\pm q_1(x)$．从而 $a_0=\pm b_0$．这就证明，如果不计本原不可约因式的次序和符号，则 $f(x)$ 可以唯一地分解为一个整数和若干个本原不可约因式的乘积．定理2证毕．

定理3（Eisenstein 判别准则）　设 $f(x)=a_0+a_1x+\cdots+a_nx^n\in\mathbf{Z}[x]$．如果存在素数 p，使得 $p\mid a_i$，$i=0,1,2,\cdots,n-1$，$p\nmid a_n$，且 $p^2\nmid a_0$ 则 $f(x)$ 在 $\mathbf{Z}$ 上不可约．

证明　反证法．设 $f(x)$ 在 $\mathbf{Z}$ 上可约，则

$$f(x)=(b_0+b_1x+\cdots+b_kx^k)(c_0+c_1x+\cdots+c_lx^l),$$

其中 $b_i,c_j\in\mathbf{Z}$，$i=0,1,\cdots,k$，$j=0,1,\cdots,l$，并且 $k<n$，$l<n$，$k+l=n$．于是得到，$a_i=b_0c_j+b_1c_{j-1}+\cdots+b_{j-1}c_1+b_jc_0$，$j=0,1,\cdots,n$，并且当 $i\geqslant k+1$ 时，约定 $b_i=0$，当 $j\geqslant l+1$ 时，约定 $c_j=0$．由于 $p\mid a_0$，$a_0=b_0c_0$，故 $p\mid b_0$，或者 $p\mid c_0$．由于 $p^2\nmid a_0$，故 p 不同时整除 b_0,c_0．因此可设 $p\mid b_0$，但 $p\nmid c_0$．又因为 $p\nmid a_n$，故 $p\nmid b_k$．所以必有某个 i_0，$1\leqslant i_0\leqslant k$，使得 $p\mid b_i$，$i=0,1,\cdots,i_0-1$，但 $p\nmid b_{i_0}$．由于 $p\mid a_{i_0}$，$p\mid b_i$，$i=0,1,\cdots,i_0-1$，并且 $a_{i_0}=b_0c_{i_0}+b_1c_{i_0-1}+\cdots+b_{i_0-1}c_1+b_{i_0}c_0$，故 $p\mid b_{i_0}c_0$．因为 $p\nmid b_{i_0}$，故 $p\mid c_0$，与 $p\nmid c_0$ 的假设相矛盾．这就证明，$f(x)$ 在 $\mathbf{Z}$ 上不可约．

利用 Eisenstein 判别准则容易看出，对每个整数 $n\geqslant 2$，都存在 n 次多项式 $f(x)\in\mathbf{Q}[x]$，使得 $f(x)$ 在 $\mathbf{Q}$ 上不可约．例如，多项式 $f(x)=x^n+2\in\mathbf{Z}[x]$，取 $p=2$，则 $f(x)$ 适合 Eisenstein 判别准则的条件，因此，$f(x)$ 在 $\mathbf{Z}$ 上不可约．根据定理1，作为有理系数多项式，$f(x)$ 在 $\mathbf{Q}$ 上不可约．

例1　设 p 是素数．多项式 $\Phi_p(x)=x^{p-1}+x^{p-2}+\cdots+x+1$ 称为**分圆多项式**．证明：分圆多项式 $\Phi_p(x)$ 在 $\mathbf{Z}$ 上（当然也在 $\mathbf{Q}$ 上）不可约．

证明　令 $x=y+1$．则

$$\begin{aligned}\Phi_p(x)=f(y)&=\frac{(y+1)^p-1}{(y+1)-1}\\&=y^{p-1}+py^{p-2}+\cdots+C_p^{k-1}y^{p-k}+\cdots+C_p^{p-2}y+p.\end{aligned}$$

显然，p 不能整除 $f(y)$ 的首项系数，p^2 不能整除 $f(y)$ 的常数项，但 p 整除 $f(y)$ 中首项系数外的其他各项．根据 Eisenstein 判别准则，$f(y)$ 在 $\mathbf{Z}$ 上不可约．如果 $\Phi_p(x)$ 在 $\mathbf{Z}$ 上可约，则 $\Phi_p(x)=g(x)h(x)$，其中 $g(x),h(x)\in\mathbf{Z}[x]$，且 $\deg g(x)<p-1$，$\deg h(x)<p-1$．于是，$f(y)=g(y+1)h(y+1)$．显然，$g(y+1),h(y+1)\in\mathbf{Z}[y]$．从而 $f(y)$ 在 $\mathbf{Z}$ 上可约，矛盾．所以分圆多项式 $\Phi_p(x)$ 在 $\mathbf{Z}$ 上不可约．

例2　设 $a_1,a_2,\cdots,a_n$ 是 n 个不同的整数，$n\geqslant 2$．证明：多项式 $f(x)=(x-$

$a_1)(x-a_2)\cdots(x-a_n)-1$ 在 $\mathbf{Q}$ 上不可约.

证明 设 $f(x)$ 在 $\mathbf{Q}$ 上可约,则 $f(x)$ 在 $\mathbf{Z}$ 上可约,因此,$f(x)=g(x)h(x)$,其中 $g(x),h(x)\in\mathbf{Z}[x]$,且 $\deg g(x)<\deg f(x)$,$\deg h(x)<\deg f(x)$.由于 $f(a_i)=g(a_i)h(a_i)=-1$.故 $|g(a_i)|=|h(a_i)|=1$,且 $g(a_i)+h(a_i)=0$.这表明,多项式 $g(x)+h(x)$ 至少有 n 个不同的根.由于 $\deg g(x)<n$,$\deg h(x)<n$,因此,$\deg(g(x)+h(x))<n$.由此可知,如果 $g(x)+h(x)$ 是非零多项式,则 $g(x)+h(x)$ 的根的个数小于 n,不可能.因此,$g(x)+h(x)$ 是零多项式,从而 $f(x)=-[g(x)]^2$.这和 $f(x)$ 的首项系数为 1 矛盾.这就证明了 $f(x)$ 在 $\mathbf{Q}$ 上不可约.

习　题

1. 利用 Eisenstein 判别准则判定下述整系数多项式的不可约性:

(1) $x^4-8x^3+12x^2-6x+2$;　　(2) x^4-x^3+2x+1;

(3) x^4+1;　　(4) x^6+x^3+1;

(5) $\sum_{i=1}^{p-1}(x+1)^i$,其中 p 是素数;

2. 设 $f(x)=a_0x^n+a_1x^{n-1}+\cdots+a_{n-1}x+a_n$ 是整系数多项式,且素数 p 满足:$p\nmid a_0$,$p\nmid a_1,\cdots,p\nmid a_k,p|a_i,i=k+1,k+2,\cdots,n$,而 $p^2\nmid a_n$.证明:$f(x)$ 具有次数 $\geqslant n-k$ 的整系数不可约因式.

3. 设 $f(x)=a_0x^{2n+1}+\cdots+a_nx^{n+1}+a_{n+1}x^n+\cdots+a_{2n}x+a_{2n+1}$ 是整系数多项式,且系数 p 满足:$p\nmid a_0,p|a_i,i=1,2,\cdots,n,p^2|a_i,i=n+1,n+2,\cdots,2n+1$,但 $p^3\nmid a_{2n+1}$.证明:$f(x)$ 在 $\mathbf{Q}$ 上不可约.

4. 设 $a_1,a_2,\cdots,a_n$ 是 n 个不同的整数.证明:多项式 $f(x)=(x-a_1)^2(x-a_2)^2\cdots(x-a_n)^2+1$ 在 $\mathbf{Q}$ 上不可约.

5. 试给出有理系数多项式 $f(x)=x^4+px^2+q$ 在 $\mathbf{Q}$ 上不可约的充分必要条件.

6. 设整系数多项式 $f(x)$ 在 x 的 4 个不同整数值上取值为 1,则 $f(x)$ 在 x 的其他整数值上的值不能是 -1.

7. 证明:设正整数 $n\geqslant 12$,并且 n 次整系数多项式 $f(x)$ 在 x 的 $\left[\frac{n}{2}\right]+1$ 个以上的整数值上取值为 ±1,则 $f(x)$ 在 $\mathbf{Q}$ 上不可约.次数 n 的下界 12 是否还可缩小?

8. 设整系数多项式 ax^2+bx+1 在有理数域 $\mathbf{Q}$ 上不可约,并且设 $\varphi(x)=(x-a_1)(x-a_2)\cdots(x-a_n)$,其中 $a_1,a_2,\cdots,a_n$ 是 n 个不同的整数,$n\geqslant 7$.证明:多项式 $f(x)=a[\varphi(x)]^2+b\varphi(x)+1$ 在 $\mathbf{Q}$ 上不可约.次数 n 的下界 7 是否还可缩小?

1.7 多元多项式环

设 F 是数域，$x_1,x_2,\cdots,x_n$ 是 n 个未定元. 设 $\mathbf{N}$ 是所有非负整数的集合. 记

$$\mathbf{N}^n = \{(k_1,k_2,\cdots,k_n): k_1,k_2,\cdots,k_n \in \mathbf{N}\}.$$

设 $(k_1,k_2,\cdots,k_n)\in\mathbf{N}^n$，$a_{k_1k_2\cdots k_n}\in F$，则 $a_{k_1k_2\cdots k_n}x_1^{k_1}x_2^{k_2}\cdots x_n^{k_n}$ 称为数域 F 上 n 元单项式，$k_1+k_2+\cdots+k_n$ 称为它的次数，$a_{k_1k_2\cdots k_n}$ 称为它的系数. 设 M 是集合 $\mathbf{N}^n$ 的有限子集合，则

$$f(x_1,x_2,\cdots,x_n) = \sum_{(k_1,k_2,\cdots,k_n)\in M} a_{k_1k_2\cdots k_n}x_1^{k_1}x_2^{k_2}\cdots x_n^{k_n}$$

称为数域 F 上 n 元多项式，其中 $a_{k_1k_2\cdots k_n}\in F$. n 元多项式 $f(x_1,x_2,\cdots,x_n)$ 的所有单项式的最高次数称为 $f(x_1,x_2,\cdots,x_n)$ 的次数，记为 $\deg f(x_1,x_2,\cdots,x_n)$，或简记为 $\deg f$，$a_{k_1k_n\cdots k_n}$ 称为项 $a_{k_1k_2\cdots k_n}x_1^{k_1}x_2^{k_2}\cdots x_n^{k_n}$ 的系数. 例如，$f(x_1,x_2,x_3)=4x_1x_2x_3+\cdots+\sqrt{3}x_2^3x_3+\pi x_1^3x_2^2$ 是实数域 $\mathbf{R}$ 上 5 次 3 元多项式. 所有数域 F 上 n 元多项式的集合记为 $F[x_1,x_2,\cdots,x_n]$.

给定数域 F 上 n 元多项式 $f(x_1,x_n,\cdots,x_n)$，可以按照字典排列法把它所有的项逐一写出来. 设 $a_{k_1k_2\cdots k_n}x_1^{k_1}x_2^{k_2}\cdots x_n^{k_n}$ 和 $a_{l_1l_2\cdots l_n}x_1^{k_1}x_2^{k_2}\cdots x_n^{k_n}$ 是 $f(x_1,x_2,\cdots,x_n)$ 的两个项. 如果存在正整数 i，$1\leqslant i\leqslant n$，使得 $k_1=l_1,k_2=l_2,\cdots,k_{i-1}=l_{i-l}$，而 $k_i>l_i$，则将项 $a_{k_1k_2\cdots k_n}x_1^{k_1}x_2^{k_2}\cdots x_n^{k_n}$ 写在项 $a_{l_1l_2\cdots l_n}x_1^{l_1}x_2^{l_2}\cdots x_n^{l_n}$ 之前. 例如，3 元多项式 $f(x_1,x_2,x_3)=x_1x_2^2x_3^2+x_1^3x_2+x_2x_3^3+x_1^2x_2x_3^2$ 可以按照字典排列写成 $f(x_1,x_2,\cdots,x_n)=x_1^3x_2+x_1^2x_2x_3^2+x_1x_2^2x_3^2+x_2x_3^3$. 按照字典排列法写在多项式 $f(x_1,x_2,\cdots,x_n)$ 的和式中最前面的项称为 $f(x_1,x_2,\cdots,x_n)$ 的首项，相应的系数称为 $f(x_1,x_2,\cdots,x_n)$ 的首项系数. 注意，$f(x_1,x_2,\cdots,x_n)$ 的首项不一定是最高次项.

设 $f(x_1,x_2,\cdots,x_n)$ 与 $g(x_1,x_2,\cdots,x_n)$ 是数域 F 上 n 元多项式. 如果它们的相应项的系数都相等，则 $f(x_1,x_2,\cdots,x_n)$ 与 $g(x_1,x_2,\cdots,x_n)$ 称为相等. 两个 n 元多项式的和是以它们相应项的系数之和作为相应项的系数的多项式，记为 $f(x_1,x_2,\cdots,x_n)+g(x_1,x_2,\cdots,x_n)$. 具体地说，设

$$f(x_1,x_2,\cdots,x_n) = \sum_{(k_1,k_2,\cdots,k_n)\in M_1} a_{k_1k_2\cdots k_n}x_1^{k_1}x_2^{k_2}\cdots x_n^{k_n},$$

$$g(x_1,x_2,\cdots,x_n)=\sum_{(k_1,k_2,\cdots,k_n)\in M_2} b_{k_1k_2\cdots k_n}x_1^{k_1}x_2^{k_2}\cdots x_n^{k_n},$$

其中 $M_1,M_2\in\mathbf{N}^n$. 记 $M=M_1\cup M_2$. 当 $(k_1,k_2,\cdots,k_n)\in M_1$, 但 $(k_1,k_2,\cdots,k_n)\notin M_2$ 时, 约定 $b_{k_1k_2\cdots k_n}=0$, 而当 $(k_1,k_2,\cdots,k_n)\notin M_1$, $(k_1,k_2,\cdots,k_n)\in M_2$ 时, 约定 $a_{k_1k_2\cdots k_n}=0$. 则 $f(x_1,x_2,\cdots,x_n)$ 与 $g(x_1,x_2,\cdots,x_n)$ 的和 $f(x_1,x_2,\cdots,x_n)+g(x_1,x_2,\cdots,x_n)$ 为

$$f(x_1,x_2,\cdots,x_n)+g(x_1,x_2,\cdots,x_n)$$
$$=\sum_{(k_1,k_2,\cdots,k_n)\in M}(a_{k_1k_2\cdots k_n}+b_{k_1k_2\cdots k_n})x_1^{k_1}x_2^{k_2}\cdots x_n^{k_n}.$$

容易看出, $\deg(f(x_1,x_2,\cdots,x_n)+g(x_1,x_2,\cdots,x_n))\leqslant\max\{\deg f(x_1,x_2,\cdots,x_n),\deg g(x_1,x_2,\cdots,x_n)\}$. 对 n 元多项式的加法, 容易验证下述公理成立:

(A1) 结合律: 对任意 $f(x_1x_2,\cdots,x_n)$, $g(x_1,x_2,\cdots,x_n)$, $h(x_1,x_2,\cdots,x_n)\in F[x_1,x_2,\cdots,x_n]$,

$$(f(x_1,x_2,\cdots,x_n)+g(x_1,x_2,\cdots,x_n))+h(x_1,x_2,\cdots,x_n)$$
$$=f(x_1,x_2,\cdots,x_n)+(g(x_1,x_2,\cdots,x_n)+h(x_1,x_2,\cdots,x_n));$$

(A2) 交换律: 对任意 $f(x_1,x_2,\cdots,x_n)$, $g(x_1,x_2,\cdots,x_n)\in F[x_1,x_2,\cdots,x_n]$, $f(x_1,x_2,\cdots,x_n)+g(x_1,x_2,\cdots,x_n)=g(x_1,x_2,\cdots,x_n)+f(x_1,x_2,\cdots,x_n)$;

(A3) 每个系数都为零的 n 元多项式称为**零多项式**, 记为 0, 零多项式的次数约定为 $-\infty$. 显然, $0\in F[x_1,x_2,\cdots,x_n]$, 并且对任意 $f(x_1,x_2,\cdots,x_n)\in F[x_1,x_2,\cdots,x_n]$,

$$f(x_1,x_2,\cdots,x_n)+0=0+f(x_1,x_2,\cdots,x_n)=f(x_1,x_2,\cdots,x_n);$$

(A4) 设 $f(x_1,x_2,\cdots,x_n)=\sum_{(k_1,k_2,\cdots,k_n)\in M} a_{k_1k_2\cdots k_n}x_1^{k_1}x_2^{k_2}\cdots x_n^{k_n}\in F[x_1,x_2,\cdots,x_n]$. 多项式 $\sum_{(k_1,k_2,\cdots,k_n)\in M}(-a_{k_1k_2\cdots k_n})x_1^{k_1}x_2^{k_2}\cdots x_n^{k_n}$ 称为 $f(x_1,x_2,\cdots,x_n)$ 的**负多项式**. 记为 $-f(x_1,x_2,\cdots,x_n)$. 显然

$$f(x_1,x_2,\cdots,x_n)+(-f(x_1,x_2,\cdots,x_n))=0$$
$$=(-f(x_1,x_2,\cdots,x_n))+f(x_1,x_2,\cdots,x_n).$$

设 $f(x_1,x_2,\cdots,x_n)=\sum_{(k_1,k_2,\cdots,k_n)\in M_1} a_{k_1k_2\cdots k_n}x_1^{k_1}x_2^{k_2}\cdots x_n^{k_n}$, $g(x_1,x_2,\cdots,x_n)=\sum_{(l_1,l_2,\cdots,l_n)\in M_2} b_{l_1l_2\cdots l_n}x_1^{l_1}x_2^{l_2}\cdots x_n^{l_n}\in F[x_1,x_2,\cdots,x_n]$. 设 $m_i=k_i+l_i$, $i=1,2,\cdots,n$, 且记

$$M=\{(m_1,m_2,\cdots,m_n):(k_1,k_2,\cdots,k_n)\in M_1,(l_1,l_2,\cdots,l_n)\in M_2\}.$$

设 $f(x_1,x_2,\cdots,x_n)$ 与 $g(x_1,x_2,\cdots,x_n)$ 的**乘积** $f(x_1,x_2,\cdots,x_n)\cdot g(x_1,x_2,\cdots,x_n)$ 规定为

$$f(x_1,x_2,\cdots,x_n)g(x_1,x_2,\cdots,x_n)=\sum_{(m_1,m_2,\cdots,m_n)\in M}c_{m_1m_2\cdots m_n}\cdot x_1^{m_1}x_2^{m_2}\cdots x_n^{m_n},$$

其中 $c_{m_1m_2\cdots m_n}=\sum\limits_{\substack{k_j+l_j=m_j\\1<j<m}}a_{k_1k_2\cdots k_n}b_{l_1l_2\cdots l_n}$. 显然，$f(x_1,x_2,\cdots,x_n)g(x_1,x_2,\cdots,x_n)\in F[x_1,x_2,\cdots,x_n]$. 并且乘积 $f(x_1,x_2,\cdots,x_n)g(x_1,x_2,\cdots,x_n)$ 的首项系数等于 $f(x_1,x_2,\cdots,x_n)$ 与 $g(x_1,x_2,\cdots,x_n)$ 的首项系数的乘积，即 $\deg(f(x_1,x_2,\cdots,x_n)g(x_1,x_2,\cdots,x_n))=\deg f(x_1,x_2,\cdots,x_n)+\deg g(x_1,x_2,\cdots,x_n)$. 此外，对 n 元多项式的乘法，乘法结合律，乘法交换律以及加乘分配律成立. 同时，对任意 $f(x_1,x_2,\cdots,x_n)\in F[x_1,x_2,\cdots,x_n]$，均有

$$1\cdot f(x_1,x_2,\cdots,x_n)=f(x_1,x_2,\cdots,x_n)=f(x_1,x_2,\cdots,x_n)\cdot 1,$$

其中 1 是数域 F 上零次多项式. 于是，$F[x_1,x_2,\cdots,x_n]$ 在上述多项式的加法与乘法下构成一个交换环，它称为数域 F 上 **n 元多项式环**.

习　题

1. 设 $f(x_1,x_2,\cdots,x_n)$，$g(x_1,x_2,\cdots,x_n)\in F[x_1,x_2,\cdots,x_n]$. 证明：如果 $f(x_1,x_2,\cdots,x_n)g(x_1,x_2,\cdots,x_n)$ 为零多项式，则 $f(x_1,x_2,\cdots,x_n)$ 与 $g(x_1,x_2,\cdots,x_n)$ 至少有一个是零多项式.

2. 设 $f(x_1,x_2,\cdots,x_n)$，$g(x_1,x_2,\cdots,x_n)$，$h(x_1,x_2,\cdots,x_n)\in F[x_1,x_2,\cdots,x_n]$. 证明：如果 $f(x_1,x_2,\cdots,x_n)g(x_1,x_2,\cdots,x_n)=f(x_1,x_2,\cdots,x_n)h(x_1,x_2,\cdots,x_n)$，则 $g(x_1,x_2,\cdots,x_n)=h(x_1,x_2,\cdots,x_n)$.

3. 验证 $F[x_1,x_2,\cdots,x_n]$ 在 n 元多项式的加法与乘法下成为一个交换环.

1.8　对称多项式

设 $F[x_1,x_2,\cdots,x_n]$ 是数域 F 上 n 元多项式环. 在 n 元多项式中，经常遇到的是所谓对称多项式. 其定义如下：

定义　设 $f(x_1,x_2,\cdots,x_n)\in F[x_1,x_2,\cdots,x_n]$. 如果对自然数 $1,2,\cdots,n$ 的任意一个排列 $i_1i_2\cdots i_n$，都有 $f(x_{i_1},x_{i_2},\cdots,x_{i_n})=f(x_1,x_2,\cdots,x_n)$，则 $f(x_1,x_2,$

$\cdots,x_n)$称为 n 元对称多项式.

容易看出

$$\sigma_1 = x_1 + x_2 + \cdots + x_n = \sum_{i=1}^{n} x_i,$$

$$\sigma_2 = x_1x_2 + x_1x_3 + \cdots + x_1x_n + \cdots + x_{n-1}x_n = \sum_{1\leqslant i_1<i_2\leqslant n} x_{i_1}x_{i_2},$$

…………

$$\sigma_k = \sum_{1\leqslant i_1<i_2<\cdots<i_k\leqslant n} x_{i_1}x_{i_2}\cdots x_{i_k},$$

…………

$$\sigma_n = x_1x_2\cdots x_n,$$

都是 n 元对称多项式.它们称为 n 元基本对称多项式.

可验证:两个 n 元对称多项式之和、差与积仍是 n 元对称多项式.此外,对任意 $f(x_1,x_2,\cdots,x_n)\in \boldsymbol{F}[x_1,x_2,\cdots,x_n]$,如果用基本对称多项式 $\sigma_1,\sigma_2,\cdots,\sigma_n$ 分别替换 $f(x_1,x_2,\cdots,x_n)$中的未定元 $x_1,x_2,\cdots,x_n$,得到 $f(\sigma_1,\sigma_2,\cdots,\sigma_n)$,则 $f(\sigma_1,\sigma_2,\cdots,\sigma_n)$是一个关于未定元 $x_1,x_2,\cdots,x_n$ 的对称多项式.例如,$n=3$,$f(x_1,x_2,x_3)=x_1x_2+2x_3\in\mathbf{R}[x_1,x_2,x_3]$.用 $\sigma_1=x_1+x_2+x_3$,$\sigma_2=x_1x_2+x_1x_3+x_2x_3$ 与 $\sigma_3=x_1x_2x_3$ 分别替换 $f(x_1,x_2,\cdots,x_3)$的未定元 x_1,x_2,x_3,得

$$f(\sigma_1,\sigma_2,\sigma_3) = \sigma_1\sigma_2 + 2\sigma_3 = x_1^2x_2 + x_1^2x_3 + x_1x_2^2 + x_1x_3^2 + x_2x_3^2 + 5x_1x_2x_3.$$

显然,它是一个三元对称多项式.反之,有:

定理 1(对称多项式基本定理) 设 $f(x_1,x_2,\cdots,x_n)$是数域 $\boldsymbol{F}$ 上 n 元对称多项式.则存在唯一的多项式 $g(x_1,x_2,\cdots,x_n)\in \boldsymbol{F}[x_1,x_2,\cdots,x_n]$,使得

$$f(x_1,x_2,\cdots,x_n) = g(\sigma_1,\sigma_2,\cdots,\sigma_n),$$

其中 $\sigma_1,\sigma_2,\cdots,\sigma_n$ 是数域$\boldsymbol{F}$ 上 n 元基本对称多项式.

证明 先证明多项式 $g(x_1,x_2,\cdots,x_n)$的存在性.设对称多项式 $f(x_1,x_2,\cdots,x_n)$的首项为 $a_{k_1k_2\cdots k_n}x_1^{k_1}x_2^{k_2}\cdots x_n^{k_n}$.则一定有 $k_1\geqslant k_2\geqslant\cdots\geqslant k_n$.因为不然的话,将有某个 j,使得 $k_j<k_{j+1}$.由于 $f(x_1,x_2,\cdots,x_n)$是对称的,则通过对换未定元 x_j 和 x_{j+1} 便可看出,$f(x_1,x_2,\cdots,x_n)$含有项 $a_{k_1k_2\cdots k_n}x_1^{k_1}x_2^{k_2}\cdots x_{j-1}^{k_{j-1}}x_j^{k_{j+1}}x_{j+1}^{k_j}x_{j+1}^{k_{j+1}}\cdots\cdot x_n^{k_n}$.显然,按字典排列法它应排在项 $a_{k_1k_2\cdots k_n}x_1^{k_1}x_2^{k_2}\cdots x_n^{k_n}$ 之前,这和 $a_{k_1k_2\cdots k_n}x_1^{k_1}x_2^{k_2}\cdots x_n^{k_n}$ 为$f(x_1,x_2,\cdots,x_n)$的首项的假设矛盾.

取 n 元对称多项式$\varphi_1(x_1,x_2,\cdots,x_n)$为

$$\varphi_1(x_1,x_2,\cdots,x_n) = a_{k_1k_2\cdots k_n}\sigma_1^{k_1-k_2}\sigma_2^{k_2-k_3}\cdots\sigma_{n-1}^{k_{n-1}-k_n}\sigma_n^{k_n}.$$

容易看出,$\sigma_1,\sigma_2,\cdots,\sigma_n$ 的首项依次是 $x_1,x_1x_2,\cdots,x_1x_2\cdots x_n$.因此,$\varphi_1(x_1,x_2,$

$\cdots,x_n)$的首项为 $a_{k_1k_2\cdots k_n}x_1^{k_1}x_2^{k_2}\cdots x_n^{k_n}$. 于是,$f_1(x_1,x_2,\cdots,x_n)=f(x_1,x_2,\cdots,x_n)-\varphi_1(x_1,x_2,\cdots,x_n)$是数域 F 上 n 元对称多项式. 如果 $f_1(x_1,x_2,\cdots,x_n)$是零多项式,则 $f(x_1,x_2,\cdots,x_n)=\varphi_1(x_1,x_2,\cdots,x_n)$是关于 $\sigma_1,\sigma_2,\cdots,\sigma_n$ 的多项式. 如果 $f_1(x_1,x_2,\cdots,x_n)$是非零多项式,则 $f(x_1,x_2,\cdots,x_n)$的首项 $a_{k_1k_2\cdots k_n}x_1^{k_1}x_2^{k_2}\cdots x_n^{k_n}$ 应在$f_1(x_1,x_2,\cdots,x_n)$的首项 $b_{l_1l_2\cdots l_n}x_1^{l_1}x_2^{l_2}\cdots x_n^{l_n}$ 之前,其中 $l_1\geqslant l_2\geqslant\cdots\geqslant l_n$. 记

$$\varphi_2(x_1,x_2,\cdots,x_n)=b_{l_1l_2\cdots l_n}\sigma_1^{l_1-l_2}\sigma_2^{l_2-l_2}\cdots\sigma_{n-1}^{l_{n-1}-l_n}\sigma_n^{l_n}.$$

则数域 F 上 n 元对称多项式$f_2(x_1,x_2,\cdots,x_n)=f_1(x_1,x_2,\cdots,x_n)-\varphi_2(x_1,x_2,\cdots,x_n)$为零多项式,或为非零多项式,并且 $f_1(x_1,x_2,\cdots,x_n)$的首项在 $f_2(x_1,x_2,\cdots,x_n)$的首项之前,设 $f_2(x_1,x_2,\cdots,x_n)$为非零多项式. 重复上述过程,得到对称多项式序列:

$$f_0(x_1,x_2,\cdots,x_n)=f(x_1,x_2,\cdots,x_n)-\varphi_1(x_1,x_2,\cdots,x_n),$$

…………

$$f_{i+1}(x_1,x_2,\cdots,x_n)=f_i(x_1,x_2,\cdots,x_n)-\varphi_{i+1}(x_1,x_2,\cdots,x_n),i=0,1,2,\cdots,$$

其中 $\varphi_{i+1}(x_1,x_2,\cdots,x_n)$是关于 $\sigma_1,\sigma_2,\cdots,\sigma_n$ 的多项式,而且 $f_i(x_1,x_2,\cdots,x_n)$的首项在 $f_{i+1}(x_1,x_2,\cdots,x_n)$的首项之前,$i=0,1,2,\cdots$. 设 $f_i(x_1,x_2,\cdots,x_n)$的首项为 $c_{m_1m_2\cdots m_n}x_1^{m_1}x_2^{m_2}\cdots x_n^{m_n}$,则 $m_1\geqslant m_2\geqslant\cdots\geqslant m_n$. 并且由于 $f(x_1,x_2,\cdots,x_n)$的首项在 $f_i(x_1,x_2,\cdots,x_n)$的首项之前,故 $k_1\geqslant m_1$. 因为适合 $k_1\geqslant m_1$ 的非负整数 m_1 只有有限多个,而且对每个适合 $k_1\geqslant m_1$ 的非负整数 m_1,适合 $m_1\geqslant m_2\geqslant\cdots\geqslant m_n$ 的非负整数的 n 数组$(m_1,m_2,\cdots,m_n)$也只有有限多个,因此存在某个 j,使得 $f_j(x_1,x_2,\cdots,x_n)=0$. 于是,$f(x_1,x_2,\cdots,x_n)=\varphi_1(x_1,x_2,\cdots,x_n)+\varphi_2(x_1,x_2,\cdots,x_n)+\cdots+\varphi_j(x_1,x_2,\cdots,x_n)$. 这就证明了 $f(x_1,x_2,\cdots,x_n)$可以表为系数在 F 中的关于$\sigma_1,\sigma_2,\cdots,\sigma_n$ 的多项式.

现在证明唯一性. 设存在 $g(x_1,x_2,\cdots,x_n),h(x_1,x_2,\cdots,x_n)\in F[x_1,x_2,\cdots,x_n]$,使得

$$f(x_1,x_2,\cdots,x_n)=g(\sigma_1,\sigma_2,\cdots,\sigma_n)=h(\sigma_1,\sigma_2,\cdots,\sigma_n).\tag{1.8.1}$$

设 $g(x_1,x_2,\cdots,x_n)$与 $h(x_1,x_2,\cdots,x_n)$的首项分别为 $a_{k_1k_2\cdots k_n}x_1^{k_1}x_2^{k_2}\cdots x_n^{k_n}$ 与$b_{l_1l_2\cdots l_n}x_1^{l_1}x_2^{l_2}\cdots x_n^{l_n}$. 于是,$g(\sigma_1(x_1,x_2,\cdots,x_n),\sigma_2(x_1,x_2,\cdots,x_n),\cdots,\sigma_n(x_1,x_2,\cdots,x_n))$的首项为

$$a_{k_1k_2\cdots k_n}x_1^{k_1}(x_1x_2)^{k_2}\cdots(x_1x_2\cdots x_n)^{k_n}=a_{k_1k_2\cdots k_n}x_1^{k_1+k_2+\cdots+k_n}x_2^{k_2+\cdots+k_n}\cdots x_n^{k_n},$$

而 $h(\sigma_1(x_1,x_2,\cdots,x_n),\sigma_2(x_1,x_2,\cdots,x_n),\cdots,\sigma_n(x_1,x_2,\cdots,x_n))$的首项为 $b_{l_1l_2\cdots l_n}x_1^{l_1+l_2+\cdots+l_n}x_2^{l_2+\cdots+l_n}\cdots x_n^{l_n}$. 由式(1.8.1),$a_{k_1k_2\cdots k_n}=b_{l_1l_2\cdots l_n}$,并且 k_1+k_2

$+\cdots+k_n=l_1+l_2+\cdots+l_n, k_2+\cdots+k_{n-1}k_n=l_2+\cdots+l_{n-1}l_n,\cdots,k_{n-1}+k_n=l_{n-1}+l_n, k_n=l_n$.由此得到,$k_1=l_1, k_2=l_2,\cdots,k_n=l_n$.即 $g(x_1,x_2,\cdots,x_n)$与 $h(x_1,x_2,\cdots,x_n)$具有相同的首项.从 $g(x_1,x_2,\cdots,x_n)$与 $h(x_1,x_2,\cdots,x_n)$中各减去首项,分别记为 $g_1(x_1,x_2,\cdots,x_n)$与 $h_1(x_1,x_2,\cdots,x_n)$.显然

$$\begin{aligned}&g_1(\sigma_1(x_1,x_2,\cdots,x_n),\sigma_2(x_1,x_2,\cdots,x_n),\cdots,\sigma_2(x_1,x_2,\cdots,x_n))\\&\quad= h_1(\sigma_1(x_1,x_2,\cdots,x_n),\sigma_2(x_1,x_2,\cdots,x_n),\cdots,\sigma_n(x_1,x_2,\cdots,x_n)).\end{aligned}$$

上式是关于 $x_1,x_2,\cdots,x_n$ 的对称多项式,记为 $f_1(x_1,x_2,\cdots,x_n)$.再对 $f_1(x_1,x_2,\cdots,x_n)$, $g_1(x_1,x_2,\cdots,x_n)$与 $h_1(x_1,x_2,\cdots,x_n)$用上述证明,如此继续,即可证明 $g(x_1,x_2,\cdots,x_n)=h(x_1,x_2,\cdots,x_n)$.定理 1 证毕.

定理 1 中关于存在性部分的证明是构造性的,它给出了对称多项式表为关于基本对称多项式 $\sigma_1,\sigma_2,\cdots,\sigma_n$ 的多项式的具体方法.

各个项次数相等的多项式称为**齐次多项式**,否则称为**非齐次多项式**.例如,多项式 $g(x_1,x_2,\cdots,x_n)=\sum\limits_{1\leqslant i<j\leqslant n} x_i^2x_j$ 是一个三次齐次多项式.对于给定的 m 次齐次多项式$f(x_1,x_2,\cdots,x_n)$,可以把它的同次项归并在一起,得到

$$f(x_1,x_2,\cdots,x_n)=\sum_{j=0}^{m}f_j(x_1,x_2,\cdots,x_n),$$

其中 $f_j(x_1,x_2,\cdots,x_n)$是 j 次齐次多项式,即 $f(x_1,x_2,\cdots,x_n)$可以表为若干个齐次多项式之和.

把对称多项式 $f(x_1,x_2,\cdots,x_n)$表为关于基本对称多项式 $\sigma_1,\sigma_2,\cdots,\sigma_n$ 的多项式,除了定理 1 所给出的方法外,还可以采用待定系数法,其步骤如下:

1. 把多项式 $f(x_1,x_2,\cdots,x_n)$分解为齐次多项式之和.容易看出,由于 $f(x_1,x_2,\cdots,x_n)$是对称的,因此,这些齐次多项式也是对称的;

2. 设 m 次齐次对称多项式 $f_m(x_1,x_2,\cdots,x_n)$的首项是 $a_{k_1k_2\cdots k_n}x_1^{k_1}x_2^{k_2}\cdots x_n^{k_n}$,其中 $k_1\geqslant k_2\geqslant\cdots\geqslant k_n$,且 $k_1+k_2+\cdots+k_n=m$.写出所有可能排在 $f_m(x_1,x_2,\cdots,x_n)$的首项之后的项 $a_{l_1l_2\cdots l_n}x_1^{l_1}x_2^{l_2}\cdots x_n^{l_n}$,其中 $l_1\geqslant l_2\geqslant\cdots\geqslant l_n$, $l_1+l_2+\cdots+l_n=m$,并且存在某个 j,使得 $k_1=l_1,\cdots,k_{j-1}=l_{j-1}, k_j>l_j$, $1\leqslant j\leqslant n$,这里 j 与项 $a_{l_1l_2\cdots l_n}x_1^{l_1}x_2^{l_2}\cdots x_n^{l_n}$ 有关.所有适合这些条件的$(l_1,l_2,\cdots,l_n)\in\mathbf{N}^n$ 的集合记为M;

3. 对每个可能出现的项 $a_{l_1l_2\cdots l_n}x_1^{l_1}x_2^{l_2}\cdots x_n^{l_n}$ 构作一个项 $A_{l_1l_2\cdots l_n}\sigma_1^{l_1-l_2}\sigma_2^{l_2-l_3}\cdots\sigma_{n-1}^{l_{n-1}-l_n}\sigma_n^{l_n}$,并令

$$f(x_1,x_2,\cdots,x_n)=\sum_{(l_1,l_2,\cdots,l_n)\in M}A_{l_1l_2\cdots l_n}\sigma_1^{l_1-l_2}\sigma_2^{l_2-l_3}\cdots\sigma_{n-1}^{l_{n-1}-l_n}\sigma_n^{l_n},$$

其中 $A_{l_1 l_2 \cdots l_n}$ 为待定常数；

4. 取 $x_1, x_2, \cdots, x_n$ 的一些特殊值，代入上式，便得到一组关于 $A_{l_1 l_2 \cdots l_n}$ 的方程，解之即得 $A_{l_1 l_2 \cdots l_n}$. 通常特殊值可以取为 $x_1 = x_2 = \cdots = x_k = 1, x_{k+1} = x_{k+2} = \cdots = x_n = 0$. 把它们代入 $\sigma_j(x_1, x_2, \cdots, x_n)$，得到

$$\sigma_j(\underbrace{1,1,\cdots,1}_{k个},0,\cdots,0) = \begin{cases} C_k^j, & 1 \leqslant j \leqslant k, \\ 0, & k+1 \leqslant j \leqslant n. \end{cases}$$

例 1　把 n 元对称多项式

$$f(x_1, x_2, \cdots, x_n) = \sum_{1 \leqslant i < j < k \leqslant n} (x_i^2 x_j^2 x_k + x_i^2 x_j x_k^2 + x_i x_j^2 x_k^2)$$

表为关于基本对称多项式的多项式，其中 $n \geqslant 5$.

解　$f(x_1, x_2, \cdots, x_n)$本身是5次齐次对称多项式，它的首项是 $x_1^2 x_2^2 x_3$. 可能出现在它后面的项有 $x_1^2 x_2 x_3 x_4, x_1 x_2 x_3 x_4 x_5$. 令

$$\begin{aligned} f(x_1, x_2, \cdots, x_n) &= \sigma_1^{2-2} \sigma_2^{2-1} \sigma_3^1 + A\sigma_1^{2-1} \sigma_2^{1-1} \sigma_3^{1-1} \sigma_4 \\ &\quad + B\sigma_1^{1-1} \sigma_2^{1-1} \sigma_3^{1-1} \sigma_4^{1-1} \sigma_5^1 = \sigma_2 \sigma_3 + A\sigma_1 \sigma_4 + B\sigma_5. \end{aligned}$$

取 $x_1 = x_2 = x_3 = x_4 = 1, x_5 = 0$. 则 $\sigma_1 = C_4^1 = 4, \sigma_2 = C_4^2 = 6, \sigma_3 = C_4^3 = 4, \sigma_4 = C_4^4 = 1, \sigma_5 = 0$，并且 $f(1,1,1,1,0,\cdots,0) = 12$. 因此，$12 = 24 + 4A$. 所以，$A = -3$. 再取 $x_1 = x_2 = \cdots = x_5 = 1, x_6 = x_7 = \cdots = x_n = 0$. 则 $\sigma_1 = C_5^1 = 5, \sigma_2 = C_5^2 = 10, \sigma_3 = C_5^3 = 10, \sigma_4 = C_5^4 = 5, \sigma_5 = 1$，并且 $f(1,1,1,1,1,0,\cdots,0) = 3 \times C_5^3 = 30$. 因此，$30 = 100 - 3 \times 25 + B$. 所以，$B = 5$. 由此得到

$$f(x_1, x_2, \cdots, x_n) = \sigma_2 \sigma_3 - 3\sigma_1 \sigma_4 + 5\sigma_5.$$

利用基本对称多项式，可以得到关于一元多项式的根与系数的定理. 这就是著名的 Vièta 定理.

定理 2　设数域 F 上 n 次多项式 $f(x) = a_0 + a_1 x + \cdots + a_{n-1} x^{n-1} + x^n$ 的根为 $c_1, c_2, \cdots, c_n$，则

$$a_k = (-1)^{n-k} \sigma_{n-k}(c_1, c_2, \cdots, c_n), \quad k = 0,1,2,\cdots,n,$$

其中 $a_n = 1$ 且 $\sigma_0(c_1, c_2, \cdots, c_n) = 1$.

证明　因为 $c_1, c_2, \cdots, c_n$ 是首一多项式 $f(x)$ 的根，所以

$$\begin{aligned} f(x) &= a_0 + a_1 x + \cdots + a_{n-1} x^{n-1} + x^n \\ &= (x - c_1)(x - c_2)\cdots(x - c_n). \end{aligned}$$

上式右端乘开，并比较上式两端同次项系数，得到

$$a_{n-1} = -(c_1 + c_2 + \cdots + c_n) = -\sigma_1(c_1, c_2, \cdots, c_n),$$

$$\begin{aligned} a_{n-2} &= c_1 c_2 + c_1 c_3 + \cdots + c_1 c_n + c_2 c_3 + \cdots + c_2 c_n + \cdots \\ &\quad + c_{n-1} c_n = \sigma_2(c_1, c_2, \cdots, c_n), \end{aligned}$$

$$\cdots\cdots\cdots\cdots$$

$$\begin{aligned} a_k &= (-1)^{n-k}(c_1c_2\cdots c_{n-k} + c_1c_2\cdots c_{n-k-1}c_{n-k+1} + \cdots \\ &\quad + c_1c_2\cdots c_{n-k-1}c_n + \cdots + c_{k+1}c_{k+2}\cdots c_n) \\ &= (-1)^{n-k}\sigma_{n-k}(c_1,c_2,\cdots,c_n), \end{aligned}$$

$$\cdots\cdots\cdots\cdots$$

$$a_1 = (-1)^{n-1}(c_1c_2\cdots c_{n-1} + c_1c_2\cdots c_{n-2}c_n + \cdots + c_2c_3\cdots c_n)$$

$$a_0 = (-1)^n c_1c_2\cdots c_n = (-1)^n\sigma_n(c_1,c_2,\cdots,c_n).$$

定理 2 证毕.

例 2 证明多项式 $f(x)=x^9+x^7+x^3+x^2+x-1$ 所有根的平方和为 -2.

证明 设 $c_1,c_2,\cdots,c_9$ 是 $f(x)$ 根.把 $f(x)$ 所有根的平方和表为基本对称多项式的多项式,得到

$$\sum_{j=1}^{9} c_j^2 = \sigma_1^2(c_1,c_2,\cdots,c_9) - 2\sigma_2(c_1,c_2,\cdots,c_9).$$

由定理 2,$\sigma_1(c_1,c_2,\cdots,c_9)=0$,$\sigma_2(c_1,c_2,\cdots,c_9)=1$,于是,$\sum\limits_{j=1}^{9} c_j^2 = -2$.

在对称多项式中,除基本对称多项式外,还有一组重要的对称多项式,即**等幂和**,其定义为

$$s_k(x_1,x_2,\cdots,x_n) = x_1^k + x_2^k + \cdots + x_n^k,\quad k = 0,1,2,\cdots.$$

关于基本对称多项式与等幂和,有:

定理 3(Newton 恒等式) 当 $k\geqslant n$ 时,

$$s_k - \sigma_1 s_{k-1} + \sigma_2 s_{k-2} + \cdots + (-1)^{n-1}\sigma_{n-1}s_{k-n+1} + (-1)^n\sigma_n s_{k-n} = 0;$$

当 $k\leqslant n$ 时,

$$s_k - \sigma_1 s_{k-1} + \sigma_2 s_{k-2} + \cdots + (-1)^{k-1}\sigma_{k-1}s_1 + (-1)^k k\sigma_k = 0.$$

证明 设 $f(x) = \sum\limits_{i=0}^{n}(-1)^i\sigma_i x^{n-i}$,$g(x) = \sum\limits_{i=0}^{k} s_i x^{k-i}$,$h(x) = f(x)g(x) = \sum\limits_{i=0}^{n+k} h_i x^{n+k-i}$,其中 $h_i = \sum\limits_{j=0}^{i}(-1)^j\sigma_j s_{i-j}$.由 Vièta 定理,$f(x) = \prod\limits_{i=1}^{n}(x-x_i)$.又由 $g(x) = \sum\limits_{i=1}^{n}\dfrac{x^{k+1}-x_i^{k+1}}{x-x_i}$,得 $h(x) = x^{k+1}\sum\limits_{i=1}^{n}\prod\limits_{j\neq i}(x-x_j) - \sum\limits_{i=1}^{n}x_i^{k+1}\prod\limits_{j\neq i}(x-x_j) = x^{k+1}f'(x) - \sum\limits_{i=1}^{n}x_i^{k+1}\prod\limits_{j\neq i}(x-x_j)$. 当 $k\geqslant n$ 时,$h(x)$ 的 n 次项系数 $h_k = \sum\limits_{i=0}^{n}(-1)^i\sigma_i s_{k-i} = 0$. 当 $k\leqslant n$ 时,h_k 等于 $f'(x)$ 的 $n-k-1$ 次项系数 $(n-k)$

$\cdot(-1)^k\sigma_k$，即 $\sum\limits_{i=0}^{k}(-1)^i\sigma_i s_{k-i}=(n-k)(-1)^k\sigma_k$. 因此，$\sum\limits_{i=0}^{k-1}(-1)^i\sigma_i s_{k-i}+k(-1)^k\sigma_k=0$. 定理3证毕.

利用 Newton 恒等式，可以把基本对称多项式表为等幂和的多项式. 例如，$\sigma_1=s_1$，$\sigma_2=\dfrac{1}{2}(s_1^2-s_2)$，$\sigma_3=\dfrac{1}{6}(s_1^3-3s_1s_2+2s_3)$，等等. 于是再利用定理1，即可得到：

推论　数域 F 上 n 元对称多项式 $f(x_1,x_2,\cdots,x_n)$ 可以唯一地表为关于等幂和 $s_1,s_2,\cdots,s_n$ 的多项式，即存在唯一的 $g(x_1,x_2,\cdots,x_n)\in F[x_1,x_2,\cdots,x_n]$，使得 $f(x_1,x_2,\cdots,x_n)=g(s_1(x_1,x_2,\cdots,x_n),s_2(x_1,x_2,\cdots,x_n),\cdots,s_n(x_1,x_2,\cdots,x_n))$.

习　题

1. 把下列对称多项式表为关于基本对称多项式的多项式：

(1) $(x_1^2+x_2^2)(x_1^2+x_3^2)(x_2^2+x_3^2)$；

(2) $(2x_1-x_2-x_3)(2x_2-x_1-x_3)(2x_3-x_1-x_2)$；

(3) $(-x_1+x_2+\cdots+x_n)(x_1-x_2+\cdots+x_n)\cdots(x_1+x_2+\cdots+x_{n-1}-x_n)$；

(4) $\sum\limits_{1\leqslant i<j\leqslant n}(x_i-x_j)^2$；

(5) $\sum\limits_{\binom{1\ 2\cdots n}{i_1 i_2\cdots i_n}}(a_1x_{i_1}+a_2x_{i_2}+\cdots+a_nx_{i_n})^2$，其中求和号表示对遍历自然数 $1,2,\cdots,n$ 的所有排列 $i_1i_2\cdots i_n$ 求和；

(6) $\sum\limits_{\substack{1\leqslant i<j\leqslant n\\ k\neq i,j}}(x_i+x_j-x_k)^2$.

2. 证明：三次实系数方程 $x^3+ax^2+bx+c=0$ 的每个根的实部都是负数的充分必要条件为

$$a>0,\quad ab-c>0,\quad c>0.$$

3. 设三次方程 $x^3+ax^2+bx+c=0$ 的三个根是某个三角形的内角的正弦. 证明：

$$a(4ab-a^3-8c)=4c^2.$$

4. 设 $x_1,x_2,\cdots,x_n$ 是多项式 $f(x)=a_0+a_1x+\cdots+a_{n-1}x^{n-1}+x^n$ 的 n 个根. 证明：关于 $x_2,x_3,\cdots,x_n$ 的对称多项式可以表为关于 x_1 的多项式.

5. 求 $\sum\limits_{i=1}^{n}\dfrac{\partial\sigma_k}{\partial x_i}$，其中 $\dfrac{\partial\sigma_k}{\partial x_i}$ 表示 $\sigma_k(x_1,x_2,\cdots,x_n)$ 关于 x_i 的偏导数.

6. 设对称多项式 $f(x_1,x_2,\cdots,x_n)$ 满足：

$$f(x_1+a,x_2+a,\cdots,x_n+a)=f(x_1,x_2,\cdots,x_n).$$

其中 a 是任意常数.设 $f(x_1,x_2,\cdots,x_n)=g(\sigma_1,\sigma_2,\cdots,\sigma_n)$.证明：

$$n\frac{\partial g}{\partial\sigma_1}+(n-1)\sigma_1\frac{\partial g}{\partial\sigma_2}+\cdots+\sigma_{n-1}\frac{\partial g}{\partial\sigma_n}=0.$$

7. 把 n 元等幂和 $s_1,s_2,\cdots,s_6$ 表为关于 n 元基本对称多项式的多项式，其中 $n\geqslant 6$.

8. 把 n 元基本对称多项式 $\sigma_3,\sigma_4,\cdots,\sigma_6$ 表为 n 元等幂和 $s_1,s_2,\cdots$ 的多项式.

9. 把下列 n 元对称多项式表为 n 元等幂和的多项式：

(1) $\sum\limits_{1\leqslant i<j\leqslant n}x_i^kx_j^k$；

(2) $\sum\limits_{1\leqslant i<j\leqslant n}(x_i+x_j)^k$；

(3) $\sum\limits_{1\leqslant i<j\leqslant n}(x_i-x_j)^{2k}$.

其中 k 是正整数.

10. 求多项式

$$f(x)=x^n+(a+b)x^{n-1}+(a^2+b^2)x^{n-2}+\cdots+(a^{n-1}+b^{n-1})x+(a^n+b^n)$$

的根的等幂和 $s_1,s_2,\cdots,s_n$.

11. 自然数 $1,2,\cdots,n$ 的**循环排列**是指排列 $1\ 2\cdots n$ 与 $j(j+1)\cdots n\ 1\ 2\cdots j-1$，$j=2,3,\cdots,n$.如果对于 $1,2,\cdots,n$ 的每个循环排列 $j(j+1)\cdots n,1\ 2\cdots j-1$，多项式 $f(x_1,x_2,\cdots,x_n)$ 满足：

$$f(x_j,x_{j+1},\cdots,x_n,x_1,x_2,\cdots,x_{j-1})=f(x_1,x_2,\cdots,x_n),$$

其中 $j=2,3,\cdots,n$，则 $f(x_1,x_2,\cdots,x_n)$ 称为在未定元 $x_1,x_2,\cdots,x_n$ 的**循环变换下不变**.证明：在循环变换下不变的多项式 $f(x_1,x_2,\cdots,x_n)$ 可表为多项式 $g_j(x_1,x_2,\cdots,x_n)=x_1\varepsilon^j+x_2\varepsilon^{2j}+\cdots+x_n\varepsilon^{nj}$，$j=0,1,2,\cdots,n-1$ 的多项式，其中 $\varepsilon^k\neq 1$，$0<k<n$，$\varepsilon^n=1$.

第 2 章　行　列　式

尽管行列式理论并不是线性代数的主体，但它无疑是处理各类线性代数问题的不可缺少的工具. 作为三维向量空间的直接推广，2.1 节定义了数域上 n 元数组空间，即数域上的 n 维向量空间，并把行列式定义为 n 元数组空间上的规范反对称 n 重线性函数. 在 2.2 节中证明了行列式的存在性和唯一性以及行列式的基本性质. 这一节的内容是行列式理论的最基本部分. 如何具体计算行列式，是行列式理论中的一个重要问题. 2.3 节给出了行列式的 Laplace 展开定理，它说明，一个高阶行列式可以归结为一些低阶行列式的和. 作为行列式理论的一个应用，2.4 节导出了解线性方程组的 Cramer 法则. 最后，2.5 节用一些典型例子阐明计算行列式的各种常用方法，以帮助读者提高计算行列式的能力.

2.1　数域 F 上 n 维向量空间

通过解析几何的学习，我们知道，在通常空间中建立坐标系(例如直角坐标系)之后，空间中给定的向量 $\boldsymbol{\alpha}$ 便唯一地确定一个坐标，即有序三元实数组 (a_1, a_2, a_3). 反之，给定有序三元实数组，利用所建立的坐标系，便可以空间中唯一地确定一个向量. 换句话说，如果记所有的有序三元实数组 (a_1, a_2, a_3) 的集合为 $\mathbf{R}^3$，即 $\mathbf{R}^3 = \{(a_1, a_2, a_3): a_i \in \mathbf{R}, i = 1,2,3\}$，则空间中所有向量的集合与 $\mathbf{R}^3$ 之间存在一一对应，而且如果空间中向量 $\boldsymbol{\alpha}$ 与 $\boldsymbol{\beta}$ 分别对应于有序三元实数组 (a_1, a_2, a_3) 与 (b_1, b_2, b_3)，则向量 $\boldsymbol{\alpha}$ 与 $\boldsymbol{\beta}$ 的和 $\boldsymbol{\alpha}+\boldsymbol{\beta}$ 便对应于有序三元实数组 $(a_1 + b_2, a_2 + b_2, a_3 + b_3)$，而纯量 λ 与向量 $\boldsymbol{\alpha}$ 的乘积 $\lambda\boldsymbol{\alpha}$ 便对应于有序三元实数组 $(\lambda a_1, \lambda a_2, \lambda a_3)$. 因此，可以把通常空间与 $\mathbf{R}^3$ 等同起来. 所以 $\mathbf{R}^3$ 称为三维实向量空间，而 $\mathbf{R}^3$ 中的

元素，即有序三元实数组称为三维实向量．根据这一点，可以把通常空间的概念加以推广．

设 n 是正整数．由 n 个实数 $a_1,a_2,\cdots,a_n$ 组成的有序 n 数组 $\boldsymbol{\alpha}=(a_1,a_2,\cdots,a_n)$ 称为 n 维实向量（简称为向量），实数 a_i 称为 n 维实向量 $\boldsymbol{\alpha}$ 的第 i 个坐标，$1\leqslant i\leqslant n$．所有 n 维实向量的集合记为 $\mathbf{R}^n$，即 $\mathbf{R}^n=\{(a_1,a_2,\cdots,a_n):a_i\in\mathbf{R},1\leqslant i\leqslant n\}$．设 $\boldsymbol{\alpha}=(a_1,a_2,\cdots,a_n)$，$\boldsymbol{\beta}=(b_1,b_2,\cdots,b_n)\in\mathbf{R}^n$．如果 $a_i=b_i$，$i=1,2,\cdots,n$，则称 n 维实向量 $\boldsymbol{\alpha}$ 与 $\boldsymbol{\beta}$ 相等，记为 $\boldsymbol{\alpha}=\boldsymbol{\beta}$．定义 $\boldsymbol{\alpha}+\boldsymbol{\beta}=(a_1+b_1,a_2+b_2,\cdots,a_n+b_n)$，它称为向量 $\boldsymbol{\alpha}$ 与 $\boldsymbol{\beta}$ 的和．显然，$\boldsymbol{\alpha}+\boldsymbol{\beta}\in\mathbf{R}^n$．这样便规定了 $\mathbf{R}^n$ 中向量的加法运算．容易验证，$\mathbf{R}^n$ 中向量的加法满足以下的公理：

（A1）加法结合律：设 $\boldsymbol{\alpha},\boldsymbol{\beta},\boldsymbol{\gamma}\in\mathbf{R}^n$，则

$$(\boldsymbol{\alpha}+\boldsymbol{\beta})+\boldsymbol{\gamma}=\boldsymbol{\alpha}+(\boldsymbol{\beta}+\boldsymbol{\gamma});$$

（A2）加法交换律：设 $\boldsymbol{\alpha},\boldsymbol{\beta}\in\mathbf{R}^n$，则

$$\boldsymbol{\alpha}+\boldsymbol{\beta}=\boldsymbol{\beta}+\boldsymbol{\alpha};$$

（A3）存在零向量，即 $\mathbf{R}^n$ 中坐标全为零的向量 $\mathbf{0}=(0,0,\cdots,0)$，使得对每个 $\boldsymbol{\alpha}\in\mathbf{R}^n$，均有

$$\boldsymbol{\alpha}+\mathbf{0}=\boldsymbol{\alpha}=\mathbf{0}+\boldsymbol{\alpha};$$

（A4）设 $\boldsymbol{\alpha}\in\mathbf{R}^n$，则存在 $\boldsymbol{\beta}\in\mathbf{R}^n$，使得

$$\boldsymbol{\alpha}+\boldsymbol{\beta}=\mathbf{0}=\boldsymbol{\beta}+\boldsymbol{\alpha}.$$

向量 $\boldsymbol{\beta}$ 称为向量 $\boldsymbol{\alpha}$ 的负向量，记为 $-\boldsymbol{\alpha}$．容易看出，$-\boldsymbol{\alpha}=(-a_1,-a_2,\cdots,-a_n)$，这里 $\boldsymbol{\alpha}=(a_1,a_2,\cdots,a_n)$．

利用负向量的概念，可以在 $\mathbf{R}^n$ 中引进减法运算：设 $\boldsymbol{\alpha},\boldsymbol{\beta}\in\mathbf{R}^n$，则规定向量 $\boldsymbol{\alpha}$ 与 $\boldsymbol{\beta}$ 之差为 $\boldsymbol{\alpha}+(-\boldsymbol{\beta})$，并记为 $\boldsymbol{\alpha}-\boldsymbol{\beta}$．显然，如果 $\boldsymbol{\alpha}=(a_1,a_2,\cdots,a_n)$，$\boldsymbol{\beta}=(b_1,b_2,\cdots,b_n)$，则 $\boldsymbol{\alpha}-\boldsymbol{\beta}=(a_1-b_1,a_2-b_2,\cdots,a_n-b_n)$．

纯量与 $\mathbf{R}^n$ 中向量的乘法规定如下：设 $\lambda\in\mathbf{R}$，$\boldsymbol{\alpha}=(a_1,a_2,\cdots,a_n)\in\mathbf{R}^n$，则 $\lambda\boldsymbol{\alpha}=(\lambda a_1,\lambda a_2,\cdots,\lambda a_n)$ 称为纯量 λ 与向量 $\boldsymbol{\alpha}$ 的乘积．显然，$\lambda\boldsymbol{\alpha}\in\mathbf{R}^n$，并且容易验证，纯量与向量的乘法满足以下公理：

（M1）设 $\lambda,\mu\in\mathbf{R}$，$\boldsymbol{\alpha}\in\mathbf{R}^n$，则 $(\lambda\mu)\boldsymbol{\alpha}=\lambda(\mu\boldsymbol{\alpha})$；

（M2）对任意 $\boldsymbol{\alpha}\in\mathbf{R}^n$，均有 $1\cdot\boldsymbol{\alpha}=\boldsymbol{\alpha}$．

向量的加法和纯量与向量的乘法之间有以下关系：

（D1）设 $\lambda\in\mathbf{R}$，$\boldsymbol{\alpha},\boldsymbol{\beta}\in\mathbf{R}^n$，则

$$\lambda(\boldsymbol{\alpha}+\boldsymbol{\beta})=\lambda\boldsymbol{\alpha}+\lambda\boldsymbol{\beta};$$

（D2）设 $\lambda,\mu\in\mathbf{R}$，$\boldsymbol{\alpha}\in\mathbf{R}^n$，则

$$(\lambda+\mu)\boldsymbol{\alpha}=\lambda\boldsymbol{\alpha}+\mu\boldsymbol{\alpha}.$$

$\mathbf{R}^n$ 连同向量的加法以及纯量与向量的乘法一起称为 n 维实向量空间. 有时也径称 $\mathbf{R}^n$ 为 n 维实向量空间.

同样可以定义数域 F 上 n 维向量空间. 设 $a_1,a_2,\cdots,a_n\in F$, 则有序 n 数组 $(a_1,a_2,\cdots,a_n)$ 称为数域 F 上 n 维向量. 数域 F 上所有 n 维向量的集合记为 F^n. 数域 F 上 n 维向量的相等、加法以及纯量(即 F 的元素)与数域 F 上 n 维向量的乘法的定义如同 $\mathbf{R}^n$. 数域 F 上 n 维向量的加法、纯量与数域 F 上 n 维向量的乘法以及这两种代数运算之间的关系所满足的公理也都与 $\mathbf{R}^n$ 相同. F^n 连同向量的加法以及纯量与向量的乘法一起称为数域 F 上 n 维向量空间. 特别地, 复数域 $\mathbf{C}$ 上 n 维向量空间 $\mathbf{C}^n$ 称为 n 维复向量空间, $\mathbf{C}^n$ 中的向量称为 n 维复向量.

与通常空间一样, 可以引进数域 F 上 n 维向量空间 F^n 上的函数概念. 所谓定义在 n 维向量空间 F^n 上而取值在数域 F 的一元函数是指 F^n 到 F 的一种对应规律 f, 使得对 F^n 中每个向量 $\boldsymbol{\xi}$, 依照对应规律 f, 可以唯一地确定 F 中一个元素 $f(\boldsymbol{\xi})$ 与之对应. 例如, 设 $\boldsymbol{\xi}=(x_1,x_2,\cdots,x_n)\in F^n$, 则 $f(\boldsymbol{\xi})=x_1+x_2+\cdots+x_n$ 就是一个定义在 F^n 上而取值在 F 的一元函数. 同样, 所谓 n 维向量空间 F^n 上的 k 元函数是指一种对应规律 f, 使得对每一个由 k 个向量 $\boldsymbol{\xi}_1,\boldsymbol{\xi}_2,\cdots,\boldsymbol{\xi}_k\in F^n$ 组成的有序 k 元向量组 $(\boldsymbol{\xi}_1,\boldsymbol{\xi}_2,\cdots,\boldsymbol{\xi}_k)$, 依照对应规律 f, 可以唯一地确定 F 中一个元素 $f(\boldsymbol{\xi}_1,\boldsymbol{\xi}_2,\cdots,\boldsymbol{\xi}_k)$ 与之对应. 例如, 设 $\boldsymbol{\xi}_i=(x_{i1},x_{i2},\cdots,x_{in})\in F^n$, $i=1,2,\cdots,k$, 则 $f(\boldsymbol{\xi}_1,\boldsymbol{\xi}_2,\cdots,\boldsymbol{\xi}_k)=x_{11}x_{22}\cdots x_{kk}$ 就是 F^n 上的一个 k 元函数.

设 f 是 F^n 上的一个 k 元函数. 如果对每个 i, $1\leqslant i\leqslant k$, 均有

$$\begin{aligned}f(\boldsymbol{\xi}_1,\cdots,\boldsymbol{\xi}_{i-1},\lambda\boldsymbol{\eta}+\mu\boldsymbol{\zeta},\boldsymbol{\xi}_{i+1},\cdots,\boldsymbol{\xi}_k)&=\lambda f(\boldsymbol{\xi}_1,\cdots,\boldsymbol{\xi}_{i-1},\boldsymbol{\eta},\boldsymbol{\xi}_{i+1},\cdots,\boldsymbol{\xi}_k)\\&\quad+\mu f(\boldsymbol{\xi}_1,\cdots,\boldsymbol{\xi}_{i-1},\boldsymbol{\zeta},\boldsymbol{\xi}_{i+1},\cdots,\boldsymbol{\xi}_k).\end{aligned}$$

其中 $\lambda,\mu\in F$, $\boldsymbol{\eta},\boldsymbol{\zeta}\in F^n$, 则 f 称为 k 重线性函数. 例如, 设 $\boldsymbol{\xi}_i=(a_{i1},a_{i2},\cdots,a_{in})\in F^n$, $i=1,2,\cdots,n$, 则 $f(\boldsymbol{\xi}_1,\boldsymbol{\xi}_2,\cdots,\boldsymbol{\xi}_n)=a_{11}a_{22}\cdots a_{nn}$ 是一个 n 重线性函数.

例 1　确定 F^2 上所有二重线性函数.

解　设 $\boldsymbol{\xi}_1=(a_{11},a_{12})$, $\boldsymbol{\xi}_2=(a_{21},a_{22})\in F^2$, 且设 $\boldsymbol{\varepsilon}_1=(1,0)$, $\boldsymbol{\varepsilon}_2=(0,1)$. 则 $\boldsymbol{\xi}_1=a_{11}\boldsymbol{\varepsilon}_1+a_{12}\boldsymbol{\varepsilon}_2$, $\boldsymbol{\xi}_2=a_{21}\boldsymbol{\varepsilon}_1+a_{22}\boldsymbol{\varepsilon}_2$. 设 $f(\boldsymbol{\xi}_1,\boldsymbol{\xi}_2)$ 是一个二重线性函数. 则由定义,

$$\begin{aligned}f(\boldsymbol{\xi}_1,\boldsymbol{\xi}_2)&=f(a_{11}\boldsymbol{\varepsilon}_1+a_{12}\boldsymbol{\varepsilon}_2,a_{21}\boldsymbol{\varepsilon}_1+a_{22}\boldsymbol{\varepsilon}_2)\\&=a_{11}f(\boldsymbol{\varepsilon}_1,a_{21}\boldsymbol{\varepsilon}_1+a_{22}\boldsymbol{\varepsilon}_2)+a_{12}f(\boldsymbol{\varepsilon}_2,a_{21}\boldsymbol{\varepsilon}_1+a_{22}\boldsymbol{\varepsilon}_2)\\&=a_{11}a_{21}f(\boldsymbol{\varepsilon}_1,\boldsymbol{\varepsilon}_1)+a_{11}a_{22}f(\boldsymbol{\varepsilon}_1,\boldsymbol{\varepsilon}_2)+a_{12}a_{21}f(\boldsymbol{\varepsilon}_2,\boldsymbol{\varepsilon}_1)+a_{12}a_{22}f(\boldsymbol{\varepsilon}_2,\boldsymbol{\varepsilon}_2).\end{aligned}$$

这表明, $f(\boldsymbol{\xi}_1,\boldsymbol{\xi}_2)$ 完全由四个值 $f(\boldsymbol{\varepsilon}_1,\boldsymbol{\varepsilon}_1)$, $f(\boldsymbol{\varepsilon}_1,\boldsymbol{\varepsilon}_2)$, $f(\boldsymbol{\varepsilon}_2,\boldsymbol{\varepsilon}_1)$, $f(\boldsymbol{\varepsilon}_2,\boldsymbol{\varepsilon}_2)$ 所确定.

现在设 a,b,c,d 是 F 中任意四个数，记

$$f(\xi_1,\xi_2)=a_{11}a_{21}a+a_{11}a_{22}b+a_{12}a_{21}c+a_{12}a_{22}d.$$

容易验证，f 是 F^2 上的二重线性函数.

设 f 是 F^n 上的 k 重线性函数. 如果对任意 $i,j,1\leqslant i\neq j\leqslant k$，当向量 ξ_i 与 ξ_j 相同时，$f(\xi_1,\xi_2,\cdots,\xi_k)$ 的值为 0，则 f 称为**反对称**的. 例如，设 $\xi_1=(a_{11},a_{12})$，$\xi_2=(a_{21},a_{22})\in F^2$，则

$$f(\xi_1,\xi_2)=\begin{vmatrix}a_{11}&a_{12}\\a_{21}&a_{22}\end{vmatrix}=a_{11}a_{22}-a_{12}a_{21}$$

是 F^2 上的反对称二重线性函数.

关于 F^n 上反对称 k 重线性函数，有：

定理 1 设 f 是 F^n 上 k 重线性函数. 则 $f(\xi_1,\xi_2,\cdots,\xi_k)$ 是反对称的充分必要条件为：对任意 $i,j,1\leqslant i\neq j\leqslant k$，均有

$$f(\xi_1,\cdots,\xi_j,\cdots,\xi_i,\cdots,\xi_k)=-f(\xi_1,\cdots,\xi_i,\cdots,\xi_j,\cdots,\xi_k),\qquad(2.1.1)$$

即任意对调 $f(\xi_1,\xi_2,\cdots,\xi_k)$ 中两个向量元的位置，$f(\xi_1,\xi_2,\cdots,\xi_k)$ 的值变号.

证明 设 $f(\xi_1,\xi_2,\cdots,\xi_k)$ 是反对称的. 则对任意 $i,j,1\leqslant i\neq j\leqslant k$，

$$f(\xi_1,\cdots,\xi_i+\xi_j,\cdots,\xi_i+\xi_j,\cdots,\xi_k)=0.$$

因为 $f(\xi_1,\xi_2,\cdots,\xi_k)$ 是 k 重线性的，所以

$$\begin{aligned}&f(\xi_1,\cdots,\xi_i+\xi_j,\cdots,\xi_i+\xi_j,\cdots,\xi_k)\\&\quad=f(\xi_1,\cdots,\xi_i,\cdots,\xi_i,\cdots,\xi_k)+f(\xi_1,\cdots,\xi_i,\cdots,\xi_j,\cdots,\xi_k)\\&\qquad+f(\xi_1,\cdots,\xi_j,\cdots,\xi_i,\cdots,\xi_k)+f(\xi_1,\cdots,\xi_j,\cdots,\xi_j,\cdots,\xi_k)=0.\end{aligned}$$

再用一次 $f(\xi_1,\xi_2,\cdots,\xi_k)$ 的反对称性，便得到式(2.1.1).

反之，设式(2.1.1)成立. 则对任意 $i,j,1\leqslant i\neq j\leqslant k$，

$$f(\xi_1,\cdots,\xi,\cdots,\xi,\cdots,\xi_k)=-f(\xi_1,\cdots,\xi,\cdots,\xi,\cdots,\xi_k).$$

因此 $f(\xi_1,\cdots,\xi,\cdots,\xi,\xi_k)=0$. 所以 $f(\xi_1,\xi_2,\cdots,\xi_k)$ 是反对称的. 定理 1 证毕.

设 $f(\xi_1,\xi_2,\cdots,\xi_n)$ 是 F^n 上 n 元函数，且设 $\boldsymbol{\varepsilon}_i$ 是 F^n 中第 i 个分量为 1 其他分量为 0 的向量，$i=1,2,\cdots,n$. 如果 $f(\boldsymbol{\varepsilon}_1,\boldsymbol{\varepsilon}_2,\cdots,\boldsymbol{\varepsilon}_n)=1$，则 $f(\xi_1,\xi_2,\cdots,\xi_n)$ 称为**规范**的. 例如，设 $\xi_i=(a_{i1},a_{i2},a_{i3})\in F^3$，$i=1,2,3$. 且设

$$f(\xi_1,\xi_2,\xi_3)=\begin{vmatrix}a_{11}&a_{12}&a_{13}\\a_{21}&a_{22}&a_{23}\\a_{31}&a_{32}&a_{33}\end{vmatrix},$$

其中右端为三阶行列式. 则 $f(\xi_1,\xi_2,\xi_3)$ 是三维空间 F^3 上的一个规范反对称三重线性函数. 反之，有：

定理 2　设 $f(\boldsymbol{\xi}_1,\boldsymbol{\xi}_2,\boldsymbol{\xi}_3)$是三维向量空间 $\boldsymbol{F}^3$ 上规范反对称三重线性函数，且 $\boldsymbol{\xi}_i=(a_{i1},a_{i2},a_{i3}),i=1,2,3.$ 则

$$f(\boldsymbol{\xi}_1,\boldsymbol{\xi}_2,\boldsymbol{\xi}_3)=\begin{vmatrix} a_{11} & a_{12} & a_{13} \\ a_{21} & a_{22} & a_{23} \\ a_{32} & a_{32} & a_{33} \end{vmatrix}.$$

证明　记 $\boldsymbol{\varepsilon}_1=(1,0,0),\boldsymbol{\varepsilon}_2=(0,1,0),\boldsymbol{\varepsilon}_3=(0,0,1)$. 则 $\boldsymbol{\xi}_i=(a_{i1},a_{i2},a_{i3})=\sum_{j=1}^{3}a_{ij}\boldsymbol{\varepsilon}_j,i=1,2,3.$ 因为 $f(\boldsymbol{\xi}_1,\boldsymbol{\xi}_2,\boldsymbol{\xi}_3)$ 是三重线性的，所以

$$f(\boldsymbol{\xi}_1,\boldsymbol{\xi}_2,\boldsymbol{\xi}_3)=\sum_{1\leqslant r,s,t\leqslant 3}a_{1r}a_{2s}a_{3t}f(\boldsymbol{\varepsilon}_r,\boldsymbol{\varepsilon}_s,\boldsymbol{\varepsilon}_t).\tag{2.1.2}$$

因为 $f(\boldsymbol{\xi}_1,\boldsymbol{\xi}_2,\boldsymbol{\xi}_3)$是反对称的，所以当 $f(\boldsymbol{\varepsilon}_r,\boldsymbol{\varepsilon}_s,\boldsymbol{\varepsilon}_t)$的下标 r,s,t 中有两个相同时，$f(\boldsymbol{\varepsilon}_r,\boldsymbol{\varepsilon}_s,\boldsymbol{\varepsilon}_t)=\mathbf{0}$. 于是式(2.1.2)化为

$$f(\boldsymbol{\xi}_1,\boldsymbol{\xi}_2,\boldsymbol{\xi}_3)=\sum_{\substack{1\leqslant r,s,t\leqslant 3\\ r,s,t\text{两两不等}}}a_{1r}a_{2s}a_{3t}f(\boldsymbol{\varepsilon}_r,\boldsymbol{\varepsilon}_s,\boldsymbol{\varepsilon}_t),\tag{2.1.3}$$

由于 $f(\boldsymbol{\xi}_1,\boldsymbol{\xi}_2,\boldsymbol{\xi}_3)$是规范的，因此 $f(\boldsymbol{\varepsilon}_1,\boldsymbol{\varepsilon}_2,\boldsymbol{\varepsilon}_3)=1$. 由定理 1 得

$$\begin{aligned} f(\boldsymbol{\varepsilon}_1,\boldsymbol{\varepsilon}_3,\boldsymbol{\varepsilon}_2)&=f(\boldsymbol{\varepsilon}_3,\boldsymbol{\varepsilon}_2,\boldsymbol{\varepsilon}_1)=f(\boldsymbol{\varepsilon}_2,\boldsymbol{\varepsilon}_1,\boldsymbol{\varepsilon}_3)\\ &=-f(\boldsymbol{\varepsilon}_1,\boldsymbol{\varepsilon}_2,\boldsymbol{\varepsilon}_3)=-1,\\ f(\boldsymbol{\varepsilon}_3,\boldsymbol{\varepsilon}_1,\boldsymbol{\varepsilon}_2)&=f(\boldsymbol{\varepsilon}_2,\boldsymbol{\varepsilon}_3,\boldsymbol{\varepsilon}_1)=f(\boldsymbol{\varepsilon}_1,\boldsymbol{\varepsilon}_2,\boldsymbol{\varepsilon}_3)=1.\end{aligned}$$

由式(2.1.3)得

$$\begin{aligned} f(\boldsymbol{\xi}_1,\boldsymbol{\xi}_2,\boldsymbol{\xi}_3)=&\,a_{11}a_{22}a_{33}+a_{13}a_{21}a_{32}+a_{12}a_{23}a_{31}\\ &-a_{13}a_{22}a_{31}-a_{12}a_{21}a_{33}-a_{11}a_{23}a_{32}.\end{aligned}$$

这就证明了定理 2.

习　　题

1. 设 $\boldsymbol{\xi}_1=(x_1,x_2)$与 $\boldsymbol{\xi}_2=(y_1,y_2)$是二维实向量. 指出下列二维实向量空间 $\mathbf{R}^2$ 上的二元实函数中哪些是二重线性函数？

(1) $f(\boldsymbol{\xi}_1,\boldsymbol{\xi}_2)\equiv 1$；

(2) $f(\boldsymbol{\xi}_1,\boldsymbol{\xi}_2)=(x_1-y_1)^2+x_2y_2$；

(3) $f(\boldsymbol{\xi}_1,\boldsymbol{\xi}_2)=(x_1+y_1)^2-(x_1-y_1)^2$；

(4) $f(\boldsymbol{\xi}_1,\boldsymbol{\xi}_2)=x_1y_2-x_2y_1$；

(5) $f(\boldsymbol{\xi}_1,\boldsymbol{\xi}_2)=x_1y_1+x_2y_2$.

2. 设 $\boldsymbol{\xi}_1=(x_1,x_2,x_3)$与 $\boldsymbol{\xi}_2=(y_1,y_2,y_3)$是三维实向量，而 $\boldsymbol{\varepsilon}_1=(1,0,0),\boldsymbol{\varepsilon}_2=(0,1,0),\boldsymbol{\varepsilon}_3=(0,0,1)$. 证明：三维实向量空间 $\mathbf{R}^3$ 上的每个反对称二重线性函数都可以表为

$$f(\boldsymbol{\xi}_1,\boldsymbol{\xi}_2)=(x_1y_2-x_2y_1)f(\boldsymbol{\varepsilon}_1,\boldsymbol{\varepsilon}_2)$$

$$+(x_1y_3-x_3y_1)f(\boldsymbol{\varepsilon}_1,\boldsymbol{\varepsilon}_3)+(x_2y_3-x_3y_2)f(\boldsymbol{\varepsilon}_2,\boldsymbol{\varepsilon}_3).$$

3. 设 $\boldsymbol{\xi}_1=(x_1,x_2,\cdots,x_n)$与 $\boldsymbol{\xi}_2=(y_1,y_2,\cdots,y_n)$是 n 维实向量.定义

$$f(\boldsymbol{\xi}_1,\boldsymbol{\xi}_2)=x_1y_1+x_2y_2+\cdots+x_ny_n.$$

验证 $f(\boldsymbol{\xi}_1,\boldsymbol{\xi}_2)$是 n 维实向量空间 $\mathbf{R}^n$ 上二重线性函数.

2.2 n 阶行列式的定义与性质

上节定理 2 揭示了三阶行列式的本质.它说明,如果将三阶行列式

$$\begin{vmatrix} a_{11} & a_{12} & a_{13} \\ a_{21} & a_{22} & a_{23} \\ a_{31} & a_{32} & a_{33} \end{vmatrix}$$

中每个元素 a_{ij} 视为变量,$1\leqslant i,j\leqslant 3$,而将每个行 $\boldsymbol{\xi}_i=(a_{i1},a_{i2},a_{i3})$视为三维向量,$1\leqslant i\leqslant 3$,则三阶行列式即等价于三维向量空间上的规范反对称三重线性函数.这就为推广三阶行列式为 n 阶行列式提供根据.

定义 n 维向量空间 F^n 上的规范反对称 n 重线性函数称为数域 F 上 n 阶行列式函数,简称为 n 阶行列式,并记为 $\det(\boldsymbol{\xi}_1,\boldsymbol{\xi}_2,\cdots,\boldsymbol{\xi}_n)$.

对于给定的 $\boldsymbol{\xi}_i^0=(a_{i1},a_{i2},\cdots,a_{in})\in F^n$, $i=1,2,\cdots,n$,可以将 n^2 个数 $a_{ij}\in F$, $1\leqslant i,j\leqslant n$,排成如下的正方形表:

$$\boldsymbol{A}=\begin{pmatrix} a_{11} & a_{12} & \cdots & a_{1n} \\ a_{21} & a_{22} & \cdots & a_{2n} \\ \multicolumn{4}{c}{\cdots\cdots\cdots\cdots} \\ a_{n1} & a_{n2} & \cdots & a_{nn} \end{pmatrix},$$

其中第 i 行由向量$\boldsymbol{\xi}_i^0$ 的 n 个分量组成.$\boldsymbol{A}$ 称为数域 F 上 n 阶方阵.F^n 上 n 阶行列式函数 $\det(\boldsymbol{\xi}_1,\boldsymbol{\xi}_2,\cdots,\boldsymbol{\xi}_n)$在 $\boldsymbol{\xi}_i=\boldsymbol{\xi}_i^0$, $i=1,2,\cdots,n$ 的取值 $\det(\boldsymbol{\xi}_1^0,\boldsymbol{\xi}_2^0,\cdots,\boldsymbol{\xi}_n^0)$记作

$$\det\boldsymbol{A}=\begin{vmatrix} a_{11} & a_{12} & \cdots & a_{1n} \\ a_{21} & a_{22} & \cdots & a_{2n} \\ \multicolumn{4}{c}{\cdots\cdots\cdots\cdots} \\ a_{n1} & a_{n2} & \cdots & a_{nn} \end{vmatrix}. \tag{2.2.1}$$

根据定义,可以推出 n 阶行列式具有以下性质:

定理1　(1)对换 n 阶行列式的某两行,其值变号;

(2) n 阶行列式的某一行遍乘以某个数,加到另一行,其值不变;

(3) n 阶行列式的某一行遍乘以数 λ,其值为原行列式的 λ 倍.

具体地说,设 n 阶行列式为式(2.2.1),则

(1) $$\begin{vmatrix} a_{11} & a_{12} & \cdots & a_{1n} \\ \multicolumn{4}{c}{\cdots\cdots\cdots\cdots} \\ a_{j1} & a_{j2} & \cdots & a_{jn} \\ \multicolumn{4}{c}{\cdots\cdots\cdots\cdots} \\ a_{i1} & a_{i2} & \cdots & a_{in} \\ \multicolumn{4}{c}{\cdots\cdots\cdots\cdots} \\ a_{n1} & a_{n2} & \cdots & a_{nn} \end{vmatrix} \begin{matrix} \\ \\ i\text{行} \\ \\ j\text{行} \\ \\ \\ \end{matrix} = -\begin{vmatrix} a_{11} & a_{12} & \cdots & a_{1n} \\ \multicolumn{4}{c}{\cdots\cdots\cdots\cdots} \\ a_{i1} & a_{i2} & \cdots & a_{in} \\ \multicolumn{4}{c}{\cdots\cdots\cdots\cdots} \\ a_{j1} & a_{j2} & \cdots & a_{jn} \\ \multicolumn{4}{c}{\cdots\cdots\cdots\cdots} \\ a_{n1} & a_{n2} & \cdots & a_{nn} \end{vmatrix};$$

(2) $$\begin{vmatrix} a_{11} & a_{12} & \cdots & a_{1n} \\ \multicolumn{4}{c}{\cdots\cdots\cdots\cdots} \\ a_{i1}+\lambda a_{j1} & a_{i2}+\lambda a_{j2} & \cdots & a_{in}+\lambda a_{jn} \\ \multicolumn{4}{c}{\cdots\cdots\cdots\cdots} \\ a_{j1} & a_{j2} & \cdots & a_{jn} \\ \multicolumn{4}{c}{\cdots\cdots\cdots\cdots} \\ a_{n1} & a_{n2} & \cdots & a_{nn} \end{vmatrix} \begin{matrix} \\ \\ i\text{行} \\ \\ j\text{行} \\ \\ \\ \end{matrix} = \begin{vmatrix} a_{11} & a_{12} & \cdots & a_{1n} \\ \multicolumn{4}{c}{\cdots\cdots\cdots\cdots} \\ a_{i1} & a_{i2} & \cdots & a_{in} \\ \multicolumn{4}{c}{\cdots\cdots\cdots\cdots} \\ a_{j1} & a_{j2} & \cdots & a_{jn} \\ \multicolumn{4}{c}{\cdots\cdots\cdots\cdots} \\ a_{n1} & a_{n2} & \cdots & a_{nn} \end{vmatrix};$$

(3) $$\begin{vmatrix} a_{11} & a_{12} & \cdots & a_{1n} \\ \multicolumn{4}{c}{\cdots\cdots\cdots\cdots} \\ \lambda a_{i1} & \lambda a_{i2} & \cdots & \lambda a_{in} \\ \multicolumn{4}{c}{\cdots\cdots\cdots\cdots} \\ a_{n1} & a_{n2} & \cdots & a_{nn} \end{vmatrix} i\text{行} = \lambda \begin{vmatrix} a_{11} & a_{12} & \cdots & a_{1n} \\ \multicolumn{4}{c}{\cdots\cdots\cdots\cdots} \\ a_{i1} & a_{i2} & \cdots & a_{in} \\ \multicolumn{4}{c}{\cdots\cdots\cdots\cdots} \\ a_{n1} & a_{n2} & \cdots & a_{nn} \end{vmatrix}.$$

证明　记 $\boldsymbol{\xi}_i=(a_{i1},a_{i2},\cdots,a_{in})$, $i=1,2,\cdots,n$. 由上节定理1,

$$\det(\boldsymbol{\xi}_1,\cdots,\boldsymbol{\xi}_j,\cdots,\boldsymbol{\xi}_i,\cdots,\boldsymbol{\xi}_n)=-\det(\boldsymbol{\xi}_1,\cdots,\boldsymbol{\xi}_i,\cdots,\boldsymbol{\xi}_j,\cdots,\boldsymbol{\xi}_n).$$

此即为(1);由于 $\det(\boldsymbol{\xi}_1,\boldsymbol{\xi}_2,\cdots,\boldsymbol{\xi}_n)$ 是 n 重线性的,所以

$$\begin{aligned}&\det(\boldsymbol{\xi}_1,\cdots,\boldsymbol{\xi}_i+\lambda\boldsymbol{\xi}_j,\cdots,\boldsymbol{\xi}_j,\cdots,\boldsymbol{\xi}_n)\\ &\quad=\det(\boldsymbol{\xi}_1,\cdots,\boldsymbol{\xi}_i,\cdots,\boldsymbol{\xi}_j,\cdots,\boldsymbol{\xi}_n)+\lambda\det(\boldsymbol{\xi}_1,\cdots,\boldsymbol{\xi}_j,\cdots,\boldsymbol{\xi}_j,\cdots,\boldsymbol{\xi}_n).\end{aligned}$$

因为 $\det(\boldsymbol{\xi}_1,\boldsymbol{\xi}_2,\cdots,\boldsymbol{\xi}_n)$ 是反对称的,故得(2);因为 $\det(\boldsymbol{\xi}_1,\boldsymbol{\xi}_2,\cdots,\boldsymbol{\xi}_n)$ 是 n 重线性的,所以

$$\det(\boldsymbol{\xi}_1,\cdots,\lambda\boldsymbol{\xi}_i,\cdots,\boldsymbol{\xi}_n)=\lambda\det(\boldsymbol{\xi}_1,\cdots,\boldsymbol{\xi}_i,\cdots,\boldsymbol{\xi}_n).$$

此即为(3).

推论 1 (1) 若 n 阶行列式的某一行的元素全为零,则其值为 0;

(2) 若 n 阶行列式的某两行的相应元素相同,则其值为 0;

(3) 若 n 阶行列式的某两行的相应元素成比例,则其值为 0.

证明 由定理 1 的性质 3 即得(1);由定理 1 的性质 1 或者 n 阶行列式的反对称性定义即得(2);由定理 1 的性质 3 与本推论的(2)即得(3).

定理 2 如果 n 阶行列式的某一行是两组数的和,则其值等于两个 n 阶行列式的值之和,这两个行列式除这一行外其他各行与原行列式相应的行相同.具体地说

$$\begin{vmatrix} a_{11} & \cdots & a_{1n} \\ \multicolumn{3}{c}{\cdots\cdots\cdots\cdots} \\ a_{i1}+b_{i1} & \cdots & a_{in}+b_{in} \\ \multicolumn{3}{c}{\cdots\cdots\cdots\cdots} \\ a_{n1} & \cdots & a_{nn} \end{vmatrix} = \begin{vmatrix} a_{11} & \cdots & a_{1n} \\ \multicolumn{3}{c}{\cdots\cdots\cdots\cdots} \\ a_{i1} & \cdots & a_{in} \\ \multicolumn{3}{c}{\cdots\cdots\cdots\cdots} \\ a_{n1} & \cdots & a_{nn} \end{vmatrix} + \begin{vmatrix} a_{11} & \cdots & a_{1n} \\ \multicolumn{3}{c}{\cdots\cdots\cdots\cdots} \\ b_{i1} & \cdots & b_{in} \\ \multicolumn{3}{c}{\cdots\cdots\cdots\cdots} \\ a_{n1} & \cdots & a_{nn} \end{vmatrix}.$$

证明 记 $\boldsymbol{\xi}_k=(a_{k1},a_{k2},\cdots,a_{kn}),k=1,2,\cdots,n,\boldsymbol{\eta}_i=(b_{i1},b_{i2},\cdots,b_{in})$. 由于 $\det(\boldsymbol{\xi}_1,\boldsymbol{\xi}_2,\cdots,\boldsymbol{\xi}_n)$是 n 重线性的,所以

$$\det(\boldsymbol{\xi}_1,\cdots,\boldsymbol{\xi}_i+\boldsymbol{\eta}_i,\cdots,\boldsymbol{\xi}_n)=\det(\boldsymbol{\xi}_1,\cdots,\boldsymbol{\xi}_i,\cdots,\boldsymbol{\xi}_n)+\det(\boldsymbol{\xi}_1,\cdots,\boldsymbol{\eta}_i,\cdots,\boldsymbol{\xi}_n).$$

此即所欲证明的等式.

问题是,n 阶行列式是否存在?如果存在,是否唯一?为了讨论这一问题,先引进如下记号.

对于 $\boldsymbol{\xi}_i=(a_{i1},a_{i2},\cdots,a_{in})\in \boldsymbol{F}^n,i=1,2,\cdots,n$,可以确定 n 阶方阵 $\boldsymbol{A}$:

$$\boldsymbol{A}=\begin{pmatrix} a_{11} & a_{12} & \cdots & a_{1n} \\ a_{21} & a_{22} & \cdots & a_{2n} \\ \multicolumn{4}{c}{\cdots\cdots\cdots\cdots} \\ a_{n1} & a_{n2} & \cdots & a_{nn} \end{pmatrix}.$$

划掉 $\boldsymbol{A}$ 的第 i 行与第 1 列,得到 $n-1$ 阶方阵为

$$\begin{pmatrix} a_{12} & \cdots & a_{1n} \\ \multicolumn{3}{c}{\cdots\cdots\cdots\cdots} \\ a_{i-1,2} & \cdots & a_{i-1,n} \\ a_{i+1,2} & \cdots & a_{i+1,n} \\ \multicolumn{3}{c}{\cdots\cdots\cdots\cdots} \\ a_{n2} & \cdots & a_{nn} \end{pmatrix}.$$

记 $\boldsymbol{\eta}_{ik}=(a_{k2},a_{k3},\cdots,a_{kn}),1\leqslant k\leqslant i-1,\boldsymbol{\eta}_{ik}=(a_{k+1,2},a_{k+1,3},\cdots,a_{k+1,n}),i\leqslant k\leqslant n-1$. 则 $\boldsymbol{\eta}_{ik}\in \boldsymbol{F}^{n-1}$. 设 $\det(\boldsymbol{\eta}_1,\boldsymbol{\eta}_2,\cdots,\boldsymbol{\eta}_{n-1})$为 $n-1$ 阶行列式函数. 记

$$A_{i1} = (-1)^{i+1}\det(\boldsymbol{\eta}_{i1}, \boldsymbol{\eta}_{i2}, \cdots, \boldsymbol{\eta}_{i,n-1})$$

$$= (-1)^{i+1}\begin{vmatrix} a_{12} & \cdots & a_{1n} \\ \cdots & \cdots & \cdots \\ a_{i-1,2} & \cdots & a_{i-1,n} \\ a_{i+1,2} & \cdots & a_{i+1,n} \\ \cdots & \cdots & \cdots \\ a_{n2} & \cdots & a_{nn} \end{vmatrix}.$$

定理 3 设 $n>1$,且设 $\det(\boldsymbol{\eta}_1, \boldsymbol{\eta}_2, \cdots, \boldsymbol{\eta}_{n-1})$是 $n-1$ 阶行列式函数,则

$$f(\boldsymbol{\xi}_1, \boldsymbol{\xi}_2, \cdots, \boldsymbol{\xi}_n) = \sum_{i=1}^{n} a_{i1}A_{i1}$$

是 n 阶行列式函数.

证明 设 $\lambda, \mu \in \boldsymbol{F}$, $\boldsymbol{\alpha}_k = (\tilde{a}_{k1}, \tilde{a}_{k2}, \cdots, \tilde{a}_{kn})$, $\boldsymbol{\beta}_k = (\tilde{b}_{k1}, \tilde{b}_{k2}, \cdots, \tilde{b}_{kn})$,且设 $\boldsymbol{\xi}_k = \lambda\boldsymbol{\alpha}_k + \mu\boldsymbol{\beta}_k$, $\boldsymbol{\xi}_i = (a_{i1}, a_{i2}, \cdots, a_{in})$, $i \neq k$.记

$$\widetilde{\boldsymbol{A}} = \begin{pmatrix} a_{11} & \cdots & a_{1n} \\ \cdots & \cdots & \cdots \\ \lambda\tilde{a}_{k1} + \mu\tilde{b}_{k1} & \cdots & \lambda\tilde{a}_{kn} + \mu\tilde{b}_{kn} \\ \cdots & \cdots & \cdots \\ a_{n1} & \cdots & a_{nn} \end{pmatrix}, k \text{ 行}$$

$$\widetilde{\boldsymbol{B}} = \begin{pmatrix} a_{11} & \cdots & a_{1n} \\ \cdots & \cdots & \cdots \\ \tilde{a}_{k1} & \cdots & \tilde{a}_{kn} \\ \cdots & \cdots & \cdots \\ a_{n1} & \cdots & a_{nn} \end{pmatrix}, k \text{ 行} \qquad \widetilde{\boldsymbol{C}} = \begin{pmatrix} a_{11} & \cdots & a_{1n} \\ \cdots & \cdots & \cdots \\ \tilde{b}_{k1} & \cdots & \tilde{b}_{kn} \\ \cdots & \cdots & \cdots \\ a_{n1} & \cdots & a_{nn} \end{pmatrix}, k \text{ 行}$$

$$\widetilde{A}_{i1} = (-1)^{i+1}\begin{vmatrix} a_{12} & \cdots & a_{1n} \\ \cdots & \cdots & \cdots \\ a_{i-1,2} & \cdots & a_{i-1,n} \\ a_{i+1,2} & \cdots & a_{i+1,n} \\ \cdots & \cdots & \cdots \\ \lambda\tilde{a}_{k2} + \mu\tilde{b}_{k2} & \cdots & \lambda\tilde{a}_{kn} + \mu\tilde{b}_{kn} \\ \cdots & \cdots & \cdots \\ a_{n2} & \cdots & a_{nn} \end{vmatrix}.$$

由于 $n-1$ 阶行列式函数是 $n-1$ 重线性的，因此

$$\widetilde{A}_{i1} = \lambda \widetilde{B}_{i1} + \mu \widetilde{C}_{i1}, \quad i \neq k.$$

而

$$\widetilde{A}_{k1} = (-1)^{k+1} \begin{vmatrix} a_{12} & \cdots & a_{1n} \\ \cdots & \cdots & \cdots \\ a_{k-1,2} & \cdots & a_{k-1,n} \\ a_{k+1,2} & \cdots & a_{k+1,n} \\ \cdots & \cdots & \cdots \\ a_{n2} & \cdots & a_{nn} \end{vmatrix} = \widetilde{B}_{k1} = \widetilde{C}_{k1}.$$

因此

$$\begin{aligned} f(\boldsymbol{\xi}_1, \cdots, \lambda\boldsymbol{\alpha}_k + \mu\boldsymbol{\beta}_k, \cdots, \boldsymbol{\xi}_n) &= (\lambda \widetilde{a}_{k1} + \mu \widetilde{b}_{k1})\widetilde{A}_{k1} + \sum_{i \neq k} a_{i1} \widetilde{A}_{i1} \\ &= \lambda \widetilde{a}_{k1} \widetilde{B}_{k1} + \mu \widetilde{b}_{k1} \widetilde{C}_{k1} + \sum_{i \neq k} a_{i1} (\lambda \widetilde{B}_{i1} + \mu \widetilde{C}_{i1}) \\ &= \left(\lambda \widetilde{a}_{k1} \widetilde{B}_{k1} + \sum_{i \neq k} \lambda a_{i1} \widetilde{B}_{i1}\right) + \left(\mu \widetilde{b}_{k1} \widetilde{C}_{k1} + \sum_{i \neq k} \mu a_{i1} \widetilde{C}_{i1}\right) \\ &= \lambda f(\boldsymbol{\xi}_1, \cdots, \boldsymbol{\alpha}_k, \cdots, \boldsymbol{\xi}_n) + \mu f(\boldsymbol{\xi}_1, \cdots, \boldsymbol{\beta}_k, \cdots, \boldsymbol{\xi}_n), \end{aligned}$$

即 $f(\boldsymbol{\xi}_1, \boldsymbol{\xi}_2, \cdots, \boldsymbol{\xi}_n)$ 是 n 重线性的.

设 $\boldsymbol{\xi}_i = \boldsymbol{\xi}_j = (b_1, b_2, \cdots, b_n) = \boldsymbol{\alpha}, i \neq j, \boldsymbol{\xi}_k = (a_{k1}, a_{k2}, \cdots, a_{kn}), k \neq i, j$，记

$$A = \begin{vmatrix} a_{12} & \cdots & a_{1n} \\ \cdots & \cdots & \cdots \\ b_2 & \cdots & b_n \\ \cdots & \cdots & \cdots \\ b_2 & \cdots & b_n \\ \cdots & \cdots & \cdots \\ a_{n2} & \cdots & a_{nn} \end{vmatrix} \begin{matrix} \\ \\ i\text{行} \\ \\ j\text{行} \\ \\ \\ \end{matrix},$$

则当 $k \neq i, j$ 时，

$$A_{k1} = (-1)^{k+1} \begin{vmatrix} a_{12} & \cdots & a_{1n} \\ \cdots & \cdots & \cdots \\ b_2 & \cdots & b_n \\ \cdots & \cdots & \cdots \\ b_2 & \cdots & b_n \\ a_{n2} & \cdots & a_{nn} \end{vmatrix} = 0,$$

而

$$A_{i1}=(-1)^{i+1}\begin{vmatrix} a_{12} & \cdots & a_{1n} \\ \cdots & \cdots & \cdots \\ a_{i-1,2} & \cdots & a_{i-1,n} \\ a_{i+1,2} & \cdots & a_{i+1,n} \\ \cdots & \cdots & \cdots \\ b_2 & \cdots & b_n \\ \cdots & \cdots & \cdots \\ a_{n2} & \cdots & a_{nn} \end{vmatrix},$$

$$A_{j1}=(-1)^{j+1}\begin{vmatrix} a_{12} & \cdots & a_{1n} \\ \cdots & \cdots & \cdots \\ b_2 & \cdots & b_n \\ \cdots & \cdots & \cdots \\ a_{j-1,2} & \cdots & a_{j-1,n} \\ a_{j+1,2} & \cdots & a_{j+1,n} \\ \cdots & \cdots & \cdots \\ a_{n2} & \cdots & a_{nn} \end{vmatrix}.$$

由定理 1，$A_{j1}=-A_{i1}$. 因此

$$f(\boldsymbol{\xi}_1,\cdots,\boldsymbol{\alpha},\cdots,\boldsymbol{\alpha},\cdots,\boldsymbol{\xi}_n)=\sum_{k\neq i,j}a_{k1}A_{k1}+b_1A_{i1}+b_1A_{j1}=0,$$

即 $f(\boldsymbol{\xi}_1,\boldsymbol{\xi}_2,\cdots,\boldsymbol{\xi}_n)$是反对称的.

设 $\boldsymbol{\xi}_i=\boldsymbol{\varepsilon}_i$，$i=1,2,\cdots,n$. 记 n 阶方阵$\boldsymbol{E}$ 为

$$\boldsymbol{E}=\begin{pmatrix} 1 & 0 & \cdots & 0 \\ 0 & 1 & \cdots & 0 \\ \cdots & \cdots & \cdots & \cdots \\ 0 & 0 & \cdots & 1 \end{pmatrix}.$$

则

$$E_{11}=\begin{vmatrix} 1 & 0 & \cdots & 0 \\ 0 & 1 & \cdots & 0 \\ \cdots & \cdots & \cdots & \cdots \\ 0 & 0 & \cdots & 1 \end{vmatrix}=1,\quad E_{i1}=0, i\neq 1.$$

因此

$$f(\boldsymbol{\varepsilon}_1,\boldsymbol{\varepsilon}_2,\cdots,\boldsymbol{\varepsilon}_n)=E_{11}=1.$$

所以 $f(\boldsymbol{\xi}_1,\boldsymbol{\xi}_2,\cdots,\boldsymbol{\xi}_n)$ 是规范的. 于是 $f(\boldsymbol{\xi}_1,\boldsymbol{\xi}_2,\cdots,\boldsymbol{\xi}_n)$ 是 n 阶行列式函数.

定理 4 n 阶行列式函数存在.

证明 对 n 用归纳法. 当 $n=1$ 时, $\boldsymbol{\xi}=(a)\in F^1$, 其中 $a\in F$. 则 $\det(\boldsymbol{\xi})=a$ 显然是 1 阶行列式函数. 假设 $n-1$ 阶行列式函数 $\det(\boldsymbol{\eta}_1,\boldsymbol{\eta}_2,\cdots,\boldsymbol{\eta}_{n-1})$ 存在, 则由定理 3, 定理 3 中定义的函数 $f(\boldsymbol{\xi}_1,\boldsymbol{\xi}_2,\cdots,\boldsymbol{\xi}_n)$ 是 n 阶行列式函数. 因此 n 阶行列式函数存在.

为了证明 n 阶行列式函数的唯一性, 需要一些有关自然数 $1,2,\cdots,n$ 的排列的基本性质.

设 $i_1,i_2,\cdots,i_n$ 是自然数 $1,2,\cdots,n$ 的一个排列. 如果当 $p<q$ 时, $i_p>i_q$, 则 i_p,i_q 称为排列 $i_1i_2\cdots i_n$ 的一个**逆序**. 排列 $i_1i_2\cdots i_n$ 中逆序的总数称为 $i_1i_2\cdots i_n$ 的**逆序数**, 逆序数为偶数的排列称为**偶排列**, 否则称为**奇排列**. 排列 $i_1i_2\cdots i_n$ 的**奇偶性符号** $\delta\begin{pmatrix}1\ 2\cdots n\\ i_1i_2\cdots i_n\end{pmatrix}$ 规定如下:

$$\delta\begin{pmatrix}1\ 2\cdots n\\ i_1i_2\cdots i_n\end{pmatrix}=\begin{cases}1, & \text{当 } i_1i_2\cdots i_n \text{ 为偶排列时},\\ -1, & \text{当 } i_1i_2\cdots i_n \text{ 为奇排列时}.\end{cases}$$

对调排列 $i_1i_2\cdots i_n$ 中两个数 i_p 与 i_q, 其他的数保持不动, 得到一个新排列 $j_1j_2\cdots j_n$. 由 $i_1i_2\cdots i_n$ 得到 $j_1j_2\cdots j_n$ 的过程称为对 $i_1i_2\cdots i_n$ 施行一次**对换**. 如果对换的是 $i_1i_2\cdots i_n$ 中两个相邻的数 i_p,i_{p+1}, 则这样的对换称为**相邻对换**.

命题 1 一次对换必改变排列的奇偶性.

证明 分两种情形:

1. 排列 $i_1i_2\cdots i_pi_{p+1}\cdots i_n$ 经过一次对换变为 $i_1i_2\cdots i_{p+1}i_p\cdots i_n$. 此时, 当 $i_p<i_{p+1}$ 时, 排列 $i_1i_2\cdots i_{p+1}i_p\cdots i_n$ 的逆序数比 $i_1i_2\cdots i_pi_{p+1}\cdots i_n$ 的增加 1; 当 $i_p>i_{p+1}$ 时, 排列 $i_1i_2\cdots i_{p+1}i_p\cdots i_n$ 的逆序数比 $i_1i_2\cdots i_pi_{p+1}\cdots i_n$ 的减少 1. 因此一次相邻对换改变排列的奇偶性.

2. 排列 $i_1i_2\cdots i_p\cdots i_q\cdots i_n$ 经过一次对换变为 $i_1i_2\cdots i_q\cdots i_p\cdots i_n$. 这种对换可以通过有限次相邻对换实现. 例如, 先对换 i_p,i_{p+1}, 再对换 i_p,i_{p+2}, $\cdots$, 最后再对换 i_p,i_q, 共 $q-p$ 次相邻对换, 得到排列 $i_1i_2\cdots i_{p+1}i_{p+2}\cdots i_qi_p\cdots i_n$. 然后对换 i_{q-1},i_q, 再对换 i_{q-2},i_q, $\cdots$, 最后再对换 i_{p+1},q_q, 共 $q-(p+1)$ 次相邻对换, 得到 $i_1i_2\cdots i_qi_{p+1}\cdots i_{q-1}i_p\cdots i_n$. 因此 $i_1i_2\cdots i_p\cdots i_q\cdots i_n$ 可以通过 $2(q-p)-1$ 次相邻对换变为 $i_1i_2\cdots i_q\cdots i_p\cdots i_n$. 由于一次相邻对换改变排列的奇偶性, 而 $2(q-p)-1$ 为奇数, 因此排列 $i_1i_2\cdots i_p\cdots i_q\cdots i_n$ 与 $i_1i_2\cdots i_q\cdots i_p\cdots i_n$ 必是一奇一偶的. 命题 1 证毕.

命题 2 任意排列 $i_1i_2\cdots i_n$ 都可经过有限次对换变为标准排列 $1\ 2\ \cdots\ n$, 并

且对换方式不唯一.

证明　对 n 用归纳法.当 $n=2$ 时结论显然成立.假设结论对 $n-1$ 成立.因为 $i_1i_2\cdots i_n$ 是自然数 $1,2,\cdots,n$ 的一个排列,所以必有某个 $i_p=n$.对换 i_p,i_n,得到排列 $i_1\cdots i_{p-1}i_ni_{p+1}\cdots i_{n-1}n$.显然,$i_1\cdots i_{p-1}i_ni_{p+1}\cdots i_{n-1}$是自然数 $1,2,\cdots,n-1$ 的一个排列.由归纳假设,可经有限次对换,将 $i_1\cdots i_{p-1}i_ni_{p+1}\cdots i_{n-1}$变为标准排列 $1\ 2\ \cdots(n-1)$.从而 $i_1i_2\cdots i_n$ 可经有限次对换变为标准排列.

在上面证明中,将 $i_1i_2\cdots i_n$ 变为$i_1\cdots i_{p-1}i_ni_{p+1}\cdots i_{n-1}n$ 时,既可直接对换 i_p,i_n,也可通过相邻对换实现.因此对换方式不唯一.

命题 3　设排列 $i_1i_2\cdots i_n$ 经过s 次对换变为标准排列,则 s 的奇偶性与$i_1i_2\cdots i_n$ 的奇偶性相同,并且 $\delta\begin{pmatrix}1&2&\cdots&n\\i_1&i_2&\cdots&i_n\end{pmatrix}=(-1)^s$.

证明　由于标准排列 $1\ 2\cdots\ n$ 的逆序数为 0,所以 $1\ 2\ \cdots\ n$ 是偶排列.由命题 1,排列 $i_1i_2\cdots i_n$ 经一次对换改变奇偶性.而排列 $i_1i_2\cdots i_n$ 经s 次对换变为偶排列 $1\ 2\ \cdots n$.因此,当 $i_1i_2\cdots i_n$ 为奇排列时,s 为奇数,当 $i_1i_2\cdots i_n$ 为偶排列时,s 为偶数.即 s 的奇偶性与 $i_1i_2\cdots i_n$ 的相同.由 $\delta\begin{pmatrix}1&2&\cdots&n\\i_1&i_2&\cdots&i_n\end{pmatrix}$的定义,即得 $\delta\begin{pmatrix}1&2&\cdots&n\\i_1&i_2&\cdots&i_n\end{pmatrix}=(-1)^s$.

现在来证明 n 阶行列式函数的唯一性.

定理 5　n 阶行列式函数 $\det(\boldsymbol{\xi}_1,\boldsymbol{\xi}_2,\cdots,\boldsymbol{\xi}_n)$是唯一的.并且当 $\boldsymbol{\xi}_i=(a_{i1},a_{i2},\cdots,a_{in})$,$i=1,2,\cdots,n$ 时,

$$\begin{vmatrix}a_{11}&a_{12}&\cdots&a_{1n}\\a_{21}&a_{22}&\cdots&a_{2n}\\ \cdots&\cdots&\cdots&\cdots\\a_{n1}&a_{n2}&\cdots&a_{nn}\end{vmatrix}=\sum_{\begin{pmatrix}1&2&\cdots&n\\i_1&i_2&\cdots&i_n\end{pmatrix}}\delta\begin{pmatrix}1&2&\cdots&n\\i_1&i_2&\cdots&i_n\end{pmatrix}a_{1i_1}a_{2i_2}\cdots a_{ni_n},$$

其中 $i_1i_2\cdots i_n$ 是自然数 $1\ 2\cdots,n$ 的排列,和号 $\sum\limits_{\begin{pmatrix}1&2&\cdots&n\\i_1&i_2&\cdots&i_n\end{pmatrix}}$ 表示对$i_1i_2\cdots i_n$ 遍历 $1,2,\cdots,n$ 的所有排列求和.

证明　记 $\boldsymbol{\xi}_i=(a_{i1},a_{i2},\cdots,a_{in})=\sum\limits_{j=1}^n a_{ij}\boldsymbol{\varepsilon}_j$,其中 $\boldsymbol{\varepsilon}_j$ 是第j 个分量为 1 其他分量全为 0 的 n 维向量.由于 $\det(\boldsymbol{\xi}_1,\boldsymbol{\xi}_2,\cdots,\boldsymbol{\xi}_n)$ 是 n 重线性的,因此

$$\det(\boldsymbol{\xi}_1,\boldsymbol{\xi}_2,\cdots,\boldsymbol{\xi}_n)=\det\left(\sum_{i_1=1}^n a_{1i_1}\boldsymbol{\varepsilon}_{i_1},\boldsymbol{\xi}_2,\cdots,\boldsymbol{\xi}_n\right)=\sum_{i_1=1}^n a_{1i_1}\det(\boldsymbol{\varepsilon}_{i_1},\boldsymbol{\xi}_2,\cdots,\boldsymbol{\xi}_n).$$

对 $\boldsymbol{\xi}_2,\boldsymbol{\xi}_3,\cdots,\boldsymbol{\xi}_n$ 分别作同样考察,得到

$$\det(\boldsymbol{\xi}_1,\boldsymbol{\xi}_2,\cdots,\boldsymbol{\xi}_n) = \sum_{1\leqslant i_1,i_2,\cdots,i_n\leqslant n} a_{1i_1}a_{2i_2}\cdots a_{ni_n}\det(\boldsymbol{\varepsilon}_{i_1},\boldsymbol{\varepsilon}_{i_2},\cdots,\boldsymbol{\varepsilon}_{i_n}). \tag{2.2.2}$$

因为 $\det(\boldsymbol{\xi}_1,\boldsymbol{\xi}_2,\cdots,\boldsymbol{\xi}_n)$是反对称的,所以当 $\boldsymbol{\varepsilon}_{i_p}=\boldsymbol{\varepsilon}_{i_q}$ 时,$\det(\boldsymbol{\varepsilon}_{i_1},\cdots,\boldsymbol{\varepsilon}_{i_p},\cdots,\boldsymbol{\varepsilon}_{i_q},\cdots,\boldsymbol{\varepsilon}_n)=0$. 因此

$$\det(\boldsymbol{\xi}_1,\boldsymbol{\xi}_2,\cdots,\boldsymbol{\xi}_n) = \sum_{\substack{1\leqslant i_1,i_2,\cdots,i_n\leqslant n\\ i_1,i_2,\cdots,i_n\text{两两不等}}} a_{1i_1}a_{2i_2}\cdots a_{ni_n}\det(\boldsymbol{\varepsilon}_{i_1},\boldsymbol{\varepsilon}_{i_2},\cdots,\boldsymbol{\varepsilon}_{i_n}).$$

当 $i_1,i_2,\cdots,i_n$ 两两不等时,$i_1i_2\cdots i_n$ 是自然数 $1,2,\cdots,n$ 的排列,因此

$$\det(\boldsymbol{\xi}_1,\boldsymbol{\xi}_2,\cdots,\boldsymbol{\xi}_n) = \sum_{\binom{1\ 2\ \cdots\ n}{i_1 i_2\cdots i_n}} a_{1i_1}a_{2i_2}\cdots a_{ni_n}\det(\boldsymbol{\varepsilon}_{i_1},\boldsymbol{\varepsilon}_{i_2},\cdots,\boldsymbol{\varepsilon}_{i_n}). \tag{2.2.3}$$

因为 $\det(\boldsymbol{\xi}_1,\boldsymbol{\xi}_2,\cdots,\boldsymbol{\xi}_n)$是规范的,所以 $\det(\boldsymbol{\varepsilon}_1,\boldsymbol{\varepsilon}_2,\cdots,\boldsymbol{\varepsilon}_n)=1$. 现在计算 $\det(\boldsymbol{\varepsilon}_{i_1},\boldsymbol{\varepsilon}_{i_2},\cdots,\boldsymbol{\varepsilon}_{i_n})$的值,其中 $i_1i_2\cdots i_n$ 是 $1,2,\cdots,n$ 的排列. 由命题 2,排列 $i_1i_2\cdots i_n$ 可经有限次(设为 s 次)对换变为标准排列 $1\ 2\ \cdots\ n$. 因此,$\det(\boldsymbol{\varepsilon}_{i_1},\boldsymbol{\varepsilon}_{i_2},\cdots,\boldsymbol{\varepsilon}_{i_n})$也可以经 s 次向量的对换变为 $\det(\boldsymbol{\varepsilon}_1,\boldsymbol{\varepsilon}_2,\cdots,\boldsymbol{\varepsilon}_n)$. 由定理 1,$\det(\boldsymbol{\varepsilon}_{i_1},\boldsymbol{\varepsilon}_{i_2},\cdots,\boldsymbol{\varepsilon}_{i_n})$中向量 $\boldsymbol{\varepsilon}_{i_1},\boldsymbol{\varepsilon}_{i_2},\cdots,\boldsymbol{\varepsilon}_{i_n}$ 每经一次向量的对换,其值改变一次符号,因此,由命题 3,

$$\det(\boldsymbol{\varepsilon}_{i_1},\boldsymbol{\varepsilon}_{i_2},\cdots,\boldsymbol{\varepsilon}_{i_n}) = (-1)^s\det(\boldsymbol{\varepsilon}_1,\boldsymbol{\varepsilon}_2,\cdots,\boldsymbol{\varepsilon}_n) = \delta\begin{pmatrix}1\ 2\cdots n\\ i_1 i_2\cdots i_n\end{pmatrix}.$$

将它代入式(2.2.3),即得定理 5.

定理 5 给出了 n 阶行列式函数 $\det(\boldsymbol{\xi}_1,\boldsymbol{\xi}_2,\cdots,\boldsymbol{\xi}_n)$的明显表达式. 给定 n 个向量$\boldsymbol{\xi}_i=(a_{i1},a_{i2},\cdots,a_{in})$, $i=1,2,\cdots,n$. 由 $\boldsymbol{\xi}_1,\boldsymbol{\xi}_2,\cdots,\boldsymbol{\xi}_n$ 可以确定一个 n 阶方阵$\boldsymbol{A}$:

$$\boldsymbol{A} = \begin{pmatrix} a_{11} & a_{12} & \cdots & a_{1n}\\ a_{21} & a_{22} & \cdots & a_{2n}\\ & \cdots\cdots & \cdots & \\ a_{n1} & a_{n2} & \cdots & a_{nn}\end{pmatrix}.$$

方阵 $\boldsymbol{A}$ 简记为$\boldsymbol{A}=(a_{ij})$,其中 a_{ij}表示$\boldsymbol{A}$ 的第i 行第j 列上的元素,$1\leqslant i,j\leqslant n$. n 阶行列式函数 $\det(\boldsymbol{\xi}_1,\boldsymbol{\xi}_2,\cdots,\boldsymbol{\xi}_n)$在 $\boldsymbol{\xi}_i=(a_{i1},a_{i2},\cdots,a_{in})$, $i=1,2,\cdots,n$ 处的取值也称为n 阶方阵$\boldsymbol{A}$ 的行列式,记为 $\det\boldsymbol{A}$,即

$$\det\boldsymbol{A} = \begin{vmatrix} a_{11} & a_{12} & \cdots & a_{1n}\\ a_{21} & a_{22} & \cdots & a_{2n}\\ & \cdots\cdots & \cdots & \\ a_{n1} & a_{n2} & \cdots & a_{nn}\end{vmatrix}.$$

定理 5 说明，det $\boldsymbol{A}$ 是 $n!$ 个形如 $\delta\begin{pmatrix}1 & 2 & \cdots & n\\ i_1 & i_2 & \cdots & i_n\end{pmatrix}a_{1i_1}a_{2i_2}\cdots a_{ni_n}$ 的项之和，每一项是方阵 $\boldsymbol{A}$ 中 n 个元素 $a_{1i_1},a_{2i_2},\cdots,a_{ni_n}$ 以及奇偶性符号 $\delta\begin{pmatrix}1 & 2 & \cdots & n\\ i_1 & i_2 & \cdots & i_n\end{pmatrix}$ 的连乘积. 这 n 个元素 $a_{1i_1},a_{2i_2},\cdots,a_{ni_n}$ 是依次从方阵 $\boldsymbol{A}$ 的第 $1,2,\cdots,n$ 行各取一个元素构成的，因为 $i_1 i_2\cdots i_n$ 是 $1,2,\cdots,n$ 的排列，所以这 n 个元素也是依次从 $\boldsymbol{A}$ 的第 $i_1,i_2,\cdots,i_n$ 列各取一个元素构成的.

由定理 3，定理 4 与定理 5 立即得：

推论 2　$\det \boldsymbol{A}=\sum_{i=1}^{n}a_{i1}A_{i1}$.

例 1　证明下面的等式成立：

$$\begin{vmatrix}a_{11} & 0 & \cdots & 0\\ a_{21} & a_{22} & \cdots & a_{2n}\\ \cdots & \cdots & \cdots & \cdots\\ a_{n1} & a_{n2} & \cdots & a_{nn}\end{vmatrix}=a_{11}\begin{vmatrix}a_{22} & \cdots & a_{2n}\\ \cdots & \cdots & \cdots\\ a_{n2} & \cdots & a_{nn}\end{vmatrix}. \tag{2.2.4}$$

证明　仿照定理 3 中关于 n 阶行列式的存在性的证明. 记

$$\boldsymbol{A}=\begin{pmatrix}a_{11} & 0 & \cdots & 0\\ a_{21} & a_{22} & \cdots & a_{2n}\\ \cdots & \cdots & \cdots & \cdots\\ a_{n1} & a_{n2} & \cdots & a_{nn}\end{pmatrix}.$$

对每个 i，划掉 $\boldsymbol{A}$ 的第 i 行与第 1 列，得到一个 $n-1$ 阶行列式，记这个 $n-1$ 阶行列式与 $(-1)^{i+1}$ 之乘积为 A_{i1}，$i=1,2,\cdots,n$. 则由定理 3 的证明得到

$$\det \boldsymbol{A}=a_{11}A_{11}.$$

这就是等式(2.2.4).

给定 n 阶方阵 $\boldsymbol{A}=(a_{ij})$. 将方阵 $\boldsymbol{A}$ 的行排成列，将列排成行，得到的方阵称为方阵 $\boldsymbol{A}$ 的转置方阵，记为 $\boldsymbol{A}^{\mathrm{T}}$. 即

$$\boldsymbol{A}^{\mathrm{T}}=\begin{pmatrix}a_{11} & a_{21} & \cdots & a_{n1}\\ a_{12} & a_{22} & \cdots & a_{n2}\\ \cdots & \cdots & \cdots & \cdots\\ a_{1n} & a_{2n} & \cdots & a_{nn}\end{pmatrix}.$$

记 $\boldsymbol{\eta}_j=(a_{1j},a_{2j},\cdots,a_{nj})$，$j=1,2,\cdots,n$. 则 $\det(\boldsymbol{\eta}_1,\boldsymbol{\eta}_2,\cdots,\boldsymbol{\eta}_n)=\det \boldsymbol{A}^{\mathrm{T}}$.

定理 6　行列式经转置后其值不变，即 $\det \boldsymbol{A}^{\mathrm{T}}=\det \boldsymbol{A}$.

证明　记 $\boldsymbol{A}^{\mathrm{T}}=(b_{ij})$，其中 $b_{ij}=a_{ji}$，$1\leqslant i,j\leqslant n$. 由定理 5，

$$\det \boldsymbol{A}^{\mathrm{T}} = \sum_{\binom{1\ 2\cdots n}{i_1 i_2\cdots i_n}} \delta\binom{1\ 2\cdots n}{i_1 i_2\cdots i_n} b_{1i_1} b_{2i_2}\cdots b_{ni_n}$$

$$= \sum_{\binom{1\ 2\cdots n}{i_1 i_2\cdots i_n}} \delta\binom{1\ 2\cdots n}{i_1 i_2\cdots i_n} a_{i_1 1} a_{i_2 2}\cdots a_{i_n n}.$$

对于上式右端的项 $\delta\binom{1\ 2\cdots n}{i_1 i_2\cdots i_n} a_{i_1 1} a_{i_2 2}\cdots a_{i_n n}$. 由于 $i_1 i_2\cdots i_n$ 是 $1,2,\cdots,n$ 的排列,所以在 $i_1,i_2,\cdots,i_n$ 中必有 $i_{j_1}=1, i_{j_2}=2,\cdots,i_{j_n}=n$,其中 $j_1 j_2\cdots j_n$ 是 $1,2,\cdots,n$ 的排列. 于是 $a_{i_1 1} a_{i_2 2}\cdots a_{i_n n} = a_{i_{j_1} j_1} a_{i_{j_2} j_2}\cdots a_{i_{j_n} j_n} = a_{1j_1} a_{2j_2}\cdots a_{nj_n}$. 另一方面,由于 $i_{j_1} i_{j_2}\cdots i_{j_n} = 1\ 2\ \cdots\ n$,因此当 $i_1 i_2\cdots i_n$ 经 s 次对换变为标准排列 $1\ 2\cdots n$ 时,排列 $1\ 2\cdots n$ 也经相同的对换方式变为 $j_1 j_2\cdots j_n$. 所以 $\delta\binom{1\ 2\cdots n}{i_1 i_2\cdots i_n} = \delta\binom{1\ 2\cdots n}{j_1 j_2\cdots j_n}$. 于是 $\delta\binom{1\ 2\cdots n}{i_1 i_2\cdots i_n} b_{1i_1} b_{2i_2}\cdots b_{ni_n} = \delta\binom{1\ 2\cdots n}{j_1 j_2\cdots j_n} a_{1j_1} a_{2j_2}\cdots a_{nj_n}$. 最后记 $1,2,\cdots,n$ 的所有排列集合为 P_n. 利用等式 $a_{i_1 1} a_{i_2 2}\cdots a_{i_n n} = a_{1j_1} a_{2j_2}\cdots a_{nj_n}$ 可以建立 P_n 到自身的一个映射 φ: $\varphi(i_1 i_2\cdots i_n) = j_1 j_2\cdots j_n$. 显然映射 φ 是双射. 因此当 $i_1 i_2\cdots i_n$ 遍历 P_n 中所有排列时,$j_1 j_2\cdots j_n$ 也遍历 P_n 中所有排列. 这就证明了

$$\det \boldsymbol{A}^{\mathrm{T}} = \sum_{\binom{1\ 2\cdots n}{j_1 j_2\cdots j_n}} \delta\binom{1\ 2\cdots\ n}{j_1 j_2\cdots j_n} a_{1j_1} a_{2j_2}\cdots a_{nj_n}.$$

由定理 5 即得,$\det \boldsymbol{A}^{\mathrm{T}} = \det \boldsymbol{A}$.

定理 6 说明,在 n 阶行列式中,行与列的地位是平等的. 也就是说,n 阶行列式的每一个关于行的性质对列也必定成立. 反之亦然. 因此定理 1、定理 1 的推论及定理 2 中的行换成列,结论仍成立.

最后对 n 阶行列式的定义作一点说明.

设 $\boldsymbol{A}=(a_{ij})$ 是 n 阶方阵,则 $\det \boldsymbol{A} = \det(\boldsymbol{\xi}_1,\boldsymbol{\xi}_2,\cdots,\boldsymbol{\xi}_n)$,其中 $\boldsymbol{\xi}_i = (a_{i1}, a_{i2},\cdots,a_{in}) \in \boldsymbol{F}^n$, $i=1,2,\cdots,n$. 由于 $\boldsymbol{F}^n$ 中的向量是写成行的形式的,因此 $\boldsymbol{F}^n$ 也称为 n 维行向量空间,$\boldsymbol{F}^n$ 中的向量也称为 n 维行向量. 自然想到的是,数域 $\boldsymbol{F}$ 上 n 数组 $\boldsymbol{\eta} = (a_1,a_2,\cdots,a_n)^{\mathrm{T}}$ 即是 $\boldsymbol{F}$ 上 n 维列向量,其中 $a_i \in \boldsymbol{F}$, $i=1,2,\cdots,n$. $\boldsymbol{F}$ 上所有 n 维列向量的集合仍记为 $\boldsymbol{F}^n$. n 维列向量加法规定为

$$(a_1,a_2,\cdots,a_n)^{\mathrm{T}} + (b_1,b_2,\cdots,b_n)^{\mathrm{T}} = (a_1+b_1, a_2+b_2,\cdots,a_n+b_n)^{\mathrm{T}},$$

纯量 $\lambda \in \boldsymbol{F}$ 与 n 维列向量的乘法规定为

$$\lambda(a_1,a_2,\cdots,a_n)^{\mathrm{T}} = (\lambda a_1, \lambda a_2,\cdots,\lambda a_n)^{\mathrm{T}}.$$

容易验证,列向量空间中向量的加法以及纯量与向量的乘法满足 n 维行向量空间

所具有的性质(A1),(A2),(A3),(A4),(M1),(M2),(D1)与(D2).因此 F^n 也称为 F 上 n 维列向量空间.同样可以定义 F^n 上的函数、线性函数、反对称函数及规范函数等概念.记

$$\boldsymbol{\eta}_j = (a_{1j}, a_{2j}, \cdots, a_{nj})^{\mathrm{T}} \in F^n, \quad j = 1,2,\cdots,n.$$

则列向量空间 F^n 上规范反对称 n 重线性函数即称为 n 阶行列式函数,记作 $\det(\boldsymbol{\eta}_1, \boldsymbol{\eta}_2, \cdots, \boldsymbol{\eta}_n)$.将 $\boldsymbol{\eta}_1, \boldsymbol{\eta}_2, \cdots, \boldsymbol{\eta}_n$ 排成一个 n 阶方阵 $\boldsymbol{A}$:

$$\boldsymbol{A} = \begin{pmatrix} a_{11} & a_{12} & \cdots & a_{1n} \\ a_{21} & a_{22} & \cdots & a_{2n} \\ \cdots & \cdots & \cdots & \cdots \\ a_{n1} & a_{n2} & \cdots & a_{nn} \end{pmatrix}.$$

其中 $\boldsymbol{\eta}_j$ 排在 $\boldsymbol{A}$ 的第 j 列,$j=1,2,\cdots,n$.记 $\boldsymbol{\xi}_i = (a_{i1}, a_{i2}, \cdots, a_{in})$,$i=1,2,\cdots,n$.不难证明,列向量空间 F^n 上 n 阶行列式函数 $\det(\boldsymbol{\eta}_1, \boldsymbol{\eta}_2, \cdots, \boldsymbol{\eta}_n)$在 $\boldsymbol{\eta}_j = (a_{1j}, a_{2j}, \cdots, a_{nj})^{\mathrm{T}}$,$j=1,2,\cdots,n$ 时的取值等于行向量空间 F^n 上 n 阶行列式函数 $\det(\boldsymbol{\xi}_1, \boldsymbol{\xi}_2, \cdots, \boldsymbol{\xi}_n)$在 $\boldsymbol{\xi}_i = (a_{i1}, a_{i2}, \cdots, a_{in})$时的取值,即

$$\det(\boldsymbol{\eta}_1, \boldsymbol{\eta}_2, \cdots, \boldsymbol{\eta}_n) = \det \boldsymbol{A} = \det(\boldsymbol{\xi}_1, \boldsymbol{\xi}_2, \cdots, \boldsymbol{\xi}_n).$$

因此方阵 $\boldsymbol{A}$ 的行列式 $\det \boldsymbol{A}$ 既可以看成 $\boldsymbol{A}$ 的行向量的规范反对称 n 重线性函数,也可以看成 $\boldsymbol{A}$ 的列向量的规范反对称 n 重线性函数.

习　题

1. 在自然数 $1,2,\cdots,n$ 的所有排列中哪个排列的逆序数最大?

2. 自然数 $1,2,\cdots,n$ 的任意一个排列 $i_1 i_2 \cdots i_n$ 的逆序数与正序数之和等于多少?

3. 证明:自然数 $1,2,\cdots,n$ 的任意一个排列都可以经过至多 $n-1$ 次对换变为标准排列 $1\ 2 \cdots n$.

4. 证明:在自然数 $1,2,\cdots,n$ 的所有排列中,一定存在这样的排列,它不能经过小于 $n-1$ 次对换变为标准排列 $1\ 2 \cdots n$.

5. 确定以下的奇偶性符号:

(1) $\delta\begin{pmatrix} 1 & 2 & 3 & \cdots & n-1 & n \\ n & n-1 & n-2 & \cdots & 2 & 1 \end{pmatrix}$;

(2) $\delta\begin{pmatrix} 1 & 2 & 3 & \cdots & n-1 & n \\ 1 & n & n-1 & \cdots & 3 & 2 \end{pmatrix}$;

(3) $\delta\begin{pmatrix} 1 & 2 & \cdots & n-1 & n & n+1 & n+2 & \cdots & 2n-1 & 2n \\ 2 & 4 & \cdots & 2n-2 & 2n & 1 & 3 & \cdots & 2n-3 & 2n-1 \end{pmatrix}$;

(4) $\delta\begin{pmatrix}1 & 2 & \cdots & n-1 & n & n+1 & n+2 & \cdots & 2n-1 & 2n\\ 1 & 3 & \cdots & 2n-3 & 2n-1 & 2 & 4 & \cdots & 2n-2 & 2n\end{pmatrix}$.

6. 确定正整数 i 和 j 的值，使得 7 阶行列式含有以下的项：

(1) $-a_{62}a_{i5}a_{33}a_{j4}a_{46}a_{21}a_{77}$;

(2) $a_{1i}a_{24}a_{31}a_{47}a_{55}a_{63}a_{7j}$.

7. 写出 4 阶行列式

$$\begin{vmatrix}5x & 1 & 2 & 3\\ x & x & 1 & 2\\ 1 & 2 & x & 3\\ x & 1 & 2 & 2x\end{vmatrix}$$

中的 x^3 与 x^4 项.

8. 求下列 n 阶行列式的和：

$$\sum_{j_1=1}^{n}\sum_{j_2=1}^{n}\cdots\sum_{j_n=1}^{n}\begin{vmatrix}a_{1j_1} & a_{1j_2} & \cdots & a_{1j_n}\\ a_{2j_1} & a_{2j_2} & \cdots & a_{2j_n}\\ \cdots & \cdots & \cdots & \cdots\\ a_{nj_1} & a_{nj_2} & \cdots & a_{nj_n}\end{vmatrix}.$$

9. 计算以下的行列式：

(1) $\begin{vmatrix}1 & 2 & 3 & 4\\ 2 & 3 & 4 & 1\\ 3 & 4 & 1 & 2\\ 4 & 1 & 2 & 3\end{vmatrix}$; (2) $\begin{vmatrix}\frac{1}{3} & -\frac{5}{2} & \frac{2}{5} & \frac{3}{2}\\ 3 & -12 & \frac{21}{5} & 15\\ \frac{2}{3} & -\frac{9}{2} & \frac{4}{5} & \frac{5}{2}\\ -\frac{1}{7} & \frac{2}{7} & -\frac{1}{7} & \frac{3}{7}\end{vmatrix}$;

(3) $\begin{vmatrix}0 & a & b & c\\ -a & 0 & d & e\\ -b & -d & 0 & f\\ -c & -e & -f & 0\end{vmatrix}$; (4) $\begin{vmatrix}a & b & c & d\\ -b & a & d & -c\\ -c & -d & a & b\\ -d & c & -b & a\end{vmatrix}$.

10. 证明以下等式：

(1) $\begin{vmatrix}a & b & c & d\\ a & a+b & a+b+c & a+b+c+d\\ a & 2a+b & 3a+2b+c & 4a+3b+2c+d\\ a & 3a+b & 6a+3b+c & 10a+6b+3c+d\end{vmatrix}=a^4$;

(2) 设 $a_{ij}=a_{i,j-1}+a_{i-1,j}$，$i,j=1,2,\cdots,n$，则

$$\begin{vmatrix} 1 & a_{12} & a_{13} & \cdots & a_{1n} \\ 1 & a_{22} & a_{23} & \cdots & a_{2n} \\ & & \cdots\cdots\cdots\cdots & & \\ 1 & a_{n2} & a_{n3} & \cdots & a_{nn} \end{vmatrix} = 1.$$

11. 设 $f(\xi_1,\xi_2,\cdots,\xi_n)$是 F^n 上 n 元函数. 如果对任意整数 $i,j,1\leqslant i,j\leqslant n$,均有

$$f(\xi_1,\cdots,\xi_i,\cdots,\xi_j,\cdots,\xi_n) = f(\xi_1,\cdots,\xi_j,\cdots,\xi_i,\cdots,\xi_n),$$

则 $f(\xi_1,\xi_2,\cdots,\xi_n)$称为对称的. 如果

$$f(\xi_{i_1},\xi_{i_2},\cdots,\xi_{i_n}) = \begin{cases} 1, & \text{当 } i_1,i_2,\cdots,i_n \text{ 是 } 1,2,\cdots,n \text{ 的一个排列时}, \\ 0, & \text{其他情形}, \end{cases}$$

其中 ξ_i 是F^n 中第i 个分量为 1、其他分量为 0 的向量,$1\leqslant i\leqslant n$,则 $f(\xi_1,\xi_2,\cdots,\xi_n)$ 称为规范的. F^n 上规范的对称n 重线性函数称为n 阶积和式(Permanant),记为 $\mathrm{Per}(\xi_1,\xi_2,\cdots,\xi_n)$. 记 $\xi_i = (a_{i1},a_{i2},\cdots,a_{in}),i = 1,2,\cdots,n$,并记 n 阶方阵$\boldsymbol{A} = (a_{ij})$,则 $\mathrm{Per}(\xi_1,\xi_2,\cdots,\xi_n)$ 也记为 $\mathrm{Per}\boldsymbol{A}$. 证明:

(1) $\mathrm{Per}\boldsymbol{A} = \sum\limits_{\binom{1\ 2\ \cdots\ n}{i_1\ i_2\ \cdots\ i_n}} a_{1i_1}a_{2i_2}a_{ni_n}$;(2) 多项式$\prod\limits_{i=1}^{n}\left(\sum\limits_{j=1}^{n} a_{ij}x_j\right)$的 $x_1x_2\cdots x_n$ 项系数即为 $\mathrm{Per}\boldsymbol{A}$.

2.3　Laplace 展开定理

给定 n 阶方阵

$$\boldsymbol{A} = \begin{pmatrix} a_{11} & a_{12} & \cdots & a_{1n} \\ a_{21} & a_{22} & \cdots & a_{2n} \\ & \cdots\cdots\cdots\cdots & & \\ a_{n1} & a_{n2} & \cdots & a_{nn} \end{pmatrix}.$$

它的行列式为

$$\begin{vmatrix} a_{11} & a_{12} & \cdots & a_{1n} \\ a_{21} & a_{22} & \cdots & a_{2n} \\ & \cdots\cdots\cdots\cdots & & \\ a_{n1} & a_{n2} & \cdots & a_{nn} \end{vmatrix}.$$

从中取出第 $i_1,i_2,\cdots,i_p$ 行与第$j_1,j_2,\cdots,j_p$ 列的交叉位置上的元素，$1\leqslant i_1<i_2<\cdots<i_p\leqslant n$，$1\leqslant j_1<j_2<\cdots<j_p\leqslant n$，并按这些元素在原来行列式 det $\boldsymbol{A}$ 中的次序排成一个 p 阶行列式，它称为行列式 det $\boldsymbol{A}$ 的 p 阶子式，记为 $\boldsymbol{A}\begin{pmatrix} i_1 & i_2 \cdots & i_p \\ j_1 & j_2 \cdots & j_p \end{pmatrix}$，即

$$\boldsymbol{A}\begin{pmatrix} i_1 & i_2 & \cdots & i_p \\ j_1 & j_2 & \cdots & j_p \end{pmatrix} = \begin{vmatrix} a_{i_1j_1} & a_{i_1j_2} & \cdots & a_{i_1j_p} \\ a_{i_2j_1} & a_{i_2j_2} & \cdots & a_{i_2j_p} \\ \multicolumn{4}{c}{\cdots\cdots\cdots\cdots} \\ a_{i_pj_1} & a_{i_pj_2} & \cdots & a_{i_pj_p} \end{vmatrix}.$$

在符号 $\boldsymbol{A}\begin{pmatrix} i_1 & i_2 \cdots & i_p \\ j_1 & j_2 \cdots & j_p \end{pmatrix}$中，上指标 $i_1,i_2,\cdots,i_p$，是行列式 det $\boldsymbol{A}$ 的行指标，下指标 $j_1,j_2,\cdots,j_p$ 是列指标. 从行列式 det $\boldsymbol{A}$ 中删去第$i_1,i_2,\cdots,i_p$ 行和第$j_1,j_2,\cdots,j_p$ 列上的所有元素，把余下的元素按它们在原来行列式 det $\boldsymbol{A}$ 中的次序排成一个 $n-p$ 阶子式，它称为 p 阶子式$\boldsymbol{A}\begin{pmatrix} i_1 & i_2 \cdots & i_p \\ j_1 & j_2 \cdots & j_p \end{pmatrix}$的余子式. 设从行列式 det $\boldsymbol{A}$ 的 n 个行中删去第$i_1,i_2,\cdots,i_p$ 行后余下的行是第$i_{p+1},i_{p+2},\cdots,i_n$ 行，其中 $1\leqslant i_{p+1}<i_{p+2}<\cdots<i_n\leqslant n$，从行列式 det $\boldsymbol{A}$ 的 n 个列中删去第$j_1,j_2,\cdots,j_p$ 列后余下的列是第 $j_{p+1},j_{p+2},\cdots,j_n$ 列，其中 $1\leqslant j_{p+1}<j_{p+2}<\cdots<j_n\leqslant n$，则 p 阶子式$\boldsymbol{A}\begin{pmatrix} i_1 & i_2 \cdots & i_p \\ j_1 & j_2 \cdots & j_p \end{pmatrix}$的余子式就是$n-p$ 阶子式$\boldsymbol{A}\begin{pmatrix} i_{p+1} & i_{p+2} \cdots & i_n \\ j_{p+1} & j_{p+2} \cdots & j_n \end{pmatrix}$. 特别地，一阶子式 $\boldsymbol{A}\begin{pmatrix} i \\ j \end{pmatrix}$是由行列式 det $\boldsymbol{A}$ 的第 i 行和第 j 列的交叉元素 a_{ij} 构成的一阶行列式，即元素 a_{ij} 自身，即 $\boldsymbol{A}\begin{pmatrix} i \\ j \end{pmatrix}=a_{ij}$，而它的余子式为

$$\boldsymbol{A}\begin{Bmatrix} 1\ 2 \cdots i-1\ i+1 \cdots n \\ 1\ 2 \cdots j-1\ j+1 \cdots n \end{Bmatrix} = \begin{vmatrix} a_{11} & \cdots & a_{1,j-1} & a_{1,j+1} & \cdots & a_{1n} \\ \multicolumn{6}{c}{\cdots\cdots\cdots\cdots} \\ a_{i-1,1} & \cdots & a_{i-1,j-1} & a_{i-1,j+1} & \cdots & a_{i-1,n} \\ a_{i+1,1} & \cdots & a_{i+1,j-1} & a_{i+1,j+1} & \cdots & a_{i+1,n} \\ \multicolumn{6}{c}{\cdots\cdots\cdots\cdots} \\ a_{n1} & \cdots & a_{n,j-1} & a_{n,j+1} & \cdots & a_{nn} \end{vmatrix}.$$

子式 $\boldsymbol{A}\begin{pmatrix} i \\ j \end{pmatrix}$的余子式有时也称为元素$a_{ij}$的余子式.

子式$\boldsymbol{A}\begin{pmatrix} i_1 & i_2 \cdots & i_p \\ j_1 & j_2 \cdots & j_p \end{pmatrix}$的余子式$\boldsymbol{A}\begin{pmatrix} i_{p+1} & i_{p+2} \cdots & i_n \\ j_{p+1} & j_{p+2} \cdots & j_n \end{pmatrix}$与符号$(-1)^{i_1+\cdots+i_p+j_1+\cdots+j_p}$的乘积$(-1)^{i_1+i_2+\cdots+i_p+j_1+j_2+\cdots+j_p}\boldsymbol{A}\begin{pmatrix} i_{p+1} & i_{p+2} \cdots & i_n \\ j_{p+1} & j_{p+2} \cdots & j_n \end{pmatrix}$称为子式$\boldsymbol{A}\begin{pmatrix} i_1 & i_2 \cdots & i_p \\ j_1 & j_2 \cdots & j_p \end{pmatrix}$的**代数余子式**.特别地,元素 a_{ij} 的代数余子式$(-1)^{i+j}\boldsymbol{A}\begin{pmatrix} 1\ 2\cdots(i-1)(i+1)\cdots n \\ 1\ 2\cdots(j-1)(j+1)\cdots n \end{pmatrix}$,记为 A_{ij}.

为了下面的需要,先证明一个简单事实.

命题 1　下述行列等式成立:

$$\begin{vmatrix} a_{11} & \cdots & a_{1p} & 0 & \cdots & 0 \\ & & \cdots\cdots & & & \\ a_{p1} & \cdots & a_{pp} & 0 & \cdots & 0 \\ a_{p+1,1} & \cdots & a_{p+1,p} & a_{p+1,p+1} & \cdots & a_{p+1,n} \\ & & \cdots\cdots & & & \\ a_{n1} & \cdots & a_{np} & a_{n,p+1} & \cdots & a_{nn} \end{vmatrix}$$

$$= \begin{vmatrix} a_{11} & \cdots & a_{1p} \\ & \cdots\cdots & \\ a_{p1} & \cdots & a_{pp} \end{vmatrix} \begin{vmatrix} a_{p+1,p+1} & \cdots & a_{p+1,n} \\ & \cdots\cdots & \\ a_{n,p+1} & \cdots & a_{nn} \end{vmatrix}. \tag{2.3.1}$$

证明　对 p 用归纳法.当 $p=1$ 时,式(2.3.1)即化为上节例1.因此式(2.3.1)对 $p=1$ 成立.假设式(2.3.1)对 $p-1$ 成立.下面证明式(2.3.1)对 p 成立.

记

$$\boldsymbol{A} = \begin{pmatrix} a_{11} & \cdots & a_{1p} & 0 & \cdots & 0 \\ & & \cdots\cdots & & & \\ a_{p1} & \cdots & a_{pp} & 0 & \cdots & 0 \\ a_{p+1,1} & \cdots & a_{p+1,p} & a_{p+1,p+1} & \cdots & a_{p+1,n} \\ & & \cdots\cdots & & & \\ a_{n1} & \cdots & a_{np} & a_{n,p+1} & \cdots & a_{nn} \end{pmatrix}.$$

由上节定理5后面的推论,

$$\det \boldsymbol{A} = a_{11}A_{11} + \cdots + a_{p1}A_{p1} + a_{p+1,1}A_{p+1,1} + \cdots + a_{n1}A_{n1}.$$

由归纳假设,当 $1 \leqslant i \leqslant p$ 时,

$$a_{i1}A_{i1} = (-1)^{i+1}a_{i1}\begin{vmatrix} a_{12} & \cdots & a_{1p} & 0 & \cdots & 0 \\ \cdots & \cdots & \cdots & \cdots & \cdots & \cdots \\ a_{i-1,2} & \cdots & a_{i-1,p} & 0 & \cdots & 0 \\ a_{i+1,2} & \cdots & a_{i+1,p} & 0 & \cdots & 0 \\ \cdots & \cdots & \cdots & \cdots & \cdots & \cdots \\ a_{p2} & \cdots & a_{pp} & 0 & \cdots & 0 \\ a_{p+1,2} & \cdots & a_{p+1,p} & a_{p+1,p+1} & \cdots & a_{p+1,n} \\ \cdots & \cdots & \cdots & \cdots & \cdots & \cdots \\ a_{n2} & \cdots & a_{np} & a_{n,p+1} & \cdots & a_{nn} \end{vmatrix}$$

$$= (-1)^{i+1}a_{i1}\begin{vmatrix} a_{12} & \cdots & a_{1p} \\ \cdots & \cdots & \cdots \\ a_{i-1,2} & \cdots & a_{i-1,p} \\ a_{i+1,2} & \cdots & a_{i+1,p} \\ \cdots & \cdots & \cdots \\ a_{p2} & \cdots & a_{pp} \end{vmatrix}\begin{vmatrix} a_{p+1,p+1} & \cdots & a_{p+1,n} \\ \cdots & \cdots & \cdots \\ a_{n,p+1} & \cdots & a_{nn} \end{vmatrix}.$$

而当 $p+1\leqslant i\leqslant n$ 时，

$$a_{i1}A_{i1} = (-1)^{i+1}a_{i1}\begin{vmatrix} a_{12} & \cdots & a_{1p} & 0 & \cdots & 0 \\ \cdots & \cdots & \cdots & \cdots & \cdots & \cdots \\ a_{p-1,2} & \cdots & a_{p-1,p} & 0 & \cdots & 0 \\ a_{p2} & \cdots & a_{pp} & 0 & \cdots & 0 \\ a_{p+1,2} & \cdots & a_{p+1,p} & a_{p+1,p+1} & \cdots & a_{p+1,n} \\ \cdots & \cdots & \cdots & \cdots & \cdots & \cdots \\ a_{i-1,2} & \cdots & a_{i-1,p} & a_{i-1,p+1} & \cdots & a_{i-1,n} \\ a_{i+1,2} & \cdots & a_{i+1,p} & a_{i+1,p+1} & \cdots & a_{i+1,n} \\ \cdots & \cdots & \cdots & \cdots & \cdots & \cdots \\ a_{n2} & \cdots & a_{np} & a_{n,p+1} & \cdots & a_{nn} \end{vmatrix}$$

$$= (-1)^{i+1} a_{i1} \begin{vmatrix} a_{12} & \cdots & a_{1p} \\ & \cdots\cdots\cdots\cdots & \\ a_{p-1,2} & \cdots & a_{p-1,p} \end{vmatrix} \begin{vmatrix} 0 & \cdots & 0 \\ a_{p+1,p+1} & \cdots & a_{p+1,n} \\ & \cdots\cdots\cdots\cdots & \\ a_{i-1,p+1} & \cdots & a_{i-1,n} \\ a_{i+1,p+1} & \cdots & a_{i+1,n} \\ & \cdots\cdots\cdots\cdots & \\ a_{n,p+1} & \cdots & a_{nn} \end{vmatrix} = 0.$$

因此

$$\det \boldsymbol{A} = a_{11}A_{11} + a_{21}A_{21} + \cdots + a_{p1}A_{p1}$$

$$= \left\{ \sum_{i=1}^{p} (-1)^{i+1} a_{i1} \begin{vmatrix} a_{12} & \cdots & a_{1p} \\ & \cdots\cdots\cdots\cdots & \\ a_{i-1,2} & \cdots & a_{i-1,p} \\ a_{i+1,2} & \cdots & a_{i+1,p} \\ & \cdots\cdots\cdots\cdots & \\ a_{p2} & \cdots & a_{pp} \end{vmatrix} \right\} \begin{vmatrix} a_{p+1,p+1} & \cdots & a_{p+1,n} \\ & \cdots\cdots\cdots\cdots & \\ a_{n,p+1} & \cdots & a_{nn} \end{vmatrix}.$$

再由上节定理5后面的推论,

$$\begin{vmatrix} a_{11} & a_{12} & \cdots & a_{1p} \\ a_{21} & a_{22} & \cdots & a_{2p} \\ & \cdots\cdots\cdots\cdots & & \\ a_{p1} & a_{p2} & \cdots & a_{pp} \end{vmatrix} = \sum_{i=1}^{p} (-1)^{i+1} a_{i1} \begin{vmatrix} a_{12} & \cdots & a_{1p} \\ & \cdots\cdots\cdots\cdots & \\ a_{i-1,2} & \cdots & a_{i-1,p} \\ a_{i+1,2} & \cdots & a_{i+1,p} \\ & \cdots\cdots\cdots\cdots & \\ a_{p2} & \cdots & a_{pp} \end{vmatrix}.$$

由此即得式(2.3.1).

命题2　给定 n 阶方阵 $\boldsymbol{A} = (a_{ij})$. 设 $\boldsymbol{\xi}_i = \sum_{j=1}^{n} a_{ij}\boldsymbol{\varepsilon}_j$, $1 \leqslant i \leqslant n$, $\boldsymbol{\varepsilon}_j = (0,\cdots,0,\underset{j}{1},0,\cdots,0)$, $1 \leqslant j \leqslant n$. 并且设 $1 \leqslant k_1 < k_2 < \cdots < k_p \leqslant n$. 则

$$\sum_{\binom{k_1 k_2 \cdots k_p}{j_1 j_2 \cdots j_p}} a_{1j_1} a_{2j_2} \cdots a_{pj_p} \det(\boldsymbol{\varepsilon}_{j_1}, \boldsymbol{\varepsilon}_{j_2}, \cdots, \boldsymbol{\varepsilon}_{j_p}, \boldsymbol{\xi}_{p+1}, \boldsymbol{\xi}_{p+2}, \cdots, \boldsymbol{\xi}_n)$$

$$= \boldsymbol{A}\begin{pmatrix} 1 & 2 \cdots & p \\ k_1 & k_2 \cdots & k_p \end{pmatrix} (-1)^{1+2+\cdots+p+k_1+k_2+\cdots+k_p} \cdot \boldsymbol{A}\begin{pmatrix} p+1 \cdots & n \\ k_{p+1} \cdots & k_n \end{pmatrix},$$

其中 $k_1k_2\cdots k_pk_{p+1}\cdots k_n$ 是 $1,2,\cdots,n$ 的排列，且 $1\leqslant k_{p+1}<\cdots<k_n\leqslant n$，而和号 $\sum\limits_{\binom{k_1k_2\cdots k_p}{j_1j_2\cdots j_p}}$ 表示对 $j_1j_2\cdots j_p$ 遍历 $k_1,k_2,\cdots,k_p$ 的所有排列求和.

证明 先证明

$$\sum_{\binom{k_1k_2\cdots k_p}{j_1j_2\cdots j_p}} a_{1j_1}a_{2j_2}\cdots a_{pj_p}\det(\boldsymbol{\varepsilon}_{j_1},\boldsymbol{\varepsilon}_{j_2},\cdots,\boldsymbol{\varepsilon}_{j_p},\boldsymbol{\xi}_{p+1},\boldsymbol{\xi}_{p+2},\cdots,\boldsymbol{\xi}_n)=$$

$$\begin{vmatrix} 0 & \cdots & 0 & a_{1k_1} & 0 & \cdots & 0 & a_{1k_p} & 0 & \cdots & 0 \\ & & & \cdots\cdots & & & & \cdots\cdots & & & \\ 0 & \cdots & 0 & a_{pk_1} & 0 & \cdots & 0 & a_{pk_p} & 0 & \cdots & 0 \\ a_{p+1,1} & \cdots & a_{p+1,k_1-1} & a_{p+1,k_1} & a_{p+1,k_1+1} & \cdots & a_{p+1,k_p-1} & a_{p+1,k_p} & a_{p+1,k_p+1} & \cdots & a_{p+1,n} \\ & & & \cdots\cdots & & & & \cdots\cdots & & & \\ a_{nk} & \cdots & a_{n,k_1-1} & a_{nk_1} & a_{n,k_1+1} & \cdots & a_{n,k_p-1} & a_{nk_p} & a_{n,k_p+1} & \cdots & a_{nn} \end{vmatrix}. \tag{2.3.2}$$

事实上，记上式右端为 Δ，并且记 $\tilde{\boldsymbol{\xi}}_i=\sum\limits_j{}^* a_{ij}\boldsymbol{\varepsilon}_j$，$1\leqslant i\leqslant p$，其中和号 $\sum\limits_j{}^*$ 表示对 j 遍历 $k_1,k_2,\cdots,k_p$ 求和. 于是 $\Delta=\det(\boldsymbol{\xi}_1,\cdots,\boldsymbol{\xi}_p,\boldsymbol{\xi}_{p+1},\cdots,\boldsymbol{\xi}_n)$. 因为行列式是 n 重线性函数，所以 $\Delta=\sum\limits_{j_1,j_2,\cdots,j_p}{}^* a_{1j_1}a_{2j_2}\cdots a_{pj_p}\det(\boldsymbol{\varepsilon}_{j_1},\boldsymbol{\varepsilon}_{j_2},\cdots,\boldsymbol{\varepsilon}_{j_p},\boldsymbol{\xi}_{p+1},\cdots,\boldsymbol{\xi}_n)$，其中和号 $\sum\limits_{j_1,j_2,\cdots,j_p}{}^*$ 表示对 $j_1,j_2,\cdots,j_p$ 分别遍历 $k_1,k_2,\cdots,k_p$ 求和. 因为行列式是反对称函数，所以，当 $\boldsymbol{\varepsilon}_{j_1},\boldsymbol{\varepsilon}_{j_2},\cdots,\boldsymbol{\varepsilon}_{j_p}$ 的某两个下指标相同时，$\det(\boldsymbol{\varepsilon}_{j_1},\boldsymbol{\varepsilon}_{j_2}\cdots,\boldsymbol{\varepsilon}_{j_p},\boldsymbol{\xi}_{p+1},\cdots,\boldsymbol{\xi}_n)$ 为零. 因此，$j_1j_2\cdots j_p$ 应是 $k_1,k_2,\cdots,k_p$ 的排列. 于是得到

$$\Delta=\sum_{\binom{k_1k_2\cdots k_p}{j_1j_2\cdots j_p}} a_{1j_1}a_{2j_2}\cdots a_{pj_p}\det(\boldsymbol{\varepsilon}_{j_1},\boldsymbol{\varepsilon}_{j_2},\cdots,\boldsymbol{\varepsilon}_{j_p},\boldsymbol{\xi}_{p+1},\cdots,\boldsymbol{\xi}_n).$$

这就证明了式(2.3.2).

把式(2.3.2)右端行列式 Δ 中第 k_1 列依次和第 k_1-1 列，第 k_1-2 列，…，第 1 列对换，于是 Δ 的第 k_1 列经过 k_1-1 次对换调到第 1 列；再把第 k_2 列依次和第 k_2-1 列，第 k_2-2 列，…，第 2 列对换，于是 Δ 的第 k_2 列经过 k_2-2 次对换调到第 2 列，等等. 最后 Δ 的第 k_p 列经过 k_p-p 次对换调到第 p 列. 由上节定理 1(1)，

$$\Delta=(-1)^{1+2+\cdots+p+k_1+k_2+\cdots+k_p}\begin{vmatrix} a_{1k_1} & \cdots & a_{1k_p} & 0 & \cdots & 0 \\ & & \cdots\cdots & \cdots\cdots & & \\ a_{pk_1} & \cdots & a_{pk_p} & 0 & \cdots & 0 \\ a_{p+1,k_1} & \cdots & a_{p+1,k_p} & a_{p+1,k_p+1} & \cdots & a_{p+1,n} \\ & & \cdots\cdots & \cdots\cdots & & \\ a_{nk_1} & \cdots & a_{nk_p} & a_{nk_{p+1}} & \cdots & a_{nn} \end{vmatrix}$$

于是由命题 1 即得命题 2.

现在证明本节的主要定理.

定理 1（Laplace 展开定理）　取定行指标 $i_1,i_2,\cdots,i_p$，$1\leqslant i_1<i_2<\cdots<i_p\leqslant n$. 遍取行列式 $\det \boldsymbol{A}$ 中第 $i_1,i_2,\cdots,i_p$ 行上的 p 阶子式，并分别乘以相应的代数余子式，其和即为 $\det \boldsymbol{A}$. 具体地说，有

$$\det \boldsymbol{A}=\sum_{1\leqslant j_1<j_2<\cdots<j_p\leqslant n}\boldsymbol{A}\begin{pmatrix} i_1\,i_2\cdots i_p \\ j_1\,j_2\cdots j_p \end{pmatrix}\left((-1)^{i_1+i_2+\cdots+i_p+j_1+j_2+\cdots+j_p}\boldsymbol{A}\begin{pmatrix} i_{p+1}\,i_{p+2}\cdots i_n \\ j_{p+1}\,j_{p+2}\cdots j_n \end{pmatrix}\right),$$

其中 $i_1i_2\cdots i_pi_{p+1}\cdots i_n$ 和 $j_1j_2\cdots j_pj_{p+1}\cdots j_n$ 都是 $1,2,\cdots,n$ 的排列，并且 $1\leqslant i_{p+1}<i_{p+2}<\cdots<i_n\leqslant n$，$1\leqslant j_{p+1}<j_{p+2}<\cdots<j_n\leqslant n$.

证明　采用命题 1 和命题 2 的记号. 先证明特殊情形：$i_1=1,i_2=2,\cdots,i_p=p$. 此时，$i_{p+1}=p+1,i_{p+2}=p+2,\cdots,i_n=n$. 因为 n 阶行列式是 n 重线性函数，因此

$$\begin{aligned}\det \boldsymbol{A}&=\det(\boldsymbol{\xi}_1,\boldsymbol{\xi}_2,\cdots,\boldsymbol{\xi}_m)\\&=\sum_{i\leqslant k_1,k_2,\cdots,k_p\leqslant n}a_{1k_1}a_{2k_2}\cdots a_{pk_p}\det(\boldsymbol{\varepsilon}_{k_1},\boldsymbol{\varepsilon}_{k_2},\cdots,\boldsymbol{\varepsilon}_{k_p},\boldsymbol{\xi}_{p+1},\boldsymbol{\xi}_{p+2},\cdots,\boldsymbol{\xi}_n),\end{aligned}$$

因为 n 阶行列式是反对称函数，所以，当下指标 $k_1,k_2,\cdots,k_p$ 有两个相同时，$\det(\boldsymbol{\varepsilon}_{k_1},\boldsymbol{\varepsilon}_{k_2},\cdots,\boldsymbol{\varepsilon}_{k_p},\boldsymbol{\xi}_{p+1},\boldsymbol{\xi}_{p+2},\cdots,\boldsymbol{\xi}_n)=0$. 因此

$$\det \boldsymbol{A}=\sum_{\substack{1\leqslant k_1<k_2<\cdots<k_p\leqslant n\\ k_1,k_2,\cdots,k_p\text{两两不等}}}a_{1k_1}a_{2k_2}\cdots a_{pk_p}\det(\boldsymbol{\varepsilon}_{k_1},\boldsymbol{\varepsilon}_{k_2},\cdots,\boldsymbol{\varepsilon}_{k_p},\boldsymbol{\xi}_{p+1},\boldsymbol{\xi}_{p+2},\cdots,\boldsymbol{\xi}_n).$$

不难证明

$$\sum_{\substack{1\leqslant k_1,k_2,\cdots,k_p\leqslant n\\ k_1,k_2,\cdots,k_p\text{两两不等}}}b_{k_1k_2\cdots k_p}=\sum_{1\leqslant j_1<j_2<\cdots<j_p\leqslant n}\left(\sum_{\binom{j_1\,j_2\cdots j_p}{k_1\,k_2\cdots k_p}}b_{k_1k_2\cdots k_p}\right)$$

（留给读者作练习）. 因此得到

$$\begin{aligned}\det \boldsymbol{A}=\sum_{1\leqslant j_1<j_2<\cdots<j_p\leqslant n}\Bigg(&\sum_{\binom{j_1\,j_2\cdots j_p}{k_1\,k_2\cdots k_p}}a_{1k_1}a_{2k_2}\cdots a_{pk_p}\\&\cdot\det(\boldsymbol{\varepsilon}_{k_1},\boldsymbol{\varepsilon}_{k_2},\cdots,\boldsymbol{\varepsilon}_{k_p},\boldsymbol{\xi}_{p+1},\boldsymbol{\xi}_{p+2},\cdots,\boldsymbol{\xi}_n)\Bigg).\end{aligned}$$

由命题 2,上式即为

$$\det \boldsymbol{A}=\sum_{1\leqslant k_1<k_2<\cdots<k_p\leqslant n}\boldsymbol{A}\begin{pmatrix}1 & 2\cdots & p\\ k_1 & k_2\cdots & k_p\end{pmatrix}(-1)^{1+2+\cdots+p+k_1+k_2+\cdots+k_p}\boldsymbol{A}\begin{pmatrix}p+1\cdots & n\\ k_{p+1} & \cdots k_n\end{pmatrix}.$$

这就证明,当 $i_1=1,i_2=2,\cdots,i_p=p$ 时,定理 1 成立.

现在转到一般情形.由于对换行列式的某两行,行列式的值变号,而行列式 $\det \boldsymbol{A}$的第 i_1 行可以经过 i_1-1 次相邻两行的对换调到第 1 行,第 i_2 行可以经过 i_2-2 次相邻两行的对换调到第 2 行,等等,最后,第 i_p 行经过 i_p-p 次相邻两行的对换调到第 p 行,因此得到

$$\det \boldsymbol{A}=(-1)^{i_1+i_2+\cdots i_p+1+2+\cdots+p}\begin{vmatrix}a_{i_11} & a_{i_12} & \cdots & a_{i_1n}\\ & \cdots\cdots\cdots & & \\ a_{i_p1} & a_{i_p2} & \cdots & a_{i_pn}\\ a_{i_p+1,1} & a_{i_p+1,2} & \cdots & a_{i_p+1,n}\\ & \cdots\cdots\cdots & & \\ a_{i_n1} & a_{i_n2} & \cdots & a_{i_nn}\end{vmatrix}$$

记 $a_{i_lk}=b_{lk}$,$\boldsymbol{B}=(b_{lk})$,并且由上一段结论,

$$\det \boldsymbol{A}=(-1)^{i_1+i_2+\cdots i_p+1+2+\cdots+p}\begin{vmatrix}b_{11} & b_{12} & \cdots & b_{1n}\\ & \cdots\cdots\cdots & & \\ b_{p1} & b_{p2} & \cdots & b_{pn}\\ b_{p+1,1} & b_{p+1,2} & \cdots & b_{p+1,n}\\ & \cdots\cdots\cdots & & \\ b_{n1} & b_{n2} & \cdots & b_{nn}\end{vmatrix}$$

$$=(-1)^{i_1+i_2+\cdots+i_p+1+2+\cdots+p}\sum_{1\leqslant j_1<j_2<\cdots<j_p\leqslant n}\boldsymbol{B}\begin{pmatrix}1 & 2\cdots & p\\ j_1 & j_2\cdots & j_p\end{pmatrix}$$

$$\cdot\left((-1)^{1+2+\cdots+p+j_1+j_2+\cdots+j_p}\boldsymbol{B}\begin{pmatrix}p+1\cdots & n\\ j_{p+1} & \cdots j_n\end{pmatrix}\right).$$

由于 $a_{i_lk}=b_{lk}$,所以

$$\boldsymbol{B}\begin{pmatrix}1 & 2\cdots & p\\ j_1 & j_2\cdots & j_p\end{pmatrix}=\boldsymbol{A}\begin{pmatrix}i_1 & i_2 & \cdots & i_p\\ j_1 & j_2 & \cdots & j_p\end{pmatrix},\qquad \boldsymbol{B}\begin{pmatrix}p+1 & p+2\cdots & n\\ j_{p+1} & j_{p+2} & \cdots j_n\end{pmatrix}=\boldsymbol{A}\begin{pmatrix}i_{p+1} & i_{p+2}\cdots & i_n\\ j_{p+1} & j_{p+2}\cdots & j_n\end{pmatrix}.$$

代入上式即得定理 1.

应当说明的是,在定理 1 的等式右端和式中共有 C_n^k 项.其次,定理 1 是对行列式 $\det \boldsymbol{A}$ 给定的行 $i_1,i_2,\cdots,i_p$ 讲的,所以,它也称为行列式 $\det \boldsymbol{A}$ 按照第 $i_1,i_2,\cdots,i_p$ 行作 Laplace 展开.由于 $\det \boldsymbol{A}=\det \boldsymbol{A}^{\mathrm{T}}$,所以,对行列式 $\det \boldsymbol{A}^{\mathrm{T}}$ 按第 i_1,i_2,

$\cdots, i_p$ 行作 Laplace 展开,便得到 det $\boldsymbol{A}$ 按第 $i_1, i_2, \cdots, i_p$ 列的 Laplace 展开式:

$$\det \boldsymbol{A} = \sum_{1 \leqslant j_1 < j_2 < \cdots < j_p \leqslant n} \boldsymbol{A}\begin{pmatrix} j_1 j_2 \cdots j_p \\ i_1 i_2 \cdots i_p \end{pmatrix} (-1)^{i_1+i_2+\cdots+i_p+j_1+j_2+\cdots+j_p} \boldsymbol{A}\begin{pmatrix} j_{p+1} j_{p+2} \cdots j_n \\ i_{p+1} i_{p+2} \cdots i_n \end{pmatrix}.$$

定理 1 的特殊情形是 $p=1$,即行列式 det $\boldsymbol{A}$ 按一行(或列)作 Laplace 展开:

$$\det \boldsymbol{A} = \sum_{j=1}^{n} a_{ij} A_{ij}, \quad i = 1, 2, \cdots, n,$$

或者

$$\det \boldsymbol{A} = \sum_{j=1}^{n} a_{ji} A_{ji}, \quad i = 1, 2, \cdots, n.$$

其中 A_{ij} 是一阶子式 $\boldsymbol{A}\begin{pmatrix} i \\ j \end{pmatrix} = a_{ij}$ 的代数余子式.

定理 2　任给 n 阶行列式 det $\boldsymbol{A}$ = det(a_{ij}),则

$$\sum_{j=1}^{n} a_{ij} A_{kj} = \delta_{ik} \det \boldsymbol{A}, \quad 1 \leqslant i, k \leqslant n,$$

且

$$\sum_{j=1}^{n} a_{ji} A_{jk} = \delta_{ik} \det \boldsymbol{A}, \quad 1 \leqslant i, k \leqslant n.$$

其中 δ_{ik} 是 Kronecker 符号,即当 $i=k$ 时,$\delta_{ik}=1$,否则 $\delta_{ik}=0, 1 \leqslant i, k \leqslant n$.

证明　由于行列式的行和列的地位是平等的,所以只需证前一个等式.当 $i=k$ 时,前一个等式即是行列式 det $\boldsymbol{A}$ 按第 i 行作 Laplace 展式,所以等式成立.当 $i \neq k$ 时,考虑行列式

$$\Delta = \begin{vmatrix} a_{11} & \cdots & a_{1n} \\ \cdots & \cdots & \cdots \\ a_{k-1,1} & \cdots & a_{k-1,n} \\ a_{i1} & \cdots & a_{in} \\ a_{k+1,1} & \cdots & a_{k+1,n} \\ \cdots & \cdots & \cdots \\ a_{n1} & \cdots & a_{nn} \end{vmatrix} . k \text{ 行}$$

由于行列式 Δ 的第 i 行和第 k 行都是 $a_{i1}, a_{i2}, \cdots, a_{in}$,因此,$\Delta=0$;另一方面,对行列式 Δ 按第 k 行作 Laplace 展开,得到

$$\Delta = \sum_{j=1}^{n} a_{ij} \boldsymbol{A}_{kj} = 0.$$

这就证明,前一个等式对 $i \neq k$ 也成立.定理 2 证毕.

对行列式的行或列作 Laplace 展开,提供一种将高阶行列式化为低阶行列式

的计算方法.

例 1 计算 5 阶行列式

$$\Delta = \begin{vmatrix} -4 & 1 & 2 & -2 & 1 \\ 0 & 3 & 0 & 1 & -5 \\ 2 & -3 & 1 & -3 & 1 \\ -1 & -1 & 3 & -1 & 0 \\ 0 & 4 & 0 & 2 & 5 \end{vmatrix}.$$

解 由于行列式 Δ 的第 1 列和第 3 列上零的个数最多,所以将行列式 Δ 按第 1 列、第 3 列作 Laplace 展开,得到

$$\Delta = \sum_{1 \leqslant i_1 < i_2 \leqslant 5} \boldsymbol{A}\begin{pmatrix} i_1\, i_2 \\ 1\, 3 \end{pmatrix}\left((-1)^{i_1+i_2+1+3}\boldsymbol{A}\begin{pmatrix} i_3\, i_4\, i_5 \\ 2\, 4\, 5 \end{pmatrix}\right)$$

$$= (-1)^{1+2+1+3}\begin{vmatrix} -4 & 2 \\ 0 & 0 \end{vmatrix}\begin{vmatrix} -3 & -3 & 1 \\ -1 & -1 & 0 \\ 4 & 2 & 5 \end{vmatrix} + (-1)^{1+3+1+3}\begin{vmatrix} -4 & 2 \\ 2 & 1 \end{vmatrix}$$

$$\cdot \begin{vmatrix} 3 & 1 & -5 \\ -1 & -1 & 0 \\ 4 & 2 & 5 \end{vmatrix} + (-1)^{1+4+1+3}\begin{vmatrix} -4 & 2 \\ -1 & 3 \end{vmatrix}\begin{vmatrix} 3 & 1 & -5 \\ -3 & -3 & 1 \\ 4 & 2 & 5 \end{vmatrix}$$

$$+ (-1)^{1+5+1+3}\begin{vmatrix} -4 & 2 \\ 0 & 0 \end{vmatrix}\begin{vmatrix} 3 & 1 & -5 \\ -3 & -3 & 1 \\ -1 & -1 & 0 \end{vmatrix} + (-1)^{2+3+1+3}$$

$$\cdot \begin{vmatrix} 0 & 0 \\ 2 & 1 \end{vmatrix}\begin{vmatrix} 1 & -2 & 1 \\ -1 & -1 & 0 \\ 4 & 2 & 5 \end{vmatrix} + (-1)^{2+4+1+3}\begin{vmatrix} 0 & 0 \\ -1 & 3 \end{vmatrix}\begin{vmatrix} 1 & -2 & 1 \\ -3 & -3 & 1 \\ 4 & 2 & 5 \end{vmatrix}$$

$$+ (-1)^{2+5+1+3}\begin{vmatrix} 0 & 0 \\ 0 & 0 \end{vmatrix}\begin{vmatrix} 1 & -2 & 1 \\ -3 & -3 & 1 \\ -1 & -1 & 0 \end{vmatrix} + (-1)^{3+4+1+3}\begin{vmatrix} 2 & 1 \\ -1 & 3 \end{vmatrix}$$

$$\cdot \begin{vmatrix} 1 & -2 & 1 \\ 3 & 1 & -5 \\ 4 & 2 & 5 \end{vmatrix} + (-1)^{3+5+1+3}\begin{vmatrix} 2 & 1 \\ 0 & 0 \end{vmatrix}\begin{vmatrix} 1 & -2 & 1 \\ 3 & 1 & -5 \\ -1 & -1 & 0 \end{vmatrix}$$

$$+ (-1)^{4+5+1+3}\begin{vmatrix} -1 & 3 \\ 0 & 0 \end{vmatrix}\begin{vmatrix} 1 & -2 & 1 \\ 3 & 1 & -5 \\ -3 & -3 & 1 \end{vmatrix} = \begin{vmatrix} -4 & 2 \\ 2 & 1 \end{vmatrix}$$

$$\cdot\begin{vmatrix}3&1&-5\\-1&-1&0\\4&2&5\end{vmatrix}-\begin{vmatrix}-4&2\\-1&3\end{vmatrix}\begin{vmatrix}3&1&-5\\-3&-3&1\\4&2&5\end{vmatrix}-\begin{vmatrix}2&1\\-1&3\end{vmatrix}$$

$$\cdot\begin{vmatrix}1&-2&1\\3&1&-5\\4&2&5\end{vmatrix}=(-8)(-20)-(-10)(-62)-7\times 87$$

$$=-1069.$$

注意,在把 Δ 按第1和第3列作 Laplace 展开时共有 $C_5^2=10$ 项.在展开时务必不要漏掉一些项.

习　　题

1. 利用 Laplace 展开定理计算下列行列式:

(1) $\begin{vmatrix}1&2&2&1\\0&1&0&2\\2&0&1&1\\0&2&0&1\end{vmatrix}$;　　(2) $\begin{vmatrix}2&1&0&0\\1&2&1&0\\0&1&2&1\\0&0&1&2\end{vmatrix}$;

(3) $\begin{vmatrix}1&1&0&0&0&1\\x_1&x_2&0&0&0&x_3\\a_1&b_1&1&1&1&c_1\\a_2&b_2&x_1&x_2&x_3&c_2\\a_3&b_3&x_1^2&x_2^2&x_3^2&c_3\\x_1^2&x_2^2&0&0&0&x_3^2\end{vmatrix}$;　　(4) $\begin{vmatrix}\lambda&0&0&\cdots&0\\x_1&c&b&\cdots&b\\x_2&b&c&\ddots&\vdots\\\vdots&\vdots&\ddots&\ddots&b\\x_n&b&\cdots&b&c\\a&0&\cdots&0&0\end{vmatrix}$.

2. 设 A,B,C 和 D 依次是由下表

$$\begin{pmatrix}a_1&b_1&c_1&d_1\\a_2&b_2&c_2&d_2\\a_3&b_3&c_3&d_3\end{pmatrix}$$

中删去第1,2,3和4列而得到的三阶行列式.证明:

$$\begin{vmatrix}a_1&b_1&c_1&d_1&0&0\\a_2&b_2&c_2&d_2&0&0\\a_3&b_3&c_3&d_3&0&0\\0&0&a_1&b_1&c_1&d_1\\0&0&a_2&b_2&c_2&d_2\\0&0&a_3&b_3&c_3&d_3\end{vmatrix}=AD-BC.$$

3. 记

$$D=\begin{vmatrix} a_1x_1 & b_1x_1 & a_1x_2 & b_1x_2 & a_1x_3 & b_1x_3 \\ a_2x_1 & b_2x_1 & a_2x_2 & b_2x_2 & a_2x_3 & b_2x_3 \\ a_1y_1 & b_1y_1 & a_1y_2 & b_1y_2 & a_1y_3 & b_1y_3 \\ a_2y_1 & b_2y_1 & a_2y_2 & b_2y_2 & a_2y_3 & b_2y_3 \\ a_1z_1 & b_1z_1 & a_1z_2 & b_1z_2 & a_1z_3 & b_1z_3 \\ a_2z_1 & b_2z_1 & a_2z_2 & b_2z_2 & a_2z_3 & b_2z_3 \end{vmatrix},$$

$$\delta=\begin{vmatrix} a_1 & b_1 \\ a_2 & b_2 \end{vmatrix},\quad \Delta=\begin{vmatrix} x_1 & x_2 & x_3 \\ y_1 & y_2 & y_3 \\ z_1 & z_2 & z_3 \end{vmatrix}.$$

证明：$D=\delta^3\Delta^2$.

4. 设 n 阶方阵 $\boldsymbol{A}=(a_{ij})$ 的元素 a_{ij} 都是变量 x 的可微函数，$1\leqslant i,j\leqslant n$. 证明：

$$\frac{\mathrm{d}(\det\boldsymbol{A})}{\mathrm{d}x}=\sum_{1\leqslant i,j\leqslant n}\frac{\mathrm{d}a_{ij}}{\mathrm{d}x}A_{ij},$$

其中 A_{ij} 是元素 a_{ij} 的代数余子式，$1\leqslant i,j\leqslant n$.

5. 给定 n 阶方阵 $\boldsymbol{A}=(a_{ij})$. 证明：

$$\begin{vmatrix} 1 & 1 & \cdots & 1 \\ a_{21}-a_{11} & a_{22}-a_{12} & \cdots & a_{2n}-a_{1n} \\ a_{31}-a_{11} & a_{32}-a_{12} & \cdots & a_{3n}-a_{1n} \\ \cdots\cdots & \cdots\cdots & \cdots & \cdots\cdots \\ a_{n1}-a_{11} & a_{n2}-a_{12} & \cdots & a_{nn}-a_{1n} \end{vmatrix}=\sum_{1\leqslant i,j\leqslant n}\boldsymbol{A}_{ij},$$

其中 A_{ij} 是行列式 $\det\boldsymbol{A}$ 中元素 a_{ij} 的代数余子式，$1\leqslant i,j\leqslant n$.

6. 证明：如果 n 阶行列式 Δ 的某一行(或列)的所有元素都是 1，则 Δ 的所有元素的代数余子式之和等于 Δ.

7. 用 $x_1,x_2,\cdots,x_{n-1},1$ 替换 n 阶行列式

$$\Delta=\begin{vmatrix} a_{11} & \cdots & a_{1,n-1} & 1 \\ a_{21} & \cdots & a_{2,n-1} & 1 \\ \cdots & \cdots & \cdots & \cdots \\ a_{n1} & \cdots & a_{n,n-1} & 1 \end{vmatrix}$$

的第 i 行，得到的行列式记为 Δ_i，$i=1,2,\cdots,n$. 证明：

$$\Delta=\Delta_1+\Delta_2+\cdots+\Delta_n.$$

8. 给定 n 阶方阵 $\boldsymbol{A}=(a_{ij})$. 证明：

$$\begin{vmatrix} a_{11} & a_{12} & \cdots & a_{1n} & x_1 \\ a_{21} & a_{22} & \cdots & a_{2n} & x_2 \\ \cdots & \cdots & \cdots & \cdots & \cdots \\ a_{n1} & a_{n2} & \cdots & a_{nn} & x_n \\ y_1 & y_2 & \cdots & y_n & z \end{vmatrix}=z\det\boldsymbol{A}-\sum_{1\leqslant i,j\leqslant n}\boldsymbol{A}_{ij}x_iy_j,$$

其中 A_{ij} 是行列式 $\det \boldsymbol{A}$ 的元素 a_{ij} 的代数余子式，$1\leqslant i,j\leqslant n$.

9. 设 $b_{ij}=(a_{i1}+a_{i2}+\cdots+a_{in})-a_{ij}$，$1\leqslant i,j\leqslant n$. 证明：

$$\begin{vmatrix} b_{11} & b_{12} & \cdots & b_{1n} \\ b_{21} & b_{22} & \cdots & b_{2n} \\ \cdots & \cdots & \cdots & \cdots \\ b_{n1} & b_{n2} & \cdots & b_{nn} \end{vmatrix} = (-1)^{n-1}(n-1)\begin{vmatrix} a_{11} & a_{12} & \cdots & a_{1n} \\ a_{21} & a_{22} & \cdots & a_{2n} \\ \cdots & \cdots & \cdots & \cdots \\ a_{n1} & a_{n2} & \cdots & a_{nn} \end{vmatrix}.$$

如果 $b_{ij}=(a_{i1}+a_{i2}+\cdots+a_{in})-ka_{ij}$，其中 $1\leqslant k\leqslant n$，$1\leqslant i,j\leqslant n$，结论又怎样？

10. 计算 $2n$ 阶行列式

$$\Delta_{2n}=\begin{vmatrix} a_1 & & & & & & & b_{2n} \\ & a_2 & & & & & b_{2n-1} & \\ & & \ddots & & & \iddots & & \\ & & & a_n & b_{n+1} & & & \\ & & & b_n & a_{n+1} & & & \\ & & \iddots & & & \ddots & & \\ & b_2 & & & & & a_{2n-1} & \\ b_1 & & & & & & & a_{2n} \end{vmatrix}.$$

其中未写出的元素都是零.

2.4 Cramer 法则

作为 Laplace 展开定理的应用，本节介绍关于线性方程组解的 Cramer 法则.

设 $x_1,x_2,\cdots,x_n$ 是 n 个未知量，它们满足以下 n 个线性方程构成的线性方程组：

$$\begin{cases} a_{11}x_1+a_{12}x_2+\cdots+a_{1n}x_n=b_1, \\ a_{21}x_1+a_{22}x_2+\cdots+a_{2n}x_n=b_2, \\ \cdots\cdots\cdots\cdots \\ a_{n1}x_1+a_{n2}x_2+\cdots+a_{nn}x_n=b_n, \end{cases} \tag{2.4.1}$$

其中系数 a_{ij} 和常数项 b_k 都属于数域 F，$1\leqslant i,j\leqslant n$，$1\leqslant k\leqslant n$. 并且都是已知的. n^2 个系数 a_{ij}，$1\leqslant i,j\leqslant n$ 构成的 n 阶方阵

$$A = \begin{pmatrix} a_{11} & a_{12} & \cdots & a_{1n} \\ a_{21} & a_{22} & \cdots & a_{2n} \\ \cdots & \cdots & \cdots & \cdots \\ a_{n1} & a_{n2} & \cdots & a_{nn} \end{pmatrix}$$

称为线性方程组(2.4.1)的系数矩阵. 方阵 A 的行列式 $\det A$ 称为线性方程组(2.4.1)的系数行列式. 如果数域 F 上有序 n 数组 $(x_1^0, x_2^0, \cdots, x_n^0)$ 满足线性方程组(2.4.1)中所有的方程,即

$$\begin{cases} a_{11}x_1^0 + a_{12}x_2^0 + \cdots + a_{1n}x_n^0 = b_1, \\ a_{21}x_1^0 + a_{22}x_2^0 + \cdots + a_{2n}x_n^0 = b_2, \\ \cdots\cdots\cdots \\ a_{n1}x_1^0 + a_{n2}x_2^0 + \cdots + a_{nn}x_n^0 = b_n, \end{cases}$$

则有序 n 数组 $(x_1^0, x_2^0, \cdots, x_n^0)$ 称为线性方程组(2.4.1)的解.

记线性方程组(2.4.1)的系数行列式 $\det A$ 为 Δ. 用线性方程组(2.4.1)的常数项 $b_1, b_2, \cdots, b_n$ 替换行列式 Δ 的第 j 列上的元素,得到的行列式记为 Δ_j,即

$$\Delta_j = \begin{vmatrix} a_{11} & a_{12} & \cdots & a_{1,j-1} & b_1 & a_{1,j+1} & \cdots & a_{1n} \\ a_{21} & a_{22} & \cdots & a_{2,j-1} & b_2 & a_{2,j+1} & \cdots & a_{2n} \\ \cdots & \cdots & \cdots & \cdots & \cdots & \cdots & \cdots & \cdots \\ a_{n1} & a_{n2} & \cdots & a_{n,j-1} & b_n & a_{n,j+1} & \cdots & a_{nn} \end{vmatrix}, \quad j = 1,2,\cdots,n.$$

于是,有

定理(Cramer 法则) 设线性方程组(2.4.1)的系数行列式 $\Delta \neq 0$,则线性方程组(2.4.1)具有唯一解 $\left(\frac{\Delta_1}{\Delta}, \frac{\Delta_2}{\Delta}, \cdots, \frac{\Delta_n}{\Delta}\right)$.

证明 记

$$\boldsymbol{\beta} = \begin{pmatrix} b_1 \\ b_2 \\ \vdots \\ b_n \end{pmatrix}, \quad \boldsymbol{\eta}_j = \begin{pmatrix} a_{1j} \\ a_{2j} \\ \vdots \\ a_{nj} \end{pmatrix}, \quad j = 1,2,\cdots,n,$$

则线性方程组(2.4.1)可以改写为 n 维列向量和的形式:

$$\sum_{j=1}^{n} x_j \boldsymbol{\eta}_j = \boldsymbol{\beta}.$$

而系数行列式 $\Delta = \det(\boldsymbol{\eta}_1, \boldsymbol{\eta}_2, \cdots, \boldsymbol{\eta}_n)$,并且

$$\Delta_j = \det(\boldsymbol{\eta}_1, \boldsymbol{\eta}_2, \cdots, \boldsymbol{\eta}_{j-1}, \boldsymbol{\beta}, \boldsymbol{\eta}_{j+1}, \cdots, \boldsymbol{\eta}_n), \quad j = 1,2,\cdots,n.$$

首先证明线性方程组(2.4.1)的解的存在性.取 $x_j^0=\frac{\Delta_j}{\Delta}, j=1,2,\cdots,n$,并把它们代入方程组(2.4.1)的第 i 个方程的左端,得到

$$\sum_{j=1}^n a_{ij}x_j^0=\frac{1}{\Delta}\sum_{j=1}^n a_{ij}\Delta_j=\frac{1}{\Delta}\sum_{j=1}^n a_{ij}\det(\boldsymbol{\eta}_1,\cdots,\boldsymbol{\eta}_{j-1},\boldsymbol{\beta},\boldsymbol{\eta}_{j+1},\cdots,\boldsymbol{\eta}_n).$$

记

$$\boldsymbol{\beta}=\begin{pmatrix}b_1\\b_2\\\vdots\\b_n\end{pmatrix}=\sum_{k=1}^n b_k\boldsymbol{\varepsilon}_k,\quad \boldsymbol{\varepsilon}_k=\begin{pmatrix}0\\\vdots\\0\\1\\0\\\vdots\\0\end{pmatrix}k\text{ 行},\quad k=1,2,\cdots,n,$$

则由于行列式是线性函数,故

$$\sum_{j=1}^n a_{ij}x_j^0=\frac{1}{\Delta}\sum_{j=1}^n a_{ij}\Big(\sum_{k=1}^n b_k\det(\boldsymbol{\eta}_1,\cdots,\boldsymbol{\eta}_{j-1},\boldsymbol{\varepsilon}_k,\boldsymbol{\eta}_{j+1},\cdots,\boldsymbol{\eta}_n)\Big).$$

显然

$$\det(\boldsymbol{\eta}_1,\cdots,\boldsymbol{\eta}_{j-1},\boldsymbol{\varepsilon}_k,\boldsymbol{\eta}_{j+1},\cdots,\boldsymbol{\eta}_n)$$
$$=\begin{vmatrix}a_{11}&\cdots&a_{1,j-1}&0&a_{1,j+1}&\cdots&a_{1n}\\ &&&\cdots\cdots\cdots\cdots&&&\\ a_{k-1,1}&\cdots&a_{k-1,j-1}&0&a_{k-1,j+1}&\cdots&a_{k-1,n}\\ a_{k1}&\cdots&a_{k,j-1}&1&a_{k,j+1}&\cdots&a_{kn}\\ a_{k+1,1}&\cdots&a_{k+1,j-1}&0&a_{k+1,j+1}&\cdots&a_{k+1,n}\\ &&&\cdots\cdots\cdots\cdots&&&\\ a_{n1}&\cdots&a_{n,j-1}&0&a_{n,j+1}&\cdots&a_{nn}\end{vmatrix}.$$

由本章2.2节例1,

$$\det(\boldsymbol{\eta}_1,\cdots,\boldsymbol{\eta}_{j-1},\boldsymbol{\varepsilon}_k,\boldsymbol{\eta}_{j+1},\cdots,\boldsymbol{\eta}_n)$$
$$=(-1)^{k+j}\boldsymbol{A}\begin{pmatrix}1&2&\cdots&(k-1)&(k+1)&\cdots&n\\1&2&\cdots&(j-1)&(j+1)&\cdots&n\end{pmatrix}=A_{kj}.$$

因此

$$\sum_{j=1}^n a_{ij}x_j^0=\frac{1}{\Delta}\sum_{k=1}^n b_k\Big(\sum_{j=1}^n a_{ij}A_{kj}\Big).$$

由上节定理2,

$$\sum_{j=1}^{n} a_{ij}x_j^0 = \frac{1}{\Delta}\sum_{k=1}^{n} b_k \delta_{ik} \det \boldsymbol{A} = b_i, \quad i = 1,2,\cdots,n.$$

这就表明，$\left(\frac{\Delta_1}{\Delta},\frac{\Delta_2}{\Delta},\cdots,\frac{\Delta_n}{\Delta}\right)$是方程组(2.4.1)的解.

其次证明线性方程组(2.4.1)的解的唯一性.设方程组(2.4.1)另有解$(x_1^0,x_2^0,\cdots,x_n^0)$，则

$$\sum_{l=1}^{n} x_l^0 \boldsymbol{\eta}_l = \boldsymbol{\beta}.$$

于是，$\Delta_j = \det(\boldsymbol{\eta}_1,\cdots,\boldsymbol{\eta}_{j-1},\sum_{l=1}^{n} x_l^0\boldsymbol{\eta}_l,\boldsymbol{\eta}_{j+1},\cdots,\boldsymbol{\eta}_n)$. 由于 n 阶行列式是它的列向量的 n 重线性函数，所以

$$\Delta_j = \sum_{l=1}^{n} x_l^0 \det(\boldsymbol{\eta}_1,\cdots,\boldsymbol{\eta}_{j-1},\boldsymbol{\eta}_l,\boldsymbol{\eta}_{j+1},\cdots,\boldsymbol{\eta}_n).$$

由于行列式是列向量的反对称函数，所以，当 $l\neq j$ 时，$\det(\boldsymbol{\eta}_1,\cdots,\boldsymbol{\eta}_{j-1},\boldsymbol{\eta}_l,\boldsymbol{\eta}_{j+1},\cdots,\boldsymbol{\eta}_n)=0$. 因此

$$\Delta_j = x_j^0 \det(\boldsymbol{\eta}_1,\cdots,\boldsymbol{\eta}_{j-1},\boldsymbol{\eta}_j,\boldsymbol{\eta}_{j+1},\cdots,\boldsymbol{\eta}_n) = x_j^0\Delta.$$

因为 $\Delta\neq 0$，故 $x_j^0=\frac{\Delta_j}{\Delta}$，$j=1,2,\cdots,n$. 这就证明了解的唯一性.

对于线性方程组(2.4.1)，如果它的常数项 $b_1,b_2,\cdots,b_n$ 都是零，则方程组(2.4.1)称为**齐次线性方程组**，否则称为**非齐次线性方程组**. 显然，齐次线性方程组恒有解$\underbrace{(0,0,\cdots,0)}_{n个}$，它称为**零解**. 如果齐次方程组具有解$(x_1^0,x_2^0,\cdots,x_n^0)$，其中 x_1^0，$x_2^0,\cdots,x_n^0$ 不全为零，则它称为**非零解**. 由 Cramer 法则直接得到：

推论 如果齐次方程组具有非零解，则它的系数行列式为零.

上述推论的逆命题也是成立的，即如果齐次方程组的系数行列式为零，则它具有非零解. 这一事实留待下一章证明.

Cramer 法则是 Cramer 于 1750 年发现的. 实际上，最早发现的是 Leibnitz，他比 Cramer 要早 50 年. 应当指出，Cramer 法则并没有完全解决线性方程组求解问题. 例如，当线性方程组的系数行列式为零时，线性方程组是否恒有解？假定有解，又如何求解，等等，这些问题是 Cramer 法则无法解决的. 即便在线性方程组的系数行列式不为零时，利用 Cramer 法则求解也是不方便的，因为这时需要计算 $n+1$ 个 n 阶行列式. 而当 n 很大时，计算 n 阶行列式的工作量是相当大的. 因此，必须寻求实际可行的求解方法. 所有这些，将在下一章中深入讨论.

习 题

1. 解下列线性方程组:

(1) $\begin{cases} x_1 + x_2 + 2x_3 + 3x_4 = 1, \\ 3x_1 - x_2 - x_3 - 2x_4 = -4, \\ 2x_1 + 3x_2 - x_3 - x_4 = -6, \\ x_1 + 2x_2 + 3x_3 - x_4 = -4; \end{cases}$

(2) $\begin{cases} 2x_1 - x_2 + 3x_3 + 2x_4 = 4, \\ 3x_1 + 3x_2 + 3x_3 + 2x_4 = 6, \\ 3x_1 - 2x_2 - x_3 + 2x_4 = 6, \\ 3x_1 - x_2 + 3x_3 - x_4 = 6. \end{cases}$

2. 设 a,b,c 和 d 是不全为零的实数.证明:线性方程组

$$\begin{cases} ax + by + cz + dt = 0, \\ bx - ay + dz - ct = 0, \\ cx - dy - az + bt = 0, \\ dx + cy - bz - at = 0 \end{cases}$$

具有唯一解,其中 x,y,z 和 t 是未知数.

3. 求下列线性方程组的解:

(1) $\begin{cases} x_1 + x_2 + x_3 + \cdots + x_n = n, \\ x_1 + 2x_2 + 3x_3 + \cdots + nx_n = \dfrac{n(n+1)}{2}, \\ x_1 + 3x_3 + 6x_3 + \cdots + \dfrac{n(n+1)}{2}x_n = \dfrac{n(n+1)(n+2)}{6}, \\ \cdots\cdots\cdots\cdots \\ x_1 + nx_2 + \dfrac{n(n+1)}{2}x_3 + \cdots + \dfrac{n(n+1)\cdots(2n-2)}{1\cdot 2\cdot \cdots \cdot (n-1)}x_n \\ \quad = \dfrac{n(n+1)\cdots(2n-1)}{1\cdot 2\cdot \cdots \cdot n}; \end{cases}$

(2) $\begin{cases} x_1 + x_2 + x_3 + \cdots + x_{n-1} + x_n = 1, \\ x_1 + 0 + x_3 + \cdots + x_{n-1} + x_n = 2, \\ x_1 + x_2 + 0 + \cdots + x_{n-1} + x_n = 3, \\ \cdots\cdots\cdots\cdots \\ x_1 + x_2 + x_3 + \cdots + x_{n-1} + 0 = n. \end{cases}$

4. 设三次多项式 $f(x) = a_0 + a_1x + a_2x^2 + a_3x^3$ 满足 $f(-1) = 0, f(1) = 4, f(2) = 3, f(3) = 16$.求 $f(x)$.

5. 设 $y_0, y_1, y_2, \cdots, y_n$ 是数域F 中$n+1$ 个数,$x_0, x_1, x_2, \cdots, x_n$ 是数域F 中两两不同的

$n+1$ 个数.证明:存在唯一一个多项式 $f(x)$, $\deg f(x)\leqslant n$,使得 $f(x_i)=y_i, i=0,1,2,\cdots,n$.

6. 设线性方程组

$$\begin{cases} a_{11}x_1+a_{12}x_2+\cdots+a_{1n}x_n=b_1, \\ a_{21}x_1+a_{22}x_2+\cdots+a_{2n}x_n=b_2, \\ \cdots\cdots\cdots\cdots \\ a_{n1}x_1+a_{n2}x_2+\cdots+a_{nn}x_n=b_n \end{cases} \qquad (*)$$

的系数行列式 $\Delta\neq 0$.利用 $n+1$ 阶行列式

$$\begin{vmatrix} b_i & a_{i1} & a_{i2} & \cdots & a_{in} \\ b_1 & a_{11} & a_{12} & \cdots & a_{1n} \\ b_2 & a_{21} & a_{22} & \cdots & a_{2n} \\ & \cdots\cdots & \cdots & & \\ b_n & a_{n1} & a_{n2} & \cdots & a_{nn} \end{vmatrix}=0,\quad i=1,2,\cdots,n,$$

证明:$\left(\frac{\Delta_1}{\Delta},\frac{\Delta_2}{\Delta},\cdots,\frac{\Delta_n}{\Delta}\right)$是方程组$(*)$的解.

2.5 行列式的计算

给定 n 阶行列式 $\det\boldsymbol{A}$,要计算出它的值,如果采用本章2.2节定理1所给的行列式表达式,就必须先计算它的 $n!$ 个项 $\delta\begin{pmatrix}1 & 2 & \cdots & n\\ i_1 & i_2 & \cdots & i_n\end{pmatrix}a_{1i_1}a_{2i_2}\cdots a_{ni_n}$,然后相加,才能得到行列式的值.由数学分析中著名的 Stirling 公式,随着行列式阶数 n 的增加,行列式表达式中项数 $n!$ 将以指数形式增加.因此,当阶数 n 很大时,计算量相当大.所以,在计算行列式的值时,往往不用行列式的表达式.而是针对所给的具体行列式的特点,利用行列式的基本性质,将行列式的值求出来.

在计算行列式时,把高阶行列式化为低阶行列式,是经常采用的途径.把高阶行列式化为低阶行列式的一个基本方法是对行列式施行行或列的初等变换.所谓对行列式施行行(或列)的**初等变换**是指对换行列式的某两行(或两列),其他的行(或列)保持不动;行列式的某一行(或列)的元素遍乘以某个非零的数再加到另一行(或列);以及行列式的某一行(或列)的元素遍乘以某个非零的数.对行列式施行行或列的初等变换的目的是把行列式化成特殊形式的行列式,使之便于计算.下面通过一些例子来说明计算行列式的基本方法.

1. 化为三角形 行列式 det $\boldsymbol{A}$ 中从左上角到右下角的对角线叫做主对角线.方阵 $\boldsymbol{A}=(a_{ij})$的元素 a_{ii} 位于主对角线上, $i=1,2,\cdots,n$,而当 $i<j$ 时,元素 a_{ij} 位于主对角线的上侧,当 $i>j$ 时,元素 a_{ij} 位于主对角线的下侧,主对角线的一侧的元素全为零的行列式称为三角形的.对于给定的行列式,可以通过行或列的初等变换化为三角形,然后根据本章 2.2 节例 1,三角形的行列式等于主对角元素的乘积.这样便可以求出原行列式的值.

例 1 求 5 阶行列式 Δ 的值,其中

$$\Delta=\begin{vmatrix}1 & 2 & 3 & 4 & 5\\ 2 & 3 & 7 & 10 & 13\\ 3 & 5 & 11 & 16 & 21\\ 2 & -7 & 7 & 7 & 2\\ 1 & 4 & 5 & 3 & 10\end{vmatrix}.$$

解 行列式 Δ 的第 1 列分别乘以 $-2,-3,-4,-5$,然后分别加到第 2,3,4,5 列,得到

$$\Delta \xlongequal{-2(1)+(2),-3(1)+(3),-4(1)+(4),-5(1)+(5)} \begin{vmatrix}1 & 0 & 0 & 0 & 0\\ 2 & -1 & 1 & 2 & 3\\ 3 & -1 & 2 & 4 & 6\\ 2 & -11 & 1 & -1 & -8\\ 1 & 2 & 2 & -1 & 5\end{vmatrix}.$$

其中为了便于验算,标明了所作的初等变换.右端的行列式记为 $\tilde{\Delta}$.对调行列式 $\tilde{\Delta}$ 的第 2,3 列,得到

$$\Delta=\tilde{\Delta}\xlongequal{(2,3)}-\begin{vmatrix}1 & 0 & 0 & 0 & 0\\ 2 & 1 & -1 & 2 & 3\\ 3 & 2 & -1 & 4 & 6\\ 2 & 1 & -11 & -1 & -8\\ 1 & 2 & 2 & -1 & 5\end{vmatrix}$$

$$\xlongequal{1(2)+(3),-2(2)+(4),-3(2)+(5)} -\begin{vmatrix}1 & 0 & 0 & 0 & 0\\ 2 & 1 & 0 & 0 & 0\\ 3 & 2 & 1 & 0 & 0\\ 2 & 1 & -10 & -3 & -11\\ 1 & 2 & 4 & -5 & -1\end{vmatrix}$$

$$\xlongequal{-11(5)+(4)} -\begin{vmatrix} 1 & 0 & 0 & 0 & 0 \\ 2 & 1 & 0 & 0 & 0 \\ 3 & 2 & 1 & 0 & 0 \\ -9 & -21 & -54 & 52 & 0 \\ 1 & 2 & 4 & -5 & -1 \end{vmatrix} = 52.$$

行列式 $\det \boldsymbol{A}$ 的第 i 行(或列)上所有元素之和称为 $\det \boldsymbol{A}$ 的第 i 个行(或列)和.有些行列式的 n 个行(或列)和都相等.这时就可把行列式的各个行(或列)都加到第 1 行,然后再三角化.

例 2 计算 n 阶行列式 Δ,其中

$$\Delta = \begin{vmatrix} a & a+d & \cdots & a+(n-2)d & a+(n-1)d \\ a+d & a+2d & \cdots & a+(n-1)d & a \\ \vdots & \vdots & & \vdots & \vdots \\ a+(n-2)d & a+(n-1)d & \cdots & a+(n-4)d & a+(n-3)d \\ a+(n-1)d & a & \cdots & a+(n-3)d & a+(n-2)d \end{vmatrix}.$$

解

$$\Delta \xrightarrow{\text{第 } i \text{ 行减去 } i-1 \text{ 行}, i = n, \cdots, 2}$$

$$\begin{vmatrix} a & a+d & \cdots & a+(n-2)d & a+(n-1)d \\ d & d & \cdots & d & (1-n)d \\ \vdots & \vdots & \cdot^{\cdot^{\cdot}} & (1-n)d & d \\ d & d & \cdot^{\cdot^{\cdot}} & \cdot^{\cdot^{\cdot}} & \vdots \\ d & (1-n)d & d & \cdots & d \end{vmatrix}$$

$$\xrightarrow{\text{第 } j \text{ 列减去 } 1 \text{ 列}, j = 2, \cdots, n}$$

$$\begin{vmatrix} a & d & \cdots & (n-2)d & (n-1)d \\ d & 0 & \cdots & 0 & -nd \\ \vdots & \vdots & \cdot^{\cdot^{\cdot}} & -nd & 0 \\ d & 0 & \cdot^{\cdot^{\cdot}} & \cdot^{\cdot^{\cdot}} & \vdots \\ d & -nd & 0 & \cdots & 0 \end{vmatrix}$$

$$\xrightarrow{\text{第 } 1 \text{ 行加上} \frac{n-i+1}{n} \text{倍的第 } i \text{ 行}, i = 2, \cdots, n}$$

$$\begin{vmatrix} a+\frac{n-1}{2}d & 0 & \cdots & 0 & 0 \\ d & 0 & \cdots & 0 & -nd \\ \vdots & \vdots & \iddots & -nd & 0 \\ d & 0 & \iddots & \iddots & \vdots \\ d & -nd & 0 & \cdots & 0 \end{vmatrix}$$

$$=\left(a+\frac{n-1}{2}d\right)(-nd)^{n-1}(-1)^{\frac{n(n-1)}{2}}=(-1)^{\frac{n(n-1)}{2}}\left(a+\frac{n-1}{2}d\right)(nd)^{n-1}.$$

在例2中，除第一步使用将行列式的各个列都加到第1列的技巧外，还采用了下一行减去前一行、逐行相减的技巧．这也是常用技巧之一，应予重视．

2．建立递推公式　把 n 阶行列式通过行或列的初等变换或其他方法化为同种形式的 $n-1$ 阶行列式，或者阶数更低的行列式，从而建立递推公式．再利用递推公式求出原来行列式的值．

例3　求 n 阶 Vandermonde 行列式 $\Delta_n(x_1,x_2,\cdots,x_n)$，

$$\Delta_n(x_1,x_2,\cdots,x_n)=\begin{vmatrix} 1 & 1 & \cdots & 1 \\ x_1 & x_2 & \cdots & x_n \\ x_1^2 & x_2^2 & \cdots & x_n^2 \\ \cdots & \cdots & \cdots & \cdots \\ x_1^{n-1} & x_2^{n-1} & \cdots & x_n^{n-1} \end{vmatrix}.$$

解　$\Delta_n(x_1,x_2,\cdots,x_n)\xlongequal{-x_1(i)+(i+1);1\leqslant i\leqslant n-1}$

$$\begin{vmatrix} 1 & 1 & \cdots & 1 \\ 0 & (x_2-x_1) & \cdots & (x_n-x_1) \\ 0 & (x_2-x_1)x_2 & \cdots & (x_n-x_1)x_n \\ \cdots & \cdots & \cdots & \cdots \\ 0 & (x_2-x_1)x_2^{n-2} & \cdots & (x_n-x_1)x_n^{n-2} \end{vmatrix}$$

$$=(x_2-x_1)(x_3-x_1)\cdots(x_n-x_1)\begin{vmatrix} 1 & 1 & \cdots & 1 \\ x_2 & x_3 & \cdots & x_n \\ x_2^2 & x_3^2 & \cdots & x_n^2 \\ \cdots & \cdots & \cdots & \cdots \\ x_2^{n-2} & x_3^{n-2} & \cdots & x_n^{n-2} \end{vmatrix}.$$

由此得到递推公式

$$\Delta_n(x_1,x_2,\cdots,x_n)=\left(\prod_{i=2}^{n}(x_i-x_1)\right)\Delta_{n-1}(x_2,x_3,\cdots,x_n).$$

因此得到

$$\Delta_n(x_1,x_2,\cdots,x_n) = \prod_{1\leqslant j<i\leqslant n}(x_i - x_j).$$

例 4 求 n 阶三对角行列式

$$\Delta_n = \begin{vmatrix} a & b & & & \\ c & a & b & & \\ & \ddots & \ddots & \ddots & \\ & & c & a & b \\ & & & c & a \end{vmatrix}.$$

Δ_n 中未写出的元素都是零，$bc\neq 0$.

解 将行列式 Δ_n 按第一行作 Laplace 展开，

$$\Delta_n = a\begin{vmatrix} a & b & & & \\ c & a & b & & \\ & c & a & \ddots & \\ & & \ddots & \ddots & b \\ & & & c & a \end{vmatrix}_{n-1} - b\begin{vmatrix} c & b & & & \\ & a & b & & \\ & c & a & \ddots & \\ & & \ddots & \ddots & b \\ & & & c & a \end{vmatrix}_{n-1}.$$

由此得到递推方程

$$\Delta_n = a\Delta_{n-1} - bc\Delta_{n-2}, \tag{2.5.1}$$

其初始条件为 $\Delta_1 = a$，$\Delta_0 = 1$. 设式(2.5.1)可表示为

$$\Delta_n - \alpha\Delta_{n-1} = \beta(\Delta_{n-1} - \alpha\Delta_{n-2}). \tag{2.5.2}$$

则 $\alpha+\beta = a$，$\alpha\beta = bc$. α，β 是一元二次方程 $x^2 - ax + bc = 0$ 的两根. 于是

$$\begin{cases} \Delta_n - \alpha\Delta_{n-1} = \beta(\Delta_{n-1} - \alpha\Delta_{n-2}) = \cdots = \beta^{n-1}(\Delta_1 - \alpha\Delta_0) = \beta^n, \\ \Delta_n - \beta\Delta_{n-1} = \alpha(\Delta_{n-1} - \beta\Delta_{n-2}) = \cdots = \alpha^{n-1}(\Delta_1 - \beta\Delta_0) = \alpha^n. \end{cases} \tag{2.5.3}$$

当 $\alpha\neq\beta$ 时，由式(2.5.3)得 $\Delta_n = \dfrac{\alpha^{n+1}-\beta^{n+1}}{\alpha-\beta}$. 当 $\alpha=\beta$ 时，由 $2\alpha = a$，$\alpha^2 = bc\neq 0$ 知 $\alpha = \dfrac{a}{2}\neq 0$. 再由式(2.5.3)得 $\dfrac{\Delta_n}{\alpha^n} - \dfrac{\Delta_{n-1}}{\alpha^{n-1}} = 1$，$\dfrac{\Delta_n}{\alpha^n} = n + \Delta_0$，$\Delta_n = (n+1)\alpha^n$.

关于递推方程求解理念，由于不属于本书范围，这里不拟介绍. 有兴趣的读者可参阅黄国勋和李炯生著《计数》(上海教育出版社，1983 年出版).

3. Laplace 展开 Laplace 展开是把高阶行列式化为低阶行列式的一种常见方法.

例 5 求 n 阶行列式 Δ，其中

$$\Delta = \begin{vmatrix} a_1 & b_1 & & & & & & & \\ c_1 & a_1 & b_1 & & & & & & \\ & \ddots & \ddots & \ddots & & & & & \\ & & c_1 & a_1 & b_1 & & & & \\ & & & c_2 & a_2 & b_2 & & & \\ & & & & \ddots & \ddots & \ddots & & \\ & & & & & c_2 & a_2 & b_2 \\ & & & & & & c_2 & a_2 \end{vmatrix} \begin{matrix} \left.\begin{matrix} \\ \\ \\ \end{matrix}\right\} k \text{ 行} \\ , \\ \left.\begin{matrix} \\ \\ \\ \end{matrix}\right\} l \text{ 行} \end{matrix}$$

$k+l=n$，Δ 中未写出的元素都为零，并且 $b_1b_2c_1c_2\neq 0$.

解　按前 k 行作 Laplace 展开，得到

$$\Delta = (-1)^{1+2+\cdots+k+1+2+\cdots+k} \begin{vmatrix} a_1 & b_1 & & & \\ c_1 & a_1 & b_1 & & \\ & \ddots & \ddots & \ddots & \\ & & c_1 & a_1 & b_1 \\ & & & c_1 & a_1 \end{vmatrix}_{k\text{ 阶}} \begin{vmatrix} a_1 & b_1 & & & \\ c_2 & a_2 & b_2 & & \\ & \ddots & \ddots & \ddots & \\ & & c_2 & a_2 & b_2 \\ & & & c_2 & a_2 \end{vmatrix}_{l\text{ 阶}}$$

$$+ (-1)^{1+2+\cdots+k+1+2+\cdots+(k-1)+(k+1)} \begin{vmatrix} a_1 & b_1 & & & \\ c_1 & a_1 & b_1 & & \\ & \ddots & \ddots & \ddots & \\ & & c_1 & a_1 & 0 \\ & & & c_1 & b_1 \end{vmatrix}_{k\text{ 阶}}$$

$$\cdot \begin{vmatrix} c_2 & b_2 & & & \\ 0 & a_2 & b_2 & & \\ & \ddots & \ddots & \ddots & \\ & & c_2 & a_2 & b_2 \\ & & & c_2 & a_2 \end{vmatrix}_{l\text{ 阶}}.$$

将展开式第二项中的第一个因子按第 k 列作 Laplace 展开，第二个因子按第一列作 Laplace 展开，得到

$$\Delta = \Delta_k(a_1,b_1,c_1)\Delta_l(a_2,b_2,c_2) - b_1c_2\Delta_{k-1}(a_1,b_1,c_1)\Delta_{l-1}(a_2,b_2,c_2),$$

其中行列式

$$\Delta_k(a,b,c)=\begin{vmatrix} a & b & & & \\ c & a & b & & \\ & \ddots & \ddots & \ddots & \\ & & c & a & b \\ & & & c & a \end{vmatrix}.$$

可看作是关于变元 k,a,b,c 的函数,可由例 4 求得.

上面介绍的计算行列式的方法,其实质是把高阶行列式化为低阶行列式.尽管是可行的,但不一定最有效.有时,把低阶行列式化为高阶行列式来计算反而更为简便.其方法有

4. 加边 由于

$$\begin{vmatrix} a_{11} & a_{12} & \cdots & a_{1n} \\ a_{21} & a_{22} & \cdots & a_{2n} \\ \cdots & \cdots & \cdots & \cdots \\ a_{n1} & a_{n2} & \cdots & a_{nn} \end{vmatrix}=\begin{vmatrix} 1 & b_1 & b_2 & \cdots & b_n \\ 0 & a_{11} & a_{12} & \cdots & a_{1n} \\ 0 & a_{21} & a_{22} & \cdots & a_{2n} \\ & \cdots & \cdots & \cdots & \cdots \\ 0 & a_{n1} & a_{n2} & \cdots & a_{nn} \end{vmatrix},$$

所以可以针对 n 阶行列式 $\det(a_{ij})$的特点,添加上一行和一列,得到一个与原行列式值相等的 $n+1$ 阶行列式.然后对新的 $n+1$ 阶行列式进行计算,以求得原行列式的值.

例 6 求 n 阶行列式

$$\Delta_n=\begin{vmatrix} c_1 & a_2 & a_3 & \cdots & a_n \\ a_1 & c_2 & a_3 & \cdots & a_n \\ a_1 & a_2 & c_3 & \cdots & a_n \\ \cdots & \cdots & \cdots & \cdots & \cdots \\ a_1 & a_2 & a_3 & \cdots & c_n \end{vmatrix}.$$

解 添加一行一列到行列式 Δ_n,

$$\Delta_n=\begin{vmatrix} 1 & -a_1 & -a_2 & -a_3 & \cdots & -a_n \\ 0 & c_1 & a_2 & a_3 & \cdots & a_n \\ 0 & a_1 & c_2 & a_3 & \cdots & a_n \\ 0 & a_1 & a_2 & c_3 & \cdots & a_n \\ & & \cdots & \cdots & \cdots & \\ 0 & a_1 & a_2 & a_3 & \cdots & c_n \end{vmatrix}.$$

再将第 1 行加到其他各行,得到

$$\begin{vmatrix} 1 & -a_1 & -a_2 & -a_3 & \cdots & -a_n \\ 1 & c_1-a_1 & 0 & 0 & \cdots & 0 \\ 1 & 0 & c_2-a_2 & 0 & \cdots & 0 \\ 1 & 0 & 0 & c_3-a_3 & \cdots & 0 \\ & & \cdots\cdots & & & \\ 1 & 0 & 0 & 0 & \cdots & c_n-a_n \end{vmatrix}. \tag{2.5.4}$$

将 $a_1,\cdots,a_n,c_1,\cdots,c_n$ 看成不同的未定元，由(1)得到

$$\Delta_n \xlongequal{(c_j-a_j)^{-1}(j+1),1\leqslant j\leqslant n} \prod_{i=1}^{n}(c_i-a_i)$$

$$\cdot\begin{vmatrix} 1 & -\dfrac{a_1}{c_1-a_1} & -\dfrac{a_2}{c_2-a_2} & \cdots & -\dfrac{a_n}{c_n-a_n} \\ 1 & 1 & 0 & \cdots & 0 \\ 1 & 0 & 1 & \cdots & 0 \\ & & \cdots\cdots & & \\ 1 & 0 & 0 & \cdots & 1 \end{vmatrix}$$

$$\xlongequal{-1\times(j)+(1),2\leqslant j\leqslant n+1} \prod_{i=1}^{n}(c_i-a_i)$$

$$\cdot\begin{vmatrix} 1+\sum\limits_{i=1}^{n}\dfrac{a_i}{c_i-a_i} & -\dfrac{a_1}{c_1-a_1} & \cdots & -\dfrac{a_n}{c_n-a_n} \\ 0 & 1 & \cdots & 0 \\ & \cdots\cdots & & \\ 0 & 0 & \cdots & 1 \end{vmatrix}$$

$$= \left(1+\sum_{i=1}^{n}\frac{a_i}{c_i-a_i}\right)\prod_{i=1}^{n}(c_i-a_i)$$

$$= \prod_{i=1}^{n}(c_i-a_i)+\sum_{j=1}^{n}(c_1-a_1)(c_2-a_2)\cdots(c_{j-1}-a_{j-1})$$

$$\cdot a_j(c_{j+1}-a_{j+1})\cdots(c_n-a_n).$$

有时行列式的阶数不用升高或降低，也可以计算出行列式，下面就是其中一种方法.

5. 拆行(或列) 所谓拆行是指，按照行列式的某一行将行列式拆成两个行列式之和. 其根据是本章 2.2 节的定理 2.

例 7 计算 n 阶行列式

$$\Delta_n(x,y;a_1,a_2,\cdots,a_n)=\begin{vmatrix} a_1 & x & \cdots & x \\ y & a_2 & \cdots & x \\ \multicolumn{4}{c}{\cdots\cdots\cdots\cdots} \\ y & y & \cdots & a_n \end{vmatrix}.$$

解　由本章2.2节的定理2，

$$\Delta_n(x,y;a_1,a_2,\cdots,a_n)=\begin{vmatrix} a_1 & x & \cdots & x & x+0 \\ y & a_2 & \cdots & x & x+0 \\ \multicolumn{5}{c}{\cdots\cdots\cdots\cdots} \\ y & y & \cdots & a_{n-1} & x+0 \\ y & y & \cdots & y & x+(a_n-x) \end{vmatrix}$$

$$=\begin{vmatrix} a_1 & x & \cdots & x & x \\ y & a_2 & \cdots & x & x \\ \multicolumn{5}{c}{\cdots\cdots\cdots\cdots} \\ y & y & \cdots & a_{n-1} & x \\ y & y & \cdots & y & x \end{vmatrix}+\begin{vmatrix} a_1 & x & \cdots & x & 0 \\ y & a_2 & \cdots & x & 0 \\ \multicolumn{5}{c}{\cdots\cdots\cdots\cdots} \\ y & y & \cdots & a_{n-1} & 0 \\ y & y & \cdots & y & a_n-x \end{vmatrix}.$$

对上式右端第一个行列式，用 -1 乘以它的第 n 行，然后加到其他各行，对第二个行列式的第 n 列作 Laplace 展开，得到

$$\Delta_n=\begin{vmatrix} a_1-y & x-y & \cdots & x-y & 0 \\ 0 & a_2-y & \cdots & x-y & 0 \\ \multicolumn{5}{c}{\cdots\cdots\cdots\cdots} \\ 0 & 0 & \cdots & a_{n-1}-y & 0 \\ y & y & \cdots & y & x \end{vmatrix}+(a_n-x)\begin{vmatrix} a_1 & x & \cdots & x \\ y & a_2 & \cdots & x \\ \multicolumn{4}{c}{\cdots\cdots\cdots\cdots} \\ y & y & \cdots & a_{n-1} \end{vmatrix}$$

$$=x(a_1-y)(a_2-y)\cdots(a_{n-1}-y)+(a_n-x)\Delta_{n-1}(x,y;a_1,a_2,\cdots,a_{n-1}).$$

考虑 Δ_n 的转置行列式，得到

$$\Delta_n=y(a_1-x)(a_2-x)\cdots(a_{n-1}-x)+(a_n-y)\Delta_{n-1}(x,y;a_1,a_2,\cdots,a_{n-1}),$$

于是得到

$$(a_n-y)\Delta_n-(a_n-x)\Delta_n=x(a_1-y)(a_2-y)\cdots(a_n-y)$$
$$-y(a_1-x)(a_2-x)\cdots(a_n-x).$$

因此

$$\Delta_n(x,y;a_1,a_2,\cdots,a_n)$$
$$=\frac{y(a_1-x)(a_2-x)\cdots(a_n-x)-x(a_1-y)(a_2-y)\cdots(a_n-y)}{y-x}.$$

6. 视行列式为某些元素的多项式　把行列式 $\det \boldsymbol{A}$ 中某个元素 x 看成未定元,其他元素看成常数.由本章2.2节定理1,行列式 $\det \boldsymbol{A}$ 是 $n!$ 项之和,而每个项是 $\det \boldsymbol{A}$ 的某些元素之积,因此是关于 x 的多项式.从而 $\det \boldsymbol{A}$ 也是关于 x 的多项式,记为 $f(x)$.于是计算行列式 $\det \boldsymbol{A}$ 就转化为确定多项式 $f(x)$.由多项式理论可知,为了确定多项式 $f(x)$,可以先确定它的次数 s,再求出它的 s 个根 $a_1,a_2,\cdots,a_s$,于是,$f(x)=c(x-a_1)(x-a_2)\cdots(x-a_s)$,其中 c 是多项式 $f(x)$ 的首项系数.最后求出 c,多项式 $f(x)$ 也就出来了.

例8　求 n 阶行列式

$$\Delta_n=\begin{vmatrix} x & a_1 & a_2 & \cdots & a_{n-1} \\ a_1 & x & a_2 & \cdots & a_{n-1} \\ a_1 & a_2 & x & \cdots & a_{n-1} \\ \cdots & \cdots & \cdots & \cdots & \cdots \\ a_1 & a_2 & a_3 & \cdots & x \end{vmatrix}.$$

解　把 Δ_n 中元素 $x,a_1,a_2,\cdots,a_{n-1}$ 看成 n 个不同的未定元,则 Δ_n 是关于 x 的多项式 $f(x)$.利用本章2.2节定理1,容易看出,多项式 $f(x)$ 的次数为 n,首项系数为1.

把其他各列加到第一列,得到

$$\Delta_n=f(x)=\begin{vmatrix} x+a_1+a_2+\cdots+a_{n-1} & a_1 & a_2 & \cdots & a_{n-1} \\ x+a_1+a_2+\cdots+a_{n-1} & x & a_1 & \cdots & a_{n-1} \\ \cdots & \cdots & \cdots & \cdots & \cdots \\ x+a_1+a_2+\cdots+a_{n-1} & a_2 & a_3 & \cdots & x \end{vmatrix}.$$

由此看出,多项式 $f(x)$ 有一根为 $-(a_1+a_2+\cdots+a_{n-1})$.

把 $x=a_i$ 代入 $f(x)$,得到

$$f(a_i)=\begin{vmatrix} a_i & a_1 & a_2 & \cdots & a_{i-2} & a_{i-1} & a_i & a_{i+1} & \cdots & a_{n-1} \\ a_1 & a_i & a_2 & \cdots & a_{i-2} & a_{i-1} & a_i & a_{i+1} & \cdots & a_{n-1} \\ \cdots & \cdots & \cdots & \cdots & \cdots & \cdots & \cdots & \cdots & \cdots & \cdots \\ a_1 & a_2 & a_3 & \cdots & a_{i-1} & a_i & a_i & a_{i+1} & \cdots & a_{n-1} \\ a_1 & a_2 & a_3 & \cdots & a_{i-1} & a_i & a_i & a_{i+1} & \cdots & a_{n-1} \\ \cdots & \cdots & \cdots & \cdots & \cdots & \cdots & \cdots & \cdots & \cdots & \cdots \\ a_1 & a_2 & a_3 & \cdots & a_{i-1} & a_i & a_{i+1} & a_{i+2} & \cdots & a_i \end{vmatrix},$$

其中第 i 行和第 $i+1$ 行相同,所以 $f(a_i)=0$,即 a_i 是 $f(x)$ 的根.因此

$$\Delta_n=f(x)=c(x+a_1+a_2+\cdots+a_{n-1})(x-a_1)(x-a_2)\cdots(x-a_{n-1}),$$

其中 c 是待定常数.因为多项式 $f(x)$ 的首项系数为 1,所以 $c=1$,于是

$$\Delta_n=(x+a_1+a_2+\cdots+a_{n-1})(x-a_1)(x-a_2)\cdots(x-a_{n-1}).$$

例 9 求 n 阶行列式

$$\Delta_n=\begin{vmatrix}1 & 1 & \cdots & 1\\ x_1 & x_2 & \cdots & x_n\\ x_1^2 & x_2^2 & \cdots & x_n^2\\ & \cdots\cdots\cdots\cdots & & \\ x_1^{k-1} & x_2^{k-1} & \cdots & x_n^{k-1}\\ x_1^{k+1} & x_2^{k+1} & \cdots & x_n^{k+1}\\ & \cdots\cdots\cdots\cdots & & \\ x_1^n & x_2^n & \cdots & x_n^n\end{vmatrix}.$$

解 在 Δ_n 中添加一行一列如下:

$$\Delta=\begin{vmatrix}1 & 1 & \cdots & 1 & 1\\ x_1 & x_2 & \cdots & x_n & x\\ x_1^2 & x_2^2 & \cdots & x_n^2 & x^2\\ & \cdots\cdots\cdots\cdots & & & \\ x_1^{k-1} & x_2^{k-1} & \cdots & x_n^{k-1} & x^{k-1}\\ x_1^{k} & x_2^{k} & \cdots & x_n^{k} & x^{k}\\ x_1^{k+1} & x_2^{k+1} & \cdots & x_n^{k+1} & x^{k+1}\\ & \cdots\cdots\cdots\cdots & & & \\ x_1^n & x_2^n & \cdots & x_n^n & x^n\end{vmatrix}.$$

Δ 是一个 $n+1$ 阶 Vandermonde 行列式.由例 3,

$$\Delta=(x-x_1)(x-x_2)\cdots(x-x_n)\prod_{1\leqslant j<i\leqslant n}(x_i-x_j). \tag{2.5.5}$$

把 x 看成未定元,则 Δ 是关于 x 的多项式.比较 Δ_n 和 Δ,对 Δ 的第 $n+1$ 列作 Laplace 展开,可以看出,Δ_n 是多项式 Δ 的 k 次项系数,只是相差符号 $(-1)^{k+1+n+1}$.由式(2.5.5),Δ 的 k 次项系数为

$$\prod_{1\leqslant j<i\leqslant n}(x_i-x_j)\Big[(-1)^{n-k}\sum_{1\leqslant i_1<i_2<\cdots<i_{n-k}\leqslant n}x_{i_1}x_{i_2}\cdots x_{i_{n-k}}\Big].$$

因此

$$\Delta_n=\prod_{1\leqslant j<i\leqslant n}(x_i-x_j)\Big(\sum_{1\leqslant i_1<i_2<\cdots<i_{n-k}\leqslant n}x_{i_1}x_{i_2}\cdots x_{i_{n-k}}\Big).$$

最后,应当指出,这里所给的方法只是基本的.如何巧妙而迅速地求出行列式

的值,还要靠自己通过做题悉心领会.另外还有一些重要的计算方法,如利用行列式的乘法公式,只好留待以后介绍了.

习　　题

1. 计算下列 n 阶行列式:

(1) $\begin{vmatrix} 1 & 2 & 3 & \cdots & n-1 & n \\ 1 & 3 & 3 & \cdots & n-1 & n \\ 1 & 2 & 5 & \cdots & n-1 & n \\ & & & \cdots\cdots\cdots\cdots & & \\ 1 & 2 & 3 & \cdots & 2n-3 & n \\ 1 & 2 & 3 & \cdots & n-1 & 2n-1 \end{vmatrix}$;

(2) $\begin{vmatrix} 1 & 2 & 3 & \cdots & n-1 & n \\ 2 & 3 & 4 & \cdots & n & n+1 \\ 3 & 4 & 5 & \cdots & n+1 & n+2 \\ & & & \cdots\cdots\cdots\cdots & & \\ n & n+1 & n+2 & \cdots & 2n-2 & 2n-1 \end{vmatrix}$;

(3) $\begin{vmatrix} a & a+h & a+2h & \cdots & a+(n-2)h & a+(n-1)h \\ -a & a & 0 & \cdots & 0 & 0 \\ 0 & -a & a & \cdots & 0 & 0 \\ & & & \cdots\cdots\cdots\cdots & & \\ 0 & 0 & 0 & \cdots & a & 0 \\ 0 & 0 & 0 & \cdots & -a & a \end{vmatrix}$;

(4) $\begin{vmatrix} a_0 & -1 & 0 & \cdots & 0 & 0 \\ a_1 & x & -1 & \cdots & 0 & 0 \\ a_2 & 0 & x & \cdots & 0 & 0 \\ & & & \cdots\cdots\cdots\cdots & & \\ a_{n-2} & 0 & 0 & \cdots & x & -1 \\ a_{n-1} & 0 & 0 & \cdots & 0 & x \end{vmatrix}$;

(5) $\begin{vmatrix} x & a & a & \cdots & a & a \\ -a & x & a & \cdots & a & a \\ -a & -a & x & \cdots & a & a \\ & & & \cdots\cdots\cdots\cdots & & \\ -a & -a & -a & \cdots & x & a \\ -a & -a & -a & \cdots & -a & x \end{vmatrix}$;

(6) $\begin{vmatrix} a_1 & -a_2 & 0 & \cdots & 0 & 0 \\ 0 & a_2 & -a_3 & \cdots & 0 & 0 \\ 0 & 0 & a_3 & \cdots & 0 & 0 \\ \multicolumn{6}{c}{\cdots\cdots\cdots\cdots} \\ 0 & 0 & 0 & \cdots & a_{n-1} & -a_n \\ 1 & 1 & 1 & \cdots & 1 & 1+a_n \end{vmatrix}$；

(7) $\begin{vmatrix} 1 & a & a^2 & \cdots & a^{n-2} & a^{n-1} \\ x_{11} & 1 & a & \cdots & a^{n-3} & a^{n-2} \\ x_{21} & x_{22} & 1 & \cdots & a^{n-4} & a^{n-3} \\ \multicolumn{6}{c}{\cdots\cdots\cdots\cdots} \\ x_{n-2,1} & x_{n-2,2} & x_{n-2,3} & \cdots & 1 & a \\ x_{n-1,1} & x_{n-1,2} & x_{n-1,3} & \cdots & x_{n-1,n-1} & 1 \end{vmatrix}$；

(8) $\begin{vmatrix} x & y & 0 & \cdots & 0 & 0 \\ 0 & x & y & \cdots & 0 & 0 \\ \multicolumn{6}{c}{\cdots\cdots\cdots\cdots} \\ 0 & 0 & 0 & \cdots & x & y \\ y & 0 & 0 & \cdots & 0 & x \end{vmatrix}$；

(9) $\begin{vmatrix} 0 & 1 & 1 & \cdots & 1 & 1 \\ 1 & 0 & x & \cdots & x & x \\ 1 & x & 0 & \cdots & x & x \\ \multicolumn{6}{c}{\cdots\cdots\cdots\cdots} \\ 1 & x & x & \cdots & 0 & x \\ 1 & x & x & \cdots & x & 0 \end{vmatrix}$；

(10) $\begin{vmatrix} 1+a_1+x_1 & a_1+x_2 & \cdots & a_1+x_n \\ a_2+x_1 & 1+a_2+x_2 & \cdots & a_2+x_n \\ \multicolumn{4}{c}{\cdots\cdots\cdots\cdots} \\ a_n+x_1 & a_n+x_2 & \cdots & 1+a_n+x_n \end{vmatrix}$；

(11) $\begin{vmatrix} 2\cos\theta & 1 & 0 & \cdots & 0 & 0 \\ 1 & 2\cos\theta & 1 & \cdots & 0 & 0 \\ 0 & 1 & 2\cos\theta & \cdots & 0 & 0 \\ \multicolumn{6}{c}{\cdots\cdots\cdots\cdots} \\ 0 & 0 & 0 & \cdots & 2\cos\theta & 1 \\ 0 & 0 & 0 & \cdots & 1 & 2\cos\theta \end{vmatrix}$；

(12) $\begin{vmatrix} C_m^k & C_m^{k+1} & \cdots & C_m^{k+n-1} \\ C_{m+1}^k & C_{m+1}^{k+1} & \cdots & C_{m+1}^{k+n-1} \\ \cdots\cdots & \cdots\cdots & \cdots\cdots & \cdots\cdots \\ C_{m+n-1}^k & C_{m+n-1}^{k+1} & \cdots & C_{m+n-1}^{k+n-1} \end{vmatrix}$;

(13) $\begin{vmatrix} 1 & C_{m_1}^1 & C_{m_1}^2 & \cdots & C_{m_1}^{n-1} \\ 1 & C_{m_2}^1 & C_{m_2}^2 & \cdots & C_{m_2}^{n-1} \\ \cdots\cdots & \cdots\cdots & \cdots\cdots & \cdots\cdots & \cdots\cdots \\ 1 & C_{m_n}^1 & C_{m_n}^2 & \cdots & C_{m_n}^{n-1} \end{vmatrix}$;

(14) $\begin{vmatrix} 1 & 0 & 0 & \cdots & 0 & 1 \\ 1 & C_1^1 & 0 & \cdots & 0 & x \\ 1 & C_2^1 & C_2^2 & \cdots & 0 & x^2 \\ \cdots\cdots & \cdots\cdots & \cdots\cdots & \cdots\cdots & \cdots\cdots & \cdots\cdots \\ 1 & C_{n-2}^1 & C_{n-2}^2 & \cdots & C_{n-2}^{n-2} & x^{n-2} \\ 1 & C_{n-1}^1 & C_{n-1}^2 & \cdots & C_{n-1}^{n-2} & x^{n-1} \end{vmatrix}$;

(15) $\begin{vmatrix} \dfrac{1}{a_1+b_1} & \dfrac{1}{a_1+b_2} & \cdots & \dfrac{1}{a_1+b_n} \\ \dfrac{1}{a_2+b_1} & \dfrac{1}{a_2+b_2} & \cdots & \dfrac{1}{a_2+b_n} \\ \cdots\cdots & \cdots\cdots & \cdots\cdots & \cdots\cdots \\ \dfrac{1}{a_n+b_1} & \dfrac{1}{a_n+b_2} & \cdots & \dfrac{1}{a_n+b_n} \end{vmatrix}$;

(16) $\begin{vmatrix} 1 & \cos\theta_1 & \cos 2\theta_1 & \cdots & \cos(n-1)\theta_1 \\ 1 & \cos\theta_2 & \cos 2\theta_2 & \cdots & \cos(n-1)\theta_2 \\ \cdots\cdots & \cdots\cdots & \cdots\cdots & \cdots\cdots & \cdots\cdots \\ 1 & \cos\theta_n & \cos 2\theta_n & \cdots & \cos(n-1)\theta_n \end{vmatrix}$;

(17) $\begin{vmatrix} \sin n\theta_1 & \sin(n-1)\theta_1 & \cdots & \sin\theta_1 \\ \sin n\theta_2 & \sin(n-1)\theta_2 & \cdots & \sin\theta_2 \\ \cdots\cdots & \cdots\cdots & \cdots\cdots & \cdots\cdots \\ \sin n\theta_n & \sin(n-1)\theta_n & \cdots & \sin\theta_n \end{vmatrix}$;

(18) $\begin{vmatrix} 1+x_1 & 1+x_1^2 & \cdots & 1+x_1^n \\ 1+x_2 & 1+x_2^2 & \cdots & 1+x_2^n \\ \cdots\cdots & \cdots\cdots & \cdots\cdots & \cdots\cdots \\ 1+x_n & 1+x_n^2 & \cdots & 1+x_n^n \end{vmatrix}$;

(19) $\begin{vmatrix} x & 1 & & & & \\ -n & x-2 & 2 & & & \\ & -(n-1) & x-4 & \ddots & & \\ & & \ddots & \ddots & n-1 & \\ & & & -2 & x-2n+2 & n \\ & & & & -1 & x-2n \end{vmatrix}$;

(20) 计算 $2n$ 阶行列式

$$\begin{vmatrix} a_{11} & a_{12} & \cdots & a_{1n} & b_{11} & \cdots & b_{1,n-1} & b_{1n} \\ & a_{22} & \cdots & a_{2n} & b_{21} & \cdots & b_{2,n-1} & \\ & & \ddots & \vdots & \vdots & \iddots & & \\ & & & a_{nn} & b_{n1} & & & \\ & & & c_{1n} & d_{11} & & & \\ & & \iddots & \vdots & \vdots & \ddots & & \\ & c_{n-1,2} & \cdots & c_{n-1,n} & d_{n-1,1} & \cdots & d_{n-1,n-1} & \\ c_{n1} & c_{n2} & \cdots & c_{nn} & d_{n1} & \cdots & d_{n,n-1} & d_{nn} \end{vmatrix}.$$

其中未写出的元素都是零.

2. 设 $a_1,a_2,\cdots,a_n$ 是正整数.证明:n 阶行列式

$$\begin{vmatrix} 1 & a_1 & a_1^2 & \cdots & a_1^{n-1} \\ 1 & a_2 & a_2^2 & \cdots & a_2^{n-1} \\ & & \cdots\cdots & & \\ 1 & a_n & a_n^2 & \cdots & a_n^{n-1} \end{vmatrix}$$

能被 $1^{n-1}2^{n-2}\cdots(n-2)^2(n-1)$ 整除.

3. (Burnside)设 n 阶方阵 $\boldsymbol{A}=(a_{ij})$ 满足 $a_{ji}=-a_{ij}$,$1\leqslant i,j\leqslant n$,则方阵 $\boldsymbol{A}$ 称为**斜对称方阵**.把 a_{ij} 看成未定元,证明:奇阶斜对称方阵的行列式恒为零,而偶阶斜对称方阵的行列式是一个完全平方.

4. (Minkowski)设 n 阶方阵 $\boldsymbol{A}=(a_{ij})$ 的元素都是实的,并且 $a_{ii}>0$,$a_{ij}<0$,$i\neq j$,$\sum_{j=1}^{n}a_{ij}>0$. 证明:

$$\begin{vmatrix} a_{11} & a_{12} & \cdots & a_{1n} \\ a_{21} & a_{22} & \cdots & a_{2n} \\ & \cdots\cdots & & \\ a_{n1} & a_{n2} & \cdots & a_{nn} \end{vmatrix}>0.$$

5. (Levy-Desplanques)设 n 阶方阵 $\boldsymbol{A}=(a_{ij})$ 的元素都是复数,并且 $|a_{ii}|>\sum_{\substack{j=1\\ j\neq i}}^{n}|a_{ij}|$,$i=1,2,\cdots,n$,则方阵 $\boldsymbol{A}$ 称为**主角占优矩阵**.证明:主角占优矩阵的行列式不为零.

6. 把 n 阶行列式

$$\begin{vmatrix} \lambda - a_{11} & -a_{12} & \cdots & -a_{1n} \\ -a_{21} & \lambda - a_{22} & \cdots & -a_{2n} \\ \cdots\cdots & \cdots\cdots & \cdots\cdots & \cdots\cdots \\ -a_{n1} & -a_{n2} & \cdots & \lambda - a_{nn} \end{vmatrix}$$

展成 λ 的多项式,并用行列式 $\det \boldsymbol{A}$ 的子式表示它的关于 λ 的各次幂的系数,其中 $\boldsymbol{A} = (a_{ij})$.

第3章　矩　　阵

矩阵是线性代数研究的基本代数对象.按照矩阵的观点,线性代数就是研究矩阵的运算及其在各种意义下的分类标准形问题.3.1 节引进了矩阵的定义及矩阵的代数运算——矩阵的加法、数与矩阵的乘法、矩阵之间的乘法.读者或许在这里第一次遇到不是数的一些数学对象可以像数那样进行运算,而且这些运算满足大部分数的运算所满足的运算法则.3.2 节考察矩阵乘积的行列式,得到 Binet-Cauchy 公式,它为行列式的计算又提供了一种有力的方法.在适当的意义下,矩阵的乘法运算应当有逆运算,3.3 节处理了矩阵的求逆问题.矩阵按照相抵关系进行分类,是最简单的一种矩阵分类,3.4 节利用初等变换的方法,彻底解决了矩阵在相抵下的分类问题.读者通过这一章应当了解到,什么是矩阵的分类问题,研究矩阵分类问题时应该注意哪些问题.利用初等变换,3.4 节顺便给出了求矩阵的逆的一种极其有效的方法.3.5 节通过例子进一步说明如何使用矩阵在相抵下的标准形来解决一些矩阵问题.在 3.6 节中,利用矩阵在相抵下的标准形,解决了线性方程组的求解问题,给出了线性方程组有解的判别准则以及线性方程组的解的结构.矩阵的逆可以在各种意义下推广,得出各种广义逆的概念,3.7 节介绍了两种广义逆,并说明了它们的一些应用.这一节是专门为关心计算数学、概率统计以及其他应用数学的读者而设置的.读者完全可以跳过这一节,而不会影响对以后各章内容的理解.

3.1　矩阵的代数运算

在介绍行列式理论和关于线性方程组的 Cramer 法则时,已经遇到 n 阶方阵的概念.本节将给出 $m \times n$ 矩阵的定义及其代数运算规则.

定义1 设 F 是数域,且 $a_{ij} \in F, 1 \leqslant i \leqslant m, 1 \leqslant j \leqslant n$.把 $m \times n$ 个数 $a_{ij}, i=1, 2, \cdots, m, j=1,2,\cdots,n$ 排成一个 m 行 n 列的长方形表:

$$\begin{pmatrix} a_{11} & a_{12} & \cdots & a_{1n} \\ a_{21} & a_{22} & \cdots & a_{2n} \\ \cdots & \cdots & \cdots & \cdots \\ a_{m1} & a_{m2} & \cdots & a_{mn} \end{pmatrix},$$

它称为数域 F 上 $m \times n$ 矩阵,简称为矩阵,记为 $\boldsymbol{A}$,或者

$$(a_{ij})_{m \times n},$$

简记为 (a_{ij}).矩阵 $\boldsymbol{A}$ 中位于第 i 行,第 j 列位置上的数 a_{ij} 称为矩阵 $\boldsymbol{A}$ 的 (i,j) 元素,或 (i,j) 系数,特别 a_{ii} 称为矩阵 $\boldsymbol{A}$ 的主对角元素.如果 $m=n$,则 $\boldsymbol{A}$ 称为 n 阶方阵.

如果数域 F 取成实数域,则数域 F 上 $m \times n$ 矩阵称 $m \times n$ 实矩阵;如果数域 F 取成复数域,则数域 F 上 $m \times n$ 矩阵称为 $m \times n$ 复矩阵.如无特殊说明,本节所说的矩阵都指数域 F 上的矩阵.数域 F 上所有 $m \times n$ 矩阵的集合记为 $F^{m \times n}$.

设 $\boldsymbol{A}=(a_{ij}), \boldsymbol{B}=(b_{ij}), \boldsymbol{A}, \boldsymbol{B} \in F^{m \times n}$.如果 $a_{ij}=b_{ij}, i=1,2,\cdots,m, j=1,2,\cdots,n$,则称矩阵 $\boldsymbol{A}$ 和 $\boldsymbol{B}$ 相等,记为 $\boldsymbol{A}=\boldsymbol{B}$.

定义2 设 $\boldsymbol{A}, \boldsymbol{B} \in F^{m \times n}$,且

$$\boldsymbol{A} = \begin{pmatrix} a_{11} & a_{12} & \cdots & a_{1n} \\ a_{21} & a_{22} & \cdots & a_{2n} \\ \cdots & \cdots & \cdots & \cdots \\ a_{m1} & a_{m2} & \cdots & a_{mn} \end{pmatrix}, \quad \boldsymbol{B} = \begin{pmatrix} b_{11} & b_{12} & \cdots & b_{1n} \\ b_{21} & b_{22} & \cdots & b_{2n} \\ \cdots & \cdots & \cdots & \cdots \\ b_{m1} & b_{m2} & \cdots & b_{mn} \end{pmatrix}.$$

则矩阵

$$\begin{pmatrix} a_{11}+b_{11} & a_{12}+b_{12} & \cdots & a_{1n}+b_{1n} \\ a_{21}+b_{21} & a_{22}+b_{22} & \cdots & a_{2n}+b_{2n} \\ \cdots & \cdots & \cdots & \cdots \\ a_{m1}+b_{m1} & a_{m2}+b_{m2} & \cdots & a_{mn}+b_{mn} \end{pmatrix}$$

称为矩阵 $\boldsymbol{A}$ 和 $\boldsymbol{B}$ 之和,记为 $\boldsymbol{A}+\boldsymbol{B}$.

这就定义了矩阵的加法运算.由定义可知,如果 $\boldsymbol{A}, \boldsymbol{B} \in F^{m \times n}$,则 $\boldsymbol{A}+\boldsymbol{B} \in F^{m \times n}$,即 $F^{m \times n}$ 对矩阵的加法是封闭的.容易验证,矩阵的加法运算满足下列公理:

(A1) **加法结合律** 对任意 $\boldsymbol{A}, \boldsymbol{B}, \boldsymbol{C} \in F^{m \times n}$,均有 $(\boldsymbol{A}+\boldsymbol{B})+\boldsymbol{C}=\boldsymbol{A}+(\boldsymbol{B}+\boldsymbol{C})$;

(A2) **加法交换律** 对任意 $\boldsymbol{A}, \boldsymbol{B} \in F^{m \times n}$,均有 $\boldsymbol{A}+\boldsymbol{B}=\boldsymbol{B}+\boldsymbol{A}$;

(A3) **零矩阵** 所有系数都是零的 $m\times n$ 矩阵称为零矩阵，记为 $(0)_{m\times n}$，简记为$\mathbf{0}$. 对任意 $\boldsymbol{A}\in F^{m\times n}$，均有 $\boldsymbol{A}+\mathbf{0}=\mathbf{0}+\boldsymbol{A}=\boldsymbol{A}$；

(A4) **负矩阵** 对任意 $\boldsymbol{A}=(a_{ij})\in F^{m\times n}$，存在唯一的 $\boldsymbol{B}=(b_{ij})\in F^{m\times n}$，使得 $\boldsymbol{A}+\boldsymbol{B}=\mathbf{0}=\boldsymbol{B}+\boldsymbol{A}$. 容易看出，$\boldsymbol{B}=(b_{ij})$满足，$b_{ij}=-a_{ij}$，$i=1,2,\cdots,m$，$j=1,2,\cdots,n$. 矩阵 $\boldsymbol{B}$ 称为矩阵 $\boldsymbol{A}$ 的负矩阵，记为 $-\boldsymbol{A}$.

利用负矩阵概念，可以引进矩阵的减法运算.

定义 3 设 $\boldsymbol{A}=(a_{ij})$，$\boldsymbol{B}=(b_{ij})\in F^{m\times n}$. 则矩阵 $\boldsymbol{A}+(-\boldsymbol{B})$称为矩阵 $\boldsymbol{A}$ 与 $\boldsymbol{B}$ 之差，记为 $\boldsymbol{A}-\boldsymbol{B}$.

显然

$$\boldsymbol{A}-\boldsymbol{B}=\begin{pmatrix} a_{11}-b_{11} & a_{12}-b_{12} & \cdots & a_{1n}-b_{1n} \\ a_{21}-b_{21} & a_{22}-b_{22} & \cdots & a_{2n}-b_{2n} \\ & \cdots\cdots\cdots\cdots & & \\ a_{m1}-b_{m1} & a_{m2}-b_{m2} & \cdots & a_{mn}-b_{mn} \end{pmatrix}.$$

矩阵的乘法运算和通常数的减法运算具有相同的性质.

定义 4 设 $\lambda\in F$，$\boldsymbol{A}=(a_{ij})\in F^{m\times n}$. 则矩阵

$$\begin{pmatrix} \lambda a_{11} & \lambda a_{12} & \cdots & \lambda a_{1n} \\ \lambda a_{21} & \lambda a_{22} & \cdots & \lambda a_{2n} \\ & \cdots\cdots\cdots\cdots & & \\ \lambda a_{m1} & \lambda a_{m2} & \cdots & \lambda a_{mn} \end{pmatrix}$$

称为纯量 λ 与矩阵 $\boldsymbol{A}$ 的乘积，记为 $\lambda\boldsymbol{A}$.

由定义可以看出，如果 $\lambda\in F$，$\boldsymbol{A}\in F^{m\times n}$，则 $\lambda\boldsymbol{A}\in F^{m\times n}$，即 $F^{m\times n}$ 对纯量与矩阵的乘法运算是封闭的. 容易验证，纯量与矩阵的乘法满足以下的公理：

(M1) 对任意 $\lambda,\mu\in F$，$\boldsymbol{A}\in F^{m\times n}$，均有

$$(\lambda\mu)\boldsymbol{A}=\lambda(\mu\boldsymbol{A});$$

(M2) 对任意 $\boldsymbol{A}\in F^{m\times n}$，均有 $1\cdot\boldsymbol{A}=\boldsymbol{A}$；

(D1) 对任意 $\lambda,\mu\in F$，$\boldsymbol{A}\in F^{m\times n}$，均有

$$(\lambda+\mu)\boldsymbol{A}=\lambda\boldsymbol{A}+\mu\boldsymbol{A};$$

(D2) 对任意 $\lambda\in F$，$\boldsymbol{A},\boldsymbol{B}\in F^{m\times n}$，均有

$$\lambda(\boldsymbol{A}+\boldsymbol{B})=\lambda\boldsymbol{A}+\lambda\boldsymbol{B}.$$

除此之外，还具有性质：设 $\lambda\in F$，$\boldsymbol{A}\in F^{m\times n}$，则当且仅当 $\lambda=0$ 或 $\boldsymbol{A}=\mathbf{0}$时，$\lambda\boldsymbol{A}=\mathbf{0}$.

和数域 F 上 n 维行向量空间 F^n 相比较，可以看出，$F^{m\times n}$ 中矩阵的加法运算以

及纯量与矩阵的乘法运算所满足的公理和 F^n 中向量的加法以及纯量与向量的乘法所满足的公理完全相同,因此有理由把 $F^{m\times n}$ 称为数域 F 上 $m\times n$ 维向量空间.其次,如果 $m=1$,$\boldsymbol{A}\in F^{1\times n}$,则 $\boldsymbol{A}$ 为1行 n 列的矩阵,即是数域 F^n 上 n 维向量.而 $1\times n$ 矩阵的加法即是 n 维向量的加法,纯量与 $1\times n$ 矩阵的乘法即是纯量与 n 维向量的乘法.因此,$F^{m\times n}$ 是 F^n 的自然推广.

和向量的不同点是,矩阵之间可以引进乘法.

定义5 设 $\boldsymbol{A}\in F^{m\times n}$,$\boldsymbol{B}\in F^{n\times p}$,并且

$$\boldsymbol{A}=\begin{pmatrix} a_{11} & a_{12} & \cdots & a_{1n} \\ a_{21} & a_{22} & \cdots & a_{2n} \\ \cdots & \cdots & \cdots & \cdots \\ a_{m1} & a_{m2} & \cdots & a_{mn} \end{pmatrix},\quad \boldsymbol{B}=\begin{pmatrix} b_{11} & b_{12} & \cdots & b_{1p} \\ b_{21} & b_{22} & \cdots & b_{2p} \\ \cdots & \cdots & \cdots & \cdots \\ b_{n1} & b_{n2} & \cdots & b_{np} \end{pmatrix},$$

则 $m\times p$ 矩阵

$$\begin{pmatrix} a_{11}b_{11}+a_{12}b_{21}+\cdots+a_{1n}b_{n1} & a_{11}b_{12}+a_{12}b_{22}+\cdots+a_{1n}b_{n2} & \cdots & a_{11}b_{1p}+a_{12}b_{2p}+\cdots+a_{1n}b_{np} \\ a_{21}b_{11}+a_{22}b_{21}+\cdots+a_{2n}b_{n1} & a_{21}b_{12}+a_{22}b_{22}+\cdots+a_{2n}b_{n2} & \cdots & a_{21}b_{1p}+a_{22}b_{2p}+\cdots+a_{2n}b_{np} \\ \cdots & \cdots & \cdots & \cdots \\ a_{m1}b_{11}+a_{m2}b_{21}+\cdots+a_{mn}b_{n1} & a_{m1}b_{12}+a_{m2}b_{22}+\cdots+a_{mn}b_{n2} & \cdots & a_{m1}b_{1p}+a_{m2}b_{2p}+\cdots+a_{mn}b_{np} \end{pmatrix}$$

称为矩阵 $\boldsymbol{A}$ 与 $\boldsymbol{B}$ 的乘积,记为 $\boldsymbol{AB}$.

由矩阵乘积的定义,如果记 $\boldsymbol{AB}=\boldsymbol{C}=(c_{ij})$,则

$$c_{ij}=\sum_{k=1}^{n}a_{ik}b_{kj},\quad i=1,2,\cdots,m;j=1,2,\cdots,p.$$

应当指出,给定矩阵 $\boldsymbol{A}$ 与 $\boldsymbol{B}$,只有当矩阵 $\boldsymbol{A}$ 的列数等于矩阵 $\boldsymbol{B}$ 的行数,矩阵 $\boldsymbol{A}$ 与 $\boldsymbol{B}$ 的乘积 $\boldsymbol{AB}$ 才有意义.

矩阵的乘法具有以下性质:

1° 乘法结合律 对任意的 $\boldsymbol{A}\in F^{m\times n}$,$\boldsymbol{B}\in F^{n\times p}$,$\boldsymbol{C}\in F^{p\times q}$,均有 $(\boldsymbol{AB})\boldsymbol{C}=\boldsymbol{A}(\boldsymbol{BC})$.

证明 记 $\boldsymbol{A}=(a_{ij})$,$\boldsymbol{B}=(b_{ij})$,$\boldsymbol{C}=(c_{ij})$.$\boldsymbol{AB}=\boldsymbol{D}=(d_{ij})$,$\boldsymbol{BC}=\boldsymbol{E}=(e_{ij})$.容易看出,$\boldsymbol{AB}$ 和 $\boldsymbol{BC}$ 都有意义,而且 $\boldsymbol{DC}$ 和 $\boldsymbol{AE}$ 也都有意义,并且后者都是 $m\times q$ 矩阵.

由矩阵乘法定义，$d_{ij}=\sum_{k=1}^{n}a_{ik}b_{kj}$. 记$(\boldsymbol{AB})\boldsymbol{C}=\boldsymbol{H}=(h_{ij})$. 则

$$h_{ij}=\sum_{l=1}^{p}d_{il}c_{lj}=\sum_{l=1}^{p}\left(\sum_{k=1}^{n}a_{ik}b_{kl}\right)c_{lj}=\sum_{k=1}^{n}\sum_{l=1}^{p}a_{ik}b_{kl}c_{lj},$$

其中 $i=1,2,\cdots,m,j=1,2,\cdots,q$.

另一方面，由矩阵乘法定义，$e_{ij}=\sum_{l=1}^{p}b_{il}c_{lj},i=1,2,\cdots,n,j=1,2,\cdots,q$. 因此，若记 $\boldsymbol{A}(\boldsymbol{BC})=\boldsymbol{AE}=\boldsymbol{G}=(g_{ij})$，则

$$g_{ij}=\sum_{k=1}^{n}a_{ik}e_{kj}=\sum_{k=1}^{n}a_{ik}\left(\sum_{l=1}^{p}b_{kl}c_{lj}\right)=\sum_{k=1}^{n}\sum_{l=1}^{p}a_{ik}b_{kl}c_{lj},$$

其中 $i=1,2,\cdots,m,j=1,2,\cdots,q$. 所以 $h_{ij}=g_{ij},i=1,2,\cdots,m,j=1,2,\cdots,q$. 由矩阵相等的定义，$\boldsymbol{H}=\boldsymbol{G}$，即$(\boldsymbol{AB})\boldsymbol{C}=\boldsymbol{A}(\boldsymbol{BC})$.

利用矩阵乘法的上述性质，可以定义 $k\geqslant 2$ 个矩阵的乘积. 设 $\boldsymbol{A}_1,\boldsymbol{A}_2,\cdots,\boldsymbol{A}_k$，依次是 $m\times p_1,p_1\times p_2,\cdots,p_{k-1}\times n$ 矩阵，定义 $\boldsymbol{A}_1\boldsymbol{A}_2,\boldsymbol{A}_1\boldsymbol{A}_2\boldsymbol{A}_3=(\boldsymbol{A}_1\boldsymbol{A}_2)\boldsymbol{A}_3$. 设 $\boldsymbol{A}_1\boldsymbol{A}_2\cdots\boldsymbol{A}_{k-1}$已有定义，则定义 $\boldsymbol{A}_1\boldsymbol{A}_2\cdots\boldsymbol{A}_k=(\boldsymbol{A}_1\boldsymbol{A}_2\cdots\boldsymbol{A}_{k-1})\boldsymbol{A}_k$. 利用上述性质和归纳法可以证明，对于给定的 k 个矩阵 $\boldsymbol{A}_1,\boldsymbol{A}_2,\cdots,\boldsymbol{A}_k$，它们的大小分别为 $m\times p_1,p_1\times p_2,\cdots,p_{k-1}\times n$，则只要保持这 k 个矩阵的顺序，而不论其间如何添加括号，其乘积恒为 $\boldsymbol{A}_1\boldsymbol{A}_2\cdots\boldsymbol{A}_k$. 例如，当 $k=4$ 时，恒有 $\boldsymbol{A}_1\boldsymbol{A}_2\boldsymbol{A}_3\boldsymbol{A}_4=(\boldsymbol{A}_1\boldsymbol{A}_2\boldsymbol{A}_3)\boldsymbol{A}_4=(\boldsymbol{A}_1\boldsymbol{A}_2)(\boldsymbol{A}_3\boldsymbol{A}_4)=\boldsymbol{A}_1(\boldsymbol{A}_2\boldsymbol{A}_3)\boldsymbol{A}_4,\cdots$. 特别地，如果 $\boldsymbol{A}_1,\boldsymbol{A}_2,\cdots,\boldsymbol{A}_k$ 是同一个 n 阶方阵$\boldsymbol{A}$，则

$$\underbrace{\boldsymbol{AA}\cdots\boldsymbol{A}}_{k\text{个}}$$

有意义，并记为 $\boldsymbol{A}^k$，它称为方阵 $\boldsymbol{A}$ 的 k 次幂.

2° **单位方阵**　主对角元素都是 1 而其他元素都是零的 n 阶方阵称为 **n 阶单位方阵**，记为 $\boldsymbol{I}_{(n)}$，即

$$\boldsymbol{I}_{(n)}=\begin{pmatrix}1&0&\cdots&0\\0&1&\cdots&0\\ \multicolumn{4}{c}{\cdots\cdots\cdots\cdots}\\0&0&\cdots&1\end{pmatrix}_{n\times n}.$$

容易看出，对任意 $\boldsymbol{A}\in F^{m\times n}$，均有 $\boldsymbol{I}_{(m)}\boldsymbol{A}=\boldsymbol{AI}_{(n)}=\boldsymbol{A}$.

3° 设 $\lambda\in F,\boldsymbol{A}\in F^{m\times n},\boldsymbol{B}\in F^{n\times p}$，则

$$(\lambda\boldsymbol{A})\boldsymbol{B}=\boldsymbol{A}(\lambda\boldsymbol{B})=\lambda(\boldsymbol{AB}).$$

4° **加乘分配律**. 设 $\boldsymbol{A},\boldsymbol{B}\in F^{m\times n},\boldsymbol{C}\in F^{n\times p},\boldsymbol{D}\in F^{q\times m}$，则$(\boldsymbol{A}+\boldsymbol{B})\boldsymbol{C}=\boldsymbol{AC}+$

$\boldsymbol{BC}, \boldsymbol{D}(\boldsymbol{A}+\boldsymbol{B})=\boldsymbol{DA}+\boldsymbol{DB}$.

应当指出,矩阵的乘法与通常数的乘法存在着重大区别.对于数的乘法,交换律是成立的,即对任意 $a,b\in F$,均有 $ab=ba$.但是,对于矩阵的乘法,交换律一般并不成立.事实上,设 $\boldsymbol{A}\in F^{m\times n}$,$\boldsymbol{B}\in F^{n\times p}$,且 $m\neq p$,则虽然 $\boldsymbol{AB}$ 有意义,但 $\boldsymbol{BA}$ 却无定义,因此谈不上 $\boldsymbol{AB}$ 和 $\boldsymbol{BA}$ 是否相等,即使 $m=p$,即 $\boldsymbol{AB}$ 和 $\boldsymbol{BA}$ 都有意义,但 $\boldsymbol{AB}$ 为 m 阶方阵,$\boldsymbol{BA}$ 为 n 阶方阵.当 $m\neq n$ 时,显然,$\boldsymbol{AB}\neq\boldsymbol{BA}$,而当 $m=n$ 时,仍有可能 $\boldsymbol{AB}\neq\boldsymbol{BA}$.例如

$$\boldsymbol{A}=\begin{pmatrix}0&0\\1&0\end{pmatrix},\quad \boldsymbol{B}=\begin{pmatrix}0&0\\0&1\end{pmatrix},$$

则

$$\boldsymbol{AB}=\begin{pmatrix}0&0\\0&0\end{pmatrix},\quad \boldsymbol{BA}=\begin{pmatrix}0&0\\1&0\end{pmatrix}.$$

这个例子还表明,两个非零矩阵的乘积可以是零矩阵.这和两个非零的数的乘积一定不等于零也不相同.由此还可以看出,如果 $\boldsymbol{A}$,$\boldsymbol{B}$ 和 $\boldsymbol{C}$ 分别是 $m\times n$,$m\times n$ 和 $n\times p$ 矩阵,且 $\boldsymbol{AC}=\boldsymbol{BC}$,$\boldsymbol{C}\neq\boldsymbol{0}$,则不一定有 $\boldsymbol{A}=\boldsymbol{B}$.也就是说.对矩阵的乘法,消去律并不成立.上述的不同点在进行矩阵乘法运算时是必须注意的.

定义6 设 $\boldsymbol{A},\boldsymbol{B}\in F^{n\times n}$,若 $\boldsymbol{AB}=\boldsymbol{BA}$,则称 $\boldsymbol{A}$ 和 $\boldsymbol{B}$ **可交换**.

设 $\boldsymbol{A}$ 是数域 F 上的方阵,$f(\lambda)=\sum_{i=0}^{n}a_i\lambda^i$ 是数域 F 上关于 λ 的多项式.记

$$f(\boldsymbol{A})=\sum_{i=0}^{n}a_i\boldsymbol{A}^i,$$

其中约定 $\boldsymbol{A}^0=\boldsymbol{I}$,则 $f(\boldsymbol{A})$ 称为**方阵 $\boldsymbol{A}$ 的多项式**.容易验证,如果 $f(\lambda)$,$g(\lambda)$,$p(\lambda)$ 与 $q(\lambda)$ 是数域 F 上关于 λ 的多项式,且 $f(\lambda)+g(\lambda)=p(\lambda)$,$f(\lambda)g(\lambda)=q(\lambda)$,则

$$f(\boldsymbol{A})g(\boldsymbol{A})=g(\boldsymbol{A})f(\boldsymbol{A});$$
$$f(\boldsymbol{A})+g(\boldsymbol{A})=p(\boldsymbol{A});$$
$$f(\boldsymbol{A})g(\boldsymbol{A})=q(\boldsymbol{A}).$$

定义7 设 $\boldsymbol{A}=(a_{ij})$ 是 $m\times n$ 矩阵,把 $\boldsymbol{A}$ 的行变成列,列变成行,得到的 $n\times m$ 矩阵称为矩阵 $\boldsymbol{A}$ 的**转置矩阵**,记为 $\boldsymbol{A}^{\mathrm{T}}=(a_{ij})$,即

$$\boldsymbol{A}^{\mathrm{T}}=\begin{pmatrix}a_{11}&a_{21}&\cdots&a_{m1}\\a_{12}&a_{22}&\cdots&a_{m2}\\&\cdots\cdots\cdots\cdots&&\\a_{1n}&a_{2n}&\cdots&a_{mn}\end{pmatrix}.$$

容易验证,矩阵的转置具有以下性质:

1° 对任意 $\boldsymbol{A},\boldsymbol{B}\in F^{m\times n}$,均有$(\boldsymbol{A}+\boldsymbol{B})^{\mathrm{T}}=\boldsymbol{A}^{\mathrm{T}}+\boldsymbol{B}^{\mathrm{T}}$;

2° 对任意 $\lambda\in F^{m\times n}$,$\boldsymbol{A}\in F^{m\times n}$,均有$(\lambda\boldsymbol{A})^{\mathrm{T}}=\lambda\boldsymbol{A}^{\mathrm{T}}$;

3° 对任意 $\boldsymbol{A}\in F^{m\times n}$,$\boldsymbol{B}\in F^{n\times p}$,均有$(\boldsymbol{A}\boldsymbol{B})^{\mathrm{T}}=\boldsymbol{B}^{\mathrm{T}}\boldsymbol{A}^{\mathrm{T}}$.一般地说,设 $\boldsymbol{A}_i\in F^{m_i\times m_{i+1}}$,$i=1,2,\cdots,k$,则

$$(\boldsymbol{A}_1\boldsymbol{A}_2\cdots\boldsymbol{A}_k)^{\mathrm{T}}=\boldsymbol{A}_k^{\mathrm{T}}\boldsymbol{A}_{k-1}^{\mathrm{T}}\cdots\boldsymbol{A}_2^{\mathrm{T}}\boldsymbol{A}_1^{\mathrm{T}};$$

4° 设 $\boldsymbol{A}\in F^{m\times n}$,则$(\boldsymbol{A}^{\mathrm{T}})^{\mathrm{T}}=\boldsymbol{A}$.

对于复矩阵 $\boldsymbol{A}=(a_{ij})\in\mathbf{C}^{m\times n}$,可以定义矩阵 $\boldsymbol{A}$ 的**共轭矩阵** $\bar{\boldsymbol{A}}$ 如下:

$$\bar{\boldsymbol{A}}=\begin{pmatrix}\bar{a}_{11} & \bar{a}_{12} & \cdots & \bar{a}_{1n}\\ \bar{a}_{21} & \bar{a}_{22} & \cdots & \bar{a}_{2n}\\ \multicolumn{4}{c}{\cdots\cdots\cdots\cdots}\\ \bar{a}_{m1} & \bar{a}_{m2} & \cdots & \bar{a}_{mn}\end{pmatrix},$$

或简记为 $\bar{\boldsymbol{A}}=(\bar{a}_{ij})$,其中 $\bar{a}_{ij}$ 是复数 a_{ij} 的共轭复数,$1\leqslant i\leqslant m$,$1\leqslant j\leqslant m$.关于矩阵的共轭,以下性质成立:

1° 设 $\boldsymbol{A},\boldsymbol{B}\in\mathbf{C}^{m\times n}$则$\overline{(\boldsymbol{A}+\boldsymbol{B})}=\bar{\boldsymbol{A}}+\bar{\boldsymbol{B}}$;

2° 设 $\lambda\in\mathbf{C}$,$\boldsymbol{A}\in\mathbf{C}^{m\times n}$,则$\overline{(\lambda\boldsymbol{A})}=\bar{\lambda}\bar{\boldsymbol{A}}$;

3° 设 $\boldsymbol{A}\in\mathbf{C}^{m\times n}$,$\boldsymbol{B}\in\mathbf{C}^{n\times p}$,则$\overline{\boldsymbol{A}\boldsymbol{B}}=\bar{\boldsymbol{A}}\bar{\boldsymbol{B}}$;

4° 设 $\boldsymbol{A}\in\mathbf{C}^{m\times n}$,则$\overline{(\boldsymbol{A}^{\mathrm{T}})}=(\bar{\boldsymbol{A}})^{\mathrm{T}}$,并记为 $\bar{\boldsymbol{A}}^{\mathrm{T}}$.

最后介绍进行矩阵代数运算的一个重要方法,即把矩阵分块.给定矩阵 $\boldsymbol{A}=(a_{ij})\in F^{m\times n}$.所谓对矩阵 $\boldsymbol{A}$ 进行分块是指,设想用一些水平线和竖直线把矩阵 $\boldsymbol{A}$ 的元素分隔成若干个长方形小块.例如,设想在矩阵 $\boldsymbol{A}$ 的第 $m_1+\cdots+m_i$ 行与第 $m_1+\cdots+m_i+1$ 行之间有一条水平线,$i=1,2,\cdots,p$,$m_1+m_2+\cdots+m_p=m$,在 $\boldsymbol{A}$ 的第 $n_1+\cdots+n_j$ 列与第 $n_1+\cdots+n_j+1$ 列之间有一条竖直线,$j=1,2,\cdots,q$,$n_1+n_2+\cdots+n_q=n$.于是,矩阵 $\boldsymbol{A}$ 便分成 $p\times q$ 个块,

$$\boldsymbol{A}=\begin{pmatrix}\boldsymbol{A}_{11} & \boldsymbol{A}_{12} & \cdots & \boldsymbol{A}_{1q}\\ \boldsymbol{A}_{21} & \boldsymbol{A}_{22} & \cdots & \boldsymbol{A}_{2q}\\ \multicolumn{4}{c}{\cdots\cdots\cdots\cdots}\\ \boldsymbol{A}_{p1} & \boldsymbol{A}_{p2} & \cdots & \boldsymbol{A}_{pq}\end{pmatrix},$$

其中

$$A_{ij} = \begin{pmatrix} a_{s_{i-1}+1,t_{j-1}+1} & a_{s_{i-1}+1,t_{j-1}+2} & \cdots & a_{s_{i-1}+1,t_j} \\ a_{s_{i-1}+2,t_{j-1}+1} & a_{s_{i-1}+2,t_{j-1}+2} & \cdots & a_{s_{i-1}+2,t_j} \\ \cdots\cdots & \cdots\cdots & \cdots & \cdots\cdots \\ a_{s_i,t_{j-1}+1} & a_{s_i,t_{j-1}+2} & \cdots & a_{s_i t_j} \end{pmatrix},$$

这里 $s_i = m_1 + m_2 + \cdots m_i, t_j = n_1 + n_2 + \cdots + n_j, 1 \leqslant i \leqslant p, 1 \leqslant j \leqslant q$. $m_i \times n_j$ 矩阵 A_{ij} 称为**矩阵 A 的子矩阵**,而矩阵 A 简记为 $A = (A_{ij})$. 在进行矩阵代数运算时,可以把分块矩阵中的子矩阵当成矩阵的元素,然后进行运算.

设 $A, B \in F^{m \times n}$,并且 A, B 的分块方式相同,即设

$$A = (A_{ij}), \quad B = (B_{ij}),$$

其中 A_{ij} 和 B_{ij} 都是 $m_i \times n_j$ 矩阵,$1 \leqslant i \leqslant p, 1 \leqslant j \leqslant q$. 则显然

$$A + B = \begin{pmatrix} A_{11} + B_{11} & A_{12} + B_{12} & \cdots & A_{1q} + B_{1q} \\ A_{21} + B_{21} & A_{22} + B_{22} & \cdots & A_{2q} + B_{2q} \\ \cdots\cdots & \cdots\cdots & \cdots & \cdots\cdots \\ A_{p1} + B_{p1} & A_{p2} + B_{p2} & \cdots & A_{pq} + B_{pq} \end{pmatrix}.$$

设 $\lambda \in F, A = (A_{ij}) \in F^{m \times n}$,其中 A_{ij} 是 $m_i \times n_j$ 子矩阵,$1 \leqslant i \leqslant p, 1 \leqslant j \leqslant q$. 容易验证,$\lambda A = (\lambda A_{ij})$.

设 $A = (A_{ij}) \in F^{m \times n}, B = (B_{ij}) \in F^{n \times p}$,其中 A_{ij} 是 A 的 $m_i \times n_j$ 子矩阵,B_{kl} 是 B 的 $n_k \times p_l$ 子矩阵,$1 \leqslant i \leqslant r, 1 \leqslant j \leqslant s, 1 \leqslant k \leqslant s, 1 \leqslant l \leqslant t$,即 A 的子矩阵 A_{ij} 的列数等于 B_{jl} 的行数. 记 $C_{il} = \sum_{k=1}^{s} A_{ik} B_{kl}, 1 \leqslant i \leqslant r, 1 \leqslant l \leqslant t$,则 $AB = (C_{ij})$. 换句话说,在计算矩阵 A 和 B 的乘积 AB 时,可以把矩阵 A 和 B 分块,使得矩阵 A 的列的分法与矩阵 B 的行的分法相同,那么,把子矩阵 A_{ik} 和 B_{kl} 当成通常的系数,然后按照矩阵乘法运算相乘,其结果便是矩阵 A 与 B 的乘积.

现在来证明这一事实. 记 $C = (C_{ij})$,其中

$$C_{ij} = \sum_{k=1}^{s} A_{ik} B_{kl}, \quad 1 \leqslant i \leqslant r, 1 \leqslant l \leqslant t.$$

显然 C 是 $m \times p$ 矩阵,并且具有 $r \times t$ 个块(子矩阵),矩阵 C 的 (i, j) 系数 c_{ij} 一定在某个块 C_{kl} 中. 于是

$$m_1 + m_2 + \cdots + m_{k-1} < i \leqslant m_1 + m_2 + \cdots + m_{k-1} + m_k,$$

$$p_1 + p_2 + \cdots + p_{l-1} < j \leqslant p_1 + p_2 + \cdots + p_{l-1} + p_l.$$

因此,必有 i' 和 j',$1 \leqslant i' \leqslant m_k, 1 \leqslant j' \leqslant p_l$,使得

$$i = m_1 + m_2 + \cdots + m_{k-1} + i',$$
$$j = p_1 + p_2 + \cdots + p_{l-1} + j'.$$

这表明，c_{ij} 是子矩阵 $\boldsymbol{C}_{kl}$ 的 (i',j') 系数. 由于

$$\boldsymbol{C}_{kl} = \sum_{q=1}^{s} \boldsymbol{A}_{kq}\boldsymbol{B}_{ql},$$

因此，它的 (i',j') 系数应是 $\boldsymbol{A}_{kq}\boldsymbol{B}_{ql}$，$q=1,2,\cdots,s$ 的 (i',j') 系数 $(\boldsymbol{A}_{kq}B_{ql})_{i',j'}$ 的和. 但是

$$\boldsymbol{A}_{kq} = \begin{pmatrix} a_{u_{k-1}+1,v_{q-1}+1} & a_{u_{k-1}+1,v_{q-1}+2} & \cdots & a_{u_{k-1}+1,v_q} \\ a_{u_{k-1}+2,v_{q-1}+1} & a_{u_{k-1}+2,v_{q-1}+2} & \cdots & a_{u_{k-1}+2,v_q} \\ \cdots\cdots & \cdots\cdots & \cdots & \cdots\cdots \\ a_{u_k,v_{q-1}+1} & a_{u_k,v_{q-1}+2} & \cdots & a_{u_k v_q} \end{pmatrix},$$

$$\boldsymbol{B}_{ql} = \begin{pmatrix} b_{v_{q-1}+1,w_{l-1}+1} & b_{v_{q-1}+1,w_{l-1}+2} & \cdots & b_{v_{q-1}+1,w_l} \\ b_{v_{q-1}+2,w_{l-1}+1} & b_{v_{q-1}+2,w_{l-1}+2} & \cdots & b_{v_{q-1}+2,w_l} \\ \cdots\cdots & \cdots\cdots & \cdots & \cdots\cdots \\ b_{v_q,w_{l-1}+1} & b_{v_q,w_{l-1}+2} & \cdots & b_{v_q w_l} \end{pmatrix},$$

其中 $u_k = m_1 + m_2 + \cdots + m_k$，$v_q = n_1 + n_2 + \cdots + n_q$，$w_l = p_1 + p_2 + \cdots + p_l$. 所以

$$(\boldsymbol{A}_{kq}\boldsymbol{B}_{ql})_{i',j'} = \sum_{e=1}^{n_q} a_{u_{k-1}+i',v_{q-1}+e} b_{v_{q-1}+e,w_{l-1}+j'},$$

于是

$$\begin{aligned} c_{ij} &= \sum_{q=1}^{s}\sum_{e=1}^{n_q} a_{u_{k-1}+i',v_{q-1}+e} b_{v_{q-1}+e,w_{l-1}+j'} \\ &= \sum_{e=1}^{n} a_{m_1+\cdots+m_{k-1}+i',e} b_{e,p_1+\cdots+p_{l-1}+j'} \\ &= \sum_{e=1}^{n} a_{ie}b_{ej}. \end{aligned}$$

这就证明 $\boldsymbol{C}=\boldsymbol{AB}$.

对矩阵的转置和共轭，容易验证，如果 $m\times n$ 矩阵 $\boldsymbol{A}=(\boldsymbol{A}_{ij})$，其中 $\boldsymbol{A}_{ij}$ 为 $m_i\times n_j$ 子矩阵，$1\leqslant i\leqslant p$，$1\leqslant j\leqslant q$，则

$$\boldsymbol{A}^{\mathrm{T}} = (\boldsymbol{A}_{ji}^{\mathrm{T}})^{\mathrm{T}}, \quad \bar{\boldsymbol{A}} = (\bar{\boldsymbol{A}}_{ij}).$$

最后给出若干特殊类型的矩阵. 如果矩阵 $\boldsymbol{A}$ 分块后具有如下形式：

$$
A = \begin{pmatrix} A_{11} & A_{12} & \cdots & A_{1q} \\ 0 & A_{22} & \cdots & A_{2q} \\ & \cdots\cdots\cdots\cdots & & \\ 0 & 0 & \cdots & A_{qq} \end{pmatrix},
$$

即 $\boldsymbol{A}$ 的主对角线以下的块都是零子矩阵，则 $\boldsymbol{A}$ 称为准上三角的，当 $\boldsymbol{A}_{11},\boldsymbol{A}_{22},\cdots,\boldsymbol{A}_{qq}$ 为一阶子方阵时，$\boldsymbol{A}$ 称为上三角的. 显然，当 $\boldsymbol{A}_{11},\boldsymbol{A}_{22},\cdots,\boldsymbol{A}_{qq}$ 都是方阵时，$\boldsymbol{A}$ 也是方阵，并且由 Laplace 展开定理，

$$
\det \boldsymbol{A} = \det \boldsymbol{A}_{11} \det \boldsymbol{A}_{22} \cdots \det \boldsymbol{A}_{qq}.
$$

如果矩阵 $\boldsymbol{A}$ 具有如下分块形式：

$$
A = \begin{pmatrix} A_{11} & 0 & \cdots & 0 \\ A_{21} & A_{22} & \cdots & 0 \\ & \cdots\cdots\cdots\cdots & & \\ A_{p1} & A_{p2} & \cdots & A_{pp} \end{pmatrix},
$$

即主对角线以上的块都是零子矩阵，则 $\boldsymbol{A}$ 称为准下三角的. 当 $\boldsymbol{A}_{11},\boldsymbol{A}_{22},\cdots,\boldsymbol{A}_{pp}$ 都是一阶子矩阵，则 $\boldsymbol{A}$ 称为下三角的. 同样，当 $\boldsymbol{A}_{11},\boldsymbol{A}_{22},\cdots,\boldsymbol{A}_{pp}$ 为子方阵时，

$$
\det \boldsymbol{A} = \det \boldsymbol{A}_{11} \det \boldsymbol{A}_{22} \cdots \det \boldsymbol{A}_{pp}.
$$

如果矩阵 $\boldsymbol{A}$ 既是准上三角的，又是准下三角的，则 $\boldsymbol{A}$ 称为准对角的，此时记 $\boldsymbol{A}=\mathrm{diag}(\boldsymbol{A}_{11},\boldsymbol{A}_{22},\cdots,\boldsymbol{A}_{pp})$. 特别地，当 $\boldsymbol{A}_{11},\boldsymbol{A}_{22},\cdots,\boldsymbol{A}_{pp}$ 为一阶子方阵，即 $\boldsymbol{A}$ 的非对角元都是零时，$\boldsymbol{A}$ 称为对角的，记为 $\boldsymbol{A}=\mathrm{diag}(a_{11},a_{22},\cdots,a_{nn})$.

习　　题

1. 求下列矩阵的乘积：

(1) $\begin{pmatrix} a & b & c \\ c & b & a \\ 1 & 1 & 1 \end{pmatrix}\begin{pmatrix} 1 & a & c \\ 1 & b & b \\ 1 & c & a \end{pmatrix}$；

(2) $\begin{pmatrix} 1 & 2 & 1 \\ 0 & 1 & 2 \\ 3 & 1 & 1 \end{pmatrix}\begin{pmatrix} 2 & 3 & 1 \\ -1 & 1 & 0 \\ 1 & 2 & -1 \end{pmatrix}\begin{pmatrix} 1 & 2 & 1 \\ 0 & 1 & 2 \\ 3 & 1 & 1 \end{pmatrix}$；

(3) $\begin{pmatrix} 2 & 1 & 1 \\ 3 & 1 & 0 \\ 0 & 1 & 2 \end{pmatrix}^2$；

(4) $\begin{pmatrix} 1 & 1 & 1 & 1 \\ 0 & 1 & 1 & 1 \\ 0 & 0 & 1 & 1 \\ 0 & 0 & 0 & 1 \end{pmatrix}^n$；

(5) $\begin{pmatrix} 1 & \lambda \\ 0 & 1 \end{pmatrix}^n$；

(6) $\begin{pmatrix} 1 & \dfrac{\lambda}{n} \\ -\dfrac{\lambda}{n} & 1 \end{pmatrix}^n$；

(7) $\begin{pmatrix} \cos\theta & -\sin\theta \\ \sin\theta & \cos\theta \end{pmatrix}^n$;　　(8) $\begin{pmatrix} 0 & 1 & & & \\ & 0 & 1 & & \\ & & \ddots & \ddots & \\ & & & \ddots & 1 \\ & & & & 0 \end{pmatrix}_{n\times n}^n$;

(9) $\begin{pmatrix} \lambda & 1 & & & \\ & \lambda & 1 & & \\ & & \ddots & \ddots & \\ & & & \lambda & 1 \\ & & & & \lambda \end{pmatrix}_{n\times n}^n$;

(10) $\begin{pmatrix} a_0 & a_1 & \cdots & a_{n-1} \\ a_{n-1} & a_0 & \cdots & a_{n-2} \\ \cdots & \cdots & \cdots & \cdots \\ a_1 & a_2 & \cdots & a_0 \end{pmatrix}\begin{pmatrix} 1 & 1 & 1 & \cdots & 1 \\ 1 & \omega & \omega^2 & \cdots & \omega^{n-1} \\ 1 & \omega^2 & \omega^4 & \cdots & \omega^{2(n-1)} \\ \cdots & \cdots & \cdots & \cdots & \cdots \\ 1 & \omega^{n-1} & \omega^{2(n-1)} & \cdots & \omega^{(n-1)^2} \end{pmatrix}$,

其中 $\omega^n = 1$.

2. 计算 $\boldsymbol{AB} - \boldsymbol{BA}$:

(1) $\boldsymbol{A} = \begin{pmatrix} 1 & 2 & 1 \\ 2 & 1 & 2 \\ 1 & 2 & 3 \end{pmatrix}$, $\boldsymbol{B} = \begin{pmatrix} 4 & 1 & 1 \\ -4 & 2 & 0 \\ 1 & 2 & 1 \end{pmatrix}$;

(2) $\boldsymbol{A} = \begin{pmatrix} 2 & 1 & 0 \\ 1 & 1 & 2 \\ -1 & 2 & 1 \end{pmatrix}$, $\boldsymbol{B} = \begin{pmatrix} 3 & 1 & -1 \\ 3 & -2 & 4 \\ -3 & 5 & -1 \end{pmatrix}$.

3. 求出所有和方阵 $\boldsymbol{A}$ 可交换的方阵:

(1) $\boldsymbol{A} = \begin{pmatrix} 1 & 0 & 1 \\ 0 & 1 & 0 \\ 3 & 1 & 2 \end{pmatrix}$;

(2) $\boldsymbol{A} = \begin{pmatrix} 0 & 1 & 0 & 0 \\ 0 & 0 & 1 & 0 \\ 0 & 0 & 0 & 1 \\ 1 & 0 & 0 & 0 \end{pmatrix}$.

4. 证明:如果方阵 $\boldsymbol{A}$ 和 $\boldsymbol{B}$ 可交换,则

(1) $(\boldsymbol{A}+\boldsymbol{B})^2 = \boldsymbol{A}^2 + 2\boldsymbol{AB} + \boldsymbol{B}^2$;

(2) $\boldsymbol{A}^2 - \boldsymbol{B}^2 = (\boldsymbol{A}+\boldsymbol{B})(\boldsymbol{A}-\boldsymbol{B})$;

(3) $(\boldsymbol{A}+\boldsymbol{B})^n = \boldsymbol{A}^n + C_n^1\boldsymbol{A}^{n-1}\boldsymbol{B} + C_n^2\boldsymbol{A}^{n-2}\boldsymbol{B}^2 + \cdots + C_n^{n-1}\boldsymbol{AB}^{n-1} + \boldsymbol{B}^n$.

5. 设 n 阶对角方阵 $\boldsymbol{A}$ 的对角元两两不等. 证明: n 阶方阵 $\boldsymbol{B}$ 与 $\boldsymbol{A}$ 可交换的充分必要条件是, $\boldsymbol{B}$ 为对角方阵. 能否推广到准对角情形, 即

$$\boldsymbol{A} = \mathrm{diag}(\lambda_1 \boldsymbol{I}_{(k_1)}, \lambda_2 \boldsymbol{I}_{(k_2)}, \cdots, \lambda_t \boldsymbol{I}_{(k_t)}),$$

其中 $\lambda_1, \lambda_2, \cdots, \lambda_t$ 两两不等, $k_1 + k_2 + \cdots + k_t = n$.

6. 证明下述结论:

(1) 上三角方阵的乘积仍是上三角的;

(2) 如果 $\boldsymbol{A}_1, \boldsymbol{A}_2, \cdots, \boldsymbol{A}_n$ 是 n 个 n 阶上三角方阵, 且方阵 $\boldsymbol{A}_i$ 的 (i,i) 系数为零, $i = 1, 2, \cdots, n$, 则 $\boldsymbol{A}_1 \boldsymbol{A}_2 \cdots \boldsymbol{A}_n = \boldsymbol{0}$.

7. 设 k 是正整数, 适合 $\boldsymbol{A}^k = \boldsymbol{0}$ 的方阵 $\boldsymbol{A}$ 称为幂零的. 使得

$$\boldsymbol{A}^k = \boldsymbol{0}$$

成立的最小正整数 k 称为方阵 $\boldsymbol{A}$ 的幂零指数. 证明: 上三角方阵 $\boldsymbol{A}$ 为幂零的充分必要条件是 $\boldsymbol{A}$ 的对角元素全为零, 并且 $\boldsymbol{A}$ 的幂零指数不超过它的阶数.

8. 求出所有 2 阶幂零方阵.

9. 如果方阵 $\boldsymbol{A}$ 适合 $\boldsymbol{A}^2 = \boldsymbol{I}$, 则 $\boldsymbol{A}$ 称为对合的. 求出所有 2 阶对合方阵.

10. 如果方阵 $\boldsymbol{A}$ 适合 $\boldsymbol{A}^2 = \boldsymbol{A}$, 则 $\boldsymbol{A}$ 称为幂等的. 求出所有 2 阶幂等方阵.

11. 证明: 如果 $\boldsymbol{A}$ 是 n 阶对合方阵, 则 $\boldsymbol{B} = \dfrac{1}{2}(\boldsymbol{A} + \boldsymbol{I}_{(n)})$ 是幂等的; 反之, 如果 $\boldsymbol{B}$ 是 n 阶幂等方阵, 则 $\boldsymbol{A} = 2\boldsymbol{B} - \boldsymbol{I}_{(n)}$ 是对合.

12. 适合 $\boldsymbol{A}^{\mathrm{T}} = \boldsymbol{A}$ 的方阵 $\boldsymbol{A}$ 称为对称方阵. 证明:

(1) 设 $\boldsymbol{B} \in F^{m \times n}$, 则 $\boldsymbol{B}\boldsymbol{B}^{\mathrm{T}}$ 是对称的;

(2) n 阶对称方阵 $\boldsymbol{A}$ 和 $\boldsymbol{B}$ 的乘积 $\boldsymbol{AB}$ 为对称方阵的充分必要条件是, 方阵 $\boldsymbol{A}$ 和 $\boldsymbol{B}$ 可交换.

13. 适合 $\boldsymbol{A}^{\mathrm{T}} = -\boldsymbol{A}$ 的方阵 $\boldsymbol{A}$ 称为斜对称的. 证明:

(1) 斜对称方阵 $\boldsymbol{A}$ 和 $\boldsymbol{B}$ 的乘积 $\boldsymbol{AB}$ 为斜对称的充分必要条件是 $\boldsymbol{AB} = -\boldsymbol{BA}$.

(2) 斜对称方阵 $\boldsymbol{A}$ 和 $\boldsymbol{B}$ 的乘积 $\boldsymbol{AB}$ 为对称的充分必要条件是方阵 $\boldsymbol{A}$ 和 $\boldsymbol{B}$ 可交换.

14. 证明: 任意一个方阵 $\boldsymbol{A}$ 都可以唯一地分解为对称方阵 $\boldsymbol{S}$ 和斜对称方阵 $\boldsymbol{K}$ 之和.

15. 适合 $\bar{\boldsymbol{A}}^{\mathrm{T}} = \boldsymbol{A}$ 的复方阵 $\boldsymbol{A}$ 称为 Hermite 方阵. 证明: 对任意 $\boldsymbol{A} \in \mathbf{C}^{m \times n}$, $\boldsymbol{A}\bar{\boldsymbol{A}}^{\mathrm{T}}$ 是Hermite 的.

16. 证明: 对角块都是方的准上三角方阵为幂零的充分必要条件是, 它的每一个对角块都是幂零的.

17. 对角元素都相等的对角方阵称为纯量方阵. 证明: 和所有 n 阶方阵都可交换的方阵一定是纯量方阵.

18. 设 n 阶方阵 $\boldsymbol{A}$ 的每一行上都恰有 2 个元素为 1, 而其他元素为零, $\boldsymbol{J}$ 是元素全为 1 的 n 阶方阵. 求出所有适合 $\boldsymbol{A}^2 + 2\boldsymbol{A} = 2\boldsymbol{J}$ 的 n 阶方阵 $\boldsymbol{A}$.

3.2 Binet-Cauchy 公式

数域 F 上所有 n 阶方阵的集合记为 $F^{n\times n}$. 本节考虑定义在 $F^{n\times n}$ 上而取值在 F 的两个重要函数.

定义 n 阶方阵 $\boldsymbol{A}=(a_{ij})$ 的所有对角元素之和称为方阵 $\boldsymbol{A}$ 的迹(trace),记为 $\operatorname{tr}(\boldsymbol{A})$,即 $\operatorname{tr}(\boldsymbol{A})=a_{11}+a_{22}+\cdots+a_{nn}$.

容易验证,函数 $\operatorname{tr}(\boldsymbol{A})$ 具有以下性质:

1° 设 $\lambda\in F^n$, $\boldsymbol{A},\boldsymbol{B}\in F^{n\times n}$,则

$$\operatorname{tr}(\boldsymbol{A}+\boldsymbol{B})=\operatorname{tr}(\boldsymbol{A})+\operatorname{tr}(\boldsymbol{B}),$$
$$\operatorname{tr}(\lambda\boldsymbol{A})=\lambda\operatorname{tr}(\boldsymbol{A}),$$

换句话说, $\operatorname{tr}(\boldsymbol{A})$ 是方阵 $\boldsymbol{A}$ 的线性函数;

2° 设 $\boldsymbol{A},\boldsymbol{B}\in F^{n\times n}$,则 $\operatorname{tr}(\boldsymbol{AB})=\operatorname{tr}(\boldsymbol{BA})$;

3° 设 $\boldsymbol{A}\in F^{n\times n}$,则 $\operatorname{tr}(\boldsymbol{A}^{\mathrm{T}})=\operatorname{tr}(\boldsymbol{A})$;

4° 设 $\boldsymbol{A}\in\mathbf{C}^{n\times n}$,如果 $\operatorname{tr}(\boldsymbol{A}\bar{\boldsymbol{A}}^{\mathrm{T}})=0$,则 $\boldsymbol{A}=\boldsymbol{0}$.

定义在 $F^{n\times n}$ 上而取值在 F 的另一重要函数是方阵的行列式 $\det\boldsymbol{A}$. 和方阵 $\boldsymbol{A}$ 的迹 $\operatorname{tr}(\boldsymbol{A})$ 不同,方阵 $\boldsymbol{A}$ 的行列式 $\det\boldsymbol{A}$ 不是方阵 $\boldsymbol{A}$ 的线性函数;即一般地说,对 $\lambda\in F$, $\boldsymbol{B}\in F^{n\times n}$,等式 $\det(\boldsymbol{A}+\boldsymbol{B})=\det\boldsymbol{A}+\det\boldsymbol{B}$ 和 $\det(\lambda\boldsymbol{A})=\lambda\det\boldsymbol{A}$ 并不成立. 但是,方阵的行列式却是方阵的可乘函数. 具体地说,有以下的定理:

定理 1 设 $\boldsymbol{A},\boldsymbol{B}\in F^{n\times n}$,则 $\det(\boldsymbol{AB})=\det\boldsymbol{A}\det\boldsymbol{B}$.

证明 记 $\boldsymbol{A}=(a_{ij})$, $\boldsymbol{B}=(b_{ij})$, $\boldsymbol{AB}=(c_{ij})$, $\boldsymbol{\xi}_i=(b_{i1},b_{i2},\cdots,b_{in})$, $\boldsymbol{\eta}_i=(c_{i1},c_{i2},\cdots,c_{in})$,则

$$\begin{aligned}\det(\boldsymbol{AB})&=\det(\boldsymbol{\eta}_1,\boldsymbol{\eta}_2,\cdots,\boldsymbol{\eta}_n)=\det\Big(\sum_{j=1}^n a_{1j}\boldsymbol{\xi}_j,\sum_{j=1}^n a_{2j}\boldsymbol{\xi}_j,\cdots,\sum_{j=1}^n a_{nj}\boldsymbol{\xi}_j\Big)\\&=\sum_{1\leqslant j_1,j_2,\cdots,j_n\leqslant n}a_{1j_1}a_{2j_2}\cdots a_{nj_n}\det(\boldsymbol{\xi}_{j_1},\boldsymbol{\xi}_{j_2},\cdots,\boldsymbol{\xi}_{j_n}).\end{aligned}$$

当求和指标 $j_1,j_2,\cdots,j_n$ 中有两个相等时, $\det(\boldsymbol{\xi}_{j_1},\boldsymbol{\xi}_{j_2},\cdots,\boldsymbol{\xi}_{j_n})=0$. 去掉这些项,余下的指标 $j_1,j_2,\cdots,j_n$ 应是 $1,2,\cdots,n$ 的排列. 因此

$$\det(\boldsymbol{AB})=\sum_{\binom{1\ 2\cdots n}{j_1j_2\cdots j_n}}a_{1j_1}a_{2j_2}\cdots a_{nj_n}\delta\begin{pmatrix}1&2&\cdots&n\\j_1&j_2&\cdots&j_n\end{pmatrix}\det\boldsymbol{B}=\det\boldsymbol{A}\det\boldsymbol{B}.$$

定理1可以推广到 $\boldsymbol{A}$ 和 $\boldsymbol{B}$ 为长方阵的情形.

定理2(Binet-Cauchy) 设 $\boldsymbol{A}\in F^{p\times q}$,$\boldsymbol{B}\in F^{q\times p}$,则

$$\det(\boldsymbol{AB})=\begin{cases}0, & \text{当 } q<p \text{ 时},\\ \det\boldsymbol{A}\ \det\boldsymbol{B}, & \text{当 } q=p \text{ 时},\\ \displaystyle\sum_{1\leqslant j_1<j_2\cdots<j_p\leqslant q}\boldsymbol{A}\begin{pmatrix}1\ 2\cdots p\\ j_1 j_2\cdots j_p\end{pmatrix}\boldsymbol{B}\begin{pmatrix}j_1 j_2\cdots j_p\\ 1\ 2\cdots p\end{pmatrix}, & \text{当 } q>p \text{ 时}.\end{cases}$$

Binet-Cauchy 公式的证明和定理1的基本相同,请读者自己完成.

利用 Binet-Cauchy 公式,可以证明:

定理3 设 $\boldsymbol{A}\in F^{p\times q}$,$\boldsymbol{B}\in F^{q\times s}$,并且记 $\boldsymbol{C}=\boldsymbol{AB}$.则矩阵 $\boldsymbol{C}$ 的 r 阶子式

$$\boldsymbol{C}\begin{pmatrix}i_1\ i_2\ \cdots\ i_r\\ j_1\ j_2\ \cdots\ j_r\end{pmatrix}=\begin{cases}0, & \text{当 } r>q \text{ 时},\\ \displaystyle\sum_{1\leqslant k_1<k_2<\cdots<k_r\leqslant q}\boldsymbol{A}\begin{pmatrix}i_1\ i_2\cdots i_r\\ k_1 k_2\cdots k_r\end{pmatrix}\boldsymbol{B}\begin{pmatrix}k_1 k_2\cdots k_r\\ j_1\ j_2\cdots j_r\end{pmatrix}, & \text{当 } r\leqslant q \text{ 时}.\end{cases}$$

证明 设 $\boldsymbol{A}=(a_{ij})$,$\boldsymbol{B}=(b_{ij})$,$\boldsymbol{C}=\boldsymbol{AB}=(c_{ij})$,其中 $c_{ij}=\sum\limits_{k=1}^{q}a_{ik}b_{kj}$,$1\leqslant i\leqslant p$,$1\leqslant j\leqslant s$.则

$$\boldsymbol{C}\begin{pmatrix}i_1\ i_2\ \cdots\ i_r\\ j_1\ j_2\ \cdots\ j_r\end{pmatrix}=\det(\boldsymbol{A}_1\boldsymbol{B}_1)$$

$$=\begin{vmatrix}\sum\limits_{k_1=1}^{q}a_{i_1k_1}b_{k_1j_1} & \sum\limits_{k_2=1}^{q}a_{i_1k_2}b_{k_2j_2} & \cdots & \sum\limits_{k_r=1}^{q}a_{i_1k_r}b_{k_rj_r}\\ \sum\limits_{k_1=1}^{q}a_{i_2k_1}b_{k_1j_1} & \sum\limits_{k_2=1}^{q}a_{i_2k_2}b_{k_2j_2} & \cdots & \sum\limits_{k_r=1}^{q}a_{i_2k_r}b_{k_rj_r}\\ \cdots\cdots & \cdots\cdots & \cdots\cdots & \cdots\cdots\\ \sum\limits_{k_1=1}^{q}a_{i_rk_1}b_{k_1j_1} & \sum\limits_{k_2=1}^{q}a_{i_rk_2}b_{k_2j_2} & \cdots & \sum\limits_{k_r=1}^{q}a_{i_rk_r}b_{k_rj_r}\end{vmatrix}.$$

对矩阵 $\boldsymbol{A}$ 的子矩阵

$$\boldsymbol{A}_1=\begin{pmatrix}a_{i_11} & a_{i_12} & \cdots & a_{i_1q}\\ a_{i_21} & a_{i_22} & \cdots & a_{i_2q}\\ \cdots\cdots & \cdots\cdots & \cdots\cdots & \cdots\cdots\\ a_{i_r1} & a_{i_r2} & \cdots & a_{i_rq}\end{pmatrix}$$

和矩阵 $\boldsymbol{B}$ 的子矩阵

$$\begin{pmatrix} b_{1j_1} & b_{1j_2} & \cdots & b_{1j_r} \\ b_{2j_1} & b_{2j_2} & \cdots & b_{2j_r} \\ \cdots & \cdots & \cdots & \cdots \\ b_{qj_1} & b_{qj_2} & \cdots & b_{qj_r} \end{pmatrix},$$

应用 Binet-Cauchy 公式即得定理 3.

现在举例说明上述定理的应用.

例 1 n 阶方阵

$$A = \begin{pmatrix} a_0 & a_1 & a_2 & \cdots & a_{n-1} \\ a_{n-1} & a_0 & a_1 & \cdots & a_{n-2} \\ a_{n-2} & a_{n-1} & a_0 & \cdots & a_{n-3} \\ \cdots & \cdots & \cdots & \cdots & \cdots \\ a_1 & a_2 & a_3 & \cdots & a_0 \end{pmatrix}$$

称为**轮回方阵**.求 n 阶轮回方阵 A 的行列式.

解 设 ω 是 n 次本原单位根,即 $\omega^i \neq 1, 1 \leqslant i \leqslant n-1, \omega^n = 1, f(x) = a_0 + a_1 x + \cdots + a_{n-1} x^{n-1}$.取 n 阶矩阵 B 为

$$B = \begin{pmatrix} 1 & 1 & 1 & \cdots & 1 \\ 1 & \omega & \omega^2 & \cdots & \omega^{n-1} \\ 1 & \omega^2 & \omega^4 & \cdots & \omega^{2(n-1)} \\ \cdots & \cdots & \cdots & \cdots & \cdots \\ 1 & \omega^{n-1} & \omega^{2(n-1)} & \cdots & \omega^{(n-1)^2} \end{pmatrix}.$$

容易验证

$$AB = B\mathrm{diag}(f(1), f(\omega), f(\omega^2), \cdots, f(\omega^{n-1})).$$

上式两端各取行列式,则由定理 1,

$$\det A \det B = \left(\prod_{i=0}^{n-1} f(\omega^i)\right) \det B.$$

显然, Vandermonde 行列式 $\det B = \prod_{1 \leqslant i < j \leqslant n} (\omega^j - \omega^i) \neq 0$. 因此, $\det A = \prod_{i=0}^{n-1} f(\omega^i)$.

例 2 设 $A = (a_{ij})$ 为 n 阶方阵,其中 a_{ij} 是整数 i 和 j 的最大公因数 $\gcd(i, j)$. 证明:

$$\det A = \varphi(1)\varphi(2)\cdots\varphi(n),$$

其中 $\varphi(n)$是自然数 n 的 Euler 函数.

证明 取 n 阶方阵$\boldsymbol{B}=(b_{ij})$,其中

$$b_{ij}=\begin{cases}1, & \text{当 } j \mid i \text{ 时},\\ 0, & \text{当 } j \nmid i \text{ 时}.\end{cases}$$

容易看出,方阵 $\boldsymbol{B}$ 是对角元素全为 1 的下三角方阵,因此,$\det \boldsymbol{B}=1$.再取 n 阶方阵$\boldsymbol{C}=(c_{ij})$,其中 $c_{ij}=\varphi(i)b_{ji}$.显然,方阵 $\boldsymbol{C}$ 是对角元素依次为$\varphi(1),\varphi(2),\cdots,\varphi(n)$的上三角方阵.因此,$\det \boldsymbol{C}=\varphi(1)\varphi(2)\cdots\varphi(n)$.记 $\boldsymbol{BC}=\boldsymbol{D}=(d_{ij})$.则

$$d_{ij}=\sum_{k=1}^{n}b_{ik}c_{kj}=\sum_{k=1}^{n}b_{ik}\varphi(k)b_{jk}.$$

因为当 $k\nmid i$ 时,$b_{ik}=0$,所以

$$d_{ij}=\sum_{k\mid i,k\mid j}\varphi(k)=\sum_{k\mid(i,j)}\varphi(k).$$

由 Euler 函数 $\varphi(n)$的性质可知,$d_{ij}=\gcd(i,j)$.因此,$\boldsymbol{BC}=\boldsymbol{D}=\boldsymbol{A}$.由定理 1,

$$\det \boldsymbol{A}=\det \boldsymbol{B}\cdot\det \boldsymbol{C}=\varphi(1)\varphi(2)\cdots\varphi(n).$$

例 3 利用行列式证明 Cauchy 不等式,即当 a_i 和 b_i 为实数,$i=1,2,\cdots,n$ 时,

$$(a_1b_1+a_2b_2+\cdots+a_nb_n)^2\leqslant(a_1^2+a_2^2+\cdots+a_n^2)(b_1^2+b_2^2+\cdots+b_n^2),$$

其中当且仅当 $\dfrac{a_1}{b_1}=\dfrac{a_2}{b_2}=\cdots=\dfrac{a_n}{b_n}$ 时等号成立.

证明 取 $2\times n$ 实矩阵$\boldsymbol{A}=\begin{pmatrix}a_1 & a_2 & \cdots & a_n\\ b_1 & b_2 & \cdots & b_n\end{pmatrix}$.则

$$\boldsymbol{AA}^{\mathrm{T}}=\begin{pmatrix}\sum\limits_{i=1}^{n}a_i^2 & \sum\limits_{i=1}^{n}a_ib_j\\ \sum\limits_{i=1}^{n}a_ib_i & \sum\limits_{i=1}^{n}b_i^2\end{pmatrix},$$

因此

$$\det \boldsymbol{AA}^{\mathrm{T}}=\Big(\sum_{i=1}^{n}a_i^2\Big)\Big(\sum_{i=1}^{n}b_i^2\Big)-\Big(\sum_{i=1}^{n}a_ib_i\Big)^2.$$

另一方面,由 Binet-Cauchy 公式,

$$\det \boldsymbol{AA}^{\mathrm{T}}=\sum_{1\leqslant i<j\leqslant n}\boldsymbol{A}\begin{pmatrix}1 & 2\\ i & j\end{pmatrix}\boldsymbol{A}^{\mathrm{T}}\begin{pmatrix}i & j\\ 1 & 2\end{pmatrix}=\sum_{1\leqslant i<j\leqslant n}\boldsymbol{A}\begin{pmatrix}1 & 2\\ i & j\end{pmatrix}^2\geqslant 0.$$

所以

$$\Big(\sum_{i=1}^{n}a_i^2\Big)\Big(\sum_{i=1}^{n}b_i^2\Big)-\Big(\sum_{i=1}^{n}a_ib_i\Big)^2\geqslant 0.$$

因此即得 Cauchy 不等式，而且当且仅当对每一对 i,j，$\boldsymbol{A}\begin{pmatrix}1&2\\i&j\end{pmatrix}=a_ib_j-a_jb_i=0$ 时等式成立，即当且仅当 $\dfrac{a_1}{b_1}=\dfrac{a_2}{b_2}=\cdots=\dfrac{a_n}{b_n}$ 时等号成立.

习 题

1. 设 $\boldsymbol{A}\in F^{2\times2}$. 证明：$\boldsymbol{A}^2-\mathrm{tr}(\boldsymbol{A})\boldsymbol{A}+(\det\boldsymbol{A})\boldsymbol{I}_{(2)}=\boldsymbol{0}$.

2. 证明：不存在 $\boldsymbol{A},\boldsymbol{B}\in F^{n\times n}$，使得 $\boldsymbol{AB}-\boldsymbol{BA}=\boldsymbol{I}_{(n)}$.

3. 利用等式

$$\begin{vmatrix}a_{11}&a_{12}&\cdots&a_{1n}&0&0&\cdots&0\\a_{21}&a_{22}&\cdots&a_{2n}&0&0&\cdots&0\\&&&\cdots\cdots&&&&\\a_{n1}&a_{n2}&\cdots&a_{nn}&0&0&\cdots&0\\-1&0&\cdots&0&b_{11}&b_{12}&\cdots&b_{1n}\\0&-1&\cdots&0&b_{21}&b_{22}&\cdots&b_{2n}\\&&&\cdots\cdots&&&&\\0&0&\cdots&-1&b_{n1}&b_{n2}&\cdots&b_{nn}\end{vmatrix}$$

$$=\begin{vmatrix}a_{11}&a_{12}&\cdots&a_{1n}\\a_{21}&a_{22}&\cdots&a_{2n}\\&\cdots\cdots&&\\a_{n1}&a_{n2}&\cdots&a_{nn}\end{vmatrix}\begin{vmatrix}b_{11}&b_{12}&\cdots&b_{1n}\\b_{21}&b_{22}&\cdots&b_{2n}\\&\cdots\cdots&&\\b_{n1}&b_{n2}&\cdots&b_{nn}\end{vmatrix},$$

证明定理 1.

4. 计算下列行列式：

(1) $$\begin{vmatrix}s_0&s_1&s_2&\cdots&s_{n-1}&1\\s_1&s_2&s_3&\cdots&s_n&x\\&&\cdots\cdots&&&\\s_{n-1}&s_n&s_{n+1}&\cdots&s_{2n-2}&x^{n-1}\\s_n&s_{n+1}&s_{n+2}&\cdots&s_{2n-1}&x^n\end{vmatrix},$$

其中等幂和 $s_k=x_1^k+x_2^k+\cdots+x_n^k$，$k=1,2,\cdots$；

(2) 记 $\varphi_i(x)=a_{0i}+a_{1i}x+\cdots+a_{n-1,i}x^{n-1}$，且

$$D=\begin{vmatrix}a_{00}&a_{01}&a_{02}&\cdots&a_{0,n-1}\\a_{10}&a_{11}&a_{12}&\cdots&a_{1,n-1}\\&&\cdots\cdots&&\\a_{n-1,0}&a_{n-1,1}&a_{n-1,2}&\cdots&a_{n-1,n-1}\end{vmatrix},$$

求

$$\begin{vmatrix} \varphi_0(x_1) & \varphi_0(x_2) & \cdots & \varphi_0(x_n) \\ \varphi_1(x_1) & \varphi_1(x_2) & \cdots & \varphi_1(x_n) \\ & \cdots\cdots\cdots\cdots & & \\ \varphi_{n-1}(x_1) & \varphi_{n-1}(x_2) & \cdots & \varphi_{n-1}(x_n) \end{vmatrix};$$

(3) $\begin{vmatrix} 1^2 & 2^2 & 3^2 & \cdots & n^2 \\ n^2 & 1^2 & 2^2 & \cdots & (n-1)^2 \\ & \cdots\cdots\cdots\cdots & & & \\ 2^2 & 3^2 & 4^2 & \cdots & 1^2 \end{vmatrix}$;

(4) $\begin{vmatrix} a_1 & a_2 & a_3 & \cdots & a_n \\ -a_n & a_1 & a_2 & \cdots & a_{n-1} \\ -a_{n-1} & -a_n & a_1 & \cdots & a_{n-2} \\ & \cdots\cdots\cdots\cdots & & & \\ -a_2 & -a_3 & -a_4 & \cdots & a_1 \end{vmatrix}$.

5. 利用矩阵乘法,直接求出下列行列式 det $\boldsymbol{AB}$,并用 Binet-Cauchy 公式加以验证:

(1) $\boldsymbol{A}=\begin{pmatrix} 2 & 1 & 1 \\ 3 & 0 & 1 \end{pmatrix}$, $\boldsymbol{B}=\begin{pmatrix} 3 & 1 \\ 2 & 1 \\ 1 & 0 \end{pmatrix}$;

(2) $\boldsymbol{A}=\begin{pmatrix} 3 & 4 \\ 2 & 1 \\ 1 & 1 \\ 2 & 3 \end{pmatrix}$, $\boldsymbol{B}=\begin{pmatrix} 1 & 5 & 2 & 1 \\ 2 & 1 & 3 & 4 \end{pmatrix}$.

6. 求矩阵 $\boldsymbol{AB}=\boldsymbol{C}$ 的子式 $\boldsymbol{C}\begin{pmatrix} 1 & 2 & 3 \\ 4 & 5 & 6 \end{pmatrix}$,其中 $\boldsymbol{A}$ 为主对角元素全为 0 而其他元素为 1 的 6 阶方阵,而

$$\boldsymbol{B}=\begin{pmatrix} 1 & 3 & 5 & 7 & 9 & 1 \\ 2 & 4 & 6 & 8 & 10 & 1 \\ 0 & 1 & 1 & 1 & 1 & 2 \\ 1 & 0 & 1 & 1 & 1 & 2 \\ 1 & 1 & 0 & 1 & 1 & 2 \\ 1 & 1 & 1 & 0 & 1 & 2 \end{pmatrix}.$$

7. 适合 $\boldsymbol{A}\boldsymbol{A}^{\mathrm{T}}=\boldsymbol{I}_{(n)}=\boldsymbol{A}^{\mathrm{T}}\boldsymbol{A}$ 的 n 阶实方阵 $\boldsymbol{A}$ 称为**正交的**.证明:

(1) 正交方阵的行列式等于 ± 1;

(2) 位于正交方阵的 k 个行上的所有 k 阶子式的平方和等于 1, $k=1,2,\cdots,n$.

8. 适合 $\boldsymbol{A}\bar{\boldsymbol{A}}^{\mathrm{T}}=\boldsymbol{I}_{(n)}=\bar{\boldsymbol{A}}^{\mathrm{T}}\boldsymbol{A}$ 的 n 阶复方阵 $\boldsymbol{A}$ 称为**酉方阵**.证明:

(1) 酉方阵的行列式的模为1；

(2) 位于酉方阵的 k 个行上的所有 k 阶子式的模的平方和为1.

9. 当 $j_1=i_1, j_2=i_2, \cdots, j_k=i_k$ 时，矩阵 $\boldsymbol{A}$ 的子式 $\boldsymbol{A}\begin{pmatrix} i_1 i_2 \cdots i_k \\ j_1 j_2 \cdots j_k \end{pmatrix}$ 称为矩阵 $\boldsymbol{A}$ 的一个 k 阶主子式，$1 \leqslant i_1 < i_2 < \cdots < i_k \leqslant n$. 设 $\boldsymbol{A} \in \mathbf{C}^{m \times n}$. 证明：矩阵 $\boldsymbol{A}\bar{\boldsymbol{A}}^{\mathrm{T}}$ 的每一个主子式都是非负实数.

10. 设 $\boldsymbol{A}, \boldsymbol{B} \in F^{n \times n}$. 证明：方阵 $\boldsymbol{AB}$ 和 $\boldsymbol{BA}$ 的所有 k 阶主子式之和相等. 由此证明：

$$\det(\lambda \boldsymbol{I}_{(n)} - \boldsymbol{AB}) = \det(\lambda \boldsymbol{I}_{(n)} - \boldsymbol{BA}).$$

11. 设 $\boldsymbol{A} = (\boldsymbol{B}, \mathbf{C}) \in \mathbf{C}^{n \times n}$，其中 $\boldsymbol{B}$ 是矩阵 $\boldsymbol{A}$ 的前 k 列构成的子矩阵. 证明：

$$|\det \boldsymbol{A}|^2 \leqslant \det(\bar{\boldsymbol{B}}^{\mathrm{T}} \boldsymbol{B}) \det(\bar{\mathbf{C}}^{\mathrm{T}} \mathbf{C}).$$

3.3 可逆矩阵

在通常数的乘法中，对非零的数 a，总存在数 b，使得 $ab=ba=1$，数 b 即是数 a 的倒数，记为 a^{-1}. 利用倒数概念，数的除法就可以归结为数的乘法，即 $a \div b = ab^{-1}$，其中 $b \neq 0$. 在考察 n 阶方阵中是否可以引进除法时，自然应当把倒数概念推广.

定义 给定矩阵 $\boldsymbol{A}$，如果存在矩阵 $\boldsymbol{B}$，使得 $\boldsymbol{AB}=\boldsymbol{BA}=\boldsymbol{I}$，其中 $\boldsymbol{I}$ 是单位方阵，则矩阵 $\boldsymbol{A}$ 称为可逆的，而矩阵 $\boldsymbol{B}$ 称为矩阵 $\boldsymbol{A}$ 的逆矩阵，记为 $\boldsymbol{A}^{-1}$.

由定义容易看出，可逆矩阵一定是方阵. 长方矩阵一定不可逆. 但是，并不是所有方阵都可逆.

定理 n 阶方阵 $\boldsymbol{A} \in F^{n \times n}$ 可逆的充分必要条件是它的行列式不为零.

证明 必要性 设 n 阶方阵 $\boldsymbol{A}$ 可逆，则存在 n 阶方阵 $\boldsymbol{B}$，使得 $\boldsymbol{AB}=\boldsymbol{BA}=\boldsymbol{I}_{(n)}$. 两端取行列式，得到 $\det \boldsymbol{A} \det \boldsymbol{B} = 1$. 因此，$\det \boldsymbol{A} \neq 0$.

充分性 设 $\boldsymbol{A}=(a_{ij})$，且 $\det \boldsymbol{A} \neq 0$. 记行列式 $\det \boldsymbol{A}$ 的元素 a_{ij} 的代数余子式为 $\boldsymbol{A}_{ij}$，$1 \leqslant i, j \leqslant n$. 取 n 阶方阵 $\boldsymbol{A}^*$ 为

$$\boldsymbol{A}^* = \begin{pmatrix} A_{11} & A_{21} & \cdots & A_{n1} \\ A_{12} & A_{22} & \cdots & A_{n2} \\ \cdots & \cdots & \cdots & \cdots \\ A_{1n} & A_{2n} & \cdots & A_{nn} \end{pmatrix}.$$

由第 2 章 3.2 节定理 2，$\sum_{j=1}^{n} a_{ij}A_{kj} = \delta_{ik}\det \boldsymbol{A}, 1 \leqslant i,k \leqslant n$. 因此，$\boldsymbol{A}\boldsymbol{A}^* = \mathrm{diag}\,\underbrace{(\det \boldsymbol{A}, \det \boldsymbol{A}, \cdots, \det \boldsymbol{A})}_{n\text{个}} = (\det \boldsymbol{A})\boldsymbol{I}_{(n)}$. 因为 $\det \boldsymbol{A} \neq 0$，所以

$$\boldsymbol{A}\left(\frac{1}{\det \boldsymbol{A}}\boldsymbol{A}^*\right) = \boldsymbol{I}_{(n)}.$$

同理可证，$\left(\frac{1}{\det \boldsymbol{A}}\boldsymbol{A}^*\right)\boldsymbol{A} = \boldsymbol{I}_{(n)}$. 根据可逆方阵的定义，矩阵 $\boldsymbol{A}$ 可逆，并且 $\boldsymbol{A}^{-1} = \frac{1}{\det \boldsymbol{A}}\boldsymbol{A}^*$. 定理证毕.

定理的证明中出现的 n 阶方阵 $\boldsymbol{A}^*$ 称为方阵 $\boldsymbol{A}$ 的附属方阵(adjoint matrix). 容易证明，对任意 n 阶方阵 $\boldsymbol{A}$ 和 $\boldsymbol{B}$，均有 $(\boldsymbol{A}\boldsymbol{B})^* = \boldsymbol{B}^*\boldsymbol{A}^*$. 由附属方阵 $\boldsymbol{A}^*$ 的定义不难看出，如果 $\boldsymbol{A} \in F^{n\times n}$，则 $\boldsymbol{A}^* \in F^{n\times n}$，从而 $\boldsymbol{A}^{-1} \in F^{n\times n}$. 另外，在一些教科书中，行列式不为零的方阵称为非异方阵，或非退化方阵，否则称为奇异方阵，或退化方阵. 因此，定理也可叙述为：方阵 $\boldsymbol{A}$ 可逆的充分必要条件是 $\boldsymbol{A}$ 非异，或非退化.

自然应考虑的问题是，可逆方阵是否唯一？设 $\boldsymbol{B}$ 和 $\boldsymbol{C}$ 是可逆方阵 $\boldsymbol{A}$ 的逆方阵，则 $\boldsymbol{AB} = \boldsymbol{BA} = \boldsymbol{I}, \boldsymbol{AC} = \boldsymbol{CA} = \boldsymbol{I}$. 因此

$$\boldsymbol{C} = \boldsymbol{CI} = \boldsymbol{C}(\boldsymbol{AB}) = (\boldsymbol{CA})\boldsymbol{B} = \boldsymbol{IB} = \boldsymbol{B}.$$

这表明，可逆方阵 $\boldsymbol{A}$ 的逆矩阵是唯一的.

关于逆矩阵，以下性质成立：

1. 设 n 阶方阵 $\boldsymbol{A}$ 可逆，则它的逆矩阵 $\boldsymbol{A}^{-1}$ 也可逆，并且 $(\boldsymbol{A}^{-1})^{-1} = \boldsymbol{A}$；

2. 穿脱原理：设 n 阶方阵 $\boldsymbol{A}, \boldsymbol{B}$ 可逆，则它们的乘积 $\boldsymbol{AB}$ 也可逆，并且 $(\boldsymbol{AB})^{-1} = \boldsymbol{B}^{-1}\boldsymbol{A}^{-1}$.

利用归纳法容易证明，设 n 阶方阵 $\boldsymbol{A}_1, \boldsymbol{A}_2, \cdots, \boldsymbol{A}_k$ 可逆，则它们的乘积 $\boldsymbol{A}_1\boldsymbol{A}_2\cdots\boldsymbol{A}_k$ 也可逆，并且 $(\boldsymbol{A}_1\boldsymbol{A}_2\cdots\boldsymbol{A}_k)^{-1} = \boldsymbol{A}_k^{-1}\boldsymbol{A}_{k-1}^{-1}\cdots\boldsymbol{A}_2^{-1}\boldsymbol{A}_1^{-1}$；

3. 设 $\lambda \in F, \lambda \neq 0$，则 $(\lambda\boldsymbol{A})^{-1} = \lambda^{-1}\boldsymbol{A}^{-1}$；

4. $(\boldsymbol{A}^{\mathrm{T}})^{-1} = (\boldsymbol{A}^{-1})^{\mathrm{T}}$；

5. $\det \boldsymbol{A}^{-1} = (\det \boldsymbol{A})^{-1}$；

6. 设 m 阶方阵 $\boldsymbol{A}$ 和 n 阶方阵 $\boldsymbol{B}$ 可逆，则 $m+n$ 阶方阵 $\mathrm{diag}(\boldsymbol{A}, \boldsymbol{B})$ 也可逆，并且 $(\mathrm{diag}(\boldsymbol{A}, \boldsymbol{B}))^{-1} = \mathrm{diag}(\boldsymbol{A}^{-1}, \boldsymbol{B}^{-1})$.

给定可逆方阵 $\boldsymbol{A}$，如何求它的逆矩阵 $\boldsymbol{A}^{-1}$？当然可以先求出方阵 $\boldsymbol{A}$ 的附属方阵 $\boldsymbol{A}^*$，然后求出逆矩阵 $\boldsymbol{A}^{-1} = \frac{1}{\det \boldsymbol{A}}\boldsymbol{A}^*$. 不过这种方法很麻烦，因为在求 $\boldsymbol{A}^*$ 时必须计算 n^2 个 $n-1$ 阶行列式，又必须计算 n 阶行列式 $\det \boldsymbol{A}$，当 n 很大时，计算量

相当大.所以通常不采用这种方法.下面的例1给出利用解线性方程组来求逆矩阵的方法.

例1 求 n 阶方阵

$$A=\begin{pmatrix} 0 & a_1 & 0 & \cdots & 0 \\ 0 & 0 & a_2 & \cdots & 0 \\ & & \cdots\cdots\cdots & & \\ 0 & 0 & 0 & \cdots & a_{n-1} \\ a_n & 0 & 0 & \cdots & 0 \end{pmatrix}$$

的逆矩阵,其中数 $a_1,a_2,\cdots,a_n$ 全不为零.

解 设 $A^{-1}=X=(x_{ij})$,则由 $AX=I_{(n)}$ 得到

$$\begin{pmatrix} a_1x_{21} & a_1x_{22} & \cdots & a_1x_{2n} \\ a_2x_{31} & a_2x_{32} & \cdots & a_2x_{3n} \\ & \cdots\cdots\cdots & & \\ a_{n-1}x_{n1} & a_{n-1}x_{n2} & \cdots & a_{n-1}x_{nn} \\ a_nx_{11} & a_nx_{12} & \cdots & a_nx_{1n} \end{pmatrix}=\begin{pmatrix} 1 & 0 & 0 & \cdots & 0 \\ 0 & 1 & 0 & \cdots & 0 \\ 0 & 0 & 1 & \cdots & 0 \\ & & \cdots\cdots\cdots & & \\ 0 & 0 & 0 & \cdots & 1 \end{pmatrix}.$$

由此得到 $x_{21}=\dfrac{1}{a_1},x_{32}=\dfrac{1}{a_2},\cdots,x_{n,n-1}=\dfrac{1}{a_{n-1}},x_{1n}=\dfrac{1}{a_n}$,而其他的 $x_{ij}=0$.因此

$$A^{-1}=X=\begin{pmatrix} 0 & 0 & 0 & \cdots & 0 & \dfrac{1}{a_n} \\ \dfrac{1}{a_1} & 0 & 0 & \cdots & 0 & 0 \\ 0 & \dfrac{1}{a_2} & 0 & \cdots & 0 & 0 \\ & & \cdots\cdots\cdots & & & \\ 0 & 0 & 0 & \cdots & \dfrac{1}{a_{n-1}} & 0 \end{pmatrix}.$$

求逆矩阵的方法还有很多,以后遇到时再随时介绍.

利用逆矩阵,可以将关于线性方程组的 Cramer 法则简洁清晰地表述出来.设给定 n 个未知量 $x_1,x_2,\cdots,x_n$ 线性方程组:

$$\begin{cases} a_{11}x_1+a_{12}x_2+\cdots+a_{1n}x_n=b_1, \\ a_{21}x_1+a_{22}x_2+\cdots+a_{2n}x_n=b_2, \\ \cdots\cdots\cdots \\ a_{n1}x_1+a_{n2}x_2+\cdots+a_{nn}x_n=b_n. \end{cases} \tag{3.3.1}$$

它的系数矩阵为

$$A = \begin{pmatrix} a_{11} & a_{12} & \cdots & a_{1n} \\ a_{21} & a_{22} & \cdots & a_{2n} \\ \cdots & \cdots & \cdots & \cdots \\ a_{n1} & a_{n2} & \cdots & a_{nn} \end{pmatrix}.$$

并且 $\det A \neq 0$. 记

$$x = \begin{pmatrix} x_1 \\ x_2 \\ \vdots \\ x_n \end{pmatrix}, \quad \beta = \begin{pmatrix} b_1 \\ b_2 \\ \vdots \\ b_n \end{pmatrix}.$$

于是利用矩阵乘法,方程组(3.3.1)可以记为

$$Ax = \beta. \tag{3.3.2}$$

现在证明 Cramer 法则. 先证明方程组(3.3.2)的解存在. 事实上,因为 $\det A \neq 0$,所以 A^{-1}存在. 取 $x = A^{-1}\beta$,代入式(3.3.2),得到 $A(A^{-1}\beta) = (AA^{-1})\beta = I_{(n)}\beta = \beta$. 因此,$x = A^{-1}\beta$ 是方程组(3.3.2)的解. 再证明方程组(3.3.2)的解的唯一性. 事实上,设另有解 $x^{(0)}$,代入式(3.3.2),则 $Ax^{(0)} = \beta$. 两端同乘 A^{-1},得到,$A^{-1}(Ax^{(0)}) = A^{-1}\beta$,即$(A^{-1}A)x^{(0)} = A^{-1}\beta$,因此,$I_{(n)}x^{(0)} = x^{(0)} = A^{-1}\beta$. 这就证明,方程组(3.3.2)的解是唯一的.

由于

$$x = A^{-1}\beta = \left(\frac{1}{\det A}A^*\right)\beta = \frac{1}{\det A}\begin{pmatrix} A_{11} & A_{21} & \cdots & A_{n1} \\ A_{12} & A_{22} & \cdots & A_{n2} \\ \cdots & \cdots & \cdots & \cdots \\ A_{1n} & A_{2n} & \cdots & A_{nn} \end{pmatrix}\begin{pmatrix} b_1 \\ b_2 \\ \vdots \\ b_n \end{pmatrix}$$

$$= \begin{pmatrix} \dfrac{1}{\det A}\sum_{j=1}^{n} b_j A_{j1} \\ \dfrac{1}{\det A}\sum_{j=1}^{n} b_j A_{j2} \\ \vdots \\ \dfrac{1}{\det A}\sum_{j=1}^{n} b_j A_{jn} \end{pmatrix},$$

即 $x_k = \dfrac{1}{\det A}\sum_{j=1}^{n} b_j A_{jk}$, $k = 1, 2, \cdots, n$. 注意

$$\sum_{j=1}^{n} b_j \boldsymbol{A}_{jk} = \begin{vmatrix} a_{11} & a_{12} & \cdots & a_{1,k-1} & b_1 & a_{1,k+1} & \cdots & a_{1n} \\ a_{21} & a_{22} & \cdots & a_{2,k-1} & b_2 & a_{2,k+1} & \cdots & a_{2n} \\ & & & \cdots\cdots & \cdots\cdots & & & \\ a_{n1} & a_{n2} & \cdots & a_{n,k-1} & b_n & a_{n,k+1} & \cdots & a_{nn} \end{vmatrix} = \Delta_k,$$

因此，$x_k = \dfrac{\Delta_k}{\Delta}$，$k = 1,2,\cdots,n$. 这样就重新给出 Cramer 法则的矩阵证明.

有了逆矩阵概念，矩阵分块运算就成为矩阵论中一种重要的技巧，即矩阵打洞. 所谓矩阵打洞是指，把矩阵分块，然后经过适当地变换，使所得到的矩阵在某些指定的块为零子矩阵，矩阵打洞所根据的主要是以下的 Schur 公式.

Schur 公式 设 $\boldsymbol{A} \in F^{r\times r}$，$\boldsymbol{B} \in F^{r\times(n-r)}$，$\boldsymbol{C} \in F^{(n-r)\times r}$，而 $\boldsymbol{D} \in F^{(n-r)\times(n-r)}$，并且方阵 $\boldsymbol{A}$ 可逆. 则

1. $\begin{bmatrix} \boldsymbol{I}_{(r)} & \boldsymbol{0} \\ -\boldsymbol{C}\boldsymbol{A}^{-1} & \boldsymbol{I}_{(n-r)} \end{bmatrix} \begin{pmatrix} \boldsymbol{A} & \boldsymbol{B} \\ \boldsymbol{C} & \boldsymbol{D} \end{pmatrix} = \begin{pmatrix} \boldsymbol{A} & \boldsymbol{B} \\ \boldsymbol{0} & \boldsymbol{D} - \boldsymbol{C}\boldsymbol{A}^{-1}\boldsymbol{B} \end{pmatrix}$；

2. $\begin{pmatrix} \boldsymbol{A} & \boldsymbol{B} \\ \boldsymbol{C} & \boldsymbol{D} \end{pmatrix} \begin{bmatrix} \boldsymbol{I}_{(r)} & -\boldsymbol{A}^{-1}\boldsymbol{B} \\ \boldsymbol{0} & \boldsymbol{I}_{(n-r)} \end{bmatrix} = \begin{pmatrix} \boldsymbol{A} & \boldsymbol{0} \\ \boldsymbol{C} & \boldsymbol{D} - \boldsymbol{C}\boldsymbol{A}^{-1}\boldsymbol{B} \end{pmatrix}$；

3. $\begin{bmatrix} \boldsymbol{I}_{(r)} & \boldsymbol{0} \\ -\boldsymbol{C}\boldsymbol{A}^{-1} & \boldsymbol{I}_{(n-r)} \end{bmatrix} \begin{pmatrix} \boldsymbol{A} & \boldsymbol{B} \\ \boldsymbol{C} & \boldsymbol{D} \end{pmatrix} \begin{bmatrix} \boldsymbol{I}_{(r)} & -\boldsymbol{A}^{-1}\boldsymbol{B} \\ \boldsymbol{0} & \boldsymbol{I}_{(n-r)} \end{bmatrix} = \begin{pmatrix} \boldsymbol{A} & \boldsymbol{0} \\ \boldsymbol{0} & \boldsymbol{D} - \boldsymbol{C}\boldsymbol{A}^{-1}\boldsymbol{B} \end{pmatrix}$.

Schur 公式的正确性是不难验证的（留给读者作练习）. 至于 Schur 公式的由来，则可溯源于矩阵的初等变换. 这点将在以后加以说明. 下面举例说明 Schur 公式的一些应用.

例 2 设 $\boldsymbol{A},\boldsymbol{B},\boldsymbol{C}$ 和 $\boldsymbol{D} \in F^{n\times n}$，并且 $\boldsymbol{AC} = \boldsymbol{CA}$. 证明：

$$\det\begin{pmatrix} \boldsymbol{A} & \boldsymbol{B} \\ \boldsymbol{C} & \boldsymbol{D} \end{pmatrix} = \det(\boldsymbol{AD} - \boldsymbol{CB}).$$

证明 将 $\boldsymbol{A}$ 看作是 n^2 个不定元排成的矩阵，因此 $\det \boldsymbol{A} \neq 0$. 此时，对 Schur 公式

$$\begin{bmatrix} \boldsymbol{I}_{(n)} & \boldsymbol{0} \\ -\boldsymbol{C}\boldsymbol{A}^{-1} & \boldsymbol{I}_{(n)} \end{bmatrix} \begin{pmatrix} \boldsymbol{A} & \boldsymbol{B} \\ \boldsymbol{C} & \boldsymbol{D} \end{pmatrix} = \begin{pmatrix} \boldsymbol{A} & \boldsymbol{B} \\ \boldsymbol{0} & \boldsymbol{D} - \boldsymbol{C}\boldsymbol{A}^{-1}\boldsymbol{B} \end{pmatrix}$$

两端取行列式，得到

$$\det\begin{pmatrix} \boldsymbol{A} & \boldsymbol{B} \\ \boldsymbol{C} & \boldsymbol{D} \end{pmatrix} = \det \boldsymbol{A} \det(\boldsymbol{D} - \boldsymbol{C}\boldsymbol{A}^{-1}\boldsymbol{B}) = \det(\boldsymbol{A}(\boldsymbol{D} - \boldsymbol{C}\boldsymbol{A}^{-1}\boldsymbol{B})).$$

由于 $\boldsymbol{AC} = \boldsymbol{CA}$，所以 $\boldsymbol{A}(\boldsymbol{D} - \boldsymbol{C}\boldsymbol{A}^{-1}\boldsymbol{B}) = \boldsymbol{AD} - \boldsymbol{CB}$. 于是，$\det\begin{pmatrix} \boldsymbol{A} & \boldsymbol{B} \\ \boldsymbol{C} & \boldsymbol{D} \end{pmatrix} = \det(\boldsymbol{AD} -$

CB).

例 3 设 $A\in F^{m\times n}$, $B\in F^{n\times m}$. 证明:

$$\det(I_{(m)}-AB)=\det(I_{(n)}-BA).$$

证明 取 $m+n$ 阶方阵 $\begin{pmatrix} I_{(m)} & A \\ B & I_{(n)} \end{pmatrix}$. 由 Schur 公式 1 得到

$$\begin{pmatrix} I_{(m)} & 0 \\ -B & I_{(n)} \end{pmatrix}\begin{pmatrix} I_{(m)} & A \\ B & I_{(n)} \end{pmatrix}=\begin{pmatrix} I_{(m)} & A \\ 0 & I_{(n)}-BA \end{pmatrix}.$$

仿照 Schur 公式 1,

$$\begin{pmatrix} I_{(m)} & -A \\ 0 & I_{(n)} \end{pmatrix}\begin{pmatrix} I_{(m)} & A \\ B & I_{(n)} \end{pmatrix}=\begin{pmatrix} I_{(m)}-AB & 0 \\ B & I_{(n)} \end{pmatrix}.$$

取上述两式的行列式,得到

$$\det\begin{pmatrix} I_{(m)} & A \\ B & I_{(n)} \end{pmatrix}=\det(I_{(n)}-BA)=\det(I_{(m)}-AB).$$

于是例 3 得证.

顺便指出,例 3 给出一种计算行列式的方法. 例如,

$$\begin{vmatrix} 1+x_1y_1 & x_1y_2 & \cdots & x_1y_n \\ x_2y_1 & 1+x_2y_2 & \cdots & x_2y_n \\ \cdots & \cdots & \cdots & \cdots \\ x_ny_1 & x_ny_2 & \cdots & 1+x_ny_n \end{vmatrix}$$

$$=\det\left(I_{(n)}-\begin{pmatrix} x_1 \\ x_2 \\ \vdots \\ x_n \end{pmatrix}(-y_1,-y_2,\cdots,-y_n)\right)$$

$$=\det\left(1-(-y_1,-y_2,\cdots,-y_n)\begin{pmatrix} x_1 \\ x_2 \\ \vdots \\ x_n \end{pmatrix}\right)$$

$$=1+x_1y_1+x_2y_2+\cdots+x_ny_n.$$

例 4 n 阶方阵 A 的 n 个子式 $A\begin{pmatrix} 1 & 2 & \cdots & k \\ 1 & 2 & \cdots & k \end{pmatrix}$, $k=1,2,\cdots,n$ 称为方阵 A 的**顺序主子式**. 设实方阵 $A\in \mathbf{R}^{n\times n}$ 的顺序主子式都是正的,而非对角元都是负的. 证明:逆矩阵 A^{-1}的每个元素都是正的.

证明 对阶数 n 用归纳法. 当 $n=1$ 时,结论显然成立. 设结论对 $n-1$ 阶方阵成立,并设 $\boldsymbol{A}$ 是 n 阶方阵. 把方阵 $\boldsymbol{A}$ 分块为 $\boldsymbol{A}=\begin{pmatrix}\boldsymbol{A}_1 & \boldsymbol{\alpha}\\ \boldsymbol{\beta}^{\mathrm{T}} & a_{nn}\end{pmatrix}$,其中 $\boldsymbol{\alpha},\boldsymbol{\beta}$ 是 $(n-1)\times 1$ 矩阵,$\boldsymbol{A}_1$ 是 $\boldsymbol{A}$ 的 $n-1$ 阶子矩阵. 由假设,$\det \boldsymbol{A}_1=\boldsymbol{A}\begin{pmatrix}1 & 2 & \cdots & n-1\\ 1 & 2 & \cdots & n-1\end{pmatrix}>0$,因此,$\boldsymbol{A}_1$ 可逆. 由 Schur 公式,

$$\begin{pmatrix}\boldsymbol{I}_{(n-1)} & \boldsymbol{0}\\ -\boldsymbol{\beta}^{\mathrm{T}}\boldsymbol{A}_1^{-1} & 1\end{pmatrix}\begin{pmatrix}\boldsymbol{A}_1 & \boldsymbol{\alpha}\\ \boldsymbol{\beta}^{\mathrm{T}} & a_{nn}\end{pmatrix}\begin{pmatrix}\boldsymbol{I}_{(n-1)} & -\boldsymbol{A}_1^{-1}\boldsymbol{\alpha}\\ \boldsymbol{0} & 1\end{pmatrix}=\begin{pmatrix}\boldsymbol{A}_1 & \boldsymbol{0}\\ \boldsymbol{0} & a_{nn}-\boldsymbol{\beta}^{\mathrm{T}}\boldsymbol{A}_1^{-1}\boldsymbol{\alpha}\end{pmatrix}.$$

两端取行列式,得到 $\det \boldsymbol{A}=(a_{nn}-\boldsymbol{\beta}^{\mathrm{T}}\boldsymbol{A}_1^{-1}\boldsymbol{\alpha})\det \boldsymbol{A}_1$. 因为 $\det \boldsymbol{A}_1>0$,$\det \boldsymbol{A}>0$,故 $a_{nn}-\boldsymbol{\beta}^{\mathrm{T}}\boldsymbol{A}_1^{-1}\boldsymbol{\alpha}>0$. 容易验证

$$\begin{pmatrix}\boldsymbol{I}_{(n-1)} & \boldsymbol{0}\\ -\boldsymbol{\beta}^{\mathrm{T}}\boldsymbol{A}_1^{-1} & 1\end{pmatrix}^{-1}=\begin{pmatrix}\boldsymbol{I}_{(n-1)} & \boldsymbol{0}\\ \boldsymbol{\beta}^{\mathrm{T}}\boldsymbol{A}_1^{-1} & 1\end{pmatrix},$$

$$\begin{pmatrix}\boldsymbol{I}_{(n-1)} & -\boldsymbol{A}_1^{-1}\boldsymbol{\alpha}\\ \boldsymbol{0} & 1\end{pmatrix}^{-1}=\begin{pmatrix}\boldsymbol{I}_{(n-1)} & \boldsymbol{A}_1^{-1}\boldsymbol{\alpha}\\ \boldsymbol{0} & 1\end{pmatrix}.$$

因此

$$\begin{pmatrix}\boldsymbol{A}_1 & \boldsymbol{\alpha}\\ \boldsymbol{\beta}^{\mathrm{T}} & a_{nn}\end{pmatrix}=\begin{pmatrix}\boldsymbol{I}_{(n-1)} & \boldsymbol{0}\\ \boldsymbol{\beta}^{\mathrm{T}}\boldsymbol{A}_1^{-1} & 1\end{pmatrix}\begin{pmatrix}\boldsymbol{A}_1 & \boldsymbol{0}\\ \boldsymbol{0} & a_{nn}-\boldsymbol{\beta}^{\mathrm{T}}\boldsymbol{A}_1^{-1}\boldsymbol{\alpha}\end{pmatrix}\begin{pmatrix}\boldsymbol{I}_{(n-1)} & \boldsymbol{A}_1^{-1}\boldsymbol{\alpha}\\ \boldsymbol{0} & 1\end{pmatrix}.$$

于是由穿脱原理,

$$\begin{aligned}\boldsymbol{A}^{-1}&=\begin{pmatrix}\boldsymbol{A}_1 & \boldsymbol{\alpha}\\ \boldsymbol{\beta}^{\mathrm{T}} & a_{nn}\end{pmatrix}^{-1}=\begin{pmatrix}\boldsymbol{I}_{(n-1)} & -\boldsymbol{A}_1^{-1}\boldsymbol{\alpha}\\ \boldsymbol{0} & 1\end{pmatrix}\begin{pmatrix}\boldsymbol{A}_1^{-1} & \boldsymbol{0}\\ \boldsymbol{0} & (a_{nn}-\boldsymbol{\beta}^{\mathrm{T}}\boldsymbol{A}_1^{-1}\boldsymbol{\alpha})^{-1}\end{pmatrix}\begin{pmatrix}\boldsymbol{I}_{(n-1)} & \boldsymbol{0}\\ -\boldsymbol{\beta}^{\mathrm{T}}\boldsymbol{A}_1^{-1} & 1\end{pmatrix}\\ &=\begin{pmatrix}\boldsymbol{A}_1^{-1}+(a_{nn}-\boldsymbol{\beta}^{\mathrm{T}}\boldsymbol{A}_1^{-1}\boldsymbol{\alpha})^{-1}\boldsymbol{A}_1^{-1}\boldsymbol{\alpha}\boldsymbol{\beta}^{\mathrm{T}}\boldsymbol{A}_1^{-1} & -(a_{nn}-\boldsymbol{\beta}^{\mathrm{T}}\boldsymbol{A}_1^{-1}\boldsymbol{\alpha})^{-1}\boldsymbol{A}_1^{-1}\boldsymbol{\alpha}\\ -(a_{nn}-\boldsymbol{\beta}^{\mathrm{T}}\boldsymbol{A}_1^{-1}\boldsymbol{\alpha})^{-1}\boldsymbol{\beta}^{\mathrm{T}}\boldsymbol{A}_1^{-1} & (a_{nn}-\boldsymbol{\beta}^{\mathrm{T}}\boldsymbol{A}_1^{-1}\boldsymbol{\alpha})^{-1}\end{pmatrix}.\end{aligned}$$

由于 $a_{nn}-\boldsymbol{\beta}^{\mathrm{T}}\boldsymbol{A}_1^{-1}\boldsymbol{\alpha}>0$,故方阵 $\boldsymbol{A}^{-1}$ 的 (n,n) 系数是正的. 由归纳假设,$\boldsymbol{A}_1^{-1}$ 的每个元素都是正的,而 $\boldsymbol{\beta}^{\mathrm{T}}$ 的每个元素都是负的,从而 $-(a_{nn}-\boldsymbol{\beta}^{\mathrm{T}}\boldsymbol{A}_1^{-1}\boldsymbol{\alpha}^{-1})^{-1}\boldsymbol{\beta}^{\mathrm{T}}\boldsymbol{A}_1^{-1}$ 的每个元素都是正的. 最后,由于 $\boldsymbol{\alpha},\boldsymbol{\beta}^{\mathrm{T}}$ 的每个元素都是负的,因此 $\boldsymbol{\alpha}\boldsymbol{\beta}^{\mathrm{T}}$ 的每个元素都是正的,又 $\boldsymbol{A}_1^{-1}$ 的每个元素都是正的,所以 $\boldsymbol{A}_1^{-1}+(a_{nn}-\boldsymbol{\beta}^{\mathrm{T}}\boldsymbol{A}_1^{-1}\boldsymbol{\alpha})^{-1}\cdot\boldsymbol{A}_1^{-1}\boldsymbol{\alpha}\boldsymbol{\beta}^{\mathrm{T}}\boldsymbol{A}_1^{-1}$ 的每个元素都是正的. 例 4 证毕.

习　题

1. 求下列方阵的逆矩阵:

(1) $\begin{pmatrix}1 & 1 & 1 & 1\\ 1 & 1 & -1 & -1\\ 1 & -1 & 1 & -1\\ 1 & -1 & -1 & 1\end{pmatrix}$;　　(2) $\begin{pmatrix}1 & 1 & \cdots & 1\\ 0 & 1 & \cdots & 1\\ \cdots & \cdots & \cdots & \cdots\\ 0 & 0 & \cdots & 1\end{pmatrix}$;

(3) $\begin{pmatrix} 1 & 1 & 1 & \cdots & 1 \\ 1 & \omega & \omega^2 & \cdots & \omega^{n-1} \\ 1 & \omega^2 & \omega^4 & \cdots & \omega^{2(n-1)} \\ & & \cdots\cdots\cdots\cdots & & \\ 1 & \omega^{n-1} & \omega^{2(n-1)} & \cdots & \omega^{(n-1)^2} \end{pmatrix}$,

其中 $\omega=\cos\frac{2\pi}{n}+\mathrm{i}\sin\frac{2\pi}{n}, \mathrm{i}^2=-1$;

(4) $\begin{pmatrix} 2 & -1 & 0 & \cdots & 0 & 0 & 0 \\ -1 & 2 & -1 & \cdots & 0 & 0 & 0 \\ 0 & -1 & 2 & \cdots & 0 & 0 & 0 \\ & & \cdots\cdots\cdots\cdots & & & & \\ 0 & 0 & 0 & \cdots & -1 & 2 & -1 \\ 0 & 0 & 0 & \cdots & 0 & -1 & 2 \end{pmatrix}_{n\times n}$.

2. 设 $\boldsymbol{A}$ 是 n 阶幂零方阵. 证明:方阵 $\boldsymbol{I}_{(n)}-\boldsymbol{A}$ 可逆. 并且如果 $\boldsymbol{A}$ 的幂零指数为 k,则 $(\boldsymbol{I}_{(n)}-\boldsymbol{A})^{-1}=\boldsymbol{I}_{(n)}+\boldsymbol{A}+\cdots+\boldsymbol{A}^{k-1}$.

3. 证明:设 n 阶方阵 $\boldsymbol{A}$ 不可逆,则存在 n 阶非零的方阵 $\boldsymbol{B}$,使得 $\boldsymbol{AB}=\boldsymbol{0}$.

4. 证明:当且仅当对角元素全不为零时,上三角方阵可逆,并且它的逆仍是上三角的.

5. 证明:

(1) 正交方阵一定可逆,并且它的逆仍是正交方阵;

(2) 酉方阵一定可逆,并且它的逆仍是酉方阵;

(3) 可逆对称方阵的逆仍是对称方阵;

(4) 可逆斜对称方阵的逆仍是斜对称方阵.

6. 设 $\boldsymbol{A}\in F^{m\times n}, \boldsymbol{B}\in F^{n\times m}$,并且 $\boldsymbol{I}_{(m)}-\boldsymbol{AB}$ 可逆. 证明:$\boldsymbol{I}_{(n)}-\boldsymbol{BA}$ 也可逆,并且 $(\boldsymbol{I}_{(n)}-\boldsymbol{BA})^{-1}=\boldsymbol{I}_{(n)}+\boldsymbol{B}(\boldsymbol{I}_{(m)}-\boldsymbol{AB})^{-1}\boldsymbol{A}$.

7. 设 n 阶方阵 $\boldsymbol{A}$ 适合 $a_0\boldsymbol{A}^m+a_1\boldsymbol{A}^{m-1}+\cdots+a_{m-1}\boldsymbol{A}+a_m\boldsymbol{I}_{(n)}=0$,其中 $m\geqslant 1, a_0a_m\neq 0$. 证明:方阵 $\boldsymbol{A}$ 可逆,并求 $\boldsymbol{A}^{-1}$.

8. 系数都是整数的矩阵称为**整系数矩阵**. 行列式等于 ± 1 的整系数矩阵称为**幺模矩阵**. 证明:整系数矩阵 $\boldsymbol{A}$ 的逆矩阵仍是整系数矩阵的充分必要条件是 $\boldsymbol{A}$ 为幺模矩阵.

9. 设 $\boldsymbol{A}^*$ 表示 n 阶方阵 $\boldsymbol{A}$ 的附属方阵. 证明:

(1) $(\lambda\boldsymbol{A})^*=\lambda^{n-1}\boldsymbol{A}^*$,其中 λ 是数;

(2) $(\boldsymbol{AB})^*=\boldsymbol{B}^*\boldsymbol{A}^*$,其中 $\boldsymbol{B}$ 是 n 阶方阵.

10. 设 $\boldsymbol{A}_{ij}$ 是 n 阶方阵 $\boldsymbol{A}=(a_{ij})$ 的行列式 $\det\boldsymbol{A}$ 的元素 a_{ij} 的代数余子式. 证明:

$$\begin{vmatrix} \boldsymbol{A}_{ik} & \boldsymbol{A}_{jk} \\ \boldsymbol{A}_{il} & \boldsymbol{A}_{jl} \end{vmatrix}=(-1)^{i+j+k+l}\boldsymbol{A}\begin{pmatrix} 1 & 2 & \cdots & (i-1) & (i+1) & \cdots & (j-1) & (j+1) & \cdots & n \\ 1 & 2 & \cdots & (k-1) & (k+1) & \cdots & (l-1) & (l+1) & \cdots & n \end{pmatrix}\det\boldsymbol{A},$$

其中 $1\leqslant i<j\leqslant n, 1\leqslant k<l\leqslant n$.

11. 设 $\boldsymbol{A}\in F^{m\times n}$，$\boldsymbol{B}\in F^{n\times m}$，$\lambda$ 是未定元．证明：

$$\lambda^n\det(\lambda\boldsymbol{I}_{(m)}-\boldsymbol{AB})=\lambda^m\det(\lambda\boldsymbol{I}_{(n)}-\boldsymbol{BA}).$$

12. 设 $\boldsymbol{A},\boldsymbol{B}\in C^{n\times n}$，而复数 i 适合 $\mathrm{i}^2=-1$．证明：

$$\det\begin{pmatrix}\boldsymbol{A} & -\boldsymbol{B}\\ \boldsymbol{B} & \boldsymbol{A}\end{pmatrix}=\det(\boldsymbol{A}+\mathrm{i}\boldsymbol{B})\det(\boldsymbol{A}-\mathrm{i}\boldsymbol{B}).$$

13. 求 n 阶阵 $\boldsymbol{A}=(a_{ij})$ 的行列式，其中 $a_{ii}=x+a_i$，$i=1,2,\cdots,n$，而 $a_{ij}=a_j$，$1\leqslant i\neq j\leqslant n$．

14. 设 $\boldsymbol{A}\in\mathbf{R}^{2n\times 2n}$，且 $\boldsymbol{A}\begin{pmatrix}\boldsymbol{0} & \boldsymbol{I}_{(n)}\\ -\boldsymbol{I}_{(n)} & \boldsymbol{0}\end{pmatrix}\boldsymbol{A}^{\mathrm{T}}=\begin{pmatrix}\boldsymbol{0} & \boldsymbol{I}_{(n)}\\ -\boldsymbol{I}_{(n)} & \boldsymbol{0}\end{pmatrix}$．证明：$\det\boldsymbol{A}=1$．

3.4　矩阵的秩与相抵

矩阵的秩是一个基本概念，它在线性空间理论和矩阵论中占有基本的重要性．它具有多种形式的等价定义．下面的定义是 Sylvester 于 1851 年给出的．

定义 1　$m\times n$ 矩阵 $\boldsymbol{A}$ 的所有非零子式的最高阶数称为**矩阵 $\boldsymbol{A}$ 的秩**，记为 rank $\boldsymbol{A}$．

由定义可以看出，对任意 $m\times n$ 矩阵 $\boldsymbol{A}$，rank $\boldsymbol{A}\leqslant\min\{m,n\}$；rank $\boldsymbol{A}=$ rank $\boldsymbol{A}^{\mathrm{T}}$；rank $\boldsymbol{A}=0$ 的充分必要条件是 $\boldsymbol{A}$ 为零矩阵；如果 $\boldsymbol{A}$ 具有非零的 r 阶子式，则 rank $\boldsymbol{A}\geqslant r$；如果 $\boldsymbol{A}$ 的每一个 l 阶子式全为零，则由 Laplace 展开定理，$\boldsymbol{A}$ 的所有 t 阶子式全为零，这里 $t>l$，从而 rank $\boldsymbol{A}\leqslant l-1$．因此，如果 $\boldsymbol{A}$ 具有非零的 r 阶子式，并且所有 $r+1$ 阶子式全为零，则 rank $\boldsymbol{A}=r$．这为求矩阵的秩提供一种方法．例如，设

$$\boldsymbol{A}=\begin{pmatrix}-1 & 0 & 2 & 1\\ 0 & 1 & 1 & -1\\ 2 & 0 & -4 & -2\end{pmatrix},$$

它的二阶子式

$$\boldsymbol{A}\begin{pmatrix}1 & 2\\ 1 & 2\end{pmatrix}=\begin{vmatrix}-1 & 0\\ 0 & 1\end{vmatrix}\neq 0,$$

而它的所有三阶子式都为零，因此 rank $\boldsymbol{A}=2$．

对于 n 阶方阵，它的秩至多为 n．秩为 n 的 n 阶方阵称为**满秩**的，否则称为降

秩的. 显然，满秩的 n 阶方阵 $\boldsymbol{A}$ 的行列式不为零，因此，方阵 $\boldsymbol{A}$ 可逆，反之亦然. 因此，“满秩”和“可逆”是等价的概念. 对于 $m\times n$ 矩阵，秩为 m 的 $m\times n$ 矩阵称为行满秩的；秩为 n 的 $m\times n$ 矩阵称为列满秩的.

关于矩阵乘积的秩，有：

定理 1 设 $\boldsymbol{A}\in F^{m\times n}$，$\boldsymbol{B}\in F^{n\times p}$，则

$$\operatorname{rank}\boldsymbol{AB}\leqslant\min\{\operatorname{rank}\boldsymbol{A},\operatorname{rank}\boldsymbol{B}\}.$$

证明 设 $\operatorname{rank}\boldsymbol{A}=r$，$\operatorname{rank}\boldsymbol{B}=s$，$\boldsymbol{AB}=\boldsymbol{C}$. 当 $r\geqslant l=\min\{m,p\}$ 时，由定义可知 $\operatorname{rank}\boldsymbol{C}\leqslant l\leqslant r$. 下设 $r<l$. 任取 $\boldsymbol{C}$ 的 $r+1$ 阶子式 $\boldsymbol{C}\begin{pmatrix} i_1\, i_2\cdots i_{r+1}\\ j_1\, j_2\cdots j_{r+1}\end{pmatrix}$，$1\leqslant i_1<i_2<\cdots<i_{r+1}\leqslant m$，$1\leqslant j_1<j_2<\cdots<j_{r+1}\leqslant p$. 由 Binet-Cauchy 公式，

$$\boldsymbol{C}\begin{pmatrix} i_1 & i_2 & \cdots & i_{r+1}\\ j_1 & j_2 & \cdots & j_{r+1}\end{pmatrix}=\sum_{1\leqslant k_1<k_2<\cdots<k_{r+1}\leqslant n}\boldsymbol{A}\begin{pmatrix} i_1\, i_2\cdots i_{r+1}\\ k_1\, k_2\cdots k_{r+1}\end{pmatrix}\boldsymbol{B}\begin{pmatrix} k_1\, k_2\cdots k_{r+1}\\ j_1\, j_2\cdots j_{r+1}\end{pmatrix}.$$

因为 $\operatorname{rank}\boldsymbol{A}=r$，所以，$\boldsymbol{A}$ 的每一个 $r+1$ 阶子式都为零. 因此，$\boldsymbol{C}\begin{pmatrix} i_1\ i_2\cdots\ i_{r+1}\\ j_1\ j_2\cdots\ j_{r+1}\end{pmatrix}=0$. 这表明，矩阵 $\boldsymbol{C}=\boldsymbol{AB}$ 的所有 $r+1$ 阶子式全为零. 因此，$\operatorname{rank}\boldsymbol{AB}\leqslant r$.

同理可证，$\operatorname{rank}\boldsymbol{AB}\leqslant s$. 定理 1 证毕.

由定理 1 直接得到：

定理 2 设 $\boldsymbol{A}\in F^{m\times n}$，$\boldsymbol{P}\in F^{m\times m}$，$\boldsymbol{Q}\in F^{n\times n}$，并且 $\boldsymbol{P}$ 和 $\boldsymbol{Q}$ 可逆，则

$$\operatorname{rank}\boldsymbol{PAQ}=\operatorname{rank}\boldsymbol{PA}=\operatorname{rank}\boldsymbol{AQ}=\operatorname{rank}\boldsymbol{A}.$$

证明 由定理 1，$\operatorname{rank}\boldsymbol{PA}\leqslant\operatorname{rank}\boldsymbol{A}$. 另一方面，因为 $\boldsymbol{P}$ 可逆，所以 $\boldsymbol{A}=\boldsymbol{P}^{-1}(\boldsymbol{PA})$. 由定理 1，$\operatorname{rank}\boldsymbol{A}\leqslant\operatorname{rank}\boldsymbol{PA}$. 因此，$\operatorname{rank}\boldsymbol{PA}=\operatorname{rank}\boldsymbol{A}$. 同理可证，$\operatorname{rank}\boldsymbol{AQ}=\operatorname{rank}\boldsymbol{A}$. 于是，$\operatorname{rank}\boldsymbol{PAQ}=\operatorname{rank}\boldsymbol{PA}$. 定理 2 得证.

给定一个 $m\times n$ 矩阵 $\boldsymbol{A}$，尽管可以根据秩的定义确定矩阵 $\boldsymbol{A}$ 的秩，但毕竟太麻烦. 下面介绍求矩阵的秩的一般方法.

定义 2 给定 $m\times n$ 矩阵 $\boldsymbol{A}$，对矩阵 $\boldsymbol{A}$ 施行如下的行(或列)变换：

1° 对换矩阵 $\boldsymbol{A}$ 的某两行(或列)；

2° 矩阵 $\boldsymbol{A}$ 的某一行(或列)遍乘以某个非零的数 a，然后加到另一行(或列)；

3° 矩阵 $\boldsymbol{A}$ 的某一行(或列)遍乘以某个非零的数 b. 分别称为对矩阵 $\boldsymbol{A}$ 施行第一、二、三种行(或列)的初等变换，统称为初等行(或列)变换. 矩阵 $\boldsymbol{A}$ 的行或列的初等变换，简称为初等变换.

矩阵的初等变换可以通过矩阵乘法来表示. 记 n 阶方阵 $\boldsymbol{P}_{ij}=\boldsymbol{I}_{(n)}-\boldsymbol{E}_{ii}-\boldsymbol{E}_{jj}+\boldsymbol{E}_{ij}+\boldsymbol{E}_{ji}$，$1\leqslant i\neq j\leqslant n$，$\boldsymbol{Q}_{ij}(a)=\boldsymbol{I}_{(n)}+a\boldsymbol{E}_{ij}$，$a\in F$，$1\leqslant i\neq j\leqslant n$，$\boldsymbol{P}_i(b)=\boldsymbol{I}_{(n)}+(b-1)\boldsymbol{E}_{ii}$，$1\leqslant i\leqslant n$，其中 $\boldsymbol{E}_{ij}$ 是 (i,j) 系数为 1 而其他系数为零的 n 阶方阵，

$1\leqslant i,j\leqslant n$.容易看出,方阵 $\boldsymbol{P}_{ij}$,$\boldsymbol{Q}_{ij}(a)$,$\boldsymbol{P}_i(a)$都是可逆的,并且它们的逆矩阵分别是 $\boldsymbol{P}_{ij}^{-1}=\boldsymbol{P}_{ij}$,$\boldsymbol{Q}_{ij}(a)^{-1}=\boldsymbol{Q}_{ij}(-a)$,$\boldsymbol{P}_i(b)^{-1}=\boldsymbol{P}_i(b^{-1})$,也即与原方阵是同一类型的矩阵.$n$ 阶方阵 $\boldsymbol{P}_{ij}$,$\boldsymbol{Q}_{ij}(a)$和 $\boldsymbol{P}_i(b)$称为**初等方阵**,其中 $\boldsymbol{P}_{ij}$ 特别称为**初等置换方阵**,而初等置换方阵的乘积称为**置换方阵**.

可以验证,对矩阵 $\boldsymbol{A}$ 施行初等变换可以用左乘或右乘初等方阵来实现:

1° 对换矩阵 $\boldsymbol{A}$ 的第 i 行和第 j 行,相当于用初等置换方阵 $\boldsymbol{P}_{ij}$ 左乘矩阵 $\boldsymbol{A}$;而对换矩阵 $\boldsymbol{A}$ 的第 i 列和第 j 列,相当于用初等置换矩阵 $\boldsymbol{P}_{ij}$ 右乘矩阵 $\boldsymbol{A}$;

2° 矩阵 $\boldsymbol{A}$ 的第 j 行遍乘非零的数 a,然后加到第 i 行,相当于用 m 阶初等方阵 $\boldsymbol{Q}_{ij}(a)$左乘矩阵 $\boldsymbol{A}$;同样用 n 阶初等方阵 $\boldsymbol{Q}_{ij}(a)$右乘矩阵 $\boldsymbol{A}$,便得到矩阵 $\boldsymbol{A}$ 的相应列变换;

3° 矩阵 $\boldsymbol{A}$ 的第 i 行遍乘以非零的数 b,相当于用 m 阶方阵 $\boldsymbol{P}_i(b)$左乘矩阵 $\boldsymbol{A}$;矩阵 $\boldsymbol{A}$ 的第 i 列遍乘以数 b,相当于用 n 阶方阵 $\boldsymbol{P}_i(b)$右乘矩阵 $\boldsymbol{A}$.

定理 3 矩阵的初等变换不改变矩阵的秩.

证明 对 $m\times n$ 矩阵 $\boldsymbol{A}$ 施行初等变换,相当于用 m 阶初等方阵 $\boldsymbol{P}$ 左乘矩阵 $\boldsymbol{A}$,或者用 n 阶初等方阵 $\boldsymbol{Q}$ 右乘矩阵 $\boldsymbol{A}$.而初等方阵都是可逆的,又由定理 2,$\operatorname{rank}\boldsymbol{PA}=\operatorname{rank}\boldsymbol{AQ}=\operatorname{rank}\boldsymbol{A}$.定理 3 得证.

定理 4 设 $m\times n$ 矩阵 $\boldsymbol{A}$ 的秩为 r,则矩阵 $\boldsymbol{A}$ 可以经过有限次初等变换化为如下形式:

$$\begin{pmatrix}\boldsymbol{I}_{(r)} & \boldsymbol{0}\\ \boldsymbol{0} & \boldsymbol{0}\end{pmatrix}.$$

证明 如果 $\boldsymbol{A}=\boldsymbol{0}$,则 $\boldsymbol{A}$ 本身具有上述形式.因此设 $\boldsymbol{A}\neq\boldsymbol{0}$,则 $\boldsymbol{A}$ 必有某个系数 $a_{ij}\neq 0$.对换 $\boldsymbol{A}$ 的第 1 行和第 i 行,第 1 列和第 j 列;所得到的矩阵的(1,1)系数就是 $a_{ij}\neq 0$.用数 a_{ij}^{-1}乘以第 1 行,矩阵就化为

$$\begin{pmatrix}1 & a'_{12} & a'_{13} & \cdots & a'_{1n}\\ a'_{21} & a'_{22} & a'_{23} & \cdots & a'_{2n}\\ \multicolumn{5}{c}{\cdots\cdots\cdots\cdots}\\ a'_{m1} & a'_{m2} & a'_{m3} & \cdots & a'_{mn}\end{pmatrix}.$$

再用 $-a'_{i1}$乘以上述矩阵的第 1 行,并加到第 i 行,$i=2,3,\cdots,m$,得到矩阵

$$\begin{pmatrix}1 & a'_{12} & a'_{13} & \cdots & a'_{1n}\\ 0 & a''_{22} & a''_{23} & \cdots & a''_{2n}\\ \multicolumn{5}{c}{\cdots\cdots\cdots\cdots}\\ 0 & a''_{m2} & a''_{m3} & \cdots & a''_{mn}\end{pmatrix},$$

其中 $a''_{ij}=a'_{ij}-a'_{i1}a'_{1j}$，$2\leqslant i\leqslant m$，$2\leqslant j\leqslant n$. 再用 $-a'_{1j}$ 乘以上述矩阵的第1列，并加到第 j 列，得到矩阵 $\boldsymbol{B}$ 为

$$\boldsymbol{B}=\begin{bmatrix}1 & 0 & 0 & \cdots & 0\\ 0 & b_{22} & b_{23} & \cdots & b_{2n}\\ & & \cdots\cdots\cdots\cdots & & \\ 0 & b_{m2} & b_{m3} & \cdots & b_{mn}\end{bmatrix}=\begin{pmatrix}1 & \boldsymbol{0}\\ \boldsymbol{0} & \boldsymbol{B}_1\end{pmatrix},$$

其中 $b_{ij}=a''_{ij}$，$2\leqslant i\leqslant m$，$2\leqslant j\leqslant n$，$\boldsymbol{B}_1=(b_{ij})$. 如果 $\boldsymbol{B}_1$ 为零矩阵，则停止. 如果 $\boldsymbol{B}_1\neq\boldsymbol{0}$，则重复上述过程，即 $\boldsymbol{B}_1$ 可以化为如下形式：

$$\boldsymbol{B}_1=\begin{pmatrix}1 & \boldsymbol{0}\\ \boldsymbol{0} & \boldsymbol{C}_1\end{pmatrix},$$

于是矩阵 $\boldsymbol{B}$ 化为

$$\boldsymbol{C}=\begin{bmatrix}\begin{pmatrix}1 & 0\\ 0 & 1\end{pmatrix} & \boldsymbol{0}\\ \boldsymbol{0} & \boldsymbol{C}_1\end{bmatrix}.$$

再对矩阵 $\boldsymbol{C}_1$ 重复上述过程，等等. 因此矩阵 $\boldsymbol{A}$ 可以经过有限次初等变换化为

$$\boldsymbol{D}=\begin{pmatrix}\boldsymbol{I}_{(s)} & \boldsymbol{0}\\ \boldsymbol{0} & \boldsymbol{0}\end{pmatrix}.$$

根据定理 3，$s=\operatorname{rank}\boldsymbol{D}=\operatorname{rank}\boldsymbol{A}=r$. 这就证明了定理 4.

定理 4 有两个重要的推论.

推论 1 设 $\boldsymbol{A}\in F^{m\times n}$，$\operatorname{rank}\boldsymbol{A}=r$. 则存在可逆的 $\boldsymbol{P}\in F^{m\times m}$ 和 $\boldsymbol{Q}\in F^{n\times n}$，使得

$$\boldsymbol{PAQ}=\begin{pmatrix}\boldsymbol{I}_{(r)} & \boldsymbol{0}\\ \boldsymbol{0} & \boldsymbol{0}\end{pmatrix}.$$

证明 由于对矩阵 $\boldsymbol{A}$ 施行初等变换相当于用初等方阵左乘或右乘于 $\boldsymbol{A}$，因此由定理 4，存在 m 阶初等方阵 $\boldsymbol{P}_1,\boldsymbol{P}_2,\cdots,\boldsymbol{P}_s$ 和 n 阶初等方阵 $\boldsymbol{Q}_1,\boldsymbol{Q}_2,\cdots,\boldsymbol{Q}_t$，使得

$$\boldsymbol{P}_1\boldsymbol{P}_2\cdots\boldsymbol{P}_s\boldsymbol{A}\boldsymbol{Q}_1\boldsymbol{Q}_2\cdots\boldsymbol{Q}_t=\begin{pmatrix}\boldsymbol{I}_{(r)} & \boldsymbol{0}\\ \boldsymbol{0} & \boldsymbol{0}\end{pmatrix}.$$

记 $\boldsymbol{P}=\boldsymbol{P}_1\boldsymbol{P}_2\cdots\boldsymbol{P}_s$，$\boldsymbol{Q}=\boldsymbol{Q}_1\boldsymbol{Q}_2\cdots\boldsymbol{Q}_t$. 由于可逆方阵的乘积仍是可逆的，因此，$\boldsymbol{P}$，$\boldsymbol{Q}$ 是可逆的，并且

$$\boldsymbol{PAQ}=\begin{pmatrix}\boldsymbol{I}_{(r)} & \boldsymbol{0}\\ \boldsymbol{0} & \boldsymbol{0}\end{pmatrix}.$$

推论 2 n 阶方阵 $\boldsymbol{A}$ 可逆的充分必要条件是方阵 $\boldsymbol{A}$ 可以表为有限个初等方阵的乘积.

证明 因为方阵 $\boldsymbol{A}$ 可逆，故 $\operatorname{rank}\boldsymbol{A}=n$. 由定理4，存在 n 阶初等方阵$\boldsymbol{P}_1,\boldsymbol{P}_2,\cdots,\boldsymbol{P}_s,\boldsymbol{Q}_1,\boldsymbol{Q}_2,\cdots,\boldsymbol{Q}_t$，使得

$$\boldsymbol{P}_1\boldsymbol{P}_2\cdots\boldsymbol{P}_s\boldsymbol{A}\boldsymbol{Q}_1\boldsymbol{Q}_2\cdots\boldsymbol{Q}_t=\boldsymbol{I}_{(n)}.$$

因此

$$\boldsymbol{A}=\boldsymbol{P}_s^{-1}\boldsymbol{P}_{s-1}^{-1}\cdots\boldsymbol{P}_2^{-1}\boldsymbol{P}_1^{-1}\boldsymbol{Q}_t^{-1}\boldsymbol{Q}_{t-1}^{-1}\cdots\boldsymbol{Q}_1^{-1}.$$

由于初等方阵的逆方阵仍是初等方阵，因此上式表明，可逆方阵 $\boldsymbol{A}$ 可以表为有限个初等方阵的乘积. 必要性得证. 充分性是显然的，略.

推论3 n 阶可逆方阵$\boldsymbol{A}$ 可以经过有限次行的初等变换变为n 阶单位方阵.

证明 由推论2，存在 n 阶初等方阵$\boldsymbol{P}_1,\boldsymbol{P}_2,\cdots,\boldsymbol{P}_k$，使得 $\boldsymbol{A}=\boldsymbol{P}_1\boldsymbol{P}_2\cdots\boldsymbol{P}_k$. 因此 $\boldsymbol{P}_k^{-1}\boldsymbol{P}_{k-1}^{-1}\cdots\boldsymbol{P}_2^{-1}\boldsymbol{P}_1^{-1}\boldsymbol{A}=\boldsymbol{I}_{(n)}$. 由于初等方阵 $\boldsymbol{P}_i$ 的逆矩阵$\boldsymbol{P}_i^{-1}$ 仍是初等方阵，因此上式表明，方阵 $\boldsymbol{A}$ 可以经过有限次行的初等变换变为单位方阵.

推论3对列的初等变换也成立.

应当指出，推论3给出求逆矩阵的一个重要方法. 给定 n 阶可逆方阵$\boldsymbol{A}$，由推论3，存在 n 阶初等方阵$\boldsymbol{P}_1,\boldsymbol{P}_2,\cdots,\boldsymbol{P}_k$，使得 $\boldsymbol{P}_k\boldsymbol{P}_{k-1}\cdots\boldsymbol{P}_2\boldsymbol{P}_1\boldsymbol{A}=\boldsymbol{I}_{(n)}$. 因此，$\boldsymbol{A}^{-1}=\boldsymbol{P}_k\boldsymbol{P}_{k-1}\cdots\boldsymbol{P}_2\boldsymbol{P}_1$. 取 $n\times 2n$ 矩阵$\boldsymbol{B}=(\boldsymbol{A},\boldsymbol{I}_{(n)})$. 则

$$\begin{aligned}\boldsymbol{P}_k\boldsymbol{P}_{k-1}\cdots\boldsymbol{P}_2\boldsymbol{P}_1\boldsymbol{B}&=(\boldsymbol{P}_k\boldsymbol{P}_{k-1}\cdots\boldsymbol{P}_2\boldsymbol{P}_1\boldsymbol{A},\boldsymbol{P}_k\boldsymbol{P}_{k-1}\cdots\boldsymbol{P}_2\boldsymbol{P}_1)\\&=(\boldsymbol{I}_{(n)},\boldsymbol{P}_k\boldsymbol{P}_{k-1}\cdots\boldsymbol{P}_2\boldsymbol{P}_1)\\&=(\boldsymbol{I}_{(n)},\boldsymbol{A}^{-1}).\end{aligned}$$

由于初等方阵左乘矩阵 $\boldsymbol{B}$ 相当于对矩阵$\boldsymbol{B}$ 施行行的初等变换，因此上式表明，对矩阵 $\boldsymbol{B}$ 施行行的初等变换，使得它的左半部分 $\boldsymbol{A}$ 化为单位方阵，则矩阵 $\boldsymbol{B}$ 的后半部分就变成$\boldsymbol{A}^{-1}$. 于是就求出方阵 $\boldsymbol{A}$ 的逆矩阵.

例1 求 n 阶方阵$\boldsymbol{A}=(a_{ij})$的逆矩阵，其中 $a_{ii}=0,1\leqslant i\leqslant n,a_{ij}=1,1\leqslant i\neq j\leqslant n$.

解 取 $n\times 2n$ 矩阵

$$\boldsymbol{B}=\left(\begin{array}{ccccc|ccccc}0&1&1&\cdots&1&1&0&0&\cdots&0\\1&0&1&\cdots&1&0&1&0&\cdots&0\\1&1&0&\cdots&1&0&0&1&\cdots&0\\&&&&\cdots\cdots&\cdots\cdots&&&&\\1&1&1&\cdots&0&0&0&0&\cdots&1\end{array}\right).$$

把矩阵 $\boldsymbol{B}$ 的第$2,3,\cdots,n$ 行都加到第1行，矩阵 $\boldsymbol{B}$ 化为

$$\boldsymbol{B}_1=\left(\begin{array}{ccccc|ccccc} n-1 & n-1 & n-1 & \cdots & n-1 & 1 & 1 & 1 & \cdots & 1\\ 1 & 0 & 1 & \cdots & 1 & 0 & 1 & 0 & \cdots & 0\\ 1 & 1 & 0 & \cdots & 1 & 0 & 0 & 1 & \cdots & 0\\ & & \cdots\cdots & & & & & \cdots\cdots & & \\ 1 & 1 & 1 & \cdots & 0 & 0 & 0 & 0 & \cdots & 1 \end{array}\right).$$

用$-\dfrac{1}{n-1}$遍乘矩阵 B_1 的第 1 行，然后分别加到第 $2,3,\cdots,n$ 行，矩阵 $\boldsymbol{B}_1$ 化为

$$\boldsymbol{B}_2=\left(\begin{array}{ccccc|ccccc} 1 & 1 & 1 & \cdots & 1 & \frac{1}{n-1} & \frac{1}{n-1} & \frac{1}{n-1} & \cdots & \frac{1}{n-1}\\ 0 & -1 & 0 & \cdots & 0 & -\frac{1}{n-1} & \frac{n-2}{n-1} & -\frac{1}{n-1} & \cdots & -\frac{1}{n-1}\\ 0 & 0 & -1 & \cdots & 0 & -\frac{1}{n-1} & -\frac{1}{n-1} & \frac{n-2}{n-1} & \cdots & -\frac{1}{n-1}\\ & & \cdots\cdots & & & & & \cdots\cdots & & \\ 0 & 0 & 0 & \cdots & -1 & -\frac{1}{n-1} & -\frac{1}{n-1} & -\frac{1}{n-1} & \cdots & \frac{n-2}{n-1} \end{array}\right).$$

矩阵 $\boldsymbol{B}_2$ 的第 $2,3,\cdots,n$ 行都加第 1 行，然后用 -1 分别乘以第 $2,3,\cdots,n$ 行，矩阵 $\boldsymbol{B}_2$ 变为

$$\boldsymbol{B}_3=\left(\begin{array}{ccccc|ccccc} 1 & 0 & 0 & \cdots & 0 & -\frac{n-2}{n-1} & \frac{1}{n-1} & \frac{1}{n-1} & \cdots & \frac{1}{n-1}\\ 0 & 1 & 0 & \cdots & 0 & \frac{1}{n-1} & -\frac{n-2}{n-1} & \frac{1}{n-1} & \cdots & \frac{1}{n-1}\\ 0 & 0 & 1 & \cdots & 0 & \frac{1}{n-1} & \frac{1}{n-1} & -\frac{n-2}{n-1} & \cdots & \frac{1}{n-1}\\ & & \cdots\cdots & & & & & \cdots\cdots & & \\ 0 & 0 & 0 & \cdots & 1 & \frac{1}{n-1} & \frac{1}{n-1} & \frac{1}{n-1} & \cdots & -\frac{n-2}{n-1} \end{array}\right).$$

由此求得，$\boldsymbol{A}^{-1}=(c_{ij})$，其中当 $1\leqslant i\neq j\leqslant n$ 时，$c_{ij}=\dfrac{1}{n-1}$，而当 $i=1,2,\cdots,n$ 时，$c_{ii}=-\dfrac{n-2}{n-1}$.

现在引进矩阵相抵的概念.

定义 3 设 $\boldsymbol{A},\boldsymbol{B}\in \boldsymbol{F}^{m\times n}$. 如果矩阵 $\boldsymbol{A}$ 可以经过有限次初等变换变为矩阵 $\boldsymbol{B}$，则矩阵 $\boldsymbol{A}$ 和 $\boldsymbol{B}$ 是**相抵**的.

由于对矩阵 $\boldsymbol{A}$ 施行初等变换相当于用 m 阶初等方阵 $\boldsymbol{P}$ 左乘矩阵 $\boldsymbol{A}$，或用 n 阶

初等方阵 Q 右乘矩阵 $\boldsymbol{B}$，因此上述定义等价于说，如果存在 m 阶初等方阵 $\boldsymbol{P}_1, \boldsymbol{P}_2, \cdots, \boldsymbol{P}_s$ 和 n 阶初等方阵 $\boldsymbol{Q}_1, \boldsymbol{Q}_2, \cdots, \boldsymbol{Q}_t$，使得 $\boldsymbol{P}_1\boldsymbol{P}_2\cdots\boldsymbol{P}_s\boldsymbol{A}\boldsymbol{Q}_1\boldsymbol{Q}_2\cdots\boldsymbol{Q}_t=\boldsymbol{B}$，则矩阵 $\boldsymbol{A}$ 和 $\boldsymbol{B}$ 称为相抵的；由于 $\boldsymbol{P}=\boldsymbol{P}_1\boldsymbol{P}_2\cdots\boldsymbol{P}_s$，$\boldsymbol{Q}=\boldsymbol{Q}_1\boldsymbol{Q}_2\cdots\boldsymbol{Q}_t$ 可逆，以及推论 2，因此上述定义还等价于说，如果存在 m 阶可逆方阵 $\boldsymbol{P}$ 和 n 阶可逆方阵 $\boldsymbol{Q}$，使得 $PAQ=\boldsymbol{B}$，则矩阵 $\boldsymbol{A}$ 和 $\boldsymbol{B}$ 称为相抵的.

容易验证，矩阵的相抵满足以下性质：

1. **自反性** 对任意 $\boldsymbol{A}\in F^{m\times n}$，矩阵 $\boldsymbol{A}$ 和自身总是相抵的；

2. **对称性** 对任意 $\boldsymbol{A},\boldsymbol{B}\in F^{m\times n}$，如果矩阵 $\boldsymbol{A}$ 和 $\boldsymbol{B}$ 相抵，则矩阵 $\boldsymbol{B}$ 和 $\boldsymbol{A}$ 也相抵；

3. **传递性** 对任意 $\boldsymbol{A},\boldsymbol{B},\boldsymbol{C}\in F^{m\times n}$，如果矩阵 $\boldsymbol{A}$ 和 $\boldsymbol{B}$ 相抵，矩阵 $\boldsymbol{B}$ 和 $\boldsymbol{C}$ 相抵，则矩阵 $\boldsymbol{A}$ 和 $\boldsymbol{C}$ 相抵.

在所有 $m\times n$ 矩阵的集合 $F^{m\times n}$ 中，所有和 $m\times n$ 矩阵 $\boldsymbol{A}$ 相抵的集合记为 $R_{\boldsymbol{A}}$，它称为矩阵 $\boldsymbol{A}$ 所属的**相抵等价类**. 关于相抵等价类，以下性质成立.

性质 1 设 $\boldsymbol{B},\boldsymbol{C}\in R_{\boldsymbol{A}}$，则矩阵 $\boldsymbol{B}$ 和 $\boldsymbol{C}$ 相抵.

证明 因为 $\boldsymbol{B},\boldsymbol{C}\in R_{\boldsymbol{A}}$，所以矩阵 $\boldsymbol{B},\boldsymbol{C}$ 都和矩阵 $\boldsymbol{A}$ 相抵. 由相抵的对称性，矩阵 $\boldsymbol{A}$ 和 $\boldsymbol{C}$ 相抵. 由于矩阵 $\boldsymbol{B}$ 和 $\boldsymbol{A}$ 相抵，矩阵 $\boldsymbol{A}$ 和 $\boldsymbol{C}$ 相抵，因此，由相抵的传递性，矩阵 $\boldsymbol{B}$ 和 $\boldsymbol{C}$ 相抵.

性质 2 设 $\boldsymbol{A},\boldsymbol{B}\in F^{m\times n}$，则 $R_{\boldsymbol{A}}\cap R_{\boldsymbol{B}}$ 为空集，或者 $R_{\boldsymbol{A}}\cap R_{\boldsymbol{B}}=R_{\boldsymbol{A}}=R_{\boldsymbol{B}}$.

证明 设 $R_{\boldsymbol{A}}\cap R_{\boldsymbol{B}}\neq\varnothing$. 则存在 $\boldsymbol{C}\in R_{\boldsymbol{A}}\cap R_{\boldsymbol{B}}$，即矩阵 $\boldsymbol{C}$ 分别和矩阵 $\boldsymbol{A},\boldsymbol{B}$ 相抵. 因此，矩阵 $\boldsymbol{A}$ 和 $\boldsymbol{B}$ 相抵，即 $\boldsymbol{A}\in R_{\boldsymbol{B}}$，且 $\boldsymbol{B}\in R_{\boldsymbol{A}}$. 设 $\boldsymbol{D}\in R_{\boldsymbol{A}}$，则矩阵 $\boldsymbol{D}$ 和 $\boldsymbol{A}$ 相抵，而矩阵 $\boldsymbol{A}$ 和 $\boldsymbol{B}$ 相抵，从而矩阵 $\boldsymbol{D}$ 和 $\boldsymbol{B}$ 相抵. 因此，$\boldsymbol{D}\in R_{\boldsymbol{B}}$，即 $R_{\boldsymbol{A}}\subseteq R_{\boldsymbol{B}}$. 同理可证，$R_{\boldsymbol{B}}\subseteq R_{\boldsymbol{A}}$. 于是 $R_{\boldsymbol{A}}=R_{\boldsymbol{B}}=R_{\boldsymbol{A}}\cap R_{\boldsymbol{B}}$.

性质 2 表明，不同的相抵等价类不相交，而 $F^{m\times n}$ 中每个矩阵都一定属于某个相抵等价类. 因此，$F^{m\times n}$ 便分解为不交的相抵等价类的并集. 从 $F^{m\times n}$ 的每一个相抵等价类中各取一个矩阵作为该相抵等价类的代表元素，所有这些元素的集合称为 $F^{m\times n}$ 在相抵下的**互异代表元系**.

由性质 1，同一个相抵等价类中的矩阵都相抵，因此，相抵等价类中每一个矩阵都可以作为该等价类的代表元素. 问题是，在等价类中如何选取代表元，使它具最简单的形式. 这就是矩阵在相抵下标准形的问题. 其次，任给两个 $m\times n$ 矩阵 $\boldsymbol{A}$ 和 $\boldsymbol{B}$，如何判定它们是否同属于一个相抵等价类，即是否相抵. 同属于一个相抵等价类的矩阵必然具有某种共同性质，这种共性应当在某种量上得到反映. 如果一种量为相抵等价类中每个矩阵所具有，那么这种量称为矩阵在相抵下的**不变量**. 如果一组相抵下的不变量足以区分不同的相抵等价类，即可以判定两个矩阵是否相抵，而且当这组不变量缺少某一个就不足以区分不同的相抵等价类,那么这组不变量就称为矩阵在相抵下的全系不变量.因此,判定两个矩阵是否属于同一个相抵等价类的问题,就是寻求相抵下的全系不变量.归结起来,寻求矩阵在相抵下的标准形和全系不变量是矩阵在相抵下分类问题中的两个基本问题.

实际上,前面已经解决了在相抵下的矩阵的分类问题.现在把结论重述于下:

定理 5 设 $\boldsymbol{A}\in F^{m\times n}$,rank $\boldsymbol{A}=r$.则矩阵 $\boldsymbol{A}$ 相抵于如下矩阵:

$$\begin{pmatrix}\boldsymbol{I}_{(r)} & 0\\ 0 & 0\end{pmatrix},$$

而且 $\boldsymbol{A},\boldsymbol{B}\in F^{m\times n}$ 相抵的充分必要条件是 rank $\boldsymbol{A}=$ rank $\boldsymbol{B}$.

证明 前一结论即是定理4.现在证明后一结论.必要性.因为矩阵 $\boldsymbol{A}$ 和 $\boldsymbol{B}$ 相抵,所以矩阵 $\boldsymbol{A}$ 可以经过有限次初等变换变为矩阵 $\boldsymbol{B}$.由定理3,rank $\boldsymbol{A}=$ rank $\boldsymbol{B}$.充分性.设 rank $\boldsymbol{A}=$ rank $\boldsymbol{B}=r$.定理4表明,矩阵 $\boldsymbol{A}$ 和 $\begin{pmatrix}\boldsymbol{I}_{(r)} & 0\\ 0 & 0\end{pmatrix}$ 相抵,矩阵 $\begin{pmatrix}\boldsymbol{I}_{(r)} & 0\\ 0 & 0\end{pmatrix}$ 和 B 相抵,由相抵的传递性,矩阵 $\boldsymbol{A}$ 和 $\boldsymbol{B}$ 相抵.定理5得证.

矩阵 $\begin{pmatrix}\boldsymbol{I}_{(r)} & 0\\ 0 & 0\end{pmatrix}$ 称为矩阵 $\boldsymbol{A}$ 的 Hermite 标准形.定理5的后一结论表明,矩阵的秩是矩阵在相抵下的不变量,而且是全系不变量.

例 2 设 $\boldsymbol{A}\in F^{m\times n},\boldsymbol{B}\in F^{n\times m}$,$\lambda$ 是未定元.证明:

$$\lambda^n\det(\lambda\boldsymbol{I}_{(m)}-\boldsymbol{AB})=\lambda^m\det(\lambda\boldsymbol{I}_{(n)}-\boldsymbol{BA}).$$

证明 设 rank $\boldsymbol{A}=r$.则由定理5,矩阵 $\boldsymbol{A}$ 的 Hermite 标准形为 $\begin{pmatrix}\boldsymbol{I}_{(r)} & 0\\ 0 & 0\end{pmatrix}$,即存在可逆的 $\boldsymbol{P}\in F^{m\times m},\boldsymbol{Q}\in F^{n\times n}$,使得

$$\boldsymbol{A}=\boldsymbol{P}\begin{pmatrix}\boldsymbol{I}_{(r)} & 0\\ 0 & 0\end{pmatrix}\boldsymbol{Q}.$$

于是

$$\begin{aligned}\lambda^n\det(\lambda\boldsymbol{I}_{(m)}-\boldsymbol{AB}) &= \lambda^n\det\left(\lambda\boldsymbol{I}_{(m)}-\boldsymbol{P}\begin{pmatrix}\boldsymbol{I}_{(r)} & 0\\ 0 & 0\end{pmatrix}\boldsymbol{QB}\right)\\ &= \lambda^n\det\left[\boldsymbol{P}\left(\lambda\boldsymbol{I}_{(m)}-\begin{pmatrix}\boldsymbol{I}_{(r)} & 0\\ 0 & 0\end{pmatrix}\boldsymbol{QBP}\right)\boldsymbol{P}^{-1}\right]\\ &= \lambda^n\det\left(\lambda\boldsymbol{I}_{(m)}-\begin{pmatrix}\boldsymbol{I}_{(r)} & 0\\ 0 & 0\end{pmatrix}\boldsymbol{QBP}\right).\end{aligned}$$

记 $\boldsymbol{QBP}=\begin{pmatrix}\boldsymbol{B}_{11} & \boldsymbol{B}_{12}\\ \boldsymbol{B}_{21} & \boldsymbol{B}_{22}\end{pmatrix}$，其中 $\boldsymbol{B}_{11}\in F^{r\times r}$．则上式化为

$$\begin{aligned}\lambda^n\det(\lambda\boldsymbol{I}_{(m)}-\boldsymbol{AB}) &= \lambda^n\det\left(\lambda\boldsymbol{I}_{(m)}-\begin{pmatrix}\boldsymbol{B}_{11} & \boldsymbol{B}_{12}\\ \boldsymbol{0} & \boldsymbol{0}\end{pmatrix}\right)\\ &= \lambda^n\det\begin{pmatrix}\lambda\boldsymbol{I}_{(r)}-\boldsymbol{B}_{11} & -\boldsymbol{B}_{12}\\ \boldsymbol{0} & \lambda\boldsymbol{I}_{(m-r)}\end{pmatrix}\\ &= \lambda^{n+m-r}\det(\lambda\boldsymbol{I}_{(r)}-\boldsymbol{B}_{11}).\end{aligned}$$

另一方面，

$$\begin{aligned}\lambda^m\det(\lambda\boldsymbol{I}_{(n)}-\boldsymbol{BA}) &= \lambda^m\det\left(\lambda\boldsymbol{I}_{(n)}-\boldsymbol{BP}\begin{pmatrix}\boldsymbol{I}_{(r)} & \boldsymbol{0}\\ \boldsymbol{0} & \boldsymbol{0}\end{pmatrix}\boldsymbol{Q}\right)\\ &= \lambda^m\det\left[\boldsymbol{Q}^{-1}\left(\lambda\boldsymbol{I}_{(n)}-\boldsymbol{QBP}\begin{pmatrix}\boldsymbol{I}_{(r)} & \boldsymbol{0}\\ \boldsymbol{0} & \boldsymbol{0}\end{pmatrix}\right)\boldsymbol{Q}\right]\\ &= \lambda^m\det\left(\lambda\boldsymbol{I}_{(n)}-\boldsymbol{QBP}\begin{pmatrix}\boldsymbol{I}_{(r)} & \boldsymbol{0}\\ \boldsymbol{0} & \boldsymbol{0}\end{pmatrix}\right)\\ &= \lambda^m\det\left(\lambda\boldsymbol{I}_{(r)}-\begin{pmatrix}\boldsymbol{B}_{11} & \boldsymbol{0}\\ \boldsymbol{B}_{21} & \boldsymbol{0}\end{pmatrix}\right)\\ &= \lambda^m\det\begin{pmatrix}\lambda\boldsymbol{I}_{(r)}-\boldsymbol{B}_{11} & \boldsymbol{0}\\ -\boldsymbol{B}_{21} & \lambda\boldsymbol{I}_{(n-r)}\end{pmatrix}\\ &= \lambda^{m+n-r}\det(\lambda\boldsymbol{I}_{(r)}-\boldsymbol{B}_{11}).\end{aligned}$$

于是得到，$\lambda^n\det(\lambda\boldsymbol{I}_{(m)}-\boldsymbol{AB})=\lambda^m\det(\lambda\boldsymbol{I}_{(n)}-\boldsymbol{BA})$．

习　题

1. 求下列矩阵的秩：

(1) $\begin{pmatrix}2 & -1 & 3 & -2 & 4\\ 4 & -2 & 5 & 1 & 7\\ 2 & -1 & 1 & 8 & 2\end{pmatrix}$；　(2) $\begin{pmatrix}1 & 3 & 5 & -1\\ 2 & -1 & -3 & 4\\ 5 & 1 & -1 & 7\end{pmatrix}$；

(3) $\boldsymbol{A}=(a_{ij})\in F^{n\times n}$，其中 $a_{ij}=a_{ji}$，$1\leqslant i,j\leqslant n$，并且当 $1\leqslant i<j\leqslant n$，$a_{ij}=j$；而 $a_{ii}=i$，$i=1,2,\cdots,n$；

(4) $\boldsymbol{A}=(a_{ij})\in F^{n\times n}$，其中 $a_{ji}=-a_{ij}$，$1\leqslant i,j\leqslant n$，并且当 $1\leqslant i<j\leqslant n$ 时，$a_{ij}=i$．

2. 求 λ，使得矩阵 $\boldsymbol{A}$ 的秩为最小，其中

$$\boldsymbol{A}=\begin{pmatrix}3 & 1 & 1 & 4\\ \lambda & 4 & 10 & 1\\ 1 & 7 & 17 & 3\\ 2 & 2 & 4 & 3\end{pmatrix}.$$

3. 利用初等变换求下列矩阵的逆阵：

(1) $\begin{pmatrix} 3 & 3 & -4 & -3 \\ 0 & 6 & 1 & 1 \\ 5 & 4 & 2 & 1 \\ 2 & 3 & 3 & 2 \end{pmatrix}$；

(2) $\begin{pmatrix} 1 & 2 & 3 & \cdots & n-1 & n \\ n & 1 & 2 & \cdots & n-2 & n-1 \\ n-1 & n & 1 & \cdots & n-3 & n-2 \\ & & \cdots\cdots\cdots\cdots & & & \\ 3 & 4 & 5 & \cdots & 1 & 2 \\ 2 & 3 & 4 & \cdots & n & 1 \end{pmatrix}$；

(3) $\begin{pmatrix} 1 & \frac{1}{2} & \frac{1}{3} & \cdots & \frac{1}{n} \\ \frac{1}{2} & \frac{1}{3} & \frac{1}{4} & \cdots & \frac{1}{n+1} \\ \frac{1}{3} & \frac{1}{4} & \frac{1}{5} & \cdots & \frac{1}{n+2} \\ & & \cdots\cdots\cdots\cdots & & \\ \frac{1}{n} & \frac{1}{n+1} & \frac{1}{n+2} & \cdots & \frac{1}{2n-1} \end{pmatrix}$；

(4) $\begin{pmatrix} 2 & -1 & 0 & \cdots & 0 & 0 \\ -1 & 2 & -1 & \cdots & 0 & 0 \\ 0 & -1 & 2 & \cdots & 0 & 0 \\ & & \cdots\cdots\cdots\cdots & & & \\ 0 & 0 & \cdots & -1 & 2 & -1 \\ 0 & 0 & \cdots & 0 & -1 & 2 \end{pmatrix}_{n\times n}$.

4. 证明：只用行的初等变换以及对换某两列，任意 $m\times n$ 矩阵 $\boldsymbol{A}$ 都可以化为

$$\begin{pmatrix} \boldsymbol{I}_{(r)} & \boldsymbol{B}_{(r,n-r)} \\ \boldsymbol{0} & \boldsymbol{0} \end{pmatrix},$$

其中 $r=\operatorname{rank}\boldsymbol{A}$.

5. 证明：任意一个秩为 r 的矩阵都可以表为 r 个秩为 1 的矩阵之和.

6. 证明：$m\times n$ 矩阵 $\boldsymbol{A}$ 的秩为 1 的充分必要条件是 $\boldsymbol{A}=\boldsymbol{\alpha\beta}$，其中 $\boldsymbol{\alpha}$ 和 $\boldsymbol{\beta}$ 分别是 $m\times 1$ 和 $1\times n$ 的非零矩阵.

7. 设 $\boldsymbol{A},\boldsymbol{B}\in \boldsymbol{F}^{m\times n}$. 证明：

$$\operatorname{rank}(\boldsymbol{A}+\boldsymbol{B})\leqslant \operatorname{rank}\boldsymbol{A}+\operatorname{rank}\boldsymbol{B}.$$

8. 设 $\boldsymbol{A}\in \mathbf{R}^{m\times n}$. 证明：

$$\operatorname{rank} \boldsymbol{A}\boldsymbol{A}^{\mathrm{T}} = \operatorname{rank} \boldsymbol{A}^{\mathrm{T}}\boldsymbol{A} = \operatorname{rank} \boldsymbol{A}.$$

9. 设 n 阶方阵 $\boldsymbol{A}$ 分块为 $\boldsymbol{A}=\begin{pmatrix}\boldsymbol{A}_{11} & \boldsymbol{A}_{12}\\ \boldsymbol{A}_{21} & \boldsymbol{A}_{22}\end{pmatrix}$，其中 $\boldsymbol{A}_{11}$ 是 r 阶可逆矩阵. 证明：$\operatorname{rank} \boldsymbol{A}=r$ 的充分必要条件是 $\boldsymbol{A}_{22}=\boldsymbol{A}_{21}\boldsymbol{A}_{11}^{-1}\boldsymbol{A}_{12}$.

10. 设 $\boldsymbol{A}\in F^{n\times n}$，$\operatorname{rank} \boldsymbol{A}=r$. 从矩阵 $\boldsymbol{A}$ 中任意取出 s 个行构成 $s\times n$ 矩阵 $\boldsymbol{B}$. 证明：$\operatorname{rank} \boldsymbol{B}\geqslant r+s-n$.

11. 设 $\boldsymbol{A}\in F^{m\times n}$，$\operatorname{rank} \boldsymbol{A}=r$，从矩阵 $\boldsymbol{A}$ 中取出 s 个行，t 个列上的交叉元素构成的 $s\times t$ 矩阵记为 $\boldsymbol{B}$. 证明：$\operatorname{rank} \boldsymbol{B}\geqslant r+s+t-m-n$.

12. 设 n 阶方阵 $\boldsymbol{A}$ 至少有 n^2-n+1 个元素为零. 证明：$\operatorname{rank} \boldsymbol{A}<n$，并求 $\operatorname{rank} \boldsymbol{A}$ 的最大值.

13. n 阶方阵 $\boldsymbol{A}$ 的附属方阵记为 $\boldsymbol{A}^*$. 证明：

(1) $\operatorname{rank} \boldsymbol{A}^*=n$ 的充分必要条件是 $\operatorname{rank} \boldsymbol{A}=n$；

(2) $\operatorname{rank} \boldsymbol{A}^*=1$ 的充分必要条件是 $\operatorname{rank} \boldsymbol{A}=n-1$；

(3) $\operatorname{rank} \boldsymbol{A}^*=0$ 的充分必要条件是 $\operatorname{rank} \boldsymbol{A}<n-1$；

(4) 当 $n>2$ 时，$(\boldsymbol{A}^*)^*=(\det \boldsymbol{A})^{n-2}\boldsymbol{A}$，当 $n=2$ 时，$(\boldsymbol{A}^*)^*=\boldsymbol{A}$.

14. 设 $\boldsymbol{A}$，$\boldsymbol{B}$ 是行数相同的矩阵，$\boldsymbol{A}$ 和 $\boldsymbol{B}$ 并排而成的矩阵记为 $(\boldsymbol{A},\boldsymbol{B})$. 证明：$\operatorname{rank}(\boldsymbol{A},\boldsymbol{B})\leqslant \operatorname{rank} \boldsymbol{A}+\operatorname{rank} \boldsymbol{B}$.

15. 设 $\boldsymbol{A}$ 是 $m\times n$ 整系数矩阵. 证明：存在可逆的 m 阶整系数矩阵 $\boldsymbol{P}$ 和 n 阶整系数矩阵 $\boldsymbol{Q}$（逆矩阵仍是整系数的整系数矩阵称为可逆的），使得

$$\boldsymbol{A}=\boldsymbol{P}\begin{pmatrix}\begin{pmatrix}d_1 & & & \\ & d_2 & & \\ & & \ddots & \\ & & & d_r\end{pmatrix} & \boldsymbol{0}\\ \boldsymbol{0} & \boldsymbol{0}\end{pmatrix}_{m\times n}\boldsymbol{Q},$$

其中 $d_1,d_2,\cdots,d_r$ 是正整数，并且 $d_i\mid d_{i+1}$，$i=1,2,\cdots,r-1$.

16. 证明：二阶幺模矩阵 $\boldsymbol{A}$ 可以表为矩阵 $\boldsymbol{P}=\begin{pmatrix}1&1\\0&1\end{pmatrix}$ 和 $\boldsymbol{Q}=\begin{pmatrix}0&1\\1&0\end{pmatrix}$ 的方幂的乘积.

17. 设 $\boldsymbol{A}\in\mathbf{R}^{n\times n}$. 证明：如果矩阵 $\boldsymbol{A}^{\mathrm{T}}\boldsymbol{A}$ 的每一个 k 阶主子式都为零，则 $\operatorname{rank} \boldsymbol{A}<k$.

18. 证明：n 阶方阵 $\boldsymbol{A}$ 都可以表为形如 $\boldsymbol{I}_{(n)}+a\boldsymbol{E}_{ij}$ 的方阵的乘积，其中 $\boldsymbol{E}_{ij}$ 是 (i,j) 系数为 1 而其他系数都为零的 n 阶方阵，$1\leqslant i,j\leqslant n$.

3.5 一些例子

矩阵在相抵下的 Hermite 标准形有着广泛的应用. 下面举例说明.

例1 $m\times n$ 矩阵$\boldsymbol{A}$为列满秩的充分必要条件是,存在 m 阶可逆方阵$\boldsymbol{P}$,使得 $\boldsymbol{A}=\boldsymbol{P}\begin{pmatrix}\boldsymbol{I}_{(n)}\\ \boldsymbol{0}\end{pmatrix}$,其中$\boldsymbol{0}$是$(m-n)\times n$ 零矩阵.

证明 充分性显然.下面证明必要性.因为 $\boldsymbol{A}$ 是列满秩的,即 $\operatorname{rank}\boldsymbol{A}=n$.因此存在 m 阶与n 阶可逆方阵$\boldsymbol{R}$ 与 $\boldsymbol{T}$,使得

$$\boldsymbol{A}=\boldsymbol{R}\begin{pmatrix}\boldsymbol{I}_{(n)}\\ \boldsymbol{0}\end{pmatrix}\boldsymbol{T}.$$

由分块矩阵的乘法,

$$\boldsymbol{A}=\boldsymbol{R}\begin{pmatrix}\boldsymbol{T}\\ \boldsymbol{0}\end{pmatrix}=\boldsymbol{R}\begin{pmatrix}\boldsymbol{T} & \boldsymbol{0}\\ \boldsymbol{0} & \boldsymbol{I}_{(m-n)}\end{pmatrix}\begin{pmatrix}\boldsymbol{I}_{(n)}\\ \boldsymbol{0}\end{pmatrix}.$$

记

$$\boldsymbol{P}=\boldsymbol{R}\begin{pmatrix}\boldsymbol{T} & \boldsymbol{0}\\ \boldsymbol{0} & \boldsymbol{I}_{(m-n)}\end{pmatrix}.$$

方阵 $\boldsymbol{P}$ 是可逆的,并且

$$\boldsymbol{A}=\boldsymbol{P}\begin{pmatrix}\boldsymbol{I}_{(n)}\\ \boldsymbol{0}\end{pmatrix}.$$

例2 设 $\boldsymbol{A}\in F^{m\times n}$.证明:$\operatorname{rank}\boldsymbol{A}=r\geqslant 1$ 的充分必要条件是,存在列满秩的 $m\times r$ 矩阵$\boldsymbol{B}$ 与行满秩的$r\times n$ 矩阵$\boldsymbol{C}$,使得 $\boldsymbol{A}=\boldsymbol{BC}$.

证明 必要性 设 $\operatorname{rank}\boldsymbol{A}=r$.则存在 m 阶与n 阶可逆方阵$\boldsymbol{P}$ 与$\boldsymbol{Q}$,使得

$$\boldsymbol{A}=\boldsymbol{P}\begin{pmatrix}\boldsymbol{I}_{(r)} & \boldsymbol{0}\\ \boldsymbol{0} & \boldsymbol{0}\end{pmatrix}\boldsymbol{Q}.$$

记

$$\boldsymbol{B}=\boldsymbol{P}\begin{pmatrix}\boldsymbol{I}_{(r)}\\ \boldsymbol{0}\end{pmatrix},\quad \boldsymbol{C}=(\boldsymbol{I}_{(r)},\boldsymbol{0})_{r\times n}\boldsymbol{Q}.$$

则 $\operatorname{rank}\boldsymbol{B}=\operatorname{rank}\boldsymbol{P}\begin{pmatrix}\boldsymbol{I}_{(r)}\\ \boldsymbol{0}\end{pmatrix}=\operatorname{rank}\begin{pmatrix}\boldsymbol{I}_{(r)}\\ \boldsymbol{0}\end{pmatrix}=r$,$\operatorname{rank}\boldsymbol{C}=\operatorname{rank}(\boldsymbol{I}_{(r)},\boldsymbol{0})\boldsymbol{Q}=\operatorname{rank}(\boldsymbol{I}_{(r)},\boldsymbol{0})=r$,即 $\boldsymbol{B}$ 与$\boldsymbol{C}$ 分别是列满秩与行满秩的,并且 $\boldsymbol{A}=\boldsymbol{BC}$.

充分性 设 $\boldsymbol{A}=\boldsymbol{BC}$,其中 $\boldsymbol{B}$ 与$\boldsymbol{C}$ 分别是列满秩与行满秩的.则由例1,

$$\boldsymbol{B}=\boldsymbol{P}\begin{pmatrix}\boldsymbol{I}_{(r)}\\ \boldsymbol{0}\end{pmatrix}_{m\times r},$$

其中 $\boldsymbol{P}$ 为m 阶可逆方阵.而 $\boldsymbol{C}^{\mathrm{T}}$ 为列满秩的,因此

$$\boldsymbol{C}^{\mathrm{T}}=\boldsymbol{Q}^{\mathrm{T}}\begin{pmatrix}\boldsymbol{I}_{(r)}\\ \boldsymbol{0}\end{pmatrix}_{n\times r},$$

其中 Q^{T} 是 n 阶可逆方阵.于是

$$A = P\begin{pmatrix} I_{(r)} \\ 0 \end{pmatrix}_{m\times r}(I_{(r)},0)_{r\times n}Q = P\begin{pmatrix} I_{(r)} & 0 \\ 0 & 0 \end{pmatrix}Q.$$

所以 rank $A = r$.例 2 证毕.

例 2 说明,任何一个矩阵都可以分解为一个列满秩矩阵与一个行满秩阵的乘积.这一事实称为矩阵的**满秩分解定理**.它有许多应用.

例 3 设 A 是给定的 $m\times n$ 矩阵,X 是 $m\times n$ 矩阵,求矩阵方程 $A^{\mathrm{T}}X = X^{\mathrm{T}}A$ 的所有解 X.

解 设 rank $A = r$.则存在 m 阶与 n 阶可逆方阵 P 与 Q,使得

$$A = P\begin{pmatrix} I_{(r)} & 0 \\ 0 & 0 \end{pmatrix}Q.$$

注意,其中的 P 与 Q 不一定唯一.取定 P_0 与 Q_0,使得

$$A = P_0\begin{pmatrix} I_{(r)} & 0 \\ 0 & 0 \end{pmatrix}Q_0.$$

代入原矩阵方程,得到

$$Q_0^{\mathrm{T}}\begin{pmatrix} I_{(r)} & 0 \\ 0 & 0 \end{pmatrix}P_0^{\mathrm{T}}X = X^{\mathrm{T}}P_0\begin{pmatrix} I_{(r)} & 0 \\ 0 & 0 \end{pmatrix}Q_0.$$

因此

$$\begin{pmatrix} I_{(r)} & 0 \\ 0 & 0 \end{pmatrix}P_0^{\mathrm{T}}XQ_0^{-1} = (P_0^{\mathrm{T}}XQ_0^{-1})^{\mathrm{T}}\begin{pmatrix} I_{(r)} & 0 \\ 0 & 0 \end{pmatrix}.$$

记

$$P_0^{\mathrm{T}}XQ_0^{-1} = Y = \begin{pmatrix} Y_{11} & Y_{12} \\ Y_{21} & Y_{22} \end{pmatrix},$$

其中 Y_{11} 是 r 阶方阵,代入上式得到

$$\begin{pmatrix} Y_{11} & Y_{12} \\ 0 & 0 \end{pmatrix} = \begin{bmatrix} Y_{11}^{\mathrm{T}} & 0 \\ Y_{12}^{\mathrm{T}} & 0 \end{bmatrix}.$$

因此,$Y_{11}^{\mathrm{T}} = Y_{11}$,$Y_{12} = 0$.于是

$$X = (P_0^{\mathrm{T}})^{-1}YQ_0 = (P_0^{\mathrm{T}})^{-1}\begin{bmatrix} Y_{11} & 0 \\ Y_{21} & Y_{22} \end{bmatrix}Q_0, \tag{3.5.1}$$

其中 Y_{11} 是任意的 r 阶对称方阵,Y_{21} 与 Y_{22} 分别是任意的$(m-r)\times r$ 与$(m-r)\times(n-r)$矩阵.这说明,原矩阵方程的解 X 应具有形式(3.5.1).

反之,容易验证,形如式(3.5.1)的矩阵 X 一定是原矩阵方程的解.因此,式

(3.5.1)给出了原矩阵方程的所有解.

例4 证明:秩为 r 的 n 阶实对称方阵 $\boldsymbol{S}$(即适合 $\boldsymbol{S}^{\mathrm{T}}=\boldsymbol{S}$)至少有一个 r 阶主子式不为零,而且所有非零的 r 阶主子式都同号.

证明 因为 $\operatorname{rank}\boldsymbol{S}=r$,所以存在 n 阶可逆方阵 $\boldsymbol{P}$ 与 $\boldsymbol{Q}$,使得

$$\boldsymbol{S}=\boldsymbol{P}\begin{pmatrix}\boldsymbol{I}_{(r)} & \boldsymbol{0}\\ \boldsymbol{0} & \boldsymbol{0}\end{pmatrix}\boldsymbol{Q}.$$

由 $\boldsymbol{S}^{\mathrm{T}}=\boldsymbol{S}$ 得到

$$\boldsymbol{Q}^{\mathrm{T}}\begin{pmatrix}\boldsymbol{I}_{(r)} & \boldsymbol{0}\\ \boldsymbol{0} & \boldsymbol{0}\end{pmatrix}\boldsymbol{P}^{\mathrm{T}}=\boldsymbol{P}\begin{pmatrix}\boldsymbol{I}_{(r)} & \boldsymbol{0}\\ \boldsymbol{0} & \boldsymbol{0}\end{pmatrix}\boldsymbol{Q},$$

即

$$\boldsymbol{P}^{-1}\boldsymbol{Q}^{\mathrm{T}}\begin{pmatrix}\boldsymbol{I}_{(r)} & \boldsymbol{0}\\ \boldsymbol{0} & \boldsymbol{0}\end{pmatrix}=\begin{pmatrix}\boldsymbol{I}_{(r)} & \boldsymbol{0}\\ \boldsymbol{0} & \boldsymbol{0}\end{pmatrix}(\boldsymbol{P}^{-1}\boldsymbol{Q}^{\mathrm{T}})^{\mathrm{T}}.$$

记

$$\boldsymbol{P}^{-1}\boldsymbol{Q}^{\mathrm{T}}=\boldsymbol{R}=\begin{bmatrix}\boldsymbol{R}_{11} & \boldsymbol{R}_{12}\\ \boldsymbol{R}_{21} & \boldsymbol{R}_{22}\end{bmatrix},$$

其中 $\boldsymbol{R}_{11}$是 r 阶方阵,代入上式得到 $\boldsymbol{R}_{11}^{\mathrm{T}}=\boldsymbol{R}_{11}$,$\boldsymbol{R}_{21}=\boldsymbol{0}$. 于是

$$\boldsymbol{P}^{-1}\boldsymbol{Q}^{\mathrm{T}}=\begin{bmatrix}\boldsymbol{R}_{11} & \boldsymbol{R}_{12}\\ \boldsymbol{0} & \boldsymbol{R}_{22}\end{bmatrix},\quad 即\ \boldsymbol{Q}^{\mathrm{T}}=\boldsymbol{P}\begin{bmatrix}\boldsymbol{R}_{11} & \boldsymbol{R}_{12}\\ \boldsymbol{0} & \boldsymbol{R}_{22}\end{bmatrix}$$

从而 $\boldsymbol{Q}=\begin{bmatrix}\boldsymbol{R}_{11} & \boldsymbol{0}\\ \boldsymbol{R}_{12}^{\mathrm{T}} & \boldsymbol{R}_{22}^{\mathrm{T}}\end{bmatrix}\boldsymbol{P}^{\mathrm{T}}$. 因此

$$\boldsymbol{S}=\boldsymbol{P}\begin{pmatrix}\boldsymbol{I}_{(r)} & \boldsymbol{0}\\ \boldsymbol{0} & \boldsymbol{0}\end{pmatrix}\begin{bmatrix}\boldsymbol{R}_{11} & \boldsymbol{0}\\ \boldsymbol{R}_{12}^{\mathrm{T}} & \boldsymbol{R}_{22}^{\mathrm{T}}\end{bmatrix}\boldsymbol{P}^{\mathrm{T}}=\boldsymbol{P}\begin{pmatrix}\boldsymbol{R}_{11} & \boldsymbol{0}\\ \boldsymbol{0} & \boldsymbol{0}\end{pmatrix}\boldsymbol{P}^{\mathrm{T}}.$$

由于方阵 $\boldsymbol{P}$ 可逆,所以

$$\operatorname{rank}\boldsymbol{S}=\operatorname{rank}\begin{pmatrix}\boldsymbol{R}_{11} & \boldsymbol{0}\\ \boldsymbol{0} & \boldsymbol{0}\end{pmatrix}=\operatorname{rank}\boldsymbol{R}_{11}=r.$$

由于 $\boldsymbol{R}_{11}$是 r 阶的,因此,$\boldsymbol{R}_{11}$是可逆对称方阵.

现在设 $\boldsymbol{S}\begin{pmatrix}i_1\,i_2\cdots i_r\\ i_1\,i_2\cdots i_r\end{pmatrix}$是方阵 $\boldsymbol{S}$ 的任意 r 阶主子式,$1\leqslant i_1<i_2<\cdots<i_r\leqslant n$. 由 Binet-Cauchy 公式,

$$\boldsymbol{S}\begin{pmatrix}i_1\,i_2\cdots i_r\\ i_1\,i_2\cdots i_r\end{pmatrix}=\boldsymbol{P}\begin{pmatrix}i_1\,i_2\cdots i_r\\ 1\ 2\ \cdots\ r\end{pmatrix}^2\det\boldsymbol{R}_{11}.\tag{3.5.2}$$

由此可以看出,如果方阵 $\boldsymbol{S}$ 的所有 r 阶主子式都为零,则对任意 $i_1,i_2,\cdots,i_r$,$1\leqslant$

$i_1<i_2<\cdots<i_r\leqslant n$，$\boldsymbol{P}\begin{pmatrix} i_1\, i_2 \cdots i_r \\ 1\ 2 \cdots r \end{pmatrix}=0$. 于是，对行列式 $\det \boldsymbol{P}$ 的前 r 列作 Laplace 展开，得到

$$\det \boldsymbol{P} = \sum_{1\leqslant i_1<i_2<\cdots<i_r\leqslant n} \boldsymbol{P}\begin{pmatrix} i_1\, i_2 \cdots i_r \\ 1\ 2 \cdots r \end{pmatrix} \boldsymbol{P}\begin{pmatrix} i_{r+1} & i_{r+2} & \cdots & i_n \\ r+1 & r+2 & \cdots & n \end{pmatrix} = 0,$$

和方阵 $\boldsymbol{P}$ 可逆矛盾. 因此，方阵 $\boldsymbol{S}$ 至少有一个 r 阶主子式不为零. 另外，由式(3.5.2)可以看出，方阵 $\boldsymbol{S}$ 的任意 r 阶非零主子式都和行列式 $\det \boldsymbol{R}_{11}$ 同号. 因此，对称方阵 $\boldsymbol{S}$ 的所有 r 阶非零主子式都同号.

例 5 证明：n 阶幂等方阵 $\boldsymbol{A}$（即适合 $\boldsymbol{A}^2=\boldsymbol{A}$）的秩等于它的迹.

证明 设 $\operatorname{rank} \boldsymbol{A}=r$，则存在 n 阶可逆方阵 $\boldsymbol{P}$ 和 $\boldsymbol{Q}$，使得

$$\boldsymbol{A} = \boldsymbol{P}\begin{pmatrix} \boldsymbol{I}_{(r)} & \boldsymbol{0} \\ \boldsymbol{0} & \boldsymbol{0} \end{pmatrix}\boldsymbol{Q}.$$

因为方阵 $\boldsymbol{A}$ 是幂等的，所以

$$\boldsymbol{P}\begin{pmatrix} \boldsymbol{I}_{(r)} & \boldsymbol{0} \\ \boldsymbol{0} & \boldsymbol{0} \end{pmatrix}\boldsymbol{QP}\begin{pmatrix} \boldsymbol{I}_{(r)} & \boldsymbol{0} \\ \boldsymbol{0} & \boldsymbol{0} \end{pmatrix}\boldsymbol{Q} = \boldsymbol{P}\begin{pmatrix} \boldsymbol{I}_{(r)} & \boldsymbol{0} \\ \boldsymbol{0} & \boldsymbol{0} \end{pmatrix}\boldsymbol{Q},$$

即

$$\begin{pmatrix} \boldsymbol{I}_{(r)} & \boldsymbol{0} \\ \boldsymbol{0} & \boldsymbol{0} \end{pmatrix}\boldsymbol{QP}\begin{pmatrix} \boldsymbol{I}_{(r)} & \boldsymbol{0} \\ \boldsymbol{0} & \boldsymbol{0} \end{pmatrix} = \begin{pmatrix} \boldsymbol{I}_{(r)} & \boldsymbol{0} \\ \boldsymbol{0} & \boldsymbol{0} \end{pmatrix}.$$

记 $\boldsymbol{QP}=\boldsymbol{R}=\begin{pmatrix} \boldsymbol{R}_{11} & \boldsymbol{R}_{12} \\ \boldsymbol{R}_{21} & \boldsymbol{R}_{22} \end{pmatrix}$，其中 $\boldsymbol{R}_{11}$ 是 r 阶方阵. 则上式化为

$$\begin{pmatrix} \boldsymbol{R}_{11} & \boldsymbol{0} \\ \boldsymbol{0} & \boldsymbol{0} \end{pmatrix} = \begin{pmatrix} \boldsymbol{I}_{(r)} & \boldsymbol{0} \\ \boldsymbol{0} & \boldsymbol{0} \end{pmatrix}.$$

因此，$\boldsymbol{R}_{11}=\boldsymbol{I}_{(r)}$. 所以，$\boldsymbol{Q}=\begin{pmatrix} \boldsymbol{I}_{(r)} & \boldsymbol{R}_{12} \\ \boldsymbol{R}_{21} & \boldsymbol{R}_{22} \end{pmatrix}\boldsymbol{P}^{-1}$. 于是

$$\boldsymbol{A} = \boldsymbol{P}\begin{pmatrix} \boldsymbol{I}_{(r)} & \boldsymbol{0} \\ \boldsymbol{0} & \boldsymbol{0} \end{pmatrix}\begin{bmatrix} \boldsymbol{I}_{(r)} & \boldsymbol{R}_{12} \\ \boldsymbol{R}_{21} & \boldsymbol{R}_{22} \end{bmatrix}\boldsymbol{P}^{-1} = \boldsymbol{P}\begin{pmatrix} \boldsymbol{I}_{(r)} & \boldsymbol{R}_{12} \\ \boldsymbol{0} & \boldsymbol{0} \end{pmatrix}\boldsymbol{P}^{-1}.$$

由第 3 章 3.2 节 tr 函数的性质 2°，可得

$$\operatorname{tr}\boldsymbol{A} = \operatorname{tr}\boldsymbol{P}^{-1}\boldsymbol{P}\begin{pmatrix} \boldsymbol{I}_{(r)} & \boldsymbol{R}_{12} \\ \boldsymbol{0} & \boldsymbol{0} \end{pmatrix} = \operatorname{tr}\begin{pmatrix} \boldsymbol{I}_{(r)} & \boldsymbol{R}_{12} \\ \boldsymbol{0} & \boldsymbol{0} \end{pmatrix} = r.$$

从上节知道，在讨论矩阵在相抵下的分类问题时，矩阵的初等变换起着重要作用. 矩阵的初等变换可以推广到分块矩阵. 设 $m\times n$ 矩阵 $\boldsymbol{A}$ 分块为 $\boldsymbol{A}=\begin{pmatrix} \boldsymbol{A}_{11} & \boldsymbol{A}_{12} \\ \boldsymbol{A}_{21} & \boldsymbol{A}_{22} \end{pmatrix}$，其中 $\boldsymbol{A}_{11}$ 为 $s\times t$ 子矩阵. 则

1. $\begin{pmatrix} \mathbf{0} & \boldsymbol{I}_{(m-s)} \\ \boldsymbol{I}_{(s)} & \mathbf{0} \end{pmatrix}\begin{pmatrix} \boldsymbol{A}_{11} & \boldsymbol{A}_{12} \\ \boldsymbol{A}_{21} & \boldsymbol{A}_{22} \end{pmatrix}=\begin{pmatrix} \boldsymbol{A}_{21} & \boldsymbol{A}_{22} \\ \boldsymbol{A}_{11} & \boldsymbol{A}_{12} \end{pmatrix}$,

$\begin{pmatrix} \boldsymbol{A}_{11} & \boldsymbol{A}_{12} \\ \boldsymbol{A}_{21} & \boldsymbol{A}_{22} \end{pmatrix}\begin{bmatrix} \mathbf{0} & \boldsymbol{I}_{(t)} \\ \boldsymbol{I}_{(n-t)} & \mathbf{0} \end{bmatrix}=\begin{pmatrix} \boldsymbol{A}_{12} & \boldsymbol{A}_{11} \\ \boldsymbol{A}_{22} & \boldsymbol{A}_{21} \end{pmatrix}$.

即将分块矩阵的每个小块当成一个元素，对换分块矩阵 $\boldsymbol{A}$ 的两行（或列）可以通过左乘（或右乘）以形如$\begin{pmatrix} \mathbf{0} & \boldsymbol{I} \\ \boldsymbol{I} & \mathbf{0} \end{pmatrix}$的分块矩阵实现.

2. $\begin{bmatrix} \boldsymbol{I}_{(s)} & \boldsymbol{B} \\ \mathbf{0} & \boldsymbol{I}_{(m-s)} \end{bmatrix}\begin{pmatrix} \boldsymbol{A}_{11} & \boldsymbol{A}_{12} \\ \boldsymbol{A}_{21} & \boldsymbol{A}_{22} \end{pmatrix}=\begin{bmatrix} \boldsymbol{A}_{11}+\boldsymbol{B}\boldsymbol{A}_{21} & \boldsymbol{A}_{12}+\boldsymbol{B}\boldsymbol{A}_{22} \\ \boldsymbol{A}_{21} & \boldsymbol{A}_{22} \end{bmatrix}$,

$\begin{bmatrix} \boldsymbol{I}_{(s)} & \mathbf{0} \\ \boldsymbol{C} & \boldsymbol{I}_{(m-s)} \end{bmatrix}\begin{pmatrix} \boldsymbol{A}_{11} & \boldsymbol{A}_{12} \\ \boldsymbol{A}_{21} & \boldsymbol{A}_{22} \end{pmatrix}=\begin{bmatrix} \boldsymbol{A}_{11} & \boldsymbol{A}_{12} \\ \boldsymbol{A}_{21}+\boldsymbol{C}\boldsymbol{A}_{11} & \boldsymbol{A}_{22}+\boldsymbol{C}\boldsymbol{A}_{12} \end{bmatrix}$.

即用某个矩阵左乘分块矩阵 $\boldsymbol{A}$ 的某一行，并加到另一行，可以按上述方式左乘一个分块矩阵实现. 对列也有类似的结论. 容易看出，如果在上式中令 $\boldsymbol{A}_{21}+\boldsymbol{C}\boldsymbol{A}_{11}=\mathbf{0}$，且设 $\boldsymbol{A}_{11}$可逆，则 $\boldsymbol{C}=-\boldsymbol{A}_{21}\boldsymbol{A}_{11}^{-1}$. 于是就得到 Schur 公式 1. 所以，Schur 公式只是对分块矩阵施行初等变换的特殊情形而已.

3. $\begin{pmatrix} \boldsymbol{I}_{(s)} & \mathbf{0} \\ \mathbf{0} & \boldsymbol{B} \end{pmatrix}\begin{pmatrix} \boldsymbol{A}_{11} & \boldsymbol{A}_{12} \\ \boldsymbol{A}_{21} & \boldsymbol{A}_{22} \end{pmatrix}=\begin{bmatrix} \boldsymbol{A}_{11} & \boldsymbol{A}_{12} \\ \boldsymbol{B}\boldsymbol{A}_{21} & \boldsymbol{B}\boldsymbol{A}_{22} \end{bmatrix}$,

$\begin{pmatrix} \boldsymbol{C} & \mathbf{0} \\ \mathbf{0} & \boldsymbol{I}_{(m-s)} \end{pmatrix}\begin{pmatrix} \boldsymbol{A}_{11} & \boldsymbol{A}_{12} \\ \boldsymbol{A}_{21} & \boldsymbol{A}_{22} \end{pmatrix}=\begin{bmatrix} \boldsymbol{C}\boldsymbol{A}_{11} & \boldsymbol{C}\boldsymbol{A}_{12} \\ \boldsymbol{A}_{21} & \boldsymbol{A}_{22} \end{bmatrix}$.

即用某个矩阵左乘分块矩阵 $\boldsymbol{A}$ 的某一行，可能按上述方式左乘一个分块矩阵实现. 对列也有类似的结果.

分块矩阵的初等变换可以用来证明有关矩阵的秩的许多命题. 在利用分块矩阵的初等变换证明秩的命题时，经常用到下述显而易见的事实. 其正确性请读者自行证明.

1. 矩阵 $\boldsymbol{A}$ 分块后，矩阵 $\boldsymbol{A}$ 中某个块的秩不超过整个矩阵 $\boldsymbol{A}$ 的秩；

2. 设 $\boldsymbol{A}\in F^{m\times n}$，$\boldsymbol{B}\in F^{p\times q}$，则

$$\operatorname{rank}\begin{pmatrix} \boldsymbol{A} & \mathbf{0} \\ \mathbf{0} & \boldsymbol{B} \end{pmatrix}=\operatorname{rank}\boldsymbol{A}+\operatorname{rank}\boldsymbol{B};$$

3. 设 $\boldsymbol{A}\in F^{m\times n}$，$\boldsymbol{B}\in F^{p\times q}$，$\boldsymbol{C}\in F^{m\times q}$，则

$$\operatorname{rank}\begin{pmatrix} \boldsymbol{A} & \boldsymbol{C} \\ \mathbf{0} & \boldsymbol{B} \end{pmatrix}\geqslant\operatorname{rank}\begin{pmatrix} \boldsymbol{A} & \mathbf{0} \\ \mathbf{0} & \boldsymbol{B} \end{pmatrix}.$$

例 6　(Frobenius 秩不等式)设 $\boldsymbol{A}\in F^{m\times n}$，$\boldsymbol{B}\in F^{n\times p}$，$\boldsymbol{C}\in F^{p\times q}$. 证明：

$$\operatorname{rank} \boldsymbol{AB} + \operatorname{rank} \boldsymbol{BC} - \operatorname{rank} \boldsymbol{B} \leqslant \operatorname{rank} \boldsymbol{ABC}, \tag{3.5.3}$$

其中等号成立的充分必要条件是矩阵

$$\begin{pmatrix} \boldsymbol{AB} & \boldsymbol{0} \\ \boldsymbol{0} & \boldsymbol{BC} \end{pmatrix} \quad 与 \quad \begin{pmatrix} \boldsymbol{AB} & \boldsymbol{0} \\ \boldsymbol{B} & \boldsymbol{BC} \end{pmatrix}$$

相抵.

证明 由式(3.5.3)得到

$$\operatorname{rank} \boldsymbol{AB} + \operatorname{rank} \boldsymbol{BC} \leqslant \operatorname{rank} \boldsymbol{ABC} + \operatorname{rank} \boldsymbol{B}.$$

因此式(3.5.3)等价于

$$\operatorname{rank}\begin{pmatrix} \boldsymbol{AB} & \boldsymbol{0} \\ \boldsymbol{0} & \boldsymbol{BC} \end{pmatrix} \leqslant \operatorname{rank}\begin{pmatrix} \boldsymbol{ABC} & \boldsymbol{0} \\ \boldsymbol{0} & \boldsymbol{B} \end{pmatrix}. \tag{3.5.4}$$

由于

$$\begin{bmatrix} \boldsymbol{I}_{(m)} & \boldsymbol{A} \\ \boldsymbol{0} & \boldsymbol{I}_{(n)} \end{bmatrix}\begin{pmatrix} \boldsymbol{ABC} & \boldsymbol{0} \\ \boldsymbol{0} & \boldsymbol{B} \end{pmatrix}\begin{bmatrix} \boldsymbol{I}_{(q)} & \boldsymbol{0} \\ -\boldsymbol{C} & \boldsymbol{I}_{(p)} \end{bmatrix}\begin{bmatrix} \boldsymbol{0} & -\boldsymbol{I}_{(q)} \\ \boldsymbol{I}_{(p)} & \boldsymbol{0} \end{bmatrix} = \begin{pmatrix} \boldsymbol{AB} & \boldsymbol{0} \\ \boldsymbol{B} & \boldsymbol{BC} \end{pmatrix}, \tag{3.5.5}$$

其中方阵

$$\begin{bmatrix} \boldsymbol{I}_{(m)} & \boldsymbol{A} \\ \boldsymbol{0} & \boldsymbol{I}_{(n)} \end{bmatrix}, \quad \begin{bmatrix} \boldsymbol{I}_{(q)} & \boldsymbol{0} \\ -\boldsymbol{C} & \boldsymbol{I}_{(p)} \end{bmatrix}, \quad \begin{bmatrix} \boldsymbol{0} & -\boldsymbol{I}_{(q)} \\ \boldsymbol{I}_{(p)} & \boldsymbol{0} \end{bmatrix}$$

都是可逆的,因此由上节定理 2,

$$\operatorname{rank}\begin{pmatrix} \boldsymbol{ABC} & \boldsymbol{0} \\ \boldsymbol{0} & \boldsymbol{B} \end{pmatrix} = \operatorname{rank}\begin{pmatrix} \boldsymbol{AB} & \boldsymbol{0} \\ \boldsymbol{B} & \boldsymbol{BC} \end{pmatrix}.$$

由命题 3,

$$\operatorname{rank}\begin{pmatrix} \boldsymbol{AB} & \boldsymbol{0} \\ \boldsymbol{0} & \boldsymbol{BC} \end{pmatrix} \leqslant \operatorname{rank}\begin{pmatrix} \boldsymbol{AB} & \boldsymbol{0} \\ \boldsymbol{B} & \boldsymbol{BC} \end{pmatrix} = \operatorname{rank}\begin{pmatrix} \boldsymbol{ABC} & \boldsymbol{0} \\ \boldsymbol{0} & \boldsymbol{B} \end{pmatrix}. \tag{3.5.6}$$

这就证明式(3.5.3)成立,容易看出,式(3.5.3)中等式成立的充分必要条件是式(3.5.6)等号成立.

特别地,当 B 取为 n 阶单位方阵时,Frobenius 秩不等式即为

$$\operatorname{rank} \boldsymbol{A} + \operatorname{rank} \boldsymbol{C} - n \leqslant \operatorname{rank} \boldsymbol{AC}.$$

结合上节定理 1,即有

$$\operatorname{rank} \boldsymbol{A} + \operatorname{rank} \boldsymbol{B} - n \leqslant \operatorname{rank} \boldsymbol{AB} \leqslant \min\{\operatorname{rank} \boldsymbol{A}, \operatorname{rank} \boldsymbol{B}\},$$

其中 $\boldsymbol{A} \in F^{m \times n}$,$\boldsymbol{B} \in F^{n \times p}$. 这就是 Sylvester 秩不等式.

例 7 设 n 阶方阵 $\boldsymbol{A}_1, \boldsymbol{A}_2, \cdots, \boldsymbol{A}_k$ 满足 $\boldsymbol{A}_1 + \boldsymbol{A}_2 + \cdots + \boldsymbol{A}_k = \boldsymbol{I}_{(n)}$. 证明:方阵 $\boldsymbol{A}_1, \boldsymbol{A}_2, \cdots, \boldsymbol{A}_k$ 为幂等的充分必要条件是 $\operatorname{rank} \boldsymbol{A}_1 + \operatorname{rank} \boldsymbol{A}_2 + \cdots + \operatorname{rank} \boldsymbol{A}_k = n$.

特别地,当 $k=2$ 时,记 $\boldsymbol{A}=\boldsymbol{A}_1,\boldsymbol{B}=\boldsymbol{A}_2=\boldsymbol{I}_{(n)}-\boldsymbol{A}$.如果方阵 $\boldsymbol{A}$ 为幂等的,则

$$\boldsymbol{B}^2=(\boldsymbol{I}_{(n)}-\boldsymbol{A})^2=\boldsymbol{I}_{(n)}-2\boldsymbol{A}+\boldsymbol{A}^2=\boldsymbol{I}_{(n)}-\boldsymbol{A}=\boldsymbol{B}.$$

因此,命题化为:n 阶方阵 $\boldsymbol{A}$ 为幂等的充分必要条件是,$\operatorname{rank}\boldsymbol{A}+\operatorname{rank}(\boldsymbol{I}_{(n)}-\boldsymbol{A})=n$.

证明 必要性 设方阵 $\boldsymbol{A}_1,\boldsymbol{A}_2,\cdots,\boldsymbol{A}_k$ 为幂等的.则由例5,$\operatorname{rank}\boldsymbol{A}_i=\operatorname{tr}\boldsymbol{A}_i$,$1\leqslant i\leqslant k$.因此

$$\operatorname{rank}\boldsymbol{A}_1+\operatorname{rank}\boldsymbol{A}_2+\cdots+\operatorname{rank}\boldsymbol{A}_k=\operatorname{tr}\boldsymbol{A}_1+\operatorname{tr}\boldsymbol{A}_2+\cdots+\operatorname{tr}\boldsymbol{A}_k.$$

由于 $\operatorname{tr}\boldsymbol{A}$ 是方阵 $\boldsymbol{A}$ 的线性函数,所以

$$\operatorname{rank}\boldsymbol{A}_1+\operatorname{rank}\boldsymbol{A}_2+\cdots+\operatorname{rank}\boldsymbol{A}_k=\operatorname{tr}(\boldsymbol{A}_1+\boldsymbol{A}_2+\cdots+\boldsymbol{A}_k)=\operatorname{tr}\boldsymbol{I}_{(n)}=n.$$

充分性 当 $k=2$ 时,

$$\operatorname{rank}\boldsymbol{A}_1+\operatorname{rank}\boldsymbol{A}_2=\operatorname{rank}\begin{pmatrix}\boldsymbol{A}_1&\boldsymbol{0}\\\boldsymbol{0}&\boldsymbol{A}_2\end{pmatrix}=\operatorname{rank}\begin{pmatrix}\boldsymbol{A}_1&\boldsymbol{0}\\\boldsymbol{0}&\boldsymbol{I}_{(n)}-\boldsymbol{A}_1\end{pmatrix}.$$

由于

$$\begin{pmatrix}\boldsymbol{I}_{(n)}&\boldsymbol{A}_1-\boldsymbol{I}_{(n)}\\\boldsymbol{0}&\boldsymbol{I}_{(n)}\end{pmatrix}\begin{pmatrix}\boldsymbol{0}&\boldsymbol{I}_{(n)}\\\boldsymbol{I}_{(n)}&\boldsymbol{0}\end{pmatrix}\begin{pmatrix}\boldsymbol{I}_{(n)}&\boldsymbol{I}_{(n)}\\\boldsymbol{0}&\boldsymbol{I}_{(n)}\end{pmatrix}\begin{pmatrix}\boldsymbol{A}_1&\boldsymbol{0}\\\boldsymbol{0}&\boldsymbol{I}_{(n)}-\boldsymbol{A}_1\end{pmatrix}$$
$$\cdot\begin{pmatrix}\boldsymbol{I}_{(n)}&\boldsymbol{I}_{(n)}\\\boldsymbol{0}&\boldsymbol{I}_{(n)}\end{pmatrix}\begin{pmatrix}\boldsymbol{I}_{(n)}&\boldsymbol{0}\\-\boldsymbol{A}&\boldsymbol{I}_{(n)}\end{pmatrix}=\begin{pmatrix}\boldsymbol{A}_1^2-\boldsymbol{A}_1&\boldsymbol{0}\\\boldsymbol{0}&\boldsymbol{I}_{(n)}\end{pmatrix},$$

因此

$$\begin{aligned}\operatorname{rank}\boldsymbol{A}_1+\operatorname{rank}\boldsymbol{A}_2&=\operatorname{rank}\begin{pmatrix}\boldsymbol{A}_1&\boldsymbol{0}\\\boldsymbol{0}&\boldsymbol{I}_{(n)}-\boldsymbol{A}_1\end{pmatrix}=\operatorname{rank}\begin{pmatrix}\boldsymbol{A}_1^2-\boldsymbol{A}_1&\boldsymbol{0}\\\boldsymbol{0}&\boldsymbol{I}_{(n)}\end{pmatrix}\\&=\operatorname{rank}(\boldsymbol{A}_1^2-\boldsymbol{A}_1)+\operatorname{rank}\boldsymbol{I}_{(n)}\\&=n+\operatorname{rank}(\boldsymbol{A}_1^2-\boldsymbol{A}_1).\end{aligned}$$

所以,$\operatorname{rank}(\boldsymbol{A}_1^2-\boldsymbol{A}_1)=0$.即 $\boldsymbol{A}_1^2=\boldsymbol{A}_1$.这就证明,方阵 $\boldsymbol{A}_1$ 是幂等的.

现在转到一般的 k.记 $\boldsymbol{B}_i=\boldsymbol{A}_1+\boldsymbol{A}_2+\cdots+\boldsymbol{A}_{i-1}+\boldsymbol{A}_{i+1}+\cdots+\boldsymbol{A}_k$.则 $\boldsymbol{A}_i+\boldsymbol{B}_i=\boldsymbol{I}_{(n)}$,$1\leqslant i\leqslant k$.因为

$$\begin{aligned}\operatorname{rank}\boldsymbol{B}_i&=\operatorname{rank}(\boldsymbol{A}_1+\cdots+\boldsymbol{A}_{i-1}+\boldsymbol{A}_{i+1}+\cdots+\boldsymbol{A}_k)\\&\leqslant\operatorname{rank}\boldsymbol{A}_1+\cdots+\operatorname{rank}\boldsymbol{A}_{i-1}+\operatorname{rank}\boldsymbol{A}_{i+1}+\cdots+\operatorname{rank}\boldsymbol{A}_k,\end{aligned}$$

并且 $\operatorname{rank}\boldsymbol{A}_1+\operatorname{rank}\boldsymbol{A}_2+\cdots+\operatorname{rank}\boldsymbol{A}_k=n$,所以

$$\operatorname{rank}\boldsymbol{B}_i\leqslant n-\operatorname{rank}\boldsymbol{A}_i,$$

即

$$\operatorname{rank}\boldsymbol{A}_i+\operatorname{rank}\boldsymbol{B}_i\leqslant n.$$

另一方面，

$$\operatorname{rank} \boldsymbol{A}_i + \operatorname{rank} \boldsymbol{B}_i \geqslant \operatorname{rank}(\boldsymbol{A}_i + \boldsymbol{B}_i) = \operatorname{rank} \boldsymbol{I}_{(n)} = n.$$

因此

$$\operatorname{rank} \boldsymbol{A}_i + \operatorname{rank} \boldsymbol{B}_i = n, \quad 1 \leqslant i \leqslant k.$$

这说明，方阵 $\boldsymbol{A}_i$ 与 $\boldsymbol{B}_i$ 满足 $k=2$ 时的条件.由上面的证明，方阵 $\boldsymbol{A}_i$ 是幂等的，$i=1,2,\cdots,k$.

例 8 (Roth,1952)设 $\boldsymbol{A}\in F^{m\times n}$，$\boldsymbol{B}\in F^{p\times q}$，$\boldsymbol{C}\in F^{m\times q}$，$\boldsymbol{X}\in F^{n\times q}$，$\boldsymbol{Y}\in F^{m\times p}$.则矩阵方程

$$\boldsymbol{AX} - \boldsymbol{YB} = \boldsymbol{C} \tag{3.5.7}$$

有解的充分必要条件是矩阵

$$\begin{pmatrix} \boldsymbol{A} & \boldsymbol{0} \\ \boldsymbol{0} & \boldsymbol{B} \end{pmatrix} \quad 与 \quad \begin{pmatrix} \boldsymbol{A} & \boldsymbol{C} \\ \boldsymbol{0} & \boldsymbol{B} \end{pmatrix}$$

相抵.

证明 必要性 设 $\boldsymbol{X},\boldsymbol{Y}$ 是方程(3.5.7)的解.则

$$\begin{pmatrix} \boldsymbol{I}_{(m)} & -\boldsymbol{Y} \\ \boldsymbol{0} & \boldsymbol{I}_{(p)} \end{pmatrix} \begin{pmatrix} \boldsymbol{A} & \boldsymbol{0} \\ \boldsymbol{0} & \boldsymbol{B} \end{pmatrix} \begin{pmatrix} \boldsymbol{I}_{(n)} & \boldsymbol{X} \\ \boldsymbol{0} & \boldsymbol{I}_{(q)} \end{pmatrix} = \begin{pmatrix} \boldsymbol{A} & \boldsymbol{AX}-\boldsymbol{YB} \\ \boldsymbol{0} & \boldsymbol{B} \end{pmatrix} = \begin{pmatrix} \boldsymbol{A} & \boldsymbol{C} \\ \boldsymbol{0} & \boldsymbol{B} \end{pmatrix}.$$

因此矩阵

$$\begin{pmatrix} \boldsymbol{A} & \boldsymbol{0} \\ \boldsymbol{0} & \boldsymbol{B} \end{pmatrix} \quad 与 \quad \begin{pmatrix} \boldsymbol{A} & \boldsymbol{C} \\ \boldsymbol{0} & \boldsymbol{B} \end{pmatrix}$$

相抵.

充分性 设矩阵

$$\begin{pmatrix} \boldsymbol{A} & \boldsymbol{0} \\ \boldsymbol{0} & \boldsymbol{B} \end{pmatrix} \quad 与 \quad \begin{pmatrix} \boldsymbol{A} & \boldsymbol{C} \\ \boldsymbol{0} & \boldsymbol{B} \end{pmatrix}$$

相抵，则

$$\operatorname{rank}\begin{pmatrix} \boldsymbol{A} & \boldsymbol{0} \\ \boldsymbol{0} & \boldsymbol{B} \end{pmatrix} = \operatorname{rank}\begin{pmatrix} \boldsymbol{A} & \boldsymbol{C} \\ \boldsymbol{0} & \boldsymbol{B} \end{pmatrix}. \tag{3.5.8}$$

记 $\operatorname{rank} \boldsymbol{A}=r$，$\operatorname{rank} \boldsymbol{B}=s$，则存在可逆的 $\boldsymbol{P}\in F^{m\times m}$，$\boldsymbol{Q}\in F^{n\times n}$，$\boldsymbol{R}\in F^{p\times p}$ 与 $\boldsymbol{T}\in F^{q\times q}$，使得

$$\boldsymbol{PAQ} = \begin{pmatrix} \boldsymbol{I}_{(r)} & 0 \\ 0 & 0 \end{pmatrix}, \quad \boldsymbol{RBT} = \begin{pmatrix} \boldsymbol{I}_{(s)} & 0 \\ 0 & 0 \end{pmatrix}.$$

于是

$$\begin{pmatrix} \boldsymbol{P} & \boldsymbol{0} \\ \boldsymbol{0} & \boldsymbol{R} \end{pmatrix}\begin{pmatrix} \boldsymbol{A} & \boldsymbol{0} \\ \boldsymbol{0} & \boldsymbol{B} \end{pmatrix}\begin{pmatrix} \boldsymbol{Q} & \boldsymbol{0} \\ \boldsymbol{0} & \boldsymbol{T} \end{pmatrix} = \begin{bmatrix} \boldsymbol{I}_{(r)} & \boldsymbol{0} & \boldsymbol{0} & \boldsymbol{0} \\ \boldsymbol{0} & \boldsymbol{0} & \boldsymbol{0} & \boldsymbol{0} \\ \boldsymbol{0} & \boldsymbol{0} & \boldsymbol{I}_{(s)} & \boldsymbol{0} \\ \boldsymbol{0} & \boldsymbol{0} & \boldsymbol{0} & \boldsymbol{0} \end{bmatrix}, \tag{3.5.9}$$

$$\begin{pmatrix} \boldsymbol{P} & \boldsymbol{0} \\ \boldsymbol{0} & \boldsymbol{R} \end{pmatrix}\begin{pmatrix} \boldsymbol{A} & \boldsymbol{C} \\ \boldsymbol{0} & \boldsymbol{B} \end{pmatrix}\begin{pmatrix} \boldsymbol{Q} & \boldsymbol{0} \\ \boldsymbol{0} & \boldsymbol{T} \end{pmatrix} = \begin{bmatrix} \boldsymbol{I}_{(r)} & \boldsymbol{0} & \boldsymbol{C}_{11} & \boldsymbol{C}_{12} \\ \boldsymbol{0} & \boldsymbol{0} & \boldsymbol{C}_{21} & \boldsymbol{C}_{22} \\ \boldsymbol{0} & \boldsymbol{0} & \boldsymbol{I}_{(s)} & \boldsymbol{0} \\ \boldsymbol{0} & \boldsymbol{0} & \boldsymbol{0} & \boldsymbol{0} \end{bmatrix},$$

其中 $\boldsymbol{C}_{11} \in F^{r\times s}$，$\boldsymbol{C}_{22} \in F^{(m-r)\times(q-s)}$，且

$$\boldsymbol{PCT} = \begin{pmatrix} \boldsymbol{C}_{11} & \boldsymbol{C}_{12} \\ \boldsymbol{C}_{21} & \boldsymbol{C}_{22} \end{pmatrix}.$$

记

$$\boldsymbol{K} = \begin{pmatrix} \boldsymbol{C}_{11} & \boldsymbol{0} \\ \boldsymbol{C}_{21} & \boldsymbol{0} \end{pmatrix}, \quad \boldsymbol{L} = \begin{pmatrix} \boldsymbol{0} & \boldsymbol{C}_{12} \\ \boldsymbol{0} & \boldsymbol{0} \end{pmatrix},$$

其中 $\boldsymbol{K} \in F^{m\times p}$，$\boldsymbol{L} \in F^{n\times q}$，则

$$\begin{bmatrix} \boldsymbol{I}_{(m)} & -\boldsymbol{K} \\ \boldsymbol{0} & \boldsymbol{I}_{(n)} \end{bmatrix}\begin{pmatrix} \boldsymbol{P} & \boldsymbol{0} \\ \boldsymbol{0} & \boldsymbol{R} \end{pmatrix}\begin{pmatrix} \boldsymbol{A} & \boldsymbol{C} \\ \boldsymbol{0} & \boldsymbol{B} \end{pmatrix}\begin{pmatrix} \boldsymbol{Q} & \boldsymbol{0} \\ \boldsymbol{0} & \boldsymbol{T} \end{pmatrix}\begin{bmatrix} \boldsymbol{I}_{(n)} & -\boldsymbol{L} \\ \boldsymbol{0} & \boldsymbol{I}_{(q)} \end{bmatrix} = \begin{bmatrix} \boldsymbol{I}_{(r)} & \boldsymbol{0} & \boldsymbol{0} & \boldsymbol{0} \\ \boldsymbol{0} & \boldsymbol{0} & \boldsymbol{0} & \boldsymbol{C}_{22} \\ \boldsymbol{0} & \boldsymbol{0} & \boldsymbol{I}_{(s)} & \boldsymbol{0} \\ \boldsymbol{0} & \boldsymbol{0} & \boldsymbol{0} & \boldsymbol{0} \end{bmatrix}. \tag{3.5.10}$$

由式(3.5.8)～(3.5.10)，$\boldsymbol{C}_{22} = \boldsymbol{0}$. 因此

$$\begin{pmatrix} \boldsymbol{A} & \boldsymbol{C} \\ \boldsymbol{0} & \boldsymbol{B} \end{pmatrix} = \begin{bmatrix} \boldsymbol{P}^{-1} & \boldsymbol{0} \\ \boldsymbol{0} & \boldsymbol{R}^{-1} \end{bmatrix}\begin{bmatrix} \boldsymbol{I}_{(m)} & \boldsymbol{K} \\ \boldsymbol{0} & \boldsymbol{I}_{(n)} \end{bmatrix}\begin{pmatrix} \boldsymbol{P} & \boldsymbol{0} \\ \boldsymbol{0} & \boldsymbol{R} \end{pmatrix}\begin{pmatrix} \boldsymbol{A} & \boldsymbol{0} \\ \boldsymbol{0} & \boldsymbol{B} \end{pmatrix} \cdot \begin{pmatrix} \boldsymbol{Q} & \boldsymbol{0} \\ \boldsymbol{0} & \boldsymbol{T} \end{pmatrix}\begin{bmatrix} \boldsymbol{I}_{(n)} & \boldsymbol{L} \\ \boldsymbol{0} & \boldsymbol{I}_{(q)} \end{bmatrix}\begin{bmatrix} \boldsymbol{Q}^{-1} & \boldsymbol{0} \\ \boldsymbol{0} & \boldsymbol{T}^{-1} \end{bmatrix}.$$

由此得到

$$\boldsymbol{C} = \boldsymbol{A}(\boldsymbol{QLT}^{-1}) - (-\boldsymbol{P}^{-1}\boldsymbol{KR})\boldsymbol{B}.$$

这就证明，$\boldsymbol{X} = \boldsymbol{QLT}^{-1}$，$\boldsymbol{Y} = -\boldsymbol{P}^{-1}\boldsymbol{KR}$ 是方程(3.5.7)的解.

习 题

1. 证明：设 $\boldsymbol{A}$ 是 n 阶方阵. 如果存在正整数 k，使得 $\operatorname{rank} \boldsymbol{A}^k = \operatorname{rank} \boldsymbol{A}^{k+1}$，则

$$\operatorname{rank} \boldsymbol{A}^k = \operatorname{rank} \boldsymbol{A}^{k+1} = \operatorname{rank} \boldsymbol{A}^{k+2} = \cdots.$$

2. 设 $\boldsymbol{A}$ 和 $\boldsymbol{B}$ 为 n 阶方阵. 证明:

$$\operatorname{rank}(\boldsymbol{AB}-\boldsymbol{I}_{(n)})\leqslant\operatorname{rank}(\boldsymbol{A}-\boldsymbol{I}_{(n)})+\operatorname{rank}(\boldsymbol{B}-\boldsymbol{I}_{(n)}).$$

3. 证明:n 阶斜对称方阵 $\boldsymbol{K}$ 的秩是偶数,并且秩为 r 的斜对称方阵至少有一个 r 阶主子式不为零,同时,所有非零的 r 阶主子式都同号.

4. 设 $\boldsymbol{A}$ 和 $\boldsymbol{B}$ 为 n 阶方阵,$\boldsymbol{AB}=\boldsymbol{BA}=\boldsymbol{0}$,并且 $\operatorname{rank}\boldsymbol{A}^2=\operatorname{rank}\boldsymbol{A}$. 证明:$\operatorname{rank}(\boldsymbol{A}+\boldsymbol{B})=\operatorname{rank}\boldsymbol{A}+\operatorname{rank}\boldsymbol{B}$.

5. 设 $\boldsymbol{A}$ 和 $\boldsymbol{B}$ 为 n 阶方阵,$\boldsymbol{AB}=\boldsymbol{BA}=\boldsymbol{0}$. 证明:存在正整数 k,使得 $\operatorname{rank}(\boldsymbol{A}^k+\boldsymbol{B}^k)=\operatorname{rank}\boldsymbol{A}^k+\operatorname{rank}\boldsymbol{B}^k$.

6. 设 $\boldsymbol{A}\in F^{m\times n}$, $\boldsymbol{B}\in F^{n\times m}$. 证明:$\operatorname{rank}\boldsymbol{AB}=\operatorname{rank}\boldsymbol{A}$ 的充分必要条件是,存在 $\boldsymbol{C}\in F^{m\times n}$,使得 $\boldsymbol{A}=\boldsymbol{ABC}$. 由此证明:如果 $\operatorname{rank}\boldsymbol{AB}=\operatorname{rank}\boldsymbol{A}$ 且方阵 $\boldsymbol{AB}$ 幂等,则方阵 $\boldsymbol{BA}$ 也幂等.

7. 设整数 $a_1,a_2,\cdots,a_n$ 的最大公因数为 d. 证明:存在 n 阶可逆的整系数矩阵 $\boldsymbol{P}$,使得

$$(a_1,a_2,\cdots,a_n)\boldsymbol{P}=(d,\underbrace{0,\cdots,0}_{n-1\text{个}}).$$

8. 证明:存在 n 阶可逆的整系数矩阵 $\boldsymbol{P}$,使得它的第 1 行为整数 $a_1,a_2,\cdots,a_n$ 的充分必要条件是,整数 $a_1,a_2,\cdots,a_n$ 互素.

3.6 线性方程组

给定 n 个未知量 $x_1,x_2,\cdots,x_n$ 的线性方程组

$$\begin{cases}a_{11}x_1+a_{12}x_2+\cdots+a_{1n}x_n=b_1,\\ a_{21}x_1+a_{22}x_2+\cdots+a_{2n}x_n=b_2,\\ \cdots\cdots\cdots\cdots\\ a_{m1}x_1+a_{m2}x_2+\cdots+a_{mn}x_n=b_m,\end{cases}\tag{3.6.1}$$

其中 a_{ij}, $1\leqslant i\leqslant m$, $1\leqslant j\leqslant n$ 和 b_i, $1\leqslant i\leqslant m$ 是已知的. a_{ij} 称为方程组(3.6.1)的系数, $1\leqslant i\leqslant m$, $1\leqslant j\leqslant n$, b_i 称为方程组(3.6.1)的常数项, $1\leqslant i\leqslant m$. 记

$$\boldsymbol{A}=\begin{pmatrix}a_{11}&a_{12}&\cdots&a_{1n}\\ a_{21}&a_{22}&\cdots&a_{2n}\\ &\cdots\cdots\cdots\cdots&&\\ a_{m1}&a_{m2}&\cdots&a_{mn}\end{pmatrix},\quad \boldsymbol{x}=\begin{pmatrix}x_1\\ x_2\\ \vdots\\ x_n\end{pmatrix},\quad \boldsymbol{\beta}=\begin{pmatrix}b_1\\ b_2\\ \vdots\\ b_n\end{pmatrix},$$

则方程组(3.6.1)可以改写为矩阵形式

$$Ax = \beta. \tag{3.6.2}$$

$m \times n$ 矩阵 A 称为方程组(3.6.2)的**系数矩阵**，$m \times (n+1)$ 矩阵 (A, β) 称为方程组(3.6.2)的**增广矩阵**. 设 $x^0 = (x_1^0, x_2^0, \cdots, x_n^0)^T$. 如果把 $x_1 = x_1^0, x_2 = x_2^0, \cdots, x_n = x_n^0$ 代入方程组(3.6.2)的每个方程，都使每个方程成为等式，也即 $Ax^0 = \beta$，则 x^0 称为方程组(3.6.2)的一个解. 方程组(3.6.2)的所有解的集合称为方程组(3.6.2)的**通解**. 如果方程组(3.6.2)有解，则方程组(3.6.2)称为**相容**的，否则称为**不相容**的，如果方程组(3.6.2)的每个常数项都为零，即 $\beta = 0$，则方程组(3.6.2)称为**齐次**的，否则称为**非齐次**的. 容易看出，齐次线性方程组总有解 $x = (\underbrace{0, 0, \cdots, 0}_{n个})^T$，它称为**零解**，或者**平凡解**. 如果齐次方程组的解不是零解，则称为**非零解**，或者**非平凡解**.

对于线性方程组，值得关心的问题是：(1) 线性方程组有解的必要和充分条件是什么？(2) 在有解情形下，线性方程组何时有唯一解，何时解不唯一？(3) 在方程组有解条件下，它的通解是什么，如何求出它的通解. 下面将采用矩阵在相抵下标准形理论来处理这些问题. 先讨论齐次方程组 $Ax = 0$.

定理1（齐次方程组解的结构定理） 设 $\operatorname{rank} A = r$，则当 $r = n$ 时，齐次方程组

$$Ax = 0 \tag{3.6.3}$$

只有零解；当 $r < n$ 时，齐次方程组(3.6.3)具有非零解，而且它的通解依赖于 $n - r$ 个独立参数.

具体地说，设

$$A = P\begin{pmatrix} I_{(r)} & 0 \\ 0 & 0 \end{pmatrix} Q,$$

其中 P 和 Q 分别是 m 阶和 n 阶可逆方阵，并且是取定的. 则齐次方程组(3.6.3)的通解为

$$x = t_{r+1} Q^{-1} \varepsilon_{r+1} + t_{r+2} Q^{-1} \varepsilon_{r+2} + \cdots + t_n Q^{-1} \varepsilon_n, \tag{3.6.4}$$

其中 $t_{r+1}, t_{r+2}, \cdots, t_n$ 是任意的数，ε_i 是 n 维列向量，并且 $\varepsilon_i = (0, 0, \cdots, 0, \underset{第i个}{1}, 0, \cdots, 0)^T$，$i = r+1, r+2, \cdots, n$.

证明 设 $r < n$. 取 $x = t_{r+1} Q^{-1} \varepsilon_{r+1} + t_{r+2} Q^{-1} \varepsilon_{r+2} + \cdots + t_n Q^{-1} \varepsilon_n$，则

$$\begin{aligned} Ax &= P\begin{pmatrix} I_{(r)} & 0 \\ 0 & 0 \end{pmatrix} Q (t_{r+1} Q^{-1} \varepsilon_{r+1} + t_{r+2} Q^{-1} \varepsilon_{r+2} + \cdots + t_n Q^{-1} \varepsilon_n) \\ &= P \sum_{i=r+1}^{n} t_i \begin{pmatrix} I_{(r)} & 0 \\ 0 & 0 \end{pmatrix} \varepsilon_i. \end{aligned}$$

显然，当 $i=r+1,r+2,\cdots,n$ 时，

$$\begin{pmatrix} \boldsymbol{I}_{(r)} & \boldsymbol{0} \\ \boldsymbol{0} & \boldsymbol{0} \end{pmatrix}\boldsymbol{\varepsilon}_i = \boldsymbol{0},$$

因此，$\boldsymbol{A}\boldsymbol{x}=\boldsymbol{0}$. 这表明，形如式(3.6.4)的 $\boldsymbol{x}$ 是齐次方程组(3.6.3)的解.

反之，设 $\boldsymbol{x}^0$ 是齐次方程组(3.6.3)的解，则

$$\boldsymbol{P}\begin{pmatrix} \boldsymbol{I}_{(r)} & \boldsymbol{0} \\ \boldsymbol{0} & \boldsymbol{0} \end{pmatrix}\boldsymbol{Q}\boldsymbol{x}^0 = \boldsymbol{0}.$$

因为方程 $\boldsymbol{P}$ 可逆，所以

$$\begin{pmatrix} \boldsymbol{I}_{(r)} & \boldsymbol{0} \\ \boldsymbol{0} & \boldsymbol{0} \end{pmatrix}\boldsymbol{Q}\boldsymbol{x}^0 = \boldsymbol{0}.$$

记 $\boldsymbol{Q}\boldsymbol{x}^0=\boldsymbol{y}=(\boldsymbol{y}_1,\boldsymbol{y}_2)^{\mathrm{T}}$，其中 $\boldsymbol{y}_1$ 是 r 维行向量. 由上式得到 $\boldsymbol{y}_1=\boldsymbol{0}$. 所以，$\boldsymbol{Q}\boldsymbol{x}^0=(\boldsymbol{0},\boldsymbol{y}_2)^{\mathrm{T}}$. 记 $\boldsymbol{Q}\boldsymbol{x}=(0,\cdots,0,t_{r+1},t_{r+2},\cdots,t_n)^{\mathrm{T}}$. 则 $\boldsymbol{Q}\boldsymbol{x}^0=t_{r+1}\boldsymbol{\varepsilon}_{r+1}+t_{r+2}\boldsymbol{\varepsilon}_{r+2}+\cdots+t_n\boldsymbol{\varepsilon}_n$. 因此

$$\boldsymbol{x}^0 = t_{r+1}\boldsymbol{Q}^{-1}\boldsymbol{\varepsilon}_{r+1} + t_{r+2}\boldsymbol{Q}^{-1}\boldsymbol{\varepsilon}_{r+2} + \cdots + t_n\boldsymbol{Q}^{-1}\boldsymbol{\varepsilon}_n,$$

即 $\boldsymbol{x}^0$ 具有形式(3.6.4). 这就证明，形如(3.6.4)的 $\boldsymbol{x}$ 是齐次方程组(3.6.3)的通解.

当 $r=n$ 时，$m\times n$ 矩阵 $\boldsymbol{A}$ 是列满秩的. 由上节例 1，存在 m 阶可逆方阵 $\boldsymbol{P}$，使得 $\boldsymbol{A}=\boldsymbol{P}\begin{pmatrix} \boldsymbol{I}_{(n)} \\ \boldsymbol{0} \end{pmatrix}$. 如果 $\boldsymbol{x}^0$ 是齐次方程组(3.6.3)的解，则由 $\boldsymbol{A}\boldsymbol{x}^0=\boldsymbol{0}$得到

$$\boldsymbol{P}\begin{pmatrix} \boldsymbol{I}_{(n)} \\ \boldsymbol{0} \end{pmatrix}\boldsymbol{x}^0 = \boldsymbol{0}.$$

因为方阵 $\boldsymbol{P}$ 可逆，所以，$\begin{pmatrix} \boldsymbol{I}_{(n)} \\ \boldsymbol{0} \end{pmatrix}\boldsymbol{x}^0=\boldsymbol{0}$. 即 $\begin{pmatrix} \boldsymbol{x}^0 \\ \boldsymbol{0} \end{pmatrix}=\boldsymbol{0}$，从而 $\boldsymbol{x}^0=\boldsymbol{0}$. 因此，当 $r=n$ 时，齐次方程组(3.6.3)只有零解. 定理 1 证毕.

现在讨论非齐次方程组.

定理 2（非齐次方程组的相容性定理） 给定线性方程组(3.6.2)，即

$$\boldsymbol{A}\boldsymbol{x} = \boldsymbol{\beta}.$$

则方程组(3.6.2)有解的充分必要条件是它的系数矩阵和增广矩阵的秩相等.

证明 设 $\operatorname{rank}\boldsymbol{A}=r$. 则存在 m 阶和 n 阶可逆方阵 $\boldsymbol{P}$ 和 $\boldsymbol{Q}$，使得

$$\boldsymbol{A} = \boldsymbol{P}\begin{pmatrix} \boldsymbol{I}_{(r)} & \boldsymbol{0} \\ \boldsymbol{0} & \boldsymbol{0} \end{pmatrix}\boldsymbol{Q}.$$

必要性　设方程组(3.6.2)有解 $\boldsymbol{x}^0$. 则

$$\boldsymbol{A}\boldsymbol{x}^0 = \boldsymbol{P}\begin{pmatrix} \boldsymbol{I}_{(r)} & \boldsymbol{0} \\ \boldsymbol{0} & \boldsymbol{0} \end{pmatrix}\boldsymbol{Q}\boldsymbol{x}^0 = \boldsymbol{\beta}.$$

因此

$$\begin{pmatrix} \boldsymbol{I}_{(r)} & \boldsymbol{0} \\ \boldsymbol{0} & \boldsymbol{0} \end{pmatrix}\boldsymbol{Q}\boldsymbol{x}^0 = \boldsymbol{P}^{-1}\boldsymbol{\beta}.$$

记 $\boldsymbol{Q}\boldsymbol{x}^0=(\boldsymbol{y}_1,\boldsymbol{y}_2)^{\mathrm{T}}$，$\boldsymbol{P}^{-1}\boldsymbol{\beta}=(\boldsymbol{z}_1,\boldsymbol{z}_2)^{\mathrm{T}}$，其中 $\boldsymbol{y}_1$ 和 $\boldsymbol{z}_1$ 都是 r 维行向量. 由上式得到，$(\boldsymbol{y}_1,\boldsymbol{0})^{\mathrm{T}}=(\boldsymbol{z}_1,\boldsymbol{z}_2)^{\mathrm{T}}$. 因此，$\boldsymbol{y}_1=\boldsymbol{z}_1$，$\boldsymbol{z}_2=\boldsymbol{0}$. 所以

$$\begin{aligned}
\operatorname{rank}(\boldsymbol{A},\boldsymbol{\beta}) &= \operatorname{rank}\boldsymbol{P}\left[\begin{pmatrix} \boldsymbol{I}_{(r)} & \boldsymbol{0} \\ \boldsymbol{0} & \boldsymbol{0} \end{pmatrix}\boldsymbol{Q},\boldsymbol{P}^{-1}\boldsymbol{\beta}\right] \\
&= \operatorname{rank}\boldsymbol{P}\left[\begin{pmatrix} \boldsymbol{I}_{(r)} & \boldsymbol{0} \\ \boldsymbol{0} & \boldsymbol{0} \end{pmatrix}\boldsymbol{Q},\begin{pmatrix} \boldsymbol{z}_1 \\ \boldsymbol{0} \end{pmatrix}\right] \\
&= \operatorname{rank}\boldsymbol{P}\begin{pmatrix} \boldsymbol{I}_{(r)} & \boldsymbol{0} & \boldsymbol{z}_1 \\ \boldsymbol{0} & \boldsymbol{0} & \boldsymbol{0} \end{pmatrix}\begin{pmatrix} \boldsymbol{Q} & \boldsymbol{0} \\ \boldsymbol{0} & 1 \end{pmatrix}.
\end{aligned}$$

因为方阵 $\boldsymbol{P},\boldsymbol{Q}$ 可逆，故

$$\operatorname{rank}(\boldsymbol{A},\boldsymbol{\beta}) = \operatorname{rank}\begin{pmatrix} \boldsymbol{I}_{(r)} & \boldsymbol{0} & \boldsymbol{z}_1 \\ \boldsymbol{0} & \boldsymbol{0} & \boldsymbol{0} \end{pmatrix} = r = \operatorname{rank}\boldsymbol{A}.$$

充分性　设 $\operatorname{rank}(\boldsymbol{A},\boldsymbol{\beta})=\operatorname{rank}\boldsymbol{A}$. 由于

$$\begin{aligned}
(\boldsymbol{A},\boldsymbol{\beta}) &= \left(\boldsymbol{P}\begin{pmatrix} \boldsymbol{I}_{(r)} & \boldsymbol{0} \\ \boldsymbol{0} & \boldsymbol{0} \end{pmatrix}\boldsymbol{Q},\boldsymbol{\beta}\right) \\
&= \boldsymbol{P}\left[\begin{pmatrix} \boldsymbol{I}_{(r)} & \boldsymbol{0} \\ \boldsymbol{0} & \boldsymbol{0} \end{pmatrix}\boldsymbol{Q},\boldsymbol{P}^{-1}\boldsymbol{\beta}\right] \\
&= \boldsymbol{P}\left[\begin{pmatrix} \boldsymbol{I}_{(r)} & \boldsymbol{0} \\ \boldsymbol{0} & \boldsymbol{0} \end{pmatrix},\boldsymbol{P}^{-1}\boldsymbol{\beta}\right]\begin{pmatrix} \boldsymbol{Q} & \boldsymbol{0} \\ \boldsymbol{0} & 1 \end{pmatrix} \\
&= \boldsymbol{P}\begin{bmatrix} \boldsymbol{I}_{(r)} & \boldsymbol{0} & \boldsymbol{z}_1 \\ \boldsymbol{0} & \boldsymbol{0} & \boldsymbol{z}_2 \end{bmatrix}\begin{pmatrix} \boldsymbol{Q} & \boldsymbol{0} \\ \boldsymbol{0} & 1 \end{pmatrix},
\end{aligned}$$

其中 $\boldsymbol{P}^{-1}\boldsymbol{\beta}=(\boldsymbol{z}_1,\boldsymbol{z}_2)^{\mathrm{T}}$，$\boldsymbol{z}_1$ 为 r 维行向量，所以

$$\operatorname{rank}(\boldsymbol{A},\boldsymbol{\beta}) = \operatorname{rank}\begin{bmatrix} \boldsymbol{I}_{(r)} & \boldsymbol{0} & \boldsymbol{z}_1 \\ \boldsymbol{0} & \boldsymbol{0} & \boldsymbol{z}_2 \end{bmatrix} = \operatorname{rank}\boldsymbol{A} = r.$$

因此，$\boldsymbol{z}_2=\boldsymbol{0}$. 取 $\boldsymbol{x}^0=\boldsymbol{Q}^{-1}\begin{pmatrix} \boldsymbol{I}_{(r)} & \boldsymbol{0} \\ \boldsymbol{0} & \boldsymbol{0} \end{pmatrix}_{n\times m}\boldsymbol{P}^{-1}\boldsymbol{\beta}$，则

$$\boldsymbol{A}\boldsymbol{x}^0 = \boldsymbol{P}\begin{pmatrix} \boldsymbol{I}_{(r)} & \boldsymbol{0} \\ \boldsymbol{0} & \boldsymbol{0} \end{pmatrix}\boldsymbol{Q}\cdot\boldsymbol{Q}^{-1}\begin{pmatrix} \boldsymbol{I}_{(r)} & \boldsymbol{0} \\ \boldsymbol{0} & \boldsymbol{0} \end{pmatrix}\boldsymbol{P}^{-1}\boldsymbol{\beta} = \boldsymbol{P}\begin{pmatrix} \boldsymbol{I}_{(r)} & \boldsymbol{0} \\ \boldsymbol{0} & \boldsymbol{0} \end{pmatrix}\boldsymbol{P}^{-1}\boldsymbol{\beta}$$

$$= P\begin{pmatrix} I_{(r)} & 0 \\ 0 & 0 \end{pmatrix}\begin{pmatrix} z_1 \\ 0 \end{pmatrix} = P\begin{pmatrix} z_1 \\ 0 \end{pmatrix} = PP^{-1}\boldsymbol{\beta} = \boldsymbol{\beta}.$$

所以 $x^0 = Q^{-1}\begin{pmatrix} I_{(r)} & 0 \\ 0 & 0 \end{pmatrix}P^{-1}\boldsymbol{\beta}$ 是方程组(3.6.2)的解.定理 2 证毕.

定理 3(非齐次方程组的结构定理) 设线性方程组(3.6.2),即

$$Ax = \boldsymbol{\beta}$$

有解,并且 rank $A = r$.则当 $r = n$ 时,方程组(3.6.2)的解是唯一的;当 $r < n$ 时,方程组(3.6.2)的通解依赖于 $n - r$ 个独立参数,并且它的通解由方程组(3.6.2)的一个特解(即一个确定的解)和它所相应的齐次方程组 $Ax = 0$的通解构成.

具体地说,设系数矩阵

$$A = P\begin{bmatrix} I_{(r)} & 0 \\ 0 & 0 \end{bmatrix}Q,$$

其中 P 和 Q 分别是 m 阶和 n 阶可逆方阵,并且是取定的,则方程组(3.6.2)的通解为

$$x = Q^{-1}\begin{bmatrix} I_{(r)} & 0 \\ 0 & 0 \end{bmatrix}_{n\times m} P^{-1}\boldsymbol{\beta} + t_{r+1}Q^{-1}\boldsymbol{\varepsilon}_{r+1} + t_{r+2}Q^{-1}\boldsymbol{\varepsilon}_{r+2} + \cdots + t_nQ^{-1}\boldsymbol{\varepsilon}_n. \tag{3.6.5}$$

其中 $t_{r+1}, t_{r+2}, \cdots, t_n$ 和$\boldsymbol{\varepsilon}_{r+1}, \boldsymbol{\varepsilon}_{r+2}, \cdots, \boldsymbol{\varepsilon}_n$ 的意义同定理 1.

证明 设 x^0 是方程组(3.6.2)的一个特解.如果 x 是方程组(3.6.2)的一个解,则由 $Ax^0 = \boldsymbol{\beta}$ 和$Ax = \boldsymbol{\beta}$ 得到,$A(x - x^0) = 0$.记 $y = x - x^0$.上式表明,y 是齐次方程组 $Ax = 0$的解.因此,x 可以表为特解 x^0 与齐次方程组 $Ax = 0$的解 y 的和.反之,设 y 是齐次方程组$Ax = 0$的解.则由 $Ax^0 = \boldsymbol{\beta}, Ay = 0$得到,$A(x^0 + y) = \boldsymbol{\beta}$,从而特解 x^0 与方程组 $Ax = 0$的解 y 之和是方程组(3.6.2)的解.这就证明,方程组(3.6.2)的通解由它的特解和相应齐次方程组的通解所构成.

由定理 2 的证明,可取方程组(3.6.2)的特解为 $x^0 = Q^{-1}\begin{bmatrix} I_{(r)} & 0 \\ 0 & 0 \end{bmatrix}_{n\times m} P^{-1}\boldsymbol{\beta}$.于是由定理 1 和上面的结论得到,当 $r < n$ 时,方程组(3.6.2)的通解为(3.6.5);而当 $r = n$ 时,方程组(3.6.2)的解是唯一的.定理 3 证毕.

尽管上述几个定理已经完全解决了线性方程组的理论问题,但是却未涉及线性方程组求解的具体方法.在实际求解方程组时,往往采用消去法.消去法的依据是,对方程组(3.6.2)的增广矩阵$(A, \boldsymbol{\beta})$施行一次行的初等变换,得到的矩阵记为

$(\widetilde{\boldsymbol{A}},\widetilde{\boldsymbol{\beta}})$. 由于对矩阵实行初等行变换，相当于左乘以一个初等方阵，因此，存在可逆方阵 $\boldsymbol{R}$，使得

$$(\widetilde{\boldsymbol{A}},\widetilde{\boldsymbol{\beta}}) = \boldsymbol{R}(\boldsymbol{A},\boldsymbol{\beta}) = (\boldsymbol{RA},\boldsymbol{R\beta}),$$

即 $\widetilde{\boldsymbol{A}} = \boldsymbol{RA}$，$\widetilde{\boldsymbol{\beta}} = \boldsymbol{R\beta}$. 把矩阵$(\widetilde{\boldsymbol{A}},\widetilde{\boldsymbol{\beta}})$看成方程组 $\widetilde{\boldsymbol{A}}\boldsymbol{x} = \widetilde{\boldsymbol{\beta}}$ 的增广矩阵. 由于矩阵的初等变换不改变矩阵的秩，因此，由定理 2，当且仅当方程组 $\widetilde{\boldsymbol{A}}\boldsymbol{x} = \widetilde{\boldsymbol{\beta}}$ 有解时，方程组 $\boldsymbol{Ax} = \boldsymbol{\beta}$ 有解. 而且，由于矩阵 $\boldsymbol{R}$ 可逆，因此，如果 $\boldsymbol{x}^0$ 是方程组 $\widetilde{\boldsymbol{A}}\boldsymbol{x} = \widetilde{\boldsymbol{\beta}}$ 的解，则 $\boldsymbol{x}^0$ 也是方程组 $\boldsymbol{Ax} = \boldsymbol{\beta}$ 的解，反之也然. 所以，方程组 $\boldsymbol{Ax} = \boldsymbol{\beta}$ 和 $\widetilde{\boldsymbol{A}}\boldsymbol{x} = \widetilde{\boldsymbol{\beta}}$ 具有相同的通解. 于是，求方程组 $\boldsymbol{Ax} = \boldsymbol{\beta}$ 的解就化为求方程组 $\widetilde{\boldsymbol{A}}\boldsymbol{x} = \widetilde{\boldsymbol{\beta}}$ 的解. 不难证明，方程组(3.6.2)的增广矩阵$(\boldsymbol{A},\boldsymbol{\beta})$可以经过有限次行的初等变换变为如下形式：

$$(\widetilde{\boldsymbol{A}},\widetilde{\boldsymbol{\beta}}) = \begin{pmatrix}
\tilde a_{11} & \cdots & \tilde a_{1,j_2-1} & 0 & \tilde a_{1,j_2+1} & \cdots & \tilde a_{1,j_3-1} & 0 & \tilde a_{1,j_3+1} & \cdots & \tilde a_{1,j_r-1} & 0 & \tilde a_{1,j_r+1} & \cdots & \tilde a_{1n} & \tilde b_1 \\
0 & \cdots & 0 & \tilde a_{2,j_2} & \tilde a_{2,j_2+1} & \cdots & \tilde a_{2,j_3-1} & 0 & \tilde a_{2,j_3+1} & \cdots & \tilde a_{2,j_r-1} & 0 & \tilde a_{2,j_r+1} & \cdots & \tilde a_{2n} & \tilde b_2 \\
0 & \cdots & 0 & 0 & 0 & \cdots & 0 & \tilde a_{3j_3} & \tilde a_{3,j_3+1} & \cdots & \tilde a_{3,j_r-1} & 0 & \tilde a_{3,j_r+1} & \cdots & \tilde a_{3n} & \tilde b_3 \\
\vdots & & \vdots & \vdots & \vdots & & \vdots & \vdots & \vdots & & & \vdots & \vdots & & \vdots & \vdots \\
0 & \cdots & 0 & 0 & 0 & \cdots & 0 & 0 & 0 & \cdots & 0 & \tilde a_{rj_r} & \tilde a_{r,j_r+1} & \cdots & \tilde a_{rn} & \tilde b_r \\
0 & \cdots & 0 & 0 & 0 & \cdots & 0 & 0 & 0 & \cdots & 0 & 0 & 0 & \cdots & 0 & \tilde b_{r+1} \\
\vdots & & \vdots & \vdots & \vdots & & \vdots & \vdots & & & & \vdots & \vdots & & \vdots & \vdots \\
0 & \cdots & 0 & 0 & 0 & \cdots & 0 & 0 & 0 & \cdots & 0 & 0 & 0 & \cdots & 0 & \tilde b_m
\end{pmatrix},$$

其中 $1<j_2<j_3<\cdots<j_r\leqslant n$，$\tilde a_{11},\tilde a_{2j_2},\tilde a_{3j_3},\cdots,\tilde a_{rj_r}$ 都不为零，而 $r = \operatorname{rank}\boldsymbol{A}$. 如果 $\tilde b_{r+1},\tilde b_{r+2},\cdots,\tilde b_m$ 不全为零，则由定理 2，方程组(3.6.2)无解；如果 $\tilde b_{r+1} = \tilde b_{r+2} =$

$\cdots=\widetilde{b}_m=0$,则方程组(3.6.2)有解,而且由方程组 $\widetilde{\boldsymbol{A}}\boldsymbol{x}=\widetilde{\boldsymbol{\beta}}$ 可以求出

$$x_1=\frac{\widetilde{b}_1}{\widetilde{a}_{11}}-\frac{\widetilde{a}_{12}}{\widetilde{a}_{11}}x_2-\cdots-\frac{\widetilde{a}_{1,j_2-1}}{\widetilde{a}_{11}}x_{j_2-1}-\cdots-\frac{\widetilde{a}_{1,j_r+1}}{\widetilde{a}_{11}}x_{j_r+1}-\cdots-\frac{\widetilde{a}_{1n}}{\widetilde{a}_{11}}x_n,$$

$$x_{j_2}=\frac{\widetilde{b}_2}{\widetilde{a}_{2j_2}}-\frac{\widetilde{a}_{2,j_2+1}}{\widetilde{a}_{2j_2}}x_{j_2+1}-\cdots-\frac{\widetilde{a}_{2,j_3-1}}{\widetilde{a}_{2j_2}}x_{j_3-1}-\cdots-\frac{\widetilde{a}_{2,j_r+1}}{\widetilde{a}_{2j_2}}x_{j_r+1}-\cdots-\frac{\widetilde{a}_{2n}}{\widetilde{a}_{2j_2}}x_n,$$

…………

$$x_{j_r}=\frac{\widetilde{b}_r}{\widetilde{a}_{rj_r}}-\frac{\widetilde{a}_{r,j_r+1}}{\widetilde{a}_{rj_r}}x_{j_r+1}-\cdots-\frac{\widetilde{a}_{rn}}{\widetilde{a}_{rj_r}}x_n,$$

其中当 $i\neq 1,j_2,\cdots,j_r$ 时,x_i 是任意的.由此即可求得方程组(3.6.2)的通解.

例 1 求齐次线性方程组的通解:

$$\begin{cases}x_1+x_2+x_3+x_4+x_5=0,\\3x_1+2x_2+x_3+x_4-3x_5=0,\\x_2+2x_3+2x_4+6x_5=0,\\5x_1+4x_2+3x_3+3x_4-x_5=0.\end{cases}$$

解 齐次方程组的系数矩阵为

$$\boldsymbol{A}=\begin{pmatrix}1&1&1&1&1\\3&2&1&1&-3\\0&1&2&2&6\\5&4&3&3&-1\end{pmatrix}.$$

用 -3 乘矩阵 $\boldsymbol{A}$ 的第 1 行并加到第 2 行,用 -5 乘矩阵 $\boldsymbol{A}$ 的第 1 行并加到第 4 行,矩阵 $\boldsymbol{A}$ 变为

$$\boldsymbol{B}=\begin{pmatrix}1&1&1&1&1\\0&-1&-2&-2&-6\\0&1&2&2&6\\0&-1&-2&-2&-6\end{pmatrix}.$$

矩阵 $\boldsymbol{B}$ 的第 3 行分别加到第 2 和第 4 行,再对换第 2 和第 3 行,矩阵 $\boldsymbol{B}$ 变为

$$\boldsymbol{C}=\begin{pmatrix}1&1&1&1&1\\0&1&2&2&6\\0&0&0&0&0\\0&0&0&0&0\end{pmatrix}.$$

用 -1 乘矩阵 $\boldsymbol{C}$ 的第 2 行并加第 1 行,矩阵 $\boldsymbol{C}$ 变为

$$\widetilde{\boldsymbol{A}}=\begin{pmatrix}1&0&-1&-1&-5\\0&1&2&2&6\\0&0&0&0&0\\0&0&0&0&0\end{pmatrix}.$$

因此,原齐次线性方程组化为

$$\begin{cases}x_1-x_3-x_4-5x_5=0,\\x_2+2x_3+2x_4+6x_5=0.\end{cases}$$

于是,求得通解为

$$\boldsymbol{x}=\begin{pmatrix}x_1\\x_2\\x_3\\x_4\\x_5\end{pmatrix}=\begin{pmatrix}x_3+x_4+5x_5\\-2x_3-2x_4-6x_5\\x_3\\x_4\\x_5\end{pmatrix}$$

$$=x_3\begin{pmatrix}1\\-2\\1\\0\\0\end{pmatrix}+x_4\begin{pmatrix}1\\-2\\0\\1\\0\end{pmatrix}+x_5\begin{pmatrix}5\\-6\\0\\0\\1\end{pmatrix},$$

其中 x_3,x_4,x_5 是独立参数.

例 2 求线性方程组的通解:

$$\begin{cases}2x_1+3x_2-x_3+x_4=1,\\8x_1+12x_2-9x_3+8x_4=3,\\4x_1+6x_2+3x_3-2x_4=3,\\2x_1+3x_2+9x_3-7x_4=3.\end{cases}$$

解 它的增广矩阵为

$$(\boldsymbol{A},\boldsymbol{\beta})=\begin{pmatrix}2&3&-1&1&1\\8&12&-9&8&3\\4&6&3&-2&3\\2&3&9&-7&3\end{pmatrix}.$$

分别用 $-4,-2,-1$ 乘矩阵 $(\boldsymbol{A},\boldsymbol{\beta})$ 的第 1 行,并分别加到第 2,3,4 行,矩阵 $(\boldsymbol{A},\boldsymbol{\beta})$ 变为

$$(\boldsymbol{B},\boldsymbol{\gamma}) = \begin{pmatrix} 2 & 3 & -1 & 1 & 1 \\ 0 & 0 & -5 & 4 & -1 \\ 0 & 0 & 5 & -4 & 1 \\ 0 & 0 & 10 & -8 & 2 \end{pmatrix}.$$

分别用 1,2 乘矩阵$(\boldsymbol{B},\boldsymbol{\gamma})$的第 2 行,并分别加到第 3,4 行,矩阵$(\boldsymbol{B},\boldsymbol{\gamma})$变为

$$(\boldsymbol{C},\boldsymbol{\xi}) = \begin{pmatrix} 2 & 3 & -1 & 1 & 1 \\ 0 & 0 & -5 & 4 & -1 \\ 0 & 0 & 0 & 0 & 0 \\ 0 & 0 & 0 & 0 & 0 \end{pmatrix}.$$

用$-\dfrac{1}{5}$乘矩阵$(\boldsymbol{C},\boldsymbol{\xi})$的第 2 行. 再把第 2 行加到第 1 行,得到

$$(\widetilde{\boldsymbol{A}},\widetilde{\boldsymbol{\beta}}) = \begin{pmatrix} 2 & 3 & 0 & \frac{1}{5} & \frac{6}{5} \\ 0 & 0 & 1 & -\frac{4}{5} & \frac{1}{5} \\ 0 & 0 & 0 & 0 & 0 \\ 0 & 0 & 0 & 0 & 0 \end{pmatrix}.$$

于是得到

$$\begin{cases} 2x_1 + 3x_2 + \dfrac{1}{5}x_4 = \dfrac{6}{5}, \\ \qquad\qquad x_3 - \dfrac{4}{5}x_4 = \dfrac{1}{5}. \end{cases}$$

因此

$$\begin{cases} x_1 = \dfrac{3}{5} - \dfrac{3}{2}x_2 - \dfrac{1}{10}x_4, \\ x_3 = \dfrac{1}{5} + \dfrac{4}{5}x_4. \end{cases}$$

所以,通解为

$$\boldsymbol{x} = \begin{pmatrix} x_1 \\ x_2 \\ x_3 \\ x_4 \end{pmatrix} = \begin{pmatrix} \frac{3}{5} - \frac{3}{2}x_2 - \frac{1}{10}x_4 \\ x_2 \\ \frac{1}{5} + \frac{4}{5}x_4 \\ x_4 \end{pmatrix} = \begin{pmatrix} \frac{3}{5} \\ 0 \\ \frac{1}{5} \\ 0 \end{pmatrix} + x_2\begin{pmatrix} -\frac{3}{2} \\ 1 \\ 0 \\ 0 \end{pmatrix} + x_4\begin{pmatrix} -\frac{1}{10} \\ 0 \\ \frac{4}{5} \\ 1 \end{pmatrix},$$

其中 x_2,x_4 是独立参数.

习 题

1. 求下列齐次线性方程组的通解：

(1) $\begin{cases} x_1+x_2-3x_4-x_5=0, \\ x_1-x_2-2x_3-x_4=0, \\ 4x_1-2x_2+6x_3+3x_4-4x_5=0, \\ 2x_1+4x_2-2x_3+4x_4-7x_5=0. \end{cases}$

(2) $\begin{cases} x_1+x_2+x_3+x_4+x_5=0, \\ 2x_1+2x_2+x_3+x_4-2x_5=0, \\ x_2+2x_3+2x_4+x_5=0, \\ 5x_1+4x_2-3x_3+4x_4-x_5=0. \end{cases}$

2. 求非齐次线性方程的通解：

(1) $\begin{cases} x_1-2x_2+3x_3-4x_4=4, \\ x_2-x_3+x_4=-3, \\ x_1+3x_2-3x_4=1, \\ -7x_2+3x_3+x_4=-3. \end{cases}$

(2) $\begin{cases} x_1+x_2-3x_3=-1, \\ 2x_1+x_2-2x_3=1, \\ x_1+x_2+x_3=3, \\ x_1+2x_2-3x_3=1. \end{cases}$

3. 选择 λ 的值，使下面线性方程组有解：

$$\begin{cases} 2x_1-x_2+x_3+x_4=1, \\ x_1+2x_2-x_3+4x_4=2, \\ x_1+7x_2-4x_3+11x_4=\lambda. \end{cases}$$

4. 推广定理2到矩阵方程上，即证明：设给定矩阵 $\boldsymbol{A}\in \boldsymbol{F}^{m\times n}$，$\boldsymbol{B}\in \boldsymbol{F}^{m\times p}$，而未知矩阵 $\boldsymbol{X}\in \boldsymbol{F}^{n\times p}$，则矩阵方程 $\boldsymbol{AX}=\boldsymbol{B}$ 有解的充分必要条件是 $\operatorname{rank}\boldsymbol{A}=\operatorname{rank}(\boldsymbol{A},\boldsymbol{B})$，其中 $(\boldsymbol{A},\boldsymbol{B})$ 是矩阵 $\boldsymbol{A}$ 和 $\boldsymbol{B}$ 并排而成的矩阵.

5. 设 $\boldsymbol{A}\in \boldsymbol{F}^{m\times m}$，$\boldsymbol{X}\in \boldsymbol{F}^{m\times p}$. 证明：矩阵方程 $\boldsymbol{AX}=\boldsymbol{0}$ 有非零解的充分必要条件是方阵 $\boldsymbol{A}$ 的行列式为零.

6. 证明：如果齐次线性方程组的系数矩阵的秩比未知量的个数小1，则该方程组的任意两个解成比例，即相差一个数值因子.

7. 设 $\boldsymbol{A}\in \boldsymbol{F}^{n\times(n+1)}$，$\boldsymbol{X}\in \boldsymbol{F}^{(n+1)\times n}$. 证明：矩阵方程 $\boldsymbol{AX}=\boldsymbol{I}_{(n)}$ 有解的充分必要条件是，矩阵 $\boldsymbol{A}$ 为行满秩的.

8. 设齐次线性方程组

$$\sum_{j=1}^{n+1} a_{ij}x_j = 0, \quad i = 1,2,\cdots,n$$

的系数矩阵 $A=(a_{ij})$是行满秩的.证明:它的解为,对 $j=1,2,\cdots,n+1$,

$$x_j = (-1)^{n-j}t\det\begin{pmatrix} a_{11} & \cdots & a_{1,j-1} & a_{1,j+1} & \cdots & a_{1,n+1} \\ a_{21} & \cdots & a_{2,j-1} & a_{2,j+1} & \cdots & a_{2,n+1} \\ & & \cdots\cdots & \cdots\cdots & & \\ a_{n1} & \cdots & a_{n,j-1} & a_{n,j+1} & \cdots & a_{n,n+1} \end{pmatrix},$$

其中 t 是独立参数.

9. 设 n 阶方阵A 和B 的秩分别为r 和$n-r$.求矩阵方程

$$AXB = 0$$

的通解.

3.7 矩阵的广义逆

大家知道,逆矩阵只对方阵有定义,而且即便是方阵,也不是每个方阵都可逆.本节的目的是推广逆矩阵概念为广义逆,使得每个矩阵都有广义逆.

设给定 $A\in F^{m\times n}$,未知矩阵 $X=(x_{ij})\in F^{n\times m}$,其中 x_{ij},$1\leqslant i\leqslant n$,$1\leqslant j\leqslant m$ 是未知的.考虑矩阵方程

$$AXA = A \tag{3.7.1}$$

的解.

定理 1 矩阵方程(3.7.1)恒有解.具体地说,设

$$\operatorname{rank} A = r,$$

而且

$$A = P\begin{pmatrix} I_{(r)} & 0 \\ 0 & 0 \end{pmatrix}_{m\times n} Q, \tag{3.7.2}$$

其中 P 和Q 分别是m 阶和n 阶可逆矩阵,并且是取定的.则矩阵方程(3.7.1)的通解为

$$X = Q^{-1}\begin{pmatrix} I_{(r)} & B \\ C & D \end{pmatrix}_{n\times m} P^{-1}, \tag{3.7.3}$$

其中 $B\in F^{r\times(m-r)}$,$C\in F^{(n-r)\times r}$和$D\in F^{(n-r)\times(m-r)}$是任意的.

证明 把形如式(3.7.3)的矩阵 $\boldsymbol{X}$ 代入矩阵方程(3.7.1),即可验证,形如式(3.7.3)的矩阵 $\boldsymbol{X}$ 的确是矩阵方程(3.7.1)的解.

反之,设矩阵 $\boldsymbol{X}$ 是矩阵方程(3.7.1)的解,则由式(3.7.2),

$$\boldsymbol{P}\begin{pmatrix}\boldsymbol{I}_{(r)} & \boldsymbol{0}\\ \boldsymbol{0} & \boldsymbol{0}\end{pmatrix}\boldsymbol{QXP}\begin{pmatrix}\boldsymbol{I}_{(r)} & \boldsymbol{0}\\ \boldsymbol{0} & \boldsymbol{0}\end{pmatrix}\boldsymbol{Q} = \boldsymbol{P}\begin{pmatrix}\boldsymbol{I}_{(r)} & \boldsymbol{0}\\ \boldsymbol{0} & \boldsymbol{0}\end{pmatrix}\boldsymbol{Q}.$$

因为方阵 $\boldsymbol{P}$ 和 $\boldsymbol{Q}$ 可逆,所以

$$\begin{pmatrix}\boldsymbol{I}_{(r)} & \boldsymbol{0}\\ \boldsymbol{0} & \boldsymbol{0}\end{pmatrix}\boldsymbol{QXP}\begin{pmatrix}\boldsymbol{I}_{(r)} & \boldsymbol{0}\\ \boldsymbol{0} & \boldsymbol{0}\end{pmatrix} = \begin{pmatrix}\boldsymbol{I}_{(r)} & \boldsymbol{0}\\ \boldsymbol{0} & \boldsymbol{0}\end{pmatrix}.$$

记

$$\boldsymbol{QXP} = \begin{pmatrix}\boldsymbol{E} & \boldsymbol{B}\\ \boldsymbol{C} & \boldsymbol{D}\end{pmatrix},$$

其中 $\boldsymbol{E},\boldsymbol{B},\boldsymbol{C},\boldsymbol{D}$ 分别是 $r\times r$,$r\times(m-r)$,$(n-r)\times r$ 和 $(n-r)\times(m-r)$ 矩阵.因此

$$\begin{pmatrix}\boldsymbol{I}_{(r)} & \boldsymbol{0}\\ \boldsymbol{0} & \boldsymbol{0}\end{pmatrix}\begin{pmatrix}\boldsymbol{E} & \boldsymbol{B}\\ \boldsymbol{C} & \boldsymbol{D}\end{pmatrix}\begin{pmatrix}\boldsymbol{I}_{(r)} & \boldsymbol{0}\\ \boldsymbol{0} & \boldsymbol{0}\end{pmatrix} = \begin{pmatrix}\boldsymbol{E} & \boldsymbol{0}\\ \boldsymbol{0} & \boldsymbol{0}\end{pmatrix} = \begin{pmatrix}\boldsymbol{I}_{(r)} & \boldsymbol{0}\\ \boldsymbol{0} & \boldsymbol{0}\end{pmatrix}.$$

所以,$\boldsymbol{E}=\boldsymbol{I}_{(r)}$.于是

$$\boldsymbol{QXP} = \begin{pmatrix}\boldsymbol{I}_{(r)} & \boldsymbol{B}\\ \boldsymbol{C} & \boldsymbol{D}\end{pmatrix},$$

即

$$\boldsymbol{X} = \boldsymbol{Q}^{-1}\begin{pmatrix}\boldsymbol{I}_{(r)} & \boldsymbol{B}\\ \boldsymbol{C} & \boldsymbol{D}\end{pmatrix}\boldsymbol{P}^{-1}.$$

定理1得证.

应当指出,当 $\boldsymbol{A}$ 为可逆方阵时,矩阵方程(3.7.1)的解显然为 $\boldsymbol{X}=\boldsymbol{A}^{-1}$.于是引出如下的定义.

定义1 矩阵方程 $\boldsymbol{AXA}=\boldsymbol{A}$ 的解 $\boldsymbol{X}$ 称为矩阵 $\boldsymbol{A}$ 的**广义逆**,记为 $\boldsymbol{A}^{-}$.

由定理1可以看出,任意矩阵 $\boldsymbol{A}$ 的广义逆 $\boldsymbol{A}^{-}$ 总是存在的.而且一般地说,矩阵 $\boldsymbol{A}$ 的广义逆 $\boldsymbol{A}^{-}$ 并不唯一.事实上,由于

$$\boldsymbol{A}^{-} = \boldsymbol{Q}^{-1}\begin{pmatrix}\boldsymbol{I}_{(r)} & \boldsymbol{B}\\ \boldsymbol{C} & \boldsymbol{D}\end{pmatrix}\boldsymbol{P}^{-1},$$

其中 $\boldsymbol{B}$,$\boldsymbol{C}$ 和 $\boldsymbol{D}$ 是任意的,所以,$\operatorname{rank}\boldsymbol{A}^{-}\geqslant\operatorname{rank}\boldsymbol{A}$.而且对任意正整数 k,$r\leqslant k\leqslant\min\{m,n\}$,总可以分别取 $\boldsymbol{B}$ 和 $\boldsymbol{C}$ 为 $r\times(m-r)$ 和 $(n-r)\times r$ 零矩阵,并取 $\boldsymbol{D}$ 为秩等于 $k-r$ 的 $(n-r)\times(m-r)$ 矩阵,则矩阵 $\boldsymbol{A}$ 的这个广义逆 $\boldsymbol{A}^{-}$ 的秩 $\operatorname{rank}\boldsymbol{A}^{-}$

$=k$.由定理1还可以得到,矩阵 $\boldsymbol{A}$ 具有唯一的广义逆 $\boldsymbol{A}^-$ 的充分必要条件是,矩阵 $\boldsymbol{A}$ 为可逆方阵.

现在给出矩阵的广义逆的一些应用.

例1(非齐次线性方程组的相容性定理) 证明方程 $\boldsymbol{Ax}=\boldsymbol{\beta}$ 有解的充分必要条件是 $\boldsymbol{\beta}=\boldsymbol{AA}^-\boldsymbol{\beta}$,其中 $\boldsymbol{A}$ 是 $m\times n$ 矩阵,$\boldsymbol{\beta}$ 是 $m\times 1$ 矩阵,x 是 $n\times 1$ 未知矩阵,$\boldsymbol{A}^-$ 是矩阵 $\boldsymbol{A}$ 的广义逆.

证明 设方程 $\boldsymbol{Ax}=\boldsymbol{\beta}$ 有解 $\boldsymbol{x}^0$,则 $\boldsymbol{\beta}=\boldsymbol{Ax}^0$.因此

$$\boldsymbol{AA}^-\boldsymbol{\beta}=\boldsymbol{AA}^-(\boldsymbol{Ax}^0)=(\boldsymbol{AA}^-\boldsymbol{A})\boldsymbol{x}^0=\boldsymbol{Ax}^0=\boldsymbol{\beta}.$$

反之,设 $\boldsymbol{\beta}=\boldsymbol{AA}^-\boldsymbol{\beta}$ 成立.取 $\boldsymbol{x}^0=\boldsymbol{A}^-\boldsymbol{\beta}$.于是 $\boldsymbol{Ax}^0=\boldsymbol{AA}^-\boldsymbol{\beta}=\boldsymbol{\beta}$,即 $\boldsymbol{x}^0$ 是方程 $\boldsymbol{Ax}=\boldsymbol{\beta}$ 的解.

例2(非齐次线性方程组解的结构定理) 设方程 $\boldsymbol{Ax}=\boldsymbol{\beta}$ 有解.则它的通解为

$$\boldsymbol{x}=\boldsymbol{A}^-\boldsymbol{\beta}+(\boldsymbol{I}_{(n)}-\boldsymbol{A}^-\boldsymbol{A})\boldsymbol{z},$$

其中 $\boldsymbol{A}^-$ 是矩阵 $\boldsymbol{A}$ 的某个取定的广义逆,而 $\boldsymbol{z}$ 是任意 $n\times 1$ 矩阵.

证明 因为方程 $\boldsymbol{Ax}=\boldsymbol{\beta}$ 有解,因此由例1,对于矩阵 $\boldsymbol{A}$ 的取定的广义逆 $\boldsymbol{A}^-$,$\boldsymbol{AA}^-\boldsymbol{\beta}=\boldsymbol{\beta}$.取 $\boldsymbol{x}=\boldsymbol{A}^-\boldsymbol{\beta}+(\boldsymbol{I}_{(n)}-\boldsymbol{A}^-\boldsymbol{A})\boldsymbol{z}$,则

$$\boldsymbol{Ax}=\boldsymbol{AA}^-\boldsymbol{\beta}+\boldsymbol{A}(\boldsymbol{I}_{(n)}-\boldsymbol{A}^-\boldsymbol{A})\boldsymbol{z}=\boldsymbol{\beta}+(\boldsymbol{A}-\boldsymbol{AA}^-\boldsymbol{A})\boldsymbol{z}=\boldsymbol{\beta}.$$

即 $\boldsymbol{x}=\boldsymbol{A}^-\boldsymbol{\beta}+(\boldsymbol{I}_{(n)}-\boldsymbol{A}^-\boldsymbol{A})\boldsymbol{z}$ 是方程 $\boldsymbol{Ax}=\boldsymbol{\beta}$ 的解.反之,设 $\boldsymbol{x}^0$ 是方程 $\boldsymbol{Ax}=\boldsymbol{\beta}$ 的解,即 $\boldsymbol{Ax}^0=\boldsymbol{\beta}$.取 $\boldsymbol{z}=\boldsymbol{x}^0$,则

$$\boldsymbol{A}^-\boldsymbol{\beta}+(\boldsymbol{I}_{(n)}-\boldsymbol{A}^-\boldsymbol{A})\boldsymbol{x}^0=\boldsymbol{A}^-\boldsymbol{Ax}^0+\boldsymbol{x}^0-\boldsymbol{A}^-\boldsymbol{Ax}^0=\boldsymbol{x}^0,$$

即 $\boldsymbol{x}^0$ 可表为所说的形式.这就证明,$\boldsymbol{x}=\boldsymbol{A}^-\boldsymbol{\beta}+(\boldsymbol{I}_{(n)}-\boldsymbol{A}^-\boldsymbol{A})\boldsymbol{z}$ 是方程 $\boldsymbol{Ax}=\boldsymbol{\beta}$ 的通解.

例3(齐次线性方程组解的结构定理) 方程 $\boldsymbol{Ax}=\boldsymbol{0}$ 恒有解,而且它的通解为

$$\boldsymbol{x}=(\boldsymbol{I}_{(n)}-\boldsymbol{A}^-\boldsymbol{A})\boldsymbol{z},$$

其中 $\boldsymbol{A}^-$ 是矩阵 $\boldsymbol{A}$ 的某个取定的广义逆,而 $\boldsymbol{z}$ 是任意的 $n\times 1$ 矩阵.

证明 这是例1和例2的特殊情形.

对非齐次线性方程组 $\boldsymbol{Ax}=\boldsymbol{\beta}$,$\boldsymbol{\beta}\neq\boldsymbol{0}$,还可以用广义逆给出另一种形式的通解.

例4 设方程 $\boldsymbol{Ax}=\boldsymbol{\beta}$ 有解,其中 $\boldsymbol{\beta}\neq\boldsymbol{0}$.则它的通解为 $\boldsymbol{x}=\boldsymbol{A}^-\boldsymbol{\beta}$,这里 $\boldsymbol{A}^-$ 是矩阵 $\boldsymbol{A}$ 的任意一个广义逆.

证明 因为方程 $\boldsymbol{Ax}=\boldsymbol{\beta}$ 有解,因此可设它的一个解为 $\boldsymbol{x}^0$,即 $\boldsymbol{Ax}^0=\boldsymbol{\beta}$.取 $\boldsymbol{x}=\boldsymbol{A}^-\boldsymbol{\beta}$,则

$$\boldsymbol{Ax}=\boldsymbol{AA}^-\boldsymbol{\beta}=(\boldsymbol{AA}^-\boldsymbol{A})\boldsymbol{x}^0=\boldsymbol{Ax}^0=\boldsymbol{\beta}.$$

因此,对矩阵 $\boldsymbol{A}$ 的任意一个广义逆 $\boldsymbol{A}^-$,$\boldsymbol{x}=\boldsymbol{A}^-\boldsymbol{\beta}$ 都是方程 $\boldsymbol{Ax}=\boldsymbol{\beta}$ 的解.

反之,设 $\boldsymbol{x}^0$ 是方程 $\boldsymbol{Ax}=\boldsymbol{\beta}$ 的解,下面将证明,存在矩阵 $\boldsymbol{A}$ 的一个广义逆 $\boldsymbol{A}^-$,

使得 $\boldsymbol{x}^0=\boldsymbol{A}^-\boldsymbol{\beta}$. 事实上,设 rank $\boldsymbol{A}=r$,且

$$\boldsymbol{A}=\boldsymbol{P}\begin{pmatrix}\boldsymbol{I}_{(r)} & \boldsymbol{0}\\ \boldsymbol{0} & \boldsymbol{0}\end{pmatrix}_{m\times n}\boldsymbol{Q}.$$

由定理1,

$$\boldsymbol{A}^-=\boldsymbol{Q}^{-1}\begin{pmatrix}\boldsymbol{I}_{(r)} & \boldsymbol{B}\\ \boldsymbol{C} & \boldsymbol{D}\end{pmatrix}_{m\times n}\boldsymbol{P}^{-1}.$$

于是,由 $\boldsymbol{A}\boldsymbol{x}^0=\boldsymbol{\beta}$ 得到

$$\begin{pmatrix}\boldsymbol{I}_{(r)} & \boldsymbol{0}\\ \boldsymbol{0} & \boldsymbol{0}\end{pmatrix}_{m\times n}\boldsymbol{Q}\boldsymbol{x}^0=\boldsymbol{P}^{-1}\boldsymbol{\beta}.$$

记 $\boldsymbol{Q}\boldsymbol{x}^0=\boldsymbol{y}=(\boldsymbol{y}_1,\boldsymbol{y}_2)^{\mathrm{T}}$,$\boldsymbol{P}^{-1}\boldsymbol{\beta}=\boldsymbol{z}=(\boldsymbol{z}_1,\boldsymbol{z}_2)^{\mathrm{T}}$,其中 $\boldsymbol{y}_1$ 和 $\boldsymbol{z}_1$ 是 $1\times r$ 矩阵. 由上式得到 $\boldsymbol{y}_1=\boldsymbol{z}_1$,$\boldsymbol{z}_2=\boldsymbol{0}$. 由于方阵 $\boldsymbol{P}$ 可逆,$\boldsymbol{\beta}\neq\boldsymbol{0}$,因此 $\boldsymbol{z}=\boldsymbol{P}^{-1}\boldsymbol{\beta}\neq\boldsymbol{0}$,所以,$\boldsymbol{z}_1$ 至少有一个元素不为零. 记 $\boldsymbol{z}_1=(c_1,c_2,\cdots,c_r)$,且设 $c_i\neq\boldsymbol{0}$. 在

$$\boldsymbol{A}^-=\boldsymbol{Q}^{-1}\begin{pmatrix}\boldsymbol{I}_{(r)} & \boldsymbol{B}\\ \boldsymbol{C} & \boldsymbol{D}\end{pmatrix}\boldsymbol{P}^{-1}$$

中,取矩阵 $\boldsymbol{B}$ 和 $\boldsymbol{D}$ 分别是 $r\times(m-r)$ 和 $(n-r)\times(m-r)$ 零矩阵,取 $(n-r)\times r$ 矩阵 $\boldsymbol{C}$ 的第 i 列为 $\dfrac{1}{c_i}\boldsymbol{y}_2^{\mathrm{T}}$,其他列为零. 所得到的广义逆仍记为 $\boldsymbol{A}^-$. 于是

$$\begin{aligned}\boldsymbol{A}^-\boldsymbol{\beta}&=\boldsymbol{Q}^{-1}\begin{pmatrix}\boldsymbol{I}_{(r)} & \boldsymbol{0}\\ \boldsymbol{C} & \boldsymbol{0}\end{pmatrix}\boldsymbol{P}^{-1}\boldsymbol{\beta}=\boldsymbol{Q}^{-1}\begin{pmatrix}\boldsymbol{I}_{(r)} & \boldsymbol{0}\\ \boldsymbol{C} & \boldsymbol{0}\end{pmatrix}\begin{bmatrix}\boldsymbol{z}_1^{\mathrm{T}}\\ \boldsymbol{z}_2^{\mathrm{T}}\end{bmatrix}\\ &=\boldsymbol{Q}^{-1}(\boldsymbol{y}_1,\boldsymbol{y}_2)^{\mathrm{T}}=\boldsymbol{Q}^{-1}\boldsymbol{Q}\boldsymbol{x}^0=\boldsymbol{x}^0,\end{aligned}$$

这就证明,方程 $\boldsymbol{A}\boldsymbol{x}=\boldsymbol{\beta}$ 的通解为 $\boldsymbol{x}=\boldsymbol{A}^-\boldsymbol{\beta}$.

这几个例子表明,利用矩阵的广义逆来讨论线性方程组的解是非常方便的,而且通解的形式特别简洁. 特别地,例4表明,当 $\boldsymbol{\beta}\neq\boldsymbol{0}$时,方程 $\boldsymbol{A}\boldsymbol{x}=\boldsymbol{\beta}$ 的通解为 $\boldsymbol{x}=\boldsymbol{A}^-\boldsymbol{\beta}$. 这和方程 $\boldsymbol{A}\boldsymbol{x}=\boldsymbol{\beta}$ 的系数矩阵是可逆方阵的情形相类似,因为这时方程 $\boldsymbol{A}\boldsymbol{x}=\boldsymbol{\beta}$ 的解为 $\boldsymbol{x}=\boldsymbol{A}^{-1}\boldsymbol{\beta}$. 由此可以看出广义逆的威力.

矩阵的广义逆不只是上面所说的一种类型. 还有许多其他类型的广义逆. 除上面的 $\boldsymbol{A}^-$ 外,复矩阵的 Moore-Penrose 广义逆也是经常遇到的.

考虑复数域上的矩阵方程组

$$(\mathrm{I})\begin{cases}\boldsymbol{AXA}=\boldsymbol{A}, & (\mathrm{P}_1)\\ \boldsymbol{XAX}=\boldsymbol{X}, & (\mathrm{P}_2)\\ \overline{(\boldsymbol{AX})^{\mathrm{T}}}=\boldsymbol{AX}, & (\mathrm{P}_3)\\ \overline{(\boldsymbol{XA})^{\mathrm{T}}}=\boldsymbol{XA}, & (\mathrm{P}_4)\end{cases}$$

其中 $m \times n$ 矩阵 $\boldsymbol{A}$ 是给定的，$n \times m$ 矩阵 $\boldsymbol{X}$ 是未知的. 方程组(Ⅰ)称为 Penrose方程组.

定理 2 对任意给定的 $m \times n$ 矩阵 $\boldsymbol{A}$，Penrose 方程组(Ⅰ)总有解，而且它的解唯一. 具体地说，设矩阵 $\boldsymbol{A} = \boldsymbol{BC}$，其中 $\boldsymbol{B}$ 和 $\boldsymbol{C}$ 分别是列满秩的行满秩矩阵，则 Penrose 方程组(Ⅰ)的唯一解为

$$\boldsymbol{X} = \bar{\boldsymbol{C}}^{\mathrm{T}}(\boldsymbol{C}\bar{\boldsymbol{C}}^{\mathrm{T}})^{-1}(\bar{\boldsymbol{B}}^{\mathrm{T}}\boldsymbol{B})^{-1}\bar{\boldsymbol{B}}^{\mathrm{T}}. \tag{3.7.4}$$

证明 把式(3.7.4)代入 Penrose 方程组(Ⅰ)的每个方程，容易看出，每个方程都成为等式，即矩阵 $\boldsymbol{X}$ 的确是 Penrose 方程组(Ⅰ)的解.

设矩阵 $\boldsymbol{X}_1$ 和 $\boldsymbol{X}_2$ 都是 Penrose 方程组(Ⅰ)的解. 则由方程(P_2)，$\boldsymbol{X}_1 = \boldsymbol{X}_1\boldsymbol{A}\boldsymbol{X}_1$. 由方程($\mathrm{P}_1$)，

$$\boldsymbol{X}_1 = \boldsymbol{X}_1\boldsymbol{A}\boldsymbol{X}_2\boldsymbol{A}\boldsymbol{X}_1.$$

由方程(P_3)，$\boldsymbol{X}_1 = \boldsymbol{X}_1\overline{(\boldsymbol{A}\boldsymbol{X}_2)}^{\mathrm{T}}\,\overline{(\boldsymbol{A}\boldsymbol{X}_1)}^{\mathrm{T}} = \boldsymbol{X}_1\overline{(\boldsymbol{A}\boldsymbol{X}_1\boldsymbol{A}\boldsymbol{X}_2)}^{\mathrm{T}}$. 由方程($\mathrm{P}_1$)，$\boldsymbol{X}_1 = \boldsymbol{X}_1\overline{\boldsymbol{A}\boldsymbol{X}_2}^{\mathrm{T}}$. 由方程($\mathrm{P}_3$)，$\boldsymbol{X}_1 = \boldsymbol{X}_1\boldsymbol{A}\boldsymbol{X}_2$. 再由方程($\mathrm{P}_1$)，$\boldsymbol{X}_1 = \boldsymbol{X}_2\boldsymbol{A}\boldsymbol{X}_2\boldsymbol{A}\boldsymbol{X}_2$. 由方程($\mathrm{P}_4$)，

$$\boldsymbol{X}_1 = \overline{(\boldsymbol{X}_1\boldsymbol{A})}^{\mathrm{T}}\,\overline{(\boldsymbol{X}_2\boldsymbol{A})}^{\mathrm{T}}\boldsymbol{X}_2 = \overline{(\boldsymbol{X}_2\boldsymbol{A}\boldsymbol{X}_1\boldsymbol{A})}^{\mathrm{T}}\boldsymbol{X}_2.$$

由方程(P_1)，$\boldsymbol{X}_1 = \overline{(\boldsymbol{X}_2\boldsymbol{A})}^{\mathrm{T}}\boldsymbol{X}_2$. 由方程($\mathrm{P}_4$)，

$$\boldsymbol{X}_1 = \boldsymbol{X}_2\boldsymbol{A}\boldsymbol{X}_2.$$

最后由方程(P_2)，$\boldsymbol{X}_1 = \boldsymbol{X}_2$. 这就证明 Penrose 方程组(Ⅰ)的解的唯一性. 定理 2 证毕.

有必要说明的是式(3.7.4)的由来. 事实上，设 $\operatorname{rank}\boldsymbol{A} = r$. 则存在 m 阶和 n 阶可逆方阵 $\boldsymbol{P}$ 和 $\boldsymbol{Q}$，使得

$$\boldsymbol{A} = \boldsymbol{P}\begin{pmatrix} \boldsymbol{I}_{(r)} & \boldsymbol{0} \\ \boldsymbol{0} & \boldsymbol{0} \end{pmatrix}_{m\times n}\boldsymbol{Q} = \boldsymbol{P}\begin{pmatrix} \boldsymbol{I}_{(r)} \\ \boldsymbol{0} \end{pmatrix}_{m\times r}(\boldsymbol{I}_{(r)}, \boldsymbol{0})_{r\times n}\boldsymbol{Q} = \boldsymbol{BC},$$

其中 $\boldsymbol{B} = \boldsymbol{P}\begin{pmatrix} \boldsymbol{I}_{(r)} \\ \boldsymbol{0} \end{pmatrix}_{m\times r}$ 和 $\boldsymbol{C} = (\boldsymbol{I}_{(r)}, \boldsymbol{0})_{r\times n}\boldsymbol{Q}$ 分别是列满秩和行满秩矩阵. 由定理 1，方程(P_1)的解为

$$\boldsymbol{X} = \boldsymbol{Q}^{-1}\begin{bmatrix} \boldsymbol{I}_{(r)} & \boldsymbol{X}_{12} \\ \boldsymbol{X}_{21} & \boldsymbol{X}_2 \end{bmatrix}_{n\times m}\boldsymbol{P}^{-1},$$

其中 $\boldsymbol{X}_{12}$，$\boldsymbol{X}_{21}$ 和 $\boldsymbol{X}_{22}$ 分别是 $r\times(m-r)$，$(n-r)\times r$ 和 $(n-r)\times(m-r)$ 矩阵. 把矩阵 $\boldsymbol{X}$ 代入方程(P_2)，得到

$$\boldsymbol{Q}^{-1}\begin{bmatrix} \boldsymbol{I}_{(r)} & \boldsymbol{X}_{12} \\ \boldsymbol{X}_{21} & \boldsymbol{X}_{22} \end{bmatrix}\boldsymbol{P}^{-1}\boldsymbol{P}\begin{pmatrix} \boldsymbol{I}_{(r)} & \boldsymbol{0} \\ \boldsymbol{0} & \boldsymbol{0} \end{pmatrix}\boldsymbol{Q}\boldsymbol{Q}^{-1}\begin{bmatrix} \boldsymbol{I}_{(r)} & \boldsymbol{X}_{12} \\ \boldsymbol{X}_{21} & \boldsymbol{X}_{22} \end{bmatrix}\boldsymbol{P}^{-1}$$

$$= Q^{-1}\begin{pmatrix} I_{(r)} & X_{12} \\ X_{21} & X_{21}X_{12} \end{pmatrix} P^{-1} = Q^{-1}\begin{pmatrix} I_{(r)} & X_{12} \\ X_{21} & X_{22} \end{pmatrix} P^{-1}.$$

由此得到，$X_{22} = X_{21}X_{12}$. 因此

$$X = Q^{-1}\begin{pmatrix} I_{(r)} & X_{12} \\ X_{21} & X_{21}X_{12} \end{pmatrix} P^{-1}.$$

把矩阵 A 和 X 分别代入方程(P_3)和(P_4)，得到

$$\begin{pmatrix} I_{(r)} & 0 \\ \bar{X}_{12}^{T} & 0 \end{pmatrix} \bar{P}^{T}P = \bar{P}^{T}P\begin{pmatrix} I_{(r)} & X_{12} \\ 0 & 0 \end{pmatrix}, \tag{3.7.5}$$

$$\begin{pmatrix} I_{(r)} & 0 \\ X_{21} & 0 \end{pmatrix} Q\bar{Q}^{T} = Q\bar{Q}^{T}\begin{pmatrix} I_{(r)} & \bar{X}_{21}^{T} \\ 0 & 0 \end{pmatrix}. \tag{3.7.6}$$

记

$$\bar{P}^{T}P = \begin{pmatrix} R_{11} & R_{12} \\ \bar{R}_{12}^{T} & R_{22} \end{pmatrix}_{m\times m}, \qquad Q\bar{Q}^{T} = \begin{pmatrix} S_{11} & S_{12} \\ \bar{S}_{12}^{T} & S_{22} \end{pmatrix}_{n\times m},$$

其中 R_{11} 和 S_{11} 都是 r 阶方阵. 由于矩阵 R_{11} 是矩阵 $\bar{P}^{T}$ 的前 r 行和矩阵 P 的前 r 列的乘积，因此

$$R_{11} = (I_{(r)}, 0)_{n\times m}\bar{P}^{T}P\begin{pmatrix} I_{(r)} \\ 0 \end{pmatrix}_{m\times m} = \bar{B}^{T}B.$$

另一方面，由 Binet-Cahuchy 公式，

$$\begin{aligned} \det R_{11} &= \bar{P}^{T}P\begin{pmatrix} 1 & 2 & \cdots & r \\ 1 & 2 & \cdots & r \end{pmatrix} \\ &= \sum_{1\leqslant i_1<i_2<\cdots<i_r\leqslant m} \bar{P}^{T}\begin{pmatrix} 1 & 2 & \cdots & r \\ i_1 & i_2 & \cdots & i_r \end{pmatrix} P\begin{pmatrix} i_1 & i_2 & \cdots & i_r \\ 1 & 2 & \cdots & r \end{pmatrix} \\ &= \sum_{1\leqslant i_1<i_2<\cdots<i_r\leqslant m} \left| P\begin{pmatrix} i_1 & i_2 & \cdots & i_r \\ 1 & 2 & \cdots & r \end{pmatrix} \right|^2. \end{aligned}$$

如果 $\det R_{11} = 0$，则由上式，方阵 P 的前 r 列上的每个 r 阶子式都为零. 因此，对行列式 $\det P$ 的前 r 列作 Laplace 展开，可以看出，$\det P = 0$，和方阵 P 可逆矛盾. 所以，方阵 R_{11} 可逆. 同理可证，方阵 S_{11} 可逆，并且 $S_{11} = C\bar{C}^{T}$.

把分块方阵 $\bar{P}^{T}P$ 和 $Q\bar{Q}^{T}$ 分别代入式(3.7.5)和式(3.7.6)，得到，$X_{12} = R_{11}^{-1} \cdot R_{12}$，$X_{21} = \bar{S}_{12}^{T}S_{11}^{-1}$. 因此

$$X = Q^{-1}\begin{pmatrix} I_{(r)} & R_{11}^{-1}R_{12} \\ \bar{S}_{12}^{T}S_{11}^{-1} & \bar{S}_{12}^{T}S_{11}^{-1}R_{11}^{-1}R_{12} \end{pmatrix} P^{-1}$$

$$= Q^{-1}\begin{bmatrix} I_{(r)} \\ \bar{S}_{12}^{T}S_{11}^{-1} \end{bmatrix}(I_{(r)}, R_{11}^{-1}R_{12})P^{-1}$$

$$= Q^{-1}\begin{bmatrix} S_{11} & S_{12} \\ \bar{S}_{12}^{T} & S_{22} \end{bmatrix}\begin{bmatrix} S_{11}^{-1} \\ 0 \end{bmatrix}(R_{11}^{-1}, 0)\begin{bmatrix} R_{11} & R_{12} \\ \bar{R}_{12}^{T} & R_{22} \end{bmatrix}P^{-1}.$$

$$= Q^{-1}(Q\bar{Q}^{T})\begin{pmatrix} I_{(r)} \\ 0 \end{pmatrix}S_{11}^{-1}R_{11}^{-1}(I_{(r)}, 0)(\bar{P}^{T}P)P^{-1}$$

$$= \left[\bar{Q}^{T}\begin{pmatrix} I_{(r)} \\ 0 \end{pmatrix}\right]S_{11}^{-1}R_{11}^{-1}\left[(I_{(r)}, 0)\bar{P}^{T}\right]$$

$$= \bar{C}^{T}(C\bar{C}^{T})^{-1}(\bar{B}^{T}B)^{-1}\bar{B}^{T}.$$

这表明,如果矩阵 X 是 Penrose 方程组(I)的解,则矩阵 X 应具有形式(3.7.4).

基于定理 2,可以引进如下定义.

定义 2 对于给定的 $m \times n$ 矩阵 A,Penrose 方程组(I)的解 X 称为矩阵 A 的 Moore-Penrose 广义逆,记为 A^{+}.

显然,当 A 为 n 阶可逆方阵时,Penrose 方程组(I)的解为 A^{-1}. 所以,$A^{+} = A^{-1}$.

定理 2 表明,对任意给定的 $m \times n$ 矩阵 A,它的 Moore-Penrose 广义逆 A^{+} 总是存在的. 甚至对 $m \times n$ 零矩阵 $\mathbf{0}$,它的 Moore-Penrose 广义逆 $\mathbf{0}^{+}$ 也存在,并且 $\mathbf{0}^{+} = \mathbf{0}$,这里 $\mathbf{0}$ 是 $n \times m$ 零矩阵. 特别地,一阶零矩阵即是数 0,所以,数 0 的 Moore-Penrose 广义逆为数 0.

Moore-Penrose 广义逆和逆矩阵的有些性质是相同的,例如 $(A^{+})^{+} = A$, $(\bar{A}^{T})^{+} = \overline{(A^{+})}^{T}$, $(\lambda A)^{+} = \lambda^{+}A^{+}$. 但是,也有一些性质不同,例如,对逆矩阵成立的穿脱原理对 Moore-Penrose 广义逆并不成立. 使用时还须留意,不能混同.

广义逆的概念早在 1920 年即已出现. 1935 年,E. H. Moore 作了系统的研究*. 但是,由于当时应用不广,故有湮没的危险. 直到 1995 年,R. Penrose 又重新研究了广义逆. 由于近年来广义逆的应用日趋广泛,特别在数理统计和计算数学等领域的应用,才引起普遍重视,有兴趣的读者可以参阅有关专著(例如,I. Ben 的名著 *Generalized Inverses*),这里不拟深入介绍了.

---

* Moore E H. *General Analysis*, Vol. 1, Mem. Amer. Phil. Soc., Vol. 1, Phiadel-Phia, 1935, p. 8 and ch. 3 § 28.

习 题

1. 设 $\boldsymbol{A}$ 和 $\boldsymbol{B}$ 分别是 $m\times n$ 和 $m\times p$ 矩阵，$\boldsymbol{X}$ 是 $n\times p$ 未知矩阵. 证明：矩阵方程 $\boldsymbol{AX}=\boldsymbol{B}$ 有解的充分必要条件是 $\boldsymbol{B}=\boldsymbol{AA}^{-}\boldsymbol{B}$. 当有解时，它的通解为

$$\boldsymbol{X}=\boldsymbol{A}^{-}\boldsymbol{B}+(\boldsymbol{I}_{(n)}-\boldsymbol{A}^{-}\boldsymbol{A})\boldsymbol{W},$$

其中 $\boldsymbol{W}$ 是任意的 $n\times p$ 矩阵.

2. 设 $\boldsymbol{A},\boldsymbol{B}$ 和 $\boldsymbol{C}$ 分别是 $m\times n, p\times q$ 和 $m\times q$ 矩阵，$\boldsymbol{X}$ 是 $n\times p$ 未知矩阵. 证明：矩阵方程 $\boldsymbol{AXB}=\boldsymbol{C}$ 有解的充分必要条件是 $(\boldsymbol{I}_{(m)}-\boldsymbol{AA}^{-})\boldsymbol{C}=\boldsymbol{0}$ 和 $\boldsymbol{C}(\boldsymbol{I}_{(q)}-\boldsymbol{B}^{-}\boldsymbol{B})=\boldsymbol{0}$，并且当有解时，它的通解为

$$\boldsymbol{X}=\boldsymbol{A}^{-}\boldsymbol{C}\boldsymbol{B}^{-}+(\boldsymbol{I}_{(n)}-\boldsymbol{A}^{-}\boldsymbol{A})\boldsymbol{Y}+\boldsymbol{Z}(\boldsymbol{I}_{(p)}-\boldsymbol{BB}^{-})+(\boldsymbol{I}_{(n)}-\boldsymbol{A}^{-}\boldsymbol{A})\boldsymbol{W}(\boldsymbol{I}_{(p)}-\boldsymbol{BB}^{-}),$$

其中 $\boldsymbol{Y},\boldsymbol{Z}$ 和 $\boldsymbol{W}$ 是任意的 $n\times p$ 矩阵.

3. 设 $\boldsymbol{A},\boldsymbol{B}$ 和 $\boldsymbol{C}$ 分别是 $m\times p, q\times n$ 和 $m\times n$ 矩阵，$\boldsymbol{X}$ 和 $\boldsymbol{Y}$ 分别是 $p\times n$ 和 $m\times q$ 未知矩阵. 证明：方程 $\boldsymbol{AX}-\boldsymbol{YB}=\boldsymbol{C}$ 有解的充分必要条件是 $(\boldsymbol{I}_{(m)}-\boldsymbol{AA}^{-})\boldsymbol{C}(\boldsymbol{I}_{(n)}-\boldsymbol{B}^{-}\boldsymbol{B})=\boldsymbol{0}$，而且当有解时，它的通解为

$$\boldsymbol{X}=\boldsymbol{A}^{-}\boldsymbol{C}+\boldsymbol{A}^{-}\boldsymbol{ZB}+(\boldsymbol{I}_{(p)}-\boldsymbol{A}^{-}\boldsymbol{A})\boldsymbol{W},$$

$$\boldsymbol{Y}=-(\boldsymbol{I}_{(m)}-\boldsymbol{AA}^{-})\boldsymbol{CB}^{-}+\boldsymbol{Z}-(\boldsymbol{I}_{(m)}-\boldsymbol{AA}^{-})\boldsymbol{ZBB}^{-},$$

其中 $\boldsymbol{W}$ 和 $\boldsymbol{Z}$ 分别是任意的 $p\times n$ 和 $m\times q$ 矩阵.

4. 证明：存在 $m\times k$ 矩阵 $\boldsymbol{A}$ 和 $l\times n$ 矩阵 $\boldsymbol{B}$ 的广义逆 $\boldsymbol{A}^{-}$ 和 $\boldsymbol{B}^{-}$，使得

$$\operatorname{rank}\begin{pmatrix}\boldsymbol{A} & \boldsymbol{C}\\ \boldsymbol{0} & \boldsymbol{B}\end{pmatrix}=\operatorname{rank}\boldsymbol{A}+\operatorname{rank}\boldsymbol{B}+\operatorname{rank}[(\boldsymbol{I}_{(m)}-\boldsymbol{AA}^{-})\boldsymbol{C}(\boldsymbol{I}_{(n)}-\boldsymbol{B}^{-}\boldsymbol{B})],$$

其中 $\boldsymbol{C}$ 是 $m\times n$ 矩阵.

5. 验证 $\overline{(\boldsymbol{A}^{+})}^{\mathrm{T}}=(\bar{\boldsymbol{A}}^{\mathrm{T}})^{+}$.

第 4 章　线 性 空 间

正如数学百科辞典所指出，线性代数就是线性空间的理论. 因此，线性空间是线性代数研究的最基本的几何对象，矩阵则是研究线性空间中各种几何问题的最有效的代数工具，而线性空间中各种几何问题都可以归结为相应的矩阵分类问题. 这就是线性代数的两大基本理论——矩阵理论与线性空间理论之间的实质性联系. 4.1 节引进了数域 F 上的抽象线性空间概念. 4.2 节处理了线性空间中向量间的最基本关系；向量间的线性相关性与线性无关性，从而可以从向量的观点来看待矩阵的秩. 4.3 节介绍了基与坐标的概念，在一组固定的基下，每一个向量都可以用坐标明确地表达出来. 利用基的概念，得到了线性空间的维数. 4.4 节考虑同一个向量在不同基下坐标之间的关系. 这就同矩阵建立了联系. 这是将线性空间的问题与矩阵问题联系起来的关键. 4.5 节说明了数域 F 上的 n 维线性空间实质上就是数域 F 上的 n 元数组空间. 最后三节介绍了线性空间有关的一些最基本几何概念——子空间、商空间及空间的直和等，为以后进一步阐述线性空间的理论奠定了必要的基础.

4.1　线性空间的定义

从第 2 章我们知道，在所有有序 n 元实数组（即 n 维实向量）集合 $\mathbf{R}^n$ 中，可以定义向量的加法，纯量与向量的乘法；向量的加法满足结合律，交换律，有零向量，而且对每个向量 $\boldsymbol{\alpha}$，都存在负向量 $-\boldsymbol{\alpha}$；纯量与向量的乘法满足结合律，$1 \cdot \boldsymbol{\alpha} = \boldsymbol{\alpha}$，以及分配律：

$$\lambda(\boldsymbol{\alpha} + \boldsymbol{\beta}) = \lambda\boldsymbol{\alpha} + \lambda\boldsymbol{\beta},$$

$$(\lambda+\mu)\boldsymbol{\alpha}=\lambda\boldsymbol{\alpha}+\mu\boldsymbol{\alpha}.$$

其中 λ,μ 为纯量(实数),$\boldsymbol{\alpha},\boldsymbol{\beta}$ 为向量.对于所有有序 n 元复数组(即 n 维复向量)集合 $\mathbf{C}^n$,同样可以定义向量的加法,纯量与向量的乘法,而且这两种运算所具有的性质和 $\mathbf{R}^n$ 的两种运算相同.把集合的两种运算连同它们所满足的公理加予概括抽象,便引出线性空间概念.

定义 设 V 是一个非空集合,它的元素称为向量,设 F 是一个数域,它的元素称为纯量,在 V 中定义了向量的加法,即对任意,$\boldsymbol{\alpha},\boldsymbol{\beta}\in V$,$V$ 中有唯一的向量 $\boldsymbol{\alpha}+\boldsymbol{\beta}$ 与之对应,向量 $\boldsymbol{\alpha}+\boldsymbol{\beta}$ 称为向量 $\boldsymbol{\alpha}$ 与 $\boldsymbol{\beta}$ 的和;在 V 中还定义了纯量与向量的乘法,即对任意纯量 $\lambda\in F$,向量 $\boldsymbol{\alpha}\in V$,V 中有唯一的向量 $\lambda\boldsymbol{\alpha}$ 与之对应,向量 $\lambda\boldsymbol{\alpha}$ 称为纯量 λ 与向量 $\boldsymbol{\alpha}$ 的积.设 V 的向量加法,纯量与向量的乘法满足以下公理:

(A1) 加法结合律:$(\boldsymbol{\alpha}+\boldsymbol{\beta})+\boldsymbol{\gamma}=\boldsymbol{\alpha}+(\boldsymbol{\beta}+\boldsymbol{\gamma})$;

(A2) 加法交换律:$\boldsymbol{\alpha}+\boldsymbol{\beta}=\boldsymbol{\beta}+\boldsymbol{\alpha}$;

(A3) 具有零向量:即 V 中存在向量 $\mathbf{0}$,它称为零向量,使得对任意 $\boldsymbol{\alpha}\in V$,$\boldsymbol{\alpha}+\mathbf{0}=\boldsymbol{\alpha}$;

(A4) 具有负向量,即对任意 $\boldsymbol{\alpha}\in V$,存在 $-\boldsymbol{\alpha}\in V$,它称为向量 $\boldsymbol{\alpha}$ 的负向量,使得 $\boldsymbol{\alpha}+(-\boldsymbol{\alpha})=\mathbf{0}$;

(M1) $\lambda(\mu\boldsymbol{\alpha})=(\lambda\mu)\boldsymbol{\alpha}$;

(M2) $1\cdot\boldsymbol{\alpha}=\boldsymbol{\alpha}$;

(D1) 乘法对向量加法的分配律:$\lambda(\boldsymbol{\alpha}+\boldsymbol{\beta})=\lambda\boldsymbol{\alpha}+\lambda\boldsymbol{\beta}$;

(D2) 乘法对纯量加法的分配律:$(\lambda+\mu)\boldsymbol{\alpha}=\lambda\boldsymbol{\alpha}+\mu\boldsymbol{\alpha}$,其中 $\lambda,\mu\in F$,$\boldsymbol{\alpha},\boldsymbol{\beta},\boldsymbol{\gamma}\in V$,则集合 V 称为数域 F 上线性空间.

特别地,如果数域 F 为实数域 $\mathbf{R}$,则 V 称为实线性空间;如果数域 F 为复数域 $\mathbf{C}$,则 V 称为复线性空间.

例1 对所有复数的集合 $\mathbf{C}$,取数域 F 为复数域 $\mathbf{C}$,向量加法取为复数的加法,纯量与向量的乘法取为通常复数的乘法.容易验证,复数集合 $\mathbf{C}$ 的向量加法,纯量与向量的乘法满足线性空间定义中的八条公理,所以复数集合 $\mathbf{C}$ 是复线性空间.

对复数集合 $\mathbf{C}$,取数域 F 为实数域 $\mathbf{R}$,向量加法取为复数的加法,纯量与向量的乘法取为实数与复数的乘法.容易验证,对集合 $\mathbf{C}$,线性空间定义中的八条公理成立.所以集合 $\mathbf{C}$ 是实线性空间.

例1说明,对于同一个集合 V,只要数域 F 不同,作为线性空间也不同.

例2 所有正实数的集合记为 $\mathbf{R}^+$.取数域 F 为实数域 $\mathbf{R}$,在集合 $\mathbf{R}^+$ 中规定向量加法为通常实数的加法,纯量与向量的乘法规定为通常实数的乘法.在这两种运算下,集合 $\mathbf{R}^+$ 不构成实线性空间,因为负数与正数的乘积为负数,即纯量与 $\mathbf{R}^+$ 中的向量的乘积并不封闭.

对集合 $\mathbf{R}^+$,仍取数域 F 为实数域 $\mathbf{R}$,在集合 $\mathbf{R}^+$ 中规定向量加法为通常实数的乘法,即对任意 $\boldsymbol{\alpha},\boldsymbol{\beta}\in\mathbf{R}^+$,规定向量 $\boldsymbol{\alpha}$ 与 $\boldsymbol{\beta}$ 的和 $\boldsymbol{\alpha}\oplus\boldsymbol{\beta}=\boldsymbol{\alpha\beta}$.并规定纯量 $\lambda\in\mathbf{R}$ 与向量 $\boldsymbol{\alpha}\in\mathbf{R}^+$ 的乘积 $\lambda\circ\boldsymbol{\alpha}=\boldsymbol{\alpha}^{\lambda}$.可以验证,集合 $\mathbf{R}^+$ 的这两种运算满足线性空间定义中的八条公理,其中零向量是实数 1,向量 $\boldsymbol{\alpha}$ 的负向量 $\boldsymbol{\alpha}^{-1}$.所以 $\mathbf{R}^+$ 是实线性空间.

例 2 说明,一个集合 V 是否成为线性空间与集合 V 的向量加法以及纯量与向量的乘法如何规定密切相关.

例 3 对数域 F 上所有关于未定元 x 的多项式集合 $F[x]$ 与数域 F,规定向量加法为多项式加法,纯量与向量的乘法为数与多项式的乘法.容易验证,集合 $F[x]$ 是数域 F 上线性空间,其中零向量是零多项式.

设 n 是正整数,$F_n[x]$ 是数域 F 上所有数次小于 n 的多项式集合.在多项式加法以及数与多项式的乘法下,集合 $F_n[x]$ 成为数域 F 上线性空间.

例 4 区间 $[0,1]$ 上所有连续实函数的集合记为 C_2,取数域 F 为实数域 $\mathbf{R}$,在集合 C_2 中规定向量加法为函数的和,纯量与向量的乘法为实数与函数的乘积.在这两种运算下,集合 C_2 成为实线性空间.

例 5 对数域 F 上所有 $m\times n$ 矩阵的集合 $F^{m\times n}$ 与数域 F,规定向量加法为矩阵的加法,纯量与向量的乘法为数域 F 中的数与矩阵的乘法,集合 $F^{m\times n}$ 便成为数域 F 上线性空间.

应当指出,在线性空间定义中,并未考虑那八条公理的独立性,事实上可以证明,如果对集合 V 中所规定的向量加法,纯量与向量的乘法,除公理(A2)外,其他公理都满足,那么对所规定的运算,公理(A2)也满足.由于线性空间定义中的八条公理是经常使用的,所以在一般教科书中都把它们全部列出.

根据线性空间定义可以证明,数域 F 上线性空间 V 具有以下性质.

性质 1 对任意有限多个向量作加法时,其和与向量的结合方式以及向量的先后次序无关.

在线性空间的定义中,只规定了两个向量的和.至于多个向量的和则未加定义.怎样规定多个向量的和?先看四个向量的情形.设 $\boldsymbol{\alpha},\boldsymbol{\beta},\boldsymbol{\gamma},\boldsymbol{\delta}\in V$,由向量加法的定义,$\boldsymbol{\alpha}+\boldsymbol{\beta}$ 和 $\boldsymbol{\gamma}+\boldsymbol{\delta}$ 有意义,从而 $(\boldsymbol{\alpha}+\boldsymbol{\beta})+(\boldsymbol{\gamma}+\boldsymbol{\delta})$ 有意义;又 $\boldsymbol{\beta}+\boldsymbol{\gamma}$ 有意义,因此,$\boldsymbol{\alpha}+(\boldsymbol{\beta}+\boldsymbol{\gamma})$ 有意义,所以 $(\boldsymbol{\alpha}+(\boldsymbol{\beta}+\boldsymbol{\gamma}))+\boldsymbol{\delta}$ 也有意义.于是得到向量 $(\boldsymbol{\alpha}+\boldsymbol{\beta})+(\boldsymbol{\gamma}+\boldsymbol{\delta})$ 与 $(\boldsymbol{\alpha}+(\boldsymbol{\beta}+\boldsymbol{\gamma}))+\boldsymbol{\delta}$.当然,还可以按照其他结合方式.先求出向量 $\boldsymbol{\alpha},\boldsymbol{\beta},\boldsymbol{\gamma},\boldsymbol{\delta}$ 中某两个向量的和,再求出它和其他向量的和,最后求出这四个向量的和.问题是,随着结合方式不同,这四个向量的和是否相同?性质 1 断言,不论这四个向量

的结合方式以及向量的先后次序,所得到的和总是相等的.这样就可以把这个和规定为这四个向量的和.

性质1的证明 首先归纳定义向量 $\boldsymbol{\alpha}_1,\boldsymbol{\alpha}_2,\cdots,\boldsymbol{\alpha}_k\in V$ 的标准和 $\boldsymbol{\alpha}_1\oplus\boldsymbol{\alpha}_2\oplus\cdots\oplus\boldsymbol{\alpha}_k$ 如下.当 $k=2$ 时,定义 $\boldsymbol{\alpha}_1\oplus\boldsymbol{\alpha}_2=\boldsymbol{\alpha}_1+\boldsymbol{\alpha}_2$.假设 $\boldsymbol{\alpha}_1\oplus\boldsymbol{\alpha}_2\oplus\cdots\oplus\boldsymbol{\alpha}_{k-1}$ 已经定义,则定义 $\boldsymbol{\alpha}_1\oplus\boldsymbol{\alpha}_2\oplus\cdots\oplus\boldsymbol{\alpha}_k=(\boldsymbol{\alpha}_1\oplus\boldsymbol{\alpha}_2\oplus\cdots\oplus\boldsymbol{\alpha}_{k-1})+\boldsymbol{\alpha}_k$.现在证明

$$(\boldsymbol{\alpha}_1\oplus\boldsymbol{\alpha}_2\oplus\cdots\oplus\boldsymbol{\alpha}_l)+(\boldsymbol{\alpha}_{l+1}\oplus\boldsymbol{\alpha}_{l+2}\oplus\cdots\oplus\boldsymbol{\alpha}_{l+k})=\boldsymbol{\alpha}_1\oplus\boldsymbol{\alpha}_2\oplus\cdots\oplus\boldsymbol{\alpha}_{k+l}. \tag{4.1.1}$$

其中 l 与 k 是正整数.为此,对 k 用归纳法.当 $k=1$ 时,由标准和定义,

$$(\boldsymbol{\alpha}_1\oplus\boldsymbol{\alpha}_2\oplus\cdots\oplus\boldsymbol{\alpha}_l)+\boldsymbol{\alpha}_{l+1}=\boldsymbol{\alpha}_1\oplus\boldsymbol{\alpha}_2\oplus\cdots\oplus\boldsymbol{\alpha}_{l+1}.$$

因此,当 $k=1$ 时式(4.1.1)成立.假设式(4.1.1)对 $k-1$ 成立.则由标准和的定义,

$$\begin{aligned}&(\boldsymbol{\alpha}_1\oplus\boldsymbol{\alpha}_2\oplus\cdots\oplus\boldsymbol{\alpha}_l)+(\boldsymbol{\alpha}_{l+1}\oplus\cdots\oplus\boldsymbol{\alpha}_{l+k})\\&\quad=(\boldsymbol{\alpha}_1\oplus\boldsymbol{\alpha}_2\oplus\cdots\oplus\boldsymbol{\alpha}_l)+((\boldsymbol{\alpha}_{l+1}\oplus\cdots\oplus\boldsymbol{\alpha}_{l+k-1})\oplus\boldsymbol{\alpha}_{l+k}).\end{aligned}$$

由公理(A1),

$$\begin{aligned}(\boldsymbol{\alpha}_1\oplus\boldsymbol{\alpha}_2\oplus\cdots\oplus\boldsymbol{\alpha}_l)+(\boldsymbol{\alpha}_{l+1}\oplus\cdots\oplus\boldsymbol{\alpha}_{l+k})&=((\boldsymbol{\alpha}_1\oplus\boldsymbol{\alpha}_2\oplus\cdots\oplus\boldsymbol{\alpha}_l)\\&\quad+(\boldsymbol{\alpha}_{l+1}\oplus\cdots\oplus\boldsymbol{\alpha}_{l+k-1}))+\boldsymbol{\alpha}_{l+k}.\end{aligned}$$

由归纳假设,

$$(\boldsymbol{\alpha}_1\oplus\boldsymbol{\alpha}_2\oplus\cdots\oplus\boldsymbol{\alpha}_l)+(\boldsymbol{\alpha}_{l+1}\oplus\cdots\oplus\boldsymbol{\alpha}_{l+k})=(\boldsymbol{\alpha}_1\oplus\boldsymbol{\alpha}_2\oplus\cdots\oplus\boldsymbol{\alpha}_{l+k-1})+\boldsymbol{\alpha}_{l+k}.$$

由标准和的定义,

$$(\boldsymbol{\alpha}_1\oplus\boldsymbol{\alpha}_2\oplus\cdots\oplus\boldsymbol{\alpha}_l)+(\boldsymbol{\alpha}_{l+1}\oplus\cdots\oplus\boldsymbol{\alpha}_{l+k})=\boldsymbol{\alpha}_1\oplus\boldsymbol{\alpha}_2\oplus\cdots\oplus\boldsymbol{\alpha}_{l+k}.$$

这就证明了式(4.1.1).

其次证明,对任意给定的向量 $\boldsymbol{\alpha}_1,\boldsymbol{\alpha}_2,\cdots,\boldsymbol{\alpha}_k\in V$,不论向量 $\boldsymbol{\alpha}_1,\boldsymbol{\alpha}_2,\cdots,\boldsymbol{\alpha}_k$ 的结合方式,所得到的和等于这 k 个向量的标准和.事实上,假设 $\boldsymbol{\alpha}_1,\boldsymbol{\alpha}_2,\cdots,\boldsymbol{\alpha}_k$ 按一种结合方式求得一个和,显然,这个和是某个向量 $\boldsymbol{\beta}$ 与 $\boldsymbol{\gamma}$ 的和 $\boldsymbol{\beta}+\boldsymbol{\gamma}$,这里,$\boldsymbol{\beta}$ 是向量 $\boldsymbol{\alpha}_1,\boldsymbol{\alpha}_2,\cdots,\boldsymbol{\alpha}_l$ 按某种结合方式得到的和,而 $\boldsymbol{\gamma}$ 是向量 $\boldsymbol{\alpha}_{l+1},\boldsymbol{\alpha}_{l+2},\cdots,\boldsymbol{\alpha}_{l+r}$ 按某种结合方式得到的和,$l+r=k$.对向量个数 k 用归纳法,可以假设,$\boldsymbol{\beta}=\boldsymbol{\alpha}_1\oplus\boldsymbol{\alpha}_2\oplus\cdots\oplus\boldsymbol{\alpha}_l$,$\boldsymbol{\gamma}=\boldsymbol{\alpha}_{l+1}\oplus\boldsymbol{\alpha}_{l+2}\oplus\cdots\oplus\boldsymbol{\alpha}_{l+r}$.因此由式(4.1.1),

$$\begin{aligned}\boldsymbol{\beta}+\boldsymbol{\gamma}&=(\boldsymbol{\alpha}_1\oplus\boldsymbol{\alpha}_2\oplus\cdots\oplus\boldsymbol{\alpha}_l)+(\boldsymbol{\alpha}_{l+1}\oplus\boldsymbol{\alpha}_{l+2}\oplus\cdots\oplus\boldsymbol{\alpha}_{l+r})\\&=\boldsymbol{\alpha}_1\oplus\boldsymbol{\alpha}_2\oplus\cdots\oplus\boldsymbol{\alpha}_k.\end{aligned}$$

这就证明,对于向量 $\boldsymbol{\alpha}_1,\boldsymbol{\alpha}_2,\cdots,\boldsymbol{\alpha}_k$,不论按何种结合方式,得到的和都等于标准和 $\boldsymbol{\alpha}_1\oplus\boldsymbol{\alpha}_2\oplus\cdots\oplus\boldsymbol{\alpha}_k$.

最后,利用公理(A2)与标准和,可以证明,任意调动向量 $\boldsymbol{\alpha}_1,\boldsymbol{\alpha}_2,\cdots,\boldsymbol{\alpha}_k$ 的次

序，并按任意一种结合方式，得到的和仍等于标准和 $\boldsymbol{\alpha}_1 \oplus \boldsymbol{\alpha}_2 \oplus \cdots \oplus \boldsymbol{\alpha}_k$. 这就证明了性质 1.

向量 $\boldsymbol{\alpha}_1, \boldsymbol{\alpha}_2, \cdots, \boldsymbol{\alpha}_k$ 的标准和 $\boldsymbol{\alpha}_1 \oplus \boldsymbol{\alpha}_2 \oplus \cdots \oplus \boldsymbol{\alpha}_k$ 定义为向量 $\boldsymbol{\alpha}_1, \boldsymbol{\alpha}_2, \cdots, \boldsymbol{\alpha}_k$ 的和，记为 $\boldsymbol{\alpha}_1 + \boldsymbol{\alpha}_2 + \cdots + \boldsymbol{\alpha}_k$.

性质 2 零向量是唯一的.

证明 设 $\mathbf{0}_1, \mathbf{0}_2$ 是线性空间 V 的零向量，则由零向量的定义，

$$\mathbf{0}_1 = \mathbf{0}_1 + \mathbf{0}_2 = \mathbf{0}_2.$$

性质 3 对每个向量 $\boldsymbol{\alpha} \in V$，负向量 $-\boldsymbol{\alpha}$ 是唯一的.

证明 设向量 $\boldsymbol{\beta}, \boldsymbol{\gamma} \in V$ 是向量 $\boldsymbol{\alpha}$ 的负向量，则由负向量的定义，

$$\boldsymbol{\beta} = \boldsymbol{\beta} + \mathbf{0} = \boldsymbol{\beta} + (\boldsymbol{\alpha} + \boldsymbol{\gamma}) = (\boldsymbol{\beta} + \boldsymbol{\alpha}) + \boldsymbol{\gamma} = 0 + \boldsymbol{\gamma} = \boldsymbol{\gamma}.$$

利用负向量概念，在线性空间 V 中可以引进减法，即定义向量 $\boldsymbol{\alpha}, \boldsymbol{\beta} \in V$ 的差 $\boldsymbol{\alpha} - \boldsymbol{\beta} = \boldsymbol{\alpha} + (-\boldsymbol{\beta})$.

性质 4 设 $\lambda \in F, \boldsymbol{\alpha} \in V$. 则 $\lambda\boldsymbol{\alpha} = \mathbf{0}$ 的充分必要条件是，$\lambda = 0$ 或 $\boldsymbol{\alpha} = \mathbf{0}$.

证明 设 $\lambda \neq 0$，则 $\lambda^{-1} \in F$，并且

$$\lambda^{-1}(\lambda\boldsymbol{\alpha}) = (\lambda^{-1}\lambda)\boldsymbol{\alpha} = 1 \cdot \boldsymbol{\alpha} = \boldsymbol{\alpha}.$$

另一方面，由于 $\lambda\boldsymbol{\alpha} = \mathbf{0}$，故

$$\lambda^{-1} \cdot \mathbf{0} = \lambda^{-1}(\lambda\boldsymbol{\alpha}) = \lambda^{-1}(\mathbf{0} + \mathbf{0}) = \lambda^{-1} \cdot \mathbf{0} + \lambda^{-1} \cdot \mathbf{0},$$

两端同时加上 $-\lambda^{-1} \cdot \mathbf{0}$，则 $\lambda^{-1} \cdot \mathbf{0} = \mathbf{0}$. 从而 $\boldsymbol{\alpha} = \mathbf{0}$. 必要性得证.

反之，设 $\lambda = 0$，则 $0 \cdot \boldsymbol{\alpha} = (0+0)\boldsymbol{\alpha} = 0 \cdot \boldsymbol{\alpha} + 0 \cdot \boldsymbol{\alpha}$. 两端同时加上 $-0 \cdot \boldsymbol{\alpha}$，得到 $0 \cdot \boldsymbol{\alpha} = \mathbf{0}$；设 $\boldsymbol{\alpha} = \mathbf{0}$，则 $\lambda \cdot \mathbf{0} = \lambda(\mathbf{0} + \mathbf{0}) = \lambda \cdot \mathbf{0} + \lambda \cdot \mathbf{0}$，两端同时加上 $-\lambda \cdot \mathbf{0}$，得到 $\lambda \cdot \mathbf{0} = \mathbf{0}$. 充分性得证.

性质 5 设 $\lambda \in F, \boldsymbol{\alpha} \in V$，则 $(-\lambda)\boldsymbol{\alpha} = \lambda(-\boldsymbol{\alpha}) = -(\lambda\boldsymbol{\alpha})$.

证明 因为 $(-\lambda)\boldsymbol{\alpha} + \lambda\boldsymbol{\alpha} = (-\lambda + \lambda)\boldsymbol{\alpha} = 0 \cdot \boldsymbol{\alpha} = \mathbf{0}$，所以，$(-\lambda)\boldsymbol{\alpha} = -(\lambda\boldsymbol{\alpha})$. 又因为 $\lambda(-\boldsymbol{\alpha}) + \lambda\boldsymbol{\alpha} = \lambda(-\boldsymbol{\alpha} + \boldsymbol{\alpha}) = \lambda \cdot \mathbf{0} = \mathbf{0}$，所以，$\lambda(-\boldsymbol{\alpha}) = -(\lambda\boldsymbol{\alpha})$.

习　题

1. 以下的集合 V 关于所规定的运算是否成为线性空间？

(1) 取 V 为所有实数对 (x_1, x_2) 的集合；数域 F 为实数域 $\mathbf{R}$，向量的加法规定为：对 $(x_1, x_2), (y_1, y_2) \in V, (x_1, x_2) + (y_1 + y_2) = (x_1 + y_1, x_2 + y_2 + x_1 y_1)$；纯量与向量的乘法规定为：对任意 $\lambda \in F, (x_1, x_2) \in V, \lambda(x_1, x_2) = \left(\lambda x_1, \lambda x_2 + \dfrac{\lambda(\lambda - 1)}{2} x_1^2\right)$.

(2) 取 V 为所有实数对 (x_1, x_2) 的集合；数域 F 为实数域 $\mathbf{R}$；向量的加法规定为：对任意 $(x_1, x_2), (y_1, y_2) \in V, (x_1, x_2) + (y_1, y_2) = (x_1 + y_1, x_2 + y_2)$；纯量与向量的乘法规定为：

对任意 $\lambda\in F,(x_1,x_2)\in V,\lambda(x_1,x_2)=(x_1,x_2)$.

(3) 取 V 为所有满足 $f(x^2)=f(x)^2$ 的实函数集合；F 为实数域；向量的加法规定为：对 $f,g\in V,(f+g)(x)=f(x)+g(x)$；纯量与向量的乘法规定为：对 $\lambda\in F,f\in V,(\lambda f)(x)=\lambda f(x)$.

(4) 取 V 为所有满足 $f(-1)=0$ 的实函数集合；数域 F 为实数域 $\mathbf{R}$；向量的加法规定为函数的加法；纯量与向量的乘法规定为实数与函数的乘法.

(5) 取 V 是所有满足 $a_1\geqslant 0$ 的有序 n 元实数组 $(a_1,a_2,\cdots,a_n)$ 集合；数域 F 为实数域 $\mathbf{R}$；向量的加法与纯量和向量的乘法和 n 维实向量空间 $\mathbf{R}^n$ 相同.

(6) 取 V 是数域 F 上所有 n 阶可逆方阵集合；取数域为 F；向量加法规定为矩阵的加法；纯量与向量的乘法规定为纯量与矩阵的乘法.

(7) 给定数域 F 上 n 阶方阵 $\boldsymbol{A}_0$. 取 V 是所有满足 $\boldsymbol{A}_0\boldsymbol{B}=\boldsymbol{B}\boldsymbol{A}_0$ 的数域 F 上 n 阶方阵 $\boldsymbol{B}$ 的集合；取数域为 F；向量的加法，以及纯量与向量的乘法同(6).

(8) 取 V 为数域 F 上所有幂等方阵的集合；数域取为 F，向量的加法，以及纯量与向量的乘法同(6).

(9) 取 V 是所有定义在实轴上的复值函数；数域 F 为复数域 $\mathbf{C}$；向量的加法规定为函数的加法；纯量与向量的乘法规定为复数与函数的乘法.

(10) 取 V 是所有定义在实轴上且满足 $f(-x)=\overline{f(x)}$ 的复函数集合，其中 $\bar{z}$ 表示复数 z 的共轭；取数域 F 为实数域 $\mathbf{R}$；向量的加法，以及纯量与向量的乘法同(9).

4.2 线性相关

从解析几何可以知道，在三维实向量空间 $\mathbf{R}^3$ 中，向量 $\boldsymbol{\alpha}$ 和 $\boldsymbol{\beta}$ 共线的充分必要条件是，存在不全为零的实数 λ 和 μ，使得 $\lambda\boldsymbol{\alpha}+\mu\boldsymbol{\beta}=\mathbf{0}$；向量 $\boldsymbol{\alpha},\boldsymbol{\beta},\boldsymbol{\gamma}$ 共面的充分必要条件是，存在不全为零的实数 λ,μ,ν，使得 $\lambda\boldsymbol{\alpha}+\mu\boldsymbol{\beta}+\nu\boldsymbol{\gamma}=\mathbf{0}$. 三维实向量空间 $\mathbf{R}^3$ 中向量之间的这种共线，共面关系，推广到数域 F 上线性空间 V，就是向量间的线性相关性.

定义1　设 V 是数域 F 上线性空间，$S\subseteq V$. 如果存在向量 $\boldsymbol{\alpha}_1,\boldsymbol{\alpha}_2,\cdots,\boldsymbol{\alpha}_k\in S$，以及不全为零的纯量 $\lambda_1,\lambda_2,\cdots,\lambda_k\in F$，使得 $\lambda_1\boldsymbol{\alpha}_1+\lambda_2\boldsymbol{\alpha}_2+\cdots+\lambda_k\boldsymbol{\alpha}_k=\mathbf{0}$，则向量集合 S 称为线性相关的. 特别地，当向量集合 S 由有限个向量 $\boldsymbol{\alpha}_1,\boldsymbol{\alpha}_2,\cdots,\boldsymbol{\alpha}_l$ 组成时，也称向量 $\boldsymbol{\alpha}_1,\boldsymbol{\alpha}_2,\cdots,\boldsymbol{\alpha}_l$ 线性相关. 不是线性相关的向量集合 S 称为线性无关的.

例 1 复向量空间 $\mathbf{C}^1$ 中任意两个向量都是线性相关的.

证明 设 $\boldsymbol{\alpha},\boldsymbol{\beta}\in\mathbf{C}^1$. 如果 $\boldsymbol{\alpha}=\boldsymbol{\beta}=\mathbf{0}$,则取 $\lambda=\mu=1\in\mathbf{C}$. 于是 $\lambda\boldsymbol{\alpha}+\mu\boldsymbol{\beta}=\mathbf{0}$;如果 $\boldsymbol{\alpha},\boldsymbol{\beta}$ 不全为零,则取 $\lambda=\boldsymbol{\beta}\in\mathbf{C},\mu=-\boldsymbol{\alpha}\in\mathbf{C}$. 显然,$\lambda,\mu$ 不全为零,并且 $\lambda\boldsymbol{\alpha}+\mu\boldsymbol{\beta}=\mathbf{0}$. 因此,$\mathbf{C}^1$ 中任意两个向量都线性相关.

例 2 设 C_2 是区间[0,1]上所有连续实函数的集合,它关于函数的加法,实数与函数的乘法成为实线性空间. 设 C_2 中向量集合 $S=\{\boldsymbol{f}_i:\boldsymbol{f}_i(x)=x^i,i=0,1,2,\cdots\}$. 证明向量集合 S 线性无关.

证明 反证法 设向量集合 S 线性相关,则存在 k 个向量 $\boldsymbol{f}_{i_1}(x),\boldsymbol{f}_{i_2}(x),\cdots,\boldsymbol{f}_{i_k}(x)\in S$,以及 k 个不全为零的纯量 $\lambda_1,\lambda_2,\cdots,\lambda_k\in\mathbf{R}$,使得

$$\lambda_1\boldsymbol{f}_{i_1}(x)+\lambda_2\boldsymbol{f}_{i_2}(x)+\cdots+\lambda_k\boldsymbol{f}_{i_k}(x)=\mathbf{0},$$

即

$$\lambda_1x^{i_1}+\lambda_2x^{i_2}+\cdots+\lambda_kx^{i_k}=0.$$

这表明,上式左端的多项式为零多项式. 因此,它的系数 $\lambda_1,\lambda_2,\cdots,\lambda_k$ 全为零. 矛盾. 这就证明,向量集合 S 是线性无关的.

由线性相关的定义可以得到以下的结论:

结论 1 含有零向量的向量集合一定是线性相关的.

结论 2 含有线性相关向量子集的向量集合 S 一定是线性相关的.

结论 3 线性无关向量集合 S 的任何子集合 S_1 都是线性无关的.

证明 如果子集合 S_1 不是线性无关的,则 S_1 线性相关,由结论 2,向量集合 S 线性相关的,矛盾.

结论 4 向量集合 S 线性无关的充分必要条件是,S 的每一个有限子集(即由有限个向量构成的子集)都是线性无关的,也就是说,对于 S 的任意一组向量 $\boldsymbol{\alpha}_1,\boldsymbol{\alpha}_2,\cdots,\boldsymbol{\alpha}_k$,由 $\lambda_1\boldsymbol{\alpha}_1+\lambda_2\boldsymbol{\alpha}_2+\cdots+\lambda_k\boldsymbol{\alpha}_k=\mathbf{0}$,一定能得到 $\lambda_1=\lambda_2\cdots=\lambda_k=0$,其中纯量 $\lambda_1,\lambda_2,\cdots,\lambda_k\in F$.

证明 必要性即是结论 3;充分性可用反证法证明.

定义 2 设 V 是数域 F 上线性空间,$S\subseteq V$,向量 $\boldsymbol{\alpha}\in V$. 如果存在向量 $\boldsymbol{\alpha}_1,\boldsymbol{\alpha}_2,\cdots,\boldsymbol{\alpha}_k\in S$,纯量 $\lambda_1,\lambda_2,\cdots,\lambda_k\in F$,使得 $\boldsymbol{\alpha}=\lambda_1\boldsymbol{\alpha}_1+\lambda_2\boldsymbol{\alpha}_2+\cdots+\lambda_k\boldsymbol{\alpha}_k$,则向量 $\boldsymbol{\alpha}$ 称为**向量集合 S 的线性组合**,或者向量 $\boldsymbol{\alpha}$ **可由向量集合 S 线性表出**. 特别地,当 $S=\{\boldsymbol{\alpha}_1,\boldsymbol{\alpha}_2,\cdots,\boldsymbol{\alpha}_l\}$时,则向量 $\boldsymbol{\alpha}$ 称为**向量 $\boldsymbol{\alpha}_1,\boldsymbol{\alpha}_2,\cdots,\boldsymbol{\alpha}_l$ 的线性组合**,或者称向量 $\boldsymbol{\alpha}$ 可**由向量 $\boldsymbol{\alpha}_1,\boldsymbol{\alpha}_2,\cdots,\boldsymbol{\alpha}_l$ 线性表出**.

定理 1 非零向量 $\boldsymbol{\alpha}_1,\boldsymbol{\alpha}_2,\cdots,\boldsymbol{\alpha}_k$ 线性相关的充分必要条件是,存在某个向量 $\boldsymbol{\alpha}_m,2\leqslant m\leqslant k$,使得向量 $\boldsymbol{\alpha}_m$ 是它前面 $m-1$ 个向量 $\boldsymbol{\alpha}_1,\boldsymbol{\alpha}_2,\cdots,\boldsymbol{\alpha}_{m-1}$的线性组合.

证明　设非零向量 $\boldsymbol{\alpha}_1,\boldsymbol{\alpha}_2,\cdots,\boldsymbol{\alpha}_k$ 线性相关，则存在不全为零的纯量 $\lambda_1,\lambda_2,\cdots,\lambda_k\in F$，使得 $\lambda_1\boldsymbol{\alpha}_1+\lambda_2\boldsymbol{\alpha}_2+\cdots+\lambda_k\boldsymbol{\alpha}_k=\mathbf{0}$. 设 λ_m 是纯量$\lambda_1,\lambda_2,\cdots,\lambda_k$ 中由后往前数第一个不为零的纯量，即 $\lambda_m\neq 0,\lambda_{m+1}=\cdots=\lambda_k=0$. 由于纯量 $\lambda_1,\lambda_2,\cdots,\lambda_k$ 不全为零，所以 λ_m 是存在的，又由于向量 $\boldsymbol{\alpha}_1,\boldsymbol{\alpha}_2,\cdots,\boldsymbol{\alpha}_k$ 都是非零的，因此，$2\leqslant m\leqslant k$. 于是，$\lambda_1\boldsymbol{\alpha}_1+\lambda_2\boldsymbol{\alpha}_2+\cdots+\lambda_m\boldsymbol{\alpha}_m=\mathbf{0}$. 所以

$$\boldsymbol{\alpha}_m=\left(-\frac{\lambda_1}{\lambda_m}\right)\boldsymbol{\alpha}_1+\left(-\frac{\lambda_2}{\lambda_m}\right)\boldsymbol{\alpha}_2+\cdots+\left(-\frac{\lambda_{m-1}}{\lambda_m}\right)\boldsymbol{\alpha}_{m-1}.$$

即向量 $\boldsymbol{\alpha}_m$ 是向量$\boldsymbol{\alpha}_1,\boldsymbol{\alpha}_2,\cdots,\boldsymbol{\alpha}_{m-1}$的线性组合.

反之，设向量 $\boldsymbol{\alpha}_m$ 是向量$\boldsymbol{\alpha}_1,\boldsymbol{\alpha}_2,\cdots,\boldsymbol{\alpha}_{m-1}$的线性组合，则存在纯量 $\lambda_1,\lambda_2,\cdots,\lambda_{m-1}\in F$，使得 $\boldsymbol{\alpha}_m=\lambda_1\boldsymbol{\alpha}_1+\lambda_2\boldsymbol{\alpha}_2+\cdots+\lambda_{m-1}\boldsymbol{\alpha}_{m-1}$. 于是

$$\lambda_1\boldsymbol{\alpha}_1+\lambda_2\boldsymbol{\alpha}_2+\cdots+\lambda_{m-1}\boldsymbol{\alpha}_{m-1}+(-1)\boldsymbol{\alpha}_m=\mathbf{0}.$$

这表明，向量 $\boldsymbol{\alpha}_1,\boldsymbol{\alpha}_2,\cdots,\boldsymbol{\alpha}_k$ 线性相关. 定理 1 证毕.

定义 3　设 $S,T\subseteq V$. 如果向量集合 T 中每个向量都可由向量集合S 线性表出，则称向量集合 T 可由向量集合S 线性表出，如果向量集合 S 可由向量集合 T 线性表出，而向量集合 T 也可由向量集合S 线性表出，则向量集合 S 与 T 称为**等价**. 特别地，当 $S=\{\boldsymbol{\alpha}_1,\boldsymbol{\alpha}_2,\cdots,\boldsymbol{\alpha}_s\},T=\{\boldsymbol{\beta}_1,\boldsymbol{\beta}_2,\cdots,\boldsymbol{\beta}_t\}$时，如果向量集合 S 可由向量集合T 线性表出，则称向量 $\boldsymbol{\alpha}_1,\boldsymbol{\alpha}_2,\cdots,\boldsymbol{\alpha}_s$ 可由向量$\boldsymbol{\beta}_1,\boldsymbol{\beta}_2,\cdots,\boldsymbol{\beta}_t$ 线性表出. 如果向量集合 S 与T 等价，则称向量 $\boldsymbol{\alpha}_1,\boldsymbol{\alpha}_2,\cdots,\boldsymbol{\alpha}_s$ 与$\boldsymbol{\beta}_1,\boldsymbol{\beta}_2,\cdots,\boldsymbol{\beta}_t$ 等价.

容易验证，向量集合之间的等价关系满足以下性质：

1° **自反性**　对任意向量集合 $S\subseteq V$，向量集合 S 和自身等价；

2° **对称性**　设向量集合 $S,T\subseteq V$，如果 S 与 T 等价，则 T 与S 等价；

3° **传递性**　设向量集合 $S,T,W\subseteq V$，如果 S 与T 等价，T 与W 等价，则 S 与 W 等价.

定理 2（Steinitz 替换定理）　设向量 $\boldsymbol{\alpha}_1,\boldsymbol{\alpha}_2,\cdots,\boldsymbol{\alpha}_s$ 线性无关，并且可由向量$\boldsymbol{\beta}_1,\boldsymbol{\beta}_2,\cdots,\boldsymbol{\beta}_t$ 线性表出，则 $s\leqslant t$，并且可以用向量 $\boldsymbol{\alpha}_1,\boldsymbol{\alpha}_2,\cdots,\boldsymbol{\alpha}_s$ 替换向量$\boldsymbol{\beta}_1,\boldsymbol{\beta}_2,\cdots,\boldsymbol{\beta}_t$ 中某s 个向量，不妨设 $\boldsymbol{\beta}_1,\boldsymbol{\beta}_2,\cdots,\boldsymbol{\beta}_s$，使得向量 $\boldsymbol{\alpha}_1,\boldsymbol{\alpha}_2,\cdots,\boldsymbol{\alpha}_s,\boldsymbol{\beta}_{s+1},\cdots,\boldsymbol{\beta}_t$ 与向量$\boldsymbol{\beta}_1,\boldsymbol{\beta}_2,\cdots,\boldsymbol{\beta}_t$ 等价.

证明　对 s 用归纳法. 当 $s=1$ 时，显然 $s\leqslant t$. 由于向量 $\boldsymbol{\alpha}_1$ 可由向量 $\boldsymbol{\beta}_1,\boldsymbol{\beta}_2,\cdots,\boldsymbol{\beta}_t$ 线性表出，所以存在纯量 $\lambda_1,\lambda_2,\cdots,\lambda_t\in F$，使得 $\boldsymbol{\alpha}_1=\lambda_1\boldsymbol{\beta}_1+\lambda_2\boldsymbol{\beta}_2+\cdots+\lambda_t\boldsymbol{\beta}_t$. 如果 $\lambda_1=\lambda_2=\cdots=\lambda_t=0$，则 $\boldsymbol{\alpha}_1=\mathbf{0}$. 显然，零向量 $\boldsymbol{\alpha}_1$ 线性相关，与向量 $\boldsymbol{\alpha}_1$ 线性无关的假设相矛盾. 因此，必有某个 $\lambda_k\neq 0$. 不妨设 $\lambda_1\neq 0$. 于是

$$\boldsymbol{\beta}_1=\frac{1}{\lambda_1}\boldsymbol{\alpha}_1+\left(-\frac{\lambda_2}{\lambda_1}\right)\boldsymbol{\beta}_2+\cdots+\left(-\frac{\lambda_s}{\lambda_1}\right)\boldsymbol{\beta}_t.$$

这表明,向量 $\boldsymbol{\beta}_1$ 可由向量 $\boldsymbol{\alpha}_1,\boldsymbol{\beta}_2,\cdots,\boldsymbol{\beta}_t$ 线性表出.又显然,当 $2\leqslant k\leqslant t$ 时,向量 $\boldsymbol{\beta}_k$ 可由向量 $\boldsymbol{\alpha}_1,\boldsymbol{\beta}_2,\cdots,\boldsymbol{\beta}_t$ 线性表出.因此,向量 $\boldsymbol{\beta}_1,\boldsymbol{\beta}_2,\cdots,\boldsymbol{\beta}_t$ 可由向量 $\boldsymbol{\alpha}_1,\boldsymbol{\beta}_2,\cdots,\boldsymbol{\beta}_t$ 线性表出.反之,向量 $\boldsymbol{\alpha}_1$ 可由向量 $\boldsymbol{\beta}_1,\boldsymbol{\beta}_2,\cdots,\boldsymbol{\beta}_t$ 线性表出,而当 $2\leqslant k\leqslant t$ 时,向量 $\boldsymbol{\beta}_k$ 可由向量 $\boldsymbol{\beta}_1,\boldsymbol{\beta}_2,\cdots,\boldsymbol{\beta}_t$ 线性表出,从而向量 $\boldsymbol{\alpha}_1,\boldsymbol{\beta}_2,\cdots,\boldsymbol{\beta}_t$ 可由向量 $\boldsymbol{\beta}_1,\boldsymbol{\beta}_2,\cdots,\boldsymbol{\beta}_t$ 线性表出.因此,向量 $\boldsymbol{\alpha}_1,\boldsymbol{\beta}_2,\cdots,\boldsymbol{\beta}_t$ 和向量 $\boldsymbol{\beta}_1,\boldsymbol{\beta}_2,\cdots,\boldsymbol{\beta}_t$ 等价.

假设定理对 $s-1$ 成立.下面证明,定理对 s 成立.因为向量 $\boldsymbol{\alpha}_1,\boldsymbol{\alpha}_2,\cdots,\boldsymbol{\alpha}_s$ 线性无关,因此,向量 $\boldsymbol{\alpha}_1,\boldsymbol{\alpha}_2,\cdots,\boldsymbol{\alpha}_{s-1}$ 线性无关.又因为向量 $\boldsymbol{\alpha}_1,\boldsymbol{\alpha}_2,\cdots,\boldsymbol{\alpha}_s$ 可由向量 $\boldsymbol{\beta}_1,\boldsymbol{\beta}_2,\cdots,\boldsymbol{\beta}_t$ 线性表出,因此,向量 $\boldsymbol{\alpha}_1,\boldsymbol{\alpha}_2,\cdots,\boldsymbol{\alpha}_{s-1}$ 也可由向量 $\boldsymbol{\beta}_1,\boldsymbol{\beta}_2,\cdots,\boldsymbol{\beta}_t$ 线性表出.由归纳假设,$s-1\leqslant t$,并且可以由向量 $\boldsymbol{\alpha}_1,\boldsymbol{\alpha}_2,\cdots,\boldsymbol{\alpha}_{s-1}$ 替换向量 $\boldsymbol{\beta}_1,\boldsymbol{\beta}_2,\cdots,\boldsymbol{\beta}_t$ 中某 $s-1$ 个,不妨设 $\boldsymbol{\beta}_1,\boldsymbol{\beta}_2,\cdots,\boldsymbol{\beta}_{s-1}$,使得向量 $\boldsymbol{\alpha}_1,\boldsymbol{\alpha}_2,\cdots,\boldsymbol{\alpha}_{s-1},\boldsymbol{\beta}_s,\boldsymbol{\beta}_{s+1},\cdots,\boldsymbol{\beta}_t$ 与向量 $\boldsymbol{\beta}_1,\boldsymbol{\beta}_2,\cdots,\boldsymbol{\beta}_t$ 等价.

由于向量 $\boldsymbol{\alpha}_s$ 可由向量 $\boldsymbol{\beta}_1,\boldsymbol{\beta}_2,\cdots,\boldsymbol{\beta}_t$ 线性表出,而向量 $\boldsymbol{\beta}_1,\boldsymbol{\beta}_2,\cdots,\boldsymbol{\beta}_t$ 与向量 $\boldsymbol{\alpha}_1,\boldsymbol{\alpha}_2,\cdots,\boldsymbol{\alpha}_{s-1},\boldsymbol{\beta}_s,\boldsymbol{\beta}_{s+1},\cdots,\boldsymbol{\beta}_t$ 等价,因此向量 $\boldsymbol{\alpha}_s$ 可由向量 $\boldsymbol{\alpha}_1,\boldsymbol{\alpha}_2,\cdots,\boldsymbol{\alpha}_{s-1},\boldsymbol{\beta}_s,\boldsymbol{\beta}_{s+1},\cdots,\boldsymbol{\beta}_t$ 线性表出.所以存在纯量 $\lambda_1,\lambda_2,\cdots,\lambda_t\in F$,使得

$$\boldsymbol{\alpha}_s=\lambda_1\boldsymbol{\alpha}_1+\lambda_2\boldsymbol{\alpha}_2+\cdots+\lambda_{s-1}\boldsymbol{\alpha}_{s-1}+\lambda_s\boldsymbol{\beta}_s+\lambda_{s+1}\boldsymbol{\beta}_{s+1}+\cdots+\lambda_t\boldsymbol{\beta}_t.$$

如果 $s-1=t$,或者 $\lambda_s=\lambda_{s+1}=\cdots=\lambda_t=0$,则上式化为

$$\lambda_1\boldsymbol{\alpha}_1+\lambda_2\boldsymbol{\alpha}_2+\cdots+\lambda_{s-1}\boldsymbol{\alpha}_{s-1}+(-1)\boldsymbol{\alpha}_s=\mathbf{0},$$

即向量 $\boldsymbol{\alpha}_1,\boldsymbol{\alpha}_2,\cdots,\boldsymbol{\alpha}_s$ 线性相关,矛盾.因此,$s-1<t$,即 $s\leqslant t$,并且 $\lambda_s,\lambda_{s+1},\cdots,\lambda_t$ 中至少有一个不为零,不妨设 $\lambda_s\neq0$,于是

$$\begin{aligned}\boldsymbol{\beta}_s=&\left(-\frac{\lambda_1}{\lambda_s}\right)\boldsymbol{\alpha}_1+\left(-\frac{\lambda_2}{\lambda_s}\right)\boldsymbol{\alpha}_2+\cdots+\left(-\frac{\lambda_{s-1}}{\lambda_s}\right)\boldsymbol{\alpha}_{s-1}\\&+\left(\frac{\lambda_1}{\lambda_s}\right)\boldsymbol{\alpha}_s+\left(-\frac{\lambda_{s+1}}{\lambda_s}\right)\boldsymbol{\beta}_{s+1}+\cdots+\left(-\frac{\lambda_t}{\lambda_t}\right)\boldsymbol{\beta}_t.\end{aligned}$$

因此,向量 $\boldsymbol{\beta}_s$ 可由向量 $\boldsymbol{\alpha}_1,\boldsymbol{\alpha}_2,\cdots,\boldsymbol{\alpha}_{s-1},\boldsymbol{\alpha}_s,\boldsymbol{\beta}_{s+1},\cdots,\boldsymbol{\beta}_t$ 线性表出.显然,向量 $\boldsymbol{\alpha}_k$ 与 $\boldsymbol{\beta}_l$ 都可由向量 $\boldsymbol{\alpha}_1,\boldsymbol{\alpha}_2,\cdots,\boldsymbol{\alpha}_{s-1},\boldsymbol{\alpha}_s,\boldsymbol{\beta}_{s+1},\cdots,\boldsymbol{\beta}_t$ 线性表出,其中 $1\leqslant k\leqslant s-1,s+1\leqslant l\leqslant t$.所以向量 $\boldsymbol{\alpha}_1,\boldsymbol{\alpha}_2,\cdots,\boldsymbol{\alpha}_{s-1},\boldsymbol{\beta}_s,\boldsymbol{\beta}_{s+1},\cdots,\boldsymbol{\beta}_t$ 可由向量 $\boldsymbol{\alpha}_1,\boldsymbol{\alpha}_2,\cdots,\boldsymbol{\alpha}_s,\boldsymbol{\beta}_{s+1},\cdots,\boldsymbol{\beta}_t$ 线性表出.反之,向量 $\boldsymbol{\alpha}_1,\boldsymbol{\alpha}_2,\cdots,\boldsymbol{\alpha}_s,\boldsymbol{\beta}_{s+1},\boldsymbol{\beta}_{s+2},\cdots,\boldsymbol{\beta}_t$ 可由向量 $\boldsymbol{\alpha}_1,\boldsymbol{\alpha}_2,\cdots,\boldsymbol{\alpha}_{s-1},\boldsymbol{\beta}_s,\boldsymbol{\beta}_{s+1},\cdots,\boldsymbol{\beta}_t$ 线性表出.从而向量 $\boldsymbol{\alpha}_1,\boldsymbol{\alpha}_2,\cdots,\boldsymbol{\alpha}_s,\boldsymbol{\beta}_{s+1},\cdots,\boldsymbol{\beta}_t$ 与向量 $\boldsymbol{\alpha}_1,\boldsymbol{\alpha}_2,\cdots,\boldsymbol{\alpha}_{s-1},\boldsymbol{\beta}_s,\boldsymbol{\beta}_{s+1},\cdots,\boldsymbol{\beta}_t$ 等价.但是,向量 $\boldsymbol{\alpha}_1,\boldsymbol{\alpha}_2,\cdots,\boldsymbol{\alpha}_{s-1},\boldsymbol{\beta}_s,\boldsymbol{\beta}_{s+1},\cdots,\boldsymbol{\beta}_t$ 与向量 $\boldsymbol{\beta}_1,\boldsymbol{\beta}_2,\cdots,\boldsymbol{\beta}_t$ 等价.由传递性,向量 $\boldsymbol{\alpha}_1,\boldsymbol{\alpha}_2,\cdots,\boldsymbol{\alpha}_s,\boldsymbol{\beta}_{s+1},\cdots,\boldsymbol{\beta}_t$ 与向量 $\boldsymbol{\beta}_1,\boldsymbol{\beta}_2,\cdots,\boldsymbol{\beta}_t$ 等价.定理 2 得证.

推论 设向量 $\boldsymbol{\alpha}_1,\boldsymbol{\alpha}_2,\cdots,\boldsymbol{\alpha}_s$ 与 $\boldsymbol{\beta}_1,\boldsymbol{\beta}_2,\cdots,\boldsymbol{\beta}_t$ 等价,并且都线性无关,则 $s=t$.

证明 这是定理 2 的直接推论.

定义4 设向量集合 $S=\{\boldsymbol{\alpha}_1,\boldsymbol{\alpha}_2,\cdots,\boldsymbol{\alpha}_s\}\subseteq V$. 如果 S 中的向量 $\boldsymbol{\beta}_1,\boldsymbol{\beta}_2,\cdots,\boldsymbol{\beta}_t$ 线性无关,并且对任意 $\boldsymbol{\beta}\in S$,向量 $\boldsymbol{\beta},\boldsymbol{\beta}_1,\boldsymbol{\beta}_2,\cdots,\boldsymbol{\beta}_t$ 线性相关,则称向量 $\boldsymbol{\beta}_1,\boldsymbol{\beta}_2,\cdots,\boldsymbol{\beta}_t$ 是向量 $\boldsymbol{\alpha}_1,\boldsymbol{\alpha}_2,\cdots,\boldsymbol{\alpha}_s$ 的一个极大线性无关向量组.

定理3 向量 $\boldsymbol{\alpha}_1,\boldsymbol{\alpha}_2,\cdots,\boldsymbol{\alpha}_s$ 的任意一个极大线性无关向量组都与向量 $\boldsymbol{\alpha}_1,\boldsymbol{\alpha}_2,\cdots,\boldsymbol{\alpha}_s$ 等价,而且向量 $\boldsymbol{\alpha}_1,\boldsymbol{\alpha}_2,\cdots,\boldsymbol{\alpha}_s$ 的任意两个极大线性无关向量组所含向量的个数相同.

证明 设 $\boldsymbol{\beta}_1,\boldsymbol{\beta}_2,\cdots,\boldsymbol{\beta}_t$ 是向量 $\boldsymbol{\alpha}_1,\boldsymbol{\alpha}_2,\cdots,\boldsymbol{\alpha}_s$ 的极大线性无关向量组. 由定义,向量 $\boldsymbol{\alpha}_k,\boldsymbol{\beta}_1,\boldsymbol{\beta}_2,\cdots,\boldsymbol{\beta}_t$ 线性相关,其中 $1\leqslant k\leqslant s$. 因此,存在不全为零的纯量 $\mu,\lambda_1,\lambda_2,\cdots,\lambda_t\in F$,使得 $\mu\boldsymbol{\alpha}_k+\lambda_1\boldsymbol{\beta}_1+\lambda_2\boldsymbol{\beta}_2+\cdots\lambda_t\boldsymbol{\beta}_t=\mathbf{0}$. 如果 $\mu=0$,则 $\lambda_1,\lambda_2,\cdots,\lambda_t$ 不全为零,并且 $\lambda_1\boldsymbol{\beta}_1+\lambda_2\boldsymbol{\beta}_2+\cdots+\lambda_t\boldsymbol{\beta}_t=\mathbf{0}$,即向量 $\boldsymbol{\beta}_1,\boldsymbol{\beta}_2,\cdots,\boldsymbol{\beta}_t$ 线性相关. 矛盾. 因此,$\mu\neq0$. 于是

$$\boldsymbol{\alpha}_k=\left(-\frac{\lambda_1}{\mu}\right)\boldsymbol{\beta}_1+\left(-\frac{\lambda_2}{\mu}\right)\boldsymbol{\beta}_2+\cdots+\left(-\frac{\lambda_t}{\mu}\right)\boldsymbol{\beta}_t,$$

即向量 $\boldsymbol{\alpha}_k$ 可由向量 $\boldsymbol{\beta}_1,\boldsymbol{\beta}_2,\cdots,\boldsymbol{\beta}_t$ 线性表出. 由向量 $\boldsymbol{\alpha}_k$ 的任意性,所以向量 $\boldsymbol{\alpha}_1,\boldsymbol{\alpha}_2,\cdots,\boldsymbol{\alpha}_s$ 可由向量 $\boldsymbol{\beta}_1,\boldsymbol{\beta}_2,\cdots,\boldsymbol{\beta}_t$ 线性表出. 反之,向量 $\boldsymbol{\beta}_l$ 是向量 $\boldsymbol{\alpha}_1,\boldsymbol{\alpha}_2,\cdots,\boldsymbol{\alpha}_s$ 中的某个向量,$1\leqslant l\leqslant t$,因此可设 $\boldsymbol{\beta}_l=\boldsymbol{\alpha}_{i_l}$. 所以向量 $\boldsymbol{\beta}_l$ 可由向量 $\boldsymbol{\alpha}_1,\boldsymbol{\alpha}_2,\cdots,\boldsymbol{\alpha}_s$ 线性表出. 由向量 $\boldsymbol{\beta}_l$ 的任意性,向量 $\boldsymbol{\beta}_1,\boldsymbol{\beta}_2,\cdots,\boldsymbol{\beta}_t$ 可由向量 $\boldsymbol{\alpha}_1,\boldsymbol{\alpha}_2,\cdots,\boldsymbol{\alpha}_s$ 线性表出. 于是,向量 $\boldsymbol{\beta}_1,\boldsymbol{\beta}_2,\cdots,\boldsymbol{\beta}_t$ 与向量 $\boldsymbol{\alpha}_1,\boldsymbol{\alpha}_2,\cdots,\boldsymbol{\alpha}_s$ 等价.

设 $\boldsymbol{\gamma}_1,\boldsymbol{\gamma}_2,\cdots,\boldsymbol{\gamma}_r$ 是向量 $\boldsymbol{\alpha}_1,\boldsymbol{\alpha}_2,\cdots,\boldsymbol{\alpha}_s$ 的另一个极大线性无关向量组. 由上面的证明,向量 $\boldsymbol{\gamma}_1,\boldsymbol{\gamma}_2,\cdots,\boldsymbol{\gamma}_r$ 与向量 $\boldsymbol{\alpha}_1,\boldsymbol{\alpha}_2,\cdots,\boldsymbol{\alpha}_s$ 等价,而向量 $\boldsymbol{\alpha}_1,\boldsymbol{\alpha}_2,\cdots,\boldsymbol{\alpha}_s$ 与向量 $\boldsymbol{\beta}_1,\boldsymbol{\beta}_2,\cdots,\boldsymbol{\beta}_t$ 等价,所以,向量 $\boldsymbol{\gamma}_1,\boldsymbol{\gamma}_2,\cdots,\boldsymbol{\gamma}_r$ 与 $\boldsymbol{\beta}_1,\boldsymbol{\beta}_2,\cdots,\boldsymbol{\beta}_t$ 等价. 由定理2的推论,$r=t$. 定理3得证.

定义5 向量 $\boldsymbol{\alpha}_1,\boldsymbol{\alpha}_2,\cdots,\boldsymbol{\alpha}_s$ 的极大线性无关向量组所含向量的个数 r 称为向量 $\boldsymbol{\alpha}_1,\boldsymbol{\alpha}_2,\cdots,\boldsymbol{\alpha}_s$ 的秩.

作为向量 $\boldsymbol{\alpha}_1,\boldsymbol{\alpha}_2,\cdots,\boldsymbol{\alpha}_s$ 的秩的一个应用,我们来考查矩阵的秩. 设 $\boldsymbol{A}=(a_{ij})\in F^{m\times n}$,这里 $F^{m\times n}$ 是数域 F 上所有 $m\times n$ 矩阵的集合. 矩阵 $\boldsymbol{A}$ 的第 i 行记为 $\boldsymbol{\alpha}_i=(a_{i1},a_{i2},\cdots,a_{in})$,$1\leqslant i\leqslant m$. 向量 $\boldsymbol{\alpha}_i$ 是数域 F 上行向量空间 $\boldsymbol{F}^n$ 的向量,这里 $\boldsymbol{F}^n$ 是数域 F 上所有有序 n 数组的集合构成的线性空间. 向量 $\boldsymbol{\alpha}_1,\boldsymbol{\alpha}_2,\cdots,\boldsymbol{\alpha}_m$ 的秩称为矩阵 $\boldsymbol{A}$ 的行秩. 同样,记矩阵 $\boldsymbol{A}$ 的第 j 列为 $\boldsymbol{\beta}_j=(a_{1j},a_{2j},\cdots,a_{mj})^{\mathrm{T}}$,$1\leqslant j\leqslant n$. 向量 $\boldsymbol{\beta}_j$ 是数域 F 上列向量空间 $\boldsymbol{F}^m$ 的向量,其中 $\boldsymbol{F}^m$ 是数域 F 上所有排成列形式的有序 m 数组集合构成的线性空间. 向量 $\boldsymbol{\beta}_1,\boldsymbol{\beta}_2,\cdots,\boldsymbol{\beta}_n$ 的秩称为矩阵 $\boldsymbol{A}$ 的列秩.

定理4 矩阵 $\boldsymbol{A}\in F^{m\times n}$ 的行秩等于列秩,并等于矩阵 $\boldsymbol{A}$ 的秩.

证明 设 rank $\boldsymbol{A}=r$. 则矩阵 $\boldsymbol{A}$ 具有 r 阶非零子式,设 $\boldsymbol{A}\begin{pmatrix} i_1 & i_2\cdots i_r \\ j_1 & j_2\cdots j_r \end{pmatrix}\neq 0$, $1\leqslant i_1<i_2<\cdots<i_r\leqslant m$, $1\leqslant j_1<j_2<\cdots<j_r\leqslant n$. 考察矩阵 $\boldsymbol{A}$ 相应的行向量 $\boldsymbol{\alpha}_{i_1},\boldsymbol{\alpha}_{i_2},\cdots,\boldsymbol{\alpha}_{i_r}$. 设 $\lambda_1,\lambda_2,\cdots,\lambda_r\in \boldsymbol{F}$,使得

$$\lambda_1\boldsymbol{\alpha}_{i_1}+\lambda_2\boldsymbol{\alpha}_{i_2}+\cdots+\lambda_r\boldsymbol{\alpha}_{i_r}=\boldsymbol{0}.$$

写成分量形式,上式即化为

$$\begin{cases} a_{i_1 1}\lambda_1+a_{i_2 1}\lambda_2+\cdots+a_{i_r 1}\lambda_r=0, \\ a_{i_1 2}\lambda_1+a_{i_2 2}\lambda_2+\cdots+a_{i_r 2}\lambda_r=0, \\ \cdots\cdots\cdots\cdots \\ a_{i_1 n}\lambda_1+a_{i_2 n}\lambda_2+\cdots+a_{i_r n}\lambda_r=0. \end{cases}$$

由于 $\boldsymbol{A}\begin{pmatrix} i_1\, i_2\cdots i_r \\ j_1\, j_2\cdots j_r \end{pmatrix}\neq 0$,因此,上述方程组的系数矩阵的秩为 r,所以,$\lambda_1=\lambda_2=\cdots=\lambda_r=0$. 这表明,行向量 $\boldsymbol{\alpha}_{i_1},\boldsymbol{\alpha}_{i_2},\cdots,\boldsymbol{\alpha}_{i_r}$ 线性无关.

其次,设 $\boldsymbol{\alpha}_k$ 是矩阵 $\boldsymbol{A}$ 的第 k 个行向量,$1\leqslant k\leqslant m$,并且设 $\lambda_1,\lambda_2,\cdots,\lambda_k,\mu\in \boldsymbol{F}$,使得

$$\lambda_1\boldsymbol{\alpha}_{i_1}+\lambda_2\boldsymbol{\alpha}_{i_2}+\cdots+\lambda_r\boldsymbol{\alpha}_{i_r}+\mu\boldsymbol{\alpha}_k=\boldsymbol{0}.$$

写成分量形式,上式即为

$$\begin{cases} a_{i_1 1}\lambda_1+a_{i_2 1}\lambda_2+\cdots+a_{i_r 1}\lambda_r+a_{k1}\mu=0, \\ a_{i_1 2}\lambda_1+a_{i_2 2}\lambda_2+\cdots+a_{i_r 2}\lambda_r+a_{k2}\mu=0, \\ \cdots\cdots\cdots\cdots \\ a_{i_1 n}\lambda_1+a_{i_2 n}\lambda_2+\cdots+a_{i_r n}\lambda_r+a_{kn}\mu=0. \end{cases}$$

由于 $\boldsymbol{A}\begin{pmatrix} i_1\, i_2\cdots i_r \\ j_1\, j_2\cdots j_r \end{pmatrix}\neq 0$,并且 rank $\boldsymbol{A}=r$,因此,当 $1\leqslant j\leqslant n$ 时,$\boldsymbol{A}\begin{pmatrix} i_1\, i_2\cdots i_r k \\ j_1\, j_2\cdots j_r j \end{pmatrix}=0$. 即上述方程组的系数矩阵的秩为 r. 因此,上述方程组具有非零解 $\lambda_1,\lambda_2,\cdots,\lambda_r,\mu\in \boldsymbol{F}$. 所以,向量 $\boldsymbol{\alpha}_{i_1},\boldsymbol{\alpha}_{i_2},\cdots,\boldsymbol{\alpha}_{i_r},\boldsymbol{\alpha}_k$ 线性相关. 由向量 $\boldsymbol{\alpha}_k$ 的任意性,向量 $\boldsymbol{\alpha}_{i_1},\boldsymbol{\alpha}_{i_2},\cdots,\boldsymbol{\alpha}_{i_r}$,是向量 $\boldsymbol{\alpha}_1,\boldsymbol{\alpha}_2,\cdots,\boldsymbol{\alpha}_m$ 的极大线性无关向量组. 因此,矩阵 $\boldsymbol{A}$ 的行秩等于矩阵 $\boldsymbol{A}$ 的秩.

同理可证矩阵 $\boldsymbol{A}$ 的列秩也等于矩阵 $\boldsymbol{A}$ 的秩. 定理 4 证毕.

定理 4 给出了矩阵的秩的一种几何意义,它为应用向量的线性相关性来证明有关矩阵秩的命题开辟了一个途径.

例 设 $\boldsymbol{A}=(a_{ij})\in \boldsymbol{F}^{m\times n}$, $\boldsymbol{B}=(b_{ij})\in \boldsymbol{F}^{n\times p}$. 证明:

$$\text{rank}\,\boldsymbol{AB}\leqslant \min\{\text{rank}\,\boldsymbol{A},\text{rank}\,\boldsymbol{B}\}.$$

证明 记 $\boldsymbol{C}=\boldsymbol{AB}$,且 rank $\boldsymbol{B}=t$, rank $\boldsymbol{C}=r$. 设矩阵 $\boldsymbol{B}$ 的 n 个行向量分别为

$\boldsymbol{\beta}_1,\boldsymbol{\beta}_2,\cdots,\boldsymbol{\beta}_n$，矩阵 $\boldsymbol{C}$ 的 m 个行向量分别为 $\boldsymbol{\gamma}_1,\boldsymbol{\gamma}_2,\cdots,\boldsymbol{\gamma}_m$，它们都是数域 F 上行向量空间 F^p 中的向量. 由于 $\boldsymbol{C}=\boldsymbol{AB}$，因此

$$\boldsymbol{\gamma}_i = a_{i1}\boldsymbol{\beta}_1 + a_{i2}\boldsymbol{\beta}_2 + \cdots + a_{in}\boldsymbol{\beta}_n,\quad 1\leqslant i\leqslant m.$$

这表明，向量 $\boldsymbol{\gamma}_1,\boldsymbol{\gamma}_2,\cdots,\boldsymbol{\gamma}_m$ 可由向量 $\boldsymbol{\beta}_1,\boldsymbol{\beta}_2,\cdots,\boldsymbol{\beta}_n$ 线性表出. 由于 $\operatorname{rank}\boldsymbol{C}=r$，因此，由定理4和定理3，向量 $\boldsymbol{\gamma}_1,\boldsymbol{\gamma}_2,\cdots,\boldsymbol{\gamma}_m$ 具有极大线性无关向量组 $\boldsymbol{\gamma}_{i_1},\boldsymbol{\gamma}_{i_2},\cdots,\boldsymbol{\gamma}_{i_r}$，并且向量 $\boldsymbol{\gamma}_{i_1},\boldsymbol{\gamma}_{i_2},\cdots,\boldsymbol{\gamma}_{i_r}$，可由向量 $\boldsymbol{\gamma}_1,\boldsymbol{\gamma}_2,\cdots,\boldsymbol{\gamma}_m$ 线性表出. 而向量 $\boldsymbol{\gamma}_1,\boldsymbol{\gamma}_2,\cdots,\boldsymbol{\gamma}_m$ 可由向量 $\boldsymbol{\beta}_1,\boldsymbol{\beta}_2,\cdots,\boldsymbol{\beta}_n$ 线性表出. 从而向量 $\boldsymbol{\gamma}_{i_1},\boldsymbol{\gamma}_{i_2},\cdots,\boldsymbol{\gamma}_{i_r}$ 可由向量 $\boldsymbol{\beta}_1,\boldsymbol{\beta}_2,\cdots,\boldsymbol{\beta}_n$ 线性表出. 由于 $\operatorname{rank}\boldsymbol{B}=t$，因此由定理4和定理3，向量 $\boldsymbol{\beta}_1,\boldsymbol{\beta}_2,\cdots,\boldsymbol{\beta}_n$ 具有极大线性无关向量组 $\boldsymbol{\beta}_{j_1},\boldsymbol{\beta}_{j_2},\cdots,\boldsymbol{\beta}_{j_t}$，并且向量 $\boldsymbol{\beta}_1,\boldsymbol{\beta}_2,\cdots,\boldsymbol{\beta}_n$ 可由向量 $\boldsymbol{\beta}_{j_1},\boldsymbol{\beta}_{j_2},\cdots,\boldsymbol{\beta}_{j_t}$ 线性表出. 于是向量 $\boldsymbol{\gamma}_{i_1},\boldsymbol{\gamma}_{i_2},\cdots,\boldsymbol{\gamma}_{i_r}$ 可由向量 $\boldsymbol{\beta}_{j_1},\boldsymbol{\beta}_{j_2},\cdots,\boldsymbol{\beta}_{j_t}$ 线性表出. 因为向量 $\boldsymbol{\gamma}_{i_1},\boldsymbol{\gamma}_{i_2},\cdots,\boldsymbol{\gamma}_{i_r}$ 线性无关，所以由 Steinitz 替换定理，$r\leqslant t$，即 $\operatorname{rank}\boldsymbol{C}\leqslant\operatorname{rank}\boldsymbol{B}$.

对矩阵 $\boldsymbol{A}$ 和 $\boldsymbol{C}$ 的列向量做同样的考虑，可以证明，$\operatorname{rank}\boldsymbol{C}\leqslant\operatorname{rank}\boldsymbol{A}$. 于是，$\operatorname{rank}\boldsymbol{AB}\leqslant\min\{\operatorname{rank}\boldsymbol{A},\operatorname{rank}\boldsymbol{B}\}$.

习　　题

1. 判断下列向量是否线性无关：

(1) $\boldsymbol{\alpha}_1=(2,-3,1),\boldsymbol{\alpha}_2=(3,-1,5),\boldsymbol{\alpha}_3=(1,-4,3)$；

(2) $\boldsymbol{\alpha}_1=(4,-5,2,6),\boldsymbol{\alpha}_2=(2,-2,1,3),\boldsymbol{\alpha}_3=(6,-3,3,9),\boldsymbol{\alpha}_4=(4,-1,5,6)$；

(3) $\boldsymbol{\alpha}_1=(1,0,0,2,5),\boldsymbol{\alpha}_2=(0,1,0,3,4),\boldsymbol{\alpha}_3=(0,0,1,4,7),\boldsymbol{\alpha}_4=(2,-3,4,11,12)$.

2. 设向量 $\boldsymbol{\alpha},\boldsymbol{\beta},\boldsymbol{\gamma}$ 线性无关，向量 $\boldsymbol{\alpha}+\boldsymbol{\beta},\boldsymbol{\beta}+\boldsymbol{\gamma},\boldsymbol{\gamma}+\boldsymbol{\alpha}$ 是否线性无关？

3. 设纯量 λ 满足下列条件之一. 求 λ：

(1) 向量 $(1+\lambda,1-\lambda),(1-\lambda,1+\lambda)\in\mathbf{C}^2$ 线性相关；

(2) 向量 $(\lambda,1,0),(1,\lambda,1),(0,1,\lambda)\in\mathbf{R}^3$ 线性相关；

如果在(1)中将 $\mathbf{C}^2$ 换成 $\mathbf{Q}^2$，在(2)中将 $\mathbf{R}^3$ 换为 $\mathbf{Q}^3$，结论又怎样？这里 $\mathbf{Q}^2$ 和 $\mathbf{Q}^3$ 分别是所有二元有理数和三元有理数组的集合构成的有理数域上线性空间.

4. 在什么条件下，向量 $(1,a_1,a_1^2),(1,a_2,a_2^2),(1,a_3,a_3^2)\in\mathbf{C}^3$ 线性相关？将结论推广到 $\mathbf{C}^n$.

5. 设向量 $\boldsymbol{\alpha}_1,\boldsymbol{\alpha}_2,\cdots,\boldsymbol{\alpha}_k\in F^n$ 线性相关，$k\geqslant 2$. 证明：对任意 $\boldsymbol{\alpha}_{k+1}\in F^n$，存在不全为零的纯量 $\lambda_1,\lambda_2,\cdots,\lambda_k\in F$，使得向量 $\boldsymbol{\alpha}_1+\lambda_1\boldsymbol{\alpha}_{k+1},\boldsymbol{\alpha}_2+\lambda_2\boldsymbol{\alpha}_{k+1},\cdots,\boldsymbol{\alpha}_k+\lambda_k\boldsymbol{\alpha}_{k+1}$ 线性相关.

6. 取集合 V 为实数域 $\mathbf{R}$，数域为有理数域 $\mathbf{Q}$. 集合 V 的向量加法规定为实数的加法，纯量与向量的乘法规定为有理数与实数的乘法，则 V 成为有理数域 $\mathbf{Q}$ 上线性空间. 证明：在线性空间 V 中，实数 1 与 $\boldsymbol{\alpha}$ 线性无关的充分必要条件是，$\boldsymbol{\alpha}$ 为无理数.

7. 设 V 是所有实函数构成的实数域 $\mathbf{R}$ 上线性空间. 证明：下列向量线性无关：

(1) x, x^4;　　　　(4) $x\mathrm{e}^x, \mathrm{e}^{2x}$;

(3) $\sin x, \cos x$;　　　　(5) $\sin x, \mathrm{e}^x$.

8. 设 V 是所有连续函数构成的实数域 $\mathbf{R}$ 上线性空间. 证明：向量 $\sin x, \sin 2x, \cdots, \sin nx, \cdots$线性无关.

9. 设 t 个 n 维行向量$\boldsymbol{\alpha}_i = (a_{i1}, a_{i2}, \cdots, a_{in}), i = 1,2,\cdots,t \leqslant n$ 满足 $2|a_{ii}| > \sum_{k=1}^{n} |a_{ik}|$, $i = 1,2,\cdots,t$. 证明：向量 $\boldsymbol{\alpha}_1, \boldsymbol{\alpha}_2, \cdots, \boldsymbol{\alpha}_t$ 线性无关.

10. 设数域 F 上线性空间 V 中向量$\boldsymbol{\alpha}_1, \boldsymbol{\alpha}_2, \cdots, \boldsymbol{\alpha}_k$ 线性无关,添加向量 $\boldsymbol{\beta} \in V$ 到向量$\boldsymbol{\alpha}_1, \boldsymbol{\alpha}_2, \cdots, \boldsymbol{\alpha}_k$. 证明：在向量 $\boldsymbol{\beta}, \boldsymbol{\alpha}_1, \boldsymbol{\alpha}_2, \cdots, \boldsymbol{\alpha}_k$ 中,能够由前面的向量线性表出的向量不多于 1 个.

11. 求向量 $\boldsymbol{\alpha}_1 = (4, -1, 3, -2), \boldsymbol{\alpha}_2 = (8, -2, 6, -4), \boldsymbol{\alpha}_3 = (3, -1, 4, -2), \boldsymbol{\alpha}_4 = (6, -2, 8, -4)$的所有极大线性无关向量组.

12. 设 $\boldsymbol{A}$ 是 n 阶方阵. 证明：$\operatorname{rank} \boldsymbol{A}^n = \operatorname{rank} \boldsymbol{A}^{n+1} = \operatorname{rank} \boldsymbol{A}^{n+2} = \cdots$.

13. 设 $\boldsymbol{A}$ 和 $\boldsymbol{B}$ 都是 $m \times n$ 矩阵. 证明：$\operatorname{rank}(\boldsymbol{A} + \boldsymbol{B}) \leqslant \operatorname{rank} \boldsymbol{A} + \operatorname{rank} \boldsymbol{B}$.

4.3 基与坐标

大家知道,在解析几何里,如果在三维实向量空间 $\mathbf{R}^3$ 中建立直角坐标系,则三个坐标轴上的单位向量分别为 $\boldsymbol{\varepsilon}_1 = (1,0,0), \boldsymbol{\varepsilon}_2 = (0,1,0), \boldsymbol{\varepsilon}_3 = (0,0,1)$. 如果存在实数 $\lambda_1, \lambda_2, \lambda_3$,使得 $\lambda_1\boldsymbol{\varepsilon}_1 + \lambda_2\boldsymbol{\varepsilon}_2 + \lambda_3\boldsymbol{\varepsilon}_3 = \mathbf{0}$,则可得到 $\lambda_1 = \lambda_2 = \lambda_3 = 0$. 这表明,向量 $\boldsymbol{\varepsilon}_1, \boldsymbol{\varepsilon}_2, \boldsymbol{\varepsilon}_3$ 线性无关. 另一方面,由于对任意 $\boldsymbol{\alpha} \in \mathbf{R}^3$,在这个坐标系下向量 $\boldsymbol{\alpha}$ 的坐标为$(\alpha_1, \alpha_2, \alpha_3)$,故 $\boldsymbol{\alpha} = (\alpha_1, \alpha_2, \alpha_3) = \alpha_1\boldsymbol{\varepsilon}_1 + \alpha_2\boldsymbol{\varepsilon}_2 + \alpha_3\boldsymbol{\varepsilon}_3$,因此向量空间 $\mathbf{R}^3$ 中任意一个向量 $\boldsymbol{\alpha}$ 都可由向量$\boldsymbol{\varepsilon}_1, \boldsymbol{\varepsilon}_2, \boldsymbol{\varepsilon}_3$ 线性表出. 于是,用线性空间语言讲,所谓在空间 $\mathbf{R}^3$ 中设立坐标系,相当于在 $\mathbf{R}^3$ 中选取一组线性无关的向量,使得 $\mathbf{R}^3$ 中任意向量都可由它们线性表出. 把空间 $\mathbf{R}^3$ 中坐标系的概念推广到线性空间,便引出线性空间的基的概念.

定义 1　设 S 是数域 F 上线性空间 V 的向量集合. 如果向量集合 S 线性无关,而且 V 中每个向量都可由向量集合 S 线性表出,则向量集合 S 称为**线性空间 V 的一组基**,S 中的向量称为**基向量**. 如果线性空间 V 的基 S 由有限多个基向量组成,则线性空间 V 称为**有限维**的. 不是有限维的线性空间称为**无限维**的.

注　如果数域 F 上线性空间 V 只含一个向量,则由线性空间的定义,V 由零向量组成,即 $V=\{\mathbf{0}\}$.此时,称 $V=\{\mathbf{0}\}$ 为**零维线性空间**.上述定义中数域 F 上线性空间是指非零维的.

定理 1 设数域 F 上有限维线性空间 V 具有一组基 $\{\boldsymbol{\alpha}_1,\boldsymbol{\alpha}_2,\cdots,\boldsymbol{\alpha}_n\}$,$n\geqslant 1$.则 V 中任意一个线性无关向量集合 S 都是有限的,并且 S 所含向量的数不超过 n.

证明 设线性无关向量集合 S 至少含有 $n+1$ 向量 $\boldsymbol{\beta}_1,\boldsymbol{\beta}_2,\cdots,\boldsymbol{\beta}_{n+1}$.由上节结论3,向量 $\boldsymbol{\beta}_1,\boldsymbol{\beta}_2,\cdots,\boldsymbol{\beta}_{n+1}$ 线性无关.由基的定义,向量 $\boldsymbol{\beta}_1,\boldsymbol{\beta}_2,\cdots,\boldsymbol{\beta}_{n+1}$ 可由向量 $\boldsymbol{\alpha}_1,\boldsymbol{\alpha}_2,\cdots,\boldsymbol{\alpha}_n$ 线性表出.由 Steinitz 替换定理,$n+1\leqslant n$,不可能.因此,向量集合 S 至多含有 n 个向量.定理1证毕.

由定理1立即得到:

推论 1 有限维线性空间 V 的任意两组基所含向量的个数相同.

证明 设 $\{\boldsymbol{\alpha}_1,\boldsymbol{\alpha}_2,\cdots,\boldsymbol{\alpha}_m\}$ 与 $\{\boldsymbol{\beta}_1,\boldsymbol{\beta}_2,\cdots,\boldsymbol{\beta}_n\}$ 是 V 的两组基,由定理1,$m\leqslant n$,$n\leqslant m$.因此,$m=n$.

根据推论1,可以引进如下定义.

定义 2 数域 F 上有限维线性空间 V 的一组基中所含向量的个数称为 **V 的维数**,记为 $\dim_F V$ 或简记为 $\dim V$.

利用维数概念,定理1可以叙述为:

推论 2 设 V 是数域 F 上 n 维线性空间.则 V 中任意 $n+1$ 个向量都线性相关.

定理 2 数域 F 上 n 维线性空间 V 中任意一个线性无关向量集合 S 都可以扩充为 V 的一组基.换言之,设 $S=\{\boldsymbol{\alpha}_1,\boldsymbol{\alpha}_2,\cdots,\boldsymbol{\alpha}_r\}\subseteq V$ 线性无关,则存在 $\boldsymbol{\alpha}_{r+1}$,$\boldsymbol{\alpha}_{r+2},\cdots,\boldsymbol{\alpha}_n\in V$,使得 $\{\boldsymbol{\alpha}_1,\boldsymbol{\alpha}_2,\cdots,\boldsymbol{\alpha}_r,\boldsymbol{\alpha}_{r+1},\cdots,\boldsymbol{\alpha}_n\}$ 是 V 的基.

证明 因为向量集合 S 线性无关,因此,由定理1,向量集合 S 所含向量的个数 $r\leqslant n$.记 $S=\{\boldsymbol{\alpha}_1,\boldsymbol{\alpha}_2,\cdots,\boldsymbol{\alpha}_r\}$.设 $\{\boldsymbol{\beta}_1,\boldsymbol{\beta}_2,\cdots,\boldsymbol{\beta}_n\}$ 是 V 的一组基.于是向量 $\boldsymbol{\alpha}_1$,$\boldsymbol{\alpha}_2,\cdots,\boldsymbol{\alpha}_r$ 可由向量 $\boldsymbol{\beta}_1,\boldsymbol{\beta}_2,\cdots,\boldsymbol{\beta}_n$ 线性表出.由 Steinitz 替换定理,向量 $\boldsymbol{\beta}_1,\boldsymbol{\beta}_2,\cdots$,$\boldsymbol{\beta}_n$ 中存在向量 $\boldsymbol{\beta}_{i_{r+1}},\boldsymbol{\beta}_{i_{r+2}},\cdots,\boldsymbol{\beta}_{i_n}$,使得向量 $\boldsymbol{\alpha}_1,\boldsymbol{\alpha}_2,\cdots,\boldsymbol{\alpha}_r,\boldsymbol{\beta}_{i_{r+1}},\boldsymbol{\beta}_{i_{r+2}},\cdots,\boldsymbol{\beta}_{i_n}$ 与向量 $\boldsymbol{\beta}_1,\boldsymbol{\beta}_2,\cdots,\boldsymbol{\beta}_n$ 等价,从而向量 $\boldsymbol{\beta}_1,\boldsymbol{\beta}_2,\cdots,\boldsymbol{\beta}_n$ 可由向量 $\boldsymbol{\alpha}_1,\boldsymbol{\alpha}_2,\cdots,\boldsymbol{\alpha}_r,\boldsymbol{\beta}_{i_{r+1}}$,$\boldsymbol{\beta}_{i_{r+2}},\cdots,\boldsymbol{\beta}_{i_n}$ 线性表出.如果向量 $\boldsymbol{\alpha}_1,\boldsymbol{\alpha}_2,\cdots,\boldsymbol{\alpha}_r,\boldsymbol{\beta}_{i_{r+1}},\boldsymbol{\beta}_{i_{r+2}},\cdots,\boldsymbol{\beta}_{i_n}$ 线性相关,则向量 $\boldsymbol{\alpha}_1,\boldsymbol{\alpha}_2,\cdots,\boldsymbol{\alpha}_r,\boldsymbol{\beta}_{i_{r+1}},\boldsymbol{\beta}_{i_{r+2}},\cdots,\boldsymbol{\beta}_{i_n}$ 的极大线性无关向量组 S_1 所含向量的个数 $s<n$.另一方面,由于向量 $\boldsymbol{\beta}_1,\boldsymbol{\beta}_2,\cdots,\boldsymbol{\beta}_n$ 可由向量 $\boldsymbol{\alpha}_1,\boldsymbol{\alpha}_2,\cdots,\boldsymbol{\alpha}_r,\boldsymbol{\beta}_{i_{r+1}},\boldsymbol{\beta}_{i_{r+2}},\cdots,\boldsymbol{\beta}_{i_n}$ 线性表出,而向量 $\boldsymbol{\alpha}_1,\boldsymbol{\alpha}_2,\cdots,\boldsymbol{\alpha}_r,\boldsymbol{\beta}_{i_{r+1}},\boldsymbol{\beta}_{i_{r+2}},\cdots,\boldsymbol{\beta}_{i_n}$ 可由向量集合 S_1 线性表出,因此,由 Steinitz 替换定理,$n\leqslant s$,矛盾.这就证明,向量集合 $\{\boldsymbol{\alpha}_1,\boldsymbol{\alpha}_2,\cdots,\boldsymbol{\alpha}_r,\boldsymbol{\beta}_{i_{r+1}}$,$\boldsymbol{\beta}_{i_{r+2}},\cdots,\boldsymbol{\beta}_{i_n}\}$ 线性无关.另外,由于向量集合 $\{\boldsymbol{\beta}_1,\boldsymbol{\beta}_2,\cdots,\boldsymbol{\beta}_n\}$ 是 V 的一组基,所以,

V 中每个向量都可由向量$\boldsymbol{\beta}_1,\boldsymbol{\beta}_2,\cdots,\boldsymbol{\beta}_n$ 线性表出. 由于向量集合$\{\boldsymbol{\beta}_1,\boldsymbol{\beta}_2,\cdots,\boldsymbol{\beta}_n\}$与$\{\boldsymbol{\alpha}_1,\boldsymbol{\alpha}_2,\cdots,\boldsymbol{\alpha}_r,\boldsymbol{\beta}_{i_{r+1}},\boldsymbol{\beta}_{i_{r+2}},\cdots,\boldsymbol{\beta}_{i_n}\}$等价,所以 V 中每个向量也都可由向量$\boldsymbol{\alpha}_1,\boldsymbol{\alpha}_2,\cdots,\boldsymbol{\alpha}_r,\boldsymbol{\beta}_{i_{r+1}},\boldsymbol{\beta}_{i_{r+2}},\cdots,\boldsymbol{\beta}_{i_n}$ 线性表出. 因此,向量集合$\{\boldsymbol{\alpha}_1,\boldsymbol{\alpha}_2,\cdots,\boldsymbol{\alpha}_r,\boldsymbol{\beta}_{i_{r+1}},\boldsymbol{\beta}_{i_{r+2}},\cdots,\boldsymbol{\beta}_n\}$是 V 的基. 定理 2 证毕.

现在设$\{\boldsymbol{\alpha}_1,\boldsymbol{\alpha}_2,\cdots,\boldsymbol{\alpha}_n\}$是数域 F 上 n 维线性空间 V 的基. 由基的定义,对任意向量 $\boldsymbol{\alpha}\in V$,存在纯量 $a_1,a_2,\cdots,a_n\in F$,使得 $\boldsymbol{\alpha}=a_1\boldsymbol{\alpha}_1+a_2\boldsymbol{\alpha}_2+\cdots+a_n\boldsymbol{\alpha}_n$. 于是,向量 $\boldsymbol{\alpha}$ 便确定了数域F 上有序 n 数组$(a_1,a_2,\cdots,a_n)$. 注意,n 数组$(a_1,a_2,\cdots,a_n)$是由向量 $\boldsymbol{\alpha}$ 所唯一确定的. 事实上,设另有一组纯量 $b_1,b_2,\cdots,b_n$,使得 $\boldsymbol{\alpha}=b_1\boldsymbol{\alpha}_1+b_2\boldsymbol{\alpha}_2+\cdots+b_n\boldsymbol{\alpha}_n$. 则$(a_1-b_1)\boldsymbol{\alpha}_1+(a_2-b_2)\boldsymbol{\alpha}_2+\cdots+(a_n-b_n)\boldsymbol{\alpha}_n=\mathbf{0}$. 因为向量 $\boldsymbol{\alpha}_1,\boldsymbol{\alpha}_2,\cdots,\boldsymbol{\alpha}_n$ 线性无关,所以 $a_i-b_i=0,1\leqslant i\leqslant n$. 即 $a_i=b_i,1\leqslant i\leqslant n$. 向量 $\boldsymbol{\alpha}$ 所唯一确定的 n 数组$(a_1,a_2,\cdots,a_n)$称为向量 $\boldsymbol{\alpha}$ 在基$\{\boldsymbol{\alpha}_1,\boldsymbol{\alpha}_2,\cdots,\boldsymbol{\alpha}_n\}$下的**坐标**,而 a_i 称为向量$\boldsymbol{\alpha}$ 的第 i 个**坐标分量**,$i=1,2,\cdots,n$.

设向量 $\boldsymbol{\alpha},\boldsymbol{\beta}\in V$ 在基$\{\boldsymbol{\alpha}_1,\cdots,\boldsymbol{\alpha}_n\}$下的坐标分别为$(a_1,a_2,\cdots,a_n)$,$(b_1,b_2,\cdots,b_n)$,则 $\boldsymbol{\alpha}=a_1\boldsymbol{\alpha}_1+a_2\boldsymbol{\alpha}_2+\cdots+a_n\boldsymbol{\alpha}_n$,$\boldsymbol{\beta}=b_1\boldsymbol{\alpha}_1+b_2\boldsymbol{\alpha}_2+\cdots+b_n\boldsymbol{\alpha}_n$,因此,$\boldsymbol{\alpha}+\boldsymbol{\beta}=(a_1+b_1)\boldsymbol{\alpha}_1+(a_2+b_2)\boldsymbol{\alpha}_2+\cdots+(a_n+b_n)\boldsymbol{\alpha}_n$. 所以向量 $\boldsymbol{\alpha}+\boldsymbol{\beta}$ 在基$\{\boldsymbol{\alpha}_1,\boldsymbol{\alpha}_2,\cdots,\boldsymbol{\alpha}_n\}$下的坐标为$(a_1+b_1,a_2+b_2,\cdots,a_n+b_n)$;设纯量 $\lambda\in F$,则 $\lambda\boldsymbol{\alpha}=\lambda a_1\boldsymbol{\alpha}_1+\lambda a_2\boldsymbol{\alpha}_2+\cdots+\lambda a_n\boldsymbol{\alpha}_n$,因此,向量 $\lambda\boldsymbol{\alpha}$ 在基$\{\boldsymbol{\alpha}_1,\boldsymbol{\alpha}_2,\cdots,\boldsymbol{\alpha}_n\}$下的坐标为$(\lambda a_1,\lambda a_2,\cdots,\lambda a_n)$.

记数域 F 上所有有序 n 数组构成的线性空间为 F^n. 在数域 F 上 n 维线性空间 V 中取定基$\{\boldsymbol{\alpha}_1,\boldsymbol{\alpha}_2,\cdots,\boldsymbol{\alpha}_n\}$. 定义线性空间 V 到 F^n 的映射 η 如下:对任意 $\boldsymbol{\alpha}\in V$,$\eta(\boldsymbol{\alpha})=(a_1,a_2,\cdots,a_n)$,其中$(a_1,a_2,\cdots,a_n)$是向量 $\boldsymbol{\alpha}$ 在基$\{\boldsymbol{\alpha}_1,\boldsymbol{\alpha}_2,\cdots,\boldsymbol{\alpha}_n\}$下的坐标. 从上面的讨论可以知道,线性空间 V 到 F^n 的映射 η 是一个双射(即一一到上的映射),并且对任意 $\boldsymbol{\alpha},\boldsymbol{\beta}\in V$,$\eta(\boldsymbol{\alpha}+\boldsymbol{\beta})=\eta(\boldsymbol{\alpha})+\eta(\boldsymbol{\beta})$;对任意 $\lambda\in F,\boldsymbol{\alpha}\in V$,$\eta(\lambda\boldsymbol{\alpha})=\lambda\eta(\boldsymbol{\alpha})$.

例 1 证明:所有复数的集合 $\mathbf{C}$ 作为复线性空间是一维的,作为实线性空间是二维的.

证明 把复数集合 $\mathbf{C}$ 当成复线性空间,取向量 $\boldsymbol{\varepsilon}$ 为复数 1. 显然,向量 $\boldsymbol{\varepsilon}$ 线性无关,而且,对于任意 $\boldsymbol{\beta}\in\mathbf{C}$,$\boldsymbol{\beta}=\boldsymbol{\beta}\cdot\boldsymbol{\varepsilon}$. 这表明,向量 $\boldsymbol{\beta}$ 可由向量$\boldsymbol{\varepsilon}$ 线性表出. 由基的定义,$\{\boldsymbol{\varepsilon}\}$是复线性空间 $\mathbf{C}$ 的一组基. 因此,$\dim_{\mathbf{C}}\mathbf{C}=1$.

把复数集合 $\mathbf{C}$ 当成实线性空间,取向量 $\boldsymbol{\varepsilon}_1$ 为复数 1,向量 $\boldsymbol{\varepsilon}_2$ 为复数 $\mathrm{i},\mathrm{i}^2=-1$. 设 $\lambda_1,\lambda_2\in\mathbf{R}$,使得 $\lambda_1\boldsymbol{\varepsilon}_1+\lambda_2\boldsymbol{\varepsilon}_2=\lambda_1+\mathrm{i}\lambda_2=\mathbf{0}$,则 $\lambda_1=\lambda_2=0$. 因此向量 $\boldsymbol{\varepsilon}_1,\boldsymbol{\varepsilon}_2$ 线性无关. 设 $\boldsymbol{\alpha}\in\mathbf{C}$,则 $\boldsymbol{\alpha}=a_1+a_2\mathrm{i}=a_1\boldsymbol{\varepsilon}_1+a_2\boldsymbol{\varepsilon}_2$,其中 $a_1,a_2\in\mathbf{R}$. 因此,实线性空间 $\mathbf{C}$ 中任意向量都可由向量 $\boldsymbol{\varepsilon}_1,\boldsymbol{\varepsilon}_2$ 线性表出. 所以$\{\boldsymbol{\varepsilon}_1,\boldsymbol{\varepsilon}_2\}$是实线性空间 $\mathbf{C}$ 的基,

即 $\dim_{\mathbf{R}}\mathbf{C}=2$.

例 2　证明:数域 F 上所有关于未定元 x 的多项式构成的数域 F 上线性空间 $F[x]$ 是无限维的.

证明　取 $F[x]$ 中的向量 $\boldsymbol{\alpha}_i = x^i$, $i = 0,1,2,\cdots$. 记向量集合 $S = \{\boldsymbol{\alpha}_0, \boldsymbol{\alpha}_1, \boldsymbol{\alpha}_2, \cdots\}$. 在 S 中任取有限个向量 $\boldsymbol{\alpha}_{i_1}, \boldsymbol{\alpha}_{i_2}, \cdots, \boldsymbol{\alpha}_{i_k}$, $0 \leqslant i_1 < i_2 < \cdots < i_k$. 设 $\lambda_1, \lambda_2, \cdots, \lambda_k \in F$, 使得 $\lambda_1\boldsymbol{\alpha}_{i_1} + \lambda_2\boldsymbol{\alpha}_{i_2} + \cdots + \lambda_k\boldsymbol{\alpha}_{i_k} = \mathbf{0}$, 即

$$f(x) = \lambda_1 x^{i_1} + \lambda_2 x^{i_2} + \cdots + \lambda_k x^{i_k} = 0.$$

这表明,多项式 $f(x)$ 是零多项式,从而 $\lambda_1 = \lambda_2 = \cdots = \lambda_k = 0$. 因此,向量集合 $S_1 = \{\boldsymbol{\alpha}_{i_1}, \boldsymbol{\alpha}_{i_2}, \cdots, \boldsymbol{\alpha}_{i_k}\}$ 线性无关. 由于 S_1 的任意性,向量集合 S 线性无关.

对任意 $\boldsymbol{\alpha} \in F[x]$, 显然 $\boldsymbol{\alpha}$ 是关于未定元 x 的多项式 $f(x)$. 设 $\deg f(x) = n$, 则 $f(x) = a_0 + a_1 x^1 + \cdots + a_n x^n = a_0\boldsymbol{\alpha}_0 + a_1\boldsymbol{\alpha}_1 + \cdots + a_n\boldsymbol{\alpha}_n$. 这表明, $F[x]$ 中每个向量都可由向量集合 S 线性表出. 因此, S 是 $F[x]$ 的基. 所以, $F[x]$ 是无限维的.

例 3　记数域 F 上所有次数都小于 n 的多项式构成的数域 F 上线性空间为 $F_n[x]$. 证明: $\dim F_n[x] = n$.

证明　取 $F_n[x]$ 中向量集合 $S_2 = \{1, x, x^2, \cdots, x^{n-1}\}$, $S = \{1, x, x^2, \cdots, x^n, \cdots\}$. 由例 2,向量集合 S 线性无关,因此向量集合 S_2 线性无关. 另外,设 $f(x) \in F_n[x]$, 则 $\deg f(x) \leqslant n-1$, 因此, $f(x) = a_0 1 + a_1 x + a_2 x^2 + \cdots + a_{n-1}x^{n-1}$, $a_0, a_1, \cdots, a_{n-1} \in F$. 这表明, $F_n[x]$ 中每个向量都可由向量集合 S_2 线性表出. 因此, S_2 是 $F_n[x]$ 的基. 所以 $\dim F_n[x] = n$.

例 4　数域 F 上所有 $m \times n$ 矩阵的集合 $F^{m\times n}$ 是数域 F 上线性空间. 证明: $\dim F^{m\times n} = m \times n$.

证明　第 i 行和第 j 列交叉元素为 1,其他元素都为零的 $m \times n$ 矩阵记为 $\boldsymbol{E}_{ij}$, $1 \leqslant i \leqslant m$, $1 \leqslant j \leqslant n$. 记 $S = \{\boldsymbol{E}_{ij} : 1 \leqslant i \leqslant m, 1 \leqslant j \leqslant n\}$. 如果存在 $a_{ij} \in F$, $1 \leqslant i \leqslant m$, $1 \leqslant j \leqslant n$, 使得 $\sum\limits_{i=1}^{m}\sum\limits_{j=1}^{n} a_{ij}\boldsymbol{E}_{ij} = 0$, 则这一等式左端是一个 $m \times n$ 矩阵 $\boldsymbol{A} = (a_{ij})$. 等式表明, $\boldsymbol{A}$ 为零矩阵. 因此, $a_{ij} = 0.1 \leqslant i \leqslant m, 1 \leqslant j \leqslant n$. 这表明,向量集合 S 线性无关. 其次,设 $\boldsymbol{A} = (a_{ij}) \in F^{m\times n}$, 则 $\boldsymbol{A} = \sum\limits_{i=1}^{m}\sum\limits_{j=1}^{n} a_{ij}E_{ij}$. 因此, $F^{m\times n}$ 中每个向量都可由向量集合 S 线性表出. 所以向量集合 S 是 $F^{m\times n}$ 的基. 于是, $\dim F^{m\times n} = m \times n$.

例 5　数域 F 上所有有序 n 数组的集合 F^n 是数域 F 上线性空间. 证明: $\dim F^n = n$.

证明　第 i 个数为 1,其他的数都为零的有序 n 数组记为 $\boldsymbol{\varepsilon}_i$, $1 \leqslant i \leqslant n$. 设 a_i

$\in F, 1 \leqslant i \leqslant n$,使得 $a_1\boldsymbol{\varepsilon}_1 + a_2\boldsymbol{\varepsilon}_2 + \cdots + a_n\boldsymbol{\varepsilon}_n = \mathbf{0}$,则$(a_1, a_2, \cdots, a_n) = \mathbf{0}$.从而 $a_1 = a_2 = \cdots = a_n = 0$.因此,向量集合 $S = \{\boldsymbol{\varepsilon}_1, \boldsymbol{\varepsilon}_2, \cdots, \boldsymbol{\varepsilon}_n\}$线性无关.其次,设 $\boldsymbol{\alpha} \in F^n$,则 $\boldsymbol{\alpha} = (a_1, a_2, \cdots, a_n) = a_1\boldsymbol{\varepsilon}_1 + a_2\boldsymbol{\varepsilon}_2 + \cdots + a_n\boldsymbol{\varepsilon}_n$,其中 $a_i \in F, 1 \leqslant i \leqslant n$.因此,$F^n$ 中每个向量都可由向量集合 S 线性表出.所以,S 是 F^n 的基,$\dim F = n$.

习　题

1. 证明:在四维实行向量空间 $\mathbf{R}^4$ 中,向量 $\boldsymbol{\alpha}_1 = (1,1,0,0)$,$\boldsymbol{\alpha}_2 = (0,0,1,1)$,$\boldsymbol{\alpha}_3 = (1,0,0,4)$,$\boldsymbol{\alpha}_4 = (0,0,0,2)$构成一组基.并求标准基向量 $\boldsymbol{\varepsilon}_i = (0,\cdots,\underset{\text{第}i\text{个}}{0,1},0,\cdots,0)$在基$\{\boldsymbol{\alpha}_1, \boldsymbol{\alpha}_2, \boldsymbol{\alpha}_3, \boldsymbol{\alpha}_4\}$下的坐标,$i = 1,2,3,4$.

2. 证明:在三维复向量空间 $\mathbf{C}^3$ 中,向量 $\boldsymbol{\alpha}_1 = (2\mathrm{i},1,0)$,$\boldsymbol{\alpha}_2 = (2,-1,1)$,$\boldsymbol{\alpha}_3 = (0,1+\mathrm{i},1-\mathrm{i})$构成一组基.并求标准基向量 $\boldsymbol{\varepsilon}_1 = (1,0,0)$,$\boldsymbol{\varepsilon}_2 = (0,1,0)$,$\boldsymbol{\varepsilon}_3 = (0,0,1)$在基$\{\boldsymbol{\alpha}_1, \boldsymbol{\alpha}_2, \boldsymbol{\alpha}_3\}$下的坐标.

3. 在数域 F 上 n 维向量空间 F^n 中,求向量 $\boldsymbol{\alpha} = (a_1, a_2, \cdots, a_n)$在基$\{\boldsymbol{\alpha}_1, \boldsymbol{\alpha}_2, \cdots, \boldsymbol{\alpha}_n\}$下的坐标,其中

$$\boldsymbol{\alpha}_j = (\underbrace{1,1,\cdots,1}_{j\text{个}},0,0,\cdots,0), \quad j = 1,2,\cdots,n.$$

4. 在数域 F 上所有 2 阶方阵构成的线性空间 $F^{2\times 2}$中,求一组基$\{\boldsymbol{A}_1, \boldsymbol{A}_2, \boldsymbol{A}_3, \boldsymbol{A}_4\}$,使得对每个 j,$\boldsymbol{A}_j^2 = \boldsymbol{A}_j$.

5. 证明:在所有次数$\leqslant n$ 的多项式构成的线性空间$F_{n+1}[x]$中,向量 $1, x+a, (x+a)^2, \cdots, (x+a)^n$ 构成一组基,其中 $a \in F$.并求向量 $f(x) = a_0 + a_1x + \cdots + a_nx^n$ 在这组基下的坐标.

6. 证明:所有实数的集合作为有理数域 $\mathbf{Q}$ 上线性空间是无限维的;所有复数的集合作为有理数域 $\mathbf{Q}$ 上线性空间也是无限维的.

4.4　基变换与坐标变换

上节讨论了数域 F 上 n 维线性空间 V 的向量在 V 的一组基下的坐标.一般来说,同一个向量在不同基下的坐标是不同的.问题是,同一个向量在不同基下的坐标之间有什么关系?这就是本节所要讨论的问题.为讨论方便,今后把向量在一组基下的坐标写成列向量形式.

设$\{\boldsymbol{\alpha}_1, \boldsymbol{\alpha}_2, \cdots, \boldsymbol{\alpha}_n\}$与$\{\boldsymbol{\beta}_1, \boldsymbol{\beta}_2, \cdots, \boldsymbol{\beta}_n\}$分别是数域 F 上 n 维线性空间 V 的基.设

向量 $\boldsymbol{\alpha}\in V$ 在这两组基下的坐标分别是 $\boldsymbol{x}=(x_1,x_2,\cdots,x_n)^{\mathrm{T}}$ 与 $\boldsymbol{y}=(y_1,y_2,\cdots,y_n)^{\mathrm{T}}$，由于$\{\boldsymbol{\alpha}_1,\boldsymbol{\alpha}_2,\cdots,\boldsymbol{\alpha}_n\}$是 V 的基，因此向量 $\boldsymbol{\beta}_1,\boldsymbol{\beta}_2,\cdots,\boldsymbol{\beta}_n$ 可由向量$\boldsymbol{\alpha}_1,\boldsymbol{\alpha}_2,\cdots,\boldsymbol{\alpha}_n$ 线性表出，所以可设

$$\begin{aligned}\boldsymbol{\beta}_1 &= b_{11}\boldsymbol{\alpha}_1+b_{21}\boldsymbol{\alpha}_2+\cdots+b_{n1}\boldsymbol{\alpha}_n,\\ \boldsymbol{\beta}_2 &= b_{12}\boldsymbol{\alpha}_1+b_{22}\boldsymbol{\alpha}_2+\cdots+b_{n2}\boldsymbol{\alpha}_n,\\ &\cdots\cdots\cdots\cdots\\ \boldsymbol{\beta}_n &= b_{1n}\boldsymbol{\alpha}_1+b_{2n}\boldsymbol{\alpha}_2+\cdots+b_{nn}\boldsymbol{\alpha}_n.\end{aligned}$$

上式可以写成矩阵形式如下：

$$(\boldsymbol{\beta}_1,\boldsymbol{\beta}_2,\cdots,\boldsymbol{\beta}_n)=(\boldsymbol{\alpha}_1,\boldsymbol{\alpha}_2,\cdots,\boldsymbol{\alpha}_n)\begin{pmatrix}b_{11} & b_{12} & \cdots & b_{1n}\\ b_{21} & b_{22} & \cdots & b_{2n}\\ & \cdots\cdots & \cdots & \\ b_{n1} & b_{n2} & \cdots & b_{nn}\end{pmatrix}.$$

记 $\boldsymbol{B}=(b_{ij})$. 于是上式即为

$$(\boldsymbol{\beta}_1,\boldsymbol{\beta}_2,\cdots,\boldsymbol{\beta}_n)=(\boldsymbol{\alpha}_1,\boldsymbol{\alpha}_2,\cdots,\boldsymbol{\alpha}_n)\boldsymbol{B}. \tag{4.4.1}$$

式(4.4.1)称为由基$\{\boldsymbol{\alpha}_1,\boldsymbol{\alpha}_2,\cdots,\boldsymbol{\alpha}_n\}$到基$\{\boldsymbol{\beta}_1,\boldsymbol{\beta}_2,\cdots,\boldsymbol{\beta}_n\}$的**基变换公式**，矩阵 $\boldsymbol{B}$ 称为由基$\{\boldsymbol{\alpha}_1,\boldsymbol{\alpha}_2,\cdots,\boldsymbol{\alpha}_n\}$到基$\{\boldsymbol{\beta}_1,\boldsymbol{\beta}_2,\cdots,\boldsymbol{\beta}_n\}$的**过渡矩阵**.

定理1　设$\{\boldsymbol{\alpha}_1,\boldsymbol{\alpha}_2,\cdots,\boldsymbol{\alpha}_n\}$与$\{\boldsymbol{\beta}_1,\boldsymbol{\beta}_2,\cdots,\boldsymbol{\beta}_n\}$分别是数域 F 上 n 维线性空间 V 的基. 设方阵 $\boldsymbol{A}$ 是由基$\{\boldsymbol{\beta}_1,\boldsymbol{\beta}_2,\cdots,\boldsymbol{\beta}_n\}$到基$\{\boldsymbol{\alpha}_1,\boldsymbol{\alpha}_2,\cdots,\boldsymbol{\alpha}_n\}$的过渡矩阵. 则方阵 $\boldsymbol{A}$ 可逆，并且由基$\{\boldsymbol{\alpha}_1,\boldsymbol{\alpha}_2,\cdots,\boldsymbol{\alpha}_n\}$到基$\{\boldsymbol{\beta}_1,\boldsymbol{\beta}_2,\cdots,\boldsymbol{\beta}_n\}$的过渡矩阵为 $\boldsymbol{A}^{-1}$.

证明　由于方阵 $\boldsymbol{A}=(a_{ij})$是由基$\{\boldsymbol{\beta}_1,\boldsymbol{\beta}_2,\cdots,\boldsymbol{\beta}_n\}$到基$\{\boldsymbol{\alpha}_1,\boldsymbol{\alpha}_2,\cdots,\boldsymbol{\alpha}_n\}$的过渡矩阵，因此

$$(\boldsymbol{\alpha}_1,\boldsymbol{\alpha}_2,\cdots,\boldsymbol{\alpha}_n)=(\boldsymbol{\beta}_1,\boldsymbol{\beta}_2,\cdots,\boldsymbol{\beta}_n)\boldsymbol{A}. \tag{4.4.2}$$

设由基$\{\boldsymbol{\alpha}_1,\boldsymbol{\alpha}_2,\cdots,\boldsymbol{\alpha}_n\}$到基$\{\boldsymbol{\beta}_1,\boldsymbol{\beta}_2,\cdots,\boldsymbol{\beta}_n\}$的过渡矩阵为 $\boldsymbol{B}=(b_{ij})$，则

$$(\boldsymbol{\beta}_1,\boldsymbol{\beta}_2,\cdots,\boldsymbol{\beta}_n)=(\boldsymbol{\alpha}_1,\boldsymbol{\alpha}_2,\cdots,\boldsymbol{\alpha}_n)\boldsymbol{B}. \tag{4.4.3}$$

由式(4.4.2)与(4.4.3)，

$$\boldsymbol{\alpha}_k=\sum_{i=1}^{n}a_{ik}\boldsymbol{\beta}_i,\quad k=1,2,\cdots,n,$$

$$\boldsymbol{\beta}_j=\sum_{k=1}^{n}b_{kj}\boldsymbol{\alpha}_k,\quad j=1,2,\cdots,n.$$

因此

$$\boldsymbol{\beta}_j=\sum_{k=1}^{n}b_{kj}\Big(\sum_{i=1}^{n}a_{ik}\boldsymbol{\beta}_i\Big)=\sum_{i=1}^{n}\Big(\sum_{k=1}^{n}a_{ik}b_{kj}\Big)\boldsymbol{\beta}_i.$$

由于向量 $\boldsymbol{\beta}_1,\boldsymbol{\beta}_2,\cdots,\boldsymbol{\beta}_n$ 线性无关，因此

$$\sum_{k=1}^{n} a_{ik}b_{kj} = \delta_{ij}, \quad 1 \leqslant i, j \leqslant n,$$

其中 δ_{ij} 是 Kronecker 符号. 所以 $\boldsymbol{AB} = \boldsymbol{I}_{(n)}$. 从而方阵 $\boldsymbol{A}$ 可逆，并且 $\boldsymbol{B} = \boldsymbol{A}^{-1}$. 定理1证毕.

记数域 F 上 n 维线性空间 V 的所有基的集合为 B，数域 F 上所有 n 阶可逆方阵集合为 $\mathrm{GL}_n(F)$. 取定 $\{\boldsymbol{\beta}_1, \boldsymbol{\beta}_2, \cdots, \boldsymbol{\beta}_n\} \in B$，则对于任意 $\{\boldsymbol{\alpha}_1, \boldsymbol{\alpha}_2, \cdots, \boldsymbol{\alpha}_n\} \in B$，由定理1，由

$$(\boldsymbol{\alpha}_1, \boldsymbol{\alpha}_2, \cdots, \boldsymbol{\alpha}_n) = (\boldsymbol{\beta}_1, \boldsymbol{\beta}_2, \cdots, \boldsymbol{\beta}_n)\boldsymbol{A}$$

所确定的矩阵 $\boldsymbol{A}$ 可逆. 通过上式，可以定义集合 B 到 $\mathrm{GL}_n(F)$ 的映射 η 如下：对于任意 $\{\boldsymbol{\alpha}_1, \boldsymbol{\alpha}_2, \cdots, \boldsymbol{\alpha}_n\} \in B$，令 $\eta(\boldsymbol{\alpha}_1, \boldsymbol{\alpha}_2, \cdots, \boldsymbol{\alpha}_n) = \boldsymbol{A}$. 容易看出，如果 $\{\boldsymbol{\alpha}_1, \boldsymbol{\alpha}_2, \cdots, \boldsymbol{\alpha}_n\}$ 与 $\{\widetilde{\boldsymbol{\alpha}}_1, \widetilde{\boldsymbol{\alpha}}_2, \cdots, \widetilde{\boldsymbol{\alpha}}_n\}$ 是 V 的两组不同的基，则由基 $\{\boldsymbol{\beta}_1, \boldsymbol{\beta}_2, \cdots, \boldsymbol{\beta}_n\}$ 分别到基 $\{\boldsymbol{\alpha}_1, \boldsymbol{\alpha}_2, \cdots, \boldsymbol{\alpha}_n\}$ 和基 $\{\widetilde{\boldsymbol{\alpha}}_1, \widetilde{\boldsymbol{\alpha}}_2, \cdots, \widetilde{\boldsymbol{\alpha}}_n\}$ 的过渡矩阵 $\boldsymbol{A}$ 与 $\widetilde{\boldsymbol{A}}$ 也不同，即 $\eta(\boldsymbol{\alpha}_1, \boldsymbol{\alpha}_2, \cdots, \boldsymbol{\alpha}_n) \neq \eta(\widetilde{\boldsymbol{\alpha}}_1, \widetilde{\boldsymbol{\alpha}}_2, \cdots, \widetilde{\boldsymbol{\alpha}}_n)$. 因此，映射 η 是单射. 其次设 $\boldsymbol{A} \in \mathrm{GL}_n(F)$，则由 $(\boldsymbol{\beta}_1, \boldsymbol{\beta}_2, \cdots, \boldsymbol{\beta}_n)\boldsymbol{A}$ 便确定 V 的 n 个向量，记为 $\boldsymbol{\alpha}_1, \boldsymbol{\alpha}_2, \cdots, \boldsymbol{\alpha}_n$，即 $(\boldsymbol{\alpha}_1, \boldsymbol{\alpha}_2, \cdots, \boldsymbol{\alpha}_n) = (\boldsymbol{\beta}_1, \boldsymbol{\beta}_2, \cdots, \boldsymbol{\beta}_n)\boldsymbol{A}$. 如果存在纯量 $\lambda_1, \lambda_2, \cdots, \lambda_n \in F$，使得 $\lambda_1\boldsymbol{\alpha}_1 + \lambda_2\boldsymbol{\alpha}_2 + \cdots + \lambda_n\boldsymbol{\alpha}_n = \boldsymbol{0}$，则记 $\boldsymbol{x} = (\lambda_1, \lambda_2, \cdots, \lambda_n)^{\mathrm{T}}$，便得到

$$(\boldsymbol{\alpha}_1, \boldsymbol{\alpha}_2, \cdots, \boldsymbol{\alpha}_n)\boldsymbol{x} = \boldsymbol{0}.$$

于是

$$(\boldsymbol{\beta}_1, \boldsymbol{\beta}_2, \cdots, \boldsymbol{\beta}_n)\boldsymbol{A}\boldsymbol{x} = \boldsymbol{0}.$$

由于向量 $\boldsymbol{\beta}_1, \boldsymbol{\beta}_2, \cdots, \boldsymbol{\beta}_n$ 线性无关. 因此 $\boldsymbol{A}\boldsymbol{x} = \boldsymbol{0}$. 由于 $\boldsymbol{A} \in \mathrm{GL}_n(F)$，故 $\boldsymbol{x} = \boldsymbol{0}$，即 $\lambda_1 = \lambda_2 = \cdots = \lambda_n = 0$. 这表明，向量 $\boldsymbol{\alpha}_1, \boldsymbol{\alpha}_2, \cdots, \boldsymbol{\alpha}_n$ 线性无关. 由于 $\dim V = n$，所以 $\{\boldsymbol{\alpha}_1, \boldsymbol{\alpha}_2, \cdots, \boldsymbol{\alpha}_n\} \in B$. 这就证明，对任意 $\boldsymbol{A} \in \mathrm{GL}_n(F)$，存在 $\{\boldsymbol{\alpha}_1, \boldsymbol{\alpha}_2, \cdots, \boldsymbol{\alpha}_n\} \in B$，使得 $\eta(\boldsymbol{\alpha}_1, \boldsymbol{\alpha}_n, \cdots, \boldsymbol{\alpha}_n) = \boldsymbol{A}$. 因此映射 η 是满射. 于是，在 V 中取定一组基 $\{\boldsymbol{\beta}_1, \boldsymbol{\beta}_2, \cdots, \boldsymbol{\beta}_n\}$，$V$ 中所有基的集合 B 与数域 F 上所有 n 阶可逆方阵集合 $\mathrm{GL}_n(F)$ 之间便存在一个一一对应.

下一定理给出同一个向量在不同基下的坐标间的关系.

定理2 设 $\{\boldsymbol{\alpha}_1, \boldsymbol{\alpha}_2, \cdots, \boldsymbol{\alpha}_n\}$ 与 $\{\boldsymbol{\beta}_1, \boldsymbol{\beta}_2, \cdots, \boldsymbol{\beta}_n\}$ 分别是数域 F 上 n 维线性空间 V 的基，由基 $\{\boldsymbol{\beta}_1, \boldsymbol{\beta}_2, \cdots, \boldsymbol{\beta}_n\}$ 到基 $\{\boldsymbol{\alpha}_1, \boldsymbol{\alpha}_2, \cdots, \boldsymbol{\alpha}_n\}$ 的过渡矩阵 $\boldsymbol{A}$. 设向量 $\boldsymbol{\alpha} \in V$ 在基 $\{\boldsymbol{\alpha}_1, \boldsymbol{\alpha}_2, \cdots, \boldsymbol{\alpha}_n\}$ 与 $\{\boldsymbol{\beta}_1, \boldsymbol{\beta}_2, \cdots, \boldsymbol{\beta}_n\}$ 下的坐标分别是为 $\boldsymbol{x}$ 与 $\boldsymbol{y}$，则

$$\boldsymbol{y} = \boldsymbol{A}\boldsymbol{x}. \tag{4.4.4}$$

证明 由假设，

$$(\boldsymbol{\alpha}_1, \boldsymbol{\alpha}_2, \cdots, \boldsymbol{\alpha}_n)\boldsymbol{x} = (\boldsymbol{\beta}_1, \boldsymbol{\beta}_2, \cdots, \boldsymbol{\beta}_n)\boldsymbol{y},$$

并且

$$(\boldsymbol{\alpha}_1,\boldsymbol{\alpha}_2,\cdots,\boldsymbol{\alpha}_n)=(\boldsymbol{\beta}_1,\boldsymbol{\beta}_2,\cdots,\boldsymbol{\beta}_n)\boldsymbol{A}.$$

因此

$$\boldsymbol{\alpha}=(\boldsymbol{\beta}_1,\boldsymbol{\beta}_2,\cdots,\boldsymbol{\beta}_n)\boldsymbol{A}\boldsymbol{x}=(\boldsymbol{\beta}_1,\boldsymbol{\beta}_2,\cdots,\boldsymbol{\beta}_n)\boldsymbol{y}.$$

由于向量$\boldsymbol{\alpha}$在同一组基$\{\boldsymbol{\beta}_1,\boldsymbol{\beta}_2,\cdots,\boldsymbol{\beta}_n\}$下的坐标是唯一的，所以$\boldsymbol{y}=\boldsymbol{A}\boldsymbol{x}$. 定理2证毕.

定理2中的式(4.4.4)称为同一个向量在不同基下的**坐标变换公式**.

习　题

1. 求四维实向量空间$\mathbf{R}^4$中由基$\{\boldsymbol{\alpha}_1,\boldsymbol{\alpha}_2,\boldsymbol{\alpha}_3,\boldsymbol{\alpha}_4\}$到基$\{\boldsymbol{\beta}_1,\boldsymbol{\beta}_2,\boldsymbol{\beta}_3,\boldsymbol{\beta}_4\}$的过渡矩阵，并求向量$\boldsymbol{\alpha}=(1,-1,1,-1)$在这两组基下的坐标：

(1) $\boldsymbol{\alpha}_1=(1,0,0,0)$,　　$\boldsymbol{\beta}_1=(1,1,0,0)$,
$\boldsymbol{\alpha}_2=(0,1,0,0)$,　　$\boldsymbol{\beta}_2=(1,0,1,0)$,
$\boldsymbol{\alpha}_3=(0,0,1,0)$,　　$\boldsymbol{\beta}_3=(1,0,0,1)$,
$\boldsymbol{\alpha}_4=(0,0,0,1)$,　　$\boldsymbol{\beta}_4=(1,1,1,1)$;

(2) $\boldsymbol{\alpha}_1=(1,2,-1,0)$,　　$\boldsymbol{\beta}_2=(2,1,0,1)$,
$\boldsymbol{\alpha}_2=(1,-1,1,1)$,　　$\boldsymbol{\beta}_2=(0,1,2,2)$,
$\boldsymbol{\alpha}_3=(-1,2,1,1)$,　　$\boldsymbol{\beta}_3=(-2,1,1,2)$,
$\boldsymbol{\alpha}_4=(-1,-1,0,1)$,　　$\boldsymbol{\beta}_4=(1,3,1,2)$.

2. 在数域F上所有关于$\cos x$的次数$\leqslant n$的多项式构成的线性空间中，试写出由基$\{1,\cos x,\cdots,\cos nx\}$到基$\{1,\cos x,\cdots,\cos^n x\}$的过渡矩阵.

3. 设V是所有定义在实轴上的复值函数构成的复线性空间，在V中取向量$f_1(x)=1$, $f_2(x)=\mathrm{e}^{\mathrm{i}x}$, $f_3(x)=\mathrm{e}^{-\mathrm{i}x}$, $g_1(x)=1$, $g_2(x)=\cos x$, $g_3(x)=\sin x$，其中$\mathrm{i}^2=-1$. 证明：向量f_1,f_2,f_3和g_1,g_2,g_3分别是线性无关的，并求三阶可逆方阵$\boldsymbol{A}$，使得

$$(g_1,g_2,g_3)=(f_1,f_2,f_3)\boldsymbol{A}.$$

4. 在四维实向量空间$\mathbf{R}^4$的标准基$\{\boldsymbol{\varepsilon}_1,\boldsymbol{\varepsilon}_2,\boldsymbol{\varepsilon}_3,\boldsymbol{\varepsilon}_4\}$下，超球面的方程为$x_1^2+x_2^2+x_3^2+x_4^2=1$. 设$\boldsymbol{\alpha}_1=(1,1,1,1)$, $\boldsymbol{\alpha}_2=(1,1,-1,-1)$, $\boldsymbol{\alpha}_3=(1,-1,1,-1)$, $\boldsymbol{\alpha}_4=(1,-1,-1,1)$. 试求该超球面在基$\{\boldsymbol{\alpha}_1,\boldsymbol{\alpha}_2,\boldsymbol{\alpha}_3,\boldsymbol{\alpha}_4\}$下的方程.

5. 在数域F上n维行向量空间F^n中，给定n个向量$\boldsymbol{\alpha}_1,\boldsymbol{\alpha}_2,\cdots,\boldsymbol{\alpha}_n\in F^n$，便可确定数域$F$上$n$阶方阵$\boldsymbol{A}=\begin{pmatrix}\boldsymbol{\alpha}_1\\ \boldsymbol{\alpha}_2\\ \vdots\\ \boldsymbol{\alpha}_n\end{pmatrix}$，反之亦然. 证明：$\{\boldsymbol{\alpha}_1,\boldsymbol{\alpha}_2,\cdots,\boldsymbol{\alpha}_n\}$是$F^n$的基的充分必要条件为方阵$\boldsymbol{A}$可逆.

4.5 同　构

给定数域 F,数域 F 上有限维线性空间当然有很多.因此,自然希望能对数域 F 上所有有限维线性空间的集合进行分类,使得同属于一个类的线性空间具有相同的结构.什么是线性空间的结构? 从线性空间的定义可知,数域 F 上线性空间 V 首先是一个集合 V,其次在集合 V 中定义了满足八条公理的两种代数运算.所以在比较同一个数域 F 上两个线性空间 V_1 与 V_2 的结构时,自然首先要考察,作为集合,V_1 与 V_2 是否能够建立一一对应,其次再考察 V_1 与 V_2 的两种代数运算.这就引出线性空间同构的概念.

定义　设 V_1 与 V_2 是同一个数域 F 上的两个线性空间.如果存在 V_1 到 V_2 上的一一对应 η,它把 V_1 中的向量 $\boldsymbol{\alpha}$ 映为 V_2 的向量 $\eta(\boldsymbol{\alpha})$,使得对任意 $\boldsymbol{\alpha},\boldsymbol{\beta}\in V_1,\lambda\in F$,都有

$$\eta(\boldsymbol{\alpha}+\boldsymbol{\beta})=\eta(\boldsymbol{\alpha})+\eta(\boldsymbol{\beta}),\tag{4.5.1}$$

$$\eta(\lambda\boldsymbol{\alpha})=\lambda\eta(\boldsymbol{\alpha}),\tag{4.5.2}$$

则线性空间 V_1 与 V_2 称为**同构的**,而映射 η 称为 V_1 到 V_2 的**同构映射**.

满足上述定义中条件(4.5.1)的映射 η 称为**保加法的**;满足条件(4.5.2)的映射称为**保乘法的**.因此同构映射 η 是线性空间 V_1 到 V_2 的保加法与保乘法的一一映射(即双射).

由同构映射的定义,容易证明,线性空间 V_1 到 V_2 上的同构映射 η 具有下列性质.

性质 1　当且仅当 $\boldsymbol{\alpha}=\mathbf{0}$ 时,$\eta(\boldsymbol{\alpha})=\mathbf{0}$.

证明　设 $\boldsymbol{\beta}\in V_1$.因为同构映射 η 是保加法的,因此 $\eta(\boldsymbol{\beta})=\eta(\boldsymbol{\beta}+\mathbf{0})=\eta(\boldsymbol{\beta})+\eta(\mathbf{0})$.所以 $\eta(\mathbf{0})=\mathbf{0}$.由于同构射 η 是一一的,所以,如果 $\eta(\boldsymbol{\alpha})=\mathbf{0}$,则 $\boldsymbol{\alpha}=\mathbf{0}$.

性质 2　设 $\lambda_1,\lambda_2,\cdots,\lambda_k\in F,\boldsymbol{\alpha}_1,\boldsymbol{\alpha}_2,\cdots,\boldsymbol{\alpha}_k\in V_1$,则

$$\eta(\lambda_1\boldsymbol{\alpha}_1+\lambda_2\boldsymbol{\alpha}_2+\cdots+\lambda_k\boldsymbol{\alpha}_k)=\lambda_1\eta(\boldsymbol{\alpha}_1)+\lambda_2\eta(\boldsymbol{\alpha}_2)+\cdots+\lambda_k\eta(\boldsymbol{\alpha}_k).$$

证明　对 k 用归纳法.当 $k=1$ 时,因为同构映射 η 保乘法,所以 $\eta(\lambda_1\boldsymbol{\alpha}_1)=\lambda_1\eta(\boldsymbol{\alpha}_1)$,因此结论对 $k=1$ 成立.假设结论对 $k-1$ 成立.由于

$$\eta(\lambda_1\boldsymbol{\alpha}_1+\lambda_2\boldsymbol{\alpha}_2+\cdots+\lambda_k\boldsymbol{\alpha}_k)=\eta((\lambda_1\boldsymbol{\alpha}_1+\lambda_2\boldsymbol{\alpha}_2+\cdots+\lambda_{k-1}\boldsymbol{\alpha}_{k-1})+\lambda_k\boldsymbol{\alpha}_k),$$

并且同构映射 η 保加法,所以

$$\eta(\lambda_1\boldsymbol{\alpha}_1+\lambda_2\boldsymbol{\alpha}_2+\cdots+\lambda_k\boldsymbol{\alpha}_k)=\eta(\lambda_1\boldsymbol{\alpha}_1+\lambda_2\boldsymbol{\alpha}_2+\cdots+\lambda_{k-1}\boldsymbol{\alpha}_{k-1})+\eta(\lambda_k\boldsymbol{\alpha}_k).$$

由归纳假设，以及同构映射 η 保乘法，故

$$\begin{aligned}&\eta(\lambda_1\boldsymbol{\alpha}_1+\lambda_2\boldsymbol{\alpha}_2+\cdots+\lambda_k\boldsymbol{\alpha}_k)\\&\quad=\lambda_1\eta(\boldsymbol{\alpha}_1)+\lambda_2\eta(\boldsymbol{\alpha}_2)+\cdots+\lambda_{k-1}\eta(\boldsymbol{\alpha}_{k-1})+\lambda_k\eta(\boldsymbol{\alpha}_k).\end{aligned}$$

注　如果线性空间 V_1 到 V_2 映射 η 满足：对任意 $\boldsymbol{\alpha},\boldsymbol{\beta}\in V_1,\lambda,\mu\in F,\eta(\lambda\boldsymbol{\alpha}+\mu\boldsymbol{\beta})=\lambda\eta(\boldsymbol{\alpha})+\mu\eta(\boldsymbol{\beta})$，则映射 η 称为保线性关系的. 性质2表明，保加法与乘法的映射一定保线性关系. 反之可以证明，保线性关系的映射一定保加法与乘法，即保线性等价于保加法与乘法.

性质3　向量 $\boldsymbol{\alpha}_1,\boldsymbol{\alpha}_2,\cdots,\boldsymbol{\alpha}_k\in V_1$ 线性相关的充分必要条件是，向量 $\eta(\boldsymbol{\alpha}_1),\eta(\boldsymbol{\alpha}_2),\cdots,\eta(\boldsymbol{\alpha}_k)\in V_2$ 线性相关.

证明　设向量 $\boldsymbol{\alpha}_1,\boldsymbol{\alpha}_2,\cdots,\boldsymbol{\alpha}_k$ 线性相关，则存在不全为零的线量 $\lambda_1,\lambda_2,\cdots,\lambda_k\in F$，使得 $\lambda_1\boldsymbol{\alpha}_1+\lambda_2\boldsymbol{\alpha}_2+\cdots+\lambda_k\boldsymbol{\alpha}_k=\mathbf{0}$. 由性质2，

$$\eta(\lambda_1\boldsymbol{\alpha}_1+\lambda_2\boldsymbol{\alpha}_2+\cdots+\lambda_k\boldsymbol{\alpha}_k)=\lambda_1\eta(\boldsymbol{\alpha}_1)+\lambda_2\eta(\boldsymbol{\alpha}_2)+\cdots+\lambda_k\eta(\boldsymbol{\alpha}_k)=\mathbf{0}.$$

因此，向量 $\eta(\boldsymbol{\alpha}_1),\eta(\boldsymbol{\alpha}_2),\cdots,\eta(\boldsymbol{\alpha}_k)$ 线性相关.

反之，设 $\eta(\boldsymbol{\alpha}_1),\eta(\boldsymbol{\alpha}_2),\cdots,\eta(\boldsymbol{\alpha}_k)$ 线性相关，则存在不全为零的纯量 $\lambda_1,\lambda_2,\cdots,\lambda_k\in F$，使得 $\lambda_1\eta(\boldsymbol{\alpha}_1)+\lambda_2\eta(\boldsymbol{\alpha}_2)+\cdots+\lambda_k\eta(\boldsymbol{\alpha}_k)=\mathbf{0}$. 由性质2，

$$\lambda_1\eta(\boldsymbol{\alpha}_1)+\lambda_2\eta(\boldsymbol{\alpha}_2)+\cdots+\lambda_k\eta(\boldsymbol{\alpha}_k)=\eta(\lambda_1\boldsymbol{\alpha}_1+\lambda_2\boldsymbol{\alpha}_2+\cdots+\lambda_k\boldsymbol{\alpha}_k)=\mathbf{0}.$$

由性质1，$\lambda_1\boldsymbol{\alpha}_1+\lambda_2\boldsymbol{\alpha}_2+\cdots+\lambda_k\boldsymbol{\alpha}_k=\mathbf{0}$. 因此 $\boldsymbol{\alpha}_1,\boldsymbol{\alpha}_2,\cdots,\boldsymbol{\alpha}_k$ 线性相关.

性质4　设 η 是数域 F 上有限维线性空间 V_1 到 V_2 上的同构映射，则 $\{\boldsymbol{\alpha}_1,\boldsymbol{\alpha}_2,\cdots,\boldsymbol{\alpha}_n\}$ 是 V_1 的基的充分必要条件为 $\{\eta(\boldsymbol{\alpha}_1),\eta(\boldsymbol{\alpha}_2),\cdots,\eta(\boldsymbol{\alpha}_n)\}$ 是 V_2 的基，从而 $\dim V_1=\dim V_2$.

证明　设 $\{\boldsymbol{\alpha}_1,\boldsymbol{\alpha}_2,\cdots,\boldsymbol{\alpha}_n\}$ 是 V_1 的基，因此向量 $\boldsymbol{\alpha}_1,\boldsymbol{\alpha}_2,\cdots,\boldsymbol{\alpha}_n$ 线性无关. 由性质3，向量 $\eta(\boldsymbol{\alpha}_1),\eta(\boldsymbol{\alpha}_2),\cdots,\eta(\boldsymbol{\alpha}_n)$ 线性无关. 另外，设 $\boldsymbol{\beta}\in V_2$. 由于 η 是 V_1 到 V_2 上的一一映射，所以存在 $\boldsymbol{\alpha}\in V_1$，使得 $\eta(\boldsymbol{\alpha})=\boldsymbol{\beta}$. 由于 $\{\boldsymbol{\alpha}_1,\boldsymbol{\alpha}_2,\cdots,\boldsymbol{\alpha}_n\}$ 是 V_1 的基，因此 $\boldsymbol{\alpha}=a_1\boldsymbol{\alpha}_1+a_2\boldsymbol{\alpha}_2+\cdots+a_n\boldsymbol{\alpha}_n,a_1,a_2,\cdots,a_n\in F$. 由性质2，$\boldsymbol{\beta}=\eta(\boldsymbol{\alpha})=a_1\eta(\boldsymbol{\alpha}_1)+a_2\eta(\boldsymbol{\alpha}_2)+\cdots+a_n\eta(\boldsymbol{\alpha}_n)$. 所以，$\boldsymbol{\beta}$ 可由向量 $\eta(\boldsymbol{\alpha}_1),\eta(\boldsymbol{\alpha}_2),\cdots,\eta(\boldsymbol{\alpha}_n)$ 线性表出. 这就证明，$\{\eta(\boldsymbol{\alpha}_1),\eta(\boldsymbol{\alpha}_2),\cdots,\eta(\boldsymbol{\alpha}_n)\}$ 是线性空间 V_2 的基.

反之，设 $\{\eta(\boldsymbol{\alpha}_1),\eta(\boldsymbol{\alpha}_2),\cdots,\eta(\boldsymbol{\alpha}_n)\}$ 是 V_2 的基，则向量 $\eta(\boldsymbol{\alpha}_1),\eta(\boldsymbol{\alpha}_2),\cdots,\eta(\boldsymbol{\alpha}_n)$ 线性无关. 由性质3，向量 $\boldsymbol{\alpha}_1,\boldsymbol{\alpha}_2,\cdots,\boldsymbol{\alpha}_n$ 线性无关. 另外，设 $\boldsymbol{\alpha}\in V_1$. 因为 $\{\eta(\boldsymbol{\alpha}_1),\eta(\boldsymbol{\alpha}_2),\cdots,\eta(\boldsymbol{\alpha}_n)\}$ 为 V_2 的基，因此，$\eta(\boldsymbol{\alpha})=a_1\eta(\boldsymbol{\alpha}_1)+a_2\eta(\boldsymbol{\alpha}_2)+\cdots+a_n\eta(\boldsymbol{\alpha}_n)$，其中 $a_1,a_2,\cdots,a_n\in F$. 由性质2，$\eta(\boldsymbol{\alpha})=\eta(a_1\boldsymbol{\alpha}_1+a_2\boldsymbol{\alpha}_2+\cdots+a_n\boldsymbol{\alpha}_n)$. 由于 η 是一一的，所以 $\boldsymbol{\alpha}=a_1\boldsymbol{\alpha}_1+a_2\boldsymbol{\alpha}_2+\cdots+a_n\boldsymbol{\alpha}_n$，即向量 $\boldsymbol{\alpha}$ 可由向量 $\boldsymbol{\alpha}_1,\boldsymbol{\alpha}_2,\cdots,\boldsymbol{\alpha}_n$ 线性表出. 因此，$\{\boldsymbol{\alpha}_1,\boldsymbol{\alpha}_2,\cdots,\boldsymbol{\alpha}_n\}$ 是 V_1 的基.

线性空间之间同构关系是数域 F 上所有线性空间集合中的一种关系，它满足以下性质.

1° 自反性 数域 F 上线性空间 V 与 V 自身同构.

证明 定义线性空间 V 到自身的映射 ε 如下：对任意 $\boldsymbol{\alpha}\in V$，令 $\varepsilon(\boldsymbol{\alpha})=\boldsymbol{\alpha}$. 映射 ε 称为 V 到自身的恒等映射. 显然，恒等映射 ε 是 V 到自身一一映射. 并且对任意 $\boldsymbol{\alpha},\boldsymbol{\beta}\in V,\lambda\in F$，均有

$$\varepsilon(\boldsymbol{\alpha}+\boldsymbol{\beta})=\boldsymbol{\alpha}+\boldsymbol{\beta}=\varepsilon(\boldsymbol{\alpha})+\varepsilon(\boldsymbol{\beta}),$$
$$\varepsilon(\lambda\boldsymbol{\alpha})=\lambda\boldsymbol{\alpha}=\lambda\varepsilon(\boldsymbol{\alpha}).$$

因此，恒等映射 ε 是线性空间 V 到自身上的同构映射，从而线性空间 V 与自身同构.

2° 对称性 设数域 F 上线性空间 V_1 与 V_2 同构，则 V_2 与 V_1 也同构.

证明 因为线性空间 V_1 与 V_2 同构，所以存在 V_1 到 V_2 上的同构映射 η. 定义 V_2 到 V_1 的映射 σ 如下：设 $\boldsymbol{\beta}\in V_2$，因为 η 是 V_1 到 V_2 上的映射，因此存在 $\boldsymbol{\alpha}\in V_1$，使得 $\eta(\boldsymbol{\alpha})=\boldsymbol{\beta}$，于是令 $\sigma(\boldsymbol{\beta})=\boldsymbol{\alpha}$. 由于 η 是一一的，所以适合 $\eta(\boldsymbol{\alpha})=\boldsymbol{\beta}$ 的 $\boldsymbol{\alpha}$ 是唯一的，因此映射 σ 有确切定义. 映射 σ 即是映射 η 的逆映射.

映射 σ 是单射. 事实上，设 $\boldsymbol{\beta}_1,\boldsymbol{\beta}_2\in V_2$，且 $\sigma(\boldsymbol{\beta}_1)=\sigma(\boldsymbol{\beta}_2)$. 记 $\boldsymbol{\alpha}_1=\sigma(\boldsymbol{\beta}_1)$，$\boldsymbol{\alpha}_2=\sigma(\boldsymbol{\beta}_2)$. 由映射 σ 的定义，$\boldsymbol{\beta}_1=\eta(\boldsymbol{\alpha}_1)$，$\boldsymbol{\beta}_2=\eta(\boldsymbol{\alpha}_2)$. 因为 $\boldsymbol{\alpha}_1=\boldsymbol{\alpha}_2$，故 $\boldsymbol{\beta}_1=\boldsymbol{\beta}_2$. 所以，映射 σ 是 V_2 到 V_1 的单射.

映射 σ 是满射. 事实上，设 $\boldsymbol{\alpha}\in V_1$，则 $\boldsymbol{\beta}=\eta(\boldsymbol{\alpha})\in V_2$，由映射 σ 的定义，$\sigma(\boldsymbol{\beta})=\boldsymbol{\alpha}$. 所以映射 σ 是 V_2 到 V_1 上的满射.

映射 σ 是保加法的. 事实上，设 $\boldsymbol{\beta}_1,\boldsymbol{\beta}_2\in V_2$，则存在 $\boldsymbol{\alpha}_1,\boldsymbol{\alpha}_2\in V_1$，使得 $\eta(\boldsymbol{\alpha}_1)=\boldsymbol{\beta}_1$，$\eta(\boldsymbol{\alpha}_2)=\boldsymbol{\beta}_2$. 因为映射 η 保加法，所以，$\boldsymbol{\beta}_1+\boldsymbol{\beta}_2=\eta(\boldsymbol{\alpha}_1)+\eta(\boldsymbol{\alpha}_2)=\eta(\boldsymbol{\alpha}_1+\boldsymbol{\alpha}_2)$. 由映射 σ 的定义，$\sigma(\boldsymbol{\beta}_1+\boldsymbol{\beta}_2)=\boldsymbol{\alpha}_1+\boldsymbol{\alpha}_2$. 由于 $\eta(\boldsymbol{\alpha}_1)=\boldsymbol{\beta}_1$，$\eta(\boldsymbol{\alpha}_2)=\boldsymbol{\beta}_2$，故 $\sigma(\boldsymbol{\beta}_1)=\boldsymbol{\alpha}_1$，$\sigma(\boldsymbol{\beta}_2)=\boldsymbol{\alpha}_2$. 所以，$\sigma(\boldsymbol{\beta}_1+\boldsymbol{\beta}_2)=\boldsymbol{\alpha}_1+\boldsymbol{\alpha}_2=\sigma(\boldsymbol{\beta}_1)+\sigma(\boldsymbol{\beta}_2)$. 因此映射 σ 是保加法的.

映射 σ 是保乘法的. 事实上，设 $\lambda\in F,\boldsymbol{\beta}\in V_2$，则存在 $\boldsymbol{\alpha}\in V_1$，使得 $\eta(\boldsymbol{\alpha})=\boldsymbol{\beta}$，从而 $\sigma(\boldsymbol{\beta})=\boldsymbol{\alpha}$. 因为映射 η 保乘法，所以 $\eta(\lambda\boldsymbol{\alpha})=\lambda\eta(\boldsymbol{\alpha})=\lambda\boldsymbol{\beta}$. 由映射 σ 的定义，$\sigma(\lambda\boldsymbol{\beta})=\lambda\boldsymbol{\alpha}=\lambda\sigma(\boldsymbol{\beta})$. 因此映射 σ 保乘法.

这就证明，映射 σ 是线性空间 V_2 到 V_1 上的同构映射. 所以 V_2 与 V_1 同构.

3° 传递性 设 V_1，V_2 和 V_3 是数域 F 上线性空间. 如果 V_1 与 V_2 同构，V_2 与 V_3 同构，则 V_1 与 V_3 同构.

证明 设 η 和 ζ 分别是 V_1 到 V_2 和 V_2 到 V_3 的同构映射. 定义 V_1 到 V_3 的映射 ξ 如下：对任意 $\boldsymbol{\alpha}\in V_1$，令 $\xi(\boldsymbol{\alpha})=\zeta(\eta(\boldsymbol{\alpha}))$.

对任意 $\boldsymbol{\alpha},\boldsymbol{\beta}\in V_1,\boldsymbol{\alpha}\neq\boldsymbol{\beta}$,由于 η 是 V_1 到 V_2 上的同构映射,因此 η 是 V_1 到 V_2 上的单射,所以 $\eta(\boldsymbol{\alpha})\neq\eta(\boldsymbol{\beta})$.因为 ζ 是 V_2 到 V_3 上的单射,所以 $\zeta(\eta(\boldsymbol{\alpha}))\neq\zeta(\eta(\boldsymbol{\beta}))$,即 $\xi(\boldsymbol{\alpha})\neq\xi(\boldsymbol{\beta})$.因此映射 ξ 是 V_1 到 V_3 上的单射.

对任意 $\boldsymbol{\gamma}\in V_3$,由于 ζ 是 V_2 到 V_3 上的满射,因此存在 $\boldsymbol{\beta}\in V_2$,使得 $\boldsymbol{\gamma}=\zeta(\boldsymbol{\beta})$.又 η 是 V_1 到 V_2 上的满射,所以存在 $\boldsymbol{\alpha}\in V_1$,使得 $\boldsymbol{\beta}=\eta(\boldsymbol{\alpha})$.因此 $\boldsymbol{\gamma}=\zeta(\eta(\boldsymbol{\alpha}))=\xi(\boldsymbol{\alpha})$.这就证明,映射 ξ 是 V_1 到 V_3 上的满射.

对任意 $\boldsymbol{\alpha},\boldsymbol{\beta}\in V_1,\lambda\in F$,由于

$$\begin{aligned}\xi(\boldsymbol{\alpha}+\boldsymbol{\beta})&=\zeta(\eta(\boldsymbol{\alpha}+\boldsymbol{\beta}))=\zeta(\eta(\boldsymbol{\alpha})+\eta(\boldsymbol{\beta}))\\&=\zeta(\eta(\boldsymbol{\alpha}))+\zeta(\eta(\boldsymbol{\beta}))=\xi(\boldsymbol{\alpha})+\xi(\boldsymbol{\beta}),\end{aligned}$$

以及 $\xi(\lambda\boldsymbol{\alpha})=\zeta(\eta(\lambda\boldsymbol{\alpha}))=\zeta(\lambda\eta(\boldsymbol{\alpha}))=\lambda\zeta(\eta(\boldsymbol{\alpha}))=\lambda\xi(\boldsymbol{\alpha})$,因此映射 ξ 是保加法与乘法的.

这就证明,映射 ξ 是线性空间 V_1 到 V_3 上的同构映射,从而 V_1 与 V_3 同构.

由于数域 F 上线性空间之间的同构关系满足自反性、对称性和传递性,所以同构关系是数域 F 上线性空间之间的一种等价关系.按照同构关系可以对线性空间进行分类:彼此同构的线性空间归在同一个类,彼此不同构的线性空间归在不同的类.和矩阵在相抵关系下分类相似,基本的问题是:如何判定数域 F 上两个线性空间 V_1 和 V_2 是否属于同一个类,即如何判定线性空间 V_1 与 V_2 是否同构?在线性空间的同构类中怎样选取代表元?对此,有:

定理1　数域 F 上任意一个 n 维线性空间 V 都同构于数域 F 上 n 维向量空间 F^n.

证明　在线性空间 V 中取定一组基$\{\boldsymbol{\alpha}_1,\boldsymbol{\alpha}_2,\cdots,\boldsymbol{\alpha}_n\}$.于是,向量 $\boldsymbol{\alpha}\in V$ 便具有唯一的坐标$(a_1,a_2,\cdots,a_n)$.定义线性空间 V 到 F^n 的映射 η 如下:对任意向量 $\boldsymbol{\alpha}\in V$,令 $\eta(\boldsymbol{\alpha})=(a_1,a_2,\cdots,a_n)$,其中$(a_1,a_2,\cdots,a_n)$是向量 $\boldsymbol{\alpha}$ 在基$\{\boldsymbol{\alpha}_1,\boldsymbol{\alpha}_2,\cdots,\boldsymbol{\alpha}_n\}$下的坐标.由于 V 中不同的向量 $\boldsymbol{\alpha}$ 和 $\boldsymbol{\beta}$ 的坐标$(a_1,a_2,\cdots,a_n)$和$(b_1,b_2,\cdots,b_n)$不相等,因此当 $\boldsymbol{\alpha}\neq\boldsymbol{\beta}$ 时,$\eta(\boldsymbol{\alpha})\neq\eta(\boldsymbol{\beta})$.所以映射 η 是 V 到 F^n 的单射;其次,对任意$(a_1,a_2,\cdots,a_n)\in F^n$,向量 $\boldsymbol{\alpha}=a_1\boldsymbol{\alpha}_1+a_2\boldsymbol{\alpha}_2+\cdots+a_n\boldsymbol{\alpha}_n\in V$.因此 $\eta(\boldsymbol{\alpha})=(a_1,a_2,\cdots,a_n)$.所以映射 η 是 V 到 F^n 的满射.最后,由于 V 中向量 $\boldsymbol{\alpha}$ 与 $\boldsymbol{\beta}$ 的和 $\boldsymbol{\alpha}+\boldsymbol{\beta}$ 的坐标等于向量 $\boldsymbol{\alpha}$ 与 $\boldsymbol{\beta}$ 的坐标之和,所以 $\eta(\boldsymbol{\alpha}+\boldsymbol{\beta})=\eta(\boldsymbol{\alpha})+\eta(\boldsymbol{\beta})$,而纯量 λ 与向量 $\boldsymbol{\alpha}$ 的乘积 $\lambda\boldsymbol{\alpha}$ 的坐标等于纯量 λ 与向量 $\boldsymbol{\alpha}$ 的坐标的乘积,因此 $\eta(\lambda\boldsymbol{\alpha})=\lambda\eta(\boldsymbol{\alpha})$.所以映射 η 是保加法和乘法的.这就证明,映射 η 是线性空间 V 到 F^n 上的同构映射,所以 V 与 F^n 同构.定理1证毕.

定理2　数域 F 上有限维线性空间 V_1 与 V_2 同构的充分必要条件是 $\dim V_1=\dim V_2$.

证明 必要性即是性质4.下证充分性.设 $\dim V_1=\dim V_2=n$,则由定理1,线性空间 V_1 和 V_2 都同构于 F^n.由对称性,F^n 同构于 V_2.由传递性,线性空间 V_1 与 V_2 同构.定理2证毕.

定理2给出了数域 F 上有限维线性空间 V_1 和 V_2 属于同一个同构类的判别准则;定理1表明,在数域 F 上所有 n 维线性空间构成的同构类中,可以取 n 维向量空间 F^n 作为它的代表元.尽管数域 F 上 n 维线性空间比较抽象,但从结构上看,可以用 F^n 来理解.

习　题

1. 证明:所有实数的集合 $\mathbf{R}$ 作为实线性空间与本章4.1节例2中的实线性空间 $\mathbf{R}^+$ 同构.

2. 如果有理数域 $\mathbf{Q}$ 上线性空间 V_1 和 V_2 之间存在一一对应,那么线性空间 V_1 和 V_2 是否一定同构?

3. 设 V 是 n 维复线性空间.取集合 V,数域 F 为实数域 $\mathbf{R}$.定义 V 中向量的加法为复线性空间 V 的向量加法,而纯量 λ 与向量的乘法定义为实数与 V 中的向量的乘法.如此得到的实线性空间记为 V^-.试确定 $\dim_{\mathbf{R}} V^-$.

4. 设 V 是 n 维实线性空间.如果保留 V 的向量加法,但在纯量 λ 乘以向量时,限定纯量 λ 只取有理数,如此得到的有理数域 $\mathbf{Q}$ 上线性空间记为 $\widetilde{V}$.线性空间 $\widetilde{V}$ 是否有限维的?

4.6　子　空　间

大家知道,在三维实向量空间 $\mathbf{R}^3$ 中,取定非零向量 $\boldsymbol{\alpha}$,则对于任意纯量 $\lambda\in\mathbf{R}$,向量 $\lambda\boldsymbol{\alpha}$ 与 $\boldsymbol{\alpha}$ 共线.反之,如果向量 $\boldsymbol{\beta}$ 与 $\boldsymbol{\alpha}$ 共线,则存在纯量 $\lambda\in\mathbf{R}$,使得 $\boldsymbol{\beta}=\lambda\boldsymbol{\alpha}$.因此 $\mathbf{R}^3$ 中所有与向量 $\boldsymbol{\alpha}$ 共线的向量集合为 $S=\{\lambda\boldsymbol{\alpha}:\lambda\in\mathbf{R}\}$.向量集合 S 具有以下两个特点:(1) 与向量 $\boldsymbol{\alpha}$ 共线的向量之和仍与向量 $\boldsymbol{\alpha}$ 共线,即对任意 $\boldsymbol{\alpha}_1,\boldsymbol{\alpha}_2\in S$,均有 $\boldsymbol{\alpha}_1+\boldsymbol{\alpha}_2\in S$,换言之,向量集合 S 对 $\mathbf{R}^3$ 的向量加法是封闭的;(2) 与向量 $\boldsymbol{\alpha}$ 共线的向量 $\boldsymbol{\beta}$ 的任意纯量倍 $\lambda\boldsymbol{\beta}$ 仍与向量 $\boldsymbol{\alpha}$ 共线,其中 $\lambda\in\mathbf{R}$,即对任意 $\lambda\in\mathbf{R}$,$\boldsymbol{\beta}\in S$,均有 $\lambda\boldsymbol{\beta}\in S$,换言之,向量集合对 $\mathbf{R}^3$ 的纯量与向量的乘法是封闭的.同样,如果向量 $\boldsymbol{\alpha}$ 与 $\boldsymbol{\beta}$ 不共线,则所有与向量 $\boldsymbol{\alpha},\boldsymbol{\beta}$ 共面的向量集合为 $\widetilde{S}=\{\lambda\boldsymbol{\alpha}+\mu\boldsymbol{\beta}:\lambda,\mu\in\mathbf{R}\}$.向量集合 $\widetilde{S}$ 具有如下两个特点:(1) 与向量 $\boldsymbol{\alpha},\boldsymbol{\beta}$ 共面的向量之和仍与向量 $\boldsymbol{\alpha},\boldsymbol{\beta}$ 共面,即

对任意 $\boldsymbol{\alpha}_1,\boldsymbol{\alpha}_2\in\widetilde{S}$,均有 $\boldsymbol{\alpha}_1+\boldsymbol{\alpha}_2\in\widetilde{S}$.换言之,向量集合 S 对 $\mathbf{R}^3$ 的向量加法是封闭的;(2) 与向量 $\boldsymbol{\alpha},\boldsymbol{\beta}$ 共面的向量 $\boldsymbol{\gamma}$ 的任意纯量倍 $\lambda\boldsymbol{\gamma}$ 仍与向量 $\boldsymbol{\alpha},\boldsymbol{\beta}$ 共面,其中 $\lambda\in\mathbf{R}$,即对任意 $\lambda\in\mathbf{R},\boldsymbol{\gamma}\in\widetilde{S}$,均有 $\lambda\boldsymbol{\gamma}\in\widetilde{S}$.换言之,向量集合 $\widetilde{S}$ 对 $\mathbf{R}^3$ 的纯量与向量的乘法是封闭的.

把三维实向量空间 $\mathbf{R}^3$ 中上述向量集合 S 和 $\widetilde{S}$ 所具有的共性加以抽象,就成为线性空间的子空间概念.

定义 1　设 U 是数域 F 上线性空间 V 的非空向量集合.如果 U 对于线性空间 V 的向量加法和纯量与向量的乘法是封闭的,即对任意 $\boldsymbol{\alpha},\boldsymbol{\beta}\in U,\boldsymbol{\alpha}+\boldsymbol{\beta}\in U$,并且对任意 $\lambda\in F,\boldsymbol{\alpha}\in U,\lambda\boldsymbol{\alpha}\in U$,则 U 称为**线性空间 V 的子空间**.

应当指出,线性空间 V 的子空间 U 一定含有零向量.事实上,由子空间的定义,向量集合 U 非空,因此存在向量 $\boldsymbol{\alpha}\in U$.由于 U 对纯量与向量的乘法是封闭的,所以 $(-1)\boldsymbol{\alpha}=-\boldsymbol{\alpha}\in U$.由于 U 对向量的加法封闭,因此 $\boldsymbol{\alpha}+(-\boldsymbol{\alpha})=\mathbf{0}\in U$.

其次,线性空间 V 的子空间 U 本身是数域 F 上线性空间.事实上,由于子空间 U 对线性空间 V 的向量加法和纯量与向量的乘法封闭,因此可以规定 U 的向量加法为 V 的向量加法,而 U 的纯量与向量的乘法取为 V 的纯量与向量的乘法.由于子空间 U 是线性空间 V 的向量集合,因此向量集合 U 对上面取定的两种代数运算自然满足线性空间定义中的八条公理.所以子空间 U 本身也是线性空间.另外,如果线性空间 V 是 n 维的,则 V 中任意 $n+1$ 个向量一定线性相关.因此,子空间 U 中任意 $n+1$ 个向量也一定线性相关,所以 U 中线性无关的向量集合所含向量的个数不超过 n,从而 $\dim U\leqslant\dim V$.

容易验证,线性空间 V 本身是 V 的一个子空间;只由零向量构成的向量集合 $\{\mathbf{0}\}$ 是 V 的子空间.后者称为 V 的**零子空间**,记为 O. V 和零子空间 O 称为 V 的**平凡子空间**.不是平凡的子空间称为**真子空间**.

例 1　设 $F_n[x]$ 是数域 F 上所有关于未定元 x 的次数小于 n 的多项式构成的线性空间.设正整数 $m\leqslant n-1$,取定 $x_1,x_2,\cdots,x_m\in F$. $F_n[x]$ 中所有满足 $f(x_1)=f(x_2)=\cdots=f(x_m)=0$ 的多项式 $f(x)$ 的集合记为 U.证明:U 是 $F_n[x]$ 的子空间.

证明　首先,显然零多项式 $0\in U$,因此 $U\neq\varnothing$.其次,设 $f,g\in U$,则 $f(x_1)=f(x_2)=\cdots=f(x_m)=0,g(x_1)=g(x_2)=\cdots=g(x_m)=0$.因此

$$(f+g)(x_i)=f(x_i)+g(x_i)=0,\quad i=1,2,\cdots,m,$$

所以,$f+g\in U$,即 U 对 $F_n[x]$ 的向量加法封闭.最后,设 $\lambda\in F,f\in U$.则 $f(x_1)=f(x_2)=\cdots=f(x_m)=0$.因此,$(\lambda f)(x_i)=\lambda f(x_i)=0,i=1,2,\cdots,m$.所以 $\lambda f\in U$,

即 U 对 $F_n[x]$ 纯量与向量的乘法封闭. 从而 U 是 $F_n[x]$ 的子空间.

例 2 证明:在数域 F 上所有关于未定元 x 的多项式构成的线性空间 $F[x]$ 中,所有满足 $f(-x)=f(x)$ 的多项式集合 U 是 $F[x]$ 的子空间.

证明 首先,显然零多项式 $0\in U$. 其次,设 $f,g\in U$,则 $f(-x)=f(x)$, $g(-x)=g(x)$. 因此,$(f+g)(-x)=f(-x)+g(-x)=f(x)+g(x)=(f+g)(x)$,所以 $f+g\in U$,即 U 对 $F[x]$ 的向量加法是封闭的;最后,设 $\lambda\in F$, $f\in U$,则由 $f(-x)=f(x)$ 得到,$(\lambda f)(-x)=\lambda f(-x)=\lambda f(x)=(\lambda f)(x)$,因此 $\lambda f\in U$,即 U 对 $F[x]$ 的纯量与向量的乘法封闭. 所以 U 是 $F[x]$ 的子空间.

例 3 设 $\boldsymbol{A}$ 是数域 F 上 $m\times n$ 矩阵,$\boldsymbol{x}=(x_1,x_2,\cdots,x_n)^{\mathrm{T}}$,其中 $x_1,x_2,\cdots,x_n$ 是未知量. 齐次方程组 $\boldsymbol{Ax}=\boldsymbol{0}$ 的所有解的集合记为 $V_{\boldsymbol{A}}$. 证明:$V_{\boldsymbol{A}}$ 是数域 F 上 n 维列向量空间 F^n 的子空间,并求 $\dim V_{\boldsymbol{A}}$.

解 显然,齐次方程组 $\boldsymbol{Ax}=\boldsymbol{0}$ 具有零解 $\boldsymbol{0}\in F^n$,即 $\boldsymbol{0}\in U$,因此 $U\neq\varnothing$,设 $\boldsymbol{x},\boldsymbol{y}\in V_{\boldsymbol{A}}$,则 $\boldsymbol{Ax}=\boldsymbol{0}$, $\boldsymbol{Ay}=\boldsymbol{0}$. 所以 $\boldsymbol{A}(\boldsymbol{x}+\boldsymbol{y})=\boldsymbol{Ax}+\boldsymbol{Ay}=0$,因此 $\boldsymbol{x}+\boldsymbol{y}\in V_{\boldsymbol{A}}$;设 $\lambda\in F$, $\boldsymbol{x}\in V_{\boldsymbol{A}}$,则由 $\boldsymbol{A}(\lambda\boldsymbol{x})=\lambda\boldsymbol{Ax}=\boldsymbol{0}$,得到 $\lambda\boldsymbol{x}\in V_{\boldsymbol{A}}$. 所以 $V_{\boldsymbol{A}}$ 是 F^n 的子空间. 它称为齐次方程组 $\boldsymbol{Ax}=\boldsymbol{0}$ 的**解空间**.

由第 3 章 3.6 节齐次线性方程组解的结构定理可知,如果 $\operatorname{rank}\boldsymbol{A}=r$,并且 $\boldsymbol{A}=\boldsymbol{P}\begin{pmatrix}\boldsymbol{I}_{(r)} & \boldsymbol{0}\\ \boldsymbol{0} & \boldsymbol{0}\end{pmatrix}\boldsymbol{Q}$,其中 $\boldsymbol{P}$ 和 $\boldsymbol{Q}$ 分别是 m 阶和 n 阶可逆方阵,则方程组 $\boldsymbol{Ax}=\boldsymbol{0}$ 的通解为

$$\boldsymbol{x}=t_{r+1}\boldsymbol{Q}^{-1}\boldsymbol{\varepsilon}_{r+1}+t_{r+2}\boldsymbol{Q}^{-1}\boldsymbol{\varepsilon}_{r+2}+\cdots+t_n\boldsymbol{Q}^{-1}\boldsymbol{\varepsilon}_n,\tag{4.6.1}$$

其中 $t_{r+1},t_{r+2},\cdots,t_n\in F$,而 $\boldsymbol{\varepsilon}_i=(0,\cdots,0,\underset{\text{第}i\text{个}}{1},0,\cdots,0)^{\mathrm{T}}$. 由于

$$\boldsymbol{AQ}^{-1}\boldsymbol{\varepsilon}_i=\boldsymbol{P}\begin{pmatrix}\boldsymbol{I}_{(r)} & \boldsymbol{0}\\ \boldsymbol{0} & \boldsymbol{0}\end{pmatrix}\boldsymbol{\varepsilon}_i=\boldsymbol{0},\quad i=r+1,r+2,\cdots,n,$$

因此,$\boldsymbol{Q}^{-1}\boldsymbol{\varepsilon}_i\in V_{\boldsymbol{A}}$, $i=r+1,r+2,\cdots,n$. 式(4.6.1)表明,$V_{\boldsymbol{A}}$ 中任意向量 $\boldsymbol{x}$ 可由向量 $\boldsymbol{Q}^{-1}\boldsymbol{\varepsilon}_{r+1},\boldsymbol{Q}^{-1}\boldsymbol{\varepsilon}_{r+2},\cdots,\boldsymbol{Q}^{-1}\boldsymbol{\varepsilon}_n$ 线性表出. 另外,如果存在 $\lambda_{r+1},\lambda_{r+2},\cdots,\lambda_n\in F$,使得

$$\lambda_{r+1}\boldsymbol{Q}^{-1}\boldsymbol{\varepsilon}_{r+1}+\lambda_{r+2}\boldsymbol{Q}^{-1}\boldsymbol{\varepsilon}_{r+2}+\cdots+\lambda_n\boldsymbol{Q}^{-1}\boldsymbol{\varepsilon}_n=\boldsymbol{0},$$

则上式两端同时左乘方阵 $\boldsymbol{Q}$,便得到 $\lambda_{r+1}\boldsymbol{\varepsilon}_{r+1}+\lambda_{r+2}\boldsymbol{\varepsilon}_{r+2}+\cdots+\lambda_n\boldsymbol{\varepsilon}_n=0$,从而 $\lambda_{r+1}=\lambda_{r+2}=\cdots=\lambda_n=0$. 所以向量 $\boldsymbol{Q}^{-1}\boldsymbol{\varepsilon}_{r+1},\boldsymbol{Q}^{-1}\boldsymbol{\varepsilon}_{r+2},\cdots,\boldsymbol{Q}^{-1}\boldsymbol{\varepsilon}_n$ 线性无关. 于是,$\{\boldsymbol{Q}^{-1}\boldsymbol{\varepsilon}_{r+1},\boldsymbol{Q}^{-1}\boldsymbol{\varepsilon}_{r+2},\cdots,\boldsymbol{Q}^{-1}\boldsymbol{\varepsilon}_n\}$ 是 $V_{\boldsymbol{A}}$ 的基. 从而 $\dim V_{\boldsymbol{A}}=n-\operatorname{rank}\boldsymbol{A}$.

设齐次方程组 $\boldsymbol{Ax}=\boldsymbol{0}$ 的解空间 $V_{\boldsymbol{A}}$ 的一组基为 $\{\boldsymbol{\alpha}_1,\boldsymbol{\alpha}_2,\cdots,\boldsymbol{\alpha}_k\}$,则向量 $\boldsymbol{\alpha}_1,\boldsymbol{\alpha}_2,\cdots,\boldsymbol{\alpha}_k$ 称为方程组 $\boldsymbol{Ax}=\boldsymbol{0}$ 的**基础解系**. 例如,例 3 中向量 $\boldsymbol{Q}^{-1}\boldsymbol{\varepsilon}_{r+1},\boldsymbol{Q}^{-1}\boldsymbol{\varepsilon}_{r+2}$,

$\cdots, Q^{-1}\boldsymbol{\varepsilon}_n$ 即是方程组 $\boldsymbol{Ax}=\mathbf{0}$的一个基础解系.

现在介绍子空间的运算.

定义 2　设 I 是下标集合,$\{V_\nu:\nu\in I\}$是数域 F 上线性空间 V 的子空间集合. V 中所有属于每个子空间 $V_\nu,\nu\in I$ 的向量集合称为所有子空间 $V_\nu,\nu\in I$ 的交,记为 $\bigcap\limits_{\nu\in I} V_\nu$.

特别地,当下标集合 I 有限,即 $I=\{1,2,\cdots,k\}$ 时,子空间集合$\{V_\nu:\nu\in I\}=\{V_1,V_2,\cdots,V_k\}$,子空间 $V_1,V_2,\cdots,V_k$ 的交记为 $\bigcap\limits_{i=1}^{k} V_i=V_1\cap V_2\cap\cdots\cap V_k$.

定理 1　任意多个子空间的交是子空间.

证明　设$\{V_\nu:\nu\in I\}$是线性空间 V 的子空间集合. 由于 V_ν 是子空间,$\nu\in I$,因此,零向量$\mathbf{0}\in V_\nu,\nu\in I$,所以$\mathbf{0}\in\bigcap\limits_{\nu\in I} V_\nu$,即集合 $\bigcap\limits_{\nu\in I} V_\nu$ 非空.

设 $\boldsymbol{\alpha},\boldsymbol{\beta}\in\bigcap\limits_{\nu\in I} V_\nu$,则 $\boldsymbol{\alpha},\boldsymbol{\beta}\in V_\nu,\nu\in I$. 由于 V_ν 是子空间,因此,$\boldsymbol{\alpha}+\boldsymbol{\beta}\in V_\nu$, $\nu\in I$. 所以,$\boldsymbol{\alpha}+\boldsymbol{\beta}\in\bigcap\limits_{\nu\in I} V_\nu$,即集合 $\bigcap\limits_{\nu\in I} V_\nu$ 对线性空间V 的向量加法封闭;又设 $\lambda\in F$,$\boldsymbol{\alpha}\in\bigcap\limits_{\nu\in I} V_\nu$,因此 $\boldsymbol{\alpha}\in V_\nu,\nu\in I$. 由于 V_ν 是子空间,所以 $\lambda\boldsymbol{\alpha}\in V_\nu,\nu\in I$. 因此 $\lambda\boldsymbol{\alpha}\in\bigcap\limits_{\nu\in I} V_\nu$,即集合 $\bigcap\limits_{\nu\in I} V_\nu$ 对线性空间V 的纯量与向量的乘法封闭,这就证明,子空间 $V_\nu,\nu\in I$ 的交 $\bigcap\limits_{\nu\in I} V_\nu$ 是子空间.

在考虑线性空间 V 的子空间运算时,自然要考虑子空间的并. 但子空间的并一般不是子空间. 例如,在二维实向量空间 $\mathbf{R}^2$ 中,子空间 $V_1=\{\lambda\boldsymbol{\varepsilon}_1:\lambda\in\mathbf{R}\}$和 $V_2=\{\mu\boldsymbol{\varepsilon}_2:\mu\in\mathbf{R}\}$的并 $V_1\cup V_2$ 不再是子空间,因为 $\boldsymbol{\varepsilon}_1\in V_1,\boldsymbol{\varepsilon}_2\in V_2$,但 $\boldsymbol{\varepsilon}_1+\boldsymbol{\varepsilon}_2\notin V_1\cup V_2$,即集合 $V_1\cup V_2$ 对 $\mathbf{R}^2$ 的向量加法并不封闭. 所以,在子空间的运算中不考虑子空间的并,而是用子空间的和来代替.

定义 3　设 V_1 和 V_2 是数域 F 上线性空间 V 的子空间,则集合 $V_1+V_2=\{\boldsymbol{\alpha}+\boldsymbol{\beta}:\boldsymbol{\alpha}\in V_1,\boldsymbol{\beta}\in V_2\}$称为子空间$V_1$与$V_2$的和.

定理 2　线性空间 V 的子空间 V_1 与 V_2 的和 V_1+V_2 是 V 的子空间.

证明　因为子空间 V_1 与 V_2 都含有零向量,因此零向量$\mathbf{0}=\mathbf{0}_1+\mathbf{0}_2\in V_1+V_2$,即集合 V_1+V_2 非空.

设向量 $\boldsymbol{\gamma}_1,\boldsymbol{\gamma}_2\in V_1+V_2$,则存在向量 $\boldsymbol{\alpha}_1,\boldsymbol{\alpha}_2\in V_1,\boldsymbol{\beta}_1,\boldsymbol{\beta}_2\in V_2$,使得 $\boldsymbol{\gamma}_1=\boldsymbol{\alpha}_1+\boldsymbol{\beta}_1,\boldsymbol{\gamma}_2=\boldsymbol{\alpha}_2+\boldsymbol{\beta}_2$. 因此

$$\boldsymbol{\gamma}_1+\boldsymbol{\gamma}_2=(\boldsymbol{\alpha}_1+\boldsymbol{\beta}_1)+(\boldsymbol{\alpha}_2+\boldsymbol{\beta}_2)=(\boldsymbol{\alpha}_1+\boldsymbol{\alpha}_2)+(\boldsymbol{\beta}_1+\boldsymbol{\beta}_2).$$

因为 V_1,V_2 是子空间,所以,$\boldsymbol{\alpha}_1+\boldsymbol{\alpha}_2\in V_1,\boldsymbol{\beta}_1+\boldsymbol{\beta}_2\in V_2$,因此 $\boldsymbol{\gamma}_1+\boldsymbol{\gamma}_2\in V_1+V_2$,

即集合 V_1+V_2 对线性空间 V 的向量加法封闭；设 $\lambda\in F$，$\boldsymbol{\gamma}\in V_1+V_2$，则存在 $\boldsymbol{\alpha}\in V_1$，$\boldsymbol{\beta}\in V_2$，使得 $\boldsymbol{\gamma}=\boldsymbol{\alpha}+\boldsymbol{\beta}$. 由于 V_1，V_2 是子空间，所以 $\lambda\boldsymbol{\alpha}\in V_1$，$\lambda\boldsymbol{\beta}\in V_2$，于是

$$\lambda\boldsymbol{\gamma}=\lambda(\boldsymbol{\alpha}+\boldsymbol{\beta})=\lambda\boldsymbol{\alpha}+\lambda\boldsymbol{\beta}\in V_1+V_2,$$

即集合 V_1+V_2 对线性空间 V 的纯量与向量的乘法封闭. 因此，子空间 V_1 与 V_2 的和 V_1+V_2 是线性空间 V 的子空间.

两个子空间的和的概念可以推广到有限多个子空间. 其定义如下：设 V_1，V_2，…，V_k 是数域 F 上线性空间 V 的子空间，则集合 $\{\boldsymbol{\alpha}_1+\boldsymbol{\alpha}_2+\cdots+\boldsymbol{\alpha}_k:\boldsymbol{\alpha}_i\in V_i,i=1,2,\cdots,k\}$ 称为**子空间 $V_1,V_2,\cdots,V_k$ 的和**，记为 $V_1+V_2+\cdots+V_k$. 可以证明，V 的子空间 $V_1,V_2,\cdots,V_k$ 的和 $V_1+V_2+\cdots+V_k$ 是 V 的子空间.

关于子空间的交与和的维数，有以下重要定理：

定理 3（维数定理） 设 V_1，V_2 是线性空间 V 的子空间，则

$$\dim V_1+\dim V_2=\dim(V_1\cap V_2)+\dim(V_1+V_2).$$

证明 设 $\dim V_1=r$，$\dim V_2=s$，$\dim(V_1\cap V_2)=t$，并且 $\{\boldsymbol{\alpha}_1,\boldsymbol{\alpha}_2,\cdots,\boldsymbol{\alpha}_t\}$ 是子空间 $V_1\cap V_2$ 的一组基. 由于 $V_1\supseteq V_1\cap V_2$，$V_2\supseteq V_1\cap V_2$，因此向量 $\boldsymbol{\alpha}_1,\boldsymbol{\alpha}_2,\cdots,\boldsymbol{\alpha}_t$ 分别是子空间 V_1 与 V_2 的线性无关向量，所以向量 $\boldsymbol{\alpha}_1,\boldsymbol{\alpha}_2,\cdots,\boldsymbol{\alpha}_t$ 可以分别扩充为子空间 V_1 与 V_2 的基. 设 $\{\boldsymbol{\alpha}_1,\boldsymbol{\alpha}_2,\cdots,\boldsymbol{\alpha}_t,\boldsymbol{\beta}_1,\boldsymbol{\beta}_2,\cdots,\boldsymbol{\beta}_{r-t}\}$ 与 $\{\boldsymbol{\alpha}_1,\boldsymbol{\alpha}_2,\cdots,\boldsymbol{\alpha}_t,\boldsymbol{\gamma}_1,\boldsymbol{\gamma}_2,\cdots,\boldsymbol{\gamma}_{s-t}\}$ 分别是子空间 V_1 与 V_2 的基.

首先证明，向量 $\boldsymbol{\alpha}_1,\boldsymbol{\alpha}_2,\cdots,\boldsymbol{\alpha}_t,\boldsymbol{\beta}_1,\boldsymbol{\beta}_2,\cdots,\boldsymbol{\beta}_{r-t},\boldsymbol{\gamma}_1,\boldsymbol{\gamma}_2,\cdots,\boldsymbol{\gamma}_{s-t}$ 线性无关. 事实上，设

$$\begin{aligned}&a_1\boldsymbol{\alpha}_1+a_2\boldsymbol{\alpha}_2+\cdots+a_t\boldsymbol{\alpha}_t+b_1\boldsymbol{\beta}_1+b_2\boldsymbol{\beta}_2+\cdots+b_{r-t}\boldsymbol{\beta}_{r-t}\\&\quad+c_1\boldsymbol{\gamma}_1+c_2\boldsymbol{\gamma}_2+\cdots+c_{s-t}\boldsymbol{\gamma}_{s-t}=\mathbf{0},\end{aligned}$$

其中 $a_i,b_j,c_k\in F$，$1\leqslant i\leqslant t$，$1\leqslant j\leqslant r-t$，$1\leqslant k\leqslant s-t$，则记

$$\begin{aligned}\boldsymbol{\alpha}&=a_1\boldsymbol{\alpha}_1+a_2\boldsymbol{\alpha}_2+\cdots+a_t\boldsymbol{\alpha}_t+b_1\boldsymbol{\beta}_1+b_2\boldsymbol{\beta}_2+\cdots+b_{r-t}\boldsymbol{\beta}_{r-t}\\&=-(c_1\boldsymbol{\gamma}_1+c_2\boldsymbol{\gamma}_2+\cdots+c_{s-t}\boldsymbol{\gamma}_{s-t}).\end{aligned}$$

显然，$\boldsymbol{\alpha}\in V_1\cap V_2$. 由于 $\{\boldsymbol{\alpha}_1,\boldsymbol{\alpha}_2,\cdots,\boldsymbol{\alpha}_t\}$ 是子空间 $V_1\cap V_2$ 的基，因此

$$\begin{aligned}\boldsymbol{\alpha}&=-(c_1\boldsymbol{\gamma}_1+c_2\boldsymbol{\gamma}_2+\cdots+c_{s-t}\boldsymbol{\gamma}_{s-t})\\&=d_1\boldsymbol{\alpha}_1+d_2\boldsymbol{\alpha}_2+\cdots+d_t\boldsymbol{\alpha}_t,\end{aligned}$$

其中 $d_1,d_2,\cdots,d_t\in F$. 所以

$$d_1\boldsymbol{\alpha}_1+d_2\boldsymbol{\alpha}_2+\cdots+d_t\boldsymbol{\alpha}_t+c_1\boldsymbol{\gamma}_1+c_2\boldsymbol{\gamma}_2+\cdots+c_{s-t}\boldsymbol{\gamma}_{s-t}=\mathbf{0}.$$

由于 $\{\boldsymbol{\alpha}_1,\boldsymbol{\alpha}_2,\cdots,\boldsymbol{\alpha}_t,\boldsymbol{\gamma}_1,\boldsymbol{\gamma}_2,\cdots,\boldsymbol{\gamma}_{s-t}\}$ 是子空间 V_2 的基，所以，$d_1=d_2=\cdots=d_t=c_1=c_2=\cdots=c_{s-t}=0$. 因此，$\boldsymbol{\alpha}=\mathbf{0}$，即

$$a_1\boldsymbol{\alpha}_1+a_2\boldsymbol{\alpha}_2+\cdots+a_t\boldsymbol{\alpha}_t+b_1\boldsymbol{\beta}_1+b_2\boldsymbol{\beta}_2+\cdots+b_{r-t}\boldsymbol{\beta}_{r-t}=\mathbf{0}.$$

由于$\{\boldsymbol{\alpha}_1,\boldsymbol{\alpha}_2,\cdots,\boldsymbol{\alpha}_t,\boldsymbol{\beta}_1,\boldsymbol{\beta}_2,\cdots,\boldsymbol{\beta}_{r-t}\}$是子空间 V_1 的基,所以,$a_1=a_2=\cdots=a_t=b_1=b_2=\cdots=b_{r-t}=0$.前面已证,$c_1=c_2=\cdots=c_{s-t}=0$,因此向量 $\boldsymbol{\alpha}_1,\boldsymbol{\alpha}_2,\cdots,\boldsymbol{\alpha}_t,\boldsymbol{\beta}_1,\boldsymbol{\beta}_2,\cdots,\boldsymbol{\beta}_{r-t},\boldsymbol{\gamma}_1,\boldsymbol{\gamma}_2,\cdots,\boldsymbol{\gamma}_{s-t}$线性无关.

由于 $V_1,V_2,V_1\cap V_2\subseteq V_1+V_2$,因此向量$\boldsymbol{\alpha}_1,\boldsymbol{\alpha}_2,\cdots,\boldsymbol{\alpha}_t,\boldsymbol{\beta}_1,\boldsymbol{\beta}_2,\cdots,\boldsymbol{\beta}_{r-t},\boldsymbol{\gamma}_1,\boldsymbol{\gamma}_2,\cdots,\boldsymbol{\gamma}_{s-t}\in V_1+V_2$.下面证明,对任意$\boldsymbol{\alpha}\in V_1+V_2$,向量$\boldsymbol{\alpha}$可由向量$\boldsymbol{\alpha}_1,\boldsymbol{\alpha}_2,\cdots,\boldsymbol{\alpha}_t,\boldsymbol{\beta}_1,\boldsymbol{\beta}_2,\cdots,\boldsymbol{\beta}_{r-t},\boldsymbol{\gamma}_1,\boldsymbol{\gamma}_2,\cdots,\boldsymbol{\gamma}_{s-t}$线性表出.事实上,因为$\boldsymbol{\alpha}\in V_1+V_2$,所以存在$\boldsymbol{\alpha}\in V_1,\boldsymbol{\beta}\in V_2$,使得$\boldsymbol{\gamma}=\boldsymbol{\alpha}+\boldsymbol{\beta}$.由于$\{\boldsymbol{\alpha}_1,\boldsymbol{\alpha}_2,\cdots,\boldsymbol{\alpha}_t,\boldsymbol{\beta}_1,\boldsymbol{\beta}_2,\cdots,\boldsymbol{\beta}_{r-t}\}$和$\{\boldsymbol{\alpha}_1,\boldsymbol{\alpha}_2,\cdots,\boldsymbol{\alpha}_t,\boldsymbol{\gamma}_1,\boldsymbol{\gamma}_2,\cdots,\boldsymbol{\gamma}_{s-t}\}$分别是子空间 V_1 与 V_2 的基,所以

$$\boldsymbol{\alpha}=a_1\boldsymbol{\alpha}_1+a_2\boldsymbol{\alpha}_2+\cdots+a_t\boldsymbol{\alpha}_t+b_1\boldsymbol{\beta}_1+b_2\boldsymbol{\beta}_2+\cdots+b_{r-t}\boldsymbol{\beta}_{r-t},$$
$$\boldsymbol{\beta}=c_1\boldsymbol{\alpha}_1+c_2\boldsymbol{\alpha}_2+\cdots+c_t\boldsymbol{\alpha}_t+d_1\boldsymbol{\gamma}_1+d_2\boldsymbol{\gamma}_2+\cdots+d_{s-t}\boldsymbol{\gamma}_{s-t}.$$

其中 $a_i,b_j,c_k,d_l\in F,1\leqslant i\leqslant t,1\leqslant j\leqslant r-t,1\leqslant k\leqslant t,1\leqslant l\leqslant s-t$.因此

$$\begin{aligned}\boldsymbol{\gamma}=&(a_1+c_1)\boldsymbol{\alpha}_1+(a_2+c_2)\boldsymbol{\alpha}_2+\cdots+(a_t+c_t)\boldsymbol{\alpha}_t+b_1\boldsymbol{\beta}_1\\&+b_2\boldsymbol{\beta}_2+\cdots+b_{r-t}\boldsymbol{\beta}_{r-t}+d_1\boldsymbol{\gamma}_1+d_2\boldsymbol{\gamma}_2+\cdots+d_{s-t}\boldsymbol{\gamma}_{s-t}.\end{aligned}$$

这就证明,子空间 V_1+V_2 中任一向量 $\boldsymbol{\gamma}$ 都可由向量$\boldsymbol{\alpha}_1,\boldsymbol{\alpha}_2,\cdots,\boldsymbol{\alpha}_t,\boldsymbol{\beta}_1,\boldsymbol{\beta}_2,\cdots,\boldsymbol{\beta}_{r-t},\boldsymbol{\gamma}_1,\boldsymbol{\gamma}_2,\cdots,\boldsymbol{\gamma}_{s-t}$线性表出.因此$\{\boldsymbol{\alpha}_1,\boldsymbol{\alpha}_2,\cdots,\boldsymbol{\alpha}_t,\boldsymbol{\beta}_1,\boldsymbol{\beta}_2,\cdots,\boldsymbol{\beta}_{r-t},\boldsymbol{\gamma}_1,\boldsymbol{\gamma}_2,\cdots,\boldsymbol{\gamma}_{s-t}\}$是子空间 V_1+V_2 的基.所以

$$\dim(V_1+V_2)=r+s-t=\dim V_1+\dim V_2-\dim(V_1\cap V_2).$$

定理3证毕.

定理3有以下的推论:

推论1 设 V_1 和 V_2 是线性空间 V 的子空间,则

$$\dim(V_1+V_2)\leqslant\dim V_1+\dim V_2,$$

其中当且仅当它们的交 $V_1\cap V_2$ 为零子空间时等式成立.

推论2 设 V_1 与 V_2 是线性空间 V 的子空间,则

$$\dim(V_1\cap V_2)\geqslant\dim V_1+\dim V_2-\dim V.$$

推论3 设 V_1 与 V_2 是线性空间 V 的子空间,并且$\dim V_1+\dim V_2>\dim V$,则它们的交 $V_1\cap V_2$ 含有非零向量.

在子空间中,由向量集合生成的子空间具有重要的作用.

定义4 设 S 是数域F上线性空间 V 的非空向量集合. V 中所有包含向量集合S 的子空间的交称为由向量集合 S 生成的子空间,记为 $V(S)$.

特别地,如果 $S=\{\boldsymbol{\alpha}_1,\boldsymbol{\alpha}_2,\cdots,\boldsymbol{\alpha}_k\}$,则由 S 生成的子空间记为 $V(\boldsymbol{\alpha}_1,\boldsymbol{\alpha}_2,\cdots,\boldsymbol{\alpha}_k)$,并且称为由向量$\boldsymbol{\alpha}_1,\boldsymbol{\alpha}_2,\cdots,\boldsymbol{\alpha}_k$生成的子空间.

由于 $S\subseteq V$,因此所有包含 S 的子空间集合非空,所以 $V(S)$是有意义的.其

次，由于 $V(S)$是所有包含 S 的子空间的交，所以，$S\subseteq V(S)$，并且任意一个包含 S 的子空间一定包含子空间 $V(S)$. 这表明，由 S 生成的子空间是所有包含 S 的子空间中最小的一个.

由向量集合 S 生成的子空间 $V(S)$究竟由哪些向量组成？下一定理给出了答案.

定理 4 设 S 是数域 F 上线性空间 V 的向量集合. 则由 S 生成的子空间 $V(S)$ 等于所有 S 中有限个向量的线性组合的集合.

证明 记所有 S 中有限个向量的线性组合的集合记为 V_1. 设 $\boldsymbol{\alpha}\in S$，则由集合 V_1 的定义，$0\boldsymbol{\alpha}\in V_1$，其中 $0\in F$. 因此，$V_1\neq\varnothing$. 显然，S 中两个有限个向量的线性组合之和仍是 S 中有限个向量的线性组合，所以，如果 $\boldsymbol{\alpha},\boldsymbol{\beta}\in V_1$，则 $\boldsymbol{\alpha}+\boldsymbol{\beta}\in V_1$. 又 S 中有限个向量的线性组合的纯量倍仍是 S 中有限个向量的线性组合，所以，如果 $\lambda\in F,\boldsymbol{\alpha}\in V_1$，则 $\lambda\boldsymbol{\alpha}\in V_1$. 这表明，集合 V_1 是 V 的子空间. 显然，$S\subseteq V_1$，所以 V_1 是 V 中包含 S 的子空间. 由 $V(S)$的最小性，$V(S)\subseteq V_1$. 另一方面，由于 $V(S)$是包含 S 的子空间. 因此，S 中有限个向量的线性组合一定属于 $V(S)$，所以，$V_1\subseteq V(S)$. 从而，$V(S)=V_1$. 定理 4 证毕.

特别地，如果 $S=\{\boldsymbol{\alpha}_1,\boldsymbol{\alpha}_2,\cdots,\boldsymbol{\alpha}_k\}$则由定理 4，由向量 $\boldsymbol{\alpha}_1,\boldsymbol{\alpha}_2,\cdots,\boldsymbol{\alpha}_k$ 生成的子空间为

$$V(\boldsymbol{\alpha}_1,\boldsymbol{\alpha}_2,\cdots,\boldsymbol{\alpha}_k)=\{a_1\boldsymbol{\alpha}_1+a_2\boldsymbol{\alpha}_2+\cdots+a_k\boldsymbol{\alpha}_k:a_1,a_2,\cdots,a_k\in F\}.$$

如果向量集合 $S=V_1\cup V_2\cup\cdots\cup V_m$，其中 $V_1,V_2,\cdots,V_m$ 是线性空间 V 的子空间，则由定理 4 可以推出：

$$\begin{aligned}&V(V_1\cup V_2\cup\cdots\cup V_m)\}\\&\quad=\{a_1\boldsymbol{\alpha}_1+a_2\boldsymbol{\alpha}_2+\cdots+a_m\boldsymbol{\alpha}_m:a_i\in F,\boldsymbol{\alpha}_i\in V_i,1\leqslant i\leqslant m\}\\&\quad=V_1+V_2+\cdots+V_m,\end{aligned}$$

即由子空间 $V_1,V_2,\cdots,V_m$ 生成的子空间(也即由向量集合 $V_1\cup V_2\cup\cdots\cup V_m$ 生成的子空间)等于它们的和；由于由 S 生成的子空间是所有包含 S 的子空间，因此，当 S 本身是子空间时，由 S 生成的子空间即是子空间 S 自身. 所以，由两个子空间的交生成的子空间即是它们的交.

定理 5 设 S 是数域 F 上 n 维线性空间 V 的向量集合. 则 S 的极大线性无关向量组是由 S 生成的子空间 $V(S)$的基.

证明 由于 $\dim V=n$，所以线性空间 V 中任意 $n+1$ 个向量线性相关. 因此，S 的极大线性无关向量组所含向量的个数是有限的. 于是可设$\{\boldsymbol{\alpha}_1,\boldsymbol{\alpha}_2,\cdots,\boldsymbol{\alpha}_r\}$是 S 的极大线性无关向量组. 由于 $S\subseteq V(S)$，所以向量 $\boldsymbol{\alpha}_1,\boldsymbol{\alpha}_2,\cdots,\boldsymbol{\alpha}_r$ 是 $V(S)$的线性无关向量. 由定理 4，$V(S)$中每个向量都是 S 中有限个向量的线性组合，而 S 中每个

向量又是向量$\boldsymbol{\alpha}_1,\boldsymbol{\alpha}_2,\cdots,\boldsymbol{\alpha}_r$的线性组合,因此$V(S)$中每个向量都是向量$\boldsymbol{\alpha}_1,\boldsymbol{\alpha}_2,\cdots,\boldsymbol{\alpha}_r$的线性组合.所以,$\{\boldsymbol{\alpha}_1,\boldsymbol{\alpha}_2,\cdots,\boldsymbol{\alpha}_r\}$是$V(S)$的基.定理5证毕.

由定理5的证明可以知道,如果$\{\boldsymbol{\alpha}_1,\boldsymbol{\alpha}_2,\cdots,\boldsymbol{\alpha}_r\}$是$S$的极大线性无关向量组,则$V(S)=V(\boldsymbol{\alpha}_1,\boldsymbol{\alpha}_2,\cdots,\boldsymbol{\alpha}_r)$,即由$S$生成的子空间等于由$S$的极大线性无关向量组生成的子空间.

例4 证明:无限数域F上线性空间V不能被它的有限个真子空间所覆盖.即设$V_1,V_2,\cdots,V_k$是线性空间V的真子空间,则存在向量$\boldsymbol{\alpha}\in V$,使得$\boldsymbol{\alpha}\notin V_1\cup V_2\cup\cdots\cup V_k$.

证明 对子空间个数k用归纳法.当$k=1$时结论显然成立.假设结论对k成立,下面证明,结论对$k+1$成立.

如果$V_{k+1}\subseteq V_1\cup V_2\cup\cdots\cup V_k$,则$V_1\cup V_2\cup\cdots\cup V_k\cup V_{k+1}=V_1\cup V_2\cup\cdots\cup V_k$.由归纳假设,存在向量$\boldsymbol{\alpha}\in V$,使得$\boldsymbol{\alpha}\notin V_1\cup V_2\cup\cdots\cup V_k=V_1\cup V_2\cup\cdots\cup V_{k+1}$.因此,当$V_{k+1}\subseteq V_1\cup V_2\cup\cdots\cup V_k$时结论成立.如果$V_{k+1}\not\subseteq V_1\cup V_2\cup\cdots\cup V_k$,则存在向量$\boldsymbol{\beta}\notin V_1\cup V_2\cup\cdots\cup V_k$,但$\boldsymbol{\beta}\in V_{k+1}$.由于$V_{k+1}$是$V$的真子空间,因此存在向量$\boldsymbol{\gamma}\in V$,但$\boldsymbol{\gamma}\notin V_{k+1}$.考虑所有形如$\boldsymbol{\beta}+\lambda\boldsymbol{\gamma}$的向量,$0\neq\lambda\in F$.其中至多有一个属于$V_{k+1}$,因为否则将有$\lambda_1,\lambda_2\in F$,$\lambda_1\neq\lambda_2$,使得$\boldsymbol{\beta}+\lambda_1\boldsymbol{\gamma},\boldsymbol{\beta}+\lambda_2\boldsymbol{\gamma}\in V_{k+1}$,从而$(\lambda_2-\lambda_1)\boldsymbol{\gamma}\in V_{k+1}$,即$\boldsymbol{\gamma}\in V_{k+1}$,不可能.因此,必有无数多个形如$\boldsymbol{\beta}+\lambda\boldsymbol{\gamma}$的向量不属于$V_{k+1}$.如果不属于$V_{k+1}$中的形如$\boldsymbol{\beta}+\lambda\boldsymbol{\gamma}$的向量都属于$V_1\cup V_2\cup\cdots\cup V_k$,则由抽屉原理,其中至少有两个向量,例如$\boldsymbol{\beta}+\mu_1\boldsymbol{\gamma},\boldsymbol{\beta}+\mu_2\boldsymbol{\gamma}$同在某个子空间$V_i$中,$1\leqslant i\leqslant k$,这里$\mu_1\neq\mu_2$.由于$\boldsymbol{\beta}\notin V_1\cup V_2\cup\cdots\cup V_k$,所以,$\mu_1\neq0$,$\mu_2\neq0$.因此,$\dfrac{1}{\mu_1}\boldsymbol{\beta}+\boldsymbol{\gamma},\dfrac{1}{\mu_2}\boldsymbol{\beta}+\boldsymbol{\gamma}$同属于$V_i$,于是,$\left(\dfrac{1}{\mu_1}\boldsymbol{\beta}+\boldsymbol{\gamma}\right)-\left(\dfrac{1}{\mu_2}\boldsymbol{\beta}+\boldsymbol{\gamma}\right)=\left(\dfrac{1}{\mu_1}-\dfrac{1}{\mu_2}\right)\boldsymbol{\beta}\in V_i$,即$\boldsymbol{\beta}\in V_i\subseteq V_1\cup V_2\cup\cdots\cup V_k$.不可能.这就证明,必有一个向量$\boldsymbol{\beta}+\lambda_0\boldsymbol{\gamma}\notin V_{k+1}$,$\boldsymbol{\beta}+\lambda_0\boldsymbol{\gamma}\notin V_1\cup V_2\cup\cdots\cup V_k$.从而$\boldsymbol{\beta}+\lambda_0\boldsymbol{\gamma}\notin V_1\cup V_2\cup\cdots\cup V_{k+1}$.

最后用一个利用解空间的维数证明矩阵秩不等式的例子结束本节.

例5 设$\boldsymbol{A}$和$\boldsymbol{B}$分别是数域F上$m\times n$和$n\times p$矩阵.证明:

$$\operatorname{rank}\boldsymbol{A}+\operatorname{rank}\boldsymbol{B}-n\leqslant\operatorname{rank}\boldsymbol{AB}.$$

证明 由例3,解空间

$$V_{\boldsymbol{A}}=\{\boldsymbol{x}\in F^n:\boldsymbol{Ax}=\boldsymbol{0}\},$$
$$V_{\boldsymbol{B}}=\{\boldsymbol{y}\in F^p:\boldsymbol{By}=\boldsymbol{0}\},$$
$$V_{\boldsymbol{AB}}=\{\boldsymbol{z}\in F^p:\boldsymbol{ABz}=\boldsymbol{0}\}$$

的维数分别是 $\dim V_{\boldsymbol{A}} = n - \operatorname{rank} \boldsymbol{A}$，$\dim V_{\boldsymbol{B}} = p - \operatorname{rank} \boldsymbol{B}$，$\dim V_{\boldsymbol{AB}} = p - \operatorname{rank} \boldsymbol{AB}$. 记

$$V_0 = \{\boldsymbol{x} \in F^n : \boldsymbol{x} = \boldsymbol{By}, \boldsymbol{y} \in V_{\boldsymbol{AB}}\}.$$

容易验证，V_0 是 F^n 的子空间，并且 $V_0 \subseteq V_{\boldsymbol{A}}$. 如果能够证明

$$\dim V_0 = \dim V_{\boldsymbol{AB}} - \dim V_{\boldsymbol{B}}, \tag{4.6.2}$$

则结论已经成立. 下面证明式(4.6.2)成立.

记 $\dim V_{\boldsymbol{B}} = s$，$\dim V_{\boldsymbol{AB}} = t$. 由于 $V_{\boldsymbol{B}} \subseteq V_{\boldsymbol{AB}}$，所以，子空间 $V_{\boldsymbol{B}}$ 的基 $\{\boldsymbol{y}_1, \boldsymbol{y}_2, \cdots, \boldsymbol{y}_s\}$ 可以扩成 $V_{\boldsymbol{AB}}$ 的基 $\{\boldsymbol{y}_1, \boldsymbol{y}_2, \cdots, \boldsymbol{y}_s, \boldsymbol{y}_{s+1}, \boldsymbol{y}_{s+2}, \cdots, \boldsymbol{y}_t\}$. 显然，$\boldsymbol{By}_{s+1}, \boldsymbol{By}_{s+2}, \cdots, \boldsymbol{By}_t \in V_0$. 设

$$\lambda_{s+1}\boldsymbol{By}_{s+1} + \lambda_{s+2}\boldsymbol{By}_{s+2} + \cdots + \lambda_t\boldsymbol{By}_t = \boldsymbol{B}(\lambda_{s+1}\boldsymbol{y}_{s+1} + \cdots + \lambda_t\boldsymbol{y}_t) = \boldsymbol{0},$$

其中 $\lambda_{s+1}, \lambda_{s+2}, \cdots, \lambda_t \in F$. 则 $\lambda_{s+1}\boldsymbol{y}_{s+1} + \lambda_{s+2}\boldsymbol{y}_{s+2} \cdots + \lambda_t\boldsymbol{y}_t \in V_{\boldsymbol{B}}$. 由于 $\{\boldsymbol{y}_1, \boldsymbol{y}_2, \cdots, \boldsymbol{y}_s\}$ 是 $V_{\boldsymbol{B}}$ 的基，所以

$$\lambda_{s+1}\boldsymbol{y}_{s+1} + \lambda_{s+2}\boldsymbol{y}_{s+2} + \cdots + \lambda_t\boldsymbol{y}_t = \lambda_1\boldsymbol{y}_1 + \lambda_2\boldsymbol{y}_2 + \cdots + \lambda_s\boldsymbol{y}_s,$$

其中 $\lambda_1, \lambda_2, \cdots, \lambda_s \in F$. 因此

$$\lambda_1\boldsymbol{y}_1 + \lambda_2\boldsymbol{y}_2 + \cdots + \lambda_s\boldsymbol{y}_s + (-\lambda_{s+1})\boldsymbol{y}_{s+1} + (-\lambda_{s+2})\boldsymbol{y}_{s+2} + \cdots + (-\lambda_t)\boldsymbol{y}_t = \boldsymbol{0},$$

由于 $\{\boldsymbol{y}_1, \boldsymbol{y}_2, \cdots, \boldsymbol{y}_s, \boldsymbol{y}_{s+1}, \boldsymbol{y}_{s+2}, \cdots, \boldsymbol{y}_t\}$ 是 $V_{\boldsymbol{AB}}$ 的基，所以，$\lambda_{s+1} = \lambda_{s+2} = \cdots = \lambda_t = 0$. 这表明 V_0 中向量 $\boldsymbol{By}_{s+1}, \boldsymbol{By}_{s+2}, \cdots, \boldsymbol{By}_t$ 线性无关. 其次，设 $\boldsymbol{x} \in V_0$，则存在向量 $\boldsymbol{y} \in V_{\boldsymbol{AB}}$，使得 $\boldsymbol{x} = \boldsymbol{By}$. 由于 $\boldsymbol{y} \in V_{\boldsymbol{AB}}$，而 $\{\boldsymbol{y}_1, \boldsymbol{y}_2, \cdots, \boldsymbol{y}_s, \boldsymbol{y}_{s+1}, \boldsymbol{y}_{s+2}, \cdots, \boldsymbol{y}_t\}$ 是 $V_{\boldsymbol{AB}}$ 的基，因此，$\boldsymbol{y} = a_1\boldsymbol{y}_1 + a_2\boldsymbol{y}_2 + a_3\boldsymbol{y}_3 + \cdots + a_s\boldsymbol{y}_s + a_{s+1}\boldsymbol{y}_{s+1} + \cdots + a_t\boldsymbol{y}_t$，其中 $a_1, a_2, \cdots, a_t \in F$. 所以

$$\boldsymbol{x} = \boldsymbol{By} = a_1\boldsymbol{By}_1 + a_2\boldsymbol{By}_2 + \cdots + a_s\boldsymbol{By}_s + a_{s+1}\boldsymbol{By}_{s+1} + \cdots + a_t\boldsymbol{By}_t.$$

由于向量 $\boldsymbol{y}_1, \boldsymbol{y}_2, \cdots, \boldsymbol{y}_s \in V_{\boldsymbol{B}}$，所以 $\boldsymbol{By}_1 = \boldsymbol{By}_2 = \cdots = \boldsymbol{By}_s = \boldsymbol{0}$. 因此

$$\boldsymbol{x} = a_{s+1}\boldsymbol{By}_{s+1} + a_{s+2}\boldsymbol{By}_{s+2} + \cdots + a_t\boldsymbol{By}_t.$$

这就证明，$\{\boldsymbol{By}_{s+1}, \boldsymbol{By}_{s+2}, \cdots, \boldsymbol{By}_t\}$ 是子空间 V_0 的基. 于是，$\dim V_0 = \dim V_{\boldsymbol{AB}} - \dim V_{\boldsymbol{B}}$. 例 5 获证.

习　题

1. 在数域 F 上所有 n 阶方阵构成的线性空间 $F^{n\times n}$ 中，所有满足 $\operatorname{tr}\boldsymbol{A} = 0$ 的方阵集合记为 W. 证明：W 是 $F^{n\times n}$ 的子空间，并求 $\dim W$.

2. 在数域 F 上所有 n 阶方阵构成的线性空间 $F^{n\times n}$，所有对称方阵的集合记为 S，所有斜对称方阵的集合记为 K. 证明：S 和 K 都是 $F^{n\times n}$ 的子空间；$S + K = F^{n\times n}$，$S \cap K = \{\boldsymbol{0}\}$；并求 $\dim S$，$\dim K$.

3. 在$F^{2\times 2}$中,所有形如$\begin{pmatrix} x & -x \\ y & z \end{pmatrix}$的矩阵集合记为$V_1$,所有形如$\begin{pmatrix} a & b \\ -a & c \end{pmatrix}$的矩阵集合记为$V_2$. 证明:$V_1$和$V_2$都是$F^{2\times 2}$的子空间,并求$\dim V_1$,$\dim V_2$,$\dim(V_1+V_2)$,$\dim(V_1\cap V_2)$.

4. 在数域F上所有关于x的多项式构成的线性空间$F[x]$中,所有满足$f(-x)=f(x)$的多项式$f(x)$的集合记为W. 所有满足$f(-x)=-f(x)$的多项式$f(x)$的集合记为U. 证明:W和U都是$F[x]$的子空间,并且$W\cap U=\{0\}$,$W+U=F[x]$.

5. F^n中下列子集合是否是子空间?如果是子空间,则确定它的维数,并给出一组基;如果不是子空间,则写出它所生成的子空间,并给出一组基.

(1) $W=\{(a_1,a_2,\cdots,a_n)\in F^n: a_1+a_2+\cdots+a_n=0\}$;

(2) $U=\{(a_1,a_2,\cdots,a_n)\in F^n: a_1,a_2,\cdots,a_n$不同时大于零,或不同时小于零$\}$;

(3) $V=\{(a_1,a_2,\cdots,a_n)\in F^n$:有某个$i$,使$a_i>0, 1\leqslant i\leqslant n\}$.

6. 设U,V和W是线性空间L的子空间. 证明:

(1) 等式$U\cap(V+W)=(U\cap V)+(U\cap W)$不一定成立.

(2) 等式$U\cap(V+(U\cap W))=(U\cap V)+(U\cap W)$恒成立.

7. 设U和W是线性空间V的子空间. 证明:等式$U\cup W=U+W$成立的充分必要条件是$U\subseteq W$,或者$W\subseteq U$.

8. 设U,V和W是线性空间L的子空间. 证明:

$$(U+V)\cap(U+W)=U+(U+V)\cap W.$$

9. 证明:数域F上无限维线性空间V一定含有无限维真子空间.

10. 分别求下列向量$\boldsymbol{\alpha}_1,\boldsymbol{\alpha}_2,\boldsymbol{\alpha}_3$与向量$\boldsymbol{\beta}_1,\boldsymbol{\beta}_2,\boldsymbol{\beta}_s$生成的子空间$W_1$与$W_2$的维数,并给出子空间$W_1\cap W_2$与$W_1+W_2$的一组基:

(1) $\boldsymbol{\alpha}_1=(1,2,1,-2)$,$\boldsymbol{\alpha}_2=(2,3,1,0)$,$\boldsymbol{\alpha}_3=(1,2,2,-3)$,

$\boldsymbol{\beta}_1=(1,1,1,1)$,$\boldsymbol{\beta}_2=(1,0,1,-1)$,$\boldsymbol{\beta}_3=(1,3,0,-4)$;

(2) $\boldsymbol{\alpha}_1=(1,1,0,0)$,$\boldsymbol{\alpha}_2=(0,1,1,0)$,$\boldsymbol{\alpha}_3=(0,0,1,1)$,

$\boldsymbol{\beta}_1=(1,0,1,0)$,$\boldsymbol{\beta}_2=(0,2,1,1)$,$\boldsymbol{\beta}_3=(1,2,1,2)$.

11. 设线性空间V中向量$\boldsymbol{\alpha},\boldsymbol{\beta}$和$\boldsymbol{\gamma}$满足$\boldsymbol{\alpha}+\boldsymbol{\beta}+\boldsymbol{\gamma}=\boldsymbol{0}$. 证明:$V(\boldsymbol{\alpha},\boldsymbol{\beta})=V(\boldsymbol{\beta},\boldsymbol{\gamma})$.

12. 设$\boldsymbol{\alpha},\boldsymbol{\beta}$是线性空间$V$中的向量,$W$是$V$的子空间. 向量$\boldsymbol{\alpha}$与子空间$W$生成的子空间记为$U$,向量$\boldsymbol{\beta}$与子空间$W$生成的子空间记为$K$. 证明:如果$\boldsymbol{\beta}\in U$,但$\boldsymbol{\beta}\notin W$,则$\boldsymbol{\alpha}\in K$.

13. 设$\boldsymbol{A}$和$\boldsymbol{B}$分别是$m\times n$和$n\times p$矩阵. 证明:等式$\operatorname{rank}\boldsymbol{B}=\operatorname{rank}\boldsymbol{AB}$的充分必要条件是,方程组$\boldsymbol{ABx}=\boldsymbol{0}$的解一定是方程组$\boldsymbol{Bx}=\boldsymbol{0}$的解.

14. 设$\boldsymbol{A},\boldsymbol{B}$和$\boldsymbol{C}$分别是$m\times n$,$n\times p$和$p\times q$矩阵. 证明:

$$\operatorname{rank}\boldsymbol{AB}+\operatorname{rank}\boldsymbol{BC}\leqslant\operatorname{rank}\boldsymbol{ABC}+\operatorname{rank}\boldsymbol{B}.$$

15. $\boldsymbol{A},\boldsymbol{B},\boldsymbol{C}$的意义同上题. 证明:如果$\operatorname{rank}\boldsymbol{B}=\operatorname{rank}\boldsymbol{AB}$,则$\operatorname{rank}\boldsymbol{BC}=\operatorname{rank}\boldsymbol{ABC}$.

16. 设$\boldsymbol{A}$是n阶方阵,k是正整数,并且$\operatorname{rank}\boldsymbol{A}^k=\operatorname{rank}\boldsymbol{A}^{k+1}$. 证明:

$$\operatorname{rank} \boldsymbol{A}^k = \operatorname{rank} \boldsymbol{A}^{k+1} = \operatorname{rank} \boldsymbol{A}^{k+2} = \cdots.$$

17. 设 $\boldsymbol{P}_1,\boldsymbol{P}_2,\cdots,\boldsymbol{P}_k,\boldsymbol{Q}_1,\boldsymbol{Q}_2,\cdots,\boldsymbol{Q}_k$ 都是 n 阶方阵，并且 $\boldsymbol{P}_i\boldsymbol{Q}_j = \boldsymbol{Q}_j\boldsymbol{P}_i$，$\operatorname{rank} \boldsymbol{P}_i = \operatorname{rank} \boldsymbol{P}_i\boldsymbol{Q}_i$，$1\leqslant i,j\leqslant k$. 证明：

$$\operatorname{rank} \boldsymbol{P}_1\boldsymbol{P}_2\cdots\boldsymbol{P}_k = \operatorname{rank} \boldsymbol{P}_1\cdots\boldsymbol{P}_k\boldsymbol{Q}_1\cdots\boldsymbol{Q}_k.$$

18. 设 $\boldsymbol{A}$ 是 n 阶复方阵. 则方阵 $\boldsymbol{G} = \bar{\boldsymbol{A}}^{\mathrm{T}}\boldsymbol{A}$ 称为方阵 $\boldsymbol{A}$ 的 Gram 方阵. 证明：$\operatorname{rank} \boldsymbol{G} = \operatorname{rank} \boldsymbol{A}$.

4.7 直　和

在子空间 V_1 与 V_2 的和 V_1+V_2 中，子空间 V_1 与 V_2 的交为零子空间的情形特别重要.

定义 1　设 V_1 与 V_2 是数域 F 上 n 维线性空间 V 的子空间. 如果 $V_1\cap V_2 = \{\boldsymbol{0}\}$，则子空间 V_1 与 V_2 的和 V_1+V_2 称为**V_1与V_2的直和**，记为 $V_1\oplus V_2$.

关于子空间 V_1 与 V_2 的直和 $V_1\oplus V_2$，有

定理 1　下列命题等价：

(1) 和 V_1+V_2 是直和；

(2) 和 V_1+V_2 中每个向量 $\boldsymbol{\alpha}$ 都可以唯一地表为$\boldsymbol{\alpha}=\boldsymbol{\alpha}_1+\boldsymbol{\alpha}_2$，其中 $\boldsymbol{\alpha}_1\in V_1$，$\boldsymbol{\alpha}_2\in V_2$；

(3) 和 V_1+V_2 中零向量可以唯一地表为$\boldsymbol{0}=\boldsymbol{0}_1+\boldsymbol{0}_2$，其中$\boldsymbol{0}_1$ 和$\boldsymbol{0}_2$ 分别是 V_1 和 V_2 的零向量(当然它们是线性空间 V 的零向量)；

(4) $\dim(V_1+V_2)=\dim V_1+\dim V_2$.

证明　命题(1)与(4)的等价性是上节维数定理的推论 1. 下面沿着线索(1)⇒(2)⇒(3)⇒(1)来证明定理.

(1)⇒(2)　由子空间和的定义，和 V_1+V_2 中每个向量 $\boldsymbol{\alpha}$ 都可以表为$\boldsymbol{\alpha}=\boldsymbol{\alpha}_1+\boldsymbol{\alpha}_2$，其中 $\boldsymbol{\alpha}_1\in V_1$，$\boldsymbol{\alpha}_2\in V_2$. 如果向量 $\boldsymbol{\alpha}$ 还可以表为$\boldsymbol{\alpha}=\boldsymbol{\beta}_1+\boldsymbol{\beta}_2$，其中 $\boldsymbol{\beta}_1\in V_1$，$\boldsymbol{\beta}_2\in V_2$，则 $\boldsymbol{\alpha}_1-\boldsymbol{\beta}_1=\boldsymbol{\beta}_2-\boldsymbol{\alpha}_2\in V_1\cap V_2$. 由于和 V_1+V_2 是直和，所以 $V_1\cap V_2=\{\boldsymbol{0}\}$，因此，$\boldsymbol{\alpha}_1=\boldsymbol{\beta}_1$，$\boldsymbol{\alpha}_2=\boldsymbol{\beta}_2$. 这就证明，向量 $\boldsymbol{\alpha}$ 的分解式$\boldsymbol{\alpha}=\boldsymbol{\alpha}_1+\boldsymbol{\alpha}_2$ 是唯一的.

(2)⇒(3)　显然(3)是(2)的特殊情形.

(3)⇒(1)　设和 V_1+V_2 不是直和，则由定义，$V_1\cap V_2\neq\{\boldsymbol{0}\}$，于是存在非零向量 $\boldsymbol{\alpha}\in V_1\cap V_2$. 因此

$$\mathbf{0}=\mathbf{0}+\mathbf{0}=\boldsymbol{\alpha}+(-\boldsymbol{\alpha}),$$

其中 $\boldsymbol{\alpha}\in V_1$，$-\boldsymbol{\alpha}\in V_2$. 即零向量$\mathbf{0}$具有两个不同的分解式，矛盾.

定理1证毕.

定理2　设 V_1 是线性空间 V 的子空间. 则存在子空间 $V_2\subseteq V$，使得 $V=V_1\oplus V_2$.

证明　如果 V_1 是零子空间，则取 $V_2=V$. 显然，$V_1\cap V_2=\{\mathbf{0}\}$. 并且 $V=V_1+V_2$，因此 $V=V_1\oplus V_2$. 如果 V_1 不是零子空间，则设 $\dim V_1=r$，$\dim V=n$，$1\leqslant r\leqslant n$. 把子空间 V_1 的基 $\{\boldsymbol{\alpha}_1,\boldsymbol{\alpha}_2,\cdots,\boldsymbol{\alpha}_r\}$ 扩充成线性空间 V 的基 $\{\boldsymbol{\alpha}_1,\boldsymbol{\alpha}_2,\cdots,\boldsymbol{\alpha}_r,\boldsymbol{\alpha}_{r+1},\cdots,\boldsymbol{\alpha}_n\}$. V 中由向量 $\boldsymbol{\alpha}_{r+1},\boldsymbol{\alpha}_{r+2},\cdots,\boldsymbol{\alpha}_n$ 生成的子空间 $V(\boldsymbol{\alpha}_{r+1},\boldsymbol{\alpha}_{r+2},\cdots,\boldsymbol{\alpha}_n)$ 为

$$V(\boldsymbol{\alpha}_{r+1},\boldsymbol{\alpha}_{r+2},\cdots,\boldsymbol{\alpha}_n)=\{a_{r+1}\boldsymbol{\alpha}_{r+1}+a_{r+2}\boldsymbol{\alpha}_{r+2}+\cdots+a_n\boldsymbol{\alpha}_n:a_i\in F,r+1\leqslant i\leqslant n\}.$$

取 $V_2=V(\boldsymbol{\alpha}_{r+1},\boldsymbol{\alpha}_{r+2},\cdots,\boldsymbol{\alpha}_n)$. 显然，$V_1\cap V_2=\{\mathbf{0}\}$. 其次，设 $\boldsymbol{\alpha}\in V$，则因 $\{\boldsymbol{\alpha}_1,\boldsymbol{\alpha}_2,\cdots,\boldsymbol{\alpha}_n\}$ 是 V 的基，故

$$\boldsymbol{\alpha}=(a_1\boldsymbol{\alpha}_1+a_2\boldsymbol{\alpha}_2+\cdots+a_r\boldsymbol{\alpha}_r)+(a_{r+1}\boldsymbol{\alpha}_{r+1}+a_{r+2}\boldsymbol{\alpha}_{r+2}+\cdots+a_n\boldsymbol{\alpha}_n),$$

其中 $a_1\boldsymbol{\alpha}_1+a_2\boldsymbol{\alpha}_2+\cdots+a_r\boldsymbol{\alpha}_r\in V_1$，$a_{r+1}\boldsymbol{\alpha}_{r+1}+a_{r+2}\boldsymbol{\alpha}_{r+2}+\cdots+a_n\boldsymbol{\alpha}_n\in V_2$. 于是，$V=V_1+V_2$. 又 $V_1\cap V_2=\{\mathbf{0}\}$，所以 $V=V_1\oplus V_2$，定理2证毕.

如果 V_1 和 V_2 是线性空间 V 的子空间，并且 $V=V_1\oplus V_2$，则子空间 V_2 称为**子空间 V_1 的补**. 当然，V_1 也是 V_2 的补. 定理2说明，对线性空间 V 的每一个子空间 V_1，它的补是存在的，并且补的维数为 $\dim V-\dim V_1$. 应当指出，子空间 V_1 的补并不一定唯一. 例如，在二维实行向量 $\mathbf{R}^2$ 中，取 $V_1=\{a\boldsymbol{\varepsilon}_1:a\in\mathbf{R}\}$，$V_2=\{a\boldsymbol{\varepsilon}_2:a\in\mathbf{R}\}$，其中 $\boldsymbol{\varepsilon}_1=(1,0)$，$\boldsymbol{\varepsilon}_2=(0,1)$. 容易验证，$V_2$ 是子空间 V_1 的补. 取 $\widetilde{V}_2=\{a\boldsymbol{\beta}:a\in\mathbf{R}\}$，其中 $\boldsymbol{\beta}=\boldsymbol{\varepsilon}_1+\boldsymbol{\varepsilon}_2$，则对任意 $\boldsymbol{\alpha}\in\mathbf{R}^2$，均有

$$\begin{aligned}\boldsymbol{\alpha}&=(a_1,a_2)=a_1\boldsymbol{\varepsilon}_1+a_2\boldsymbol{\varepsilon}_2=(a_1-a_2)\boldsymbol{\varepsilon}_1+a_2(\boldsymbol{\varepsilon}_1+\boldsymbol{\varepsilon}_2)\\&=(a_1-a_2)\boldsymbol{\varepsilon}_1-a_2\boldsymbol{\beta},\end{aligned}$$

因此，$\mathbf{R}^2=V_1+V_2$. 又设 $\boldsymbol{\alpha}\in V_1\cap\widetilde{V}_2$，则

$$\boldsymbol{\alpha}=a_1\boldsymbol{\varepsilon}_1=a_2\boldsymbol{\beta}=a_2(\boldsymbol{\varepsilon}_1+\boldsymbol{\varepsilon}_2),$$

其中 $a_1,a_2\in\mathbf{R}$. 因此，$(a_1-a_2)\boldsymbol{\varepsilon}_1-a_2\boldsymbol{\varepsilon}_2=\mathbf{0}$，所以 $a_1=a_2=0$，即 $\boldsymbol{\alpha}=\mathbf{0}$. 从而 $V_1\cap\widetilde{V}_2=\{\mathbf{0}\}$. 因此，$V=V_1\oplus\widetilde{V}_2$，即 $\widetilde{V}_2$ 也是子空间 V_1 的补.

两个子空间的直和概念可以推广到有限个子空间的情形.

定义2　设 $V_1,V_2,\cdots,V_k$ 是数域 F 上 n 维线性空间 V 的子空间. 如果子空间 $V_1,V_2,\cdots,V_k$ 的和 $V_1+V_2+\cdots+V_k$ 中每个向量 $\boldsymbol{\alpha}$ 都可以唯一地表为 $\boldsymbol{\alpha}=\boldsymbol{\alpha}_1$

$+\boldsymbol{\alpha}_2+\cdots+\boldsymbol{\alpha}_k$，其中 $\boldsymbol{\alpha}_i\in V_i$，$1\leqslant i\leqslant k$，则和 $V_1+V_2+\cdots+V_k$ 称为子空间 V_1，V_2，…，V_k 的直和. 记为 $V_1\oplus V_2\oplus\cdots\oplus V_k$.

定理 3 子空间 $V_1,V_2,\cdots,V_k$ 的和 $V_1+V_2+\cdots+V_k$ 为直和的充分必要条件是

$$\dim(V_1+V_2+\cdots+V_k)=\dim V_1+\dim V_2+\cdots+\dim V_k.$$

证明 必要性 设 $\dim V_i=n_i$，且 $\{\boldsymbol{\alpha}_{i1},\boldsymbol{\alpha}_{i2},\cdots,\boldsymbol{\alpha}_{in_i}\}$ 是 V_i 的基，$i=1,2,\cdots,k$. 设

$$\sum_{i=1}^{k}\sum_{j=1}^{n_i}a_{ij}\boldsymbol{\alpha}_{ij}=\mathbf{0},$$

其中 $a_{ij}\in F$，$1\leqslant j\leqslant n_i$，$1\leqslant i\leqslant k$，则因和 $V_1+V_2+\cdots+V_k$ 是直和，所以直和 $V_1\oplus V_2\oplus\cdots\oplus V_k$ 中零向量的分解式是唯一的，因此

$$\sum_{j=1}^{n_i}a_{ij}\boldsymbol{\alpha}_{ij}=\mathbf{0},\quad i=1,2,\cdots,k.$$

由于 $\{\boldsymbol{\alpha}_{i1},\boldsymbol{\alpha}_{i2},\cdots,\boldsymbol{\alpha}_{in_i}\}$ 是 V_i 的基，所以，$a_{i1}=a_{i2}=\cdots=a_{in_i}=0$，$i=1,2,\cdots,k$. 这表明，向量集合 $\{\boldsymbol{\alpha}_{ij}:1\leqslant j\leqslant n_i,1\leqslant i\leqslant k\}$ 线性无关. 其次设 $\boldsymbol{\alpha}\in V_1+V_2+\cdots+V_k$，则存在 $\boldsymbol{\beta}_i\in V_i$，$i=1,2,\cdots,k$，使得

$$\boldsymbol{\alpha}=\boldsymbol{\beta}_1+\boldsymbol{\beta}_2+\cdots+\boldsymbol{\beta}_k.$$

由于 $\boldsymbol{\beta}_i\in V_i$，$\{\boldsymbol{\alpha}_{i1},\boldsymbol{\alpha}_{i2},\cdots,\boldsymbol{\alpha}_{in_i}\}$ 是 V_i 的基，所以

$$\boldsymbol{\beta}_i=\sum_{j=1}^{n_i}a_{ij}\boldsymbol{\alpha}_{ij},\quad i=1,2,\cdots,k.$$

因此

$$\boldsymbol{\alpha}=\sum_{i=1}^{k}\sum_{j=1}^{n_i}a_{ij}\boldsymbol{\alpha}_{ij},$$

即和 $V_1+V_2+\cdots+V_k$ 中每个向量都可由向量集合 $\{\boldsymbol{\alpha}_{ij}:1\leqslant j\leqslant n_i,1\leqslant i\leqslant k\}$ 线性表出. 这就证明，$\{\boldsymbol{\alpha}_{ij}:1\leqslant j\leqslant n_i,1\leqslant i\leqslant k\}$ 是和 $V_1+V_2+\cdots+V_k$ 的基，于是得到

$$\dim(V_1+V_2+\cdots+V_k)=\dim V_1+\dim V_2+\cdots+\dim V_k.$$

充分性 仍设 $\dim V_i=n_i$，$\{\boldsymbol{\alpha}_{i1},\boldsymbol{\alpha}_{i2},\cdots,\boldsymbol{\alpha}_{in_i}\}$ 是 V_i 的基，$i=1,2,\cdots,k$. 由于 $\dim(V_1+V_2+\cdots+V_k)=\dim V_1+\dim V_2+\cdots+\dim V_k$，所以 $\{\boldsymbol{\alpha}_{ij}:1\leqslant j\leqslant n_i,1\leqslant i\leqslant k\}$ 是和 $V_1+V_2+\cdots+V_k$ 的基. 设和 $V_1+V_2+\cdots+V_k$ 中向量 $\boldsymbol{\alpha}$ 具有两个分解式

$$\boldsymbol{\alpha}=\boldsymbol{\alpha}_1+\boldsymbol{\alpha}_2+\cdots+\boldsymbol{\alpha}_k=\boldsymbol{\beta}_1+\boldsymbol{\beta}_2+\cdots+\boldsymbol{\beta}_k,$$

其中 $\boldsymbol{\alpha}_i,\boldsymbol{\beta}_i\in V_i,i=1,2,\cdots,k$,则

$$(\boldsymbol{\alpha}_1-\boldsymbol{\beta}_1)+(\boldsymbol{\alpha}_2-\boldsymbol{\beta}_2)+\cdots+(\boldsymbol{\alpha}_k-\boldsymbol{\beta}_k)=\mathbf{0}.$$

因为$\{\boldsymbol{\alpha}_{ij}:1\leqslant j\leqslant n_i\}$是 V_i 的基,所以

$$\boldsymbol{\alpha}_i-\boldsymbol{\beta}_i=\sum_{j=1}^{n_i}a_{ij}\boldsymbol{\alpha}_{ij},$$

其中 $a_{ij}\in F,1\leqslant j\leqslant n_i,1\leqslant i\leqslant k$.因此

$$\sum_{i=1}^{k}(\boldsymbol{\alpha}_i-\boldsymbol{\beta}_i)=\sum_{i=1}^{k}\sum_{j=1}^{n_i}a_{ij}\boldsymbol{\alpha}_{ij}=\mathbf{0}.$$

由于$\{\boldsymbol{\alpha}_{ij}:1\leqslant j\leqslant n_i,1\leqslant i\leqslant k\}$是和 $V_1+V_2+\cdots+V_k$ 的基,所以 $a_{ij}=0,1\leqslant j\leqslant n_i,1\leqslant i\leqslant k$.因此 $\boldsymbol{\alpha}_i-\boldsymbol{\beta}_i=\mathbf{0}$,即 $\boldsymbol{\alpha}_i=\boldsymbol{\beta}_i,i=1,2,\cdots,k$.这表明,和 $V_1+V_2+\cdots+V_k$ 中每个向量表为子空间 $V_1,V_2,\cdots,V_k$ 中向量的和的表法唯一.因此,和 $V_1+V_2+\cdots+V_k$ 是直和.

定理3得证.

从定理3的证明可以看出,关于子空间 $V_1,V_2,\cdots,V_k$ 的直和的定义条件可以减弱,即有:

定理4 子空间 $V_1,V_2,\cdots,V_k$ 的和为直和的充分必要条件是,和 $V_1+V_2+\cdots+V_k$ 中零向量可以唯一地表为子空间 $V_1,V_2,\cdots,V_k$ 中向量(当然是零向量)的和.

证明 必要性 由直和的定义,和 $V_1+V_2+\cdots+V_k$ 中任意向量可以唯一地表为子空间 $V_1,V_2,\cdots,V_k$ 中向量的和,因此,和 $V_1+V_2+\cdots+V_k$ 中零向量当然也可以唯一地表为子空间 $V_1,V_2,\cdots,V_k$ 中向量的和.

充分性 设 $\boldsymbol{\alpha}\in V_1+V_2+\cdots+V_k$ 具有两种表示方式,即设

$$\boldsymbol{\alpha}=\boldsymbol{\alpha}_1+\boldsymbol{\alpha}_2+\cdots+\boldsymbol{\alpha}_k=\boldsymbol{\beta}_1+\boldsymbol{\beta}_2+\cdots+\boldsymbol{\beta}_k,$$

则

$$(\boldsymbol{\alpha}_1-\boldsymbol{\beta}_1)+(\boldsymbol{\alpha}_2-\boldsymbol{\beta}_2)+\cdots+(\boldsymbol{\alpha}_k-\boldsymbol{\beta}_k)=\mathbf{0}.$$

因为和 $V_1+V_2+\cdots+V_k$ 中零向量表为子空间 $V_1,V_2,\cdots,V_k$ 中向量的和的表法唯一,而零向量显然具有如下的表示方式:

$$\mathbf{0}=\mathbf{0}_1+\mathbf{0}_2+\cdots+\mathbf{0}_k,$$

其中$\mathbf{0}_i$ 是子空间 V_i 的零向量(也是 V 的零向量),所以,$\boldsymbol{\alpha}_i-\boldsymbol{\beta}_i=\mathbf{0}_i=\mathbf{0}$,即 $\boldsymbol{\alpha}_i=\boldsymbol{\beta}_i,i=1,2,\cdots,k$.这就证明,和 $V_1+V_2+\cdots+V_k$ 中每个向量表为子空间 $V_1,V_2,\cdots,V_k$ 中向量的和的表法唯一,即和 $V_1+V_2+\cdots+V_k$ 是直和.定理4证毕.

上面介绍的是同一个线性空间中子空间的直和.下面讨论数域 F 上不同线性空间的直和.设 U 和 W 是同一数域F 上两个线性空间.取空间 U 的向量$\boldsymbol{\alpha}$ 作为第

一个分量,空间 W 的向量$\boldsymbol{\beta}$ 作为第二个分量,组成有序向量偶$(\boldsymbol{\alpha},\boldsymbol{\beta})$.所有这样的有序向量偶的集合称为线性空间 U 与 W 的笛卡儿积,记为 $U\times W$,即

$$U\times W=\{(\boldsymbol{\alpha},\boldsymbol{\beta}):\boldsymbol{\alpha}\in U,\boldsymbol{\beta}\in W\}.$$

在集合 $U\times W$ 中规定向量加法如下:设$(\boldsymbol{\alpha}_1,\boldsymbol{\beta}_1),(\boldsymbol{\alpha}_2,\boldsymbol{\beta}_2)\in U\times W$,定义

$$(\boldsymbol{\alpha}_1,\boldsymbol{\beta}_1)+(\boldsymbol{\alpha}_2,\boldsymbol{\beta}_2)=(\boldsymbol{\alpha}_1+\boldsymbol{\alpha}_2,\boldsymbol{\beta}_1+\boldsymbol{\beta}_2);$$

纯量与向量的乘法规定为:设 $\lambda\in F,(\boldsymbol{\alpha},\boldsymbol{\beta})\in U\times W$,则 $\lambda(\boldsymbol{\alpha},\boldsymbol{\beta})=(\lambda\boldsymbol{\alpha},\lambda\boldsymbol{\beta})$.容易验证,集合 $U\times W$ 在如此规定的向量加法,纯量与向量的乘法下成为数域 F 上线性空间.

在线性空间 $U\times W$ 中,记

$$\widetilde{U}=\{(\boldsymbol{\alpha},\boldsymbol{\beta})\in U\times W:\boldsymbol{\beta}=\mathbf{0}\},$$
$$\widetilde{W}=\{(\boldsymbol{\alpha},\boldsymbol{\beta})\in U\times W:\boldsymbol{\alpha}=\mathbf{0}\}.$$

容易验证,$\widetilde{U}$ 和 $\widetilde{W}$ 都是 $U\times W$ 的子空间,并且 $\widetilde{U}\cap\widetilde{W}=\{\mathbf{0}\}$.对于任意$(\boldsymbol{\alpha},\boldsymbol{\beta})\in U\times W$,都有

$$(\boldsymbol{\alpha},\boldsymbol{\beta})=(\boldsymbol{\alpha},\mathbf{0})+(\mathbf{0},\boldsymbol{\beta}),$$

其中$(\boldsymbol{\alpha},\mathbf{0})\in\widetilde{U},(\mathbf{0},\boldsymbol{\beta})\in\widetilde{W}$,因此 $U\times W=\widetilde{U}+\widetilde{W}$.

定义线性空间 U 到$\widetilde{U}$ 的映射 η 为:对任意 $\boldsymbol{\alpha}\in U$,令 $\eta(\boldsymbol{\alpha})=(\boldsymbol{\alpha},\mathbf{0})\in\widetilde{U}$.显然,$\eta$ 是 U 到 $\widetilde{U}$ 上的双射.设 $\boldsymbol{\alpha}_1,\boldsymbol{\alpha}_2\in U$,则

$$\eta(\boldsymbol{\alpha}_1+\boldsymbol{\alpha}_2)=(\boldsymbol{\alpha}_1+\boldsymbol{\alpha}_2,\mathbf{0})=(\boldsymbol{\alpha}_1,\mathbf{0})+(\boldsymbol{\alpha}_2,\mathbf{0})=\eta(\boldsymbol{\alpha}_1)+\eta(\boldsymbol{\alpha}_2),$$

因此,映射 η 保加法,又设 $\lambda\in F,\boldsymbol{\alpha}\in U$,则

$$\eta(\lambda\boldsymbol{\alpha})=(\lambda\boldsymbol{\alpha},\mathbf{0})=\lambda(\boldsymbol{\alpha},\mathbf{0})=\lambda\eta(\boldsymbol{\alpha}),$$

所以映射 η 保乘法.这就证明,映射 η 是线性空间 U 到 $\widetilde{U}$ 上的同构映射,即 U 和 $\widetilde{U}$ 同构.

同样可以定义线性空间 W 到 $\widetilde{W}$ 的映射 ζ,对任意 $\boldsymbol{\beta}\in W$,令 $\zeta(\boldsymbol{\beta})=(\mathbf{0},\boldsymbol{\beta})\in\widetilde{W}$.映射 ζ 是 W 到 $\widetilde{W}$ 上的同构映射.因此,W 和 $\widetilde{W}$ 同构.

在同构映射 η 和 ζ 下,可以把 U 中向量$\boldsymbol{\alpha}$ 和它的 $\widetilde{U}$ 中的像 $\eta(\boldsymbol{\alpha})=(\boldsymbol{\alpha},\mathbf{0})$,以及 W 中向量$\boldsymbol{\beta}$ 和它在 $\widetilde{W}$ 中的像 $\zeta(\boldsymbol{\beta})=(\mathbf{0},\boldsymbol{\beta})$分别等同起来.也就是说,可以把 $\widetilde{U}$ 和 U,$\widetilde{W}$ 和 W 分别视为同一个空间.所以在同构意义下,线性空间的笛卡儿积 $U\times W$ 是线性空间 U 和 W 的直和,并记为 $U\times W=U\oplus W$.

习　题

1. 在 n 维实向量空间 $\mathbf{R}^n$ 中,记

$$V=\{(a_1,a_2,\cdots,a_n)\in\mathbf{R}^n : a_1+a_2+\cdots+a_n=0\},$$
$$W=\{(a_1,a_2,\cdots,a_n)\in\mathbf{R}^n : a_1=a_2=\cdots=a_n\}.$$

V 和 W 显然是 $\mathbf{R}^n$ 的子空间. 证明：$\mathbf{R}^n=V\oplus W$.

2. 在数域 F 上 $2n$ 维向量空间 F^{2n} 中，记

$$V=\{(a_1,a_2,\cdots,a_{2n})\in F^{2n} : a_i=a_{n+i},1\leqslant i\leqslant n\},$$
$$W=\{(a_1,a_2,\cdots,a_{2n})\in F^{2n} : a_i=-a_{n+i},1\leqslant i\leqslant n\}.$$

V 和 W 显然是 F^{2n} 的子空间. 证明：$F^{2n}=V\oplus W$.

3. 设 $\boldsymbol{\alpha}_1,\boldsymbol{\alpha}_2,\boldsymbol{\alpha}_3,\boldsymbol{\alpha}_4$ 都是四维复向量空间 $\mathbf{C}^4$ 中的向量，$\mathbf{C}^4$ 中分别由向量集合 $\{\boldsymbol{\alpha}_1,\boldsymbol{\alpha}_2\}$ 和 $\{\boldsymbol{\alpha}_3,\boldsymbol{\alpha}_4\}$ 生成的子空间记为 V 和 W. 试判断 $\mathbf{C}^4=V\oplus W$ 是否成立？

(1) $\boldsymbol{\alpha}_1=(0,1,0,1),\boldsymbol{\alpha}_2=(0,0,1,0),\boldsymbol{\alpha}_3=(1,0,1,0),\boldsymbol{\alpha}_4=(1,1,0,0)$；

(2) $\boldsymbol{\alpha}_1=(-1,1,1,0),\boldsymbol{\alpha}_2=(0,1,-1,1),\boldsymbol{\alpha}_3=(1,0,0,0),\boldsymbol{\alpha}_4=(0,0,0,1)$；

(3) $\boldsymbol{\alpha}_1=(1,0,0,1),\boldsymbol{\alpha}_2=(0,1,1,0),\boldsymbol{\alpha}_3=(1,0,1,0),\boldsymbol{\alpha}_4=(0,1,0,1)$.

4. 设 U,V 和 W 是线性空间 L 的子空间. 如果其中每一个都与另外两个之和的交是零子空间，则这三个子空间称为无关的. 证明：$L=U\oplus(V\oplus W)$ 的充分必要条件是，U,V,W 是无关的，并且 $L=U+V+W$.

5. 举例说明，线性空间 L 的子空间 U,V,W 两两之交为零子空间，但子空间 U,V,W 并不一定无关.

6. 证明：三个子空间无关的充分必要条件是它们和的维数等于它们维数的和.

7. 设 $V_1,V_2,\cdots,V_k$ 是线性空间 V 的子空间. 证明下列命题等价：

(1) 和 $V_1+V_2+\cdots+V_k$ 是直和；

(2) $V_j\cap(V_1+V_2+\cdots+V_{j-1}+V_{j+1}+\cdots+V_k)=\{\mathbf{0}\},j=1,2,\cdots,k$；

(3) $V_1\cap V_2=\{\mathbf{0}\},(V_1+V_2)\cap V_3=\{\mathbf{0}\},\cdots,(V_1+V_2+\cdots+V_{k-1})\cap V_k=\{\mathbf{0}\}$.

4.8　商　空　间

设 W 是数域 F 上有限维线性空间 V 的子空间，向量 $\boldsymbol{\alpha},\boldsymbol{\beta}\in V$. 如果向量 $\boldsymbol{\alpha}-\boldsymbol{\beta}\in W$，则向量 $\boldsymbol{\alpha}$ 与 $\boldsymbol{\beta}$ 称为**模 W 同余**，记为 $\boldsymbol{\alpha}\equiv\boldsymbol{\beta}(\mathrm{mod}\,W)$. V 中向量之间的模 W 同余关系具有以下性质：

1° 自反性　对任意向量 $\boldsymbol{\alpha}\in V$，$\boldsymbol{\alpha}\equiv\boldsymbol{\alpha}(\mathrm{mod}\,W)$；

2° 对称性　设向量 $\boldsymbol{\alpha},\boldsymbol{\beta}\in V$，并且 $\boldsymbol{\alpha}\equiv\boldsymbol{\beta}(\mathrm{mod}\,W)$，则 $\boldsymbol{\beta}\equiv\boldsymbol{\alpha}(\mathrm{mod}\,W)$；

3° 传递性　设向量 $\boldsymbol{\alpha},\boldsymbol{\beta},\boldsymbol{\gamma}\in V$，并且 $\boldsymbol{\alpha}\equiv\boldsymbol{\beta}(\mathrm{mod}\,W)$，$\boldsymbol{\beta}\equiv\boldsymbol{\gamma}(\mathrm{mod}\,W)$，则

$\boldsymbol{\alpha}\equiv\boldsymbol{\gamma}(\bmod W)$.

上述性质的证明留给读者作练习.

由于线性空间 V 中任意两个向量要么模 W 同余,要么模 W 不同余,这样便在线性空间 V 的向量之间引进了一种关系,即同余关系.由于同余关系满足自反性、对称性和传递性,因此 V 中向量便按照同余关系划分为同余类,即在同一个同余类的向量彼此模 W 同余,而在不同的同余类中的向量一定模 W 不同余.向量 $\boldsymbol{\alpha}$ 所在的同余类记为 $\bar{\boldsymbol{\alpha}}$.同余类 $\bar{\boldsymbol{\alpha}}$ 由哪些向量构成?记

$$\boldsymbol{\alpha}+W=\{\boldsymbol{\alpha}+\boldsymbol{\gamma}:\boldsymbol{\gamma}\in W\}.$$

设 $\boldsymbol{\beta}\in\boldsymbol{\alpha}+W$,则 $\boldsymbol{\beta}=\boldsymbol{\alpha}+\boldsymbol{\gamma},\boldsymbol{\gamma}\in W$.因此 $\boldsymbol{\beta}-\boldsymbol{\alpha}=\boldsymbol{\gamma}\in W$,即 $\boldsymbol{\beta}\equiv\boldsymbol{\alpha}(\bmod W)$,所以,$\boldsymbol{\beta}\in\bar{\boldsymbol{\alpha}}$.其次设 $\boldsymbol{\beta}\in\bar{\boldsymbol{\alpha}}$,则 $\boldsymbol{\beta}\equiv\boldsymbol{\alpha}(\bmod W)$,因此存在 $\boldsymbol{\gamma}\in W$,使得 $\boldsymbol{\beta}-\boldsymbol{\alpha}=\boldsymbol{\gamma}$,即 $\boldsymbol{\beta}=\boldsymbol{\alpha}+\boldsymbol{\gamma}$,即 $\boldsymbol{\beta}\in\boldsymbol{\alpha}+W$.所以,$\bar{\boldsymbol{\alpha}}=\boldsymbol{\alpha}+W$.

所有模 W 的同余类集合记为 V/W.在集合 V/W 中规定同余类的加法如下:对任意 $\bar{\boldsymbol{\alpha}},\bar{\boldsymbol{\beta}}\in V/W,\bar{\boldsymbol{\alpha}}+\bar{\boldsymbol{\beta}}=\overline{\boldsymbol{\alpha}+\boldsymbol{\beta}}$.纯量与同余类的乘法规定为:对任意纯量 $\lambda\in F,\bar{\boldsymbol{\alpha}}\in V/W$,令 $\lambda\bar{\boldsymbol{\alpha}}=\overline{\lambda\boldsymbol{\alpha}}$.

应当指出,上面规定的同余类加法是在同余类 $\bar{\boldsymbol{\alpha}}$ 与 $\bar{\boldsymbol{\beta}}$ 中各取出一个向量 $\boldsymbol{\alpha}$ 与 $\boldsymbol{\beta}$(它们分别称为同余类 $\bar{\boldsymbol{\alpha}}$ 与 $\bar{\boldsymbol{\beta}}$ 的代表元),然后用和 $\boldsymbol{\alpha}+\boldsymbol{\beta}$ 所在同余类 $\overline{\boldsymbol{\alpha}+\boldsymbol{\beta}}$ 作为同余类 $\bar{\boldsymbol{\alpha}}$ 与 $\bar{\boldsymbol{\beta}}$ 的和 $\bar{\boldsymbol{\alpha}}+\bar{\boldsymbol{\beta}}$.自然产生的问题是,如果是同余类 $\bar{\boldsymbol{\alpha}}$ 与 $\bar{\boldsymbol{\beta}}$ 中各取一个向量 $\boldsymbol{\alpha}'$ 与 $\boldsymbol{\beta}'$,和 $\boldsymbol{\alpha}'+\boldsymbol{\beta}'$ 所在的同余类 $\overline{\boldsymbol{\alpha}'+\boldsymbol{\beta}'}$ 是否和同余类 $\overline{\boldsymbol{\alpha}+\boldsymbol{\beta}}$ 相同?如果同余类 $\overline{\boldsymbol{\alpha}'+\boldsymbol{\beta}'}$ 和 $\overline{\boldsymbol{\alpha}+\boldsymbol{\beta}}$ 不相同,那么这样规定的同余类的和是不确定的.如果不论同余类 $\bar{\boldsymbol{\alpha}}$ 和 $\bar{\boldsymbol{\beta}}$ 的代表元 $\boldsymbol{\alpha}'$ 与 $\boldsymbol{\beta}'$ 如何选取,同余类 $\overline{\boldsymbol{\alpha}'+\boldsymbol{\beta}'}$ 都和 $\overline{\boldsymbol{\alpha}+\boldsymbol{\beta}}$ 相同,那么就说这样规定的同余类的和与同余类代表元的选取无关,于是同余类的加法便有确切意义.现在证明,上面规定的同余类加法和同余类代表元的选取无关.事实上,设 $\boldsymbol{\alpha}'\in\bar{\boldsymbol{\alpha}},\boldsymbol{\beta}'=\bar{\boldsymbol{\beta}}$. $\boldsymbol{\alpha}'\equiv\boldsymbol{\alpha}(\bmod W),\boldsymbol{\beta}'\equiv\boldsymbol{\beta}(\bmod W)$,即 $\boldsymbol{\alpha}'-\boldsymbol{\alpha},\boldsymbol{\beta}'-\boldsymbol{\beta}\in W$,因此,$(\boldsymbol{\alpha}'+\boldsymbol{\beta}')-(\boldsymbol{\alpha}+\boldsymbol{\beta})=(\boldsymbol{\alpha}'-\boldsymbol{\alpha})+(\boldsymbol{\beta}'-\boldsymbol{\beta})\in W$.所以,$\boldsymbol{\alpha}'+\boldsymbol{\beta}'\equiv\boldsymbol{\alpha}+\boldsymbol{\beta}(\bmod W)$.于是 $\overline{\boldsymbol{\alpha}'+\boldsymbol{\beta}'}=\overline{\boldsymbol{\alpha}+\boldsymbol{\beta}}$.

同样可以证明,纯量与同余类的乘法与同余类的代表元选取无关.因此在集合 V/W 中同余类加法,纯量与同余类的乘法都有确切意义.

容易验证,同余类集合 V/W 在上述规定的加法与乘法下是数域 F 上线性空间,其中 W 是线性空间 V/W 的零向量.

数域 F 上线性空间 V/W 称为线性空间 V 关于子空间 W 的**商空间**.

例如,在二维实向量 $\mathbf{R}^2$ 中,记

$$W=\{(x_1,0):x_1\in\mathbf{R}\}.$$

W 显然是 $\mathbf{R}^2$ 的子空间. 从几何上看, $\mathbf{R}^2$ 就是通常的 Euclid 平面, W 是平面上的坐标轴: x_1 轴. 设向量 $\boldsymbol{\alpha}=(x_1,x_2)\in\mathbf{R}^2$. 已经知道, 向量 $\boldsymbol{\alpha}$ 所在的模 W 同余类 $\bar{\boldsymbol{\alpha}}$ 为 $\bar{\boldsymbol{\alpha}}=\boldsymbol{\alpha}+W=\{\boldsymbol{\alpha}+\boldsymbol{\beta}:\boldsymbol{\beta}\in W\}$. 所以

$$\bar{\boldsymbol{\alpha}}=\{(y_1,x_2):y_1\in\mathbf{R}\}.$$

这表明, 向量 $\boldsymbol{\alpha}=(x_1,x_2)$ 所在的模 W 同余类 $\bar{\boldsymbol{\alpha}}$ 是 Euclid 平面上过点 (x_1,x_2) 并平行于 x_1 轴的直线. 因此商空间 $\mathbf{R}^2/W$ 是 Euclid 平面上所有平行于 x_1 轴的直线集合(图 1). 在商空间 $\mathbf{R}^2/W$ 中, 同余类 $\bar{\boldsymbol{\alpha}}$ 与 $\bar{\boldsymbol{\beta}}$ 的和为 $\overline{\boldsymbol{\alpha}+\boldsymbol{\beta}}$, 即直线 $\bar{\boldsymbol{\alpha}}$ 与 $\bar{\boldsymbol{\beta}}$ 之和是过向量 $\boldsymbol{\alpha}+\boldsymbol{\beta}$ 的终点并平行于 x_1 轴的直线; 纯量 λ 与同余类 $\bar{\boldsymbol{\alpha}}$ 的乘积 $\lambda\bar{\boldsymbol{\alpha}}$ 为 $\lambda\bar{\boldsymbol{\alpha}}$, 即纯量 λ 与直线 $\bar{\boldsymbol{\alpha}}$ 的乘积 $\lambda\bar{\boldsymbol{\alpha}}$ 是过向量 $\lambda\boldsymbol{\alpha}$ 的终点并平行于 x_1 轴的直线.

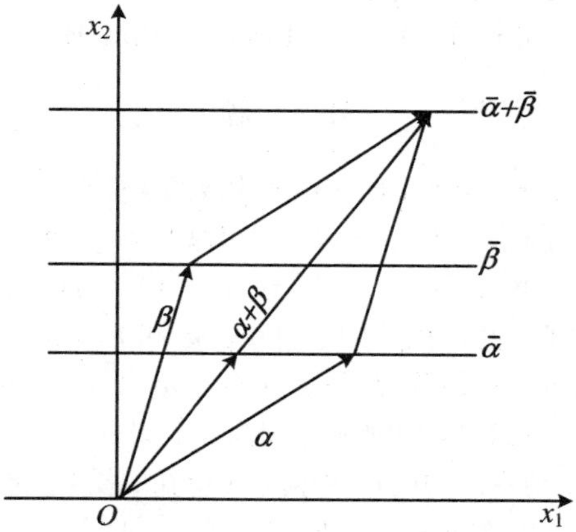

图 1

设 W 是线性空间 V 的子空间, W' 是 W 的补, 即 $V=W\oplus W'$, V/W 是 V 模 W 的商空间. 在 W' 与 V/W 之间可以自然地规定映射 η 如下: 对任意向量 $\boldsymbol{\alpha}\in W'$, 令 $\eta(\boldsymbol{\alpha})=\bar{\boldsymbol{\alpha}}$. 映射 η 称为**自然映射**. 设 $\bar{\boldsymbol{\alpha}}\in V/W$, 则 $\boldsymbol{\alpha}\in V=W\oplus W'$, 因此 $\boldsymbol{\alpha}=\boldsymbol{\beta}+\boldsymbol{\gamma}$, 其中 $\boldsymbol{\beta}\in W$, $\boldsymbol{\gamma}\in W'$. 由于 $\boldsymbol{\alpha}-\boldsymbol{\gamma}=\boldsymbol{\beta}\in W$, 所以 $\boldsymbol{\alpha}\equiv\boldsymbol{\gamma}(\operatorname{mod} W)$. 因此 $\bar{\boldsymbol{\gamma}}=\bar{\boldsymbol{\alpha}}$. 即对任意 $\bar{\boldsymbol{\alpha}}\in V/W$, 总存在向量 $\boldsymbol{\gamma}\in W'$, 使得 $\bar{\boldsymbol{\gamma}}=\bar{\boldsymbol{\alpha}}$. 由于 $\eta(\boldsymbol{\gamma})=\bar{\boldsymbol{\gamma}}=\bar{\boldsymbol{\alpha}}$, 所以, 映射 η 是满射. 其次, 设 $\boldsymbol{\gamma}_1,\boldsymbol{\gamma}_2\in W'$, 并且 $\eta(\boldsymbol{\gamma}_1)=\eta(\boldsymbol{\gamma}_2)$, 则 $\bar{\boldsymbol{\gamma}}_1=\bar{\boldsymbol{\gamma}}_2$. 因此, $\boldsymbol{\gamma}_1\equiv\boldsymbol{\gamma}_2(\operatorname{mod} W)$, 即 $\boldsymbol{\gamma}_1-\boldsymbol{\gamma}_2\in W$. 又 $\boldsymbol{\gamma}_1,\boldsymbol{\gamma}_2\in W'$. 故 $\boldsymbol{\gamma}_1-\boldsymbol{\gamma}_2\in W'$. 因此, $\boldsymbol{\gamma}_1-\boldsymbol{\gamma}_2\in W\cap W'$. 由于 W' 是 W 的补, 所以 $W\cap W'=\mathbf{0}$, 因此 $\boldsymbol{\gamma}_1-\boldsymbol{\gamma}_2=\mathbf{0}$, 即 $\boldsymbol{\gamma}_1=\boldsymbol{\gamma}_2$. 这表明, 映射 η 是单射. 最后, 对于对任意 $\boldsymbol{\gamma}_1,\boldsymbol{\gamma}_2\in W'$,

$$\eta(\boldsymbol{\gamma}_1+\boldsymbol{\gamma}_2)=\overline{\boldsymbol{\gamma}_1+\boldsymbol{\gamma}_2}=\bar{\boldsymbol{\gamma}}_1+\bar{\boldsymbol{\gamma}}_2=\eta(\boldsymbol{\gamma}_1)+\eta(\boldsymbol{\gamma}_2),$$

所以，映射 η 是保加法的. 由于对任意 $\lambda \in F, \boldsymbol{\gamma} \in W'$，

$$\eta(\lambda\boldsymbol{\gamma}) = \overline{\lambda\boldsymbol{\gamma}} = \lambda\bar{\boldsymbol{\gamma}} = \lambda\eta(\boldsymbol{\gamma}),$$

所以，映射 η 是保乘法的. 因此，W' 到 V/W 上的映射 η 是同构映射，从而 W' 和 V/W 同构.

总结上面的讨论，我们得到：

定理 设 W 是数域 F 上 n 维线性空间 V 的子空间，W' 是子空间 W 的补. 则子空间 W' 和 V 关于 W 的商空间 V/W 同构，并且 W' 到 V/W 上的自然映射 η 是同构映射.

由定理立即得到：

推论 设 W 是线性空间 V 的子空间，则 V 关于 W 的商空间 V/W 的维数为

$$\dim(V/W) = \dim V - \dim W.$$

习　题

1. 在数域 F 上所有关于未定元 x 的多项式构成的线性空间 $F[x]$ 中，记

$$F_n[x] = \{f(x) \in F[x] : \deg f(x) < n\},$$
$$W = \{f(x) \in F[x] : f(-x) = f(x)\}.$$

$F_n[x]$ 和 W 都是 $F[x]$ 的子空间. 商空间 $F[x]/F_n[x]$ 和 $F[x]/W$ 是否是有限维的?

2. 设 $\boldsymbol{A}$ 是数域 F 上 $m \times n$ 矩阵，$\boldsymbol{\beta}$ 是数域 F 上 m 维列向量空间 F^m 中的向量，并且 $\operatorname{rank}(\boldsymbol{A}, \boldsymbol{\beta}) = \operatorname{rank} \boldsymbol{A}$. 记方程组 $\boldsymbol{Ax} = \boldsymbol{0}$ 的解空间为 $V_{\boldsymbol{A}}$. 设向量 $\boldsymbol{\alpha}$ 是方程组 $\boldsymbol{Ax} = \boldsymbol{\beta}$ 的一个特解. 证明：方程组 $\boldsymbol{Ax} = \boldsymbol{\beta}$ 的所有解构成 F^n 中向量 $\boldsymbol{\alpha}$ 所在的模 $V_{\boldsymbol{A}}$ 同余类.

3. 设 W 是数域 F 上 n 维列向量空间 F^n 的子空间. 证明：存在数域 F 上 $m \times n$ 矩阵 $\boldsymbol{A}$，使得齐次方程组 $\boldsymbol{Ax} = \boldsymbol{0}$ 的解空间 $V_{\boldsymbol{A}}$ 为 W.

4. 设 W 是数域 F 上 n 维列向量空间 F^n 中的子空间. 证明：对于 F^n 中每个向量 $\boldsymbol{\alpha}$，总存在数域 F 上 $m \times n$ 矩阵 $\boldsymbol{A}$ 和向量 $\boldsymbol{\beta} \in F^m$，使得线性方程组 $\boldsymbol{Ax} = \boldsymbol{\beta}$ 的所有解的集合就是向量 $\boldsymbol{\alpha}$ 所在的模 W 同余类.

第 5 章　线 性 变 换

变换历来是数学中最主要的基本概念之一.线性代数只讨论线性空间的线性变换.5.1 节～5.4 节研究两个线性空间之间的线性变换——这里称为线性映射,而将变换一词留给线性空间到它自身上的线性映射.在取定的基下,每个线性映射可以用一个矩阵表示,而同一个线性映射在不同的基下的矩阵表示恰好是彼此相抵的矩阵.于是,寻求线性映射的最简单的矩阵表示,就归结为矩阵在相抵下的分类问题.在研究矩阵在相抵下的分类映射时所遇到的不变量——矩阵的秩,从几何的观点看,就是线性映射的像空间的维数.于是,这几节的内容以明确的方式展示了线性代数中几何理论与矩阵理论之间的联系.真正弄懂这种联系,将会极大地有助于读者理解全部线性代数的内容.5.5 节开始讨论线性变换,这部分内容是线性代数中的重点,也是线性代数中的难点.本书在讨论线性变换时是从几何入手的,也就是从线性空间关于线性变换的分解开始的.为此需要一些预备知识.5.6 节引入了线性变换的不变子空间的概念.在涉及线性变换的一维不变子空间时,自然而然地产生了线性变换的特征值、特征向量、特征多项式以及特征子空间等一系列与线性变换紧密联系的重要概念.这些是 5.7 节与 5.8 节的内容.由于线性变换的特征值在各种问题上的重要性,5.9 节对特征值的界作了些估计.

5.1　映　　射

为本章需要,先复习一下映射概念,并介绍一些有关映射的术语.

给定集合 S 和 T.所谓集合 S 到 T 的**映射** η 是指集合 S 到集合 T 的一个对应规律,使得对任意给定的元素 $\alpha\in S$,按照对应规律 η,可以确定集合 T 的唯一一个

元素 β 与 α 相对应.集合 S 到 T 的映射 η 记为 $\eta:S\to T$.元素 β 称为元素 α 在映射 η 下的像,元素 α 称为元素 β 的原像.当 α 遍历集合 S 的元素时,所有 α 的像的集合称为集合 S 在映射 η 下的像,记为 $\mathrm{Im}\,\eta$,或者 $\eta(S)$,即

$$\mathrm{Im}\,\eta=\{\eta(\alpha):\alpha\in S\}.$$

元素 β 的所有原像的集合记为 $\eta^{-1}(\beta)$,即

$$\eta^{-1}(\beta)=\{\alpha\in S:\eta(\alpha)=\beta\}.$$

给定映射 $\eta:S\to T$.如果对任意 $\alpha_1,\alpha_2\in S$,$\alpha_1\neq\alpha_2$,均有 $\eta(\alpha_1)\neq\eta(\alpha_2)$,则 η 称为单射.可以看出,当且仅当由 $\eta(\alpha_1)=\eta(\alpha_2)$ 可以推得 $\alpha_1=\alpha_2$ 时,η 是单射.

给定映射 $\eta:S\to T$.如果对任意 $\beta\in T$,存在 $\alpha\in S$,使得 $\eta(\alpha)=\beta$,则 η 称为满射.容易看出,当且仅当 $\eta(S)=T$ 时,映射 η 是满射.如果 η 是满射,则说映射 η 是 S 到 T 上的;如果 η 不是满射,则说映射 η 是 S 到 T 内的.

如果映射 $\eta:S\to T$ 既是单射,又是满射,则 η 称为双射,或者 S 到 T 上的一一对应.

给定集合 U,V 和 W,以及映射 $\eta:U\to V$,$\xi:V\to W$,定义 U 到 W 的合成映射 $\xi\eta$ 如下:设 $u\in U$,则令 $(\xi\eta)(u)=\xi(\eta(u))$.映射 $\xi\eta:U\to W$ 称为映射 η 和 ξ 的乘积.例如映射 $f:\mathbf{R}\to\mathbf{R}$ 和 $g:\mathbf{R}\to\mathbf{R}$ 是函数,则映射 f 与 g 的乘积 gf 就是复合函数.应当指出,映射的乘积一般是不可交换的,即等式 $\xi\eta=\eta\xi$ 一般并不成立.其原因是,一般地说,尽管映射 η 与 ξ 的乘积 $\xi\eta$ 有意义,但乘积 $\eta\xi$ 不一定有意义.即使乘积 $\xi\eta$ 与 $\eta\xi$ 都有意义,也不能保证等式 $\xi\eta=\eta\xi$.这只要注意复合函数一般与函数复合的次序有关就够了.

对映射的乘积,有:

定理 1 设 S,T,U 和 V 是集合,且 $\xi:S\to T$,$\eta:T\to U$ 与 $\zeta:U\to V$ 是映射,则 $\zeta(\eta\xi)=(\zeta\eta)\xi$.换句话说,映射的乘法满足结合律.

证明 由映射乘积的定义,对任意 $s\in S$,

$$(\zeta(\eta\xi))(s)=\zeta(\eta\xi(s))=\zeta(\eta(\xi(s))),$$

并且

$$((\zeta\eta)\xi)(s)=(\zeta\eta)(\xi(s))=\zeta(\eta\xi(s)).$$

因此 $(\zeta(\eta\xi))(s)=((\zeta\eta)\xi)(s)$,即 $\zeta(\eta\xi)=(\zeta\eta)\xi$.定理 1 证毕.

集合 S 到自身的双射称为集合 S 的变换.定义集合 S 到自身的映射 ε_S 如下:设 $s\in S$,则令 $\varepsilon_S(s)=s$.显然,ε_S 是集合 S 的变换,它称为集合 S 的恒等变换,或者单位变换.关于单位变换 ε_S,有:

定理 2　对任意映射 $\eta:S\to T$,均有 $\eta\varepsilon_S=\varepsilon_T\eta=\eta$.

证明　显然,对任意 $s\in S$, $\eta\varepsilon_S(s)=\eta(\varepsilon_S(s))=\eta(s)$. 同样,对任意 $s\in S$, $(\varepsilon_T\eta)(s)=\varepsilon_T(\eta(s))=\eta(s)$. 因此, $\eta\varepsilon_S=\eta=\varepsilon_T\eta$.

最后讨论逆映射. 设 $\eta:S\to T$ 是映射,如果存在 $\xi:T\to S$,使得 $\xi\eta=\varepsilon_S$, $\eta\xi=\varepsilon_T$,则映射 $\eta:S\to T$ 称为可逆映射,映射 $\xi:T\to S$ 称为 η 的逆映射,并记为 η^{-1}. 关于可逆映射,有:

定理 3　映射 $\eta:S\to T$ 可逆的充分必要条件是映射 η 为双射.

证明　设映射 $\eta:S\to T$ 可逆,则存在 η 的逆映射 $\xi:T\to S$,使得 $\xi\eta=\varepsilon_s$, $\eta\xi=\varepsilon_T$. 设 $s_1,s_2\in S$. 如果 $\eta(s_1)=\eta(s_2)$,则

$$\begin{aligned}s_1&=\varepsilon_s(s_1)=(\xi\eta)(s_1)=\xi(\eta(s_1))=\xi(\eta(s_2))\\&=(\xi\eta)(s_2)=\varepsilon_s(s_2)=s_2.\end{aligned}$$

这表明映射 η 是单射. 其次设 $t\in T$. 则

$$t=\varepsilon_T(t)=(\eta\xi)(t)=\eta(\xi(t)).$$

记 $\xi(t)=s$,则 $s\in S$,且 $\eta(s)=t$. 因此映射 η 是满射. 所以 η 是双射.

反之,设 $\eta:S\to T$ 是双射. 由于 η 是满射,因此对任意 $t\in T$,存在 $s\in S$,使得 $\eta(s)=t$. 由于 η 是单射,因此 s 是唯一的. 定义映射 $\xi:T\to S$ 如下:设 $t\in T$,如果 $s\in S$ 且 $\eta(s)=t$,则令 $\xi(t)=s$. 由映射 ξ 的定义,对任意 $s\in S$,

$$s=\xi(\eta(s))=\xi\eta(s),$$

因此 $\xi\eta=\varepsilon_S$;对任意 $t\in T$,存在 $s\in S$,使 $\eta(s)=t$. 因此, $\xi(t)=s$. 所以

$$t=\eta(s)=\eta(\xi(t))=(\eta\xi)(t),$$

即 $\eta\xi=\varepsilon_T$. 所以 ξ 是 η 的逆映射, η 是可逆的. 定理 3 证毕.

定理 4　设映射 $\eta:S\to T$ 可逆,则 η 的逆映射是唯一的.

证明　设 $\xi_1:T\to S$ 和 $\xi_2:T\to S$ 是 η 的逆映射,则 $\xi_1\eta=\varepsilon_S$, $\eta\xi_1=\varepsilon_T$,且 $\xi_2\eta=\varepsilon_S$, $\eta\xi_2=\varepsilon_T$. 因此

$$\xi_1=\xi_1\varepsilon_T=\xi_1(\eta\xi_2)=(\xi_1\eta)\xi_2=\varepsilon_S\xi_2=\xi_2.$$

定理 4 证毕.

定理 5　设映射 $\eta:S\to T$ 和 $\xi:T\to U$ 可逆,则它们的乘积 $\xi\eta:S\to U$ 也可逆.

证明　设 η 和 ξ 的逆映射分别是 η^{-1} 和 ξ^{-1}. 则 $\eta\eta^{-1}=\varepsilon_T$, $\eta^{-1}\eta=\varepsilon_S$, $\xi\xi^{-1}=\varepsilon_U$, $\xi^{-1}\xi=\varepsilon_T$. 因此 $(\xi\eta)(\eta^{-1}\xi^{-1})=\xi(\eta\eta^{-1})\cdot\xi^{-1}=\xi(\varepsilon_T\xi^{-1})=\xi\xi^{-1}=\varepsilon_U$,而 $(\eta^{-1}\xi^{-1})(\xi\eta)=\eta^{-1}((\xi^{-1}\xi)\eta)=\eta^{-1}(\varepsilon_T\eta)=\eta^{-1}\eta=\varepsilon_S$. 所以映射 $\xi\eta$ 可逆,并且 $\xi\eta$ 的逆映射为 $\eta^{-1}\xi^{-1}$,即 $(\xi\eta)^{-1}=\eta^{-1}\xi^{-1}$. 定理 5 证毕.

5.2 线性映射

设 U 和 V 是数域 F 上的线性空间,且 $\mathscr{A}: U\rightarrow V$ 是映射.

定义 1 如果映射 $\mathscr{A}: U\rightarrow V$ 满足:

LM(1) 对任意 $\boldsymbol{\alpha}_1, \boldsymbol{\alpha}_2\in U$, $\mathscr{A}(\boldsymbol{\alpha}_1+\boldsymbol{\alpha}_2)=\mathscr{A}(\boldsymbol{\alpha}_1)+\mathscr{A}(\boldsymbol{\alpha}_2)$;

LM(2) 对任意 $\lambda\in F, \boldsymbol{\alpha}\in U$, $\mathscr{A}(\lambda\boldsymbol{\alpha})=\lambda\mathscr{A}(\boldsymbol{\alpha})$,则映射 $\mathscr{A}$ 称为线性空间 U 到 V 的线性映射.

例 1 设 U 是数域 F 上 n 维线性空间,$\{\boldsymbol{\alpha}_1, \boldsymbol{\alpha}_2, \cdots, \boldsymbol{\alpha}_n\}$ 是 U 的基,$\boldsymbol{\alpha}\in U$ 在基 $\{\boldsymbol{\alpha}_1, \boldsymbol{\alpha}_2, \cdots, \boldsymbol{\alpha}_n\}$ 下的坐标为 $(a_1, a_2, \cdots, a_n)^{\mathrm{T}}$. 定义 U 到数域 F 上 n 维列向量空间 $\boldsymbol{F}^n$ 的映射 $\mathscr{A}$ 如下:$\mathscr{A}(\boldsymbol{\alpha})=(a_1, a_2, \cdots, a_n)^{\mathrm{T}}$. 则映射 $\mathscr{A}: U\rightarrow \boldsymbol{F}^n$ 是线性映射.

证明 设 $\boldsymbol{\alpha}, \boldsymbol{\beta}\in U$ 在基 $\{\boldsymbol{\alpha}_1, \boldsymbol{\alpha}_2, \cdots, \boldsymbol{\alpha}_n\}$ 下的坐标分别为 $(a_1, a_2, \cdots, a_n)^{\mathrm{T}}$, $(b_1, b_2, \cdots, b_n)^{\mathrm{T}}$,则

$$\mathscr{A}(\boldsymbol{\alpha}) = (a_1, a_2, \cdots, a_n)^{\mathrm{T}},$$
$$\mathscr{A}(\boldsymbol{\beta}) = (b_1, b_2, \cdots, b_n)^{\mathrm{T}}.$$

显然,$\boldsymbol{\alpha}+\boldsymbol{\beta}$ 与 $\lambda\boldsymbol{\alpha}$ 的坐标分别为 $(a_1+b_1, a_2+b_2, \cdots, a_n+b_n)^{\mathrm{T}}$ 与 $(\lambda a_1, \lambda a_2, \cdots, \lambda a_n)^{\mathrm{T}}$,其中 $\lambda\in F$. 因此

$$\begin{aligned}\mathscr{A}(\boldsymbol{\alpha}+\boldsymbol{\beta}) &= (a_1+b_1, a_2+b_2, \cdots, a_n+b_n)^{\mathrm{T}}\\ &= (a_1, a_2, \cdots, a_n)^{\mathrm{T}} + (b_1, b_2, \cdots, b_n)^{\mathrm{T}} = \mathscr{A}(\boldsymbol{\alpha}) + \mathscr{A}(\boldsymbol{\beta}),\\ \mathscr{A}(\lambda\boldsymbol{\alpha}) &= (\lambda a_1, \lambda a_2, \cdots, \lambda a_n)^{\mathrm{T}} = \lambda(a_1, a_2, \cdots, a_n)^{\mathrm{T}} = \lambda\mathscr{A}(\boldsymbol{\alpha}),\end{aligned}$$

因此映射 $\mathscr{A}: U\rightarrow \boldsymbol{F}^n$ 满足 LM(1)和 LM(2). 所以映射 $\mathscr{A}: U\rightarrow \boldsymbol{F}^n$ 是线性的.

例 2 设 F^n 是数域 F 上 n 维行向量空间,且正整数 $m<n$. 定义映射 $\mathscr{A}: \boldsymbol{F}^n\rightarrow \boldsymbol{F}^m$ 如下:设 $\boldsymbol{x}=(x_1, x_2, \cdots, x_n)\in \boldsymbol{F}^n$,则令 $\mathscr{A}(\boldsymbol{x})=(x_1, x_2, \cdots, x_m)$. 容易验证,映射 $\mathscr{A}: \boldsymbol{F}^n\rightarrow \boldsymbol{F}^m$ 是线性的,它称为 $\boldsymbol{F}^n$ 到 $\boldsymbol{F}^m$ 的投影变换.

例 3 设 V 是数域 F 上线性空间. U 与 W 是 V 的子空间,且 $V=U\oplus W$. 定义映射 $\mathscr{A}: V\rightarrow U$ 如下:设 $\boldsymbol{\alpha}\in V$,则存在唯一一对向量 $\boldsymbol{\beta}$ 与 $\boldsymbol{\gamma}$, $\boldsymbol{\beta}\in U, \boldsymbol{\gamma}\in W$,使得 $\boldsymbol{\alpha}=\boldsymbol{\beta}+\boldsymbol{\gamma}$,令 $\mathscr{A}(\boldsymbol{\alpha})=\boldsymbol{\beta}$. 容易验证,映射 $\mathscr{A}: V\rightarrow U$ 是线性的,它称为线性空间 V 到子空间 U 上的投影变换. 注意,投影变换 $\mathscr{A}: V\rightarrow U$ 是满射.

例 4 设 V 和 U 是数域 F 上线性空间. 定义映射 $\mathscr{A}: V\rightarrow U$ 如下:设 $\boldsymbol{\alpha}\in V$,则

令 $\mathscr{A}(\boldsymbol{\alpha})=\mathbf{0}$. 显然映射 $\mathscr{A}$ 是线性的，它称为零映射.

例 5　设 $F^{m\times n}$ 是数域 F 上所有 $m\times n$ 矩阵构成的线性空间，$\boldsymbol{P}$ 和 $\boldsymbol{Q}$ 分别是给定的 m 阶和 n 阶方阵. 定义映射 $\mathscr{A}$: $F^{m\times n}\to F^{m\times n}$ 如下：对任意 $\boldsymbol{X}\in F^{m\times n}$，令 $\mathscr{A}(\boldsymbol{X})=\boldsymbol{PXQ}$. 容易验证，映射 $\mathscr{A}$ 是线性的.

例 6　设 $F[x]$ 是数域 F 上所有关于 x 的多项式构成的线性空间. 定义映射 $\mathscr{D}$: $F[x]\to F[x]$ 如下：设 $f(x)=a_0+a_1x+\cdots+a_nx^n\in F[x]$，则令 $\mathscr{D}(f(x))=a_1+2a_2x+\cdots+na_nx^{n-1}$. 映射 $\mathscr{D}$ 称为微商变换. 容易验证，映射 $\mathscr{D}$ 是线性的.

对于线性映射 $\mathscr{A}$: $U\to V$，以下性质成立：

性质 1　设 $\mathbf{0}$ 是线性空间 U 的零向量，则 $\mathscr{A}(\mathbf{0})=\mathbf{0}$.

证明　由于 $\mathscr{A}(\mathbf{0})=\mathscr{A}(\mathbf{0}+\mathbf{0})$，故由 LM(1)，$\mathscr{A}(\mathbf{0})=\mathscr{A}(\mathbf{0})+\mathscr{A}(\mathbf{0})$. 因此 $\mathscr{A}(\mathbf{0})=\mathbf{0}$.

性质 2　设 $\lambda_1,\lambda_2,\cdots,\lambda_k\in F$，$\boldsymbol{\alpha}_1,\boldsymbol{\alpha}_2,\cdots,\boldsymbol{\alpha}_k\in U$，则 $\mathscr{A}(\lambda_1\boldsymbol{\alpha}_1+\lambda_2\boldsymbol{\alpha}_2+\cdots+\lambda_k\boldsymbol{\alpha}_k)=\lambda_1\mathscr{A}(\boldsymbol{\alpha}_1)+\lambda_2\mathscr{A}(\boldsymbol{\alpha}_2)+\cdots+\lambda_k\mathscr{A}(\boldsymbol{\alpha}_k)$.

证明　对 k 用归纳法. 当 $k=1$ 时上式即为 LM(2)，故结论对 $k=1$ 成立. 设结论对 $k-1$ 成立，即 $\mathscr{A}(\lambda_1\boldsymbol{\alpha}_1+\lambda_2\boldsymbol{\alpha}_2+\cdots+\lambda_{k-1}\boldsymbol{\alpha}_{k-1})=\lambda_1\mathscr{A}(\boldsymbol{\alpha}_1)+\lambda_2\mathscr{A}(\boldsymbol{\alpha}_2)+\cdots+\lambda_{k-1}\mathscr{A}(\boldsymbol{\alpha}_{k-1})$. 现在证明结论对 k 成立. 由于

$$\begin{aligned}&\mathscr{A}(\lambda_1\boldsymbol{\alpha}_1+\lambda_2\boldsymbol{\alpha}_2+\cdots+\lambda_k\boldsymbol{\alpha}_k)\\&\quad=\mathscr{A}((\lambda_1\boldsymbol{\alpha}_1+\lambda_2\boldsymbol{\alpha}_2+\cdots+\lambda_{k-1}\boldsymbol{\alpha}_{k-1})+\lambda_k\boldsymbol{\alpha}_k),\end{aligned}$$

故由 LM(1)，

$$\begin{aligned}&\mathscr{A}(\lambda_1\boldsymbol{\alpha}_1+\lambda_2\boldsymbol{\alpha}_2+\cdots+\lambda_k\boldsymbol{\alpha}_k)\\&\quad=\mathscr{A}(\lambda_1\boldsymbol{\alpha}_1+\lambda_2\boldsymbol{\alpha}_2+\cdots+\lambda_{k-1}\boldsymbol{\alpha}_{k-1})+\mathscr{A}(\lambda_k\boldsymbol{\alpha}_k).\end{aligned}$$

由归纳假设和 LM(2)，

$$\begin{aligned}&\mathscr{A}(\lambda_1\boldsymbol{\alpha}_1+\lambda_2\boldsymbol{\alpha}_2+\cdots+\lambda_k\boldsymbol{\alpha}_k)\\&\quad=\lambda_1\mathscr{A}(\boldsymbol{\alpha}_1)+\lambda_2\mathscr{A}(\boldsymbol{\alpha}_2)+\cdots+\lambda_{k-1}\mathscr{A}(\boldsymbol{\alpha}_{k-1})+\lambda_k\mathscr{A}(\boldsymbol{\alpha}_k),\end{aligned}$$

即结论对 k 也成立.

性质 3　设 $\boldsymbol{\alpha}_1,\boldsymbol{\alpha}_2,\cdots,\boldsymbol{\alpha}_k\in U$ 线性相关，则 $\mathscr{A}(\boldsymbol{\alpha}_1),\mathscr{A}(\boldsymbol{\alpha}_2),\cdots,\mathscr{A}(\boldsymbol{\alpha}_k)\in V$ 线性相关.

证明　因为 $\boldsymbol{\alpha}_1,\boldsymbol{\alpha}_2,\cdots,\boldsymbol{\alpha}_k$ 线性相关，故存在不全为零的 $\lambda_1,\lambda_2,\cdots,\lambda_k\in F$，使得 $\lambda_1\boldsymbol{\alpha}_1+\lambda_2\boldsymbol{\alpha}_2+\cdots+\lambda_k\boldsymbol{\alpha}_k=\mathbf{0}$. 由性质 1 和性质 2，

$$\begin{aligned}\mathscr{A}(\mathbf{0})&=\mathscr{A}(\lambda_1\boldsymbol{\alpha}_1+\lambda_2\boldsymbol{\alpha}_2+\cdots+\lambda_k\boldsymbol{\alpha}_k)\\&=\lambda_1\mathscr{A}(\boldsymbol{\alpha}_1)+\lambda_2\mathscr{A}(\boldsymbol{\alpha}_2)+\cdots+\lambda_k\mathscr{A}(\boldsymbol{\alpha}_k)=\mathbf{0}.\end{aligned}$$

定理 1　设 U 与 V 分别是数域 F 上 n 维和 m 维线性空间，$\{\boldsymbol{\alpha}_1,\boldsymbol{\alpha}_2,\cdots,\boldsymbol{\alpha}_n\}$ 是

U 的基.设 $\boldsymbol{\beta}_1,\boldsymbol{\beta}_2,\cdots,\boldsymbol{\beta}_n$ 是 V 中任意给定的 n 个向量.则存在唯一线性映射 $\mathscr{A}:U\to V$,使得 $\mathscr{A}(\boldsymbol{\alpha}_j)=\boldsymbol{\beta}_j,j=1,2,\cdots,n$.

证明 设 $\boldsymbol{\alpha}\in U$ 在基$\{\boldsymbol{\alpha}_1,\boldsymbol{\alpha}_2,\cdots,\boldsymbol{\alpha}_n\}$下的坐标为$(a_1,a_2,\cdots,a_n)^{\mathrm{T}}$.定义映射 $\mathscr{A}:U\to V$ 如下:设 $\boldsymbol{\alpha}\in U$,则令 $\mathscr{A}(\boldsymbol{\alpha})=a_1\boldsymbol{\beta}_1+a_2\boldsymbol{\beta}_2+\cdots+a_n\boldsymbol{\beta}_n$.

设 $\boldsymbol{\alpha},\boldsymbol{\beta}\in U$ 在基$\{\boldsymbol{\alpha}_1,\boldsymbol{\alpha}_2,\cdots,\boldsymbol{\alpha}_n\}$下的坐标分别为$(a_1,a_2,\cdots,a_n)^{\mathrm{T}}$和$(b_1,b_2,\cdots,b_n)^{\mathrm{T}}$,则 $\boldsymbol{\alpha}+\boldsymbol{\beta}$ 在基$\{\boldsymbol{\alpha}_1,\boldsymbol{\alpha}_2,\cdots,\boldsymbol{\alpha}_n\}$下的坐标为$(a_1+b_1,a_2+b_2,\cdots,a_n+b_n)^{\mathrm{T}}$.因此,$\mathscr{A}(\boldsymbol{\alpha})=a_1\boldsymbol{\beta}_1+a_2\boldsymbol{\beta}_2+\cdots+a_n\boldsymbol{\beta}_n$,$\mathscr{A}(\boldsymbol{\beta})=b_1\boldsymbol{\beta}_1+b_2\boldsymbol{\beta}_2+\cdots+b_n\boldsymbol{\beta}_n$,且

$$\begin{aligned}\mathscr{A}(\boldsymbol{\alpha}+\boldsymbol{\beta})&=(a_1+b_1)\boldsymbol{\beta}_1+(a_2+b_2)\boldsymbol{\beta}_2+\cdots+(a_n+b_n)\boldsymbol{\beta}_n\\&=(a_1\boldsymbol{\beta}_1+a_2\boldsymbol{\beta}_2+\cdots+a_n\boldsymbol{\beta}_n)+(b_1\boldsymbol{\beta}_1+b_2\boldsymbol{\beta}_2+\cdots+b_n\boldsymbol{\beta}_n).\end{aligned}$$

所以 $\mathscr{A}(\boldsymbol{\alpha}+\boldsymbol{\beta})=\mathscr{A}(\boldsymbol{\alpha})+\mathscr{A}(\boldsymbol{\beta})$.故映射 $\mathscr{A}:U\to V$ 满足 LM(1).

设 $\lambda\in F$,且 $\boldsymbol{\alpha}\in U$ 在基$\{\boldsymbol{\alpha}_1,\boldsymbol{\alpha}_2,\cdots,\boldsymbol{\alpha}_n\}$下的坐标为$(a_1,a_2,\cdots,a_n)^{\mathrm{T}}$.则 $\lambda\boldsymbol{\alpha}$ 在基$\{\boldsymbol{\alpha}_1,\boldsymbol{\alpha}_2,\cdots,\boldsymbol{\alpha}_n\}$下的坐标为$(\lambda a_1,\lambda a_2,\cdots,\lambda a_n)^{\mathrm{T}}$.因此 $\mathscr{A}(\boldsymbol{\alpha})=a_1\boldsymbol{\beta}_1+a_2\boldsymbol{\beta}_2+\cdots+a_n\boldsymbol{\beta}_n$,$\mathscr{A}(\lambda\boldsymbol{\alpha})=\lambda a_1\boldsymbol{\beta}_1+\lambda a_2\boldsymbol{\beta}_2+\cdots+\lambda a_n\boldsymbol{\beta}_n=\lambda(a_1\boldsymbol{\beta}_1+a_2\boldsymbol{\beta}_2+\cdots+a_n\boldsymbol{\beta}_n)$.所以 $\mathscr{A}(\lambda\boldsymbol{\alpha})=\lambda\mathscr{A}(\boldsymbol{\alpha})$,即映射 $\mathscr{A}:U\to V$ 满足 LM(2).这就证明,映射 $\mathscr{A}:U\to V$ 是线性的.

显然基向量 $\boldsymbol{\alpha}_j$ 在基$\{\boldsymbol{\alpha}_1,\boldsymbol{\alpha}_2,\cdots,\boldsymbol{\alpha}_n\}$下的坐标为$(0,0,\cdots,0,\underset{j}{1},0,\cdots,0)^{\mathrm{T}}$.因此 $\mathscr{A}(\boldsymbol{\alpha}_j)=\boldsymbol{\beta}_j,j=1,2,\cdots,n$.所以映射 $\mathscr{A}$ 是满足 $\mathscr{A}(\boldsymbol{\alpha}_j)=\boldsymbol{\beta}_j,j=1,2,\cdots,n$ 的线性映射.

现在设线性映射 $\mathscr{B}:U\to V$ 也满足 $\mathscr{B}(\boldsymbol{\alpha}_j)=\boldsymbol{\beta}_j,j=1,2,\cdots,n$ 且 $\boldsymbol{\alpha}\in U$ 在基$\{\boldsymbol{\alpha}_1,\boldsymbol{\alpha}_2,\cdots,\boldsymbol{\alpha}_n\}$下的坐标为$(a_1,a_2,\cdots,a_n)^{\mathrm{T}}$.则 $\boldsymbol{\alpha}=a_1\boldsymbol{\alpha}_1+a_2\boldsymbol{\alpha}_2+\cdots+a_n\boldsymbol{\alpha}_n$.因此

$$\begin{aligned}\mathscr{B}(\boldsymbol{\alpha})&=\mathscr{B}(a_1\boldsymbol{\alpha}_1+a_2\boldsymbol{\alpha}_2+\cdots+a_n\boldsymbol{\alpha}_n)\\&=a_1\mathscr{B}(\boldsymbol{\alpha}_1)+a_2\mathscr{B}(\boldsymbol{\alpha}_2)+\cdots+a_n\mathscr{B}(\boldsymbol{\alpha}_n)\\&=a_1\boldsymbol{\beta}_1+a_2\boldsymbol{\beta}_2+\cdots+a_n\boldsymbol{\beta}_n=\mathscr{A}(\boldsymbol{\alpha}).\end{aligned}$$

由 $\boldsymbol{\alpha}$ 的任意性,$\mathscr{B}=\mathscr{A}$.定理 1 证毕.

定理 1 说明,如果在线性空间 U 中取定一组基$\{\boldsymbol{\alpha}_1,\boldsymbol{\alpha}_2,\cdots,\boldsymbol{\alpha}_n\}$,则线性映射 $\mathscr{A}:U\to V$ 由基向量 $\boldsymbol{\alpha}_1,\boldsymbol{\alpha}_2,\cdots,\boldsymbol{\alpha}_n$ 在 $\mathscr{A}$ 下的像所唯一确定.

现在给出线性映射 $\mathscr{A}:U\to V$ 的矩阵表示.设 U 和 V 分别是数域 F 上 n 维和 m 维线性空间,$\{\boldsymbol{\alpha}_1,\boldsymbol{\alpha}_2,\cdots,\boldsymbol{\alpha}_n\}$和$\{\boldsymbol{\beta}_1,\boldsymbol{\beta}_2,\cdots,\boldsymbol{\beta}_m\}$分别是 U 和 V 的基.显然,$\mathscr{A}(\boldsymbol{\alpha}_j)\in V$.由于$\{\boldsymbol{\beta}_1,\boldsymbol{\beta}_2,\cdots,\boldsymbol{\beta}_m\}$是 V 的基,所以

$$\begin{aligned}\mathscr{A}(\boldsymbol{\alpha}_1)&=a_{11}\boldsymbol{\beta}_1+a_{21}\boldsymbol{\beta}_2+\cdots+a_{m1}\boldsymbol{\beta}_m,\\\mathscr{A}(\boldsymbol{\alpha}_2)&=a_{12}\boldsymbol{\beta}_1+a_{22}\boldsymbol{\beta}_2+\cdots+a_{m2}\boldsymbol{\beta}_m,\end{aligned}$$

$$\cdots\cdots\cdots\cdots$$

$$\mathscr{A}(\boldsymbol{\alpha}_n) = a_{1n}\boldsymbol{\beta}_1 + a_{2n}\boldsymbol{\beta}_2 + \cdots + a_{mn}\boldsymbol{\beta}_m.$$

上式可以写成矩阵形式如下：

$$\begin{aligned}\mathscr{A}(\boldsymbol{\alpha}_1,\boldsymbol{\alpha}_2,\cdots,\boldsymbol{\alpha}_n) &= (\mathscr{A}(\boldsymbol{\alpha}_1),\mathscr{A}(\boldsymbol{\alpha}_2),\cdots,\mathscr{A}(\boldsymbol{\alpha}_n)) \\ &= (\boldsymbol{\beta}_1,\boldsymbol{\beta}_2,\cdots,\boldsymbol{\beta}_m)\begin{pmatrix} a_{11} & a_{12} & \cdots & a_{1n} \\ a_{21} & a_{22} & \cdots & a_{2n} \\ \multicolumn{4}{c}{\cdots\cdots\cdots\cdots} \\ a_{m1} & a_{m2} & \cdots & a_{mn}\end{pmatrix},\end{aligned}$$

设

$$\boldsymbol{A} = \begin{pmatrix} a_{11} & a_{12} & \cdots & a_{1n} \\ a_{21} & a_{22} & \cdots & a_{2n} \\ \multicolumn{4}{c}{\cdots\cdots\cdots\cdots} \\ a_{m1} & a_{m2} & \cdots & a_{mn}\end{pmatrix},$$

则

$$\mathscr{A}(\boldsymbol{\alpha}_1,\boldsymbol{\alpha}_2,\cdots,\boldsymbol{\alpha}_n) = (\boldsymbol{\beta}_1,\boldsymbol{\beta}_2,\cdots,\boldsymbol{\beta}_m)\boldsymbol{A}. \tag{5.2.1}$$

矩阵 $\boldsymbol{A}$ 称为 $\mathscr{A}$ 在 U 的基$\{\boldsymbol{\alpha}_1,\boldsymbol{\alpha}_2,\cdots,\boldsymbol{\alpha}_n\}$与 V 的基$\{\boldsymbol{\beta}_1,\boldsymbol{\beta}_2,\cdots,\boldsymbol{\beta}_m\}$下的矩阵.

设 $\boldsymbol{\alpha}\in U$ 在基$\{\boldsymbol{\alpha}_1,\boldsymbol{\alpha}_2,\cdots,\boldsymbol{\alpha}_n\}$下的坐标为$(x_1,x_2,\cdots,x_n)^{\mathrm{T}}$. 记 $\boldsymbol{x}^{\mathrm{T}}=(x_1,x_2,\cdots,x_n)$. 则 $\boldsymbol{\alpha}=x_1\boldsymbol{\alpha}_1+x_2\boldsymbol{\alpha}_2+\cdots+x_n\boldsymbol{\alpha}_n=(\boldsymbol{\alpha}_1,\boldsymbol{\alpha}_2,\cdots,\boldsymbol{\alpha}_n)\boldsymbol{x}$. 因此

$$\begin{aligned}\mathscr{A}(\boldsymbol{\alpha}) &= \mathscr{A}(x_1\boldsymbol{\alpha}_1 + x_2\boldsymbol{\alpha}_2 + \cdots + x_n\boldsymbol{\alpha}_n) \\ &= x_1\mathscr{A}(\boldsymbol{\alpha}_1) + x_2\mathscr{A}(\boldsymbol{\alpha}_2) + \cdots + x_n\mathscr{A}(\boldsymbol{\alpha}_n) \\ &= (\mathscr{A}(\boldsymbol{\alpha}_1),\mathscr{A}(\boldsymbol{\alpha}_2),\cdots,\mathscr{A}(\boldsymbol{\alpha}_n))\boldsymbol{x} \\ &= \mathscr{A}(\boldsymbol{\alpha}_1,\boldsymbol{\alpha}_2,\cdots,\boldsymbol{\alpha}_n)\boldsymbol{x}.\end{aligned}$$

由式(5.2.1)，

$$\mathscr{A}(\boldsymbol{\alpha}) = (\boldsymbol{\beta}_1,\boldsymbol{\beta}_2,\cdots,\boldsymbol{\beta}_m)\boldsymbol{A}\boldsymbol{x}.$$

这表明，向量 $\boldsymbol{\alpha}$ 在 $\mathscr{A}$ 下的像 $\mathscr{A}(\boldsymbol{\alpha})$在 V 的基$\{\boldsymbol{\beta}_1,\boldsymbol{\beta}_2,\cdots,\boldsymbol{\beta}_m\}$下的坐标 $\boldsymbol{y}$ 为

$$\boldsymbol{y} = \boldsymbol{A}\boldsymbol{x}. \tag{5.2.2}$$

所有 U 到 V 的线性映射集合记为 $L_{m\times n}$，数域 F 上所有 $m\times n$ 矩阵的集合记为 $F^{m\times n}$. 设 $\mathscr{A}\in L_{m\times n}$ 在 U 的基$\{\boldsymbol{\alpha}_1,\boldsymbol{\alpha}_2,\cdots,\boldsymbol{\alpha}_n\}$与 V 的基$\{\boldsymbol{\beta}_1,\boldsymbol{\beta}_2,\cdots,\boldsymbol{\beta}_m\}$下的矩阵为 $\boldsymbol{A}$. 定义 $L_{m\times n}$ 到 $F^{m\times n}$ 的映射 η 如下：对 $\mathscr{A}\in L_{m\times n}$，令 $\eta(\mathscr{A})=\boldsymbol{A}$. 显然，对 $\mathscr{A},\mathscr{B}\in L_{m\times n}$，$\mathscr{A}\neq\mathscr{B}$，$\mathscr{A}$ 与 $\mathscr{B}$ 在 U 的基$\{\boldsymbol{\alpha}_1,\boldsymbol{\alpha}_2,\cdots,\boldsymbol{\alpha}_n\}$与 V 的基$\{\boldsymbol{\beta}_1,\boldsymbol{\beta}_2,\cdots,\boldsymbol{\beta}_m\}$下的矩阵 $\boldsymbol{A}$ 与 $\boldsymbol{B}$ 满足 $\boldsymbol{A}\neq\boldsymbol{B}$. 因此 $\eta(\mathscr{A})\neq\eta(\mathscr{B})$，即映射 η 是单射. 另一方面，设 $\boldsymbol{A}\in F^{m\times n}$. 记

$$(\boldsymbol{\gamma}_1,\boldsymbol{\gamma}_2,\cdots,\boldsymbol{\gamma}_n)=(\boldsymbol{\beta}_1,\boldsymbol{\beta}_2,\cdots,\boldsymbol{\beta}_m)\boldsymbol{A}.$$

显然，$\boldsymbol{\gamma}_1,\boldsymbol{\gamma}_2,\cdots,\boldsymbol{\gamma}_n\in V$. 由定理 1，存在 $\mathscr{A}\in L_{m\times n}$，使得 $\mathscr{A}(\boldsymbol{\alpha}_j)=\boldsymbol{\gamma}_j$，$j=1,2,\cdots,n$. 因此

$$\mathscr{A}(\boldsymbol{\alpha}_1,\boldsymbol{\alpha}_2,\cdots,\boldsymbol{\alpha}_n)=(\boldsymbol{\gamma}_1,\boldsymbol{\gamma}_2,\cdots,\boldsymbol{\gamma}_n)=(\boldsymbol{\beta}_1,\boldsymbol{\beta}_2,\cdots,\boldsymbol{\beta}_m)\boldsymbol{A}.$$

这表明 $\mathscr{A}$ 在 U 的基 $\{\boldsymbol{\alpha}_1,\boldsymbol{\alpha}_2,\cdots,\boldsymbol{\alpha}_n\}$ 与 V 的基 $\{\boldsymbol{\beta}_1,\boldsymbol{\beta}_2,\cdots,\boldsymbol{\beta}_m\}$ 下的矩阵为 $\boldsymbol{A}$. 所以 $\eta(\mathscr{A})=\boldsymbol{A}$，即映射 η 是满射. 于是 η 是双射. 这说明，数域 F 上一个 $m\times n$ 矩阵表示数域 F 上 n 维线性空间 U 到数域 F 上 m 维线性空间 V 的一个线性映射. 这就给出了矩阵的一种几何意义.

设线性映射 $\mathscr{A}:U\to V$ 在 U 的基 $\{\boldsymbol{\alpha}_1,\boldsymbol{\alpha}_2,\cdots,\boldsymbol{\alpha}_n\}$ 与 V 的基 $\{\boldsymbol{\beta}_1,\boldsymbol{\beta}_2,\cdots,\boldsymbol{\beta}_m\}$ 下和在 U 的基 $\{\tilde{\boldsymbol{\alpha}}_1,\tilde{\boldsymbol{\alpha}}_2,\cdots,\tilde{\boldsymbol{\alpha}}_n\}$ 与 V 的基 $\{\tilde{\boldsymbol{\beta}}_1,\tilde{\boldsymbol{\beta}}_2,\cdots,\tilde{\boldsymbol{\beta}}_m\}$ 下的矩阵分别为 $\boldsymbol{A}$ 与 $\boldsymbol{B}$，即

$$\mathscr{A}(\boldsymbol{\alpha}_1,\boldsymbol{\alpha}_2,\cdots,\boldsymbol{\alpha}_n)=(\boldsymbol{\beta}_1,\boldsymbol{\beta}_2,\cdots,\boldsymbol{\beta}_m)\boldsymbol{A},\tag{5.2.3}$$

$$\mathscr{A}(\tilde{\boldsymbol{\alpha}}_1,\tilde{\boldsymbol{\alpha}}_2,\cdots,\tilde{\boldsymbol{\alpha}}_n)=(\tilde{\boldsymbol{\beta}}_1,\tilde{\boldsymbol{\beta}}_2,\cdots,\tilde{\boldsymbol{\beta}}_m)\boldsymbol{B}.\tag{5.2.4}$$

矩阵 $\boldsymbol{A}$ 与 $\boldsymbol{B}$ 有什么联系？下面回答这一问题.

设由基 $\{\boldsymbol{\alpha}_1,\boldsymbol{\alpha}_2,\cdots,\boldsymbol{\alpha}_n\}$ 到基 $\{\tilde{\boldsymbol{\alpha}}_1,\tilde{\boldsymbol{\alpha}}_2,\cdots,\tilde{\boldsymbol{\alpha}}_n\}$ 的过渡矩阵为 $\boldsymbol{Q}$，由基 $\{\tilde{\boldsymbol{\beta}}_1,\tilde{\boldsymbol{\beta}}_2,\cdots,\tilde{\boldsymbol{\beta}}_m\}$ 到 $\{\boldsymbol{\beta}_1,\boldsymbol{\beta}_2,\cdots,\boldsymbol{\beta}_n\}$ 的过渡矩阵为 $\boldsymbol{P}$，即

$$(\tilde{\boldsymbol{\alpha}}_1,\tilde{\boldsymbol{\alpha}}_2,\cdots,\tilde{\boldsymbol{\alpha}}_n)=(\boldsymbol{\alpha}_1,\boldsymbol{\alpha}_2,\cdots,\boldsymbol{\alpha}_n\}\boldsymbol{Q},\tag{5.2.5}$$

$$(\boldsymbol{\beta}_1,\boldsymbol{\beta}_2,\cdots,\boldsymbol{\beta}_m)=(\tilde{\boldsymbol{\beta}}_1,\tilde{\boldsymbol{\beta}}_2,\cdots,\tilde{\boldsymbol{\beta}}_m)\boldsymbol{P}.\tag{5.2.6}$$

显然 $\boldsymbol{Q}$ 与 $\boldsymbol{P}$ 分别是 n 阶与 m 阶可逆方阵. 记 $\boldsymbol{Q}=(q_{ij})$ 的第 j 列为 $\boldsymbol{q}_j=(q_{1j},q_{2j},\cdots,q_{nj})^{\mathrm{T}}$. 由式(5.2.5)，$\tilde{\boldsymbol{\alpha}}_j=(\boldsymbol{\alpha}_1,\boldsymbol{\alpha}_2,\cdots,\boldsymbol{\alpha}_n)\boldsymbol{q}_j$. 由于映射 $\mathscr{A}$ 是线性的，所以 $\mathscr{A}(\tilde{\boldsymbol{\alpha}}_j)=(\mathscr{A}(\boldsymbol{\alpha}_1),\mathscr{A}(\boldsymbol{\alpha}_2),\cdots,\mathscr{A}(\boldsymbol{\alpha}_n))\boldsymbol{q}_j$，$j=1,2,\cdots,n$. 因此

$$\mathscr{A}(\tilde{\boldsymbol{\alpha}}_1,\tilde{\boldsymbol{\alpha}}_2,\cdots,\tilde{\boldsymbol{\alpha}}_n)=(\mathscr{A}(\boldsymbol{\alpha}_1),\mathscr{A}(\boldsymbol{\alpha}_2),\cdots,\mathscr{A}(\boldsymbol{\alpha}_n))\boldsymbol{Q}.$$

把式(5.2.3)代入上式得到

$$\mathscr{A}(\tilde{\boldsymbol{\alpha}}_1,\tilde{\boldsymbol{\alpha}}_2,\cdots,\tilde{\boldsymbol{\alpha}}_n)=(\boldsymbol{\beta}_1,\boldsymbol{\beta}_2,\cdots,\boldsymbol{\beta}_m)\boldsymbol{AQ},$$

再把式(5.2.6)代入上式得到

$$\mathscr{A}(\tilde{\boldsymbol{\alpha}}_1,\tilde{\boldsymbol{\alpha}}_2,\cdots,\tilde{\boldsymbol{\alpha}}_n)=(\tilde{\boldsymbol{\beta}}_1,\tilde{\boldsymbol{\beta}}_2,\cdots,\tilde{\boldsymbol{\beta}}_m)\boldsymbol{PAQ},$$

由于线性映射 $\mathscr{A}$ 由基向量 $\tilde{\boldsymbol{\alpha}}_1,\tilde{\boldsymbol{\alpha}}_2,\cdots,\tilde{\boldsymbol{\alpha}}_n$ 在 $\mathscr{A}$ 下的像所唯一确定，因此 $\boldsymbol{B}=\boldsymbol{PAQ}$. 即线性映射 $\mathscr{A}$ 的矩阵 $\boldsymbol{A}$ 与 $\boldsymbol{B}$ 是相抵的.

反之，设矩阵 $\boldsymbol{A}$ 与 $\boldsymbol{B}$ 相抵，即设 $\boldsymbol{B}=\boldsymbol{PAQ}$，其中 $\boldsymbol{P}$ 和 $\boldsymbol{Q}$ 分别是 m 阶与 n 阶可逆方阵. 在 U 与 V 中分别取基 $\{\boldsymbol{\alpha}_1,\boldsymbol{\alpha}_2,\cdots,\boldsymbol{\alpha}_n\}$ 与基 $\{\boldsymbol{\beta}_1,\boldsymbol{\beta}_2,\cdots,\boldsymbol{\beta}_m\}$. 由式(5.2.5)和式(5.2.6)分别确定 U 的基 $\{\tilde{\boldsymbol{\alpha}}_1,\tilde{\boldsymbol{\alpha}}_2,\cdots,\tilde{\boldsymbol{\alpha}}_n\}$ 和 V 的基 $\{\tilde{\boldsymbol{\beta}}_1,\tilde{\boldsymbol{\beta}}_2,\cdots,\tilde{\boldsymbol{\beta}}_m\}$. 由

$$\mathscr{A}(\boldsymbol{\alpha}_1,\boldsymbol{\alpha}_2,\cdots,\boldsymbol{\alpha}_n)=(\boldsymbol{\beta}_1,\boldsymbol{\beta}_2,\cdots,\boldsymbol{\beta}_m)\boldsymbol{A},$$

$$\mathscr{B}(\tilde{\boldsymbol{\alpha}}_1,\tilde{\boldsymbol{\alpha}}_2,\cdots,\tilde{\boldsymbol{\alpha}}_n)=(\tilde{\boldsymbol{\beta}}_1,\tilde{\boldsymbol{\beta}}_2,\cdots,\tilde{\boldsymbol{\beta}}_m)\boldsymbol{B},$$

可以定义 U 到 V 的线性映射 $\mathscr{A}$ 与 $\mathscr{B}$. 由于 $\boldsymbol{B}=\boldsymbol{PAQ}$,故

$$\mathscr{B}(\tilde{\boldsymbol{\alpha}}_1,\tilde{\boldsymbol{\alpha}}_2,\cdots,\tilde{\boldsymbol{\alpha}}_n)=(\tilde{\boldsymbol{\beta}}_1,\tilde{\boldsymbol{\beta}}_2,\cdots,\tilde{\boldsymbol{\beta}}_m)\boldsymbol{PAQ}.$$

由式(5.2.6),

$$\mathscr{B}(\tilde{\boldsymbol{\alpha}}_1,\tilde{\boldsymbol{\alpha}}_2,\cdots,\tilde{\boldsymbol{\alpha}}_n)=(\boldsymbol{\beta}_1,\boldsymbol{\beta}_2,\cdots,\boldsymbol{\beta}_m)\boldsymbol{AQ},$$

即

$$\mathscr{B}((\tilde{\boldsymbol{\alpha}}_1,\tilde{\boldsymbol{\alpha}}_2,\cdots,\tilde{\boldsymbol{\alpha}}_n)\boldsymbol{Q}^{-1})=(\boldsymbol{\beta}_1,\boldsymbol{\beta}_2,\cdots,\boldsymbol{\beta}_m)\boldsymbol{A}.$$

由式(5.2.5),

$$\mathscr{B}(\boldsymbol{\alpha}_1,\boldsymbol{\alpha}_2,\cdots,\boldsymbol{\alpha}_n)=(\boldsymbol{\beta}_1,\boldsymbol{\beta}_2,\cdots,\boldsymbol{\beta}_m)\boldsymbol{A}.$$

由定理 1,$\mathscr{B}=\mathscr{A}$. 这表明,相抵的矩阵是同一个线性映射在不同基下的矩阵. 这就给出了矩阵相抵的几何意义. 利用矩阵在相抵下的标准形,可以证明:

定理 2　设线性映射 $\mathscr{A}: U\to V$ 在 U 的基$\{\boldsymbol{\alpha}_1,\boldsymbol{\alpha}_2,\cdots,\boldsymbol{\alpha}_n\}$与 V 的基$\{\boldsymbol{\beta}_1,\boldsymbol{\beta}_2,\cdots,\boldsymbol{\beta}_m\}$下的矩阵 $\boldsymbol{A}$,且 $\operatorname{rank}\boldsymbol{A}=r$. 则 U 与 V 中分别存在基$\{\tilde{\boldsymbol{\alpha}}_1,\tilde{\boldsymbol{\alpha}}_2,\cdots,\tilde{\boldsymbol{\alpha}}_n\}$与基$\{\tilde{\boldsymbol{\beta}}_1,\tilde{\boldsymbol{\beta}}_2,\cdots,\tilde{\boldsymbol{\beta}}_m\}$,使得

$$\mathscr{A}(\tilde{\boldsymbol{\alpha}}_1,\tilde{\boldsymbol{\alpha}}_2,\cdots,\tilde{\boldsymbol{\alpha}}_n)=(\tilde{\boldsymbol{\beta}}_1,\tilde{\boldsymbol{\beta}}_2,\cdots,\tilde{\boldsymbol{\beta}}_m)\begin{pmatrix}\boldsymbol{I}_{(r)} & \boldsymbol{0}\\ \boldsymbol{0} & \boldsymbol{0}\end{pmatrix}.$$

证明　由假设,

$$\mathscr{A}(\boldsymbol{\alpha}_1,\boldsymbol{\alpha}_2,\cdots,\boldsymbol{\alpha}_n)=(\boldsymbol{\beta}_1,\boldsymbol{\beta}_2,\cdots,\boldsymbol{\beta}_m)\boldsymbol{A}.$$

因为 $\operatorname{rank}\boldsymbol{A}=r$,因此存在 m 阶与 n 阶可逆方阵 P 与 Q,使得

$$\boldsymbol{PAQ}=\begin{pmatrix}\boldsymbol{I}_{(r)} & \boldsymbol{0}\\ \boldsymbol{0} & \boldsymbol{0}\end{pmatrix}.$$

令

$$(\tilde{\boldsymbol{\alpha}}_1,\tilde{\boldsymbol{\alpha}}_2,\cdots,\tilde{\boldsymbol{\alpha}}_n)=(\boldsymbol{\alpha}_1,\boldsymbol{\alpha}_2,\cdots,\boldsymbol{\alpha}_n)\boldsymbol{Q},$$

$$(\tilde{\boldsymbol{\beta}}_1,\tilde{\boldsymbol{\beta}}_2,\cdots,\tilde{\boldsymbol{\beta}}_m)=(\boldsymbol{\beta}_1,\boldsymbol{\beta}_2,\cdots,\boldsymbol{\beta}_m)\boldsymbol{P}^{-1}.$$

由于 $\boldsymbol{P},\boldsymbol{Q}$ 可逆,所以$\{\tilde{\boldsymbol{\alpha}}_1,\tilde{\boldsymbol{\alpha}}_2,\cdots,\tilde{\boldsymbol{\alpha}}_n\}$与$\{\tilde{\boldsymbol{\beta}}_1,\tilde{\boldsymbol{\beta}}_2,\cdots,\tilde{\boldsymbol{\beta}}_m\}$分别是 U 与 V 的基,而且 $\mathscr{A}$在 U 的基$\{\tilde{\boldsymbol{\alpha}}_1,\tilde{\boldsymbol{\alpha}}_2,\cdots,\tilde{\boldsymbol{\alpha}}_n\}$与 V 的基$\{\tilde{\boldsymbol{\beta}}_1,\tilde{\boldsymbol{\beta}}_2,\cdots,\tilde{\boldsymbol{\beta}}_m\}$下的矩阵即为 $\boldsymbol{PAQ}=\begin{pmatrix}\boldsymbol{I}_{(r)} & \boldsymbol{0}\\ \boldsymbol{0} & \boldsymbol{0}\end{pmatrix}$. 定理 2 证毕.

习　题

1. 设 $F[x]$是数域 F 上所有一元多项式 $f(x)$ 的集合. 定义映射 $\mathscr{A}: F[x]\to F[x]$如下:

设 $f(x)\in F[x]$，则令 $\mathscr{A}(f(x))=f(x+1)-f(x)$. 证明：$\mathscr{A}$是线性映射.

2. 数域 F 上所有 n 阶方阵构成的线性空间记为$F^{n\times n}$. 定义映射 $\mathscr{A}: F^{n\times n}\to F^{n\times n}$如下：设 $\boldsymbol{X}\in F^{n\times n}$，则令 $\mathscr{A}(\boldsymbol{X})=\boldsymbol{AX}-\boldsymbol{XA}$，其中 $\boldsymbol{A}$ 是$F^{n\times n}$中给定的方阵. 证明：$\mathscr{A}$是线性映射.

3. 数域 F 上 k 维列向量空间记为F^k. 定义映射 $\mathscr{A}: F^n\to F^m$ 如下：设 $\boldsymbol{\alpha}\in F^n$，则令 $\mathscr{A}(\boldsymbol{\alpha})=\boldsymbol{A\alpha}$，其中 $\boldsymbol{A}$ 是$F^{m\times n}$中固定的矩阵. 证明：$\mathscr{A}$是线性映射，并且 $\mathscr{A}$为零映射的充分必要条件是 $\boldsymbol{A}$ 为零矩阵.

4. 设 $\mathbf{C}$ 为复数域. 求映射 $\mathscr{A}: \mathbf{C}\to\mathbf{C}$，使得当 $\mathbf{C}$ 视为实数域上线性空间时 $\mathscr{A}$ 是线性的，而当 $\mathbf{C}$ 视为复数域上线性空间时 $\mathscr{A}$ 不是线性的.

5. 设 F^n 是数域F 上 n 维行向量空间，π 是自然数集合 $\mathbf{N}=\{1,2,\cdots,n\}$到自身上的映射. 定义映射 $\mathscr{A}_\pi: F^n\to F^n$ 如下：设 $\boldsymbol{x}=(x_1,x_2,\cdots,x_n)\in F^n$，则令 $\mathscr{A}_\pi(\boldsymbol{x})=(x_{\pi(1)},x_{\pi(2)},\cdots,x_{\pi(n)})$. 证明 $\mathscr{A}_\pi$ 是线性映射，并求 $\mathscr{A}_\pi$ 在基$\{\boldsymbol{\varepsilon}_1,\boldsymbol{\varepsilon}_2,\cdots,\boldsymbol{\varepsilon}_n\}$下的方阵，其中 $\boldsymbol{\varepsilon}_j=(0,\cdots,0,\underset{j}{1},0,\cdots,0)$. 记 $\mathbf{N}$ 到自身上所有双射的集合为 S_n. 设 $\pi\in S_n$，则 $\pi(1)\ \pi(2)\ \cdots\ \pi(n)$是 $1,2,\cdots,n$ 的一个排列. 排列 $\pi(1)\ \pi(2)\ \cdots\ \pi(n)$的奇偶性符号记为 $\operatorname{sgn}(\pi)$. 证明：

$$\mathscr{A}(\boldsymbol{x})=\sum_{\pi\in S_n}\operatorname{sgn}(\pi)\mathscr{A}_\pi(\boldsymbol{x})$$

是 F^n 到F^n 的线性映射，并求出 $\mathscr{A}$在基$\{\boldsymbol{\varepsilon}_1,\boldsymbol{\varepsilon}_2,\cdots,\boldsymbol{\varepsilon}_n\}$下的方阵.

6. 是否存在线性映射 $\mathscr{A}: \mathbf{R}^3\to\mathbf{R}^2$，使得 $\mathscr{A}(1,-1,1)=(1,0)$，$\mathscr{A}(1,1,1)=(0,1)$?

7. 在实数域 $\mathbf{R}$ 上 2 维行向量空间 $\mathbf{R}^2$ 中，记

$$\boldsymbol{\alpha}_1=(1,-1),\ \boldsymbol{\alpha}_2=(2,-1),\ \boldsymbol{\alpha}_3=(-3,1);$$
$$\boldsymbol{\beta}_1=(1,0),\ \boldsymbol{\beta}_2=(0,1),\ \boldsymbol{\beta}_3=(1,1).$$

是否存在线性映射 $\mathscr{A}: \mathbf{R}^2\to\mathbf{R}^2$，使得 $\mathscr{A}(\boldsymbol{\alpha}_j)=\boldsymbol{\beta}_j$，$j=1,2,3$?

8. 证明：映射 $\mathscr{A}: U\to V$ 为线性映射的充分必要条件是，对任意 $\lambda,\mu\in F$，$\boldsymbol{\alpha},\boldsymbol{\beta}\in U$，均有

$$\mathscr{A}(\lambda\boldsymbol{\alpha}+\mu\boldsymbol{\beta})=\lambda\mathscr{A}(\boldsymbol{\alpha})+\mu\mathscr{A}(\boldsymbol{\beta}).$$

9. 在所有 2 阶实方阵构成的线性空间 $\mathbf{R}^{2\times2}$中，取 $\boldsymbol{A}=\begin{pmatrix}a&b\\c&d\end{pmatrix}$. 定义映射 $\mathscr{A}: \mathbf{R}^{2\times2}\to\mathbf{R}^{2\times2}$与 $\mathscr{B}: \mathbf{R}^{2\times2}\to\mathbf{R}^{2\times2}$如下：设 $\boldsymbol{X}\in\mathbf{R}^{2\times2}$，则令 $\mathscr{A}(\boldsymbol{X})=\boldsymbol{AX}$，$\mathscr{B}(\boldsymbol{X})=\boldsymbol{XA}$. 证明：映射 $\mathscr{A}$ 与 $\mathscr{B}$ 都是线性的，并求出它们在基$\left\{\begin{pmatrix}1&0\\0&0\end{pmatrix},\begin{pmatrix}0&0\\1&0\end{pmatrix},\begin{pmatrix}0&1\\0&0\end{pmatrix},\begin{pmatrix}0&0\\0&1\end{pmatrix}\right\}$下的方阵.

10. $\mathbf{R}^{2\times2}$中所有形如$\begin{pmatrix}a&b\\-b&a\end{pmatrix}$的方阵集合记为$V$，其中 $a,b\in\mathbf{R}$. 显然 V 是实数域 $\mathbf{R}$ 上线性空间. 视复数域 $\mathbf{C}$ 为实数域 $\mathbf{R}$ 上线性空间. 定义映射 $\mathscr{A}: \mathbf{C}\to V$ 如下：设 $\boldsymbol{\alpha}=a+\mathrm{i}b\in\mathbf{C}$，$a,b\in\mathbf{R}$，则令 $\mathscr{A}(\boldsymbol{\alpha})=\begin{pmatrix}a&b\\-b&a\end{pmatrix}$. 证明：$\mathscr{A}$是实线性空间 $\mathbf{C}$ 到 V 上的可逆线性映射，并且对任意，$\boldsymbol{\alpha},\boldsymbol{\beta}\in\mathbf{C}$，$\mathscr{A}(\boldsymbol{\alpha\beta})=\mathscr{A}(\boldsymbol{\alpha})\mathscr{A}(\boldsymbol{\beta})$.

11. 定义映射 $\operatorname{tr}: F^{n\times n}\to F$ 如下：设 $\boldsymbol{A}=(a_{ij})\in F^{n\times n}$，则令 $\operatorname{tr}(\boldsymbol{A})=a_{11}+a_{22}+\cdots+a_{nn}$.

证明:映射 tr 是线性,并且对任意 $\boldsymbol{A},\boldsymbol{B}\in F^{n\times n}$,$\mathrm{tr}(\boldsymbol{AB})=\mathrm{tr}(\boldsymbol{BA})$.

12. 设 $\mathscr{A}:F^{n\times n}\to F$ 是线性映射,并且对任意 $\boldsymbol{A},\boldsymbol{B}\in F^{n\times n}$,$\mathscr{A}(\boldsymbol{AB})=\mathscr{A}(\boldsymbol{BA})$. 证明:$\mathscr{A}=\lambda\,\mathrm{tr}$,其中 $\lambda\in F$.

5.3　线性映射的代数运算

设 U 与 V 分别是数域 F 上 n 维与 m 维线性空间,$\mathscr{A}:U\to V$ 与 $\mathscr{B}:U\to V$ 是线性映射. 定义映射 $\mathscr{A}$ 与 $\mathscr{B}$ 的和 $\mathscr{A}+\mathscr{B}$ 如下:设 $\boldsymbol{\alpha}\in U$,则令 $(\mathscr{A}+\mathscr{B})(\boldsymbol{\alpha})=\mathscr{A}(\boldsymbol{\alpha})+\mathscr{B}(\boldsymbol{\alpha})$. 映射 $\mathscr{A}$ 与 $\mathscr{B}$ 的和 $\mathscr{A}+\mathscr{B}$ 是 U 到 V 的线性映射,其原因是,对任意 $\lambda\in F$,$\boldsymbol{\alpha},\boldsymbol{\beta}\in U$,由和 $\mathscr{A}+\mathscr{B}$ 的定义,

$$(\mathscr{A}+\mathscr{B})(\boldsymbol{\alpha}+\boldsymbol{\beta})=\mathscr{A}(\boldsymbol{\alpha}+\boldsymbol{\beta})+\mathscr{B}(\boldsymbol{\alpha}+\boldsymbol{\beta}),$$
$$(\mathscr{A}+\mathscr{B})(\lambda\boldsymbol{\alpha})=\mathscr{A}(\lambda\boldsymbol{\alpha})+\mathscr{B}(\lambda\boldsymbol{\alpha}).$$

因为 $\mathscr{A}$ 与 $\mathscr{B}$ 是线性映射,因此

$$\begin{aligned}(\mathscr{A}+\mathscr{B})(\boldsymbol{\alpha}+\boldsymbol{\beta})&=\mathscr{A}(\boldsymbol{\alpha})+\mathscr{A}(\boldsymbol{\beta})+\mathscr{B}(\boldsymbol{\alpha})+\mathscr{B}(\boldsymbol{\beta})\\&=(\mathscr{A}(\boldsymbol{\alpha})+\mathscr{B}(\boldsymbol{\alpha}))+(\mathscr{A}(\boldsymbol{\beta})+\mathscr{B}(\boldsymbol{\beta})),\end{aligned}$$
$$(\mathscr{A}+\mathscr{B})(\lambda\boldsymbol{\alpha})=\lambda\mathscr{A}(\boldsymbol{\alpha})+\lambda\mathscr{B}(\boldsymbol{\alpha})=\lambda(\mathscr{A}(\boldsymbol{\alpha})+\mathscr{B}(\boldsymbol{\alpha})).$$

由和 $\mathscr{A}+\mathscr{B}$ 的定义,

$$(\mathscr{A}+\mathscr{B})(\boldsymbol{\alpha}+\boldsymbol{\beta})=(\mathscr{A}+\mathscr{B})(\boldsymbol{\alpha})+(\mathscr{A}+\mathscr{B})(\boldsymbol{\beta}),$$
$$(\mathscr{A}+\mathscr{B})(\lambda\boldsymbol{\alpha})=\lambda(\mathscr{A}+\mathscr{B})(\boldsymbol{\alpha}).$$

即映射 $\mathscr{A}+\mathscr{B}$ 满足 LM(1)与 LM(2). 因此 $\mathscr{A}+\mathscr{B}:U\to V$ 是线性映射.

设 $\lambda\in F$,$\mathscr{A}:U\to V$ 是线性映射. 定义纯量 λ 与映射 $\mathscr{A}$ 的乘积 $\lambda\mathscr{A}$ 如下:设 $\boldsymbol{\alpha}\in U$,则令 $(\lambda\mathscr{A})(\boldsymbol{\alpha})=\lambda\mathscr{A}(\boldsymbol{\alpha})$. 纯量 λ 与映射 $\mathscr{A}$ 的乘积 $\lambda\mathscr{A}$ 是 U 到 V 的线性映射. 事实上,对任意 $\mu\in F$,$\boldsymbol{\alpha},\boldsymbol{\beta}\in U$,由乘积 $\lambda\mathscr{A}$ 的定义,

$$(\lambda\mathscr{A})(\boldsymbol{\alpha}+\boldsymbol{\beta})=\lambda\mathscr{A}(\boldsymbol{\alpha}+\boldsymbol{\beta}),$$
$$(\lambda\mathscr{A})(\mu\boldsymbol{\alpha})=\lambda\mathscr{A}(\mu\boldsymbol{\alpha}).$$

因为 $\mathscr{A}:U\to V$ 是线性的,因此

$$(\lambda\mathscr{A})(\boldsymbol{\alpha}+\boldsymbol{\beta})=\lambda(\mathscr{A}(\boldsymbol{\alpha})+\mathscr{A}(\boldsymbol{\beta}))=\lambda\mathscr{A}(\boldsymbol{\alpha})+\lambda\mathscr{A}(\boldsymbol{\beta}),$$
$$(\lambda\mathscr{A})(\mu\boldsymbol{\alpha})=\mu\lambda\mathscr{A}(\boldsymbol{\alpha}).$$

由 $\lambda\mathscr{A}$ 的定义,

$$(\lambda\mathscr{A})(\boldsymbol{\alpha}+\boldsymbol{\beta})=(\lambda\mathscr{A})(\boldsymbol{\alpha})+(\lambda\mathscr{A})(\boldsymbol{\beta}),$$

$$(\lambda\mathscr{A})(\mu\boldsymbol{\alpha}) = \mu(\lambda\mathscr{A})(\boldsymbol{\alpha}).$$

即乘积 $\lambda\mathscr{A}$ 满足 LM(1)与 LM(2). 所以 $\lambda\mathscr{A}: U\to V$ 是线性映射.

所有 U 到 V 的线性映射集合记为 $L_{m\times n}$. 容易验证,集合 $L_{m\times n}$ 在上述映射的加法以及纯量与映射的乘法下构成数域 F 上线性空间.

定理 1 $\dim(L_{m\times n}) = mn$.

证明 设$\{\boldsymbol{\alpha}_1,\boldsymbol{\alpha}_2,\cdots,\boldsymbol{\alpha}_n\}$与$\{\boldsymbol{\beta}_1,\boldsymbol{\beta}_2,\cdots,\boldsymbol{\beta}_m\}$分别是 U 与 V 的基. 对给定的 i, j, $1\leqslant i\leqslant n$, $1\leqslant j\leqslant m$, 定义映射 $\mathscr{E}_{ij}: U\to V$ 如下:设 $\boldsymbol{\alpha}\in U$, 且 $\boldsymbol{\alpha}$ 在基$\{\boldsymbol{\alpha}_1,\boldsymbol{\alpha}_2,\cdots,\boldsymbol{\alpha}_n\}$下的坐标为$(a_1,a_2,\cdots,a_n)^{\mathrm{T}}$,则令 $\mathscr{E}_{ij}(\boldsymbol{\alpha}) = a_i\boldsymbol{\beta}_j$. 容易验证,映射 $\mathscr{E}_{ij}\in L_{m\times n}$, $1\leqslant i\leqslant n$, $1\leqslant j\leqslant m$, 下面证明, $\{\mathscr{E}_{ij}: 1\leqslant i\leqslant n, 1\leqslant j\leqslant m\}$是 $L_{m\times n}$ 的基.

首先证明, $\{\mathscr{E}_{ij}: 1\leqslant i\leqslant n, 1\leqslant j\leqslant m\}$线性无关. 事实上,设 $\lambda_{ij}\in F$, $1\leqslant i\leqslant n$, $1\leqslant j\leqslant m$, 使得

$$\sum_{i=1}^{n}\sum_{j=1}^{m}\lambda_{ij}\mathscr{E}_{ij} = \mathscr{O},$$

其中 $\mathscr{O}\in L_{m\times n}$ 是 U 到 V 的零映射. 对任意 $\boldsymbol{\alpha}\in U$, 且 $\boldsymbol{\alpha}$ 在基$\{\boldsymbol{\alpha}_1,\boldsymbol{\alpha}_2,\cdots,\boldsymbol{\alpha}_n\}$下的坐标为$(a_1,a_2,\cdots,a_n)^{\mathrm{T}}$,有

$$\sum_{i=1}^{n}\sum_{j=1}^{m}\lambda_{ij}\mathscr{E}_{ij}(\boldsymbol{\alpha}) = \sum_{i=1}^{n}\sum_{j=1}^{m}\lambda_{ij}a_i\boldsymbol{\beta}_j = \sum_{j=1}^{m}\Big(\sum_{i=1}^{n}a_i\lambda_{ij}\Big)\boldsymbol{\beta}_j = \mathbf{0}.$$

由于$\{\boldsymbol{\beta}_1,\boldsymbol{\beta}_2,\cdots,\boldsymbol{\beta}_m\}$是 V 的基,因此

$$\sum_{i=1}^{n}a_i\lambda_{ij} = 0, \quad j = 1,2,\cdots,m.$$

因为 $\boldsymbol{\alpha}\in U$ 是任意的,所以可以取 $\boldsymbol{\alpha} = \boldsymbol{\alpha}_k$. 则 $\boldsymbol{\alpha}$ 在 U 的基$\{\boldsymbol{\alpha}_1,\boldsymbol{\alpha}_2,\cdots,\boldsymbol{\alpha}_n\}$下的坐标为$(0,\cdots,0,\underset{k}{1},0,\cdots,0)^{\mathrm{T}}$ 因此上式化为 $\lambda_{kj}=0$, $j=1,2,\cdots,m$, $k=1,2,\cdots,n$. 所以$\{\mathscr{E}_{ij}: 1\leqslant i\leqslant n, 1\leqslant j\leqslant m\}$线性无关.

其次证明,任意 $\mathscr{A}\in L_{m\times n}$ 均可由$\{\mathscr{E}_{ij}: 1\leqslant i\leqslant n, 1\leqslant j\leqslant m\}$线性表出. 事实上,设 $\mathscr{A}: U\to V$ 在 U 的基$\{\boldsymbol{\alpha}_1,\boldsymbol{\alpha}_2,\cdots,\boldsymbol{\alpha}_n\}$与 V 的基$\{\boldsymbol{\beta}_1,\boldsymbol{\beta}_2,\cdots,\boldsymbol{\beta}_m\}$下的矩阵为 $\boldsymbol{A} = (a_{ij})$, 即

$$\mathscr{A}(\boldsymbol{\alpha}_1,\boldsymbol{\alpha}_2,\cdots,\boldsymbol{\alpha}_n) = (\boldsymbol{\beta}_1,\boldsymbol{\beta}_2,\cdots,\boldsymbol{\beta}_m)\boldsymbol{A}.$$

考虑 U 到 V 的映射 $\mathscr{A} - \sum_{i=1}^{n}\sum_{j=1}^{m}a_{ji}\mathscr{E}_{ij}$. 设 $\boldsymbol{\alpha}\in U$ 在基$\{\boldsymbol{\alpha}_1,\boldsymbol{\alpha}_2,\cdots,\boldsymbol{\alpha}_n\}$下的坐标为 $\boldsymbol{a} = (a_1,a_2,\cdots,a_n)^{\mathrm{T}}$. 则

$$\boldsymbol{\alpha} = (\boldsymbol{\alpha}_1,\boldsymbol{\alpha}_2,\cdots,\boldsymbol{\alpha}_n)\boldsymbol{a}.$$

因此

$$\mathscr{A}(\boldsymbol{\alpha}) = (\boldsymbol{\beta}_1, \boldsymbol{\beta}_2, \cdots, \boldsymbol{\beta}_m)\boldsymbol{A}\boldsymbol{a} = \sum_{i=1}^{n}\sum_{j=1}^{m} a_i a_{ji}\boldsymbol{\beta}_j.$$

所以

$$\begin{aligned}\left(\mathscr{A} - \sum_{i=1}^{n}\sum_{j=1}^{m} a_{ji}\mathscr{E}_{ij}\right)(\boldsymbol{\alpha}) &= \mathscr{A}(\boldsymbol{\alpha}) - \sum_{i=1}^{n}\sum_{j=1}^{m} a_{ji}\mathscr{E}_{ij}(\boldsymbol{\alpha}) \\ &= \sum_{i=1}^{n}\sum_{j=1}^{m} a_i a_{ji}\boldsymbol{\beta}_j - \sum_{i=1}^{n}\sum_{j=1}^{m} a_{ji} a_i \boldsymbol{\beta}_j \\ &= \mathbf{0}.\end{aligned}$$

因此 $\mathscr{A} - \sum_{i=1}^{m}\sum_{j=1}^{n} a_{ij}\mathscr{E}_{ji} = \mathscr{O} \in L_{m\times n}$，即 $\mathscr{A} = \sum_{i=1}^{n}\sum_{j=1}^{m} a_{ji}\mathscr{E}_{ij}$. 这就证明，任意 $\mathscr{A} \in L_{m\times n}$ 均可由 $\{\mathscr{E}_{ij}: 1 \leqslant i \leqslant n, 1 \leqslant j \leqslant m\}$ 线性表出. 所以 $\{\mathscr{E}_{ij}: 1 \leqslant i \leqslant n, 1 \leqslant j \leqslant m\}$ 是 $L_{m\times n}$ 的基. 定理 1 证毕.

设 $\mathscr{A}: U \to V$ 与 $\mathscr{B}: V \to W$ 是线性映射. 作为映射，可以定义映射 $\mathscr{A}$ 与 $\mathscr{B}$ 的**乘积** $\mathscr{B}\mathscr{A}: U \to W$，即对任意 $\boldsymbol{\alpha} \in U$，$(\mathscr{B}\mathscr{A})(\boldsymbol{\alpha}) = \mathscr{B}(\mathscr{A}(\boldsymbol{\alpha}))$. 设 $\lambda \in F$，$\boldsymbol{\alpha}, \boldsymbol{\beta} \in U$，则

$$(\mathscr{B}\mathscr{A})(\boldsymbol{\alpha} + \boldsymbol{\beta}) = \mathscr{B}(\mathscr{A}(\boldsymbol{\alpha} + \boldsymbol{\beta})),$$
$$(\mathscr{B}\mathscr{A})(\lambda\boldsymbol{\alpha}) = \mathscr{B}(\mathscr{A}(\lambda\boldsymbol{\alpha})).$$

由于映射 $\mathscr{A}$ 与 $\mathscr{B}$ 是线性的，所以

$$(\mathscr{B}\mathscr{A})(\boldsymbol{\alpha} + \boldsymbol{\beta}) = \mathscr{B}(\mathscr{A}(\boldsymbol{\alpha})) + \mathscr{B}(\mathscr{A}(\boldsymbol{\beta})) = (\mathscr{B}\mathscr{A})(\boldsymbol{\alpha}) + (\mathscr{B}\mathscr{A})(\boldsymbol{\beta}),$$
$$(\mathscr{B}\mathscr{A})(\lambda\boldsymbol{\alpha}) = \lambda\mathscr{B}(\mathscr{A}(\boldsymbol{\alpha})) = \lambda(\mathscr{B}\mathscr{A})(\boldsymbol{\alpha}).$$

所以 $\mathscr{B}\mathscr{A}: U \to W$ 是线性映射.

与映射的乘积相同，线性映射的乘积满足结合律，但交换律并不成立，即一般地说，对线性映射 $\mathscr{A}$ 与 $\mathscr{B}$，等式 $\mathscr{B}\mathscr{A} = \mathscr{A}\mathscr{B}$ 不成立.

对零映射 $\mathscr{O}: U \to V$ 与线性映射 $\mathscr{A}: V \to W$，恒有 $\mathscr{A}\mathscr{O} = \mathscr{O}$，其中右端的 $\mathscr{O}$ 是 U 到 W 的零映射. 而对线性映射 $\mathscr{A}: W \to U$，恒有 $\mathscr{O}\mathscr{A} = \mathscr{O}$，其中右端的 $\mathscr{O}$ 是 W 到 V 的零映射.

作为集合，线性空间 U 到自的单位映射记作 $\mathscr{E}_U$. 容易验证，$\mathscr{E}_U: U \to U$ 是线性映射. 并且对任意线性映射 $\mathscr{A}: U \to V$，恒有 $\mathscr{E}_V\mathscr{A} = \mathscr{A} = \mathscr{A}\mathscr{E}_U$.

利用线性映射的乘法所满足的结合律，可以定义 k 个线性映射的乘积，$k \geqslant 3$. 给定 k 个线性映射 $\mathscr{A}_i: V_{i-1} \to V_i$，$1 \leqslant i \leqslant k$，它们的乘积 $\mathscr{A}_k \cdots \mathscr{A}_2\mathscr{A}_1$ 是线性空间 V_0 到 V_k 的线性映射. 特别地，当 k 个线性映射 $\mathscr{A}_i: V_{i-1} \to V_i$，$1 \leqslant i \leqslant k$ 是线性空间 V 到自身的同一个线性映射 $\mathscr{A}$ 时，则记 $\underbrace{\mathscr{A}\mathscr{A}\cdots\mathscr{A}}_{k个}$ 为 $\mathscr{A}^k$，$\mathscr{A}^k$ 是 V 到自身的线性映

射,并称为 $\mathscr{A}$ 的 k 次幂.约定 $\mathscr{A}$ 的零次幂 $\mathscr{A}^0=\mathscr{E}_V$.设 $f(\lambda)=\sum\limits_{i=0}^{m}a_i\lambda^i$,则记 $f(\mathscr{A})=\sum\limits_{i=0}^{m}a_i\mathscr{A}^i$,它称为线性映射 $\mathscr{A}$ 的多项式.设 $f(\lambda),g(\lambda),p(\lambda),q(\lambda)$ 是数域 F 上关于 λ 的多项式,并且 $f(\lambda)+g(\lambda)=p(\lambda),f(\lambda)g(\lambda)=q(\lambda)$.容易验证:

$$f(\mathscr{A})g(\mathscr{A})=g(\mathscr{A})f(\mathscr{A}),$$
$$f(\mathscr{A})+g(\mathscr{A})=p(\mathscr{A}),$$
$$f(\mathscr{A})g(\mathscr{A})=q(\mathscr{A}).$$

现在给出线性映射的和,纯量与线性映射的乘积以及线性映射乘积的矩阵表示.设线性映射 $\mathscr{A}:U\to V$ 与 $\mathscr{B}:U\to V$ 在 U 的基 $\{\boldsymbol{\alpha}_1,\boldsymbol{\alpha}_2,\cdots,\boldsymbol{\alpha}_n\}$ 下与 V 的基 $\{\boldsymbol{\beta}_1,\boldsymbol{\beta}_2,\cdots,\boldsymbol{\beta}_m\}$ 下的矩阵分别为 $\boldsymbol{A}$ 与 $\boldsymbol{B}$,即

$$\mathscr{A}(\boldsymbol{\alpha}_1,\boldsymbol{\alpha}_2,\cdots,\boldsymbol{\alpha}_n)=(\boldsymbol{\beta}_1,\boldsymbol{\beta}_2,\cdots,\boldsymbol{\beta}_m)\boldsymbol{A},$$
$$\mathscr{B}(\boldsymbol{\alpha}_1,\boldsymbol{\alpha}_2,\cdots,\boldsymbol{\alpha}_n)=(\boldsymbol{\beta}_1,\boldsymbol{\beta}_2,\cdots,\boldsymbol{\beta}_m)\boldsymbol{B},$$

其中 $\boldsymbol{A}=(a_{ij}),\boldsymbol{B}=(b_{ij})\in F^{m\times n}$.于是

$$\mathscr{A}(\boldsymbol{\alpha}_j)=\sum_{k=1}^{m}a_{kj}\boldsymbol{\beta}_k,\ \mathscr{B}(\boldsymbol{\alpha}_j)=\sum_{k=1}^{m}b_{kj}\boldsymbol{\beta}_k,\quad j=1,2,\cdots,n.$$

由 $\mathscr{A}+\mathscr{B}$ 的定义,

$$\begin{aligned}(\mathscr{A}+\mathscr{B})(\boldsymbol{\alpha}_j)&=\mathscr{A}(\boldsymbol{\alpha}_j)+\mathscr{B}(\boldsymbol{\alpha}_j)=\sum_{k=1}^{m}a_{kj}\boldsymbol{\beta}_k+\sum_{k=1}^{m}b_{kj}\boldsymbol{\beta}_k\\&=\sum_{k=1}^{m}(a_{kj}+b_{kj})\boldsymbol{\beta}_k,\quad j=1,2,\cdots,n.\end{aligned}$$

因此

$$(\mathscr{A}+\mathscr{B})(\boldsymbol{\alpha}_1,\boldsymbol{\alpha}_2,\cdots,\boldsymbol{\alpha}_n)=(\boldsymbol{\beta}_1,\boldsymbol{\beta}_2,\cdots,\boldsymbol{\beta}_m)(\boldsymbol{A}+\boldsymbol{B}).$$

所以线性映射 $\mathscr{A}+\mathscr{B}$ 在 U 的基 $\{\boldsymbol{\alpha}_1,\boldsymbol{\alpha}_2,\cdots,\boldsymbol{\alpha}_n\}$ 与 V 的基 $\{\boldsymbol{\beta}_1,\boldsymbol{\beta}_2,\cdots,\boldsymbol{\beta}_m\}$ 下的矩阵为 $\boldsymbol{A}+\boldsymbol{B}$.

对于 $\lambda\in F$,

$$(\lambda\mathscr{A})(\boldsymbol{\alpha}_j)=\lambda\mathscr{A}(\boldsymbol{\alpha}_j)=\lambda\sum_{k=1}^{m}a_{kj}\boldsymbol{\beta}_k=\sum_{k=1}^{m}(\lambda a_{kj})\boldsymbol{\beta}_k.$$

因此

$$(\lambda\mathscr{A})(\boldsymbol{\alpha}_1,\boldsymbol{\alpha}_2,\cdots,\boldsymbol{\alpha}_n)=(\boldsymbol{\beta}_1,\boldsymbol{\beta}_2,\cdots,\boldsymbol{\beta}_m)(\lambda\boldsymbol{A}).$$

所以线性映射 $\lambda\mathscr{A}$ 在 U 的基 $\{\boldsymbol{\alpha}_1,\boldsymbol{\alpha}_2,\cdots,\boldsymbol{\alpha}_n\}$ 与 V 的基 $\{\boldsymbol{\beta}_1,\boldsymbol{\beta}_2,\cdots,\boldsymbol{\beta}_m\}$ 下的矩阵为 $\lambda\boldsymbol{A}$.

设线性映射 $\mathscr{A}:U\to V$ 在 U 的基 $\{\boldsymbol{\alpha}_1,\boldsymbol{\alpha}_2,\cdots,\boldsymbol{\alpha}_n\}$ 与 V 的基 $\{\boldsymbol{\beta}_1,\boldsymbol{\beta}_2,\cdots,\boldsymbol{\beta}_m\}$ 下

的矩阵为 $\boldsymbol{A}$,线性映射 $\mathscr{B}: V \to W$ 在 V 的基$\{\boldsymbol{\beta}_1,\boldsymbol{\beta}_2,\cdots,\boldsymbol{\beta}_m\}$与 W 的基$\{\boldsymbol{\gamma}_1,\boldsymbol{\gamma}_2,\cdots,\boldsymbol{\gamma}_l\}$下的矩阵为 $\boldsymbol{B}$,即

$$\mathscr{A}(\boldsymbol{\alpha}_1,\boldsymbol{\alpha}_2,\cdots,\boldsymbol{\alpha}_n) = (\boldsymbol{\beta}_1,\boldsymbol{\beta}_2,\cdots,\boldsymbol{\beta}_m)\boldsymbol{A},$$
$$\mathscr{B}(\boldsymbol{\beta}_1,\boldsymbol{\beta}_2,\cdots,\boldsymbol{\beta}_m) = (\boldsymbol{\gamma}_1,\boldsymbol{\gamma}_2,\cdots,\boldsymbol{\gamma}_l)\boldsymbol{B},$$

其中 $\boldsymbol{A}=(a_{ij})\in F^{m\times n}$,$\boldsymbol{B}=(b_{jk})\in F^{l\times m}$.于是

$$\mathscr{A}(\boldsymbol{\alpha}_j) = \sum_{k=1}^{m} a_{kj}\boldsymbol{\beta}_k,\quad j = 1,2,\cdots,n,$$

$$\mathscr{B}(\boldsymbol{\beta}_k) = \sum_{i=1}^{l} b_{ik}\boldsymbol{\gamma}_i,\quad k = 1,2,\cdots,m.$$

因此

$$\begin{aligned}(\mathscr{B}\mathscr{A})(\boldsymbol{\alpha}_j) &= \mathscr{B}(\mathscr{A}(\boldsymbol{\alpha}_j)) = \mathscr{B}\Big(\sum_{k=1}^{m} a_{kj}\boldsymbol{\beta}_k\Big)\\ &= \sum_{k=1}^{m} a_{kj}\mathscr{B}(\boldsymbol{\beta}_k) = \sum_{k=1}^{m}\sum_{i=1}^{l} a_{kj}b_{ik}\boldsymbol{\gamma}_i\\ &= \sum_{i=1}^{l}\Big(\sum_{k=1}^{m} b_{ik}a_{kj}\Big)\boldsymbol{\gamma}_i,\quad j = 1,2,\cdots,n.\end{aligned}$$

所以

$$(\mathscr{B}\mathscr{A})(\boldsymbol{\alpha}_1,\boldsymbol{\alpha}_2,\cdots,\boldsymbol{\alpha}_n) = (\boldsymbol{\gamma}_1,\boldsymbol{\gamma}_2,\cdots,\boldsymbol{\gamma}_l)(\boldsymbol{BA}).$$

这表明,线性映射 $\mathscr{A}$ 与 $\mathscr{B}$ 的乘积 $\mathscr{B}\mathscr{A}$ 的矩阵表示等于线性映射 $\mathscr{B}$ 的矩阵表示 $\boldsymbol{B}$ 与线性映射 $\mathscr{A}$ 的矩阵表示 $\boldsymbol{A}$ 的乘积.

最后讨论可逆的线性映射.设 $\mathscr{A}: U \to V$ 是线性映射.如果作为映射,$\mathscr{A}$ 可逆,则 $\mathscr{A}$ 称为**可逆的线性映射**.关于可逆的线性映射,有:

定理 2 设线性映射 $\mathscr{A}: U \to V$ 可逆,则 $\dim U = \dim V$.

证明 由于线性映射 $\mathscr{A}$ 可逆,故由第 1 节定理 3,$\mathscr{A}$ 是双射.又映射 $\mathscr{A}$ 是线性的,因此 $\mathscr{A}$ 是 U 到 V 上的同构映射,即线性空间 U 和 V 同构.所以 $\dim U = \dim V$.

定理 3 设线性映射 $\mathscr{A}: U \to V$ 可逆,则 $\mathscr{A}$ 的逆映射是可逆线性映射.

证明 设 $\mathscr{B}: V \to U$ 是映射 $\mathscr{A}: U \to V$ 的逆映射.则 $\mathscr{B}$ 显然可逆,并且 $\mathscr{B}\mathscr{A} = \mathscr{E}_U$,$\mathscr{A}\mathscr{B} = \mathscr{E}_V$.

设 $\tilde{\boldsymbol{\alpha}},\tilde{\boldsymbol{\beta}}\in V$,则存在唯一的 $\boldsymbol{\alpha},\boldsymbol{\beta}\in U$,使得 $\mathscr{A}(\boldsymbol{\alpha})=\tilde{\boldsymbol{\alpha}}$,$\mathscr{A}(\boldsymbol{\beta})=\tilde{\boldsymbol{\beta}}$.因此

$$\begin{aligned}\mathscr{B}(\tilde{\boldsymbol{\alpha}} + \tilde{\boldsymbol{\beta}}) &= \mathscr{B}(\mathscr{A}(\boldsymbol{\alpha}) + \mathscr{A}(\boldsymbol{\beta})) = \mathscr{B}(\mathscr{A}(\boldsymbol{\alpha} + \boldsymbol{\beta}))\\ &= (\mathscr{B}\mathscr{A})(\boldsymbol{\alpha} + \boldsymbol{\beta}) = \mathscr{E}_U(\boldsymbol{\alpha} + \boldsymbol{\beta}) = \boldsymbol{\alpha} + \boldsymbol{\beta}\end{aligned}$$

$$\begin{aligned}
&= \mathscr{E}_U(\boldsymbol{\alpha}) + \mathscr{E}_U(\boldsymbol{\beta}) = (\mathscr{B}\mathscr{A})(\boldsymbol{\alpha}) + (\mathscr{B}\mathscr{A})(\boldsymbol{\beta}) \\
&= \mathscr{B}(\mathscr{A}(\boldsymbol{\alpha})) + \mathscr{B}(\mathscr{A}(\boldsymbol{\beta})) = \mathscr{B}(\tilde{\boldsymbol{\alpha}}) + \mathscr{B}(\tilde{\boldsymbol{\beta}}), \\
\mathscr{B}(\lambda\tilde{\boldsymbol{\alpha}}) &= \mathscr{B}(\lambda\mathscr{A}(\boldsymbol{\alpha})) = \mathscr{B}(\mathscr{A}(\lambda\boldsymbol{\alpha})) = (\mathscr{B}\mathscr{A})(\lambda\boldsymbol{\alpha}) \\
&= \mathscr{E}_U(\lambda\boldsymbol{\alpha}) = \lambda\boldsymbol{\alpha} = \lambda\mathscr{E}_U(\boldsymbol{\alpha}) \\
&= \lambda(\mathscr{B}\mathscr{A})(\boldsymbol{\alpha}) = \lambda\mathscr{B}(\mathscr{A}(\boldsymbol{\alpha})) = \lambda\mathscr{B}(\tilde{\boldsymbol{\alpha}}),
\end{aligned}$$

其中 $\lambda\in F$. 因此 $\mathscr{B}: V\to U$ 是线性映射.

定理 4 设 $\mathscr{A}: U\to V$ 与 $\mathscr{B}: V\to W$ 是可逆线性映射. 则乘积 $\mathscr{B}\mathscr{A}: U\to W$ 是可逆线性映射.

证明 作为映射, $\mathscr{A}: U\to V$ 与 $\mathscr{B}: V\to W$ 可逆, 因此由 5.1 节定理 5, $\mathscr{B}\mathscr{A}: U\to W$ 可逆. 又映射 $\mathscr{A}: U\to V$ 与 $\mathscr{B}: V\to W$ 是线性的, 所以 $\mathscr{B}\mathscr{A}: U\to W$ 是线性的. 因此 $\mathscr{B}\mathscr{A}: U\to W$ 是可逆线性映射.

下面给出可逆线性映射 $\mathscr{A}: U\to V$ 的逆映射 $\mathscr{B}: U\to V$ 的矩阵表示. 由于映射 $\mathscr{A}$ 可逆, 所以 $\dim U=\dim V$. 设线性映射 $\mathscr{A}$ 在 U 的基 $\{\boldsymbol{\alpha}_1,\boldsymbol{\alpha}_2,\cdots,\boldsymbol{\alpha}_n\}$ 与 V 的基 $\{\boldsymbol{\beta}_1,\boldsymbol{\beta}_2,\cdots,\boldsymbol{\beta}_n\}$ 下的矩阵为 $\boldsymbol{A}$, 即

$$\mathscr{A}(\boldsymbol{\alpha}_1,\boldsymbol{\alpha}_2,\cdots,\boldsymbol{\alpha}_n) = (\boldsymbol{\beta}_1,\boldsymbol{\beta}_2,\cdots,\boldsymbol{\beta}_n)\boldsymbol{A}.$$

设 $\mathscr{B}: U\to V$ 在 V 的基 $\{\boldsymbol{\beta}_1,\boldsymbol{\beta}_2,\cdots,\boldsymbol{\beta}_n\}$ 与 U 的基 $\{\boldsymbol{\alpha}_1,\boldsymbol{\alpha}_2,\cdots,\boldsymbol{\alpha}_n\}$ 下的矩阵为 $\boldsymbol{B}$, 即

$$\mathscr{B}(\boldsymbol{\beta}_1,\boldsymbol{\beta}_2,\cdots,\boldsymbol{\beta}_n) = (\boldsymbol{\alpha}_1,\boldsymbol{\alpha}_2,\cdots,\boldsymbol{\alpha}_n)\boldsymbol{B}.$$

因为 $\mathscr{B}\mathscr{A}=\mathscr{E}_U$, $\mathscr{A}\mathscr{B}=\mathscr{E}_V$, 因此

$$\begin{aligned}
(\mathscr{B}\mathscr{A})(\boldsymbol{\alpha}_1,\boldsymbol{\alpha}_2,\cdots,\boldsymbol{\alpha}_n) &= (\boldsymbol{\alpha}_1,\boldsymbol{\alpha}_2,\cdots,\boldsymbol{\alpha}_n)\boldsymbol{B}\boldsymbol{A} = (\boldsymbol{\alpha}_1,\boldsymbol{\alpha}_2,\cdots,\boldsymbol{\alpha}_n)\boldsymbol{I}_{(n)}, \\
(\mathscr{A}\mathscr{B})(\boldsymbol{\beta}_1,\boldsymbol{\beta}_2,\cdots,\boldsymbol{\beta}_n) &= (\boldsymbol{\beta}_1,\boldsymbol{\beta}_2,\cdots,\boldsymbol{\beta}_n)\boldsymbol{A}\boldsymbol{B} = (\boldsymbol{\beta}_1,\boldsymbol{\beta}_2,\cdots,\boldsymbol{\beta}_n)\boldsymbol{I}_{(n)}.
\end{aligned}$$

所以 $\boldsymbol{A}\boldsymbol{B}=\boldsymbol{I}_{(n)}=\boldsymbol{B}\boldsymbol{A}$. 即可逆矩阵线性映射 $\mathscr{A}$ 的矩阵表示 $\boldsymbol{A}$ 是可逆方阵, 并且 $\mathscr{A}$ 的逆映射 $\mathscr{B}$ 的矩阵表示是方阵 $\boldsymbol{A}$ 的逆方阵. 以后记线性映射 $\mathscr{A}$ 的逆映射为 $\mathscr{A}^{-1}$.

习　题

1. 设 $\{\boldsymbol{\varepsilon}_1,\boldsymbol{\varepsilon}_2\}$ 是数域 F 上 2 维行向量空间 F^2 的基, 线性映射 $\mathscr{A}: F^2\to F^2$ 与 $\mathscr{B}: F^2\to F^2$ 分别把 $\{\boldsymbol{\varepsilon}_1,\boldsymbol{\varepsilon}_2\}$ 映为 $\{\boldsymbol{\varepsilon}_2,\boldsymbol{0}\}$ 与 $\{\boldsymbol{0},\boldsymbol{\varepsilon}_2\}$. 证明: $\mathscr{A}\mathscr{B}=\mathscr{O}$, 但 $\mathscr{B}\mathscr{A}=\mathscr{A}$.

2. 定义微商映射 $\mathscr{D}: F[x]\to F[x]$ 如下: 设 $f(x)\in F[x]$, 则令 $\mathscr{D}(f(x))=f'(x)$, 其中 $f'(x)$ 是 $f(x)$ 的微商. 定义积分映射 $\mathscr{S}: F[x]\to F[x]$ 如下: 设 $f(x)\in F[x]$, 则令 $\mathscr{S}(f(x)) = \int_0^x f(t)\mathrm{d}t$. 证明: 映射 $\mathscr{D}$ 与 $\mathscr{S}$ 是线性的, 且 $\mathscr{D}$ 是满射, 但不是单射, 而 $\mathscr{S}$ 是单射, 但不是满射. 求 $\mathscr{S}\mathscr{D}-\mathscr{D}\mathscr{S}$.

3. 定义映射 $\mathscr{A}: F[x]\to F[x]$ 如下: 设 $f(x)\in F[x]$, 令 $\mathscr{A}(f(x))=xf(x)$. 设 $\mathscr{D}$ 是微商映射. 证明: $\mathscr{A}$ 是线性的; $\mathscr{A}\mathscr{D}-\mathscr{D}\mathscr{A}$ 是单位映射.

4. 设 U 与 V 分别是数域 F 上 m 维与 n 维线性空间. 取定 $\boldsymbol{\alpha} \in U$. 所有满足 $\mathscr{A}(\boldsymbol{\alpha}) = \mathbf{0}$ 的线性映射 $\mathscr{A}: U \to V$ 的集合记为 K. 证明: K 在线性映射的加法以及纯量与线性映射的乘法下成为数域 F 上线性空间. 求 $\dim K$.

5. 设 $\mathscr{A}: V \to V$ 是数域 F 上 n 维线性空间 V 的线性映射. 所有满足 $\mathscr{A}\mathscr{B} = \mathscr{O}$ 的线性映射 $\mathscr{B}: V \to V$ 的集合记为 R. 证明集合 R 在线性映射的加法以及纯量与线性映射的乘法下成为数域 F 上线性空间. 选择适当的线性映射 $\mathscr{A}$, 使得 $\dim R = 0$, 或 n, 或 n^2.

6. 设 $\mathscr{D}: F[x] \to F[x]$ 是微商映射, $\mathscr{S}: F[x] \to F[x]$ 是积分映射. 确定映射 $\mathscr{D}^n\mathscr{S}^n$ 与 $\mathscr{S}^n\mathscr{D}^n$, $n = 1, 2, \cdots$.

7. 定义映射 $\mathscr{A}: F_n[x] \to F_n[x]$ 如下: 设 $f(x) \in F_n[x]$, 则令 $\mathscr{A}(f(x)) = f(x+1)$. 证明

$$\mathscr{A} = \mathscr{E} + \frac{\mathscr{D}}{1!} + \frac{\mathscr{D}^2}{2!} + \cdots + \frac{\mathscr{D}^{n-1}}{(n-1)!},$$

其中 $\mathscr{E}: F_n[x] \to F_n[x]$ 是单位映射, $\mathscr{D}: F_n[x] \to F_n[x]$ 是微商映射.

8. 设 V 是数域 F 上 n 维线性空间. 所有线性映射 $\mathscr{A}: V \to V$ 构成数域 F 上 n^2 维线性空间记为 U. 取定 $\mathscr{A} \in U$. 定义映射 $P_{\mathscr{A}}: U \to U$ 如下: 设 $\mathscr{X} \in U$, 则令 $P_{\mathscr{A}}(\mathscr{X}) = \mathscr{A}\mathscr{X}$. 证明: $P_{\mathscr{A}}$ 是线性的. 对线性映射 $\mathscr{Q}: U \to U$, 是否存在 $\mathscr{A} \in U$, 使得 $\mathscr{Q} = P_{\mathscr{A}}$?

5.4　像　与　核

在本节中, 恒假设 U 与 V 分别是数域 F 上 n 维与 m 维线性空间.

定义 1　设 $\mathscr{A}: U \to V$ 是线性映射. 集合

$$\mathrm{Im}(\mathscr{A}) = \{\mathscr{A}(\boldsymbol{\alpha}) \in V : \boldsymbol{\alpha} \in U\}$$

称为 U 在 $\mathscr{A}$ 下的像, 或者 $\mathscr{A}$ 的值域, 也记为 $\mathscr{A}(U)$. 集合

$$\mathrm{Ker}(\mathscr{A}) = \{\boldsymbol{\alpha} \in U : \mathscr{A}(\boldsymbol{\alpha}) = \mathbf{0} \in V\}$$

称为 $\mathscr{A}$ 的核, 也记为 $\mathscr{A}^{-1}(\mathbf{0})$.

定理 1　U 在 $\mathscr{A}$ 下的像 $\mathrm{Im}(\mathscr{A})$ 是 V 的子空间, 而 $\mathscr{A}$ 的核 $\mathrm{Ker}(\mathscr{A})$ 是 U 的子空间.

证明　因为 $\mathscr{A}$ 是线性映射, 因此 $\mathscr{A}(\mathbf{0}) = \mathbf{0}$, 即 $\mathbf{0} \in \mathrm{Im}(\mathscr{A})$, 即 $\mathrm{Im}(\mathscr{A})$ 非空. 设 $\widetilde{\boldsymbol{\alpha}}, \widetilde{\boldsymbol{\beta}} \in \mathrm{Im}(\mathscr{A})$, 则存在 $\boldsymbol{\alpha}, \boldsymbol{\beta} \in U$, 使得 $\mathscr{A}(\boldsymbol{\alpha}) = \widetilde{\boldsymbol{\alpha}}$, $\mathscr{A}(\boldsymbol{\beta}) = \widetilde{\boldsymbol{\beta}}$. 因此

$$\mathscr{A}(\boldsymbol{\alpha} + \boldsymbol{\beta}) = \mathscr{A}(\boldsymbol{\alpha}) + \mathscr{A}(\boldsymbol{\beta}) = \widetilde{\boldsymbol{\alpha}} + \widetilde{\boldsymbol{\beta}},$$

$$\mathscr{A}(\lambda\boldsymbol{\alpha}) = \lambda\mathscr{A}(\boldsymbol{\alpha}) = \lambda\widetilde{\boldsymbol{\alpha}},$$

其中 $\lambda \in F$. 所以 $\tilde{\boldsymbol{\alpha}}+\tilde{\boldsymbol{\beta}} \in \operatorname{Im}(\mathscr{A})$, $\lambda \tilde{\boldsymbol{\alpha}} \in \operatorname{Im}(\mathscr{A})$. 这就证明 $\operatorname{Im}(\mathscr{A})$ 是 V 的子空间.

其次由 $\mathscr{A}(\mathbf{0})=\mathbf{0}$ 可知, $\mathbf{0} \in \operatorname{Ker}(\mathscr{A})$, 故 $\operatorname{Ker}(\mathscr{A})$ 非空. 设 $\boldsymbol{\alpha}, \boldsymbol{\beta} \in \operatorname{Ker}(\mathscr{A})$, 则 $\mathscr{A}(\boldsymbol{\alpha})=\mathbf{0}$, $\mathscr{A}(\boldsymbol{\beta})=\mathbf{0}$. 由于 A 是线性映射, 因此

$$\mathscr{A}(\boldsymbol{\alpha}+\boldsymbol{\beta})=\mathscr{A}(\boldsymbol{\alpha})+\mathscr{A}(\boldsymbol{\beta})=\mathbf{0},$$
$$\mathscr{A}(\lambda \boldsymbol{\alpha})=\lambda \mathscr{A}(\boldsymbol{\alpha})=\lambda \mathbf{0}=\mathbf{0}.$$

其中 $\lambda \in F$. 所以 $\boldsymbol{\alpha}+\boldsymbol{\beta}$, $\lambda \boldsymbol{\alpha} \in \operatorname{Ker}(\mathscr{A})$. 这就证明, $\operatorname{Ker}(\mathscr{A})$ 是 U 的子空间.

定理 2 设 $\mathscr{A}: U \rightarrow V$ 是线性映射. 则 U 模 $\operatorname{Ker}(\mathscr{A})$ 的商空间 $U / \operatorname{Ker}(\mathscr{A})$ 同构于 $\operatorname{Im}(\mathscr{A})$.

证明 设 $\boldsymbol{\alpha} \in U$ 所在的模 $\operatorname{Ker}(\mathscr{A})$ 的同余类为 $\tilde{\boldsymbol{\alpha}}$, 显然 $\tilde{\boldsymbol{\alpha}}=\boldsymbol{\alpha}+\operatorname{Ker}(\mathscr{A})$. 定义映射 $\eta: U / \operatorname{Ker}(\mathscr{A}) \rightarrow \operatorname{Im}(\mathscr{A})$ 如下: 设 $\tilde{\boldsymbol{\alpha}} \in U / \operatorname{Ker}(\mathscr{A})$, 则令 $\eta(\tilde{\boldsymbol{\alpha}})=\mathscr{A}(\boldsymbol{\alpha})$. 设 $\boldsymbol{\beta} \in \tilde{\boldsymbol{\alpha}}$. 则 $\boldsymbol{\beta}=\boldsymbol{\alpha}+\boldsymbol{\gamma}$, $\boldsymbol{\gamma} \in \operatorname{Ker}(\mathscr{A})$. 因此 $\mathscr{A}(\boldsymbol{\beta})=\mathscr{A}(\boldsymbol{\alpha}+\boldsymbol{\gamma})=\mathscr{A}(\boldsymbol{\alpha})$. 这表明, 映射 $\eta: U / \operatorname{Ker}(\mathscr{A}) \rightarrow \operatorname{Im}(\mathscr{A})$ 的定义与同余类 $\tilde{\boldsymbol{\alpha}}$ 的代表元选取无关, 因此映射 η 有确切定义.

设 $\tilde{\boldsymbol{\alpha}}, \tilde{\boldsymbol{\beta}} \in U / \operatorname{Ker}(\mathscr{A})$, 且 $\eta(\tilde{\boldsymbol{\beta}})=\eta(\tilde{\boldsymbol{\alpha}})$. 则 $\mathscr{A}(\boldsymbol{\alpha})=\mathscr{A}(\boldsymbol{\beta})$. 即 $\mathscr{A}(\boldsymbol{\alpha})-\mathscr{A}(\boldsymbol{\beta})=\mathbf{0}$. 因为 $\mathscr{A}$ 是线性的, 因此 $\mathscr{A}(\boldsymbol{\alpha}-\boldsymbol{\beta})=0$. 所以 $\boldsymbol{\alpha}-\boldsymbol{\beta}=\boldsymbol{\gamma} \in \operatorname{Ker}(\mathscr{A})$. 这表明, $\tilde{\boldsymbol{\alpha}}=\tilde{\boldsymbol{\beta}}$, 即映射 η 是单射. 设 $\boldsymbol{\alpha}^{*} \in \operatorname{Im}(\mathscr{A})$, 则存在 $\boldsymbol{\alpha} \in U$, 使得 $\mathscr{A}(\boldsymbol{\alpha})=\boldsymbol{\alpha}^{*}$. 因此 $\eta(\tilde{\boldsymbol{\alpha}})=\mathscr{A}(\boldsymbol{\alpha})=\boldsymbol{\alpha}^{*}$. 这表明映射 η 是满射, 从而 η 是双射.

现在设 $\tilde{\boldsymbol{\alpha}}, \tilde{\boldsymbol{\beta}} \in U / \operatorname{Ker}(\mathscr{A})$, 则

$$\eta(\tilde{\boldsymbol{\alpha}}+\tilde{\boldsymbol{\beta}})=\eta(\boldsymbol{\alpha}+\boldsymbol{\beta})=\mathscr{A}(\boldsymbol{\alpha}+\boldsymbol{\beta})=\mathscr{A}(\boldsymbol{\alpha})+\mathscr{A}(\boldsymbol{\beta})=\eta(\tilde{\boldsymbol{\alpha}})+\eta(\tilde{\boldsymbol{\beta}}),$$
$$\eta(\lambda \tilde{\boldsymbol{\alpha}})=\eta(\lambda \tilde{\boldsymbol{\alpha}})=\mathscr{A}(\lambda \boldsymbol{\alpha})=\lambda \mathscr{A}(\boldsymbol{\alpha})=\lambda \eta(\tilde{\boldsymbol{\alpha}}),$$

其中 $\lambda \in F$. 这表明 η 保加法与乘法. 所以 η 是 $U / \operatorname{Ker}(\mathscr{A})$ 到 $\operatorname{Im}(\mathscr{A})$ 上的同构映射. 定理 2 证毕.

由定理 2 以及第 4 章 4.5 节定理 2 与 4.8 节定理 1 的推论立即得到:

定理 3 设 $\mathscr{A}: U \rightarrow V$ 是线性映射, 则

$$\operatorname{dim} U=\operatorname{dim}(\operatorname{Im}(\mathscr{A}))+\operatorname{dim}(\operatorname{Ker}(\mathscr{A})).$$

证明 由第 4 章 4.8 节定理 1 的推论,

$$\operatorname{dim}(U / \operatorname{Ker}(\mathscr{A}))=\operatorname{dim} U-\operatorname{dim}(\operatorname{Ker}(\mathscr{A})).$$

由定理 2 和第 4 章 4.5 节定理 2,

$$\operatorname{dim}(U / \operatorname{Ker}(\mathscr{A}))=\operatorname{dim}(\operatorname{Im}(\mathscr{A})).$$

所以定理 3 成立.

定义 2 设 $\mathscr{A}: U \rightarrow V$ 是线性映射. 则 $\operatorname{dim}(\operatorname{Im}(\mathscr{A}))$ 称为 $\mathscr{A}$ 的**秩**, 记为 $\rho(\mathscr{A})$, 而 $\operatorname{dim}(\operatorname{Ker}(\mathscr{A}))$ 称为 $\mathscr{A}$ 的**零度**(nullity), 记为 $\nu(\mathscr{A})$.

定理 4　设 $\mathscr{A}: U\to V$ 是线性映射，并且 $\rho(\mathscr{A})=r$. 则存在 U 的基 $\{\boldsymbol{\alpha}_1,\boldsymbol{\alpha}_2,\cdots,\boldsymbol{\alpha}_n\}$ 与 V 的基 $\{\boldsymbol{\beta}_1,\boldsymbol{\beta}_2,\cdots,\boldsymbol{\beta}_m\}$，使得

$$\mathscr{A}(\boldsymbol{\alpha}_1,\boldsymbol{\alpha}_2,\cdots,\boldsymbol{\alpha}_n)=(\boldsymbol{\beta}_1,\boldsymbol{\beta}_2,\cdots,\boldsymbol{\beta}_m)\begin{pmatrix}\boldsymbol{I}_{(r)} & \boldsymbol{0}\\ \boldsymbol{0} & \boldsymbol{0}\end{pmatrix}.$$

证明　因为 $\rho(\mathscr{A})=r$，故由定理 3，$\nu(\mathscr{A})=\dim(\mathrm{Ker}(\mathscr{A}))=n-r$. 取 $\mathrm{Ker}(\mathscr{A})$ 的基 $\{\boldsymbol{\alpha}_{r+1},\boldsymbol{\alpha}_{r+2},\cdots,\boldsymbol{\alpha}_n\}$. 因为 $\mathrm{Ker}(\mathscr{A})$ 是 u 的子空间，并且 $\dim U=n$，因此 $\{\boldsymbol{\alpha}_{r+1},\boldsymbol{\alpha}_{r+2},\cdots,\boldsymbol{\alpha}_n\}$ 可扩充为 U 的基 $\{\boldsymbol{\alpha}_1,\boldsymbol{\alpha}_2,\cdots,\boldsymbol{\alpha}_r,\boldsymbol{\alpha}_{r+1},\cdots,\boldsymbol{\alpha}_n\}$. 记

$$\mathscr{A}(\boldsymbol{\alpha}_j)=\boldsymbol{\beta}_j,\quad j=1,2,\cdots,r. \tag{5.4.1}$$

显然 $r\leqslant\dim V=m$，并且 $\{\boldsymbol{\beta}_1,\boldsymbol{\beta}_2,\cdots,\boldsymbol{\beta}_r\}\subseteq\mathrm{Im}(\mathscr{A})$. 设 $\lambda_1\boldsymbol{\beta}_1+\lambda_2\boldsymbol{\beta}_2+\cdots+\lambda_r\boldsymbol{\beta}_r=\boldsymbol{0}$，$\lambda_1,\lambda_2,\cdots,\lambda_r\in F$. 则

$$\begin{aligned}\boldsymbol{0}&=\lambda_1\boldsymbol{\beta}_1+\lambda_2\boldsymbol{\beta}_2+\cdots+\lambda_r\boldsymbol{\beta}_r=\lambda_1\mathscr{A}(\boldsymbol{\alpha}_1)+\lambda_2\mathscr{A}(\boldsymbol{\alpha}_2)+\cdots+\lambda_r\mathscr{A}(\boldsymbol{\alpha}_r)\\&=\mathscr{A}(\lambda_1\boldsymbol{\alpha}_1+\lambda_2\boldsymbol{\alpha}_2+\cdots+\lambda_r\boldsymbol{\alpha}_r).\end{aligned}$$

因此 $\lambda_1\boldsymbol{\alpha}_1+\lambda_2\boldsymbol{\alpha}_2+\cdots+\lambda_r\boldsymbol{\alpha}_r\in\mathrm{Ker}(\mathscr{A})$. 由于 $\{\boldsymbol{\alpha}_{r+1},\boldsymbol{\alpha}_{r+2},\cdots,\boldsymbol{\alpha}_n\}$ 是 $\mathrm{Ker}(\mathscr{A})$ 的基，所以

$$\lambda_1\boldsymbol{\alpha}_1+\lambda_2\boldsymbol{\alpha}_2+\cdots+\lambda_r\boldsymbol{\alpha}_r=\lambda_{r+1}\boldsymbol{\alpha}_{r+1}+\lambda_{r+2}\boldsymbol{\alpha}_{r+2}+\cdots+\lambda_n\boldsymbol{\alpha}_n.$$

即

$$\lambda_1\boldsymbol{\alpha}_1+\lambda_2\boldsymbol{\alpha}_2+\cdots+\lambda_r\boldsymbol{\alpha}_r+(-\lambda_{r+1})\boldsymbol{\alpha}_{r+1}+\cdots+(-\lambda_n)\boldsymbol{\alpha}_n=\boldsymbol{0}.$$

因为 $\{\boldsymbol{\alpha}_1,\boldsymbol{\alpha}_2,\cdots,\boldsymbol{\alpha}_n\}$ 是 U 的基，所以 $\lambda_1=\lambda_2=\cdots=\lambda_r=0$. 这就证明 $\{\boldsymbol{\beta}_1,\boldsymbol{\beta}_2,\cdots,\boldsymbol{\beta}_r\}$ 线性无关. 由于 $\rho(\mathscr{A})=\dim(\mathrm{Im}(\mathscr{A}))=r$. 因此 $\{\boldsymbol{\beta}_1,\boldsymbol{\beta}_2,\cdots,\boldsymbol{\beta}_r\}$ 是 $\mathrm{Im}(\mathscr{A})$ 的基. 由于 $\mathrm{Im}(\mathscr{A})\subseteq V$，所以 $\{\boldsymbol{\beta}_1,\boldsymbol{\beta}_2,\cdots,\boldsymbol{\beta}_r\}$ 可以扩充为 V 的基 $\{\boldsymbol{\beta}_1,\boldsymbol{\beta}_2,\cdots,\boldsymbol{\beta}_m\}$. 由式 (5.4.1) 以及 $\boldsymbol{\alpha}_{r+1},\boldsymbol{\alpha}_{r+2},\cdots,\boldsymbol{\alpha}_n\in\mathrm{Ker}(\mathscr{A})$ 得到

$$\mathscr{A}(\boldsymbol{\alpha}_1,\boldsymbol{\alpha}_2,\cdots,\boldsymbol{\alpha}_n)=(\boldsymbol{\beta}_1,\boldsymbol{\beta}_2,\cdots,\boldsymbol{\beta}_m)\begin{pmatrix}\boldsymbol{I}_{(r)} & \boldsymbol{0}\\ \boldsymbol{0} & \boldsymbol{0}\end{pmatrix}.$$

定理 4 证毕.

定理 5　设 $\boldsymbol{A}$ 是线性映射 $\mathscr{A}: U\to V$ 在 U 的基 $\{\boldsymbol{\alpha}_1,\boldsymbol{\alpha}_2,\cdots,\boldsymbol{\alpha}_n\}$ 与 V 的基 $\{\boldsymbol{\beta}_1,\boldsymbol{\beta}_2,\cdots,\boldsymbol{\beta}_m\}$ 下的矩阵. 则 $\mathrm{rank}\,\boldsymbol{A}=\dim(\mathrm{Im}(\mathscr{A}))$.

证明　由假设，

$$\mathscr{A}(\boldsymbol{\alpha}_1,\boldsymbol{\alpha}_2,\cdots,\boldsymbol{\alpha}_n)=(\boldsymbol{\beta}_1,\boldsymbol{\beta}_2,\cdots,\boldsymbol{\beta}_m)\boldsymbol{A}.$$

考虑齐次线性方程组 $\boldsymbol{Ax}=\boldsymbol{0}$ 的解空间 $V_{\boldsymbol{A}}=\{\boldsymbol{x}\in F^n:\boldsymbol{Ax}=\boldsymbol{0}\}$，其中 F^n 是数域 F 上 n 维列向量空间. 设 $\boldsymbol{\alpha}\in\mathrm{Ker}(\mathscr{A})$ 在基 $\{\boldsymbol{\alpha}_1,\boldsymbol{\alpha}_2,\cdots,\boldsymbol{\alpha}_n\}$ 下的坐标为 $\boldsymbol{x}$，$\boldsymbol{x}\in F^n$. 则 $\mathscr{A}(\boldsymbol{\alpha})$ 在基 $\{\boldsymbol{\alpha}_1,\boldsymbol{\alpha}_2,\cdots,\boldsymbol{\alpha}_n\}$ 下的坐标为 $\boldsymbol{Ax}$. 由于 $\boldsymbol{\alpha}\in\mathrm{Ker}(\mathscr{A})$，故 $\mathscr{A}(\boldsymbol{\alpha})=\boldsymbol{0}$. 因此 $\boldsymbol{Ax}=\boldsymbol{0}$，即 $\boldsymbol{x}\in V_{\boldsymbol{A}}$. 于是定义映射 $\eta:\mathrm{Ker}(\mathscr{A})\to V_{\boldsymbol{A}}$ 如下：设 $\boldsymbol{\alpha}\in U$，且 $\boldsymbol{\alpha}$ 在基 $\{\boldsymbol{\alpha}_1,\boldsymbol{\alpha}_2,$

$\cdots,\boldsymbol{\alpha}_n\}$下的坐标为 $\boldsymbol{x}$，则令 $\eta(\boldsymbol{\alpha})=\boldsymbol{x}$. 容易验证，$\eta$ 是 $\mathrm{Ker}(\mathscr{A})$到 V_A 上的同构映射. 因此 $\nu(\mathscr{A})=\dim V_A$. 由第 4 章 4.6 节例 3,

$$\nu(\mathscr{A})=\dim V_A=n-\mathrm{rank}\,\boldsymbol{A}=\dim U-\mathrm{rank}\,\boldsymbol{A}.$$

由定理 3，$\mathrm{rank}\,\boldsymbol{A}=\dim(\mathrm{Im}(\mathscr{A}))$. 定理 5 证毕.

容易看出，线性映射 $\mathscr{A}: U\to V$ 为满射的充分必要条件是 $\mathrm{Im}(\mathscr{A})=V$. 可以证明：

定理 6 线性映射 $\mathscr{A}: U\to V$ 为单射的充分必要条件是 $\mathrm{Ker}(\mathscr{A})=\{\mathbf{0}\}$.

证明 设 $\mathscr{A}: U\to V$ 是单射，且 $\boldsymbol{\alpha}\in\mathrm{Ker}(\mathscr{A})$. 则 $\mathscr{A}(\boldsymbol{\alpha})=\mathbf{0}$. 由于 $\mathscr{A}: U\to V$ 是单射，且 $\mathscr{A}(\mathbf{0})=\mathbf{0}$，故 $\boldsymbol{\alpha}=\mathbf{0}$，即 $\mathrm{Ker}(\mathscr{A})=\{\mathbf{0}\}$.

反之设 $\mathrm{Ker}(\mathscr{A})=\{\mathbf{0}\}$. 如果 $\boldsymbol{\alpha},\boldsymbol{\beta}\in U$，且 $\mathscr{A}(\boldsymbol{\alpha})=\mathscr{A}(\boldsymbol{\beta})$，则 $\mathscr{A}(\boldsymbol{\alpha}-\boldsymbol{\beta})=\mathbf{0}$，故 $\boldsymbol{\alpha}-\boldsymbol{\beta}\in\mathrm{Ker}(\mathscr{A})$. 因此 $\boldsymbol{\alpha}-\boldsymbol{\beta}=\mathbf{0}$，即 $\boldsymbol{\alpha}=\boldsymbol{\beta}$. 所以 $\mathscr{A}: U\to V$ 是单射.

定理 7 线性映射 $\mathscr{A}: U\to V$ 可逆的充分必要条件是 $\dim V=\dim U$，且 $\mathrm{Ker}(\mathscr{A})=\{\mathbf{0}\}$.

证明 设线性映射 $\mathscr{A}: U\to V$ 可逆，则由 5.1 节定理 3，$\mathscr{A}$ 是双射. 因此 $\mathrm{Im}(\mathscr{A})=V$，且由定理 6，$\mathrm{Ker}(\mathscr{A})=\{\mathbf{0}\}$. 由定理 3 即得 $\dim V=\dim(\mathrm{Im}(\mathscr{A}))=\dim U$.

反之设 $\mathrm{Ker}(\mathscr{A})=\{\mathbf{0}\}$，且 $\dim V=\dim U$. 由定理 6，$\mathscr{A}: U\to V$ 为单射. 由定理 3，$\dim(\mathrm{Im}(\mathscr{A}))=\dim U=\dim V$. 由于 $\mathrm{Im}(\mathscr{A})\subseteq V$，故由 $\dim V=\dim(\mathrm{Im}(\mathscr{A}))$ 得到 $\mathrm{Im}(\mathscr{A})=V$.

利用线性映射的像与核的结论，可以处理矩阵在相抵下的标准形理论. 为此先证明：

定理 8 设 $\boldsymbol{A},\boldsymbol{B}\in F^{m\times n}$ 相抵，则 $\mathrm{rank}\,\boldsymbol{A}=\mathrm{rank}\,\boldsymbol{B}$.

证明 设$\{\boldsymbol{\alpha}_1,\boldsymbol{\alpha}_2,\cdots,\boldsymbol{\alpha}_n\}$与$\{\boldsymbol{\beta}_1,\boldsymbol{\beta}_2,\cdots,\boldsymbol{\beta}_m\}$分别是 U 与 V 的基. 由 5.2 节定理 1，存在线性映射 $\mathscr{A}: U\to V$，使得

$$\mathscr{A}(\boldsymbol{\alpha}_1,\boldsymbol{\alpha}_2,\cdots,\boldsymbol{\alpha}_n)=(\boldsymbol{\beta}_1,\boldsymbol{\beta}_2,\cdots,\boldsymbol{\beta}_m)\boldsymbol{A}.$$

由定理 5，$\mathrm{rank}\,\boldsymbol{A}=\dim(\mathrm{Im}(\mathscr{A}))$. 因为矩阵 $\boldsymbol{A}$ 与 $\boldsymbol{B}$ 相抵，因此存在 m 阶与 n 阶可逆方阵 $\boldsymbol{P}$ 与 $\boldsymbol{Q}$，使得 $\boldsymbol{B}=\boldsymbol{PAQ}$. 设

$$(\widetilde{\boldsymbol{\alpha}}_1,\widetilde{\boldsymbol{\alpha}}_2,\cdots,\widetilde{\boldsymbol{\alpha}}_n)=(\boldsymbol{\alpha}_1,\boldsymbol{\alpha}_2,\cdots,\boldsymbol{\alpha}_n)\boldsymbol{Q},\ (\boldsymbol{\beta}_1,\boldsymbol{\beta}_2,\cdots,\boldsymbol{\beta}_m)=(\widetilde{\boldsymbol{\beta}}_1,\widetilde{\boldsymbol{\beta}}_2,\cdots,\widetilde{\boldsymbol{\beta}}_m)\boldsymbol{P}.$$

显然$\{\widetilde{\boldsymbol{\alpha}}_1,\widetilde{\boldsymbol{\alpha}}_2,\cdots,\widetilde{\boldsymbol{\alpha}}_n\}$与$\{\widetilde{\boldsymbol{\beta}}_1,\widetilde{\boldsymbol{\beta}}_2,\cdots,\widetilde{\boldsymbol{\beta}}_m\}$分别是 U 与 V 的基，并且

$$\begin{aligned}\mathscr{A}(\widetilde{\boldsymbol{\alpha}}_1,\widetilde{\boldsymbol{\alpha}}_2,\cdots,\widetilde{\boldsymbol{\alpha}}_n)&=(\mathscr{A}(\boldsymbol{\alpha}_1,\boldsymbol{\alpha}_2,\cdots,\boldsymbol{\alpha}_n))\boldsymbol{Q}\\&=(\boldsymbol{\beta}_1,\boldsymbol{\beta}_2,\cdots,\boldsymbol{\beta}_m)\boldsymbol{AQ}\\&=(\widetilde{\boldsymbol{\beta}}_1,\widetilde{\boldsymbol{\beta}}_2,\cdots,\widetilde{\boldsymbol{\beta}}_m)\boldsymbol{PAQ}\\&=(\widetilde{\boldsymbol{\beta}}_1,\widetilde{\boldsymbol{\beta}}_2,\cdots,\widetilde{\boldsymbol{\beta}}_m)\boldsymbol{B}.\end{aligned}$$

这表明 $\boldsymbol{B}$ 是线性映射 $\mathscr{A}: U \to V$ 在 U 的基 $\{\tilde{\boldsymbol{\alpha}}_1, \tilde{\boldsymbol{\alpha}}_2, \cdots, \tilde{\boldsymbol{\alpha}}_n\}$ 与 V 的基 $\{\tilde{\boldsymbol{\beta}}_1, \tilde{\boldsymbol{\beta}}_2, \cdots, \tilde{\boldsymbol{\beta}}_m\}$ 下的矩阵.因此由定理 5,$\operatorname{rank} \boldsymbol{B} = \dim(\operatorname{Im}(\mathscr{A})) = \operatorname{rank} \boldsymbol{A}$.定理 8 证毕.

定理 9　设 $\boldsymbol{A} \in F^{m \times n}$,且 $\operatorname{rank} \boldsymbol{A} = r$.则矩阵 $\boldsymbol{A}$ 相抵于矩阵 $\begin{pmatrix} \boldsymbol{I}_{(r)} & \boldsymbol{0} \\ \boldsymbol{0} & \boldsymbol{0} \end{pmatrix}$.

证明　设 $\{\boldsymbol{\alpha}_1, \boldsymbol{\alpha}_2, \cdots, \boldsymbol{\alpha}_n\}$ 和 $\{\boldsymbol{\beta}_1, \boldsymbol{\beta}_2, \cdots, \boldsymbol{\beta}_m\}$ 分别是 U 与 V 的基.由 5.2 节定理 1,存在线性映射 $\mathscr{A}: U \to V$,使得

$$\mathscr{A}(\boldsymbol{\alpha}_1, \boldsymbol{\alpha}_2, \cdots, \boldsymbol{\alpha}_n) = (\boldsymbol{\beta}_1, \boldsymbol{\beta}_2, \cdots, \boldsymbol{\beta}_m)\boldsymbol{A}.$$

由定理 5,$\dim(\operatorname{Im}(\mathscr{A})) = \operatorname{rank} \boldsymbol{A} = r$.由定理 4,存在 U 的基 $\{\tilde{\boldsymbol{\alpha}}_1, \tilde{\boldsymbol{\alpha}}_2, \cdots, \tilde{\boldsymbol{\alpha}}_n\}$ 和 V 的基 $\{\tilde{\boldsymbol{\beta}}_1, \tilde{\boldsymbol{\beta}}_2, \cdots, \tilde{\boldsymbol{\beta}}_m\}$,使得

$$\mathscr{A}(\tilde{\boldsymbol{\alpha}}_1, \tilde{\boldsymbol{\alpha}}_2, \cdots, \tilde{\boldsymbol{\alpha}}_n) = (\tilde{\boldsymbol{\beta}}_1, \tilde{\boldsymbol{\beta}}_2, \cdots, \tilde{\boldsymbol{\beta}}_m)\begin{pmatrix} \boldsymbol{I}_{(r)} & \boldsymbol{0} \\ \boldsymbol{0} & \boldsymbol{0} \end{pmatrix}.$$

设

$$(\tilde{\boldsymbol{\alpha}}_1, \tilde{\boldsymbol{\alpha}}_2, \cdots, \tilde{\boldsymbol{\alpha}}_n) = (\boldsymbol{\alpha}_1, \boldsymbol{\alpha}_2, \cdots, \boldsymbol{\alpha}_n)\boldsymbol{Q},$$
$$(\boldsymbol{\beta}_1, \boldsymbol{\beta}_2, \cdots, \boldsymbol{\beta}_m) = (\tilde{\boldsymbol{\beta}}_1, \tilde{\boldsymbol{\beta}}_2, \cdots, \tilde{\boldsymbol{\beta}}_m)\boldsymbol{P},$$

其中 $\boldsymbol{P}$ 和 $\boldsymbol{Q}$ 分别是 m 阶与 n 阶可逆方阵.则

$$\begin{aligned} \mathscr{A}(\tilde{\boldsymbol{\alpha}}_1, \tilde{\boldsymbol{\alpha}}_2, \cdots, \tilde{\boldsymbol{\alpha}}_n) &= (\mathscr{A}(\boldsymbol{\alpha}_1, \boldsymbol{\alpha}_2, \cdots, \boldsymbol{\alpha}_n))\boldsymbol{Q} \\ &= (\boldsymbol{\beta}_1, \boldsymbol{\beta}_2, \cdots, \boldsymbol{\beta}_m)\boldsymbol{A}\boldsymbol{Q} \\ &= (\tilde{\boldsymbol{\beta}}_1, \tilde{\boldsymbol{\beta}}_2, \cdots, \tilde{\boldsymbol{\beta}}_m)\boldsymbol{P}\boldsymbol{A}\boldsymbol{Q}. \end{aligned}$$

因此 $\boldsymbol{PAQ} = \begin{pmatrix} \boldsymbol{I}_{(r)} & \boldsymbol{0} \\ \boldsymbol{0} & \boldsymbol{0} \end{pmatrix}$.定理 9 证毕.

由定理 8 与定理 9 立即得到,矩阵的秩是矩阵在相抵下的全系不变量.

应当指出,利用矩阵在相抵下的标准形理论,也可证明前面提到的关于线性映射的像与核的定理 3 与定理 4.请读者自行证之,这里不拟赘述.

我们已经知道,给定 $m \times n$ 矩阵 $\boldsymbol{A} \in F^{m \times n}$,取定数域 F 上 n 维线性空间 U 的基 $\{\boldsymbol{\alpha}_1, \boldsymbol{\alpha}_2, \cdots, \boldsymbol{\alpha}_n\}$ 以及数域 F 上 m 维线性空间 V 的基 $\{\boldsymbol{\beta}_1, \boldsymbol{\beta}_2, \cdots, \boldsymbol{\beta}_m\}$,则存在线性映射 $\mathscr{A}: U \to V$,使得

$$\mathscr{A}(\boldsymbol{\alpha}_1, \boldsymbol{\alpha}_2, \cdots, \boldsymbol{\alpha}_n) = (\boldsymbol{\beta}_1, \boldsymbol{\beta}_2, \cdots, \boldsymbol{\beta}_m)\boldsymbol{A}.$$

而且 $\rho(\mathscr{A}) = \operatorname{rank} \boldsymbol{A}$.因此我们可以利用有关线性映射 $\mathscr{A}$ 的像 $\operatorname{Im}(\mathscr{A})$ 与核 $\operatorname{Ker}(\mathscr{A})$ 的结论来证明有关矩阵的秩的命题.

例 1　设 $\boldsymbol{A} \in F^{m \times n}, \boldsymbol{B} \in F^{n \times p}$,证明:

$$\operatorname{rank}(\boldsymbol{AB}) \leqslant \min\{\operatorname{rank} \boldsymbol{A}, \operatorname{rank} \boldsymbol{B}\}.$$

证明　设 $\{\boldsymbol{\alpha}_1, \boldsymbol{\alpha}_2, \cdots, \boldsymbol{\alpha}_p\}$,$\{\boldsymbol{\beta}_1, \boldsymbol{\beta}_2, \cdots, \boldsymbol{\beta}_n\}$ 与 $\{\boldsymbol{\gamma}_1, \boldsymbol{\gamma}_2, \cdots, \boldsymbol{\gamma}_m\}$ 依次是数域 F 上

p 维,n 维与 m 维线性空间 U,V 与 W 的基.由

$$\mathscr{B}(\boldsymbol{\alpha}_1,\boldsymbol{\alpha}_2,\cdots,\boldsymbol{\alpha}_p)=(\boldsymbol{\beta}_1,\boldsymbol{\beta}_2,\cdots,\boldsymbol{\beta}_n)\boldsymbol{B}$$

和

$$\mathscr{A}(\boldsymbol{\beta}_1,\boldsymbol{\beta}_2,\cdots,\boldsymbol{\beta}_n)=(\boldsymbol{\gamma}_1,\boldsymbol{\gamma}_2,\cdots,\boldsymbol{\gamma}_m)\boldsymbol{A}$$

分别确定线性映射 $\mathscr{B}:U\to V$ 与 $\mathscr{A}:V\to W$.于是线性映射 $\mathscr{A}\mathscr{B}:U\to W$ 的矩阵为 $\boldsymbol{AB}$,即

$$\mathscr{A}\mathscr{B}(\boldsymbol{\alpha}_1,\boldsymbol{\alpha}_2,\cdots,\boldsymbol{\alpha}_p)=(\boldsymbol{\gamma}_1,\boldsymbol{\gamma}_2,\cdots,\boldsymbol{\gamma}_m)\boldsymbol{AB}.$$

考虑像 $\mathrm{Im}(\mathscr{A})$与 $\mathrm{Im}(\mathscr{A}\mathscr{B})$.显然,$\mathrm{Im}(\mathscr{A}\mathscr{B})\subseteq\mathrm{Im}(\mathscr{A})$.因此,$\dim\mathrm{Im}(\mathscr{A}\mathscr{B})\leqslant\dim\mathrm{Im}(\mathscr{A})$.由定理 5,

$$\operatorname{rank}\boldsymbol{AB}\leqslant\operatorname{rank}\boldsymbol{A}.$$

再考虑核 $\mathrm{Ker}\,\mathscr{B}$ 与 $\mathrm{Ker}(\mathscr{A}\mathscr{B})$.显然,$\mathrm{Ker}(\mathscr{B})\subseteq\mathrm{Ker}(\mathscr{A}\mathscr{B})$.因此 $\dim\mathrm{Ker}(\mathscr{B})\leqslant\dim\mathrm{Ker}(\mathscr{A}\mathscr{B})$.由定理 3 与定理 5,

$$\begin{aligned}\dim\mathrm{Ker}(\mathscr{B})&=p-\dim\mathrm{Im}(\mathscr{B})=p-\operatorname{rank}\boldsymbol{B}\\&\leqslant\dim\mathrm{Ker}(\mathscr{A}\mathscr{B})=p-\operatorname{rank}\boldsymbol{AB},\end{aligned}$$

所以

$$\operatorname{rank}\boldsymbol{AB}\leqslant\operatorname{rank}\boldsymbol{B}.$$

例 1 得证.

例 2 设 $\boldsymbol{A}$ 是数域 F 上 n 阶方阵.证明:

$$\operatorname{rank}\boldsymbol{A}^n=\operatorname{rank}\boldsymbol{A}^{n+1}=\operatorname{rank}\boldsymbol{A}^{n+2}=\cdots.$$

证明 取数域 F 上 n 维线性空间 V 的一组基$\{\boldsymbol{\alpha}_1,\boldsymbol{\alpha}_2,\cdots,\boldsymbol{\alpha}_n\}$,由

$$\mathscr{A}(\boldsymbol{\alpha}_1,\boldsymbol{\alpha}_2,\cdots,\boldsymbol{\alpha}_n)=(\boldsymbol{\alpha}_1,\boldsymbol{\alpha}_2,\cdots,\boldsymbol{\alpha}_n)\boldsymbol{A}$$

便确定了 V 到自身的一个线性映射 $\mathscr{A}:V\to V$.考虑 V 到自身的线性映射序列 $\mathscr{A}$, $\mathscr{A}^2,\cdots,\mathscr{A}^k,\cdots$.它们在基$\{\boldsymbol{\alpha}_1,\boldsymbol{\alpha}_2,\cdots,\boldsymbol{\alpha}_n\}$下的矩阵依次为 $\boldsymbol{A},\boldsymbol{A}^2,\cdots,\boldsymbol{A}^k,\cdots$.由定理 3 与定理 5,

$$\operatorname{rank}\boldsymbol{A}^k=n-\dim\mathrm{Ker}(\mathscr{A}^k),\quad k=1,2,\cdots.\tag{5.4.2}$$

于是,为证明例 2,只需证明

$$\dim\mathrm{Ker}(\mathscr{A}^n)=\dim\mathrm{Ker}(\mathscr{A}^{n+1})=\dim\mathrm{Ker}(\mathscr{A}^{n+2})=\cdots,$$

即

$$\mathrm{Ker}(\mathscr{A}^n)=\mathrm{Ker}(\mathscr{A}^{n+1})=\mathrm{Ker}(\mathscr{A}^{n+2})=\cdots.$$

这建议我们考察核序列 $\mathrm{Ker}(\mathscr{A}),\mathrm{Ker}(\mathscr{A}^2),\cdots,\mathrm{Ker}(\mathscr{A}^k),\cdots$.

首先证明

$$\mathrm{Ker}(\mathscr{A})\subseteq\mathrm{Ker}(\mathscr{A}^2)\subseteq\cdots\subseteq\mathrm{Ker}(\mathscr{A}^k)\subseteq\cdots\subseteq V.\tag{5.4.3}$$

事实上,设 $\boldsymbol{\alpha}\in\mathrm{Ker}(\mathscr{A}^k)$,则 $\mathscr{A}^k(\boldsymbol{\alpha})=\boldsymbol{0}$.因此 $\mathscr{A}^{k+1}(\boldsymbol{\alpha})=\mathscr{A}(\mathscr{A}^k(\boldsymbol{\alpha}))=\mathscr{A}(\boldsymbol{0})=\boldsymbol{0}$.所

以 $\boldsymbol{\alpha}\in \mathrm{Ker}(\mathscr{A}^{k+1})$. 于是 $\mathrm{Ker}(\mathscr{A}^{k})\subseteq \mathrm{Ker}(\mathscr{A}^{k+1})$, $k=1,2,\cdots$. 由此即得式(5.4.3).

由式(5.4.3)得到

$$\begin{aligned}\dim \mathrm{Ker}(\mathscr{A}) &\leqslant \dim \mathrm{Ker}(\mathscr{A}^2)\leqslant\cdots\leqslant \dim \mathrm{Ker}(\mathscr{A}^k)\\ &\leqslant\cdots\leqslant \dim V = n.\end{aligned}$$

因此必有某个正整数 k,使得

$$\dim \mathrm{Ker}(\mathscr{A}^k) = \dim \mathrm{Ker}(\mathscr{A}^{k+1}).$$

由于 $\mathrm{Ker}(\mathscr{A}^{k})\subseteq \mathrm{Ker}(\mathscr{A}^{k+1})$. 因此

$$\mathrm{Ker}(\mathscr{A}^k) = \mathrm{Ker}(\mathscr{A}^{k+1}).$$

现在证明, $\mathrm{Ker}(\mathscr{A}^{k+1}) = \mathrm{Ker}(\mathscr{A}^{k+2})$. 设 $\boldsymbol{\alpha}\in \mathrm{Ker}(\mathscr{A}^{k+2})$, 则 $\mathscr{A}^{k+2}(\boldsymbol{\alpha}) = \mathscr{A}^{k+1}(\mathscr{A}(\boldsymbol{\alpha}))=\mathbf{0}$. 因此 $\mathscr{A}(\boldsymbol{\alpha})\in \mathrm{Ker}(\mathscr{A}^{k+1}) = \mathrm{Ker}(\mathscr{A}^{k})$. 所以 $\mathscr{A}^{k}(\mathscr{A}(\boldsymbol{\alpha})) = \mathscr{A}^{k+1}(\boldsymbol{\alpha})=\mathbf{0}$. 即 $\boldsymbol{\alpha}\in \mathrm{Ker}(\mathscr{A}^{k+1})$. 因此 $\mathrm{Ker}(\mathscr{A}^{k+2})\subseteq \mathrm{Ker}(\mathscr{A}^{k+1})$. 但 $\mathrm{Ker}(\mathscr{A}^{k+1})\subseteq \mathrm{Ker}(\mathscr{A}^{k+2})$. 所以 $\mathrm{Ker}(\mathscr{A}^{k+1}) = \mathrm{Ker}(\mathscr{A}^{k+2})$. 同理可证, $\mathrm{Ker}(\mathscr{A}^{k+2}) = \mathrm{Ker}(\mathscr{A}^{k+3})$, $\cdots$. 于是得到

$$\mathrm{Ker}(\mathscr{A}^k) = \mathrm{Ker}(\mathscr{A}^{k+1}) = \mathrm{Ker}(\mathscr{A}^{k+2}) = \cdots.$$

式(5.4.3)中使上式成立的最小正整数仍记为 k,即

$$\begin{aligned}\mathrm{Ker}(\mathscr{A}) &\not\subseteq \mathrm{Ker}(\mathscr{A}^2)\not\subseteq\cdots\not\subseteq \mathrm{Ker}(\mathscr{A}^{k-1})\not\subseteq \mathrm{Ker}(\mathscr{A}^k)\\ &= \mathrm{Ker}(\mathscr{A}^{k+1}) = \cdots\subseteq V.\end{aligned}$$

则

$$\begin{aligned}\dim \mathrm{Ker}(\mathscr{A}) &< \dim \mathrm{Ker}(\mathscr{A}^2) <\cdots< \dim \mathrm{Ker}(\mathscr{A}^{k-1})\\ &< \dim \mathrm{Ker}(\mathscr{A}^k) = \cdots\leqslant n.\end{aligned}$$

由此 $k\leqslant n$. 这表明

$$\mathrm{Ker}(\mathscr{A}^n) = \mathrm{Ker}(\mathscr{A}^{n+1}) = \mathrm{Ker}(\mathscr{A}^{n+2}) = \cdots.$$

由式(5.4.2)即得到例2.

对 V 到自身的线性映射序列 $\mathscr{A},\mathscr{A}^2,\cdots,\mathscr{A}^k,\cdots$,考虑相应的像序列 $\mathrm{Im}(\mathscr{A})$, $\mathrm{Im}(\mathscr{A}^2),\cdots,\mathrm{Im}(\mathscr{A}^k),\cdots$,可以给出例2的另一证明. 请读者自行证之.

例3 设 $\boldsymbol{A}$ 是数域 F 上 n 阶方阵. 证明:存在数域 F 上 n 阶可逆方阵 $\boldsymbol{P}$,使得 $\boldsymbol{PA}$ 是幂等方阵(即满足 $(\boldsymbol{PA})^2=\boldsymbol{PA}$).

证明 方法1 设 $\{\boldsymbol{\alpha}_1,\boldsymbol{\alpha}_2,\cdots,\boldsymbol{\alpha}_n\}$ 是数域 F 上 n 维线性空间 V 的基. 由

$$\mathscr{A}(\boldsymbol{\alpha}_1,\boldsymbol{\alpha}_2,\cdots,\boldsymbol{\alpha}_n) = (\boldsymbol{\alpha}_1,\boldsymbol{\alpha}_2,\cdots,\boldsymbol{\alpha}_n)\boldsymbol{A}$$

可以确定 V 的一个线性映射 $\mathscr{A}$. 设 $\mathrm{rank}\,\boldsymbol{A}=r$. 则由定理3与定理5, $\dim(\mathrm{Ker}(\mathscr{A}))=n-r$. 设 $\{\boldsymbol{\beta}_{r+1},\boldsymbol{\beta}_{r+2},\cdots,\boldsymbol{\beta}_n\}$ 是核 $\mathrm{Ker}(\mathscr{A})$ 的基,它可以扩充为 V 的基 $\{\boldsymbol{\beta}_1,\boldsymbol{\beta}_2,\cdots,\boldsymbol{\beta}_r,\boldsymbol{\beta}_{r+1},\cdots,\boldsymbol{\beta}_n\}$. 和定理4的证明一样,可以证明, $\{\mathscr{A}(\boldsymbol{\beta}_1),\mathscr{A}(\boldsymbol{\beta}_2),\cdots,\mathscr{A}(\boldsymbol{\beta}_r)\}$ 是像 $\mathrm{Im}(\mathscr{A})$ 的基. 记 $\mathscr{A}(\boldsymbol{\beta}_j)=\boldsymbol{\gamma}_j$, $j=1,2,\cdots,r$. 把 $\{\boldsymbol{\gamma}_1,\boldsymbol{\gamma}_2,\cdots,\boldsymbol{\gamma}_r\}$ 扩充成 V 的基 $\{\boldsymbol{\gamma}_1,$

$\boldsymbol{\gamma}_2,\cdots,\boldsymbol{\gamma}_r,\boldsymbol{\gamma}_{r+1},\cdots,\boldsymbol{\gamma}_n\}$. 由 5.2 节定理 1,由

$$\mathscr{P}(\boldsymbol{\gamma}_1,\boldsymbol{\gamma}_2,\cdots,\boldsymbol{\gamma}_n) = (\boldsymbol{\beta}_1,\boldsymbol{\beta}_2,\cdots,\boldsymbol{\beta}_n)$$

可以确定一个可逆线性映射 $\mathscr{P}: V\to V$. 于是,当 $1\leqslant j\leqslant r$ 时,

$$\mathscr{P}\mathscr{A}(\boldsymbol{\beta}_j) = \mathscr{P}(\mathscr{A}(\boldsymbol{\beta}_j)) = \mathscr{P}(\boldsymbol{\gamma}_j) = \boldsymbol{\beta}_j,$$

$$(\mathscr{P}\mathscr{A})^2(\boldsymbol{\beta}_j) = \boldsymbol{\beta}_j = \mathscr{P}\mathscr{A}(\boldsymbol{\beta}_j);$$

而当 $r+1\leqslant j\leqslant n$ 时,

$$\mathscr{P}\mathscr{A}(\boldsymbol{\beta}_j) = \mathscr{P}(\mathscr{A}(\boldsymbol{\beta}_j)) = \mathscr{P}(\mathbf{0}) = \mathbf{0},$$

$$(\mathscr{P}\mathscr{A})^2(\boldsymbol{\beta}_j) = \mathbf{0} = \mathscr{P}\mathscr{A}(\boldsymbol{\beta}_j).$$

因此,$(\mathscr{P}\mathscr{A})^2 = \mathscr{P}\mathscr{A}$.

记

$$\mathscr{P}(\boldsymbol{\alpha}_1,\boldsymbol{\alpha}_2,\cdots,\boldsymbol{\alpha}_n) = (\boldsymbol{\alpha}_1,\boldsymbol{\alpha}_2,\cdots,\boldsymbol{\alpha}_n)\boldsymbol{P}.$$

因为 $\mathscr{P}$ 是可逆线性映射,所以方阵 $\boldsymbol{P}$ 是可逆的. 因此

$$\mathscr{P}\mathscr{A}(\boldsymbol{\alpha}_1,\boldsymbol{\alpha}_2,\cdots,\boldsymbol{\alpha}_n) = (\boldsymbol{\alpha}_1,\boldsymbol{\alpha}_2,\cdots,\boldsymbol{\alpha}_n)\boldsymbol{PA}.$$

由于 $(\mathscr{P}\mathscr{A})^2 = \mathscr{P}\mathscr{A}$,所以 $(\boldsymbol{PA})^2 = \boldsymbol{PA}$.

方法 2 设 $\operatorname{rank} \boldsymbol{A} = r$. 则存在 n 阶可逆方阵 $\boldsymbol{Q}$ 与 $\boldsymbol{R}$,使得

$$\boldsymbol{QAR} = \begin{pmatrix} \boldsymbol{I}_{(r)} & \mathbf{0} \\ \mathbf{0} & \mathbf{0} \end{pmatrix}.$$

因此

$$\boldsymbol{RQA} = \boldsymbol{R}(\boldsymbol{QAR})\boldsymbol{R}^{-1} = \boldsymbol{R}\begin{pmatrix} \boldsymbol{I}_{(r)} & \mathbf{0} \\ \mathbf{0} & \mathbf{0} \end{pmatrix}\boldsymbol{R}^{-1}.$$

记 $\boldsymbol{P} = \boldsymbol{RQ}$. 显然 n 阶方阵 $\boldsymbol{P}$ 可逆,并且 $(\boldsymbol{PA})^2 = \boldsymbol{PA}$.

例 4 设 U_1 是数域 F 上 n 维线性空间 U 的 k 维子空间,$\mathscr{A}: U\to V$ 是线性映射. 记 $\mathscr{A}(U_1) = \{\mathscr{A}(\boldsymbol{\alpha}):\boldsymbol{\alpha}\in U_1\}$. 显然 $\mathscr{A}(U_1)$ 是 V 的子空间. 证明:

$$\dim(\mathscr{A}(U_1)) \geqslant \dim U_1 - n + \rho(\mathscr{A}).$$

证明 考虑映射 $\mathscr{A}|_{U_1}: U_1\to\mathscr{A}(U_1)$ 如下:设 $\boldsymbol{\alpha}\in U_1$,则令 $\mathscr{A}|_{U_1}(\boldsymbol{\alpha}) = \mathscr{A}(\boldsymbol{\alpha})$. 显然映射 $\mathscr{A}|_{U_1}: U_1\to\mathscr{A}(U_1)$ 是线性的,它称为线性映射 $\mathscr{A}: U\to V$ 在子空间 U_1 上的限制. 容易证明,$\operatorname{Im}(\mathscr{A}|_{U_1}) = \mathscr{A}(U_1)$,且 $\operatorname{Ker}(\mathscr{A}|_{U_1}) = \{\boldsymbol{\alpha}\in U_1: \mathscr{A}(\boldsymbol{\alpha}) = \mathbf{0}\}$. 因此 $\operatorname{Ker}(\mathscr{A}|_{U_1})\subseteq\operatorname{Ker}(\mathscr{A})$. 于是 $\dim(\operatorname{Ker}(\mathscr{A}|_{U_1}))\leqslant\dim(\operatorname{Ker}(\mathscr{A}))$. 由定理 3 和定理 5,

$$\dim U_1 - \dim(\operatorname{Im}(\mathscr{A}|_{U_1})) \leqslant \dim U - \dim(\operatorname{Im}(\mathscr{A})).$$

因此

$$\dim\mathscr{A}(U_1) = \dim(\operatorname{Im}(\mathscr{A}|_{U_1})) \geqslant \dim U_1 - \dim U + \dim(\operatorname{Im}(\mathscr{A}))$$

$$= \dim U_1 - n + \rho(\mathscr{A}).$$

习　题

1. 设 $\mathscr{D}: F_n[x] \to F[x]$ 是微商映射. 求 $\rho(\mathscr{D})$ 与 $\nu(\mathscr{D})$. 等式 $F_n[x] = \mathrm{Im}(\mathscr{D}) \oplus \mathrm{Ker}(\mathscr{D})$ 是否成立?

2. 取 $\boldsymbol{A} = \begin{pmatrix} 1 & -1 \\ -4 & 4 \end{pmatrix}$. 定义线性映射 $\mathscr{A}: \mathbf{C}^{2\times 2} \to \mathbf{C}^{2\times 2}$ 如下: 设 $\boldsymbol{X} \in \mathbf{C}^{2\times 2}$, 则令 $\mathscr{A}(\boldsymbol{X}) = \boldsymbol{A}\boldsymbol{X}$. 求 $\rho(\mathscr{A})$.

3. 设 $\mathscr{A}: V \to V$ 是数域 F 上 n 维线性空间 V 到自身的线性映射, 且 $\rho(\mathscr{A}^2) = \rho(\mathscr{A})$. 证明: $\mathrm{Im}(\mathscr{A}) \cap \mathrm{Ker}(\mathscr{A}) = \{\mathbf{0}\}$.

4. 设 W 是数域 F 上 n 维线性空间 V 到自身的所有线性映射构成的线性空间, $\mathscr{A} \in W$, 且 $\rho(\mathscr{A}) = k$. 定义线性映射 $\mathscr{T}_{\mathscr{A}}: W \to W$ 如下: 设 $\mathscr{X} \in W$, 令 $\mathscr{T}_{\mathscr{A}}(\mathscr{X}) = \mathscr{A}\mathscr{X}$. 求 $\rho(\mathscr{T}_{\mathscr{A}})$ 与 $\nu(\mathscr{T}_{\mathscr{A}})$.

5. 设 $\mathscr{A}: U \to U$ 是线性映射. 证明: 存在线性映射 $\mathscr{B}: U \to U$, 使得 $\mathscr{A}\mathscr{B} = \mathscr{O}$, 且 $\rho(\mathscr{A}) + \rho(\mathscr{B}) = \dim U$.

6. 设 $\mathscr{A}, \mathscr{B}, \mathscr{C}$ 是数域 F 上 n 维线性空间 U 到自身的线性映射, 证明:

$$\rho(\mathscr{A}\mathscr{B}) + \rho(\mathscr{B}\mathscr{C}) \leqslant \rho(\mathscr{B}) + \rho(\mathscr{A}\mathscr{B}\mathscr{C}).$$

7. 设 $\mathscr{A}: U \to U$ 是线性映射, $\rho(\mathscr{A}) = 1$. 证明: 存在唯一 $\lambda \in F$, 使得 $\mathscr{A}^2 = \lambda\mathscr{A}$, 而且当 $\lambda \neq 1$ 时, $\mathscr{E}_U - \mathscr{A}$ 是可逆线性映射.

8. 设 $V_0, V_1, \cdots, V_{n+1}$ 是数域 F 上有限维线性空间, $V_0 = V_{n+1} = \{\mathbf{0}\}$. 设 $\mathscr{A}_i: V_i \to V_{i+1}$ 是线性映射, $i = 0, 1, \cdots, n$, 且 $\mathrm{Ker}(\mathscr{A}_{i+1}) = \mathrm{Im}(\mathscr{A}_i)$, $i = 0, 1, \cdots, n-1$. 证明:

$$\sum_{i=1}^{n} (-1)^i \dim V_i = 0.$$

9. 设 $\mathscr{A}: F^3 \to F^3$ 定义如下: 对 $(x, y, z) \in F^3$, 令 $\mathscr{A}((x, y, z)) = (0, x+y, 0)$. F^3 中由向量 $\boldsymbol{\varepsilon}_1 = (1,0,0)$ 与 $\boldsymbol{\varepsilon}_2 = (0,1,0)$ 生成的子空间分别记为 U 与 V. 等式 $\mathscr{A}(U \cap V) = \mathscr{A}(U) \cap \mathscr{A}(V)$ 是否成立?

10. 设 $\boldsymbol{A}, \boldsymbol{B} \in F^{m\times n}$. 证明: $\mathrm{rank}\,(\boldsymbol{A} + \boldsymbol{B}) = \mathrm{rank}\,\boldsymbol{A} + \mathrm{rank}\,\boldsymbol{B}$ 的充分必要条件是, 存在数域 F 上 m 阶与 n 阶可逆方阵 $\boldsymbol{P}$ 与 $\boldsymbol{Q}$ 使得

$$\boldsymbol{PAQ} = \begin{pmatrix} \boldsymbol{I}_{(r)} & \mathbf{0} \\ \mathbf{0} & \mathbf{0} \end{pmatrix}, \quad \boldsymbol{PBQ} = \begin{pmatrix} \mathbf{0} & \mathbf{0} \\ \mathbf{0} & \boldsymbol{I}_{(s)} \end{pmatrix},$$

其中 $r = \mathrm{rank}\,\boldsymbol{A}$, $s = \mathrm{rank}\,\boldsymbol{B}$, 且 $r + s \leqslant \min\{m, n\}$.

5.5　线性变换

本节恒设 V 是数域 F 上 n 维线性空间. 我们知道, 集合 S 到自身的映射通常

也称为集合 S 的变换.因此线性映射 $\mathscr{A}: V\rightarrow V$ 也称为线性空间 V 的线性变换.由于线性变换是线性映射的特例,所以前面叙述的关于线性映射的结论对线性变换也成立.当然由于线性变换是特殊类型的线性映射,所以关于线性变换的结论也带有某种特殊性.这里只着重总结一下那些带有特殊性的结论.

首先考虑线性变换 $\mathscr{A}: V\rightarrow V$ 的矩阵表示.设 $\{\boldsymbol{\alpha}_1,\boldsymbol{\alpha}_2,\cdots,\boldsymbol{\alpha}_n\}$ 是 V 的基,则 $\mathscr{A}(\boldsymbol{\alpha}_1),\mathscr{A}(\boldsymbol{\alpha}_2),\cdots,\mathscr{A}(\boldsymbol{\alpha}_n)\in V$.因此

$$\begin{aligned}\mathscr{A}(\boldsymbol{\alpha}_1) &= a_{11}\boldsymbol{\alpha}_1+a_{21}\boldsymbol{\alpha}_2+\cdots+a_{n1}\boldsymbol{\alpha}_n,\\ \mathscr{A}(\boldsymbol{\alpha}_2) &= a_{12}\boldsymbol{\alpha}_1+a_{22}\boldsymbol{\alpha}_2+\cdots+a_{n2}\boldsymbol{\alpha}_n,\\ &\cdots\cdots\cdots\cdots\\ \mathscr{A}(\boldsymbol{\alpha}_n) &= a_{1n}\boldsymbol{\alpha}_1+a_{2n}\boldsymbol{\alpha}_2+\cdots+a_{nn}\boldsymbol{\alpha}_n.\end{aligned}$$

即

$$\mathscr{A}(\boldsymbol{\alpha}_1,\boldsymbol{\alpha}_2,\cdots,\boldsymbol{\alpha}_n)=(\boldsymbol{\alpha}_1,\boldsymbol{\alpha}_2,\cdots,\boldsymbol{\alpha}_n)\begin{pmatrix}a_{11}&a_{12}&\cdots&a_{1n}\\a_{21}&a_{22}&\cdots&a_{2n}\\&\cdots\cdots&&\\a_{n1}&a_{n2}&\cdots&a_{nn}\end{pmatrix}.$$

记 $\boldsymbol{A}=(a_{ij})\in F^{n\times n}$.则上式为

$$\mathscr{A}(\boldsymbol{\alpha}_1,\boldsymbol{\alpha}_2,\cdots,\boldsymbol{\alpha}_n)=(\boldsymbol{\alpha}_1,\boldsymbol{\alpha}_2,\cdots,\boldsymbol{\alpha}_n)\boldsymbol{A}. \tag{5.5.1}$$

方阵 $\boldsymbol{A}$ 称为线性变换 $\mathscr{A}: V\rightarrow V$ 在基 $\{\boldsymbol{\alpha}_1,\boldsymbol{\alpha}_2,\cdots,\boldsymbol{\alpha}_n\}$ 下的矩阵.

数域 F 上 n 维线性空间 V 的所有线性变换集合记为 $L_n(V)$.容易验证,$L_n(V)$ 在线性变换(即线性映射)的加法与纯量和线性变换的乘法下成为数域 F 上 n^2 维线性空间.数域 F 上所有 n 阶方阵集合记为 $F^{n\times n}$.定义映射 $\eta: L_n(V)\rightarrow F^{n\times n}$ 如下:设 $\mathscr{A}\in L_n(V)$,且 $\mathscr{A}$ 在 V 的基 $\{\boldsymbol{\alpha}_1,\boldsymbol{\alpha}_2,\cdots,\boldsymbol{\alpha}_n\}$ 下的方阵为 $\boldsymbol{A}$,即式(5.5.1)成立.则令 $\eta(\mathscr{A})=\boldsymbol{A}$.容易验证,映射 $\eta: L_n(V)\rightarrow F^{n\times n}$ 是单射,并且由式(5.5.1)可以确定一个线性变换 $\mathscr{A}\in L_n(V)$,使得 $\eta(\mathscr{A})=\boldsymbol{A}$,即映射 $\eta: L_n(V)\rightarrow F^{n\times n}$ 是满射.不但如此,映射 η 是 $L_n(V)$ 到 $F^{n\times n}$ 上的同构映射.

设 $\{\boldsymbol{\beta}_1,\boldsymbol{\beta}_2,\cdots,\boldsymbol{\beta}_n\}$ 是 V 的另一组基,线性变换 $\mathscr{A}: V\rightarrow V$ 在基 $\{\boldsymbol{\beta}_1,\boldsymbol{\beta}_2,\cdots,\boldsymbol{\beta}_n\}$ 下的方阵为 $\boldsymbol{B}$,即

$$\mathscr{A}(\boldsymbol{\beta}_1,\boldsymbol{\beta}_2,\cdots,\boldsymbol{\beta}_n)=(\boldsymbol{\beta}_1,\boldsymbol{\beta}_2,\cdots,\boldsymbol{\beta}_n)\boldsymbol{B}. \tag{5.5.2}$$

设基 $\{\boldsymbol{\alpha}_1,\boldsymbol{\alpha}_2,\cdots,\boldsymbol{\alpha}_n\}$ 到基 $\{\boldsymbol{\beta}_1,\boldsymbol{\beta}_2,\cdots,\boldsymbol{\beta}_n\}$ 的过渡矩阵为 $\boldsymbol{P}$,即

$$(\boldsymbol{\beta}_1,\boldsymbol{\beta}_2,\cdots,\boldsymbol{\beta}_n)=(\boldsymbol{\alpha}_1,\boldsymbol{\alpha}_2,\cdots,\boldsymbol{\alpha}_n)\boldsymbol{P}, \tag{5.5.3}$$

其中 P 是数域 F 上 n 阶可逆方阵.于是

$$\mathscr{A}(\boldsymbol{\beta}_1,\boldsymbol{\beta}_2,\cdots,\boldsymbol{\beta}_n)=(\mathscr{A}(\boldsymbol{\alpha}_1,\boldsymbol{\alpha}_2,\cdots,\boldsymbol{\alpha}_n))\boldsymbol{P}.$$

由式(5.5.1),得

$$\mathscr{A}(\boldsymbol{\beta}_1,\boldsymbol{\beta}_2,\cdots,\boldsymbol{\beta}_n)=(\boldsymbol{\alpha}_1,\boldsymbol{\alpha}_2,\cdots,\boldsymbol{\alpha}_n)\boldsymbol{AP}.$$

由式(5.5.3),得

$$\mathscr{A}(\boldsymbol{\beta}_1,\boldsymbol{\beta}_2,\cdots,\boldsymbol{\beta}_n)=(\boldsymbol{\beta}_1,\boldsymbol{\beta}_2,\cdots,\boldsymbol{\beta}_n)P^{-1}\boldsymbol{AP}. \tag{5.5.4}$$

比较式(5.5.2)与式(5.5.4),得到 $\boldsymbol{B}=\boldsymbol{P}^{-1}\boldsymbol{AP}$.

定义　设 $\boldsymbol{A},\boldsymbol{B}\in F^{n\times n}$,如果存在 n 阶可逆方阵 $\boldsymbol{P}\in F^{n\times n}$,使得 $\boldsymbol{B}=\boldsymbol{P}^{-1}\boldsymbol{AP}$,则方阵 $\boldsymbol{A},\boldsymbol{B}$ 称为相似的.

于是我们得到:

定理1　设 $\mathscr{A}:V\to V$ 是线性变换,则 $\mathscr{A}$ 在 V 的不同基下的方阵是相似的.

反之设方阵 $\boldsymbol{A},\boldsymbol{B}\in F^{n\times n}$ 相似,即存在可逆方阵 $\boldsymbol{P}\in F^{n\times n}$,使 $\boldsymbol{B}=\boldsymbol{P}^{-1}\boldsymbol{AP}$.在数域 F 上 n 维线性空间 V 中取定基$\{\boldsymbol{\alpha}_1,\boldsymbol{\alpha}_2,\cdots,\boldsymbol{\alpha}_n\}$.由式(5.5.1),可以确定线性变换 $\mathscr{A}:V\to V$.由式(5.5.3)可以确定 V 的基$\{\boldsymbol{\beta}_1,\boldsymbol{\beta}_2,\cdots,\boldsymbol{\beta}_n\}$.于是由式(5.5.4),线性变换 $\mathscr{A}:V\to V$ 在基$\{\boldsymbol{\beta}_1,\boldsymbol{\beta}_2,\cdots,\boldsymbol{\beta}_n\}$下的方阵即为 $\boldsymbol{B}=\boldsymbol{P}^{-1}\boldsymbol{AP}$.这就证明了:

定理2　设 $\boldsymbol{A}\in F^{n\times n}$,则由式(5.5.1)可以确定一个线性变换 $\mathscr{A}:V\to V$.而且相似的方阵是同一个线性变换在不同基下的方阵.

方阵之间的相似关系是方阵集合 $F^{n\times n}$ 中元素间的一种关系.容易验证,方阵之间的相似关系具有如下的性质:

1° **自反性**　对任意 $\boldsymbol{A}\in F^{n\times n}$,方阵 $\boldsymbol{A}$ 与自身相似;

2° **对称性**　设 $\boldsymbol{A},\boldsymbol{B}\in F^{n\times n}$ 相似,则 $\boldsymbol{B},\boldsymbol{A}$ 相似;

3° **传递性**　设 $\boldsymbol{A},\boldsymbol{B},\boldsymbol{C}\in F^{n\times n}$,且 $\boldsymbol{A},\boldsymbol{B}$ 相似,$\boldsymbol{B},\boldsymbol{C}$ 相似,则 $\boldsymbol{A},\boldsymbol{C}$ 相似.

因此利用方阵之间的相似关系,可以把方阵集合 $F^{n\times n}$ 分类:彼此相似的方阵归在同一个方阵类,而彼此不相似的方阵归在不同的方阵类.自然产生的问题是:(1) 如何判定两个方阵是否同属一个方阵相似类?也即方阵 $\boldsymbol{A}$ 与 $\boldsymbol{B}$ 相似的充分必要条件是什么?(2) 在每个方阵相似类里如何选择一个方阵作为它的代表元.当然,每个方阵相似类中每个方阵都可以作为这个方阵相似类的代表元.不过我们总希望作为代表元的方阵具有某种特性.这就是方阵在相似下的标准形问题.

由定理2可以看出,方阵在相似下的标准形问题之一是,判断两个方阵所表示的线性变换是否相同;由定理1可以看出,方阵在相似下的标准形问题之二是,选择 V 的一组基,使得线性变换在这组基下的方阵具有简单的形式.

方阵在相似下的标准形理论是线性代数与矩阵论的一个重要组成部分.在线性代数与矩阵论的教材中,处理方阵在相似下的标准形理论的方法多种多样,有的侧重用几何语言讲述,有的侧重用矩阵语言讲述,各有千秋.本书第6章将首先用几何方法导出方阵在相似下的标准形,然后再用矩阵方法给出求矩阵在相似下的标准形的方法.当然在讲述方阵在相似下的标准形理论之前,还需要用几节的篇幅介绍一些准备知识.

现在转到可逆线性变换.所谓**可逆线性变换** $\mathscr{A}: V\to V$ 是指线性空间 V 到自身的可逆线性映射.设可逆线性变换 $\mathscr{A}: V\to V$ 在 V 的基$\{\boldsymbol{\alpha}_1,\boldsymbol{\alpha}_2,\cdots,\boldsymbol{\alpha}_n\}$下的方阵为 $\boldsymbol{A}$,即

$$\mathscr{A}(\boldsymbol{\alpha}_1,\boldsymbol{\alpha}_2,\cdots,\boldsymbol{\alpha}_n)=(\boldsymbol{\alpha}_1,\boldsymbol{\alpha}_2,\cdots,\boldsymbol{\alpha}_n)\boldsymbol{A},$$

则方阵 $\boldsymbol{A}$ 可逆,并且 $\mathscr{A}$ 的逆变换 $\mathscr{A}^{-1}$ 在同一组基$\{\boldsymbol{\alpha}_1,\boldsymbol{\alpha}_2,\cdots,\boldsymbol{\alpha}_n\}$下的方阵为 $\boldsymbol{A}^{-1}$,即

$$\mathscr{A}^{-1}(\boldsymbol{\alpha}_1,\boldsymbol{\alpha}_2,\cdots,\boldsymbol{\alpha}_n)=(\boldsymbol{\alpha}_1,\boldsymbol{\alpha}_2,\cdots,\boldsymbol{\alpha}_n)\boldsymbol{A}^{-1}.$$

由 5.1 节定理 3,线性映射 $\mathscr{A}: U\to V$ 可逆的充分必要条件是 $\mathscr{A}$ 为双射.对线性变换,条件可以减弱,即有

定理 3 设 $\mathscr{A}: V\to V$ 是线性变换,则下述三条件等价:

(1) 线性变换 $\mathscr{A}$ 可逆;

(2) $\mathrm{Ker}(\mathscr{A})=\{\boldsymbol{0}\}$;

(3) $\mathrm{Im}(\mathscr{A})=V$.

证明 (1)⇒(2) 因为线性变换 $\mathscr{A}: V\to V$ 可逆,因此由 5.4 节定理 7,$\mathrm{Ker}(\mathscr{A})=\{\boldsymbol{0}\}$.

(2)⇒(3) 设 $\mathrm{Ker}(\mathscr{A})=\{\boldsymbol{0}\}$.则由 5.4 节定理 3,$\dim(\mathrm{Im}(\mathscr{A}))=\dim V=n$.由于 $\mathrm{Im}(\mathscr{A})\subseteq V$,因此 $\mathrm{Im}(\mathscr{A})=V$.

(3)⇒(1) 因为 $\mathrm{Im}(\mathscr{A})=V$,故由 5.4 节定理 3,$\mathrm{Ker}(\mathscr{A})=\{\boldsymbol{0}\}$,而 $\mathrm{Im}(\mathscr{A})=V$ 表明,映射 $\mathscr{A}$ 是满射,$\mathrm{Ker}(\mathscr{A})=\{\boldsymbol{0}\}$表明,映射 $\mathscr{A}$ 是单射(5.4 节定理 6),所以映射 $\mathscr{A}$ 是双射,从而线性变换 $\mathscr{A}: V\to V$ 可逆.

定理 4 线性变换 $\mathscr{A}: V\to V$ 可逆的充分必要条件是,线性变换 $\mathscr{A}$ 把 V 的基变为 V 的基,即如果$\{\boldsymbol{\alpha}_1,\boldsymbol{\alpha}_2,\cdots,\boldsymbol{\alpha}_n\}$是 V 的基,则$\{\mathscr{A}(\boldsymbol{\alpha}_1),\mathscr{A}(\boldsymbol{\alpha}_2),\cdots,\mathscr{A}(\boldsymbol{\alpha}_n)\}$是 V 的基.

证明 设线性变换 $\mathscr{A}$ 可逆,且存在 $\lambda_1,\lambda_2,\cdots,\lambda_n\in F$,使得 $\lambda_1\mathscr{A}(\boldsymbol{\alpha}_1)+\lambda_2\mathscr{A}(\boldsymbol{\alpha}_2)+\cdots+\lambda_n\mathscr{A}(\boldsymbol{\alpha}_n)=\boldsymbol{0}$.因为 $\mathscr{A}$ 是线性的,所以 $\mathscr{A}(\lambda_1\boldsymbol{\alpha}_1+\lambda_2\boldsymbol{\alpha}_2+\cdots+\lambda_n\boldsymbol{\alpha}_n)=\boldsymbol{0}$.由于 $\mathscr{A}$ 可逆,故由定理 3,$\mathrm{Ker}(\mathscr{A})=\{\boldsymbol{0}\}$.因此 $\lambda_1\boldsymbol{\alpha}_1+\lambda_2\boldsymbol{\alpha}_2+\cdots+\lambda_n\boldsymbol{\alpha}_n=\boldsymbol{0}$.但 $\boldsymbol{\alpha}_1,\boldsymbol{\alpha}_2,\cdots,\boldsymbol{\alpha}_n$ 线性无关,所以 $\lambda_1=\lambda_2=\cdots=\lambda_n=0$.这就证明,$\mathscr{A}(\boldsymbol{\alpha}_1),\mathscr{A}(\boldsymbol{\alpha}_2),\cdots,\mathscr{A}(\boldsymbol{\alpha}_n)$线性无关.又 $\dim V=n$,所以$\{\mathscr{A}(\boldsymbol{\alpha}_1),\mathscr{A}(\boldsymbol{\alpha}_2),\cdots,\mathscr{A}(\boldsymbol{\alpha}_n)\}$是 V 的基.

反之,设$\{\mathscr{A}(\boldsymbol{\alpha}_1),\mathscr{A}(\boldsymbol{\alpha}_2),\cdots,\mathscr{A}(\boldsymbol{\alpha}_n)\}$是 V 的基,$\boldsymbol{\alpha}\in\mathrm{Ker}(\mathscr{A})$,且 $\boldsymbol{\alpha}=a_1\boldsymbol{\alpha}_1+a_2\boldsymbol{\alpha}_2+\cdots+a_n\boldsymbol{\alpha}_n$.则

$$\mathscr{A}(\boldsymbol{\alpha})=a_1\mathscr{A}(\boldsymbol{\alpha}_1)+a_2\mathscr{A}(\boldsymbol{\alpha}_2)+\cdots+a_n\mathscr{A}(\boldsymbol{\alpha}_n)=\boldsymbol{0}.$$

因为 $\mathscr{A}(\boldsymbol{\alpha}_1),\mathscr{A}(\boldsymbol{\alpha}_2),\cdots,\mathscr{A}(\boldsymbol{\alpha}_n)$线性无关.所以 $a_1=a_2=\cdots=a_n=0$,即 $\boldsymbol{\alpha}=\mathbf{0}$.因此 $\mathrm{Ker}(\mathscr{A})=\{\mathbf{0}\}$.由定理3,线性变换 $\mathscr{A}$可逆.

习　题

1. 设线性变换 $\mathscr{A}:\mathbf{C}^2\to\mathbf{C}^2$ 在基$\{(1,0),(0,1)\}$下的方阵为$\begin{pmatrix}1&1\\1&1\end{pmatrix}$.求 $\mathscr{A}$ 在基$\{(1,1),(1,-1)\}$与$\{(1,0),(1,1)\}$下的方阵.

2. 设线性变换 $\mathscr{A}:\mathbf{C}^3\to\mathbf{C}^3$ 在基$\{(1,0,0),(0,1,0),(0,0,1)\}$下的方阵为

$$\boldsymbol{A}=\begin{pmatrix}0&1&1\\1&0&-1\\-1&-1&0\end{pmatrix}.$$

求 $\mathscr{A}$ 在基$\{(0,1,-1),(1,-1,1),(-1,1,0)\}$下的方阵.

3. 设数域 F 上 n 维线性空间 V 是子空间 U 与 W 的直和,则对任意 $\boldsymbol{\alpha}\in V$,存在唯一一对向量 $\boldsymbol{\beta}$ 与 $\boldsymbol{\gamma}$,$\boldsymbol{\beta}\in U$,$\boldsymbol{\gamma}\in W$,使得 $\boldsymbol{\alpha}=\boldsymbol{\beta}+\boldsymbol{\gamma}$.定义映射 $\mathscr{A}:V\to V$ 如下:设 $\boldsymbol{\alpha}\in V$,则令 $\mathscr{A}(\boldsymbol{\alpha})=\boldsymbol{\beta}$.映射 $\mathscr{A}$称为 V 沿子空间 W 在 U 上的投影变换.证明:

(1) 投影变换 $\mathscr{A}$是线性变换;

(2) 线性变换 $\mathscr{B}:V\to V$ 为投影变换的充分必要条件是 $\mathscr{B}$ 为幂等变换,即 $\mathscr{B}$ 满足 $\mathscr{B}^2=\mathscr{B}$;

(3) 线性变换 $\mathscr{B}:V\to V$ 为投影变换的充分必要条件是 $\mathscr{I}-\mathscr{B}$ 为投影变换,其中 $\mathscr{I}$是单位映射.

4. 记 $U=\{(x_1,x_2)\in\mathbf{C}^2:x_1=x_2\}$,$V_1=\{(x_1,x_2)\in\mathbf{C}^2:x_1=0\}$,$V_2=\{(x_1,x_2)\in\mathbf{C}^2:x_2=0\}$.显然,$U$,$V_1$ 与 V_2 是 $\mathbf{C}^2$ 的子空间,并且 $\mathbf{C}^2=U\oplus V_1=U\oplus V_2$.设 $\mathscr{A}_1:V\to V$ 与 $\mathscr{A}_2:V\to V$ 分别是 $\mathbf{C}^2$ 沿 V_1 与 V_2 在 U 上的投影变换.证明:$\mathscr{A}_1\mathscr{A}_2=\mathscr{A}_2$,$\mathscr{A}_2\mathscr{A}_1=\mathscr{A}_1$.

5. 证明:线性变换 $\mathscr{A}:V\to V$ 在 V 的基$\{\boldsymbol{\alpha}_1,\boldsymbol{\alpha}_2,\cdots,\boldsymbol{\alpha}_n\}$与$\{\boldsymbol{\beta}_1,\boldsymbol{\beta}_2,\cdots,\boldsymbol{\beta}_n\}$下的方阵相等的充分必要条件是,$\mathscr{A}$在基$\{\boldsymbol{\alpha}_1,\boldsymbol{\alpha}_2,\cdots,\boldsymbol{\alpha}_n\}$下的方阵与基$\{\boldsymbol{\beta}_1,\boldsymbol{\beta}_2,\cdots,\boldsymbol{\beta}_n\}$到$\{\boldsymbol{\alpha}_1,\boldsymbol{\alpha}_2,\cdots,\boldsymbol{\alpha}_n\}$的过渡矩阵可交换.

6. 设 $\mathscr{A}:V\to V$ 是线性变换.证明:存在 $f(x)\in F[x]$,使得 $f(\mathscr{A})=\mathbf{0}$.

7. 设 $\boldsymbol{A},\boldsymbol{B},\boldsymbol{C}$ 与$\boldsymbol{D}\in F^{n\times n}$.定义映射 $\mathscr{P}:F^{n\times n}\to F^{n\times n}$如下:设 $\boldsymbol{X}\in F^{n\times n}$,则令 $\mathscr{P}(\boldsymbol{X})=\boldsymbol{AXB}+\boldsymbol{CX}+\boldsymbol{XD}$.证明 $\mathscr{P}:F^{n\times n}\to F^{n\times n}$是线性变换,并且当 $\boldsymbol{C}=\boldsymbol{D}=\mathbf{0}$时,$\mathscr{P}:F^{n\times n}\to F^{n\times n}$可逆的充分必要条件是,方阵 $\boldsymbol{A}$ 与 $\boldsymbol{B}$ 可逆.

8. 设 $\mathscr{A}:V\to V$ 与 $\mathscr{B}:V\to V$ 是幂等变换,即 $\mathscr{A}^2=\mathscr{A}$,$\mathscr{B}^2=\mathscr{B}$.证明:

(1) $\mathrm{Im}(\mathscr{A})=\mathrm{Im}(\mathscr{B})$的充分必要条件是 $\mathscr{A}\mathscr{B}=\mathscr{B}$,$\mathscr{B}\mathscr{A}=\mathscr{A}$;

(2) $\mathrm{Ker}(\mathscr{A})=\mathrm{Ker}(\mathscr{B})$的充分必要条件是 $\mathscr{A}\mathscr{B}=\mathscr{A}$,$\mathscr{B}\mathscr{A}=\mathscr{B}$.

9. 设 $\mathscr{A}:V\to V$ 是线性变换,且 k 是正整数.证明:$\mathrm{Im}(\mathscr{A}^k)=\mathrm{Im}(\mathscr{A}^{2k})$的充分必要条件是 $V=\mathrm{Im}(\mathscr{A}^k)\oplus\mathrm{Ker}(\mathscr{A}^k)$.

10. 设 $\boldsymbol{A},\boldsymbol{B}\in F^{n\times n}$ 相似. 证明: $\boldsymbol{A}^{\mathrm{T}}$ 与 $\boldsymbol{B}^{\mathrm{T}}$ 相似, $\boldsymbol{A}^2$ 与 $\boldsymbol{B}^2$ 相似; 并且当 $\boldsymbol{A},\boldsymbol{B}$ 可逆时, $\boldsymbol{A}^{-1}$ 与 $\boldsymbol{B}^{-1}$ 也相似.

11. 设 $\boldsymbol{A}\in F^{n\times n}$ 满足 $\boldsymbol{A}^2=\boldsymbol{0}$. 证明: 方阵 $\boldsymbol{A}$ 相似于方阵 $\begin{pmatrix}\boldsymbol{0} & \boldsymbol{A}_{r\times(n-r)}\\ \boldsymbol{0} & \boldsymbol{0}\end{pmatrix}$.

12. 证明: 秩为 r 的幂等方阵 $\boldsymbol{A}$ (即 $\boldsymbol{A}$ 满足 $\boldsymbol{A}^2=\boldsymbol{A}$) 相似于 $\begin{pmatrix}\boldsymbol{I}_{(r)} & \boldsymbol{0}\\ \boldsymbol{0} & \boldsymbol{0}\end{pmatrix}$.

13. 设 $\boldsymbol{A}\in\mathbf{C}^{n\times n}$, $f(x),g(x)\in\mathbf{C}[x]$, 且 $(f(\lambda),g(\lambda))=1$. 证明:

$$\operatorname{rank} f(\boldsymbol{A})+\operatorname{rank} g(\boldsymbol{A})=n+\operatorname{rank} f(\boldsymbol{A})g(\boldsymbol{A}).$$

5.6 不变子空间

给定线性变换 $\mathscr{A}: V\to V$. 容易验证, 如果 U 是 V 的子空间, 则 $\mathscr{A}(U)=\{\mathscr{A}(\boldsymbol{\alpha}):\boldsymbol{\alpha}\in U\}$ 是 V 的子空间. 记 V 的所有子空间集合为 S. 定义映射 $\eta_{\mathscr{A}}:S\to S$ 如下: 设 $U\in S$, 则令 $\eta_{\mathscr{A}}(U)=\mathscr{A}(U)$. 映射 $\eta_{\mathscr{A}}:S\to S$ 称为由线性变换 $\mathscr{A}$ 诱导的映射. 值得关心的是这样的子空间 U, 它在映射 $\eta_{\mathscr{A}}$ 下仍映到 U, 即 $\eta_{\mathscr{A}}(U)=\mathscr{A}(U)\subseteq U$.

定义 1 设 $\mathscr{A}: V\to V$ 是线性变换, U 是 V 的子空间. 如果对任意 $\boldsymbol{\alpha}\in U$, 有 $\mathscr{A}(\boldsymbol{\alpha})\in U$, 即 $\mathscr{A}(U)\subseteq U$, 则 U 称为线性变换 $\mathscr{A}$ 的**不变子空间**.

显然, 对线性空间 V 自身, $\mathscr{A}(V)\subseteq V$. 因此 V 是线性变换 $\mathscr{A}$ 的不变子空间. 同样, 对 V 的零子空间 $\{\boldsymbol{0}\}$, $\mathscr{A}(\boldsymbol{0})=\boldsymbol{0}$, 因此零子空间 $\{\boldsymbol{0}\}$ 是线性变换 $\mathscr{A}$ 的不变子空间. 它们称为 $\mathscr{A}$ 的平凡不变子空间, 除 V 本身与零子空间外, 其他不变子空间称为 $\mathscr{A}$ 的非平凡不变子空间.

由于 $\mathscr{A}(V)\subseteq V$, 故 $\mathscr{A}(\mathscr{A}(V))\subseteq\mathscr{A}(V)$, 因此线性变换 $\mathscr{A}$ 的像 $\mathscr{A}(V)$ 是 $\mathscr{A}$ 的不变子空间; 设 $\boldsymbol{\alpha}\in\operatorname{Ker}(\mathscr{A})$, 则 $\mathscr{A}(\boldsymbol{\alpha})=\boldsymbol{0}$, 因此 $\mathscr{A}(\mathscr{A}(\boldsymbol{\alpha}))=\boldsymbol{0}$, 所以 $\mathscr{A}(\boldsymbol{\alpha})\in\operatorname{Ker}(\mathscr{A})$. 因此线性变换 $\mathscr{A}$ 的核 $\operatorname{Ker}(\mathscr{A})$ 也是 $\mathscr{A}$ 的不变子空间.

定理 1 线性变换 $\mathscr{A}$ 的有限多个不变子空间之和是 $\mathscr{A}$ 的不变子空间; $\mathscr{A}$ 的任意多个不变子空间之交是 $\mathscr{A}$ 的不变子空间.

证明 设 $U_1,U_2,\cdots,U_k$ 是 $\mathscr{A}$ 的 k 个不变子空间, 且 $\boldsymbol{\alpha}\in U_1+U_2+\cdots+U_k$. 则存在 $\boldsymbol{\alpha}_j\in U_j$, $j=1,2,\cdots,k$, 使得 $\boldsymbol{\alpha}=\boldsymbol{\alpha}_1+\boldsymbol{\alpha}_2+\cdots+\boldsymbol{\alpha}_k$. 由于 U_j 是 $\mathscr{A}$ 的不变子空间, 因此 $\mathscr{A}(\boldsymbol{\alpha}_j)\in U_j$, $j=1,2,\cdots,k$. 所以

$$\mathscr{A}(\boldsymbol{\alpha})=\mathscr{A}(\boldsymbol{\alpha}_1)+\mathscr{A}(\boldsymbol{\alpha}_2)+\cdots+\mathscr{A}(\boldsymbol{\alpha}_k)\in U_1+U_2+\cdots+U_k.$$

因此 $U_1+U_2+\cdots+U_k$ 是 $\mathscr{A}$ 的不变子空间.

设 I 是下标集合, $\{U_\nu:\nu\in I\}$ 是 V 的子空间集合,其中每个子空间 U_ν 是 $\mathscr{A}$ 的不变子空间.设 $\boldsymbol{\alpha}\in\bigcap\limits_{\nu\in I}U_\nu$.则 $\boldsymbol{\alpha}\in U_\nu,\nu\in I$.由于 U_ν 是 $\mathscr{A}$ 的不变子空间,因此 $\mathscr{A}(\boldsymbol{\alpha})\in U_\nu,\nu\in I$.所以 $\mathscr{A}(\boldsymbol{\alpha})\in\bigcap\limits_{\nu\in I}U_\nu$.因此 $\bigcap\limits_{\nu\in I}U_\nu$ 是 $\mathscr{A}$ 的不变子空间.定理1证毕.

定理2　设 $\mathscr{A}:V\to V$ 是线性变换, U 是 $\mathscr{A}$ 的不变子空间.设 $\{\boldsymbol{\alpha}_1,\boldsymbol{\alpha}_2,\cdots,\boldsymbol{\alpha}_k\}$ 是 U 的基,则 $\mathscr{A}$ 在 V 的基 $\{\boldsymbol{\alpha}_1,\boldsymbol{\alpha}_2,\cdots,\boldsymbol{\alpha}_k,\boldsymbol{\alpha}_{k+1},\cdots,\boldsymbol{\alpha}_n\}$ 下的方阵是准上三角的.

证明　因为 U 是 $\mathscr{A}$ 的不变子空间,所以对 $1\leqslant j\leqslant k$, $\mathscr{A}(\boldsymbol{\alpha}_j)\in U$,由于 $\{\boldsymbol{\alpha}_1,\boldsymbol{\alpha}_2,\cdots,\boldsymbol{\alpha}_k\}$ 是 U 的基,因此

$$\begin{aligned}
\mathscr{A}(\boldsymbol{\alpha}_1)&=a_{11}\boldsymbol{\alpha}_1+a_{21}\boldsymbol{\alpha}_2+\cdots+a_{k1}\boldsymbol{\alpha}_k,\\
\mathscr{A}(\boldsymbol{\alpha}_2)&=a_{12}\boldsymbol{\alpha}_1+a_{22}\boldsymbol{\alpha}_2+\cdots+a_{k2}\boldsymbol{\alpha}_k,\\
&\cdots\cdots\cdots\cdots\\
\mathscr{A}(\boldsymbol{\alpha}_k)&=a_{1k}\boldsymbol{\alpha}_1+a_{2k}\boldsymbol{\alpha}_2+\cdots+a_{kk}\boldsymbol{\alpha}_k.
\end{aligned}$$

而当 $k+1\leqslant j\leqslant n$ 时,由于 $\{\boldsymbol{\alpha}_1,\boldsymbol{\alpha}_2,\cdots,\boldsymbol{\alpha}_k,\boldsymbol{\alpha}_{k+1},\cdots,\boldsymbol{\alpha}_n\}$ 为 V 的基,故

$$\begin{aligned}
\mathscr{A}(\boldsymbol{\alpha}_{k+1})&=a_{1,k+1}\boldsymbol{\alpha}_1+a_{2,k+1}\boldsymbol{\alpha}_2+\cdots+a_{k,k+1}\boldsymbol{\alpha}_k+a_{k+1,k+1}\boldsymbol{\alpha}_{k+1}+\cdots+a_{n,k+1}\boldsymbol{\alpha}_n,\\
&\cdots\cdots\cdots\cdots\\
\mathscr{A}(\boldsymbol{\alpha}_n)&=a_{1n}\boldsymbol{\alpha}_1+a_{2n}\boldsymbol{\alpha}_2+\cdots+a_{kn}\boldsymbol{\alpha}_k+a_{k+1,n}\boldsymbol{\alpha}_{k+1}+\cdots+a_{nn}\boldsymbol{\alpha}_n.
\end{aligned}$$

因此

$$\mathscr{A}(\boldsymbol{\alpha}_1,\boldsymbol{\alpha}_2,\cdots,\boldsymbol{\alpha}_n)=(\boldsymbol{\alpha}_1,\boldsymbol{\alpha}_2,\cdots,\boldsymbol{\alpha}_n)\begin{pmatrix}a_{11}&\cdots&a_{1k}&a_{1,k+1}&\cdots&a_{1n}\\ \vdots&&\vdots&\vdots&&\vdots\\ a_{k1}&\cdots&a_{kk}&a_{k,k+1}&\cdots&a_{kn}\\ 0&\cdots&0&a_{k+1,k+1}&\cdots&a_{k+1,n}\\ \vdots&&\vdots&\vdots&&\vdots\\ 0&\cdots&0&a_{n,k+1}&\cdots&a_{nn}\end{pmatrix}.\tag{5.6.1}$$

定理2证毕.

定理3　设线性变换 $\mathscr{A}:V\to V$ 在 V 的基 $\{\boldsymbol{\alpha}_1,\boldsymbol{\alpha}_2,\cdots,\boldsymbol{\alpha}_n\}$ 下的方阵为准上三角的,即式(5.6.1)成立.则由向量 $\boldsymbol{\alpha}_1,\boldsymbol{\alpha}_2,\cdots,\boldsymbol{\alpha}_k$ 生成的子空间 U 是 $\mathscr{A}$ 的不变子空间.

证明　由式(5.6.1),对 $1\leqslant j\leqslant k$, $\mathscr{A}(\boldsymbol{\alpha}_j)=\sum\limits_{l=1}^{k}a_{lj}\boldsymbol{\alpha}_l$.因此,对任意 $\boldsymbol{\alpha}=\lambda_1\boldsymbol{\alpha}_1+\lambda_2\boldsymbol{\alpha}_2+\cdots+\lambda_k\boldsymbol{\alpha}_k\in U$,均有

$$\mathscr{A}(\boldsymbol{\alpha}) = \mathscr{A}\Big(\sum_{j=1}^{k}\lambda_j\boldsymbol{\alpha}_j\Big) = \sum_{j=1}^{k}\lambda_j\mathscr{A}(\boldsymbol{\alpha}_j) = \sum_{j=1}^{k}\sum_{l=1}^{k}\lambda_j a_{jl}\boldsymbol{\alpha}_l$$

$$= \sum_{l=1}^{k}\Big(\sum_{j=1}^{k}\lambda_j a_{jl}\Big)\boldsymbol{\alpha}_j.$$

所以 $\mathscr{A}(\boldsymbol{\alpha})\in U$,即 U 是 $\mathscr{A}$ 的不变子空间.

定义 2 设 U 是线性变换 $\mathscr{A}$ 的不变子空间.定义映射 $\mathscr{A}|_U: U\to U$ 如下:设 $\boldsymbol{\alpha}\in U$,则令 $\mathscr{A}|_U(\boldsymbol{\alpha})=\mathscr{A}(\boldsymbol{\alpha})$.映射 $\mathscr{A}|_U$ 称为线性变换 $\mathscr{A}$ 在不变子空间 U 上的**限制**.

由于 U 是线性变换 $\mathscr{A}$ 的不变子空间,因此对 $\boldsymbol{\alpha}\in U$,$\mathscr{A}(\boldsymbol{\alpha})\in U$,所以映射 $\mathscr{A}|_U$ 是有意义的.由于 $\mathscr{A}$ 是线性变换的,因此 $\mathscr{A}|_U$ 也是线性变换.定理 2 说明 ,如果 $\{\boldsymbol{\alpha}_1,\boldsymbol{\alpha}_2,\cdots,\boldsymbol{\alpha}_k\}$ 是 $\mathscr{A}$ 的不变子空间 U 的基,且 $\mathscr{A}$ 在 V 的基 $\{\boldsymbol{\alpha}_1,\boldsymbol{\alpha}_2,\cdots,\boldsymbol{\alpha}_k,\boldsymbol{\alpha}_{k+1},\cdots,\boldsymbol{\alpha}_n\}$ 下的方阵为准上三角的,即

$$\mathscr{A}(\boldsymbol{\alpha}_1,\boldsymbol{\alpha}_2,\cdots,\boldsymbol{\alpha}_n) = (\boldsymbol{\alpha}_1,\boldsymbol{\alpha}_2,\cdots,\boldsymbol{\alpha}_n)\begin{pmatrix}\boldsymbol{A}_{11} & \boldsymbol{A}_{12}\\ \boldsymbol{0} & \boldsymbol{A}_{22}\end{pmatrix}, \tag{5.6.2}$$

其中 $\boldsymbol{A}_{11}$ 是 k 阶方阵,则线性变换 $\mathscr{A}|_U$ 在 U 的基 $\{\boldsymbol{\alpha}_1,\boldsymbol{\alpha}_2,\cdots,\boldsymbol{\alpha}_k\}$ 下的方阵即为 $\boldsymbol{A}_{11}$.

现在考虑式(5.6.2)中 $n-k$ 阶方阵 A_{22} 的意义.设 U 是线性变换 $\mathscr{A}: V\to V$ 的不变子空间,V/U 是 V 模 U 的商空间,V 中向量 $\boldsymbol{\alpha}$ 所属的模 U 同余类记为 $\widetilde{\boldsymbol{\alpha}}$.定义映射 $\mathscr{A}|_{(V/U)}: V/U\to V/U$ 如下:设 $\widetilde{\boldsymbol{\alpha}}\in V/U$,则令 $\mathscr{A}|_{(V/U)}(\widetilde{\boldsymbol{\alpha}})=\widetilde{\mathscr{A}(\boldsymbol{\alpha})}$.注意,如果向量 $\boldsymbol{\beta}\in\widetilde{\boldsymbol{\alpha}}$,则存在向量 $\boldsymbol{\gamma}\in U$,使得 $\boldsymbol{\beta}=\boldsymbol{\alpha}+\boldsymbol{\gamma}$.因此 $\mathscr{A}(\boldsymbol{\beta})=\mathscr{A}(\boldsymbol{\alpha})+\mathscr{A}(\boldsymbol{\gamma})$.由于 U 是 $\mathscr{A}$ 的不变子空间,把以 $\mathscr{A}(\boldsymbol{\gamma})\in U$.这表明,$\mathscr{A}(\boldsymbol{\beta})\equiv\mathscr{A}(\boldsymbol{\alpha})(\mathrm{mod}U)$,也即 $\widetilde{\mathscr{A}(\boldsymbol{\beta})}=\widetilde{\mathscr{A}(\boldsymbol{\alpha})}$.因此映射 $\mathscr{A}|_{V/U}$ 的定义不依赖于同余类 $\widetilde{\boldsymbol{\alpha}}$ 的代表元的选取,也就是说,映射 $\mathscr{A}|_{(V/U)}$ 是有确切定义的.映射 $\mathscr{A}|_{(V/U)}$ 称为由线性变换 $\mathscr{A}$ 所诱导的**商变换**.

定理 4 记号同定理 2,且式(5.6.2)成立.商变换 $\mathscr{A}|_{(V/U)}$ 是线性变换,并且在基 $\{\widetilde{\boldsymbol{\alpha}}_{k+1},\widetilde{\boldsymbol{\alpha}}_{k+2},\cdots,\widetilde{\boldsymbol{\alpha}}_n\}$ 下的方阵为 $\boldsymbol{A}_{22}$.

证明 设 $\widetilde{\boldsymbol{\alpha}},\widetilde{\boldsymbol{\beta}}\in V/U$,则 $\widetilde{\boldsymbol{\alpha}}+\widetilde{\boldsymbol{\beta}}=\widetilde{\boldsymbol{\alpha}+\boldsymbol{\beta}}$.因此

$$\mathscr{A}|_{(V/U)}(\widetilde{\boldsymbol{\alpha}}+\widetilde{\boldsymbol{\beta}}) = \mathscr{A}|_{(V/U)}(\widetilde{\boldsymbol{\alpha}+\boldsymbol{\beta}}) = \widetilde{\mathscr{A}(\boldsymbol{\alpha}+\boldsymbol{\beta})}$$

$$= \widetilde{\mathscr{A}(\boldsymbol{\alpha})}+\widetilde{\mathscr{A}(\boldsymbol{\beta})} = \mathscr{A}|_{(V/U)}(\widetilde{\boldsymbol{\alpha}})+\mathscr{A}|_{(V/U)}(\widetilde{\boldsymbol{\beta}}).$$

设 $\lambda\in F$,$\widetilde{\boldsymbol{\alpha}}\in V/U$,则 $\lambda\widetilde{\boldsymbol{\alpha}}=\lambda\widetilde{\boldsymbol{\alpha}}$.所以

$$\mathscr{A}|_{(V/U)}(\lambda\widetilde{\boldsymbol{\alpha}}) = \mathscr{A}|_{(V/U)}(\widetilde{\lambda\boldsymbol{\alpha}}) = \widetilde{\mathscr{A}(\lambda\boldsymbol{\alpha})} = \widetilde{\lambda\mathscr{A}(\boldsymbol{\alpha})}$$

$$= \lambda\,\widetilde{\mathscr{A}(\boldsymbol{\alpha})} = \lambda\mathscr{A}|_{(V/U)}(\widetilde{\boldsymbol{\alpha}}).$$

因此 $\mathscr{A}|_{(V/U)}$ 是线性的.

设 $\lambda_{k+1},\lambda_{k+2},\cdots,\lambda_n\in F$,使得 $\lambda_{k+1}\widetilde{\boldsymbol{\alpha}}_{k+1}+\lambda_{k+2}\widetilde{\boldsymbol{\alpha}}_{k+2}+\cdots+\lambda_n\widetilde{\boldsymbol{\alpha}}_n=\mathbf{0}$. 则 $\overline{\lambda_{k+1}\boldsymbol{\alpha}_{k+1}+\lambda_{k+2}\boldsymbol{\alpha}_{k+2}+\cdots+\lambda_n\boldsymbol{\alpha}_n}=\mathbf{0}$,因此,$\lambda_{k+1}\boldsymbol{\alpha}_{k+1}+\lambda_{k+2}\boldsymbol{\alpha}_{k+2}+\cdots+\lambda_n\boldsymbol{\alpha}_n\in U$. 由于$\{\boldsymbol{\alpha}_1,\boldsymbol{\alpha}_2,\cdots,\boldsymbol{\alpha}_k\}$是 U 的基,所以

$$\lambda_{k+1}\boldsymbol{\alpha}_{k+1}+\lambda_{k+2}\boldsymbol{\alpha}_{k+2}+\cdots+\lambda_n\boldsymbol{\alpha}_n=\lambda_1\boldsymbol{\alpha}_1+\lambda_2\boldsymbol{\alpha}_2+\cdots+\lambda_k\boldsymbol{\alpha}_k,$$

其中 $\lambda_1,\lambda_2,\cdots,\lambda_k\in F$. 因此

$$(-\lambda_1)\boldsymbol{\alpha}_1+(-\lambda_2)\boldsymbol{\alpha}_2+\cdots+(-\lambda_k)\boldsymbol{\alpha}_k+\lambda_{k+1}\boldsymbol{\alpha}_{k+1}+\cdots+\lambda_n\boldsymbol{\alpha}_n=\mathbf{0}.$$

由于$\{\boldsymbol{\alpha}_1,\boldsymbol{\alpha}_2,\cdots,\boldsymbol{\alpha}_k,\boldsymbol{\alpha}_{k+1},\cdots,\boldsymbol{\alpha}_n\}$是 V 的基,所以 $\lambda_{k+1}=\lambda_{k+2}=\cdots=\lambda_n=0$. 因此 $\widetilde{\boldsymbol{\alpha}}_{k+1},\widetilde{\boldsymbol{\alpha}}_{k+2},\cdots,\widetilde{\boldsymbol{\alpha}}_n\in V/U$ 线性无关. 由第 4 章 4.8 节定理 1 的推论,$\dim V/U=n-k$,故$\{\widetilde{\boldsymbol{\alpha}}_{k+1},\widetilde{\boldsymbol{\alpha}}_{k+2},\cdots,\widetilde{\boldsymbol{\alpha}}_n\}$是 V/U 的基.

记式(5.6.2)中的方阵 $\begin{pmatrix}\boldsymbol{A}_{11} & \boldsymbol{A}_{12}\\ \mathbf{0} & \boldsymbol{A}_{22}\end{pmatrix}$ 为 $\boldsymbol{A}=(a_{ij})$,则对 $k+1\leqslant j\leqslant n$,$\mathscr{A}(\boldsymbol{\alpha}_j)=\sum_{l=1}^{n}a_{lj}\boldsymbol{\alpha}_l$. 因此

$$\mathscr{A}|_{(V/U)}(\widetilde{\boldsymbol{\alpha}}_j)=\widetilde{\mathscr{A}(\boldsymbol{\alpha}_j)}=\sum_{l=1}^{n}a_{lj}\widetilde{\boldsymbol{\alpha}}_l.$$

当 $1\leqslant l\leqslant k$ 时,$\boldsymbol{\alpha}_l\in U$,因此 $\widetilde{\boldsymbol{\alpha}}_l=\mathbf{0}$. 所以

$$\mathscr{A}|_{(V/U)}(\widetilde{\boldsymbol{\alpha}}_j)=\sum_{l=k+1}^{n}a_{lj}\widetilde{\boldsymbol{\alpha}}_l,$$

$$\mathscr{A}|_{(V/U)}(\widetilde{\boldsymbol{\alpha}}_{k+1},\widetilde{\boldsymbol{\alpha}}_{k+2},\cdots,\widetilde{\boldsymbol{\alpha}}_n)=(\widetilde{\boldsymbol{\alpha}}_{k+1},\widetilde{\boldsymbol{\alpha}}_{k+2},\cdots,\widetilde{\boldsymbol{\alpha}}_n)\boldsymbol{A}_{22}.$$

定理 4 证毕.

应当指出,线性变换 $\mathscr{A}:V\to V$ 的不变子空间 U 的补空间 W(即 W 满足 $V=U\oplus W$)不一定是 A 的不变子空间.

定理 5　设 U 与 W 是线性变换 $\mathscr{A}:V\to V$ 的不变子空间,$U\oplus W=V$,且$\{\boldsymbol{\alpha}_1,\boldsymbol{\alpha}_2,\cdots,\boldsymbol{\alpha}_k\}$与$\{\boldsymbol{\alpha}_{k+1},\boldsymbol{\alpha}_{k+2},\cdots,\boldsymbol{\alpha}_n\}$分别是 U 与 W 的基,则 $\mathscr{A}$ 在 V 的基$\{\boldsymbol{\alpha}_1,\boldsymbol{\alpha}_2,\cdots,\boldsymbol{\alpha}_{k+1},\boldsymbol{\alpha}_{k+2},\cdots,\boldsymbol{\alpha}_n\}$下的方阵是准对角的,即有

$$\begin{aligned}&\mathscr{A}(\boldsymbol{\alpha}_1,\boldsymbol{\alpha}_2,\cdots,\boldsymbol{\alpha}_k,\boldsymbol{\alpha}_{k+1},\boldsymbol{\alpha}_{k+2},\cdots,\boldsymbol{\alpha}_n)\\&\quad=(\boldsymbol{\alpha}_1,\boldsymbol{\alpha}_2,\cdots,\boldsymbol{\alpha}_k,\boldsymbol{\alpha}_{k+1},\boldsymbol{\alpha}_{k+2},\cdots,\boldsymbol{\alpha}_n)\begin{pmatrix}\boldsymbol{A}_{11} & \mathbf{0}\\ \mathbf{0} & \boldsymbol{A}_{22}\end{pmatrix},\end{aligned}\tag{5.6.3}$$

其中 $\boldsymbol{A}_{11}$与 $\boldsymbol{A}_{22}$分别是 k 阶与 $n-k$ 阶方阵. 反之,设$\{\boldsymbol{\alpha}_1,\boldsymbol{\alpha}_2,\cdots,\boldsymbol{\alpha}_k,\boldsymbol{\alpha}_{k+1},\boldsymbol{\alpha}_{k+2},\cdots,\boldsymbol{\alpha}_n\}$是 V 的基,且 $\mathscr{A}$ 在此基下的方阵是准对角的,即式(5.6.3)成立,则 V 中分别由$\{\boldsymbol{\alpha}_1,\boldsymbol{\alpha}_2,\cdots,\boldsymbol{\alpha}_k\}$与$\{\boldsymbol{\alpha}_{k+1},\boldsymbol{\alpha}_{k+2},\cdots,\boldsymbol{\alpha}_n\}$生成的子空间 U 与 W 是 $\mathscr{A}$ 的不变子空

间，并且

$$\mathscr{A}|_U(\boldsymbol{\alpha}_1,\boldsymbol{\alpha}_2,\cdots,\boldsymbol{\alpha}_k)=(\boldsymbol{\alpha}_1,\boldsymbol{\alpha}_2,\cdots,\boldsymbol{\alpha}_k)\boldsymbol{A}_{11}, \tag{5.6.4}$$

$$\mathscr{A}|_W(\boldsymbol{\alpha}_{k+1},\boldsymbol{\alpha}_{k+2},\cdots,\boldsymbol{\alpha}_n)=(\boldsymbol{\alpha}_{k+1},\boldsymbol{\alpha}_{k+2},\cdots,\boldsymbol{\alpha}_n)\boldsymbol{A}_{22}. \tag{5.6.5}$$

证明 证明方法与定理2、定理3相同.请读者自己完成.

在定理5的条件下，线性变换 $\mathscr{A}$ 记为 $\mathscr{A}=\mathscr{A}|_U\oplus\mathscr{A}|_W$，并称线性变换 $\mathscr{A}$ 分解为 $\mathscr{A}|_U$ 与 $\mathscr{A}|_W$ 的**直和**.

例1 设线性变换 $\mathscr{A}:V\to V$ 与 $\mathscr{B}:V\to V$ 可交换，即 $\mathscr{A}\mathscr{B}=\mathscr{B}\mathscr{A}$. 证明：线性变换 $\mathscr{B}$ 的像 $\mathrm{Im}(\mathscr{B})$ 与核 $\mathrm{Ker}(\mathscr{B})$ 是线性变换 $\mathscr{A}$ 的不变子空间.

证明 设 $\boldsymbol{\alpha}\in\mathrm{Im}(\mathscr{B})$，则 $\boldsymbol{\alpha}=\mathscr{B}(\boldsymbol{\beta})$，$\boldsymbol{\beta}\in V$. 因此 $\mathscr{A}(\boldsymbol{\alpha})=\mathscr{A}\mathscr{B}(\boldsymbol{\beta})$. 因为 $\mathscr{A}$ 与 $\mathscr{B}$ 可交换，所以 $\mathscr{A}(\boldsymbol{\alpha})=\mathscr{B}\mathscr{A}(\boldsymbol{\beta})=\mathscr{B}(\mathscr{A}(\boldsymbol{\beta}))\in\mathrm{Im}(\mathscr{B})$，即 $\mathrm{Im}(\mathscr{B})$ 是 $\mathscr{A}$ 的不变子空间.

设 $\boldsymbol{\alpha}\in\mathrm{Ker}(\mathscr{B})$，则 $\mathscr{B}(\boldsymbol{\alpha})=\boldsymbol{0}$. 因此 $\mathscr{B}(\mathscr{A}(\boldsymbol{\alpha}))=\mathscr{B}\mathscr{A}(\boldsymbol{\alpha})=\mathscr{A}\mathscr{B}(\boldsymbol{\alpha})=\mathscr{A}(\mathscr{B}(\boldsymbol{\alpha}))=\mathscr{A}(\boldsymbol{0})=\boldsymbol{0}$，故 $\mathscr{A}(\boldsymbol{\alpha})\in\mathrm{Ker}(\mathscr{B})$. 所以 $\mathrm{Ker}(\mathscr{B})$ 是 $\mathscr{A}$ 的不变子空间.

例2 设 $\mathscr{D}:\boldsymbol{F}_n[x]\to\boldsymbol{F}_n[x]$ 是微商变换，$\boldsymbol{F}_n[x]$ 中由向量 $1,x,\cdots,x^{k-1}$ 生成的子空间记为 $\boldsymbol{F}_k[x]$，其中正整数 $k\geqslant1$. 证明 $\boldsymbol{F}_k[x]$ 是 $\mathscr{D}$ 的不变子空间，并求 $\mathscr{D}|_{F_k[x]}$ 与 $\mathscr{D}|_{(F_n[x]/F_k[s])}$ 分别在 $\boldsymbol{F}_k[x]$ 的基 $\{1,x,\cdots,x^{k-1}\}$ 与 $\boldsymbol{F}_n[x]/\boldsymbol{F}_k[x]$ 的基 $\{\widetilde{x^k},\widetilde{x^{k+1}},\cdots,\widetilde{x^{n-1}}\}$ 下的方阵.

证明 设 $f(x)=a_0+a_1x+\cdots+a_{k-1}x^{k-1}\in\boldsymbol{F}_k[x]$，则 $\mathscr{D}(f(x))=f'(x)=a_1+2a_2x+\cdots+(k-1)a_{k-1}x^{k-2}\in\boldsymbol{F}_k[x]$. 因此 $\boldsymbol{F}_k[x]$ 是 $\mathscr{D}$ 的不变子空间. 由于 $\mathscr{D}|_{F_k[x]}(x^j)=\mathscr{D}(x^j)=jx^{j-1}$，$j=0,1,\cdots,k-1$，故

$$\mathscr{D}|_{F_k[x]}(1,x,\cdots,x^{k-1})=(1,x,\cdots,x^{k-1})\begin{pmatrix}0&1&0&\cdots&0\\0&0&2&\cdots&0\\&&\cdots\cdots&&\\0&0&0&\cdots&k-1\\0&0&0&\cdots&0\end{pmatrix}.$$

所以 $\mathscr{D}|_{F_k[x]}$ 在基 $\{1,x,\cdots,x^{k-1}\}$ 下的方阵为

$$\begin{pmatrix}0&1&0&\cdots&0\\0&0&2&\cdots&0\\&&\cdots\cdots&&\\0&0&0&\cdots&k-1\\0&0&0&\cdots&0\end{pmatrix}_{k\times k}.$$

当 $k\leqslant j\leqslant n-1$ 时，

$$\mathscr{D}|_{(F_n[x]/F_k[x])}(\widetilde{x^j})=\mathscr{D}(\widetilde{x^j})=\widetilde{jx^{j-1}}=j\,\widetilde{x^{j-1}}.$$

所以

$$\mathscr{D}|_{(F_n[x]/F_k[x])}(\widetilde{x^k},\widetilde{x^{k+1}},\cdots,\widetilde{x^{n-1}})$$

$$=(\widetilde{x^k},\widetilde{x^{k+1}},\cdots,\widetilde{x^{n-1}})\begin{pmatrix}0 & k+1 & 0 & \cdots & 0\\ 0 & 0 & k+2 & \cdots & 0\\ & & \cdots\cdots\cdots\cdots & & \\ 0 & 0 & 0 & \cdots & n-1\\ 0 & 0 & 0 & \cdots & 0\end{pmatrix}.$$

因此 $\mathscr{D}|_{(F_n[x]/F_k[x])}$ 在基 $\{\widetilde{x^k},\widetilde{x^{k+1}},\cdots,\widetilde{x^{n-1}}\}$ 下的方阵为

$$\begin{pmatrix}0 & k+1 & 0 & \cdots & 0\\ 0 & 0 & k+2 & \cdots & 0\\ & & \cdots\cdots\cdots\cdots & & \\ 0 & 0 & 0 & \cdots & n-1\\ 0 & 0 & 0 & \cdots & 0\end{pmatrix}_{(n-k)\times(n-k)}.$$

注　$F_n[x]$ 中由向量 $x^k,x^{k+1},\cdots,x^{n-1}$ 生成的子空间记为 U. 显然，$F_n[x]=F_k[x]\oplus U$. 由于 $x^k\in U$，$\mathscr{D}(x^k)=kx^{k-1}\notin U$，因此 $F_k[x]$ 的补 U 不是 $\mathscr{D}$ 的不变子空间.

习　题

1. 设 $\mathscr{A}: V\to V$ 与 $\mathscr{B}: V\to V$ 是线性变换，U 是 $\mathscr{A}$ 与 $\mathscr{B}$ 的不变子空间. 证明：U 是 $\mathscr{A}+\mathscr{B}$ 与 $\mathscr{A}\mathscr{B}$ 的不变子空间. 如果 $\mathscr{A}$ 可逆，则 U 也是 $\mathscr{A}^{-1}$ 的不变子空间.

2. 设 U 是线性变换 $\mathscr{A}: V\to V$ 的不变子空间. 证明：$\widetilde{U}=\{\boldsymbol{\alpha}\in V: \mathscr{A}(\boldsymbol{\alpha})\in U\}$ 也是 $\mathscr{A}$ 的不变子空间.

3. 设 $\mathscr{A}: V\to V$ 是线性变换，$\mathbf{0}\neq\boldsymbol{\alpha}\in V$，证明：$V$ 中向量 $\boldsymbol{\alpha},\mathscr{A}(\boldsymbol{\alpha}),\mathscr{A}(\boldsymbol{\alpha}),\cdots,\mathscr{A}^k(\boldsymbol{\alpha}),\cdots$ 生成的子空间 U 是 $\mathscr{A}$ 的不变子空间. 设 $\dim U=r$，证明：$\{\boldsymbol{\alpha},\mathscr{A}(\boldsymbol{\alpha}),\cdots,\mathscr{A}^{r-1}(\boldsymbol{\alpha})\}$ 是 U 的基. 求 $\mathscr{A}|_U$ 在这组基下的方阵.

4. 设 $\mathscr{A}: V\to V$ 是线性变换，$\lambda_0\in F$. 记

$$V_{\lambda_0}(\mathscr{A})=\{\boldsymbol{\alpha}\in V: \text{存在某个正整数 } k, \text{使}(\mathscr{A}-\lambda_0\mathscr{I})^k(\boldsymbol{\alpha})=\mathbf{0}\}.$$

证明：$V_{\lambda_0}(\mathscr{A})$ 是 V 的子空间，而且是 $\mathscr{A}$ 的不变子空间.

5. 设 V 是 n 维复线性空间，$\mathscr{A}: V\to V$ 是线性变换. 证明：V 的每个子空间都是 $\mathscr{A}$ 的不变子空间的充分必要条件是 $\mathscr{A}$ 为纯量变换，即 $\mathscr{A}=\lambda\mathscr{I}$，其中 $\lambda\in\mathbf{C}$.

6. 设 V 是 2 维复线性空间，线性变换 $\mathscr{A}: V\to V$ 在基 $\{\boldsymbol{\alpha}_1,\boldsymbol{\alpha}_2\}$ 下的方阵为 $\begin{pmatrix}0 & 0\\ 0 & 1\end{pmatrix}$. 求线性变

换 $\mathscr{A}$ 的所有不变子空间.

7. 设 V 是区间[0,1]上所有连续实函数构成的实线性空间,U 是 V 中所有偶函数构成的子空间,W 是 V 中所有奇函数构成的子空间.设 $\mathscr{A}: V\to V$ 是积分变换,即对任意

$$f(x)\in V,\mathscr{A}(f(x))=\int_0^x f(t)\mathrm{d}t.$$

U 与 W 是否是 $\mathscr{A}$ 的不变子空间?

8. 设 $\lambda_1,\lambda_2,\cdots,\lambda_n$ 是 F 中两两不等的 n 个数,线性变换 $\mathscr{A}: V\to V$ 在 V 的基$\{\boldsymbol{\alpha}_1,\boldsymbol{\alpha}_2,\cdots,\boldsymbol{\alpha}_n\}$下的方阵为 $\mathrm{diag}(\lambda_1,\lambda_2,\cdots,\lambda_n)$.求 $\mathscr{A}$ 的不变子空间的个数.

5.7 特征值与特征向量

在线性变换 $\mathscr{A}: V\to V$ 的所有不变子空间中,一维不变子空间是极为重要的.设 U 是线性变换 $\mathscr{A}$ 的一维不变子空间.显然 U 中任意一个非零向量 $\boldsymbol{\alpha}$ 都可以构成 U 的基$\{\boldsymbol{\alpha}\}$.由于 U 是 $\mathscr{A}$ 的不变子空间.因此 $\mathscr{A}(\boldsymbol{\alpha})\in U$.所以 $\mathscr{A}(\boldsymbol{\alpha})=\lambda\boldsymbol{\alpha},\lambda\in F$.这就引出下面的定义.

定义 1 设 $\mathscr{A}: V\to V$ 是线性变换.如果存在非零向量 $\boldsymbol{\alpha}\in V$,以及纯量 $\lambda\in F$,使得 $\mathscr{A}(\boldsymbol{\alpha})=\lambda\boldsymbol{\alpha}$,则 λ 称为线性变换 $\mathscr{A}$ 的**特征值**,$\boldsymbol{\alpha}$ 称为线性变换 $\mathscr{A}$ 的属于特征值 λ 的**特征向量**.

定理 1 设线性变换 $\mathscr{A}: V\to V$ 在 V 的基$\{\boldsymbol{\alpha}_1,\boldsymbol{\alpha}_2,\cdots,\boldsymbol{\alpha}_n\}$下的方阵为 $\boldsymbol{A}$,向量 $\boldsymbol{\alpha}\in V$ 在基$\{\boldsymbol{\alpha}_1,\boldsymbol{\alpha}_2,\cdots,\boldsymbol{\alpha}_n\}$下的坐标为 $\boldsymbol{x}$.则 $\boldsymbol{\alpha}$ 是线性变换 $\mathscr{A}$ 的属于特征值 λ 的特征向量之充分必要条件为 $\boldsymbol{x}$ 是齐次线性方程组$(\lambda\boldsymbol{I}_{(n)}-\boldsymbol{A})\boldsymbol{x}=\boldsymbol{0}$的非零解.

证明 必要性 设 $\boldsymbol{\alpha}$ 是线性变换 $\mathscr{A}$ 的属于特征值 λ 的特征向量,则 $\mathscr{A}(\boldsymbol{\alpha})=\lambda\boldsymbol{\alpha}$ 记 $\boldsymbol{x}=(x_1,x_2,\cdots,x_n)^{\mathrm{T}}$,即 $\boldsymbol{\alpha}=(\boldsymbol{\alpha}_1,\boldsymbol{\alpha}_2,\cdots,\boldsymbol{\alpha}_n)\boldsymbol{x}$.由于 $\mathscr{A}$ 在基$\{\boldsymbol{\alpha}_1,\boldsymbol{\alpha}_2,\cdots,\boldsymbol{\alpha}_n\}$下的方阵为 $\boldsymbol{A}$,所以 $\mathscr{A}(\boldsymbol{\alpha})=(\boldsymbol{\alpha}_1,\boldsymbol{\alpha}_2,\cdots,\boldsymbol{\alpha}_n)\boldsymbol{A}\boldsymbol{x}$.由于 $\mathscr{A}(\boldsymbol{\alpha})=\lambda\boldsymbol{\alpha}$,因此 $\boldsymbol{A}\boldsymbol{x}=\lambda\boldsymbol{x}$,即$(\lambda\boldsymbol{I}_{(n)}-\boldsymbol{A})\boldsymbol{x}=\boldsymbol{0}$.由于 $\boldsymbol{\alpha}$ 是 $\mathscr{A}$ 的特征向量,故 $\boldsymbol{\alpha}\neq\boldsymbol{0}$.从而 $\boldsymbol{x}\neq\boldsymbol{0}$.因此 $\boldsymbol{x}$ 是方程组$(\lambda\boldsymbol{I}_{(n)}-\boldsymbol{A})\boldsymbol{x}=\boldsymbol{0}$的非零解.

充分性 设 $\boldsymbol{x}$ 是方程组$(\lambda\boldsymbol{I}_{(n)}-\boldsymbol{A})\boldsymbol{x}=\boldsymbol{0}$的非零解.则 $A\boldsymbol{x}=\lambda\boldsymbol{x}$.因此

$$(\boldsymbol{\alpha}_1,\boldsymbol{\alpha}_2,\cdots,\boldsymbol{\alpha}_n)\boldsymbol{A}\boldsymbol{x}=\lambda(\boldsymbol{\alpha}_1,\boldsymbol{\alpha}_2,\cdots,\boldsymbol{\alpha}_n)\boldsymbol{x}.$$

所以 $\mathscr{A}(\boldsymbol{\alpha})=\lambda\boldsymbol{\alpha}$.由于 $\boldsymbol{x}$ 是非零的,因此 $\boldsymbol{\alpha}$ 是非零向量.所以 $\boldsymbol{\alpha}$ 是 $\mathscr{A}$ 的属于特征值 λ 的特征向量.定理 1 证毕.

定理1说明,求线性变换$\mathscr{A}$的属于特征值λ的特征向量$\boldsymbol{\alpha}$的问题等价于求齐次方程组$(\lambda \boldsymbol{I}_{(n)}-\boldsymbol{A})\boldsymbol{x}=\boldsymbol{0}$的非零解问题.显然齐次方程组$(\lambda \boldsymbol{I}_{(n)}-\boldsymbol{A})\boldsymbol{x}=\boldsymbol{0}$有非零解的充分必要条件是$\det(\lambda \boldsymbol{I}_{(n)}-\boldsymbol{A})=0$.这就引出下面的定义.

定义2 设$\boldsymbol{A}\in F^{n\times n}$,则多项式$\varphi(\lambda)=\det(\lambda \boldsymbol{I}_n-\boldsymbol{A})$称为方阵$\boldsymbol{A}$的特征多项式.特征多项式$\varphi(\lambda)$的根称为方阵$\boldsymbol{A}$的特征值.而方程组$\boldsymbol{A}\boldsymbol{x}=\lambda \boldsymbol{x}$的非零解$\boldsymbol{x}$称为方阵$\boldsymbol{A}$的属于特征值$\lambda$的特征向量.

按照定义2,定理1可以改述为:

定理2 设线性变换$\mathscr{A}$: $V\to V$在V的基$\{\boldsymbol{\alpha}_1,\boldsymbol{\alpha}_2,\cdots,\boldsymbol{\alpha}_n\}$下的方阵为$\boldsymbol{A}$,向量$\boldsymbol{\alpha}\in V$在基$\{\boldsymbol{\alpha}_1,\boldsymbol{\alpha}_2,\cdots,\boldsymbol{\alpha}_n\}$下的坐标为$\boldsymbol{x}$.则

(1) 当且仅当λ是方阵$\boldsymbol{A}$的特征值时,λ是线性变换$\mathscr{A}$的特征值;

(2) 当且仅当$\boldsymbol{x}$是方阵$\boldsymbol{A}$的属于特征值λ的特征向量时,$\boldsymbol{\alpha}$是线性变换$\mathscr{A}$的属于特征值λ的特征向量.

证明 略.

由定理2立即得到:

定理3 设数域F上n维线性空间V到自身的线性变换$\mathscr{A}$在V的基$\{\boldsymbol{\alpha}_1,\boldsymbol{\alpha}_2,\cdots,\boldsymbol{\alpha}_n\}$下的方阵为$\boldsymbol{A}$.则线性变换$\mathscr{A}$具有一维不变子空间$U$的充分必要条件是,方阵$\boldsymbol{A}$的特征多项式$\varphi(\lambda)$在数域$F$中有根$\lambda$.

证明 证明不难,请读者自己完成.

我们知道,n次复系数多项式一定有n个复根.因此,对n维复线性空间V,线性变换$\mathscr{A}$: $V\to V$的一维不变子空间恒存在.但是,由于n次实系数多项式不一定具有实根(尽管它的复根总存在),所以对n维实线性空间V,线性变换$\mathscr{A}$: $V\to V$的一维不变子空间并不是总存在的.所以在讨论一维不变子空间时,一定要注意线性空间V的基域F.

现在讨论方阵$\boldsymbol{A}$的特征多项式$\varphi(\lambda)=\det(\lambda \boldsymbol{I}_n-\boldsymbol{A})$的性质.记$n$阶方阵$\boldsymbol{A}=(a_{ij})$,$\boldsymbol{A}\begin{pmatrix} i_1 & i_2\cdots & i_k \\ j_1 & j_2\cdots & j_k\end{pmatrix}$表示取自方阵$\boldsymbol{A}$的第$i_1,i_2,\cdots i_k$行与第$j_1,j_2,\cdots,j_k$列的$k$阶子式,$1\leqslant i_1<i_2<\cdots<i_k\leqslant n$,$1\leqslant j_1<j_2<\cdots<j_k\leqslant n$.方阵$\boldsymbol{A}$的特征多项式$\varphi(\lambda)$的$n$个特征值记为$\lambda_1,\lambda_2,\cdots,\lambda_n$.

性质1
$$\begin{aligned}\varphi(\lambda)=\lambda^n&-(a_{11}+a_{22}+\cdots+a_{nn})\lambda^{n-1}\\&+\Big(\sum_{1\leqslant i_1<i_2\leqslant n}\boldsymbol{A}\begin{pmatrix} i_1 & i_2 \\ i_1 & i_2\end{pmatrix}\Big)\lambda^{n-2}+\cdots\\&+(-1)^k\Big(\sum_{1\leqslant i_1<i_2<\cdots<i_k\leqslant n}\boldsymbol{A}\begin{pmatrix} i_1 & i_2 & \cdots & i_k \\ i_1 & i_2 & \cdots & i_k\end{pmatrix}\Big)\lambda^{n-k}+\cdots\\&+(-1)^n\det \boldsymbol{A}.\end{aligned}$$

证明 这是第2章2.5节习题6.也可如下证之.容易看出,特征多项式 $\varphi(\lambda)$ 是 λ 的 n 次多项式,并且 n 次项系数为1.因此可设

$$\varphi(\lambda)=\varphi(0)+\frac{\varphi'(0)}{1!}\lambda+\frac{\varphi''(0)}{2!}\lambda^2+\cdots+\frac{\varphi^{(n-1)}(0)}{(n-1)!}\lambda^{n-1}+\lambda^n.$$

然后对行列式 $\det(\lambda \boldsymbol{I}_{(n)}-\boldsymbol{A})$ 求关于 λ 的各阶导数,从而求出 $\frac{\varphi^{(k)}(0)}{k!}$, $k=0,1,2,\cdots,n-1$,即可证明性质1.

性质2 设 $\sigma_1(x_1,x_2,\cdots,x_n),\sigma_2(x_1,x_2,\cdots,x_n),\cdots,\sigma_n(x_1,x_2,\cdots,x_n)$ 是关于 $x_1,x_2,\cdots,x_n$ 的基本对称多项式.则对 $k=1,2,\cdots,n$,

$$\sigma_k(\lambda_1,\lambda_2,\cdots,\lambda_n)=\sum_{1\leqslant i_1<i_2<\cdots<i_k\leqslant n}\boldsymbol{A}\begin{pmatrix} i_1 & i_2 & \cdots & i_k \\ i_1 & i_2 & \cdots & i_k\end{pmatrix}.$$

证明 由于 $\lambda_1,\lambda_2,\cdots,\lambda_n$ 是 n 次多项式 $\varphi(\lambda)$ 的 n 个根,因此由 Vièta 定理和性质1,即得性质2.

由性质2,有

$$\operatorname{tr}(\boldsymbol{A})=\lambda_1+\lambda_2+\cdots+\lambda_n,$$
$$\det(\boldsymbol{A})=\lambda_1\lambda_2\cdots\lambda_n.$$

性质3 设 $\boldsymbol{A}$ 为 n 阶复方阵.则方阵 $\boldsymbol{A}$ 可逆的充分必要条件是方阵 $\boldsymbol{A}$ 的特征值全不为零.

证明 这是 $\det(\boldsymbol{A})=\lambda_1\lambda_2\cdots\lambda_n$ 的直接推论.

性质4 设方阵 $\boldsymbol{A}$ 是准上三角的,即设

$$\boldsymbol{A}=\begin{pmatrix}\boldsymbol{A}_{11} & \boldsymbol{A}_{12}\\ \boldsymbol{0} & \boldsymbol{A}_{22}\end{pmatrix},$$

其中 $\boldsymbol{A}_{11}$ 与 $\boldsymbol{A}_{22}$ 是子方阵.则方阵 $\boldsymbol{A}$ 的特征多项式等于 $\boldsymbol{A}_{11}$ 与 $\boldsymbol{A}_{22}$ 的特征多项式的乘积.

证明 由定义,方阵 $\boldsymbol{A}$ 的特征多项式 $\varphi(\lambda)$ 为

$$\begin{aligned}\varphi(\lambda)&=\det(\lambda\boldsymbol{I}_{(n)}-\boldsymbol{A})\\&=\det\begin{pmatrix}\lambda\boldsymbol{I}_{(k)}-\boldsymbol{A}_{11} & -\boldsymbol{A}_{12}\\ \boldsymbol{0} & \lambda\boldsymbol{I}_{(n-k)}-\boldsymbol{A}_{22}\end{pmatrix}\\&=\det(\lambda\boldsymbol{I}_{(k)}-\boldsymbol{A}_{11})\det(\lambda\boldsymbol{I}_{(n-k)}-\boldsymbol{A}_{22}).\end{aligned}$$

其中 k 是子方阵 $\boldsymbol{A}_{11}$ 的阶数.显然,$\det(\lambda\boldsymbol{I}_{(k)}-\boldsymbol{A}_{11})$ 与 $\det(\lambda\boldsymbol{I}_{(n-k)}-\boldsymbol{A}_{22})$ 分别是子方阵 $\boldsymbol{A}_{11}$ 与 $\boldsymbol{A}_{22}$ 的特征多项式.

性质5 设 $\boldsymbol{A}$ 是上三角方阵,则方阵 $\boldsymbol{A}$ 的对角元是方阵 $\boldsymbol{A}$ 的特征值.

证明 显然.

性质6 相似的方阵具有相同的特征多项式,从而具有相同的特征值.

证明 设方阵 $\boldsymbol{A}$ 与 $\boldsymbol{B}$ 相似,则存在可逆方阵 $\boldsymbol{P}$,使得 $\boldsymbol{B}=\boldsymbol{P}^{-1}\boldsymbol{A}\boldsymbol{P}$,因此

$$\begin{aligned}\det(\lambda \boldsymbol{I}_{(n)}-\boldsymbol{B}) &= \det(\lambda \boldsymbol{I}_{(n)}-\boldsymbol{P}^{-1}\boldsymbol{A}\boldsymbol{P})\\ &= \det\boldsymbol{P}^{-1}(\lambda \boldsymbol{I}_{(n)}-\boldsymbol{A})\boldsymbol{P}\\ &= \det \boldsymbol{P}^{-1}\det(\lambda \boldsymbol{I}_{(n)}-\boldsymbol{A})\det \boldsymbol{P}\\ &= \det(\lambda \boldsymbol{I}_{(n)}-\boldsymbol{A}).\end{aligned}$$

所以方阵 $\boldsymbol{A}$ 与 $\boldsymbol{B}$ 的特征多项式相同.

性质6表明,方阵的特征值是方阵在相似下的不变量.但应指出,它并不是方阵在相似下的全系不变量,即特征值相同的方阵并不一定相似.例如方阵

$$\boldsymbol{A}=\begin{pmatrix}0&0\\0&0\end{pmatrix} \quad 与 \quad \boldsymbol{B}=\begin{pmatrix}0&1\\0&0\end{pmatrix}$$

的特征值相同,但方阵 $\boldsymbol{A}$ 与 $\boldsymbol{B}$ 并不相似.

关于方阵的特征多项式,有下面的重要定理.

定理4(Cayley-Hamilton 定理) 设 n 阶方阵 $\boldsymbol{A}$ 的特征多项式为 $\varphi(\lambda)=\lambda^n+a_{n-1}\lambda^{n-1}+\cdots+a_1\lambda+a_0$,则 $\varphi(\boldsymbol{A})=\boldsymbol{A}^n+a_{n-1}\boldsymbol{A}^{n-1}+\cdots+a_1\boldsymbol{A}+a_0\boldsymbol{I}_{(n)}=\boldsymbol{0}$.

证明 设方阵 $\lambda\boldsymbol{I}_{(n)}-\boldsymbol{A}$ 的附属方阵为 $\boldsymbol{B}$.显然方阵 $\boldsymbol{B}$ 的元素都是关于 λ 的多项式,且其次数不超过 $n-1$.因此可设 $\boldsymbol{B}=(b_{ij}(\lambda))$,其中

$$b_{ij}(\lambda)=b_{ij}^{(n-1)}\lambda^{n-1}+b_{ij}^{(n-2)}\lambda^{n-2}+\cdots+b_{ij}^{(1)}\lambda+b_{ij}^{(0)}.$$

所以方阵 $\boldsymbol{B}$ 可以表为

$$\begin{aligned}\boldsymbol{B} &= \lambda^{n-1}(b_{ij}^{(n-1)})+\lambda^{n-2}(b_{ij}^{(n-2)})+\cdots+\lambda(b_{ij}^{(1)})+(b_{ij}^{(0)}).\\ &= \lambda^{n-1}\boldsymbol{B}_{n-1}+\lambda^{n-2}\boldsymbol{B}_{n-2}+\cdots+\lambda\boldsymbol{B}_1+\boldsymbol{B}_0,\end{aligned}$$

其中 $\boldsymbol{B}_k=(b_{ij}^{(k)}),k=0,1,2,\cdots,n-1$.所以

$$(\lambda\boldsymbol{I}_{(n)}-\boldsymbol{A})\boldsymbol{B}=\lambda^n\boldsymbol{B}_{n-1}+(\boldsymbol{B}_{n-2}-\boldsymbol{A}\boldsymbol{B}_{n-1})\lambda^{n-1}+\cdots+\lambda(\boldsymbol{B}_0-\boldsymbol{A}\boldsymbol{B}_1)-\boldsymbol{A}\boldsymbol{B}_0.$$

另一方面,

$$(\lambda\boldsymbol{I}_{(n)}-\boldsymbol{A})\boldsymbol{B}=[\det(\lambda\boldsymbol{I}_{(n)}-\boldsymbol{A})]\boldsymbol{I}_{(n)}=\varphi(\lambda)\boldsymbol{I}_{(n)}.$$

比较上面两式的两端系数,得到

$$\begin{aligned}&\boldsymbol{B}_{n-1}=\boldsymbol{I}_{(n)},\\ &\boldsymbol{B}_{n-2}-\boldsymbol{A}\boldsymbol{B}_{n-1}=a_{n-1}\boldsymbol{I}_{(n)},\\ &\cdots\cdots\cdots\cdots\\ &\boldsymbol{B}_0-\boldsymbol{A}\boldsymbol{B}_1=a_1\boldsymbol{I}_{(n)},\\ &-\boldsymbol{A}\boldsymbol{B}_0=a_0\boldsymbol{I}_{(n)}.\end{aligned}$$

上述各式依次乘以方阵 $\boldsymbol{A}^n,\boldsymbol{A}^{n-1},\cdots,\boldsymbol{A},\boldsymbol{I}_{(n)}$,并相加,即得到

$$\varphi(\boldsymbol{A}) = \boldsymbol{A}^n + a_{n-1}\boldsymbol{A}^{n-1} + \cdots + a_1\boldsymbol{A} + a_0\boldsymbol{I}_{(n)} = \boldsymbol{0}.$$

定义 3　设方阵 $\boldsymbol{A} \in F^{n\times n}$，且非零多项式 $f(\lambda) \in F[\lambda]$. 如果 $f(\boldsymbol{A}) = \boldsymbol{0}$，则 $f(\lambda)$称为方阵 $\boldsymbol{A}$ 的一个**化零多项式**.

利用定义 3，Cayley-Hamilton 定理可以叙述为：方阵 $\boldsymbol{A}$ 的特征多项式是方阵 $\boldsymbol{A}$ 的一个化零多项式.

定义 4　方阵 $\boldsymbol{A}$ 的所有化零多项式中次数最小的首一多项式称为方阵 $\boldsymbol{A}$ 的**最小多项式**，记为 $d_{\boldsymbol{A}}(\lambda)$或 $d(\lambda)$.

考虑正整数集合 $M = \{\deg f(\lambda): f(\lambda)$为方阵 $\boldsymbol{A}$ 的化零多项式$\}$. 由于方阵 $\boldsymbol{A}$ 的特征多项式$\varphi(\lambda)$是方阵 $\boldsymbol{A}$ 的一个化零多项式，因此集合 $M \neq \varnothing$. 所以集合 M 中存在最小的正整数m，而且 m 是方阵 $\boldsymbol{A}$ 的某个化零多项式 $g(\lambda)$的次数. 于是 $d(\lambda) = a^{-1}g(\lambda)$是方阵 $\boldsymbol{A}$ 的最小多项式，其中 a 是多项式$g(\lambda)$的首项次数. 这说明，任意一个方阵 $\boldsymbol{A}$ 的最小多项式均存在.

关于最小多项式，以下性质成立.

性质 7　方阵 $\boldsymbol{A}$ 的最小多项式$d(\lambda)$整除方阵 $\boldsymbol{A}$ 的任一化零多项式$f(\lambda)$. 特别地，$d(\lambda)$整除方阵 $\boldsymbol{A}$ 的特征多项式$\varphi(\lambda)$.

证明　由 Euclid 长除法，存在 $q(\lambda), r(\lambda) \in F[\lambda]$，使得 $f(\lambda) = q(\lambda)d(\lambda) + r(\lambda)$，其中 $\deg r(\lambda) < \deg d(\lambda)$. 如果 $r(\lambda) \neq 0$，则 $f(\boldsymbol{A}) = q(\boldsymbol{A})d(\boldsymbol{A}) + r(\boldsymbol{A})$. 由于 $f(\lambda)$与 $d(\lambda)$是方阵 $\boldsymbol{A}$ 的化零多项式，因此 $f(\boldsymbol{A}) = d(\boldsymbol{A}) = \boldsymbol{0}$. 所以 $r(\boldsymbol{A}) = \boldsymbol{0}$. 这说明，$r(\lambda)$是方阵 $\boldsymbol{A}$ 的化零多项式，且 $\deg r(\lambda) < \deg d(\lambda)$. 与 $d(\lambda)$关于次数的最小性矛盾. 因此 $r(\lambda) = 0$，即 $d(\lambda) \mid f(\lambda)$.

性质 8　方阵 $\boldsymbol{A}$ 的最小多项式$d(\lambda)$存在且唯一.

证明　前面已经证明方阵 $\boldsymbol{A}$ 的最小多项式的存在性. 现在证明唯一性. 设 $d_1(\lambda), d_2(\lambda)$是方阵 $\boldsymbol{A}$ 的最小多项式. 则 $d_1(\lambda), d_2(\lambda)$是方阵 $\boldsymbol{A}$ 的化零多项式. 由性质 7，$d_1(\lambda) \mid d_2(\lambda)$，$d_2(\lambda) \mid d_1(\lambda)$. 而 $d_1(\lambda), d_2(\lambda)$是首一多项式，因此$d_1(\lambda) = d_2(\lambda)$.

性质 9　相似的方阵具有相同的最小多项式.

证明　设方阵 $\boldsymbol{A}$ 与$\boldsymbol{B}$ 相似，即存在可逆方阵 $\boldsymbol{P}$，使得 $\boldsymbol{B} = \boldsymbol{P}^{-1}\boldsymbol{A}\boldsymbol{P}$. 设方阵 $\boldsymbol{A}$ 的最小多项为$d_{\boldsymbol{A}}(\lambda) = a_0 + a_1\lambda + \cdots + a_{k-1}\lambda^{k-1} + \lambda^k$，则

$$d_{\boldsymbol{A}}(\boldsymbol{A}) = a_0\boldsymbol{I}_{(n)} + a_1\boldsymbol{A} + \cdots + a_{k-1}\boldsymbol{A}^{k-1} + \boldsymbol{A}^k = \boldsymbol{0}.$$

因此

$$\begin{aligned} d_{\boldsymbol{A}}(\boldsymbol{B}) &= a_0\boldsymbol{I}_{(n)} + a_1\boldsymbol{B} + \cdots + a_{k-1}\boldsymbol{B}^{k-1} + \boldsymbol{B}^k \\ &= a_0\boldsymbol{P}^{-1}\boldsymbol{P} + a_1\boldsymbol{P}^{-1}\boldsymbol{A}\boldsymbol{P} + \cdots + a_{k-1}\boldsymbol{P}^{-1}\boldsymbol{A}^{k-1}\boldsymbol{P} + \boldsymbol{P}^{-1}\boldsymbol{A}^k\boldsymbol{P} \end{aligned}$$

$$= \boldsymbol{P}^{-1}(a_0\boldsymbol{I}_{(n)} + a_1\boldsymbol{A} + \cdots + a_{k-1}\boldsymbol{A}^{k-1} + \boldsymbol{A}^k)\boldsymbol{P}$$
$$= \boldsymbol{P}^{-1}d_{\boldsymbol{A}}(\boldsymbol{A})\boldsymbol{P} = \boldsymbol{0}.$$

所以 $d_{\boldsymbol{A}}(\lambda)$ 是方阵 $\boldsymbol{B}$ 的化零多项式. 由性质 7, 方阵 $\boldsymbol{B}$ 的最小多项式 $d_{\boldsymbol{B}}(\lambda)\mid d_{\boldsymbol{A}}(\lambda)$. 同样有, $d_{\boldsymbol{A}}(\lambda)\mid d_{\boldsymbol{B}}(\lambda)$. 由于 $d_{\boldsymbol{A}}(\lambda)$ 与 $d_{\boldsymbol{B}}(\lambda)$ 都是首一多项式, 故 $d_{\boldsymbol{A}}(\lambda) = d_{\boldsymbol{B}}(\lambda)$.

性质 9 说明, 方阵的最小多项式是方阵在相似下的不变量. 应当指出, 方阵的最小多项式并不是方阵在相似下的全系不变量, 即具有相同的最小多项式的方阵并不一定相似. 见习题.

定理 5　纯量 $c\in F$ 为方阵 $\boldsymbol{A}$ 的最小多项式 $d(\lambda)$ 的根的充分必要条件是, c 为方阵 $\boldsymbol{A}$ 的特征值.

证明　设 $d(c)=0$, 则 $d(\lambda)=(\lambda-c)q(\lambda)$, 其中 $\deg q(\lambda)<\deg d(\lambda)$. 由 $d(\lambda)$ 关于次数的最小性, $q(\boldsymbol{A})\neq\boldsymbol{0}$. 因此必有列向量 $\boldsymbol{x}$, 使得 $q(\boldsymbol{A})\boldsymbol{x}\neq\boldsymbol{0}$. 取 $\boldsymbol{y}=q(\boldsymbol{A})\boldsymbol{x}$. 因为 $d(\boldsymbol{A})=(\boldsymbol{A}-c\boldsymbol{I}_{(n)})q(\boldsymbol{A})=\boldsymbol{0}$, 所以

$$(\boldsymbol{A}-c\boldsymbol{I}_{(n)})\boldsymbol{y} = (\boldsymbol{A}-c\boldsymbol{I}_{(n)})q(\boldsymbol{A})\boldsymbol{x} = d(\boldsymbol{A})\boldsymbol{x} = \boldsymbol{0}.$$

因此 $\boldsymbol{A}\boldsymbol{y}=c\boldsymbol{y}$. 这表明, c 是方阵 $\boldsymbol{A}$ 的特征值.

反之, 设 c 是方阵 $\boldsymbol{A}$ 的特征值, 则存在列向量 $\boldsymbol{x}\neq\boldsymbol{0}$, 使得 $\boldsymbol{A}\boldsymbol{x}=c\boldsymbol{x}$. 于是 $\boldsymbol{A}^j\boldsymbol{x}=c^j\boldsymbol{x}$, $j=0,1,2,\cdots$. 因此, 如果设 $d(\lambda)=a_0+a_1\lambda+\cdots+a_{k-1}\lambda^{k-1}+\lambda^k$, 则

$$\begin{aligned} d(\boldsymbol{A})\boldsymbol{x} &= a_0\boldsymbol{I}_{(n)}\boldsymbol{x} + a_1\boldsymbol{A}\boldsymbol{x} + \cdots + a_{k-1}\boldsymbol{A}^{k-1}\boldsymbol{x} + \boldsymbol{A}^k\boldsymbol{x} \\ &= a_0\boldsymbol{x} + a_1c\boldsymbol{x} + \cdots + a_{k-1}c^{k-1}\boldsymbol{x} + c^k\boldsymbol{x} \\ &= d(c)\boldsymbol{x}. \end{aligned}$$

由于 $d(\boldsymbol{A})=\boldsymbol{0}$, 故 $d(c)\boldsymbol{x}=\boldsymbol{0}$. 但 $\boldsymbol{x}\neq\boldsymbol{0}$, 因此 $d(c)=0$. 这表明, c 是方阵 $\boldsymbol{A}$ 的最小多项式的根.

现在转到线性变换 $\mathscr{A}: V\to V$. 我们知道, 同一个线性变换 $\mathscr{A}$ 在不同基下的方阵是相似的. 而相似方阵的特征多项式相同. 于是可以引进如下的定义.

定义 5　设线性变换 $\mathscr{A}: V\to V$ 在 V 的基 $\{\boldsymbol{\alpha}_1,\boldsymbol{\alpha}_2,\cdots,\boldsymbol{\alpha}_n\}$ 下的方阵为 $\boldsymbol{A}$, 则方阵 $\boldsymbol{A}$ 的特征多项式称为线性变换 $\mathscr{A}$ 的特征多项式.

关于线性变换, 相应的 Cayley-Hamilton 定理成立, 即有:

定理 6　设 $\varphi(\lambda)$ 是线性变换 $\mathscr{A}$ 的特征多项式, 则 $\varphi(\mathscr{A})=\mathscr{O}$, 其中 $\mathscr{O}$ 是零变换.

证明　请读者自己完成.

定义 6　设 $\mathscr{A}: V\to V$ 是线性变换的, 且非零多项式 $f(\lambda)\in F[\lambda]$. 如果 $f(\mathscr{A})=\mathscr{O}$, 则 f(λ) 称为线性变换 $\mathscr{A}$ 的化零多项式.

于是定理 6 可以叙述为, 线性变换 $\mathscr{A}$ 的特征多项式 $\varphi(\lambda)$ 是线性变换 $\mathscr{A}$ 的一

个化零多项式.

定义 7 线性变换 $\mathscr{A}$ 的所有化零多项式中次数最小的首一多项式称为线性变换 $\mathscr{A}$ 的**最小多项式**.

和方阵情形相仿,容易证明,线性变换 $\mathscr{A}$ 的最小多项式整除线性变换 $\mathscr{A}$ 的化零多项式.而且线性变换 $\mathscr{A}$ 的最小多项式存在且唯一.

定理 7 设线性变换 $\mathscr{A}: V\to V$ 在 V 的基 $\{\boldsymbol{\alpha}_1,\boldsymbol{\alpha}_2,\cdots,\boldsymbol{\alpha}_n\}$ 下的方阵为 $\boldsymbol{A}$.则线性变换 $\mathscr{A}$ 的最小多项式等于方阵 $\boldsymbol{A}$ 的最小多项式 $d(\lambda)$.

证明 考虑线性变换 $d(\mathscr{A}): V\to V$.显然,$d(\mathscr{A})$ 在基 $\{\boldsymbol{\alpha}_1,\boldsymbol{\alpha}_2,\cdots,\boldsymbol{\alpha}_n\}$ 下的方阵 $d(\boldsymbol{A})$.由于 $d(\lambda)$ 是方阵 $\boldsymbol{A}$ 的最小多项式,因此 $d(\boldsymbol{A})=\boldsymbol{0}$.于是线性变换 $d(\mathscr{A})$ 是零变换.所以 $d(\lambda)$ 是线性变换 $\mathscr{A}$ 的化零多项式.因此线性变换 $\mathscr{A}$ 的最小多项式 $\tilde{d}(\lambda)\mid d(\lambda)$.

反之,线性变换 $\tilde{d}(\mathscr{A}): V\to V$ 在基 $\{\boldsymbol{\alpha}_1,\boldsymbol{\alpha}_2,\cdots,\boldsymbol{\alpha}_n\}$ 下的方阵为 $\tilde{d}(\boldsymbol{A})$.由于 $\tilde{d}(\mathscr{A})$ 是零变换,所以 $\tilde{d}(\boldsymbol{A})=\boldsymbol{0}$.因此 $\tilde{d}(\lambda)$ 是方阵 $\boldsymbol{A}$ 的化零多项式.这表明,方阵 $\boldsymbol{A}$ 的最小多项式 $d(\lambda)\mid\tilde{d}(\lambda)$.

由于 $\tilde{d}(\lambda)\mid d(\lambda)$,$d(\lambda)\mid\tilde{d}(\lambda)$,且 $\tilde{d}(\lambda)$ 与 $d(\lambda)$ 都是首一多项式,所以 $\tilde{d}(\lambda)=d(\lambda)$.

和定理 5 相平行的结论是:

定理 8 纯量 $c\in F$ 为线性变换 $\mathscr{A}$ 的最小多项式的根的充分必要条件是,c 是线性变换 $\mathscr{A}$ 的特征值.

证明 略.

例 1 设 $\boldsymbol{A}$ 与 $\boldsymbol{B}$ 是 n 阶复方阵,则方阵 $\boldsymbol{AB}$ 与 $\boldsymbol{BA}$ 的特征多项式相同.

证明 只需证明

$$\det(\lambda\boldsymbol{I}_{(n)}-\boldsymbol{AB})=\det(\lambda\boldsymbol{I}_{(n)}-\boldsymbol{BA}).\tag{5.7.1}$$

这是第 3 章 3.4 节例 2.这里另给一个证明.

设 $\operatorname{rank}\boldsymbol{A}=r$,并且方阵 $\boldsymbol{A}$ 是幂等的,即 $\boldsymbol{A}^2=\boldsymbol{A}$.由本章 5.5 节习题 12,存在可逆方阵 $\boldsymbol{P}$,使得 $\boldsymbol{A}=\boldsymbol{P}^{-1}\begin{pmatrix}\boldsymbol{I}_{(r)} & \boldsymbol{0}\\ \boldsymbol{0} & \boldsymbol{0}\end{pmatrix}\boldsymbol{P}$.因此

$$\begin{aligned}\det(\lambda\boldsymbol{I}_{(n)}-\boldsymbol{AB})&=\det\left(\lambda\boldsymbol{I}_{(n)}-\boldsymbol{P}^{-1}\begin{pmatrix}\boldsymbol{I}_{(r)} & \boldsymbol{0}\\ \boldsymbol{0} & \boldsymbol{0}\end{pmatrix}\boldsymbol{PBP}^{-1}\boldsymbol{P}\right)\\&=\det\left(\lambda\boldsymbol{I}_{(n)}-\begin{pmatrix}\boldsymbol{I}_{(r)} & \boldsymbol{0}\\ \boldsymbol{0} & \boldsymbol{0}\end{pmatrix}\boldsymbol{PBP}^{-1}\right),\end{aligned}$$

$$\det(\lambda \boldsymbol{I}_{(n)} - \boldsymbol{BA}) = \det\left(\lambda \boldsymbol{I}_{(n)} - \boldsymbol{P}^{-1}\boldsymbol{PBP}^{-1}\begin{pmatrix} \boldsymbol{I}_{(r)} & \boldsymbol{0} \\ \boldsymbol{0} & \boldsymbol{0} \end{pmatrix}\boldsymbol{P}\right)$$
$$= \det\left(\lambda \boldsymbol{I}_{(n)} - \boldsymbol{PBP}^{-1}\begin{pmatrix} \boldsymbol{I}_{(r)} & \boldsymbol{0} \\ \boldsymbol{0} & \boldsymbol{0} \end{pmatrix}\right).$$

记 $\boldsymbol{PBP}^{-1} = \begin{pmatrix} \boldsymbol{B}_{11} & \boldsymbol{B}_{12} \\ \boldsymbol{B}_{21} & \boldsymbol{B}_{22} \end{pmatrix}$,其中 $\boldsymbol{B}_{11}$是 r 阶子方阵.则

$$\det(\lambda \boldsymbol{I}_{(n)} - \boldsymbol{AB}) = \det\left(\lambda \boldsymbol{I}_{(n)} - \begin{pmatrix} \boldsymbol{B}_{11} & \boldsymbol{B}_{12} \\ \boldsymbol{0} & \boldsymbol{0} \end{pmatrix}\right)$$
$$= \lambda^{n-r}\det(\lambda \boldsymbol{I}_{(r)} - \boldsymbol{B}_{11}),$$
$$\det(\lambda \boldsymbol{I}_{(n)} - \boldsymbol{BA}) = \det\left(\lambda \boldsymbol{I}_{(n)} - \begin{pmatrix} \boldsymbol{B}_{11} & \boldsymbol{0} \\ \boldsymbol{B}_{21} & \boldsymbol{0} \end{pmatrix}\right)$$
$$= \lambda^{n-r}\det(\lambda \boldsymbol{I}_{(r)} - \boldsymbol{B}_{11}).$$

因此式(5.7.1)成立.

对任意方阵 $\boldsymbol{A}$,由本章5.4节例3,存在可逆方阵 $\boldsymbol{P}$,使 $\boldsymbol{PA}$ 为幂等方阵.而

$$\det(\lambda \boldsymbol{I}_{(n)} - \boldsymbol{AB}) = \det(\lambda \boldsymbol{I}_{(n)} - \boldsymbol{PA}\cdot\boldsymbol{BP}^{-1}).$$

由上面的证明,

$$\det(\lambda \boldsymbol{I}_{(n)} - \boldsymbol{AB}) = \det(\lambda \boldsymbol{I}_{(n)} - \boldsymbol{BP}^{-1}\boldsymbol{PA})$$
$$= \det(\lambda \boldsymbol{I}_{(n)} - \boldsymbol{BA}).$$

因此式(5.7.1)对任意方阵 $\boldsymbol{A}$ 成立.

注　一般地说,方阵 $\boldsymbol{AB}$ 与 $\boldsymbol{BA}$ 的最小多项式并不一定相同.例如,设 $\boldsymbol{A} = \begin{pmatrix} 0 & 0 \\ 1 & 1 \end{pmatrix}$,$\boldsymbol{B} = \begin{pmatrix} 0 & -1 \\ 0 & 1 \end{pmatrix}$.则 $\boldsymbol{AB} = \boldsymbol{0}$,$\boldsymbol{BA} = \begin{pmatrix} -1 & -1 \\ 1 & 1 \end{pmatrix}$.方阵 $\boldsymbol{AB}$ 的特征多项式(也是方阵 $\boldsymbol{BA}$ 的特征多项式)为 $\det(\lambda \boldsymbol{I}_{(2)} - \boldsymbol{AB}) = \lambda^2$.因此方阵 $\boldsymbol{AB}$ 的最小多项式 $d_{\boldsymbol{AB}}(\lambda) \mid \lambda^2$.所以 $d_{\boldsymbol{AB}}(\lambda) = \lambda$ 或λ^2,将方阵 $\boldsymbol{AB}$ 代入λ,即知 $d_{\boldsymbol{AB}}(\lambda) = \lambda$.同样,方阵 $\boldsymbol{BA}$ 的最小多项式$d_{\boldsymbol{BA}}(\lambda) \mid \lambda^2$,故 $d_{\boldsymbol{BA}}(\lambda) = \lambda$ 或λ^2.因为 $\boldsymbol{BA} \neq \boldsymbol{0}$,故 $d_{\boldsymbol{AB}}(\lambda) = \lambda^2$.因此方阵 $\boldsymbol{AB}$ 与$\boldsymbol{BA}$ 的最小多项式并不相等.

作为方阵的特征多项式与化零多项式的一个简单应用,这里介绍求逆方阵的一种方法.

我们知道,可逆方阵 $\boldsymbol{A}$ 的行列式 $\det(\boldsymbol{A}) \neq 0$,因此方阵 $\boldsymbol{A}$ 的特征多项式$\varphi(\lambda) = \lambda^n + a_1\lambda^{n-1} + \cdots + a_{n-1}\lambda + a_n$ 的常数项$a_n = (-1)^n\det(\boldsymbol{A}) \neq 0$.反之也然,由 Cayley-Hamilton 定理,

$$\varphi(\boldsymbol{A}) = \boldsymbol{A}^n + a_1\boldsymbol{A}^{n-1} + \cdots + a_{n-1}\boldsymbol{A} + a_n\boldsymbol{I}_{(n)} = \boldsymbol{0}.$$

所以

$$A\left[-\frac{1}{a_n}(A^{n-1}+a_1A^{n-2}+\cdots+a_{n-1}I_{(n)})\right]=I_{(n)}.$$

因此

$$A^{-1}=-\frac{1}{a_n}(A^{n-1}+a_1A^{n-2}+\cdots+a_{n-1}I_{(n)}).$$

例 2 设

$$A=\begin{pmatrix}2&-2&4\\2&3&2\\-1&1&-1\end{pmatrix}.$$

求 A^{-1}.

解 方阵 A 的特征多项式为

$$\varphi(\lambda)=\det(\lambda I_{(3)}-A)=\lambda^3-4\lambda^2+7\lambda-10.$$

因此

$$A^{-1}=\frac{1}{10}(A^2-4A+7I_{(3)})=\frac{1}{10}\begin{pmatrix}-5&2&-16\\0&2&4\\5&0&10\end{pmatrix}.$$

例 3 设 n 阶方阵 A 为

$$A=\begin{pmatrix}0&1&\cdots&1\\1&0&\ddots&\vdots\\\vdots&\ddots&\ddots&1\\1&\cdots&1&0\end{pmatrix}.$$

求 A^{-1}.

解 所有元素全为 1 的 n 阶方阵记为 $J_{(n)}$. 则 $A=J_{(n)}-I_{(n)}$. 显然, $J_{(n)}^2=nJ_{(n)}$. 所以 $f(\lambda)=\lambda^2-n\lambda$ 是方阵 $J_{(n)}$ 的化零多项式. 由 Euclid 长除法,

$$\lambda^2-n\lambda=(\lambda-1)[\lambda-(n-1)]-(n-1).$$

因此

$$(J_{(n)}-I_{(n)})(J_{(n)}-(n-1)I_{(n)})-(n-1)I_{(n)}=\mathbf{0}.$$

所以

$$A\left[\frac{1}{n-1}(J_{(n)}-(n-1)I_{(n)})\right]=I_{(n)}.$$

因此 $A^{-1}=\dfrac{1}{n-1}(J_{(n)}-(n-1)I_{(n)})$.

习　题

1. 求下列方阵的特征多项式，特征值及属于每个特征值的特征向量：

(1) $\begin{pmatrix} 2 & -1 & 2 \\ 5 & -3 & 3 \\ -1 & 0 & -2 \end{pmatrix}$；　　(2) $\begin{pmatrix} 0 & 0 & 1 \\ 0 & 1 & 0 \\ 1 & 0 & 0 \end{pmatrix}$；

(3) $\begin{pmatrix} a_1^2 & a_1a_2 & \cdots & a_1a_n \\ a_2a_1 & a_2^2 & \cdots & a_2a_n \\ \cdots & \cdots & \cdots & \cdots \\ a_na_1 & a_na_2 & \cdots & a_n^2 \end{pmatrix}$；　　(4) $\begin{pmatrix} a_0 & a_1 & \cdots & a_{n-1} \\ a_{n-1} & a_0 & \cdots & a_{n-2} \\ \cdots & \cdots & \cdots & \cdots \\ a_1 & a_2 & \cdots & a_0 \end{pmatrix}$.

2. 设 n 阶可逆方阵 $\boldsymbol{A}$ 的特征值为 $\lambda_1,\lambda_2,\cdots,\lambda_n$. 求逆方阵 $\boldsymbol{A}^{-1}$ 的特征值.

3. 设 n 阶方阵 $\boldsymbol{A}$ 的特征值为 $\lambda_1,\lambda_2,\cdots,\lambda_n$，且 $f(\lambda)$ 是关于 λ 的多项式. 证明：方阵 $f(\boldsymbol{A})$ 的特征值为 $f(\lambda_1),f(\lambda_2),\cdots,f(\lambda_n)$. 特别地，当 $f(\lambda)=\lambda^2$ 时，方阵 $\boldsymbol{A}^2$ 的特征值为 $\lambda_1^2,\lambda_2^2,\cdots,\lambda_n^2$.

4. 证明：方阵 $\boldsymbol{A}$ 的属于不同特征值的特征向量线性无关.

5. 设 $\boldsymbol{\alpha}_1,\boldsymbol{\alpha}_2,\cdots,\boldsymbol{\alpha}_m$ 是方阵 $\boldsymbol{A}$ 的分别属于特征值 $\lambda_1,\lambda_2,\cdots,\lambda_m$ 的特征向量，$\boldsymbol{\alpha}_1,\boldsymbol{\alpha}_2,\cdots,\boldsymbol{\alpha}_m$ 线性无关. 并且 $\boldsymbol{\alpha}_1+\boldsymbol{\alpha}_2+\cdots+\boldsymbol{\alpha}_m$ 也是方阵 $\boldsymbol{A}$ 的特征向量. 证明：$\lambda_1=\lambda_2=\cdots=\lambda_m$.

6. 满足 $\boldsymbol{A}^k=\boldsymbol{0}$ 的方阵 $\boldsymbol{A}$ 称为幂零方阵，其中 k 是正整数. 证明：方阵 $\boldsymbol{A}$ 为幂零的充分必要条件是，方阵 $\boldsymbol{A}$ 的特征值全为零.

7. 设 $\boldsymbol{A}$ 与 $\boldsymbol{B}$ 为 n 阶复方阵，且方阵 $\boldsymbol{A}$ 的特征多项式为 $\varphi(\lambda)$. 证明：方阵 $\varphi(\boldsymbol{B})$ 可逆的充分必要条件是，方阵 $\boldsymbol{A}$ 与 $\boldsymbol{B}$ 没有公共特征值.

8. 设 $\boldsymbol{A}$ 与 $\boldsymbol{B}$ 为 n 阶复方阵. 则关于未知方阵 $\boldsymbol{X}$ 的方阵方程 $\boldsymbol{AX}=\boldsymbol{XB}$ 只有零解的充分必要条件是，方阵 $\boldsymbol{A}$ 与 $\boldsymbol{B}$ 没有公共特征值.

9. 设 $\boldsymbol{A},\boldsymbol{B}$ 为 n 阶方阵. 定义映射 $\mathscr{P}_{\boldsymbol{A},\boldsymbol{B}}:\boldsymbol{F}^{n\times n}\to\boldsymbol{F}^{n\times n}$ 如下：设 $X\in\boldsymbol{F}^{n\times n}$，则令 $\mathscr{P}_{\boldsymbol{A},\boldsymbol{B}}(\boldsymbol{X})=\boldsymbol{AX}-\boldsymbol{XB}$. 显然 $\mathscr{P}_{\boldsymbol{A},\boldsymbol{B}}$ 是 $\boldsymbol{F}^{n\times n}$ 到自身的线性变换. 证明：线性变换 $\mathscr{P}_{\boldsymbol{A},\boldsymbol{B}}$ 可逆的充分必要条件是，方阵 $\boldsymbol{A}$ 与 $\boldsymbol{B}$ 没有公共特征值.

10. 证明：方阵 $\boldsymbol{A}$ 的最小多项式 $d(\lambda)=\lambda-a$ 的充分必要条件是，方阵 $\boldsymbol{A}=a\boldsymbol{I}_{(n)}$.

11. 证明：准对角方阵的最小多项式等于每个对角块的最小多项式的最小公倍式.

12. 求下列方阵的最小多项式：

(1) $\begin{pmatrix} 3 & 1 & -1 \\ 0 & 2 & 0 \\ 1 & 1 & 1 \end{pmatrix}$；　(2) $\begin{pmatrix} 4 & -2 & 2 \\ -5 & 7 & -5 \\ -6 & 7 & -4 \end{pmatrix}$；　(3) $\begin{pmatrix} 1 & 1 & \cdots & 1 \\ 1 & 1 & \cdots & 1 \\ \cdots & \cdots & \cdots & \cdots \\ 1 & 1 & \cdots & 1 \end{pmatrix}_{n\times n}$.

13. 求下列方阵的特征多项式与最小多项式：

(1) $\begin{pmatrix} 0 & 1 & & & \\ & 0 & 1 & & \\ & & \ddots & \ddots & \\ & & & 0 & 1 \\ a_0 & a_1 & \cdots & & a_{n-1} \end{pmatrix}_{n\times n}$; (2) $\begin{pmatrix} 1 & 1 & 0 & 0 \\ -1 & -1 & 0 & 0 \\ -2 & -2 & 2 & 1 \\ 1 & 1 & -1 & 0 \end{pmatrix}$.

14. 举例说明,不相似的方阵可以具有相同的特征多项式与最小多项式.

15. 求 3 阶方阵 $\boldsymbol{A}$,使得方阵 $\boldsymbol{A}$ 的最小多项式是 λ^2.

16. 取方阵 $\boldsymbol{A}\in\mathbf{C}^{n\times n}$. 定义映射 $\mathscr{A}:\mathbf{C}^{n\times n}\to\mathbf{C}^{n\times n}$ 如下:设 $\boldsymbol{X}\in\mathbf{C}^{n\times n}$,则令 $\mathscr{A}(\boldsymbol{X})=\boldsymbol{AX}$. 证明:线性映射 $\mathscr{A}$ 的最小多项式等于方阵 $\boldsymbol{A}$ 的最小多项式.

17. 设 $\mathscr{A}:V\to V$ 是线性变换,且 $U_1,U_2,\cdots,U_k$ 是线性变换 $\mathscr{A}$ 的不变子空间,$V=U_1\oplus U_2\oplus\cdots\oplus U_k$. 证明:线性变换 $\mathscr{A}$ 的最小多项式等于 $\mathscr{A}|_{U_1},\mathscr{A}|_{U_2},\cdots,\mathscr{A}|_{U_k}$ 的最小多项式的最小公倍式.

18. 设 n 阶方阵 $\boldsymbol{A}$ 满足 $\boldsymbol{A}^k=\boldsymbol{0}$, k 是正整数. 求方阵 $\boldsymbol{I}_{(n)}-\boldsymbol{A}$ 的逆方阵.

19. 设 n 阶方阵 $\boldsymbol{A}$ 满足 $\boldsymbol{A}^2=a\boldsymbol{A}$, $a\neq 1$,且 $\det(\boldsymbol{A})=0$. 求方阵 $\boldsymbol{I}_{(n)}-\boldsymbol{A}$ 的逆方阵.

20. 设 n 阶方阵 $\boldsymbol{A}$ 为

$$\boldsymbol{A}=\begin{pmatrix} a_1(1-a_1) & -a_1a_2 & \cdots & -a_1a_n \\ -a_2a_1 & a_2(1-a_2) & \cdots & -a_2a_n \\ \cdots & \cdots & \cdots & \cdots \\ -a_na_1 & -a_na_2 & \cdots & a_n(1-a_n) \end{pmatrix}.$$

当 $a_1,a_2,\cdots,a_n$ 满足什么条件时方阵 $\boldsymbol{A}$ 可逆,并当 $\boldsymbol{A}$ 可逆时,求逆方阵 $\boldsymbol{A}^{-1}$.

5.8 特征子空间

本节继续讨论线性变换 $\mathscr{A}:V\to V$ 的特征值与特征向量.

定义 1 设 λ_0 是线性变换 $\mathscr{A}:V\to V$ 的特征值. 属于 λ_0 的所有特征向量以及零向量构成的集合记为 V_{λ_0},即

$$V_{\lambda_0}=\{\boldsymbol{\alpha}\in V:\mathscr{A}(\boldsymbol{\alpha})=\lambda_0\boldsymbol{\alpha}\}.$$

集合 V_{λ_0} 称为属于特征值 λ_0 的**特征子空间**.

容易验证,特征子空间 V_{λ_0} 确实是 V 的子空间. 不但如此,还可证明:

定理 1 特征子空间 V_{λ_0} 是线性变换 $\mathscr{A}$ 的不变子空间.

证明 设 $\boldsymbol{\alpha}\in V_{\lambda_0}$,则 $\mathscr{A}(\boldsymbol{\alpha})=\lambda_0\boldsymbol{\alpha}$. 因此 $\mathscr{A}(\mathscr{A}(\boldsymbol{\alpha}))=\lambda_0\mathscr{A}(\boldsymbol{\alpha})$,所以 $\mathscr{A}(\boldsymbol{\alpha})\in$

V_{λ_0}. 因此 V_{λ_0} 是 $\mathscr{A}$ 的不变子空间.

定义 2　特征子空间 V_{λ_0} 的维数 m_0 称为线性变换 $\mathscr{A}$ 的特征值 λ_0 的几何重数,而线性变换 $\mathscr{A}$ 的特征多项式 $\varphi(\lambda)$ 的根 λ_0 的重数称为特征值 λ_0 的代数重数.

定理 2　线性变换 $\mathscr{A}$ 的特征值 λ_0 的几何重数不超过它的代数重数.

证明　设 $\mathscr{A}$ 的特征值 λ_0 的几何重数为 m_0,即 $\dim V_{\lambda_0}=m_0$. 设 $\{\boldsymbol{\alpha}_1,\boldsymbol{\alpha}_2,\cdots,\boldsymbol{\alpha}_{m_0}\}$ 是 V_{λ_0} 的基,并且 $\{\boldsymbol{\alpha}_1,\boldsymbol{\alpha}_2,\cdots,\boldsymbol{\alpha}_{m_0},\boldsymbol{\alpha}_{m_0+1},\cdots,\boldsymbol{\alpha}_n\}$ 为 V 的基. 由于 $\boldsymbol{\alpha}_j\in V_{\lambda_0}$. 故 $\mathscr{A}(\boldsymbol{\alpha}_j)=\lambda_0\boldsymbol{\alpha}_j$, $j=1,2,\cdots,m_0$,所以

$$
\begin{aligned}
&\mathscr{A}(\boldsymbol{\alpha}_1,\boldsymbol{\alpha}_2,\cdots,\boldsymbol{\alpha}_{m_0},\boldsymbol{\alpha}_{m_0+1},\cdots,\boldsymbol{\alpha}_n)\\
&=(\boldsymbol{\alpha}_1,\boldsymbol{\alpha}_2,\cdots,\boldsymbol{\alpha}_{m_0},\boldsymbol{\alpha}_{m_0+1},\cdots,\boldsymbol{\alpha}_n)\begin{pmatrix}\boldsymbol{A}_{11} & \boldsymbol{A}_{12}\\ \boldsymbol{0} & \boldsymbol{A}_{22}\end{pmatrix},
\end{aligned}
$$

其中 $\boldsymbol{A}_{11}=\lambda_0\boldsymbol{I}_{(m_0)}$. 因此方阵 $\boldsymbol{A}$ 的特征多项式 $\varphi(\lambda)=\det(\lambda\boldsymbol{I}_{(n)}-\boldsymbol{A})=(\lambda-\lambda_0)^{m_0}\det(\lambda\boldsymbol{I}_{(n-m_0)}-\boldsymbol{A}_{22})$. 由于线性变换 $\mathscr{A}$ 的特征多项式等于方阵 $\boldsymbol{A}$ 的特征多项式,所以特征值 λ_0 的几何重数不超过 λ_0 的代数重数.

现在设线性变换 $\mathscr{A}$ 的全部互异的特征值为 $\lambda_1,\lambda_2,\cdots,\lambda_t$,它们的代数重数依次为 $e_1,e_2,\cdots,e_t$,其中 $e_j\geqslant 1$, $j=1,2,\cdots,t$,且 $e_1+e_2+\cdots+e_t=n=\dim V$. 即设 $\mathscr{A}$ 的特征多项式为 $\varphi(\lambda)=(\lambda-\lambda_1)^{e_1}(\lambda-\lambda_2)^{e_2}\cdots(\lambda-\lambda_t)^{e_t}$. 线性变换 $\mathscr{A}$ 的属于特征值 $\lambda_1,\lambda_2,\cdots,\lambda_t$ 的特征子空间依次记为 $V_{\lambda_1},V_{\lambda_2},\cdots,V_{\lambda_t}$.

定理 3　特征子空间 $V_{\lambda_1},V_{\lambda_2},\cdots,V_{\lambda_t}$ 的和 $V_{\lambda_1}+V_{\lambda_2}+\cdots+V_{\lambda_t}$ 是直和.

证明　设 $\boldsymbol{\alpha}\in V_{\lambda_1}+V_{\lambda_2}+\cdots+V_{\lambda_t}$,则存在 $\boldsymbol{\alpha}_j\in V_{\lambda_j}$, $j=1,2,\cdots,t$,使得 $\boldsymbol{\alpha}=\boldsymbol{\alpha}_1+\boldsymbol{\alpha}_2+\cdots+\boldsymbol{\alpha}_t$. 假设另有 $\boldsymbol{\beta}_j\in V_{\lambda_j}$, $j=1,2,\cdots,t$,使得 $\boldsymbol{\alpha}=\boldsymbol{\beta}_1+\boldsymbol{\beta}_2+\cdots+\boldsymbol{\beta}_t$. 记 $\boldsymbol{\gamma}_j=\boldsymbol{\alpha}_j-\boldsymbol{\beta}_j\in V_{\lambda_j}$, $j=1,2,\cdots,t$. 则显然有

$$
\boldsymbol{\gamma}_1+\boldsymbol{\gamma}_2+\cdots+\boldsymbol{\gamma}_t=\boldsymbol{0}. \tag{5.8.1}
$$

由于 $\boldsymbol{\gamma}_j\in V_{\lambda_j}$,故 $\mathscr{A}(\boldsymbol{\gamma}_j)=\lambda_j\boldsymbol{\gamma}_j$, $j=1,2,\cdots,t$,因此由式(5.8.1),

$$
\mathscr{A}(\boldsymbol{\gamma}_1+\boldsymbol{\gamma}_2+\cdots+\boldsymbol{\gamma}_t)=\lambda_1\boldsymbol{\gamma}_1+\lambda_2\boldsymbol{\gamma}_2+\cdots+\lambda_t\boldsymbol{\gamma}_t=\boldsymbol{0}.
$$

再依次用线性变换 $\mathscr{A}^2,\cdots,\mathscr{A}^{t-1}$ 作用于式(5.8.1),得到方程组

$$
\begin{cases}
\boldsymbol{\gamma}_1+\boldsymbol{\gamma}_2+\cdots+\boldsymbol{\gamma}_t=\boldsymbol{0},\\
\lambda_1\boldsymbol{\gamma}_1+\lambda_2\boldsymbol{\gamma}_2+\cdots+\lambda_t\boldsymbol{\gamma}_t=\boldsymbol{0},\\
\qquad\cdots\cdots\cdots\cdots\\
\lambda_1^{t-1}\boldsymbol{\gamma}_1+\lambda_2^{t-1}\boldsymbol{\gamma}_2+\cdots+\lambda_t^{t-1}\boldsymbol{\gamma}_t=\boldsymbol{0}.
\end{cases} \tag{5.8.2}
$$

在 V 中取一组基 $\{\boldsymbol{\varepsilon}_1,\boldsymbol{\varepsilon}_2,\cdots,\boldsymbol{\varepsilon}_n\}$. 设 $\boldsymbol{\gamma}_j$ 在这组基下的坐标为 $(x_{1j},x_{2j},\cdots,x_{nj})^{\mathrm{T}}$, $j=1,2,\cdots,t$. 将式(5.8.2)写成第 i 个坐标分量形式,得到

$$\begin{cases} x_{i1} + x_{i2} + \cdots + x_{it} = 0, \\ \lambda_1 x_{i1} + \lambda_2 x_{i2} + \cdots + \lambda_t x_{it} = 0, \\ \cdots\cdots\cdots\cdots \\ \lambda_1^{t-1} x_{i1} + \lambda_2^{t-1} x_{i2} + \cdots + \lambda_t^{t-1} x_{it} = 0. \end{cases} \tag{5.8.3}$$

由于 $\lambda_1, \lambda_2, \cdots, \lambda_t$ 两两不同，所以方程组(5.8.3)的系数行列式

$$\begin{vmatrix} 1 & 1 & \cdots & 1 \\ \lambda_1 & \lambda_2 & \cdots & \lambda_t \\ & \cdots\cdots\cdots & & \\ \lambda_1^{t-1} & \lambda_2^{t-1} & \cdots & \lambda_t^{t-1} \end{vmatrix} \neq 0.$$

因此 $x_{ij} = 0, i = 1,2,\cdots,n, j = 1,2,\cdots,t$. 即 $\boldsymbol{\gamma}_j$ 的坐标为零. 所以 $\boldsymbol{\gamma}_j = \boldsymbol{0}, j = 1,2,\cdots,t$. 从而 $\boldsymbol{\alpha}_j = \boldsymbol{\beta}_j, j = 1,2,\cdots,t$. 这表明，和 $V_{\lambda_1} + V_{\lambda_2} + \cdots + V_{\lambda_t}$ 中每个向量 $\boldsymbol{\alpha}$ 表成 $V_{\lambda_1}, V_{\lambda_2}, \cdots, V_{\lambda_t}$ 的向量之和的方式是唯一的. 因此 $V_{\lambda_1} + V_{\lambda_2} + \cdots + V_{\lambda_t} = V_{\lambda_1} \oplus V_{\lambda_2} \oplus \cdots \oplus V_{\lambda_t}$. 定理3证毕.

定义3 如果存在线性空间 V 的一组基，使得线性变换 $\mathscr{A}: V \to V$ 在这组基下的方阵是对角方阵，则线性变换 $\mathscr{A}$ 称为**可对角化的**.

定理4 设 $\lambda_1, \lambda_2, \cdots, \lambda_t$ 是线性变换 $\mathscr{A}: V \to V$ 的全部不同的特征值，则线性变换 $\mathscr{A}$ 可对角化的充分必要条件是特征值 λ_j 的几何重数等于它的代数重数，$j = 1,2,\cdots,t$.

证明 设线性变换 $\mathscr{A}$ 是可对角化的，则存在 V 的基$\{\boldsymbol{\alpha}_1, \boldsymbol{\alpha}_2, \cdots, \boldsymbol{\alpha}_n\}$，使得

$$\mathscr{A}(\boldsymbol{\alpha}_1, \boldsymbol{\alpha}_2, \cdots, \boldsymbol{\alpha}_n) = (\boldsymbol{\alpha}_1, \boldsymbol{\alpha}_2, \cdots, \boldsymbol{\alpha}_n)\boldsymbol{A}, \tag{5.8.4}$$

其中 $\boldsymbol{A}$ 是对角方阵. 设 $\boldsymbol{A} = \mathrm{diag}(a_1, a_2, \cdots, a_n)$. 由式(5.8.4)，$\mathscr{A}(\boldsymbol{\alpha}_j) = a_j \boldsymbol{\alpha}_j, j = 1,2,\cdots,n$，即 $a_1, a_2, \cdots, a_n$ 是线性变换 $\mathscr{A}$ 的特征值. 适当调整基向量 $\boldsymbol{\alpha}_1, \boldsymbol{\alpha}_2, \cdots, \boldsymbol{\alpha}_n$ 的次序，可设 $\boldsymbol{A} = \mathrm{diag}(\lambda_1 \boldsymbol{I}_{(e_1)}, \lambda_2 \boldsymbol{I}_{(e_2)}, \cdots, \lambda_t \boldsymbol{I}_{(e_t)})$. 于是线性变换 $\mathscr{A}$ 的特征多项式为 $\varphi(\lambda) = \det(\lambda \boldsymbol{I}_{(n)} - \boldsymbol{A}) = (\lambda - \lambda_1)^{e_1}(\lambda - \lambda_2)^{e_2}\cdots(\lambda - \lambda_t)^{e_t}$，即特征值 λ_j 的代数重数为 $e_j, j = 1,2,\cdots,t$. 另一方面，由式(5.8.4)，

$$\mathscr{A}(\boldsymbol{\alpha}_{e_1+\cdots+e_{j-1}+i}) = \lambda_j \boldsymbol{\alpha}_{e_1+e_2+\cdots+e_{j-1}+1+i}, \quad 1 \leqslant i \leqslant e_j, 1 \leqslant j \leqslant t.$$

其中约定 $e_0 = 1$，因此 $\boldsymbol{\alpha}_{e_1+e_2+\cdots+e_{j-1}+i} \in V_{\lambda_j}, i = 1,2,\cdots,e_j$. 所以 $\dim V_{\lambda_j} \geqslant e_j, j = 1,2,\cdots,t$. 由定理2，$e_j \geqslant \dim V_{\lambda_j}$. 从而 $e_j = \dim V_{\lambda_j}, j = 1,2,\cdots,t$. 所以特征值 λ_j 的几何重数等于它的代数重数，$j = 1,2,\cdots,t$.

反之，设每个特征值 λ_j 的几何重数等于它的代数重数，$j = 1,2,\cdots,t$. 由定理3，$V = V_{\lambda_1} \oplus V_{\lambda_2} \oplus \cdots \oplus V_{\lambda_t}$. 取特征子空间 V_{λ_j} 的基为$\{\boldsymbol{\alpha}_{e_1+e_2+\cdots+e_{j-1}+1}, \cdots, \boldsymbol{\alpha}_{e_1+e_2+\cdots+e_j}\}, j = 1,2,\cdots,t$. 则$\{\boldsymbol{\alpha}_1, \boldsymbol{\alpha}_2, \cdots, \boldsymbol{\alpha}_n\}$是 V 的基. 于是

$$\mathscr{A}(\boldsymbol{\alpha}_1,\boldsymbol{\alpha}_2,\cdots,\boldsymbol{\alpha}_n)=(\boldsymbol{\alpha}_1,\boldsymbol{\alpha}_2,\cdots,\boldsymbol{\alpha}_n)\mathrm{diag}(\lambda_1\boldsymbol{I}_{(e_1)},\lambda_2\boldsymbol{I}_{(e_2)},\cdots,\lambda_t\boldsymbol{I}_{(e_t)}),$$

即线性变换 $\mathscr{A}$ 是可对角化的. 定理 4 证毕.

定义 4　设 $\mathscr{A}: V\to V$ 是线性变换，$\{\boldsymbol{\alpha}_1,\boldsymbol{\alpha}_2,\cdots,\boldsymbol{\alpha}_n\}$ 是 V 的基. 如果每个向量 $\boldsymbol{\alpha}_j$ 都是 $\mathscr{A}$ 的特征向量，则 $\{\boldsymbol{\alpha}_1,\boldsymbol{\alpha}_2,\cdots,\boldsymbol{\alpha}_n\}$ 称为完全特征向量组.

定理 5　线性变换 $\mathscr{A}$ 可对角化的充分必要条件是存在一组完全特征向量组.

证明　设线性变换 $\mathscr{A}$ 可对角化，则存在 V 的基 $\{\boldsymbol{\alpha}_1,\boldsymbol{\alpha}_2,\cdots,\boldsymbol{\alpha}_n\}$，使得

$$\mathscr{A}(\boldsymbol{\alpha}_1,\boldsymbol{\alpha}_2,\cdots,\boldsymbol{\alpha}_n)=(\boldsymbol{\alpha}_1,\boldsymbol{\alpha}_2,\cdots,\boldsymbol{\alpha}_n)\mathrm{diag}(\lambda_1,\lambda_2,\cdots,\lambda_n).$$

因此 $\mathscr{A}(\boldsymbol{\alpha}_j)=\lambda_j\boldsymbol{\alpha}_j$，$j=1,2,\cdots,n$，即每个基向量 $\boldsymbol{\alpha}_j$ 都是 $\mathscr{A}$ 的特征向量，所以 $\{\boldsymbol{\alpha}_1,\boldsymbol{\alpha}_2,\cdots,\boldsymbol{\alpha}_n\}$ 是完全特征向量组.

反之，设 $\{\boldsymbol{\alpha}_1,\boldsymbol{\alpha}_2,\cdots,\boldsymbol{\alpha}_n\}$ 是完全特征向量组，则 $\{\boldsymbol{\alpha}_1,\boldsymbol{\alpha}_2,\cdots,\boldsymbol{\alpha}_n\}$ 是 V 的基，并且 $\mathscr{A}(\boldsymbol{\alpha}_j)=\lambda_j\boldsymbol{\alpha}_j$，$j=1,2,\cdots,n$. 因此

$$\mathscr{A}(\boldsymbol{\alpha}_1,\boldsymbol{\alpha}_2,\cdots,\boldsymbol{\alpha}_n)=(\boldsymbol{\alpha}_1,\boldsymbol{\alpha}_2,\cdots,\boldsymbol{\alpha}_n)\mathrm{diag}(\lambda_1,\lambda_2,\cdots,\lambda_n).$$

所以线性变换 $\mathscr{A}$ 可对角化. 定理 5 证毕.

例 1　证明：任意 n 阶复方阵 $\boldsymbol{A}$ 都相似于上三角方阵.

证明　对方阵 $\boldsymbol{A}$ 的阶数 n 用归纳法. 当 $n=1$ 时，1 阶方阵即上三角方阵，因此结论成立. 假设结论对 $n-1$ 阶方阵成立. 下面证明结论对 n 阶方阵成立.

设 λ_1 是方阵 $\boldsymbol{A}$ 的特征值. $\boldsymbol{\alpha}_1\in\mathbf{C}^n$ 是方阵 $\boldsymbol{A}$ 的属于特征值 λ_1 的特征向量，即 $\boldsymbol{A}\boldsymbol{\alpha}_1=\lambda_1\boldsymbol{\alpha}_1$. 设 $\{\boldsymbol{\alpha}_1,\boldsymbol{\alpha}_2,\cdots,\boldsymbol{\alpha}_n\}$ 是 n 维复的列向量空间 $\mathbf{C}^n$ 的基. 因此 $\boldsymbol{A}\boldsymbol{\alpha}_1\in\mathbf{C}^n$，$j=2,3,\cdots,n$. 故

$$\boldsymbol{A}\boldsymbol{\alpha}_j=b_{j1}\boldsymbol{\alpha}_1+b_{j2}\boldsymbol{\alpha}_2+\cdots+b_{jn}\boldsymbol{\alpha}_n,\quad j=2,3,\cdots,n.$$

又 $\boldsymbol{A}\boldsymbol{\alpha}_1=\lambda_1\boldsymbol{\alpha}_1$. 所以

$$\begin{aligned}\mathscr{A}(\boldsymbol{\alpha}_1,\boldsymbol{\alpha}_2,\cdots,\boldsymbol{\alpha}_n)&=(\boldsymbol{\alpha}_1,\boldsymbol{\alpha}_2,\cdots,\boldsymbol{\alpha}_n)\begin{pmatrix}\lambda_1 & b_{12} & b_{13} & \cdots & b_{1n}\\ 0 & b_{22} & b_{23} & \cdots & b_{2n}\\ & & \cdots\cdots\cdots\cdots & & \\ 0 & b_{n2} & b_{n3} & \cdots & b_{nn}\end{pmatrix}\\ &=(\boldsymbol{\alpha}_1,\boldsymbol{\alpha}_2,\cdots,\boldsymbol{\alpha}_n)\begin{pmatrix}\lambda_1 & \boldsymbol{\beta}\\ \boldsymbol{0} & \boldsymbol{A}_{22}\end{pmatrix},\end{aligned}\tag{5.8.5}$$

其中 $\boldsymbol{\beta}=(b_{12},b_{13},\cdots,b_{1n})$，而

$$\boldsymbol{A}_{22}=\begin{pmatrix}b_{22} & b_{23} & \cdots & b_{2n}\\ b_{32} & b_{33} & \cdots & b_{3n}\\ & \cdots\cdots\cdots\cdots & & \\ b_{n2} & b_{n3} & \cdots & b_{nn}\end{pmatrix}.$$

由归纳假设,存在 $n-1$ 阶可逆方阵 $\boldsymbol{Q}_1$,使得 $\boldsymbol{Q}_1^{-1}\boldsymbol{A}_{22}\boldsymbol{Q}_1=\boldsymbol{B}_1$ 是上三角方阵. 把 $\boldsymbol{A}_{22}=\boldsymbol{Q}_1\boldsymbol{B}_1\boldsymbol{Q}_1^{-1}$ 代入式(5.8.5)得到

$$\begin{aligned}\boldsymbol{A}(\boldsymbol{\alpha}_1,\boldsymbol{\alpha}_2,\cdots,\boldsymbol{\alpha}_n)&=(\boldsymbol{\alpha}_1,\boldsymbol{\alpha}_2,\cdots,\boldsymbol{\alpha}_n)\begin{bmatrix}\lambda_1 & \boldsymbol{\beta}\\ \boldsymbol{0} & \boldsymbol{Q}_1\boldsymbol{B}_1\boldsymbol{Q}_1^{-1}\end{bmatrix}\\ &=(\boldsymbol{\alpha}_1,\boldsymbol{\alpha}_2,\cdots,\boldsymbol{\alpha}_n)\begin{pmatrix}1 & \boldsymbol{0}\\ \boldsymbol{0} & \boldsymbol{Q}_1\end{pmatrix}\begin{bmatrix}\lambda_1 & \boldsymbol{\beta}\boldsymbol{Q}_1\\ \boldsymbol{0} & \boldsymbol{B}_1\end{bmatrix}\begin{bmatrix}1 & \boldsymbol{0}\\ \boldsymbol{0} & \boldsymbol{Q}_1^{-1}\end{bmatrix}.\end{aligned}$$

因为 $\boldsymbol{\alpha}_1,\boldsymbol{\alpha}_2,\cdots,\boldsymbol{\alpha}_n$ 线性无关,所以方阵 $\boldsymbol{P}=(\boldsymbol{\alpha}_1,\boldsymbol{\alpha}_2,\cdots,\boldsymbol{\alpha}_n)$可逆. 因此

$$\boldsymbol{A}=\boldsymbol{P}\begin{pmatrix}1 & \boldsymbol{0}\\ \boldsymbol{0} & \boldsymbol{Q}_1\end{pmatrix}\begin{bmatrix}\lambda_1 & \boldsymbol{\beta}\boldsymbol{Q}_1\\ \boldsymbol{0} & \boldsymbol{B}_1\end{bmatrix}\begin{pmatrix}1 & \boldsymbol{0}\\ \boldsymbol{0} & \boldsymbol{Q}_1\end{pmatrix}^{-1}\boldsymbol{P}^{-1}.$$

由于 $\boldsymbol{Q}_1$ 可逆,所以方阵 $\mathrm{diag}(1,\boldsymbol{Q}_1)$可逆,从而 $\boldsymbol{R}=\boldsymbol{P}\mathrm{diag}(1,\boldsymbol{Q}_1)$可逆. 显然方阵 $\begin{bmatrix}\lambda_1 & \boldsymbol{\beta}\boldsymbol{Q}_1\\ 0 & \boldsymbol{B}_1\end{bmatrix}$是上三角的,因此方阵 $\boldsymbol{A}$ 相似于三角方阵 $\begin{bmatrix}\lambda_1 & \boldsymbol{\beta}\boldsymbol{Q}_1\\ 0 & \boldsymbol{B}_1\end{bmatrix}$.

例 2 证明:秩为 r 的 n 阶幂等复方阵 $\boldsymbol{A}$(即满足 $\boldsymbol{A}^2=\boldsymbol{A}$)相似于对角方阵 $\begin{pmatrix}\boldsymbol{I}_{(r)} & \boldsymbol{0}\\ \boldsymbol{0} & \boldsymbol{0}\end{pmatrix}$.

证明 先用矩阵方法证明之.

方法 1 因为 $\mathrm{rank}\,\boldsymbol{A}=r$,故存在可逆方阵 $\boldsymbol{P}$ 与 $\boldsymbol{Q}$,使得

$$\boldsymbol{A}=\boldsymbol{P}\begin{pmatrix}\boldsymbol{I}_{(r)} & \boldsymbol{0}\\ \boldsymbol{0} & \boldsymbol{0}\end{pmatrix}\boldsymbol{Q}.$$

由于 $\boldsymbol{A}^2=\boldsymbol{A}$,故

$$\boldsymbol{P}\begin{pmatrix}\boldsymbol{I}_{(r)} & \boldsymbol{0}\\ \boldsymbol{0} & \boldsymbol{0}\end{pmatrix}\boldsymbol{Q}\boldsymbol{P}\begin{pmatrix}\boldsymbol{I}_{(r)} & \boldsymbol{0}\\ \boldsymbol{0} & \boldsymbol{0}\end{pmatrix}\boldsymbol{Q}=\boldsymbol{P}\begin{pmatrix}\boldsymbol{I}_{(r)} & \boldsymbol{0}\\ \boldsymbol{0} & \boldsymbol{0}\end{pmatrix}\boldsymbol{Q},$$

因此

$$\begin{pmatrix}\boldsymbol{I}_{(r)} & \boldsymbol{0}\\ \boldsymbol{0} & \boldsymbol{0}\end{pmatrix}\boldsymbol{Q}\boldsymbol{P}\begin{pmatrix}\boldsymbol{I}_{(r)} & \boldsymbol{0}\\ \boldsymbol{0} & \boldsymbol{0}\end{pmatrix}=\begin{pmatrix}\boldsymbol{I}_{(r)} & \boldsymbol{0}\\ \boldsymbol{0} & \boldsymbol{0}\end{pmatrix}.$$

设 $\boldsymbol{R}=\boldsymbol{Q}\boldsymbol{P}=\begin{pmatrix}\boldsymbol{R}_{11} & \boldsymbol{R}_{12}\\ \boldsymbol{R}_{21} & \boldsymbol{R}_{22}\end{pmatrix}$,其中 $\boldsymbol{R}_{11}$为 r 阶子方阵. 则由上式得到,$\boldsymbol{R}_{11}=\boldsymbol{I}_{(r)}$. 因此 $\boldsymbol{Q}=\begin{bmatrix}\boldsymbol{I}_{(r)} & \boldsymbol{R}_{12}\\ \boldsymbol{R}_{21} & \boldsymbol{R}_{22}\end{bmatrix}\boldsymbol{P}^{-1}$. 所以

$$\boldsymbol{A}=\boldsymbol{P}\begin{pmatrix}\boldsymbol{I}_{(r)} & \boldsymbol{R}_{12}\\ \boldsymbol{0} & \boldsymbol{0}\end{pmatrix}\boldsymbol{P}^{-1}=\boldsymbol{P}\begin{bmatrix}\boldsymbol{I}_{(r)} & -\boldsymbol{R}_{12}\\ \boldsymbol{0} & \boldsymbol{I}_{(n-r)}\end{bmatrix}\begin{pmatrix}\boldsymbol{I}_{(r)} & \boldsymbol{0}\\ \boldsymbol{0} & \boldsymbol{0}\end{pmatrix}\begin{bmatrix}\boldsymbol{I}_{(r)} & \boldsymbol{R}_{12}\\ \boldsymbol{0} & \boldsymbol{I}_{(n-r)}\end{bmatrix}\boldsymbol{P}^{-1}.$$

记 $T=P\begin{pmatrix}I_{(r)} & -R_{12}\\ 0 & I_{(n-r)}\end{pmatrix}$. 则 T 可逆，并且

$$A = T\begin{pmatrix}I_{(r)} & 0\\ 0 & 0\end{pmatrix}T^{-1}.$$

方法2　因为方阵 A 满足 $A^2=A$，所以 $f(\lambda)=\lambda^2-\lambda$ 是方阵 A 的化零多项式. 因此方阵 A 的最小多项式 $d(\lambda)$ 的次数只能是1或2，并且由于 $d(\lambda)\mid f(\lambda)$，故 $d(\lambda)$ 只能是 $\lambda,\lambda-1$，或者 $\lambda(\lambda-1)$. 如果 $d(\lambda)=\lambda$，则 $d(A)=A=0$，即 A 为零方阵，所以结论成立；如果 $d(\lambda)=\lambda-1$，则 $d(A)=A-I_{(n)}=0$，从而 $A=I_{(n)}$，所以结论也成立.

现在设 $d(\lambda)=\lambda(\lambda-1)$. 因此方阵 A 的最小多项式的根为0,1. 所以方阵 A 的全部不同的特征值为0,1. 设它们的代数重数分别为 l 与 k，$l+k=n$. 由例1，存在可逆方阵 P，使得

$$P^{-1}AP = \begin{pmatrix}A_{11} & A_{12}\\ 0 & A_{22}\end{pmatrix},$$

其中 A_{11} 是主对角元全为1的 k 阶上三角方阵，A_{22} 是主对角元全为0的 l 阶上三角方阵. 由于 $A^2=A$，所以 $A_{11}=I_{(k)}$，$A_{22}=0$，即

$$P^{-1}AP = \begin{pmatrix}I_{(k)} & A_{12}\\ 0 & 0\end{pmatrix}.$$

于是

$$\begin{pmatrix}I_{(k)} & A_{12}\\ 0 & I_{(l)}\end{pmatrix}P^{-1}AP\begin{pmatrix}I_{(k)} & -A_{12}\\ 0 & I_{(l)}\end{pmatrix} = \begin{pmatrix}I_{(k)} & 0\\ 0 & 0\end{pmatrix}.$$

容易证明，矩阵的秩是矩阵在相似下的不变量，因此 $k=r$，这就证明了结论.

方法3　现在用几何方法证明之. 设 $\{\alpha_1,\alpha_2,\cdots,\alpha_n\}$ 是 n 维复线性空间 V 的基. 由

$$\mathscr{A}(\alpha_1,\alpha_2,\cdots,\alpha_n) = (\alpha_1,\alpha_2,\cdots,\alpha_n)A \tag{5.8.6}$$

可以确定线性变换 $\mathscr{A}: V\to V$. 设 $\alpha\in V$ 在基 $\{\alpha_1,\alpha_2,\cdots,\alpha_n\}$ 下的坐标为 x，即 $\alpha=(\alpha_1,\alpha_2,\cdots,\alpha_n)x$. 由式(5.8.6)，

$$\mathscr{A}(\alpha) = (\alpha_1,\alpha_2,\cdots,\alpha_n)Ax,$$
$$\mathscr{A}^2(\alpha) = (\alpha_1,\alpha_2,\cdots,\alpha_n)A^2x.$$

由于 $A^2=A$，故对任意 $\alpha\in V$，$\mathscr{A}^2(\alpha)=\mathscr{A}(\alpha)$. 因此线性变换 $\mathscr{A}$ 满足 $\mathscr{A}^2=\mathscr{A}$，它称为**幂等变换**.

设 $\alpha\in\mathrm{Im}(\mathscr{A})\cap\mathrm{Ker}(\mathscr{A})$，即 $\alpha\in\mathrm{Im}(\mathscr{A})$，且 $\alpha\in\mathrm{Ker}(\mathscr{A})$，由于 $\alpha\in\mathrm{Im}(\mathscr{A})$，故

存在 $\boldsymbol{\beta}\in V$,使得 $\boldsymbol{\alpha}=\mathscr{A}(\boldsymbol{\beta})$. 由于 $\boldsymbol{\alpha}\in\mathrm{Ker}(\mathscr{A})$,故 $\mathscr{A}(\boldsymbol{\alpha})=\mathbf{0}$. 因为 $\mathscr{A}^2=\mathscr{A}$,所以 $\boldsymbol{\alpha}=\mathscr{A}(\boldsymbol{\beta})=\mathscr{A}^2(\boldsymbol{\beta})=\mathscr{A}(\mathscr{A}(\boldsymbol{\beta}))=\mathscr{A}(\boldsymbol{\alpha})=\mathbf{0}$. 因此 $\mathrm{Im}(\mathscr{A})\cap\mathrm{Ker}(\mathscr{A})=\{\mathbf{0}\}$. 这表明,$\mathrm{Im}(\mathscr{A})+\mathrm{Ker}(\mathscr{A})=\mathrm{Im}(\mathscr{A})\oplus\mathrm{Ker}(\mathscr{A})$. 由于 $\mathrm{rank}\,\boldsymbol{A}=r$,故 $\dim(\mathrm{Im}(\mathscr{A}))=r$,$\dim(\mathrm{Ker}(\mathscr{A}))=n-r$. 于是 $V=\mathrm{Im}(\mathscr{A})\oplus\mathrm{Ker}(\mathscr{A})$

设$\{\boldsymbol{\beta}_1,\boldsymbol{\beta}_2,\cdots,\boldsymbol{\beta}_r\}$是 $\mathrm{Im}(\mathscr{A})$的基,$\{\boldsymbol{\beta}_{r+1},\boldsymbol{\beta}_{r+2},\cdots,\boldsymbol{\beta}_n\}$是 $\mathrm{Ker}(\mathscr{A})$的基,则$\{\boldsymbol{\beta}_1,\boldsymbol{\beta}_2,\cdots,\boldsymbol{\beta}_r,\boldsymbol{\beta}_{r+1},\boldsymbol{\beta}_{r+2},\cdots,\boldsymbol{\beta}_n\}$是 V 的基. 设 $\boldsymbol{\beta}_j\in\mathrm{Im}(\mathscr{A})$,则存在 $\boldsymbol{\gamma}_j\in V$,使得 $\boldsymbol{\beta}_j=\mathscr{A}(\boldsymbol{\gamma}_j)$. 因为 $\mathscr{A}^2=\mathscr{A}$,所以 $\boldsymbol{\beta}_j=\mathscr{A}(\boldsymbol{\gamma}_j)=\mathscr{A}^2(\boldsymbol{\gamma}_j)=\mathscr{A}(\mathscr{A}(\boldsymbol{\gamma}_j))=\mathscr{A}(\boldsymbol{\beta}_j)$. 设 $\boldsymbol{\beta}_j\in\mathrm{Ker}(\mathscr{A})$,则显然 $\mathscr{A}(\boldsymbol{\beta}_j)=\mathbf{0}$. 因此

$$\mathscr{A}(\boldsymbol{\beta}_1,\boldsymbol{\beta}_2,\cdots,\boldsymbol{\beta}_n)=(\boldsymbol{\beta}_1,\boldsymbol{\beta}_2,\cdots,\boldsymbol{\beta}_n)\begin{pmatrix}\boldsymbol{I}_{(r)} & \mathbf{0}\\ \mathbf{0} & \mathbf{0}\end{pmatrix}.$$

由于同一个线性变换在不同基下的方阵相似,所以方阵 $\boldsymbol{A}$ 相似于$\begin{pmatrix}\boldsymbol{I}_{(r)} & \mathbf{0}\\ \mathbf{0} & \mathbf{0}\end{pmatrix}$.

方法 4　仍如方法 3,由式(5.8.6)确定的线性变换 $\mathscr{A}$ 满足 $\mathscr{A}^2=\mathscr{A}$. 所以 $f(\lambda)=\lambda^2-\lambda$ 是线性变换 $\mathscr{A}$ 的化零多项式. 因此线性变换 $\mathscr{A}$ 的最小多项式 $d(\lambda)$整除 $\lambda^2-\lambda$. 这表明,$d(\lambda)=\lambda,\lambda-1$,或者 $\lambda(\lambda-1)$. 由于最小多项式的根必是特征多项式的根,反之亦然,所以线性变换 $\mathscr{A}$ 的特征值只能是 0 或 1. 线性变换 $\mathscr{A}$ 的分别属于特征值 0 与 1 的特征子空间记为

$$V_0=\{\boldsymbol{\alpha}\in V:\mathscr{A}(\boldsymbol{\alpha})=\mathbf{0}\},$$
$$V_1=\{\boldsymbol{\alpha}\in V:\mathscr{A}(\boldsymbol{\alpha})=\boldsymbol{\alpha}\}.$$

由定理 3,$V_0+V_1=V_0\oplus V_1$. 设 $\boldsymbol{\alpha}\in V$,则 $\boldsymbol{\alpha}=(\boldsymbol{\alpha}-\mathscr{A}(\boldsymbol{\alpha}))+\mathscr{A}(\boldsymbol{\alpha})$. 由于 $\mathscr{A}^2=\mathscr{A}$,故 $\mathscr{A}(\boldsymbol{\alpha}-\mathscr{A}(\boldsymbol{\alpha}))=\mathscr{A}(\boldsymbol{\alpha})-\mathscr{A}^2(\boldsymbol{\alpha})=\mathbf{0}$,且 $\mathscr{A}(\mathscr{A}(\boldsymbol{\alpha}))=\mathscr{A}(\boldsymbol{\alpha})$. 所以 $\boldsymbol{\alpha}-\mathscr{A}(\boldsymbol{\alpha})\in V_0$,$\mathscr{A}(\boldsymbol{\alpha})\in V_1$,即 $\boldsymbol{\alpha}\in V_0+V_1$. 因此 $V=V_0\oplus V_1$. 从而 $\dim V_0+\dim V_1=n$. 这就证明,特征值 0 与 1 的几何重数分别等于它们的代数重数,由定理 4,存在 V 的基,使得线性变换 $\mathscr{A}$ 在这组基下的方阵为对角方阵,而且对角元为线性变换 $\mathscr{A}$ 的特征值. 所以可设对角方阵为$\begin{pmatrix}\boldsymbol{I}_{(k)} & \mathbf{0}\\ \mathbf{0} & \mathbf{0}\end{pmatrix}$. 因为同一个线性变换 $\mathscr{A}$ 在不同基下的方阵相似,所以方阵 $\boldsymbol{A}$ 相似于$\begin{pmatrix}\boldsymbol{I}_{(k)} & \mathbf{0}\\ \mathbf{0} & \mathbf{0}\end{pmatrix}$. 由于相似的方阵的秩相等,所以 $k=r$. 例 2 证毕.

例 3　设 $\boldsymbol{E}_{ij}$ 是第 i 行与第 j 列交叉位置上的元素为 1,其他元素为 0 的 n 阶方阵,$1\leqslant i,j\leqslant n$. 且设 n^2 个 n 阶非零的复方阵 $\boldsymbol{F}_{ij}(1\leqslant i,j\leqslant n)$满足:

$$\boldsymbol{F}_{ij}\boldsymbol{F}_{kl}=\delta_{jk}\boldsymbol{F}_{il},\quad 1\leqslant i,j,k,l\leqslant n,\tag{5.8.7}$$

其中 δ_{jk} 是 Kronecker 符号.证明:存在 n 阶可逆复方阵 $\boldsymbol{P}$,使得

$$\boldsymbol{P}^{-1}\boldsymbol{F}_{ij}\boldsymbol{P} = \boldsymbol{E}_{ij},\quad 1\leqslant i,j\leqslant n.$$

证明　由式(5.8.7),$\boldsymbol{F}_{11}^2=\boldsymbol{F}_{11}$,即 $\boldsymbol{F}_{11}$ 是幂等方阵.因为方阵 $\boldsymbol{F}_{11}$ 非零,因此由例 2,方阵 $\boldsymbol{F}_{11}$ 必具有特征值 1.设 $\boldsymbol{\alpha}_1\in\mathbf{C}^n$ 是方阵 $\boldsymbol{F}_{11}$ 的属于特征值 1 的特征向量,即 $\boldsymbol{F}_{11}\boldsymbol{\alpha}_1=\boldsymbol{\alpha}_1$.记 $\boldsymbol{\alpha}_j=\boldsymbol{F}_{j1}\boldsymbol{\alpha}_1,j=1,2,\cdots,n$.设 $\lambda_1,\lambda_2,\cdots,\lambda_n\in\mathbf{C}$ 使得 $\lambda_1\boldsymbol{\alpha}_1+\lambda_2\boldsymbol{\alpha}_2+\cdots+\lambda_n\boldsymbol{\alpha}_n=\mathbf{0}$.则对 $j=1,2,\cdots,n$,

$$\begin{aligned}&\boldsymbol{F}_{1j}(\lambda_1\boldsymbol{\alpha}_1+\lambda_2\boldsymbol{\alpha}_2+\cdots+\lambda_n\boldsymbol{\alpha}_n)\\&=\lambda_1\boldsymbol{F}_{1j}\boldsymbol{\alpha}_1+\lambda_2\boldsymbol{F}_{1j}\boldsymbol{\alpha}_2+\cdots+\lambda_n\boldsymbol{F}_{1j}\boldsymbol{\alpha}_n\\&=\lambda_1\boldsymbol{F}_{1j}\boldsymbol{F}_{11}\boldsymbol{\alpha}_1+\lambda_2\boldsymbol{F}_{1j}\boldsymbol{F}_{21}\boldsymbol{\alpha}_1+\cdots+\lambda_n\boldsymbol{F}_{1j}\boldsymbol{F}_{n1}\boldsymbol{\alpha}_1\\&=\lambda_1\delta_{j1}\boldsymbol{F}_{11}\boldsymbol{\alpha}_1+\lambda_2\delta_{j2}\boldsymbol{F}_{11}\boldsymbol{\alpha}_1+\cdots+\lambda_n\delta_{jn}\boldsymbol{F}_{11}\boldsymbol{\alpha}_1\\&=\lambda_j\boldsymbol{F}_{11}\boldsymbol{\alpha}_1=\lambda_j\boldsymbol{\alpha}_1=\mathbf{0}.\end{aligned}$$

由于 $\boldsymbol{\alpha}_1\neq\mathbf{0}$,所以 $\lambda_j=0,j=1,2,\cdots,n$.因此列向量 $\boldsymbol{\alpha}_1,\boldsymbol{\alpha}_2,\cdots,\boldsymbol{\alpha}_n$ 线性无关.令 n 阶方阵 $\boldsymbol{P}=(\boldsymbol{\alpha}_1,\boldsymbol{\alpha}_2,\cdots,\boldsymbol{\alpha}_n)$.显然方阵 $\boldsymbol{P}$ 可逆.由式(5.8.7),对 $k=1,2,\cdots,n$,

$$\boldsymbol{F}_{ij}\boldsymbol{\alpha}_k=\boldsymbol{F}_{ij}\boldsymbol{F}_{k1}\boldsymbol{\alpha}_1=\delta_{jk}\boldsymbol{F}_{i1}\boldsymbol{\alpha}_1=\delta_{jk}\boldsymbol{\alpha}_i.$$

所以

$$\begin{aligned}\boldsymbol{F}_{ij}\boldsymbol{P}&=\boldsymbol{F}_{ij}(\boldsymbol{\alpha}_1,\boldsymbol{\alpha}_2,\cdots,\boldsymbol{\alpha}_n)\\&=(\boldsymbol{F}_{ij}\boldsymbol{\alpha}_1,\boldsymbol{F}_{ij}\boldsymbol{\alpha}_2,\cdots,\boldsymbol{F}_{ij}\boldsymbol{\alpha}_n)\\&=(0,0,\cdots,0,\underset{\text{第}j\text{列}}{\boldsymbol{\alpha}_i},0,\cdots,0)\\&=(\boldsymbol{\alpha}_1,\boldsymbol{\alpha}_2,\cdots,\boldsymbol{\alpha}_n)\boldsymbol{E}_{ij}=\boldsymbol{P}\boldsymbol{E}_{ij}.\end{aligned}$$

这就证明,$\boldsymbol{P}^{-1}\boldsymbol{F}_{ij}\boldsymbol{P}=\boldsymbol{E}_{ij},1\leqslant i,j\leqslant n$.

习　题

1. 设 n 阶复方阵 $\boldsymbol{A}$ 满足 $\boldsymbol{A}^k=\boldsymbol{I}_{(n)}$,$k$ 为正整数.证明:方阵 $\boldsymbol{A}$ 相似于对角方阵.

2. 如果方阵 $\boldsymbol{N}$ 满足 $\boldsymbol{N}^k=\mathbf{0}$,$k$ 为正整数,则方阵 $\boldsymbol{N}$ 称为幂零方阵.使得 $\boldsymbol{N}^k=\mathbf{0}$ 的最小正整数 k 称为幂零方阵 $\boldsymbol{N}$ 的**幂零指数**.证明:幂零指数为 n 的 n 阶幂零复方阵 $\boldsymbol{N}$ 相似于

$$\begin{pmatrix}0&1&0&\cdots&0&0\\0&0&1&\cdots&0&0\\&&\cdots\cdots&&&\\0&0&0&\cdots&0&1\\0&0&0&\cdots&0&0\end{pmatrix}_{n\times n}.$$

3. 由于方阵 $\boldsymbol{A}$ 的 $\mathrm{tr}(\boldsymbol{A})$ 是方阵在相似下的不变量,因此定义线性变换 $\mathscr{A}:V\to V$ 在 V 的某组基下的方阵 $\boldsymbol{A}$ 的 $\mathrm{tr}(\boldsymbol{A})$ 为线性变换 $\mathscr{A}$ 的 $\mathrm{tr}(\mathscr{A})$.证明:如果 n 维复线性空间 V 的线性变换 $\mathscr{A}$ 满足 $\mathrm{tr}(\mathscr{A})=0$,则存在 V 的一组基,使得线性变换 $\mathscr{A}$ 在这组基下的方阵的主对角元

都是零.

4. 设 3 阶实方阵 $\boldsymbol{A}$ 在实数域上不相似于上三角方阵,即不存在 3 阶可逆实方阵 $\boldsymbol{P}$,使得 $\boldsymbol{P}^{-1}\boldsymbol{A}\boldsymbol{P}$ 是上三角方阵.证明:方阵 $\boldsymbol{A}$ 在复数域上相似于对角方阵.

5. 设 n 维复线性空间 V 的线性变换 $\mathscr{A}$ 的 n 个特征值两两不等.证明:线性变换 $\mathscr{A}$ 是可对角化的.

6. 设 n 维复线性空间 V 的线性变换 $\mathscr{A}$ 可对角化,且 U 是线性变换 $\mathscr{A}$ 的不变子空间.证明:线性变换 $\mathscr{A}$ 在 U 上的限制 $\mathscr{A}|_U$ 也是可对角化的.

7. 取定 n 阶复方阵 $\boldsymbol{A}\in\mathbf{C}^{n\times n}$,定义线性变换 $\mathscr{A}_1:\mathbf{C}^{n\times n}\to\mathbf{C}^{n\times n}$ 与 $\mathscr{A}_2:\mathbf{C}^{n\times n}\to\mathbf{C}^{n\times n}$ 如下:

$$\mathscr{A}_1(\boldsymbol{X})=\boldsymbol{A}\boldsymbol{X},\quad \boldsymbol{X}\in\mathbf{C}^{n\times n},$$
$$\mathscr{A}_2(\boldsymbol{X})=\boldsymbol{A}\boldsymbol{X}-\boldsymbol{X}\boldsymbol{A},\quad \boldsymbol{X}\in\mathbf{C}^{n\times n}.$$

如果方阵 $\boldsymbol{A}$ 可对角化,问线性变换 $\mathscr{A}_1$ 与 $\mathscr{A}_2$ 是否也可对角化?

8. 设 n 维复线性空间 V 的线性变换 $\mathscr{A}$ 与 $\mathscr{B}$ 可交换.证明:线性变换 $\mathscr{A}$ 与 $\mathscr{B}$ 具有公共特征向量.进而证明:设 I 是下标集合,V 的线性变换集合 $\{\mathscr{A}_\nu:\nu\in I\}$ 中任意两个线性变换 $\mathscr{A}_{\nu_1}$ 与 $\mathscr{A}_{\nu_2}$ 可交换,则线性变换 $\mathscr{A}_\nu,\nu\in I$ 具有公共特征向量.

9. 设 n 阶复方阵 $\boldsymbol{A}$ 与 $\boldsymbol{B}$ 可交换.证明:存在 n 阶可逆方阵 $\boldsymbol{P}$,使得 $\boldsymbol{P}^{-1}\boldsymbol{A}\boldsymbol{P}$ 与 $\boldsymbol{P}^{-1}\boldsymbol{B}\boldsymbol{P}$ 都是上三角方阵,即方阵 $\boldsymbol{A}$ 与 $\boldsymbol{B}$ 可以同时相似于上三角形.试推广到任意多个两两可交换的方阵的情形.

5.9 特征值的界

在 5.7 节已经讲过,方阵 $\boldsymbol{A}$ 的特征值是方阵 $\boldsymbol{A}$ 的特征多项式 $\varphi(\lambda)$ 的根,而方阵 $\boldsymbol{A}$ 的特征多项式 $\varphi(\lambda)$ 是方阵 $\lambda\boldsymbol{I}_{(n)}-\boldsymbol{A}$ 的行列式,因此欲求 n 阶方阵 $\boldsymbol{A}$ 的特征值,必须先求出 n 阶方阵 $\lambda\boldsymbol{I}_{(n)}-\boldsymbol{A}$ 的行列式,即确定方阵 $\boldsymbol{A}$ 的特征多项式 $\varphi(\lambda)$,然后再求 n 次多项式 $\varphi(\lambda)$ 的根.我们知道,计算 n 阶方阵的行列式计算量是相当大的,换句话说,要求出方阵 $\boldsymbol{A}$ 的特征多项式是相当困难的.即便方阵 $\boldsymbol{A}$ 的特征多项式 $\varphi(\lambda)$ 已经求出,要求出 n 次多项式 $\varphi(\lambda)$ 的根也是很困难的,甚至当 $n\geqslant 5$ 时,一般 n 次多项式的根都不能用根号求得(这是法国著名数学家 E. Galois 于 1831 年所证明的).因此人们转向特征值界的估计.

以下关于方阵的特征值的界是 Hirsch 于 1900 年给出的.

定理 1(Hirsch) 设 $\boldsymbol{A}=(a_{kl})$ 是 n 阶复方阵.记 $\boldsymbol{B}=\frac{1}{2}(\boldsymbol{A}+\bar{\boldsymbol{A}}^{\mathrm{T}})=(b_{kl})$,$\boldsymbol{C}$

$=\frac{1}{2\mathrm{i}}(\boldsymbol{A}-\bar{\boldsymbol{A}}^{\mathrm{T}})=(c_{kl})$，其中 i 满足 $\mathrm{i}^2=-1$，且记

$$M_{\boldsymbol{A}} = \max\{|a_{kl}|:1\leqslant k,l\leqslant n\},$$

其中$|a_{kl}|$表示复数 a_{kl}的模. 设 λ_0 是方阵 $\boldsymbol{A}$ 的特征值，则

$$|\lambda_0|\leqslant nM_{\boldsymbol{A}},\quad |\mathrm{Re}\,\lambda_0|\leqslant nM_{\boldsymbol{B}},\quad |\mathrm{Im}\,\lambda_0|\leqslant nM_{\boldsymbol{C}},$$

其中 $\mathrm{Re}\,\lambda_0$ 与 $\mathrm{Im}\,\lambda_0$ 分别是复数 λ_0 的实部与虚部. 如果 $\boldsymbol{A}$ 是实方阵，则$|\mathrm{Im}\,\lambda_0|\leqslant M_{\boldsymbol{C}}\left(\frac{n(n-1)}{2}\right)^{1/2}$.

证明　设 $\boldsymbol{x}=(x_1,x_2,\cdots,x_n)^{\mathrm{T}}$ 是方阵 $\boldsymbol{A}$ 的属于特征值λ_0 的特征向量，即

$$\boldsymbol{A}\boldsymbol{x} = \lambda_0\boldsymbol{x}. \tag{5.9.1}$$

上式两端同时右乘以 $\bar{\boldsymbol{x}}^{\mathrm{T}}$，则得到

$$\bar{\boldsymbol{x}}^{\mathrm{T}}\boldsymbol{A}\boldsymbol{x} = \lambda_0\bar{\boldsymbol{x}}^{\mathrm{T}}\boldsymbol{x}. \tag{5.9.2}$$

由于

$$\begin{aligned}\bar{\boldsymbol{x}}^{\mathrm{T}}\boldsymbol{A}\boldsymbol{x} &= (\bar{x}_1,\bar{x}_2,\cdots,\bar{x}_n)\begin{pmatrix}a_{11} & a_{12} & \cdots & a_{1n}\\ a_{21} & a_{22} & \cdots & a_{2n}\\ & \cdots\cdots\cdots & & \\ a_{n1} & a_{n2} & \cdots & a_{nn}\end{pmatrix}\begin{pmatrix}x_1\\x_2\\ \vdots\\x_n\end{pmatrix}\\ &= \sum_{1\leqslant k,l\leqslant n} a_{kl}\bar{x}_k x_l,\end{aligned}$$

$$\lambda_0\bar{\boldsymbol{x}}^{\mathrm{T}}\boldsymbol{x} = \lambda_0\left(\sum_{k=1}^{n}|x_k|^2\right),$$

因此，$\lambda_0\left(\sum_{k=1}^{n}|x_k|^2\right)=\sum_{1\leqslant k,l\leqslant n}a_{kl}\bar{x}_k x_l$. 所以

$$\begin{aligned}|\lambda_0|\left(\sum_{k=1}^{n}|x_k|^2\right) &\leqslant \sum_{1\leqslant k,l\leqslant n}|a_{kl}|\cdot|x_k|\cdot|x_l|\\ &\leqslant M_{\boldsymbol{A}}\left(\sum_{1\leqslant k,l\leqslant n}|x_k|\cdot|x_l|\right)\\ &= M_{\boldsymbol{A}}\left(\sum_{k=1}^{n}|x_k|\right)^2.\end{aligned}$$

由 Cauchy 不等式，

$$\left(\sum_{k=1}^{n}|x_k|\right)^2\leqslant n\left(\sum_{k=1}^{n}|x_k|^2\right).$$

因此

$$|\lambda_0|(\sum_{k=1}^{n}|x_k|^2)\leqslant nM_A(\sum_{k=1}^{n}|x_k|^2).$$

由于特征向量 $\boldsymbol{x}$ 非零,所以 $\sum_{k=1}^{n}|x_k|^2>0$. 于是得到, $|\lambda_0|\leqslant nM_A$.

取式(5.9.2)两端的共轭转置,得到

$$\bar{\boldsymbol{x}}^{\mathrm{T}}\bar{\boldsymbol{A}}^{\mathrm{T}}\boldsymbol{x}=\lambda_0\bar{\boldsymbol{x}}^{\mathrm{T}}\boldsymbol{x}. \tag{5.9.3}$$

式(5.9.2)与式(5.9.3)相加或相减,并乘以 $\frac{1}{2}$ 或 $\frac{1}{2\mathrm{i}}$,得到

$$(\mathrm{Re}\,\lambda_0)\bar{\boldsymbol{x}}^{\mathrm{T}}\boldsymbol{x}=\bar{\boldsymbol{x}}^{\mathrm{T}}\boldsymbol{B}\boldsymbol{x}, \tag{5.9.4}$$

$$(\mathrm{Im}\,\lambda_0)\bar{\boldsymbol{x}}^{\mathrm{T}}\boldsymbol{x}=\bar{\boldsymbol{x}}^{\mathrm{T}}\boldsymbol{C}\boldsymbol{x}. \tag{5.9.5}$$

将式(5.9.4)中的 $\mathrm{Re}\,\lambda_0$ 与 $\boldsymbol{B}$ 分别视为式(5.9.2)中的 λ_0 与 $\boldsymbol{A}$,便得到, $|\mathrm{Re}\,\lambda_0|\leqslant nM_B$,把式(5.9.5)中的 $\mathrm{Im}\,\lambda_0$ 与 $\boldsymbol{C}$ 分别视为式(5.9.2)中的 λ_0 与 $\boldsymbol{A}$,便得到

$$|\mathrm{Im}\,\lambda_0|\leqslant nM_C.$$

当 $\boldsymbol{A}=(a_{kl})$ 为实方阵时, $\boldsymbol{C}=\frac{1}{2\mathrm{i}}(\boldsymbol{A}-\boldsymbol{A}^{\mathrm{T}})$. 因此 $\boldsymbol{C}^{\mathrm{T}}=\frac{1}{2\mathrm{i}}(\boldsymbol{A}^{\mathrm{T}}-\boldsymbol{A})=-\frac{1}{2\mathrm{i}}(\boldsymbol{A}-\boldsymbol{A}^{\mathrm{T}})=-\boldsymbol{C}$. 即 $c_{kk}=0,k=1,2,\cdots,n$. 由式(5.9.5)得到

$$\begin{aligned}|\mathrm{Im}\,\lambda_0|(\sum_{k=1}^{n}|x_k|^2)&=\Big|\sum_{1\leqslant k\neq l\leqslant n}c_{kl}\bar{x}_kx_l\Big|\\&=\Big|\sum_{1\leqslant k<l\leqslant n}c_{kl}(\bar{x}_kx_l-x_k\bar{x}_l)\Big|\\&\leqslant\sum_{1\leqslant k<l\leqslant n}|c_{kl}||\bar{x}_kx_l-x_k\bar{x}_l|\\&\leqslant M_C\Big(\sum_{1\leqslant k<l\leqslant n}\Big|\frac{\bar{x}_kx_l-x_k\bar{x}_l}{\mathrm{i}}\Big|\Big).\end{aligned}$$

由于

$$\overline{\Big(\frac{\bar{x}_kx_l-x_k\bar{x}_l}{\mathrm{i}}\Big)}=-\frac{x_k\bar{x}_l-\bar{x}_kx_l}{\mathrm{i}}=\frac{\bar{x}_kx_l-x_k\bar{x}_l}{\mathrm{i}},$$

所以 $\frac{\bar{x}_kx_l-x_k\bar{x}_l}{\mathrm{i}}$ 是实数, $1\leqslant k<l\leqslant n$. 因此由 Cauchy 不等式, $\Big(\sum_{1\leqslant k<l\leqslant n}\Big|\frac{\bar{x}_kx_l-x_k\bar{x}_l}{\mathrm{i}}\Big|\Big)^2\leqslant\frac{n(n-1)}{2}\Big(\sum_{1\leqslant k<l\leqslant n}\Big|\frac{\bar{x}_kx_l-x_k\bar{x}_l}{\mathrm{i}}\Big|^2\Big)$. 因为

$$\begin{aligned}\Big|\frac{\bar{x}_kx_l-x_k\bar{x}_l}{\mathrm{i}}\Big|^2&=|\bar{x}_kx_l-x_k\bar{x}_l|^2\\&=-(\bar{x}_kx_l-x_k\bar{x}_l)\overline{(\bar{x}_kx_l-x_k\bar{x}_l)}\\&=-(\bar{x}_kx_l-x_l\bar{x}_k)^2,\end{aligned}$$

所以

$$|\operatorname{Im}\lambda_0|\left(\sum_{k=1}^{n}|x_k|^2\right)\leqslant M_C\sqrt{-\frac{n(n-1)}{2}\left(\sum_{1\leqslant k<l\leqslant n}(\bar{x}_kx_l-x_k\bar{x}_l)^2\right)}.$$

不难验证

$$-\left(\sum_{1\leqslant k<l\leqslant n}(\bar{x}_kx_l-x_k\bar{x}_l)^2\right)=\left(\sum_{k=1}^{n}x_k\bar{x}_k\right)^2-\left(\sum_{k=1}^{n}x_k^2\right)\left(\sum_{k=1}^{n}\bar{x}_k^2\right)\leqslant\left(\sum_{k=1}^{n}x_k\bar{x}_k\right)^2.$$

因此

$$|\operatorname{Im}\lambda_0|\left(\sum_{k=1}^{n}|x_k|^2\right)\leqslant M_C\left(\frac{n(n-1)}{2}\right)^{\frac{1}{2}}\left(\sum_{k=1}^{n}|x_k|^2\right).$$

由此得到，$|\operatorname{Im}\lambda_0|\leqslant M_C\left(\frac{n(n-1)}{2}\right)^{\frac{1}{2}}$. Hirsch 定理证毕.

适合 $\bar{\boldsymbol{H}}^{\mathrm{T}}=\boldsymbol{H}$ 的复方阵 $\boldsymbol{H}$ 称为**Hermite 方阵**；适合 $\boldsymbol{S}^{\mathrm{T}}=\boldsymbol{S}$ 的实方阵称为**实对称方阵**. 由 Hirsch 定理，容易证明：

定理 2 Hermite 方阵与实对称方阵的特征值都是实的.

证明 设 $\boldsymbol{H}$ 是 Hermite 方阵，则 $\boldsymbol{C}=\frac{1}{2\mathrm{i}}(\boldsymbol{H}-\bar{\boldsymbol{H}}^{\mathrm{T}})=\frac{1}{2\mathrm{i}}(\boldsymbol{H}-\boldsymbol{H})=\boldsymbol{0}$. 因此 $M_C=0$. 于是 Hermite 方阵 $\boldsymbol{H}$ 的特征值 λ_0 满足 $|\operatorname{Im}\lambda_0|\leqslant nM_C=0$，所以 $\operatorname{Im}\lambda_0=0$. 这就证明，$\lambda_0$ 是实数.

对实对称方阵 $\boldsymbol{S}$，证明完全相同.

满足 $\bar{\boldsymbol{K}}^{\mathrm{T}}=-\boldsymbol{K}$ 的复方阵 $\boldsymbol{K}$ 称为斜 Hermite 方阵；满足 $\boldsymbol{K}^{\mathrm{T}}=-\boldsymbol{K}$ 的实方阵 K 称为实斜对称方阵.

定理 3 斜 Hermite 方阵与实斜对称方阵的非零特征值为纯虚数.

证明 设 λ_0 是斜 Hermite 方阵 $\boldsymbol{K}$ 的非零特征值. 因为 $\boldsymbol{B}=\frac{1}{2}(\boldsymbol{K}+\bar{\boldsymbol{K}}^{\mathrm{T}})=\frac{1}{2}(\boldsymbol{K}-\boldsymbol{K})=\boldsymbol{0}$，所以 $M_B=0$. 因此 $|\operatorname{Re}\lambda_0|\leqslant nM_B=0$，故 $\operatorname{Re}\lambda_0=0$. 所以 λ_0 是纯虚数.

对实斜对称方阵，证明相似. 略.

在介绍关于特征值的另一个界之前，先证明有关主角占优的一个结论. 它是 Levy 于 1881 年首先得到的，Desplanques 于 1887 年作了推广，1903 年 Hadamard 把它收入他所著的书中. 因此通常称为 Hadamard 定理.

n 阶复方阵 $\boldsymbol{A}=(a_{ij})$ 的第 i 行上所有元素的模之和记为 R_i，即 $R_i=\sum_{j=1}^{n}|a_{ij}|$，$i=1,2,\cdots,n$. 方阵 $\boldsymbol{A}=(a_{ij})$ 的第 j 列上所有元素的模之和记为 T_j，即 $T_j=$

$\sum_{i=1}^{n} | a_{ij} |, j = 1,2,\cdots,n$. 记 $P_i = R_i - | a_{ii} |, Q_j = T_j - | a_{jj} |$. 如果方阵 $\boldsymbol{A}$ 满足 $| a_{ii} | > P_i, i = 1,2,\cdots,n$,则方阵 $\boldsymbol{A}$ 称为行主角占优方阵;如果方阵 $\boldsymbol{A}$ 满足 $| a_{jj} | > Q_j, j = 1,2,\cdots,n$,则方阵 $\boldsymbol{A}$ 称为列主角占优方阵. 关于主角占优方阵,有

定理 4(Levy-Desplanques)　设 $\boldsymbol{A} = (a_{ij})$ 是行或列主角占优方阵,则

$$\det \boldsymbol{A} \neq 0.$$

证明　设 $\boldsymbol{A} = (a_{ij})$ 是行主角占优方阵,且 $\det \boldsymbol{A} = 0$. 则方程组 $\boldsymbol{Ax} = \boldsymbol{0}$ 有非零解 $\boldsymbol{x} = (x_1, x_2, \cdots, x_n)^{\mathrm{T}}$. 故 $\max\{|x_1|, |x_2|, \cdots, |x_n|\} = |x_k| > 0, 1 \leqslant k \leqslant n$. 因为 $\sum_{j=1}^{n} a_{kj} x_j = 0$,所以

$$a_{kk} x_k = - \sum_{\substack{1 \leqslant j \leqslant n \\ j \neq k}} a_{kj} x_j.$$

上式两端取模,得到

$$| a_{kk} | | x_k | = \left| \sum_{\substack{1 \leqslant j \leqslant n \\ j \neq k}} a_{kj} x_j \right| \leqslant \sum_{\substack{1 \leqslant j \leqslant n \\ j \neq k}} | a_{kj} | | x_j |.$$

因此 $|a_{kk}| \leqslant P_k$,与 $\boldsymbol{A}$ 为行主角占优方阵矛盾.

对列主角占优方阵 $\boldsymbol{A}$,则 $\boldsymbol{A}^{\mathrm{T}}$ 为行主角占优方阵. 因此 $\det \boldsymbol{A} = \det \boldsymbol{A}^{\mathrm{T}} \neq 0$. 定理 3 证毕.

利用 Levy-Desplanques 定理,立即得到 Gersgörin 1931 年所证明的圆盘定理.

定理 5(Gersgörin 圆盘定理)　任意 n 阶复方阵 $\boldsymbol{A} = (a_{ij})$ 的特征值一定落在复平面上 n 个圆盘

$$| z - a_{ii} | \leqslant P_i, \quad i = 1,2,\cdots,n$$

的并集内.

证明　设 λ_0 是方阵 $\boldsymbol{A}$ 的特征值. 则 $\varphi(\lambda_0) = \det(\lambda_0 \boldsymbol{I}_{(n)} - \boldsymbol{A}) = 0$. 因此由 Levy-Desplanques 定理,方阵 $\lambda_0 \boldsymbol{I}_n - \boldsymbol{A}$ 不是行主角占优方阵. 所以至少有某个 i, $1 \leqslant i \leqslant n$,使得 $|\lambda_0 - a_{ii}| \leqslant P_i$. 这就证明了圆盘定理.

Gersgörin 圆盘定理可以推广. 为此,先证明 Levy-Desplanques 定理的一个推广.

定理 6　设 $\boldsymbol{A} = (a_{ij})$ 是 n 阶复方阵,且

$$| a_{ii} | | a_{jj} | > P_i P_j, \quad 1 \leqslant i \neq j \leqslant n. \tag{5.9.6}$$

则 $\det \boldsymbol{A} \neq 0$.

证明 设 $\det \boldsymbol{A}=0$,则齐次方程组 $\boldsymbol{A}\boldsymbol{x}=\boldsymbol{0}$有非零解 $\boldsymbol{x}=(x_1,x_2,\cdots,x_n)^{\mathrm{T}}$.设 x_r 与 x_s 满足:

$$|x_r|\geqslant|x_s|\geqslant|x_i|,\quad i=1,2,\cdots,r-1,r+1,\cdots,n.$$

如果 $x_s=0$,则对 $i=1,2,\cdots,r-1,r+1,\cdots,n,x_i=0$.因此方程组 $\boldsymbol{A}\boldsymbol{x}=\boldsymbol{0}$的第 r 个方程化为$a_{rr}x_r=0$.但 $\boldsymbol{x}$ 非零,所以 $x_r\neq 0$.因此 $a_{rr}=0$,与条件(5.9.6)矛盾.从而 $x_s\neq 0$.

由齐次方程组 $\boldsymbol{A}\boldsymbol{x}=\boldsymbol{0}$中第 r 与 s 个方程得到

$$|a_{rr}||x_r|=\left|-\sum_{\substack{1\leqslant j\leqslant n\\ j\neq r}}a_{rj}x_j\right|\leqslant\sum_{\substack{1\leqslant j\leqslant n\\ j\neq r}}|a_{rj}||x_j|\leqslant|x_s|P_r,$$

$$|a_{ss}||x_s|=\left|-\sum_{\substack{1\leqslant j\leqslant n\\ j\neq s}}a_{sj}x_j\right|\leqslant\sum_{\substack{1\leqslant j\leqslant n\\ j\neq s}}|a_{sj}||x_j|\leqslant|x_r|P_s.$$

因此$|a_{rr}||a_{ss}|\leqslant P_rP_s$,与条件(5.9.6)矛盾.这就证明,$\det \boldsymbol{A}\neq 0$.

定理 7 任意 n 阶复方阵$\boldsymbol{A}=(a_{ij})$的特征值一定落在复平面上$\dfrac{n(n-1)}{2}$个 Cassini 卵形区域

$$|z-a_{ii}||z-a_{jj}|\leqslant P_iP_j,\quad 1\leqslant i\neq j\leqslant n$$

的并集内.

证明 设 λ_0 是方阵 $\boldsymbol{A}$ 的特征值,则 $\varphi(\lambda_0)=\det(\lambda\boldsymbol{I}_{(n)}-\boldsymbol{A})=0$.由定理 6,不等式$|\lambda_0-a_{ii}||\lambda_0-a_{jj}|>P_iP_j$ 不可能对所有的i,j 成立,其中 $1\leqslant i\neq j\leqslant n$.因此存在某对 $i,j,1\leqslant i\neq j\leqslant n$,使得

$$|\lambda_0-a_{ii}||\lambda_0-a_{jj}|\leqslant P_iP_j.$$

定理 7 证毕.

应当指出,不但 Hirsch 定理与 Gersgörin 圆盘定理本身在估计特征值时具有重要的意义.而且它们的证明也为处理有关特征值的问题提供典型的方法.

例 1 满足 $\bar{\boldsymbol{U}}^{\mathrm{T}}\boldsymbol{U}=\boldsymbol{U}\bar{\boldsymbol{U}}^{\mathrm{T}}=\boldsymbol{I}_{(n)}$的 n 阶复方阵$\boldsymbol{U}$ 称为酉方阵;满足 $\boldsymbol{O}^{\mathrm{T}}\boldsymbol{O}=\boldsymbol{O}^{\mathrm{T}}\boldsymbol{O}=\boldsymbol{I}_{(n)}$的 n 阶实方阵$\boldsymbol{O}$ 称为实正交方阵.证明:酉方阵与实正交方阵的特征值的模为1.

证明 设 $\boldsymbol{x}$ 是酉方阵$\boldsymbol{U}$ 的属于特征值λ_0 的特征向量,即 $\boldsymbol{U}\boldsymbol{x}=\lambda_0\boldsymbol{x}$.两端取共轭转置,得到 $\bar{\boldsymbol{x}}^{\mathrm{T}}\bar{\boldsymbol{U}}^{\mathrm{T}}=\bar{\lambda}_0\bar{\boldsymbol{x}}^{\mathrm{T}}$.因此.$\bar{\boldsymbol{x}}^{\mathrm{T}}\bar{\boldsymbol{U}}^{\mathrm{T}}\boldsymbol{U}\boldsymbol{x}=|\lambda_0|^2\bar{\boldsymbol{x}}^{\mathrm{T}}\boldsymbol{x}$.因为 $\boldsymbol{U}$ 为酉方阵,故$\bar{\boldsymbol{U}}^{\mathrm{T}}\boldsymbol{U}=\boldsymbol{I}_{(n)}$.于是得到,$(|\lambda_0|^2-1)\bar{\boldsymbol{x}}^{\mathrm{T}}\boldsymbol{x}=0$.由于 $\boldsymbol{x}$ 非零,所以 $\bar{\boldsymbol{x}}^{\mathrm{T}}\boldsymbol{x}>0$.因此,$|\lambda_0|^2=1$.即$|\lambda_0|=1$.所以酉方阵 U 的特征值的模为1.

对实正交方阵,证明相似.略.

习　题

1．设复方阵 $\boldsymbol{A}=\mathrm{diag}(a_1,a_2,\cdots,a_n)$，$\boldsymbol{U}$ 是酉方阵．证明：方阵 $\boldsymbol{UA}$ 的特征值 λ_0 满足

$$\min\{|a_1|,|a_2|,\cdots,|a_n|\}\leqslant|\lambda_0|\leqslant\max\{|a_1|,|a_2|,\cdots,|a_n|\}.$$

2．证明：酉方阵 $\boldsymbol{U}$ 的任意一个子方阵 $\boldsymbol{U}_1$ 的特征值的模不大于 1．

3．设 $\boldsymbol{A}$ 是 n 阶方阵，$\boldsymbol{M}$ 是 k 阶方阵，$k\leqslant n$，且存在 $n\times k$ 列满秩矩阵 $\boldsymbol{P}$，使得 $\boldsymbol{AP}=\boldsymbol{PM}$．证明：方阵 $\boldsymbol{M}$ 的特征值一定是方阵 $\boldsymbol{A}$ 的特征值．

4．设 $\boldsymbol{O}$ 是奇数阶实正交方阵，且 $\det\boldsymbol{O}=1$．证明：方阵 $\boldsymbol{O}$ 具有特征值 1．

5．证明：行列式为 -1 的实正交方阵具有特征值 -1．

6．设 $\boldsymbol{A}$ 与 $\boldsymbol{B}$ 是 n 阶实正交方阵，且 $\det\boldsymbol{A}=-\det\boldsymbol{B}$．证明：$\det(\boldsymbol{A}+\boldsymbol{B})=0$．

7．设 $\boldsymbol{A}$ 是 n 阶实方阵，且方阵 $\boldsymbol{B}=\dfrac{1}{2}(\boldsymbol{A}+\boldsymbol{A}^{\mathrm{T}})$ 的最大与最小特征值分别为 μ_1 与 μ_n．证明：方阵 $\boldsymbol{A}$ 的特征值 λ_0 的实部 $\mathrm{Re}\,\lambda_0$ 满足 $\mu_n\leqslant\mathrm{Re}\,\lambda_0\leqslant\mu_1$．

8．设 $\boldsymbol{A}=(a_{ij})$ 是 n 阶复方阵，且

$$m_{\boldsymbol{A}}=\min_{1\leqslant i\leqslant n}\Big\{|a_{ii}|-\sum_{\substack{1\leqslant j\leqslant n\\ j\neq i}}|a_{ij}|\Big\}>0,$$

证明：$|\det\boldsymbol{A}|\geqslant(m_{\boldsymbol{A}})^n$．

第 6 章　Jordan 标准形

Jordan 标准形理论，也即方阵在相似下的分类理论，可以说是线性代数的最深刻的部分. 由于同一个线性变换在不同基下的矩阵表示是彼此相似的方阵，因此，方阵在相似下的分类问题也就是寻求线性变换的最简单的矩阵表示的问题. 研究 Jordan 标准形，有两种途径：几何的与矩阵的. 本章继续沿着上一章的几何方法，首先在 6.1 节中阐明如何将线性空间分解成线性变换的根子空间的直和，然后在 6.2 节与 6.3 节中，先是对幂零线性变换、尔后是对一般的线性变换，阐述如何将每个根子空间再分解成循环子空间的直和，并且用初等因子组来刻画每个循环子空间的构造，至此，寻求线性变换的最简单的矩阵表示问题，也即方阵在相似下的分类问题也已解决. 由于初等因子组的计算利用矩阵比较方便，也由于利用矩阵方法来研究方阵在相似下的分类问题具有同等重要的价值，所以 6.4 节与 6.5 节通过 λ 矩阵重新讨论了 Jordan 标准形理论，并得出了计算初等因子组的有效方法，6.6 节通过例子说明，如何利用这一深刻理论的结果，也即方阵的 Jordan 标准形来解决线性代数的种种问题. 以上的讨论是在复数域上进行的. 6.7 节讨论了实方阵在实数域上相似分类问题.

6.1　根 子 空 间

设 V 是 n 维复线性空间，$\mathscr{A}$: $V\to V$ 是线性变换，λ_0 是线性变换 $\mathscr{A}$ 的特征值. 根据第 5 章 5.8 节，线性变换 $\mathscr{A}$ 的属于特征值 λ_0 的特征子空间为

$$V_{\lambda_0}=\{\boldsymbol{\alpha}\in V:\mathscr{A}(\boldsymbol{\alpha})=\lambda_0\boldsymbol{\alpha}\}=\{\boldsymbol{\alpha}\in V:(\mathscr{A}-\lambda_0\mathscr{I})(\boldsymbol{\alpha})=\mathbf{0}\},$$

其中 $\mathscr{I}$: $V\to V$ 是单位变换. 也就是说，V_{λ_0} 是线性变换 $\mathscr{A}-\lambda_0\mathscr{I}$ 的核.

设 m 是正整数.考虑线性变换 $(\mathscr{A}-\lambda_0\mathscr{I})^m$ 的核

$$W_{\lambda_0}^{(m)} = \mathrm{Ker}(\mathscr{A}-\lambda_0\mathscr{I})^m = \{\boldsymbol{\alpha}\in V:(\mathscr{A}-\lambda_0\mathscr{I})^m(\boldsymbol{\alpha}) = \mathbf{0}\}.$$

显然,$W_{\lambda_0}^{(m)}$ 是线性变换 $\mathscr{A}$ 的不变子空间,并且当 $k<l$ 时,$W_{\lambda_0}^{(k)}\subseteq W_{\lambda_0}^{(l)}$.于是得到线性变换 $\mathscr{A}$ 的不变子空间的上升序列:

$$W_{\lambda_0}^{(1)}\subseteq W_{\lambda_0}^{(2)}\subseteq\cdots\subseteq W_{\lambda_0}^{(m)}\subseteq\cdots\subseteq V. \tag{6.1.1}$$

和第 5 章 5.4 节例 2 的证明相仿,可以证明,对于线性变换 $\mathscr{A}$ 的不变子空间序列(6.1.1),存在某个正整数 k,使得

$$W_{\lambda_0}^{(1)}\subseteq W_{\lambda_0}^{(2)}\subseteq\cdots\subseteq W_{\lambda_0}^{(k-1)}\subseteq W_{\lambda_0}^{(k)} = W_{\lambda_0}^{(k+1)} = \cdots. \tag{6.1.2}$$

因此

$$W_{\lambda_0} = \bigcup_{m=1}^{\infty} W_{\lambda_0}^{(m)} = W_{\lambda_0}^{(k)}. \tag{6.1.3}$$

定义 设 λ_0 是线性变换 $\mathscr{A}:V\to V$ 的特征值.则所有线性变换 $(\mathscr{A}-\lambda_0\mathscr{I})^m$ 的核 $\mathrm{Ker}(\mathscr{A}-\lambda_0\mathscr{I})^m$ 的并集称为线性变换 $\mathscr{A}$ 的属于特征值 λ_0 的根子空间,记为 W_{λ_0}.根子空间 W_{λ_0} 中非零向量称为线性变换 $\mathscr{A}$ 的属于特征值 λ_0 的根向量.

由定义可以看出,根子空间 $W_{\lambda_0}=W_{\lambda_0}^{(k)}$,因此它是线性变换 $\mathscr{A}$ 的不变子空间.设根向量 $\boldsymbol{\alpha}\in W_{\lambda_0}$,则由式(6.1.2)与(6.1.3),存在正整数 l,使得 $\boldsymbol{\alpha}\in W_{\lambda_0}^{(l)}$,但 $\boldsymbol{\alpha}\notin W_{\lambda_0}^{(l-1)}$,也即 $(\mathscr{A}-\lambda_0\mathscr{I})^l(\boldsymbol{\alpha})=\mathbf{0}$,但 $(\mathscr{A}-\lambda_0\mathscr{I})^{l-1}(\boldsymbol{\alpha})\neq\mathbf{0}$.正整数 l 称为根向量 $\boldsymbol{\alpha}$ 的次数.显然,1 次根向量即是特征向量,而且特征子空间 $V_{\lambda_0}=W_{\lambda_0}^{(1)}\subseteq W_{\lambda_0}$.

关于根子空间,下面的定理成立:

定理 1 设 λ_0 是线性变换 $\mathscr{A}:V\to V$ 的特征值,W_{λ_0} 是线性变换 $\mathscr{A}$ 的属于特征值 λ_0 的根子空间,并且正整数 k 满足:

$$W_{\lambda_0}^{(k-1)}\neq W_{\lambda_0}^{(k)} = W_{\lambda_0},$$

则线性变换 $\mathscr{A}$ 在根子空间 W_{λ_0} 上的限制 $\mathscr{A}|_{W_{\lambda_0}}$ 的最小多项式为 $(\lambda-\lambda_0)^k$.

证明 因为 $W_{\lambda_0}=W_{\lambda_0}^{(k)}$,因此对任意 $\boldsymbol{\alpha}\in W_{\lambda_0}$,均有 $\boldsymbol{\alpha}\in W_{\lambda_0}^{(k)}=\mathrm{Ker}(\mathscr{A}-\lambda_0\mathscr{I})^k$,即 $(\mathscr{A}-\lambda_0\mathscr{I})^k|_{W_{\lambda_0}}(\boldsymbol{\alpha})=(\mathscr{A}-\lambda_0\mathscr{I})^k(\boldsymbol{\alpha})=\mathbf{0}$.所以 $(\lambda-\lambda_0)^k$ 是 $\mathscr{A}|_{W_{\lambda_0}}$ 的化零多项式.于是 $\mathscr{A}|_{W_{\lambda_0}}$ 的最小多项式应为 $(\lambda-\lambda_0)^l$,$1\leqslant l\leqslant k$.如果 $l<k$,则 $l\leqslant k-1$.因此对任意 $\boldsymbol{\alpha}\in W_{\lambda_0}$,将有 $(\mathscr{A}-\lambda_0\mathscr{I})^{k-1}(\boldsymbol{\alpha})=(\mathscr{A}-\lambda_0\mathscr{I})^{k-1-l}((\mathscr{A}-\lambda_0\mathscr{I})^l(\boldsymbol{\alpha}))=(\mathscr{A}-\lambda_0\mathscr{I})^{k-1-l}(\mathbf{0})=\mathbf{0}$.所以 $\boldsymbol{\alpha}\in W_{\lambda_0}^{(k-1)}$,即 $W_{\lambda_0}^{(k)}=W_{\lambda_0}\subseteq W_{\lambda_0}^{(k-1)}$.因此 $W_{\lambda_0}^{(k)}=W_{\lambda_0}^{(k-1)}$,矛盾.这就证明,$\mathscr{A}|_{W_{\lambda_0}}$ 的最小多项式是 $(\lambda-\lambda_0)^k$.

定理 2 设 λ_1 与 λ_2 是线性变换 $\mathscr{A}:V\to V$ 的不同特征值,则根子空间 W_{λ_1} 与 W_{λ_2} 的和 $W_{\lambda_1}+W_{\lambda_2}$ 是直和.

证明 只需证明,$W_{\lambda_1}\cap W_{\lambda_2}=\{\mathbf{0}\}$.设 $\mathbf{0}\neq\boldsymbol{\alpha}\in W_{\lambda_1}\cap W_{\lambda_2}$.则 $\boldsymbol{\alpha}\in W_{\lambda_1}$.因此存

在正整数 k，使得 $\boldsymbol{\beta}=(\mathscr{A}-\lambda_1\mathscr{I})^{k-1}(\boldsymbol{\alpha})\neq\mathbf{0}$，但 $(\mathscr{A}-\lambda_1\mathscr{I})^k(\boldsymbol{\alpha})=(\mathscr{A}-\lambda_1\mathscr{I})(\boldsymbol{\beta})=\mathbf{0}$，即 $\mathscr{A}(\boldsymbol{\beta})=\lambda_1\boldsymbol{\beta}$. 另一方面，$\boldsymbol{\alpha}\in W_{\lambda_2}$，而 W_{λ_2} 是线性变换 $\mathscr{A}$ 的不变子空间，显然 W_{λ_2} 也是线性变换 $\lambda_1\mathscr{I}$ 的不变子空间，因此 W_{λ_2} 是线性变换 $\mathscr{A}-\lambda_1\mathscr{I}$ 的不变子空间，所以 $\boldsymbol{\beta}\in W_{\lambda_2}$. 于是存在正整数 l，使得 $(\mathscr{A}-\lambda_2\mathscr{I})^{l-1}(\boldsymbol{\beta})\neq\mathbf{0}$，而 $(\mathscr{A}-\lambda_2\mathscr{I})^{l}(\boldsymbol{\beta})=\mathbf{0}$. 由于 $\mathscr{A}(\boldsymbol{\beta})=\lambda_1\boldsymbol{\beta}$，因此

$$(\mathscr{A}-\lambda_2\mathscr{I})^{l}(\boldsymbol{\beta})=(\mathscr{A}-\lambda_2\mathscr{I})^{l-1}((\lambda_1-\lambda_2)\boldsymbol{\beta})=\cdots=(\lambda_1-\lambda_2)^{l}\boldsymbol{\beta}.$$

因为 $\boldsymbol{\beta}\neq\mathbf{0}$，故 $\lambda_1=\lambda_2$，与假设矛盾. 因此 $W_{\lambda_1}\cap W_{\lambda_2}=\{\mathbf{0}\}$.

下面是本节的主要定理：

定理 3(空间第一分解定理)　设 $\lambda_1,\lambda_2,\cdots,\lambda_t$ 是线性变换 $\mathscr{A}:V\to V$ 的全部不同的特征值，它们的代数重数分别为 $e_1,e_2,\cdots,e_t$，$e_1,e_2,\cdots,e_t\geqslant 1$，$e_1+e_2+\cdots+e_t=n$，即线性变换 $\mathscr{A}$ 的特征多项式 $\varphi(\lambda)=(\lambda-\lambda_1)^{e_1}(\lambda-\lambda_2)^{e_2}\cdots(\lambda-\lambda_t)^{e_t}$，则

$$V=W_{\lambda_1}\oplus W_{\lambda_2}\oplus\cdots\oplus W_{\lambda_t},$$

其中 W_{λ_j} 是线性变换 $\mathscr{A}$ 的属于特征值 λ_j 的根子空间. 并且线性变换 $\mathscr{A}$ 在 W_{λ_j} 上的限制 $\mathscr{A}|_{W_{\lambda_j}}$ 的特征多项式为 $\varphi_j(\lambda)=(\lambda-\lambda_j)^{e_j}$，$j=1,2,\cdots,t$.

证明　首先证明 $V=W_{\lambda_1}+W_{\lambda_2}+\cdots+W_{\lambda_t}$. 记

$$f_j(\lambda)=\frac{\varphi(\lambda)}{\varphi_j(\lambda)}=(\lambda-\lambda_1)^{e_1}\cdots(\lambda-\lambda_{j-1})^{e_{j-1}}(\lambda-\lambda_{j+1})^{e_{j+1}}\cdots(\lambda-\lambda_t)^{e_t},$$

其中 $j=1,2,\cdots,t$，并给定 $e_0=0$. 显然多项式 $f_1(\lambda),f_2(\lambda),\cdots,f_t(\lambda)$ 是互素的，因此存在多项式 $g_1(\lambda),g_2(\lambda),\cdots,g_t(\lambda)$，使得 $g_1(\lambda)f_1(\lambda)+g_2(\lambda)f_2(\lambda)+\cdots+g_t(\lambda)f_t(\lambda)=1$. 于是 $g_1(\mathscr{A})f_1(\mathscr{A})+g_2(\mathscr{A})f_2(\mathscr{A})+\cdots+g_t(\mathscr{A})f_t(\mathscr{A})=\mathscr{I}$. 设 $\boldsymbol{\alpha}\in V$，则

$$\boldsymbol{\alpha}=\mathscr{I}(\boldsymbol{\alpha})=g_1(\mathscr{A})f_1(\mathscr{A})(\boldsymbol{\alpha})+g_2(\mathscr{A})f_2(\mathscr{A})(\boldsymbol{\alpha})+\cdots+g_t(\mathscr{A})f_t(\mathscr{A})(\boldsymbol{\alpha}).$$

记 $\boldsymbol{\alpha}_j=g_j(\mathscr{A})f_j(\mathscr{A})(\boldsymbol{\alpha})$，$j=1,2,\cdots,m$. 因为

$$(\mathscr{A}-\lambda_j\mathscr{I})^{e_j}(\boldsymbol{\alpha}_j)=(\varphi_j(\mathscr{A})g_j(\mathscr{A})f_j(\mathscr{A}))(\boldsymbol{\alpha}_j)=g_j(\mathscr{A})(\varphi(\mathscr{A})(\boldsymbol{\alpha}_j)).$$

因为 $\varphi(\lambda)$ 是线性变换 $\mathscr{A}$ 的特征多项式，所以由 Cayley-Hamilton 定理，$\varphi(\mathscr{A})$ 是零变换. 因此

$$(\mathscr{A}-\lambda_j\mathscr{I})^{e_j}(\boldsymbol{\alpha}_j)=g_j(\mathscr{A})(\mathbf{0})=\mathbf{0},$$

即 $\boldsymbol{\alpha}_j\in W_{\lambda_j}$，$j=1,2,\cdots,m$. 这表明，$\boldsymbol{\alpha}=\boldsymbol{\alpha}_1+\boldsymbol{\alpha}_2+\cdots+\boldsymbol{\alpha}_t\in W_{\lambda_1}+W_{\lambda_2}+\cdots+W_{\lambda_t}$. 于是 $V=W_{\lambda_1}+W_{\lambda_2}+\cdots+W_{\lambda_t}$.

其次证明，和 $W_{\lambda_1}+W_{\lambda_2}+\cdots+W_{\lambda_t}$ 是直和. 为此只需证明，对任意 l，$1\leqslant l\leqslant t-1$，

$$(W_{\lambda_1}+W_{\lambda_2}+\cdots+W_{\lambda_l})\cap W_{\lambda_{l+1}}=\{\mathbf{0}\}.\tag{6.1.4}$$

对 l 用归纳法. 当 $l=1$ 时，由定理 2，结论成立. 现在假设式(6.1.4)对 $l\leqslant m-1$ 成

立.下面证明式(6.1.4)对 m 成立.

设 $\boldsymbol{\alpha}\neq\mathbf{0},\boldsymbol{\alpha}\in(W_{\lambda_1}+W_{\lambda_2}+\cdots+W_{\lambda_m})\cap W_{\lambda_{m+1}}$.由于 $\boldsymbol{\alpha}\in W_{\lambda_{m+1}}$,故存在正整数 k,使得 $\boldsymbol{\beta}=(\mathscr{A}-\lambda_{m+1}\mathscr{I})^{k-1}(\boldsymbol{\alpha})\neq\mathbf{0}$,但$(\mathscr{A}-\lambda_{m+1}\mathscr{I})^{k}(\boldsymbol{\alpha})=\mathbf{0}$.因此 $\mathscr{A}(\boldsymbol{\beta})=\lambda_{m+1}\cdot\boldsymbol{\beta}$.另一方面,$\boldsymbol{\alpha}\in W_{\lambda_1}+W_{\lambda_2}+\cdots+W_{\lambda_m}$.由于 W_{λ_j} 是线性变换 $\mathscr{A}$ 的不变子空间,因此 $W_{\lambda_1}+W_{\lambda_2}+\cdots+W_{\lambda_m}$ 是线性变换 $\mathscr{A}$ 的不变子空间.显然 $W_{\lambda_1}+W_{\lambda_2}+\cdots+W_{\lambda_m}$ 也是线性变换$\lambda_{m+1}\mathscr{I}$的不变子空间.所以 $\boldsymbol{\beta}=(\mathscr{A}-\lambda_{m+1}\mathscr{I})^{k-1}(\boldsymbol{\alpha})\in W_{\lambda_1}+W_{\lambda_2}+\cdots+W_{\lambda_m}$,而且 $\mathscr{A}(\boldsymbol{\beta})\in W_{\lambda_1}+W_{\lambda_2}+\cdots+W_{\lambda_m}$.因此 $\boldsymbol{\beta}=\boldsymbol{\beta}_1+\boldsymbol{\beta}_2+\cdots+\boldsymbol{\beta}_m,\boldsymbol{\beta}_j\in W_{\lambda_j},j=1,2,\cdots,m$,且 $\mathscr{A}(\boldsymbol{\beta})=\mathscr{A}(\boldsymbol{\beta}_1)+\mathscr{A}(\boldsymbol{\beta}_2)+\cdots+\mathscr{A}(\boldsymbol{\beta}_m)$,其中 $\mathscr{A}(\boldsymbol{\beta}_j)\in W_{\lambda_j},j=1,2,\cdots,m$.由于 $\mathscr{A}(\boldsymbol{\beta})=\lambda_{m+1}\boldsymbol{\beta}$,故 $\mathscr{A}(\boldsymbol{\beta})=\lambda_{m+1}\boldsymbol{\beta}_1+\lambda_{m+1}\boldsymbol{\beta}_2+\cdots+\lambda_{m+1}\boldsymbol{\beta}_m$.由归纳假设,$W_{\lambda_1}+W_{\lambda_2}+\cdots+W_{\lambda_m}=W_{\lambda_1}\oplus W_{\lambda_2}\oplus\cdots\oplus W_{\lambda_m}$,因此 $\mathscr{A}(\boldsymbol{\beta})$分解为 $W_{\lambda_1},W_{\lambda_2},\cdots,W_{\lambda_m}$ 中向量之和的方式唯一,所以 $\mathscr{A}(\boldsymbol{\beta}_j)=\lambda_{m+1}\boldsymbol{\beta}_j,j=1,2,\cdots,m$.于是 $\boldsymbol{\beta}_j\in W_{\lambda_j}\cap W_{\lambda_{m+1}}$.由定理 2,$\boldsymbol{\beta}_j=\mathbf{0},j=1,2,\cdots,m$.也即 $\boldsymbol{\beta}=\mathbf{0}$.矛盾.因此 $\boldsymbol{\alpha}=\mathbf{0}$.这就证明,式(6.1.4)对 $l=m$ 成立.

最后证明,线性变换 $\mathscr{A}|_{W_{\lambda_j}}$ 的特征多项式 $\varphi_j(\lambda)=(\lambda-\lambda_j)^{e_j},j=1,2,\cdots,t$.根据定理 4 以及第 5 章 5.7 节定理 5,除 λ_j 外,线性变换 $\mathscr{A}|_{W_{\lambda_j}}$ 不可能有其他的特征值,所以线性变换 $\mathscr{A}|_{W_{\lambda_j}}$ 的特征多项式$\varphi_j(\lambda)$应具有形式$(\lambda-\lambda_j)^{m_j}$.由于 $V=W_{\lambda_1}\oplus W_{\lambda_2}\oplus\cdots\oplus W_{\lambda_t}$.因此 $\mathscr{A}=\mathscr{A}|_{W_{\lambda_1}}\oplus\mathscr{A}|_{W_{\lambda_2}}\oplus\cdots\oplus\mathscr{A}|_{W_{\lambda_t}}$.于是线性变换 $\mathscr{A}$ 的特征多项式 $\varphi(\lambda)=\varphi_1(\lambda)\varphi_2(\lambda)\cdots\varphi_t(\lambda)$,即

$$\begin{aligned}\varphi(\lambda)&=(\lambda-\lambda_1)^{e_1}(\lambda-\lambda_2)^{e_1}\cdots(\lambda-\lambda_t)^{e_t}\\&=(\lambda-\lambda_1)^{m_1}(\lambda-\lambda_2)^{m_2}\cdots(\lambda-\lambda_t)^{m_t}.\end{aligned}$$

所以 $\varphi_j(\lambda)=(\lambda-\lambda_j)^{e_j},j=1,2,\cdots,t$.定理 3 证毕.

由定理 3 的证明可以得到,线性变换 $\mathscr{A}$ 的属于特征值 λ_0 的根子空间 W_{λ_0} 的维数等于特征值 λ_0 的代数重数.

习　　题

1. 设 n 维复线性空间 V 的线性变换 $\mathscr{A}$ 在基$\{\boldsymbol{\alpha}_1,\boldsymbol{\alpha}_2,\cdots,\boldsymbol{\alpha}_n\}$下的方阵为 $\boldsymbol{A}$,求线性变换 $\mathscr{A}$ 的特征值和根子空间:

(1) $\boldsymbol{A}=\begin{pmatrix}1&-3&4\\4&-7&8\\6&-7&7\end{pmatrix}$;　　(2) $\boldsymbol{A}=\begin{pmatrix}0&-2&3&2\\1&1&-1&-1\\0&0&2&0\\1&-1&0&1\end{pmatrix}$.

2. 证明:n 维复线性空间 V 的线性变换 $\mathscr{A}$ 可对角化的充分必要条件是,所有根向量都

是特征向量.

3. 证明：n 维复线性空间 V 的非零向量都是线性变换 $\mathscr{A}$ 的根向量的充分必要条件是，线性变换 $\mathscr{A}$ 的特征值都相同.

4. 证明：n 维复线性空间 V 的线性变换 $\mathscr{A}$ 的属于不同特征值的根向量线性无关.

5. 证明：3 阶复方阵 $\boldsymbol{A}$ 与 $\boldsymbol{B}$ 相似的充分必要条件是，方阵 $\boldsymbol{A}$ 与 $\boldsymbol{B}$ 具有相同的特征多项式与最小多项式.

6. 举例说明，最小多项式相同的 4 阶幂零方阵 $\boldsymbol{A}$ 与 $\boldsymbol{B}$ 不一定相似.

7. (Fitting) 设 $\mathscr{A}$ 是数域 F 上 n 维线性空间 V 的线性变换. 证明：存在线性变换 $\mathscr{A}$ 的不变子空间 V_1 与 V_2，使得 $V=V_1\oplus V_2$，并且线性变换 $\mathscr{A}$ 在 V_1 上的限制 $\mathscr{A}|_{V_1}$ 是可逆的，而在 V_2 上的限制 $\mathscr{A}|_{V_2}$ 是幂零的. 简单地说，任意线性变换 $\mathscr{A}$ 都可以分解为可逆线性变换 $\mathscr{A}|_{V_1}$ 与幂零交换 $\mathscr{A}|_{V_2}$ 的直和.（注意，如果数域 F 是复数域，则本题可用空间第一分解定理加予证明. 这里要求给出一个不用空间第一分解定理的证明.）

8. 利用上题证明空间第一分解定理.

9. 设 n 维复线性空间 V 的线性变换 $\mathscr{A}$ 的最小多项式为 $d(\lambda)=(\lambda-\lambda_1)^{m_1}(\lambda-\lambda_2)^{m_2}\cdots(\lambda-\lambda_t)^{m_t}$，其中 $\lambda_1,\lambda_2,\cdots,\lambda_t$ 是线性变换 $\mathscr{A}$ 的全部不同特征值. 并设 W_j 是线性变换 $(\mathscr{A}-\lambda_j\mathscr{I})^{m_j}$ 的核，$j=1,2,\cdots,t$. 证明：

(1) 根子空间 $W_{\lambda_j}=W_j,j=1,2,\cdots,t$；

(2) 线性变换 $\mathscr{A}$ 在 W_j 上的限制 $\mathscr{A}|_{W_j}$ 的最小多项式为 $(\lambda-\lambda_j)^{m_j},j=1,2,\cdots,t$.

10. 设数域 F 上 n 维线性空间 V 的线性变换 $\mathscr{A}$ 的最小多项式为 $d(\lambda)=p_1^{m_1}(\lambda)p_2^{m_2}(\lambda)\cdots p_t^{m_t}(\lambda)$，其中 $p_1(\lambda),p_2(\lambda),\cdots,p_t(\lambda)$ 是数域 F 上互不相同的首一不可约多项式. 并设 W_j 是线性变换 $p_j^{m_j}(\mathscr{A})$ 的核. 证明：

(1) $V=W_1\oplus W_2\oplus\cdots\oplus W_t$；

(2) 线性变换 $\mathscr{A}$ 在 W_j 上的限制 $\mathscr{A}|_{W_j}$ 的最小多项式为 $p_j^{m_j}(\lambda),j=1,2,\cdots,t$.

11. 设 3 维实向量空间 $\mathbf{R}^3$ 的线性变换 $\mathscr{A}$ 在标准基下的方阵为

$$\boldsymbol{A}=\begin{pmatrix}6&-3&-2\\4&-1&-2\\10&-5&-3\end{pmatrix}.$$

记线性变换 $\mathscr{A}$ 的最小多项式 $d(\lambda)=p_1(\lambda)p_2(\lambda)$，其中 $p_1(\lambda),p_2(\lambda)$ 是实数域 $\mathbf{R}$ 上首一不可约多项式. 设 W_j 是线性变换 $p_j(\mathscr{A})$ 的核，$j=1,2$.

(1) 分别求子空间 W_1 与 W_2 的基；

(2) 求线性变换 $\mathscr{A}|_{W_1}$ 与 $\mathscr{A}|_{W_2}$ 分别在所求基下的方阵 $\boldsymbol{A}_j,j=1,2$.

12. 设 3 维实向量空间 $\mathbf{R}^3$ 的线性变换 $\mathscr{A}$ 在标准基下的方阵为

$$\boldsymbol{A}=\begin{pmatrix}3&1&-1\\2&2&-1\\2&2&0\end{pmatrix}.$$

求可对角化线性变换 $\mathscr{D}$ 与幂零变换 $\mathscr{N}$，使得 $\mathscr{A}=\mathscr{D}+\mathscr{N}$，且 $\mathscr{D}\mathscr{N}=\mathscr{N}\mathscr{D}$.

6.2 循环子空间

设 V 是数域 F 上 n 维线性空间. 对于线性变换 $\mathscr{A}: V \to V$, 除特征子空间与根子空间外,还有另一种不变子空间,这就是由一个向量生成的循环子空间.

定义 1 设 $\boldsymbol{\alpha}_0$ 是 V 的非零向量, V 中线性变换 $\mathscr{A}$ 的所有包含 $\boldsymbol{\alpha}_0$ 的不变子空间的交称为由向量 $\boldsymbol{\alpha}_0$ 生成的(相对线性变换 $\mathscr{A}$ 的)循环子空间,记为 C_0.

由定义可以看出, C_0 是线性变换 $\mathscr{A}$ 的包含 $\boldsymbol{\alpha}_0$ 的最小不变子空间,即如果线性变换 $\mathscr{A}$ 的不变子空间 U 包含向量 $\boldsymbol{\alpha}_0$, 则 U 也包含 C_0.

关于循环子空间 C_0, 有:

命题 1 由向量 $\boldsymbol{\alpha}_0$ 生成的循环子空间 C_0 即是由向量 $\boldsymbol{\alpha}_0, \mathscr{A}(\boldsymbol{\alpha}_0), \cdots, \mathscr{A}^n(\boldsymbol{\alpha}_0), \cdots$ 生成的子空间.

证明 由向量 $\boldsymbol{\alpha}_0, \mathscr{A}(\boldsymbol{\alpha}_0), \cdots, \mathscr{A}^m(\boldsymbol{\alpha}_0), \cdots$ 生成的子空间记为 U. 由于 C_0 是线性变换 $\mathscr{A}$ 的不变子空间,因此 $\mathscr{A}(\boldsymbol{\alpha}_0), \mathscr{A}^2(\boldsymbol{\alpha}_0), \cdots, \mathscr{A}^m(\boldsymbol{\alpha}_0) \in C_0$. 所以 $U \subseteq C_0$.

反之,设 $\boldsymbol{\alpha} \in U$, 则存在 $a_1, a_2, \cdots, a_k \in F$, 使得 $\boldsymbol{\alpha} = a_1\mathscr{A}^{m_1}(\boldsymbol{\alpha}_0) + a_2\mathscr{A}^{m_2}(\boldsymbol{\alpha}_0) + \cdots + a_k\mathscr{A}^{m_k}(\boldsymbol{\alpha}_0)$. 因此 $\mathscr{A}(\boldsymbol{\alpha}) = a_1\mathscr{A}^{m_1+1}(\boldsymbol{\alpha}_0) + a_2\mathscr{A}^{m_2+1}(\boldsymbol{\alpha}_0) + \cdots + a_k\mathscr{A}^{m_k+1}(\boldsymbol{\alpha}_0)$. 所以 $\mathscr{A}(\boldsymbol{\alpha}) \in U$. 这表明, U 是线性变换 $\mathscr{A}$ 的不变子空间. 显然, $\boldsymbol{\alpha}_0 \in U$. 因此 $C_0 \subseteq U$. 这就证明 $C_0 = U$. 证毕.

定义 2 设 $f(\lambda)$ 是数域 F 上关于未定元 λ 的非零多项式, $\boldsymbol{\alpha}_0 \in V$. 如果 $f(\mathscr{A})(\boldsymbol{\alpha}_0) = \mathbf{0}$, 则 $f(\lambda)$ 称为向量 $\boldsymbol{\alpha}_0$(相对线性变换 $\mathscr{A}$)的化零多项式.

由定义可以看出,线性变换 $\mathscr{A}$ 的任意一个化零多项式都是向量 $\boldsymbol{\alpha}_0$(相对线性变换 $\mathscr{A}$)的化零多项式. 反之却不尽然.

定义 3 向量 $\boldsymbol{\alpha}_0$ 的所有(相对线性变换 $\mathscr{A}$)化零多项式中次数最小的首一多项式称为向量 $\boldsymbol{\alpha}_0$(相对线性变换 $\mathscr{A}$)的最小多项式,记为 $d_{\boldsymbol{\alpha}_0}(\lambda)$.

向量 $\boldsymbol{\alpha}_0$ 的所有化零多项式的次数集合记为 M. 由于线性变换 $\mathscr{A}$ 的最小多项式 $d(\lambda)$ 是 $\mathscr{A}$ 的化零多项式,因此 $d(\lambda)$ 是向量 $\boldsymbol{\alpha}_0$ 的化零多项式,即 $\deg d(\lambda) \in M$, 所以集合 M 非空. 这表明,集合 M 一定存在一个最小正整数,记为 k. 于是存在向量 $\boldsymbol{\alpha}_0$ 的一个次数为 k 的化零多项式 $g(\lambda)$. 多项式 $a^{-1}g(\lambda)$ 即是向量 $\boldsymbol{\alpha}_0$ 的最

小多项式，其中 a 是多项式 $g(\lambda)$ 的首项系数. 也就是说，向量 $\boldsymbol{\alpha}_0$ 的最小多项式总是存在的.

容易证明，向量 $\boldsymbol{\alpha}_0$ 的最小多项式 $d_0(\lambda)$ 整除向量 $\boldsymbol{\alpha}_0$ 的任意一个化零多项式，而且向量 $\boldsymbol{\alpha}_0$ 的最小多项式 $d_0(\lambda)$ 是唯一的.

因为由向量 $\boldsymbol{\alpha}_0$ 生成的循环子空间 C_0 是线性变换 $\mathscr{A}$ 的不变子空间，所以可以考虑线性变换 $\mathscr{A}$ 在 C_0 上的限制 $\mathscr{A}|_{C_0}$. 关于 $\mathscr{A}|_{C_0}$，有：

命题 2　设 $\mathscr{A}: V \to V$ 是线性变换，C_0 是由向量 $\boldsymbol{\alpha}_0$ 生成的（相对 $\mathscr{A}$ 的）循环子空间，$d_0(\lambda)$ 是向量 $\boldsymbol{\alpha}_0$ 的最小多项式，且 $\deg(d_0(\lambda)) = k$，则

(1) $\dim C_0 = k$，$\{\boldsymbol{\alpha}_0, \mathscr{A}(\boldsymbol{\alpha}_0), \cdots, \mathscr{A}^{k-1}(\boldsymbol{\alpha}_0)\}$ 是 C_0 的基，且 $\mathscr{A}|_{C_0}$ 在这组基下的方阵为

$$\boldsymbol{A} = \begin{pmatrix} 0 & 0 & \cdots & 0 & 0 & -a_0 \\ 1 & 0 & \cdots & 0 & 0 & -a_1 \\ & & \cdots\cdots\cdots\cdots & & & \\ 0 & 0 & \cdots & 1 & 0 & -a_{k-2} \\ 0 & 0 & \cdots & 0 & 1 & -a_{k-1} \end{pmatrix}_{k\times k},$$

其中 $d_0(\lambda) = a_0 + a_1(\lambda) + \cdots + a_{k-1}\lambda^{k-1} + \lambda^k$；

(2) $d_0(\lambda)$ 是 $\mathscr{A}|_{C_0}$ 的特征多项式与最小多项式.

证明　首先证明 $\boldsymbol{\alpha}_0, \mathscr{A}(\boldsymbol{\alpha}_0), \cdots, \mathscr{A}^{k-1}(\boldsymbol{\alpha}_0)$ 线性无关. 设有不全为零的 $b_0, b_1, \cdots, b_{k-1} \in F$，使得

$$b_0\boldsymbol{\alpha}_0 + b_1\mathscr{A}(\boldsymbol{\alpha}_0) + \cdots + b_{k-1}\mathscr{A}^{k-1}(\boldsymbol{\alpha}_0) = \boldsymbol{0}.$$

则 $f(\lambda) = b_0 + b_1\lambda + \cdots + b_{k-1}\lambda^{k-1}$ 是向量 $\boldsymbol{\alpha}_0$ 的一个化零多项式，且 $\det f(\lambda) \leqslant k-1 < k$，与 $d_0(\lambda)$ 关于次数的最小性矛盾. 所以 $\boldsymbol{\alpha}_0, \mathscr{A}(\boldsymbol{\alpha}_0), \cdots, \mathscr{A}^{k-1}(\boldsymbol{\alpha}_0)$ 线性无关.

其次证明，对任意 $l \geqslant k$，向量 $\mathscr{A}^l(\boldsymbol{\alpha}_0)$ 可由 $\boldsymbol{\alpha}_0, \mathscr{A}(\boldsymbol{\alpha}_0), \cdots, \mathscr{A}^{k-1}(\boldsymbol{\alpha}_0)$ 线性表出. 事实上，由于 $d_0(\lambda)$ 是向量 $\boldsymbol{\alpha}_0$ 的最小多项式，因此

$$d(\mathscr{A})(\boldsymbol{\alpha}_0) = a_0\boldsymbol{\alpha}_0 + a_1\mathscr{A}(\boldsymbol{\alpha}_0) + \cdots + a_{k-1}\mathscr{A}^{k-1}(\boldsymbol{\alpha}_0) + \mathscr{A}^k(\boldsymbol{\alpha}_0) = \boldsymbol{0}.$$

所以

$$\mathscr{A}^k(\boldsymbol{\alpha}_0) = -a_0\boldsymbol{\alpha}_0 - a_1\mathscr{A}(\boldsymbol{\alpha}_0) - \cdots - a_{k-1}\mathscr{A}^{k-1}(\boldsymbol{\alpha}_0). \tag{6.2.1}$$

即 $\mathscr{A}^k(\boldsymbol{\alpha}_0)$ 可由 $\boldsymbol{\alpha}_0, \mathscr{A}(\boldsymbol{\alpha}_0), \cdots, \mathscr{A}^{k-1}(\boldsymbol{\alpha}_0)$ 线性表出. 即结论对 $l = k$ 成立. 假设结论对 l 成立. 即设

$$\mathscr{A}^l(\boldsymbol{\alpha}_0) = b_0\boldsymbol{\alpha}_0 + b_1\mathscr{A}(\boldsymbol{\alpha}_0) + \cdots + b_{k-1}\mathscr{A}^{k-1}(\boldsymbol{\alpha}_0),$$

其中 $b_0, b_1, \cdots, b_{k-1} \in F$. 则

$$\mathscr{A}^{l+1}(\boldsymbol{\alpha}_0) = b_0\mathscr{A}(\boldsymbol{\alpha}_0) + b_1\mathscr{A}^2(\boldsymbol{\alpha}_0) + \cdots + b_{k-2}\mathscr{A}^{k-1}(\boldsymbol{\alpha}_0) + b_{k-1}\mathscr{A}^k(\boldsymbol{\alpha}_0).$$

于是将式(6.2.1)代入上式，即知 $\mathscr{A}^{l+1}(\boldsymbol{\alpha}_0)$ 可由 $\boldsymbol{\alpha}_0,\mathscr{A}(\boldsymbol{\alpha}_0),\cdots,\mathscr{A}^{k-1}(\boldsymbol{\alpha}_0)$ 线性表出.

现在设 $\boldsymbol{\alpha}\in C_0$，则 $\boldsymbol{\alpha}$ 是有限个形如 $\mathscr{A}^{m_1}(\boldsymbol{\alpha}_0),\mathscr{A}^{m_2}(\boldsymbol{\alpha}_0),\cdots,\mathscr{A}^{m_l}(\boldsymbol{\alpha}_0)$ 的线性组合，其中 $m_1,m_2,\cdots,m_l$ 是非负整数. 由于每个 $\mathscr{A}^{m_j}(\boldsymbol{\alpha}_0)$ 都可由 $\boldsymbol{\alpha}_0,\mathscr{A}(\boldsymbol{\alpha}_0),\cdots,\mathscr{A}^{k-1}(\boldsymbol{\alpha}_0)$ 线性表出，所以 $\boldsymbol{\alpha}$ 也可由 $\boldsymbol{\alpha}_0,\mathscr{A}(\boldsymbol{\alpha}_0),\cdots,\mathscr{A}^{k-1}(\boldsymbol{\alpha}_0)$ 线性表出. 这就证明，$\{\boldsymbol{\alpha}_0,\mathscr{A}(\boldsymbol{\alpha}_0),\cdots,\mathscr{A}^{k-1}(\boldsymbol{\alpha}_0)\}$ 是 C_0 的基，并且 $\dim C_0 = k$.

由于

$$\begin{aligned}
&\mathscr{A}|_{C_0}(\boldsymbol{\alpha}_0) = \mathscr{A}(\boldsymbol{\alpha}_0),\\
&\mathscr{A}|_{C_0}(\mathscr{A}(\boldsymbol{\alpha}_0)) = \mathscr{A}^2(\boldsymbol{\alpha}_0),\\
&\qquad\cdots\cdots\cdots\cdots\\
&\mathscr{A}|_{C_0}(\mathscr{A}^{k-2}(\boldsymbol{\alpha}_0)) = \mathscr{A}^{k-1}(\boldsymbol{\alpha}_0),\\
&\mathscr{A}|_{C_0}(\mathscr{A}^{k-1}(\boldsymbol{\alpha}_0)) = \mathscr{A}^k(\boldsymbol{\alpha}_0)\\
&\qquad\qquad = -a_0\boldsymbol{\alpha}_0 - a_1\mathscr{A}(\boldsymbol{\alpha}_0) - \cdots - a_{k-1}\mathscr{A}^{k-1}(\boldsymbol{\alpha}_0),
\end{aligned}$$

所以

$$\mathscr{A}|_{C_0}(\boldsymbol{\alpha}_0,\mathscr{A}(\boldsymbol{\alpha}_0),\cdots,\mathscr{A}^{k-1}(\boldsymbol{\alpha}_0)) = (\boldsymbol{\alpha}_0,\mathscr{A}(\boldsymbol{\alpha}_0),\cdots,\mathscr{A}^{k-1}(\boldsymbol{\alpha}_0))\boldsymbol{A}.$$

这就证明了结论(1).

由结论(1)容易算得，$\mathscr{A}|_{C_0}$ 的特征多项式为

$$\varphi(\lambda) = \det(\lambda\boldsymbol{I}_{(k)} - \boldsymbol{A}) = a_0 + a_1\lambda + \cdots + a_{k-1}\lambda^{k-1} + \lambda^k = d_0(\lambda).$$

由于 $\mathscr{A}|_{C_0}$ 的最小多项式 $d(\lambda)$ 整除 $\mathscr{A}|_{C_0}$ 的特征多项式 $d_0(\lambda)$，而 $\boldsymbol{\alpha}_0$ 的最小多项式 $d_0(\lambda)$ 整除 $\mathscr{A}|_{C_0}$ 的化零多项式，特别，$d_0(\lambda)$ 整除 $\mathscr{A}|_{C_0}$ 的最小多项式 $d(\lambda)$，即 $d(\lambda)\mid d_0(\lambda)$ 且 $d_0(\lambda)\mid d(\lambda)$. 由于 $d_0(\lambda)$ 与 $d(\lambda)$ 都是首一多项式，因此 $d(\lambda) = d_0(\lambda)$. 这就证明了结论(2). 命题 2 证毕.

现在讨论幂零变换的循环子空间. 我们知道，所谓线性变换 $\mathscr{A}: V\to V$ 是幂零变换，是指存在正整数 m，使得 $\mathscr{A}^m = 0$. 使 $\mathscr{A}^m = 0$ 的最小正整数 m 称为幂零变换 $\mathscr{A}$ 的幂零指数. 而 $\mathscr{A}$ 也称为 m 次幂零变换. 显然，1 次幂零变换是零变换. 因此非零的幂零变换的幂零指数总是大于或等于 2.

定理 1 设 $\mathscr{A}: V\to V$ 是 m 次幂零变换，则有：

(1) 存在非零向量 $\boldsymbol{\alpha}_1\in V$，使得由 $\boldsymbol{\alpha}_1$ 生成的循环子空间 C_1 的维数为 m，并且 $\mathscr{A}|_{C_1}$ 是 m 次幂零变换；

(2) 存在 $\mathscr{A}$ 的不变子空间 V_1，使得 $V = C_1\oplus V_1$，并且 $\mathscr{A}|_{V_1}$ 是幂零变换，它的幂零指数 $m_2\leqslant m$.

证明 因为 $\mathscr{A}^m=0,\mathscr{A}^{m-1}\neq 0$,故存在非零向量 $\boldsymbol{\alpha}_1\in V$,使得 $\mathscr{A}^{m-1}(\boldsymbol{\alpha}_1)\neq\mathbf{0}$, $\mathscr{A}^m(\boldsymbol{\alpha}_1)=\mathbf{0}$. 这表明 $f(\lambda)=\lambda^m$ 是向量 $\boldsymbol{\alpha}_1$ 的化零多项式. 因此 $\boldsymbol{\alpha}_1$ 的最小多项式 $d_1(\lambda)\mid\lambda^m$. 所以 $d_1(\lambda)=\lambda^l,1\leqslant l\leqslant m$. 如果 $l\leqslant m-1$,则由 $\mathscr{A}^l(\boldsymbol{\alpha}_1)=\mathbf{0}$得到

$$\mathscr{A}^{m-1}(\boldsymbol{\alpha}_1)=\mathscr{A}^{m-1-l}(\mathscr{A}^l(\boldsymbol{\alpha}_1))=\mathscr{A}^{m-1-l}(\mathbf{0})=\mathbf{0},$$

与 $\mathscr{A}^{m-1}(\boldsymbol{\alpha}_1)\neq\mathbf{0}$矛盾. 因此 $l=m$. 即 $d_1(\lambda)=\lambda^m$. 由命题 2, $\dim C_1=m$, 且 $\mathscr{A}|_{C_1}$ 的最小多项式为 λ^m, 也即 $\mathscr{A}|_{C_1}$ 是 m 次幂零变换. 结论(1)得证.

现在对幂零指数 m 用归纳法证明结论(2). 当 $m=1$ 时, $\mathscr{A}$是零变换. 因此对任意非零向量 $\boldsymbol{\alpha}_1\in V$, $\mathscr{A}(\boldsymbol{\alpha}_1)=\mathbf{0}$,即由向量 $\boldsymbol{\alpha}_1$ 生成的循环子空间 C_1 是1维的,而且 $\mathscr{A}|_{C_1}$是零变换. 由于 C_1 是1维的,故$\{\boldsymbol{\alpha}_1\}$是 C_1 的基. 设$\{\boldsymbol{\alpha}_1,\boldsymbol{\alpha}_2,\cdots,\boldsymbol{\alpha}_n\}$是 V 的基. V 中由$\boldsymbol{\alpha}_2,\cdots,\boldsymbol{\alpha}_n$ 生成的子空间记为V_1. 显然, $V=C_1\oplus V_1$, 且 V_1 是 $\mathscr{A}$的不变子空间,而且 $\mathscr{A}|_{V_1}$是零变换,即1次幂零变换. 这就证明当 $m=1$ 时结论(2)成立.

假设结论(2)对 $m-1$ 次幂零变换成立,下面证明结论(2)对 m 次幂零变换 $\mathscr{A}$ 也成立.

设 $U=\operatorname{Im}\mathscr{A}$,并记为 $\boldsymbol{\beta}_1=\mathscr{A}(\boldsymbol{\alpha}_1)\in U$. 由于 $\operatorname{Im}\mathscr{A}$是 $\mathscr{A}$的不变子空间,所以$\mathscr{A}|_U$ 有意义. 设 $\boldsymbol{\xi}\in U$,则存在 $\boldsymbol{\eta}\in V$,使得 $\boldsymbol{\xi}=\mathscr{A}(\boldsymbol{\eta})$. 因此

$$(\mathscr{A}|_U)^{m-1}(\boldsymbol{\xi})=\mathscr{A}^{m-1}(\mathscr{A}(\boldsymbol{\eta}))=\mathscr{A}^m(\boldsymbol{\eta})=\mathbf{0},$$

并且

$$(\mathscr{A}|_U)^{m-2}(\boldsymbol{\beta}_1)=\mathscr{A}^{m-2}(\mathscr{A}(\boldsymbol{\alpha}_1))=\mathscr{A}^{m-1}(\boldsymbol{\alpha}_1)\neq\mathbf{0}.$$

所以$(\mathscr{A}|_U)^{m-2}\neq 0,(\mathscr{A}|_U)^{m-1}=0$, 即 $\mathscr{A}|_U$ 是$m-1$ 次幂零的. 在 U 中由向量$\boldsymbol{\beta}_1$ 生成的(相对 $\mathscr{A}|_U$ 的)循环子空间$\widetilde{C}_1$显然具有基$\{\boldsymbol{\beta}_1,\mathscr{A}(\boldsymbol{\beta}_1),\cdots,\mathscr{A}^{m-2}(\boldsymbol{\beta}_1)\}$,并且 $\mathscr{A}|_U$在$\widetilde{C}_1$ 上的限制是 $m-1$ 次幂零的. 由归纳假设,存在 $\mathscr{A}|_U$ 的不变子空间 U_1, 使得 $U=\widetilde{C}_1\oplus U_1$,而且$\mathscr{A}|_{U_1}$ 在 U_1 上的限制是幂零的,其幂零指数不大于 $m-1$.

记 $\widetilde{V}_1=\{\boldsymbol{\alpha}\in V:\mathscr{A}(\boldsymbol{\alpha})\in U_1\}$. 先证明以下事实:

(i) $C_1\cap U_1=\{\mathbf{0}\}$. 事实上,设 $\boldsymbol{\alpha}\in C_1\cap U_1$. 由于 $\boldsymbol{\alpha}\in C_1$,而$\{\boldsymbol{\alpha}_1,\mathscr{A}(\boldsymbol{\alpha}_1),\cdots,\mathscr{A}^{m-1}(\boldsymbol{\alpha}_1)\}$为 C_1 的基,所以 $\boldsymbol{\alpha}=b_0\boldsymbol{\alpha}_1+b_1\mathscr{A}(\boldsymbol{\alpha}_1)+\cdots+b_{m-1}\mathscr{A}^{m-1}(\boldsymbol{\alpha}_1)$. 因此 $\mathscr{A}(\boldsymbol{\alpha})=b_0\boldsymbol{\beta}_1+b_1\mathscr{A}(\boldsymbol{\beta}_1)+\cdots+b_{m-2}\mathscr{A}^{m-2}(\boldsymbol{\beta}_1)\in\widetilde{C}_1$. 另一方面,由于$\boldsymbol{\alpha}\in U_1$,且 U_1 是$\mathscr{A}|_U$的不变子空间. 所以 $\mathscr{A}(\boldsymbol{\alpha})=\mathscr{A}|_U(\boldsymbol{\alpha})\in U_1$. 因此 $\mathscr{A}(\boldsymbol{\alpha})\in\widetilde{C}_1\cap U_1=\{\mathbf{0}\}$. 即 $b_0\boldsymbol{\beta}_1+b_1\mathscr{A}(\boldsymbol{\beta}_1)+\cdots+b_{m-2}\mathscr{A}^{m-2}(\boldsymbol{\beta}_1)=\mathbf{0}$. 而$\{\boldsymbol{\beta}_1,\mathscr{A}(\boldsymbol{\beta}_1),\cdots,\mathscr{A}^{m-2}(\boldsymbol{\beta}_1)\}$是 $\widetilde{C}_1$ 的基. 所以 $b_0=b_1=\cdots=b_{m-2}=0$. 于是 $\boldsymbol{\alpha}=b_{m-1}\mathscr{A}^{m-1}(\boldsymbol{\alpha}_1)=b_{m-1}\mathscr{A}^{m-2}(\boldsymbol{\beta}_1)=b_{m-1}\mathscr{A}(\mathscr{A}^{m-2}(\boldsymbol{\alpha}_1))\in\widetilde{C}_1\cap U_1=\{\mathbf{0}\}$. 这就证明, $C_1\cap U_1=\{\mathbf{0}\}$.

(ii) $U_1\subseteq\widetilde{V}_1$. 事实上,由于 U_1 是 $\mathscr{A}|_U$ 的不变子空间,所以对任意 $\boldsymbol{\alpha}\in U_1$,$\mathscr{A}|_U(\boldsymbol{\alpha})=\mathscr{A}(\boldsymbol{\alpha})\in U_1$. 因此 $U_1\subseteq\widetilde{V}_1$.

(iii) $V=C_1+\widetilde{V}_1$. 事实上,设 $\boldsymbol{\alpha}\in V$,则 $\mathscr{A}(\boldsymbol{\alpha})\in U$. 由于 $U\subseteq\widetilde{C}_1\oplus U_1$,故 $\mathscr{A}(\boldsymbol{\alpha})=\boldsymbol{\xi}+\boldsymbol{\eta}$,其中 $\boldsymbol{\xi}\in\widetilde{C}_1$,$\boldsymbol{\eta}\in U_1$. 因为 $\boldsymbol{\xi}\in\widetilde{C}_1$,故

$$\begin{aligned}\boldsymbol{\xi}&=b_0\boldsymbol{\beta}_1+b_1\mathscr{A}(\boldsymbol{\beta}_1)+\cdots+b_{m-2}\mathscr{A}^{m-2}(\boldsymbol{\beta}_1)\\&=\mathscr{A}(b_0\boldsymbol{\alpha}_1+b_1\mathscr{A}(\boldsymbol{\alpha}_1)+\cdots+b_{m-2}\mathscr{A}^{m-2}(\boldsymbol{\alpha}_1)),\end{aligned}$$

其中 $b_0,b_1,\cdots,b_{m-2}\in F$,因此

$$\mathscr{A}(\boldsymbol{\alpha}-b_0\boldsymbol{\alpha}_1-\cdots-b_{m-2}\mathscr{A}^{m-2}(\boldsymbol{\alpha}_1))=\boldsymbol{\eta}\in U_1.$$

所以 $\boldsymbol{\alpha}-b_0\boldsymbol{\alpha}_1-\cdots-b_{m-2}\mathscr{A}^{m-2}(\boldsymbol{\alpha}_1)=\boldsymbol{\zeta}\in\widetilde{V}_1$. 也就是说,

$$\boldsymbol{\alpha}=(b_0\boldsymbol{\alpha}_1+\cdots+b_{m-2}\mathscr{A}^{m-2}(\boldsymbol{\alpha}_1))+\boldsymbol{\zeta},$$

其中 $b_0\boldsymbol{\alpha}_1+\cdots+b_{m-2}\mathscr{A}^{m-2}(\boldsymbol{\alpha}_1)\in C_1$. 这表明,$\boldsymbol{\alpha}\in C_1+\widetilde{V}_1$. 因此 $V=C_1+\widetilde{V}_1$.

应当指出,$V=C_1+\widetilde{V}_1$ 并不一定是直和. 现在需要求出适合结论(2)的子空间 V_1.

因为 $U_1\cap(C_1\cap\widetilde{V}_1)=(U_1\cap C_1)\cap\widetilde{V}_1$,所以由(i),

$$U_1\cap(C_1\cap\widetilde{V}_1)=\{\mathbf{0}\}.$$

因此和 $U_1+(C_1\cap\widetilde{V}_1)$ 是直和. 由于 $U_1\subseteq\widetilde{V}_1$,$C_1\cap\widetilde{V}_1\subseteq\widetilde{V}_1$,因此 $U_1\oplus(C_1\cap\widetilde{V}_1)\subseteq\widetilde{V}_1$. 记 $U_1\oplus(C_1\cap\widetilde{V}_1)$ 在 $\widetilde{V}_1$ 中的补为 W,即 $W\oplus U_1\oplus(C_1\cap\widetilde{V}_1)=\widetilde{V}_1$. 记 $V_1=W\oplus U_1$.

现在验证 V_1 是 $\mathscr{A}$ 的不变子空间,并且 $\mathscr{A}|_{V_1}$ 是幂零的,其幂零指数 $m_1\leqslant m$. 事实上,设 $\boldsymbol{\xi}\in V_1\subseteq\widetilde{V}_1$,则

$$\mathscr{A}(\boldsymbol{\xi})\in U_1\subseteq W\oplus U_1=V_1.$$

所以 V_1 是 $\mathscr{A}$ 的不变子空间. 由于 $\boldsymbol{\xi}\in V_1\subseteq V$,故 $\mathscr{A}^m(\boldsymbol{\xi})=\mathbf{0}$. 所以 $\mathscr{A}|_{V_1}$ 是幂零的,它的幂零指数 $m_1\leqslant m$.

其次验证,$C_1\cap V_1=\{\mathbf{0}\}$. 事实上,设 $\boldsymbol{\xi}\in C_1\cap V_1$. 由于

$$C_1\cap V_1\subseteq V_1\subseteq\widetilde{V}_1,$$

所以 $\boldsymbol{\xi}\in C_1\cap\widetilde{V}_1$. 而 $\boldsymbol{\xi}\in V_1$,所以 $\boldsymbol{\xi}\in V_1\cap(C_1\cap\widetilde{V}_1)$. 由于

$$\widetilde{V}_1=V_1\oplus(C_1\cap\widetilde{V}_1),$$

因此 $\boldsymbol{\xi}=\mathbf{0}$. 即 $C_1\cap V_1=\{\mathbf{0}\}$.

最后验证，$V=C_1+V_1$. 事实上，设 $\boldsymbol{\xi}\in V$. 由于 $V=C_1+\widetilde{V}_1$，所以 $\boldsymbol{\xi}=\boldsymbol{\eta}+\boldsymbol{\zeta}$，其中 $\boldsymbol{\eta}\in C_1$，$\boldsymbol{\zeta}\in\widetilde{V}_1$. 但 $\widetilde{V}_1=V_1\oplus(C_1\cap\widetilde{V}_1)$，故 $\boldsymbol{\zeta}=\boldsymbol{\zeta}_1+\boldsymbol{\zeta}_2$，其中 $\boldsymbol{\zeta}_1\in V_1$，$\boldsymbol{\zeta}_2\in(C_1\cap\widetilde{V}_1)$. 因此

$$\boldsymbol{\xi}=\boldsymbol{\eta}+\boldsymbol{\zeta}_1+\boldsymbol{\zeta}_2=(\boldsymbol{\eta}+\boldsymbol{\zeta}_2)+\boldsymbol{\zeta}_1,$$

其中 $\boldsymbol{\eta}+\boldsymbol{\zeta}_2\in C_1$，$\boldsymbol{\zeta}_1\in V_1$，即 $\boldsymbol{\xi}\in C_1+V_1$. 所以 $V=C_1+V_1$.

这就证明，结论(2)对 m 次幂零变换 $\mathscr{A}$ 成立. 定理 1 证毕.

利用定理 1，并对线性空间 V 的维数用归纳法，即得下面的线性空间 V 分解为关于幂零变换 $\mathscr{A}$ 的循环子空间的直和的定理.

定理 2 设 $\mathscr{A}: V\to V$ 是 m 次幂零变换. 则：

(1) 存在由非零向量 $\boldsymbol{\alpha}_1,\boldsymbol{\alpha}_2,\cdots,\boldsymbol{\alpha}_k\in V$ 生成的循环子空间 $C_1,C_2,\cdots,C_k$，使得 $V=C_1\oplus C_2\oplus\cdots\oplus C_k$，并且 $\mathscr{A}|_{C_j}$ 是 m_j 次幂零的，$j=1,2,\cdots,k$，而 $m=m_1\geqslant m_2\geqslant\cdots\geqslant m_k$；

(2) $\{\boldsymbol{\alpha}_j,\mathscr{A}(\boldsymbol{\alpha}_j),\cdots,\mathscr{A}^{m_j-1}(\boldsymbol{\alpha}_j)\}$ 是 C_j 的基，$j=1,2,\cdots,k$，它们的并构成 V 的基，而且幂零变换 $\mathscr{A}$ 在这组基下的方阵为

$$\operatorname{diag}(\boldsymbol{N}_{(m_1)}^{\mathrm{T}},\boldsymbol{N}_{(m_2)}^{\mathrm{T}},\cdots,\boldsymbol{N}_{(m_k)}^{\mathrm{T}}),\tag{6.2.2}$$

其中 n 阶方阵 $\boldsymbol{N}_{(n)}^{\mathrm{T}}$ 为

$$\boldsymbol{N}_{(n)}^{\mathrm{T}}=\begin{pmatrix}0&0&\cdots&0&0\\1&0&\cdots&0&0\\&&\cdots\cdots\cdots\cdots&&\\0&0&\cdots&0&0\\0&0&\cdots&1&0\end{pmatrix}.$$

证明 结论(1)是定理 1 的自然推论. 这里只证结论(2).

由结论(1)，C_j 是由向量 $\boldsymbol{\alpha}_j$ 生成的循环子空间，且

$$V=C_1\oplus C_2\oplus\cdots\oplus C_k.$$

因此 $\mathscr{A}=\mathscr{A}|_{C_1}\oplus\mathscr{A}|_{C_2}\oplus\cdots\oplus\mathscr{A}|_{C_k}$. 由于 $\mathscr{A}|_{C_j}$ 是 m_j 次幂零的，所以 $\mathscr{A}|_{C_j}$ 的最小多项式为 $d_j(\lambda)=\lambda^{m_j}$. 由命题 2，$\mathscr{A}|_{C_j}$ 在 C_j 的基 $\{\boldsymbol{\alpha}_j,\mathscr{A}(\boldsymbol{\alpha}_j),\cdots,\mathscr{A}^{m_j-1}(\boldsymbol{\alpha}_j)\}$ 下的方阵为 $\boldsymbol{N}_{(m_j)}^{\mathrm{T}}$. 因此，$\mathscr{A}$ 在给定的 V 的基下的方阵即为式(6.2.2). 定理 2 证毕.

定理 3 设 $\mathscr{A}: V\to V$ 是幂零变换，而且 V 可按两种方式分解为相对 $\mathscr{A}$ 的循环子空间的直和，即设

$$V=C_1\oplus C_2\oplus\cdots\oplus C_k=\widetilde{C}_1\oplus\widetilde{C}_2\oplus\cdots\oplus\widetilde{C}_l,$$

其中 C_j 是由向量 $\boldsymbol{\alpha}_j$ 生成的循环子空间，$\mathscr{A}|_{C_j}$ 是 m_j 次幂零的，$j=1,2,\cdots,k$，$m=m_1\geqslant m_2\geqslant\cdots\geqslant m_k$，而 $\widetilde{C}_i$ 是由向量 $\widetilde{\boldsymbol{\alpha}}_i$ 生成的循环子空间，$\mathscr{A}|_{\widetilde{C}_j}$ 是 $\widetilde{m}_i$ 次幂零的，i

$=1,2,\cdots,l$,则 $k=l$,且可适当调整 $\widetilde{C}_i$ 次序,使得

$$\widetilde{m}_i = m_i, \quad i = 1,2,\cdots,k.$$

定理 3 可以简述为:对给定的幂零变换 $\mathscr{A}$,n 维线性空间 V 可以分解为相对 $\mathscr{A}$ 的循环子空间的直和,而且分解中循环子空间的个数以及循环子空间的维数是由幂零变换 $\mathscr{A}$ 所唯一确定的.

证明 记 $\widetilde{m}=\max\{\widetilde{m}_1,\widetilde{m}_2,\cdots,\widetilde{m}_l\}$. 设 $\boldsymbol{\alpha}\in V$,则

$$\boldsymbol{\alpha} = \boldsymbol{\xi}_1 + \boldsymbol{\xi}_2 + \cdots + \boldsymbol{\xi}_l,$$

其中 $\boldsymbol{\xi}_j \in \widetilde{C}_j$. 因此

$$\mathscr{A}^{\widetilde{m}}(\boldsymbol{\alpha}) = \mathscr{A}^{\widetilde{m}}(\boldsymbol{\xi}_1) + \mathscr{A}^{\widetilde{m}}(\boldsymbol{\xi}_2) + \cdots + \mathscr{A}^{\widetilde{m}}(\boldsymbol{\xi}_l).$$

但

$$\mathscr{A}^{\widetilde{m}}(\boldsymbol{\xi}_j) = \mathscr{A}^{\widetilde{m}-\widetilde{m}_j}(\mathscr{A}^{\widetilde{m}_j}(\boldsymbol{\xi}_j)) = \mathscr{A}^{\widetilde{m}-\widetilde{m}_j}(\mathbf{0}) = \mathbf{0}, \quad j = 1,2,\cdots,l.$$

所以 $\mathscr{A}^{\widetilde{m}}(\boldsymbol{\alpha})=\mathbf{0}$,即 $\mathscr{A}^{\widetilde{m}}=0$. 另一方面,存在 $\widetilde{m}=\widetilde{m}_i$,$1\leqslant i\leqslant l$. 由于 $\widetilde{m}_i$ 是 $\mathscr{A}|_{\widetilde{C}_j}$ 的幂零指数,故存在 $\boldsymbol{\xi}_i\in \widetilde{C}_i\subseteq V$,使得

$$(\mathscr{A}|_{\widetilde{C}_i})^{\widetilde{m}-1}(\boldsymbol{\xi}_i) = \mathscr{A}^{\widetilde{m}-1}(\boldsymbol{\xi}_i) \neq \mathbf{0}, \quad 即\ \mathscr{A}^{\widetilde{m}-1}\neq 0.$$

这表明,$\widetilde{m}$ 是 $\mathscr{A}$ 的幂零指数,即 $\widetilde{m}=m$. 把直和 $\widetilde{C}_1\oplus\widetilde{C}_2\oplus\cdots\oplus\widetilde{C}_l$ 中第一项 $\widetilde{C}_1$ 与第 i 项 $\widetilde{C}_i$ 对调后,可设 $\widetilde{C}_1$ 的维数为 $\widetilde{m}$.

记 $V_1=C_2\oplus C_3\oplus\cdots\oplus C_k$, $\widetilde{V}_1=\widetilde{C}_2\oplus\widetilde{C}_3\oplus\cdots\oplus\widetilde{C}_l$. 则

$$V = C_1 \oplus V_1 = \widetilde{C}_1 \oplus \widetilde{V}_1.$$

显然,V_1 与 $\widetilde{V}_1$ 都是 $\mathscr{A}$ 的不变子空间,而且 $\mathscr{A}|_{V_1}$ 与 $\mathscr{A}|_{\widetilde{V}_1}$ 都是幂零的,它们的幂零指数分别记为 r 与 $\widetilde{r}$. 于是

$$\mathscr{A}^r(V)=\mathscr{A}^r(C_1)\oplus\mathscr{A}^r(V_1) = \mathscr{A}^r(C_1) = \mathscr{A}^r(\widetilde{C}_1)\oplus\mathscr{A}^r(\widetilde{V}_1).$$

容易证明,$\dim(\mathscr{A}^r(C_1)) = m - r = \dim(\mathscr{A}^r(\widetilde{C}_1))$. 因此由上式得到,$\dim(\mathscr{A}^r(\widetilde{V}_1))=0$,即 $\mathscr{A}^r(\widetilde{V}_1)=\{0\}$. 所以 $(\mathscr{A}|_{\widetilde{V}_1})^r=\mathscr{O}$. 这表明,$\widetilde{r}\leqslant r$. 同理可证,$r\leqslant\widetilde{r}$. 即得 $r=\widetilde{r}$.

重复前面的证明过程,可以证明,$r=m_2$,并且存在某个 $\widetilde{m}_{i_2}=\widetilde{r}=m_2$,在直和 $\widetilde{V}_1=\widetilde{C}_2\oplus\cdots\oplus\widetilde{C}_l$ 中将 $\widetilde{C}_2$ 与 $\widetilde{C}_{i_2}$ 对调,即可设 $\widetilde{C}_2$ 的维数为 $\widetilde{m}_2=m_2$. 如此继续即可证明 $l=k$,且 $\widetilde{m}_j=m_j$, $j=1,2,\cdots,k$. 定理 3 证毕.

现在叙述与定理 2、定理 3 相应的关于矩阵的定理. 设数域 F 上 n 阶方阵 $\boldsymbol{A}$ 满足 $\boldsymbol{A}^m=\mathbf{0}$,其中 m 是某个正整数,则 $\boldsymbol{A}$ 称为幂零方阵. 使得 $\boldsymbol{A}^m=\mathbf{0}$的最小正整数 m 称为方阵 $\boldsymbol{A}$ 的幂零指数. 关于幂零方阵,有:

定理 4 设 $\boldsymbol{A}$ 是数域 F 上 n 阶幂零方阵,其幂零指数为 m,则方阵 $\boldsymbol{A}$ 在数域 F 上相似于 n 阶准对角方阵

$$\boldsymbol{J} = \mathrm{diag}(\boldsymbol{N}_{(m_1)}^{\mathrm{T}}, \boldsymbol{N}_{(m_2)}^{\mathrm{T}}, \cdots, \boldsymbol{N}_{(m_k)}^{\mathrm{T}}),$$

其中 $m = m_1 \geqslant m_2 \geqslant \cdots \geqslant m_k$.

证明 设 $\{\boldsymbol{\xi}_1, \boldsymbol{\xi}_2, \cdots, \boldsymbol{\xi}_n\}$ 是数域 F 上 n 维线性空间 V 的基.则可以验证,由

$$\mathscr{A}(\boldsymbol{\xi}_1, \boldsymbol{\xi}_2, \cdots, \boldsymbol{\xi}_n) = (\boldsymbol{\xi}_1, \boldsymbol{\xi}_2, \cdots, \boldsymbol{\xi}_n)\boldsymbol{A}$$

所确定的线性变换 $\mathscr{A}$ 是 m 次幂零的.由定理 2,存在 V 的基 $\{\boldsymbol{\beta}_1, \boldsymbol{\beta}_2, \cdots, \boldsymbol{\beta}_n\}$ 使得

$$\mathscr{A}(\boldsymbol{\beta}_1, \boldsymbol{\beta}_2, \cdots, \boldsymbol{\beta}_n) = (\boldsymbol{\beta}_1, \boldsymbol{\beta}_2, \cdots, \boldsymbol{\beta}_n)\mathrm{diag}(\boldsymbol{N}_{(m_1)}^{\mathrm{T}}, \boldsymbol{N}_{(m_2)}^{\mathrm{T}}, \cdots, \boldsymbol{N}_{(m_k)}^{\mathrm{T}}).$$

由于同一个线性变换在不同基下的方阵是相似的,所以定理 4 成立.

定理 5 设数域 F 上 n 阶幂零方阵 $\boldsymbol{A}$ 与 $\boldsymbol{B}$ 分别相似于下面的准对角方阵

$$\boldsymbol{J}_{\boldsymbol{A}} = \mathrm{diag}(\boldsymbol{N}_{(m_1)}^{\mathrm{T}}, \boldsymbol{N}_{(m_2)}^{\mathrm{T}}, \cdots, \boldsymbol{N}_{(m_k)}^{\mathrm{T}}),$$

$$\boldsymbol{J}_{\boldsymbol{B}} = \mathrm{diag}(\boldsymbol{N}_{(n_1)}^{\mathrm{T}}, \boldsymbol{N}_{(n_2)}^{\mathrm{T}}, \cdots, \boldsymbol{N}_{(n_l)}^{\mathrm{T}}),$$

其中 $m_1 \geqslant m_2 \geqslant \cdots \geqslant m_k$, $n_1 \geqslant n_2 \geqslant \cdots \geqslant n_l$.则方阵 $\boldsymbol{A}$ 与 $\boldsymbol{B}$ 相似的充分必要条件是 $\boldsymbol{J}_{\boldsymbol{A}} = \boldsymbol{J}_{\boldsymbol{B}}$.

证明 充分性是显然的.这里只证必要性.设 $\{\boldsymbol{\xi}_1, \boldsymbol{\xi}_2, \cdots, \boldsymbol{\xi}_n\}$ 是数域 F 上 n 维线性空间 V 的基,则由

$$\mathscr{A}(\boldsymbol{\xi}_1, \boldsymbol{\xi}_2, \cdots, \boldsymbol{\xi}_n) = (\boldsymbol{\xi}_1, \boldsymbol{\xi}_2, \cdots, \boldsymbol{\xi}_n)\boldsymbol{A}$$

所确定的线性变换 $\mathscr{A}$ 是幂零的.因为方阵 $\boldsymbol{A}$ 与 $\boldsymbol{B}$ 相似,所以 $\boldsymbol{B} = \boldsymbol{P}^{-1}\boldsymbol{A}\boldsymbol{P}$,其中 $\boldsymbol{P}$ 是数域 F 上 n 阶可逆方阵.记

$$(\boldsymbol{\beta}_1, \boldsymbol{\beta}_2, \cdots, \boldsymbol{\beta}_n) = (\boldsymbol{\xi}_1, \boldsymbol{\xi}_2, \cdots, \boldsymbol{\xi}_n)\boldsymbol{P},$$

则 $\{\boldsymbol{\beta}_1, \boldsymbol{\beta}_2, \cdots, \boldsymbol{\beta}_n\}$ 是 V 的基,而且

$$\mathscr{A}(\boldsymbol{\beta}_1, \boldsymbol{\beta}_2, \cdots, \boldsymbol{\beta}_n) = (\boldsymbol{\beta}_1, \boldsymbol{\beta}_2, \cdots, \boldsymbol{\beta}_n)\boldsymbol{B}.$$

由假设, $\boldsymbol{J}_{\boldsymbol{A}} = \boldsymbol{Q}^{-1}\boldsymbol{A}\boldsymbol{Q}$, $\boldsymbol{J}_{\boldsymbol{B}} = \boldsymbol{R}^{-1}\boldsymbol{B}\boldsymbol{R}$,其中 $\boldsymbol{Q}$ 与 $\boldsymbol{R}$ 是数域 F 上 n 阶可逆方阵.记

$$(\boldsymbol{\eta}_1, \boldsymbol{\eta}_2, \cdots, \boldsymbol{\eta}_n) = (\boldsymbol{\xi}_1, \boldsymbol{\xi}_2, \cdots, \boldsymbol{\xi}_n)\boldsymbol{Q},$$

$$(\boldsymbol{\zeta}_1, \boldsymbol{\zeta}_2, \cdots, \boldsymbol{\zeta}_n) = (\boldsymbol{\beta}_1, \boldsymbol{\beta}_2, \cdots, \boldsymbol{\beta}_n)\boldsymbol{R},$$

则

$$\mathscr{A}(\boldsymbol{\eta}_1, \boldsymbol{\eta}_2, \cdots, \boldsymbol{\eta}_n) = (\boldsymbol{\eta}_1, \boldsymbol{\eta}_2, \cdots, \boldsymbol{\eta}_n)\boldsymbol{J}_{\boldsymbol{A}},$$

$$\mathscr{A}(\boldsymbol{\zeta}_1, \boldsymbol{\zeta}_2, \cdots, \boldsymbol{\zeta}_n) = (\boldsymbol{\zeta}_1, \boldsymbol{\zeta}_2, \cdots, \boldsymbol{\zeta}_n)\boldsymbol{J}_{\boldsymbol{B}}.$$

记 V 中由基向量 $\boldsymbol{\eta}_{e_j+1}, \boldsymbol{\eta}_{e_j+2}, \cdots, \boldsymbol{\eta}_{e_j+m_j}$ 生成的子空间为 C_j,其中 $e_j = m_1 + m_2 + \cdots + m_{j-1}$, $j = 1, 2, \cdots, k$,且约定 $m_0 = 0$.显然 $\dim C_j = m_j$,而且可以证明, C_j 是由向量 $\boldsymbol{\eta}_{e_j+1}$ 生成的循环子空间.同样, V 中由基向量 $\boldsymbol{\zeta}_{f_j+1}, \boldsymbol{\zeta}_{f_j+2}, \cdots, \boldsymbol{\zeta}_{f_j+n_j}$ 生成的子空间 $\tilde{C}_j$ 是由向量 $\boldsymbol{\zeta}_{f_j+1}$ 生成的循环子空间,其中 $f_j = n_1 + n_2 + \cdots + n_{j-1}$, $j = 1$,

$2,\cdots,l$,且 $n_0=0$. 于是 $V=C_1\oplus C_2\oplus\cdots\oplus C_k=\widetilde{C}_1\oplus\widetilde{C}_2\oplus\cdots\oplus\widetilde{C}_l$. 由定理 3, $k=l$, 而且 $n_j=m_j$, $j=1,2,\cdots,l$. 这表明, $\boldsymbol{N}_{(n_j)}^{\mathrm{T}}=\boldsymbol{N}_{(m_j)}^{\mathrm{T}}$, $j=1,2,\cdots,k$, 所以 $\boldsymbol{J_A}=\boldsymbol{J_B}$. 定理 5 证毕.

定理 4 与定理 5 表明,对于 n 阶幂零方阵,方阵在相似下的标准形问题已经基本解决. 即对幂零方阵而言,可以用准对角方阵 $\boldsymbol{J}$ 作为相似等价类的代表元,而方阵 $\boldsymbol{J}$ 中准对角块的个数以及对角块的大小是幂零方阵在相似下的全系不变量. 留下的问题是,对给定的幂零方阵 $\boldsymbol{A}$,如何确定准对角方阵 $\boldsymbol{J}$ 中准对角块的个数以及对角块的大小. 这一问题留待下节解决.

习　题

1. 设 3 维复向量空间 $\mathbf{C}^3$ 的线性变换 $\mathscr{A}$ 在 $\mathbf{C}^3$ 的标准基下的方阵为

$$\boldsymbol{A}=\begin{pmatrix}1 & \mathrm{i} & 0\\ -1 & 2 & -\mathrm{i}\\ 0 & 1 & 1\end{pmatrix},$$

其中 $\mathrm{i}^2=-1$. 求向量 $\boldsymbol{\varepsilon}_1=(1,0,0)$ 与 $\boldsymbol{\alpha}=(1,0,\mathrm{i})$ 的最小多项式.

2. 设 $\mathscr{A}$ 是 n 维复线性空间 V 的 k 次幂零变换. 证明:由非零向量 $\boldsymbol{\alpha}_0\in V$ 生成的循环子空间 C_0 的维数不超过 k.

3. 证明:6 阶幂零方阵 $\boldsymbol{N}_1$ 与 $\boldsymbol{N}_2$ 相似的充分必要条件是,它们具有相同的秩和最小多项式.

4. 设 $\mathscr{A}$ 是 n 维复线性空间 V 的 k 次幂零变换,且 V 分解为循环子空间 $C_1,C_2,\cdots,C_k$ 的直和. $C_1,C_2,\cdots,C_k$ 中维数为 j 的子空间的个数记为 n_j, $j=1,2,\cdots,k$. 证明:

(1) $\dim(\mathrm{Im}(\mathscr{A}))=n_2+2n_3+\cdots+(k-1)n_k$;

(2) $n_j=\dim(\mathrm{Im}(\mathscr{A}^{j+1}))+\dim(\mathrm{Im}(\mathscr{A}^{j-1}))-2\dim(\mathrm{Im}(\mathscr{A}^{j}))$, $j=1,2,\cdots,k$;

(3) V 本身是非零向量 $\boldsymbol{\alpha}$ 生成的循环子空间的充分必要条件是, $\dim(\mathrm{Im}(\mathscr{A}^{j}))=n-j$, $j=1,2,\cdots,n$.

5. 设 $\mathscr{A}$ 是数域 $\boldsymbol{F}$ 上 n 维线性空间 V 的线性变换. 如果存在非零向量 $\boldsymbol{\alpha}_0\in V$,使得由向量 $\boldsymbol{\alpha}_0$ 生成的循环的子空间 $C_0=V$,则 $\mathscr{A}$ 称为**循环变换**,向量 $\boldsymbol{\alpha}_0$ 称为 $\mathscr{A}$ 的**循环向量**. 证明: $\mathscr{A}$ 为循环变换的充分必要条件是,存在 V 的基,使得 $\mathscr{A}$ 在这组基下的方阵为

$$\boldsymbol{A}=\begin{pmatrix}0 & 0 & \cdots & 0 & 0 & -a_0\\ 1 & 0 & \cdots & 0 & 0 & -a_1\\ & & \cdots\cdots & & & \\ 0 & 0 & \cdots & 1 & 0 & -a_{n-2}\\ 0 & 0 & \cdots & 0 & 1 & -a_{n-1}\end{pmatrix}.$$

由此证明, $\mathscr{A}$ 为循环变换的充分必要条件是, $\mathscr{A}$ 的最小多项式等于 $\mathscr{A}$ 的特征多项式. 注:形如

$\boldsymbol{A}$ 的方阵称为友方阵.

6. 设 $\mathscr{A}$ 是数域 F 上 2 维向量空间 F^2 的线性变换,非零向量 $\boldsymbol{\alpha}\in F^2$ 不是 $\mathscr{A}$ 的特征向量.证明:向量 $\boldsymbol{\alpha}$ 是 $\mathscr{A}$ 的循环向量.

7. 设 3 维实向量空间 $\mathbf{R}^3$ 的线性变换 $\mathscr{A}$ 在 $\mathbf{R}^3$ 的标准基下的方阵为 $\boldsymbol{A}=\begin{pmatrix}2 & & \\ & 2 & \\ & & -1\end{pmatrix}$.证明:$\mathscr{A}$ 不具有循环向量.求向量 $\boldsymbol{\alpha}=(1,-1,3)$ 生成的循环子空间.

8. 证明:如果数域 F 上 n 维线性空间 V 的线性变换 $\mathscr{A}$ 的二次幂 $\mathscr{A}^2$ 为循环变换,则 $\mathscr{A}$ 本身也是循环变换.反之是否成立?

9. 设数域 F 上 n 维线性空间 V 的线性变换 $\mathscr{A}$ 可对角化.证明:

(1) 如果 $\mathscr{A}$ 是循环变换,则 $\mathscr{A}$ 的 n 个特征值两两不同;

(2) 如果 $\mathscr{A}$ 的 n 个特征值两两不同,且 $\{\boldsymbol{\alpha}_1,\boldsymbol{\alpha}_2,\cdots,\boldsymbol{\alpha}_n\}$ 是 $\mathscr{A}$ 的完全特征向量组,则 $\boldsymbol{\alpha}_1+\boldsymbol{\alpha}_2+\cdots+\boldsymbol{\alpha}_n$ 是循环向量.

10. 设 $\mathscr{A}$ 与 $\mathscr{B}$ 是数域 F 上 n 维线性空间 V 的可交换的线性变换,且 $\mathscr{A}$ 是循环变换.证明:存在多项式 $f(\lambda)\in F[\lambda]$,使得 $\mathscr{B}=f(\mathscr{A})$.

11. 设 $\mathscr{A}$ 是数域 F 上 n 维线性空间 V 的线性变换,而且 V 的任意一个与 $\mathscr{A}$ 可交换的线性变换 $\mathscr{B}$ 都可表为 $\mathscr{A}$ 的多项式.证明:$\mathscr{A}$ 是循环变换.

12. 设 $\mathscr{A}$ 是数域 F 上 n 维线性空间 V 的线性变换.证明:V 的每个非零向量都是 $\mathscr{A}$ 的循环向量的充分必要条件为,$\mathscr{A}$ 的特征多项式 $\varphi(\lambda)$ 在 F 上不可约.

6.3 Jordan 标准形的概念

设 V 是 n 维复线性空间,$\mathscr{A}: V\to V$ 是线性变换,$\lambda_1,\lambda_2,\cdots,\lambda_t$ 是 $\mathscr{A}$ 的全部不同特征值,且 $\mathscr{A}$ 的特征多项式为

$$\varphi(\lambda)=(\lambda-\lambda_1)^{e_1}(\lambda-\lambda_2)^{e_2}\cdots(\lambda-\lambda_t)^{e_t},$$

其中 $e_1,e_2,\cdots,e_t$ 是正整数,且 $e_1+e_2+\cdots+e_t=n$.

定理 1(空间第二分解定理) 设 W_{λ_j} 是线性变换 $\mathscr{A}: V\to V$ 的属于特征值 λ_j 的根子空间.则

$$W_{\lambda_j}=C_{j1}\oplus C_{j2}\oplus\cdots\oplus C_{jk_j},$$

其中 C_{jl} 是相对 $(\mathscr{A}-\lambda_j\mathscr{I})|_{W_{\lambda_j}}$ 的循环子空间,$l=1,2,\cdots,k_j$,$j=1,2,\cdots,t$.简言之,$\mathscr{A}$ 的每个根子空间 W_{λ_j} 都可分解为循环子空间的直和.

证明 由6.1节可知,存在正整数 m_j,使得

$$W_{\lambda_j} = W_{\lambda_j}^{(m_j)} = \{\boldsymbol{\alpha} \in V:(\mathscr{A} - \lambda_j\mathscr{I})^{m_j}(\boldsymbol{\alpha}) = \mathbf{0}\},$$

并且存在 $\boldsymbol{\xi} \in W_{\lambda_j}$,使得 $(\mathscr{A}-\lambda_j\mathscr{I})^{m_j-1}(\boldsymbol{\xi}) \neq 0$. 这表明,$\mathscr{A}-\lambda_i\mathscr{I}$ 在 W_{λ_j} 上的限制 $(\mathscr{A}-\lambda_j\mathscr{I})|_{W_{\lambda_j}}$ 是 m_j 次幂零的. 由6.2节定理2可知,存在非零向量 $\boldsymbol{\xi}_{j1},\boldsymbol{\xi}_{j2},\cdots,\boldsymbol{\xi}_{jk_j} \in W_{\lambda_j}$,它们生成的相对于 $(\mathscr{A}-\lambda_j\mathscr{I})|_{W_{\lambda_j}}$ 的循环子空间依次为 $C_{j1},C_{j2},\cdots,C_{jk_j}$,使得 $W_{\lambda_j} = C_{j1}\oplus C_{j2}\oplus\cdots\oplus C_{jk_j}$. 这就证明了定理1.

在定理1的证明中已经指出,$(\mathscr{A}-\lambda_j\mathscr{I})|_{W_{\lambda_j}}$ 是 m_j 次幂零的. 因此,$(\mathscr{A}-\lambda_j\mathscr{I})|_{C_{jl}}$ 也是幂零的. 设 $\dim C_{jl} = m_{jl}, l=1,2,\cdots,k_j$. 由6.2节定理2,可设 $m_j = m_{j1} \geqslant m_{j2} \geqslant \cdots \geqslant m_{jk_j}$. 由6.2节定理1可知,$(\lambda-\lambda_j)^{m_{jl}}$ 是 $\mathscr{A}|_{C_{jl}}$ 的特征多项式与最小多项式,$l=1,2,\cdots,k_j, j=1,2,\cdots,t$. 由6.2节定理3,根子空间 W_{λ_j} 在分解为循环子空间的直和时循环子空间的个数 k_j 与循环子空间的维数 $m_{j1},m_{j2},\cdots,m_{jk_j}$ 由 $(\mathscr{A}-\lambda_j\mathscr{I})|_{W_{\lambda_j}}$ 所唯一确定的,也即由 $\mathscr{A}|_{W_{\lambda_j}}$ 所唯一确定. 因此,$(\lambda-\lambda_j)^{m_{jl}}$ 称为 $\mathscr{A}$ 的属于特征值 λ_j 的一个**初等因子**,而 C_{jl} 称为相应于初等因子 $(\lambda-\lambda_j)^{m_{jl}}$ 的循环子空间. $\mathscr{A}$ 的初等因子的全体称为 $\mathscr{A}$ 的**初等因子组**.

由于 C_{jl} 是相应于初等因子 $(\lambda-\lambda_j)^{m_{jl}}$ 的循环子空间,而 C_{jl} 具有基 $\{\boldsymbol{\alpha}_{jl},(\mathscr{A}-\lambda_j\mathscr{I})(\boldsymbol{\alpha}_{jl}),(\mathscr{A}-\lambda_j\mathscr{I})^2(\boldsymbol{\alpha}_{jl}),\cdots,(\mathscr{A}-\lambda_j\mathscr{I})^{m_{jl}-1}(\boldsymbol{\alpha}_{jl})\}$,所以 $(\mathscr{A}-\lambda_j\mathscr{I})|_{C_{jl}}$ 在这组基下的方阵为

$$\begin{aligned}&(\mathscr{A}-\lambda_j\mathscr{I})|_{C_{jl}}(\boldsymbol{\alpha}_{jl},(\mathscr{A}-\lambda_j\mathscr{I})(\boldsymbol{\alpha}_{jl}),\cdots,(\mathscr{A}-\lambda_j\mathscr{I})^{m_{jl}-1}(\boldsymbol{\alpha}_{jl}))\\&= (\boldsymbol{\alpha}_{jl},(\mathscr{A}-\lambda_j\mathscr{I})(\boldsymbol{\alpha}_{jl}),\cdots,(\mathscr{A}-\lambda_j\mathscr{I})^{m_{jl}-1}(\boldsymbol{\alpha}_{jl}))\boldsymbol{N}^{\mathrm{T}}_{(m_{jl})}.\end{aligned}$$

由于 $(\mathscr{A}-\lambda_j\mathscr{I})|_{C_{jl}} = \mathscr{A}|_{C_{jl}} - \lambda_j\mathscr{I}|_{C_{jl}}$,且

$$\lambda_j\mathscr{I}|_{C_{jl}}(\boldsymbol{\alpha}) = \lambda_j\boldsymbol{\alpha}, \quad \boldsymbol{\alpha} \in C_{jl},$$

所以

$$\begin{aligned}&\mathscr{A}|_{C_{jl}}(\boldsymbol{\alpha}_{jl},(\mathscr{A}-\lambda_j\mathscr{I})(\boldsymbol{\alpha}_{jl}),\cdots,(\mathscr{A}-\lambda_j\mathscr{I})^{m_{jl}-1}(\boldsymbol{\alpha}_{jl}))\\&= (\boldsymbol{\alpha}_{jl},(\mathscr{A}-\lambda_j\mathscr{I})(\boldsymbol{\alpha}_{jl}),\cdots,(\mathscr{A}-\lambda_j\mathscr{I})^{m_{jl}-1}(\boldsymbol{\alpha}_{jl}))(\lambda_j\boldsymbol{I}_{(m_{jl})} + \boldsymbol{N}^{\mathrm{T}}_{(m_{jl})}).\end{aligned}$$

记 $\boldsymbol{J}_{(m_{jl})}(\lambda_j) = \lambda_j\boldsymbol{I}_{(m_{jl})} + \boldsymbol{N}^{\mathrm{T}}_{(m_{jl})}$,它称为属于初等因子 $(\lambda-\lambda_j)^{m_{jl}}$ 的 Jordan 块. 容易验证,属于初等因子 $(\lambda-\lambda_j)^{m_{jl}}$ 的 Jordan 块 $\boldsymbol{J}_{(m_{jl})}$ 的最小多项式与特征多项式等于 $(\lambda-\lambda_j)^{m_{jl}}$.

设 $(\lambda-\lambda_j)^{m_{j1}},(\lambda-\lambda_j)^{m_{j2}},\cdots,(\lambda-\lambda_j)^{m_{jk_j}}$ 是 $\mathscr{A}$ 属于特征值 λ_j 的全部初等因子,其中 $m_{j1} \geqslant m_{j2} \geqslant \cdots \geqslant m_{jk_j}$,它们所相应的循环子空间依次为 $C_{j1},C_{j2},\cdots,C_{jk_j}$,则由定理1,$\mathscr{A}$ 的属于特征值 λ_j 的根子空间 $W_{\lambda_j} = C_{j1}\oplus C_{j2}\oplus\cdots\oplus C_{jk_l}$. 因此这些 C_{jl} 的基

$$\{\boldsymbol{\alpha}_{jl}, (\mathscr{A} - \lambda_j \mathscr{I})(\boldsymbol{\alpha}_{jl}), \cdots, (\mathscr{A} - \lambda_j \mathscr{I})^{m_{jl}-1}(\boldsymbol{\alpha}_{jl})\}$$

合并后便得到根子空间 W_{λ_j} 的基,而且

$$\mathscr{A}|_{W_{\lambda_j}} = \mathscr{A}|_{C_{j1}} \oplus \mathscr{A}|_{C_{j2}} \oplus \cdots \oplus \mathscr{A}|_{C_{jk_j}}.$$

所以 $\mathscr{A}|_{W_{\lambda_j}}$ 在 W_{λ_j} 的这组基下的方阵为

$$\mathrm{diag}(\boldsymbol{J}_{(m_{j1})}(\lambda_j), \boldsymbol{J}_{(m_{j2})}(\lambda_j), \cdots, \boldsymbol{J}_{(m_{jk_j})}(\lambda_j)).$$

由此不难得到:

定理 2　设 $\lambda_1, \lambda_2, \cdots, \lambda_t$ 是线性变换 $\mathscr{A}: V \to V$ 的全部不同特征值,且

$$\begin{cases} (\lambda - \lambda_1)^{m_{11}}, \ (\lambda - \lambda_1)^{m_{12}}, \ \cdots, \ (\lambda - \lambda_1)^{m_{1k_1}}, \\ (\lambda - \lambda_2)^{m_{21}}, \ (\lambda - \lambda_2)^{m_{22}}, \ \cdots, \ (\lambda - \lambda_2)^{m_{2k_2}}, \\ \quad\cdots\cdots\cdots\cdots \\ (\lambda - \lambda_t)^{m_{t1}}, \ (\lambda - \lambda_t)^{m_{t2}}, \ \cdots, \ (\lambda - \lambda_t)^{m_{tk_t}} \end{cases} \tag{6.3.1}$$

是线性变换 $\mathscr{A}$ 的初等因子组,其中 $m_{j1} \geqslant m_{j2} \geqslant \cdots \geqslant m_{jk_j}$, $j = 1,2,\cdots,t$. 设 C_{jl} 是相应于 $(\lambda - \lambda_j)^{m_{jl}}$ 的由向量 $\boldsymbol{\alpha}_{jl}$ 生成的(相对于 $(\mathscr{A} - \lambda_j \mathscr{I})|_{C_{jl}}$ 的)循环子空间, $l = 1, 2, \cdots, k_j$, $j = 1,2,\cdots,t$,则

(1) $V = C_{11} \oplus C_{12} \oplus \cdots \oplus C_{1k_1} \oplus C_{21} \oplus \cdots \oplus C_{t1} \oplus C_{t2} \oplus \cdots \oplus C_{tk_t}$;

(2) 存在 V 的基,使得线性变换 $\mathscr{A}$ 在这组基下的方阵为

$$\boldsymbol{J} = \mathrm{diag}(\boldsymbol{J}_{(m_{11})}(\lambda_1), \boldsymbol{J}_{(m_{12})}(\lambda_1), \cdots, \boldsymbol{J}_{(m_{1k_1})}(\lambda_1), \cdots,$$
$$\boldsymbol{J}_{(m_{t1})}(\lambda_t), \cdots, \boldsymbol{J}_{(m_{tk_t})}(\lambda_t));$$

(3) 线性变换 $\mathscr{A}$ 的特征多项式 $\varphi(\lambda)$ 等于 $\mathscr{A}$ 的所有初等因子的乘积;

(4) 线性变换 $\mathscr{A}$ 的最小多项式 $d(\lambda)$ 为

$$d(\lambda) = (\lambda - \lambda_1)^{m_{11}} (\lambda - \lambda_2)^{m_{21}} \cdots (\lambda - \lambda_t)^{m_{t1}}.$$

证明　由于 $(\lambda - \lambda_j)^{m_{j1}}, (\lambda - \lambda_j)^{m_{j2}}, \cdots, (\lambda - \lambda_j)^{m_{jk_j}}$ 是线性变换 $\mathscr{A}$ 的属于特征值 λ_j 的全部初等因子, $C_{j1}, C_{j2}, \cdots, C_{jk_j}$ 是相应于 $(\lambda - \lambda_j)^{m_{j1}}, (\lambda - \lambda_j)^{m_{j2}}, \cdots, (\lambda - \lambda_j)^{m_{jk_j}}$ 的循环子空间,所以由定理 1,线性变换 $\mathscr{A}$ 的属于特征值 λ_j 的根子空间为

$$W_{\lambda_j} = C_{j1} \oplus C_{j2} \oplus \cdots \oplus C_{jk_j}, \quad j = 1,2,\cdots,t.$$

由 6.1 节定理 3, $V = W_{\lambda_1} \oplus W_{\lambda_2} \oplus \cdots \oplus W_{\lambda_t}$. 于是

$$V = C_{11} \oplus C_{12} \oplus \cdots \oplus C_{1k_1} \oplus \cdots \oplus C_{t1} \oplus C_{t2} \oplus \cdots \oplus C_{tk_t}.$$

结论(1)成立.

由于 C_{jl} 是由向量 $\boldsymbol{\alpha}_{jl}$ 生成的循环子空间,所以

$$\{\boldsymbol{\alpha}_{jl}, (\mathscr{A} - \lambda_j \mathscr{I})(\boldsymbol{\alpha}_{jl}), \cdots, (\mathscr{A} - \lambda_j \mathscr{I})^{m_{jl}-1}(\boldsymbol{\alpha}_{jl})\}$$

是 C_{jl} 的基，$l=1,2,\cdots,k_j$，$j=1,2,\cdots,t$. 由结论(1)，将所有这些循环子空间 C_{jl} 的基合并，即得 V 的一组基，而且

$$\mathscr{A}=\mathscr{A}|_{C_{11}}\oplus\mathscr{A}|_{C_{12}}\oplus\cdots\oplus\mathscr{A}|_{C_{1k_1}}\oplus\cdots$$
$$\oplus\mathscr{A}|_{C_{t1}}\oplus\mathscr{A}|_{C_{t2}}\oplus\cdots\oplus\mathscr{A}|_{C_{tk_t}}.$$

由于 $\mathscr{A}|_{C_{jl}}$ 在基$\{\boldsymbol{\alpha}_{jl},(\mathscr{A}-\lambda_j\mathscr{I})(\boldsymbol{\alpha}_{jl}),\cdots,(\mathscr{A}-\lambda_j\mathscr{I})^{m_{jl}-1}(\boldsymbol{\alpha}_{jl})\}$下的方阵为 Jordan 块 $\boldsymbol{J}_{(m_{jl})}(\lambda_j)$，所以线性变换 $\mathscr{A}$ 在 V 所取的基下的方阵即为 $\boldsymbol{J}$. 这就证明了结论(2).

由于线性变换 $\mathscr{A}$ 的特征多项式 $\varphi(\lambda)$ 等于 $\mathscr{A}$ 在 V 的基下的方阵 $\boldsymbol{J}$ 的特征多项式，而准对角方阵 $\boldsymbol{J}$ 的特征多项式显然等于所有对角块 $\boldsymbol{J}_{(m_{jl})}$ 的特征多项式 $(\lambda-\lambda_j)^{m_{jl}}$ 的乘积，所以结论(3)成立.

对于同一个 j，将所有 C_{jl} 的基$\{\boldsymbol{\alpha}_{jl},(\mathscr{A}-\lambda_j\mathscr{I})(\boldsymbol{\alpha}_{jl}),\cdots,(\mathscr{A}-\lambda_j\mathscr{I})^{m_{jl}-1}(\boldsymbol{\alpha}_{jl})\}$ 合并，即得根子空间 W_{λ_j} 的基. $\mathscr{A}|_{W_{\lambda_j}}$ 在 W_{λ_j} 的这组基下的方阵为

$$\operatorname{diag}(\boldsymbol{J}_{(m_{j1})}(\lambda_j),\boldsymbol{J}_{(m_{j2})}(\lambda_j),\cdots,\boldsymbol{J}_{(m_{jk_j})}(\lambda_j)).$$

由于线性变换 $\mathscr{A}|_{W_{\lambda_j}}$ 的最小多项式等于它在基下的方阵的最小多项式，所以 $\mathscr{A}|_{W_{\lambda_j}}$ 的最小多项式为 $(\lambda-\lambda_j)^{m_{j1}}$. 由于 $\mathscr{A}=\mathscr{A}|_{W_{\lambda_1}}\oplus\mathscr{A}|_{W_{\lambda_2}}\oplus\cdots\oplus\mathscr{A}|_{W_{\lambda_t}}$，$\lambda_1,\lambda_2,\cdots,\lambda_t$ 两两不同，所以线性变换 $\mathscr{A}$ 的最小多项式等于 $\mathscr{A}|_{W_{\lambda_1}},\mathscr{A}|_{W_{\lambda_2}},\cdots,\mathscr{A}|_{W_{\lambda_t}}$ 的最小多项式的乘积. 于是结论(4)成立.

定理 2 结论(1)可以简述为，对于给定的线性变换 $\mathscr{A}: V\to V$，线性空间 V 可以分解为(相对 $\mathscr{A}-\lambda_1\mathscr{I},\mathscr{A}-\lambda_2\mathscr{I},\cdots,\mathscr{A}-\lambda_t\mathscr{I}$ 的)循环子空间的直和. 结论(2)中的方阵 J 称为 Jordan 方阵，或 Jordan **标准形**. 因此结论(2)可叙述为，对给定的线性变换 $\mathscr{A}$，存在 V 的基，使得 $\mathscr{A}$ 在这组基下的方阵为 Jordan 标准形.

设 $\mathscr{A}$ 与 $\mathscr{B}$ 是 n 维复线性空间 V 的线性变换. 如果存在可逆线性变换 $\mathscr{P}: V\to V$，使得 $\mathscr{B}=\mathscr{P}^{-1}\mathscr{A}\mathscr{P}$，则称线性变换 $\mathscr{A}$ 与 $\mathscr{B}$ 是等价的，记作 $\mathscr{B}\sim\mathscr{A}$. 容易验证，线性空间 V 的线性变换之间的关系～满足自反性、对称性与传递性. 于是关系～是 V 的线性变换之间的一种等价关系.

定理 3 线性空间 V 的线性变换 $\mathscr{A}$ 和 $\mathscr{B}$ 等价的充分必要条件是，$\mathscr{A}$ 和 $\mathscr{B}$ 具有相同的初等因子组

证明 必要性 设线性变换 $\mathscr{A}$ 的初等因子组为式(6.3.1)，则由定理 2，

$$V=C_{11}\oplus C_{12}\oplus\cdots\oplus C_{1k_1}\oplus\cdots\oplus C_{t1}\oplus C_{t2}\oplus\cdots\oplus C_{tk_t},$$

其中 C_{jl} 是相应于初等因子 $(\lambda-\lambda_j)^{m_{jl}}$ 的循环子空间. 设$\{\boldsymbol{\alpha}_{jl},(\mathscr{A}-\lambda_j\mathscr{I})(\boldsymbol{\alpha}_{jl}),\cdots,(\mathscr{A}-\lambda_j\mathscr{I})^{m_{jl}-1}(\boldsymbol{\alpha}_{jl})\}$是 C_{jl} 的基. 因为线性变换 $\mathscr{A}$ 与 $\mathscr{B}$ 等价，所以存在可逆线性变换 $\mathscr{P}$，使得 $\mathscr{B}=\mathscr{P}^{-1}\mathscr{A}\mathscr{P}$. 记 $\widetilde{C}_{jl}=\mathscr{P}^{-1}(C_{jl})$. 由于 $\mathscr{P}$ 可逆，故 $\mathscr{P}^{-1}$ 可逆，因此 $\dim\widetilde{C}_{jl}=$

$\dim C_{jl}=m_{jl}$，而且$\{\mathscr{P}^{-1}(\boldsymbol{\alpha}_{jl}),\mathscr{P}^{-1}(\mathscr{A}-\lambda_j\mathscr{I})(\boldsymbol{\alpha}_{jl}),\cdots,\mathscr{P}^{-1}(\mathscr{A}-\lambda_j\mathscr{I})^{m_{jl}-1}(\boldsymbol{\alpha}_{jl})\}$是$\widetilde{C}_{jl}$的基.因为$\mathscr{P}^{-1}(\mathscr{A}-\lambda_j\mathscr{I})^i(\boldsymbol{\alpha}_{jl})=\mathscr{P}^{-1}(\mathscr{A}-\lambda_j\mathscr{I})^i\mathscr{P}(\mathscr{P}^{-1}(\boldsymbol{\alpha}_{jl}))=(\mathscr{P}^{-1}(\mathscr{A}-\lambda_j\mathscr{I})\mathscr{P})^i(\mathscr{P}^{-1}(\boldsymbol{\alpha}_{jl}))=(\mathscr{B}-\lambda_j\mathscr{I})^i(\mathscr{P}^{-1}(\boldsymbol{\alpha}_{jl}))$，所以$\widetilde{C}_{jl}$是由向量$\mathscr{P}^{-1}(\boldsymbol{\alpha}_{jl})$生成的循环子空间，而且$(\lambda-\lambda_j)^{m_{jl}}$是线性变换$\mathscr{B}$的初等因子，$l=1,2,\cdots,k_j$，$j=1,2,\cdots,t$，这就证明，线性变换$\mathscr{A}$与$\mathscr{B}$具有相同的初等因子组.

充分性　设线性变换$\mathscr{A}$与$\mathscr{B}$的初因子组都是(6.3.1).则由定理 2，

$$\begin{aligned}V&=C_{11}\oplus C_{12}\oplus\cdots\oplus C_{1k_1}\oplus\cdots\oplus C_{t1}\oplus C_{t2}\oplus\cdots\oplus C_{tk_t}\\&=\widetilde{C}_{11}\oplus\widetilde{C}_{12}\oplus\cdots\oplus\widetilde{C}_{1k_1}\oplus\cdots\oplus\widetilde{C}_{t1}\oplus\widetilde{C}_{t2}\oplus\cdots\oplus\widetilde{C}_{tk_t},\end{aligned}$$

其中C_{jl}与$\widetilde{C}_{jl}$分别是线性变换$\mathscr{A}$与$\mathscr{B}$的属于初等因子$(\lambda-\lambda_j)^{m_{jl}}$的循环子空间，$l=1,2,\cdots,k_j$，$j=1,2,\cdots,t$.设$C_{jl}$与$\widetilde{C}_{jl}$分别具有基

$$\{\boldsymbol{\alpha}_{jl},(\mathscr{A}-\lambda_j\mathscr{I})(\boldsymbol{\alpha}_{jl}),\cdots,(\mathscr{A}-\lambda_j\mathscr{I})^{m_{jl}-1}(\boldsymbol{\alpha}_{jl})\}$$

与

$$\{\widetilde{\boldsymbol{\alpha}}_{jl},(\mathscr{B}-\lambda_j\mathscr{I})(\widetilde{\boldsymbol{\alpha}}_{jl}),\cdots,(\mathscr{B}-\lambda_j\mathscr{I})^{m_{jl}-1}(\widetilde{\boldsymbol{\alpha}}_{jl})\}.$$

依次将

$$C_{11},\ C_{12},\ \cdots,\ C_{1k_1},\ \cdots,\ C_{t1},\ C_{t2},\ \cdots,\ C_{tk_t}$$

的基合并后得到的V的基记为$\{\boldsymbol{\beta}_1,\boldsymbol{\beta}_2,\cdots,\boldsymbol{\beta}_n\}$，而依次将$\widetilde{C}_{11},\widetilde{C}_{12},\cdots,\widetilde{C}_{1k_1},\cdots,\widetilde{C}_{t1},\widetilde{C}_{t2},\cdots,\widetilde{C}_{tk_t}$的基合并后得到的$V$的基记为$\{\boldsymbol{\gamma}_1,\boldsymbol{\gamma}_2,\cdots,\boldsymbol{\gamma}_n\}$.记

$$(\boldsymbol{\beta}_1,\boldsymbol{\beta}_2,\cdots,\boldsymbol{\beta}_n)=(\boldsymbol{\gamma}_1,\boldsymbol{\gamma}_2,\cdots,\boldsymbol{\gamma}_n)\boldsymbol{P},$$

其中$\boldsymbol{P}$是n阶可逆复方阵.由

$$\mathscr{P}(\boldsymbol{\gamma}_1,\boldsymbol{\gamma}_2,\cdots,\boldsymbol{\gamma}_n)=(\boldsymbol{\gamma}_1,\boldsymbol{\gamma}_2,\cdots,\boldsymbol{\gamma}_n)\boldsymbol{P}$$

所确定的线性变换$\mathscr{P}$显然可逆，并且

$$\mathscr{P}(\boldsymbol{\gamma}_1,\boldsymbol{\gamma}_2,\cdots,\boldsymbol{\gamma}_n)=(\boldsymbol{\beta}_1,\boldsymbol{\beta}_2,\cdots,\boldsymbol{\beta}_n).$$

由定理 2，

$$\begin{aligned}\mathscr{A}\mathscr{P}(\boldsymbol{\gamma}_1,\boldsymbol{\gamma}_2,\cdots,\boldsymbol{\gamma}_n)&=\mathscr{A}(\boldsymbol{\beta}_1,\boldsymbol{\beta}_2,\cdots,\boldsymbol{\beta}_n)\\&=(\boldsymbol{\beta}_1,\boldsymbol{\beta}_2,\cdots,\boldsymbol{\beta}_n)\boldsymbol{J}\\&=(\boldsymbol{\gamma}_1,\boldsymbol{\gamma}_2,\cdots,\boldsymbol{\gamma}_n)\boldsymbol{PJ},\\\mathscr{P}\mathscr{B}(\boldsymbol{\gamma}_1,\boldsymbol{\gamma}_2,\cdots,\boldsymbol{\gamma}_n)&=\mathscr{P}(\boldsymbol{\gamma}_1,\boldsymbol{\gamma}_2,\cdots,\boldsymbol{\gamma}_n)\boldsymbol{J}\\&=(\boldsymbol{\gamma}_1,\boldsymbol{\gamma}_2,\cdots,\boldsymbol{\gamma}_n)\boldsymbol{PJ},\end{aligned}$$

其中$\boldsymbol{J}=\mathrm{diag}(\boldsymbol{J}_{(m_{11})}(\lambda_1),\cdots,\boldsymbol{J}_{(m_{1k_1})}(\lambda_1),\cdots,\boldsymbol{J}_{(m_{t1})}(\lambda_t),\cdots,\boldsymbol{J}_{(m_{tk_t})}(\lambda_t))$.于是$\mathscr{P}\mathscr{B}=\mathscr{A}\mathscr{P}$.所以$\mathscr{B}=\mathscr{P}^{-1}\mathscr{A}\mathscr{P}$.这就证明，线性变换$\mathscr{A}$与$\mathscr{B}$是等价的.定理 3 证毕.

现在转到n阶复方阵在相似下的标准形.先给出下面的定义.

定义 1 设 A 是 n 阶复方阵，$\{\boldsymbol{\alpha}_1,\boldsymbol{\alpha}_2,\cdots,\boldsymbol{\alpha}_n\}$ 是 n 维复线性空间 V 的基. 由

$$\mathscr{A}(\boldsymbol{\alpha}_1,\boldsymbol{\alpha}_2,\cdots,\boldsymbol{\alpha}_n)=(\boldsymbol{\alpha}_1,\boldsymbol{\alpha}_2,\cdots,\boldsymbol{\alpha}_n)\boldsymbol{A}$$

所确定的线性变换 $\mathscr{A}: V\to V$ 的初等因子组称为**方阵 $\boldsymbol{A}$ 的初等因子组**. 方阵 $\boldsymbol{A}$ 的初等因子组中的元素 $(\lambda-\lambda_j)^{m_{jl}}$ 称为方阵 $\boldsymbol{A}$ 的属于特征值 λ_j 的**初等因子**.

应当指出，方阵的初等因子的定义既和线性空间 V 本身无关，也和线性空间 V 的基的选取无关，也就是说，方阵 $\boldsymbol{A}$ 的初等因子是其本身所具有的特性. 事实上，设 $\{\boldsymbol{\alpha}_1,\boldsymbol{\alpha}_2,\cdots,\boldsymbol{\alpha}_n\}$ 与 $\{\boldsymbol{\beta}_1,\boldsymbol{\beta}_2,\cdots,\boldsymbol{\beta}_n\}$ 分别是同一个 n 维复线性空间 V 的基，方阵 $\boldsymbol{A}$ 由这两组基所确定的线性变换分别记为 $\mathscr{A}$ 与 $\mathscr{B}$，即

$$\mathscr{A}(\boldsymbol{\alpha}_1,\boldsymbol{\alpha}_2,\cdots,\boldsymbol{\alpha}_n)=(\boldsymbol{\alpha}_1,\boldsymbol{\alpha}_2,\cdots,\boldsymbol{\alpha}_n)\boldsymbol{A},$$
$$\mathscr{B}(\boldsymbol{\beta}_1,\boldsymbol{\beta}_2,\cdots,\boldsymbol{\beta}_n)=(\boldsymbol{\beta}_1,\boldsymbol{\beta}_2,\cdots,\boldsymbol{\beta}_n)\boldsymbol{A}.$$

由于

$$(\boldsymbol{\beta}_1,\boldsymbol{\beta}_2,\cdots,\boldsymbol{\beta}_n)=(\boldsymbol{\alpha}_1,\boldsymbol{\alpha}_2,\cdots,\boldsymbol{\alpha}_n)\boldsymbol{P},$$

其中 $\boldsymbol{P}$ 是 n 阶可逆复方阵，所以由

$$\mathscr{P}(\boldsymbol{\alpha}_1,\boldsymbol{\alpha}_2,\cdots,\boldsymbol{\alpha}_n)=(\boldsymbol{\alpha}_1,\boldsymbol{\alpha}_2,\cdots,\boldsymbol{\alpha}_n)\boldsymbol{P}=(\boldsymbol{\beta}_1,\boldsymbol{\beta}_2,\cdots,\boldsymbol{\beta}_n)$$

所确定的线性变换 $\mathscr{P}$ 可逆，并且

$$\begin{aligned}\mathscr{P}^{-1}\mathscr{B}\mathscr{P}(\boldsymbol{\alpha}_1,\boldsymbol{\alpha}_2,\cdots,\boldsymbol{\alpha}_n)&=\mathscr{P}^{-1}\mathscr{B}(\boldsymbol{\beta}_1,\boldsymbol{\beta}_2,\cdots,\boldsymbol{\beta}_n)\\&=\mathscr{P}^{-1}(\boldsymbol{\beta}_1,\boldsymbol{\beta}_2,\cdots,\boldsymbol{\beta}_n)\boldsymbol{A}\\&=\mathscr{P}^{-1}(\boldsymbol{\beta}_1,\boldsymbol{\beta}_2,\cdots,\boldsymbol{\beta}_n)\boldsymbol{A}\\&=(\boldsymbol{\alpha}_1,\boldsymbol{\alpha}_2,\cdots,\boldsymbol{\alpha}_n)\boldsymbol{A}.\end{aligned}$$

因此 $\mathscr{P}^{-1}\mathscr{B}\mathscr{P}=\mathscr{A}$. 这表明，线性变换 $\mathscr{A}$ 与 $\mathscr{B}$ 是等价的. 由定理 3，线性变换 $\mathscr{A}$ 与 $\mathscr{B}$ 具有相同的初等因子组，即方阵 $\mathscr{A}$ 的初等因子的定义与线性空间 V 的基的选取无关. 其次，设 V 与 $\widetilde{V}$ 都是 n 维复线性空间，$\{\boldsymbol{\alpha}_1,\boldsymbol{\alpha}_2,\cdots,\boldsymbol{\alpha}_n\}$ 与 $\{\widetilde{\boldsymbol{\alpha}}_1,\widetilde{\boldsymbol{\alpha}}_2,\cdots,\widetilde{\boldsymbol{\alpha}}_n\}$ 分别是 V 与 $\widetilde{V}$ 的基，设 $\mathscr{A}$ 与 $\widetilde{\mathscr{A}}$ 的分别是方阵 $\boldsymbol{A}$ 在线性空间 V 与 $\widetilde{V}$ 中由所取定的基确定的线性变换，即

$$\mathscr{A}(\boldsymbol{\alpha}_1,\boldsymbol{\alpha}_2,\cdots,\boldsymbol{\alpha}_n)=(\boldsymbol{\alpha}_1,\boldsymbol{\alpha}_2,\cdots,\boldsymbol{\alpha}_n)\boldsymbol{A},$$
$$\widetilde{\mathscr{A}}(\widetilde{\boldsymbol{\alpha}}_1,\widetilde{\boldsymbol{\alpha}}_2,\cdots,\widetilde{\boldsymbol{\alpha}}_n)=(\widetilde{\boldsymbol{\alpha}}_1,\widetilde{\boldsymbol{\alpha}}_2,\cdots,\widetilde{\boldsymbol{\alpha}}_n)\boldsymbol{A}.$$

设线性变换 $\mathscr{A}: V\to V$ 的初等因子组为式(6.3.1)，则由定理 2，

$$V=C_{11}\oplus C_{12}\oplus\cdots\oplus C_{1k_1}\oplus\cdots\oplus C_{t1}\oplus C_{t2}\oplus\cdots\oplus C_{tk_t},$$

其中 C_{jl} 是属于初等因子 $(\lambda-\lambda_j)^{m_{jl}}$ 的循环子空间，而且 C_{jl} 具有基

$$\{\boldsymbol{\alpha}_{jl},(\mathscr{A}-\lambda_j\mathscr{I})(\boldsymbol{\alpha}_{jl}),\cdots,(\mathscr{A}-\lambda_j\mathscr{I})^{m_{jl}-1}(\boldsymbol{\alpha}_{jl})\},l=1,2,\cdots,k_j,j=1,2,\cdots,t.$$

定义 V 到 $\widetilde{V}$ 的映射 σ 如下：设 $\boldsymbol{\alpha}=a_1\boldsymbol{\alpha}_1+a_2\boldsymbol{\alpha}_2+\cdots+a_n\boldsymbol{\alpha}_n\in V$，则令 $\sigma(\boldsymbol{\alpha})=a_1\widetilde{\boldsymbol{\alpha}}_1+a_2\widetilde{\boldsymbol{\alpha}}_2+\cdots+a_n\widetilde{\boldsymbol{\alpha}}_n\in\widetilde{V}$. 容易证明，$\sigma$ 是 V 到 $\widetilde{V}$ 上的同构映射，而且对任意 $\boldsymbol{\alpha}\in V$，$\sigma(\mathscr{A}(\boldsymbol{\alpha}))=\widetilde{\mathscr{A}}(\sigma(\boldsymbol{\alpha}))$. 记 $\sigma(C_{jl})=\widetilde{C}_{jl}$. 因为 $\sigma: V\to\widetilde{V}$ 为同构映射，所以 $\dim\widetilde{C}_{jl}=\dim C_{jl}$，而且 $\{\sigma(\boldsymbol{\alpha}_{jl}),(\widetilde{\mathscr{A}}-\lambda_j\widetilde{\mathscr{I}})(\sigma(\boldsymbol{\alpha}_{jl})),\cdots,(\widetilde{\mathscr{A}}-\lambda_j\widetilde{\mathscr{I}})^{m_{jl}-1}(\sigma(\boldsymbol{\alpha}_{jl}))\}$ 是 $\widetilde{C}_{jl}$ 的基，其中 $\widetilde{\mathscr{I}}$ 是 $\widetilde{V}$ 的单位变换. 这表明，$\widetilde{C}_{jl}$ 是由向量 $\sigma(\boldsymbol{\alpha}_{jl})$ 生成的循环子空间，而且 $(\lambda-\lambda_j)^{m_{jl}}$ 是线性变换 $\widetilde{\mathscr{A}}$ 的初等因子，$l=1,2,\cdots,k_j$，$j=1,2,\cdots,t$. 所以方阵 $\boldsymbol{A}$ 的初等因子的定义与线性空间 V 的选取无关.

定理 4　设 n 阶复方阵 $\boldsymbol{A}$ 的初等因子组为式(6.3.1)，则方阵 $\boldsymbol{A}$ 相似于如下的 Jordan 标准形：

$$\boldsymbol{J}=\mathrm{diag}(\boldsymbol{J}_{(m_{11})}(\lambda_1),\cdots,\boldsymbol{J}_{(m_{1k_1})}(\lambda_1),\cdots,\boldsymbol{J}_{(m_1t_1)}(\lambda_t),\cdots,\boldsymbol{J}_{(m_tk_t)}(\lambda_t)),$$

其中 $\boldsymbol{J}_{(m_{jl})}(\lambda_j)$ 是属于初等因子 $(\lambda-\lambda_j)^{m_{jl}}$ 的 Jordan 块，$l=1,2,\cdots,k_j$，$j=1,2,\cdots,t$.

证明　设 V 是 n 维复线性空间，由方阵在 V 的基 $\{\boldsymbol{\alpha}_1,\boldsymbol{\alpha}_2,\cdots,\boldsymbol{\alpha}_n\}$ 所确定的线性变换记为 $\mathscr{A}$，即

$$\mathscr{A}(\boldsymbol{\alpha}_1,\boldsymbol{\alpha}_2,\cdots,\boldsymbol{\alpha}_n)=(\boldsymbol{\alpha}_1,\boldsymbol{\alpha}_2,\cdots,\boldsymbol{\alpha}_n)\boldsymbol{A}.$$

由定义，线性变换 $\mathscr{A}$ 的初等因子组也为式(6.3.1). 由定理 2，存在 V 的基 $\{\boldsymbol{\beta}_1,\boldsymbol{\beta}_2,\cdots,\boldsymbol{\beta}_n\}$，使得

$$\mathscr{A}(\boldsymbol{\beta}_1,\boldsymbol{\beta}_2,\cdots,\boldsymbol{\beta}_n)=(\boldsymbol{\beta}_1,\boldsymbol{\beta}_2,\cdots,\boldsymbol{\beta}_n)\boldsymbol{J}.$$

由于同一个线性变换在不同基下的方阵相似，所以方阵 $\boldsymbol{A}$ 相似于 $\boldsymbol{J}$. 定理 4 证毕.

定理 5　设 $\boldsymbol{A}$ 与 $\boldsymbol{B}$ 是 n 阶复方阵. 则方阵 $\boldsymbol{A}$ 与 $\boldsymbol{B}$ 相似的充分必要条件是，方阵 $\boldsymbol{A}$ 与 $\boldsymbol{B}$ 的初等因子组相同.

证明　必要性　设方阵 $\boldsymbol{A}$ 与 $\boldsymbol{B}$ 相似，则存在 n 阶可逆复方阵 $\boldsymbol{P}$，使得 $\boldsymbol{B}=\boldsymbol{P}^{-1}\boldsymbol{AP}$. 设 $\{\boldsymbol{\alpha}_1,\boldsymbol{\alpha}_2,\cdots,\boldsymbol{\alpha}_n\}$ 是 n 维复线性空间 V 的基. 由

$$\mathscr{A}(\boldsymbol{\alpha}_1,\boldsymbol{\alpha}_2,\cdots,\boldsymbol{\alpha}_n)=(\boldsymbol{\alpha}_1,\boldsymbol{\alpha}_2,\cdots,\boldsymbol{\alpha}_n)\boldsymbol{A}$$

便确定一个线性变换 $\mathscr{A}$. 因为方阵 $\boldsymbol{P}$ 可逆，所以由

$$(\boldsymbol{\beta}_1,\boldsymbol{\beta}_2,\cdots,\boldsymbol{\beta}_n)=(\boldsymbol{\alpha}_1,\boldsymbol{\alpha}_2,\cdots,\boldsymbol{\alpha}_n)\boldsymbol{P}$$

所确定的 $\{\boldsymbol{\beta}_1,\boldsymbol{\beta}_2,\cdots,\boldsymbol{\beta}_n\}$ 是 V 的基. 于是

$$\mathscr{A}(\boldsymbol{\beta}_1,\boldsymbol{\beta}_2,\cdots,\boldsymbol{\beta}_n)=(\boldsymbol{\beta}_1,\boldsymbol{\beta}_2,\cdots,\boldsymbol{\beta}_n)\boldsymbol{B},$$

即 $\boldsymbol{A}$ 与 $\boldsymbol{B}$ 是同一个线性变换 $\mathscr{A}$ 在不同基下的方阵. 由定义 1，方阵 $\boldsymbol{A}$ 与 $\boldsymbol{B}$ 的初等因子组相同.

充分性　设方阵 $\boldsymbol{A}$ 与 $\boldsymbol{B}$ 的初等因子组都是式(6.3.1). 设 $\{\boldsymbol{\alpha}_1,\boldsymbol{\alpha}_2,\cdots,\boldsymbol{\alpha}_n\}$ 是 n

维复线性空间 V 的基. 方阵 $\boldsymbol{A}$ 与 $\boldsymbol{B}$ 在这组基下所确定的线性变换分别记为 $\mathscr{A}$ 与 $\mathscr{B}$,即

$$\mathscr{A}(\boldsymbol{\alpha}_1,\boldsymbol{\alpha}_2,\cdots,\boldsymbol{\alpha}_n) = (\boldsymbol{\alpha}_1,\boldsymbol{\alpha}_2,\cdots,\boldsymbol{\alpha}_n)\boldsymbol{A},$$
$$\mathscr{B}(\boldsymbol{\alpha}_1,\boldsymbol{\alpha}_2,\cdots,\boldsymbol{\alpha}_n) = (\boldsymbol{\alpha}_1,\boldsymbol{\alpha}_2,\cdots,\boldsymbol{\alpha}_n)\boldsymbol{B},$$

由假设,线性变换 $\mathscr{A}$ 与 $\mathscr{B}$ 具有相同的初等因子组. 由定理 3,存在可逆线性变换 $\mathscr{P}$,使得 $\mathscr{B}=\mathscr{P}^{-1}\mathscr{A}\mathscr{P}$. 设

$$\mathscr{P}(\boldsymbol{\alpha}_1,\boldsymbol{\alpha}_2,\cdots,\boldsymbol{\alpha}_n) = (\boldsymbol{\alpha}_1,\boldsymbol{\alpha}_2,\cdots,\boldsymbol{\alpha}_n)\boldsymbol{P},$$

其中 $\boldsymbol{P}$ 是 n 阶可逆复方阵. 于是

$$\mathscr{P}^{-1}\mathscr{A}\mathscr{P}(\boldsymbol{\alpha}_1,\boldsymbol{\alpha}_2,\cdots,\boldsymbol{\alpha}_n) = (\boldsymbol{\alpha}_1,\boldsymbol{\alpha}_2,\cdots,\boldsymbol{\alpha}_n)\boldsymbol{P}^{-1}\boldsymbol{A}\boldsymbol{P}.$$

由于 $\mathscr{B}=\mathscr{P}^{-1}\mathscr{A}\mathscr{P}$,所以 $\boldsymbol{B}=\boldsymbol{P}^{-1}\boldsymbol{A}\boldsymbol{P}$,即方阵 $\boldsymbol{A}$ 与 $\boldsymbol{B}$ 相似. 定理 5 证毕.

定理 4 与定理 5 回答了方阵在相似下的标准形理论的两个基本问题,尚未解决的问题是,给定 n 阶复方阵 $\boldsymbol{A}$,如何求出方阵 $\boldsymbol{A}$ 的初等因子组? 也就是说,给定 n 维复线性空间 V 的线性变换 $\mathscr{A}$,如何求线性变换 $\mathscr{A}$ 的初等因子组? 习题 1 给出了求初等因子组的一种方法. 在以下诸节中将另给一种方法.

习　题

1. 设 $\boldsymbol{A}$ 是 n 阶复方阵,$\lambda_1,\lambda_2,\cdots,\lambda_t$ 是方阵 $\boldsymbol{A}$ 的所有不同特征值. 证明:

(1) 存在正整数 m,使得 $\operatorname{rank}\boldsymbol{A}^m=\operatorname{rank}\boldsymbol{A}^{m+1}=\operatorname{rank}\boldsymbol{A}^{m+2}=\cdots$;

(2) 设 m_j 是使 $\operatorname{rank}(\boldsymbol{A}-\lambda_j\boldsymbol{I})^{m_j}=\operatorname{rank}(\boldsymbol{A}-\lambda_j\boldsymbol{I})^{m_j+1}=\operatorname{rank}(\boldsymbol{A}-\lambda_j\boldsymbol{I})^{m_j+2}=\cdots$ 的最小正整数. 则方阵 $\boldsymbol{A}$ 的最小多项式 $d(\lambda)$ 为

$$d(\lambda) = (\lambda-\lambda_1)^{m_1}(\lambda-\lambda_2)^{m_2}\cdots(\lambda-\lambda_t)^{m_t};$$

(3) 设 $(\lambda-\lambda_j)^l$ 是方阵 $\boldsymbol{A}$ 的属于特征值 λ_j 的初等因子,则 $l\leqslant m_j$;

(4) 设方阵 $\boldsymbol{A}$ 的初等因子组为

$$\begin{array}{llll}(\lambda-\lambda_1)^{m_{11}}, & (\lambda-\lambda_1)^{m_{12}}, & \cdots, & (\lambda-\lambda_1)^{m_{1k_1}},\\ (\lambda-\lambda_2)^{m_{21}}, & (\lambda-\lambda_2)^{m_{22}}, & \cdots, & (\lambda-\lambda_2)^{m_{2k_2}},\\ & \cdots\cdots & & \\ (\lambda-\lambda_t)^{m_{t1}}, & (\lambda-\lambda_t)^{m_{t2}}, & \cdots, & (\lambda-\lambda_t)^{m_{tk_t}},\end{array}$$

其中属于特征值 λ_j 且次数为 l 的初等因子 $(\lambda-\lambda_j)^l$ 的个数记为 n_{jl},并约定,当 $(\lambda-\lambda_j)^l$ 不是方阵 $\boldsymbol{A}$ 的初等因子时,$n_{jl}=0$. 则

$$n_{jl} = \operatorname{rank}(\boldsymbol{A}-\lambda_j\boldsymbol{I})^{l+1}+\operatorname{rank}(\boldsymbol{A}-\lambda_j\boldsymbol{I})^{l-1}-2\operatorname{rank}(\boldsymbol{A}-\lambda_j\boldsymbol{I})^{l},$$

其中 $1\leqslant l\leqslant m_j$, $j=1,2,\cdots,t$.

注　习题 1 建议采用如下步骤求方阵 $\boldsymbol{A}$ 的 Jordan 标准形:

(1) 求出方阵 $\boldsymbol{A}$ 的特征多项式 $\varphi(\lambda)=\det(\lambda\boldsymbol{I}-\boldsymbol{A})$，并求出方阵 $\boldsymbol{A}$ 的全部不同特征值 $\lambda_1,\lambda_2,\cdots,\lambda_t$；

(2) 对每个特征值 λ_j，由

$$\operatorname{rank}(\boldsymbol{A}-\lambda_j\boldsymbol{I})^{m_j-1}>\operatorname{rank}(\boldsymbol{A}-\lambda_j\boldsymbol{I})^{m_j}=\operatorname{rank}(\boldsymbol{A}-\lambda_j\boldsymbol{I})^{m_j+1}=\cdots$$

求出 m_j；

(3) 对每个 l，$1\leqslant l\leqslant m_j$，计算

$$n_{jl}=\operatorname{rank}(\boldsymbol{A}-\lambda_j\boldsymbol{I})^{l+1}+\operatorname{rank}(\boldsymbol{A}-\lambda_j\boldsymbol{I})^{l-1}-2\operatorname{rank}(\boldsymbol{A}-\lambda_j\boldsymbol{I})^{l},$$

由此确定 $(\lambda-\lambda_j)^l$ 是否是方阵 $\boldsymbol{A}$ 的初等因子，以及初等因子 $(\lambda-\lambda_j)^l$ 在方阵 $\boldsymbol{A}$ 的初等因子组中出现的次数；

(4) 根据(3)中所确定的方阵 $\boldsymbol{A}$ 的初等因子组，写出方阵 $\boldsymbol{A}$ 的 Jordan 标准形.

2. 利用习题1的方法，求下列方阵 $\boldsymbol{A}$ 的 Jordan 标准形：

(1) $\boldsymbol{A}=\begin{pmatrix}-4&2&10\\-4&3&7\\-3&1&7\end{pmatrix}$；　(2) $\boldsymbol{A}=\begin{pmatrix}0&3&3\\-1&8&6\\2&-14&-10\end{pmatrix}$；

(3) $\boldsymbol{A}=\begin{pmatrix}4&5&-2\\-2&-2&1\\-1&-1&1\end{pmatrix}$；　(4) $\boldsymbol{A}=\begin{pmatrix}3&7&-3\\-2&-5&2\\-4&-10&-3\end{pmatrix}$；

(5) $\boldsymbol{A}=\begin{pmatrix}3&1&0&0\\-4&-1&0&0\\7&1&2&1\\-17&-6&-1&0\end{pmatrix}$；

(6) $\boldsymbol{A}=\begin{pmatrix}0&1&0&\cdots&0&0\\0&0&1&\cdots&0&0\\&&\cdots\cdots\cdots\cdots&&&\\0&0&0&\cdots&0&1\\1&0&0&\cdots&0&0\end{pmatrix}$.

3. 设 n 维复线性空间 V 的线性变换 $\mathscr{A}$ 的特征多项式 $\varphi(\lambda)$ 与最小多项式 $d(\lambda)$ 分别为

$$\varphi(\lambda)=(\lambda-\lambda_1)^{e_1}(\lambda-\lambda_2)^{e_2}\cdots(\lambda-\lambda_t)^{e_t},$$
$$d(\lambda)=(\lambda-\lambda_1)^{m_1}(\lambda-\lambda_2)^{m_2}\cdots(\lambda-\lambda_t)^{m_t},$$

其中 $\lambda_1,\lambda_2,\cdots,\lambda_t$ 是线性变换 $\mathscr{A}$ 的全部不同特征值. 证明：线性变换 $(\mathscr{A}-\lambda_j\mathscr{I})^{e_j}$ 与 $(\mathscr{A}-\lambda_j\mathscr{I})^{m_j}$ 的核相等.

6.4 λ 矩阵的相抵

设 F 是数域，λ 是未定元. 数域 F 上所有关于未定元 λ 的多项式集合记为 $F[\lambda]$. 取 $m\times n$ 个多项式 $a_{ij}(\lambda)\in F[\lambda]$，$1\leqslant i\leqslant m$，$1\leqslant j\leqslant n$，则

$$\boldsymbol{A}(\lambda)=\begin{pmatrix} a_{11}(\lambda) & a_{12}(\lambda) & \cdots & a_{1n}(\lambda) \\ a_{21}(\lambda) & a_{22}(\lambda) & \cdots & a_{2n}(\lambda) \\ \cdots & \cdots & \cdots & \cdots \\ a_{m1}(\lambda) & a_{m2}(\lambda) & \cdots & a_{mn}(\lambda) \end{pmatrix}$$

称为数域 F 上 $m\times n$ λ 矩阵，简称**λ 矩阵**. 也就是说，所谓 λ 矩阵是元素为 λ 的多项式的矩阵. 数域 F 上所有 $m\times n$ λ 矩阵的集合记为 $(F[\lambda])^{m\times n}$. λ 矩阵的加法，纯量与 λ 矩阵的乘法，λ 矩阵与 λ 矩阵的乘法，以及 λ 方阵的行列式的定义和通常数域 F 上方阵相同. 但应注意，λ 方阵的行列式是关于未定元 λ 的多项式.

和通常矩阵一样可以引进 λ 矩阵的秩的概念. 所谓 λ 矩阵 $\boldsymbol{A}(\lambda)$ 的秩是指 λ 矩阵 $\boldsymbol{A}(\lambda)$ 中非零子式的最高阶数，仍记为 $\operatorname{rank}\boldsymbol{A}(\lambda)$. 如果 n 阶方阵 $\boldsymbol{A}(\lambda)$ 的秩为 n，则 λ 方阵 $\boldsymbol{A}(\lambda)$ 称为满秩的，否则 λ 方阵 $\boldsymbol{A}(\lambda)$ 称为降秩的. 很明显，λ 方阵 $\boldsymbol{A}(\lambda)$ 满秩的充分必要条件是 $\det\boldsymbol{A}(\lambda)\neq 0$.

对 n 阶 λ 方阵 $\boldsymbol{A}(\lambda)\in(F[\lambda])^{n\times n}$，如果存在 n 阶 λ 方阵 $\boldsymbol{B}(\lambda)\in(F[\lambda])^{n\times n}$，使得 $\boldsymbol{A}(\lambda)\boldsymbol{B}(\lambda)=\boldsymbol{I}_{(n)}=\boldsymbol{B}(\lambda)\boldsymbol{A}(\lambda)$，其中 $\boldsymbol{I}_{(n)}$ 是 n 阶单位方阵，则 λ 方阵 $\boldsymbol{A}(\lambda)$ 称为可逆的，而 $\boldsymbol{B}(\lambda)$ 称为 $\boldsymbol{A}(\lambda)$ 的逆方阵，记为 $\boldsymbol{A}(\lambda)^{-1}$.

定理 1 n 阶 λ 方阵 $\boldsymbol{A}(\lambda)$ 可逆的充分必要条件是，λ 方阵 $\boldsymbol{A}(\lambda)$ 的行列式是数域 F 中非零的数.

证明 设 n 阶 λ 方阵 $\boldsymbol{A}(\lambda)$ 可逆，则存在 n 阶 λ 方阵 $\boldsymbol{B}(\lambda)$，使得 $\boldsymbol{A}(\lambda)\boldsymbol{B}(\lambda)=\boldsymbol{I}_{(n)}=\boldsymbol{B}(\lambda)\boldsymbol{A}(\lambda)$. 两端取行列式，即得到 $\det\boldsymbol{A}(\lambda)\cdot\det\boldsymbol{B}(\lambda)=1$，其中 $\det\boldsymbol{A}(\lambda)$ 与 $\det\boldsymbol{B}(\lambda)$ 是数域 F 上关于 λ 的多项式. 比较两端多项式的次数可知，$\det\boldsymbol{A}(\lambda)$ 与 $\det\boldsymbol{B}(\lambda)$ 是零次多项式，因此 $\det\boldsymbol{A}(\lambda)$ 是数域 F 中非零的数.

反之，设 $\det\boldsymbol{A}(\lambda)$ 是数域 F 中非零的数. 记 $\det\boldsymbol{A}(\lambda)=a$. λ 方阵 $\boldsymbol{A}(\lambda)$ 的附属方阵记为 $\boldsymbol{A}^*(\lambda)$. 由于方阵 $\boldsymbol{A}^*(\lambda)$ 中的元素是 λ 方阵 $\boldsymbol{A}(\lambda)$ 的 $n-1$ 阶子式，而 $\boldsymbol{A}(\lambda)$ 的 $n-1$ 阶子式是数域 F 上关于 λ 的多项式，因此 $\boldsymbol{A}^*(\lambda)$ 是数域 F 上 n 阶 λ 方阵. 所以 $a^{-1}\boldsymbol{A}^*(\lambda)$ 是数域 F 上 n 阶 λ 方阵，并且

$$\boldsymbol{A}(\lambda)(a^{-1}\boldsymbol{A}^*(\lambda)) = \boldsymbol{I}_{(n)} = (a^{-1}\boldsymbol{A}^*(\lambda))\boldsymbol{A}(\lambda).$$

即 λ 方阵 $\boldsymbol{A}(\lambda)$ 可逆，而且 $\boldsymbol{A}(\lambda)^{-1} = a^{-1}\boldsymbol{A}^*(\lambda)$.

由定理 1 可以看出，如果 λ 方阵 $\boldsymbol{A}(\lambda)$ 可逆，则 $\boldsymbol{A}(\lambda)$ 是满秩的. 反之则不然. 这和通常方阵是不同的.

对 λ 矩阵，同样有所谓行或列的初等交换. 对调 λ 矩阵 $\boldsymbol{A}(\lambda)$ 的某两行（或列）；λ 矩阵 $\boldsymbol{A}(\lambda)$ 的某一行（或列）遍乘数域 F 上某个非零多项式并加到 $\boldsymbol{A}(\lambda)$ 的另一行（或列）；以及矩阵 $\boldsymbol{A}(\lambda)$ 的某一行（或列）遍乘以数域 F 中非零的数，依次称为对 λ 矩阵 $\boldsymbol{A}(\lambda)$ 施行行（或列）的第一、第二和第三种初等 λ 变换.

记

$$\begin{aligned}
\boldsymbol{P}_{ij} &= \boldsymbol{I}_{(n)} + \boldsymbol{E}_{ij} + \boldsymbol{E}_{ji} - \boldsymbol{E}_{ii} - \boldsymbol{E}_{jj},\\
\boldsymbol{Q}_{ij}(f(\lambda)) &= \boldsymbol{I}_{(n)} + f(\lambda)\boldsymbol{E}_{ij},\\
\boldsymbol{P}_i(a) &= \boldsymbol{I}_{(n)} + (a-1)\boldsymbol{E}_{ii},
\end{aligned}$$

其中 $\boldsymbol{E}_{ij}$ 是 (i,j) 位置上的元素为 1 而其他元素为 0 的 n 阶方阵，$1\leqslant i,j\leqslant n$，$f(\lambda)$ 是数域 F 上关于 λ 的多项式. $\boldsymbol{P}_{ij}$，$\boldsymbol{Q}_{ij}(f(\lambda))$ 和 $\boldsymbol{P}_i(a)$ 依次称为第一、第二和第三种初等 λ 方阵. 分别用第一、第二和第三种初等 λ 方阵左乘于 $n\times m$ λ 矩阵 $\boldsymbol{A}(\lambda)$，相当于分别对 λ 矩阵 $\boldsymbol{A}(\lambda)$ 施行第一、第二和第三种行的初等 λ 变换. 而右乘于 $m\times n$ λ 矩阵 $\boldsymbol{A}(\lambda)$，则相当于 $\boldsymbol{A}(\lambda)$ 的列变换.

定理 2　设 $m\times n$ λ 矩阵 $\boldsymbol{A}(\lambda)$ 的秩为 $\operatorname{rank}\boldsymbol{A}(\lambda)=r$. 则 $\boldsymbol{A}(\lambda)$ 可以经过有限次行或列的初等 λ 变换化为以下形式：

$$\boldsymbol{B}(\lambda) = \begin{pmatrix} \boldsymbol{D}(\lambda) & \boldsymbol{0} \\ \boldsymbol{0} & \boldsymbol{0} \end{pmatrix},$$

其中 $\boldsymbol{D}(\lambda)=\operatorname{diag}(d_1(\lambda),d_2(\lambda),\cdots,d_r(\lambda))$ 是 r 阶对角 λ 方阵，$d_1(\lambda),d_2(\lambda),\cdots,d_r(\lambda)$ 是数域 F 上首一多项式，并且 $d_i\mid d_{i+1}$，$i=1,\cdots,r-1$.

证明　对零矩阵 $\boldsymbol{A}(\lambda)$，定理 2 成立. 因此设 $\boldsymbol{A}(\lambda)=(a_{ij}(\lambda))\neq\boldsymbol{0}$. 于是存在某个元素 $a_{ij}(\lambda)\neq 0$. 对调 λ 矩阵 $\boldsymbol{A}(\lambda)$ 的第 1 行与第 i 行，第 1 列与第 j 列，则元素 $a_{ij}(\lambda)$ 调到 $(1,1)$ 位置上，所以不妨设 $a_{11}(\lambda)\neq 0$.

首先证明，λ 矩阵 $\boldsymbol{A}(\lambda)$ 可以经有限次初等 λ 变换化为 λ 矩阵 $\boldsymbol{C}(\lambda)=(c_{ij}(\lambda))$，其中 $c_{11}(\lambda)\neq 0$，且 $c_{11}(\lambda)$ 整除每个 $c_{ij}(\lambda)$，$1\leqslant i\leqslant m$，$1\leqslant j\leqslant n$. 为此对次数 $\deg a_{11}(\lambda)$ 用归纳法.

当 $\deg a_{11}(\lambda)=0$，即 $a_{11}(\lambda)$ 为数域 F 中非零的数时，显然 $a_{11}(\lambda)$ 整除每个 $a_{ij}(\lambda)$，$1\leqslant i\leqslant m$，$1\leqslant j\leqslant n$. 因此结论对 $\deg a_{11}(\lambda)=0$ 成立. 假设结论对 $\deg a_{11}(\lambda)\leqslant t-1$ 成立. 下面证明结论对 $\deg a_{11}(\lambda)=t$ 成立. 如果 $a_{11}(\lambda)$ 整除每

个 $a_{ij}(\lambda)$，$1\leqslant i\leqslant m$，$1\leqslant j\leqslant n$，则结论已成立. 因此不妨设存在某个 $a_{ij}(\lambda)$，使得 $a_{11}(\lambda)$ 不整除 $a_{ij}(\lambda)$.

情形 1　$i=1$，即 $a_{11}(\lambda)$ 不整除 $a_{1j}(\lambda)$. 由 Euclid 长除法，存在 $q(\lambda)$，$r(\lambda)\in F[\lambda]$，使得 $a_{1j}(\lambda)=q(\lambda)a_{11}(\lambda)+r(\lambda)$，其中 $0\leqslant\deg r(\lambda)<t$. 用 $-q(\lambda)$ 遍乘矩阵 $\boldsymbol{A}(\lambda)$ 的第 1 列，并加到第 j 列，得到一个 λ 矩阵，它的 $(1,j)$ 位置上的元素为 $r(\lambda)$. 再对调第 1 列与第 j 列，得到的 λ 矩阵中 $(1,1)$ 位置上的元素为 $r(\lambda)$. 对这个 λ 矩阵用归纳假设，即知结论成立.

情形 2　$j=1$，即 $a_{11}(\lambda)$ 不整除 $a_{i1}(\lambda)$. 此情形的证明同情形 1，只需将情形 1 的证明中将列改为行即可.

情形 3　$a_{11}(\lambda)$ 整除每个 a_{1j} 与 a_{i1}，$j=2,3,\cdots,n$，$i=2,3,\cdots,m$，而且 $a_{11}(\lambda)$ 不整除某个 $a_{kl}(\lambda)$，$k\neq1$，$l\neq1$. 此时 $a_{1j}(\lambda)=q_j(\lambda)a_{11}(\lambda)$，$q_j(\lambda)\in F[\lambda]$，$j=2,3,\cdots,n$ 用 $-q_j(\lambda)$ 遍乘 λ 矩阵 $\boldsymbol{A}(\lambda)$ 的第 1 列，并加到第 j 列，$j=2,3,\cdots,n$，得到如下形式的 λ 矩阵

$$\begin{pmatrix} a_{11}(\lambda) & 0 & 0 & \cdots & 0 \\ a_{21}(\lambda) & \tilde{a}_{22}(\lambda) & \tilde{a}_{23}(\lambda) & \cdots & \tilde{a}_{2n}(\lambda) \\ & & \cdots\cdots\cdots & & \\ a_{m1}(\lambda) & \tilde{a}_{m2}(\lambda) & \tilde{a}_{m3}(\lambda) & \cdots & \tilde{a}_{mn}(\lambda) \end{pmatrix}.$$

设 $a_{i1}(\lambda)=p_i(\lambda)a_{11}(\lambda)$，$p_i(\lambda)\in F[\lambda]$，$i=2,3,\cdots,m$，用 $-p_i(\lambda)$ 遍乘上述矩阵的第 1 行，并加到第 i 行，$i=2,3,\cdots,m$，得

$$\begin{pmatrix} a_{11}(\lambda) & 0 & 0 & \cdots & 0 \\ 0 & \tilde{a}_{22}(\lambda) & \tilde{a}_{23}(\lambda) & \cdots & \tilde{a}_{2n}(\lambda) \\ & & \cdots\cdots\cdots & & \\ 0 & \tilde{a}_{m2}(\lambda) & \tilde{a}_{m3}(\lambda) & \cdots & \tilde{a}_{mn}(\lambda) \end{pmatrix}. \tag{6.4.1}$$

如果 $a_{11}(\lambda)$ 整除每个 $\tilde{a}_{ij}(\lambda)$，$i=2,3,\cdots,m$，$j=2,3,\cdots,n$，则结论已成立. 因此设 $a_{11}(\lambda)$ 不整除某个 $\tilde{a}_{kl}(\lambda)$，$2\leqslant k\leqslant m$，$2\leqslant l\leqslant n$. 将 λ 矩阵(6.4.1)的第 l 列加到 1 列，得到

$$\begin{pmatrix} a_{11}(\lambda) & 0 & \cdots & 0 \\ \tilde{a}_{21}(\lambda) & \tilde{a}_{22}(\lambda) & \cdots & \tilde{a}_{2n}(\lambda) \\ & \cdots\cdots\cdots & & \\ \tilde{a}_{k1}(\lambda) & \tilde{a}_{k2}(\lambda) & \cdots & \tilde{a}_{kn}(\lambda) \\ & \cdots\cdots\cdots & & \\ \tilde{a}_{m1}(\lambda) & \tilde{a}_{m2}(\lambda) & \cdots & \tilde{a}_{mn}(\lambda) \end{pmatrix}.$$

于是化为情形 2.所以结论成立.

现在设 λ 矩阵 $\boldsymbol{A}(\lambda)$ 已经通过有限次初等 λ 变换化为 λ 矩阵 $C(\lambda)$. 因为 $c_{11}(\lambda)$ 整除每个 $c_{i1}(\lambda)$,故可设 $c_{i1}(\lambda)=f_i(\lambda)c_{11}(\lambda)$, $f_i(\lambda)\in \boldsymbol{F}[\lambda]$, $i=2,3,\cdots,m$. 用 $-f_i(\lambda)$ 遍乘 λ 矩阵 $\boldsymbol{C}(\lambda)$ 的第 1 行,并加到第 i 行, $i=2,3,\cdots,m$,得到 λ 矩阵

$$\begin{pmatrix} c_{11}(\lambda) & c_{12}(\lambda) & \cdots & c_{1n}(\lambda) \\ 0 & b_{22}(\lambda) & \cdots & b_{2n}(\lambda) \\ & \cdots\cdots\cdots & & \\ 0 & b_{m2}(\lambda) & \cdots & b_{mn}(\lambda) \end{pmatrix}, \tag{6.4.2}$$

其中 $b_{kl}(\lambda)=c_{kl}(\lambda)-f_k(\lambda)c_{1l}(\lambda)$. 由于 $c_{11}(\lambda)$ 整除每个 $c_{ij}(\lambda)$,所以 $c_{11}(\lambda)$ 整除每个 $b_{kl}(\lambda)$. 再对 λ 矩阵(6.4.2)作初等 λ 变换,即得到

$$\begin{pmatrix} c_{11}(\lambda) & 0 & \cdots & 0 \\ 0 & b_{22}(\lambda) & \cdots & b_{2n}(\lambda) \\ & \cdots\cdots\cdots & & \\ 0 & b_{m2}(\lambda) & \cdots & b_{mn}(\lambda) \end{pmatrix}, \tag{6.4.3}$$

其中 $c_{11}(\lambda)$ 整除每个 $b_{kl}(\lambda)$, $k=2,3,\cdots,n$.

记 $\boldsymbol{A}_1(\lambda)=(b_{kl}(\lambda))$,其中 $2\leqslant k\leqslant m$, $2\leqslant l\leqslant n$. 对 λ 矩阵 $\boldsymbol{A}_1(\lambda)$ 重复上述过程,则 λ 矩阵 $\boldsymbol{A}_1(\lambda)$ 可经有限次初等 λ 变换化为

$$\begin{pmatrix} c_{22}(\lambda) & \boldsymbol{0} \\ \boldsymbol{0} & \boldsymbol{A}_2(\lambda) \end{pmatrix},$$

其中 $c_{22}(\lambda)$ 整除 λ 矩阵 $\boldsymbol{A}_2(\lambda)$ 的每个元素. 于是 λ 矩阵(6.4.3)可化为

$$\begin{pmatrix} c_{11}(\lambda) & 0 & 0 \\ 0 & c_{22}(\lambda) & 0 \\ 0 & 0 & \boldsymbol{A}_2(\lambda) \end{pmatrix}. \tag{6.4.4}$$

注意,由 λ 矩阵(6.4.3)化为 λ 矩阵(6.4.4),只需对 λ 矩阵 $\boldsymbol{A}_1(\lambda)$ 施行初等 λ 变换. 由于 $c_{11}(\lambda)$ 整除 λ 矩阵 $\boldsymbol{A}_1(\lambda)$ 的每个元素,因此对换 λ 矩阵 $\boldsymbol{A}_1(\lambda)$ 的某两行(或列),得到的 λ 矩阵中每个元素都能被 $c_{11}(\lambda)$ 整除;对于用非零多项式 $f(\lambda)\in \boldsymbol{F}[\lambda]$ 遍乘 λ 矩阵 $\boldsymbol{A}_1(\lambda)$ 的第 i 列,并加到第 j 列后得到的 λ 矩阵,它的第 j 列元素为 $b_{kj}(\lambda)+f(\lambda)b_{ki}(\lambda)$, $k=2,3,\cdots,m$. 显然它们都能被 $c_{11}(\lambda)$ 整除,至于第 j 列以外的元素,则是 λ 矩阵 $\boldsymbol{A}_1(\lambda)$ 的元素未经变动而得到的,当然也能被 $c_{11}(\lambda)$ 整除;对于用非零的数遍乘 λ 矩阵 $\boldsymbol{A}_1(\lambda)$ 的某 1 行(或列)而得到的 λ 矩阵,它的每个元素显然都能被 $c_{11}(\lambda)$ 整除. 因此 $c_{11}(\lambda)$ 整除 $c_{22}(\lambda)$ 以及 $\boldsymbol{A}_2(\lambda)$ 的每个元素,而

且 $c_{22}(\lambda)$整除 $\boldsymbol{A}_2(\lambda)$的每个元素.

重复上面的过程,λ 矩阵$\boldsymbol{A}_1(\lambda)$可以经有限次初等 λ 变换化为以下的形式:

$$\begin{pmatrix} \begin{pmatrix} c_{11}(\lambda) & 0 & \cdots & 0 \\ 0 & c_{22}(\lambda) & \cdots & 0 \\ & \cdots\cdots\cdots\cdots & & \\ 0 & 0 & \cdots & c_{kk}(\lambda) \end{pmatrix} & \boldsymbol{0} \\ \boldsymbol{0} & \boldsymbol{0} \end{pmatrix}, \tag{6.4.5}$$

其中非零多项式 $c_{11}(\lambda),c_{22}(\lambda),\cdots,c_{kk}(\lambda)$满足 $c_{ii}(\lambda)\mid c_{i+1,i+1}(\lambda),i=1,\cdots,k-1$,显然初等 λ 变换不改变λ 矩阵$\boldsymbol{A}(\lambda)$的秩,所以 $k=\operatorname{rank}\boldsymbol{A}(\lambda)=r$.设 $c_{ii}(\lambda)$的首项系数为 b_i,则用 b_i^{-1} 遍乘λ 矩阵(6.4.5)的第 i 行,$i=1,2,\cdots,r$,于是 λ 矩阵$\boldsymbol{A}(\lambda)$便化为 λ 矩阵$\boldsymbol{B}(\lambda)$.定理 2 证毕.

由于对 λ 矩阵$\boldsymbol{A}(\lambda)$施行行或列的初等 λ 变换相当于用初等λ 方阵左乘或右乘λ 矩阵$\boldsymbol{A}(\lambda)$,因此定理 2 也可以叙述为:

定理 3 设数域 F 上$m\times n\lambda$ 矩阵$\boldsymbol{A}(\lambda)$的秩为 r.则存在数域 F 上m 阶初等λ 方阵$\boldsymbol{P}_1(\lambda),\boldsymbol{P}_2(\lambda),\cdots,\boldsymbol{P}_s(\lambda)$和数域 F 上 n 阶初等λ 方阵$\boldsymbol{Q}_1(\lambda),\boldsymbol{Q}_2(\lambda),\cdots,\boldsymbol{Q}_s(\lambda)$,使得

$$\boldsymbol{P}_s(\lambda)\cdots\boldsymbol{P}_2(\lambda)\boldsymbol{P}_1(\lambda)\boldsymbol{A}(\lambda)\boldsymbol{Q}_1(\lambda)\boldsymbol{Q}_2(\lambda)\cdots\boldsymbol{Q}_s(\lambda)=\begin{pmatrix}\boldsymbol{D}(\lambda) & \boldsymbol{0}\\ \boldsymbol{0} & \boldsymbol{0}\end{pmatrix},$$

其中 $\boldsymbol{D}(\lambda)=\operatorname{diag}(d_1(\lambda),d_2(\lambda),\cdots,d_r(\lambda))$,而且 $d_1(\lambda),d_2(\lambda),\cdots,d_r(\lambda)\in F[\lambda]$是依次一个整除另一个的首一多项式.

由定理 3 立即得到:

定理 4 λ 矩阵$\boldsymbol{A}(\lambda)$可逆的充分必要条件是,λ 矩阵$\boldsymbol{A}(\lambda)$可以表示为有限多个初等 λ 方阵的乘积.

证明 设 n 阶λ 方阵$\boldsymbol{A}(\lambda)$可逆,则 $\operatorname{rank}\boldsymbol{A}(\lambda)=n$.由定理 3,存在 n 阶初等λ 方阵$\boldsymbol{P}_1(\lambda),\boldsymbol{P}_2(\lambda),\cdots,\boldsymbol{P}_s(\lambda),\boldsymbol{Q}_1(\lambda),\boldsymbol{Q}_2(\lambda),\cdots,\boldsymbol{Q}_s(\lambda)$,使得

$$\begin{aligned}&\boldsymbol{P}_s(\lambda)\cdots\boldsymbol{P}_2(\lambda)\boldsymbol{P}_1(\lambda)\boldsymbol{A}(\lambda)\boldsymbol{Q}_1(\lambda)\boldsymbol{Q}_2(\lambda)\cdots\boldsymbol{Q}_s(\lambda)\\&=\boldsymbol{B}(\lambda)=\operatorname{diag}(d_1(\lambda),d_2(\lambda),\cdots,d_n(\lambda)).\end{aligned}$$

显然,初等 λ 方阵可逆,而且可逆 λ 方阵的乘积仍可逆,所以 λ 方阵$\boldsymbol{B}(\lambda)$可逆.由定理 1,$\det\boldsymbol{B}(\lambda)=d_1(\lambda)d_2(\lambda)\cdots d_n(\lambda)$是数域 F 中非零的数,即 $\det\boldsymbol{B}(\lambda)$是零次多项式,因此 $d_1(\lambda),d_2(\lambda),\cdots,d_n(\lambda)$都是零次多项式.由于 $d_1(\lambda),d_2(\lambda),\cdots,d_n(\lambda)$都是首一多项式,所以 $d_1(\lambda)=d_2(\lambda)=\cdots=d_n(\lambda)=1$.于是 $\boldsymbol{B}(\lambda)=\boldsymbol{I}_{(n)}$,而且

$$A(\lambda) = P_1(\lambda)^{-1}P_2(\lambda)^{-1}\cdots P_s(\lambda)^{-1}Q_s(\lambda)^{-1}\cdots Q_2(\lambda)^{-1}Q_1(\lambda)^{-1}.$$

显然,初等 λ 方阵的逆方阵仍是同一类型的初等 λ 方阵,所以 λ 方阵 $A(\lambda)$ 可以表示为有限多个初等 λ 方阵的乘积.

反之,设 λ 矩阵 $A(\lambda)$ 是有限个初等 λ 方阵的乘积. 由于初等 λ 方阵可逆,而且可逆 λ 方阵的乘积仍可逆,所以 λ 矩阵 $A(\lambda)$ 可逆. 定理4证毕.

定义1 设 $A(\lambda)$ 与 $B(\lambda)$ 是数域 F 上 $m\times n$ λ 矩阵. 如果 λ 矩阵 $A(\lambda)$ 可经有限次行或列的初等 λ 变换化为 λ 矩阵 $B(\lambda)$,也即存在数域 F 上 m 阶可逆 λ 方阵 $P(\lambda)$ 与数域 F 上 n 阶可逆 λ 方阵 $Q(\lambda)$,使得 $B(\lambda)=P(\lambda)A(\lambda)Q(\lambda)$,则称 λ 矩阵 $A(\lambda)$ 与 $B(\lambda)$ 是相抵的.

容易验证,数域 F 上 $m\times n$ λ 矩阵之间的相抵关系满足自反性、对称性与传递性,因此 λ 矩阵之间的相抵关系是等价关系. 于是,根据 λ 矩阵之间的相抵关系可以把数域 F 上所有 $m\times n$ λ 矩阵分类:彼此相抵的 λ 矩阵归于同一类,而不相抵的 λ 矩阵归于不同的类. 和通常数域 F 上矩阵的相抵相同,两个基本问题是:λ 矩阵在相抵下的标准形是什么? λ 矩阵在相抵下的全系不变量是什么?

先考虑 λ 矩阵在相抵下的全系不变量. 容易看出,相抵的 λ 矩阵具有相同的秩. 也就是说,λ 矩阵的秩是 λ 矩阵在相抵下的不变量. 但是,只由 λ 矩阵的秩,还不足以判断两个 λ 矩阵是否相抵. 例如,λ 矩阵

$$A(\lambda) = \begin{pmatrix}1 & 0\\ 0 & 1\end{pmatrix},\quad B(\lambda) = \begin{pmatrix}1 & 0\\ 0 & \lambda\end{pmatrix}.$$

它们的秩都是2. 如果 λ 矩阵 $A(\lambda)$ 与 $B(\lambda)$ 相抵,即 $B(\lambda)=P(\lambda)A(\lambda)Q(\lambda)=P(\lambda)Q(\lambda)$,其中 $P(\lambda)$ 与 $Q(\lambda)$ 是可逆的2阶 λ 矩阵,则 $B(\lambda)$ 是可逆 λ 方阵. 但 $\det B(\lambda)=\lambda$,它不是零次多项式. 由定理1,λ 方阵 $B(\lambda)$ 不可逆,矛盾. 因此 λ 矩阵 $A(\lambda)$ 与 $B(\lambda)$ 并不相抵. 这说明,λ 矩阵的秩不足以构成 λ 矩阵在相抵下的全系不变量. 所以必须寻求 λ 矩阵在相抵下的其他不变量.

定义2 设 $m\times n$ λ 矩阵 $A(\lambda)\in(F[\lambda])^{m\times n}$. λ 矩阵 $A(\lambda)$ 中所有 k 阶非零子式的最大公因子称为 $A(\lambda)$ 的 k 阶行列式因子,记为 $D_k(\lambda)$. 如果 λ 矩阵 $A(\lambda)$ 的所有 k 阶子式全为0,则约定 $D_k(\lambda)=0$.

容易看出,如果 $\operatorname{rank} A(\lambda)=r$,则 $D_{r+1}(\lambda)=\cdots=D_s(\lambda)=0$,其中 $s=\min\{m,n\}$,而且当 $1\leqslant k\leqslant r$ 时 $D_1(\lambda),D_2(\lambda),\cdots,D_r(\lambda)$ 都是非零多项式,同时依次一个整除后一个.

定理5 $m\times n$ λ 矩阵 $A(\lambda)$ 与 $B(\lambda)\in(F[\lambda])^{m\times n}$ 相抵的充分必要条件是,它们的行列式因子相同. 简单地说,λ 矩阵的行列式因子是 λ 矩阵在相抵下的全系

不变量.

证明 必要性 设 λ 矩阵 $\boldsymbol{A}(\lambda)$ 与 $\boldsymbol{B}(\lambda)$ 相抵,则 $\boldsymbol{B}(\lambda)=\mathbf{P}(\lambda)\boldsymbol{A}(\lambda)\boldsymbol{Q}(\lambda)$,其中 $\boldsymbol{P}(\lambda)$ 与 $\boldsymbol{Q}(\lambda)$ 分别是 m 阶与 n 阶可逆 λ 矩阵,根据 Binet-Cauchy 公式,$\boldsymbol{B}(\lambda)$ 的 k 阶子式

$$\begin{aligned}\boldsymbol{B}(\lambda)\begin{pmatrix} i_1 & i_2 & \cdots & i_k \\ j_1 & j_2 & \cdots & j_k\end{pmatrix} &= \sum_{1\leqslant l_1<l_2<\cdots<l_k\leqslant m}\boldsymbol{P}(\lambda)\begin{pmatrix} i_1 & i_2 & \cdots & i_k \\ l_1 & l_2 & \cdots & l_k\end{pmatrix}(\boldsymbol{A}(\lambda)\boldsymbol{Q}(\lambda))\begin{pmatrix} l_1 & l_2 & \cdots & l_k \\ j_1 & j_2 & \cdots & j_k\end{pmatrix} \\ &= \sum_{1\leqslant l_1<l_2<\cdots<l_k\leqslant m}\ \sum_{1\leqslant t_1<t_2<\cdots<t_k\leqslant n}\boldsymbol{P}(\lambda)\begin{pmatrix} i_1 & i_2 & \cdots & i_k \\ l_1 & l_2 & \cdots & l_k\end{pmatrix} \\ &\quad\cdot \boldsymbol{A}(\lambda)\begin{pmatrix} l_1 & l_2 & \cdots & l_k \\ t_1 & t_2 & \cdots & t_k\end{pmatrix}\boldsymbol{Q}(\lambda)\begin{pmatrix} t_1 & t_2 & \cdots & t_k \\ j_1 & j_2 & \cdots & j_k\end{pmatrix}.\end{aligned}$$

如果 $\boldsymbol{A}(\lambda)$ 的 k 阶行列式因子 $D_k(\lambda)=0$,则 $\boldsymbol{A}(\lambda)$ 的每个 k 阶子式都为零.由上式,$\boldsymbol{B}(\lambda)$ 的每个 k 阶子式都为零.所以 $\boldsymbol{B}(\lambda)$ 的 k 阶行列式因子 $\widetilde{D}_k(\lambda)=0$.如果 $D_k(\lambda)\neq 0$,则 $D_k(\lambda)$ 整除 $\boldsymbol{A}(\lambda)$ 的每个 k 阶子式,由上式,$D_k(\lambda)$ 整除 $\boldsymbol{B}(\lambda)$ 的每个 k 阶子式,所以 $D_k(\lambda)$ 整除 $\widetilde{D}_k(\lambda)$.由于相抵关系满足对称性,因此 $\widetilde{D}_k(\lambda)$ 整除 $D_k(\lambda)$.作为最大公因子,$D_k(\lambda)$ 与 $\widetilde{D}(\lambda)$ 都是首一多项式,所以 $D_k(\lambda)=\widetilde{D}_k(\lambda)$.这就证明,相抵的 λ 矩阵具有相同的行列式因子.

充分性 设 λ 矩阵 $\boldsymbol{A}(\lambda)$ 与 $\boldsymbol{B}(\lambda)$ 的行列式因子相同,且设 $\operatorname{rank}\boldsymbol{A}(\lambda)=r$.由定理 2,$\lambda$ 矩阵 $\boldsymbol{A}(\lambda)$ 相抵于如下的 λ 矩阵:

$$\boldsymbol{C}(\lambda)=\begin{pmatrix}\operatorname{diag}(d_1(\lambda),d_2(\lambda),\cdots,d_r(\lambda)) & \mathbf{0} \\ \mathbf{0} & \mathbf{0}\end{pmatrix}.$$

λ 矩阵 $\boldsymbol{C}(\lambda)$ 的 k 阶行列式因子记为 $D_k(\lambda)$.容易算得,$D_1(\lambda)=d_1(\lambda)$,$D_2(\lambda)=d_1(\lambda)d_2(\lambda)$,$\cdots$,$D_r(\lambda)=d_1(\lambda)d_2(\lambda)\cdots d_r(\lambda)$,$D_{r+1}(\lambda)=\cdots=D_s(\lambda)=0$,其中 $s=\min\{m,n\}$.因此

$$d_1(\lambda)=D_1(\lambda),\ d_2(\lambda)=\frac{D_2(\lambda)}{D_1(\lambda)},\ \cdots,\ d_r(\lambda)=\frac{D_r(\lambda)}{D_{r-1}(\lambda)}.$$

同样,λ 矩阵 $\boldsymbol{B}(\lambda)$ 相抵于如下的 λ 矩阵:

$$\boldsymbol{G}(\lambda)=\begin{bmatrix}\operatorname{diag}(\widetilde{d}_1(\lambda),\widetilde{d}_2(\lambda),\cdots,\widetilde{d}_{\tilde{r}}(\lambda)) & \mathbf{0} \\ \mathbf{0} & \mathbf{0}\end{bmatrix}.$$

λ 矩阵 $\boldsymbol{G}(\lambda)$ 的 k 阶行列式因子记为 $\widetilde{D}_k(\lambda)$,则

$$\widetilde{d}_1(\lambda)=\widetilde{D}_1(\lambda),\ \widetilde{d}_2(\lambda)=\frac{\widetilde{D}_2(\lambda)}{\widetilde{D}_1(\lambda)},\ \cdots,\ \widetilde{d}_{\tilde{r}}(\lambda)=\frac{\widetilde{D}_{\tilde{r}}(\lambda)}{\widetilde{D}_{r-1}(\lambda)}.$$

根据必要性，λ 矩阵 $\boldsymbol{A}(\lambda)$ 与 $\boldsymbol{B}(\lambda)$ 的 k 阶行列式分别为 $D_k(\lambda)$ 与 $\widetilde{D}_k(\lambda)$. 由假设，$r=\tilde{r}$，并且 $D_k(\lambda)=\widetilde{D}_k(\lambda)$. 所以 $d_k(\lambda)=\tilde{d}_k(\lambda)$，$k=1,2,\cdots,r$. 因此 $\boldsymbol{C}(\lambda)=\boldsymbol{G}(\lambda)$. 再由相抵关系的传递性即知 λ 矩阵 $\boldsymbol{A}(\lambda)$ 与 $\boldsymbol{B}(\lambda)$ 相抵. 定理5证毕.

受定理5的充分性证明的启发，可以引进：

定义3 设 $m\times n$ λ 矩阵 $\boldsymbol{A}(\lambda)\in(F[\lambda])^{m\times n}$ 的秩为 r，$\boldsymbol{A}(\lambda)$ 的 k 阶行列式因子记为 $D_k(\lambda)$. 则 $\dfrac{D_k(\lambda)}{D_{k-1}(\lambda)}$ 称为 $\boldsymbol{A}(\lambda)$ 的**不变因子**，其中 $k=1,2,\cdots,r$，并约定 $D_0(\lambda)=1$. 不变因子 $\dfrac{D_k(\lambda)}{D_{k-1}(\lambda)}$ 记为 $d_k(\lambda)$.

定理6 设 r 是 $m\times n$ λ 矩阵 $\boldsymbol{A}(\lambda)$ 的秩，$d_1(\lambda),d_2(\lambda),\cdots,d_r(\lambda)$ 是 $\boldsymbol{A}(\lambda)$ 的不变因子，则 λ 矩阵 $\boldsymbol{A}(\lambda)$ 相抵于如下的 Smith 标准形：

$$\begin{pmatrix}\mathrm{diag}(d_1(\lambda),d_2(\lambda),\cdots,d_r(\lambda)) & \boldsymbol{0}\\ \boldsymbol{0} & \boldsymbol{0}\end{pmatrix}. \tag{6.4.6}$$

并且 λ 矩阵的不变因子是 λ 矩阵在相抵下的全系不变量.

证明 由定理2，λ 矩阵 $\boldsymbol{A}(\lambda)$ 相抵于如下的 λ 矩阵：

$$\boldsymbol{B}(\lambda)=\begin{pmatrix}\mathrm{diag}(\tilde{d}_1(\lambda),\tilde{d}_2(\lambda),\cdots,\tilde{d}_r(\lambda)) & \boldsymbol{0}\\ \boldsymbol{0} & \boldsymbol{0}\end{pmatrix},$$

其中 $\tilde{d}_1(\lambda),\tilde{d}_2(\lambda),\cdots,\tilde{d}_r(\lambda)$ 是依次一个整除另一个的首一多项式. 容易算出，λ 矩阵 $\boldsymbol{B}(\lambda)$ 的行列式因子为 $D_1(\lambda)=\tilde{d}_1(\lambda)$，$D_2(\lambda)=\tilde{d}_1(\lambda)\tilde{d}_2(\lambda)$，$\cdots$，$D_r(\lambda)=\tilde{d}_1(\lambda)\tilde{d}_2(\lambda)\cdots\tilde{d}_r(\lambda)$，$D_{r+1}(\lambda)=\cdots=D_s(\lambda)=0$，$s=\min\{m,n\}$. 于是 $\tilde{d}_k=\dfrac{D_k(\lambda)}{D_{k-1}(\lambda)}$，$k=1,2,\cdots,r$. 由定理5，$D_1(\lambda),D_2(\lambda),\cdots,D_s(\lambda)$ 是 λ 矩阵 $\boldsymbol{A}(\lambda)$ 的行列式因子. 所以 $\tilde{d}_k(\lambda)=\dfrac{D_k(\lambda)}{D_{k-1}(\lambda)}=d_k(\lambda)$，$k=1,2,\cdots,r$. 这就证明，$\lambda$ 矩阵 $\boldsymbol{A}(\lambda)$ 相抵于 Smith 标准形(6.4.6).

由定理5，相抵的 λ 矩阵的行列式因子相同，因此不变因子也相同. 反之，如果两个 λ 矩阵的不变因子相同，则它们的行列式因子也相同，由定理5，这两个 λ 矩阵相抵. 所以 λ 矩阵的不变因子是 λ 矩阵在相抵下的全系不变量. 定理6证毕.

定理5与定理6解决了 λ 矩阵在相抵下的标准形理论的两个基本问题. 下面将给出复数域上 λ 矩阵在相抵下的全系不变量.

设 $\boldsymbol{A}(\lambda)$ 是复数域上 $m\times n$ λ 矩阵，$\mathrm{rank}\,\boldsymbol{A}(\lambda)=r$，且 $d_1(\lambda),d_2(\lambda),\cdots,d_r(\lambda)$ 是 $\boldsymbol{A}(\lambda)$ 的不变因子. 由于复系数多项式可以分解为一次因子的乘积，因此

可设

$$d_1(\lambda)=(\lambda-\lambda_1)^{e_{11}}(\lambda-\lambda_2)^{e_{12}}\cdots(\lambda-\lambda_t)^{e_{1t}},$$
$$d_2(\lambda)=(\lambda-\lambda_1)^{e_{21}}(\lambda-\lambda_2)^{e_{22}}\cdots(\lambda-\lambda_t)^{e_{2t}},$$
$$\cdots\cdots\cdots\cdots$$
$$d_r(\lambda)=(\lambda-\lambda_1)^{e_{r1}}(\lambda-\lambda_2)^{e_{r2}}\cdots(\lambda-\lambda_t)^{e_{rt}},$$

其中 $\lambda_1,\lambda_2,\cdots,\lambda_t$ 是两两不同的复数，e_{ij} 是非负整数，$i=1,2,\cdots,r$；$j=1,2,\cdots,t$. 由于 $d_i(\lambda)$ 整除 $d_{i+1}(\lambda)$，所以 $0\leqslant e_{j1}\leqslant e_{j2}\leqslant\cdots\leqslant e_{jr}$，$j=1,2,\cdots,t$. 当 $e_{ij}>0$ 时，因子 $(\lambda-\lambda_j)^{e_{ij}}$ 称为矩阵 $\boldsymbol{A}(\lambda)$ 的属于 λ_j 的初等因子，$\boldsymbol{A}(\lambda)$ 的初等因子的全体称为 $\boldsymbol{A}(\lambda)$ 的初等因子组.

定理 7 复数域上 λ 矩阵的秩和初等因子组是 λ 矩阵在相抵下的全系不变量.

证明 设复数域上 $m\times n$ λ 矩阵 $\boldsymbol{A}(\lambda)$ 与 $\boldsymbol{B}(\lambda)$ 相抵，则显然 $\operatorname{rank}\boldsymbol{A}(\lambda)=\operatorname{rank}\boldsymbol{B}(\lambda)$，并且 $\boldsymbol{A}(\lambda)$ 和 $\boldsymbol{B}(\lambda)$ 具有相同的不变因子. 由初等因子组的定义可以看出，λ 矩阵的初等因子组由它的不变因子唯一确定，因此 $\boldsymbol{A}(\lambda)$ 与 $\boldsymbol{B}(\lambda)$ 具有相同的初等因子组.

反之，设 $\operatorname{rank}\boldsymbol{A}(\lambda)=\operatorname{rank}\boldsymbol{B}(\lambda)=r$，且

$$(\lambda-\lambda_1)^{m_{11}},\ (\lambda-\lambda_1)^{m_{12}},\ \cdots,\ (\lambda-\lambda_1)^{m_{1k_1}},$$
$$(\lambda-\lambda_2)^{m_{21}},\ (\lambda-\lambda_2)^{m_{22}},\ \cdots,\ (\lambda-\lambda_2)^{m_{2k_2}},$$
$$\cdots\cdots\cdots\cdots$$
$$(\lambda-\lambda_t)^{m_{t1}},\ (\lambda-\lambda_t)^{m_{t2}},\ \cdots,\ (\lambda-\lambda_t)^{m_{tk_t}}$$

是 λ 矩阵 $\boldsymbol{A}(\lambda)$ 的初等因子组，其中 $m_{j1}\geqslant m_{j2}\geqslant\cdots\geqslant m_{jk_j}>0$，$j=1,2,\cdots,t$. 由于 λ 矩阵 $\boldsymbol{A}(\lambda)$ 的不变因子 $d_1(\lambda),d_2(\lambda),\cdots,d_r(\lambda)$ 依次一个整除另一个，而且 $\boldsymbol{A}(\lambda)$ 的每个初等因子必定是 $\boldsymbol{A}(\lambda)$ 的某个不变因子的一个因子，因此 $d_r(\lambda)$ 是初等因子组中分别属于 $\lambda_1,\lambda_2,\cdots,\lambda_t$ 的最高次幂的初等因子 $(\lambda-\lambda_1)^{m_{11}}$，$(\lambda-\lambda_2)^{m_{21}},\cdots,(\lambda-\lambda_t)^{m_{t1}}$ 的乘积，即

$$d_r(\lambda)=(\lambda-\lambda_1)^{m_{11}}(\lambda-\lambda_2)^{m_{21}}\cdots(\lambda-\lambda_t)^{m_{t1}}.$$

从 $\boldsymbol{A}(\lambda)$ 的初等因子组中去掉初等因子 $(\lambda-\lambda_1)^{m_{11}},(\lambda-\lambda_2)^{m_{21}},\cdots,(\lambda-\lambda_t)^{m_{t1}}$. 同理，不变因子 $d_{r-1}(\lambda)$ 是余下的初等因子中分别属于 $\lambda_1,\lambda_2,\cdots,\lambda_t$ 的最高次幂的初等因子 $(\lambda-\lambda_1)^{m_{12}},(\lambda-\lambda_2)^{m_{22}},\cdots,(\lambda-\lambda_t)^{m_{t2}}$ 的乘积，即

$$d_{r-1}(\lambda)=(\lambda-\lambda_1)^{m_{12}}(\lambda-\lambda_2)^{m_{22}}\cdots(\lambda-\lambda_t)^{m_{t2}}.$$

当然，如果在余下的初等因子中不出现属于 λ_j 的初等因子，则令 $(\lambda-\lambda_j)^{m_{j2}}=1$，即 $m_{j2}=0$. 如此继续，即可确定 λ 矩阵 $\boldsymbol{A}(\lambda)$ 的所有不变因子 $d_1(\lambda),d_2(\lambda),\cdots,$

$d_r(\lambda)$. 这表明，λ 矩阵 $\boldsymbol{A}(\lambda)$ 的不变因子由 $\boldsymbol{A}(\lambda)$ 的秩和初等因子组所唯一确定. 由于 λ 矩阵 $\boldsymbol{A}(\lambda)$ 与 $\boldsymbol{B}(\lambda)$ 的秩相等，初等因子组相同，所以 $\boldsymbol{A}(\lambda)$ 与 $\boldsymbol{B}(\lambda)$ 具有相同的不变因子. 由定理 6，λ 矩阵 $\boldsymbol{A}(\lambda)$ 与 $\boldsymbol{B}(\lambda)$ 相抵. 定理 7 证毕.

应当指出，定理 7 中关于 λ 矩阵的秩的条件是不能去掉的. 即是说，只有初等因子组，还不足以构成 λ 矩阵在相抵下的全系不变量. 请读者自己举例说明，具有相同的初等因子组的两个 $m\times n$ λ 矩阵并不一定相抵.

习　题

1. 求下列 λ 矩阵的 Smith 标准形，并求出它们的行列式因子，不变因子和初等因子组：

(1) $\begin{pmatrix}\lambda(\lambda+1) & 0 & 0\\ 0 & \lambda & 0\\ 0 & 0 & (\lambda+1)^2\end{pmatrix}$；　(2) $\begin{pmatrix}\lambda(\lambda-1) & 0 & 0\\ 0 & \lambda(\lambda-2) & 0\\ 0 & 0 & (\lambda-1)(\lambda-2)\end{pmatrix}$；

(3) $\begin{pmatrix}\lambda-2 & -1 & 0\\ 0 & \lambda-2 & -1\\ 0 & 0 & \lambda-2\end{pmatrix}$；　(4) $\begin{pmatrix}1-\lambda & \lambda^2 & \lambda\\ \lambda & \lambda & -\lambda\\ 1+\lambda^2 & \lambda^2 & -\lambda^2\end{pmatrix}$；

(5) $\begin{pmatrix}\lambda & -1 & 0 & 0 & 0\\ 0 & \lambda & -1 & 0 & 0\\ 0 & 0 & \lambda & -1 & 0\\ 0 & 0 & 0 & \lambda & -1\\ 1 & 2 & 3 & 4 & 5+\lambda\end{pmatrix}$；　(6) $\begin{pmatrix}\lambda & 1 & \cdots & 1 & 1\\ 0 & \lambda & \cdots & 1 & 1\\ & \cdots\cdots & & & \\ 0 & 0 & \cdots & \lambda & 1\\ 0 & 0 & \cdots & 0 & \lambda\end{pmatrix}_{n\times n}$.

2. 证明：任意一个满秩 λ 方阵 $\boldsymbol{A}(\lambda)$ 都可以表为 $\boldsymbol{A}(\lambda)=\boldsymbol{P}(\lambda)\boldsymbol{Q}(\lambda)$，其中 $\boldsymbol{P}(\lambda)$ 是可逆 λ 方阵，$\boldsymbol{Q}(\lambda)$ 是上三角 λ 方阵，而且它的对角元都是首一多项式，对角线以上的元素都是次数小于同一列的对角元的次数的多项式. 并证明这种表法唯一.

3. 证明：对 n 阶 Hermite 方阵 $\boldsymbol{H}_1$ 和 $\boldsymbol{H}_2$，λ 方阵 $\boldsymbol{H}_1+\lambda\boldsymbol{H}_2$ 的不变因子都是实系数多项式.

6.5　Jordan 标准形的求法

本节将利用 λ 矩阵在相抵下的标准形理论，重新处理复方阵在相似下的标准形问题，所说的方阵都指复方阵. 先证明一个引理.

引理 1　任意一个 n 阶 λ 方阵都可以表示为矩阵系数的多项式. 具体地说，对

给定的 n 阶非零的复 λ 矩阵 $\boldsymbol{A}(\lambda)=(a_{ij}(\lambda))$，恒存在 n 阶复方阵 $\boldsymbol{A}_0,\boldsymbol{A}_1,\cdots,\boldsymbol{A}_m$，使得

$$\boldsymbol{A}(\lambda)=\boldsymbol{A}_m\lambda^m+\boldsymbol{A}_{m-1}\lambda^{m-1}+\cdots+\boldsymbol{A}_1\lambda+\boldsymbol{A}_0, \tag{6.5.1}$$

其中 $\boldsymbol{A}_m\neq\boldsymbol{0}$.

证明 对于 λ 矩阵 $\boldsymbol{A}(\lambda)=(a_{ij}(\lambda))$，每个元素 $a_{ij}(\lambda)$ 都是复系数多项式，记为

$$a_{ij}(\lambda)=a_{ij}^{(m)}\lambda^m+a_{ij}^{(m-1)}\lambda^{m-1}+\cdots+a_{ij}^{(1)}\lambda+a_{ij}^{(0)}.$$

其中 $1\leqslant i,j\leqslant n$，并且存在某一对 i,j，使得 $a_{ij}^{(m)}\neq0$. 因此

$$\boldsymbol{A}(\lambda)=(a_{ij}^{(m)})\lambda^m+(a_{ij}^{(m-1)})\lambda^{m-1}+\cdots+(a_{ij}^{(1)})\lambda+(a_{ij}^{(0)}).$$

记 $\boldsymbol{A}_k=(a_{ij}^{(k)})$，$k=0,1,2,\cdots,m$. 则上式即为式(6.5.1)，引理 1 证毕.

下面的定理给出方阵的相似与 λ 方阵的相抵之间的重要联系.

定理 1 n 阶复方阵 $\boldsymbol{A}$ 与 $\boldsymbol{B}$ 相似的充分必要条件是，λ 方阵 $\lambda\boldsymbol{I}_{(n)}-\boldsymbol{A}$ 与 $\lambda\boldsymbol{I}_{(n)}-\boldsymbol{B}$ 相抵.

证明 设方阵 $\boldsymbol{A}$ 与 $\boldsymbol{B}$ 相似，即 $\boldsymbol{B}=\boldsymbol{P}^{-1}\boldsymbol{A}\boldsymbol{P}$，其中 $\boldsymbol{P}$ 是某个 n 阶可逆复方阵. 则 $\lambda\boldsymbol{I}_{(n)}-\boldsymbol{B}=\boldsymbol{P}^{-1}(\lambda\boldsymbol{I}_{(n)}-\boldsymbol{A})\boldsymbol{P}$. 方阵 $\boldsymbol{P}$ 当然是可逆的 λ 方阵. 因此 λ 矩阵 $\lambda\boldsymbol{I}_{(n)}-\boldsymbol{A}$ 与 $\lambda\boldsymbol{I}_{(n)}-\boldsymbol{B}$ 相抵.

反之，设 λ 方阵 $\lambda\boldsymbol{I}_{(n)}-\boldsymbol{A}$ 与 $\lambda\boldsymbol{I}_{(n)}-\boldsymbol{B}$ 相抵，即 $\lambda\boldsymbol{I}_{(n)}-\boldsymbol{B}=\boldsymbol{P}(\lambda)(\lambda\boldsymbol{I}_{(n)}-\boldsymbol{A})\cdot\boldsymbol{Q}(\lambda)$，其中 $\boldsymbol{P}(\lambda)$ 与 $\boldsymbol{Q}(\lambda)$ 是 n 阶可逆的 λ 方阵. 由引理 1，可设

$$\boldsymbol{Q}(\lambda)=\boldsymbol{Q}_k\lambda^k+\boldsymbol{Q}_{k-1}\lambda^{k-1}+\cdots+\boldsymbol{Q}_1\lambda+\boldsymbol{Q}_0,$$
$$\boldsymbol{Q}(\lambda)^{-1}=\boldsymbol{R}_m\lambda^m+\boldsymbol{R}_{m-1}\lambda^{m-1}+\cdots+\boldsymbol{R}_1\lambda+\boldsymbol{R}_0.$$

记

$$\mathbf{W}=\boldsymbol{Q}(\boldsymbol{B})=\boldsymbol{Q}_k\boldsymbol{B}^k+\boldsymbol{Q}_{k-1}\boldsymbol{B}^{k-1}+\cdots+\boldsymbol{Q}_1\boldsymbol{B}+\boldsymbol{Q}_0.$$

因为 $\boldsymbol{Q}(\lambda)^{-1}\cdot\boldsymbol{Q}(\lambda)=\boldsymbol{I}_{(n)}$，所以

$$\boldsymbol{R}_m\boldsymbol{Q}(\lambda)\lambda^m+\cdots+\boldsymbol{R}_1\boldsymbol{Q}(\lambda)\lambda+\boldsymbol{R}_0\boldsymbol{Q}(\lambda)=\boldsymbol{I}_{(n)}.$$

因此

$$\boldsymbol{R}_m\boldsymbol{W}\boldsymbol{B}^m+\cdots+\boldsymbol{R}_1\boldsymbol{W}\boldsymbol{B}+\boldsymbol{R}_0\boldsymbol{W}=\boldsymbol{I}_{(n)}. \tag{6.5.2}$$

但是，由于 $\lambda\boldsymbol{I}_{(n)}-\boldsymbol{B}=\boldsymbol{P}(\lambda)(\lambda\boldsymbol{I}_{(n)}-\boldsymbol{A})\boldsymbol{Q}(\lambda)$，所以 $\boldsymbol{P}(\lambda)^{-1}(\lambda\boldsymbol{I}_{(n)}-\boldsymbol{B})=(\lambda\boldsymbol{I}_{(n)}-\boldsymbol{A})\boldsymbol{Q}(\lambda)=\boldsymbol{Q}(\lambda)\lambda-\boldsymbol{A}\boldsymbol{Q}(\lambda)$. 用方阵 $\boldsymbol{B}$ 代换 λ，得到 $\boldsymbol{Q}(\boldsymbol{B})\boldsymbol{B}=\boldsymbol{A}\boldsymbol{Q}(\boldsymbol{B})$，即 $\boldsymbol{W}\boldsymbol{B}=\boldsymbol{A}\boldsymbol{W}$. 由此得到，$\boldsymbol{W}\boldsymbol{B}^2=\boldsymbol{A}^2\boldsymbol{W},\cdots,\boldsymbol{W}\boldsymbol{B}^l=\boldsymbol{A}^l\boldsymbol{W}$. 于是式(6.5.2)化为

$$(\boldsymbol{R}_m\boldsymbol{A}^m+\cdots+\boldsymbol{R}_1\boldsymbol{A}+\boldsymbol{R}_0)\boldsymbol{W}=\boldsymbol{I}_{(n)}.$$

这表明，方阵 $\boldsymbol{W}$ 可逆，并且 $\boldsymbol{B}=\boldsymbol{W}^{-1}\boldsymbol{A}\boldsymbol{W}$. 定理 1 证毕.

对于 n 阶复方阵 $\boldsymbol{A}$，λ 方阵 $\lambda\boldsymbol{I}_{(n)}-\boldsymbol{A}$ 称为方阵 $\boldsymbol{A}$ 的**特征方阵**. 显然特征方阵

$\lambda I_{(n)}-A$ 总是满秩的. 因此由定理 1 与 6.4 节定理 7, 立即得到:

定理 2　n 阶复方阵 A 与 B 相似的充分必要条件是: 它们的特征方阵 $\lambda I_{(n)}-A$ 与 $\lambda I_{(n)}-B$ 的初等因子组相同. 也就是说, 复方阵的特征方阵的初等因子组是复方阵在相似下的全系不变量.

利用复方阵 A 的特征方阵 $\lambda I_{(n)}-A$ 的初等因子组, 可以给出复方阵 A 在相似下的 Jordan 标准形. 为此, 我们先陈述下面的引理.

引理 2　准对角 λ 矩阵 $A(\lambda)=\mathrm{diag}(A_1(\lambda),A_2(\lambda))$ 的初等因子组由对角块 $A_1(\lambda)$ 与 $A_2(\lambda)$ 的初等因子组合并而成.

证明　设 $d_1(\lambda),d_2(\lambda),\cdots,d_r(\lambda)$ 和 $d_{r+1}(\lambda),d_{r+2}(\lambda),\cdots,d_{r+s}(\lambda)$ 分别是 λ 矩阵 $A_1(x)$ 和 $A_2(x)$ 的不变因子, 则存在可逆的方阵 $P_1(\lambda),P_2(\lambda)$ 和 $Q_1(\lambda)$, $Q_2(\lambda)$, 使得

$$P_1(\lambda)A_1(\lambda)Q_1(\lambda)=\begin{pmatrix}\mathrm{diag}(d_1(\lambda),d_2(\lambda),\cdots,d_r(\lambda)) & \mathbf{0}\\ \mathbf{0} & \mathbf{0}\end{pmatrix},$$

$$P_2(\lambda)A_2(\lambda)Q_2(\lambda)=\begin{pmatrix}\mathrm{diag}(d_{r+1}(\lambda),d_{r+2}(\lambda),\cdots,d_{r+s}(\lambda)) & \mathbf{0}\\ \mathbf{0} & \mathbf{0}\end{pmatrix}.$$

记 $P(\lambda)=\mathrm{diag}(P_1(\lambda),P_2(\lambda))$, $Q(\lambda)=\mathrm{diag}(Q_1(\lambda),Q_2(\lambda))$. 显然 $P(\lambda)$ 和 $Q(\lambda)$ 都可逆, 并且

$$P(\lambda)A(\lambda)Q(\lambda)=\begin{pmatrix}D_1 & 0 & 0 & 0\\ 0 & 0 & 0 & 0\\ 0 & 0 & D_2 & 0\\ 0 & 0 & 0 & 0\end{pmatrix},$$

其中 $D_1=\mathrm{diag}(d_1(\lambda),d_2(\lambda),d_r(\lambda))$, $D_2=\mathrm{diag}(d_{r+1}(\lambda),\cdots,d_{r+s}(\lambda))$. 记右端的 λ 矩阵为 $B(\lambda)$. 于是 λ 矩阵 $A(\lambda)$ 与 $B(\lambda)$ 相抵, 因此它们的初等因子组相同. 下面求 λ 矩阵 $B(\lambda)$ 的初等因子组.

记

$$d_1(\lambda)=(\lambda-\lambda_1)^{e_{11}}(\lambda-\lambda_2)^{e_{12}}\cdots(\lambda-\lambda_k)^{e_{1k}},$$
$$d_2(\lambda)=(\lambda-\lambda_1)^{e_{21}}(\lambda-\lambda_2)^{e_{22}}\cdots(\lambda-\lambda_k)^{e_{2k}},$$
$$\cdots\cdots$$
$$d_r(\lambda)=(\lambda-\lambda_1)^{e_{r1}}(\lambda-\lambda_2)^{e_{r2}}\cdots(\lambda-\lambda_k)^{e_{rk}},$$
$$d_{r+1}(\lambda)=(\lambda-\lambda_1)^{e_{r+1,1}}(\lambda-\lambda_2)^{e_{r+1,2}}\cdots(\lambda-\lambda_k)^{e_{r+1,k}},$$
$$\cdots\cdots$$
$$d_{r+s}(\lambda)=(\lambda-\lambda_1)^{e_{r+s,1}}(\lambda-\lambda_2)^{e_{r+s,2}}\cdots(\lambda-\lambda_k)^{e_{r+s,k}},$$

其中 e_{ij} 是非负整数，$\lambda_1,\lambda_2,\cdots,\lambda_k$ 是两两不同的复数. 由于不变因子依次一个整后另一个，所以 $0\leqslant e_{1j}\leqslant e_{2j}\leqslant\cdots\leqslant e_{rj}$，$0\leqslant e_{r+1,j}\leqslant e_{r+2,j}\leqslant\cdots\leqslant e_{r+s,j}$，$j=1,2,\cdots,k$. 显然，$\lambda$ 矩阵 $\boldsymbol{A}_1(\lambda)$ 的初等因子组为

$$\{(\lambda-\lambda_j)^{e_{ij}}: e_{ij}>0, 1\leqslant i\leqslant r, 1\leqslant j\leqslant k\},$$

$\boldsymbol{A}_2(\lambda)$ 的初等因子组为

$$\{(\lambda-\lambda_j)^{e_{r+i,j}}: e_{r+i,j}>0, 1\leqslant i\leqslant s, 1\leqslant j\leqslant k\}.$$

对于每个 j，将指数 $e_{1j},e_{2j},\cdots,e_{rj},e_{r+1,j},e_{r+2,j},\cdots,e_{r+s,j}$ 重排为 $e'_{1j},e'_{2j},\cdots,e'_{r+s,j}$，使得 $0\leqslant e'_{1j}\leqslant e'_{2j}\leqslant\cdots\leqslant e'_{r+s,j}$，$j=1,2,\cdots,k$.

容易看出，λ 矩阵 $\boldsymbol{B}(\lambda)$ 的 $r+s$ 阶行列式因子 $D_{r+s}(\lambda)$ 为

$$\begin{aligned}D_{r+s}(\lambda)&=d_1(\lambda)d_2(\lambda)\cdots d_r(\lambda)d_{r+1}(\lambda)\cdots d_{r+s}(\lambda)\\&=(\lambda-\lambda_1)^{e'_{11}+\cdots+e'_{r+s,1}}(\lambda-\lambda_2)^{e'_{12}+\cdots+e'_{r+s,2}}\cdots(\lambda-\lambda_k)^{e'_{1k}+\cdots+e'_{r+s,k}}.\end{aligned}$$

$\boldsymbol{B}(\lambda)$ 的所有非零的 $r+s-1$ 阶子式为 $\dfrac{D_{r+s}(\lambda)}{d_i(\lambda)}$，$i=1,2,\cdots,r+s$，而

$$\frac{D_{r+s}(\lambda)}{d_i(\lambda)}=(\lambda-\lambda_k)^{e'_{11}+\cdots+e'_{r+s,1}-e_{i1}}\cdots(\lambda-\lambda_k)^{e'_{1k}\cdots e'_{r+s,k}-e_{ik}}.$$

由于 $e'_{r+s,j}\geqslant e_{ij}$，因此 $e'_{1j}+\cdots+e'_{r+s,j}-e_{ij}\geqslant e'_{1j}+\cdots+e'_{r+s-1,j}$，而且等式当且仅当 $e_{ij}=e'_{r+s,j}$ 时成立. 所以，多项式 $\dfrac{D_{r+s}(\lambda)}{d_1(\lambda)},\cdots,\dfrac{D_{r+s}(\lambda)}{d_{r+s}(\lambda)}$ 的最大公因子，也即 $\boldsymbol{B}(\lambda)$ 的 $r+s-1$ 阶行列式因子 $D_{r+s-1}(\lambda)$ 为

$$D_{r+s-1}(\lambda)=(\lambda-\lambda_1)^{e'_{11}+\cdots+e'_{r+s-1,1}}\cdots(\lambda-\lambda_k)^{e'_{1k}+\cdots+e'_{r+s-1,k}}.$$

于是 $\boldsymbol{B}(\lambda)$ 的第 $r+s$ 个不变因子为

$$\tilde{d}_{r+s}(\lambda)=(\lambda-\lambda_1)^{e'_{r+s,1}}\cdots(\lambda-\lambda_k)^{e'_{r+s,k}}.$$

同理可得，$\boldsymbol{B}(\lambda)$ 的第 l 个不变因子为

$$\tilde{d}_l(\lambda)=(\lambda-\lambda_1)^{e'_{l1}}\cdots(\lambda-\lambda_k)^{e'_{lk}},\quad l=1,2,\cdots,r+s.$$

因此 $\boldsymbol{B}(\lambda)$ 的初等因子组为

$$\{(\lambda-\lambda_j)^{e'_{lj}}: e'_{lj}>0, 1\leqslant l\leqslant r+s, 1\leqslant j\leqslant k\}.$$

由于 $e'_{1j},e'_{2j},\cdots,e'_{r+s,j}$ 是 $e_{1j},e_{2j},\cdots,e_{r+s,j}$ 的重排，$j=1,2,\cdots,k$，所以 λ 矩阵 $\boldsymbol{B}(\lambda)$ 的初等因子组是 $\boldsymbol{A}_1(\lambda)$ 与 $\boldsymbol{A}_2(\lambda)$ 的初等因子组合并而成的. 引理 2 证毕.

定理 3 设 n 阶复方阵 $\boldsymbol{A}$ 的特征方阵 $\lambda\boldsymbol{I}_{(n)}-\boldsymbol{A}$ 的初等因子组为

$$\begin{array}{c}(\lambda-\lambda_1)^{m_{11}},\ (\lambda-\lambda_1)^{m_{12}},\ \cdots,\ (\lambda-\lambda_1)^{m_{1k_1}},\\(\lambda-\lambda_2)^{m_{21}},\ (\lambda-\lambda_2)^{m_{22}},\ \cdots,\ (\lambda-\lambda_2)^{m_{2k_2}},\\\cdots\cdots\cdots\cdots\\(\lambda-\lambda_t)^{m_{t1}},\ (\lambda-\lambda_t)^{m_{t2}},\ \cdots,\ (\lambda-\lambda_t)^{m_{tk_t}},\end{array}\tag{6.5.3}$$

其中 $m_{j1}\geqslant m_{j2}\geqslant\cdots\geqslant m_{jk_j}>0, j=1,2,\cdots,t$，且 $\lambda_1,\lambda_2,\cdots,\lambda_t$ 是两两不同的复数. 则复方阵 $\boldsymbol{A}$ 相似于如下的 Jordan 标准形：

$$\boldsymbol{J} = \mathrm{diag}(\boldsymbol{J}_{(m_{11})}(\lambda_1),\cdots,\boldsymbol{J}_{(m_{1k_1})}(\lambda_1),\cdots,\boldsymbol{J}_{(m_{tk_t})}(\lambda_t)),$$

其中 $\boldsymbol{J}_{(m_{jl})}(\lambda_j)=\lambda_j\boldsymbol{I}_{(m_{jl})}+\bar{N}^{\mathrm{T}}_{(m_{jl})}, l=1,2,\cdots,k_j, j=1,2,\cdots,t$.

证明 先计算准对角方阵 $\boldsymbol{J}$ 的对角块 $\boldsymbol{J}_{(m_{jl})}(\lambda_j)$ 的特征方阵 $\lambda\boldsymbol{I}_{(m_{jl})}-\boldsymbol{J}_{(m_{jl})}(\lambda_j)$的初等因子组. 显然

$$\lambda\boldsymbol{I}_{(m_{jl})}-\boldsymbol{J}_{(m_{jl})}(\lambda_j)=\begin{pmatrix}\lambda-\lambda_j & 0 & \cdots & 0 & 0\\ -1 & \lambda-\lambda_j & \cdots & 0 & 0\\ & & \cdots\cdots\cdots\cdots & & \\ 0 & 0 & \cdots & -1 & \lambda-\lambda_j\end{pmatrix}_{m_{jl}\times m_{jl}}.$$

容易求出，它的行列式因子为

$$D_1(\lambda)=\cdots=D_{m_{jl}-1}(\lambda)=1,\quad D_{m_{jl}}(\lambda)=(\lambda-\lambda_j)^{m_{jl}}.$$

所以，它的不变因子为

$$d_1(\lambda)=\cdots=d_{m_{jl}-1}(\lambda)=1,\quad d_{m_{jl}}(\lambda)=(\lambda-\lambda_j)^{m_{jl}}.$$

于是特征方阵 $\lambda\boldsymbol{I}_{(m_{jl})}-\boldsymbol{J}_{(m_{jl})}(\lambda_j)$的初等因子组为$(\lambda-\lambda_j)^{m_{jl}}, l=1,2,\cdots,k_j, j=1,2,\cdots,t$. 由引理 2，准对角方阵 $\boldsymbol{J}$ 的初等因子组即为式(6.5.3). 由定理 2，方阵 $\boldsymbol{A}$ 与 $\boldsymbol{J}$ 相似. 定理 3 证毕.

至此我们重新用 λ 矩阵在相抵下的标准形理论处理了复方阵在相似下的标准形问题. 问题是，复方阵 $\boldsymbol{A}$ 的特征方阵 $\lambda\boldsymbol{I}_{(n)}-\boldsymbol{A}$ 的初等因子组和本章 6.3 节所定义的复方阵 $\boldsymbol{A}$ 的初等因子组有何联系？对此有：

定理 4 n 阶复方阵 $\boldsymbol{A}$ 的特征方阵 $\lambda\boldsymbol{I}_{(n)}-\boldsymbol{A}$ 的初等因子组即是方阵 $\boldsymbol{A}$ 的初等因子组.

证明 设 n 阶复方阵 $\boldsymbol{A}$ 的特征方阵 $\lambda\boldsymbol{I}_{(n)}-\boldsymbol{A}$ 的初等因子组为$(\lambda-\lambda_1)^{e_1}$, $(\lambda-\lambda_2)^{e_2},\cdots,(\lambda-\lambda_t)^{e_t}$，这里复数 $\lambda_1,\lambda_2,\cdots,\lambda_t$ 允许相同. 则由定理 3 得

$$\mathbf{P}^{-1}\boldsymbol{AP}=\boldsymbol{J}=\mathrm{diag}(\boldsymbol{J}_{(e_1)}(\lambda_1),\boldsymbol{J}_{(e_2)}(\lambda_2),\cdots,\boldsymbol{J}_{(e_t)}(\lambda_t)),$$

其中 $\boldsymbol{P}$ 为 n 阶可逆复方阵. 取 n 维复线性空间 V 的基$\{\boldsymbol{\alpha}_1,\boldsymbol{\alpha}_2,\cdots,\boldsymbol{\alpha}_n\}$. 则由

$$\begin{cases}\mathscr{A}(\boldsymbol{\alpha}_1,\boldsymbol{\alpha}_2,\cdots,\boldsymbol{\alpha}_n)=(\boldsymbol{\alpha}_1,\boldsymbol{\alpha}_2,\cdots,\boldsymbol{\alpha}_n)\boldsymbol{A},\\ \mathscr{J}(\boldsymbol{\alpha}_1,\boldsymbol{\alpha}_2,\cdots,\boldsymbol{\alpha}_n)=(\boldsymbol{\alpha}_1,\boldsymbol{\alpha}_2,\cdots,\boldsymbol{\alpha}_n)\boldsymbol{J},\\ \mathscr{P}(\boldsymbol{\alpha}_1,\boldsymbol{\alpha}_2,\cdots,\boldsymbol{\alpha}_n)=(\boldsymbol{\alpha}_1,\boldsymbol{\alpha}_2,\cdots,\boldsymbol{\alpha}_n)\boldsymbol{P}\end{cases}\tag{6.5.4}$$

便确定了 V 的线性变换 $\mathscr{A},\mathscr{J}$ 与可逆线性变换 $\mathscr{P}$. 由于

$$\mathscr{P}^{-1}\mathscr{A}\mathscr{P}(\boldsymbol{\alpha}_1,\boldsymbol{\alpha}_2,\cdots,\boldsymbol{\alpha}_n)=(\boldsymbol{\alpha}_1,\boldsymbol{\alpha}_2,\cdots,\boldsymbol{\alpha}_n)P^{-1}\boldsymbol{AP}$$

$$= (\boldsymbol{\alpha}_1, \boldsymbol{\alpha}_2, \cdots, \boldsymbol{\alpha}_n)\boldsymbol{J},$$

所以$\mathscr{J} = \mathscr{P}^{-1}\mathscr{A}\mathscr{P}$,即线性变换$\mathscr{A}$与$\mathscr{J}$等价. 由6.3节定理3,线性变换$\mathscr{A}$与$\mathscr{J}$的初等因子组相同.

现在确定线性变换$\mathscr{J}$的初等因子组. 由于$\boldsymbol{J}_{(e_j)}(\lambda_j) = \lambda_j \boldsymbol{I}_{(e_j)} + \boldsymbol{N}^{\mathrm{T}}_{(e_j)}$,所以由式(6.5.4)得

$$\begin{aligned}
\mathscr{J}(\boldsymbol{\alpha}_{f_{j-1}+1}) &= \lambda_j \boldsymbol{\alpha}_{f_{j-1}+1} + \boldsymbol{\alpha}_{f_{j-1}+2}, \\
\mathscr{J}(\boldsymbol{\alpha}_{f_{j-1}+2}) &= \lambda_j \boldsymbol{\alpha}_{f_{j-1}+2} + \boldsymbol{\alpha}_{f_{j-1}+3}, \\
&\cdots\cdots \\
\mathscr{J}(\boldsymbol{\alpha}_{f_{j-1}+e_j-1}) &= \lambda_j \boldsymbol{\alpha}_{f_{j-1}+e_j-1} + \boldsymbol{\alpha}_{f_j}, \\
\mathscr{J}(\boldsymbol{\alpha}_{f_j}) &= \lambda_j \boldsymbol{\alpha}_{f_j},
\end{aligned}$$

其中$f_j = e_1 + e_2 + \cdots + e_j$, $j = 1, 2, \cdots, n$. 因此

$$\begin{aligned}
\boldsymbol{\alpha}_{f_{j-1}+2} &= (\mathscr{J} - \lambda_j \mathscr{I})(\boldsymbol{\alpha}_{f_{j-1}+1}), \\
\boldsymbol{\alpha}_{f_{j-1}+3} &= (\mathscr{J} - \lambda_j \mathscr{I})^2(\boldsymbol{\alpha}_{f_{j-1}+1}), \\
&\cdots\cdots \\
\boldsymbol{\alpha}_{f_{j-1}+e_j-1} &= (\mathscr{J} - \lambda_j \mathscr{I})^{e_j-2}(\boldsymbol{\alpha}_{f_{j-1}+1}), \\
\boldsymbol{\alpha}_{f_j} &= (\mathscr{J} - \lambda_j \mathscr{I})^{e_j-1}(\boldsymbol{\alpha}_{f_{j-1}+1}),
\end{aligned}$$

其中$\mathscr{I}$是V的单位变换. 记V中由向量$\boldsymbol{\alpha}_{f_{j-1}+1}, \boldsymbol{\alpha}_{f_{j-1}+2}, \cdots, \boldsymbol{\alpha}_{f_{j-1}+e_j-1}, \boldsymbol{\alpha}_{f_j}$生成的子空间为$C_j$,则$C_j$是由向量$\boldsymbol{\alpha}_{f_{j-1}+1}$生成的循环子空间,并且

$$V = C_1 \oplus C_2 \oplus \cdots \oplus C_t.$$

容易算得,$\mathscr{J}|_{C_j}$的最小多项式为$(\lambda - \lambda_j)^{e_j}$. 这就证明,线性变换$\mathscr{J}$的初等因子组也是$(\lambda - \lambda_1)^{e_1}, (\lambda - \lambda_2)^{e_2}, \cdots, (\lambda - \lambda_t)^{e_t}$. 定理4证毕.

最后总结一下求复方阵$\boldsymbol{A}$的Jordan标准形的过程如下:

(1) 对特征方阵$\lambda \boldsymbol{I}_{(n)} - \boldsymbol{A}$施行行或列的初等$\lambda$变换,把$\lambda \boldsymbol{I}_{(n)} - \boldsymbol{A}$化为Smith标准形,由此求得不变因子$d_1(\lambda), d_2(\lambda), \cdots, d_n(\lambda)$;

(2) 把不变因子$d_1(\lambda), d_2(\lambda), \cdots, d_n(\lambda)$分解为一次因子的乘积,求出初等因子组$(\lambda - \lambda_1)^{e_1}, (\lambda - \lambda_2)^{e_2}, \cdots, (\lambda - \lambda_t)^{e_t}$;

(3) 写出每个初等因子$(\lambda - \lambda_j)^{e_j}$相应的Jordan块$\lambda_j \boldsymbol{I}_{(e_j)} + \boldsymbol{N}^{\mathrm{T}}_{(e_j)}$, $j = 1, 2, \cdots, t$,然后它们组成准对角方阵,即得方阵$\boldsymbol{A}$的Jordan标准形$\boldsymbol{J}$.

使得$\boldsymbol{P}^{-1}\boldsymbol{A}\boldsymbol{P}$为Jordan标准形$\boldsymbol{J}$的可逆方阵$\boldsymbol{P}$称为过渡方阵. 过渡方阵$\boldsymbol{P}$的求法如下:

(1) 对特征方阵$\lambda \boldsymbol{I}_{(n)} - \boldsymbol{A}$施行行或列的初等$\lambda$变换,把$\lambda \boldsymbol{I}_{(n)} - \boldsymbol{A}$化为$\lambda \boldsymbol{I}_{(n)} -$

$\boldsymbol{J}$，便可求得 n 阶可逆 λ 方阵 $\boldsymbol{P}(\lambda)$ 和 $\boldsymbol{Q}(\lambda)$，使得

$$\boldsymbol{P}(\lambda)(\lambda\boldsymbol{I}_{(n)}-\boldsymbol{A})\boldsymbol{Q}(\lambda)=\lambda\boldsymbol{I}_{(n)}-\boldsymbol{J};$$

(2) 通过行的初等 λ 变换，把 $n\times 2n$ λ 矩阵 $(\boldsymbol{Q}(\lambda),\boldsymbol{I}_{(n)})$ 化为 $(\boldsymbol{I}_{(n)},\boldsymbol{R}(\lambda))$，即可求出 $\boldsymbol{Q}(\lambda)$ 的逆 $\boldsymbol{Q}(\lambda)^{-1}=\boldsymbol{R}(\lambda)$；

(3) 把 $\boldsymbol{R}(\lambda)$ 写成矩阵系数的多项式，即

$$\boldsymbol{R}(\lambda)=\boldsymbol{R}_m\lambda^m+\boldsymbol{R}_{m-1}\lambda^{m-1}+\cdots+\boldsymbol{R}_1\lambda+\boldsymbol{R}_0.$$

用方阵 $\boldsymbol{A}$ 代换其中的 λ，得

$$\boldsymbol{R}(\boldsymbol{A})=\boldsymbol{R}_m\boldsymbol{A}^m+\boldsymbol{R}_{m-1}\boldsymbol{A}^{m-1}+\cdots+\boldsymbol{R}_1\boldsymbol{A}+\boldsymbol{R}_0.$$

方阵 $\boldsymbol{R}(\boldsymbol{A})$ 即是所求的过渡方阵 $\boldsymbol{P}$.

请读者自己证明，如此求得的方阵 $\boldsymbol{P}$ 确实是过渡方阵.

习　题

1. 求下列方阵的 Jordan 标准形.

(1) $\begin{pmatrix}5 & -3 & 2\\ 6 & -4 & 4\\ 4 & -4 & 5\end{pmatrix}$；　　(2) $\begin{pmatrix}1 & -3 & 3\\ -2 & -6 & 13\\ -1 & -4 & 8\end{pmatrix}$；

(3) $\begin{pmatrix}1 & -3 & 4\\ 4 & -7 & 8\\ 6 & -7 & 7\end{pmatrix}$；　　(4) $\begin{pmatrix}\alpha & 0 & 0\\ 0 & \alpha & 0\\ \alpha & 0 & \alpha\end{pmatrix}$，$\alpha\neq 0$；

(5) $\begin{pmatrix}4 & 6 & -15\\ 3 & 4 & -12\\ 2 & 3 & -8\end{pmatrix}$；　　(6) $\begin{pmatrix}3 & -4 & 0 & 2\\ 4 & -5 & -2 & 4\\ 0 & 0 & 3 & -2\\ 0 & 0 & 2 & -1\end{pmatrix}$；

(7) $\begin{pmatrix}1 & -1 & 0 & \cdots & 0 & 0\\ 0 & 1 & -1 & \cdots & 0 & 0\\ & & \cdots\cdots & & & \\ 0 & 0 & 0 & \cdots & 1 & -1\\ 0 & 0 & 0 & \cdots & 0 & 1\end{pmatrix}_{n\times n}$；　　(8) $\begin{pmatrix}0 & 1 & 0 & \cdots & 0 & 0\\ 0 & 0 & 1 & \cdots & 0 & 0\\ & & \cdots\cdots & & & \\ 0 & 0 & 0 & \cdots & 0 & 1\\ 0 & 0 & 0 & \cdots & 0 & 0\end{pmatrix}_{n\times n}$；

(9) $\begin{pmatrix}0 & 1 & 0 & \cdots & 0\\ 0 & 0 & 1 & \cdots & 0\\ & & \cdots\cdots & & \\ 0 & 0 & 0 & \cdots & 1\\ 0 & 0 & 0 & \cdots & 0\end{pmatrix}_{n\times n}^{2}$；　　(10) $\begin{pmatrix}\alpha & 0 & 1 & 0 & \cdots & 0 & 0 & 0\\ 0 & \alpha & 0 & 1 & \cdots & 0 & 0 & 0\\ & & & \cdots\cdots & & & & \\ 0 & 0 & 0 & 0 & \cdots & \alpha & 0 & 1\\ 0 & 0 & 0 & 0 & \cdots & 0 & \alpha & 0\\ 0 & 0 & 0 & 0 & \cdots & 0 & 0 & \alpha\end{pmatrix}_{n\times n}$，$n\geqslant 3$；

(11) $\begin{pmatrix} 0 & 1 & 0 & \cdots & 0 \\ 0 & 0 & 1 & \cdots & 0 \\ & & \cdots\cdots & & \\ 0 & 0 & 0 & \cdots & 1 \\ 1 & 0 & 0 & \cdots & 0 \end{pmatrix}_{n\times n}$； (12) $\begin{pmatrix} 0 & 0 & \cdots & 0 & a_{1n} \\ 0 & 0 & \cdots & a_{2,n-1} & 0 \\ & & \cdots\cdots & & \\ 0 & a_{n-1,2} & \cdots & 0 & 0 \\ a_{n1} & 0 & \cdots & 0 & 0 \end{pmatrix}_{n\times n}$.

2. 设 n 阶方阵$\boldsymbol{J}$为

$$\boldsymbol{J} = \begin{pmatrix} \lambda & 1 & 0 & \cdots & 0 & 0 \\ 0 & \lambda & 1 & \cdots & 0 & 0 \\ & & \cdots\cdots & & & \\ 0 & 0 & 0 & \cdots & \lambda & 1 \\ 0 & 0 & 0 & \cdots & 0 & \lambda \end{pmatrix},$$

$f(\lambda)$是关于 λ 的多项式.证明：

$$f(\boldsymbol{J}) = \begin{pmatrix} f(\lambda) & \dfrac{f'(\lambda)}{1!} & \dfrac{f''(\lambda)}{2!} & \cdots & \dfrac{f^{(n-2)}(\lambda)}{(n-2)!} & \dfrac{f^{(n-1)}(\lambda)}{(n-1)!} \\ 0 & f(\lambda) & \dfrac{f'(\lambda)}{1!} & \cdots & \dfrac{f^{(n-3)}(\lambda)}{(n-3)!} & \dfrac{f^{(n-2)}(\lambda)}{(n-2)!} \\ & & \cdots\cdots & & & \\ 0 & 0 & 0 & \cdots & f(\lambda) & \dfrac{f'(\lambda)}{1!} \\ 0 & 0 & 0 & \cdots & 0 & f(\lambda) \end{pmatrix}.$$

3. 证明：一组两两可交换的可对角化方阵可以用同一个可逆方阵相似于对角形.

4. 证明：方阵 $\boldsymbol{A}$ 的最小多项式$d(\lambda)$的某次幂能被 $\boldsymbol{A}$ 的特征多项式$\varphi(\lambda)$整除.

5. 证明：方阵 $\boldsymbol{A}$ 相似于对角形的充分必要条件为，它的初等因子都是一次的.

6. 设 $\boldsymbol{A}$ 是可逆方阵.证明方阵 $\boldsymbol{AB}$ 和$\boldsymbol{BA}$ 相似.当 $\boldsymbol{A}$ 不可逆时，结论是否仍成立？

7. 设方阵 $\boldsymbol{A}$ 的特征值全是 1.证明方阵 $\boldsymbol{A}$ 的任意次幂都与$\boldsymbol{A}$ 相似.

8. 设 $\boldsymbol{A}$ 是n 维复线性空间 V 的线性变换 $\mathscr{A}$在 V 的某组基下的方阵.证明：$\mathscr{A}$是循环变换的充分必要条件为，方阵 $\boldsymbol{A}$ 的特征方阵$\lambda\boldsymbol{I}_{(n)}-\boldsymbol{A}$ 的$n-1$ 阶行列式因子 $D_{n-1}(\lambda)=1$.

6.6 一些例子

本节通过一些例子来说明 Jordan 标准形的应用.

例 1 n 阶复方阵$\boldsymbol{A}$ 和它的转置$\boldsymbol{A}^{\mathrm{T}}$ 相似.

证法1 容易看出,特征方阵 $\lambda \boldsymbol{I}_{(n)}-\boldsymbol{A}$ 和 $\lambda \boldsymbol{I}_{(n)}-\boldsymbol{A}^{\mathrm{T}}$ 的行列式因子相同.因此特征方阵 $\lambda \boldsymbol{I}_{(n)}-\boldsymbol{A}$ 和 $\lambda \boldsymbol{I}_{(n)}-\boldsymbol{A}^{\mathrm{T}}$ 相抵.所以方阵 $\boldsymbol{A}$ 和 $\boldsymbol{A}^{\mathrm{T}}$ 相似.

证法2 设方阵 $\boldsymbol{A}$ 的初等因子组为 $(\lambda-\lambda_1)^{e_1},(\lambda-\lambda_2)^{e_2},\cdots,(\lambda-\lambda_t)^{e_t}$,则方阵 $\boldsymbol{A}$ 相似于 Jordan 标准形 $\boldsymbol{J}$,即

$$\boldsymbol{P}^{-1}\boldsymbol{A}\boldsymbol{P}=\boldsymbol{J}=\operatorname{diag}(\lambda_1\boldsymbol{I}_{(e_1)}+\boldsymbol{N}_{(e_1)}^{\mathrm{T}},\lambda_2\boldsymbol{I}_{(e_2)}+\boldsymbol{N}_{(e_2)}^{\mathrm{T}},\cdots,\lambda_t\boldsymbol{I}_{(e_t)}+\boldsymbol{N}_{(e_t)}^{\mathrm{T}}),$$

其中 $\boldsymbol{P}$ 是某个 n 阶可逆复方阵.于是

$$\boldsymbol{P}^{\mathrm{T}}\boldsymbol{A}^{\mathrm{T}}(\boldsymbol{P}^{\mathrm{T}})^{-1}=\boldsymbol{J}^{\mathrm{T}}=\operatorname{diag}(\lambda_1\boldsymbol{I}_{(e_1)}+\boldsymbol{N}_{(e_1)},\lambda_2\boldsymbol{I}_{(e_2)}+\boldsymbol{N}_{(e_2)},\cdots,\lambda_t\boldsymbol{I}_{(e_t)}+\boldsymbol{N}_{(e_t)}).$$

记

$$\boldsymbol{S}_j=\begin{pmatrix}0&0&\cdots&0&1\\0&0&\cdots&1&0\\&&\cdots\cdots\cdots\cdots&&\\0&1&\cdots&0&0\\1&0&\cdots&0&0\end{pmatrix}_{e_j\times e_j},$$

则

$$\boldsymbol{S}_j^{-1}(\lambda_j\boldsymbol{I}_{(e_j)}+\boldsymbol{N}_{(e_j)}^{\mathrm{T}})\boldsymbol{S}_j=\lambda_j\boldsymbol{I}_{(e_j)}+\boldsymbol{N}_{(e_j)},\quad j=1,2,\cdots,t.$$

记 $\boldsymbol{S}=\operatorname{diag}(\boldsymbol{S}_1,\boldsymbol{S}_2,\cdots,\boldsymbol{S}_t)$,则 $\boldsymbol{S}^{-1}\boldsymbol{P}^{-1}\boldsymbol{A}\boldsymbol{P}\boldsymbol{S}=\boldsymbol{J}^{\mathrm{T}}=\boldsymbol{P}^{\mathrm{T}}\boldsymbol{A}^{\mathrm{T}}(\boldsymbol{P}^{\mathrm{T}})^{-1}$.所以 $(\boldsymbol{PSP}^{\mathrm{T}})^{-1}\cdot\boldsymbol{A}(\boldsymbol{PSP}^{\mathrm{T}})=\boldsymbol{A}^{\mathrm{T}}$,其中方阵 $\boldsymbol{PSP}^{\mathrm{T}}$ 显然可逆.因此方阵 $\boldsymbol{A}$ 和它的转置 $\boldsymbol{A}^{\mathrm{T}}$ 相似.

注1 证法2不但证明方阵 $\boldsymbol{A}$ 和它的转置 $\boldsymbol{A}^{\mathrm{T}}$ 相似,而且可以选取可逆对称方阵 $\boldsymbol{P}$,使得 $\boldsymbol{P}^{-1}\boldsymbol{A}\boldsymbol{P}=\boldsymbol{A}^{\mathrm{T}}$.

注2 由例1,属于初等因子 $(\lambda-\lambda_j)^{e_j}$ 的 Jordan 块 $\lambda_j\boldsymbol{I}_{(e_j)}+\boldsymbol{N}_{(e_j)}^{\mathrm{T}}$ 和 $\lambda_j\boldsymbol{I}_{(e_j)}+\boldsymbol{N}_{(e_j)}$ 相似,Jordan 标准形 $\boldsymbol{J}=\operatorname{diag}(\lambda_1\boldsymbol{I}_{(e_1)}+\boldsymbol{N}_{(e_1)}^{\mathrm{T}},\cdots,\lambda_t\boldsymbol{I}_{(e_t)}+\boldsymbol{N}_{(e_t)}^{\mathrm{T}})$ 和

$$\operatorname{diag}(\lambda_1\boldsymbol{I}_{(e_1)}+\boldsymbol{N}_{(e_1)},\cdots,\lambda_t\boldsymbol{I}_{(e_t)}+\boldsymbol{N}_{(e_t)})\tag{6.6.1}$$

相似.所以 $\lambda_j\boldsymbol{I}_{(e_j)}+\boldsymbol{N}_{(e_j)}$ 也称为属于初等因子 $(\lambda-\lambda_j)^{e_j}$ 的 Jordan 块,而形如的上三角方阵也称为 Jordan 标准形,以后我们说方阵 $\boldsymbol{A}$ 的 Jordan 标准形都指形如式(6.6.1)的上三角方阵.

例2 任意一个 n 阶复方阵 $\boldsymbol{A}$ 都可以表示为两个 n 阶对称复方阵的乘积,而且可以指定其中某一个是非奇异的.

证明 由例1,存在 n 阶可逆对称复方阵 $\boldsymbol{S}$,使得 $\boldsymbol{S}^{-1}\boldsymbol{A}^{\mathrm{T}}\boldsymbol{S}=\boldsymbol{A}$.记 $\boldsymbol{S}_1=\boldsymbol{S}^{-1}$,$\boldsymbol{S}_2=\boldsymbol{A}^{\mathrm{T}}\boldsymbol{S}$.则 $\boldsymbol{A}=\boldsymbol{S}_1\boldsymbol{S}_2$.由于 $\boldsymbol{A}^{\mathrm{T}}\boldsymbol{S}=\boldsymbol{S}\boldsymbol{A}$.因此 $\boldsymbol{S}_2^{\mathrm{T}}=(\boldsymbol{A}^{\mathrm{T}}\boldsymbol{S})^{\mathrm{T}}=\boldsymbol{S}\boldsymbol{A}=\boldsymbol{A}^{\mathrm{T}}\boldsymbol{S}=\boldsymbol{S}_2$,所以 $\boldsymbol{S}_2$ 是对称的.显然 $\boldsymbol{S}_1=\boldsymbol{S}^{-1}$ 是对称且可逆的;记 $\widetilde{\boldsymbol{S}}_1=\boldsymbol{S}^{-1}\boldsymbol{A}^{\mathrm{T}}$,$\widetilde{\boldsymbol{S}}_2=\boldsymbol{S}$,则 $\boldsymbol{A}=\widetilde{\boldsymbol{S}}_1\widetilde{\boldsymbol{S}}_2$.由于 $\boldsymbol{S}^{-1}\boldsymbol{A}^{\mathrm{T}}=\boldsymbol{A}\boldsymbol{S}^{-1}$,所以 $\widetilde{\boldsymbol{S}}_1^{\mathrm{T}}=(\boldsymbol{S}^{-1}\boldsymbol{A}^{\mathrm{T}})^{\mathrm{T}}=\boldsymbol{A}\boldsymbol{S}^{-1}=\widetilde{\boldsymbol{S}}_1$,即方阵 $\widetilde{\boldsymbol{S}}_1$ 是对称的.显然 $\widetilde{\boldsymbol{S}}_2=\boldsymbol{S}$ 是可逆对称的.例2证毕.

例 3 任意一个 n 阶复方阵 $\boldsymbol{A}$ 都相似于这样的上三角方阵,它的非零的非对角元都是任意小的正数.

证明 设 $(\lambda-\lambda_1)^{e_1},(\lambda-\lambda_2)^{e_2},\cdots,(\lambda-\lambda_t)^{e_t}$ 是方阵 $\boldsymbol{A}$ 的初等因子组,则存在可逆方阵 $\boldsymbol{P}$,使得

$$\boldsymbol{P}^{-1}\boldsymbol{A}\boldsymbol{P}=\boldsymbol{J}=\operatorname{diag}(\lambda_1\boldsymbol{I}_{(e_1)}+\boldsymbol{N}_{(e_1)},\lambda_2\boldsymbol{I}_{(e_2)}+\boldsymbol{N}_{(e_2)},\cdots,\lambda_t\boldsymbol{I}_{(e_t)}+\boldsymbol{N}_{(e_t)}).$$

设 ε 是任意小的正数,且 $\boldsymbol{E}_{(e_j)}=\operatorname{diag}(\varepsilon,\varepsilon^2,\cdots,\varepsilon^{e_j})$,则

$$\boldsymbol{E}_{(e_j)}^{-1}(\lambda_j\boldsymbol{I}_{(e_j)}+\boldsymbol{N}_{(e_j)})\boldsymbol{E}_{(e_j)}=\begin{pmatrix}\lambda_j&\varepsilon&0&\cdots&0&0\\0&\lambda_j&\varepsilon&\cdots&0&0\\&&\cdots\cdots&&&\\0&0&0&\cdots&\lambda_j&\varepsilon\\0&0&0&\cdots&0&\lambda_j\end{pmatrix}_{e_j\times e_j}.$$

记 $\boldsymbol{E}=\operatorname{diag}(\boldsymbol{E}_{(e_1)},\boldsymbol{E}_{(e_2)},\cdots,\boldsymbol{E}_{(e_t)})$,则

$$(\boldsymbol{P}\boldsymbol{E})^{-1}\boldsymbol{A}(\boldsymbol{P}\boldsymbol{E})=\operatorname{diag}(\lambda_1\boldsymbol{I}_{(e_1)}+\varepsilon\boldsymbol{N}_{(e_1)},\lambda_2\boldsymbol{I}_{(e_2)}+\varepsilon\boldsymbol{N}_{(e_2)},\cdots,\lambda_t\boldsymbol{I}_{(e_t)}+\varepsilon\boldsymbol{N}_{(e_t)}).$$

例 3 证毕.

注 3 由例 1,如果例 3 中把上三角方阵改成为下三角方阵,结论仍成立.

例 4 n 阶复方阵 $\boldsymbol{A}$ 的最小多项式 $d(\lambda)$ 等于特征方阵 $\lambda\boldsymbol{I}_{(n)}-\boldsymbol{A}$ 的第 n 个不变因子 $d_n(\lambda)$.

证明 设方阵 $\boldsymbol{A}$ 的初等因子组为

$$\begin{gathered}(\lambda-\lambda_1)^{m_{11}},(\lambda-\lambda_1)^{m_{12}},\cdots,(\lambda-\lambda_1)^{m_{1k_1}},\\(\lambda-\lambda_2)^{m_{21}},(\lambda-\lambda_2)^{m_{22}},\cdots,(\lambda-\lambda_2)^{m_{2k_2}},\\\cdots\cdots\\(\lambda-\lambda_t)^{m_{t1}},(\lambda-\lambda_t)^{m_{t2}},\cdots,(\lambda-\lambda_t)^{m_{tk_t}},\end{gathered}$$

其中 $\lambda_1,\lambda_2,\cdots,\lambda_t$ 是两两不同的复数,$m_{j1}\geqslant m_{j2}\geqslant\cdots\geqslant m_{jk_j}$,$j=1,2,\cdots,t$.则特征方阵 $\lambda\boldsymbol{I}_{(n)}-\boldsymbol{A}$ 的第 n 个不变因子为 $d_n(\lambda)=(\lambda-\lambda_1)^{m_{11}}(\lambda-\lambda_2)^{m_{21}}\cdots(\lambda-\lambda_t)^{m_{t1}}$.记属于初等因子 $(\lambda-\lambda_j)^{m_{jl}}$ 的 Jordan 块为 $\boldsymbol{J}_{jl}=\lambda_j\boldsymbol{I}_{(m_{jl})}+\boldsymbol{N}_{(m_{jl})}$,$l=1,2,\cdots,k_j$,$j=1,2,\cdots,t$,则存在可逆方阵 $\boldsymbol{P}$,使得

$$\boldsymbol{A}=\boldsymbol{P}^{-1}\boldsymbol{J}\boldsymbol{P}=\boldsymbol{P}^{-1}\operatorname{diag}(\boldsymbol{J}_{11},\cdots,\boldsymbol{J}_{1k_1},\cdots,\boldsymbol{J}_{t1},\cdots,\boldsymbol{J}_{tk_t})\boldsymbol{P}.$$

容易验证,如果 $f(\lambda)$ 是复系数多项式,且 $\boldsymbol{A}=\boldsymbol{P}^{-1}\boldsymbol{B}\boldsymbol{P}$,则 $f(\boldsymbol{A})=\boldsymbol{P}^{-1}f(\boldsymbol{B})\boldsymbol{P}$,而且如果方阵 $\boldsymbol{A}=\operatorname{diag}(\boldsymbol{A}_1,\boldsymbol{A}_2,\cdots,\boldsymbol{A}_k)$,则 $f(\boldsymbol{A})=\operatorname{diag}(f(\boldsymbol{A}_1),f(\boldsymbol{A}_2),\cdots,f(\boldsymbol{A}_k))$.因此

$$d_n(\boldsymbol{J})=\operatorname{diag}(d_n(\boldsymbol{J}_{11}),\cdots,d_n(\boldsymbol{J}_{1k_1}),\cdots,d_n(\boldsymbol{J}_{t1}),\cdots,d_n(\boldsymbol{J}_{tk_t})).$$

由于

$$d_n(\boldsymbol{J}_{jl}) = (\boldsymbol{J}_{jl} - \lambda_1 \boldsymbol{I}_{(m_{jl})})^{m_{11}} (\boldsymbol{J}_{jl} - \lambda_2 \boldsymbol{I}_{(m_{jl})})^{m_{21}} \cdots (\boldsymbol{J}_{jl} - \lambda_t \boldsymbol{I}_{(m_{jl})})^{m_{t1}},$$

并且

$$(\boldsymbol{J}_{jl} - \lambda_j \boldsymbol{I}_{(m_{jl})})^{m_{j1}} = (\boldsymbol{N}_{(m_{jl})})^{m_{j1}} = \boldsymbol{0},$$

所以 $d_n(\boldsymbol{J}_{jl}) = \boldsymbol{0}, l = 1,2,\cdots,k_j, j = 1,2,\cdots,t$. 于是 $d_n(\boldsymbol{J}) = \boldsymbol{0}$. 因此 $d_n(\boldsymbol{A}) = \boldsymbol{P}^{-1} \cdot d_n(\boldsymbol{J})\boldsymbol{P} = \boldsymbol{0}$. 这就证明了 $d_n(\lambda)$是方阵 $\boldsymbol{A}$ 的化零多项式.

因为 $d(\lambda)$是方阵 $\boldsymbol{A}$ 的最小多项式,所以 $d(\lambda)$整除 $d_n(\lambda)$. 而 $d(\lambda)$又是首一多项式,因此可设

$$d(\lambda) = (\lambda - \lambda_1)^{e_1} (\lambda - \lambda_2)^{e_2} \cdots (\lambda - \lambda_t)^{e_t},$$

其中 $e_j \leqslant m_{j1}, j = 1,2,\cdots,t$. 如果有某个 e_j,使得 $e_j < m_{jl}$,则

$$d(\boldsymbol{J}) = \operatorname{diag}(d(\boldsymbol{J}_{11}),\cdots,d(\boldsymbol{J}_{1k_1}),\cdots,d(\boldsymbol{J}_{t1}),\cdots,d(\boldsymbol{J}_{tk_t})),$$

其中

$$d(\boldsymbol{J}_{jl}) = (\boldsymbol{J}_{jl} - \lambda_1 \boldsymbol{I}_{(m_{jl})})^{e_1} (\boldsymbol{J}_{jl} - \lambda_2 \boldsymbol{I}_{(m_{jl})})^{e_2} \cdots (\boldsymbol{J}_{jl} - \lambda_s \boldsymbol{I}_{(m_{jl})})^{e_t}.$$

显然,当 $i \neq j$ 时,$(\boldsymbol{J}_{jl} - \lambda_i \boldsymbol{I}_{(m_{jl})})^{e_i}$ 是上三角方阵,而且对角元都是$(\lambda_j - \lambda_i)^{e_i} \neq 0$,所以$(\boldsymbol{J}_{jl} - \lambda_i \boldsymbol{I}_{(m_{jl})})^{e_i}$ 可逆;当 $i = j$ 时,由于 $e_j < m_{jl}$,所以$(\boldsymbol{J}_{jl} - \lambda_j \boldsymbol{I}_{(m_{jl})})^{e_j} = (\boldsymbol{N}_{(m_{jl})})^{e_j} \neq \boldsymbol{0}$. 从而 $d(\boldsymbol{J}) \neq \boldsymbol{0}$. 因此 $d(\boldsymbol{J}_{jl}) \neq \boldsymbol{0}$. 于是 $d(\boldsymbol{A}) = \boldsymbol{P}^{-1} d(\boldsymbol{J})\boldsymbol{P} \neq \boldsymbol{0}$,与最小多项式 $d(\lambda)$是方阵 $\boldsymbol{A}$ 的化零多项式矛盾. 所以 $e_j = m_{j1}, j = 1,2,\cdots,t$,也即 $d(\lambda) = d_n(\lambda)$. 证毕.

例 5　n 阶复方阵$\boldsymbol{A}$ 相似于对角形的充分必要条件是,方阵 $\boldsymbol{A}$ 的最小多项式没有重根.

证明　设方阵 $\boldsymbol{A}$ 相似于对角形$\boldsymbol{J} = \operatorname{diag}(\lambda_1,\lambda_2,\cdots,\lambda_n)$,则方阵 $\boldsymbol{J}$ 也是方阵$\boldsymbol{A}$ 的 Jordan 标准形. 所以方阵 $\boldsymbol{A}$ 的初等因子组为$(\lambda - \lambda_1),(\lambda - \lambda_2),\cdots,(\lambda - \lambda_n)$. 设 $\lambda_1,\lambda_2,\cdots,\lambda_t$ 是$\lambda_1,\lambda_2,\cdots,\lambda_n$ 中全部不同的复数,则方阵 $\boldsymbol{A}$ 的最小多项式(也即特征方阵 $\lambda\boldsymbol{I}_{(n)} - \boldsymbol{A}$ 的第n 个不变因子)为 $d(\lambda) = (\lambda - \lambda_1)(\lambda - \lambda_2)\cdots(\lambda - \lambda_t)$. 因此 $d(\lambda)$没有重根.

反之,设方阵 $\boldsymbol{A}$ 的最小多项式 $d(\lambda)$没有重根,则特征方阵 $\lambda\boldsymbol{I}_{(n)} - \boldsymbol{A}$ 的第 n 个不变因子没有重根. 所以方阵 $\boldsymbol{A}$ 的初等因子都是一次的. 因此属于每个初等因子的 Jordan 块都是一阶方阵. 这表明,方阵 $\boldsymbol{A}$ 的 Jordan 标准形是对角方阵. 证毕.

例 6　设 n 阶复方阵$\boldsymbol{A}$ 的最小多项式$d(\lambda)$的次数为 s,且 $\boldsymbol{B} = (b_{ij})$是 s 阶方阵,其中 $b_{ij} = \operatorname{tr}(\boldsymbol{A}^{i+j}), 1 \leqslant i, j \leqslant s$. 则方阵 $\boldsymbol{A}$ 相似于对角形的充分必要条件是$\det \boldsymbol{B} \neq 0$.

证明　设 $\lambda_1,\lambda_2,\cdots,\lambda_t$ 是方阵$\boldsymbol{A}$ 的全部不同特征值,它们的代数重数依次为 $e_1,e_2,\cdots,e_t$.

必要性　因为方阵 $\boldsymbol{A}$ 相似于对角形,所以方阵 $\boldsymbol{A}$ 的最小多项式 $d(\lambda)$ 没有重根,因此 $\deg d(\lambda)=s=t$. 我们知道,方阵 $\boldsymbol{A}^{i+j}$ 的特征值为 $\lambda_1^{i+j},\lambda_2^{i+j},\cdots,\lambda_t^{i+j}$,而且它们的代数重数依次为 $e_1,e_2,\cdots,e_t$. 所以

$$b_{ij}=e_1\lambda_1^{i+j}+e_2\lambda_2^{i+j}+\cdots+e_t\lambda_t^{i+j},\quad 1\leqslant i,j\leqslant s.$$

于是

$$\begin{aligned}\det \boldsymbol{B}&=\det(b_{ij})=\det(e_1\lambda_1^{i+j}+e_2\lambda_2^{i+j}+\cdots+e_t\lambda_t^{i+j})\\&=\det\left(\begin{pmatrix}e_1\lambda_1 & e_2\lambda_2 & \cdots & e_t\lambda_t\\ e_1\lambda_1^2 & e_2\lambda_2^2 & \cdots & e_t\lambda_t^2\\ & \cdots\cdots\cdots & & \\ e_1\lambda_1^t & e_2\lambda_2^t & \cdots & e_t\lambda_t^t\end{pmatrix}\begin{pmatrix}\lambda_1 & \lambda_1^2 & \cdots & \lambda_1^t\\ \lambda_2 & \lambda_2^2 & \cdots & \lambda_2^t\\ & \cdots\cdots\cdots & & \\ \lambda_t & \lambda_t^2 & \cdots & \lambda_t^t\end{pmatrix}\right)\\&=e_1e_2\cdots e_t\lambda_1^2\lambda_2^2\cdots\lambda_t^2\prod_{1\leqslant i<j\leqslant t}(\lambda_i-\lambda_j)^2\neq 0.\end{aligned}$$

充分性　设 $\det \boldsymbol{B}\neq 0$. 如果方阵 $\boldsymbol{A}$ 不相似于对角形,则方阵 $\boldsymbol{A}$ 的最小多项式 $d(\lambda)$ 有重根,因此 $t<s$. 所以

$$\det \boldsymbol{B}=\det(b_{ij})=\det(e_1\lambda_1^{i+j}+e_2\lambda_2^{i+j}+\cdots+e_t\lambda_t^{i+j})$$

$$=\det\left(\begin{pmatrix}e_1\lambda_1 & e_2\lambda_2 & \cdots & e_t\lambda_t & 0 & \cdots & 0\\ e_1\lambda_1^2 & e_2\lambda_2^2 & \cdots & e_t\lambda_t^2 & 0 & \cdots & 0\\ & & \cdots\cdots\cdots & & & & \\ e_1\lambda_1^s & e_2\lambda_2^s & \cdots & e_t\lambda_t^s & \underbrace{0 & \cdots & 0}_{s-t}\end{pmatrix}\begin{pmatrix}\lambda_1 & \lambda_1^2 & \cdots & \lambda_1^s\\ \lambda_2 & \lambda_2^2 & \cdots & \lambda_2^s\\ & \cdots\cdots\cdots & & \\ \lambda_t & \lambda_t^2 & \cdots & \lambda_t^s\\ 0 & 0 & \cdots & 0\\ & \cdots\cdots\cdots & & \\ 0 & 0 & \cdots & 0\end{pmatrix}\right)=0,$$

矛盾. 这就证明,方阵 $\boldsymbol{A}$ 相似于对角形. 证毕.

例 7　如果 n 阶复方阵 $\boldsymbol{R}$ 相似于如下的准对角方阵:

$$\operatorname{diag}\left(\begin{pmatrix}0 & 1\\ 1 & 0\end{pmatrix},\underbrace{1,1,\cdots,1}_{n-2\text{个}}\right),$$

则方阵 $\boldsymbol{R}$ 称为反射. 证明:如果对合方阵 $\boldsymbol{A}$(即满足 $\boldsymbol{A}^2=\boldsymbol{I}_{(n)}$)不是纯量方阵,则方阵 $\boldsymbol{A}$ 可以分解为有限个反射的乘积.

证明　因为方阵 $\boldsymbol{A}$ 是对合方阵,即 $\boldsymbol{A}^2=\boldsymbol{I}_{(n)}$,所以 $f(\lambda)=\lambda^2-1$ 是方阵 $\boldsymbol{A}$ 的化零多项式. 由于方阵 $\boldsymbol{A}$ 的最小多项式 $d(\lambda)$ 整除方阵 $\boldsymbol{A}$ 的化零多项式,因此 $d(\lambda)=\lambda-1,\lambda+1$ 或 λ^2-1. 如果 $d(\lambda)=\lambda-1$ 或 $\lambda+1$,则 $\boldsymbol{A}=\boldsymbol{I}_{(n)}$ 或 $\boldsymbol{A}=-\boldsymbol{I}_{(n)}$,即方阵 $\boldsymbol{A}$ 为纯量方阵,这不可能. 所以 $d(\lambda)=\lambda^2-1$. 于是方阵 $\boldsymbol{A}$ 的最小多项式 $d(\lambda)$ 没有重根. 因此方阵 $\boldsymbol{A}$ 相似于对角方阵,其对角元应为方阵 $\boldsymbol{A}$ 的特征

值.由于方阵 $\boldsymbol{A}$ 的特征值应是最小多项式的根,所以方阵 $\boldsymbol{A}$ 的特征值只是能是 1 或者 -1. 于是方阵 $\boldsymbol{A}$ 相似于对角形 $\mathrm{diag}(-\boldsymbol{I}_{(s)},\boldsymbol{I}_{(n-s)})$. 注意,$1\leqslant s\leqslant n-1$,否则方阵为纯量方阵. 这表明,存在 n 阶可逆复方阵 $\boldsymbol{P}$,使得

$$\begin{aligned}\boldsymbol{A} &= \boldsymbol{P}^{-1}\mathrm{diag}(\underbrace{-1,-1,\cdots,-1}_{s\text{个}},1,1,\cdots,1)\boldsymbol{P}\\ &= \boldsymbol{P}^{-1}\mathrm{diag}(-1,1,\cdots,1)\boldsymbol{P}\cdot\boldsymbol{P}^{-1}\mathrm{diag}(1,-1,1,\cdots,1)\boldsymbol{P}\cdot\cdots\\ &\quad\cdot\boldsymbol{P}^{-1}\mathrm{diag}(1,1,\cdots,1,-1,1,\cdots,1)\boldsymbol{P}.\end{aligned}$$

记 $\boldsymbol{R}_i=\boldsymbol{P}^{-1}\mathrm{diag}(1,1,\cdots,1,\underset{i}{-1},1,\cdots,1)\boldsymbol{P}$, $i=1,2,\cdots,s$. 取

$$\boldsymbol{Q}_i = \mathrm{diag}\left(1,\cdots,1,\begin{pmatrix}1 & -1\\ 1 & 1\end{pmatrix},\underset{i+2}{1},\cdots,1\right),\quad i=1,2,\cdots,s.$$

则当 $1\leqslant i\leqslant s$ 时,

$$\mathrm{diag}(1,1,\cdots,1,\underset{i}{-1},1,\cdots,1) = \boldsymbol{Q}_i\,\mathrm{diag}\left(1,\cdots,1,\begin{pmatrix}0 & 1\\ 1 & 0\end{pmatrix},\underset{i+2}{1},\cdots,1\right)\boldsymbol{Q}_i^{-1}.$$

所以 $\boldsymbol{R}_i$ 是反射,$i=1,2,\cdots,s$. 于是方阵 $\boldsymbol{A}$ 是反射 $\boldsymbol{R}_1,\boldsymbol{R}_2,\cdots,\boldsymbol{R}_s$ 的乘积. 证毕.

例 8 设 $\boldsymbol{A}$ 是 $m\times n$ 复矩阵,$\boldsymbol{B}$ 和 $\boldsymbol{C}$ 分别是 n 阶和 m 阶复方阵,方阵 $\boldsymbol{B}$ 和 $\boldsymbol{C}$ 没有公共的特征值,而且 $\boldsymbol{AB}=\boldsymbol{CA}$. 证明 $\boldsymbol{A}=\boldsymbol{0}$.

证法 1 先考虑方阵 $\boldsymbol{B}$ 和 $\boldsymbol{C}$ 都是 Jordan 块的情形,即设

$$\boldsymbol{B} = \begin{pmatrix}\lambda_1 & 1 & 0 & \cdots & 0 & 0\\ 0 & \lambda_1 & 1 & \cdots & 0 & 0\\ & & \cdots\cdots & & & \\ 0 & 0 & 0 & \cdots & \lambda_1 & 1\\ 0 & 0 & 0 & \cdots & 0 & \lambda_1\end{pmatrix}_{n\times n},\quad \boldsymbol{C} = \begin{pmatrix}\lambda_2 & 1 & 0 & \cdots & 0 & 0\\ 0 & \lambda_2 & 1 & \cdots & 0 & 0\\ & & \cdots\cdots & & & \\ 0 & 0 & 0 & \cdots & \lambda_2 & 1\\ 0 & 0 & 0 & \cdots & 0 & \lambda_2\end{pmatrix}_{m\times m},$$

其中 $\lambda_1\neq\lambda_2$. 设 $\boldsymbol{A}=(a_{ij})_{m\times n}$,则由 $\boldsymbol{AB}=\boldsymbol{CA}$ 得到

$$\begin{aligned}&\begin{pmatrix}\lambda_1 a_{11} & a_{11}+\lambda_1 a_{12} & \cdots & a_{1,n-1}+\lambda_1 a_{1n}\\ \lambda_1 a_{21} & a_{21}+\lambda_1 a_{22} & \cdots & a_{2,n-1}+\lambda_1 a_{2n}\\ & \cdots\cdots & & \\ \lambda_1 a_{m1} & a_{m1}+\lambda_1 a_{m2} & \cdots & a_{m,n-1}+\lambda_1 a_{mn}\end{pmatrix}\\ &= \begin{pmatrix}\lambda_2 a_{11}+a_{21} & \lambda_2 a_{12}+a_{22} & \cdots & \lambda_2 a_{1n}+a_{2n}\\ \lambda_2 a_{21}+a_{31} & \lambda_2 a_{22}+a_{32} & \cdots & \lambda_2 a_{2n}+a_{3n}\\ & \cdots\cdots & & \\ \lambda_2 a_{m-1,1}+a_{m1} & \lambda_2 a_{m-1,2}+a_{m2} & \cdots & \lambda_2 a_{m-1,n}+a_{mn}\\ \lambda_2 a_{m1} & \lambda_2 a_{m2} & \cdots & \lambda_2 a_{mn}\end{pmatrix}.\end{aligned}$$

比较上式两端矩阵的元素，由比较第 m 行上第 1 个元素得到 $\lambda_1 a_{m1}=\lambda_2 a_{m1}$，因为 $\lambda_1\neq\lambda_2$，故 $a_{m1}=0$. 再比较第 m 行上第 2 个元素得到 $a_{m2}=0,\cdots$，再比较第 m 行上第 n 个元素得到 $a_{mn}=0$. 然后再比较第 $m-1$ 行上的元素，得到 $a_{m-1,1}=a_{m-1,2}=\cdots=a_{m-1,n}=0$. 如此继续，即得 $\boldsymbol{A}=\boldsymbol{0}$.

现在考虑一般情形. 设

$$\boldsymbol{P}^{-1}\boldsymbol{BP}=\boldsymbol{J}=\mathrm{diag}(\boldsymbol{J}_1,\boldsymbol{J}_2,\cdots,\boldsymbol{J}_k),$$

$$\boldsymbol{Q}^{-1}\boldsymbol{CQ}=\widetilde{\boldsymbol{J}}=\mathrm{diag}(\widetilde{\boldsymbol{J}}_1,\widetilde{\boldsymbol{J}}_2,\cdots,\widetilde{\boldsymbol{J}}_l),$$

其中 $\boldsymbol{P}$ 和 $\boldsymbol{Q}$ 分别是 n 阶和 m 阶可逆复方阵，$\boldsymbol{J}_1,\boldsymbol{J}_2,\cdots,\boldsymbol{J}_k$ 和 $\widetilde{\boldsymbol{J}}_1,\widetilde{\boldsymbol{J}}_2,\cdots,\widetilde{\boldsymbol{J}}_l$ 都是 Jordan 块. 记 $\widetilde{\boldsymbol{A}}=\boldsymbol{Q}^{-1}\boldsymbol{AP}$，则由 $\boldsymbol{AB}=\boldsymbol{CA}$ 得到 $\widetilde{\boldsymbol{A}}\boldsymbol{J}=\widetilde{\boldsymbol{J}}\widetilde{\boldsymbol{A}}$. 将方阵 $\widetilde{\boldsymbol{A}}$ 分块为 $\widetilde{\boldsymbol{A}}=(\boldsymbol{A}_{ij})$，使得等式 $\widetilde{\boldsymbol{A}}\boldsymbol{J}=\widetilde{\boldsymbol{J}}\widetilde{\boldsymbol{A}}$ 能按分块进行运算. 因此由 $\widetilde{\boldsymbol{A}}\boldsymbol{J}=\widetilde{\boldsymbol{J}}\widetilde{\boldsymbol{A}}$ 得到

$$\boldsymbol{A}_{ij}\boldsymbol{J}_j=\widetilde{\boldsymbol{J}}_i\boldsymbol{A}_{ij},\quad 1\leqslant i\leqslant l,1\leqslant j\leqslant k.$$

因为方阵 $\boldsymbol{B}$ 和 $\boldsymbol{C}$ 没有公共特征值，所以方阵 $\boldsymbol{J}_j$ 和 $\widetilde{\boldsymbol{J}}_i$ 也没有公共特征值. 由上一段的证明，$\boldsymbol{A}_{ij}=\boldsymbol{0},1\leqslant i\leqslant l,1\leqslant j\leqslant k$，所以 $\boldsymbol{A}=\boldsymbol{0}$.

证法 2 设

$$\boldsymbol{P}^{-1}\boldsymbol{BP}=\boldsymbol{J}=\mathrm{diag}(\boldsymbol{J}_1,\boldsymbol{J}_2,\cdots,\boldsymbol{J}_k),$$

其中 $\boldsymbol{P}$ 是 n 阶可逆复方阵，$\boldsymbol{J}_1,\boldsymbol{J}_2,\cdots,\boldsymbol{J}_k$ 是 Jordan 块，且 $\varphi(\lambda)$ 是方阵 $\boldsymbol{C}$ 的特征多项式. 则

$$\varphi(\boldsymbol{B})=\boldsymbol{P}\varphi(\boldsymbol{J})\boldsymbol{P}^{-1}=\boldsymbol{P}\mathrm{diag}(\varphi(\boldsymbol{J}_1),\varphi(\boldsymbol{J}_2),\cdots,\varphi(\boldsymbol{J}_k))\boldsymbol{P}^{-1}.$$

设 $\varphi(\lambda)=(\lambda-\lambda_1)^{e_1}(\lambda-\lambda_2)^{e_2}\cdots(\lambda-\lambda_t)^{e_t}$，其中 $\lambda_1,\lambda_2,\cdots,\lambda_t$ 是方阵 $\boldsymbol{C}$ 的全部不同特征值，而 $\boldsymbol{J}_i=\mu_i\boldsymbol{I}_{(n_i)}+\boldsymbol{N}_{(n_i)}$，其中 μ_i 是方阵 $\boldsymbol{B}$ 的特征值. 则

$$\varphi(\boldsymbol{J}_i)=((\mu_i-\lambda_1)\boldsymbol{I}_{(n_i)}+\boldsymbol{N}_{(n_i)})^{e_1}\cdots((\mu_i-\lambda_t)\boldsymbol{I}_{(n_i)}+\boldsymbol{N}_{(n_i)})^{e_t}.$$

显然，每个 $(\mu_i-\lambda_j)\boldsymbol{I}_{(n_i)}+\boldsymbol{N}_{(n_i)}$ 是上三角方阵，所以 $\varphi(\boldsymbol{J}_i)$ 是上三角方阵，而且对角元为 $(\mu_i-\lambda_1)^{e_1}(\mu_i-\lambda_2)^{e_2}\cdots(\mu_i-\lambda_t)^{e_t}$. 因为方阵 $\boldsymbol{B}$ 与 $\boldsymbol{C}$ 没有公共特征值，所以 $\mu_i\neq\lambda_j,j=1,2,\cdots,t$. 因此上三角方阵 $\varphi(\boldsymbol{J}_i)$ 的对角元不为零，所以方阵 $\varphi(\boldsymbol{J}_i)$ 可逆. 于是方阵 $\mathrm{diag}(\varphi(\boldsymbol{J}_1),\varphi(\boldsymbol{J}_2),\cdots,\varphi(\boldsymbol{J}_k))$ 可逆，从而方阵 $\varphi(\boldsymbol{B})$ 可逆.

由条件 $\boldsymbol{AB}=\boldsymbol{CA}$ 得到，$\boldsymbol{AB}^l=\boldsymbol{C}^l\boldsymbol{A},l=1,2,\cdots,$. 所以由 $\boldsymbol{A}\varphi(\boldsymbol{B})=\varphi(\boldsymbol{C})\boldsymbol{A}$. 由于 $\varphi(\lambda)$ 是方阵 $\boldsymbol{C}$ 的特征多项式，所以由 Cayley-Hamilton 定理，$\varphi(\boldsymbol{C})=\boldsymbol{0}$，即 $\boldsymbol{A}\varphi(\boldsymbol{B})=\boldsymbol{0}$. 因为方阵 $\varphi(\boldsymbol{B})$ 可逆，所以 $\boldsymbol{A}=\boldsymbol{0}$. 证毕.

例 9 求出和 n 阶复方阵 $\boldsymbol{A}$ 可交换的所有 n 阶复方阵 $\boldsymbol{B}$.

解 设 $\lambda_1,\lambda_2,\cdots,\lambda_t$ 是方阵 $\boldsymbol{A}$ 的全部不同的特征值，并且方阵 $\boldsymbol{A}$ 的初等因子组为

$$(\lambda-\lambda_1)^{m_{11}},\ (\lambda-\lambda_1)^{m_{12}},\ \cdots,\ (\lambda-\lambda_1)^{m_{1k_1}},$$
$$(\lambda-\lambda_2)^{m_{21}},\ (\lambda-\lambda_2)^{m_{22}},\ \cdots,\ (\lambda-\lambda_2)^{m_{2k_2}},$$
$$\cdots\cdots\cdots\cdots$$
$$(\lambda-\lambda_t)^{m_{t1}},\ (\lambda-\lambda_t)^{m_{t2}},\ \cdots,\ (\lambda-\lambda_t)^{m_{tk_t}}.$$

则

$$\boldsymbol{P}^{-1}\boldsymbol{AP}=\boldsymbol{J}=\operatorname{diag}(\boldsymbol{J}_{11},\boldsymbol{J}_{12},\cdots,\boldsymbol{J}_{1k_1},\cdots,\boldsymbol{J}_{t1},\boldsymbol{J}_{t2},\cdots,\boldsymbol{J}_{tk_t}),$$

其中 $\boldsymbol{P}$ 是某个 n 阶可逆复方阵，$\boldsymbol{J}_{jl}$ 是属于初等因子 $(\lambda-\lambda_j)^{m_{jl}}$ 的 Jordan 块，$l=1,2,\cdots,k_j$，$j=1,2,\cdots,t$.

记

$$\boldsymbol{J}_j=\operatorname{diag}(\boldsymbol{J}_{j1},\boldsymbol{J}_{j2},\cdots,\boldsymbol{J}_{jk_j}),\quad j=1,2,\cdots,t,$$

则

$$\boldsymbol{P}^{-1}\boldsymbol{AP}=\widetilde{\boldsymbol{J}}=\operatorname{diag}(\boldsymbol{J}_1,\boldsymbol{J}_2,\cdots,\boldsymbol{J}_t).$$

记 $\widetilde{\boldsymbol{B}}=\boldsymbol{P}^{-1}\boldsymbol{BP}$，并按 $\widetilde{\boldsymbol{J}}=\operatorname{diag}(\boldsymbol{J}_1,\boldsymbol{J}_2,\cdots,\boldsymbol{J}_t)$ 的分块方式将 $\widetilde{\boldsymbol{B}}$ 分块为 $\widetilde{\boldsymbol{B}}=(\boldsymbol{B}_{ij})$，其中 $\boldsymbol{B}_{ij}$ 是 $(m_{i1}+\cdots+m_{ik_i})\times(m_{j1}+\cdots+m_{jk_j})$ 子矩阵. 由于 $\boldsymbol{BA}=\boldsymbol{AB}$，所以 $\widetilde{\boldsymbol{B}}\boldsymbol{J}=\boldsymbol{J}\widetilde{\boldsymbol{B}}$. 于是 $\boldsymbol{B}_{ij}\boldsymbol{J}_j=\boldsymbol{J}_i\boldsymbol{B}_{ij}$，$1\leqslant i,j\leqslant t$. 显然，当 $i\neq j$ 时，$\boldsymbol{J}_i$ 和 $\boldsymbol{J}_j$ 没有公共特征值. 由例 8，$\boldsymbol{B}_{ij}=\boldsymbol{0}$. 于是 $\widetilde{\boldsymbol{B}}=\operatorname{diag}(\boldsymbol{B}_{11},\boldsymbol{B}_{22},\cdots,\boldsymbol{B}_{tt})$，而且 $\boldsymbol{B}_{ii}\boldsymbol{J}_i=\boldsymbol{J}_i\boldsymbol{B}_{ii}$，$i=1,2,\cdots,t$. 按方阵 $\boldsymbol{J}_i=\operatorname{diag}(\boldsymbol{J}_{i1},\boldsymbol{J}_{i2},\cdots,\boldsymbol{J}_{ik_i})$ 的分块方式将方阵 $\boldsymbol{B}_{ii}$ 分块为 $\boldsymbol{B}_{ii}=(\boldsymbol{B}_{kl}^{(i)})$，其中 $\boldsymbol{B}_{kl}^{(i)}$ 是 $m_{ik}\times m_{il}$ 子矩阵. 因为 $\boldsymbol{B}_{ii}\boldsymbol{J}_i=\boldsymbol{J}_i\boldsymbol{B}_{ii}$，所以 $\boldsymbol{B}_{kl}^{(i)}\boldsymbol{J}_{il}=\boldsymbol{J}_{ik}\boldsymbol{B}_{kl}^{(i)}$，$1\leqslant k,l\leqslant k_i$.

于是问题就化为：已知 $\boldsymbol{J}_{(p)}=\lambda_0\boldsymbol{I}_{(p)}+\boldsymbol{N}_{(p)}$，$\boldsymbol{J}_{(q)}=\lambda_0\boldsymbol{I}_{(q)}+\boldsymbol{N}_{(q)}$，求 $p\times q$ 矩阵 $\boldsymbol{C}=(c_{ij})$，使得 $\boldsymbol{CJ}_{(q)}=\boldsymbol{J}_{(p)}\boldsymbol{C}$. 因为 $\boldsymbol{C}(\lambda_0\boldsymbol{I}_{(q)}+\boldsymbol{N}_{(q)})=(\lambda_0\boldsymbol{I}_{(p)}+\boldsymbol{N}_{(p)})\boldsymbol{C}$，所以 $\boldsymbol{CN}_{(q)}=\boldsymbol{N}_{(p)}\boldsymbol{C}$. 当 $p=q$ 时，由 $\boldsymbol{CN}_{(q)}=\boldsymbol{N}_{(p)}\boldsymbol{C}$ 得到

$$\begin{pmatrix} 0 & c_{11} & c_{12} & \cdots & c_{1,p-1} \\ 0 & c_{21} & c_{22} & \cdots & c_{2,p-1} \\ & & \cdots\cdots\cdots\cdots & & \\ 0 & c_{p1} & c_{p2} & \cdots & c_{p,p-1} \end{pmatrix}=\begin{pmatrix} c_{21} & c_{22} & \cdots & c_{2p} \\ c_{31} & c_{32} & \cdots & c_{3p} \\ & \cdots\cdots\cdots\cdots & & \\ c_{p1} & c_{p2} & \cdots & c_{pp} \\ 0 & 0 & \cdots & 0 \end{pmatrix}.$$

比较两边矩阵的元素，得到

$$\boldsymbol{C}=\begin{pmatrix} c_1 & c_2 & \cdots & c_p \\ 0 & c_1 & \cdots & c_{p-1} \\ & \cdots\cdots\cdots\cdots & & \\ 0 & 0 & \cdots & c_1 \end{pmatrix},$$

其中 $c_i = c_{1i}, i = 1,2,\cdots,p$. 当 $p > q$ 时，由 $\boldsymbol{CN}_{(q)} = \boldsymbol{N}_{(p)}\boldsymbol{C}$ 得到

$$\boldsymbol{C} = \begin{pmatrix} \begin{pmatrix} c_1 & c_2 & \cdots & c_q \\ 0 & c_1 & \cdots & c_{q-1} \\ \cdots & \cdots & \cdots & \cdots \\ 0 & 0 & \cdots & c_1 \end{pmatrix} \\ \boldsymbol{0}_{(p-q)\times q} \end{pmatrix};$$

当 $p < q$ 时，则

$$\left(\boldsymbol{0}_{p\times(q-p)}, \begin{pmatrix} c_1 & c_2 & \cdots & c_p \\ 0 & c_1 & \cdots & c_{p-1} \\ \cdots & \cdots & \cdots & \cdots \\ 0 & 0 & \cdots & c_1 \end{pmatrix}\right).$$

这样一来就可以定出和方阵 $\boldsymbol{J}_i$ 可交换的方阵 $\boldsymbol{B}_{ii}, i = 1,2,\cdots,t$，从而定出和方阵 $\boldsymbol{A}$ 可交换的方阵 $\boldsymbol{B}$.

例 10 如果 n 阶复方阵 $\boldsymbol{A}$ 的特征多项式等于它的最小多项式，则 $\boldsymbol{A}$ 称为单纯方阵. 设方阵 $\boldsymbol{B}$ 和单纯方阵 $\boldsymbol{A}$ 可交换，则方阵 $\boldsymbol{B}$ 可表为方阵 $\boldsymbol{A}$ 的多项式.

证明 设方阵 $\boldsymbol{A}$ 的特征多项式 $\varphi(\lambda)$ 为

$$\varphi(\lambda) = (\lambda - \lambda_1)^{e_1}(\lambda - \lambda_2)^{e_2}\cdots(\lambda - \lambda_t)^{e_t},$$

其中 $\lambda_1, \lambda_2, \cdots, \lambda_t$ 是方阵 $\boldsymbol{A}$ 的全部不同特征值. 因为方阵 $\boldsymbol{A}$ 是单纯的，所以方阵 $\boldsymbol{A}$ 的最小多项式 $d(\lambda) = \varphi(\lambda)$. 由于 $d(\lambda)$ 是特征方阵 $\lambda\boldsymbol{I}_{(n)} - \boldsymbol{A}$ 的第 n 个不变因子 $d_n(\lambda)$，所以 $\deg d_n(\lambda) = n$，即特征方阵 $\lambda\boldsymbol{I}_{(n)} - \boldsymbol{A}$ 的前 $n-1$ 个不变因子都是 1. 因此方阵 $\boldsymbol{A}$ 的初等因子组为 $(\lambda - \lambda_1)^{e_1}, (\lambda - \lambda_2)^{e_2}, \cdots, (\lambda - \lambda_t)^{e_t}$. 于是

$$\boldsymbol{P}^{-1}\boldsymbol{AP} = \boldsymbol{J} = \operatorname{diag}(\boldsymbol{J}_1, \boldsymbol{J}_2, \cdots, \boldsymbol{J}_t),$$

其中 $\boldsymbol{P}$ 是某个 n 阶可逆复方阵，$\boldsymbol{J}_j = \lambda_j\boldsymbol{I}_{(e_j)} + \boldsymbol{N}_{(e_j)}$ 是属于初等因子 $(\lambda - \lambda_j)^{e_j}$ 的 Jordan 块，$j = 1,2,\cdots,t$.

因为方阵 $\boldsymbol{B}$ 和 $\boldsymbol{A}$ 可交换，所以方阵 $\widetilde{\boldsymbol{B}} = \boldsymbol{P}^{-1}\boldsymbol{BP}$ 和 $\boldsymbol{J}$ 可交换. 由例 9,

$$\widetilde{\boldsymbol{B}} = \boldsymbol{P}^{-1}\boldsymbol{BP} = \operatorname{diag}(\boldsymbol{B}_1, \boldsymbol{B}_2, \cdots, \boldsymbol{B}_t),$$

其中 $\boldsymbol{B}_j = b_0^{(j)}\boldsymbol{I}_{(e_j)} + b_1^{(j)}\boldsymbol{N}_{(e_j)} + \cdots + b_{e_j-1}^{(j)}\boldsymbol{N}_{(e_j)}^{e_j-1}, j = 1,2,\cdots,t$.

现在确定一个复系数多项式 $f(\lambda)$，使得 $\widetilde{\boldsymbol{B}} = f(\boldsymbol{J})$. 为此，设 $e = \max\{e_1, e_2, \cdots, e_t\}$，且设 $\mu_0^{(j)}, \mu_1^{(j)}, \cdots, \mu_{e_j-1}^{(j)}$ 是待定系数，$j = 1,2,\cdots,t$. 记

$$h_j(\lambda) = \mu_0^{(j)} + \frac{\mu_1^{(j)}}{1!}(\lambda - \lambda_j) + \cdots + \frac{\mu_{e_j-1}^{(j)}}{(e_j - 1)!}(\lambda - \lambda_j)^{e_j-1},$$

$$g_j(\lambda)=\frac{\varphi(\lambda)}{(\lambda-\lambda_j)^{e_j}}=(\lambda-\lambda_1)^{e_1}\cdots(\lambda-\lambda_{j-1})^{e_{j-1}}(\lambda-\lambda_{j+1})^{e_{j+1}}\cdots(\lambda-\lambda_t)^{e_t},$$
$$f_j(\lambda)=h_j(\lambda)g_j(\lambda),$$

其中 $j=1,2,\cdots,t$. 显然, $f_j^{(k)}(\lambda_i)=0,i=1,2,\cdots,j-1,j+1,\cdots,t;k=0,1,\cdots,e_j-1$,而且 $g_j(\lambda_j)\neq 0$. 由于 $f_j(\lambda)=h_j(\lambda)g_j(\lambda)$,所以

$$\begin{aligned}f_j^{(k)}(\lambda_j)&=h_j^{(k)}(\lambda_j)g_j(\lambda_j)+C_k^1h_j^{(k-1)}(\lambda_j)g_j'(\lambda_j)+\cdots+C_k^kh_j(\lambda_j)g_j^{(k)}(\lambda_j).\\&=\mu_k^{(j)}g_j(\lambda_j)+C_k^1\mu_{k-1}^{(j)}g_j'(\lambda_j)+\cdots+C_k^k\mu_0^{(j)}g_j^{(k)}(\lambda_j).\end{aligned}$$

令 $\frac{1}{k!}f_j^{(k)}(\lambda_j)=b_k^{(j)}$. 于是,由

$$\begin{cases}\mu_0^{(j)}=\dfrac{b_0^{(j)}}{g_j(\lambda_j)},\\ \mu_k^{(j)}=\dfrac{k!b_k^{(j)}-C_k^1\mu_{k-1}^{(j)}g_j'(\lambda_j)-\cdots-C_k^k\mu_0^{(j)}g_j^{(k)}(\lambda_j)}{g_j(\lambda_j)},\end{cases}$$

即可定出待定常数 $\mu_0^{(j)},\mu_1^{(j)},\cdots,\mu_{e_j-1}^{(j)},j=1,2,\cdots,t$.

容易验证,当 $i\neq j$ 时, $g_j(\boldsymbol{J}_i)=\boldsymbol{0}$,因此 $f_j(\boldsymbol{J}_i)=\boldsymbol{0}$;当 $i=j$ 时,

$$\begin{aligned}f_j(\boldsymbol{J}_j)&=f_j(\lambda_j)\boldsymbol{I}_{(e_j)}+\frac{f_j'(\lambda_j)}{1!}\boldsymbol{N}_{(e_j)}+\cdots+\frac{f_j^{(e_j-1)}(\lambda_j)}{(e_j-1)!}\boldsymbol{N}_{(e_j)}^{e_j-1}\\&=b_0^{(j)}\boldsymbol{I}_{(e_j)}+b_1^{(j)}\boldsymbol{N}_{(e_j)}+\cdots+b_{e_j-1}^{(j)}\boldsymbol{N}_{(e_j)}^{e_j-1}=\boldsymbol{B}_j.\end{aligned}$$

记 $f(\lambda)=f_1(\lambda)+f_2(\lambda)+\cdots+f_t(\lambda)$,则 $f(\boldsymbol{J}_j)=\boldsymbol{B}_j$. 所以

$$f(\boldsymbol{J})=\operatorname{diag}(f(\boldsymbol{J}_1),f(\boldsymbol{J}_2),\cdots,f(\boldsymbol{J}_t))=\operatorname{diag}(\boldsymbol{B}_1,\boldsymbol{B}_2,\cdots,\boldsymbol{B}_t)=\widetilde{\boldsymbol{B}}.$$

因此

$$f(\boldsymbol{A})=\boldsymbol{P}f(\boldsymbol{J})\boldsymbol{P}^{-1}=\boldsymbol{P}\widetilde{\boldsymbol{B}}\boldsymbol{P}^{-1}=\boldsymbol{B}.$$

例 10 证毕.

注 4　例 10 中构造多项式 $f(\lambda)$ 的方法具有一般意义,须予重视. 例 10 的结论对任意非单纯复方阵 $\boldsymbol{A}$ 不再成立. 但可以证明,设方阵 $\boldsymbol{C}$ 和每一个与方阵 $\boldsymbol{A}$ 可交换的方阵 $\boldsymbol{B}$ 都可交换,则方阵 $\boldsymbol{C}$ 可以表为方阵 $\boldsymbol{A}$ 的多项式. 请读者自证之.

例 11　设 $\boldsymbol{A}$ 是 n 阶可逆复方阵,则存在可逆方阵 $\boldsymbol{B}$,使得 $\boldsymbol{B}^2=\boldsymbol{A}$.

证法 1　先考虑最简单情形,即设方阵 $\boldsymbol{A}$ 是 Jordan 块,也即设 $\boldsymbol{A}=\lambda_0\boldsymbol{I}_{(n)}+\boldsymbol{N}_{(n)}$. 取 n 阶方阵 $\boldsymbol{D}=\sqrt{\lambda_0}\boldsymbol{I}_{(n)}+\boldsymbol{N}_{(n)}$. 则 $\boldsymbol{D}^2=\lambda_0\boldsymbol{I}_{(n)}+2\sqrt{\lambda_0}\boldsymbol{N}_{(n)}+\boldsymbol{N}_{(n)}^2$. 方阵 $\boldsymbol{D}^2$ 的特征多项式为 $\varphi(\lambda)=\det(\lambda\boldsymbol{I}_{(n)}-\boldsymbol{D}^2)=(\lambda-\lambda_0)^n$. 因为方阵 $\boldsymbol{D}^2$ 的最小多项式 $d(\lambda)$ 整除特征多项式,所以 $d(\lambda)=(\lambda-\lambda_0)^l,1\leqslant l\leqslant n$. 如果 $l<n$,则

$$\begin{aligned}d(\boldsymbol{D}^2)&=(\boldsymbol{D}^2-\lambda_0\boldsymbol{I}_{(n)})^l=(\boldsymbol{D}-\sqrt{\lambda_0}\boldsymbol{I}_{(n)})^l(\boldsymbol{D}+\sqrt{\lambda_0}\boldsymbol{I}_{(n)})^l\\&=\boldsymbol{N}_{(n)}^l(2\sqrt{\lambda_0}\boldsymbol{I}_{(n)}+\boldsymbol{N}_{(n)})^l=\boldsymbol{0}.\end{aligned}$$

因为方阵 $\boldsymbol{A}$ 可逆，所以 $\boldsymbol{A}$ 的特征值 $\lambda_0\neq 0$，因此方阵 $2\sqrt{\lambda_0}\boldsymbol{I}_{(n)}+\boldsymbol{N}_{(n)}$ 可逆．于是由上式，$\boldsymbol{N}_{(n)}^l=\boldsymbol{0}$．但是，当 $l<n$ 时 $\boldsymbol{N}_{(n)}^l\neq\boldsymbol{0}$．这就导出矛盾．所以 $l=n$，即 $d(\lambda)=(\lambda-\lambda_0)^n$．由于 $\deg d(\lambda)=n$，所以方阵 $\boldsymbol{D}^2$ 的前 $n-1$ 个不变因子全为 1．因此方阵 $\boldsymbol{D}^2$ 的初等因子组为 $(\lambda-\lambda_0)^n$．显然方阵 $\boldsymbol{A}$ 的初等因子组也为 $(\lambda-\lambda_0)^n$．所以方阵 $\boldsymbol{A}$ 与 $\boldsymbol{D}^2$ 相似，即存在 n 阶可逆方阵 $\boldsymbol{P}$，使得

$$\boldsymbol{A}=\boldsymbol{P}^{-1}\boldsymbol{D}^2\boldsymbol{P}=(\boldsymbol{P}^{-1}\boldsymbol{D}\boldsymbol{P})^2.$$

取 $\boldsymbol{B}=\boldsymbol{P}^{-1}\boldsymbol{D}\boldsymbol{P}$，即得所欲证的结论．

现在转到一般情形．设

$$\boldsymbol{A}=\boldsymbol{P}^{-1}\operatorname{diag}(\boldsymbol{J}_1,\boldsymbol{J}_2,\cdots,\boldsymbol{J}_t)\boldsymbol{P},$$

其中 $\boldsymbol{P}$ 是某个可逆方阵，$\boldsymbol{J}_1,\boldsymbol{J}_2,\cdots,\boldsymbol{J}_t$ 是 Jordan 块且 $\boldsymbol{J}_1,\boldsymbol{J}_2,\cdots,\boldsymbol{J}_t$ 都是可逆的．由上一段证明，存在可逆方阵 $\boldsymbol{B}_j$，使得 $\boldsymbol{J}_j=\boldsymbol{B}_j^2$，$j=1,2,\cdots,t$．于是

$$\boldsymbol{A}=\boldsymbol{P}^{-1}\operatorname{diag}(\boldsymbol{B}_1^2,\boldsymbol{B}_2^2,\cdots,\boldsymbol{B}_t^2)\boldsymbol{P}=(\boldsymbol{P}^{-1}\operatorname{diag}(\boldsymbol{B}_1,\boldsymbol{B}_2,\cdots,\boldsymbol{B}_t)\boldsymbol{P})^2,$$

其中 $\boldsymbol{P}^{-1}\operatorname{diag}(\boldsymbol{B}_1,\boldsymbol{B}_2,\cdots,\boldsymbol{B}_t)\boldsymbol{P}$ 可逆．结论证毕．

证法 2　先考虑方阵 $\boldsymbol{A}$ 为 Jordan 块的情形，即设 $\boldsymbol{A}=\lambda_0\boldsymbol{I}_{(n)}+\boldsymbol{N}_{(n)}$，$\lambda_0\neq 0$．把方阵看成复数，于是问题化为，已知复数 x，求复数 y，使得 $\lambda_0+x=\lambda_0\left(1+\dfrac{x}{\lambda_0}\right)=y^2$．令 $y=\sqrt{\lambda_0}z$，则

$$z=\left(1+\frac{x}{\lambda_0}\right)^{\frac{1}{2}}=1+\sum_{k=1}^{\infty}\frac{\frac{1}{2}\left(\frac{1}{2}-1\right)\cdots\left(\frac{1}{2}-k+1\right)}{k!}\lambda_0^{-k}x^k.$$

再把复数视为方阵，即用 $\boldsymbol{N}_{(n)}$ 代换 x．因为 $\boldsymbol{N}_{(n)}^n=\boldsymbol{0}$，所以构造方阵 $\boldsymbol{C}$ 如下：

$$\boldsymbol{C}=\boldsymbol{I}_{(n)}+\sum_{k=1}^{n-1}\frac{\frac{1}{2}\left(\frac{1}{2}-1\right)\cdots\left(\frac{1}{2}-k+1\right)}{k!}\lambda_0^{-k}\boldsymbol{N}_{(n)}^k.$$

显然方阵 $\boldsymbol{C}$ 可逆．可以验证，$\boldsymbol{C}^2=\boldsymbol{I}_{(n)}+\dfrac{1}{\lambda_0}\boldsymbol{N}_{(n)}$．令 $\boldsymbol{B}=\sqrt{\lambda_0}\boldsymbol{C}$，则方阵 $\boldsymbol{B}$ 可逆，且 $\boldsymbol{B}^2=\lambda_0\boldsymbol{I}_{(n)}+\boldsymbol{N}_{(n)}=\boldsymbol{A}$．因此结论对一个 Jordan 块构成的方阵 $\boldsymbol{A}$ 成立．然后再按证法 1 的一般情形证明之．

注 5　例 11 可以推广为：设 p 是正整数，$\boldsymbol{A}$ 是 n 阶可逆方阵．则存在 n 阶可逆复方阵 $\boldsymbol{B}$，使得 $\boldsymbol{A}=\boldsymbol{B}^p$，但应指出，关于方阵 $\boldsymbol{A}$ 可逆的条件不能省略．请读者自己给出例子．

习　题

1．设 $i_1\,i_2\,\cdots\,i_n$ 是自然数 $1,2,\cdots,n$ 的一个排列．把 n 阶单位方阵 $\boldsymbol{I}_{(n)}$ 的第 $1,2,\cdots,n$

行分别调到第 $i_1, i_2, \cdots, i_n$ 行得到的方阵称为置换方阵. 证明:置换方阵相似于对角形.

2. 证明:所有 n 阶轮回方阵

$$\begin{pmatrix} a_0 & a_1 & a_2 & \cdots & a_{n-1} \\ a_{n-1} & a_0 & a_1 & \cdots & a_{n-2} \\ & & \cdots\cdots\cdots\cdots & & \\ a_1 & a_2 & a_3 & \cdots & a_0 \end{pmatrix}$$

可以经同一个可逆方阵 $\boldsymbol{P}$ 化为对角形.

3. 设 $\boldsymbol{A}$ 和 $\boldsymbol{B}$ 是 n 阶方阵,且方阵 $\operatorname{diag}(\boldsymbol{A}, \boldsymbol{A})$ 和 $\operatorname{diag}(\boldsymbol{B}, \boldsymbol{B})$ 相似. 证明:方阵 $\boldsymbol{A}$ 和 $\boldsymbol{B}$ 相似.

4. 已知 5 阶方阵 $\boldsymbol{A}$ 的特征多项式 $\varphi(\lambda)$ 和最小多项式 $d(\lambda)$ 分别为

$$\varphi(\lambda) = (\lambda - 2)^3(\lambda + 7)^2, \quad d(\lambda) = (\lambda - 2)^2(\lambda + 7).$$

求方阵 $\boldsymbol{A}$ 的 Jordan 标准形.

5. 设 $\boldsymbol{A}$ 是 n 阶可逆方阵,且 $\boldsymbol{A}$ 和 $\boldsymbol{A}^k$ 相似, k 是正整数. 证明:方阵 $\boldsymbol{A}$ 的特征值都是单位根.

6. 设方阵 $\boldsymbol{A}$ 和任意一个可逆方阵都可交换. 证明: $\boldsymbol{A}$ 是纯量方阵.

7. 设方阵 $\boldsymbol{C}$ 和每一个与方阵 $\boldsymbol{A}$ 可交换的方阵都可交换. 证明:方阵 $\boldsymbol{C}$ 可以表为方阵 $\boldsymbol{A}$ 的多项式.

8. 设 n 阶方阵 $\boldsymbol{A}$ 不可逆. 证明: $\operatorname{rank} \boldsymbol{A} = \operatorname{rank} \boldsymbol{A}^2$ 的充分必要条件是,方阵 $\boldsymbol{A}$ 的属于特征值 0 的初等因子都是一次的.

9. (Weyl)证明: n 阶复方阵 $\boldsymbol{A}$ 和 $\boldsymbol{B}$ 相似的充分必要条件是,对于每个复数 a 和每个正整数 k, $\operatorname{rank}(a\boldsymbol{I}_{(n)} - \boldsymbol{A})^k = \operatorname{rank}(a\boldsymbol{I}_{(n)} - \boldsymbol{B})^k$.

6.7　实方阵的实相似

一般地说,对于数域 F 上 n 阶方阵 $\boldsymbol{A}$ 和 $\boldsymbol{B}$,如果存在数域 F 上 n 阶可逆方阵 $\boldsymbol{P}$,使得 $\boldsymbol{B} = \boldsymbol{P}^{-1}\boldsymbol{A}\boldsymbol{P}$,则称方阵 $\boldsymbol{A}$ 和 $\boldsymbol{B}$ 在数域 F 上相似. 特别地,如果 n 阶实方阵 $\boldsymbol{A}$ 和 $\boldsymbol{B}$ 在实数域 $\mathbf{R}$ 上相似,则称方阵 $\boldsymbol{A}$ 与 $\boldsymbol{B}$ 实相似. 本节将讨论实方阵在相似下的标准形问题.

显然,如果实方阵 $\boldsymbol{A}$ 和 $\boldsymbol{B}$ 实相似,则方阵 $\boldsymbol{A}$ 和 $\boldsymbol{B}$ 相似. 反之,如果实方阵 $\boldsymbol{A}$ 和 $\boldsymbol{B}$ 相似,方阵 $\boldsymbol{A}$ 和 $\boldsymbol{B}$ 是否实相似? 对此,有:

定理 1　n 阶实方阵 $\boldsymbol{A}$ 和 $\boldsymbol{B}$ 实相似的充分必要条件是,方阵 $\boldsymbol{A}$ 和 $\boldsymbol{B}$ 相似.

证明 只需证充分性.设 $\boldsymbol{A}$ 和 $\boldsymbol{B}$ 相似,则存在 n 阶可逆复方阵 $\boldsymbol{P}$,使得 $\boldsymbol{B}=\boldsymbol{P}^{-1}\boldsymbol{A}\boldsymbol{P}$.将方阵 $\boldsymbol{P}$ 分为实部和虚部,即记 $\boldsymbol{P}=\boldsymbol{R}+\mathrm{i}\boldsymbol{Q}$,其中 $\mathrm{i}^2=-1$,$\boldsymbol{R}$ 和 $\boldsymbol{Q}$ 是 n 阶实方阵.如果 $\boldsymbol{Q}$ 是零方阵,则 $\boldsymbol{P}$ 是实方阵,结论已成立.因此可设实方阵 $\boldsymbol{Q}\neq\boldsymbol{0}$.于是由 $\boldsymbol{B}=\boldsymbol{P}^{-1}\boldsymbol{A}\boldsymbol{P}$ 得到,$(\boldsymbol{R}+\mathrm{i}\boldsymbol{Q})\boldsymbol{B}=\boldsymbol{A}(\boldsymbol{R}+\mathrm{i}\boldsymbol{Q})$.比较两端方阵的实部和虚部,得到

$$\boldsymbol{R}\boldsymbol{B}=\boldsymbol{A}\boldsymbol{R},\quad \boldsymbol{Q}\boldsymbol{B}=\boldsymbol{A}\boldsymbol{Q}.$$

于是对任意实数 λ,$\boldsymbol{A}(\boldsymbol{R}+\lambda\boldsymbol{Q})=(\boldsymbol{R}+\lambda\boldsymbol{Q})\boldsymbol{B}$.记 $f(\lambda)=\det(\boldsymbol{R}+\lambda\boldsymbol{Q})$,显然 $f(\lambda)$ 是关于 λ 的实系数多项式.$f(\lambda)$ 当然也是关于 λ 的复系数多项式.因为 $f(\mathrm{i})=\det(\boldsymbol{R}+\mathrm{i}\boldsymbol{Q})\neq 0$.所以 $f(\lambda)$ 是非零多项式.因此 $f(\lambda)$ 至多有有限个实根.于是存在实数 λ_0,使得 $f(\lambda_0)=\det(\boldsymbol{R}+\lambda_0\boldsymbol{Q})\neq 0$.这表明,实方阵 $\boldsymbol{R}+\lambda_0\boldsymbol{Q}$ 可逆,而且 $\boldsymbol{B}=(\boldsymbol{R}+\lambda_0\boldsymbol{Q})^{-1}\boldsymbol{A}(\boldsymbol{R}+\lambda_0\boldsymbol{Q})$,也即方阵 $\boldsymbol{A}$ 和 $\boldsymbol{B}$ 实相似.定理 1 证毕.

定理 1 表明,把实方阵看成复方阵,则实方阵在相似下的全系不变量也就是实方阵在实相似下的全系不变量.因此,实方阵在实相似下的标准形理论的两个基本问题中尚待解决的是如下的问题:寻求实方阵的实相似等价类的代表元.当然,实相似等价类的代表元应当是实方阵.所以我们不能用实方阵 $\boldsymbol{A}$ 在相似下 Jordan 的标准形 $\boldsymbol{T}$ 直接作为实方阵在实相似下的标准形.尽管如此,我们还是从实方阵 $\boldsymbol{A}$ 在相似下的标准形 $\boldsymbol{J}$ 出发,构造一个和方阵 $\boldsymbol{J}$ 相似的实方阵 $\boldsymbol{L}$.由于实方阵 $\boldsymbol{A}$ 和 $\boldsymbol{J}$ 相似,且方阵 $\boldsymbol{J}$ 和 $\boldsymbol{L}$ 相似,所以由定理 1,实方阵 $\boldsymbol{A}$ 和 $\boldsymbol{L}$ 实相似.于是即可求得实方阵 $\boldsymbol{A}$ 在实相似的标准形,下面给出具体构造方法.

容易看出,实方阵 $\boldsymbol{A}$ 的行列式因子是实系数多项式,所以它的不变因子也是实系数多项式.但是,实系数多项式的复根是共轭成对出现的,所以如果虚部不为零的复数 τ 是实方阵 $\boldsymbol{A}$ 的某个不变因子的 k 重根,则它的共轭复数 $\bar{\tau}$ 也是实方阵 $\boldsymbol{A}$ 的这个不变因子的 k 的重根.也就是说,如果 $(\lambda-\tau)^k$ 是实方阵 $\boldsymbol{A}$ 的一个初等因子,则 $(\lambda-\bar{\tau})^k$ 也是 $\boldsymbol{A}$ 的初等因子.所以可设实方阵 $\boldsymbol{A}$ 的初等因子组为

$$\begin{aligned}&\lambda^{e_1},\ \lambda^{e_2},\ \cdots,\ \lambda^{e_s},\ (\lambda-\lambda_1)^{f_1},\ (\lambda-\lambda_2)^{f_2},\ \cdots,\ (\lambda-\lambda_t)^{f_t},\\&(\lambda-\tau_1)^{g_1},\ (\lambda-\tau_2)^{g_2},\ \cdots,\ (\lambda-\tau_k)^{g_k},\\&(\lambda-\bar{\tau}_1)^{g_1},\ (\lambda-\bar{\tau}_2)^{g_2},\ \cdots,\ (\lambda-\bar{\tau}_k)^{g_k},\end{aligned}$$

其中 $\lambda_1,\lambda_2,\cdots,\lambda_t$ 是非零实数,$\tau_1,\tau_2,\cdots,\tau_k$ 是虚部不为零的复数.

对于实方阵 $\boldsymbol{A}$ 的初等因子 λ^{e_j},属于 λ^{e_j} 的 Jordan 块是 $\boldsymbol{N}_{(e_j)}$,它是实方阵,$j=1,2,\cdots,s$.

对于实方阵 $\boldsymbol{A}$ 的形如 $(\lambda-\lambda_0)^f$ 的初等因子,其中 λ_0 是非零实数,属于

$(\lambda-\lambda_0)^f$ 的 Jordan 块为 $\lambda_0 \boldsymbol{I}_{(f)}+\boldsymbol{N}_{(f)}$. 由于

$$\begin{aligned}&\operatorname{diag}(1,\lambda_0^{-1},\cdots,\lambda_0^{-(f-1)})(\lambda_0\boldsymbol{I}_{(f)}+\boldsymbol{N}_{(f)})\operatorname{diag}(1,\lambda_0,\cdots,\lambda_0^{f-1})\\&\quad=\lambda_0(\boldsymbol{I}_{(f)}+\boldsymbol{N}_{(f)}),\end{aligned}$$

所以 $\lambda_0\boldsymbol{I}_{(f)}+\boldsymbol{N}_{(f)}$ 和 $\boldsymbol{M}_{(f)}=\lambda_0(\boldsymbol{I}_{(f)}+\boldsymbol{N}_{(f)})$ 相似.

对于实方阵 $\boldsymbol{A}$ 的形如 $(\lambda-\tau)^g$ 和 $(\lambda-\bar{\tau})^g$ 的初等因子,其中 τ 的虚部不为零,属于 $(\lambda-\tau)^g$ 和 $(\lambda-\bar{\tau})^g$ 的 Jordan 块分别是 $\tau\boldsymbol{I}_{(g)}+\boldsymbol{N}_{(g)}$ 和 $\bar{\tau}\boldsymbol{I}_{(g)}+\boldsymbol{N}_{(g)}$. 由上一段可知, $\operatorname{diag}(\tau\boldsymbol{I}_{(g)}+\boldsymbol{N}_{(g)},\bar{\tau}\boldsymbol{I}_{(g)}+\boldsymbol{N}_{(g)})$ 相似于 $\operatorname{diag}(\tau\boldsymbol{M}_{(g)},\bar{\tau}\boldsymbol{M}_{(g)})$. 记 $\tau=|\tau|(\cos\theta+\mathrm{i}\sin\theta)$,其中 $|\tau|$ 是复数 τ 的模, $\mathrm{i}^2=-1$,且记

$$\boldsymbol{L}_{(g)}=|\tau|\begin{pmatrix}\cos\theta\boldsymbol{M}_{(g)}&\sin\theta\boldsymbol{M}_{(g)}\\-\sin\theta\boldsymbol{M}_{(g)}&\cos\theta\boldsymbol{M}_{(g)}\end{pmatrix},$$

则

$$\begin{aligned}&\begin{pmatrix}\boldsymbol{I}_{(g)}&-\mathrm{i}\boldsymbol{I}_{(g)}\\\boldsymbol{I}_{(g)}&\mathrm{i}\boldsymbol{I}_{(g)}\end{pmatrix}\left[|\tau|\begin{pmatrix}\cos\theta\boldsymbol{M}_{(g)}&\sin\theta\boldsymbol{M}_{(g)}\\-\sin\theta\boldsymbol{M}_{(g)}&\cos\theta\boldsymbol{M}_{(g)}\end{pmatrix}\right]\left[\frac{1}{2}\begin{pmatrix}\boldsymbol{I}_{(g)}&\boldsymbol{I}_{(g)}\\\mathrm{i}\boldsymbol{I}_{(n)}&-\mathrm{i}\boldsymbol{I}_{(g)}\end{pmatrix}\right]\\&\quad=\operatorname{diag}(\tau\boldsymbol{M}_{(g)},\bar{\tau}\boldsymbol{M}_{(g)}).\end{aligned}$$

因此 $\operatorname{diag}(\tau\boldsymbol{M}_{(g)},\bar{\tau}\boldsymbol{M}_{(g)})$ 相似于 $\boldsymbol{L}_{(g)}$. 所以 $\operatorname{diag}(\tau\boldsymbol{I}_{(g)}+\boldsymbol{N}_{(g)},\bar{\tau}\boldsymbol{I}_{(g)}+\boldsymbol{N}_{(g)})$ 和 $\boldsymbol{L}_{(g)}$ 相似.

于是得到:

定理 2　设 n 阶实方阵 $\boldsymbol{A}$ 的初等因子组为

$$\begin{aligned}&\lambda^{e_1},\ \lambda^{e_2},\ \cdots,\ \lambda^{e_s},\ (\lambda-\lambda_1)^{f_1},\ (\lambda-\lambda_2)^{f_2},\ \cdots,\ (\lambda-\lambda_t)^{f_t},\\&(\lambda-\tau_1)^{g_1},\ (\lambda-\bar{\tau}_1)^{g_1},\ \cdots,\ (\lambda-\tau_k)^{g_k},\ (\lambda-\bar{\tau}_k)^{g_k},\end{aligned}\tag{6.7.1}$$

其中 $\lambda_1,\lambda_2,\cdots,\lambda_t$ 是非零实数, $\tau_1,\tau_2,\cdots,\tau_k$ 是虚部不为零的复数. 则实方阵 $\boldsymbol{A}$ 实相似于如下的标准形:

$$\operatorname{diag}(\boldsymbol{N}_{(e_1)},\cdots,\boldsymbol{N}_{(e_s)},\lambda_1\boldsymbol{M}_{(f_1)},\cdots,\lambda_t\boldsymbol{M}_{(f_t)},\boldsymbol{L}_{(g_1)},\cdots,\boldsymbol{L}_{(g_k)}),\tag{6.7.2}$$

其中 $\boldsymbol{M}_{(f_j)}=\boldsymbol{I}_{(f_j)}+\boldsymbol{N}_{(f_j)}$, $j=1,2,\cdots,t$,且

$$\boldsymbol{L}_{(g_j)}=|\tau_j|\begin{pmatrix}\cos\theta_j\boldsymbol{M}_{(g_j)}&\sin\theta_j\boldsymbol{M}_{(g_j)}\\-\sin\theta_j\boldsymbol{M}_{(g_j)}&\cos\theta_j\boldsymbol{M}_{(g_j)}\end{pmatrix},$$

$\tau_j=|\tau_j|(\cos\theta_j+\mathrm{i}\sin\theta_j)$, $j=1,2,\cdots,k$.

证明　根据 6.5 节定理 3,实方阵 $\boldsymbol{A}$ 相似于如下的 Jordan 标准形 $\boldsymbol{J}$

$$\boldsymbol{J}=\operatorname{diag}(\boldsymbol{N}_{(e_1)},\cdots,\boldsymbol{N}_{(e_s)},\boldsymbol{J}_{11},\cdots,\boldsymbol{J}_{1t},\boldsymbol{J}_{21},\bar{\boldsymbol{J}}_{21},\cdots,\boldsymbol{J}_{2k},\bar{\boldsymbol{J}}_{2k}),$$

其中 $\boldsymbol{J}_{1j}$ 是属于 $(\lambda-\lambda_j)^{f_j}$ 的 Jordan 块, $j=1,2,\cdots,t$; $\boldsymbol{J}_{2j}$ 和 $\bar{\boldsymbol{J}}_{2j}$ 分别属于 $(\lambda-\tau_j)^{g_j}$

和$(\lambda-\bar{\tau}_j)^{g_j}$的 Jordan 块，$j=1,2,\cdots,k$. 由上一段的讨论，$\boldsymbol{J}_{1j}$相似于$\lambda_j\boldsymbol{M}_{(f_j)}$，$\mathrm{diag}(\boldsymbol{J}_{2j},\bar{\boldsymbol{J}}_{2j})$相似于$\boldsymbol{L}_{(g_j)}$. 显然，如果准对角方阵$\mathrm{diag}(\boldsymbol{A}_1,\boldsymbol{A}_2)$和$\mathrm{diag}(\boldsymbol{B}_1,\boldsymbol{B}_2)$的对角块$\boldsymbol{A}_j$和$\boldsymbol{B}_j$相似，$j=1,2$，则$\mathrm{diag}(\boldsymbol{A}_1,\boldsymbol{A}_2)$和$\mathrm{diag}(\boldsymbol{B}_1,\boldsymbol{B}_2)$相似. 因此，方阵$\boldsymbol{J}$相似于方阵(6.7.2). 由于方阵$\boldsymbol{A}$和$\boldsymbol{J}$相似，所以方阵$\boldsymbol{A}$和方阵(6.7.2)相似. 由定理1，方阵$\boldsymbol{A}$和方阵(6.7.2)实相似. 定理2证毕.

例 设$\boldsymbol{A}$是$2n$阶实方阵，且$\boldsymbol{A}^2+\boldsymbol{I}_{(2n)}=\boldsymbol{0}$. 证明：存在$2n$阶实方阵$\boldsymbol{P}$，使得

$$\boldsymbol{P}^{-1}\boldsymbol{A}\boldsymbol{P}=\begin{pmatrix}\boldsymbol{0} & \boldsymbol{I}_{(n)}\\ -\boldsymbol{I}_{(n)} & \boldsymbol{0}\end{pmatrix}.$$

证明 显然$f(\lambda)=\lambda^2+1$是实方阵$\boldsymbol{A}$的化零多项式. 因此方阵$\boldsymbol{A}$的最小多项式只可能是$d(\lambda)=\lambda-\mathrm{i},\lambda+\mathrm{i}$，或者$\lambda^2+1$，其中$\mathrm{i}^2=1$. 由于$\boldsymbol{A}$是实方阵，所以$d(\lambda)$是实系数多项式. 因此$d(\lambda)=\lambda^2+1$. 因为方阵的最小多项式的根是方阵的特征值，所以方阵$\boldsymbol{A}$的特征值是i和$-$i，而且成对出现. 因此方阵具有n个特征值i和n个特征值$-$i. 因为方阵$\boldsymbol{A}$的最小多项式没有重根，所以存在$2n$阶可逆复方阵$\boldsymbol{Q}$，使得

$$\boldsymbol{Q}^{-1}\boldsymbol{A}\boldsymbol{Q}=\begin{pmatrix}\mathrm{i}\boldsymbol{I}_{(n)} & \boldsymbol{0}\\ \boldsymbol{0} & -\mathrm{i}\boldsymbol{I}_{(n)}\end{pmatrix}.$$

但是

$$\frac{1}{2}\begin{pmatrix}\boldsymbol{I}_{(n)} & \boldsymbol{I}_{(n)}\\ \mathrm{i}\boldsymbol{I}_{(n)} & -\mathrm{i}\boldsymbol{I}_{(n)}\end{pmatrix}\boldsymbol{Q}^{-1}\boldsymbol{A}\boldsymbol{Q}\begin{pmatrix}\boldsymbol{I}_{(n)} & -\mathrm{i}\boldsymbol{I}_{(n)}\\ \boldsymbol{I}_{(n)} & \mathrm{i}\boldsymbol{I}_{(n)}\end{pmatrix}=\begin{pmatrix}\boldsymbol{0} & \boldsymbol{I}_{(n)}\\ -\boldsymbol{I}_{(n)} & \boldsymbol{0}\end{pmatrix}.$$

这表明实方阵$\boldsymbol{A}$和实方阵$\begin{pmatrix}\boldsymbol{0} & \boldsymbol{I}_{(n)}\\ -\boldsymbol{I}_{(n)} & \boldsymbol{0}\end{pmatrix}$相似. 由定理1，实方阵$\boldsymbol{A}$和实方阵$\begin{pmatrix}\boldsymbol{0} & \boldsymbol{I}_{(n)}\\ -\boldsymbol{I}_{(n)} & \boldsymbol{0}\end{pmatrix}$实相似. 证毕.

习　题

1. 证明：方阵

$$\boldsymbol{A}=\begin{pmatrix}0&1&0&0\\0&0&1&0\\0&0&0&1\\1&0&0&0\end{pmatrix}$$

相似于对角形，但不实相似于对角形.

2. 设 $2k$ 维实线性空间 V 的线性变换 $\mathscr{A}$ 的最小多项式 $d(\lambda)$ 为 $d(\lambda)=(\lambda^2+a\lambda+b)^k$，其中 a,b 为实数，且 $a^2-4b<0$. 证明：存在 V 的基，使得线性变换 $\mathscr{A}$ 在这组基下的方阵为

$$\begin{pmatrix} 0 & 1 & 0 & 0 & \cdots & 0 & 0 & 0 & 0 \\ -b & -a & 1 & 0 & \cdots & 0 & 0 & 0 & 0 \\ 0 & 0 & 0 & 1 & \cdots & 0 & 0 & 0 & 0 \\ 0 & 0 & -b & -a & \cdots & 0 & 0 & 0 & 0 \\ & & & & \cdots\cdots\cdots & & & & \\ 0 & 0 & 0 & 0 & \cdots & 0 & 1 & 0 & 0 \\ 0 & 0 & 0 & 0 & \cdots & -b & -a & 1 & 0 \\ 0 & 0 & 0 & 0 & \cdots & 0 & 0 & 0 & 1 \\ 0 & 0 & 0 & 0 & \cdots & 0 & 0 & -b & -a \end{pmatrix}.$$

3. 证明：任意一个实方阵 $\boldsymbol{A}$ 都实相似于准对角形，其对角块具有如下形式：

$$\begin{pmatrix} \lambda_0 & 1 & 0 & \cdots & 0 & 0 \\ 0 & \lambda_0 & 1 & \cdots & 0 & 0 \\ & & \cdots\cdots\cdots & & & \\ 0 & 0 & 0 & \cdots & \lambda_0 & 1 \\ 0 & 0 & 0 & \cdots & 0 & \lambda_0 \end{pmatrix},$$

或者

$$\begin{pmatrix} 0 & 1 & 1 & 0 & \cdots & 0 & 0 & 0 & 0 \\ -b & -a & 0 & 1 & \cdots & 0 & 0 & 0 & 0 \\ 0 & 0 & 0 & 1 & \cdots & 0 & 0 & 0 & 0 \\ 0 & 0 & -b & -a & \cdots & 0 & 0 & 0 & 0 \\ & & & & \cdots\cdots\cdots & & & & \\ 0 & 0 & 0 & 0 & \cdots & 0 & 1 & 1 & 0 \\ 0 & 0 & 0 & 0 & \cdots & -b & -a & 0 & 1 \\ 0 & 0 & 0 & 0 & \cdots & 0 & 0 & 0 & 1 \\ 0 & 0 & 0 & 0 & \cdots & 0 & 0 & -b & -a \end{pmatrix},$$

其中 λ_0，a 和 b 都是实数，且 $a^2<4b$.

4. 设 $\boldsymbol{A}$ 是数域 F 上 n 阶方阵. 视 $\boldsymbol{A}$ 为复方阵，它的特征多项式和最小多项式分别记为 $\varphi(\lambda)$ 和 $d(\lambda)$. 证明：作为数域 F 上 n 阶方阵，$\boldsymbol{A}$ 的特征多项式和最小多项式仍分别是 $\varphi(\lambda)$ 和 $d(\lambda)$.

5. 设 $\boldsymbol{A}$ 是数域 F 上 n 阶方阵. 视 $\boldsymbol{A}$ 为复方阵，它的行列式因子和不变因子分别记为

$$D_1(\lambda), D_2(\lambda), \cdots, D_n(\lambda) \quad 和 \quad d_1(\lambda), d_2(\lambda), \cdots, d_n(\lambda).$$

证明:作为数域 F 上 n 阶方阵,$\boldsymbol{A}$ 的行列式因子和不变因子仍分别是

$$D_1(\lambda), D_2(\lambda), \cdots, D_n(\lambda) \quad 和 \quad d_1(\lambda), d_2(\lambda), \cdots, d_n(\lambda).$$

6. 设 $\boldsymbol{A}$ 和 $\boldsymbol{B}$ 是数域 F 上 n 阶方阵.证明:方阵 $\boldsymbol{A}$ 和 $\boldsymbol{B}$ 在数域 F 上相似的充分必要条件是,方阵 $\boldsymbol{A}$ 和 $\boldsymbol{B}$ 相似.

第 7 章　Euclid 空间

前面几章所讨论的线性空间实际上只有代数结构.为了使线性空间更像通常的三维空间,有必要在线性空间中增加几何结构.我们首先限制在实线性空间.7.1 节定义了实线性空间中向量之间的内积,这实质上是在实线性空间中引进了距离的概念,从而赋予了实线性空间一种几何结构.这样的空间即是 Euclid 空间.由于 Euclid 空间比线性空间具有更强的结构,基的选取应当与这种结构相适应,所以在 7.2 节中通过正交性的讨论引出了标准正交基,这就是 Euclid 空间所应当考虑的基,也是通常三维空间的空间直角坐标系的直接推广.于是,Euclid 空间的每个线性变换在不同的标准正交基下的矩阵表示是彼此正交相似的方阵.这就自然产生了方阵在正交相似下的分类问题.在理论与应用上具有重要意义的是规范方阵在正交相似下的分类.7.3 节与 7.4 节利用内积引进了规范变换与规范方阵的概念.并解决了规范方阵在正交相似下的分类问题,得出了规范方阵的正交相似等价类完全由方阵的特征值所刻画的结论.将这一结果应用于更为特殊的一些具有明显几何意义的变换以及相应的方阵上,7.5 节与 7.6 节解决了正交方阵、对称方阵以及斜对称方阵在正交相似下的分类问题.由于正定对称方阵的特殊重要性以及应用的广泛性,7.7 节专门讨论了正定对称方阵,并通过矩阵的奇异值的概念,解决了矩阵在正交相抵下的分类问题.7.8 节用纯矩阵的方法讨论了一般方阵的正交相似问题.最后,7.9 节通过例子说明了这一理论的各种应用.

7.1　内　　积

在空间解析几何里,我们知道,在空间 V 中建立直角坐标系后,向量 $\boldsymbol{\alpha}$ 便唯一地对应一个坐标(x_1,x_2,x_3). 在空间 V 中向量的长度和向量间的夹角可以用向量的纯量积表示. 设向量 $\boldsymbol{\alpha}$ 与 $\boldsymbol{\beta}$ 的坐标分别是(x_1,x_2,x_3)与(y_1,y_2,y_3)，则向量 $\boldsymbol{\alpha}$ 与 $\boldsymbol{\beta}$ 的纯量积为

$$(\boldsymbol{\alpha},\boldsymbol{\beta}) = x_1y_1 + x_2y_2 + x_3y_3.$$

于是向量 $\boldsymbol{\alpha}$ 的长为 $\|\boldsymbol{\alpha}\| = \sqrt{(\boldsymbol{\alpha},\boldsymbol{\alpha})}$，向量 $\boldsymbol{\alpha}$ 与 $\boldsymbol{\beta}$ 的夹角 θ 的余弦为 $\cos\theta = \dfrac{(\boldsymbol{\alpha},\boldsymbol{\beta})}{\sqrt{(\boldsymbol{\alpha},\boldsymbol{\alpha})(\boldsymbol{\beta},\boldsymbol{\beta})}}$.

为了在 n 维实线性空间中引进向量的长度与向量间的夹角等概念. 我们先分析一下上述向量的纯量积$(\boldsymbol{\alpha},\boldsymbol{\beta})$的特性. 首先，它是定义在空间 V 的一个二元实函数，即对任意一对向量 $\boldsymbol{\alpha},\boldsymbol{\beta}$，可以唯一确定一个实数 $x_1y_1+x_2y_2+x_3y_3$ 与向量 $\boldsymbol{\alpha}$，$\boldsymbol{\beta}$ 相对应；其次，向量的纯量积$(\boldsymbol{\alpha},\boldsymbol{\beta})$具有对称性，即对任意 $\boldsymbol{\alpha},\boldsymbol{\beta}\in V$，均有$(\boldsymbol{\beta},\boldsymbol{\alpha})=(\boldsymbol{\alpha},\boldsymbol{\beta})$；而且对空间 V 中任意非零向量 $\boldsymbol{\alpha}$，均有$(\boldsymbol{\alpha},\boldsymbol{\alpha})>0$，纯量积$(\boldsymbol{\alpha},\boldsymbol{\beta})$的这一性质称为恒正性. 最后，纯量积$(\boldsymbol{\alpha},\boldsymbol{\beta})$满足：对任意 $\boldsymbol{\alpha}_1,\boldsymbol{\alpha}_2\in V$，均有$(\boldsymbol{\alpha}_1+\boldsymbol{\alpha}_2,\boldsymbol{\beta})=(\boldsymbol{\alpha}_1,\boldsymbol{\beta})+(\boldsymbol{\alpha}_2,\boldsymbol{\beta})$，并且对任意 $\lambda\in\mathbf{R},\boldsymbol{\alpha}\in V$，均有$(\lambda\boldsymbol{\alpha},\boldsymbol{\beta})=\lambda(\boldsymbol{\alpha},\boldsymbol{\beta})$，其中 $\mathbf{R}$ 表示实数域. 也就是说，如果将纯量积$(\boldsymbol{\alpha},\boldsymbol{\beta})$中的向量 $\boldsymbol{\beta}$ 视为不变，则纯量积$(\boldsymbol{\alpha},\boldsymbol{\beta})$是关于向量元 $\boldsymbol{\alpha}$ 的线性函数. 简单地说，纯量积$(\boldsymbol{\alpha},\boldsymbol{\beta})$关于向量元 $\boldsymbol{\alpha}$ 是线性的. 同样，纯量积$(\boldsymbol{\alpha},\boldsymbol{\beta})$关于向量元 $\boldsymbol{\beta}$ 也是线性的. 即是说，纯量积$(\boldsymbol{\alpha},\boldsymbol{\beta})$是双线性的.

现在将向量的纯量积$(\boldsymbol{\alpha},\boldsymbol{\beta})$推广到实线性空间.

定义 1　设实线性空间 V 上二元实函数$(\boldsymbol{\alpha},\boldsymbol{\beta})$满足下面三个性质：

(1) 对称性：对任意 $\boldsymbol{\alpha},\boldsymbol{\beta}\in V$，$(\boldsymbol{\beta},\boldsymbol{\alpha})=(\boldsymbol{\alpha},\boldsymbol{\beta})$；

(2) 恒正性：对任意 $\boldsymbol{\alpha}\in V,\boldsymbol{\alpha}\neq\mathbf{0}$，$(\boldsymbol{\alpha},\boldsymbol{\alpha})>0$；

(3) 双线性：对任意 $\boldsymbol{\alpha}_1,\boldsymbol{\alpha}_2,\boldsymbol{\alpha},\boldsymbol{\beta}_1,\boldsymbol{\beta}_2,\boldsymbol{\beta}\in V,\lambda,\mu\in\mathbf{R}$，均有

$$(\boldsymbol{\alpha}_1+\boldsymbol{\alpha}_2,\boldsymbol{\beta}) = (\boldsymbol{\alpha}_1,\boldsymbol{\beta}) + (\boldsymbol{\alpha}_2,\boldsymbol{\beta}),$$
$$(\lambda\boldsymbol{\alpha},\boldsymbol{\beta}) = \lambda(\boldsymbol{\alpha},\boldsymbol{\beta}),$$
$$(\boldsymbol{\alpha},\boldsymbol{\beta}_1+\boldsymbol{\beta}_2) = (\boldsymbol{\alpha},\boldsymbol{\beta}_1) + (\boldsymbol{\alpha},\boldsymbol{\beta}_2),$$
$$(\boldsymbol{\alpha},\mu\boldsymbol{\beta}) = \mu(\boldsymbol{\alpha},\boldsymbol{\beta}).$$

则二元实函数$(\boldsymbol{\alpha},\boldsymbol{\beta})$称为实线性空间 V 的一个内积.

应当指出，在定义 1 中，内积$(\boldsymbol{\alpha},\boldsymbol{\beta})$关于向量元 $\boldsymbol{\beta}$ 的线性性质可以由内积$(\boldsymbol{\alpha},\boldsymbol{\beta})$对称性以及关于向量元 $\boldsymbol{\alpha}$ 的线性性质导出. 这里为清楚起见，还是将它列入到定义中. 另外，对实线性空间 V 而言，内积$(\boldsymbol{\alpha},\boldsymbol{\beta})$并不是唯一的. 只要满足对称性，恒正性以及双线性的二元实函数都是实线性空间 V 的内积.

现在给出内积的基本性质.

命题 1　设$(\boldsymbol{\alpha},\boldsymbol{\beta})$是实线性空间 V 的内积，则$(\mathbf{0},\boldsymbol{\beta})=(\boldsymbol{\alpha},\mathbf{0})=0$.

证明　由双线性得到，$(\mathbf{0},\boldsymbol{\beta})=(0\boldsymbol{\alpha},\boldsymbol{\beta})=0(\boldsymbol{\alpha},\boldsymbol{\beta})=0$. 由对称性得到，$(\boldsymbol{\alpha},\mathbf{0})=(\mathbf{0},\boldsymbol{\alpha})=0$.

命题 2　设$(\boldsymbol{\alpha},\boldsymbol{\beta})$是实线性空间 V 的内积，$\boldsymbol{\alpha}_1,\boldsymbol{\alpha}_2,\cdots,\boldsymbol{\alpha}_p,\boldsymbol{\beta}_1,\boldsymbol{\beta}_2,\cdots,\boldsymbol{\beta}_q\in V$，$\lambda_1,\lambda_2,\cdots,\lambda_p,\mu_1,\mu_2,\cdots,\mu_q\in\mathbf{R}$，则

$$\left(\sum_{i=1}^{p}\lambda_i\boldsymbol{\alpha}_i,\sum_{j=1}^{q}\mu_j\boldsymbol{\beta}_j\right)=\sum_{i=1}^{p}\sum_{j=1}^{q}\lambda_i\mu_j(\boldsymbol{\alpha}_i,\boldsymbol{\beta}_j).$$

证明　首先用归纳法证明

$$\left(\sum_{i=1}^{p}\lambda_i\boldsymbol{\alpha}_i,\boldsymbol{\beta}\right)=\sum_{i=1}^{p}\lambda_i(\boldsymbol{\alpha}_i,\boldsymbol{\beta}).\tag{7.1.1}$$

当 $p=1$ 时，式(7.1.1)左端为$(\lambda_1\boldsymbol{\alpha}_1,\boldsymbol{\beta})$，因此由内积$(\boldsymbol{\alpha},\boldsymbol{\beta})$关于向量元 $\boldsymbol{\alpha}$ 的线性性质，$(\lambda_1\boldsymbol{\alpha}_1,\boldsymbol{\beta})=\lambda_1(\boldsymbol{\alpha}_1,\boldsymbol{\beta})$，即式(7.1.1)当 $p=1$ 时成立. 现在设式(7.1.1)对 $p-1$ 成立. 于是由内积$(\boldsymbol{\alpha},\boldsymbol{\beta})$关于向量元 $\boldsymbol{\alpha}$ 的线性性质得到

$$\begin{aligned}\left(\sum_{i=1}^{p}\lambda_i\boldsymbol{\alpha}_i,\boldsymbol{\beta}\right)&=\left(\left(\sum_{i=1}^{p-1}\lambda_i\boldsymbol{\alpha}_i\right)+\lambda_p\boldsymbol{\alpha}_p,\boldsymbol{\beta}\right)\\&=\left(\sum_{i=1}^{p-1}\lambda_i\boldsymbol{\alpha}_i,\boldsymbol{\beta}\right)+(\lambda_p\boldsymbol{\alpha}_p,\boldsymbol{\beta})\\&=\left(\sum_{i=1}^{p-1}\lambda_i\boldsymbol{\alpha}_i,\boldsymbol{\beta}\right)+\lambda_p(\boldsymbol{\alpha}_p,\boldsymbol{\beta}).\end{aligned}$$

由归纳假设，

$$\left(\sum_{i=1}^{p}\lambda_i\boldsymbol{\alpha}_i,\boldsymbol{\beta}\right)=\sum_{i=1}^{p-1}\lambda_i(\boldsymbol{\alpha}_i,\boldsymbol{\beta})+\lambda_p(\boldsymbol{\alpha}_p,\boldsymbol{\beta})=\sum_{i=1}^{p}\lambda_i(\boldsymbol{\alpha}_i,\boldsymbol{\beta}),$$

所以式(7.1.1)成立.

由内积$(\boldsymbol{\alpha},\boldsymbol{\beta})$的对称性得

$$\left(\boldsymbol{\alpha},\sum_{j=1}^{q}\mu_j\boldsymbol{\beta}_j\right)=\left(\sum_{j=1}^{q}\mu_j\boldsymbol{\beta}_j,\boldsymbol{\alpha}\right)=\sum_{j=1}^{q}\mu_j(\boldsymbol{\beta}_j,\boldsymbol{\alpha})=\sum_{j=1}^{q}\mu_j(\boldsymbol{\alpha},\boldsymbol{\beta}_j).$$

于是

$$\left(\sum_{i=1}^{p}\lambda_i\boldsymbol{\alpha}_i,\sum_{j=1}^{q}\mu_j\boldsymbol{\beta}_j\right)=\sum_{i=1}^{p}\lambda_i\left(\boldsymbol{\alpha}_i,\sum_{j=1}^{q}\mu_j\boldsymbol{\beta}_j\right)=\sum_{i=1}^{p}\sum_{j=1}^{q}\lambda_i\mu_j(\boldsymbol{\alpha}_i,\boldsymbol{\beta}_j).$$

命题 2 证毕.

命题 3　设$(\boldsymbol{\alpha},\boldsymbol{\beta})$是实线性空间 V 的内积，则对任意 $\boldsymbol{\alpha},\boldsymbol{\beta}\in V$，均有

$$(\boldsymbol{\alpha},\boldsymbol{\beta})^2\leqslant(\boldsymbol{\alpha},\boldsymbol{\alpha})(\boldsymbol{\beta},\boldsymbol{\beta}),\tag{7.1.2}$$

等号当且仅当向量 $\boldsymbol{\alpha}$ 与 $\boldsymbol{\beta}$ 线性相关时成立.

式(7.1.2)称为 Cauchy-Schwarz 不等式.

证明 当 $\boldsymbol{\alpha}=\mathbf{0}$时,由命题1,$(\mathbf{0},\boldsymbol{\beta})=0$,$(\mathbf{0},\mathbf{0})=0$.因此式(7.1.2)成等式.故当$\boldsymbol{\alpha}=\mathbf{0}$时式(7.1.2)成立.

现在设 $\boldsymbol{\alpha}\neq\mathbf{0}$.记 $\boldsymbol{\beta}_1=\boldsymbol{\beta}-\dfrac{(\boldsymbol{\alpha},\boldsymbol{\beta})}{(\boldsymbol{\alpha},\boldsymbol{\alpha})}\boldsymbol{\alpha}$,由内积的恒正性 $0\leqslant(\boldsymbol{\beta}_1,\boldsymbol{\beta}_1)=(\boldsymbol{\beta},\boldsymbol{\beta})-\dfrac{(\boldsymbol{\alpha},\boldsymbol{\beta})^2}{(\boldsymbol{\alpha},\boldsymbol{\alpha})}$得$(\boldsymbol{\alpha},\boldsymbol{\beta})^2\leqslant(\boldsymbol{\alpha},\boldsymbol{\alpha})(\boldsymbol{\beta},\boldsymbol{\beta})$.等式成立当且仅当 $\boldsymbol{\beta}_1=\mathbf{0}$,即 $\boldsymbol{\beta}=\dfrac{(\boldsymbol{\alpha},\boldsymbol{\beta})}{(\boldsymbol{\alpha},\boldsymbol{\alpha})}\boldsymbol{\alpha}$ 时,$\boldsymbol{\alpha}$ 与$\boldsymbol{\beta}$ 线性相关.命题3证毕.

下面给出 n 维实线性空间 V 的内积的方阵表示.设$\{\boldsymbol{\alpha}_1,\boldsymbol{\alpha}_2,\cdots,\boldsymbol{\alpha}_n\}$是 n 维实线性空间 V 的一组基,$(\boldsymbol{\alpha},\boldsymbol{\beta})$是 V 的一个内积,其中 $\boldsymbol{\alpha},\boldsymbol{\beta}\in V$.则 $\boldsymbol{\alpha}=x_1\boldsymbol{\alpha}_1+x_2\boldsymbol{\alpha}_2+\cdots+x_n\boldsymbol{\alpha}_n$,$\boldsymbol{\beta}=y_1\boldsymbol{\alpha}_1+y_2\boldsymbol{\alpha}_2+\cdots+y_n\boldsymbol{\alpha}_n$.因此

$$(\boldsymbol{\alpha},\boldsymbol{\beta})=\Big(\sum_{i=1}^{n}x_i\boldsymbol{\alpha}_i,\sum_{j=1}^{n}y_j\boldsymbol{\alpha}_j\Big)=\sum_{i=1}^{n}\sum_{j=1}^{n}x_iy_j(\boldsymbol{\alpha}_i,\boldsymbol{\alpha}_j).$$

记 $\boldsymbol{x}=(x_1,x_2,\cdots,x_n)$,$\boldsymbol{y}=(y_1,y_2,\cdots,y_n)$,且记 n 阶方阵

$$\boldsymbol{G}=\begin{pmatrix}(\boldsymbol{\alpha}_1,\boldsymbol{\alpha}_1) & (\boldsymbol{\alpha}_1,\boldsymbol{\alpha}_2) & \cdots & (\boldsymbol{\alpha}_1,\boldsymbol{\alpha}_n)\\ (\boldsymbol{\alpha}_2,\boldsymbol{\alpha}_1) & (\boldsymbol{\alpha}_2,\boldsymbol{\alpha}_2) & \cdots & (\boldsymbol{\alpha}_2,\boldsymbol{\alpha}_n)\\ & \cdots\cdots\cdots\cdots & & \\ (\boldsymbol{\alpha}_n,\boldsymbol{\alpha}_1) & (\boldsymbol{\alpha}_n,\boldsymbol{\alpha}_2) & \cdots & (\boldsymbol{\alpha}_n,\boldsymbol{\alpha}_n)\end{pmatrix},$$

则

$$(\boldsymbol{\alpha},\boldsymbol{\beta})=\boldsymbol{x}\boldsymbol{G}\boldsymbol{y}^{\mathrm{T}}.\tag{7.1.3}$$

方阵 $\boldsymbol{G}=((\boldsymbol{\alpha}_i,\boldsymbol{\alpha}_j))$称为内积$(\boldsymbol{\alpha},\boldsymbol{\beta})$在基$\{\boldsymbol{\alpha}_1,\boldsymbol{\alpha}_2,\cdots,\boldsymbol{\alpha}_n\}$下的**Gram 方阵**.它满足以下的性质:

(1) 方阵 $\boldsymbol{G}$ 是对称方阵,即 $\boldsymbol{G}^{\mathrm{T}}=\boldsymbol{G}$.事实上,方阵 $\boldsymbol{G}$ 的(i,j)位置上的元素为$(\boldsymbol{\alpha}_i,\boldsymbol{\alpha}_j)$.由内积$(\boldsymbol{\alpha},\boldsymbol{\beta})$的对称性,$(\boldsymbol{\alpha}_i,\boldsymbol{\alpha}_j)=(\boldsymbol{\alpha}_j,\boldsymbol{\alpha}_i)$,因此方阵 $\boldsymbol{G}$ 的(i,j)位置上的元素等于(j,i)位置上的元素,所以 $\boldsymbol{G}^{\mathrm{T}}=\boldsymbol{G}$.

(2) 正定性,即对任意 $\boldsymbol{x}\in\mathbf{R}^n$,$\boldsymbol{x}\boldsymbol{G}\boldsymbol{x}^{\mathrm{T}}\geqslant0$,其中等式当且仅当 $\boldsymbol{x}=\mathbf{0}$时成立.事实上,对任意 $\boldsymbol{x}=(x_1,x_2,\cdots,x_n)\in\mathbf{R}^n$,$\boldsymbol{\alpha}=x_1\boldsymbol{\alpha}_1+\cdots+x_n\boldsymbol{\alpha}_n\in V$,由式(7.1.3)和内积的恒正性,$(\boldsymbol{\alpha},\boldsymbol{\alpha})=\boldsymbol{x}\boldsymbol{G}\boldsymbol{x}^{\mathrm{T}}\geqslant0$,而且当且仅当 $\boldsymbol{\alpha}=\mathbf{0}$,即 $\boldsymbol{x}=\mathbf{0}$时等式成立.

通常,满足 $\boldsymbol{S}^{\mathrm{T}}=\boldsymbol{S}$ 的n 阶方阵$\boldsymbol{S}$ 称为**对称方阵**.设 $\boldsymbol{S}$ 是n 阶对称方阵,如果对任意 $\boldsymbol{x}\in\mathbf{R}^n$,$\boldsymbol{x}\boldsymbol{S}\boldsymbol{x}^{\mathrm{T}}\geqslant0$,且等式当且仅当 $\boldsymbol{x}=\mathbf{0}$时成立,则 $\boldsymbol{S}$ 称为正定对称方阵.综上可得:

定理1 设$(\boldsymbol{\alpha},\boldsymbol{\beta})$是 n 维实线性空间 V 的内积,$\{\boldsymbol{\alpha}_1,\boldsymbol{\alpha}_2,\cdots,\boldsymbol{\alpha}_n\}$是 V 的一组基,向量 $\boldsymbol{\alpha}$ 与$\boldsymbol{\beta}$ 在这组基下的坐标分别为$\boldsymbol{x}$ 与$\boldsymbol{y}$,而且内积$(\boldsymbol{\alpha},\boldsymbol{\beta})$在这组基下的

Gram 方阵为 $\boldsymbol{G}$,则 $\boldsymbol{G}$ 是正定对称方阵,而且$(\boldsymbol{\alpha},\boldsymbol{\beta}) = \boldsymbol{x}\boldsymbol{G}\boldsymbol{y}^{\mathrm{T}}$.

定理 2　设 $\boldsymbol{S}$ 是 n 阶正定对称方阵,$\{\boldsymbol{\alpha}_1,\boldsymbol{\alpha}_2,\cdots,\boldsymbol{\alpha}_n\}$是 n 维实线性空间 V 的基,向量 $\boldsymbol{\alpha}$ 与 $\boldsymbol{\beta}$ 在这组基下的坐标分别为 $\boldsymbol{x}$ 与 $\boldsymbol{y}$,则由$(\boldsymbol{\alpha},\boldsymbol{\beta}) = \boldsymbol{x}\boldsymbol{S}\boldsymbol{y}^{\mathrm{T}}$ 所定义的二元实函数$(\boldsymbol{\alpha},\boldsymbol{\beta})$是 V 的一个内积,而且它在这组基下的 Gram 方阵即为 $\boldsymbol{S}$.

证明　对于任意 $\boldsymbol{\alpha},\boldsymbol{\beta}\in V$,$(\boldsymbol{\beta},\boldsymbol{\alpha}) = \boldsymbol{y}\boldsymbol{S}\boldsymbol{x}^{\mathrm{T}} = (\boldsymbol{x}\boldsymbol{S}\boldsymbol{y}^{\mathrm{T}})^{\mathrm{T}} = \boldsymbol{x}\boldsymbol{S}\boldsymbol{y}^{\mathrm{T}} = (\boldsymbol{\alpha},\boldsymbol{\beta})$,即二元实函数$(\boldsymbol{\alpha},\boldsymbol{\beta})$是对称的;其次对任意 $\boldsymbol{\alpha}\in V$,$(\boldsymbol{\alpha},\boldsymbol{\alpha}) = \boldsymbol{x}\boldsymbol{S}\boldsymbol{x}^{\mathrm{T}}$.因为对称方阵 $\boldsymbol{S}$ 是正定的,所以$(\boldsymbol{\alpha},\boldsymbol{\alpha})\geqslant 0$.并且当且仅当 $\boldsymbol{x}=\boldsymbol{0}$,即 $\boldsymbol{\alpha}=\boldsymbol{0}$时,$(\boldsymbol{\alpha},\boldsymbol{\alpha})=0$.因此$(\boldsymbol{\alpha},\boldsymbol{\beta})$是恒正的.最后设,$\boldsymbol{\alpha},\tilde{\boldsymbol{\alpha}}\in V$ 在基$\{\boldsymbol{\alpha}_1,\boldsymbol{\alpha}_2,\cdots,\boldsymbol{\alpha}_n\}$下的坐标分别为 $\boldsymbol{x}$ 与 $\tilde{\boldsymbol{x}}$,$\lambda,\mu\in\mathbf{R}$,则

$$\begin{aligned}(\lambda\boldsymbol{\alpha}+\mu\tilde{\boldsymbol{\alpha}},\boldsymbol{\beta}) &= (\lambda\boldsymbol{x}+\mu\tilde{\boldsymbol{x}})\boldsymbol{S}\boldsymbol{y}^{\mathrm{T}}\\ &= \lambda(\boldsymbol{x}\boldsymbol{S}\boldsymbol{y}^{\mathrm{T}}) + \mu(\tilde{\boldsymbol{x}}\boldsymbol{S}\boldsymbol{y}^{\mathrm{T}})\\ &= \lambda(\boldsymbol{\alpha},\boldsymbol{\beta}) + \mu(\tilde{\boldsymbol{\alpha}},\boldsymbol{\beta}).\end{aligned}$$

因此二元实函数$(\boldsymbol{\alpha},\boldsymbol{\beta})$关于向量 $\boldsymbol{\alpha}$ 是线性的.由于二元实函数$(\boldsymbol{\alpha},\boldsymbol{\beta})$是对称的,因此$(\boldsymbol{\alpha},\boldsymbol{\beta})$关于向量元 $\boldsymbol{\beta}$ 是线性的,即二元实函数$(\boldsymbol{\alpha},\boldsymbol{\beta})$是双线性的.这就证明了$(\boldsymbol{\alpha},\boldsymbol{\beta})$是 V 的一个内积.

记 $\boldsymbol{S}=(s_{ij})_{m\times n}$.基向量 $\boldsymbol{\alpha}_i$ 在基$\{\boldsymbol{\alpha}_1,\boldsymbol{\alpha}_2,\cdots,\boldsymbol{\alpha}_n\}$下的坐标为 $\boldsymbol{\varepsilon}_i=(0,\cdots,0,1,0,\cdots,0)$,$i=1,2,\cdots,n$.因此对 $1\leqslant i,j\leqslant n$,

$$(\boldsymbol{\alpha}_i,\boldsymbol{\alpha}_j) = \boldsymbol{\varepsilon}_i\boldsymbol{S}\boldsymbol{\varepsilon}_j^{\mathrm{T}} = s_{ij}.$$

于是 $\boldsymbol{S}=(s_{ij})_{n\times n}=(\boldsymbol{\alpha}_i,\boldsymbol{\alpha}_j)_{n\times n}$,即方阵 $\boldsymbol{S}$ 是内积$(\boldsymbol{\alpha},\boldsymbol{\beta})$在基$\{\boldsymbol{\alpha}_1,\boldsymbol{\alpha}_2,\cdots,\boldsymbol{\alpha}_n\}$下的 Gram 方阵.证毕.

定理 1 表明,在 n 维实线性空间 V 中取定一组基$\{\boldsymbol{\alpha}_1,\boldsymbol{\alpha}_2,\cdots,\boldsymbol{\alpha}_n\}$,$V$ 中的一个内积$(\boldsymbol{\alpha},\boldsymbol{\beta})$便由式(7.1.3)确定一个 Gram 方阵 $\boldsymbol{G}$,而 $\boldsymbol{G}$ 是正定对称方阵.于是可以建立由 V 的所有内积的集合到所有 n 阶正定对称方阵的集合的映射 σ:$(\boldsymbol{\alpha},\boldsymbol{\beta})\mapsto\boldsymbol{G}$.容易验证,映射 σ 是单射.定理 2 表明,映射 σ 是满射.因此 V 的所有内积的集合便和所有 n 阶正定对称方阵集合存在一个一一对应.

现在转到 n 维实线性空间 V 的一个内积在 V 的不同基下的方阵表示的关系.为此先引进:

定义 2　设 $\boldsymbol{S}_1$ 和 $\boldsymbol{S}_2$ 是 n 阶实对称方阵.如果存在 n 阶可逆实方阵 $\boldsymbol{P}$,使得 $\boldsymbol{S}_2=\boldsymbol{P}^{\mathrm{T}}\boldsymbol{S}_1\boldsymbol{P}$,则称对称方阵 $\boldsymbol{S}_1$ 与 $\boldsymbol{S}_2$ 是**相合**的.

定理 3　设 n 维实线性空间 V 的内积$(\boldsymbol{\alpha},\boldsymbol{\beta})$在 V 的基$\{\boldsymbol{\alpha}_1,\boldsymbol{\alpha}_2,\cdots,\boldsymbol{\alpha}_n\}$与$\{\boldsymbol{\beta}_1,\boldsymbol{\beta}_2,\cdots,\boldsymbol{\beta}_n\}$下的 Gram 方阵分别为 $\boldsymbol{G}_1$ 与 $\boldsymbol{G}_2$,而且

$$(\boldsymbol{\beta}_1,\boldsymbol{\beta}_2,\cdots,\boldsymbol{\beta}_n) = (\boldsymbol{\alpha}_1,\boldsymbol{\alpha}_2,\cdots,\boldsymbol{\alpha}_n)\boldsymbol{P},$$

其中 $\boldsymbol{P}$ 是 n 阶可逆方阵.则 $\boldsymbol{G}_2=\boldsymbol{P}^{\mathrm{T}}\boldsymbol{G}_1\boldsymbol{P}$,即方阵 $\boldsymbol{G}_1$ 与 $\boldsymbol{G}_2$ 是相合的.

证明 记 $\boldsymbol{P}=(p_{ij})_{n\times n}$,则

$$\boldsymbol{\beta}_j = \sum_{k=1}^{n} p_{kj}\boldsymbol{\alpha}_k, \quad j = 1,2,\cdots,n.$$

记 $\boldsymbol{G}_1=(a_{ij})_{n\times n}$,$\boldsymbol{G}_2=(b_{ij})_{n\times n}$,其中 $a_{ij}=(\boldsymbol{\alpha}_i,\boldsymbol{\alpha}_j)$,$b_{ij}=(\boldsymbol{\beta}_i,\boldsymbol{\beta}_j)$,$1\leqslant i,j\leqslant n$,因此对 $1\leqslant i,j\leqslant n$,

$$\begin{aligned} b_{ij} = (\boldsymbol{\beta}_i,\boldsymbol{\beta}_j) &= \left(\sum_{k=1}^{n} p_{ki}\boldsymbol{\alpha}_k, \sum_{l=1}^{n} p_{lj}\boldsymbol{\alpha}_l\right) \\ &= \sum_{k=1}^{n}\sum_{l=1}^{n} p_{ki}p_{lj}(\boldsymbol{\alpha}_k,\boldsymbol{\alpha}_l) \\ &= \sum_{k=1}^{n}\sum_{l=1}^{n} p_{ki}p_{lj}a_{kl} \\ &= (p_{1i},p_{2i},\cdots,p_{ni})\boldsymbol{G}_1\begin{pmatrix} p_{1j} \\ p_{2j} \\ \vdots \\ p_{nj} \end{pmatrix}. \end{aligned}$$

这表明,b_{ij} 是方阵 $\boldsymbol{P}^{\mathrm{T}}\boldsymbol{G}_1\boldsymbol{P}$ 的 (i,j) 位置上的元素,所以 $\boldsymbol{G}_2=\boldsymbol{P}^{\mathrm{T}}\boldsymbol{G}_1\boldsymbol{P}$.定理 3 证毕.

实对称方阵之间的相合关系是一种重要的关系.以后还将详加讨论.

下面给出 Euclid 空间的定义.

定义 3 实线性空间 V 连同一个取定的内积 $(\boldsymbol{\alpha},\boldsymbol{\beta})$ 一起称为**Euclid 空间**.

应当指出,对 Euclid 空间 V_1 与 V_2,如果作为线性空间,V_1 与 V_2 是不同的空间,则 Euclid 空间 V_1 与 V_2 是不同的.甚至如果作为线性空间,V_1 与 V_2 是同一个空间,但所取定的内积不同时,则 Euclid 空间 V_1 与 V_2 也是不同的.因此 Euclid 空间的定义是和实线性空间 V 以及 V 的内积 $(\boldsymbol{\alpha},\boldsymbol{\beta})$ 的选取紧密联系的.正因为如此,Euclid 空间也称为**内积空间**.

对于定义 Euclid 空间 V 的内积 $(\boldsymbol{\alpha},\boldsymbol{\beta})$ 前面给出的命题 1,命题 2 与命题 3 当然成立.

在 Euclid 空间 V 中,利用内积 $(\boldsymbol{\alpha},\boldsymbol{\beta})$ 的恒正性,可以定义向量 $\boldsymbol{\alpha}\in V$ 的**范数**(或**长度**)$\|\boldsymbol{\alpha}\|$ 为 $\|\boldsymbol{\alpha}\|=\sqrt{(\boldsymbol{\alpha},\boldsymbol{\alpha})}$.范数为 1 的向量称为**单位向量**.对非零向量 $\boldsymbol{\alpha}\in V$,令 $\boldsymbol{\xi}=\dfrac{\boldsymbol{\alpha}}{\|\boldsymbol{\alpha}\|}$,则 $\boldsymbol{\xi}$ 是单位向量.

利用向量的范数,命题 3 中的 Cauchy-Schwarz 不等式(7.1.2)可以改写成

$$\left|\frac{(\boldsymbol{\alpha},\boldsymbol{\beta})}{\|\boldsymbol{\alpha}\|\cdot\|\boldsymbol{\beta}\|}\right|\leqslant 1,$$

其中 $\boldsymbol{\alpha}$ 和 $\boldsymbol{\beta}$ 是非零向量. 于是，对非零向量 $\boldsymbol{\alpha}$ 与 $\boldsymbol{\beta}$，可以定义它们夹角 θ 为

$$\theta = \arccos \frac{(\boldsymbol{\alpha},\boldsymbol{\beta})}{\sqrt{(\boldsymbol{\alpha},\boldsymbol{\alpha})(\boldsymbol{\beta},\boldsymbol{\beta})}}, \qquad 0 \leqslant \theta \leqslant \pi.$$

如果向量 $\boldsymbol{\alpha}$ 与 $\boldsymbol{\beta}$ 的夹角 $\theta = \pi/2$，也即 $(\boldsymbol{\alpha},\boldsymbol{\beta}) = 0$，则称向量 $\boldsymbol{\alpha}$ 和 $\boldsymbol{\beta}$ 是**正交**的，记作 $\boldsymbol{\alpha} \perp \boldsymbol{\beta}$. 当 $\boldsymbol{\alpha} = \mathbf{0}$ 时，由于 $(\mathbf{0},\boldsymbol{\beta}) = 0$，故也称零向量和向量 $\boldsymbol{\beta}$ 正交.

关于向量的范数，有：

命题 4　对任意 $\boldsymbol{\alpha},\boldsymbol{\beta} \in V$，

$$\|\boldsymbol{\alpha} + \boldsymbol{\beta}\| \leqslant \|\boldsymbol{\alpha}\| + \|\boldsymbol{\beta}\|. \tag{7.1.4}$$

证明　由范数的定义，

$$\begin{aligned}\|\boldsymbol{\alpha} + \boldsymbol{\beta}\|^2 &= (\boldsymbol{\alpha} + \boldsymbol{\beta},\boldsymbol{\alpha} + \boldsymbol{\beta}) = (\boldsymbol{\alpha},\boldsymbol{\alpha}) + 2(\boldsymbol{\alpha},\boldsymbol{\beta}) + (\boldsymbol{\beta},\boldsymbol{\beta}) \\ &= \|\boldsymbol{\alpha}\|^2 + 2\|\boldsymbol{\alpha}\|\,\|\boldsymbol{\beta}\|\cos\theta + \|\boldsymbol{\beta}\|^2.\end{aligned}$$

由 Cauchy-Schwarz 不等式，

$$\|\boldsymbol{\alpha} + \boldsymbol{\beta}\|^2 \leqslant \|\boldsymbol{\alpha}\|^2 + 2\|\boldsymbol{\alpha}\|\,\|\boldsymbol{\beta}\| + \|\boldsymbol{\beta}\|^2 = (\|\boldsymbol{\alpha}\| + \|\boldsymbol{\beta}\|)^2.$$

由此即得式(7.1.4)

式(7.1.4)称为**向量范数的三角形不等式**.

最后给出 Euclid 空间的一些例子.

例 1　设 $\mathbf{R}^n$ 是所有有序 n 元实数组 $(x_1,x_2,\cdots,x_n)$ 构成的实线性空间. 设 $\boldsymbol{\alpha} = (x_1,x_2,\cdots,x_n)$，$\boldsymbol{\beta} = (y_1,y_2,\cdots,y_n) \in \mathbf{R}^n$. 定义 $\mathbf{R}^n$ 上二元实函数 $(\boldsymbol{\alpha},\boldsymbol{\beta})$ 为

$$(\boldsymbol{\alpha},\boldsymbol{\beta}) = x_1y_1 + x_2y_2 + \cdots + x_ny_n.$$

容易验证，二元实函数 $(\boldsymbol{\alpha},\boldsymbol{\beta})$ 满足：对称性、恒正性与双线性. 因此 $(\boldsymbol{\alpha},\boldsymbol{\beta})$ 是实线性空间 $\mathbf{R}^n$ 的一个内积，它称为 $\mathbf{R}^n$ 的**标准内积**. 实线性空间 $\mathbf{R}^n$ 连同内积 $(\boldsymbol{\alpha},\boldsymbol{\beta})$ 一起构成一个 Euclid 空间.

例 2　设 $\mathbf{R}^2$ 是所有 2 维实向量 (x_1,x_2) 构成的 2 维实向量空间，$\boldsymbol{\alpha} = (x_1,x_2)$，$\boldsymbol{\beta} = (y_1,y_2) \in \mathbf{R}^2$. 定义 2 维实向量空间 $\mathbf{R}^2$ 上二元实函数 $(\boldsymbol{\alpha},\boldsymbol{\beta})$ 为

$$(\boldsymbol{\alpha},\boldsymbol{\beta}) = x_1y_1 - x_2y_1 - x_1y_2 + 4x_2y_2.$$

容易验证，二元实函数 $(\boldsymbol{\alpha},\boldsymbol{\beta})$ 满足：对称性、恒正性和双线性. 所以二元实函数 $(\boldsymbol{\alpha},\boldsymbol{\beta})$ 是 2 维实向量空间 $\mathbf{R}^2$ 的一个内积. 2 维实向量空间 $\mathbf{R}^2$ 连同内积 $(\boldsymbol{\alpha},\boldsymbol{\beta})$ 一起便构成一个 Euclid 空间.

例 3　设 $\mathbf{R}^{n\times n}$ 是所有 n 阶实方阵构成的实线性空间. 定义实线性空间 $\mathbf{R}^{n\times n}$ 上二元实函数 $(\boldsymbol{A},\boldsymbol{B})$ 如下：设 $\boldsymbol{A},\boldsymbol{B} \in \mathbf{R}^{n\times n}$，则 $(\boldsymbol{A},\boldsymbol{B}) = \operatorname{tr}\boldsymbol{A}\boldsymbol{B}^{\mathrm{T}}$. 证明：实线性空间 $\mathbf{R}^{n\times n}$ 连同 $(\boldsymbol{A},\boldsymbol{B})$ 一起构成一个 Euclid 空间.

证明　只需证明，二元实函数 $(\boldsymbol{A},\boldsymbol{B})$ 是 $\mathbf{R}^{n\times n}$ 的一个内积. 为此只需验证，二元实函数 $(\boldsymbol{A},\boldsymbol{B})$ 满足对称性、恒正性和双线性.

设 $\boldsymbol{A},\boldsymbol{B}\in\mathbf{R}^{n\times n}$. 则 $(\boldsymbol{B},\boldsymbol{A})=\mathrm{tr}(\boldsymbol{B}\boldsymbol{A}^{\mathrm{T}})=\mathrm{tr}(\boldsymbol{A}\boldsymbol{B}^{\mathrm{T}})^{\mathrm{T}}=\mathrm{tr}(\boldsymbol{A}\boldsymbol{B}^{\mathrm{T}})=(\boldsymbol{A},\boldsymbol{B})$. 所以二元实函数 $(\boldsymbol{A},\boldsymbol{B})$ 满足对称性.

设 $\boldsymbol{A}=(a_{ij})\in\mathbf{R}^{n\times n}$, $\boldsymbol{A}\neq\boldsymbol{0}$, 则

$$(\boldsymbol{A},\boldsymbol{A})=\mathrm{tr}\,\boldsymbol{A}\boldsymbol{A}^{\mathrm{T}}=\sum_{1\leqslant i,j\leqslant n}a_{ij}^2>0.$$

因此二元实函数 $(\boldsymbol{A},\boldsymbol{B})$ 是恒正的.

设 $\boldsymbol{A}_1,\boldsymbol{A}_2\in\mathbf{R}^{n\times n}$, $\lambda\in\mathbf{R}$, 则

$$\begin{aligned}(\boldsymbol{A}_1+\boldsymbol{A}_2,\boldsymbol{B})&=\mathrm{tr}\,(\boldsymbol{A}_1+\boldsymbol{A}_2)\boldsymbol{B}^{\mathrm{T}}=\mathrm{tr}(\boldsymbol{A}_1\boldsymbol{B}^{\mathrm{T}}+\boldsymbol{A}_2\boldsymbol{B}^{\mathrm{T}})\\&=\mathrm{tr}\,\boldsymbol{A}_1\boldsymbol{B}^{\mathrm{T}}+\mathrm{tr}\,\boldsymbol{A}_2\boldsymbol{B}^{\mathrm{T}}=(\boldsymbol{A}_1,\boldsymbol{B})+(\boldsymbol{A}_2,\boldsymbol{B}),\\(\lambda\boldsymbol{A},\boldsymbol{B})&=\mathrm{tr}\,(\lambda\boldsymbol{A})\boldsymbol{B}^{\mathrm{T}}=\mathrm{tr}\,\lambda(\boldsymbol{A}\boldsymbol{B}^{\mathrm{T}})=\lambda\mathrm{tr}\,\boldsymbol{A}\boldsymbol{B}^{\mathrm{T}}\\&=\lambda(\boldsymbol{A},\boldsymbol{B}).\end{aligned}$$

因此二元实函数 $(\boldsymbol{A},\boldsymbol{B})$ 关于向量 $\boldsymbol{A}$ 是线性的. 由对称性, 二元实函数 $(\boldsymbol{A},\boldsymbol{B})$ 关于向量元 $\boldsymbol{B}$ 也是线性的. 因此二元实函数 $(\boldsymbol{A},\boldsymbol{B})$ 是双线性的. 所以 $(\boldsymbol{A},\boldsymbol{B})$ 是实线性空间 $\mathbf{R}^{n\times n}$ 的一个内积.

例 4 设 $\mathbf{R}^n$ 是所有 n 维实向量 $(x_1,x_2,\cdots,x_n)$ 构成的实线性空间, $\boldsymbol{P}$ 是 n 阶可逆实方阵. 定义实线性空间 $\mathbf{R}^n$ 上二元实函数 $(\boldsymbol{\alpha},\boldsymbol{\beta})$ 如下: 设 $\boldsymbol{\alpha},\boldsymbol{\beta}\in\mathbf{R}^n$, 则 $(\boldsymbol{\alpha},\boldsymbol{\beta})=\boldsymbol{\alpha}\boldsymbol{P}\boldsymbol{P}^{\mathrm{T}}\boldsymbol{\beta}^{\mathrm{T}}$. 验证二元实函数 $(\boldsymbol{\alpha},\boldsymbol{\beta})$ 是实线性空间 $\mathbf{R}^n$ 的一个内积.

证明 设 $\boldsymbol{\alpha},\boldsymbol{\beta}\in\mathbf{R}^n$, 则 $(\boldsymbol{\beta},\boldsymbol{\alpha})=\boldsymbol{\beta}\boldsymbol{P}\boldsymbol{P}^{\mathrm{T}}\boldsymbol{\alpha}^{\mathrm{T}}=(\boldsymbol{\alpha}\boldsymbol{P}\boldsymbol{P}^{\mathrm{T}}\boldsymbol{\beta}^{\mathrm{T}})^{\mathrm{T}}$. 注意, $\boldsymbol{\alpha}\boldsymbol{P}\boldsymbol{P}^{\mathrm{T}}\boldsymbol{\beta}$ 是一个实数, 因此 $(\boldsymbol{\alpha}\boldsymbol{P}\boldsymbol{P}^{\mathrm{T}}\boldsymbol{\beta}^{\mathrm{T}})^{\mathrm{T}}=\boldsymbol{\alpha}\boldsymbol{P}\boldsymbol{P}^{\mathrm{T}}\boldsymbol{\beta}^{\mathrm{T}}$. 所以 $(\boldsymbol{\beta},\boldsymbol{\alpha})=\boldsymbol{\alpha}\boldsymbol{P}\boldsymbol{P}^{\mathrm{T}}\boldsymbol{\beta}^{\mathrm{T}}=(\boldsymbol{\alpha},\boldsymbol{\beta})$, 即二元实函数 $(\boldsymbol{\alpha},\boldsymbol{\beta})$ 是对称的.

设 $\boldsymbol{\alpha}\in\mathbf{R}^n$, $\boldsymbol{\alpha}\neq\boldsymbol{0}$, 由于方阵 $\boldsymbol{P}$ 可逆, 故 $\boldsymbol{\alpha}\boldsymbol{P}\neq\boldsymbol{0}$. 记 $\boldsymbol{\alpha}\boldsymbol{P}=(y_1,y_2,\cdots,y_n)$, 于是

$$(\boldsymbol{\alpha},\boldsymbol{\alpha})=\boldsymbol{\alpha}\boldsymbol{P}\boldsymbol{P}^{\mathrm{T}}\boldsymbol{\alpha}^{\mathrm{T}}=(\boldsymbol{\alpha}\boldsymbol{P})(\boldsymbol{\alpha}\boldsymbol{P})^{\mathrm{T}}=y_1^2+y_2^2+\cdots+y_n^2>0.$$

因此二元实函数 $(\boldsymbol{\alpha},\boldsymbol{\beta})$ 是恒正的.

设 $\boldsymbol{\alpha}_1,\boldsymbol{\alpha}_2\in\mathbf{R}^n$, $\lambda\in\mathbf{R}$, 则

$$\begin{aligned}(\boldsymbol{\alpha}_1+\boldsymbol{\alpha}_2,\boldsymbol{\beta})&=(\boldsymbol{\alpha}_1+\boldsymbol{\alpha}_2)\boldsymbol{P}\boldsymbol{P}^{\mathrm{T}}\boldsymbol{\beta}^{\mathrm{T}}=\boldsymbol{\alpha}_1\boldsymbol{P}\boldsymbol{P}^{\mathrm{T}}\boldsymbol{\beta}^{\mathrm{T}}+\boldsymbol{\alpha}_2\boldsymbol{P}\boldsymbol{P}^{\mathrm{T}}\boldsymbol{\beta}^{\mathrm{T}}\\&=(\boldsymbol{\alpha}_1,\boldsymbol{\beta})+(\boldsymbol{\alpha}_2,\boldsymbol{\beta}),\\(\lambda\boldsymbol{\alpha},\boldsymbol{\beta})&=(\lambda\boldsymbol{\alpha})\boldsymbol{P}\boldsymbol{P}^{\mathrm{T}}\boldsymbol{\beta}^{\mathrm{T}}=\lambda(\boldsymbol{\alpha}\boldsymbol{P}\boldsymbol{P}^{\mathrm{T}}\boldsymbol{\beta}^{\mathrm{T}})=\lambda(\boldsymbol{\alpha},\boldsymbol{\beta}).\end{aligned}$$

因此二元实函数 $(\boldsymbol{\alpha},\boldsymbol{\beta})$ 关于向量元 $\boldsymbol{\alpha}$ 是线性的. 由对称性, 二元实函数 $(\boldsymbol{\alpha},\boldsymbol{\beta})$ 关于向量元 $\boldsymbol{\beta}$ 是线性的. 所以 $(\boldsymbol{\alpha},\boldsymbol{\beta})$ 是双线性的. 因此 $(\boldsymbol{\alpha},\boldsymbol{\beta})$ 是实线性空间 $\mathbf{R}^n$ 的一个内积.

注 在例 4 中取 n 阶可逆方阵 $\boldsymbol{P}$ 为 n 阶单位方阵 $\boldsymbol{I}_{(n)}$, 即得实线性空间 $\mathbf{R}^n$ 的标准内积.

例 5 设 L_2 是区间 $[0,1]$ 上所有连续实函数 $f(x)$ 构成的实线性空间. 定义实

线性空间 L_2 上二元实函数$(f(x),g(x))$为:设 $f(x),g(x)\in L_2$,则$(f(x),g(x))=\int_0^1 f(x)g(x)\mathrm{d}x$.则二元实函数$(f(x),g(x))$是实线性空间 L_2 的一个内积.实线性空间 L_2 连同内积$(f(x),g(x))$一起构成一个 Euclid 空间.

例 6　取实线性空间 L_2 同例 5.定义实线性空间 L_2 的变换 $\mathscr{A}$ 如下:设 $f(x)\in L_2$,则令$(\mathscr{A}(f))(x)=xf(x)$.容易验证,$\mathscr{A}$ 是 L_2 的线性变换.定义实线性空间 L_2 上二元实函数 $P_{\mathscr{A}}(f(x),g(x))$,如下:设 $f(x),g(x)\in L_2$,则 $P_{\mathscr{A}}(f(x),g(x))=\int_0^1(\mathscr{A}(f))(x)(\mathscr{A}(g))(x)\mathrm{d}x$.验证 $P_{\mathscr{A}}(f(x),g(x))$是实线性空间 L_2 的内积.

证明　设 $f(x),g(x)\in L_2$,则

$$\begin{aligned}P_{\mathscr{A}}(g(x),f(x))&=\int_0^1(\mathscr{A}(g))(x)(\mathscr{A}(f))(x)\mathrm{d}x\\&=\int_0^1(\mathscr{A}(f))(x)(\mathscr{A}(g))(x)\mathrm{d}x\\&=P_{\mathscr{A}}(f(x),g(x)),\end{aligned}$$

因此二元实函数 $P_{\mathscr{A}}(f(x),g(x))$是对称的.

设 $f(x)\in L_2$,且 $\mathscr{A}(f)=0$,即实函数 $f(x)$在变换 $\mathscr{A}$ 下的像为零函数.则对任意 $x\in[0,1]$,$(\mathscr{A}(f))(x)=xf(x)\equiv 0$.因为 $x\neq 0$,所以 $f(x)\equiv 0$,即 $f(x)$是零函数.因此 $\operatorname{Ker}\mathscr{A}=0$.这表明,线性变换 $\mathscr{A}$ 是可逆的.现在设 $f(x)\in L_2$,$f(x)\neq 0$,则$(\mathscr{A}(f))(x)\neq 0$.因此

$$P_{\mathscr{A}}(f(x),f(x))=\int_0^1(\mathscr{A}(f)(x))^2\mathrm{d}x>0.$$

所以二元实函数 $P_{\mathscr{A}}(f(x),g(x))$是恒正的.

设 $f_1(x),f_2(x)\in L_2$,$\lambda\in\mathbf{R}$,则

$$\begin{aligned}(\mathscr{A}(f_1+f_2))(x)&=x(f_1+f_2)(x)\\&=xf_1(x)+xf_2(x)=(\mathscr{A}(f_1))(x)+(\mathscr{A}(f_2))(x),\\(\mathscr{A}(\lambda f))(x)&=x(\lambda f)(x)=\lambda(xf(x))=(\lambda\mathscr{A}(f))(x).\end{aligned}$$

因此

$$\begin{aligned}P_{\mathscr{A}}(f_1(x)+f_2(x),g(x))&=\int_0^1(\mathscr{A}(f_1+f_2))(x)(\mathscr{A}(g))(x)\mathrm{d}x\\&=\int_0^1[(\mathscr{A}(f_1))(x)+(\mathscr{A}(f_2))(x)](\mathscr{A}(g))(x)\mathrm{d}x\\&=\int_0^1(\mathscr{A}(f_1))(x)(\mathscr{A}(g))(x)\mathrm{d}x\\&\quad+\int_0^1(\mathscr{A}(f_2))(x)(\mathscr{A}(g))(x)\mathrm{d}x\end{aligned}$$

$$= P_{\mathscr{A}}(f_1(x),g(x)) + P_{\mathscr{A}}(f_2(x),g(x)),$$

$$P_{\mathscr{A}}(\lambda f(x),g(x)) = \int_0^1 (\mathscr{A}(\lambda f))(x)(\mathscr{A}(g))(x)\mathrm{d}x$$

$$= \int_0^1 \lambda(\mathscr{A}(f))(x)(\mathscr{A}(g))(x)\mathrm{d}x = \lambda P_{\mathscr{A}}(f(x),g(x)).$$

所以二元实函数 $P_{\mathscr{A}}(f(x),g(x))$关于向量元 $f(x)$是线性的.由对称性,二元实函数 $P_{\mathscr{A}}(f(x),g(x))$关于向量元 $g(x)$也是线性的.从而 $P_{\mathscr{A}}(f(x),g(x))$是双线性的.这就证明了二元实函数 $P_{\mathscr{A}}(f(x),g(x))$是实线性空间 L_2 的一个内积.

习　题

1. 设 $\mathbf{R}^2$ 是所有 2 维实行向量的集合连同标准内积构成的 2 维 Euclid 空间,$\boldsymbol{A}=(a_{ij})$ 是 2 阶实对称方阵.定义 $f_{\boldsymbol{A}}(\boldsymbol{x},\boldsymbol{y})=\boldsymbol{x}\boldsymbol{A}\boldsymbol{y}^{\mathrm{T}}$,其中 $\boldsymbol{x},\boldsymbol{y}\in\mathbf{R}^2$.证明:二元实函数 $f_{\boldsymbol{A}}(\boldsymbol{x},\boldsymbol{y})$是内积的充分必要条件为 $a_{11}>0,a_{22}>0$,且 $\det\boldsymbol{A}>0$.

2. $\mathbf{R}^2$ 的意义同习题 1.设 $\boldsymbol{x}=(x_1,x_2),\boldsymbol{y}=(y_1,y_2)\in\mathbf{R}^2$,$\mathbf{R}^2$ 的标准内积记为$\langle\boldsymbol{x},\boldsymbol{y}\rangle=x_1y_1+x_2y_2$.定义 $\mathbf{R}^2$ 的线性变换 $\mathscr{A}$ 如下:对于 $\boldsymbol{x}=(x_1,x_2)\in\mathbf{R}^2$,令 $\mathscr{A}(\boldsymbol{x})=(-x_2,x_1)$.构造 $\mathbf{R}^2$ 的一个内积$[\boldsymbol{x},\boldsymbol{y}]$,使得对任意 $\boldsymbol{x}\in\mathbf{R}^2$,均有$[\boldsymbol{x},\mathscr{A}(\boldsymbol{x})]=0$.

3. 所有$\sum\limits_{i=1}^{\infty}x_i^2$ 收敛的实数序列$\boldsymbol{x}=(x_1,x_2,\cdots)$的集合记为 V.定义 V 中序列$\boldsymbol{x}=(x_1,x_2,\cdots)$与 $\boldsymbol{y}=(y_1,y_2,\cdots)$的加法为$\boldsymbol{x}+\boldsymbol{y}=(x_1+y_1,x_2+y_2,\cdots)$;定义纯量 $\lambda\in\mathbf{R}$ 与序列 $\boldsymbol{x}=(x_1,x_2,\cdots)\in V$ 的乘积为$\lambda\boldsymbol{x}=(\lambda x_1,\lambda x_2,\cdots)$.于是 V 在如此的加法和纯量与序列的乘法下成为实线性空间.证明:V 上二元实函数$(\boldsymbol{x},\boldsymbol{y})=\sum\limits_{k=1}^{\infty}x_ky_k$ 是V 的一个内积,其中 $\boldsymbol{x}=(x_1,x_2,\cdots),\boldsymbol{y}=(y_1,y_2,\cdots)\in V$.

4. 设 V_1 与 V_2 是 Euclid 空间.记 $V_1\times V_2=\{(\boldsymbol{\alpha},\boldsymbol{\beta}):\boldsymbol{\alpha}\in V_1,\boldsymbol{\beta}\in V_2\}$.在 $V_1\times V_2$ 中定义加法:对$(\boldsymbol{\alpha}_1,\boldsymbol{\beta}_1),(\boldsymbol{\alpha}_2,\boldsymbol{\beta}_2)\in V_1\times V_2$,令$(\boldsymbol{\alpha}_1,\boldsymbol{\beta}_1)+(\boldsymbol{\alpha}_2,\boldsymbol{\beta}_2)=(\boldsymbol{\alpha}_1+\boldsymbol{\alpha}_2,\boldsymbol{\beta}_1+\boldsymbol{\beta}_2)$;定义纯量 $\lambda\in\mathbf{R}$ 与向量$(\boldsymbol{\alpha},\boldsymbol{\beta})\in V_1\times V_2$ 的乘积为 $\lambda(\boldsymbol{\alpha},\boldsymbol{\beta})=(\lambda\boldsymbol{\alpha},\lambda\boldsymbol{\beta})$.于是 $V_1\times V_2$ 在如此的加法和纯量与向量的乘法下成为实线性空间.定义 $V_1\times V_2$ 上二元实函数为

$$[(\boldsymbol{\alpha}_1,\boldsymbol{\beta}_1),(\boldsymbol{\alpha}_2,\boldsymbol{\beta}_2)]=[\boldsymbol{\alpha}_1,\boldsymbol{\alpha}_2]+[\boldsymbol{\beta}_1,\boldsymbol{\beta}_2],$$

其中 $\boldsymbol{\alpha}_1,\boldsymbol{\alpha}_2\in V_1,\boldsymbol{\beta}_1,\boldsymbol{\beta}_2\in V_2$,且$[\boldsymbol{\alpha}_1,\boldsymbol{\alpha}_2]$与$[\boldsymbol{\beta}_1,\boldsymbol{\beta}_2]$分别是 V_1 与 V_2 的内积.证明:二元实函数$[(\boldsymbol{\alpha}_1,\boldsymbol{\beta}_1),(\boldsymbol{\alpha}_2,\boldsymbol{\beta}_2)]$是 $V_1\times V_2$ 的一个内积.

5. 证明:(1) n 维 Euclid 空间 V 中向量$\boldsymbol{\alpha}$ 与$\boldsymbol{\beta}$ 正交的充分必要条件是

$$\|\boldsymbol{\alpha}+\boldsymbol{\beta}\|^2=\|\boldsymbol{\alpha}\|^2+\|\boldsymbol{\beta}\|^2;$$

(2) 设 $\boldsymbol{\alpha},\boldsymbol{\beta}\in V$,且$\|\boldsymbol{\alpha}\|=\|\boldsymbol{\beta}\|$,则向量 $\boldsymbol{\alpha}+\boldsymbol{\beta}$ 与$\boldsymbol{\alpha}-\boldsymbol{\beta}$ 正交;

(3) (平行四边形法则)设 $\boldsymbol{\alpha},\boldsymbol{\beta}\in V$,则

$$\|\boldsymbol{\alpha}+\boldsymbol{\beta}\|^2+\|\boldsymbol{\alpha}-\boldsymbol{\beta}\|^2=2\|\boldsymbol{\alpha}\|^2+2\|\boldsymbol{\beta}\|^2.$$

6. 证明：n 维 Euclid 空间 V 中向量 $\boldsymbol{\alpha}_1,\boldsymbol{\alpha}_2,\cdots,\boldsymbol{\alpha}_n$ 线性无关的充分必要条件是，它们的 Gram 方阵 $\boldsymbol{G}(\boldsymbol{\alpha}_1,\boldsymbol{\alpha}_2,\cdots,\boldsymbol{\alpha}_n)=((\boldsymbol{\alpha}_i,\boldsymbol{\alpha}_j))_{n\times n}$ 可逆，其中 $(\boldsymbol{\alpha},\boldsymbol{\beta})$ 是 V 的内积.

7.2　正　交　性

先讨论 Euclid 空间 V 中向量之间的正交性.

定理 1　Euclid 空间 V 中 k 个两两正交的非零向量 $\boldsymbol{\alpha}_1,\boldsymbol{\alpha}_2,\cdots,\boldsymbol{\alpha}_k$ 一定是线性无关的.

证明　设 $\lambda_1,\lambda_2,\cdots,\lambda_k\in\mathbf{R}$，且 $\lambda_1\boldsymbol{\alpha}_1+\lambda_2\boldsymbol{\alpha}_2+\cdots+\lambda_k\boldsymbol{\alpha}_k=\mathbf{0}$. 则由本章 7.1 节命题 1 和命题 2，

$$\left(\sum_{i=1}^{k}\lambda_i\boldsymbol{\alpha}_i,\boldsymbol{\alpha}_j\right)=\sum_{i=1}^{k}\lambda_i(\boldsymbol{\alpha}_i,\boldsymbol{\alpha}_j)=0.$$

因为 $\boldsymbol{\alpha}_i\perp\boldsymbol{\alpha}_j,i\neq j$，所以 $(\boldsymbol{\alpha}_i,\boldsymbol{\alpha}_j)=0,i\neq j$，因此上式化为 $\lambda_j(\boldsymbol{\alpha}_j,\boldsymbol{\alpha}_j)=0$. 因为向量 $\boldsymbol{\alpha}_j$ 非零，所以 $(\boldsymbol{\alpha}_j,\boldsymbol{\alpha}_j)>0$，因此 $\lambda_j=0,j=1,2,\cdots,k$. 这就证明了向量 $\boldsymbol{\alpha}_1,\boldsymbol{\alpha}_2,\cdots,\boldsymbol{\alpha}_k$ 线性无关. 证毕.

定理 1 的逆命题并不成立，即 Euclid 空间 V 中 k 个线性无关的向量并不一定两两正交. 另外，定理 1 表明，n 维 Euclid 空间 V 中两两正交的非零向量组中所含向量的个数不超过 n. 问题是：n 维 Euclid 空间 V 中是否存在 n 个两两正交的非零向量构成的向量组？对此有：

定理 2　设 $\{\boldsymbol{\alpha}_1,\boldsymbol{\alpha}_2,\cdots,\boldsymbol{\alpha}_n\}$ 是 n 维 Euclid 空间 V 的一组基，则存在两两正交的非零向量 $\boldsymbol{\beta}_1,\boldsymbol{\beta}_2,\cdots,\boldsymbol{\beta}_n\in V$，使得对每个正整数 k，$1\leqslant k\leqslant n$，$\{\boldsymbol{\beta}_1,\boldsymbol{\beta}_2,\cdots,\boldsymbol{\beta}_k\}$ 是 V 中向量 $\boldsymbol{\alpha}_1,\boldsymbol{\alpha}_2,\cdots,\boldsymbol{\alpha}_k$ 生成的子空间 V_k 的一组基.

证明　首先，取 $\boldsymbol{\beta}_1=\boldsymbol{\alpha}_1$. 显然 $\{\boldsymbol{\beta}_1\}$ 是子空间 V_1 的一组基. 因此结论对 $k=1$ 成立. 现在假设存在两两正交的非零向量 $\boldsymbol{\beta}_1,\boldsymbol{\beta}_2,\cdots,\boldsymbol{\beta}_{k-1}$ 使得 $\{\boldsymbol{\beta}_1,\boldsymbol{\beta}_2,\cdots,\boldsymbol{\beta}_{k-1}\}$ 是子空间 V_{k-1} 的一组基. 下面寻求向量 $\boldsymbol{\beta}_k$. 由于 $\boldsymbol{\beta}_k\in V_k$，但 $\boldsymbol{\beta}_k\notin V_{k-1}$，因此可设

$$\boldsymbol{\beta}_k=\boldsymbol{\alpha}_k+\lambda_{k-1}\boldsymbol{\beta}_{k-1}+\cdots+\lambda_1\boldsymbol{\beta}_1,$$

其中 $\lambda_1,\lambda_2,\cdots,\lambda_{k-1}$ 是待定常数. 由于向量 $\boldsymbol{\beta}_k$ 应和 $\boldsymbol{\beta}_1,\boldsymbol{\beta}_2,\cdots,\boldsymbol{\beta}_{k-1}$ 正交，因此 $(\boldsymbol{\beta}_k,\boldsymbol{\beta}_j)=0,j=1,2,\cdots,k-1$. 所以

$$(\boldsymbol{\beta}_k,\boldsymbol{\beta}_j)=\left(\boldsymbol{\alpha}_k+\sum_{i=1}^{k-1}\lambda_i\boldsymbol{\beta}_i,\boldsymbol{\beta}_j\right)=(\boldsymbol{\alpha}_k,\boldsymbol{\beta}_j)+\sum_{i=1}^{k-1}\lambda_i(\boldsymbol{\beta}_i,\boldsymbol{\beta}_j)=0.$$

由归纳假设,向量 $\boldsymbol{\beta}_1,\boldsymbol{\beta}_2,\cdots,\boldsymbol{\beta}_{k-1}$ 两两正交,因此上式化为

$$\lambda_j = -\frac{(\boldsymbol{\alpha}_k,\boldsymbol{\beta}_j)}{(\boldsymbol{\beta}_j,\boldsymbol{\beta}_j)},\quad j = 1,2,\cdots,k-1.$$

于是取

$$\boldsymbol{\beta}_k = \boldsymbol{\alpha}_k - \frac{(\boldsymbol{\alpha}_k,\boldsymbol{\beta}_{k-1})}{(\boldsymbol{\beta}_{k-1},\boldsymbol{\beta}_{k-1})}\boldsymbol{\beta}_{k-1} - \frac{(\boldsymbol{\alpha}_k,\boldsymbol{\beta}_{k-2})}{(\boldsymbol{\beta}_{k-2},\boldsymbol{\beta}_{k-2})}\boldsymbol{\beta}_{k-1} - \cdots - \frac{(\boldsymbol{\alpha}_k,\boldsymbol{\beta}_1)}{(\boldsymbol{\beta}_1,\boldsymbol{\beta}_1)}\boldsymbol{\beta}_1,$$

则 $\boldsymbol{\beta}_1,\boldsymbol{\beta}_2,\cdots,\boldsymbol{\beta}_k$ 是两两正交的,而且 $\{\boldsymbol{\beta}_1,\boldsymbol{\beta}_2,\cdots,\boldsymbol{\beta}_k\}$ 是子空间 V_k 的一组基.这就证明了定理 2.

定理 2 的证明中由 n 维 Euclid 空间 V 的一组基 $\{\boldsymbol{\alpha}_1,\boldsymbol{\alpha}_2,\cdots,\boldsymbol{\alpha}_n\}$ 得到两两正交的向量组 $\{\boldsymbol{\beta}_1,\boldsymbol{\beta}_2,\cdots,\boldsymbol{\beta}_n\}$ 的过程称为**Gram-Schmidt 正交化**.当然,$\{\boldsymbol{\beta}_1,\boldsymbol{\beta}_2,\cdots,\boldsymbol{\beta}_n\}$ 是 Euclid 空间 V 的一组基,它称为 V 的**正交基**.

由定理 2 还可知,每个 $\boldsymbol{\alpha}_k$ 都是 $\boldsymbol{\beta}_1,\boldsymbol{\beta}_2,\cdots,\boldsymbol{\beta}_k$ 的线性组合,$1\leqslant k\leqslant n$;基 $\{\boldsymbol{\beta}_1,\boldsymbol{\beta}_2,\cdots,\boldsymbol{\beta}_n\}$ 到 $\{\boldsymbol{\alpha}_1,\boldsymbol{\alpha}_2,\cdots,\boldsymbol{\alpha}_n\}$ 的过渡矩阵 T 是对角元为 1 的上三角方阵.

定义 1 设 $\{\boldsymbol{\beta}_1,\boldsymbol{\beta}_2,\cdots,\boldsymbol{\beta}_n\}$ 是 Euclid 空间 V 的正交基.如果每个向量 $\boldsymbol{\beta}_j$ 都是单位向量,则 $\{\boldsymbol{\beta}_1,\boldsymbol{\beta}_2,\cdots,\boldsymbol{\beta}_n\}$ 称为 V 的一组**标准正交基**.

由定理 2 立即得到下面的定理.

定理 3 n 维 Euclid 空间 V 具有标准正交基.

证明 因为 V 是 n 维实线性空间,所以 V 具有一组基 $\{\boldsymbol{\alpha}_1,\boldsymbol{\alpha}_2,\cdots,\boldsymbol{\alpha}_n\}$.由定理 2,存在 V 的一组正交基 $\{\boldsymbol{\beta}_1,\boldsymbol{\beta}_2,\cdots,\boldsymbol{\beta}_n\}$.记 $\boldsymbol{\xi}_j = \dfrac{\boldsymbol{\beta}_j}{\|\boldsymbol{\beta}_j\|}$,则 $\|\boldsymbol{\xi}_j\| = 1$,$j = 1,2,\cdots,n$.于是 $\{\boldsymbol{\xi}_1,\boldsymbol{\xi}_2,\cdots,\boldsymbol{\xi}_n\}$ 是 V 的一组标准正交基.证毕.

注 对 n 维 Euclid 空间 V 的一组基 $\{\boldsymbol{\alpha}_1,\boldsymbol{\alpha}_2,\cdots,\boldsymbol{\alpha}_n\}$,可以用 Gram-Schmidt 正交化过程得到 V 的正交基 $\{\boldsymbol{\beta}_1,\boldsymbol{\beta}_2,\cdots,\boldsymbol{\beta}_n\}$,然后再将每个向量 $\boldsymbol{\beta}_j$ 单位化,即令 $\boldsymbol{\xi}_j = \dfrac{\boldsymbol{\beta}_j}{\|\boldsymbol{\beta}_j\|}$,$j=1,2,\cdots,n$,便得到 V 的标准正交基 $\{\boldsymbol{\xi}_1,\boldsymbol{\xi}_2,\cdots,\boldsymbol{\xi}_n\}$,由正交基 $\{\boldsymbol{\beta}_1,\boldsymbol{\beta}_2,\cdots,\boldsymbol{\beta}_n\}$ 得到标准正交基 $\{\boldsymbol{\xi}_1,\boldsymbol{\xi}_2,\cdots,\boldsymbol{\xi}_n\}$ 的过程称为对基 $\{\boldsymbol{\beta}_1,\boldsymbol{\beta}_2,\cdots,\boldsymbol{\beta}_n\}$ 施行**单位化**.

定理 4 n 维 Euclid 空间 V 中任意一组两两正交的单位向量组 $\{\boldsymbol{\alpha}_1,\boldsymbol{\alpha}_2,\cdots,\boldsymbol{\alpha}_m\}$ 都可以扩成 V 的一组标准正交基 $\{\boldsymbol{\alpha}_1,\boldsymbol{\alpha}_2,\cdots,\boldsymbol{\alpha}_m,\boldsymbol{\alpha}_{m+1},\cdots,\boldsymbol{\alpha}_n\}$.

证明 由定理 1,$m\leqslant n$.现在对 $n-m=k$ 用归纳法.显然当 $k=0$ 时 $m=n$,则 $\{\boldsymbol{\alpha}_1,\boldsymbol{\alpha}_2,\cdots,\boldsymbol{\alpha}_n\}$ 本身即为 V 的一组标准正交基.所以结论 $k=0$ 成立.设结论对 $n-m=k$ 成立.下面证明结论对 $n-m=k+1$ 成立.此时 $m<n$.因此 $\{\boldsymbol{\alpha}_1,\boldsymbol{\alpha}_2,\cdots,\boldsymbol{\alpha}_m\}$ 不是 V 的基.记 V 中由向量 $\boldsymbol{\alpha}_1,\boldsymbol{\alpha}_2,\cdots,\boldsymbol{\alpha}_m$ 生成的子空间 V_m,则存在 $\boldsymbol{\beta}_0\in V$,但 $\boldsymbol{\beta}_0\notin V_m$.令

$$\boldsymbol{\xi}_{m+1} = \boldsymbol{\beta}_0 + \lambda_m\boldsymbol{\alpha}_m + \cdots + \lambda_1\boldsymbol{\alpha}_1,$$

其中 $\lambda_1,\lambda_2,\cdots,\lambda_m$ 是待定常数.设$(\boldsymbol{\xi}_{m+1},\boldsymbol{\alpha}_j)=0,j=1,2,\cdots,m$,则$(\boldsymbol{\beta}_0+\lambda_m\boldsymbol{\alpha}_m+\cdots+\lambda_1\boldsymbol{\alpha}_1,\boldsymbol{\alpha}_j)=(\boldsymbol{\beta}_0,\boldsymbol{\alpha}_j)+\lambda_j(\boldsymbol{\alpha}_j,\boldsymbol{\alpha}_j)=(\boldsymbol{\beta}_0,\boldsymbol{\alpha}_j)+\lambda_j=0$.因此 $\lambda_j=-(\boldsymbol{\beta}_0,\boldsymbol{\alpha}_j),j=1,2,\cdots,m$.即取

$$\boldsymbol{\xi}_{m+1} = \boldsymbol{\beta}_0 - (\boldsymbol{\beta}_0,\boldsymbol{\alpha}_m)\boldsymbol{\alpha}_m - \cdots - (\boldsymbol{\beta}_0,\boldsymbol{\alpha}_1)\boldsymbol{\alpha}_1,$$

并令 $\boldsymbol{\alpha}_{m+1}=\dfrac{\boldsymbol{\xi}_{m+1}}{\|\boldsymbol{\xi}_{m+1}\|}$,则 $\boldsymbol{\alpha}_1,\boldsymbol{\alpha}_2,\cdots,\boldsymbol{\alpha}_{m+1}$是 V 中一组两两正交的单位向量.由于 $n-(m+1)=(n-m)-1=k$,所以由归纳假设,$\{\boldsymbol{\alpha}_1,\boldsymbol{\alpha}_2,\cdots,\boldsymbol{\alpha}_m,\boldsymbol{\alpha}_{m+1}\}$可以扩成 V 的标准正交基$\{\boldsymbol{\alpha}_1,\boldsymbol{\alpha}_2,\cdots,\boldsymbol{\alpha}_m,\boldsymbol{\alpha}_{m+1},\cdots,\boldsymbol{\alpha}_n\}$,因此结论对 $n-m=k+1$ 成立.定理 4 证毕.

下面的定理给出 n 维 Euclid 空间 V 中两组标准正交基的关系.

定理 5　设$\{\xi_1,\xi_2,\cdots,\xi_n\}$与$\{\boldsymbol{\eta}_1,\boldsymbol{\eta}_2,\cdots,\boldsymbol{\eta}_n\}$是 n 维 Euclid 空间 V 的两组标准正交基,则由基$\{\xi_1,\xi_2,\cdots,\xi_n\}$到基$\{\boldsymbol{\eta}_1,\boldsymbol{\eta}_2,\cdots,\boldsymbol{\eta}_n\}$的过渡方阵 $\boldsymbol{P}$ 是正交方阵,即方阵 $\boldsymbol{P}$ 满足 $\boldsymbol{P}\boldsymbol{P}^{\mathrm{T}}=\boldsymbol{I}_{(n)}=\boldsymbol{P}^{\mathrm{T}}\boldsymbol{P}$.

证明　由假设,

$$(\boldsymbol{\eta}_1,\boldsymbol{\eta}_2,\cdots,\boldsymbol{\eta}_n) = (\xi_1,\xi_2,\cdots,\xi_n)\boldsymbol{P}.$$

记 $\boldsymbol{P}=(p_{ij})_{n\times n}$,则 $\boldsymbol{\eta}_j=\sum\limits_{i=1}^{n}p_{ij}\xi_i,j=1,2,\cdots,n$.由于$\{\boldsymbol{\eta}_1,\boldsymbol{\eta}_2,\cdots,\boldsymbol{\eta}_n\}$和$\{\xi_1,\xi_2,\cdots,\xi_n\}$都是标准正交基,因此对任意 $i,j,1\leqslant i,j\leqslant n,(\boldsymbol{\eta}_i,\boldsymbol{\eta}_j)=\delta_{ij}=(\xi_i,\xi_j)$.所以

$$\begin{aligned}(\boldsymbol{\eta}_i,\boldsymbol{\eta}_j) &= \Big(\sum_{k=1}^{n}p_{ki}\xi_k,\sum_{l=1}^{n}p_{lj}\xi_l\Big) = \sum_{k=1}^{n}\sum_{l=1}^{n}p_{ki}p_{lj}(\xi_k,\xi_l)\\ &= \sum_{k=1}^{n}\sum_{l=1}^{n}p_{ki}p_{lj}\delta_{kl} = \sum_{k=1}^{n}p_{ki}p_{kj} = \delta_{ij}.\end{aligned}$$

写成矩阵形式,即是 $\boldsymbol{P}^{\mathrm{T}}\boldsymbol{P}=\boldsymbol{I}_{(n)}$.因此 $\boldsymbol{P}^{-1}=\boldsymbol{P}^{\mathrm{T}}$.所以 $\boldsymbol{P}\boldsymbol{P}^{\mathrm{T}}=\boldsymbol{P}\boldsymbol{P}^{-1}=\boldsymbol{I}_{(n)}$.这就证明,由标准正交基$\{\xi_1,\xi_2,\cdots,\xi_n\}$到标准正交基$\{\boldsymbol{\eta}_1,\boldsymbol{\eta}_2,\cdots,\boldsymbol{\eta}_n\}$的过渡方阵是正交方阵.定理 5 证毕.

定理 6　设$\{\xi_1,\xi_2,\cdots,\xi_n\}$是 n 维 Euclid 空间 V 的一组标准正交基,$\boldsymbol{P}$ 是 n 阶正交方阵,则由

$$(\boldsymbol{\eta}_1,\boldsymbol{\eta}_2,\cdots,\boldsymbol{\eta}_n) = (\xi_1,\xi_2,\cdots,\xi_n)\boldsymbol{P} \tag{7.2.1}$$

确定的向量组$\{\boldsymbol{\eta}_1,\boldsymbol{\eta}_2,\cdots,\boldsymbol{\eta}_n\}$是 V 的标准正交基.

证明　记 $\boldsymbol{P}=(p_{ij})_{n\times n}$.因为 $\boldsymbol{P}$ 是正交方阵,所以 $\boldsymbol{P}^{\mathrm{T}}\boldsymbol{P}=\boldsymbol{I}_{(n)}$.因此$\sum\limits_{k=1}^{n}p_{ki}p_{kj}$

$=\delta_{ij}, 1\leqslant i, j\leqslant n$. 由于$\{\boldsymbol{\xi}_1,\boldsymbol{\xi}_2,\cdots,\boldsymbol{\xi}_n\}$是 V 的标准正交基,所以$(\boldsymbol{\xi}_k,\boldsymbol{\xi}_l)=\delta_{kl}$, $1\leqslant k,l\leqslant n$. 由式(7.2.1)得 $\boldsymbol{\eta}_j=\sum\limits_{k=1}^{n}p_{kj}\boldsymbol{\xi}_k, j=1,2,\cdots,n$. 因此对 $1\leqslant i,j\leqslant n$,

$$\begin{aligned}(\boldsymbol{\eta}_i,\boldsymbol{\eta}_j)&=\left(\sum_{k=1}^{n}p_{ki}\boldsymbol{\xi}_k,\sum_{l=1}^{n}p_{lj}\boldsymbol{\xi}_l\right)=\sum_{k=1}^{n}\sum_{l=1}^{n}p_{ki}p_{lj}(\boldsymbol{\xi}_k,\boldsymbol{\xi}_l)\\&=\sum_{k=1}^{n}\sum_{l=1}^{n}p_{ki}p_{lj}\delta_{kl}=\sum_{k=1}^{n}p_{ki}p_{kj}=\delta_{ij}.\end{aligned}$$

这就证明,$\{\boldsymbol{\eta}_1,\boldsymbol{\eta}_2,\cdots,\boldsymbol{\eta}_n\}$是 V 的一组标准正交基.

定理 5 和定理 6 所提到的正交方阵是一类重要的方阵. 在讨论 Euclid 空间时要经常遇到它. 容易看出,如果 $\boldsymbol{O}$ 是 n 阶正交方阵,则 $\boldsymbol{O}^{\mathrm{T}}\boldsymbol{O}=\boldsymbol{I}_{(n)}=\boldsymbol{O}\boldsymbol{O}^{\mathrm{T}}$,因此它的逆方阵 $\boldsymbol{O}^{-1}$是方阵 $\boldsymbol{O}$ 的转置. 而且由$(\boldsymbol{O}^{\mathrm{T}})^{\mathrm{T}}\boldsymbol{O}^{\mathrm{T}}=\boldsymbol{O}\boldsymbol{O}^{\mathrm{T}}=\boldsymbol{I}_{(n)}=\boldsymbol{O}^{\mathrm{T}}\boldsymbol{O}=\boldsymbol{O}^{\mathrm{T}}(\boldsymbol{O}^{\mathrm{T}})^{\mathrm{T}}$可知,正交方阵 $\boldsymbol{O}$ 的转置$\boldsymbol{O}^{\mathrm{T}}$ 也是正交方阵,也即正交方阵 $\boldsymbol{O}$ 的逆方阵仍是正交方阵. 另外,如果 $\boldsymbol{O}_1$ 与 $\boldsymbol{O}_2$ 是正交方阵,则乘积 $\boldsymbol{O}_1\boldsymbol{O}_2$ 仍是正交方阵.

对于 n 阶正交方阵$\boldsymbol{O}$,将方阵 $\boldsymbol{O}$ 按行分块为

$$\boldsymbol{O}=\begin{pmatrix}\boldsymbol{\xi}_1\\\boldsymbol{\xi}_2\\\vdots\\\boldsymbol{\xi}_n\end{pmatrix}.$$

则 $\boldsymbol{\xi}_1,\boldsymbol{\xi}_2,\cdots,\boldsymbol{\xi}_n$ 是 n 维实的行向量. 由于 $\boldsymbol{O}\boldsymbol{O}^{\mathrm{T}}=\boldsymbol{I}_{(n)}$,因此 $\boldsymbol{\xi}_i\boldsymbol{\xi}_j^{\mathrm{T}}=\delta_{ij}, 1\leqslant i,j\leqslant n$. 这表明,如果取 n 维实行向量 $\mathbf{R}^n$ 的内积为标准内积,则正交方阵 $\boldsymbol{O}$ 的 n 个行向量 $\boldsymbol{\xi}_1,\boldsymbol{\xi}_2,\cdots,\boldsymbol{\xi}_n$ 构成 n 维 Euclid 空间 $\mathbf{R}^n$ 的一组标准正交基,反之亦然. 同样,如果将正交方阵 $\boldsymbol{O}$ 按列分块,则方阵 $\boldsymbol{O}$ 的 n 个列向量 $\boldsymbol{\eta}_1,\boldsymbol{\eta}_2,\cdots,\boldsymbol{\eta}_n$ 是 n 维列向量空间 $\mathbf{R}^n$ 的一组标准正交基. 反之亦然.

记所有 n 阶实正交方阵的集合为 $\mathrm{O}_n(\mathbf{R})$. 定理 5 表明,在 n 维 Euclid 空间 V 中取定一组标准正交基$\{\boldsymbol{\xi}_1,\boldsymbol{\xi}_2,\cdots,\boldsymbol{\xi}_n\}$, V 中的标准正交基$\{\boldsymbol{\eta}_1,\boldsymbol{\eta}_2,\cdots,\boldsymbol{\eta}_n\}$便由

$$(\boldsymbol{\eta}_1,\boldsymbol{\eta}_2,\cdots,\boldsymbol{\eta}_n)=(\boldsymbol{\xi}_1,\boldsymbol{\xi}_2,\cdots,\boldsymbol{\xi}_n)\boldsymbol{O}$$

确定一个 n 阶正交方阵$\boldsymbol{O}\in\mathrm{O}_n(\mathbf{R})$. 于是可以建立 V 的所有标准正交基的集合到 $\mathrm{O}_n(\mathbf{R})$的映射 σ. 令 $\sigma(\boldsymbol{\eta}_1,\boldsymbol{\eta}_2,\cdots,\boldsymbol{\eta}_n)=\boldsymbol{O}$. 定理 6 表明,映射 σ 是满射. 容易验证. 映射 σ 是单射. 所以 n 维 Euclid 空间 V 中所有标准正交基集合便和所有 n 阶实正交方阵集合 $\mathrm{O}_n(\mathbf{R})$建立了一一对应.

Euclid 空间 V 中向量间的正交性可以推广.

定义 2 设 U 是 Euclid 空间 V 的子空间,$\boldsymbol{\beta}\in V$. 如果对任意 $\boldsymbol{\alpha}\in U$,$(\boldsymbol{\alpha},\boldsymbol{\beta})=0$,则称向量 $\boldsymbol{\beta}$ 和子空间 U 正交. V 中所有与子空间 U 正交的向量集合称为子空间

U 的正交补,记为 $U^{\perp}$.

由于零向量和任意向量都正交,因此 $\mathbf{0}\in U^{\perp}$. 所以 $U^{\perp}\neq\varnothing$. 其次 $\boldsymbol{\beta}_1,\boldsymbol{\beta}_2\in U^{\perp}$,则任意 $\boldsymbol{\alpha}\in U$, $(\boldsymbol{\alpha},\boldsymbol{\beta}_1)=(\boldsymbol{\alpha},\boldsymbol{\beta}_2)=0$,因此 $(\boldsymbol{\alpha},\boldsymbol{\beta}_1+\boldsymbol{\beta}_2)=(\boldsymbol{\alpha},\boldsymbol{\beta}_1)+(\boldsymbol{\alpha},\boldsymbol{\beta}_2)=0$. 所以 $\boldsymbol{\beta}_1+\boldsymbol{\beta}_2\in U^{\perp}$. 最后设 $\lambda\in\mathbf{R}$, $\boldsymbol{\beta}\in U^{\perp}$,则对任意 $\boldsymbol{\alpha}\in U$, $(\boldsymbol{\alpha},\lambda\boldsymbol{\beta})=\lambda(\boldsymbol{\alpha},\boldsymbol{\beta})=0$. 所以 $\lambda\boldsymbol{\beta}\in U^{\perp}$. 这表明,子空间 U 的正交补 $U^{\perp}$ 是 V 的子空间,并且显然 $(U^{\perp})^{\perp}=U$.

定理 7 设 U 是 n 维 Euclid 空间 V 的子空间,则 $V=U\oplus U^{\perp}$.

证明 设 $\dim U=k$. 将 V 的内积 $(\boldsymbol{\alpha},\boldsymbol{\beta})$ 限定在子空间 U 上,即限定向量元 $\boldsymbol{\alpha}$ 与 $\boldsymbol{\beta}$ 只取 U 中的向量,则 $(\boldsymbol{\alpha},\boldsymbol{\beta})$ 是子空间 U 的内积. 于是子空间 U 连同内积 $(\boldsymbol{\alpha},\boldsymbol{\beta})$ 一起是一个 k 维 Euclid 空间. 由定理 3, U 具有标准正交基 $\{\boldsymbol{\xi}_1,\boldsymbol{\xi}_2,\cdots,\boldsymbol{\xi}_k\}$. 显然, $\boldsymbol{\xi}_1,\boldsymbol{\xi}_2,\cdots,\boldsymbol{\xi}_k$ 是 V 中一组两两正交的单位向量. 由定理 4,它们可以扩成 V 的标准正交基 $\{\boldsymbol{\xi}_1,\boldsymbol{\xi}_2,\cdots,\boldsymbol{\xi}_k,\boldsymbol{\xi}_{k+1},\cdots,\boldsymbol{\xi}_n\}$. V 中由向量 $\boldsymbol{\xi}_{k+1},\boldsymbol{\xi}_{k+2},\cdots,\boldsymbol{\xi}_n$ 生成的子空间记为 W. 显然, $V=U\oplus W$. 设 $\boldsymbol{\alpha}\in U$, $\boldsymbol{\beta}\in W$,则 $\boldsymbol{\alpha}=a_1\boldsymbol{\xi}_1+a_2\boldsymbol{\xi}_2+\cdots+a_k\boldsymbol{\xi}_k$, $\boldsymbol{\beta}=b_{k+1}\boldsymbol{\xi}_{k+1}+\cdots+b_n\boldsymbol{\xi}_n$. 因此

$$(\boldsymbol{\alpha},\boldsymbol{\beta})=\left(\sum_{i=1}^{k}a_i\boldsymbol{\xi}_i,\sum_{j=k+1}^{n}b_j\boldsymbol{\xi}_j\right)=\sum_{i=1}^{k}\sum_{j=k+1}^{n}a_ib_j(\boldsymbol{\xi}_i,\boldsymbol{\xi}_j).$$

由于 $\{\boldsymbol{\xi}_1,\boldsymbol{\xi}_2,\cdots,\boldsymbol{\xi}_n\}$ 是 V 的标准正交基,因此对 $1\leqslant i\leqslant k$, $k+1\leqslant j\leqslant n$, $(\boldsymbol{\xi}_i,\boldsymbol{\xi}_j)=0$. 所以 $(\boldsymbol{\alpha},\boldsymbol{\beta})=0$,即 $\boldsymbol{\beta}\in U^{\perp}$. 因此 $W\subseteq U^{\perp}$. 反之设 $\boldsymbol{\beta}\in U^{\perp}$,则 $\boldsymbol{\beta}=c_1\boldsymbol{\xi}_1+c_2\boldsymbol{\xi}_2+\cdots+c_n\boldsymbol{\xi}_n$,并且对 $1\leqslant i\leqslant k$, $(\boldsymbol{\xi}_i,\boldsymbol{\beta})=0$. 所以

$$(\boldsymbol{\xi}_i,\boldsymbol{\beta})=\left(\boldsymbol{\xi}_i,\sum_{j=1}^{n}c_j\boldsymbol{\xi}_j\right)=\sum_{j=1}^{n}c_j(\boldsymbol{\xi}_i,\boldsymbol{\xi}_j)=c_i=0,$$

因此 $\boldsymbol{\beta}=c_{k+1}\boldsymbol{\xi}_{k+1}+\cdots+c_n\boldsymbol{\xi}_n\in W$. 即 $U^{\perp}\subseteq W$. 从而 $U^{\perp}=W$. 这就证明了 $V=U\oplus U^{\perp}$. 证毕.

应当指出,定理 7 表明,子空间 U 和它的正交补 $U^{\perp}$ 的交 $U\cap U^{\perp}=\{\mathbf{0}\}$.

最后用几个例子结束本节.

例 1 任意一个 $m\times n$ 实矩阵 $\boldsymbol{A}$ 都可以表为一个正交方阵 $\boldsymbol{O}$ 和一个对角元非负的上三角方阵 T 的乘积,即 $\boldsymbol{A}=\boldsymbol{O}T$. 而且,当 $\boldsymbol{A}$ 为可逆实方阵时,这种表法唯一.

证明 首先证明表法的存在性. 对矩阵列数应用归纳法. 设 $\boldsymbol{A}$ 的第一列为 $\boldsymbol{\alpha}_1$. 当 $\boldsymbol{\alpha}_1\neq\mathbf{0}$ 时,由定理 4, $\boldsymbol{\beta}_1=\dfrac{\boldsymbol{\alpha}_1}{\|\boldsymbol{\alpha}_1\|}$ 可以扩充为 $\mathbf{R}^m$ 的一组标准正交基 $\{\boldsymbol{\beta}_1,\boldsymbol{\beta}_2,\cdots,\boldsymbol{\beta}_m\}$. 于是 $\boldsymbol{A}=\boldsymbol{P}\begin{pmatrix}\|\boldsymbol{\alpha}_1\| & * \\ \mathbf{0} & \boldsymbol{A}_1\end{pmatrix}$,其中 $\boldsymbol{P}=(\boldsymbol{\beta}_1,\boldsymbol{\beta}_2,\cdots,\boldsymbol{\beta}_m)$ 是正交方阵. 当 $\boldsymbol{\alpha}_1=\mathbf{0}$

时，$A=P\begin{pmatrix}\|\boldsymbol{\alpha}_1\| & * \\ 0 & A_1\end{pmatrix}$，其中 $P=I_{(m)}$. 由归纳假设，$A_1=O_1T_1$，其中 O_1 是正交方阵，T_1 是对角元非负的上三角方阵. 因此 $A=OT$，其中 $O=P\begin{pmatrix}1 & \\ & O_1\end{pmatrix}$是正交方阵，$T=\begin{pmatrix}\|\boldsymbol{\alpha}_1\| & * \\ 0 & T_1\end{pmatrix}$是对角元非负的上三角方阵.

现在证明表法唯一. 设 $A=OT=O_1T_1$，其中 O_1 是正交方阵，T_1 是对角元全为正数的上三角方阵. 则 $O_1^{\mathrm{T}}O=T_1T^{-1}$. 记 $C=O_1^{\mathrm{T}}O$. 由于 O_1 是正交方阵，故O_1^{T} 是正交方阵，又正交方阵的乘积是正交方阵，因此 C 是正交方阵. 另一方面，T 是上三角方阵，它的逆方阵 T^{-1}也是上三角方阵. 又上三角方阵的乘积是上三角方阵，所以 C 是上三角的正交方阵，从而 C 是对角方阵，其对角元为 1 或 -1. 由于 $T_1=CT$，且 T 与 T_1 的对角元全为正数，所以 C 的对角元只能是 1，即 $C=I_{(n)}$，从而 $O_1=O$，$T_1=T$. 例 1 证毕.

例 2 设 n 阶实正交方阵O 的第 $i_1,i_2,\cdots,i_r$ 行与第 $j_1,j_2,\cdots,j_r$ 列上的 r 阶子式为 $N=O\begin{pmatrix}i_1 & i_2\cdots & i_r \\ j_1 & j_2\cdots & j_r\end{pmatrix}$，其中 $1\leqslant i_1<i_2<\cdots<i_r\leqslant n$，$1\leqslant j_1<j_2<\cdots<j_r\leqslant n$，且 r 阶子式 N 的代数余子式为 M，则 $N=M\det O$.

证明 先证明 N 是由方阵O 的左上角构成的情形. 将方阵 O 按前 r 行与前 r 列分块，即设

$$O=\begin{pmatrix}O_{11} & O_{12} \\ O_{21} & O_{22}\end{pmatrix},$$

其中 O_{11}是 r 阶方阵. 因为方阵 O 是正交的，所以

$$OO^{\mathrm{T}}=\begin{pmatrix}O_{11} & O_{12} \\ O_{21} & O_{22}\end{pmatrix}\begin{pmatrix}O_{11}^{\mathrm{T}} & O_{21}^{\mathrm{T}} \\ O_{12}^{\mathrm{T}} & O_{22}^{\mathrm{T}}\end{pmatrix}=I_{(n)},$$

即得到

$$\begin{aligned}O_{11}O_{11}^{\mathrm{T}}+O_{12}O_{12}^{\mathrm{T}}&=I_{(r)},\\ O_{11}O_{21}^{\mathrm{T}}+O_{12}O_{22}^{\mathrm{T}}&=0,\\ O_{21}O_{22}^{\mathrm{T}}+O_{22}O_{22}^{\mathrm{T}}&=I_{(n-r)}.\end{aligned}$$

因此

$$\begin{pmatrix}O_{11} & O_{12} \\ O_{21} & O_{22}\end{pmatrix}\begin{pmatrix}I_{(r)} & O_{22}^{\mathrm{T}} \\ 0 & O_{22}^{\mathrm{T}}\end{pmatrix}=\begin{pmatrix}O_{11} & 0 \\ O_{21} & I_{(n-r)}\end{pmatrix}.$$

两端取行列式得到

$$\det \boldsymbol{O} \det \boldsymbol{O}_{22}^{\mathrm{T}} = \det \boldsymbol{O}_{11}.$$

于是 $\boldsymbol{N}=\boldsymbol{M}\det \boldsymbol{O}$.

再讨论一般情形. 此时 $\boldsymbol{N}=\boldsymbol{O}\begin{pmatrix} i_1 & i_2 \cdots & i_r \\ j_1 & j_2 \cdots & j_r \end{pmatrix}$ 将方阵 $\boldsymbol{O}$ 的第 $i_1,i_2,\cdots,i_r$ 行依次经相邻两行的对换调换 $1,2,\cdots,r$ 行,并且将第 $j_1,j_2,\cdots,j_r$ 列依次经相邻两列的对换调换到第 $1,2,\cdots,r$ 列,得到的方阵记为 $\boldsymbol{O}_1$,由于对方阵 $\boldsymbol{O}$ 施行两行互换或两列互换相当于用初等置换方阵左乘或右乘于方阵,而初等置换是正交方阵,两个正交方阵的乘积仍是正交方阵,所以方阵 $\boldsymbol{O}_1$ 是正交方阵. 由行列式性质可知

$$\det \boldsymbol{O}_1 = (-1)^{i_1+i_2+\cdots i_r+j_1+j_2+\cdots+j_r} \det \boldsymbol{O}.$$

方阵 $\boldsymbol{O}_1$ 中前 r 行与前 r 列构成的 r 阶子式记为 $\boldsymbol{N}_1$,显然,$\boldsymbol{N}_1=\boldsymbol{N}$. $\boldsymbol{N}_1$ 在方阵 $\boldsymbol{O}_1$ 中的余子式记为 $\boldsymbol{M}_1$. 由于 $\boldsymbol{M}$ 是 $\boldsymbol{N}$ 在方阵 $\boldsymbol{O}$ 中的代数余子式,所以

$$\boldsymbol{M} = (-1)^{i_1+i_2+\cdots+i_r+j_1+j_2+\cdots+j_r}\boldsymbol{M}_1.$$

于是由上段证明,

$$\boldsymbol{N} = \boldsymbol{N}_1 = \boldsymbol{M}_1 \det \boldsymbol{O}_1 = (-1)^{i_1+i_2+\cdots+i_r+j_1+j_2+\cdots+j_r}\boldsymbol{M}_1 \det \boldsymbol{O},$$

即

$$\boldsymbol{N} = \boldsymbol{M}\det \boldsymbol{O}.$$

例 2 证毕.

习　题

1. (Bessel 不等式)设 $\boldsymbol{\alpha}_1,\boldsymbol{\alpha}_2,\cdots,\boldsymbol{\alpha}_k$ 是 n 维 Euclid 空间 V 的一组两两正交的单位向量,$\boldsymbol{\alpha}\in V$,并记 $a_i=(\boldsymbol{\alpha},\boldsymbol{\alpha}_i)$,$i=1,2,\cdots,k$. 证明:

$$\sum_{i=1}^{k} |a_i|^2 \leqslant \|\boldsymbol{\alpha}\|^2,$$

而且向量 $\boldsymbol{\beta} = \boldsymbol{\alpha} - \sum_{i=1}^{k} a_i\boldsymbol{\alpha}_i$ 与每个向量 $\boldsymbol{\alpha}_i$ 都正交,$i=1,2,\cdots,k$.

2. 设 $\{\boldsymbol{\alpha}_1,\boldsymbol{\alpha}_2,\cdots,\boldsymbol{\alpha}_n\}$ 是 n 维 Euclid 空间 V 的一组向量. 证明下面的命题等价:

(1) $\{\boldsymbol{\alpha}_1,\boldsymbol{\alpha}_2,\cdots,\boldsymbol{\alpha}_n\}$ 是 V 的标准正交基;

(2) (Parseval 等式)对任意 $\boldsymbol{\alpha},\boldsymbol{\beta}\in V$,

$$(\boldsymbol{\alpha},\boldsymbol{\beta}) = \sum_{i=1}^{n}(\boldsymbol{\alpha},\boldsymbol{\alpha}_i)(\boldsymbol{\alpha}_i,\boldsymbol{\beta});$$

(3) 对任意 $\boldsymbol{\alpha}\in V$,

$$\|\boldsymbol{\alpha}\|^2 = \sum_{i=1}^{n} |(\boldsymbol{\alpha},\boldsymbol{\alpha}_i)|^2.$$

3. 所有次数小于 $n+1$ 的实系数多项式 $f(x)$ 的集合 $\mathbf{R}_{n+1}[x]$ 连同内积 $(f(x),g(x))=\int_0^1 f(x)g(x)\mathrm{d}x$,$f(x),g(x)\in\mathbf{R}_{n+1}[x]$ 一起构成 Euclid 空间. 设 $f_j(x)=x^j$,$j=0,1,\cdots,$

$n-1$.求 $\mathbf{R}_{n+1}[x]$中与多项式 $f_0(x),f_1(x),\cdots,f_{n-1}(x)$都正交的多项式.

4. $\mathbf{R}_{n+1}[x]$的意义同习题3.利用Gram-Schmidt 正交化,由 $\mathbf{R}_{n+1}[x]$ 的基$\{1,x,\cdots,x^n\}$求出 $\mathbf{R}_{n+1}[x]$的一组标准正交基.

5. 设$\{\boldsymbol{\xi}_1,\boldsymbol{\xi}_2,\cdots,\boldsymbol{\xi}_n\}$是 n 维 Euclid 空间 V 的一组标准正交基,向量 $\boldsymbol{\alpha}_j\in V$ 在这组基下的坐标为 $\boldsymbol{x}_j=(x_{j1},x_{j2},\cdots,x_{jn})^{\mathrm{T}},j=1,2,\cdots,n$.向量组$\{\boldsymbol{\alpha}_1,\boldsymbol{\alpha}_2,\cdots,\boldsymbol{\alpha}_n\}$的 Gram 方阵为 $\boldsymbol{G}(\boldsymbol{\alpha}_1,\boldsymbol{\alpha}_2,\cdots,\boldsymbol{\alpha}_n)=((\boldsymbol{\alpha}_i,\boldsymbol{\alpha}_j))_{n\times n}$.证明:$\det \boldsymbol{G}(\boldsymbol{\alpha}_1,\boldsymbol{\alpha}_2,\cdots,\boldsymbol{\alpha}_n)=(\det(x_{ij}))^2$.

6. 设$\{\boldsymbol{\alpha}_1,\boldsymbol{\alpha}_2,\cdots,\boldsymbol{\alpha}_n\}$是 n 维 Euclid 空间 V 的一组基.对$\{\boldsymbol{\alpha}_1,\boldsymbol{\alpha}_2,\cdots,\boldsymbol{\alpha}_n\}$施行 Gram-Schmidt 正交化得到的正交向量组记为$\{\boldsymbol{\beta}_1,\boldsymbol{\beta}_2,\cdots,\boldsymbol{\beta}_n\}$.证明:

$$\|\boldsymbol{\beta}_j\|^2=\frac{\det \boldsymbol{G}(\boldsymbol{\alpha}_1,\boldsymbol{\alpha}_2,\cdots,\boldsymbol{\alpha}_j)}{\det \boldsymbol{G}(\boldsymbol{\alpha}_1,\boldsymbol{\alpha}_2,\cdots,\boldsymbol{\alpha}_{j-1})},\quad j=1,2,\cdots,n,$$

其中约定零个向量的 Gram 方阵的行列式为1.

7. 设$\{\boldsymbol{\alpha}_1,\boldsymbol{\alpha}_2,\cdots,\boldsymbol{\alpha}_n\}$是 n 维 Euclid 空间 V 的一组向量.证明:

$$\det \boldsymbol{G}(\boldsymbol{\alpha}_1,\boldsymbol{\alpha}_2,\cdots,\boldsymbol{\alpha}_n)\leqslant\|\boldsymbol{\alpha}_1\|^2\|\boldsymbol{\alpha}_2\|^2\cdots\|\boldsymbol{\alpha}_n\|^2,$$

等号当且仅当 $\boldsymbol{\alpha}_1,\boldsymbol{\alpha}_2,\cdots,\boldsymbol{\alpha}_n$ 两两正交或其中含有零向量时成立.由此证明:如果 $\boldsymbol{A}=(a_{ij})$ 是 n 阶实方阵,则

$$(\det \boldsymbol{A})^2\leqslant\prod_{i=1}^{n}\sum_{j=1}^{n}a_{ij}^2.$$

8. 举例说明,方阵 $\boldsymbol{A}$ 的行向量两两正交,它的列向量并不一定两两正交.

9. 设 $\boldsymbol{O}$ 是n 阶正交方阵.而方阵 $\boldsymbol{A}=\mathrm{diag}(a_1,a_2,\cdots a_n)$.证明:方阵 $\boldsymbol{OA}$ 的特征值λ_0满足 $m\leqslant|\lambda_0|\leqslant M$,其中

$$m=\min\{|a_j|:1\leqslant j\leqslant n\},\quad M=\max\{|a_j|:1\leqslant j\leqslant n\}.$$

10. 证明:正交方阵 $\boldsymbol{O}$ 的任意一个子方阵的特征值的绝对值小于或等于1.

11. 证明:如果 n 阶正交方阵$\boldsymbol{O}$ 的行列式为1,则方阵 $\boldsymbol{O}$ 可以表为有限多个形如$\boldsymbol{O}_{jk}=\boldsymbol{I}_{(n)}+(\cos\theta-1)(\boldsymbol{E}_{jj}+\boldsymbol{E}_{kk})+\sin\theta(\boldsymbol{E}_{jk}-\boldsymbol{E}_{kj})$的方阵的乘积,其中 $\boldsymbol{E}_{st}$是(s,t)位置上的元素为1而其他元素都为零的 n 阶方阵,并且$1\leqslant j\leqslant k\leqslant n$.如果 n 阶正交方阵$\boldsymbol{O}$ 的行列式为-1,则还应添加上方阵 $\mathrm{diag}(\underbrace{1,\cdots,1}_{n-1\text{个}},-1)$.

12. 设$\boldsymbol{\alpha}=\boldsymbol{\beta}+\mathrm{i}\boldsymbol{\gamma}$ 是正交方阵$\boldsymbol{O}$ 的属于特征值λ 的特征向量,其中 $\boldsymbol{\beta}$ 与$\boldsymbol{\gamma}$ 是实向量,$\mathrm{i}^2=-1$.证明:$|\lambda|=1$,而且当 $\lambda\notin\mathbf{R}$时,实向量 $\boldsymbol{\beta}$ 与 $\boldsymbol{\gamma}$ 正交,且范数相等.

13. 设 λ 是n 阶斜对称实方阵$\boldsymbol{K}$ 的非零特征值,$\boldsymbol{\alpha}=\boldsymbol{\beta}+\mathrm{i}\boldsymbol{\gamma}$ 是属于λ 的特征向量,其中 $\boldsymbol{\beta}$ 与 $\boldsymbol{\gamma}$ 是实向量.证明:λ 是纯虚数,而且实向量 $\boldsymbol{\beta}$ 与 $\boldsymbol{\gamma}$ 正交,范数相等.

14. 设 $\boldsymbol{A}$ 是秩为r 的n 阶实方阵.证明:存在 n 阶正交方阵$\boldsymbol{O}$ 和 n 阶置换方阵$\boldsymbol{P}$,使得 $\boldsymbol{A}=\boldsymbol{PTO}$,其中

$$\boldsymbol{T}=\begin{pmatrix}\begin{pmatrix}t_{11}&0&\cdots&0\\t_{21}&t_{22}&\cdots&0\\ \cdots&\cdots&\cdots&\cdots\\t_{r1}&t_{r2}&\cdots&t_{rr}\end{pmatrix}&\boldsymbol{O}_{r\times(n-r)}\\ *_{(n-r)\times r}&\boldsymbol{O}_{(n-r)\times(n-r)}\end{pmatrix},$$

并且对角元 $t_{11},t_{22},\cdots,t_{rr}$ 都是正数.

15. 设 U 与 W 是 n 维 Euclid 空间 V 的子空间. 证明：

$$(U+W)^{\perp}=U^{\perp}\cap W^{\perp},\quad (U\cap W)^{\perp}=U^{\perp}+W^{\perp}.$$

16. 设 $\mathbf{R}^4$ 是所有 4 维实行向量空间连同标准内积一起构成的 Euclid 空间. $\mathbf{R}^4$ 中由向量 $\boldsymbol{\alpha}=(1,0,-1,1)$ 与 $\boldsymbol{\beta}=(2,3,-1,2)$ 生成的子空间记为 U. 求正交补 $U^{\perp}$ 的一组标准正交基.

17. 设 $\mathbf{R}_4[x]$ 是所有次数小于 4 的实系数多项式集合连同内积 $(f(x),g(x))=\int_0^1 f(x)g(x)\mathrm{d}x$ 构成的 Euclid 空间，其中 $f(x),g(x)\in\mathbf{R}_4[x]$. 求 $\mathbf{R}_4[x]$ 中由零次多项式生成的子空间 U 的正交补 $U^{\perp}$.

18. 设 $\mathbf{R}^{n\times n}$ 是所有 n 阶实方阵集合连同内积 $(\boldsymbol{X},\boldsymbol{Y})=\mathrm{tr}(\boldsymbol{X}\boldsymbol{Y}^{\mathrm{T}})$ 构成的 Euclid 空间，其中 $\boldsymbol{X},\boldsymbol{Y}\in\mathbf{R}^{n\times n}$，求 $\mathbf{R}^{n\times n}$ 中由纯量方阵生成的子空间 U 的正交补 $U^{\perp}$.

19. 设 V_1 与 V_2 是有限维 Euclid 空间. 记 $V_1\times V_2=\{(\boldsymbol{\alpha},\boldsymbol{\beta}):\boldsymbol{\alpha}\in V_1,\boldsymbol{\beta}\in V_2\}$. 在 $V_1\times V_2$ 中定义加法：设 $(\boldsymbol{\alpha}_1,\boldsymbol{\beta}_1),(\boldsymbol{\alpha}_2,\boldsymbol{\beta}_2)\in V_1\times V_2$，则令 $(\boldsymbol{\alpha}_1,\boldsymbol{\beta}_1)+(\boldsymbol{\alpha}_2,\boldsymbol{\beta}_2)=(\boldsymbol{\alpha}_1+\boldsymbol{\alpha}_2,\boldsymbol{\beta}_1+\boldsymbol{\beta}_2)$；并定义纯量 $\lambda\in\mathbf{R}$ 与向量 $(\boldsymbol{\alpha},\boldsymbol{\beta})\in V_1\times V_2$ 的乘积 $\lambda(\boldsymbol{\alpha},\boldsymbol{\beta})=(\lambda\boldsymbol{\alpha},\lambda\boldsymbol{\beta})$. 于是 $V_1\times V_2$ 在此加法与乘法下成为实线性空间. 设 $f_1(\boldsymbol{\alpha},\boldsymbol{\beta})$ 与 $f_2(\boldsymbol{\gamma},\boldsymbol{\delta})$ 分别是 Euclid 空间 V_1 与 V_2 的内积. 证明：$V_1\times V_2$ 具有唯一一个内积 $f((\boldsymbol{\alpha}_1,\boldsymbol{\beta}_1),(\boldsymbol{\alpha}_2,\boldsymbol{\beta}_2))$，它满足：

(1) $V_2=V_1^{\perp}$；

(2) $f((\boldsymbol{\alpha}_1,\mathbf{0}),(\boldsymbol{\alpha}_2,\mathbf{0}))=f_1(\boldsymbol{\alpha}_1,\boldsymbol{\alpha}_2)$，$f((\mathbf{0},\boldsymbol{\beta}_1),(\mathbf{0},\boldsymbol{\beta}_2))=f_2(\boldsymbol{\beta}_1,\boldsymbol{\beta}_2)$.

7.3　线性函数与伴随变换

先讨论 Euclid 空间 V 上的线性函数.

定义 1　设 f 是 Euclid 空间 V 上的实函数. 如果对任意 $\lambda_1,\lambda_2\in\mathbf{R},\boldsymbol{\alpha}_1,\boldsymbol{\alpha}_2\in V$，$f(\lambda_1\boldsymbol{\alpha}_1+\lambda_2\boldsymbol{\alpha}_2)=\lambda_1 f(\boldsymbol{\alpha}_1)+\lambda_2 f(\boldsymbol{\alpha}_2)$，则 f 称为 V 上的**线性函数**.

例如，设 $(\boldsymbol{\alpha},\boldsymbol{\beta})$ 是 Euclid 空间 V 的内积，取定向量 $\boldsymbol{\beta}\in V$，则 $(\boldsymbol{\alpha},\boldsymbol{\beta})$ 是 V 的一个线性函数，记为 $f_{\boldsymbol{\beta}}(\boldsymbol{\alpha})$.

容易看出，如果 f 是 V 上的线性函数，则 $f(\mathbf{0})=0$，其中左端的 $\mathbf{0}$ 为 V 中的零向量，右端的 0 为实数 0. 其次，对任意 $\lambda_1,\lambda_2,\cdots,\lambda_k\in\mathbf{R},\boldsymbol{\alpha}_1,\boldsymbol{\alpha}_2,\cdots,\boldsymbol{\alpha}_k\in V$，有 $f\left(\sum_{j=1}^{k}\lambda_j\boldsymbol{\alpha}_j\right)=\sum_{j=1}^{k}\lambda_j f(\boldsymbol{\alpha}_j)$.

Euclid 空间 V 上所有线性函数的集合记为 V^*. 在 V^* 中定义加法如下：$f_1,f_2 \in V^*$，即 f_1 与 f_2 是 V 上的线性函数，则 f_1 与 f_2 的和 f_1+f_2 定义为：$(f_1+f_2)(\boldsymbol{\alpha})=f_1(\boldsymbol{\alpha})+f_2(\boldsymbol{\alpha})$，其中 $\boldsymbol{\alpha}\in V$. 容易验证，线性函数 f_1 与 f_2 的和 f_1+f_2 是线性函数. 事实上，对于任意 $\lambda_1,\lambda_2\in\mathbf{R},\boldsymbol{\alpha}_1,\boldsymbol{\alpha}_2\in V$，

$$\begin{aligned}(f_1+f_2)(\lambda_1\boldsymbol{\alpha}_1+\lambda_2\boldsymbol{\alpha}_2) &= f_1(\lambda_1\boldsymbol{\alpha}_1+\lambda_2\boldsymbol{\alpha}_2)+f_2(\lambda_1\boldsymbol{\alpha}_1+\lambda_2\boldsymbol{\alpha}_2)\\ &= \lambda_1 f_1(\boldsymbol{\alpha}_1)+\lambda_2 f_1(\boldsymbol{\alpha}_2)+\lambda_1 f_2(\boldsymbol{\alpha}_1)+\lambda_2 f_2(\boldsymbol{\alpha}_2)\\ &= \lambda_1(f_1(\boldsymbol{\alpha}_1)+f_2(\boldsymbol{\alpha}_1))+\lambda_2(f_1(\boldsymbol{\alpha}_2)+f_2(\boldsymbol{\alpha}_2))\\ &= \lambda_1(f_1+f_2)(\boldsymbol{\alpha}_1)+\lambda_2(f_1+f_2)(\boldsymbol{\alpha}_2).\end{aligned}$$

所以 f_1+f_2 是 V 上的线性函数，即 $f_1+f_2\in V^*$.

其次定义纯量 $\lambda\in\mathbf{R}$ 与 $f\in V^*$ 的乘积 λf 如下：设 $\boldsymbol{\alpha}\in V$，则令 $(\lambda f)(\boldsymbol{\alpha})=\lambda f(\boldsymbol{\alpha})$. 容易验证，乘积 λf 仍是 V 上的线性函数. 事实上，对 $\lambda_1,\lambda_2\in\mathbf{R},\boldsymbol{\alpha}_1,\boldsymbol{\alpha}_2\in V$，

$$\begin{aligned}(\lambda f)(\lambda_1\boldsymbol{\alpha}_1+\lambda_2\boldsymbol{\alpha}_2) &= \lambda f(\lambda_1\boldsymbol{\alpha}_1+\lambda_2\boldsymbol{\alpha}_2) = \lambda\lambda_1 f(\boldsymbol{\alpha}_1)+\lambda\lambda_2 f(\boldsymbol{\alpha}_2)\\ &= \lambda_1\lambda f(\boldsymbol{\alpha}_1)+\lambda_2\lambda f(\boldsymbol{\alpha}_2)\\ &= \lambda_1(\lambda f)(\boldsymbol{\alpha}_1)+\lambda_2(\lambda f)(\boldsymbol{\alpha}_2).\end{aligned}$$

所以 λf 是线性函数，即 $\lambda f\in V^*$.

容易验证，集合 V^* 在上述加法与乘法下满足线性空间的八条公理. 因此集合 V^* 是一个实线性空间，它称为 Euclid 空间 V 的**对偶空间**.

利用 Euclid 空间 V 的内积 $(\boldsymbol{\alpha},\boldsymbol{\beta})$，可以建立 V 到它的对偶空间 V^* 的映射 σ 如下：对于 $\boldsymbol{\beta}\in V$，$f_{\boldsymbol{\beta}}(\boldsymbol{\alpha})=(\boldsymbol{\alpha},\boldsymbol{\beta})$ 是 V 上的线性函数，即 $f_{\boldsymbol{\beta}}\in V^*$，于是令 $\sigma(\boldsymbol{\beta})=f_{\boldsymbol{\beta}}$.

定理 1 n 维 Euclid 空间 V 到它的对偶空间 V^* 的映射 σ 是同构映射，从而 V 与 V^* 同构.

证明 首先证明，σ 是单射. 事实上，设 $\boldsymbol{\beta}_1,\boldsymbol{\beta}_2\in V$，且 $\sigma(\boldsymbol{\beta}_1)=\sigma(\boldsymbol{\beta}_2)$，即 $f_{\boldsymbol{\beta}_1}=f_{\boldsymbol{\beta}_2}$. 于是对任意 $\boldsymbol{\alpha}\in V$，$f_{\boldsymbol{\beta}_1}(\boldsymbol{\alpha})=f_{\boldsymbol{\beta}_2}(\boldsymbol{\alpha})$，即 $(\boldsymbol{\alpha},\boldsymbol{\beta}_1)=(\boldsymbol{\alpha},\boldsymbol{\beta}_2)$. 因此 $(\boldsymbol{\alpha},\boldsymbol{\beta}_1-\boldsymbol{\beta}_2)=0$. 其中向量 $\boldsymbol{\alpha}$ 任意的，故可取 $\boldsymbol{\alpha}=\boldsymbol{\beta}_1-\boldsymbol{\beta}_2$. 所以 $(\boldsymbol{\beta}_1-\boldsymbol{\beta}_2,\boldsymbol{\beta}_1-\boldsymbol{\beta}_2)=0$. 因此 $\boldsymbol{\beta}_1-\boldsymbol{\beta}_2=\mathbf{0}$，即 $\boldsymbol{\beta}_1=\boldsymbol{\beta}_2$. 这表明，$\sigma$ 是单射.

其次证明，σ 是满射. 事实上，设 $f\in V^*$，即 f 是 V 上的线性函数. 设 $\{\boldsymbol{\xi}_1,\boldsymbol{\xi}_2,\cdots,\boldsymbol{\xi}_n\}$ 是 V 的标准正交基，且 $\boldsymbol{\alpha}=x_1\boldsymbol{\xi}_1+x_2\boldsymbol{\xi}_2+\cdots+x_n\boldsymbol{\xi}_n$，则

$$f(\boldsymbol{\alpha}) = f\Big(\sum_{j=1}^n x_j\boldsymbol{\xi}_j\Big) = \sum_{j=1}^n x_j f(\boldsymbol{\xi}_j).$$

另一方面，取 $\boldsymbol{\beta}=f(\boldsymbol{\xi}_1)\boldsymbol{\xi}_1+f(\boldsymbol{\xi}_2)\boldsymbol{\xi}_2+\cdots+f(\boldsymbol{\xi}_n)\boldsymbol{\xi}_n\in V$，则

$$f_{\boldsymbol{\beta}}(\boldsymbol{\alpha}) = (\boldsymbol{\alpha},\boldsymbol{\beta}) = \Big(\sum_{j=1}^n x_j\boldsymbol{\xi}_j,\sum_{k=1}^n f(\boldsymbol{\xi}_k)\boldsymbol{\xi}_k\Big)$$

$$= \sum_{j=1}^{n}\sum_{k=1}^{n} x_j f(\boldsymbol{\xi}_k)(\boldsymbol{\xi}_j, \boldsymbol{\xi}_k).$$

由于$\{\boldsymbol{\xi}_1, \boldsymbol{\xi}_2, \cdots, \boldsymbol{\xi}_n\}$是 V 的标准正交基,所以$(\boldsymbol{\xi}_j, \boldsymbol{\xi}_k) = \delta_{jk}, 1 \leqslant j, k \leqslant n$.因此

$$f_{\boldsymbol{\beta}}(\boldsymbol{\alpha}) = \sum_{j=1}^{n}\sum_{k=1}^{n} x_j f(\boldsymbol{\xi}_k)\delta_{jk} = \sum_{j=1}^{n} x_j f(\boldsymbol{\xi}_j) = f(\boldsymbol{\alpha}).$$

由 $\boldsymbol{\alpha}$ 的任意性得到,$f = f_{\boldsymbol{\beta}}$,即存在向量 $\boldsymbol{\beta} \in V$,使得 $\sigma(\boldsymbol{\beta}) = f_{\boldsymbol{\beta}} = f$.所以 σ 是满射.

又映射 σ 是保加法的.事实上,设 $\boldsymbol{\beta}_1, \boldsymbol{\beta}_2 \in V$,则 $\sigma(\boldsymbol{\beta}_1 + \boldsymbol{\beta}_2) = f_{\boldsymbol{\beta}_1 + \boldsymbol{\beta}_2}$.而

$$\begin{aligned} f_{\boldsymbol{\beta}_1+\boldsymbol{\beta}_2}(\boldsymbol{\alpha}) &= (\boldsymbol{\alpha}, \boldsymbol{\beta}_1 + \boldsymbol{\beta}_2) = (\boldsymbol{\alpha}, \boldsymbol{\beta}_1) + (\boldsymbol{\alpha}, \boldsymbol{\beta}_2) \\ &= f_{\boldsymbol{\beta}_1}(\boldsymbol{\alpha}) + f_{\boldsymbol{\beta}_2}(\boldsymbol{\alpha}) = (f_{\boldsymbol{\beta}_1} + f_{\boldsymbol{\beta}_2})(\boldsymbol{\alpha}), \end{aligned}$$

因此 $f_{\boldsymbol{\beta}_1+\boldsymbol{\beta}_2} = f_{\boldsymbol{\beta}_1} + f_{\boldsymbol{\beta}_2}$.所以 $\sigma(\boldsymbol{\beta}_1 + \boldsymbol{\beta}_2) = \sigma(\boldsymbol{\beta}_1) + \sigma(\boldsymbol{\beta}_2)$.

最后,映射 σ 是保乘法的.事实上,设 $\lambda \in \mathbf{R}, \boldsymbol{\beta} \in V$,则 $\sigma(\lambda\boldsymbol{\beta}) = f_{\lambda\boldsymbol{\beta}}$.由于

$$f_{\lambda\boldsymbol{\beta}}(\boldsymbol{\alpha}) = (\boldsymbol{\alpha}, \lambda\boldsymbol{\beta}) = \lambda(\boldsymbol{\alpha}, \boldsymbol{\beta}) = \lambda f_{\boldsymbol{\beta}}(\boldsymbol{\alpha}) = (\lambda f_{\boldsymbol{\beta}})(\boldsymbol{\alpha}),$$

所以 $f_{\lambda\boldsymbol{\beta}} = \lambda f_{\boldsymbol{\beta}}$,即 $\sigma(\lambda\boldsymbol{\beta}) = \lambda\sigma(\boldsymbol{\beta})$.

于是映射 σ 是 V 到 V^* 上的同构映射,从而 Euclid 空间 V 与它的对偶空间 V^* 同构.证毕.

定理 2 设$\{\boldsymbol{\beta}_1, \boldsymbol{\beta}_2, \cdots, \boldsymbol{\beta}_n\}$是 n 维 Euclid 空间 V 的一组基,则$\{f_{\boldsymbol{\beta}_1}, f_{\boldsymbol{\beta}_2}, \cdots, f_{\boldsymbol{\beta}_n}\}$是对偶空间 V^* 的一组基.它称为$\{\boldsymbol{\beta}_1, \boldsymbol{\beta}_2, \cdots, \boldsymbol{\beta}_n\}$的对偶基.

证明 由定理 1,$\dim V^* = \dim V = n$.因此只需证明,$f_{\boldsymbol{\beta}_1}, f_{\boldsymbol{\beta}_2}, \cdots, f_{\boldsymbol{\beta}_n}$ 线性无关.设 $\lambda_1, \lambda_2, \cdots, \lambda_n \in \mathbf{R}$,且 $\lambda_1 f_{\boldsymbol{\beta}_1} + \lambda_2 f_{\boldsymbol{\beta}_2} + \cdots + \lambda_n f_{\boldsymbol{\beta}_n} = 0$.由定理 1 的证明得

$$f_{(\lambda_1\boldsymbol{\beta}_1+\lambda_2\boldsymbol{\beta}_2+\cdots+\lambda_n\boldsymbol{\beta}_n)} = \lambda_1 f_{\boldsymbol{\beta}_1} + \lambda_2 f_{\boldsymbol{\beta}_2} + \cdots + \lambda_n f_{\boldsymbol{\beta}_n} = 0,$$

因此对任意 $\boldsymbol{\alpha} \in V$,有

$$f_{(\lambda_1\boldsymbol{\beta}_1+\lambda_2\boldsymbol{\beta}_2+\cdots+\lambda_n\boldsymbol{\beta}_n)}(\boldsymbol{\alpha}) = (\boldsymbol{\alpha}, \lambda_1\boldsymbol{\beta}_1 + \lambda_2\boldsymbol{\beta}_2 + \cdots + \lambda_n\boldsymbol{\beta}_n) = 0.$$

由 $\boldsymbol{\alpha}$ 的任意性,可取 $\boldsymbol{\alpha} = \lambda_1\boldsymbol{\beta}_1 + \lambda_2\boldsymbol{\beta}_2 + \cdots + \lambda_n\boldsymbol{\beta}_n$.于是

$$(\lambda_1\boldsymbol{\beta}_1 + \lambda_2\boldsymbol{\beta}_2 + \cdots + \lambda_n\boldsymbol{\beta}_n, \lambda_1\boldsymbol{\beta}_1 + \lambda_2\boldsymbol{\beta}_2 + \cdots + \lambda_n\boldsymbol{\beta}_n) = 0.$$

因此 $\lambda_1\boldsymbol{\beta}_1 + \lambda_2\boldsymbol{\beta}_2 + \cdots + \lambda_n\boldsymbol{\beta}_n = \mathbf{0}$.由于$\{\boldsymbol{\beta}_1, \boldsymbol{\beta}_2, \cdots, \boldsymbol{\beta}_n\}$是 V 的基,所以 $\lambda_1 = \lambda_2 = \cdots = \lambda_n = 0$.这表明,$f_{\boldsymbol{\beta}_1}, f_{\boldsymbol{\beta}_2}, \cdots, f_{\boldsymbol{\beta}_n}$ 线性无关.证毕.

现在转到 n 维 Euclid 空间 V 的线性变换 $\mathscr{A}$ 的伴随变换 $\mathscr{A}^*$.

定理 3 设 $\mathscr{A}$ 是 n 维 Euclid 空间 V 的线性变换,$(\boldsymbol{\alpha}, \boldsymbol{\beta})$是 V 的内积.则对给定的向量 $\boldsymbol{\beta} \in V$,存在唯一的向量 $\widetilde{\boldsymbol{\beta}} \in V$,使得对任意 $\boldsymbol{\alpha} \in V$,均有

$$(\mathscr{A}(\boldsymbol{\alpha}), \boldsymbol{\beta}) = (\boldsymbol{\alpha}, \widetilde{\boldsymbol{\beta}}).$$

证明 记 $f(\boldsymbol{\alpha}) = (\mathscr{A}(\boldsymbol{\alpha}), \boldsymbol{\beta})$.显然 $f(\boldsymbol{\alpha})$ 是 V 上的一个实函数.因为 $\mathscr{A}$ 是 V 的线性变换,所以对任意 $\lambda_1, \lambda_2 \in \mathbf{R}, \boldsymbol{\alpha}_1, \boldsymbol{\alpha}_2 \in V$,

$$\begin{aligned} f(\lambda_1\boldsymbol{\alpha}_1+\lambda_2\boldsymbol{\alpha}_2) &= (\mathscr{A}(\lambda_1\boldsymbol{\alpha}_1+\lambda_2\boldsymbol{\alpha}_2),\boldsymbol{\beta}) \\ &= (\lambda_1\mathscr{A}(\boldsymbol{\alpha}_1)+\lambda_2(\boldsymbol{\alpha}_2),\boldsymbol{\beta}) \\ &= \lambda_1(\mathscr{A}(\boldsymbol{\alpha}_1),\boldsymbol{\beta})+\lambda_2(\mathscr{A}(\boldsymbol{\alpha}_2),\boldsymbol{\beta}) \\ &= \lambda_1 f(\boldsymbol{\alpha}_1)+\lambda_2 f(\boldsymbol{\alpha}_2). \end{aligned}$$

所以 $f(\boldsymbol{\alpha})$ 是 V 的线性函数. 由定理 1,存在唯一的 $\widetilde{\boldsymbol{\beta}}\in V$,使得 $f=f_{\widetilde{\boldsymbol{\beta}}}$,即 $f(\boldsymbol{\alpha})=f_{\widetilde{\boldsymbol{\beta}}}(\boldsymbol{\alpha})$. 因此 $(\mathscr{A}(\boldsymbol{\alpha}),\boldsymbol{\beta})=(\boldsymbol{\alpha},\widetilde{\boldsymbol{\beta}})$. 证毕.

根据定理 3,可以引进如下定义.

定义 2 设 $\mathscr{A}$ 是 n 维 Euclid 空间 V 的线性变换. 定义 V 到自身的变换 $\mathscr{A}^*$ 如下:设 $\boldsymbol{\beta}\in V$,则存在唯一 $\widetilde{\boldsymbol{\beta}}\in V$,使得 $(\mathscr{A}(\boldsymbol{\alpha}),\boldsymbol{\beta})=(\boldsymbol{\alpha},\widetilde{\boldsymbol{\beta}})$,于是令 $\mathscr{A}^*(\boldsymbol{\beta})=\widetilde{\boldsymbol{\beta}}$. 变换 $\mathscr{A}^*$ 称为 $\mathscr{A}$ 的**伴随变换**.

定理 4 线性变换 $\mathscr{A}$ 的伴随变换 $\mathscr{A}^*$ 是线性变换.

证明 设 $\lambda_1,\lambda_2\in\mathbf{R}$, $\boldsymbol{\beta}_1,\boldsymbol{\beta}_2\in V$. 记 $\mathscr{A}^*(\lambda_1\boldsymbol{\beta}_1+\lambda_2\boldsymbol{\beta}_2)=(\widetilde{\lambda_1\boldsymbol{\beta}_1+\lambda_2\boldsymbol{\beta}_2})$. 则由定义,

$$\begin{aligned} (\boldsymbol{\alpha},\widetilde{\lambda_1\boldsymbol{\beta}_1+\lambda_2\boldsymbol{\beta}_2}) &= (\mathscr{A}(\boldsymbol{\alpha}),\lambda_1\boldsymbol{\beta}_1+\lambda_2\boldsymbol{\beta}_2) \\ &= \lambda_1(\mathscr{A}(\boldsymbol{\alpha}),\boldsymbol{\beta}_1)+\lambda_2(\mathscr{A}(\boldsymbol{\alpha}),\boldsymbol{\beta}_2) \\ &= \lambda_1(\boldsymbol{\alpha},\widetilde{\boldsymbol{\beta}}_1)+\lambda_2(\boldsymbol{\alpha},\widetilde{\boldsymbol{\beta}}_2) \\ &= (\boldsymbol{\alpha},\lambda_1\widetilde{\boldsymbol{\beta}}_1+\lambda_2\widetilde{\boldsymbol{\beta}}_2). \end{aligned}$$

即

$$(\boldsymbol{\alpha},\widetilde{\lambda_1\boldsymbol{\beta}_1+\lambda_2\boldsymbol{\beta}_2}-(\lambda_1\widetilde{\boldsymbol{\beta}}_1+\lambda_2\widetilde{\boldsymbol{\beta}}_2))=0.$$

由 $\boldsymbol{\alpha}$ 的任意性得到,$\widetilde{\lambda_1\boldsymbol{\beta}_1+\lambda_2\boldsymbol{\beta}_2}=\lambda_1\widetilde{\boldsymbol{\beta}}_1+\lambda_2\widetilde{\boldsymbol{\beta}}_2$,即 $\mathscr{A}^*(\lambda_1\boldsymbol{\beta}_1+\lambda_2\boldsymbol{\beta}_2)=\lambda_1\mathscr{A}^*(\boldsymbol{\beta}_1)+\lambda_2\mathscr{A}^*(\boldsymbol{\beta}_2)$. 证毕.

下面给出伴随变换的一些例子.

例 1 设 V 是所有 n 维实行向量集合连同标准内积一起构成的 n 维 Euclid 空间. 设 $\boldsymbol{A}$ 是 n 阶实方阵. 则由 $\mathscr{A}(\boldsymbol{x})=\boldsymbol{x}\boldsymbol{A}$, $\boldsymbol{x}\in V$ 便确定 V 的一个线性变换 $\mathscr{A}$,求 $\mathscr{A}$ 的伴随变换 $\mathscr{A}^*$.

解 n 维 Euclid 空间 V 的内积 $(\boldsymbol{x},\boldsymbol{y})$ 为

$$(\boldsymbol{x},\boldsymbol{y})=x_1y_1+x_2y_2+\cdots+x_ny_n=\boldsymbol{x}\boldsymbol{y}^{\mathrm{T}},$$

其中 $\boldsymbol{x}=(x_1,x_2,\cdots,x_n)$, $\boldsymbol{y}=(y_1,y_2,\cdots,y_n)\in V$. 因此对给定的 $\boldsymbol{y}\in V$,

$$(\mathscr{A}(\boldsymbol{x}),\boldsymbol{y})=(\boldsymbol{x}\boldsymbol{A},\boldsymbol{y})=\boldsymbol{x}\boldsymbol{A}\boldsymbol{y}^{\mathrm{T}}=\boldsymbol{x}(\boldsymbol{y}\boldsymbol{A}^{\mathrm{T}})^{\mathrm{T}}=(\boldsymbol{x},\boldsymbol{y}\boldsymbol{A}^{\mathrm{T}}).$$

于是 $\mathscr{A}^*(\boldsymbol{y})=\boldsymbol{y}\boldsymbol{A}^{\mathrm{T}}$. 所以对任意 $\boldsymbol{x}\in V$, $\mathscr{A}^*(\boldsymbol{x})=\boldsymbol{x}\boldsymbol{A}^{\mathrm{T}}$.

例 2 设 $\mathbf{R}^{n\times n}$ 是所有 n 阶实方阵集合连同内积 $(\boldsymbol{X},\boldsymbol{Y})=\operatorname{tr}\boldsymbol{X}\boldsymbol{Y}^{\mathrm{T}}$ 一起构成的

Euclid 空间，其中 $X,Y\in\mathbf{R}^{n\times n}$. 设 A 是 n 阶实方阵. 定义 $\mathbf{R}^{n\times n}$ 的变换 $\mathscr{A}$ 如下：对任意 $X\in\mathbf{R}^{n\times n}$，令 $\mathscr{A}(X)=XA$. 则 $\mathscr{A}$ 是 $\mathbf{R}^{n\times n}$ 的线性变换. 求 $\mathscr{A}$ 的伴随变换 $\mathscr{A}^*$.

解 对给定的 $Y\in\mathbf{R}^{n\times n}$，

$$(\mathscr{A}(X),Y)=(XA,Y)=\operatorname{tr}(XAY^{\mathrm{T}})=\operatorname{tr}(X(YA^{\mathrm{T}})^{\mathrm{T}})=(X,YA^{\mathrm{T}}),$$

因此 $\mathscr{A}^*(Y)=YA^{\mathrm{T}}$. 所以对任意 $X\in\mathbf{R}^{n\times n}$，$\mathscr{A}^*(X)=XA^{\mathrm{T}}$.

例 3 设 $\mathbf{R}[x]$ 是所有实系数多项式集合连同内积 $(f(x),g(x))=\int_0^1 f(x)\cdot g(x)\mathrm{d}x$ 构成的 Euclid 空间，其中 $f(x),g(x)\in\mathbf{R}[x]$. 对给定的 $f(x)\in\mathbf{R}[x]$，定义 $\mathbf{R}[x]$ 的变换 $\mathscr{A}_f$ 如下：对任意 $g(x)\in\mathbf{R}[x]$，令 $\mathscr{A}_f(g(x))=f(x)g(x)$. 于是 $\mathscr{A}_f$ 是 $\mathbf{R}[x]$ 的线性变换. 求 $\mathscr{A}_f$ 的伴随变换 $\mathscr{A}_f^*$.

解 设 $h(x)\in\mathbf{R}[x]$，则

$$\begin{aligned}(A_f(g(x)),h(x))&=\int_0^1(f(x)g(x))h(x)\mathrm{d}x\\&=\int_0^1 g(x)(f(x)h(x))\mathrm{d}x\\&=(g(x),f(x)h(x)).\end{aligned}$$

因此 $\mathscr{A}_f^*(h(x))=f(x)h(x)$. 即对任意 $g(x)\in\mathbf{R}[x]$，$\mathscr{A}_f^*(g(x))=f(x)g(x)=\mathscr{A}_f(g(x))$. 由 $g(x)$ 的任意性得到 $\mathscr{A}_f^*=\mathscr{A}_f$.

伴随变换具有以下性质：

定理 5 设 $\mathscr{A}$ 与 $\mathscr{B}$ 是 n 维 Euclid 空间 V 的线性变换，$\lambda\in\mathbf{R}$，则

(1) $(\mathscr{A}+\mathscr{B})^*=\mathscr{A}^*+\mathscr{B}^*$；

(2) $(\lambda\mathscr{A})^*=\lambda\mathscr{A}^*$；

(3) $(\mathscr{A}\mathscr{B})^*=\mathscr{B}^*\mathscr{A}^*$；

(4) $(\mathscr{A}^*)^*=\mathscr{A}$.

证明 (1) 只需证明，对任意 $\boldsymbol{\beta}\in V$，$(\mathscr{A}+\mathscr{B})^*(\boldsymbol{\beta})=\mathscr{A}^*(\boldsymbol{\beta})+\mathscr{B}^*(\boldsymbol{\beta})$. 事实上，由伴随变换的定义，

$$((\mathscr{A}+\mathscr{B})(\boldsymbol{\alpha}),\boldsymbol{\beta})=(\boldsymbol{\alpha},(\mathscr{A}+\mathscr{B})^*(\boldsymbol{\beta})).$$

另一方面，

$$\begin{aligned}((\mathscr{A}+\mathscr{B})(\boldsymbol{\alpha}),\boldsymbol{\beta})&=(\mathscr{A}(\boldsymbol{\alpha}),\boldsymbol{\beta})+(\mathscr{B}(\boldsymbol{\alpha}),\boldsymbol{\beta})\\&=(\boldsymbol{\alpha},\mathscr{A}^*(\boldsymbol{\beta}))+(\boldsymbol{\alpha},\mathscr{B}^*(\boldsymbol{\beta}))\\&=(\boldsymbol{\alpha},(\mathscr{A}^*+\mathscr{B}^*)(\boldsymbol{\beta})).\end{aligned}$$

所以 $(\boldsymbol{\alpha},(\mathscr{A}+\mathscr{B})^*(\boldsymbol{\beta}))=(\boldsymbol{\alpha},(\mathscr{A}^*+\mathscr{B}^*)(\boldsymbol{\beta}))$. 由 $\boldsymbol{\alpha}$ 的任意性得到，$(\mathscr{A}+\mathscr{B})^*(\boldsymbol{\beta})=(\mathscr{A}^*+\mathscr{B}^*)(\boldsymbol{\beta})$.

(2) 由伴随变换的定义,对任意 $\boldsymbol{\alpha},\boldsymbol{\beta}\in V$,

$$((\lambda\mathscr{A})(\boldsymbol{\alpha}),\boldsymbol{\beta}) = (\boldsymbol{\alpha},(\lambda\mathscr{A})^*(\boldsymbol{\beta})).$$

另一方面,

$$\begin{aligned}((\lambda\mathscr{A})(\boldsymbol{\alpha}),\boldsymbol{\beta}) &= (\lambda\mathscr{A}(\boldsymbol{\alpha}),\boldsymbol{\beta}) = \lambda(\mathscr{A}(\boldsymbol{\alpha}),\boldsymbol{\beta}) \\ &= \lambda(\boldsymbol{\alpha},\mathscr{A}^*(\boldsymbol{\beta})) = (\boldsymbol{\alpha},(\lambda\mathscr{A}^*)(\boldsymbol{\beta})).\end{aligned}$$

因此 $(\boldsymbol{\alpha},(\lambda\mathscr{A})^*(\boldsymbol{\beta}))=(\boldsymbol{\alpha},(\lambda\mathscr{A}^*)(\boldsymbol{\beta}))$. 由 $\boldsymbol{\alpha}$ 的任意性,

$$(\lambda\mathscr{A})^*(\boldsymbol{\beta}) = \lambda\mathscr{A}^*(\boldsymbol{\beta}),\quad 即(\lambda\mathscr{A})^* = \lambda\mathscr{A}^*.$$

结论(3)与(4)的证明方法与上面的相同,略. 证毕.

下面的定理给出线性变换与它的伴随变换的方阵表示的联系.

定理 6 设线性变换 $\mathscr{A}$ 在 n 维 Euclid 空间 V 的标准正交基 $\{\boldsymbol{\xi}_1,\boldsymbol{\xi}_2,\cdots,\boldsymbol{\xi}_n\}$ 下的方阵为 $\boldsymbol{A}$,则它的伴随变换 $\mathscr{A}^*$ 在同一组基下的方阵为 $\boldsymbol{A}^{\mathrm{T}}$.

证明 设 $\boldsymbol{A}=(a_{ij})_{n\times n}$ 且

$$\mathscr{A}(\boldsymbol{\xi}_1,\boldsymbol{\xi}_2,\cdots,\boldsymbol{\xi}_n) = (\boldsymbol{\xi}_1,\boldsymbol{\xi}_2,\cdots,\boldsymbol{\xi}_n)\boldsymbol{A}.$$

则 $\mathscr{A}(\boldsymbol{\xi}_j) = \sum_{k=1}^{n} a_{kj}\boldsymbol{\xi}_k,\ j = 1,2,\cdots,n$. 设 $\mathscr{A}^*$ 在基 $\{\boldsymbol{\xi}_1,\boldsymbol{\xi}_2,\cdots,\boldsymbol{\xi}_n\}$ 下的方阵为 $\boldsymbol{B} = (b_{ij})_{n\times n}$, 即

$$\mathscr{A}^*(\boldsymbol{\xi}_1,\boldsymbol{\xi}_2,\cdots,\boldsymbol{\xi}_n) = (\boldsymbol{\xi}_1,\boldsymbol{\xi}_2,\cdots,\boldsymbol{\xi}_n)\boldsymbol{B}.$$

因此 $\mathscr{A}^*(\boldsymbol{\xi}_j) = \sum_{k=1}^{n} b_{kj}\boldsymbol{\xi}_k,\ j = 1,2,\cdots,n$.

由伴随变换的定义,

$$(\mathscr{A}(\boldsymbol{\xi}_i),\boldsymbol{\xi}_j) = (\boldsymbol{\xi}_i,\mathscr{A}^*(\boldsymbol{\xi}_j)),\quad 1\leqslant i,j\leqslant n.$$

所以

$$\Big(\sum_{k=1}^{n} a_{ki}\boldsymbol{\xi}_k,\boldsymbol{\xi}_j\Big) = \Big(\boldsymbol{\xi}_i,\sum_{l=1}^{n} b_{lj}\boldsymbol{\xi}_l\Big).$$

即

$$\sum_{k=1}^{n} a_{ki}(\boldsymbol{\xi}_k,\boldsymbol{\xi}_j) = \sum_{l=1}^{n} b_{lj}(\boldsymbol{\xi}_i,\boldsymbol{\xi}_l).$$

由于 $\{\boldsymbol{\xi}_1,\boldsymbol{\xi}_2,\cdots,\boldsymbol{\xi}_n\}$ 是标准正交基,因此 $(\boldsymbol{\xi}_i,\boldsymbol{\xi}_j)=\delta_{ij},1\leqslant i,j\leqslant n$. 所以由上式得到

$$\sum_{k=1}^{n} a_{ki}\delta_{kj} = \sum_{l=1}^{n} b_{lj}\delta_{il}.$$

于是 $a_{ji}=b_{ij},1\leqslant i,j\leqslant n$. 这就证明, $\boldsymbol{B}=\boldsymbol{A}^{\mathrm{T}}$, 证毕.

定理 7 n 维 Euclid 空间 V 的线性变换 $\mathscr{A}$ 的不变子空间 U 的正交补 $U^{\perp}$ 是 $\mathscr{A}$ 的伴随变换 $\mathscr{A}^*$ 的不变子空间.

证明　由伴随变换的定义，对任意 $\boldsymbol{\alpha}\in U$，$(\mathscr{A}(\boldsymbol{\alpha}),\boldsymbol{\beta})=(\boldsymbol{\alpha},\mathscr{A}^*(\boldsymbol{\beta}))$. 由于 U 是 $\mathscr{A}$ 的不变子空间，所以 $\mathscr{A}(\boldsymbol{\alpha})\in U$. 如果 $\boldsymbol{\beta}\in U^{\perp}$，则 $(\mathscr{A}(\boldsymbol{\alpha}),\boldsymbol{\beta})=0$，从而 $(\boldsymbol{\alpha},\mathscr{A}^*(\boldsymbol{\beta}))=0$. 由 $\boldsymbol{\alpha}$ 的任意性得到，$\mathscr{A}^*(\boldsymbol{\beta})\in U^{\perp}$. 所以 $U^{\perp}$ 是 $\mathscr{A}^*$ 的不变子空间.

最后给出 n 维 Euclid 空间 V 的线性变换 $\mathscr{A}$ 在 V 的不同标准正交基下的方阵表示之间的关系. 为此引进定义.

定义 3　设 $\boldsymbol{A}$ 与 $\boldsymbol{B}$ 是 n 阶实方阵. 如果存在 n 阶实正交方阵 $\boldsymbol{O}$，使得 $\boldsymbol{B}=\boldsymbol{O}^{\mathrm{T}}\boldsymbol{A}\boldsymbol{O}$，则称方阵 $\boldsymbol{A}$ 与 $\boldsymbol{B}$ **正交相似**.

容易验证，方阵之间的正交相似关系满足自反性、对称性与传递性. 因此方阵之间的正交相似关系是一种等价关系. 根据这种等价关系，所有 n 阶实方阵的集合 $\mathbf{R}^{n\times n}$ 可以划分为正交相似等价类，即彼此正交相似的方阵归在同一个正交相似等价类，而彼此不正交相似的方阵归在不同的正交相似等价类. 与矩阵的相抵，方阵的相似相类似，关于方阵的正交相似，有两个基本问题，即：在正交相似等价类中如何选取代表元？如何判定两个方阵是否正交相似？也即方阵在正交相似下的全系不变量是什么？这些就是方阵在正交相似下的标准形问题. 本章将讨论某些特殊类型的方阵在正交相似下的标准形.

应当指出，对于正交方阵 $\boldsymbol{O}$，它的逆方阵 $\boldsymbol{O}^{-1}=\boldsymbol{O}^{\mathrm{T}}$，因此正交相似的方阵一定相似. 反之，相似的方阵并不一定正交相似. 另外，正交相似的方阵一定是相合的，反之也不尽然.

定理 8　设 $\boldsymbol{A}$ 和 $\boldsymbol{B}$ 是 n 维 Euclid 空间 V 的线性变换 $\mathscr{A}$ 分别在 V 的标准正交基 $\{\boldsymbol{\xi}_1,\boldsymbol{\xi}_2,\cdots,\boldsymbol{\xi}_n\}$ 与 $\{\boldsymbol{\eta}_1,\boldsymbol{\eta}_2,\cdots,\boldsymbol{\eta}_n\}$ 下的方阵，则方阵 $\boldsymbol{A}$ 与 $\boldsymbol{B}$ 正交相似.

证明　由假设，

$$\mathscr{A}(\boldsymbol{\xi}_1,\boldsymbol{\xi}_2,\cdots,\boldsymbol{\xi}_n)=(\boldsymbol{\xi}_1,\boldsymbol{\xi}_2,\cdots,\boldsymbol{\xi}_n)\boldsymbol{A},\tag{7.3.1}$$

$$\mathscr{A}(\boldsymbol{\eta}_1,\boldsymbol{\eta}_2,\cdots,\boldsymbol{\eta}_n)=(\boldsymbol{\eta}_1,\boldsymbol{\eta}_2,\cdots,\boldsymbol{\eta}_n)\boldsymbol{B}.\tag{7.3.2}$$

由本章 7.2 节定理 5，

$$(\boldsymbol{\eta}_1,\boldsymbol{\eta}_2,\cdots,\boldsymbol{\eta}_n)=(\boldsymbol{\xi}_1,\boldsymbol{\xi}_2,\cdots,\boldsymbol{\xi}_n)\boldsymbol{O},\tag{7.3.3}$$

其中 $\boldsymbol{O}$ 是某个 n 阶实正交方阵. 因此

$$\mathscr{A}(\boldsymbol{\eta}_1,\boldsymbol{\eta}_2,\cdots,\boldsymbol{\eta}_n)=(\mathscr{A}(\boldsymbol{\xi}_1,\boldsymbol{\xi}_2,\cdots,\boldsymbol{\xi}_n))\boldsymbol{O}.$$

由式(7.3.1)得到

$$\mathscr{A}(\boldsymbol{\eta}_1,\boldsymbol{\eta}_2,\cdots,\boldsymbol{\eta}_n)=(\boldsymbol{\xi}_1,\boldsymbol{\xi}_2,\cdots,\boldsymbol{\xi}_n)\boldsymbol{A}\boldsymbol{O}.$$

由式(7.3.3)得到

$$\mathscr{A}(\boldsymbol{\eta}_1,\boldsymbol{\eta}_2,\cdots,\boldsymbol{\eta}_n)=(\boldsymbol{\eta}_1,\boldsymbol{\eta}_2,\cdots,\boldsymbol{\eta}_n)\boldsymbol{O}^{\mathrm{T}}\boldsymbol{A}\boldsymbol{O}.\tag{7.3.4}$$

比较式(7.3.2)与式(7.3.4)得到，$\boldsymbol{B}=\boldsymbol{O}^{\mathrm{T}}\boldsymbol{A}\boldsymbol{O}$，即方阵 $\boldsymbol{A}$ 与 $\boldsymbol{B}$ 正交相似. 证毕.

习　题

1. 设 $\mathscr{A}$ 是 n 维 Euclid 空间 V 的线性变换. 证明: $\mathrm{tr}(\mathscr{A}^* \mathscr{A}) \geqslant 0$, 其中等号当且仅当线性变换 $\mathscr{A}$ 为零变换时成立.

2. 设 $\mathscr{A}$ 与 $\mathscr{B}$ 是 n 维 Euclid 空间 V 的线性变换, $\mathscr{A}$ 与 $\mathscr{B}$ 可交换, $\mathscr{A}^*$ 与 $\mathscr{A}$ 可交换. 证明: $\mathscr{A}$ 与 $\mathscr{B}^*$ 也可交换.

3. 设 $\mathscr{A}$ 是 n 维 Euclid 空间 V 的线性变换. 证明: $\mathscr{A}$ 的伴随变换 $\mathscr{A}^*$ 的像空间 $\mathscr{A}^*(V)$ 是 $\mathscr{A}$ 的核 $\mathrm{Ker}\,\mathscr{A}$ 的正交补.

4. 设 $\mathscr{A}$ 是 n 维 Euclid 空间 V 的可逆线性变换. 证明: $\mathscr{A}$ 的伴随变换 $\mathscr{A}^*$ 也是可逆变换, 并且 $(\mathscr{A}^*)^{-1} = (\mathscr{A}^{-1})^*$.

5. 设 $\boldsymbol{\beta}$ 与 $\boldsymbol{\gamma}$ 是 n 维 Euclid 空间 V 的固定向量. 证明: 由 $\mathscr{A}(\boldsymbol{\alpha}) = (\boldsymbol{\alpha}, \boldsymbol{\beta})\boldsymbol{\gamma}$ 所定义的变换 $\mathscr{A}$ 是 V 的线性变换, 其中 $\boldsymbol{\alpha} \in V$. 求 $\mathscr{A}$ 的伴随变换 $\mathscr{A}^*$.

6. 设 $\mathbf{R}_4[x]$ 是所有次数小于 4 的实系数多项式集合连同内积 $(f(x), g(x)) = \int_0^1 f(x) \cdot g(x)\mathrm{d}x$ 构成的 Euclid 空间, 其中 $f(x), g(x) \in \mathbf{R}_4[x]$. 设 $\mathscr{D}$ 是 $\mathbf{R}_4[x]$ 的微商变换. 求 $\mathscr{D}$ 的伴随变换 $\mathscr{D}^*$.

7. 设 $\mathbf{R}^{n\times n}$ 是所有 n 阶实方阵集合连同内积 $(\boldsymbol{X}, \boldsymbol{Y}) = \mathrm{tr}(\boldsymbol{X}\boldsymbol{Y}^{\mathrm{T}})$ 构成的 Euclid 空间, 其中 $\boldsymbol{X}, \boldsymbol{Y} \in \mathbf{R}^{n\times n}$. 设 $\boldsymbol{P}$ 是固定 n 阶可逆方阵, 由 $\mathscr{A}_{\boldsymbol{P}}(\boldsymbol{X}) = \boldsymbol{P}^{-1}\boldsymbol{X}\boldsymbol{P}$ 所定义的变换 $\mathscr{A}_{\boldsymbol{P}}$ 显然是 $\mathbf{R}^{n\times n}$ 的线性变换, 其中 $\boldsymbol{X} \in \mathbf{R}^{n\times n}$. 求 $\mathscr{A}_{\boldsymbol{P}}$ 的伴随变换 $\mathscr{A}_{\boldsymbol{P}}^*$.

8. 设 $\{\boldsymbol{\alpha}_1, \boldsymbol{\alpha}_2, \cdots, \boldsymbol{\alpha}_n\}$ 是 n 维的 Euclid 空间 V 的标准正交基, V 的线性变换 $\mathscr{A}$ 在这组基下的方阵为 $\boldsymbol{A} = (a_{ij})_{n\times n}$. 证明:

$$a_{ij} = (\mathscr{A}^*(\boldsymbol{\alpha}_i), \boldsymbol{\alpha}_j), \quad 1 \leqslant i, j \leqslant n.$$

7.4　规范变换

本节讨论 n 维 Euclid 空间 V 的一类重要的线性变换.

定义 1　如果 n 维 Euclid 空间 V 的线性变换 $\mathscr{A}$ 与它的伴随变换 $\mathscr{A}^*$ 可交换, 即 $\mathscr{A}\mathscr{A}^* = \mathscr{A}^*\mathscr{A}$, 则 $\mathscr{A}$ 称为规范变换.

根据本章 7.3 节定理 6, 如果 n 维 Euclid 空间 V 的线性变换 $\mathscr{A}$ 在 V 的一组基下的方阵为 $\boldsymbol{A}$, 则它的伴随变换 $\mathscr{A}^*$ 在同一组基下的方阵为 $\boldsymbol{A}^{\mathrm{T}}$, 因此可以引进规范方阵的概念如下.

定义 2 如果 n 阶实方阵 $\boldsymbol{A}$ 与它的转置 $\boldsymbol{A}^{\mathrm{T}}$ 可交换,即 $\boldsymbol{A}\boldsymbol{A}^{\mathrm{T}}=\boldsymbol{A}^{\mathrm{T}}\boldsymbol{A}$,则方阵 $\boldsymbol{A}$ 称为**规范方阵**.

关于规范变换,有:

定理 1 设 $\mathscr{A}$ 是 n 维 Euclid 空间 V 的线性变换,则下述命题等价:

(1) $\mathscr{A}$ 是规范变换;

(2) 对任意 $\boldsymbol{\alpha}\in V$, $\|\mathscr{A}(\boldsymbol{\alpha})\|=\|\mathscr{A}^{*}(\boldsymbol{\alpha})\|$;

(3) $\mathscr{A}$ 在 V 的标准正交基下的方阵为规范方阵.

证明 (1)⇒(2) 对任意 $\boldsymbol{\alpha}\in V$,

$$\|\mathscr{A}(\boldsymbol{\alpha})\|^2=(\mathscr{A}(\boldsymbol{\alpha}),\mathscr{A}(\boldsymbol{\alpha}))=(\boldsymbol{\alpha},\mathscr{A}^{*}\mathscr{A}(\boldsymbol{\alpha})).$$

因为 $\mathscr{A}$ 是规范变换,所以 $\mathscr{A}\mathscr{A}^{*}=\mathscr{A}^{*}\mathscr{A}$,因此

$$\begin{aligned}\|\mathscr{A}(\boldsymbol{\alpha})\|^2&=(\boldsymbol{\alpha},\mathscr{A}\mathscr{A}^{*}(\boldsymbol{\alpha}))=(\mathscr{A}\mathscr{A}^{*}(\boldsymbol{\alpha}),\boldsymbol{\alpha})\\&=(\mathscr{A}^{*}(\boldsymbol{\alpha}),\mathscr{A}^{*}(\boldsymbol{\alpha}))=\|\mathscr{A}^{*}(\boldsymbol{\alpha})\|^2.\end{aligned}$$

所以(2)成立.

(2)⇒(3) 设 $\{\boldsymbol{\xi}_1,\boldsymbol{\xi}_2,\cdots,\boldsymbol{\xi}_n\}$ 是 V 的标准正交基,且

$$\mathscr{A}(\boldsymbol{\xi}_1,\boldsymbol{\xi}_2,\cdots,\boldsymbol{\xi}_n)=(\boldsymbol{\xi}_1,\boldsymbol{\xi}_2,\cdots,\boldsymbol{\xi}_n)\boldsymbol{A},$$

其中 $\boldsymbol{A}$ 是 n 阶实方阵. 由本章 7.3 节定理 5, $\mathscr{A}$ 的伴随变换 $\mathscr{A}^{*}$ 在这组基下的方阵为 $\boldsymbol{A}^{\mathrm{T}}$,即

$$\mathscr{A}^{*}(\boldsymbol{\xi}_1,\boldsymbol{\xi}_2,\cdots,\boldsymbol{\xi}_n)=(\boldsymbol{\xi}_1,\boldsymbol{\xi}_2,\cdots,\boldsymbol{\xi}_n)\boldsymbol{A}^{\mathrm{T}}.$$

记 $\boldsymbol{A}=(a_{ij})_{n\times n}$. 则

$$\mathscr{A}(\boldsymbol{\xi}_j)=\sum_{k=1}^{n}a_{kj}\boldsymbol{\xi}_k,\quad \mathscr{A}^{*}(\boldsymbol{\xi}_j)=\sum_{l=1}^{n}a_{jl}\boldsymbol{\xi}_l,\quad 1\leqslant j\leqslant n.$$

于是

$$(\mathscr{A}(\boldsymbol{\xi}_i),\mathscr{A}(\boldsymbol{\xi}_j))=\Big(\sum_{k=1}^{n}a_{ki}\boldsymbol{\xi}_k,\sum_{l=1}^{n}a_{lj}\boldsymbol{\xi}_l\Big)=\sum_{k=1}^{n}\sum_{l=1}^{n}a_{ki}a_{lj}(\boldsymbol{\xi}_k,\boldsymbol{\xi}_l).$$

因为 $\{\boldsymbol{\xi}_1,\boldsymbol{\xi}_2,\cdots,\boldsymbol{\xi}_n\}$ 是 V 的标准正交基,所以 $(\boldsymbol{\xi}_k,\boldsymbol{\xi}_l)=\delta_{kl}$, $1\leqslant k,l\leqslant n$. 因此

$$(\mathscr{A}(\boldsymbol{\xi}_i),\mathscr{A}(\boldsymbol{\xi}_j))=\sum_{k=1}^{n}\sum_{l=1}^{n}a_{ki}a_{lj}\delta_{kl}=\sum_{k=1}^{n}a_{ki}a_{kj}.$$

记 $\boldsymbol{A}^{\mathrm{T}}\boldsymbol{A}=\boldsymbol{B}=(b_{ij})_{n\times n}$. 此式表明, $b_{ij}=(\mathscr{A}(\boldsymbol{\xi}_i),\mathscr{A}(\boldsymbol{\xi}_j))$, $1\leqslant i,j\leqslant n$. 同理,

$$(\mathscr{A}^{*}(\boldsymbol{\xi}_i),\mathscr{A}^{*}(\boldsymbol{\xi}_j))=\sum_{k=1}^{n}a_{ik}a_{jk}.$$

记 $\boldsymbol{A}\boldsymbol{A}^{\mathrm{T}}=\boldsymbol{C}=(c_{ij})_{n\times n}$. 上式表明, $c_{ij}=(\mathscr{A}^{*}(\boldsymbol{\xi}_i),\mathscr{A}^{*}(\boldsymbol{\xi}_j))$, $1\leqslant i,j\leqslant n$. 由于

$$\begin{aligned}(\mathscr{A}(\boldsymbol{\xi}_i+\boldsymbol{\xi}_j),\mathscr{A}(\boldsymbol{\xi}_i+\boldsymbol{\xi}_j))&=(\mathscr{A}(\boldsymbol{\xi}_i)+\mathscr{A}(\boldsymbol{\xi}_j),\mathscr{A}(\boldsymbol{\xi}_i)+\mathscr{A}(\boldsymbol{\xi}_j))\\&=(\mathscr{A}(\boldsymbol{\xi}_i),\mathscr{A}(\boldsymbol{\xi}_i))+2(\mathscr{A}(\boldsymbol{\xi}_i),\mathscr{A}(\boldsymbol{\xi}_j))+(\mathscr{A}(\boldsymbol{\xi}_j),\mathscr{A}(\boldsymbol{\xi}_j)),\end{aligned}$$

而由条件(2),

$$\begin{aligned}(\mathscr{A}(\boldsymbol{\xi}_i+\boldsymbol{\xi}_j),\mathscr{A}(\boldsymbol{\xi}_i+\boldsymbol{\xi}_j)) &= (\mathscr{A}^*(\boldsymbol{\xi}_i+\boldsymbol{\xi}_j),\mathscr{A}^*(\boldsymbol{\xi}_i+\boldsymbol{\xi}_j))\\ &= (\mathscr{A}^*(\boldsymbol{\xi}_i)+\mathscr{A}^*(\boldsymbol{\xi}_j),\mathscr{A}^*(\boldsymbol{\xi}_i)+\mathscr{A}^*(\boldsymbol{\xi}_j))\\ &= (\mathscr{A}^*(\boldsymbol{\xi}_i),\mathscr{A}^*(\boldsymbol{\xi}_i))+2(\mathscr{A}^*(\boldsymbol{\xi}_i),\mathscr{A}^*(\boldsymbol{\xi}_j))\\ &\quad +(\mathscr{A}^*(\boldsymbol{\xi}_j),\mathscr{A}^*(\boldsymbol{\xi}_j)),\end{aligned}$$

所以$(\mathscr{A}(\boldsymbol{\xi}_i),\mathscr{A}(\boldsymbol{\xi}_j))=(\mathscr{A}^*(\boldsymbol{\xi}_i),\mathscr{A}^*(\boldsymbol{\xi}_j))$.因此 $b_{ij}=c_{ij},1\leqslant i,j\leqslant n$.即 $\boldsymbol{A}^{\mathrm{T}}\boldsymbol{A}=\boldsymbol{A}\boldsymbol{A}^{\mathrm{T}}$.这就证明了(3).

(3)⇒(1) 由本章7.3节定理5,

$$\mathscr{A}(\boldsymbol{\xi}_1,\boldsymbol{\xi}_2,\cdots,\boldsymbol{\xi}_n)=(\boldsymbol{\xi}_1,\boldsymbol{\xi}_2,\cdots,\boldsymbol{\xi}_n)\boldsymbol{A},$$
$$\mathscr{A}^*(\boldsymbol{\xi}_1,\boldsymbol{\xi}_2,\cdots,\boldsymbol{\xi}_n)=(\boldsymbol{\xi}_1,\boldsymbol{\xi}_2,\cdots,\boldsymbol{\xi}_n)\boldsymbol{A}^{\mathrm{T}}.$$

其中$\{\boldsymbol{\xi}_1,\boldsymbol{\xi}_2,\cdots,\boldsymbol{\xi}_n\}$是 V 的标准正交基.因此

$$\mathscr{A}^*\mathscr{A}(\boldsymbol{\xi}_1,\boldsymbol{\xi}_2,\cdots,\boldsymbol{\xi}_n)=(\boldsymbol{\xi}_1,\boldsymbol{\xi}_2,\cdots,\boldsymbol{\xi}_n)\boldsymbol{A}^{\mathrm{T}}\boldsymbol{A},$$
$$\mathscr{A}\mathscr{A}^*(\boldsymbol{\xi}_1,\boldsymbol{\xi}_2,\cdots,\boldsymbol{\xi}_n)=(\boldsymbol{\xi}_1,\boldsymbol{\xi}_2,\cdots,\boldsymbol{\xi}_n)\boldsymbol{A}\boldsymbol{A}^{\mathrm{T}}.$$

由于方阵 $\boldsymbol{A}$ 是规范的,所以 $\boldsymbol{A}^{\mathrm{T}}\boldsymbol{A}=\boldsymbol{A}\boldsymbol{A}^{\mathrm{T}}$.因此

$$\mathscr{A}^*\mathscr{A}(\boldsymbol{\xi}_1,\boldsymbol{\xi}_2,\cdots,\boldsymbol{\xi}_n)=\mathscr{A}\mathscr{A}^*(\boldsymbol{\xi}_1,\boldsymbol{\xi}_2,\cdots,\boldsymbol{\xi}_n).$$

于是 $\mathscr{A}^*\mathscr{A}=\mathscr{A}\mathscr{A}^*$.这就证明了(1).证毕.

定理2 规范变换 $\mathscr{A}$ 的像空间 $\mathrm{Im}(\mathscr{A})$的正交补$(\mathrm{Im}(\mathscr{A}))^{\perp}=\mathrm{Ker}\,\mathscr{A}$.

证明 设 $\boldsymbol{\beta}\in(\mathrm{Im}\,\mathscr{A})^{\perp}$.则对任意 $\boldsymbol{\alpha}\in V$,$(\mathscr{A}(\boldsymbol{\alpha}),\boldsymbol{\beta})=0$.因此$(\boldsymbol{\alpha},A^*(\boldsymbol{\beta}))=0$,由 $\boldsymbol{\alpha}$ 的任意性得到,$A^*(\boldsymbol{\beta})=\boldsymbol{0}$.由定理1,$\mathscr{A}(\boldsymbol{\beta})=0$,即 $\boldsymbol{\beta}\in\mathrm{Ker}(\mathscr{A})$.所以$(\mathrm{Im}(\mathscr{A}))^{\perp}\subseteq\mathrm{Ker}(\mathscr{A})$.

反之,设 $\boldsymbol{\beta}\in\mathrm{Ker}(\mathscr{A})$,则 $\mathscr{A}(\boldsymbol{\beta})=\boldsymbol{0}$.由定理1,$\mathscr{A}^*(\boldsymbol{\beta})=\boldsymbol{0}$.因此对任意 $\boldsymbol{\alpha}\in V$,$(\boldsymbol{\alpha},\mathscr{A}^*(\boldsymbol{\beta}))=0$.即得$(\mathscr{A}(\boldsymbol{\alpha}),\boldsymbol{\beta})=0$.由 $\boldsymbol{\alpha}$ 的任意性,$\boldsymbol{\beta}\in(\mathrm{Im}\,\mathscr{A})^{\perp}$.所以 $\mathrm{Ker}\,\mathscr{A}\subseteq(\mathrm{Im}\,\mathscr{A})^{\perp}$.从而$(\mathrm{Im}\,\mathscr{A})^{\perp}=\mathrm{Ker}\,\mathscr{A}$.证毕.

注 定理2的逆命题不成立.请读者自己举例说明.

定理3 设 $\mathscr{A}$ 是 n 维 Euclid 空间 V 的规范变换,$f(\lambda)$与 $g(\lambda)$是实系数多项式,则

(1) $f(\mathscr{A})$是规范变换;

(2) $f(\lambda)$与 $g(\lambda)$互素,且 $f(\mathscr{A})(\boldsymbol{\alpha})=0$,$g(\mathscr{A})(\boldsymbol{\beta})=0$,$\boldsymbol{\alpha},\boldsymbol{\beta}\in V$,则 $\boldsymbol{\alpha}\perp\boldsymbol{\beta}$.

证明 (1) 设 $f(\lambda)=\sum\limits_{j=0}^{k}a_j\lambda^j$,$a_0,a_1,\cdots,a_k\in\mathbf{R}$.则 $f(\mathscr{A})=\sum\limits_{j=0}^{k}a_j\mathscr{A}^j$.由本章7.3节定理5,$(f(\mathscr{A}))^*=\sum\limits_{j=0}^{k}a_j(\mathscr{A}^*)^j=f(\mathscr{A}^*)$.因为 $\mathscr{A}$ 是规范变换,所以 $\mathscr{A}\mathscr{A}^*=$

$\mathscr{A}^*\mathscr{A}$. 因此 $f(\mathscr{A}^*)\mathscr{A}=\sum_{j=0}^{k}a_j(\mathscr{A}^*)^j\mathscr{A}=\sum_{i=0}^{k}a_j\mathscr{A}(\mathscr{A}^*)^j=\mathscr{A}f(\mathscr{A}^*)$. 从而，$f(\mathscr{A}^*)\mathscr{A}^l=\mathscr{A}^lf(\mathscr{A}^*)$，其中 l 是非负整数. 由此得到 $f(\mathscr{A}^*)f(\mathscr{A})=f(\mathscr{A})f(\mathscr{A}^*)$. 这就证明了 $f(\mathscr{A})$ 是规范变换.

(2) 因为 $f(\lambda)$ 与 $g(\lambda)$ 互素，所以存在 $u(\lambda),v(\lambda)\in\mathbf{R}[\lambda]$，使得 $u(\lambda)f(\lambda)+v(\lambda)g(\lambda)=1$. 因此 $u(\mathscr{A})f(\mathscr{A})+v(\mathscr{A})g(\mathscr{A})=\mathscr{I}$. 由于 $f(\mathscr{A})(\boldsymbol{\alpha})=0$，所以

$$\boldsymbol{\alpha}=\mathscr{I}(\boldsymbol{\alpha})=v(\mathscr{A})g(\mathscr{A})(\boldsymbol{\alpha}).$$

于是

$$(\boldsymbol{\alpha},\boldsymbol{\beta})=(v(\mathscr{A})g(\mathscr{A})(\boldsymbol{\alpha}),\boldsymbol{\beta})=(v(\mathscr{A})(\boldsymbol{\alpha}),g(\mathscr{A})^*(\boldsymbol{\beta})).$$

由结论(1)，$g(\mathscr{A})$ 是规范的. 由定理 1，$g(\mathscr{A})^*(\boldsymbol{\beta})=\mathbf{0}$. 因此，$(\boldsymbol{\alpha},\boldsymbol{\beta})=0$. 所以 $\boldsymbol{\alpha}\perp\boldsymbol{\beta}$.

定理 4　设 $\lambda_1,\lambda_2,\cdots,\lambda_n$ 是 n 阶实规范方阵 $\boldsymbol{A}$ 的全部特征值，则 $\boldsymbol{A}$ 正交相似于准对角形

$$\operatorname{diag}\left(\begin{pmatrix}a_1 & b_1\\ -b_1 & a_1\end{pmatrix},\cdots,\begin{pmatrix}a_s & b_s\\ -b_s & a_s\end{pmatrix},\lambda_{2s+1},\cdots,\lambda_n\right),\tag{7.4.1}$$

其中 $\lambda_{2j-1}=a_j+\mathrm{i}b_j,\lambda_{2j}=a_j-\mathrm{i}b_j,j=1,\cdots,s,a_1,\cdots,a_s,b_1,\cdots,b_s,\lambda_{2s+1},\cdots,\lambda_n$ 是实数，$b_1\cdots b_s\neq0$. 并且规范方阵的特征值是规范方阵在正交相似下的全系不变量.

证明　当 $s>0$ 时，设 $\boldsymbol{\alpha}_1=\boldsymbol{u}_1+\mathrm{i}\boldsymbol{v}_1$ 是 $\boldsymbol{A}$ 的属于特征值 λ_1 的特征向量，其中 $\boldsymbol{u}_1,\boldsymbol{v}_1$ 是实向量. 则 $\boldsymbol{u}_1,\boldsymbol{v}_1$ 线性无关，且 $\boldsymbol{\alpha}_2=\boldsymbol{u}_1-\mathrm{i}\boldsymbol{v}_1$ 是 $\boldsymbol{A}$ 的属于特征值 λ_2 的特征向量. 将 $\{\boldsymbol{u}_1,\boldsymbol{v}_1\}$ Gram-Schmidt 标准正交化为 $\{\boldsymbol{\beta}_1,\boldsymbol{\beta}_2\}$，并扩充为 $\mathbf{R}^n$ 的一组标准正交基 $\boldsymbol{P}=(\boldsymbol{\beta}_1,\boldsymbol{\beta}_2,\cdots,\boldsymbol{\beta}_n)$. 则 $\boldsymbol{P}^{-1}\boldsymbol{AP}=\begin{pmatrix}\boldsymbol{A}_1 & \boldsymbol{A}_2\\ \mathbf{0} & \boldsymbol{A}_3\end{pmatrix}$，其中 $\boldsymbol{A}_1\in\mathbf{R}^{2\times2}$. 由于 $\boldsymbol{A}$ 是规范方阵，$\begin{pmatrix}\boldsymbol{A}_1 & \boldsymbol{A}_2\\ \mathbf{0} & \boldsymbol{A}_3\end{pmatrix}$ 也是规范方阵，$\boldsymbol{A}_1\boldsymbol{A}_1^{\mathrm{T}}+\boldsymbol{A}_2\boldsymbol{A}_2^{\mathrm{T}}=\boldsymbol{A}_1^{\mathrm{T}}\boldsymbol{A}_1\Rightarrow\operatorname{tr}(\boldsymbol{A}_2\boldsymbol{A}_2^{\mathrm{T}})=\operatorname{tr}(\boldsymbol{A}_1^{\mathrm{T}}\boldsymbol{A}_1-\boldsymbol{A}_1\boldsymbol{A}_1^{\mathrm{T}})=0\Rightarrow\boldsymbol{A}_2=\mathbf{0}$，$\boldsymbol{A}_1$ 和 $\boldsymbol{A}_3$ 都是规范方阵. 解 $\boldsymbol{A}_1\boldsymbol{A}_1^{\mathrm{T}}=\boldsymbol{A}_1^{\mathrm{T}}\boldsymbol{A}_1$，并由 $\boldsymbol{A}_1$ 具有特征值 $a_1\pm\mathrm{i}b_1$，可得 $\boldsymbol{A}_1=\begin{pmatrix}a_1 & b_1\\ -b_1 & a_1\end{pmatrix}$ 或 $\begin{pmatrix}a_1 & -b_1\\ b_1 & a_1\end{pmatrix}$.

当 $s=0$ 时，设 $\boldsymbol{\alpha}_1$ 是 $\boldsymbol{A}$ 的属于特征值 λ_1 的实特征向量，我们也可将 $\boldsymbol{\beta}_1=\dfrac{\boldsymbol{\alpha}_1}{\|\boldsymbol{\alpha}_1\|}$ 扩充为 $\mathbf{R}^n$ 的一组标准正交基 $\boldsymbol{P}=(\boldsymbol{\beta}_1,\boldsymbol{\beta}_2,\cdots,\boldsymbol{\beta}_n)$. 则 $\boldsymbol{P}^{-1}\boldsymbol{AP}=\begin{pmatrix}\lambda_1 & \boldsymbol{A}_2\\ \mathbf{0} & \boldsymbol{A}_3\end{pmatrix}$. 由 $\begin{pmatrix}\lambda_1 & \boldsymbol{A}_2\\ \mathbf{0} & \boldsymbol{A}_3\end{pmatrix}$ 是规范方阵，得 $\boldsymbol{A}_2=\mathbf{0}$，$\boldsymbol{A}_3$ 是规范方阵.

对方阵的阶数应用归纳法，因此 $\boldsymbol{A}$ 正交相似于(7.4.1).

显然，相似的方阵的特征值相同，因此正交相似的规范方阵的特征值相同. 反之设规范方阵 $\boldsymbol{A}$ 与 $\boldsymbol{B}$ 的特征值相同，则方阵 $\boldsymbol{A}$ 与 $\boldsymbol{B}$ 都正交相似于同一个形如(7.4.1)的准对角方阵 $\boldsymbol{C}$. 所以 $\boldsymbol{A}$ 与 $\boldsymbol{B}$ 正交相似. 这就证明了，规范方阵的特征值是规范方阵在正交相似下的全系不变量.

定理 4 的线性变换形式在下面的定理中给出.

定理 5 设 $\mathscr{A}$ 是 n 维 Euclid 空间 V 的规范变换. 则 V 可以分解为两两正交的 2 维不变子空间 $V_1,\cdots,V_s$ 和 1 维不变子空间 $V_{2s+1},\cdots,V_n$ 的直和，即 $V=V_1\oplus\cdots\oplus V_s\oplus V_{2s+1}\oplus\cdots\oplus V_n$. 设 $\{\boldsymbol{\beta}_{2j-1},\boldsymbol{\beta}_{2j}\}$ 是 V_j 的标准正交基，$j=1,\cdots,s$，$\boldsymbol{\beta}_k$ 是 V_k 的单位向量，$k=2s+1,\cdots,n$. 则 $\mathscr{A}$ 在 $\{\boldsymbol{\beta}_1,\boldsymbol{\beta}_2,\cdots,\boldsymbol{\beta}_n\}$ 下的方阵形如(7.4.1).

由定理 4 即得定理 5，证明略，留给读者作为练习.

例 设 n 阶实规范方阵 $\boldsymbol{A}$ 与 n 阶实方阵 $\boldsymbol{B}$ 可交换. 证明：方阵 $\boldsymbol{A}$ 与 $\boldsymbol{B}^{\mathrm{T}}$ 可交换.

证法 1 欲证 $\boldsymbol{AB}^{\mathrm{T}}=\boldsymbol{B}^{\mathrm{T}}\boldsymbol{A}$，即 $\boldsymbol{AB}^{\mathrm{T}}-\boldsymbol{B}^{\mathrm{T}}\boldsymbol{A}=\boldsymbol{0}$. 由本章 7.1 节例 3 可知，所有 n 阶实方阵的集合 $\mathbf{R}^{n\times n}$ 连同内积 $(\boldsymbol{X},\boldsymbol{Y})=\operatorname{tr}(\boldsymbol{XY}^{\mathrm{T}})$ 构成一个 Euclid 空间. 其中 $\boldsymbol{X},\boldsymbol{Y}\in\mathbf{R}^{n\times n}$. 于是方阵 $\boldsymbol{X}\in\mathbf{R}^{n\times n}$ 的范数为 $\|\boldsymbol{X}\|^2=\operatorname{tr}\boldsymbol{XX}^{\mathrm{T}}$. 由内积的恒正性可知，方阵 $\boldsymbol{X}$ 为零方阵的充分必要条件是 $\|\boldsymbol{X}\|^2=\operatorname{tr}\boldsymbol{XX}^{\mathrm{T}}=0$. 因此所欲证的结论即化为 $\operatorname{tr}(\boldsymbol{AB}^{\mathrm{T}}-\boldsymbol{B}^{\mathrm{T}}\boldsymbol{A})(\boldsymbol{AB}^{\mathrm{T}}-\boldsymbol{B}^{\mathrm{T}}\boldsymbol{A})^{\mathrm{T}}=0$. 由于

$$\begin{aligned}\operatorname{tr}(\boldsymbol{AB}^{\mathrm{T}}-\boldsymbol{B}^{\mathrm{T}}\boldsymbol{A})(\boldsymbol{AB}^{\mathrm{T}}-\boldsymbol{B}^{\mathrm{T}}\boldsymbol{A})^{\mathrm{T}}&=\operatorname{tr}(\boldsymbol{AB}^{\mathrm{T}}-\boldsymbol{B}^{\mathrm{T}}\boldsymbol{A})(\boldsymbol{BA}^{\mathrm{T}}-\boldsymbol{A}^{\mathrm{T}}\boldsymbol{B})\\&=\operatorname{tr}(\boldsymbol{AB}^{\mathrm{T}}\boldsymbol{BA}^{\mathrm{T}}-\boldsymbol{AB}^{\mathrm{T}}\boldsymbol{A}^{\mathrm{T}}\boldsymbol{B}-\boldsymbol{B}^{\mathrm{T}}\boldsymbol{ABA}^{\mathrm{T}}+\boldsymbol{B}^{\mathrm{T}}\boldsymbol{AA}^{\mathrm{T}}\boldsymbol{B}),\end{aligned}$$

且 $\operatorname{tr}(\boldsymbol{X})$ 是 $\mathbf{R}^{n\times n}$ 的线性函数，所以

$$\begin{aligned}\operatorname{tr}(\boldsymbol{AB}^{\mathrm{T}}-\boldsymbol{B}^{\mathrm{T}}\boldsymbol{A})(\boldsymbol{AB}^{\mathrm{T}}-\boldsymbol{B}^{\mathrm{T}}\boldsymbol{A})^{\mathrm{T}}=&\operatorname{tr}\boldsymbol{AB}^{\mathrm{T}}\boldsymbol{BA}^{\mathrm{T}}-\operatorname{tr}\boldsymbol{AB}^{\mathrm{T}}\boldsymbol{A}^{\mathrm{T}}\boldsymbol{B}\\&-\operatorname{tr}\boldsymbol{B}^{\mathrm{T}}\boldsymbol{ABA}^{\mathrm{T}}+\operatorname{tr}\boldsymbol{B}^{\mathrm{T}}\boldsymbol{AA}^{\mathrm{T}}\boldsymbol{B}.\end{aligned}$$

因为 $\operatorname{tr}\boldsymbol{XY}=\operatorname{tr}\boldsymbol{YX}$，所以

$$\begin{aligned}\operatorname{tr}(\boldsymbol{AB}^{\mathrm{T}}-\boldsymbol{B}^{\mathrm{T}}\boldsymbol{A})(\boldsymbol{AB}^{\mathrm{T}}-\boldsymbol{B}^{\mathrm{T}}\boldsymbol{A})^{\mathrm{T}}=&\operatorname{tr}\boldsymbol{A}^{\mathrm{T}}\boldsymbol{AB}^{\mathrm{T}}\boldsymbol{B}-\operatorname{tr}\boldsymbol{BAB}^{\mathrm{T}}\boldsymbol{A}^{\mathrm{T}}\\&-\operatorname{tr}\boldsymbol{B}^{\mathrm{T}}\boldsymbol{ABA}^{\mathrm{T}}+\operatorname{tr}\boldsymbol{AA}^{\mathrm{T}}\boldsymbol{BB}^{\mathrm{T}}.\end{aligned}$$

由于 $\boldsymbol{AB}=\boldsymbol{BA}$，所以

$$\begin{aligned}\operatorname{tr}(\boldsymbol{AB}^{\mathrm{T}}-\boldsymbol{B}^{\mathrm{T}}\boldsymbol{A})(\boldsymbol{AB}^{\mathrm{T}}-\boldsymbol{B}^{\mathrm{T}}\boldsymbol{A})^{\mathrm{T}}=&\operatorname{tr}\boldsymbol{A}^{\mathrm{T}}\boldsymbol{AB}^{\mathrm{T}}\boldsymbol{B}-\operatorname{tr}\boldsymbol{ABB}^{\mathrm{T}}\boldsymbol{A}^{\mathrm{T}}\\&-\operatorname{tr}\boldsymbol{B}^{\mathrm{T}}\boldsymbol{BAA}^{\mathrm{T}}+\operatorname{tr}\boldsymbol{BB}^{\mathrm{T}}\boldsymbol{AA}^{\mathrm{T}}.\end{aligned}$$

因为方阵 $\boldsymbol{A}$ 是规范的，所以 $\boldsymbol{AA}^{\mathrm{T}}=\boldsymbol{A}^{\mathrm{T}}\boldsymbol{A}$，因此

$$\begin{aligned}\operatorname{tr}(\boldsymbol{AB}^{\mathrm{T}}-\boldsymbol{B}^{\mathrm{T}}\boldsymbol{A})(\boldsymbol{AB}^{\mathrm{T}}-\boldsymbol{B}^{\mathrm{T}}\boldsymbol{A})^{\mathrm{T}}=&\operatorname{tr}\boldsymbol{AA}^{\mathrm{T}}\boldsymbol{B}^{\mathrm{T}}\boldsymbol{B}-\operatorname{tr}\boldsymbol{ABB}^{\mathrm{T}}\boldsymbol{A}^{\mathrm{T}}\\&-\operatorname{tr}\boldsymbol{B}^{\mathrm{T}}\boldsymbol{BAA}^{\mathrm{T}}+\operatorname{tr}\boldsymbol{BB}^{\mathrm{T}}\boldsymbol{A}^{\mathrm{T}}\boldsymbol{A}.\end{aligned}$$

再由 $\operatorname{tr}\boldsymbol{XY}=\operatorname{tr}\boldsymbol{YX}$ 得到

$$\mathrm{tr}(\boldsymbol{AB}^{\mathrm{T}}-\boldsymbol{B}^{\mathrm{T}}\boldsymbol{A})(\boldsymbol{AB}^{\mathrm{T}}-\boldsymbol{B}^{\mathrm{T}}\boldsymbol{A})^{\mathrm{T}}=\mathrm{tr}\,\boldsymbol{B}^{\mathrm{T}}\boldsymbol{BAA}^{\mathrm{T}}-\mathrm{tr}\,\boldsymbol{BB}^{\mathrm{T}}\boldsymbol{A}^{\mathrm{T}}\boldsymbol{A}$$
$$-\mathrm{tr}\,\boldsymbol{B}^{\mathrm{T}}\boldsymbol{BAA}^{\mathrm{T}}+\mathrm{tr}\,\boldsymbol{BB}^{\mathrm{T}}\boldsymbol{A}^{\mathrm{T}}\boldsymbol{A}=0.$$

因此 $\boldsymbol{AB}^{\mathrm{T}}=\boldsymbol{B}^{\mathrm{T}}\boldsymbol{A}$.即方阵 $\boldsymbol{A}$ 与 $\boldsymbol{B}^{\mathrm{T}}$ 可交换.

证法 2　设方阵 $\boldsymbol{A}$ 的全部不同的特征值为 $a_1\pm \mathrm{i}b_1,a_2\pm \mathrm{i}b_2,\cdots,a_s\pm \mathrm{i}b_s$, $\lambda_{2s+1},\cdots,\lambda_{2s+t}$,其中 $a_1,a_2,\cdots,a_s,\lambda_{2s+1},\cdots,\lambda_{2s+t}$ 是实数,$b_1,b_2,\cdots,b_s$ 是正数,而且相应的代数重数为 $e_1,e_2,\cdots,e_s,e_{2s+1},\cdots,e_{2s+t}$.由定理 7,存在 n 阶实正交方阵$\boldsymbol{O}$,使得

$$\boldsymbol{O}^{\mathrm{T}}\boldsymbol{AO}=\mathrm{diag}(\boldsymbol{D}_1,\boldsymbol{D}_2,\cdots,\boldsymbol{D}_s,\boldsymbol{D}_{2s+1},\cdots,\boldsymbol{D}_{2s+t})=\boldsymbol{D},$$

其中当 $1\leqslant j\leqslant s$ 时,

$$\boldsymbol{D}_j=\mathrm{diag}\Bigg(\underbrace{\begin{pmatrix}a_j & b_j\\ -b_j & a_j\end{pmatrix},\cdots,\begin{pmatrix}a_j & b_j\\ -b_j & a_j\end{pmatrix}}_{e_j}\Bigg),$$

当 $2s+1\leqslant j\leqslant 2s+t$ 时,$\boldsymbol{D}_j=\lambda_j\boldsymbol{I}_{(e_j)}$.由 $\boldsymbol{AB}=\boldsymbol{BA}$ 得到,$(\boldsymbol{O}^{\mathrm{T}}\boldsymbol{AO})(\boldsymbol{O}^{\mathrm{T}}\boldsymbol{BO})=(\boldsymbol{O}^{\mathrm{T}}\boldsymbol{BO})(\boldsymbol{O}^{\mathrm{T}}\boldsymbol{AO})$.记 $\widetilde{\boldsymbol{B}}=\boldsymbol{O}^{\mathrm{T}}\boldsymbol{BO}$.则 $\boldsymbol{D}\widetilde{\boldsymbol{B}}=\widetilde{\boldsymbol{B}}\boldsymbol{D}$.将方阵 $\widetilde{\boldsymbol{B}}$ 按方阵 $\boldsymbol{D}$ 的分块方式分块,并记为 $\widetilde{\boldsymbol{B}}=(\boldsymbol{B}_{ij})$.于是由 $\widetilde{\boldsymbol{B}}\boldsymbol{D}=\boldsymbol{D}\widetilde{\boldsymbol{B}}$得到,$\boldsymbol{B}_{ij}\boldsymbol{D}_j=\boldsymbol{D}_i\boldsymbol{B}_{ij}$.当 $i\neq j$ 时,方阵 $\boldsymbol{D}_i$ 和$\boldsymbol{D}_j$ 没有公共特征值,因此由第 6 章 6.6 节例 8,$\boldsymbol{B}_{ij}=\boldsymbol{0}$.于是

$$\widetilde{\boldsymbol{B}}=\mathrm{diag}(\boldsymbol{B}_1,\cdots,\boldsymbol{B}_s,\boldsymbol{B}_{2s+1},\cdots,\boldsymbol{B}_{2s+t}),$$

并且 $\boldsymbol{B}_j\boldsymbol{D}_j=\boldsymbol{D}_j\boldsymbol{B}_j$.当 $1\leqslant j\leqslant s$ 时,

$$\boldsymbol{B}_j\,\mathrm{diag}\left(\begin{pmatrix}a_j & b_j\\ -b_j & a_j\end{pmatrix},\cdots,\begin{pmatrix}a_j & b_j\\ -b_j & a_j\end{pmatrix}\right)=\mathrm{diag}\left(\begin{pmatrix}a_j & b_j\\ -b_j & a_j\end{pmatrix},\cdots,\begin{pmatrix}a_j & b_j\\ -b_j & a_j\end{pmatrix}\right)\boldsymbol{B}_j.$$

将 $\boldsymbol{B}_j$按方阵 $\mathrm{diag}\left(\begin{pmatrix}a_j & b_j\\ -b_j & a_j\end{pmatrix},\cdots,\begin{pmatrix}a_j & b_j\\ -b_j & a_j\end{pmatrix}\right)$的分块方式分块为$\boldsymbol{B}_j=(\boldsymbol{C}_{kl})$,其中 $\boldsymbol{C}_{kl}$ 是 2 阶方阵.由上式得到 $\boldsymbol{C}_{kl}\begin{pmatrix}a_j & b_j\\ -b_j & a_j\end{pmatrix}=\begin{pmatrix}a_j & b_j\\ -b_j & a_j\end{pmatrix}\boldsymbol{C}_{kl}$.记 $\boldsymbol{C}_{kl}=\begin{pmatrix}a & b\\ c & d\end{pmatrix}$,则

$$\begin{aligned}aa_j-bb_j&=aa_j+cb_j,\\ ab_j+ba_j&=ba_j+db_j,\\ ca_j-db_j&=-ab_j+ca_j,\\ cb_j+da_j&=-bb_j+da_j.\end{aligned}$$

因此 $c=-b,a=d$,即

$$C_{kl'}=\begin{pmatrix} a & b \\ -b & a \end{pmatrix}.$$

于是 $C_{kl}^{T}\begin{pmatrix} a_j & b_j \\ -b_j & a_j \end{pmatrix}=\begin{pmatrix} a_j & b_j \\ -b_j & a_j \end{pmatrix}C_{kl}^{T}$, $1\leqslant k,l\leqslant e_j$，即

$$B_j^{T}D_j=D_jB_j^{T},\quad 1\leqslant j\leqslant s.$$

当 $2s+1\leqslant j\leqslant 2s+t$ 时，$D_j=\lambda_j I_{(e_j)}$，因此 $B_j^{T}D_j=D_jB_j^{T}$. 所以 $\widetilde{B}^{T}D=D\widetilde{B}^{T}$. 即 $O^{T}B^{T}O\cdot O^{T}AO=O^{T}AO\cdot O^{T}B^{T}O$. 因此 $B^{T}A=AB^{T}$. 证毕.

习　题

1. 举例说明，方阵 A 本身不是规范的，但它的平方 A^2 却可以是规范的.

2. 证明：规范方阵 A 与 B 正交相似的充分必要条件是，方阵 A 与 B 相似.

3. 方阵 A 与 $A^{T}A$ 可交换，方阵 A 是否一定是规范的.

4. 证明：一组两两可交换的规范方阵可以同时正交相似于准对角形. 即设 I 是下标集合，规范方阵集合 $\{A_\nu:\nu\in I\}$ 满足：对任意 $\nu,\mu\in I$, $A_\nu A_\mu=A_\mu A_\nu$，则存在正交方阵 O，使得方阵 $O^{T}A_\nu O$ 为定理 6 中准对角形(7.4.1)，其中 $\nu\in I$.

5. 证明：n 阶实方阵 A 为规范的充分必要条件是，存在实系数多项式 $f(\lambda)$，使得 $A^{T}=f(A)$.

6. 设 $\alpha=\beta+\mathrm{i}\gamma$ 是实规范方阵 A 的属于特征值 λ 的特征向量，其中 β 与 γ 是实向量. 证明：(1) α 是 A^{T} 的属于特征值 $\bar{\lambda}$ 的特征向量；(2) 当 $\lambda\notin \mathbf{R}$ 时，β 与 γ 正交且范数相等.

7.5 正 交 变 换

本节讨论 n 维 Euclid 空间 V 的一类重要的线性变换，即正交变换. 它是规范变换的特殊情形.

定义　设 $\mathscr{A}$ 是 n 维 Euclid 空间 V 的线性变换. 如果对任意 $\alpha\in V$, $\|\mathscr{A}(\alpha)\|=\|\alpha\|$，则 $\mathscr{A}$ 称为**正交变换**. 简单地说，保持向量范数不变的线性变换称为正交变换.

显然，n 维 Euclid 空间 V 的单位变换 $\mathscr{I}$ 是正交变换. 设 $U^{\perp}$ 是 n 维 Euclid 空间 V 的子空间 U 的正交补，则 $V=U\oplus U^{\perp}$，即任意 $\alpha\in V$ 都可唯一地表为 $\alpha=\xi+\eta$，其中 $\xi\in U$, $\eta\in U^{\perp}$. 定义 V 的变换 $\mathscr{A}$ 为：$\mathscr{A}(\alpha)=\xi-\eta$. 于是 $\mathscr{A}$ 是 V 的线性

变换. 由于$(\mathscr{A}(\boldsymbol{\alpha}),\mathscr{A}(\boldsymbol{\alpha}))=(\boldsymbol{\xi}-\boldsymbol{\eta},\boldsymbol{\xi}-\boldsymbol{\eta})=(\boldsymbol{\xi},\boldsymbol{\xi})-2(\boldsymbol{\xi},\boldsymbol{\eta})+(\boldsymbol{\eta},\boldsymbol{\eta})=(\boldsymbol{\xi},\boldsymbol{\xi})+(\boldsymbol{\eta},\boldsymbol{\eta})$, $(\boldsymbol{\alpha},\boldsymbol{\alpha})=(\boldsymbol{\xi}+\boldsymbol{\eta},\boldsymbol{\xi}+\boldsymbol{\eta})=(\boldsymbol{\xi},\boldsymbol{\xi})+2(\boldsymbol{\xi},\boldsymbol{\eta})+(\boldsymbol{\eta},\boldsymbol{\eta})=(\boldsymbol{\xi},\boldsymbol{\xi})+(\boldsymbol{\eta},\boldsymbol{\eta})$,所以$\|\mathscr{A}(\boldsymbol{\alpha})\|=\|\boldsymbol{\alpha}\|$. 因此 $\mathscr{A}$ 是正交变换. 这个变换称为 V 关于子空间 U 的反射.

关于正交变换,有:

定理 1　设 $\mathscr{A}$ 是 n 维 Euclid 空间的线性变换. 则下述命题等价:

(1) $\mathscr{A}$ 是正交变换;

(2) $\mathscr{A}$ 是保内积的,即对任意 $\boldsymbol{\alpha},\boldsymbol{\beta}\in V$, $(\mathscr{A}(\boldsymbol{\alpha}),\mathscr{A}(\boldsymbol{\beta}))=(\boldsymbol{\alpha},\boldsymbol{\beta})$;

(3) $\mathscr{A}$ 把 V 的标准正交基变为标准正交基,即设$\{\boldsymbol{\xi}_1,\boldsymbol{\xi}_2,\cdots,\boldsymbol{\xi}_n\}$是 V 的标准正交基,则$\{\mathscr{A}(\boldsymbol{\xi}_1),\mathscr{A}(\boldsymbol{\xi}_2),\cdots,\mathscr{A}(\boldsymbol{\xi}_n)\}$也是 V 的标准正交基;

(4) $\mathscr{A}$ 在 V 的标准正交基下的方阵是正交方阵;

(5) $\mathscr{A}$ 是规范变换,而且 $\mathscr{A}\mathscr{A}^*=\mathscr{A}^*\mathscr{A}=\mathscr{I}$.

证明　(1)⇒(2) 设 $\boldsymbol{\alpha},\boldsymbol{\beta}\in V$. 因为 $\mathscr{A}$ 是正交变换,所以

$$\|\mathscr{A}(\boldsymbol{\alpha}+\boldsymbol{\beta})\| = \|\boldsymbol{\alpha}+\boldsymbol{\beta}\|,$$

即$(\mathscr{A}(\boldsymbol{\alpha}+\boldsymbol{\beta}),\mathscr{A}(\boldsymbol{\alpha}+\boldsymbol{\beta}))=(\boldsymbol{\alpha}+\boldsymbol{\beta},\boldsymbol{\alpha}+\boldsymbol{\beta})$. 于是

$$\begin{aligned}(\mathscr{A}(\boldsymbol{\alpha}+\boldsymbol{\beta}),\mathscr{A}(\boldsymbol{\alpha}+\boldsymbol{\beta})) &= (\mathscr{A}(\boldsymbol{\alpha})+\mathscr{A}(\boldsymbol{\beta}),\mathscr{A}(\boldsymbol{\alpha})+\mathscr{A}(\boldsymbol{\beta}))\\ &= (\mathscr{A}(\boldsymbol{\alpha}),\mathscr{A}(\boldsymbol{\alpha}))+2(\mathscr{A}(\boldsymbol{\alpha}),\mathscr{A}(\boldsymbol{\beta}))+(\mathscr{A}(\boldsymbol{\beta}),\mathscr{A}(\boldsymbol{\beta}))\\ &= (\boldsymbol{\alpha}+\boldsymbol{\beta},\boldsymbol{\alpha}+\boldsymbol{\beta}) = (\boldsymbol{\alpha},\boldsymbol{\alpha})+2(\boldsymbol{\alpha},\boldsymbol{\beta})+(\boldsymbol{\beta},\boldsymbol{\beta}).\end{aligned}$$

因为 $\mathscr{A}$ 是正交的,所以$(\mathscr{A}(\boldsymbol{\alpha}),\mathscr{A}(\boldsymbol{\alpha}))=(\boldsymbol{\alpha},\boldsymbol{\alpha})$, $(\mathscr{A}(\boldsymbol{\beta}),\mathscr{A}(\boldsymbol{\beta}))=(\boldsymbol{\beta},\boldsymbol{\beta})$. 所以$(\mathscr{A}(\boldsymbol{\alpha}),\mathscr{A}(\boldsymbol{\beta}))=(\boldsymbol{\alpha},\boldsymbol{\beta})$,即 $\mathscr{A}$ 保内积.

(2)⇒(3) 设$\{\boldsymbol{\xi}_1,\boldsymbol{\xi}_2,\cdots,\boldsymbol{\xi}_n\}$是 V 的标准正交基,则$(\boldsymbol{\xi}_i,\boldsymbol{\xi}_j)=\delta_{ij}$, $1\leqslant i,j\leqslant n$. 因为 $\mathscr{A}$ 保内积,所以$(\mathscr{A}(\boldsymbol{\xi}_i),\mathscr{A}(\boldsymbol{\xi}_j))=\delta_{ij}$, $1\leqslant i,j\leqslant n$. 即$\{\mathscr{A}(\boldsymbol{\xi}_1),\mathscr{A}(\boldsymbol{\xi}_2),\cdots,\mathscr{A}(\boldsymbol{\xi}_n)\}$是 V 的标准正交基.

(3)⇒(4) 设 $\mathscr{A}$ 在 V 的标准正交基$\{\boldsymbol{\xi}_1,\boldsymbol{\xi}_2,\cdots,\boldsymbol{\xi}_n\}$下的方阵为 $\boldsymbol{A}$,即

$$\mathscr{A}(\boldsymbol{\xi}_1,\boldsymbol{\xi}_2,\cdots,\boldsymbol{\xi}_n) = (\boldsymbol{\xi}_1,\boldsymbol{\xi}_2,\cdots,\boldsymbol{\xi}_n)\boldsymbol{A},$$

其中 $\boldsymbol{A}=(a_{ij})_{n\times n}$. 则

$$\mathscr{A}(\boldsymbol{\xi}_j) = \sum_{k=1}^{n} a_{kj}\boldsymbol{\xi}_k, \quad j = 1,2,\cdots,n.$$

所以

$$\begin{aligned}(\mathscr{A}(\boldsymbol{\xi}_i),\mathscr{A}(\boldsymbol{\xi}_j)) &= \Big(\sum_{k=1}^{n} a_{ki}\boldsymbol{\xi}_k,\sum_{l=1}^{n} a_{lj}\boldsymbol{\xi}_l\Big)\\ &= \sum_{k=1}^{n}\sum_{l=1}^{n} a_{ki}a_{lj}(\boldsymbol{\xi}_k,\boldsymbol{\xi}_l)\end{aligned}$$

$$= \sum_{k=1}^{n}\sum_{l=1}^{n} a_{ki}a_{lj}\delta_{kl}$$

$$= \sum_{k=1}^{n} a_{ki}a_{kj}.$$

因为$\{\mathscr{A}(\boldsymbol{\xi}_1),\mathscr{A}(\boldsymbol{\xi}_2),\cdots,\mathscr{A}(\boldsymbol{\xi}_n)\}$也是标准正交基,所以$(\mathscr{A}(\boldsymbol{\xi}_i),\mathscr{A}(\boldsymbol{\xi}_j))=\delta_{ij}$,$1\leqslant i,j\leqslant n$.因此

$$\sum_{k=1}^{n} a_{ki}a_{kj} = \delta_{ij}, \quad 1\leqslant i,j\leqslant n.$$

这表明,$\boldsymbol{A}^{\mathrm{T}}\boldsymbol{A}=\boldsymbol{I}_{(n)}$.从而$\boldsymbol{A}^{\mathrm{T}}\boldsymbol{A}=\boldsymbol{I}_{(n)}=\boldsymbol{A}\boldsymbol{A}^{\mathrm{T}}$,即$\boldsymbol{A}$是正交方阵.

(4)⇒(5) 设$\{\boldsymbol{\xi}_1,\boldsymbol{\xi}_2,\cdots,\boldsymbol{\xi}_n\}$是$V$的标准正交基,且

$$\mathscr{A}(\boldsymbol{\xi}_1,\boldsymbol{\xi}_2,\cdots,\boldsymbol{\xi}_n) = (\boldsymbol{\xi}_1,\boldsymbol{\xi}_2,\cdots,\boldsymbol{\xi}_n)\boldsymbol{A},$$

其中$\boldsymbol{A}$是n阶实正交方阵.则

$$\mathscr{A}^*(\boldsymbol{\xi}_1,\boldsymbol{\xi}_2,\cdots,\boldsymbol{\xi}_n) = (\boldsymbol{\xi}_1,\boldsymbol{\xi}_2,\cdots,\boldsymbol{\xi}_n)\boldsymbol{A}^{\mathrm{T}},$$

其中$\mathscr{A}^*$是$\mathscr{A}$的伴随变换.于是

$$\begin{aligned}\mathscr{A}\mathscr{A}^*(\boldsymbol{\xi}_1,\boldsymbol{\xi}_2,\cdots,\boldsymbol{\xi}_n) &= (\boldsymbol{\xi}_1,\boldsymbol{\xi}_2,\cdots,\boldsymbol{\xi}_n)\boldsymbol{A}\boldsymbol{A}^{\mathrm{T}}\\ &= (\boldsymbol{\xi}_1,\boldsymbol{\xi}_2,\cdots,\boldsymbol{\xi}_n)\boldsymbol{I}_{(n)},\\ \mathscr{A}^*\mathscr{A}(\boldsymbol{\xi}_1,\boldsymbol{\xi}_2,\cdots,\boldsymbol{\xi}_n) &= (\boldsymbol{\xi}_1,\boldsymbol{\xi}_2,\cdots,\boldsymbol{\xi}_n)\boldsymbol{A}^{\mathrm{T}}\boldsymbol{A}\\ &= (\boldsymbol{\xi}_1,\boldsymbol{\xi}_2,\cdots,\boldsymbol{\xi}_n)\boldsymbol{I}_{(n)}.\end{aligned}$$

因此$\mathscr{A}^*\mathscr{A}=\mathscr{A}\mathscr{A}^*=\mathscr{I}$.

(5)⇒(1) 因为$\mathscr{A}\mathscr{A}^*=\mathscr{A}^*\mathscr{A}=\mathscr{I}$,所以对任意$\boldsymbol{\alpha}\in V$,

$$(\mathscr{A}(\boldsymbol{\alpha}),\mathscr{A}(\boldsymbol{\alpha})) = (\boldsymbol{\alpha},\mathscr{A}^*\mathscr{A}(\boldsymbol{\alpha})) = (\boldsymbol{\alpha},\mathscr{I}(\boldsymbol{\alpha})) = (\boldsymbol{\alpha},\boldsymbol{\alpha}),$$

即$\|\mathscr{A}(\boldsymbol{\alpha})\|=\|\boldsymbol{\alpha}\|$.定理1证毕.

由定理1直接得到:

定理2 (1) 设线性变换$\mathscr{A}$是正交变换,则$\mathscr{A}$是可逆变换,而且它的逆变换$\mathscr{A}^{-1}=\mathscr{A}^*$也是正交变换;

(2) 设$\mathscr{A}$和$\mathscr{B}$是正交变换,则乘积$\mathscr{A}\mathscr{B}$也是正交变换.

证明 由定理1,对正交变换$\mathscr{A}$,有$\mathscr{A}\mathscr{A}^*=\mathscr{I}=\mathscr{A}^*\mathscr{A}$,所以$\mathscr{A}$是可逆的,且$\mathscr{A}^{-1}=\mathscr{A}^*$.由于$\mathscr{A}^*(\mathscr{A}^*)^*=\mathscr{A}^*\mathscr{A}=\mathscr{I}$,$(\mathscr{A}^*)^*\mathscr{A}^*=\mathscr{A}\mathscr{A}^*=\mathscr{I}$,所以$\mathscr{A}^*$是正交变换,即结论(1)成立.

因为$\mathscr{A}$与$\mathscr{B}$都是正交变换,所以$\mathscr{A}\mathscr{A}^*=\mathscr{A}^*\mathscr{A}=\mathscr{I}$,$\mathscr{B}\mathscr{B}^*=\mathscr{B}^*\mathscr{B}=\mathscr{I}$,因此$(\mathscr{A}\mathscr{B})^*\mathscr{A}\mathscr{B}=\mathscr{B}^*(\mathscr{A}^*\mathscr{A})\mathscr{B}=\mathscr{B}^*\mathscr{B}=\mathscr{I}$.同理$(\mathscr{A}\mathscr{B})(\mathscr{A}\mathscr{B})^*=\mathscr{I}$,即$\mathscr{A}\mathscr{B}$是正交变换.于是结论(2)成立.证毕.

n维Euclid空间V的所有正交变换的集合记为$\mathrm{O}_n(\mathbf{R})$.在集合$\mathrm{O}_n(\mathbf{R})$中可

以按照线性变换的乘法定义两个正交变换的乘积. 由定理 2,正交变换的乘积仍是正交变换,也就是说,集合 $\mathrm{O}_n(\mathbf{R})$在正交变换的乘法下是封闭的. 由于线性变换的乘法满足结合律,所以正交变换的乘法当然也满足结合律;由于单位变换是正交变换,所以 $\mathrm{O}_n(\mathbf{R})$具有单位元 $\mathscr{I}$;由定理 2 可知,如果变换 $\mathscr{A}\in \mathrm{O}_n(\mathbf{R})$,则 $\mathscr{A}^{-1}\in \mathrm{O}_n(\mathbf{R})$. 因为 $\mathrm{O}_n(\mathbf{R})$对正交变换的乘法封闭,且满足结合律,具有单位元,以及对每个变换都具有逆变换,所以通常把集合 $\mathrm{O}_n(\mathbf{R})$称为 n 级实正交群. 而研究 n 维 Euclid 空间 V 中的几何对象(如超二次曲面)在 n 级实正交群 $\mathrm{O}_n(\mathbf{R})$下的几何不变性质的学科即为Euclid 几何学. 研究 n 级实正交群的结构是所谓典型群的一个重要内容. 有兴趣的读者可参阅我国著名数学家华罗庚和万哲先所著的专著《典型群》(上海科学技术出版社,1963 年出版).

由定理 1 可知,正交变换是特殊类型的规范变换. 所以关于规范变换的结论都可以移到正交变换. 这里不再一一列出.

定理 3 正交变换 $\mathscr{A}$的特征值 λ_0 的模为 1.

证明 设$\{\boldsymbol{\xi}_1,\boldsymbol{\xi}_2,\cdots,\boldsymbol{\xi}_n\}$是 n 维 Euclid 空间 V 的标准正交基. 由定理 1,$\mathscr{A}$在这组基下的方阵 $\boldsymbol{A}$ 是正交方阵. 显然 λ_0 是方阵 $\boldsymbol{A}$ 的特征值. 由第 5 章 5.9 节例 1,方阵 $\boldsymbol{A}$ 的特征值λ_0 的模为 1. 证毕.

定理 4 设 n 阶正交方阵$\boldsymbol{O}$ 的全部特征值是 $\mathrm{e}^{\mathrm{i}\theta_1},\mathrm{e}^{-\mathrm{i}\theta_1},\cdots,\mathrm{e}^{\mathrm{i}\theta_s},\mathrm{e}^{-\mathrm{i}\theta_s},\underbrace{1,\cdots,1}_{t个},\underbrace{-1,\cdots,-1}_{n-2s-t个}$,其中 $0<\theta_1\leqslant\theta_2\leqslant\cdots\leqslant\theta_s<\pi$. 则方阵 $\boldsymbol{O}$ 正交相似于准对角形:

$$\mathrm{diag}\left(\begin{pmatrix}\cos\theta_1 & \sin\theta_1\\ -\sin\theta_1 & \cos\theta_1\end{pmatrix},\cdots,\begin{pmatrix}\cos\theta_s & \sin\theta_s\\ -\sin\theta_s & \cos\theta_s\end{pmatrix},\underbrace{1,\cdots,1}_{t个},\underbrace{-1,\cdots,-1}_{n-2s-t个}\right),\tag{7.5.1}$$

并且正交方阵的特征值是正交方阵在正交相似下的全系不变量.

定理 5 设 n 维 Euclid 空间 V 的正交变换 $\mathscr{A}$的全部特征值为 $\mathrm{e}^{\mathrm{i}\theta_1},\mathrm{e}^{-\mathrm{i}\theta_1},\cdots,\mathrm{e}^{\mathrm{i}\theta_s},\mathrm{e}^{-\mathrm{i}\theta_s},\underbrace{1,\cdots,1}_{t个},\underbrace{-1,\cdots,-1}_{n-2s-t个}$,其中 $0<\theta_1\leqslant\theta_2\leqslant\cdots\leqslant\theta_s<\pi$. 则存在 V 的标准正交基$\{\boldsymbol{\xi}_1,\boldsymbol{\xi}_2,\cdots,\boldsymbol{\xi}_n\}$,使得 $\mathscr{A}$在这组基下的方阵为(7.5.1).

定理 4 和定理 5 分别是本章 7.4 节定理 4 和定理 5 的特例,证明略,留给读者作为练习.

例 1 设 $\boldsymbol{O}$ 是n 阶实正交方阵,且 $\mathrm{rank}(\boldsymbol{O}-\boldsymbol{I}_{(n)})=1$. 证明:方阵 $\boldsymbol{O}$ 正交相似于对角方阵 $\mathrm{diag}(-1,\underbrace{1,\cdots,1}_{n-1个})$.

证 设方阵 $\boldsymbol{O}$ 的全部特征值是 $\mathrm{e}^{\mathrm{i}\theta_1},\mathrm{e}^{-\mathrm{i}\theta_1},\cdots,\mathrm{e}^{\mathrm{i}\theta_s},\mathrm{e}^{-\mathrm{i}\theta_s},\underbrace{1,\cdots,1}_{t个},\underbrace{-1,\cdots,-1}_{n-2s-t个}$,

其中 $0<\theta_1\leqslant\theta_2\leqslant\cdots\leqslant\theta_s<\pi$. 则由定理 4,存在 n 阶正交方阵 $\boldsymbol{O}_1$,使得 $\boldsymbol{O}_1^{\mathrm{T}}\boldsymbol{O}\boldsymbol{O}_1=\boldsymbol{D}$,这里 $\boldsymbol{D}$ 是准对角方阵(7.5.1). 因此

$$\boldsymbol{O}_1^{\mathrm{T}}(\boldsymbol{O}-\boldsymbol{I}_{(n)})\boldsymbol{O}_1=$$

$$\operatorname{diag}\left(\begin{pmatrix}\cos\theta_1-1 & \sin\theta_1\\ -\sin\theta_1 & \cos\theta_1-1\end{pmatrix},\cdots,\begin{pmatrix}\cos\theta_s-1 & \sin\theta_s\\ -\sin\theta_s & \cos\theta_s-1\end{pmatrix},\underbrace{0,\cdots,0}_{t\text{个}},\underbrace{-2,\cdots,-2}_{n-2s-t\text{个}}\right).$$

显然方阵的秩在正交相似下是不变的,因此,rank $\boldsymbol{O}_1^{\mathrm{T}}(\boldsymbol{O}-\boldsymbol{I}_{(n)})\boldsymbol{O}_1=1$. 所以方阵 $\boldsymbol{O}_1^{\mathrm{T}}(\boldsymbol{O}-\boldsymbol{I}_{(n)})\boldsymbol{O}_1$ 的每个 2 阶子式都是 0,即

$$\det\begin{pmatrix}\cos\theta_j-1 & \sin\theta_j\\ -\sin\theta_j & \cos\theta_j-1\end{pmatrix}=2(1-\cos\theta_j)=0.$$

因此 $\cos\theta_j=1,\sin\theta_j=0$,即 $\theta_j=0$. 不可能. 所以方阵 $\boldsymbol{O}$ 的特征值只能是 ±1. 于是

$$\boldsymbol{O}_1^{\mathrm{T}}(\boldsymbol{O}-\boldsymbol{I}_{(n)})\boldsymbol{O}_1=\operatorname{diag}(\underbrace{0,\cdots,0}_{t\text{个}},\underbrace{-2,\cdots,-2}_{n-t}).$$

由于 rank $\boldsymbol{O}_1^{\mathrm{T}}(\boldsymbol{O}-\boldsymbol{I}_{(n)})\boldsymbol{O}_1=1$,所以 $t=n-1$. 因此

$$\boldsymbol{O}_1^{\mathrm{T}}\boldsymbol{O}\boldsymbol{O}_1=\operatorname{diag}(\underbrace{1,\cdots,1}_{n-1\text{个}},-1).$$

再取初等置换方阵 $\boldsymbol{P}_{1n}=\boldsymbol{I}_{(n)}-\boldsymbol{E}_{11}-\boldsymbol{E}_{nn}+\boldsymbol{E}_{1n}+\boldsymbol{E}_{n1}$,其中 $\boldsymbol{E}_{ij}$ 是 (i,j) 位置上的元素为 1、其他元素为 0 的 n 阶方阵. 显然初等置换方阵 $\boldsymbol{P}_{1n}$ 是正交方阵,而且

$$(\boldsymbol{O}_1\boldsymbol{P}_{1n})^{\mathrm{T}}\boldsymbol{O}(\boldsymbol{O}_1\boldsymbol{P}_{1n})=\boldsymbol{P}_{1n}^{\mathrm{T}}\boldsymbol{O}_1^{\mathrm{T}}\boldsymbol{O}\boldsymbol{O}_1\boldsymbol{P}_{1n}=\operatorname{diag}(-1,\underbrace{1,\cdots,1}_{n-1\text{个}}),$$

其中方阵 $\boldsymbol{O}_1\boldsymbol{P}_{1n}$ 是正交的. 证毕.

例 2 任意一个 n 阶实正交方阵 $\boldsymbol{O}$ 都可以表为两个 n 阶实对称正交方阵的乘积.

证明 此例与第 6 章 6.6 节例 2 相类似,这里用正交方阵在正交相似下的标准形给出证明.

由定理 5,存在 n 阶实正交方阵 $\boldsymbol{O}_1$,使得

$$\boldsymbol{O}=\boldsymbol{O}_1\operatorname{diag}\left(\begin{pmatrix}\cos\theta_1 & \sin\theta_1\\ -\sin\theta_1 & \cos\theta_1\end{pmatrix},\cdots,\begin{pmatrix}\cos\theta_s & \sin\theta_s\\ -\sin\theta_s & \cos\theta_s\end{pmatrix},\underbrace{1,\cdots,1}_{t\text{个}},\underbrace{-1,\cdots,-1}_{n-2s-t\text{个}}\right)\boldsymbol{O}_1^{\mathrm{T}}.$$

注意,

$$\begin{pmatrix}\cos\theta & \sin\theta\\ -\sin\theta & \cos\theta\end{pmatrix}=\begin{pmatrix}0 & 1\\ 1 & 0\end{pmatrix}\begin{pmatrix}-\sin\theta & \cos\theta\\ \cos\theta & \sin\theta\end{pmatrix}.$$

记

$$\boldsymbol{S}_1=\boldsymbol{O}_1\operatorname{diag}\Big(\underbrace{\begin{pmatrix}0 & 1\\ 1 & 0\end{pmatrix},\cdots,\begin{pmatrix}0 & 1\\ 1 & 0\end{pmatrix}}_{s\text{个}},\underbrace{1,\cdots,1}_{n-2s\text{个}}\Big)\boldsymbol{O}_1^{\mathrm{T}},$$

$$S_2 = O_1 \operatorname{diag}\left(\begin{pmatrix} -\sin\theta_1 & \cos\theta_1 \\ \cos\theta_1 & \sin\theta_1 \end{pmatrix}, \cdots, \begin{pmatrix} -\sin\theta_s & \cos\theta_s \\ \cos\theta_s & \sin\theta_s \end{pmatrix}, \underbrace{1,\cdots,1}_{t个}, \underbrace{-1,\cdots,-1}_{n-2s-t个}\right) O_1^{\mathrm{T}}.$$

显然方阵 $\boldsymbol{S}_1$ 与 $\boldsymbol{S}_2$ 是实对称的，而且 $\boldsymbol{O} = \boldsymbol{S}_1 \boldsymbol{S}_2$. 证毕.

习 题

1. 设 $\mathscr{A}$ 是 n 维 Euclid 空间 V 的保内积变换，即对任意 $\boldsymbol{\alpha}, \boldsymbol{\beta} \in V$，有 $(\mathscr{A}(\boldsymbol{\alpha}), \mathscr{A}(\boldsymbol{\beta})) = (\boldsymbol{\alpha}, \boldsymbol{\beta})$. 证明：保内积变换 $\mathscr{A}$ 是线性变换，因而 $\mathscr{A}$ 是正交变换. 举例说明，保向量范数的变换不一定是线性变换.

2. 设 $\boldsymbol{\alpha}$ 和 $\boldsymbol{\beta}$ 是 n 维 Euclid 空间 V 的向量. $\|\boldsymbol{\alpha}\| = \|\boldsymbol{\beta}\|$. 证明：存在正交变换 $\mathscr{A}$，使得 $\mathscr{A}(\boldsymbol{\alpha}) = \boldsymbol{\beta}$.

3. 设 $\boldsymbol{\alpha}_1, \boldsymbol{\alpha}_2$ 与 $\boldsymbol{\beta}_1, \boldsymbol{\beta}_2$ 是 n 维 Euclid 空间 V 的两对向量，$\|\boldsymbol{\alpha}_i\| = \|\boldsymbol{\beta}_i\|$，$i = 1, 2$，且向量 $\boldsymbol{\alpha}_1$ 与 $\boldsymbol{\alpha}_2$ 的夹角等于向量 $\boldsymbol{\beta}_1$ 与 $\boldsymbol{\beta}_2$ 的夹角. 证明：存在正交变换 $\mathscr{A}$，使得 $\mathscr{A}(\boldsymbol{\alpha}_1) = \boldsymbol{\beta}_1$，$\mathscr{A}(\boldsymbol{\alpha}_2) = \boldsymbol{\beta}_2$.

4. 设 $\boldsymbol{\alpha}_1, \boldsymbol{\alpha}_2, \cdots, \boldsymbol{\alpha}_k$ 与 $\boldsymbol{\beta}_1, \boldsymbol{\beta}_2, \cdots, \boldsymbol{\beta}_k$ 是 n 维 Euclid 空间 V 的两组向量. 证明：存在满足 $\mathscr{A}(\boldsymbol{\alpha}_j) = \boldsymbol{\beta}_j$，$j = 1, 2, \cdots, k$ 的正交变换 $\mathscr{A}$ 的充分必要条件是这两组向量的 Gram 方阵相等.

5. 求正交方阵 $\boldsymbol{O}$，使得 $\boldsymbol{B} = \boldsymbol{O}^{\mathrm{T}} \boldsymbol{A} \boldsymbol{O}$ 是正交方阵 $\boldsymbol{A}$ 在正交相似下的标准形：

(1) $\boldsymbol{A} = \dfrac{1}{3}\begin{pmatrix} 2 & -1 & 2 \\ 2 & 2 & -1 \\ -1 & 2 & 2 \end{pmatrix}$；

(2) $\boldsymbol{A} = \dfrac{1}{2}\begin{pmatrix} 1 & 1 & 1 & 1 \\ 1 & 1 & -1 & -1 \\ 1 & -1 & 1 & -1 \\ 1 & -1 & -1 & 1 \end{pmatrix}$.

6. 设 $\boldsymbol{O} = (a_{ij})$ 是 3 阶实正交方阵，且 $\det \boldsymbol{O} = 1$. 证明：

$$(1 - \operatorname{tr} \boldsymbol{O})^2 + \sum_{1 \leqslant i < j \leqslant 3} (a_{ij} - a_{ji})^2 = 4.$$

此结论可否推广？

7. 设 $\mathscr{A}$ 是 n 维 Euclid 空间 V 的线性变换. 如果存在 V 的子空间 U，使得对任意 $\boldsymbol{\alpha} \in U$，均有 $\|\mathscr{A}(\boldsymbol{\alpha})\| = \|\boldsymbol{\alpha}\|$，对任意 $\boldsymbol{\alpha} \in U^{\perp}$，均有 $\mathscr{A}(\boldsymbol{\alpha}) = 0$，则 $\mathscr{A}$ 称为部分正交的. 证明：

(1) 部分正交变换的伴随变换仍是部分正交的；

(2) 部分正交变换的特征值的绝对值不超过 1.

8. 设 n 阶正交方阵 $\boldsymbol{O}$ 的特征值不等于 -1. 证明：方阵 $\boldsymbol{I}_{(n)} + \boldsymbol{O}$ 可逆，方阵 $\boldsymbol{K} = (\boldsymbol{I}_{(n)} - \boldsymbol{O})(\boldsymbol{I}_{(n)} + \boldsymbol{O})^{-1}$ 是斜对称方阵，且 $\boldsymbol{O} = (\boldsymbol{I}_{(n)} - \boldsymbol{K})(\boldsymbol{I}_{(n)} + \boldsymbol{K})^{-1}$.

7.6 自伴变换与斜自伴变换

除正交变换外，还有两类重要的规范变换，即自伴变换与斜自伴变换. 它们的定义如下.

定义 1 设 $\mathscr{A}$ 是 n 维 Euclid 空间 V 的线性变换. 如果 $\mathscr{A}$ 与它的伴随变换 $\mathscr{A}^*$ 是同一个变换，即 $\mathscr{A}^* = \mathscr{A}$，则 $\mathscr{A}$ 称为自伴变换；如果 $\mathscr{A}$ 满足 $\mathscr{A}^* = -\mathscr{A}$，则 $\mathscr{A}$ 称为斜自伴变换.

由伴随变换的定义可以看出，线性变换 $\mathscr{A}$ 是自伴变换的充分必要条件为，对任意 $\boldsymbol{\alpha},\boldsymbol{\beta}\in V$，均有 $(\mathscr{A}(\boldsymbol{\alpha}),\boldsymbol{\beta}) = (\boldsymbol{\alpha},\mathscr{A}(\boldsymbol{\beta}))$. 而线性变换 $\mathscr{A}$ 是斜自伴变换的充分必要条件为，对任意 $\boldsymbol{\alpha},\boldsymbol{\beta}\in V$，均有 $(\mathscr{A}(\boldsymbol{\alpha}),\boldsymbol{\beta}) = -(\boldsymbol{\alpha},\mathscr{A}(\boldsymbol{\beta}))$.

由定义 1 可以看出，自伴变换与斜自伴变换都是规范变换. 当然，除正交变换、自伴变换以及斜自伴变换外，还有其他的规范变换.

下面先讨论自伴变换.

定理 1 n 维 Euclid 空间 V 的线性变换 $\mathscr{A}$ 是自伴变换的充分必要条件为，$\mathscr{A}$ 在 V 的标准正交基下的方阵是对称方阵.

证明 设线性变换 $\mathscr{A}$ 在 V 的标准正交基 $\{\boldsymbol{\alpha}_1,\boldsymbol{\alpha}_2,\cdots,\boldsymbol{\alpha}_n\}$ 下的方阵是 $\boldsymbol{A}$，则 $\mathscr{A}$ 的伴随 $\mathscr{A}^*$ 在这组基下的方阵是 $\boldsymbol{A}^{\mathrm{T}}$. 于是 $\mathscr{A}^* = \mathscr{A}$ 等价于 $\boldsymbol{A}^{\mathrm{T}} = \boldsymbol{A}$. 这就证明了定理 1.

定理 1 表明，如果在 n 维 Euclid 空间 V 中取定一组标准正交基 $\{\boldsymbol{\alpha}_1,\boldsymbol{\alpha}_2,\cdots,\boldsymbol{\alpha}_n\}$，$V$ 的自伴变换 $\mathscr{A}$ 便和它在这组基下的方阵相对应. 这一对应是 V 的所有自伴变换集合到所有 n 阶实对称方阵集合上的一个双射. 于是自伴变换即是实对称方阵的一种几何解释.

由于自伴变换是规范变换，因此关于规范变换的结论可以移到自伴变换上. 当然，由于自伴变换是特殊类型的规范变换，所以相应的结论也带有某种特殊性.

由第 5 章 5.9 节可知，实对称方阵的特征值都是实数. 所以自伴变换的特征值也都是实数. 于是由本章 7.4 节定理 4 和定理 5 得到：

定理 2 设实数 $\lambda_1,\lambda_2,\cdots,\lambda_n$ 是 n 阶实对称方阵 $\boldsymbol{A}$ 的全部特征值，其中 $\lambda_1\geqslant\lambda_2\geqslant\cdots\geqslant\lambda_n$. 则方阵 $\boldsymbol{A}$ 正交相似于对角形：

$$\operatorname{diag}(\lambda_1,\lambda_2,\cdots,\lambda_n). \tag{7.6.1}$$

而且实对称方阵的特征值是实对称方阵在正交相似下的全系不变量.

定理3 设实数 $\lambda_1,\lambda_2,\cdots,\lambda_n$ 是 n 维 Euclid 空间 V 的自伴变换 $\mathscr{A}$ 的全部特征值,其中 $\lambda_1\geqslant\lambda_2\geqslant\cdots\geqslant\lambda_n$. 则存在 V 的一组标准正交基,使得 $\mathscr{A}$ 在这组基下的方阵是式(7.6.1).

证明略,留给读者作为练习.

定理2中关于全系不变量的结论也可由实对称方阵是规范方阵,而规范方阵的特征值是规范方阵在正交相似下的全系不变量的结论直接得到.

定理2解决了实对称方阵在正交相似下的标准形理论的两个基本问题. 于是定理2中的对角形(7.6.1)称为实对称方阵在正交相似下的标准形.

定理2可以用其他方法证明. 这里介绍一种重要的方法,即所谓的分析方法,这种方法深刻地揭示了自伴变换的特征值的几何意义,应予重视. 当然所涉及的分析知识这里不能一一叙述. 但相信学过多元微积分的读者是能够理解的. 先引进定义.

定义2 设 $\mathscr{A}$ 是 n 维 Euclid 空间 V 的自伴变换. $\boldsymbol{\alpha}$ 是 V 的非零向量. 记

$$R(\boldsymbol{\alpha}) = \frac{(\mathscr{A}(\boldsymbol{\alpha}),\boldsymbol{\alpha})}{(\boldsymbol{\alpha},\boldsymbol{\alpha})},$$

它称为自伴变换 $\mathscr{A}$ 在 V 上的Rayleigh 商 $R(\boldsymbol{\alpha})$.

显然自伴变换 $\mathscr{A}$ 在 V 上的 Rayleigh 商 $R(\boldsymbol{\alpha})$是定义在 V 的所有非零向量集合 V^* 上的实函数. 而且对任意非零实数 λ, $R(\lambda\boldsymbol{\alpha})=R(\boldsymbol{\alpha})$. 于是,如果将 V 中所有单位向量的集合 $S=\{\boldsymbol{\alpha}\in V:\|\boldsymbol{\alpha}\|=1\}$称为 V 的 n 维单位球面(或单位超球面),则 $\mathscr{A}$ 在 V 上的 Rayleigh 商 $R(\boldsymbol{\alpha})$的值域等于它在 n 维单位球面 S 上的限制的值域. 特别地,当 $\boldsymbol{\alpha}$ 是属于特征值 λ 的特征向量时, $R(\boldsymbol{\alpha})=\lambda$.

设$\{\boldsymbol{\alpha}_1,\boldsymbol{\alpha}_2,\cdots,\boldsymbol{\alpha}_n\}$是 n 维 Euclid 空间 V 的一组标准正交基. 下面给出自伴变换 $\mathscr{A}$ 在 V 上的 Rayleigh 商 $R(\boldsymbol{\alpha})$在这组基下的表达式. 记 $\boldsymbol{\alpha}\in V^*$ 在这组基下的坐标为 $\boldsymbol{x}=(x_1,x_2,\cdots,x_n)$,即 $\boldsymbol{\alpha}=x_1\boldsymbol{\alpha}_1+x_2\boldsymbol{\alpha}_2+\cdots+x_n\boldsymbol{\alpha}_n$,自伴变换 $\mathscr{A}$ 在这组基下的方阵为 $\boldsymbol{A}=(a_{ij})_{n\times n}$,即

$$\mathscr{A}(\boldsymbol{\alpha}_j) = \sum_{k=1}^{n} a_{kj}\boldsymbol{\alpha}_k, \quad j = 1,2,\cdots,n.$$

于是内积$(\boldsymbol{\alpha},\boldsymbol{\alpha})=\boldsymbol{x}\boldsymbol{x}^{\mathrm{T}}$, $(\mathscr{A}(\boldsymbol{\alpha}),\boldsymbol{\alpha})=\boldsymbol{x}\boldsymbol{A}\boldsymbol{x}^{\mathrm{T}}$. 因此

$$R(\boldsymbol{\alpha}) = \frac{\boldsymbol{x}\boldsymbol{A}\boldsymbol{x}^{\mathrm{T}}}{\boldsymbol{x}\boldsymbol{x}^{\mathrm{T}}}, \quad \boldsymbol{0}\neq \boldsymbol{x}\in \mathbf{R}^n.$$

定理4 设 $\mathscr{A}$ 是 n 维 Euclid 空间 V 的自伴变换,则

(1) $\mathscr{A}$ 在 V 上的 Rayleigh 商$R(\boldsymbol{\alpha})$具有最小值 λ,并且 λ 是 Rayleigh 商$R(\boldsymbol{\alpha})$

限定在 n 维单位球面 S 上的最小值，即

$$\lambda = \min_{\substack{\boldsymbol{\alpha} \in V \\ \|\boldsymbol{\alpha}\| = 1}} R(\boldsymbol{\alpha});$$

(2) λ 是自伴变换 $\mathscr{A}$ 的最小特征值，而且使 Rayleigh 商 $R(\boldsymbol{\alpha})$ 达到最小值 λ 的单位向量 $\boldsymbol{\alpha}$ 即是 $\mathscr{A}$ 的属于特征值 λ 的特征向量.

证明 (1) 由于 S 是一个有界闭集，且 $R(\boldsymbol{\alpha}) = \dfrac{\boldsymbol{x}\boldsymbol{A}\boldsymbol{x}^{\mathrm{T}}}{\boldsymbol{x}\boldsymbol{x}^{\mathrm{T}}}$ 在 S 上连续，因此 $R(\boldsymbol{\alpha})$ 具有最小值 λ. 又由于 $R(\boldsymbol{\alpha})$ 在 V^* 上的值域与在 S 上的值域相同，因此 λ 也是 $R(\boldsymbol{\alpha})$ 在 V^* 上的最小值.

(2) 设单位向量 $\boldsymbol{\alpha}$ 使得 $R(\boldsymbol{\alpha})$ 最小. 由极值定理，在 $\boldsymbol{\alpha}$ 处，

$$(0,\cdots,0) = \left(\frac{\partial R}{\partial x_1},\cdots,\frac{\partial R}{\partial x_n}\right) = \frac{2\boldsymbol{x}\boldsymbol{A}}{\boldsymbol{x}\boldsymbol{x}^{\mathrm{T}}} - \frac{2\boldsymbol{x}\boldsymbol{A}\boldsymbol{x}^{\mathrm{T}}}{(\boldsymbol{x}\boldsymbol{x}^{\mathrm{T}})^2}\boldsymbol{x} = 2\boldsymbol{x}\boldsymbol{A} - 2\lambda\boldsymbol{x}.$$

所以 $\boldsymbol{\alpha}$ 是属于特征值 λ 的特征向量. 由 λ 的最小性，λ 是最小特征值. 定理 4 证毕.

定理 4 即是著名的 Rayleigh 定理. 它可推广为：

定理 5 设 $\mathscr{A}$ 是 n 维 Euclid 空间 V 的自伴变换. 则存在 V 的标准正交基 $\{\boldsymbol{\alpha}_1,\boldsymbol{\alpha}_2,\cdots,\boldsymbol{\alpha}_n\}$，使得

(1) 设 V_j 是 V 中由向量 $\boldsymbol{\alpha}_{j+1},\boldsymbol{\alpha}_{j+2},\cdots,\boldsymbol{\alpha}_n$ 生成的子空间. 则 V_j 与它的正交补 $V_j^{\perp}$ 都是自变换 $\mathscr{A}$ 的不变子空间，$j=1,2,\cdots,n$，其中约定 $V_n=\{\boldsymbol{0}\}$；

(2) 将自伴变换 $\mathscr{A}$ 的 Rayleigh 商 $R(\boldsymbol{\alpha})$ 限定在 $V_j^{\perp}$ 上，则定义在 $V_j^{\perp}$ 上的 Rayleigh 商 $R(\boldsymbol{\alpha})$ 具有最小值 λ_j，而且 λ_j 即是定义在 $V_j^{\perp} \cap S$ 上的 Rayleigh 商 $R(\boldsymbol{\alpha})$ 的最小值，即 $\lambda_j = \min\limits_{\substack{\boldsymbol{\alpha} \in V_j \\ \|\boldsymbol{\alpha}\| = 1}} R(\boldsymbol{\alpha})$，$j=1,2,\cdots,n$；

(3) λ_j 是自伴变换 $\mathscr{A}$ 的特征值. 而且使得定义在 $V_j^{\perp}$ 上的 Rayleigh 商 $R(\boldsymbol{\alpha})$ 取到最小值 λ_j 的单位向量 $\boldsymbol{\alpha}_j$ 是自伴变换 $\mathscr{A}$ 的属于特征值 λ_j 的单位特征向量，即 $R(\boldsymbol{\alpha}_j) = \lambda_j = \min\limits_{\substack{\boldsymbol{\alpha} \in V_j \\ \|\boldsymbol{\alpha}\| = 1}} R(\boldsymbol{\alpha})$；

(4) 自伴变换 $\mathscr{A}$ 在标准正交基 $\{\boldsymbol{\alpha}_1,\boldsymbol{\alpha}_2,\cdots,\boldsymbol{\alpha}_n\}$ 的下方阵是如下对角形：

$$\mathrm{diag}(\lambda_1,\lambda_2,\cdots,\lambda_n),$$

其中 $\lambda_1 \geqslant \lambda_2 \geqslant \cdots \geqslant \lambda_n$.

证明 对空间的维数用归纳法. 当 $n=1$ 时定理显然成立. 现在设定理对 $n-1$ 维 Euclid 空间成立. 下面证明定理对 n 维 Euclid 空间 V 成立.

由定理 4，将自伴变换 $\mathscr{A}$ 的 Rayleigh 商 $R(\boldsymbol{\alpha})$ 视为定义在 $V=\{\boldsymbol{0}\}^{\perp}=V_n^{\perp}$ 的实函数，其最小值 λ_n 即是定义在 $V_n^{\perp}$ 与 n 维单位球面 S 的交上的 $R(\boldsymbol{\alpha})$ 的最小值. 而且 λ_n 是 $\mathscr{A}$ 的特征值；而使得定义在 $V_n^{\perp}$ 上的 $R(\boldsymbol{\alpha})$ 取到最小值 λ_n 的单位向量

$\boldsymbol{\alpha}_n$ 是 $\mathscr{A}$ 的属于 λ_n 的单位特征向量.由 $\boldsymbol{\alpha}_n$ 生成的子空间记为 V_{n-1},它显然是 $\mathscr{A}$ 的不变子空间.因为自伴变换 $\mathscr{A}$ 是规范的,因此 V_{n-1} 的正交补 $V_{n-1}^{\perp}$ 也是 $\mathscr{A}$ 的不变空间,且 $V_{n-1}^{\perp}$ 是 $n-1$ 维的.自伴变换 $\mathscr{A}$ 在 $V_{n-1}^{\perp}$ 上的限制 $\mathscr{A}|_{V_{n-1}^{\perp}}$ 仍是自伴的.记 $\widetilde{\mathscr{A}}=\mathscr{A}|_{V_n^{\perp}}$.显然,$\widetilde{\mathscr{A}}$ 在 $V_{n-1}^{\perp}$ 上的 Rayleigh 商正好是自伴的变换 $\mathscr{A}$ 在 V 上的 Rayleigh 商 $R(\boldsymbol{\alpha})$ 在 $V_{n-1}^{\perp}$ 上的限制.于是由归纳假设,$V_{n-1}^{\perp}$ 中存在标准正交基$\{\boldsymbol{\alpha}_1,\boldsymbol{\alpha}_2,\cdots,\boldsymbol{\alpha}_{n-1}\}$,使得 $V_{n-1}^{\perp}$ 中由向量 $\boldsymbol{\alpha}_{j+1},\cdots,\boldsymbol{\alpha}_{n-1}$ 生成的子空间 $\widetilde{V}_j$ 与它的正交补 $\widetilde{V}_j^{\perp}$ 都是 $\widetilde{\mathscr{A}}$ 的不变子空间,$j=1,2,\cdots,n-1$,而且 $\widetilde{\mathscr{A}}$ 的 Rayleigh 商在 $V_j^{\perp}$ 上的限制具有最小值 λ_j,此值恰好是 $\widetilde{\mathscr{A}}$ 的 Rayleigh 商在 $V_j^{\perp}$ 与 $V_{n-1}^{\perp}$ 中 $n-1$ 维单位球面 $\widetilde{S}$ 的交上的限制的最小值,而 $\widetilde{V}_j^{\perp}$ 中使得 $\widetilde{\mathscr{A}}$ 的 Rayleigh 商在 $\widetilde{V}_j^{\perp}$ 上的限制达到最小值 λ_j 的单位向量 $\boldsymbol{\alpha}_j$ 是 $\widetilde{\mathscr{A}}$ 的属于特征值 λ_j 的单位特征向量,$j=1,2,\cdots,n-1$.因为 $\boldsymbol{\alpha}_1,\boldsymbol{\alpha}_2,\cdots,\boldsymbol{\alpha}_{n-1}\in V_{n-1}^{\perp}$,$\boldsymbol{\alpha}_n\in V_{n-1}$,所以$\{\boldsymbol{\alpha}_1,\boldsymbol{\alpha}_2,\cdots,\boldsymbol{\alpha}_n\}$是 V 的标准正交基.而 $\widetilde{V}_j^{\perp}$ 是 V 中由向量 $\boldsymbol{\alpha}_1,\boldsymbol{\alpha}_2,\cdots,\boldsymbol{\alpha}_j$ 生成的子空间,因此 $\widetilde{V}_j^{\perp}$ 即是 V 中由 $\boldsymbol{\alpha}_{j+1},\cdots,\boldsymbol{\alpha}_n$ 生成的子空间 V_j 的正交补 $V_j^{\perp}$,并且 $V_j=\widetilde{V}_j\oplus V_{n-1}$.由于 $\widetilde{\mathscr{A}}$ 是 $\mathscr{A}$ 在 $V_{n-1}^{\perp}$ 上的限制,$\widetilde{V}_j$ 与 $\widetilde{V}_j^{\perp}$ 都是 $\widetilde{\mathscr{A}}$ 的不变子空间,所以 V_j 与 $V_j^{\perp}$ 也都是 A 的不变子空间.因此结论(1)对 n 维 Euclid 空间成立.由于 $\widetilde{V}_j^{\perp}=V_j^{\perp}$,并且 $\widetilde{\mathscr{A}}$ 的 Rayleigh 商在 $\widetilde{V}_j^{\perp}$ 上的限制恰好是 $\mathscr{A}$ 的 Rayleigh 商 $R(\boldsymbol{\alpha})$ 在 $V_j^{\perp}$ 上的限制,因此结论(2)与(3)对于 V 成立.最后,由于$\{\boldsymbol{\alpha}_1,\boldsymbol{\alpha}_2,\cdots,\boldsymbol{\alpha}_n\}$是由 $\mathscr{A}$ 的依次属于特征值 $\lambda_1,\lambda_2,\cdots,\lambda_n$ 的单位特征向量构成的标准正交基,所以

$$\mathscr{A}(\boldsymbol{\alpha}_1,\boldsymbol{\alpha}_2,\cdots,\boldsymbol{\alpha}_n)=(\boldsymbol{\alpha}_1,\boldsymbol{\alpha}_2,\cdots,\boldsymbol{\alpha}_n)\operatorname{diag}(\lambda_1,\lambda_2,\cdots,\lambda_n),$$

即结论(4)也成立.定理5证毕.

与定理4和定理5相对偶的结论是下面的定理6和定理7.

定理6 设 $\mathscr{A}$ 是 n 维 Euclid 空间 V 的自伴变换.则:

(1) $\mathscr{A}$ 在 V 上的 Rayleigh 商 $R(\boldsymbol{\alpha})$ 具有最大值 λ_1,并且 λ_1 是 Rayleigh 商 $R(\boldsymbol{\alpha})$ 在 n 维单位球面 S 上的限制的最大值;

(2) λ_1 是 $\mathscr{A}$ 的最大特征值,而且使 Rayleigh 商 $R(\boldsymbol{\alpha})$ 达到最大值 λ_1 的单位向量 $\boldsymbol{\alpha}_1$ 即是 $\mathscr{A}$ 的属于特征值 λ_1 的特征向量.

定理7 设 $\mathscr{A}$ 是 n 维 Euclid 空间 V 的自伴变换,则存在 V 的标准正交基$\{\boldsymbol{\alpha}_1,\boldsymbol{\alpha}_2,\cdots,\boldsymbol{\alpha}_n\}$,使得

(1) 设 V_j 是由 $\boldsymbol{\alpha}_1,\boldsymbol{\alpha}_2,\cdots,\boldsymbol{\alpha}_{j-1}$ 生成的子空间,则 V_j 与 $V_j^{\perp}$ 都是 $\mathscr{A}$ 的不变子空间,$j=1,2,\cdots,n$,其中约定 $V_1=\{\mathbf{0}\}$;

(2) 将 $\mathscr{A}$ 的 Rayleigh 商 $R(\boldsymbol{\alpha})$ 限定在子空间 $V_j^{\perp}$ 上，则定义在 $V_j^{\perp}$ 上的 $R(\boldsymbol{\alpha})$ 具有最大值 λ_j，而且 λ_j 即是定义在 $V_j^{\perp}$ 与 n 维单位球面 S 的交上的 $R(\boldsymbol{\alpha})$ 的最大值，即 $\lambda_j = \max\limits_{\substack{\boldsymbol{\alpha}\in V_j^{\perp}\\ \|\boldsymbol{\alpha}\|=1}} R(\boldsymbol{\alpha}), j=1,2,\cdots,n$；

(3) λ_j 是 $\mathscr{A}$ 的特征值，而且使得定义在 V_j 上的 $R(\boldsymbol{\alpha})$ 达到最大值的单位向量 $\boldsymbol{\alpha}_j$ 是 $\mathscr{A}$ 的属于特征值 λ_j 的特征向量，即

$$R(\boldsymbol{\alpha}_j) = \lambda_j = \max_{\substack{\boldsymbol{\alpha}\in V_j\\ \|\boldsymbol{\alpha}\|=1}} R(\boldsymbol{\alpha}), j = 1,2,\cdots,n;$$

(4) $\mathscr{A}$ 在标准正交基 $\{\boldsymbol{\alpha}_1,\boldsymbol{\alpha}_2,\cdots,\boldsymbol{\alpha}_n\}$ 下的方阵为

$$\operatorname{diag}(\lambda_1,\lambda_2,\cdots,\lambda_n),\quad 其中\ \lambda_1\geqslant\lambda_2\geqslant\cdots\geqslant\lambda_n.$$

定理 6 与定理 7 的证明和定理 4 与定理 5 完全相仿，留给读者作为练习.

由定理 5 或定理 7 即得定理 2，从而给出了定理 2 的另一个证明.

现在转到斜自伴变换.

定理 8 n 维 Euclid 空间 V 的线性变换 $\mathscr{A}$ 为斜自伴的充分必要条件是，$\mathscr{A}$ 在 V 的标准正交基下的方阵为斜对称方阵.

证明 设线性变换 $\mathscr{A}$ 在 V 的标准正交基 $\{\boldsymbol{\alpha}_1,\boldsymbol{\alpha}_2,\cdots,\boldsymbol{\alpha}_n\}$ 下的方阵为 $\boldsymbol{A}$，则它的伴随变换 $\mathscr{A}^*$ 在这组基下的方阵为 $\boldsymbol{A}^{\mathrm{T}}$. 于是 $\mathscr{A}^* = -\mathscr{A}$ 等价于 $\boldsymbol{A}^{\mathrm{T}} = -\boldsymbol{A}$. 这就证明了定理 8.

定理 8 表明，在 n 维 Euclid 空间 V 中取定一组标准正交基后，斜自伴变换便对应于它在这组基下的方阵——斜对称方阵. 这个对应是 V 的所有斜自伴变换集合到所有 n 阶实斜对称方阵集合上的一个双射. 因此斜自伴变换是斜对称方阵的一种几何表示.

由第 5 章 5.9 节可知，斜对称方阵的非零特征值都是纯虚数，所以斜自伴变换的非零特征值也都是纯虚数. 于是有

定理 9 设 $\pm \mathrm{i}b_1, \pm \mathrm{i}b_2,\cdots,\pm \mathrm{i}b_s$ 是 n 维 Euclid 空间 V 的斜自伴变换 $\mathscr{A}$ 的全部非零特征值，其中 $s\leqslant\frac{n}{2}$，并且 $b_1\geqslant b_2\geqslant\cdots\geqslant b_s$，则存在 V 的标准正交基 $\{\boldsymbol{\alpha}_1,\boldsymbol{\alpha}_2,\cdots,\boldsymbol{\alpha}_n\}$，使得 $\mathscr{A}$ 在这组基下的方阵为如下的准对角形：

$$\operatorname{diag}\left(\begin{pmatrix}0 & b_1\\ -b_1 & 0\end{pmatrix},\cdots,\begin{pmatrix}0 & b_s\\ -b_s & 0\end{pmatrix},\underbrace{0,\cdots,0}_{n-2s个}\right). \tag{7.6.2}$$

证明 因为 $\mathscr{A}$ 是斜自伴变换，因此 $\mathscr{A}$ 是规范变换. 又斜自伴变换 $\mathscr{A}$ 的全部特征值为 $\pm \mathrm{i}b_1,\pm \mathrm{i}b_2,\cdots,\pm \mathrm{i}b_s,\underbrace{0,\cdots,0}_{n-2s个}$. 所以由本章 7.4 节定理 6 即得定理 9.

定理 9 的矩阵形式是：

定理 10　设 $\pm \mathrm{i}b_1, \pm \mathrm{i}b_2, \cdots, \pm \mathrm{i}b_s$ 是 n 阶斜对称方阵 $\boldsymbol{A}$ 的全部非零特征值，其中 $s \leqslant \frac{n}{2}$，且 $b_1 \geqslant b_2 \geqslant \cdots \geqslant b_s$. 则 $\boldsymbol{A}$ 正交相似于如下的准对角形：

$$\operatorname{diag}\left(\begin{pmatrix} 0 & b_1 \\ -b_1 & 0 \end{pmatrix}, \cdots, \begin{pmatrix} 0 & b_s \\ -b_s & 0 \end{pmatrix}, \underbrace{0, \cdots, 0}_{n-2s\text{个}}\right).$$

证明　设 $\{\boldsymbol{\alpha}_1, \boldsymbol{\alpha}_2, \cdots, \boldsymbol{\alpha}_n\}$ 是 n 维 Euclid 空间 V 的标准正交基，则由

$$\mathscr{A}(\boldsymbol{\alpha}_1, \boldsymbol{\alpha}_2, \cdots, \boldsymbol{\alpha}_n) = (\boldsymbol{\alpha}_1, \boldsymbol{\alpha}_2, \cdots, \boldsymbol{\alpha}_n)\boldsymbol{A}$$

便确定 V 的一个线性变换 $\mathscr{A}$. 因为方阵 $\boldsymbol{A}$ 是斜对称的，所以由定理 8，线性变换 $\mathscr{A}$ 是斜自伴的. 由于方阵 $\boldsymbol{A}$ 的所有非零特征值 $\pm \mathrm{i}b_1, \pm \mathrm{i}b_2, \cdots, \pm \mathrm{i}b_s$ 显然是线性变换 $\mathscr{A}$ 的所有非零特征值. 因此由定理 9，存在 V 的基 $\{\boldsymbol{\beta}_1, \boldsymbol{\beta}_2, \cdots, \boldsymbol{\beta}_n\}$，使得 $\mathscr{A}$ 在这组基的方阵即为准对角形(7.6.2). 而同一个线性变换 $\mathscr{A}$ 在不同标准正交基下的方阵是正交相似的，所以方阵 $\boldsymbol{A}$ 正交相似于准对角形(7.6.2).

由于相似的方阵具有相同的特征值，所以正交相似的方阵的特征值相同. 因此斜对称方阵的特征值是斜对称方阵在正交相似下的不变量. 反之，由于斜对称方阵是规范的，因此由本章 7.4 节定理 9，特征值相同的斜对称方阵正交相似，即斜对称方阵的特征值是斜对称方阵在相似下的全系不变量. 定理 10 证毕.

定理 10 完全解决了斜对称方阵在正交相似下的标准形问题. 定理 10 中的准对角形称为斜对称方阵 $\boldsymbol{A}$ 在正交相似下的标准形.

习　题

1. 证明：n 维 Euclid 空间 V 的自伴变换 $\mathscr{A}$ 与 $\mathscr{B}$ 的乘积 $\mathscr{A}\mathscr{B}$ 仍是自伴的充分必要条件是，$\mathscr{A}$ 与 $\mathscr{B}$ 可交换.

2. 设 $\mathbf{R}[x]$ 是所有实系数多项式集合连同内积 $(f(x), g(x)) = \int_0^1 f(x)g(x)\mathrm{d}x$ 一起构成的 Euclid 空间，其中 $f(x), g(x) \in \mathbf{R}[x]$. 回答下面的问题：

(1) $\mathbf{R}[x]$ 的线性变换 $\mathscr{A}$ 定义如下：设 $\mathscr{A}(f(x)) = xf(x)$，其中 $f(x) \in \mathbf{R}[x]$. 线性变换 $\mathscr{A}$ 是否是自伴的？

(2) Euclid 空间 $\mathbf{R}[x]$ 的微商变换 $\mathscr{D}$ 是否是自伴的？

3. 设 $\mathscr{A}$ 与 $\mathscr{B}$ 是 n 维 Euclid 空间 V 的线性变换，$\mathscr{A}$ 与 $\mathscr{A}\mathscr{B}$ 都是自伴的，且 $\operatorname{Ker}\mathscr{A} \subseteq \operatorname{Ker}\mathscr{B}$. 证明：存在 V 的自伴变换 $\mathscr{C}$，使得 $\mathscr{C}\mathscr{A} = \mathscr{B}$.

4. 设 $\mathscr{A}$ 是 n 维 Euclid 空间 V 的斜自伴变换. 证明：对任意 $\boldsymbol{\alpha} \in V$，$(\mathscr{A}(\boldsymbol{\alpha}), \boldsymbol{\alpha}) = 0$. 反之是否成立？

5. 设 n 维 Euclid 空间 V 的线性变换 $\mathscr{A}$ 满足 $\mathscr{A}^2 = \mathscr{A}$，且对任意 $\boldsymbol{\alpha} \in V$，$\| \mathscr{A}(\boldsymbol{\alpha}) \| \leqslant$

$\|\boldsymbol{\alpha}\|$. 证明：$\mathscr{A}$是自伴的.

6. 设 n 维 Euclid 空间 V 自伴变换 $\mathscr{A}$ 满足 $\mathscr{A}^k=\mathscr{I}$, k 为正整数. 证明：$\mathscr{A}^2=\mathscr{I}$.

7. 设 $\mathscr{A}$ 是 2 维 Euclid 空间 V 的斜自伴变换. 证明，对任意 $\boldsymbol{\alpha},\boldsymbol{\beta}\in V$，均有 $(\mathscr{A}(\boldsymbol{\alpha}),\mathscr{A}(\boldsymbol{\beta}))=(\det\mathscr{A})(\boldsymbol{\alpha},\boldsymbol{\beta})$.

8. 设 $\mathscr{A}$ 与 $\mathscr{B}$ 是 3 维 Euclid 空间 V 的斜自伴变换. $\mathscr{A}\neq\mathscr{O}$，且 $\mathrm{Ker}(\mathscr{A})=\mathrm{Ker}(\mathscr{B})$. 证明：存在实数 λ，使得 $\mathscr{B}=\lambda\mathscr{A}$.

9. 设 λ_1 是 n 阶实对称方阵 $\boldsymbol{S}=(s_{ij})$ 的最大特征值. 证明：$\lambda_1\geqslant\dfrac{1}{n}\sum_{k=1}^{n}\sum_{l=1}^{n}s_{kl}$.

10. 设 $\mathscr{A}$ 是 n 维 Euclid 空间 V 的自伴变换，V_0 是 $\mathscr{A}$ 的不变子空间. 证明：存在向量 $\boldsymbol{\alpha}_0\in V_0^*$，使得

$$R(\boldsymbol{\alpha}_0)=\min\{R(\boldsymbol{\alpha}):\boldsymbol{\alpha}\in V_0^*\}.$$

并且 $R(\boldsymbol{\alpha}_0)$ 是自伴变换 $\mathscr{A}$ 的特征值，$\boldsymbol{\alpha}_0$ 是属于特征值 $R(\boldsymbol{\alpha}_0)$ 的特征向量.

11. (Fischer) 设 $\lambda_1,\lambda_2,\cdots,\lambda_n$ 是 n 维 Euclid 空间 V 的自伴变换 $\mathscr{A}$ 的特征值，$\lambda_1\geqslant\lambda_2\geqslant\cdots\geqslant\lambda_n$. 设 V_k 是 $\mathscr{A}$ 的不变子空间. 证明：对 $k=1,2,\cdots,n$，

$$\lambda_{n+1-k}=\min_{V_k}\max\{R(\boldsymbol{\alpha}):\boldsymbol{\alpha}\in V_k^*\}.$$

12. 设所有 n 维实的行向量集合连同标准内积构成的 Euclid 空间记为 $\mathbf{R}^n$，$\boldsymbol{A}$ 是 n 阶实对称方阵. 定义方阵 $\boldsymbol{A}$ 的 Rayleigh 商 $R(\boldsymbol{x})$ 为 $R(\boldsymbol{x})=\dfrac{\boldsymbol{x}\boldsymbol{A}\boldsymbol{x}^{\mathrm{T}}}{\boldsymbol{x}\boldsymbol{x}^{\mathrm{T}}}$，其中 $\boldsymbol{x}$ 是 $\mathbf{R}^n$ 中非零行向量. 将关于自伴变换的定理 4 与定理 5 移到实对称方阵上.

13. 设 $\lambda_1(\boldsymbol{A})\geqslant\lambda_2(\boldsymbol{A})\geqslant\cdots\geqslant\lambda_n(\boldsymbol{A})$ 是 n 阶实对称方阵 $\boldsymbol{A}$ 的所有特征值. 证明：

$$\sup_{\boldsymbol{X}\boldsymbol{X}^{\mathrm{T}}=\boldsymbol{I}_{(k)}}\lambda_k(\boldsymbol{X}\boldsymbol{A}\boldsymbol{X}^{\mathrm{T}})=\lambda_k(\boldsymbol{A}),\quad \inf_{\boldsymbol{X}\boldsymbol{X}^{\mathrm{T}}=\boldsymbol{I}_{(k)}}\lambda_1(\boldsymbol{X}\boldsymbol{A}\boldsymbol{X}^{\mathrm{T}})=\lambda_{n+1-k}(\boldsymbol{A}),\quad \forall\, k=1,2,\cdots,n.$$

7.7 正定对称方阵与矩阵的奇异值分解

在上节讨论自伴变换的特征值的分析性质时，使用了自伴变换 $\mathscr{A}$ 的 Rayleigh 商 $R(\boldsymbol{\alpha})=\dfrac{(\mathscr{A}(\boldsymbol{\alpha}),\boldsymbol{\alpha})}{(\boldsymbol{\alpha},\boldsymbol{\alpha})}$，其中重要的是函数

$$f(\boldsymbol{\alpha})=(\mathscr{A}(\boldsymbol{\alpha}),\boldsymbol{\alpha}),$$

它称为**自伴变换 $\mathscr{A}$ 的型**.

在 n 维 Euclid 空间 V 中选取一组标准正交基 $\{\boldsymbol{\alpha}_1,\boldsymbol{\alpha}_2,\cdots,\boldsymbol{\alpha}_n\}$，向量 $\boldsymbol{\alpha}\in V$ 在这组基下的坐标记为 $\boldsymbol{x}=(x_1,x_2,\cdots,x_n)$，自伴变换 $\mathscr{A}$ 在这组基下的方阵记为 $\boldsymbol{A}$，

显然 $\boldsymbol{A}$ 是对称方阵.则自伴变换 $\mathscr{A}$ 的型 $f(\boldsymbol{\alpha})$ 在这组基下便具有如下形式:

$$f(\boldsymbol{\alpha}) = (\mathscr{A}(\boldsymbol{\alpha}),\boldsymbol{\alpha}) = \boldsymbol{xAx}^{\mathrm{T}}, \quad \boldsymbol{x} \in \mathbf{R}^n. \tag{7.7.1}$$

由本章7.6节定理2容易得到:

定理1 设 $\lambda_1,\lambda_2,\cdots,\lambda_n$ 是 n 维 Euclid 空间 V 的自伴变换 $\mathscr{A}$ 的全部特征值.则存 V 的标准正交基 $\{\boldsymbol{\xi}_1,\boldsymbol{\xi}_2,\cdots,\boldsymbol{\xi}_n\}$,使得自伴变换 $\mathscr{A}$ 的型 $f(\boldsymbol{\alpha})=(\mathscr{A}(\boldsymbol{\alpha}),\boldsymbol{\alpha})$ 在这组基下具有如下形式:

$$f(\boldsymbol{\alpha}) = (\mathscr{A}(\boldsymbol{\alpha}),\boldsymbol{\alpha}) = \lambda_1 y_1^2 + \lambda_2 y_2^2 + \cdots + \lambda_n y_n^2, \tag{7.7.2}$$

其中 $\boldsymbol{y}=(y_1,y_2,\cdots,y_n)$ 是向量 $\boldsymbol{\alpha}\in V$ 在这组基下的坐标.

证明 由本章7.6节定理2,存在 V 的标准正交基 $\{\boldsymbol{\xi}_1,\boldsymbol{\xi}_2,\cdots,\boldsymbol{\xi}_n\}$,使得

$$\mathscr{A}(\boldsymbol{\xi}_j) = \lambda_j\boldsymbol{\xi}_j, \quad j = 1,2,\cdots,n.$$

由于向量 $\boldsymbol{\alpha}\in V$ 在基 $\{\boldsymbol{\xi}_1,\boldsymbol{\xi}_2,\cdots,\boldsymbol{\xi}_n\}$ 下的坐标为 $\boldsymbol{y}=(y_1,y_2,\cdots,y_n)$,即 $\boldsymbol{\alpha}=y_1\boldsymbol{\xi}_1+y_2\boldsymbol{\xi}_2+\cdots+y_n\boldsymbol{\xi}_n$,所以

$$\begin{aligned}
f(\boldsymbol{\alpha}) = (\mathscr{A}(\boldsymbol{\alpha}),\boldsymbol{\alpha}) &= \Big(\mathscr{A}\Big(\sum_{j=1}^n y_j\boldsymbol{\xi}_j\Big),\sum_{l=1}^n y_l\boldsymbol{\xi}_l\Big) \\
&= \Big(\sum_{j=1}^n \lambda_j y_j\boldsymbol{\xi}_j,\sum_{l=1}^n y_l\boldsymbol{\xi}_l\Big) \\
&= \sum_{j=1}^n\sum_{l=1}^n \lambda_j y_j y_l(\boldsymbol{\xi}_j,\boldsymbol{\xi}_l) \\
&= \sum_{j=1}^n\sum_{l=1}^n \lambda_j y_j y_l\delta_{jl} \\
&= \sum_{j=1}^n \lambda_j y_j^2.
\end{aligned}$$

因此式(7.7.2)成立.证毕.

根据自伴变换的型的取值情况,可以把自伴变换分成若干类型.

定义1 设 $\mathscr{A}$ 是 n 维 Euclid 空间 V 的自伴变换.如果对任意非零向量 $\boldsymbol{\alpha}\in V$,均有 $(\mathscr{A}(\boldsymbol{\alpha}),\boldsymbol{\alpha})>0$(或 $(\mathscr{A}(\boldsymbol{\alpha}),\boldsymbol{\alpha})\geqslant 0$,或 $(\mathscr{A}(\boldsymbol{\alpha}),\boldsymbol{\alpha})<0$,或 $(\mathscr{A}(\boldsymbol{\alpha}),\boldsymbol{\alpha})\leqslant 0$),则自伴变换 $\mathscr{A}$ 称为**正定的**(或**半正定**,或**负定**,或**半负定的**).

由定义可以看出,正定(负定)自伴变换一定是半正定(半负定)的.而且自伴变换 $\mathscr{A}$ 为正定(半正定)的充分必要条件是,$-\mathscr{A}$ 为负定(半负定)的.于是下面得到的关于正定(半正定)自伴变换的结论都可以自然地移到负定(半负定)自伴变换.

由于自伴变换 $\mathscr{A}$ 在 V 的标准正交基下的方阵是对称方阵,所以关于实对称方阵也有相仿的定义.

定义2 设 $\boldsymbol{S}$ 是 n 阶实对称方阵.如果对任意非零向量 $\boldsymbol{x}=(x_1,x_2,\cdots,x_n)\in$

$\mathbf{R}^n$，均有 $\boldsymbol{xSx}^{\mathrm{T}}>0$（或 $\boldsymbol{xSx}^{\mathrm{T}}\geqslant 0$，或 $\boldsymbol{xSx}^{\mathrm{T}}<0$，或 $\boldsymbol{xSx}^{\mathrm{T}}\leqslant 0$），则对称方阵 $\boldsymbol{S}$ 称为**正定**的（或**半正定**，或**负定**，或**半负定**的）.

定理 2 设自伴变换 $\mathscr{A}$ 在 n 维 Euclid 空间 V 的标准正交基 $\{\boldsymbol{\alpha}_1,\boldsymbol{\alpha}_2,\cdots,\boldsymbol{\alpha}_n\}$ 下的方阵为 $\boldsymbol{A}$. 则 $\mathscr{A}$ 正定（或半正定）的充分必要条件是，对称方阵 $\boldsymbol{A}$ 正定（或半正定）.

证明 设自伴变换 $\mathscr{A}$ 是正定（或半正定）的，则对任意非零向量 $\boldsymbol{\alpha}\in V$，$(\mathscr{A}(\boldsymbol{\alpha}),\boldsymbol{\alpha})>0$（或 $(\mathscr{A}(\boldsymbol{\alpha}),\boldsymbol{\alpha})\geqslant 0$）. 设 $\boldsymbol{\alpha}\in V$ 在基 $\{\boldsymbol{\alpha}_1,\boldsymbol{\alpha}_2,\cdots,\boldsymbol{\alpha}_n\}$ 下的坐标为 $\boldsymbol{x}=(x_1,x_2,\cdots,x_n)\in\mathbf{R}^n$，则

$$(\mathscr{A}(\boldsymbol{\alpha}),\boldsymbol{\alpha}) = \boldsymbol{xAx}^{\mathrm{T}} > 0 \ (\text{或} \geqslant 0).$$

因此对称方阵 $\boldsymbol{A}$ 是正定（半正定）的. 反之亦然. 定理 2 证毕.

引理 设 $\boldsymbol{S}$ 是 n 阶正定对称方阵，$\boldsymbol{O}$ 是任意 n 阶正交方阵. 则方阵 $\boldsymbol{O}^{\mathrm{T}}\boldsymbol{SO}$ 是正定对称方阵. 简单地说，对称方阵的正定性在正交相似下不变.

证明 设 $\boldsymbol{x}=(x_1,x_2,\cdots,x_n)$ 是 $\mathbf{R}^n$ 中任意非零向量. 因为方阵 $\boldsymbol{O}$ 是正交的，所以方阵 $\boldsymbol{O}^{\mathrm{T}}$ 可逆，因此向量 $\boldsymbol{y}=\boldsymbol{xO}^{\mathrm{T}}\in\mathbf{R}^n$ 非零的. 由于 $(\boldsymbol{O}^{\mathrm{T}}\boldsymbol{SO})^{\mathrm{T}}=\boldsymbol{O}^{\mathrm{T}}\boldsymbol{SO}$，故 $\boldsymbol{O}^{\mathrm{T}}\boldsymbol{SO}$ 是对称的. 而且由于 $\boldsymbol{S}$ 是正定的，所以

$$\boldsymbol{x}(\boldsymbol{O}^{\mathrm{T}}\boldsymbol{SO})\boldsymbol{x}^{\mathrm{T}} = \boldsymbol{ySy}^{\mathrm{T}} > 0,$$

因此方阵 $\boldsymbol{O}^{\mathrm{T}}\boldsymbol{SO}$ 是正定对称方阵. 证毕.

注 同理可证，对称方阵的半正定性、负定性以及半负定性都是在正交相似下不变的.

下面是关于正定对称方阵的重要定理.

定理 3 设 $\boldsymbol{S}=(s_{ij})$ 是 n 阶实对称方阵，则下述命题等价：

(1) 方阵 $\boldsymbol{S}$ 是正定的；

(2) 方阵 $\boldsymbol{S}$ 的每个特征值都是正的；

(3) 存在正定对称方阵 $\boldsymbol{S}_1$，使得 $\boldsymbol{S}=\boldsymbol{S}_1^2$；

(4) 存在可逆方阵 $\boldsymbol{P}$，使得 $\boldsymbol{S}=\boldsymbol{P}^{\mathrm{T}}\boldsymbol{P}$；

(5) 方阵 $\boldsymbol{S}$ 的每个主子式都是正的；

(6) 方阵 $\boldsymbol{S}$ 的顺序主子式都是正的，这里所谓方阵 $\boldsymbol{S}$ 的顺序主子式是指如下的 n 个主子式：

$$\boldsymbol{S}\begin{pmatrix}1\ 2\ \cdots\ k\\1\ 2\ \cdots\ k\end{pmatrix}=\begin{vmatrix}s_{11} & s_{12} & \cdots & s_{1k}\\ s_{21} & s_{22} & \cdots & s_{2k}\\ \cdots & \cdots & \cdots & \cdots\\ s_{k1} & s_{k2} & \cdots & s_{kk}\end{vmatrix},\quad k=1,2,\cdots,n;$$

(7) 对每个 k，方阵 $\boldsymbol{S}$ 的所有 k 阶主子式之和都是正的，$k=1,2,\cdots,n$.

证明　(1)⇒(2)　由本章 7.6 节定理 3，存在 n 阶实正交方阵 $\boldsymbol{O}$，使得

$$\boldsymbol{O}^{\mathrm{T}}\boldsymbol{S}\boldsymbol{O}=\operatorname{diag}(\lambda_1,\lambda_2,\cdots,\lambda_n),$$

其中 $\lambda_1,\lambda_2,\cdots,\lambda_n$ 是方阵 $\boldsymbol{S}$ 的所有特征值. 由引理，方阵 $\operatorname{diag}(\lambda_1,\lambda_2,\cdots,\lambda_n)$ 是正定的. 因此对非零向量 $\boldsymbol{\varepsilon}_j=(0,\cdots,0,\underset{\text{第}j\text{个}}{1},0,\cdots,0)\in\mathbf{R}^n$，

$$\boldsymbol{\varepsilon}_j\operatorname{diag}(\lambda_1,\lambda_2,\cdots,\lambda_n)\boldsymbol{\varepsilon}_j^{\mathrm{T}}=\lambda_j>0,\quad j=1,2,\cdots,n.$$

于是(2)成立.

(2)⇒(3)　由本章 7.6 节定理 3，存在 n 阶实正交方阵 $\boldsymbol{O}$，使得

$$\boldsymbol{S}=\boldsymbol{O}^{\mathrm{T}}\operatorname{diag}(\lambda_1,\lambda_2,\cdots,\lambda_n)\boldsymbol{O},$$

其中 $\lambda_1,\lambda_2,\cdots,\lambda_n$ 是方阵 $\boldsymbol{S}$ 的所有特征值. 因为 $\lambda_j>0$，所以 $\sqrt{\lambda_j}>0$，$j=1,2,\cdots,n$. 于是

$$\boldsymbol{S}=(\boldsymbol{O}^{\mathrm{T}}\operatorname{diag}(\sqrt{\lambda_1},\sqrt{\lambda_2},\cdots,\sqrt{\lambda_n})\boldsymbol{O})(\boldsymbol{O}^{\mathrm{T}}\operatorname{diag}(\sqrt{\lambda_1},\sqrt{\lambda_2},\cdots,\sqrt{\lambda_n})\boldsymbol{O}).$$

记 $\boldsymbol{S}_1=\boldsymbol{O}^{\mathrm{T}}\operatorname{diag}(\sqrt{\lambda_1},\sqrt{\lambda_2},\cdots,\sqrt{\lambda_n})\boldsymbol{O}$，则 $\boldsymbol{S}=\boldsymbol{S}_1^2$. 显然方阵 $\boldsymbol{S}_1$ 是对称的. 设 $\boldsymbol{x}=(x_1,x_2,\cdots,x_n)\in\mathbf{R}^n$，则

$$\boldsymbol{x}\operatorname{diag}(\sqrt{\lambda_1},\sqrt{\lambda_2},\cdots,\sqrt{\lambda_n})\boldsymbol{x}^{\mathrm{T}}=\sqrt{\lambda_1}x_1^2+\sqrt{\lambda_2}x_2^2+\cdots+\sqrt{\lambda_n}x_n^2,$$

所以当 $\boldsymbol{x}$ 非零时，$\boldsymbol{x}\operatorname{diag}(\sqrt{\lambda_1},\sqrt{\lambda_2},\cdots,\sqrt{\lambda_n})\boldsymbol{x}^{\mathrm{T}}>0$. 因此方阵 $\operatorname{diag}(\sqrt{\lambda_1},\sqrt{\lambda_2},\cdots,\sqrt{\lambda_n})$ 是正定的. 由引理，方阵 $\boldsymbol{S}_1$ 是正定的. 于是(3)成立.

(3)⇒(4)　因为方阵 $\boldsymbol{S}=\boldsymbol{S}_1^2=\boldsymbol{S}_1^{\mathrm{T}}\boldsymbol{S}_1$，且 $\boldsymbol{S}_1$ 是正定的，所以由(2)，方阵 $\boldsymbol{S}_1$ 的所有特征值都是正的. 即方阵 $\boldsymbol{S}_1$ 可逆. 于是取 $\boldsymbol{P}=\boldsymbol{S}_1$，故(4)成立.

(4)⇒(5)　因为方阵 $\boldsymbol{S}=\boldsymbol{P}^{\mathrm{T}}\boldsymbol{P}$，$\boldsymbol{P}$ 可逆，故由 Binet-Cauchy 公式，

$$\boldsymbol{S}\begin{pmatrix}i_1 & i_2 & \cdots & i_k\\ i_1 & i_2 & \cdots & i_k\end{pmatrix}=\sum_{1\leqslant j_1<j_2<\cdots<j_k\leqslant n}\boldsymbol{P}^{\mathrm{T}}\begin{pmatrix}i_1 & i_2 & \cdots & i_k\\ j_1 & j_2 & \cdots & j_k\end{pmatrix}\boldsymbol{P}\begin{pmatrix}j_1 & j_2 & \cdots & j_k\\ i_1 & i_2 & \cdots & i_k\end{pmatrix}.$$

显然

$$\boldsymbol{P}^{\mathrm{T}}\begin{pmatrix}i_1 & i_2 & \cdots & i_k\\ j_1 & j_2 & \cdots & j_k\end{pmatrix}=\boldsymbol{P}\begin{pmatrix}j_1 & j_2 & \cdots & j_k\\ i_1 & i_2 & \cdots & i_k\end{pmatrix}.$$

因此

$$\boldsymbol{S}\begin{pmatrix}i_1 & i_2 & \cdots & i_k\\ i_1 & i_2 & \cdots & i_k\end{pmatrix}=\sum_{1\leqslant j_1<j_2<\cdots<j_k\leqslant n}\left(\boldsymbol{P}\begin{pmatrix}j_1 & j_2 & \cdots & j_k\\ i_1 & i_2 & \cdots & i_k\end{pmatrix}\right)^2.$$

如果 $\boldsymbol{S}\begin{pmatrix}i_1 & i_2\cdots & i_k\\ i_1 & i_2\cdots & i_k\end{pmatrix}=0$，则对每个 $j_1,j_2,\cdots,j_k$，$1\leqslant j_1<j_2<\cdots<j_k\leqslant n$，$\boldsymbol{P}\begin{pmatrix}j_1 & j_2\cdots & j_k\\ i_1 & i_2\cdots & i_k\end{pmatrix}=0$. 由 Laplace 展开定理，

$$\det \boldsymbol{P} = \sum_{1\leqslant j_1<j_2<\cdots<j_k\leqslant n} (-1)^{1+2+\cdots+k+j_1+j_2+\cdots+j_k} \cdot \boldsymbol{P}\begin{pmatrix} j_1 & j_2 & \cdots & j_k \\ i_1 & i_2 & \cdots & i_k \end{pmatrix} \boldsymbol{P}\begin{pmatrix} j_{k+1} & j_{k+2} & \cdots & j_n \\ i_{k+1} & i_{k+2} & \cdots & i_n \end{pmatrix} = 0.$$

这与方阵 $\boldsymbol{P}$ 可逆矛盾.所以对每个 $i_1,i_2,\cdots,i_k,1\leqslant i_1<i_2<\cdots<i_k\leqslant n$,

$$\boldsymbol{S}\begin{pmatrix} i_1 & i_2 & \cdots & i_k \\ i_1 & i_2 & \cdots & i_k \end{pmatrix} > 0, \quad k = 1,2,\cdots,n.$$

于是(5)成立.

(5)⇒(6) 显然.

(6)⇒(1) 对方阵 $\boldsymbol{S}$ 的阶数 n 用归纳法.当 $n=1$ 时结论显然成立.假设结论对 $n-1$ 阶方阵 $\boldsymbol{S}$ 成立.下面证明结论对 n 阶方阵 $\boldsymbol{S}$ 成立.

把 n 阶方阵 $\boldsymbol{S}$ 分块为

$$\boldsymbol{S} = \begin{pmatrix} \boldsymbol{S}_1 & \boldsymbol{y}^{\mathrm{T}} \\ \boldsymbol{y} & s_{nn} \end{pmatrix},$$

其中 $\boldsymbol{S}_1$ 是 $n-1$ 阶对称方阵,而 $\boldsymbol{y}\in\mathbf{R}^{n-1}$.显然,方阵 $\boldsymbol{S}_1$ 的顺序主子式即是方阵 $\boldsymbol{S}$ 的前 $n-1$ 个顺序主子式,所以方阵 $\boldsymbol{S}_1$ 的顺序主子式都是正的.由归纳假设,方阵 $\boldsymbol{S}_1$ 是正定的.由(2),方阵 $\boldsymbol{S}_1$ 可逆.于是

$$\boldsymbol{S} = \begin{pmatrix} \boldsymbol{I}_{(n-1)} & \boldsymbol{0} \\ \boldsymbol{y}\boldsymbol{S}_1^{-1} & 1 \end{pmatrix} \begin{pmatrix} \boldsymbol{S}_1 & \boldsymbol{0} \\ \boldsymbol{0} & s_{nn} - \boldsymbol{y}\boldsymbol{S}_1^{-1}\boldsymbol{y}^{\mathrm{T}} \end{pmatrix} \begin{pmatrix} \boldsymbol{I}_{(n-1)} & \boldsymbol{S}_1^{-1}\boldsymbol{y}^{\mathrm{T}} \\ \boldsymbol{0} & 1 \end{pmatrix}.$$

设 $\boldsymbol{x}$ 是 $\mathbf{R}^n$ 中非零向量.记

$$\boldsymbol{x}\begin{pmatrix} \boldsymbol{I}_{(n-1)} & \boldsymbol{0} \\ \boldsymbol{y}\boldsymbol{S}_1^{-1} & 1 \end{pmatrix} = (\boldsymbol{z}, \boldsymbol{x}_n),$$

其中 $z\in\mathbf{R}^{n-1}$.则

$$\boldsymbol{x}\boldsymbol{S}\boldsymbol{x}^{\mathrm{T}} = \boldsymbol{z}\boldsymbol{S}_1\boldsymbol{z}^{\mathrm{T}} + (s_{nn} - \boldsymbol{y}\boldsymbol{S}_1^{-1}\boldsymbol{y}^{\mathrm{T}})\boldsymbol{x}_n^2.$$

由假设,$\det \boldsymbol{S} = (\det \boldsymbol{S}_1)(s_{nn} - \boldsymbol{y}\boldsymbol{S}_1^{-1}\boldsymbol{y}^{\mathrm{T}})>0$,$\det \boldsymbol{S}_1>0$,故 $s_{nn} - \boldsymbol{y}\boldsymbol{S}_1^{-1}\boldsymbol{y}^{\mathrm{T}}>0$.因此对任意非零向量 $\boldsymbol{x}\in\mathbf{R}^n$,

$$\boldsymbol{x}\boldsymbol{S}\boldsymbol{x}^{\mathrm{T}} = \boldsymbol{z}\boldsymbol{S}_1\boldsymbol{z}^{\mathrm{T}} + (s_{nn} - \boldsymbol{y}\boldsymbol{S}_1^{-1}\boldsymbol{y}^{\mathrm{T}})\boldsymbol{x}_n^2 > 0.$$

即(1)成立.至此证明了(1)～(6)的等价性.

(5)⇒(7) 显然.

(7)⇒(2) 记方阵 $\boldsymbol{S}$ 的所有 k 阶主子式之和为 s_k, $k=1,2,\cdots,n$.由第5章5.7节可知,方阵 $\boldsymbol{S}$ 的特征多项式为 $\varphi(\lambda)=\lambda^n - s_1\lambda^{n-1} + s_2\lambda^{n-1} - \cdots + (-1)^{n-1} \cdot s_{n-1}\lambda + (-1)^n s_n$.因为 $s_k>0$, $k=1,2,\cdots,n$,所以多项式 $\varphi(\lambda)$的系数是正负相间的,因此多项式 $\varphi(\lambda)$不可能具有负根.由于 $s_n>0$,所以多项式 $\varphi(\lambda)$的根不能

是零.这就证明了,方阵 $\boldsymbol{S}$ 的特征值都是正的.于是(2)成立.定理 3 证毕.

关于半正定对称方阵也有相应的结论.

定理 4　设 $\boldsymbol{S}$ 是 n 阶对称方阵,则下述命题等价:

(1) 方阵 $\boldsymbol{S}$ 是半正定的;

(2) 方阵 $\boldsymbol{S}$ 的所有特征值都是非负的;

(3) 存在 n 阶半正定对称方阵 $\boldsymbol{S}_1$, $\operatorname{rank}\boldsymbol{S}_1=\operatorname{rank}\boldsymbol{S}$,使得 $\boldsymbol{S}=\boldsymbol{S}_1^2$;

(4) 存在 n 阶方阵 $\boldsymbol{P}$, $\operatorname{rank}\boldsymbol{P}=\operatorname{rank}\boldsymbol{S}$,使得 $\boldsymbol{S}=\boldsymbol{P}^{\mathrm{T}}\boldsymbol{P}$;

(5) 方阵 $\boldsymbol{S}$ 的所有主子式都是非负的;

(6) 方阵 $\boldsymbol{S}$ 的所有 k 阶主子式之和都是非负的, $k=1,2,\cdots,n$.

证明　(1)⇒(2) 设 $\lambda_1,\lambda_2,\cdots,\lambda_n$ 是方阵 $\boldsymbol{S}$ 的所有特征值, $\lambda_1\geqslant\lambda_2\geqslant\cdots\geqslant\lambda_n$,则由本章 7.6 节定理 3,方阵 $\boldsymbol{S}$ 正交相似于对角形 $\operatorname{diag}(\lambda_1,\lambda_2,\cdots,\lambda_n)$.由引理的注,对角形 $\operatorname{diag}(\lambda_1,\lambda_2,\cdots,\lambda_n)$ 是半正定的.因此对 $\boldsymbol{\varepsilon}_j=(0,\cdots,0,\underset{\text{第}j\text{个}}{1},0,\cdots,0)\in\mathbf{R}^n$,

$$\boldsymbol{\varepsilon}_j\boldsymbol{S}\boldsymbol{\varepsilon}_j^{\mathrm{T}}=\lambda_j\geqslant 0,\quad j=1,2,\cdots,n.$$

于是得(2).

(2)⇒(3) 记号同上.由本章 7.6 节定理 3,存在 n 阶正交方阵 $\boldsymbol{O}$,使得

$$\boldsymbol{S}=\boldsymbol{O}^{\mathrm{T}}\operatorname{diag}(\lambda_1,\lambda_2,\cdots,\lambda_n)\boldsymbol{O}.$$

因为 $\lambda_1\geqslant\lambda_2\geqslant\cdots\geqslant\lambda_n\geqslant 0$,所以 $\sqrt{\lambda_1}\geqslant\sqrt{\lambda_2}\geqslant\cdots\geqslant\sqrt{\lambda_n}\geqslant 0$,并且

$$\boldsymbol{S}=(\boldsymbol{O}^{\mathrm{T}}\operatorname{diag}(\sqrt{\lambda_1},\sqrt{\lambda_2},\cdots,\sqrt{\lambda_n})\boldsymbol{O})^2.$$

记 $\boldsymbol{S}_1=\boldsymbol{O}^{\mathrm{T}}\operatorname{diag}(\sqrt{\lambda_1},\sqrt{\lambda_2},\cdots,\sqrt{\lambda_n})\boldsymbol{O}$.显然方阵 $\boldsymbol{S}_1$ 是对称的,并且 $\operatorname{rank}\boldsymbol{S}_1$ 等于非负实数 $\sqrt{\lambda_1},\sqrt{\lambda_2},\cdots,\sqrt{\lambda_n}$ 中非零数的个数,即等于方阵 $\boldsymbol{S}$ 的非零特征值的个数,也即 $\operatorname{rank}\boldsymbol{S}_1=\operatorname{rank}\boldsymbol{S}$.设 $\boldsymbol{x}=(x_1,x_2,\cdots,x_n)\in\mathbf{R}^n$,则

$$\boldsymbol{x}\operatorname{diag}(\sqrt{\lambda_1},\sqrt{\lambda_2},\cdots,\sqrt{\lambda_n})\boldsymbol{x}^{\mathrm{T}}=\sqrt{\lambda_1}x_1^2+\sqrt{\lambda_2}x_2^2+\cdots+\sqrt{\lambda_n}x_n^2\geqslant 0,$$

所以对角方阵 $\operatorname{diag}(\sqrt{\lambda_1},\sqrt{\lambda_2},\cdots,\sqrt{\lambda_n})$ 是半正定的.由引理的注,方阵 $\boldsymbol{S}_1$ 是半正定的,而且 $\boldsymbol{S}=\boldsymbol{S}_1^2$.于是(3)成立.

(3)⇒(4) 只需取 $\boldsymbol{P}=\boldsymbol{S}_1$ 即得(4).

(4)⇒(5) 记取自方阵 $\boldsymbol{S}$ 的第 $i_1,i_2,\cdots,i_k$ 行,第 $i_1,i_2,\cdots,i_k$ 列交叉位置上的元素构成的 k 阶主子式为

$$\boldsymbol{S}\begin{pmatrix}i_1 & i_2 & \cdots & i_k\\ i_1 & i_2 & \cdots & i_k\end{pmatrix},\quad 1\leqslant i_1<i_2<\cdots<i_k\leqslant n.$$

则由 $\boldsymbol{S}=\boldsymbol{P}^{\mathrm{T}}\boldsymbol{P}$ 得到

$$\boldsymbol{S}\begin{pmatrix}i_1 & i_2 & \cdots & i_k\\ i_1 & i_2 & \cdots & i_k\end{pmatrix}=\sum_{1\leqslant j_1<j_2<\cdots<j_k\leqslant n}\boldsymbol{P}^{\mathrm{T}}\begin{pmatrix}i_1 & i_2 & \cdots & i_k\\ j_1 & j_2 & \cdots & j_k\end{pmatrix}\boldsymbol{P}\begin{pmatrix}j_1 & j_2 & \cdots & j_k\\ i_1 & i_2 & \cdots & i_k\end{pmatrix}.$$

显然

$$P^{\mathrm{T}}\begin{pmatrix} i_1 & i_2 & \cdots & i_k \\ j_1 & j_2 & \cdots & j_k \end{pmatrix} = P\begin{pmatrix} j_1 & j_2 & \cdots & j_k \\ i_1 & i_2 & \cdots & i_k \end{pmatrix}.$$

因此

$$S\begin{pmatrix} i_1 & i_2 & \cdots & i_k \\ i_1 & i_2 & \cdots & i_k \end{pmatrix} = \sum_{1\leqslant j_1<j_2<\cdots<j_k\leqslant n}\left(P\begin{pmatrix} j_1 & j_2 & \cdots & j_k \\ i_1 & i_2 & \cdots & i_k \end{pmatrix}\right)^2 \geqslant 0.$$

于是(5)成立.

(5)⇒(6) 显然.

(6)⇒(1) 设方阵 S 的所有 k 阶主子式之和为 s_k, $k=1,2,\cdots,n$. 则方阵 S 的特征多项式 $\varphi(\lambda)$ 为

$$\varphi(\lambda) = \lambda^n - s_1\lambda^{n-1} + s_2\lambda^{n-2} + \cdots + (-1)^k s_k\lambda^{n-k} + \cdots + (-1)^n s_n.$$

设 $\lambda_0 = -\mu_0$, μ_0 是正数,则

$$\varphi(\lambda_0) = \varphi(-\mu_0) = (-1)^n\sum_{k=0}^{n} s_k\mu_0^{n-k},$$

其中约定 $s_0=1$. 由于 $s_k\geqslant 0$, $k=1,2,\cdots,n$,因此

$$\sum_{k=0}^{n} s_k\mu_0^{n-k} = \mu_0^n + s_1\mu_0^{n-1} + \cdots + s_n \geqslant \mu_0^n > 0,$$

所以负数 λ_0 不能是多项式 $\varphi(\lambda)$ 的根,即方阵 S 的特征值全是非负的,设为 $\lambda_1\geqslant\lambda\geqslant\lambda_2\geqslant\cdots\geqslant\lambda_n\geqslant 0$. 由本章 7.6 节定理 3,方阵 S 正交相似于对角形 $\mathrm{diag}(\lambda_1,\lambda_2,\cdots,\lambda_n)$. 设 $x=(x_1,x_2,\cdots,x_n)\in\mathbf{R}^n$,则

$$x\,\mathrm{diag}(\lambda_1,\lambda_2,\cdots,\lambda_n)x^{\mathrm{T}} = \lambda_1x_1^2 + \lambda_2x_2^2 + \cdots + \lambda_nx_n^2 \geqslant 0.$$

所以对角方阵 $\mathrm{diag}(\lambda_1,\lambda_2,\cdots,\lambda_n)$ 是半正定的. 由引理 1 的注,方阵 S 是半正定的. 定理 4 证毕.

应当指出,定理 4 中使得半正定对称方阵 $S=S_1^2$ 的半正定对称方阵 S_1 是唯一的. 即有:

定理 5 设 S 与 S_1 是 n 阶半正定对称方阵,且 $S=S_1^2$,则方阵 S_1 是唯一的. 而且与方阵 S 可交换的 n 阶方阵 A 也和方阵 S_1 可交换.

证明 设方阵 S 的所有特征值 $\lambda_1,\lambda_2,\cdots,\lambda_n$. 由定理 4 可设 $\lambda_1\geqslant\lambda_2\geqslant\cdots\geqslant\lambda_n\geqslant 0$. 设 S_1 与 S_2 是半正定对称方阵,且

$$S = S_1^2 = S_2^2,$$

并且 $\mu_1,\mu_2,\cdots,\mu_n$ 与 $\nu_1,\nu_2,\cdots,\nu_n$ 分别是方阵 S_1 与 S_2 的所有特征值. 由定理 4 可设 $\mu_1\geqslant\mu_2\geqslant\cdots\geqslant\mu_n\geqslant 0$ 且 $\nu_1\geqslant\nu_2\geqslant\cdots\geqslant\nu_n\geqslant 0$. 由本章 7.6 节定理 3,存在正交方阵 O_1 与 O_2,使得

$$S_1 = O_1^{\mathrm{T}}\mathrm{diag}(\mu_1,\mu_2,\cdots,\mu_n)O_1,$$
$$S_2 = O_2^{\mathrm{T}}\mathrm{diag}(\nu_1,\nu_2,\cdots,\nu_n)O_2.$$

于是

$$S = O_1^{\mathrm{T}}\mathrm{diag}(\mu_1^2,\mu_2^2,\cdots,\mu_n^2)O_1 = O_2^{\mathrm{T}}\mathrm{diag}(\nu_1^2,\nu_2^2,\cdots,\nu_n^2)O_2.$$

这表明，$\mu_1^2,\mu_2^2,\cdots,\mu_n^2$ 是方阵S的所有特征值，并且 $\mu_1^2\geqslant\mu_2^2\geqslant\cdots\geqslant\mu_n^2\geqslant 0$. 因此 $\mu_j^2=\lambda_j$，$j=1,2,\cdots,n$. 同理，$\nu_j^2=\lambda_j$，$j=1,2,\cdots,n$. 于是

$$O_1^{\mathrm{T}}\mathrm{diag}(\lambda_1,\lambda_2,\cdots,\lambda_n)O_1 = O_2^{\mathrm{T}}\mathrm{diag}(\lambda_1,\lambda_2,\cdots,\lambda_n)O_2.$$

即

$$O_2O_1^{\mathrm{T}}\mathrm{diag}(\lambda_1,\lambda_2,\cdots,\lambda_n) = \mathrm{diag}(\lambda_1,\lambda_2,\cdots,\lambda_n)O_2O_1^{\mathrm{T}}.$$

记 $O_2O_1^{\mathrm{T}}=P=(p_{ij})_{n\times n}$. 比较上式两端方阵的$(i,j)$元素，得到 $p_{ij}\lambda_j=\lambda_ip_{ij}$，$1\leqslant i,j\leqslant n$. 当 $\lambda_i=\lambda_j$ 时，显然 $p_{ij}\sqrt{\lambda_j}=\sqrt{\lambda_i}p_{ij}$；当 $\lambda_i\neq\lambda_j$ 时，由 $p_{ij}\lambda_j=\lambda_ip_{ij}$ 可知 $p_{ij}=0$，因此 $p_{ij}\sqrt{\lambda_j}=\sqrt{\lambda_i}p_{ij}$ 仍成立. 所以对任意 i,j，$1\leqslant i,j\leqslant n$，$p_{ij}\sqrt{\lambda_j}=\sqrt{\lambda_i}p_{ij}$. 写成方阵形式，即得

$$O_2O_1^{\mathrm{T}}\mathrm{diag}(\sqrt{\lambda_1},\sqrt{\lambda_2},\cdots,\sqrt{\lambda_n}) = \mathrm{diag}(\sqrt{\lambda_1},\sqrt{\lambda_2},\cdots,\sqrt{\lambda_n})O_2O_1^{\mathrm{T}},$$

也即

$$O_1^{\mathrm{T}}\mathrm{diag}(\sqrt{\lambda_1},\sqrt{\lambda_2},\cdots,\sqrt{\lambda_n})O_1 = O_2^{\mathrm{T}}\mathrm{diag}(\sqrt{\lambda_1},\sqrt{\lambda_2},\cdots,\sqrt{\lambda_n})O_2.$$

由此得到，$S_1=S_2$. 这就证明，适合 $S=S_1^2$ 的半正定对称方阵 S_1 是唯一的.

由本章7.6节定理3，可设

$$S = O^{\mathrm{T}}\mathrm{diag}(\lambda_1,\lambda_2,\cdots,\lambda_n)O,$$

其中 O 是某个正交方阵. 由 $AS=SA$ 得到

$$OAO^{\mathrm{T}}\mathrm{diag}(\lambda_1,\lambda_2,\cdots,\lambda_n) = \mathrm{diag}(\lambda_1,\lambda_2,\cdots,\lambda_n)OAO^{\mathrm{T}}.$$

由上段唯一性证明得到

$$OAO^{\mathrm{T}}\mathrm{diag}(\sqrt{\lambda_1},\sqrt{\lambda_2},\cdots,\sqrt{\lambda})_n = \mathrm{diag}(\sqrt{\lambda_1}\ \sqrt{\lambda_2},\cdots,\sqrt{\lambda_n})OAO^{\mathrm{T}}.$$

即

$$AO^{\mathrm{T}}\mathrm{diag}(\sqrt{\lambda_1},\sqrt{\lambda_2},\cdots,\sqrt{\lambda_n})O = O^{\mathrm{T}}\mathrm{diag}(\sqrt{\lambda_1},\sqrt{\lambda_2},\cdots,\sqrt{\lambda_n})OA.$$

显然 $S=(O^{\mathrm{T}}\mathrm{diag}(\sqrt{\lambda_1},\sqrt{\lambda_2},\cdots,\sqrt{\lambda_n})O)^2$. 由唯一性，$S_1=O^{\mathrm{T}}\mathrm{diag}(\sqrt{\lambda_1},\sqrt{\lambda_2},\cdots,\sqrt{\lambda_n})O$. 于是 $AS_1=S_1A$. 定理5证毕.

对半正定对称方阵 S，使得 $S=S_1^2$ 的唯一半正定对称方阵 S_1 称为**方阵 S 的平方根**，记为 $S^{1/2}$ 或 $\sqrt{S}$.

对称方阵在正交相似下的标准形和关于半正定对称方阵的定理2与定理3可以导出实矩阵在正交相抵下的标准形.

定义 3　设 $\boldsymbol{A}$ 与 $\boldsymbol{B}$ 是 $m\times n$ 实矩阵. 如果存在 m 阶与 n 阶实正交方阵 $\boldsymbol{O}_1$ 与 $\boldsymbol{O}_2$，使得 $\boldsymbol{B}=\boldsymbol{O}_1\boldsymbol{A}\boldsymbol{O}_2$，则矩阵 $\boldsymbol{A}$ 与 $\boldsymbol{B}$ 称为正交相抵的.

显然，如果 $m\times n$ 实矩阵 $\boldsymbol{A}$ 与 $\boldsymbol{B}$ 正交相抵，则矩阵 $\boldsymbol{A}$ 与 $\boldsymbol{B}$ 相抵，但反之不尽然.

$m\times n$ 实矩阵之间的正交相抵关系显然满足自反性、对称性与传递性. 因此它是 $m\times n$ 实矩阵间一种等价关系. 于是所有 $m\times n$ 实矩阵的集合 $\mathbf{R}^{m\times n}$ 在正交相抵等价关系下分成正交相抵等价类：彼此正交相抵的 $m\times n$ 矩阵归在同一个正交相抵等价类，而彼此不正交相抵的 $m\times n$ 矩阵划归不同的正交相抵等价类. 关于 $m\times n$ 矩阵集合 $\mathbf{R}^{m\times n}$ 在正交相抵下分类的两个基本问题是：(1) 确定 $m\times n$ 实矩阵在正交相抵下的标准形；(2) 确定 $m\times n$ 实矩阵在正交相抵下的全系不变量.

为讨论正交相抵的需要，引进下面的定义.

定义 4　设 $\boldsymbol{A}$ 是 $m\times n$ 实矩阵. 则 n 阶方阵 $\boldsymbol{A}^{\mathrm{T}}\boldsymbol{A}$ 的非零特征值的算术平方根称为矩阵 $\boldsymbol{A}$ 的奇异值.

显然，$(\boldsymbol{A}^{\mathrm{T}}\boldsymbol{A})^{\mathrm{T}}=\boldsymbol{A}^{\mathrm{T}}\boldsymbol{A}$，所以方阵 $\boldsymbol{A}^{\mathrm{T}}\boldsymbol{A}$ 是对称的. 设 $\boldsymbol{x}\in\mathbf{R}^n$，并记 $\boldsymbol{y}=\boldsymbol{x}\boldsymbol{A}^{\mathrm{T}}$，则 $\boldsymbol{y}\in\mathbf{R}^m$，并且 $\boldsymbol{x}\boldsymbol{A}^{\mathrm{T}}\boldsymbol{A}\boldsymbol{x}^{\mathrm{T}}=\boldsymbol{y}\boldsymbol{y}^{\mathrm{T}}=\|\boldsymbol{y}\|^2\geqslant 0$. 因此 $\boldsymbol{A}^{\mathrm{T}}\boldsymbol{A}$ 是半正定对称方阵. 由定理 4，方阵 $\boldsymbol{A}^{\mathrm{T}}\boldsymbol{A}$ 的非零特征值都是正的. 因此如果方阵 $\boldsymbol{A}^{\mathrm{T}}\boldsymbol{A}$ 的全部非零特征值为 $\lambda_1,\lambda_2,\cdots,\lambda_r$，则矩阵 $\boldsymbol{A}$ 的奇异值为 $\sqrt{\lambda_1},\sqrt{\lambda_2},\cdots,\sqrt{\lambda_r}$，并且它们都是正的，另外，由第 3 章 3.3 节习题可知

$$\lambda^m\det(\lambda\boldsymbol{I}_{(n)}-\boldsymbol{A}^{\mathrm{T}}\boldsymbol{A})=\lambda^n\det(\lambda\boldsymbol{I}_{(m)}-\boldsymbol{A}\boldsymbol{A}^{\mathrm{T}}),$$

所以方阵 $\boldsymbol{A}^{\mathrm{T}}\boldsymbol{A}$ 与 $\boldsymbol{A}\boldsymbol{A}^{\mathrm{T}}$ 具有相同的非零特征值. 于是矩阵 $\boldsymbol{A}$ 的奇异值也可以定义为方阵 $\boldsymbol{A}\boldsymbol{A}^{\mathrm{T}}$ 的非零特征值的算术平方根.

定理 6　设 $\mu_1,\mu_2,\cdots,\mu_r$ 是 $m\times n$ 实矩阵 $\boldsymbol{A}$ 的所有奇异值，其中 $\mu_1\geqslant\mu_2\geqslant\cdots\geqslant\mu_r>0$，且 $r=\operatorname{rank}\boldsymbol{A}$. 则矩阵 $\boldsymbol{A}$ 正交相抵于如下的准对角形：

$$\operatorname{diag}(\operatorname{diag}(\mu_1,\mu_2,\cdots,\mu_r),\boldsymbol{0}),\tag{7.7.3}$$

其中 $\boldsymbol{0}$ 是 $(m-r)\times(n-r)$ 零矩阵. 并且矩阵的奇异值是矩阵在正交相抵下的全系不变量.

证明　由定理 4，$\boldsymbol{A}^{\mathrm{T}}\boldsymbol{A}$ 是 n 阶半正定对称方阵，而且它的所有非零特征值都是正的，设为 $\mu_1^2,\mu_2^2,\cdots,\mu_r^2$. 因此存在 n 阶正交方阵 $\boldsymbol{O}$，使得

$$\boldsymbol{A}^{\mathrm{T}}\boldsymbol{A}=\boldsymbol{O}\operatorname{diag}(\mu_1^2,\mu_2^2,\cdots,\mu_r^2,\underbrace{0,\cdots,0}_{n-r\text{个}})\boldsymbol{O}^{\mathrm{T}}.$$

记 $\boldsymbol{D}=\operatorname{diag}(\mu_1,\mu_2,\cdots,\mu_r)$，$\boldsymbol{O}=(\boldsymbol{O}_1,\boldsymbol{O}_2)$，其中 $\boldsymbol{O}_1$ 是 $n\times r$ 子矩阵. 则

$$\boldsymbol{A}^{\mathrm{T}}\boldsymbol{A}=\boldsymbol{O}_1\boldsymbol{D}^2\boldsymbol{O}_1^{\mathrm{T}}.$$

因为方阵 $\boldsymbol{O}$ 是正交的，所以

$$O^{\mathrm{T}}O=\begin{pmatrix}O_1^{\mathrm{T}}\\O_2^{\mathrm{T}}\end{pmatrix}(O_1,O_2)=\begin{pmatrix}O_1^{\mathrm{T}}O_1 & O_1^{\mathrm{T}}O_2\\O_2^{\mathrm{T}}O_1 & O_2^{\mathrm{T}}O_2\end{pmatrix}=I_{(n)}.$$

因此 $O_1^{\mathrm{T}}O_1=I_{(r)}$，$O_1^{\mathrm{T}}O_2$ 与 $O_2^{\mathrm{T}}O_1$ 分别是 $r\times(n-r)$ 与 $(n-r)\times r$ 零矩阵.于是由 $A^{\mathrm{T}}A=O_1D^2O_1^{\mathrm{T}}$ 得到

$$(AO_1D^{-1})^{\mathrm{T}}(AO_1D^{-1})=I_{(r)},\quad (AO_2)^{\mathrm{T}}(AO_2)=\mathbf{0}.$$

这表明，$P_1=AO_1D^{-1}$ 是由 r 个两两正交的 m 维实的单位列向量构成的 $m\times r$ 矩阵，而 AO_2 是 $m\times(n-r)$ 零矩阵.由于 $m\times r$ 矩阵 P_1 的 r 个列向量可以扩成 m 维实的列向量空间连同标准内积构成的 Euclid 空间 $\mathbf{R}^n$ 的标准正交基，所以存在 $m\times(m-r)$ 矩阵 P_2，使得 $P=(P_1,P_2)$ 为正交方阵.因此

$$P\begin{pmatrix}D & 0\\0 & 0\end{pmatrix}O^{\mathrm{T}}=(P_1,P_2)\begin{pmatrix}D & 0\\0 & 0\end{pmatrix}\begin{pmatrix}O_1^{\mathrm{T}}\\O_2^{\mathrm{T}}\end{pmatrix}=P_1DO_1^{\mathrm{T}}=AO_1O_1^{\mathrm{T}}.$$

由于方阵 O 是正交的，所以 $OO^{\mathrm{T}}=(O_1,O_2)\begin{pmatrix}O_1^{\mathrm{T}}\\O_2^{\mathrm{T}}\end{pmatrix}=O_1O_1^{\mathrm{T}}+O_2O_2^{\mathrm{T}}=I_{(n)}$.因此由 $AO_2=\mathbf{0}$ 得到

$$P\begin{pmatrix}D & 0\\0 & 0\end{pmatrix}O^{\mathrm{T}}=AO_1O_1^{\mathrm{T}}=A(I_{(n)}-O_2O_2^{\mathrm{T}})=A.$$

这就证明了，$m\times n$ 矩阵 A 正交相抵于准对角形(7.7.3).

设 $m\times n$ 矩阵 A 与 B 正交相抵，即存在 m 阶与 n 阶正交方阵 O_1 与 O_2，使得 $B=O_1AO_2$，则 $B^{\mathrm{T}}B=O_2^{\mathrm{T}}A^{\mathrm{T}}AO_2$.因此方阵 $B^{\mathrm{T}}B$ 与 $A^{\mathrm{T}}A$ 具有相同的非零特征值.所以矩阵 A 与 B 具有相同的奇异值，也就是说，矩阵的奇异值是矩阵在正交相抵下的不变量.反之设矩阵 A 与 B 具有相同的奇异值 $\mu_1,\mu_2,\cdots,\mu_r$，$\mu_1\geqslant\mu_2\geqslant\cdots\geqslant\mu_r>0$.则由上段证明，矩阵 A 正交相抵于准对角方阵(7.7.3)，而准对角方阵(7.7.3)正交相抵于矩阵 B.由正交相抵的传递性，矩阵 A 与 B 正交相抵.这就证明了，矩阵的奇异值是矩阵在正交相抵下的全系不变量.定理6证毕.

定理6完全解决了矩阵在正交相抵下的标准形问题，其中准对角方阵(7.7.3)称为矩阵在正交相抵下的标准形.将矩阵 A 表为

$$A=O_1\operatorname{diag}(\operatorname{diag}(\mu_1,\mu_2,\cdots,\mu_r),\mathbf{0})O_2,$$

其中 O_1 与 O_2 是 m 阶与 n 阶正交方阵，称为矩阵 A 的**奇异值分解**.

矩阵的奇异值分解具有重要的应用.

定理7(矩阵的极分解) 任意 n 阶实方阵 A 都可以分解为一个半正定对称方 S(或者 S_1)与一个实正交方阵 O 的乘积，即 $A=SO$(或者 $A=OS_1$)，而且其中半正定对称方阵 S(或者 S_1)是由方阵 A 唯一确定的.

证明 设 $\mu_1,\mu_2,\cdots,\mu_r$ 是方阵 $\boldsymbol{A}$ 的所有奇异值.则由定理 6,存在 n 阶正交方阵 $\boldsymbol{O}_1$ 与 $\boldsymbol{O}_2$,使得

$$\boldsymbol{A}=\boldsymbol{O}_1\operatorname{diag}(\mu_1,\mu_2,\cdots,\mu_r,\underbrace{0,\cdots,0}_{n-r\text{个}})\boldsymbol{O}_2. \tag{7.7.4}$$

显然

$$\boldsymbol{A}=(\boldsymbol{O}_1\operatorname{diag}(\mu_1,\mu_2,\cdots,\mu_r,0,\cdots,0)\boldsymbol{O}_1^{\mathrm{T}})\boldsymbol{O}_1\boldsymbol{O}_2.$$

记 $\boldsymbol{S}=\boldsymbol{O}_1\operatorname{diag}(\mu_1,\mu_2,\cdots,\mu_r,0,\cdots,0)\boldsymbol{O}_1^{\mathrm{T}}$,$\boldsymbol{O}=\boldsymbol{O}_1\boldsymbol{O}_2$.显然方阵 $\boldsymbol{S}$ 是对称的,而方阵 $\boldsymbol{O}$ 是正交的.由定理 4,方阵 $\boldsymbol{S}$ 是半正定的.于是 $\boldsymbol{A}=\boldsymbol{SO}$.

设 $\boldsymbol{A}=\boldsymbol{SO}=\widetilde{\boldsymbol{S}}\widetilde{\boldsymbol{O}}$,其中 $\widetilde{\boldsymbol{S}}$ 是半正定对称方阵,$\widetilde{\boldsymbol{O}}$ 是正交方阵.则 $\boldsymbol{AA}^{\mathrm{T}}=\boldsymbol{S}^2=\widetilde{\boldsymbol{S}}^2$.由于方阵 $\boldsymbol{AA}^{\mathrm{T}}$ 是半正定的,所以由定理 5,$\widetilde{\boldsymbol{S}}=\boldsymbol{S}$.于是,使得 $\boldsymbol{A}=\boldsymbol{SO}$ 成立的半正定对称方阵 $\boldsymbol{S}$ 是唯一的.

由式(7.7.4),

$$\boldsymbol{A}=\boldsymbol{O}_1\boldsymbol{O}_2(\boldsymbol{O}_2^{\mathrm{T}}\operatorname{diag}(\mu_1,\mu_2,\cdots,\mu_r,0,\cdots,0)\boldsymbol{O}_2).$$

记 $\boldsymbol{O}_1\boldsymbol{O}_2=\boldsymbol{O}$,$\boldsymbol{S}_1=\boldsymbol{O}_2^{\mathrm{T}}\operatorname{diag}(\mu_1,\mu_2,\cdots,\mu_r,0,\cdots,0)\boldsymbol{O}_2$,则方阵 $\boldsymbol{O}$ 是正交的,方阵 $\boldsymbol{S}_1$ 是半正定对称方阵,并且 $\boldsymbol{A}=\boldsymbol{OS}_1$.(注意,在 $\boldsymbol{A}=\boldsymbol{SO}$ 与 $\boldsymbol{A}=\boldsymbol{OS}_1$ 中,方阵 $\boldsymbol{O}$ 允许取成同一个正交方阵.)由 $\boldsymbol{A}^{\mathrm{T}}\boldsymbol{A}=\boldsymbol{S}_1^2$ 即得方阵 $\boldsymbol{S}_1$ 的唯一性.定理 7 证毕.

应当指出,当方阵 $\boldsymbol{A}$ 可逆时,使 $\boldsymbol{A}=\boldsymbol{SO}$ 成立的正交方阵 $\boldsymbol{O}$ 也是唯一的,而当方阵 $\boldsymbol{A}$ 不可逆时,使 $\boldsymbol{A}=\boldsymbol{SO}$ 成立的正交方阵 $\boldsymbol{O}$ 不再唯一.

例 设 $\boldsymbol{A}$ 与 $\boldsymbol{B}$ 分别是 $m\times n$ 与 $n\times p$ 实矩阵.证明:

$$\operatorname{tr}(\boldsymbol{AB})(\boldsymbol{AB})^{\mathrm{T}}\leqslant\operatorname{tr}(\boldsymbol{AA}^{\mathrm{T}})\lambda_1(\boldsymbol{BB}^{\mathrm{T}}),$$

其中 $\lambda_1(\boldsymbol{BB}^{\mathrm{T}})$表示方阵 $\boldsymbol{BB}^{\mathrm{T}}$ 的最大特征值.

证明 设 $n\times p$ 矩阵 $\boldsymbol{B}$ 的所有奇异值为 $\mu_1,\mu_2,\cdots,\mu_r$,$\mu_1\geqslant\mu_2\geqslant\cdots\geqslant\mu_r>0$,则由定理 9,存在 n 阶与 p 阶实正交方阵 $\boldsymbol{O}_1$ 与 $\boldsymbol{O}_2$,使得

$$\boldsymbol{B}=\boldsymbol{O}_1\operatorname{diag}(\operatorname{diag}(\mu_1,\mu_2,\cdots,\mu_r),\boldsymbol{0})\boldsymbol{O}_2,$$

其中$\boldsymbol{0}$是$(n-r)\times(p-r)$零矩阵.因此

$$\boldsymbol{BB}^{\mathrm{T}}=\boldsymbol{O}_1\operatorname{diag}(\mu_1^2,\cdots,\mu_r^2,\underbrace{0,\cdots,0}_{n-r\text{个}})\boldsymbol{O}_1^{\mathrm{T}}.$$

所以

$$(\boldsymbol{AB})(\boldsymbol{AB})^{\mathrm{T}}=\boldsymbol{AO}_1\operatorname{diag}(\mu_1^2,\cdots,\mu_r^2,\underbrace{0,\cdots,0}_{n-r\text{个}})(\boldsymbol{AO}_1)^{\mathrm{T}}.$$

记 $\boldsymbol{AO}_1=(a_{ij})_{m\times n}$,则

$$\operatorname{tr}(\boldsymbol{AB})(\boldsymbol{AB})^{\mathrm{T}}=\sum_{i=1}^{m}\sum_{j=1}^{r}\mu_j^2a_{ij}^2\leqslant\mu_1^2\sum_{i=1}^{m}\sum_{j=1}^{r}a_{ij}^2\leqslant\mu_1^2\sum_{i=1}^{m}\sum_{j=1}^{n}a_{ij}^2.$$

由奇异值的定义，$\mu_1^2 = \lambda_1(\boldsymbol{BB}^{\mathrm{T}})$，而

$$\operatorname{tr}(\boldsymbol{AA}^{\mathrm{T}}) = \operatorname{tr}(\boldsymbol{AO}_1)(\boldsymbol{AO}_1)^{\mathrm{T}} = \sum_{i=1}^{m}\sum_{j=1}^{n} a_{ij}^2,$$

因此

$$\operatorname{tr}(\boldsymbol{AB})(\boldsymbol{AB})^{\mathrm{T}} \leqslant \lambda_1(\boldsymbol{BB}^{\mathrm{T}})\operatorname{tr}(\boldsymbol{AA}^{\mathrm{T}}).$$

证毕.

习　题

为方便起见，引用如下记号：$\boldsymbol{A}>0$ 表示 $\boldsymbol{A}$ 是正定对称方阵；$\boldsymbol{A}\geqslant 0$ 表示 $\boldsymbol{A}$ 是半正定对称方阵；$\boldsymbol{A}>\boldsymbol{B}$ 表示对称方阵 $\boldsymbol{A}$ 与 $\boldsymbol{B}$ 之差 $\boldsymbol{A}-\boldsymbol{B}>0$；$\boldsymbol{A}\geqslant\boldsymbol{B}$ 表示对称方阵 $\boldsymbol{A}$ 与 $\boldsymbol{B}$ 之差 $\boldsymbol{A}-\boldsymbol{B}\geqslant 0$.

1. 设 $\boldsymbol{A}$ 与 $\boldsymbol{B}$ 是 n 阶方阵，$\boldsymbol{A}\geqslant 0$，$\boldsymbol{B}\geqslant 0$，且 $\boldsymbol{A}^2$ 与 $\boldsymbol{B}^2$ 正交相似. 证明方阵 $\boldsymbol{A}$ 与 $\boldsymbol{B}$ 正交相似.

2. 设 $\boldsymbol{S}$ 是 n 阶对称方阵. 证明：存在唯一的 n 阶对称方阵 $\boldsymbol{S}_1$，使得 $\boldsymbol{S}=\boldsymbol{S}_1^3$. 方阵 $\boldsymbol{S}_1$ 称为方阵 $\boldsymbol{S}$ 的立方根，记为 $\sqrt[3]{\boldsymbol{S}}$.

3. 设 $\boldsymbol{A}>0$，$\boldsymbol{B}>0$. 证明：$\boldsymbol{AB}$ 的所有特征值都是正的.

4. 设 $\boldsymbol{S}>0$. 证明：存在可逆三角方阵 $\boldsymbol{P}$，使得 $\boldsymbol{S}=\boldsymbol{P}^{\mathrm{T}}\boldsymbol{P}$.

5. 设 n 阶方阵 $\boldsymbol{S}\geqslant 0$，且 $\operatorname{rank}\boldsymbol{S}=1$. 证明：存在非零行向量 $\boldsymbol{x}\in\mathbf{R}^n$，使得 $\boldsymbol{S}=\boldsymbol{x}^{\mathrm{T}}\boldsymbol{x}$.

6. 设 n 阶对称方阵 $\boldsymbol{S}$ 的前 $n-1$ 个顺序主子式

$$\boldsymbol{S}\begin{pmatrix}1 & 2 & \cdots & k\\ 1 & 2 & \cdots & k\end{pmatrix}>0,\quad k=1,2,\cdots,n-1,$$

且 $\det\boldsymbol{S}\geqslant 0$. 证明：$\boldsymbol{S}\geqslant 0$.

7. 设 $\boldsymbol{A}\geqslant 0$，$\boldsymbol{B}\geqslant 0$. 证明：$\det(\boldsymbol{A}+\boldsymbol{B})\geqslant\det\boldsymbol{A}+\det\boldsymbol{B}$.

8. 设 $\boldsymbol{S}\geqslant 0$. 证明：

$$\det\boldsymbol{S}\leqslant\boldsymbol{S}\begin{pmatrix}1 & 2 & \cdots & k\\ 1 & 2 & \cdots & k\end{pmatrix}\boldsymbol{S}\begin{pmatrix}(k+1) & (k+2) & \cdots & n\\ (k+1) & (k+2) & \cdots & n\end{pmatrix},$$

其中 $k=1,2,\cdots,n$.

9. 设 $\boldsymbol{S}=(a_{ij})_{n\times n}>0$. 证明：

$$\det\boldsymbol{S}\leqslant a_{11}a_{22}\cdots a_{nn}.$$

并且等号当且仅当方阵 $\boldsymbol{S}$ 为对角方阵时成立.

10. (Hadamard 不等式)设 $\boldsymbol{A}=(a_{ij})$ 是 n 阶可逆方阵. 证明：

$$|\det\boldsymbol{A}|\leqslant\prod_{j=1}^{n}\Big(\sum_{i=1}^{n}a_{ij}^2\Big)^{1/2},$$

其中等式当且仅当方阵 $\boldsymbol{A}$ 的 n 个列向量两两正交时成立.

11. 设 $\boldsymbol{S}_1$ 与 $\boldsymbol{S}_2$ 是 n 阶实对称方阵，$\boldsymbol{S}_1\geqslant 0$，且 $\det(\boldsymbol{S}_1+\mathrm{i}\boldsymbol{S}_2)=0$，其中 $\mathrm{i}^2=-1$. 证明：存

在非零实的行向量 $x\in\mathbf{R}^n$，使得 $x(S_1+\mathrm{i}S_2)=\mathbf{0}$.

12. 设 $S>0$. 证明：对任意实的行向量 x 与 y，

$$(xSy^{\mathrm{T}})^2\leqslant(xSx^{\mathrm{T}})(ySy^{\mathrm{T}}),$$

其中等式当且仅当向量 x 与 y 线性相关时成立.

13. 设 n 阶实方阵 A 的极分解唯一. 证明：方阵 A 可逆.

14. 证明：n 阶实方阵 A 规范的充分必要条件是，方阵 A 是具有极分解 $A=SO=OS$，其中 $S\geqslant0$，O 为正交方阵.

15. 设 $\mathscr{A}$ 是 n 维 Euclid 空间 V 的线性变换. 证明：存在 V 的部分正交变换 $\mathscr{B}$ 和半正定自伴变换 $\mathscr{C}$，$\mathrm{Ker}\,\mathscr{B}=\mathrm{Ker}\,\mathscr{C}$，使得 $\mathscr{A}=\mathscr{B}\mathscr{C}$，并且变换 $\mathscr{B}$ 与 $\mathscr{C}$ 是唯一的；证明：线性变换 $\mathscr{A}$ 规范的充分必要条件是，变换 $\mathscr{B}$ 与 $\mathscr{C}$ 可交换.

16. 证明：任意 n 阶实方阵都可以分解成为三个 n 阶实对称方阵的乘积.

17. 设 A 与 B 是 $m\times n$ 实矩阵. 证明：$AA^{\mathrm{T}}=BB^{\mathrm{T}}$ 的充分必要条件是 $A=BO$，其中 O 是某个 n 阶正交方阵.

18. 证明：实方阵 A 的所有奇异值恰是所有非零特征值的充分必要条件是 $A\geqslant0$.

19. 设 $\sigma_1(A)\geqslant\sigma_2(A)\geqslant\cdots\geqslant\sigma_r(A)$ 是 n 阶实对称方阵 A 的所有奇异值. 证明：

$$\sigma_k(A)=\sup_{X:k\times n}\frac{\sigma_k(XA)}{\sigma_1(X)},\quad \sigma_{n+1-k}(A)=\inf_{X:k\times n}\frac{\sigma_1(XA)}{\sigma_k(X)},\quad \forall\, k=1,2,\cdots,r.$$

7.8 方阵的正交相似

本节将用矩阵方法讨论方阵在正交相似下的标准形. 下面是关于方阵的正交相似的一个重要定理.

定理 1 设 $\lambda_1,\lambda_2,\cdots,\lambda_n$ 是 n 阶实方阵 A 的全部特征值，则 A 正交相似于准上三角形：

$$\begin{pmatrix} A_1 & * & * & * & * & * \\ & \ddots & * & * & * & * \\ & & A_s & * & * & * \\ & & & \lambda_{2s+1} & * & * \\ & & & & \ddots & * \\ & & & & & \lambda_n \end{pmatrix},\tag{7.8.1}$$

其中 A_j 是 2 阶方阵，具有特征值 $\lambda_{2j-1}=a_j+\mathrm{i}b_j$ 和 $\lambda_{2j}=a_j-\mathrm{i}b_j$，$j=1,\cdots,s$，$a_1$，

$\cdots, a_s, b_1, \cdots, b_s, \lambda_{2s+1}, \cdots, \lambda_n$是实数，且 $b_1 \cdots b_s \neq 0$.

证明 当 $s>0$ 时，设 $\boldsymbol{\alpha}_1 = \boldsymbol{u}_1 + \mathrm{i}\boldsymbol{v}_1$ 是 $\boldsymbol{A}$ 的属于特征值λ_1 的特征向量，其中 $\boldsymbol{u}_1, \boldsymbol{v}_1$ 是实向量. 则 $\boldsymbol{u}_1, \boldsymbol{v}_1$ 线性无关，且 $\boldsymbol{\alpha}_2 = \boldsymbol{u}_1 - \mathrm{i}\boldsymbol{v}_1$ 是 $\boldsymbol{A}$ 的属于特征值λ_2 的特征向量. 将$\{\boldsymbol{u}_1, \boldsymbol{v}_1\}$Gram-Schmidt 标准正交化为$\{\boldsymbol{\beta}_1, \boldsymbol{\beta}_2\}$，并扩充为 R^n 的一组标准正交基$\{\boldsymbol{\beta}_1, \boldsymbol{\beta}_2, \cdots, \boldsymbol{\beta}_n\}$. 设 $\boldsymbol{P} = (\boldsymbol{\beta}_1, \boldsymbol{\beta}_2, \cdots, \boldsymbol{\beta}_n)$，则 $\boldsymbol{P}^{-1}\boldsymbol{A}\boldsymbol{P} = \begin{pmatrix} \boldsymbol{A}_1 & * \\ \boldsymbol{0} & \widetilde{\boldsymbol{A}} \end{pmatrix}$，其中 $\boldsymbol{A}_1 \in \mathbf{R}^{2\times 2}$具有特征值 λ_1 和 λ_2. 当 $s=0$ 时，设 $\boldsymbol{\alpha}_1$ 是 $\boldsymbol{A}$ 的属于特征值 λ_1 的实特征向量，我们也可将 $\boldsymbol{\beta}_1 = \frac{\boldsymbol{\alpha}_1}{\|\boldsymbol{\alpha}_1\|}$扩充为 $\mathbf{R}^n$ 的一组标准正交基 $\boldsymbol{P} = (\boldsymbol{\beta}_1, \boldsymbol{\beta}_2, \cdots, \boldsymbol{\beta}_n)$. 则 $\boldsymbol{P}^{-1}\boldsymbol{A}\boldsymbol{P} = \begin{pmatrix} \lambda_1 & * \\ \boldsymbol{0} & \widetilde{\boldsymbol{A}} \end{pmatrix}$. 对方阵的阶数应用归纳法，可得 $\boldsymbol{A}$ 正交相似于(7.8.1). 定理1证毕.

尽管定理1没有解决方阵在正交相似下的标准形问题，但它却有许多重要的应用.

定理2(Schur 定理) 设 $\lambda_1, \lambda_2, \cdots, \lambda_n$ 是n 阶实方阵$\boldsymbol{A}$ 的全部特征值，则

$$\operatorname{tr} \boldsymbol{A}\boldsymbol{A}^{\mathrm{T}} \geqslant \sum_{j=1}^{n} |\lambda_j|^2, \tag{7.8.2}$$

并且等号当且仅当方阵 $\boldsymbol{A}$ 为规范时成立.

证明 因为方阵 $\boldsymbol{A}$ 的迹 $\operatorname{tr} \boldsymbol{A}$ 是方阵在相似下的不变量，所以对任意 n 阶正交方阵$\boldsymbol{O}$，

$$\operatorname{tr} \boldsymbol{A}\boldsymbol{A}^{\mathrm{T}} = \operatorname{tr}(\boldsymbol{O}^{\mathrm{T}}\boldsymbol{A}\boldsymbol{O})(\boldsymbol{O}^{\mathrm{T}}\boldsymbol{A}^{\mathrm{T}}\boldsymbol{O}).$$

由定理1，存在 n 阶正交方阵$\boldsymbol{O}$，使得 $\boldsymbol{O}^{\mathrm{T}}\boldsymbol{A}\boldsymbol{O}$ 为准上三角形(7.8.1)，其中 λ_{2j-1}，λ_{2j}为$a_j \pm \mathrm{i}b_j, j=1,2,\cdots,s$. 因此

$$\operatorname{tr} \boldsymbol{A}\boldsymbol{A}^{\mathrm{T}} = \sum_{j=1}^{s} \operatorname{tr} \boldsymbol{A}_j\boldsymbol{A}_j^{\mathrm{T}} + \sum_{j=2s+1}^{n} \lambda_j^2 + \sigma,$$

其中 σ 是准上三角形$\boldsymbol{O}^{\mathrm{T}}\boldsymbol{A}\boldsymbol{O}$ 的非对角块上元素的平方和. 所以

$$\operatorname{tr} \boldsymbol{A}\boldsymbol{A}^{\mathrm{T}} \geqslant \sum_{j=1}^{s} \operatorname{tr} \boldsymbol{A}_j\boldsymbol{A}_j^{\mathrm{T}} + \sum_{j=2s+1}^{n} \lambda_j^2.$$

由于每个 $\boldsymbol{A}_j$ 是2阶的，并且特征值 λ_{2j-1}与 λ_{2j}为$a_j \pm \mathrm{i}b_j, b_j>0$，所以

$$\det \boldsymbol{A}_j = (a_j + \mathrm{i}b_j)(a_j - \mathrm{i}b_j) = \frac{1}{2}(|\lambda_{2j-1}|^2 + |\lambda_{2j}|^2).$$

记

$$\boldsymbol{A}_j = \begin{pmatrix} c_j & d_j \\ f_j & g_j \end{pmatrix},$$

则

$$\det \boldsymbol{A}_j = c_j g_j - d_j f_j \leqslant \frac{1}{2}(c_j^2 + d_j^2 + f_j^2 + g_j^2) = \frac{1}{2}\operatorname{tr} \boldsymbol{A}_j \boldsymbol{A}_j^{\mathrm{T}}.$$

因此，$\operatorname{tr} \boldsymbol{A}_j \boldsymbol{A}_j^{\mathrm{T}} \geqslant |\lambda_{2j-1}|^2 + |\lambda_{2j}|^2$，其中等号当且仅当 $2(c_j g_j - d_j f_j) = c_j^2 + d_j^2 + f_j^2 + g_j^2$，即 $c_j = g_j, f_j = -d_j$，也即 $\boldsymbol{A}_j$ 为规范方阵时成立. 所以

$$\operatorname{tr} \boldsymbol{A}\boldsymbol{A}^{\mathrm{T}} \geqslant \sum_{j=1}^{n} |\lambda_j|^2,$$

其中当且仅当 $\boldsymbol{O}^{\mathrm{T}}\boldsymbol{A}\boldsymbol{O}$ 为准对角方阵而且每个 2 阶对角块为规范方阵，即 $\boldsymbol{O}^{\mathrm{T}}\boldsymbol{A}\boldsymbol{O}$ 为规范方阵时等号成立. 而 $\boldsymbol{O}^{\mathrm{T}}\boldsymbol{A}\boldsymbol{O}$ 为规范方阵的充分必要条件显然是 $\boldsymbol{A}$ 为规范方阵. 定理 2 证毕.

定理 3 设 $a_1 \pm \mathrm{i}b_1, a_2 \pm \mathrm{i}b_2, \cdots, a_s \pm \mathrm{i}b_s, \lambda_{2s+1}, \lambda_{2s+2}, \cdots, \lambda_n$ 是 n 阶规范方阵 $\boldsymbol{A}$ 的全部特征值，其中 $a_1, a_2, \cdots, a_s, b_1, b_2, \cdots, b_s, \lambda_{2s+1}, \cdots, \lambda_n$ 都是实数，且 $b_1 \geqslant b_2 \geqslant \cdots \geqslant b_s > 0$. 则方阵 $\boldsymbol{A}$ 正交相似如下的准对角形：

$$\operatorname{diag}\left[\begin{pmatrix} a_1 & b_1 \\ -b_1 & a_1 \end{pmatrix}, \cdots, \begin{pmatrix} a_s & b_s \\ -b_s & a_s \end{pmatrix}, \lambda_{2s+1}, \lambda_{2s+2}, \cdots, \lambda_n\right]. \tag{7.8.3}$$

并且规范方阵的特征值是规范方阵在正交相似下的全系不变量.

证明 因为方阵是规范的，所以 Schur 定理中式(7.8.2)取等号，由 Schur 定理的证明可知，式(7.8.2)取等号时，准下三角形 $\boldsymbol{O}^{\mathrm{T}}\boldsymbol{A}\boldsymbol{O}$ 为准对角方阵，而且每个 2 阶对角块 $\boldsymbol{A}_j$ 应具有形式 $\begin{pmatrix} c_j & d_j \\ -d_j & c_j \end{pmatrix}$. 由于对角块 $\boldsymbol{A}_j$ 的特征值为 $a_j \pm \mathrm{i}b_j$，所以 $c_j = a_j$，且 $d_j = \pm b_j$. 可设 $d_j = b_j$. 于是 $\boldsymbol{O}^{\mathrm{T}}\boldsymbol{A}\boldsymbol{O}$ 即为准对角方阵(7.8.3).

至于规范方阵的特征值是规范方阵在正交相似下的全系不变量，本章 7.4 节定理 7 已经证明. 这里不再重复. 定理 3 证毕.

利用定理 3 即可得对称方阵、斜对称方阵与正交方阵在正交相似下的标准形.

例 设 $\boldsymbol{A}$ 与 $\boldsymbol{B}$ 是 n 阶规范方阵，且 $\boldsymbol{AB}$ 也是规范方阵. 证明：$\boldsymbol{BA}$ 是规范方阵.

证明 记方阵 $\boldsymbol{A}$ 的所有特征值为 $\lambda_1(\boldsymbol{A}), \lambda_2(\boldsymbol{A}), \cdots, \lambda_n(\boldsymbol{A})$.

由 Schur 定理，只需证明

$$\operatorname{tr}(\boldsymbol{BA})(\boldsymbol{BA})^{\mathrm{T}} = \sum_{j=1}^{n} |\lambda_j(\boldsymbol{BA})|^2.$$

事实上，

$$\operatorname{tr}(\boldsymbol{BA})(\boldsymbol{BA})^{\mathrm{T}} = \operatorname{tr} \boldsymbol{BAA}^{\mathrm{T}}\boldsymbol{B}^{\mathrm{T}}.$$

由于对任意同阶方阵 $\boldsymbol{C}$ 与 $\boldsymbol{D}$，$\operatorname{tr} \boldsymbol{CD} = \operatorname{tr} \boldsymbol{DC}$，所以

$$\operatorname{tr}(\boldsymbol{BA})(\boldsymbol{BA})^{\mathrm{T}} = \operatorname{tr}(\boldsymbol{AA}^{\mathrm{T}}\boldsymbol{B}^{\mathrm{T}}\boldsymbol{B}).$$

因为方阵 $\boldsymbol{A}$ 与 $\boldsymbol{B}$ 是规范的，即 $\boldsymbol{AA}^{\mathrm{T}} = \boldsymbol{A}^{\mathrm{T}}\boldsymbol{A}, \boldsymbol{BB}^{\mathrm{T}} = \boldsymbol{B}^{\mathrm{T}}\boldsymbol{B}$，所以

$$\begin{aligned}\mathrm{tr}(\boldsymbol{BA})(\boldsymbol{BA})^{\mathrm{T}} &= \mathrm{tr}(\boldsymbol{A}^{\mathrm{T}}\boldsymbol{ABB}^{\mathrm{T}}) = \mathrm{tr}(\boldsymbol{ABB}^{\mathrm{T}}\boldsymbol{A}^{\mathrm{T}})\\ &= \mathrm{tr}(\boldsymbol{AB})(\boldsymbol{AB})^{\mathrm{T}}.\end{aligned}$$

因为方阵 $\boldsymbol{AB}$ 是规范的，所以由 Schur 定理，

$$\mathrm{tr}(\boldsymbol{BA})(\boldsymbol{BA})^{\mathrm{T}} = \mathrm{tr}(\boldsymbol{AB})(\boldsymbol{AB})^{\mathrm{T}} = \sum_{j=1}^{n} |\lambda_j(\boldsymbol{AB})|^2.$$

由于方阵 $\boldsymbol{AB}$ 与 $\boldsymbol{BA}$ 的特征多项式相同，所以方阵 $\boldsymbol{AB}$ 与 $\boldsymbol{BA}$ 的特征值相同．因此

$$\mathrm{tr}(\boldsymbol{BA})(\boldsymbol{BA})^{\mathrm{T}} = \sum_{j=1}^{n} |\lambda_j(\boldsymbol{AB})|^2 = \sum_{j=1}^{n} |\lambda_j(\boldsymbol{BA})|^2.$$

于是由 Schur 定理，方阵 $\boldsymbol{BA}$ 也是规范的．

习　题

1．设 λ 是 n 阶实方阵 $\boldsymbol{A}=(a_{ij})$ 的特征值．记 $a=\max\{|a_{ij}|:1\leqslant i,j\leqslant n\}$．利用 Schur 定理，证明：$|\lambda|\leqslant na$．

2．设 $\lambda_1(\boldsymbol{A}),\lambda_2(\boldsymbol{A}),\cdots,\lambda_n(\boldsymbol{A})$ 是 n 阶实方阵 $\boldsymbol{A}=(a_{ij})$ 的特征值．证明 Schur 不等式：

$$\sum_{j=1}^{n}(\mathrm{Re}(\lambda_j(\boldsymbol{A})))^2 \leqslant \sum_{1\leqslant i,j\leqslant n}\left|\frac{a_{ij}+a_{ji}}{2}\right|^2;$$

$$\sum_{j=1}^{n}(\mathrm{Im}(\lambda_j(\boldsymbol{A})))^2 \leqslant \sum_{1\leqslant i,j\leqslant n}\left|\frac{a_{ij}-a_{ji}}{2}\right|^2.$$

7.9　一些例子

例 1　设 $\boldsymbol{A}$ 与 $\boldsymbol{B}$ 是 n 阶实对称方阵，且 $\boldsymbol{A}>0$．证明方阵 $\boldsymbol{A}$ 与 $\boldsymbol{B}$ 同时相合于对角形，即存在 n 阶可逆方阵 $\boldsymbol{P}$，使得 $\boldsymbol{P}^{\mathrm{T}}\boldsymbol{AP}$ 与 $\boldsymbol{P}^{\mathrm{T}}\boldsymbol{BP}$ 都是对角方阵．

证明　因为 $\boldsymbol{A}>0$，所以存在 n 阶可逆方阵 $\boldsymbol{Q}$，使得 $\boldsymbol{A}=\boldsymbol{Q}^{\mathrm{T}}\boldsymbol{Q}$．记 $\boldsymbol{R}=(\boldsymbol{Q}^{\mathrm{T}})^{-1}$，则 $\boldsymbol{RAR}^{\mathrm{T}}=\boldsymbol{I}_{(n)}$．方阵 $\boldsymbol{RBR}^{\mathrm{T}}$ 显然是对称的．由本章 7.6 节定理 3，存在 n 阶正交方阵 $\boldsymbol{O}$，使得 $\boldsymbol{ORBR}^{\mathrm{T}}\boldsymbol{O}^{\mathrm{T}}$ 是对角方阵．显然 $\boldsymbol{ORAR}^{\mathrm{T}}\boldsymbol{O}^{\mathrm{T}}=\boldsymbol{I}_{(n)}$．记 $\boldsymbol{P}=\boldsymbol{R}^{\mathrm{T}}\boldsymbol{O}^{\mathrm{T}}$．方阵 $\boldsymbol{P}$ 显然可逆，并且 $\boldsymbol{P}^{\mathrm{T}}\boldsymbol{AP}$ 与 $\boldsymbol{P}^{\mathrm{T}}\boldsymbol{BP}$ 都是对角方阵．证毕．

例 2　设 $\boldsymbol{S}$ 是 n 阶实对称方阵．证明：$\mathrm{rank}\,\boldsymbol{S}=n$ 的充分必要条件是，存在 n 阶方阵 $\boldsymbol{A}$，使得 $\boldsymbol{SA}+\boldsymbol{A}^{\mathrm{T}}\boldsymbol{S}$ 为正定对称方阵．

证明　当 $\mathrm{rank}\,\boldsymbol{S}=n$ 时，令 $\boldsymbol{A}=\boldsymbol{S}$，则 $\boldsymbol{SA}+\boldsymbol{A}^{\mathrm{T}}\boldsymbol{S}=2\boldsymbol{S}^2$ 为正定对称方阵．当

rank $\boldsymbol{S}<n$ 时,存在非零向量 $\boldsymbol{\alpha}$ 使得 $\boldsymbol{S\alpha}=\boldsymbol{0}$,则 $\boldsymbol{\alpha}^{\mathrm{T}}(\boldsymbol{SA}+\boldsymbol{A}^{\mathrm{T}}\boldsymbol{S})\boldsymbol{\alpha}=\boldsymbol{0}$,故 $\boldsymbol{SA}+\boldsymbol{A}^{\mathrm{T}}\boldsymbol{S}$ 不可能正定.证毕.

例 3 设 $\boldsymbol{P}$ 是 m 阶正定实对称方阵,$\boldsymbol{Q}$ 是 n 阶正定实对称方阵,$\boldsymbol{R}$ 是任意 $m\times n$ 阶实矩阵.证明:方阵 $\boldsymbol{P}-\boldsymbol{RQ}^{-1}\boldsymbol{R}^{\mathrm{T}}>0$ 的充分必要条件是方阵 $\boldsymbol{Q}-\boldsymbol{R}^{\mathrm{T}}\boldsymbol{P}^{-1}\boldsymbol{R}>0$.

证明 设 $\boldsymbol{S}=\begin{pmatrix}\boldsymbol{P} & \boldsymbol{R}\\ \boldsymbol{R}^{\mathrm{T}} & \boldsymbol{Q}\end{pmatrix}$.由 $\boldsymbol{S}=\begin{pmatrix}\boldsymbol{I} & \boldsymbol{RQ}^{-1}\\ & \boldsymbol{I}\end{pmatrix}\begin{pmatrix}\boldsymbol{P}-\boldsymbol{RQ}^{-1}\boldsymbol{R}^{\mathrm{T}} & \\ & \boldsymbol{Q}\end{pmatrix}\begin{pmatrix}\boldsymbol{I} & \\ \boldsymbol{Q}^{-1}\boldsymbol{R}^{\mathrm{T}} & \boldsymbol{I}\end{pmatrix}$可知 $\boldsymbol{S}>0\Leftrightarrow\boldsymbol{P}-\boldsymbol{RQ}^{-1}\boldsymbol{R}^{\mathrm{T}}>0$.由 $\boldsymbol{S}=\begin{pmatrix}\boldsymbol{I} & \\ \boldsymbol{R}^{\mathrm{T}}\boldsymbol{P}^{-1} & \boldsymbol{I}\end{pmatrix}\begin{pmatrix}\boldsymbol{P} & \\ & \boldsymbol{Q}-\boldsymbol{R}^{\mathrm{T}}\boldsymbol{P}^{-1}\boldsymbol{R}\end{pmatrix}\begin{pmatrix}\boldsymbol{I} & \boldsymbol{P}^{-1}\boldsymbol{R}\\ & \boldsymbol{I}\end{pmatrix}$可知 $\boldsymbol{S}>0\Leftrightarrow\boldsymbol{Q}-\boldsymbol{R}^{\mathrm{T}}\boldsymbol{P}^{-1}\boldsymbol{R}>0$.证毕.

例 4 设 $\boldsymbol{S}=(a_{ij})_{n\times n}\geqslant 0$,且 $\boldsymbol{S}$ 的每个行和都为零,即 $\sum\limits_{j=1}^{n}a_{ij}=0,i=1,\cdots,n$.证明:

$$2\max_{1\leqslant i\leqslant n}\sqrt{a_{ii}}\leqslant\sum_{i=1}^{n}\sqrt{a_{ii}}.$$

证明 因为 $S\geqslant 0$,所以由本章 7.7 节定理 4,存在 n 阶方阵 $\boldsymbol{P}$,使得 $\boldsymbol{S}=\boldsymbol{P}^{\mathrm{T}}\boldsymbol{P}$.将方阵 $\boldsymbol{P}$ 按列分块,即记 $\boldsymbol{P}=(\boldsymbol{\alpha}_1,\boldsymbol{\alpha}_2,\cdots,\boldsymbol{\alpha}_n)$,其中 $\boldsymbol{\alpha}_i\in\mathbf{R}^n$,$i=1,2,\cdots,n$.于是

$$\boldsymbol{S}=\boldsymbol{P}^{\mathrm{T}}\boldsymbol{P}=\begin{pmatrix}\boldsymbol{\alpha}_1^{\mathrm{T}}\\ \boldsymbol{\alpha}_2^{\mathrm{T}}\\ \vdots\\ \boldsymbol{\alpha}_n^{\mathrm{T}}\end{pmatrix}(\boldsymbol{\alpha}_1,\boldsymbol{\alpha}_2,\cdots,\boldsymbol{\alpha}_n)$$

$$=\begin{pmatrix}(\boldsymbol{\alpha}_1,\boldsymbol{\alpha}_1) & (\boldsymbol{\alpha}_1,\boldsymbol{\alpha}_2) & \cdots & (\boldsymbol{\alpha}_1,\boldsymbol{\alpha}_n)\\ (\boldsymbol{\alpha}_2,\boldsymbol{\alpha}_1) & (\boldsymbol{\alpha}_2,\boldsymbol{\alpha}_2) & \cdots & (\boldsymbol{\alpha}_2,\boldsymbol{\alpha}_n)\\ & \cdots\cdots\cdots\cdots & & \\ (\boldsymbol{\alpha}_n,\boldsymbol{\alpha}_1) & (\boldsymbol{\alpha}_n,\boldsymbol{\alpha}_2) & \cdots & (\boldsymbol{\alpha}_n,\boldsymbol{\alpha}_n)\end{pmatrix}$$

其中$(\boldsymbol{\alpha}_i,\boldsymbol{\alpha}_i)=\boldsymbol{\alpha}_i^{\mathrm{T}}\boldsymbol{\alpha}_j$ 是 $\mathbf{R}^n$ 中向量$\boldsymbol{\alpha}_i$ 与 $\boldsymbol{\alpha}_j$ 的标准内积.由此得到 $a_{ij}=(\boldsymbol{\alpha}_i,\boldsymbol{\alpha}_j)$,$1\leqslant i,j\leqslant n$.

因为方阵 $\boldsymbol{S}$ 的每个行的和都为零,所以

$$\sum_{j=1}^{n}a_{ij}=\sum_{j=1}^{n}(\boldsymbol{\alpha}_i,\boldsymbol{\alpha}_j)=(\boldsymbol{\alpha}_i,\sum_{j=1}^{n}\boldsymbol{\alpha}_j)=0.$$

因此

$$\sum_{i=1}^{n}(\boldsymbol{\alpha}_i,\sum_{j=1}^{n}\boldsymbol{\alpha}_j)=(\sum_{i=1}^{n}\boldsymbol{\alpha}_j,\sum_{j=1}^{n}\boldsymbol{\alpha}_i)=0.$$

于是 $\sum_{i=1}^{n}\boldsymbol{\alpha}_i = \boldsymbol{0}$，即 $\boldsymbol{\alpha}_i = -\sum_{\substack{1\leqslant j\leqslant n\\ j\neq i}}\boldsymbol{\alpha}_j$. 所以 $\|\boldsymbol{\alpha}_i\| \leqslant \sum_{\substack{1\leqslant j\leqslant n\\ j\neq i}}\|\boldsymbol{\alpha}_j\|$. 即 $2\|\boldsymbol{\alpha}_i\| \leqslant \sum_{j=1}^{n}\|\boldsymbol{\alpha}_j\|$. 记 $\|\boldsymbol{\alpha}_{i_0}\| = \max\{\|\boldsymbol{\alpha}_j\| : j=1,2,\cdots,n\}$. 则

$$2\|\boldsymbol{\alpha}_{i_0}\| \leqslant \sum_{j=1}^{n}\|\boldsymbol{\alpha}_j\|.$$

但是 $\|\boldsymbol{\alpha}_j\| = \sqrt{(\boldsymbol{\alpha}_j,\boldsymbol{\alpha}_j)} = \sqrt{a_{jj}}$. 所以上式为

$$2\max_{1\leqslant i\leqslant n}\sqrt{a_{ii}} \leqslant \sum_{j=1}^{n}\sqrt{a_{jj}}.$$

例 5　设 $\boldsymbol{A}$ 是 n 阶实方阵. 证明：

$$\operatorname{tr}\boldsymbol{A} \leqslant \operatorname{tr}(\boldsymbol{A}\boldsymbol{A}^{\mathrm{T}})^{\frac{1}{2}},$$

其中等号当且仅当 $\boldsymbol{A}\geqslant 0$ 时成立.

证明　设 $\mu_1,\mu_2,\cdots\mu_r$ 是方阵 $\boldsymbol{A}$ 的全部奇异值. 则由本章 7.4 节定理 9，存在 n 阶正交方阵 $\boldsymbol{O}_1$ 与 $\boldsymbol{O}_2$，使得

$$\begin{aligned}\boldsymbol{A} &= \boldsymbol{O}_1\operatorname{diag}(\mu_1,\mu_2,\cdots\mu_r,\underbrace{0,\cdots,0}_{n-r\text{个}})\boldsymbol{O}_2\\ &= \boldsymbol{O}_1(\operatorname{diag}(\mu_1,\mu_2,\cdots\mu_r,\underbrace{0,\cdots,0}_{n-r\text{个}})\boldsymbol{O}_2\boldsymbol{O}_1)\boldsymbol{O}_1^{\mathrm{T}}.\end{aligned}$$

由于方阵 $\boldsymbol{A}$ 的迹 $\operatorname{tr}\boldsymbol{A}$ 是方阵在相似下的不变量，所以

$$\operatorname{tr}\boldsymbol{A} = \operatorname{tr}(\operatorname{diag}(\mu_1,\mu_2\cdots,\mu_r,\underbrace{0,\cdots,0}_{n-r\text{个}})\boldsymbol{O}_2\boldsymbol{O}_1).$$

记 $\boldsymbol{O}=\boldsymbol{O}_2\boldsymbol{O}_1=(b_{ij})$. 显然方阵 $\boldsymbol{O}$ 是正交的. 于是

$$\operatorname{tr}\boldsymbol{A} = \sum_{i=1}^{r}\mu_i b_{ii}.$$

由于方阵 $\boldsymbol{O}$ 是正交的，因此 $|b_{ii}|\leqslant\sqrt{\sum_{j=1}^{n}b_{jj}^2} = 1$. 所以

$$\operatorname{tr}\boldsymbol{A} \leqslant \sum_{i=1}^{r}\mu_i.$$

另一方面，

$$\boldsymbol{A}\boldsymbol{A}^{\mathrm{T}} = \boldsymbol{O}_1\operatorname{diag}(\mu_1^2,\mu_2^2,\cdots,\mu_r^2,0,\cdots,0)\boldsymbol{O}_1^{\mathrm{T}}.$$

所以

$$(\boldsymbol{A}\boldsymbol{A}^{\mathrm{T}})^{\frac{1}{2}} = \boldsymbol{O}_1\operatorname{diag}(\mu_1,\mu_2,\cdots,\mu_r,0,\cdots,0)\boldsymbol{O}_1^{\mathrm{T}}.$$

因此

$$\operatorname{tr}(\boldsymbol{A}\boldsymbol{A}^{\mathrm{T}})^{\frac{1}{2}} = \sum_{i=1}^{r}\mu_i \geqslant \operatorname{tr}\boldsymbol{A}.$$

如果 $\boldsymbol{A}\geqslant 0$,则 $\boldsymbol{A}^2=\boldsymbol{A}\boldsymbol{A}^{\mathrm{T}}$,即 $\boldsymbol{A}=(\boldsymbol{A}\boldsymbol{A}^{\mathrm{T}})^{\frac{1}{2}}$.因此 $\operatorname{tr}\boldsymbol{A}=\operatorname{tr}(\boldsymbol{A}\boldsymbol{A}^{\mathrm{T}})^{\frac{1}{2}}$,即等号成立.反之设等式成立.则依上面的记号,

$$\sum_{i=1}^{r}\mu_i b_{ii} = \sum_{i=1}^{r}\mu_i,$$

即

$$\sum_{i=1}^{r}\mu_i(1-b_{ii}) = 0.$$

因为 $\mu_i>0$ 且 $1-b_{ii}\geqslant 0$,所以 $b_{ii}=1, i=1,2,\cdots,r$.因此

$$\boldsymbol{O} = \boldsymbol{O}_2\boldsymbol{O}_1 = \begin{pmatrix}\boldsymbol{I}_{(r)} & \boldsymbol{0}\\ \boldsymbol{0} & \boldsymbol{O}_3\end{pmatrix},$$

其中 $\boldsymbol{O}_3$ 是 $n-r$ 阶正交方阵.于是

$$\begin{aligned}\boldsymbol{A} &= \boldsymbol{O}_1\operatorname{diag}(\mu_1,\mu_2,\cdots,\mu_r,0,\cdots,0)\begin{pmatrix}\boldsymbol{I}_{(r)} & \boldsymbol{0}\\ \boldsymbol{0} & \boldsymbol{O}_3\end{pmatrix}\boldsymbol{O}_1^{\mathrm{T}}\\ &= \boldsymbol{O}_1\operatorname{diag}(\mu_1,\mu_2,\cdots,\mu_r,0\cdots,0)\boldsymbol{O}_1^{\mathrm{T}}.\end{aligned}$$

即 $\boldsymbol{A}\geqslant 0$.证毕.

例 6 设 $\boldsymbol{S}$ 是 n 阶实对称方阵,$\mathbf{R}^n$ 是 n 维实的行向量空间.记

$$V_0 = \{\boldsymbol{x}\in\mathbf{R}^n : \boldsymbol{x}\boldsymbol{S}\boldsymbol{x}^{\mathrm{T}} = 0\}.$$

证明:V_0 为 $\mathbf{R}^n$ 的子空间的充分必要条件是$\boldsymbol{S}\geqslant 0$,或者 $-\boldsymbol{S}\geqslant 0$.

证明 设 $\lambda_1,\lambda_2,\cdots,\lambda_r$ 是方阵$\boldsymbol{S}$ 的全部非零特征值.则存在 n 阶正交方阵$\boldsymbol{O}$,使得

$$\boldsymbol{O}\boldsymbol{S}\boldsymbol{O}^{\mathrm{T}} = \operatorname{diag}(\lambda_1,\lambda_2,\cdots,\lambda_r,\underbrace{0,\cdots,0}_{n-r\text{个}}).$$

记方阵 $\boldsymbol{O}$ 的 n 个行向量为$\boldsymbol{\alpha}_1,\boldsymbol{\alpha}_2,\cdots,\boldsymbol{\alpha}_n$,则$\{\boldsymbol{\alpha}_1,\boldsymbol{\alpha}_2,\cdots,\boldsymbol{\alpha}_n\}$是 $\mathbf{R}^n$ 的标准正交基,并且

$$\begin{aligned}\boldsymbol{\alpha}_j\boldsymbol{S} &= \lambda_j\boldsymbol{\alpha}_j, \quad j = 1,2,\cdots,r,\\ \boldsymbol{\alpha}_k\boldsymbol{S} &= \boldsymbol{0}, \quad k = r+1,r+2,\cdots,n.\end{aligned}$$

设 $\boldsymbol{\alpha}\in\mathbf{R}^n$,则 $\boldsymbol{\alpha}=a_1\boldsymbol{\alpha}_1+a_2\boldsymbol{\alpha}_2+\cdots+a_n\boldsymbol{\alpha}_n$,其中 $a_j\in\mathbf{R}, j=1,2,\cdots,n$.于是

$$\boldsymbol{\alpha}\boldsymbol{S}\boldsymbol{\alpha}^{\mathrm{T}} = \lambda_1 a_1^2 + \lambda_2 a_2^2 + \cdots + \lambda_r a_r^2. \tag{7.9.3}$$

现在证明必要性.设 V_0 是 $\mathbf{R}^n$ 的子空间.取 $\boldsymbol{\alpha}=a_1\boldsymbol{\alpha}_1+a_1\boldsymbol{\alpha}_2+\cdots+a_n\boldsymbol{\alpha}_n\in V_0$.由式(7.9.3),

$$\boldsymbol{\alpha}\boldsymbol{S}\boldsymbol{\alpha}^{\mathrm{T}} = \lambda_1 a_1^2 + \lambda_2 a_2^2 + \cdots + \lambda_r a_r^2 = 0.$$

如果某个 $a_i \neq 0, 1 \leqslant i \leqslant r$，则取 $\boldsymbol{\beta} = -a_1\boldsymbol{\alpha}_1 - a_2\boldsymbol{\alpha}_2 - \cdots - a_{i-1}\boldsymbol{\alpha}_{i-1} + a_i\boldsymbol{\alpha}_i - a_{i+1}\boldsymbol{\alpha}_{i+1} - \cdots - a_n\boldsymbol{\alpha}_n$. 由于

$$\boldsymbol{\beta S \beta}^{\mathrm{T}} = \lambda_1 a_1^2 + \lambda_2 a_2^2 + \cdots + \lambda_r a_r^2 = 0,$$

所以 $\boldsymbol{\beta} \in V_0$. 由于 V_0 是子空间，所以 $\boldsymbol{\alpha} + \boldsymbol{\beta} = 2a_j\boldsymbol{\alpha}_j \in V_0$. 于是

$$(\boldsymbol{\alpha} + \boldsymbol{\beta})\boldsymbol{S}(\boldsymbol{\alpha} + \boldsymbol{\beta})^{\mathrm{T}} = 4\lambda_j a_j^2.$$

因此 $\lambda_j = 0$. 这和 $\lambda_j \neq 0$ 的假设矛盾. 所以 $\boldsymbol{\alpha} = a_{r+1}\boldsymbol{\alpha}_{r+1} + \cdots + a_n\boldsymbol{\alpha}_n$. 反之，由式(7.9.3)，如果 $\boldsymbol{\alpha} = a_{r+1}\boldsymbol{\alpha}_{r+1} + \cdots + a_n\boldsymbol{\alpha}_n$，则 $\boldsymbol{\alpha} \in V_0$.

设方阵 $\boldsymbol{S}$ 的非零特征值不全同号，即存在 $1 \leqslant i < j \leqslant r$，使得 $\lambda_i > 0, \lambda_j = -\mu_j < 0$. 取 $\boldsymbol{\beta} = \dfrac{1}{\sqrt{\lambda_i}}\boldsymbol{\alpha}_i + \dfrac{1}{\sqrt{\mu_j}}\boldsymbol{\alpha}_j$，则由式(7.9.3)，

$$\boldsymbol{\beta S \beta}^{\mathrm{T}} = \lambda_i\left(\frac{1}{\sqrt{\lambda_i}}\right)^2 + \lambda_j\left(\frac{1}{\sqrt{\mu_j}}\right)^2 = 1 - 1 = 0,$$

得 $\boldsymbol{\beta} \in V_0$. 另一方面，由上段证明，$\boldsymbol{\alpha} \in V_0$ 当且仅当 $\boldsymbol{\alpha} = a_{r+1}\boldsymbol{\alpha}_{r+1} + \cdots + a_n\boldsymbol{\alpha}_n$. 因此 $\boldsymbol{\beta} \notin V_0$. 矛盾. 因此方阵 $\boldsymbol{S}$ 的所有非零特征值都同号. 这就证明，$\boldsymbol{S} \geqslant 0$，或者 $-\boldsymbol{S} \geqslant 0$.

再证充分性. 由于 $\boldsymbol{S} \geqslant 0$，或者 $-\boldsymbol{S} \geqslant 0$，所以方阵 $\boldsymbol{S}$ 的所有非零特征值都同号. 由式(7.9.3)可知，$\boldsymbol{\alpha} \in V_0$ 当且仅当 $\boldsymbol{\alpha} = a_{r+1}\boldsymbol{\alpha}_{r+1} + \cdots + a_n\boldsymbol{\alpha}_n$. 这表明，$V_0$ 是 $\mathbf{R}^n$ 中由 $\boldsymbol{\alpha}_{r+1}, \cdots, \boldsymbol{\alpha}_n$ 生成的子空间. 充分性证毕.

例 7　设方阵 $\boldsymbol{A} = (a_{ij})_{m \times m}$，$\boldsymbol{B} = (b_{ij})_{n \times n}$. mn 阶方阵 $\boldsymbol{A} \otimes \boldsymbol{B} = (a_{ij}\boldsymbol{B})$ 称为方阵 $\boldsymbol{A}$ 与 $\boldsymbol{B}$ 的张量积或 Kronecker 乘积. 证明：当 $\boldsymbol{A} \geqslant 0$ 且 $\boldsymbol{B} \geqslant 0$ 时，$\boldsymbol{A} \otimes \boldsymbol{B} \geqslant 0$.

证明　设 $\boldsymbol{A}, \boldsymbol{B}$ 分别有正交相似标准形：

$$\boldsymbol{A} = \boldsymbol{P}\begin{pmatrix} \lambda_1 & & \\ & \ddots & \\ & & \lambda_m \end{pmatrix}\boldsymbol{P}^{-1}, \quad \boldsymbol{B} = \boldsymbol{Q}\begin{pmatrix} \mu_1 & & \\ & \ddots & \\ & & \mu_n \end{pmatrix}\boldsymbol{Q}^{-1},$$

其中 $\boldsymbol{P}, \boldsymbol{Q}$ 是正交阵. 则 $\boldsymbol{A} \otimes \boldsymbol{B}$ 有正交相似标准形

$$\boldsymbol{A} \otimes \boldsymbol{B} = (\boldsymbol{P} \otimes \boldsymbol{Q})(\mathrm{diag}(\lambda_1, \cdots, \lambda_m) \otimes \mathrm{diag}(\mu_1, \cdots, \mu_n))(\boldsymbol{P} \otimes \boldsymbol{Q})^{-1},$$

其中 $\boldsymbol{P} \otimes \boldsymbol{Q}$ 仍是正交阵. $\boldsymbol{A} \otimes \boldsymbol{B}$ 的所有特征值都是非负的，故 $\boldsymbol{A} \otimes \boldsymbol{B} \geqslant 0$.

例 8　设 $\boldsymbol{A} = (a_{ij})_{n \times n}$ 与 $\boldsymbol{B} = (b_{ij})_{n \times n}$ 是 n 阶方阵，记

$$\boldsymbol{A} \circ \boldsymbol{B} = \begin{pmatrix} a_{11}b_{11} & a_{12}b_{12} & \cdots & a_{1n}b_{1n} \\ a_{21}b_{21} & a_{22}b_{22} & \cdots & a_{2n}b_{2n} \\ & \cdots\cdots\cdots\cdots & & \\ a_{n1}b_{n1} & a_{n2}b_{n2} & \cdots & a_{nn}b_{nn} \end{pmatrix}.$$

方阵 $\boldsymbol{A} \circ \boldsymbol{B}$ 称为方阵 $\boldsymbol{A}$ 与 $\boldsymbol{B}$ 的 Hadamard 乘积. 证明：$\boldsymbol{A} \geqslant 0$ 且 $\boldsymbol{B} \geqslant 0$ 时，Hadamard

乘积 $\boldsymbol{A}\circ\boldsymbol{B}\geqslant 0$.

证明 容易验证,方阵 $\boldsymbol{A}\circ\boldsymbol{B}$ 是对称的.下面证明,方阵 $\boldsymbol{A}\circ\boldsymbol{B}$ 是半正定的.事实上,因为 $\boldsymbol{A}\geqslant 0$,所以存在 n 阶方阶方阵 $\boldsymbol{P}=(p_{ij})$,使得 $\boldsymbol{A}=\boldsymbol{P}^{\mathrm{T}}\boldsymbol{P}$.因此

$$a_{ij}=\sum_{k=1}^{n}p_{ki}p_{kj},\quad 1\leqslant i,j\leqslant n.$$

记 $\boldsymbol{A}\circ\boldsymbol{B}=(c_{ij})$,则

$$c_{ij}=a_{ij}b_{ij}=\sum_{k=1}^{n}p_{ki}p_{kj}b_{ij},\quad 1\leqslant i,j\leqslant n.$$

设 $\boldsymbol{x}=(x_1,x_2,\cdots,x_n)\in\mathbf{R}^n$.则

$$\boldsymbol{x}(\boldsymbol{A}\circ\boldsymbol{B})\boldsymbol{x}^{\mathrm{T}}=\sum_{1\leqslant i,j\leqslant n}\sum_{k=1}^{n}b_{ij}x_ip_{ki}x_jp_{kj}=\sum_{k=1}^{n}\Big(\sum_{1\leqslant i,j\leqslant n}b_{ij}x_ip_{ki}x_jp_{kj}\Big).$$

因为

$$\begin{aligned}d_k&=\sum_{1\leqslant i,j\leqslant n}b_{ij}x_ip_{ki}x_jp_{kj}\\&=(x_1p_{k1},x_2p_{k2},\cdots,x_np_{kn})\boldsymbol{B}(x_1p_{k1},x_2p_{k2},\cdots,x_np_{kn})^{\mathrm{T}},\end{aligned}$$

且 $\boldsymbol{B}\geqslant 0$,所以 $d_k\geqslant 0$,$k=1,2,\cdots,n$.因此 $\boldsymbol{x}(\boldsymbol{A}\circ\boldsymbol{B})\boldsymbol{x}^{\mathrm{T}}\geqslant 0$.这就证明,$\boldsymbol{A}\circ\boldsymbol{B}\geqslant 0$.

例 9 设 $\boldsymbol{A}$ 是 n 阶三对角方阵,即设

$$\boldsymbol{A}=\begin{pmatrix}a_1&b_2&0&0&\cdots&0&0&0\\c_2&a_2&b_3&0&\cdots&0&0&0\\0&c_3&a_3&b_4&\cdots&0&0&0\\&&&\cdots\cdots&\cdots&&&\\0&0&0&0&\cdots&c_{n-1}&a_{n-1}&b_n\\0&0&0&0&\cdots&0&c_n&a_n\end{pmatrix},$$

并且 $b_jc_j>0$,$j=2,3,\cdots,n$.证明:方阵 $\boldsymbol{A}$ 的全部特征值都是实数,并且互不相等.

证明 先考虑方阵 $\boldsymbol{A}$ 为对称的情形,即 $b_2=c_2,\cdots,b_n=c_n$.此时方阵 $\boldsymbol{A}$ 的所有特征值都是实数.下面证明,方阵 $\boldsymbol{A}$ 的特征值两两不同.

由于实对称方阵 $\boldsymbol{A}$ 正交相似于对角形,所以 $\boldsymbol{A}$ 相似于对角形.因此方阵的最小多项式 $d(\lambda)$ 没有重根.另一方面,方阵 $\boldsymbol{A}$ 的特征方阵 $\lambda\boldsymbol{I}_{(n)}-\boldsymbol{A}$ 的 $n-1$ 阶子式

$$(\lambda\boldsymbol{I}_{(n)}-\boldsymbol{A})\begin{pmatrix}1&2&\cdots&n-1\\2&3&\cdots&n\end{pmatrix}=(-1)^{n-1}b_2b_3\cdots b_n\neq 0,$$

所以方阵 $\boldsymbol{A}$ 的 $n-1$ 阶行列式因子 $D_{n-1}(\lambda)=1$.于是方阵 $\boldsymbol{A}$ 的不变因子为 $d_1(\lambda)=\cdots=d_{n-1}(\lambda)=1$,$d_n(\lambda)=D_n(\lambda)$.由于方阵 $\boldsymbol{A}$ 的第 n 个不变因子 $d_n(\lambda)$ 即是方阵 $\boldsymbol{A}$ 的最小多项式 $d(\lambda)$.所以 $d(\lambda)=D_n(\lambda)$.这表明,$d(\lambda)$ 即是方阵 $\boldsymbol{A}$ 的特

征多项式$\varphi(\lambda)$. 也即方阵 $\boldsymbol{A}$ 的所有特征值都是最小多项式 $d(\lambda)$的根. 而 $d(\lambda)$没有重根. 所以方阵 $\boldsymbol{A}$ 的特征值两两不同.

现在考虑一般情形. 由于 $b_jc_j>0, j=2,3,\cdots,n$, 所以

$$\frac{b_2b_3\cdots b_j}{c_2c_3\cdots c_j}=\frac{(b_2c_2)(b_3c_3)\cdots(b_jc_j)}{c_2^2c_3^2\cdots c_j^2}>0.$$

因此$\sqrt{\dfrac{b_2b_3\cdots b_j}{c_2c_3\cdots c_j}}>0, j=2,3,\cdots,n$. 记

$$\boldsymbol{P}=\operatorname{diag}\left(1,\sqrt{\frac{b_2}{c_2}},\cdots,\sqrt{\frac{b_2b_3\cdots b_n}{c_2c_3\cdots c_n}}\right),$$

则

$$\boldsymbol{PAP}^{-1}=\begin{pmatrix} a_1 & \sqrt{b_2c_2} & 0 & \cdots & 0 & 0 & 0 \\ \sqrt{b_2c_2} & a_2 & \sqrt{b_3c_3} & \cdots & 0 & 0 & 0 \\ 0 & \sqrt{b_3c_3} & a_3 & \cdots & 0 & 0 & 0 \\ & & & \cdots\cdots\cdots\cdots & & & \\ 0 & 0 & 0 & \cdots & \sqrt{b_{n-1}c_{n-1}} & a_{n-1} & \sqrt{b_nc_n} \\ 0 & 0 & 0 & \cdots & 0 & \sqrt{b_nc_n} & a_n \end{pmatrix}.$$

记 $\boldsymbol{PAP}^{-1}=\boldsymbol{S}$. 则由上段证明,方阵 $\boldsymbol{S}$ 的所有特征值都是实数,并且两两不同. 由于方阵的特征值是相似不变量,所以方阵 $\boldsymbol{A}$ 的所有特征值都是实数,并且两两不同.

习　　题

1. 设 $\boldsymbol{A}>0$,且方阵 $\boldsymbol{B}$ 与 $\boldsymbol{A}$ 的 k 次幂可交换,k 为正整数. 证明:方阵 $\boldsymbol{B}$ 与 $\boldsymbol{A}$ 可交换.

2. 设 $\boldsymbol{A}>0$,且 $\boldsymbol{B}$ 为对称方阵. 证明:多项式 $\det(\lambda\boldsymbol{A}-\boldsymbol{B})$的根都是实数.

3. 设 n 阶对称方阵$\boldsymbol{A}>0$,$\boldsymbol{B}$ 是$n\times m$ 列满秩矩阵. 求 $n+m$ 阶对称方阵

$$\boldsymbol{C}=\begin{pmatrix} \boldsymbol{A} & \boldsymbol{B} \\ \boldsymbol{B}^{\mathrm{T}} & \boldsymbol{0} \end{pmatrix}$$

的逆方阵,其中$\boldsymbol{0}$是 m 阶零方阵.

4. 设 $\boldsymbol{A}>0,\boldsymbol{B}>0$,且方阵 $\boldsymbol{A}$ 与$\boldsymbol{B}$ 可交换. 证明:$\boldsymbol{AB}>0$.

5. 设 n 阶实方阵$\boldsymbol{A}$ 的顺序主子式都不为零. 证明:存在对角元全为 1 的 n 阶下三角方阵$\boldsymbol{P}$ 与$\boldsymbol{Q}$,使得

$$\boldsymbol{A}=\boldsymbol{P}\operatorname{diag}(d_1,d_2,\cdots,d_n)\boldsymbol{Q}^{\mathrm{T}},$$

其中

$$d_k=\frac{\boldsymbol{A}\begin{pmatrix}1\ 2\ \cdots\ k\\1\ 2\ \cdots\ k\end{pmatrix}}{\boldsymbol{A}\begin{pmatrix}1\ 2\ \cdots\ (k-1)\\1\ 2\ \cdots\ (k-1)\end{pmatrix}},\quad k=1,2,\cdots,n,$$

并约定 $A\binom{0}{0}=1$.

6. 设 n 阶对称方阵 $A>0$. 证明：对任意行向量 $x, y\in\mathbf{R}^n$,

$$(xAx^{\mathrm{T}})+(yA^{-1}y^{\mathrm{T}})\geqslant 2xy^{\mathrm{T}}.$$

等号成立的充分必要条件是什么？

7. 证明：对任意非零行向量 $x=(x_1,x_2,\cdots,x_n)\in\mathbf{R}^n$，均有

$$f(x)=\sum_{j=1}^{n}x_j^2-\sum_{j=1}^{n-1}x_jx_{j+1}>0.$$

求 $f(x)$的最小值，以及 $f(x)$在条件 $x_n=1$ 下的最小值.

8. 设 n 阶对称方阵 $A>0$. 证明：在 n 维实的行向量集合 $\mathbf{R}^n$ 连同标准内积构成的 Euclid 空间中，由不等式 $xAx^{\mathrm{T}}\leqslant 1$ 所定义的区域是有界的，并且它的体积 V 为

$$V=\int\cdots\int_{xAx^{\mathrm{T}}\leqslant 1}\mathrm{d}x_1\mathrm{d}x_2\cdots\mathrm{d}x_n=\frac{\pi^{n/2}}{\Gamma\left(\frac{n}{2}+1\right)}(\det A)^{1/2},$$

其中 $x=(x_1,x_2,\cdots,x_n)\in\mathbf{R}^n$.

9. 设 $A>0, B>0$. 证明：方阵 A 与 B 的 Hadamard 乘积 $A\circ B>0$.

10. $A\leqslant B, C>0$，且方阵 C 与 A 和 B 都可交换. 证明：$AC\leqslant BC$.

11. 设 $0\leqslant A\leqslant B$. 证明：$\det B\geqslant\det A$.

12. 设 $0<A\leqslant B$. 证明：$B^{-1}\leqslant A^{-1}$.

13. 设 $0\leqslant A\leqslant B$. 证明：$\sqrt{A}\leqslant\sqrt{B}$.

14. 设 A 是对称方阵. 记 $|A|=\sqrt{A^2}$, $A_+=\frac{1}{2}(|A|+A)$, $A_-=\frac{1}{2}(|A|-A)$. 证明：

(1) $|A|$是满足 $A\leqslant|A|$, $-A\leqslant|A|$且与 A 可交换的最小的对称方阵，这里所谓“最小”是指，如果对称方阵 B 满足$A\leqslant B$, $-A\leqslant B$，且与 A 可交换，则$|A|\leqslant B$；

(2) A_+是满足 $A\leqslant A_+$且与 A 可交换的最小的半正定对称方阵；

(3) A_-是满足 $-A\leqslant A_-$且与 A 可交换的最小的半正定对称方阵；

(4) 设 A 与 B 是可交换的对称方阵，则存在满足 $A\leqslant C, B\leqslant C$，且与 A 和 B 都可交换的最小对称方阵.

15. 证明：两个 n 阶半正定对称方阵S_1 与 S_2 可以同时相合于对角形，即存在 n 阶可逆方阵 P，使得 $P^{\mathrm{T}}S_1P$ 与$P^{\mathrm{T}}S_2P$ 都是对角方阵.（提示：方阵 $S=S_1+S_2$ 是半正定的.）

16. 正定对称方阵的概念可以推广（见 Johnson C R. *Positive definite matrices*. Amer. Math. Monthly，1970，77：259－264.）：设 A 是n 阶实方阵（不必是对称的）. 如果对任意非零行向量 $x\in\mathbf{R}^n$, $xAx^{\mathrm{T}}>0$，则方阵 A 称为正定的. 记 $A=S+K$，其中 $S=\frac{1}{2}(A+A^{\mathrm{T}})$, $K=\frac{1}{2}(A-A^{\mathrm{T}})$，它们分别称为方阵 A 的对称部分与斜对称部分. 证明：

(1) 方阵 A 正定的充分必要条件是，它的对称部分 S 是正定的；

(2) 设 $f_{\boldsymbol{A}}(\lambda)=\det(\lambda \boldsymbol{S}-\boldsymbol{K})$. 则当 $\boldsymbol{A}$ 正定时，$f_{\boldsymbol{A}}(\lambda)$ 的非零的根是纯虚数；

(3) 设 $\boldsymbol{A}$ 正定，并且 $f_{\boldsymbol{A}}(\lambda)$ 的所有非零的根为 $\pm \mathrm{i}a_1, \pm \mathrm{i}a_2, \cdots, \pm \mathrm{i}a_s, a_1 \geqslant a_2 \geqslant \cdots \geqslant a_s > 0$，则 $\boldsymbol{A}$ 相合于如下的准对角方阵：

$$\operatorname{diag}\left(\begin{pmatrix} 1 & a_1 \\ -a_1 & 1 \end{pmatrix}, \cdots, \begin{pmatrix} 1 & a_s \\ -a_s & 1 \end{pmatrix}, \underbrace{1, \cdots, 1}_{n-2s\text{个}}\right),$$

并且 $f_{\boldsymbol{A}}(\lambda)$ 的根是正定方阵在相合下的全系不变量.

17. 设 μ 是实数，$\boldsymbol{C}$ 是 n 阶实方阵，且 $\boldsymbol{A}=\mu \boldsymbol{I}_{(n)}+\mathrm{i}\boldsymbol{C}$ 是 n 阶复正交方阵，即 $\boldsymbol{A}\boldsymbol{A}^{\mathrm{T}}=\boldsymbol{I}_{(n)}=\boldsymbol{A}^{\mathrm{T}}\boldsymbol{A}$，其中 $\mathrm{i}^2=-1$. 证明方阵 $\boldsymbol{C}$ 是斜对称的，并且

(1) 当 $\operatorname{rank} \boldsymbol{C}<n$ 时，$\boldsymbol{A}=\pm \boldsymbol{I}_{(n)}$；

(2) 当 $\operatorname{rank} \boldsymbol{C}=n$ 时，存在 n 阶实正交方阵 $\boldsymbol{O}$，使得

$$\boldsymbol{O}^{\mathrm{T}}\boldsymbol{A}\boldsymbol{O}=\operatorname{diag}\left(\underbrace{\begin{pmatrix} \mu & \mathrm{i}\sqrt{\mu^2-1} \\ -\mathrm{i}\sqrt{\mu^2-1} & \mu \end{pmatrix}, \cdots, \begin{pmatrix} \mu & \mathrm{i}\sqrt{\mu^2-1} \\ -\mathrm{i}\sqrt{\mu^2-1} & \mu \end{pmatrix}}_{\frac{n}{2}\text{个}}\right).$$

18. 设 $\boldsymbol{A}=\boldsymbol{B}+\mathrm{i}\boldsymbol{C}$ 是 n 阶复正交方阵，其中 $\boldsymbol{B}$ 与 $\boldsymbol{C}$ 是 n 阶实方阵. 证明：存在 n 阶实正交方阵 $\boldsymbol{O}_1$ 与 $\boldsymbol{O}_2$，使得

$$\boldsymbol{O}_1\boldsymbol{A}\boldsymbol{O}_2=\operatorname{diag}\left(\underbrace{1, \cdots, 1}_{n-2t\text{个}}, \begin{pmatrix} \mu_1 & \mathrm{i}\sqrt{\mu_1^2-1} \\ -\mathrm{i}\sqrt{\mu_1^2-1} & \mu_1 \end{pmatrix}, \cdots, \begin{pmatrix} \mu_t & \mathrm{i}\sqrt{\mu_t^2-1} \\ -\mathrm{i}\sqrt{\mu_t^2-1} & \mu_t \end{pmatrix}\right),$$

其中 $\operatorname{rank} \boldsymbol{C}=2t$，$\mu_1, \mu_2, \cdots, \mu_t$ 是方阵 $\boldsymbol{B}$ 的所有大于 1 的奇异值，且 1 是方阵 $\boldsymbol{B}$ 的 $n-2t$ 重奇异值.

19. 设复方阵 $\boldsymbol{A}_1$ 与 $\boldsymbol{A}_2$ 适合 $\boldsymbol{A}_2=\boldsymbol{O}_1\boldsymbol{A}_1\boldsymbol{O}_2$，其中 $\boldsymbol{O}_1$ 与 $\boldsymbol{O}_2$ 是实正交方阵，则称复方阵 $\boldsymbol{A}_1$ 与 $\boldsymbol{A}_2$ 正交相抵. 证明：复正交方阵的实部的奇异值是复正交方阵正交相抵下的全系不变量.

20. 设 $\lambda_1, \lambda_2, \cdots, \lambda_n$ 是 n 阶半正定对称方阵 $\boldsymbol{A}=(a_{ij})$ 的所有特征值，$\lambda_1 \geqslant \lambda_2 \geqslant \cdots \geqslant \lambda_{n-1} \geqslant \lambda_n \geqslant 0$. 并且设方阵 $\boldsymbol{A}$ 的每个列和都是零. 证明：

$$\lambda_{n-1} \leqslant \left(\frac{n}{n-1}\right) \min_{1 \leqslant j \leqslant n} a_{jj}.$$

(提示：对称方阵 $\boldsymbol{A}-\lambda_{n-1}\left(\boldsymbol{I}_{(n)}-\dfrac{1}{n}\boldsymbol{J}\right) \geqslant 0$，其中 $\boldsymbol{J}$ 是每个元素都为 1 的 n 阶方阵.)

21. 设 $\boldsymbol{A}$ 是 n 阶正定对称方阵，$\boldsymbol{x} \in \mathbf{R}^n$. 证明：

$$\boldsymbol{J}_n=\int_{-\infty}^{\infty} \cdots \int_{-\infty}^{\infty} \mathrm{e}^{-\boldsymbol{x}\boldsymbol{A}\boldsymbol{x}^{\mathrm{T}}} \mathrm{d}\boldsymbol{x}=\frac{\pi^{n/2}}{(\det \boldsymbol{A})^{1/2}}.$$

22. 设 $\boldsymbol{A}$ 与 $\boldsymbol{B}$ 是 n 阶实对称方阵，且方阵 $\boldsymbol{A}$ 是正定的. 证明：

$$\int_{-\infty}^{\infty} \cdots \int_{-\infty}^{\infty} \mathrm{e}^{-\boldsymbol{x}(\boldsymbol{A}+\mathrm{i}\boldsymbol{B})\boldsymbol{x}^{\mathrm{T}}} \mathrm{d}\boldsymbol{x}=\frac{\pi^{n/2}}{(\det(\boldsymbol{A}+\mathrm{i}\boldsymbol{B}))^{1/2}},$$

其中 $i^2=-1$.

23. 设 $\boldsymbol{A}$ 与 $\boldsymbol{B}$ 为 n 阶实对称方阵,且方阵 $\boldsymbol{A}$ 是正定的.证明:$|\det(\boldsymbol{A}+i\boldsymbol{B})|\geqslant\det\boldsymbol{A}$,其中 $i^2=-1$.

24. 设 n 阶对称方阵 $\boldsymbol{A}$ 是正定的.去掉方阵 $\boldsymbol{A}$ 的第 i 行第 i 列的子矩阵记为 $\boldsymbol{A}_i$.记 $Q(\boldsymbol{x})=\boldsymbol{x}\boldsymbol{A}\boldsymbol{x}^{\mathrm{T}},\boldsymbol{x}\in\mathbf{R}^n$.证明:$Q(\boldsymbol{x})$在 $x_i=1$ 条件下的最小值是$\dfrac{\det\boldsymbol{A}}{\det\boldsymbol{A}_i}$,其中 $\boldsymbol{x}=(x_1,x_2,\cdots,x_n)$.

25. 设 $\boldsymbol{A}$ 与 $\boldsymbol{B}$ 是 n 阶正定对称方阵.$\boldsymbol{A}_i$ 与 $\boldsymbol{B}_i$ 分别是去掉方阵 $\boldsymbol{A}$ 与 $\boldsymbol{B}$ 的第 i 行第 i 列的子方阵.证明:

$$\frac{\det(\boldsymbol{A}+\boldsymbol{B})}{\det(\boldsymbol{A}_i+\boldsymbol{B}_i)}\geqslant\frac{\det\boldsymbol{A}}{\det\boldsymbol{A}_i}+\frac{\det\boldsymbol{B}}{\det\boldsymbol{B}_i}.$$

26. 设 $\boldsymbol{A}$ 是 n 阶正定对称方阵.证明:

$$\min\left\{\frac{1}{n}\operatorname{tr}\boldsymbol{A}\boldsymbol{B}:\boldsymbol{B}\text{ 为 }n\text{ 阶正定方阵且 }\det\boldsymbol{B}=1\right\}=(\det\boldsymbol{A})^{1/n}.$$

27. 设 $\boldsymbol{A}$ 与 $\boldsymbol{B}$ 是 n 阶正定对称方阵.证明:

$$(\det(\boldsymbol{A}+\boldsymbol{B}))^{1/n}\geqslant(\det\boldsymbol{A})^{1/n}+(\det\boldsymbol{B})^{1/n}.$$

28. 设 $\lambda_1(\boldsymbol{A}),\lambda_2(\boldsymbol{A}),\cdots,\lambda_n(\boldsymbol{A})$ 是 n 阶对称方阵 $\boldsymbol{A}$ 的特征值,$\lambda_1(\boldsymbol{A})\geqslant\lambda_2(\boldsymbol{A})\geqslant\cdots\geqslant\lambda_n(\boldsymbol{A})$.证明:

(1) 设 $\boldsymbol{A}$ 与 $\boldsymbol{B}$ 是 n 阶对称方阵,实数 a 满足 $0\leqslant a\leqslant1$,则

$$\lambda_1(a\boldsymbol{A}+(1-a)\boldsymbol{B})\leqslant a\lambda_1(\boldsymbol{A})+(1-a)\lambda_1(\boldsymbol{B}),$$
$$\lambda_n(a\boldsymbol{A}+(1-a)\boldsymbol{B})\geqslant a\lambda_n(\boldsymbol{A})+(1-a)\lambda_n(\boldsymbol{B});$$

(2) 当 $\boldsymbol{B}$ 半正定时,

$$\lambda_1(\boldsymbol{A}+\boldsymbol{B})\geqslant\lambda_1(\boldsymbol{A}),\quad\lambda_n(\boldsymbol{A}+\boldsymbol{B})\geqslant\lambda_n(\boldsymbol{A}).$$

7.10 Euclid 空间的同构

和线性空间一样,需要考虑 Euclid 空间是否同构的问题.由于一个 Euclid 空间是一个线性空间同标准内积构成的,所以自然有如下的定义.

定义 设 σ 是 Euclid 空间 V 到 Euclid 空间 W 的一个映射.如果映射 σ 是线性空间 V 到线性空间 W 上的同构映射,而且映射 σ 是保内积的,即对任意 $\boldsymbol{\alpha},\boldsymbol{\beta}\in V$,均有$(\sigma(\boldsymbol{\alpha}),\sigma(\boldsymbol{\beta}))=(\boldsymbol{\alpha},\boldsymbol{\beta})$,其中$(\sigma(\boldsymbol{\alpha}),\sigma(\boldsymbol{\beta}))$是 W 中向量$\sigma(\boldsymbol{\alpha})$与 $\sigma(\boldsymbol{\beta})$的内积,$(\boldsymbol{\alpha},\boldsymbol{\beta})$是 V 中向量$\boldsymbol{\alpha}$ 与$\boldsymbol{\beta}$ 的内积,则 σ 称为 Euclid 空间 V 到 Euclid 空间 W 上

的同构映射，而 Euclid 空间 V 与 W 称为同构.

关于 Euclid 空间 V 到 W 上的同构映射 σ，有：

定理 1 Euclid 空间 V 到 W 上的映射 σ 为同构映射的充分必要条件是，映射 σ 是线性空间 V 到 W 上的同构映射，而且映射 σ 是保向量范数的，即对任意 $\boldsymbol{\alpha}\in V$，均有 $\|\sigma(\boldsymbol{\alpha})\|=\|\boldsymbol{\alpha}\|$.

证明 设 σ 是 Euclid 空间 V 到 W 上的同构映射. 由定义 1，映射 σ 是线性空间 V 到 W 上的同构映射，并且对任意 $\boldsymbol{\alpha},\boldsymbol{\beta}\in V$，均有 $(\sigma(\boldsymbol{\alpha}),\sigma(\boldsymbol{\beta}))=(\boldsymbol{\alpha},\boldsymbol{\beta})$. 因此对任意 $\boldsymbol{\alpha}\in V$，均有 $(\sigma(\boldsymbol{\alpha}),\sigma(\boldsymbol{\alpha}))=(\boldsymbol{\alpha},\boldsymbol{\alpha})$，即 $\|\sigma(\boldsymbol{\alpha})\|=\|\boldsymbol{\alpha}\|$. 所以映射 σ 是保向量范数的.

反之设 σ 是线性空间 V 到 W 上的同构映射，而且保向量范数. 因此对任意 $\boldsymbol{\alpha},\boldsymbol{\beta}\in V$，有

$$\|\sigma(\boldsymbol{\alpha})\|=\|\boldsymbol{\alpha}\|,\quad \|\sigma(\boldsymbol{\beta})\|=\boldsymbol{\beta},\quad \|\sigma(\boldsymbol{\alpha}+\boldsymbol{\beta})\|=\|\boldsymbol{\alpha}+\boldsymbol{\beta}\|.$$

所以

$$\begin{aligned}\|\sigma(\boldsymbol{\alpha}+\boldsymbol{\beta})\|^2&=(\sigma(\boldsymbol{\alpha}+\boldsymbol{\beta}),\sigma(\boldsymbol{\alpha}+\boldsymbol{\beta}))\\&=(\sigma(\boldsymbol{\alpha}),\sigma(\boldsymbol{\alpha}))+2(\sigma(\boldsymbol{\alpha}),\sigma(\boldsymbol{\beta}))+(\sigma(\boldsymbol{\beta}),\sigma(\boldsymbol{\beta}))\\&=\|\sigma(\boldsymbol{\alpha})\|^2+2(\sigma(\boldsymbol{\alpha}),\sigma(\boldsymbol{\beta}))+\|\sigma(\boldsymbol{\beta})\|^2\\&=\|\boldsymbol{\alpha}\|^2+2(\sigma(\boldsymbol{\alpha}),\sigma(\boldsymbol{\beta}))+\|\boldsymbol{\beta}\|^2\\&=\|\boldsymbol{\alpha}+\boldsymbol{\beta}\|^2+2((\sigma(\boldsymbol{\alpha}),\sigma(\boldsymbol{\beta}))-(\boldsymbol{\alpha},\boldsymbol{\beta})).\end{aligned}$$

即对任意 $\boldsymbol{\alpha},\boldsymbol{\beta}\in V$，$(\sigma(\boldsymbol{\alpha}),\sigma(\boldsymbol{\beta}))=(\boldsymbol{\alpha},\boldsymbol{\beta})$，即映射 σ 是保内积的. 因此 σ 是 Euclid 空间 V 到 W 上的同构映射. 证毕.

定理 2 设 σ 是 Euclid 空间 V 到 W 上的同构映射. 则映射 σ 是可逆的，并且它的逆映射 σ^{-1} 是 Euclid 空间 W 到 V 上同构映射.

证明 由于 Euclid 空间 V 到 W 上的同构映射 σ 是线性空间 V 到 W 上的同构映射，所以映射 σ 是可逆的，并且它的逆映射 σ^{-1} 是线性空间 W 到 V 上的同构映射. 现在证明，逆映射 σ^{-1} 是保向量范数的. 事实上，对任意 $\boldsymbol{\beta}\in W$，$\boldsymbol{\beta}=\sigma(\sigma^{-1}(\boldsymbol{\beta}))$. 由于映射 σ 保向量范数，所以

$$\|\boldsymbol{\beta}\|=\|\sigma(\sigma^{-1}(\boldsymbol{\beta}))\|=\|\sigma^{-1}(\boldsymbol{\beta})\|.$$

因此映射 σ^{-1} 保向量范数. 于是映射 σ^{-1} 是 Euclid 空间 W 到 V 上的同构映射. 证毕.

定理 3 设 σ_1 与 σ_2 分别是 Euclid 空间 V 到 W 与 W 到 U 上的同构映射. 则 $\sigma_2\sigma_1$ 是 Euclid 空间 V 到 U 上的同构映射.

证明 显然，σ_1 与 σ_2 分别是线性空间 V 到 W 与 W 到 U 上的同构映射，所以 $\sigma_2\sigma_1$ 是线性空间 V 到 U 上的同构映射. 现在证明映射 $\sigma_2\sigma_1$ 保向量范数. 设 $\boldsymbol{\alpha}\in V$.

由于 σ_1 保向量范数,所以 $\|\boldsymbol{\alpha}\| = \|\sigma_1(\boldsymbol{\alpha})\|$.因为 $\sigma_1(\boldsymbol{\alpha})\in W$,且 σ_2 保向量范数,因此 $\|\sigma_1(\boldsymbol{\alpha})\| = \|\sigma_2\sigma_1(\boldsymbol{\alpha})\|$.所以对任意 $\boldsymbol{\alpha}\in V$, $\|\sigma_2\sigma_1(\boldsymbol{\alpha})\| = \|\boldsymbol{\alpha}\|$,即映射 $\sigma_2\sigma_1$ 保向量范数.由定理1,映射 $\sigma_2\sigma_1$ 是 Euclid 空间 V 到 W 上的同构映射.证毕.

所有有限维 Euclid 空间的集合记为 $\mathscr{E}$,显然对任意 $V,W\in\mathscr{E}$,要么 V 与 W 同构,要么 V 与 W 不同构.于是 Euclid 空间之间的同构关系是集合 $\mathscr{E}$ 中元素之间的一种关系.容易验证,$\mathscr{E}$ 中元素间的同构关系满足自反性、对称性与传递性,也即 Euclid 空间 V 与自身同构;如果 Euclid 空间 V 与 W 同构,则 Euclid 空间 W 与 V 同构;如果 Euclid 空间 V 与 W 同构,且 Euclid 空间 W 与 U 同构,则 Euclid 空间 V 与 U 同构.于是 Euclid 空间之间的同构关系是集合 $\mathscr{E}$ 中元素间的一种等价关系.集合 $\mathscr{E}$ 便按同构等价关系分成同构等价类:彼此同构的 Euclid 空间归在同一个同构等价类,彼此不同构的 Euclid 空间归在不同的同构等价类.集合 $\mathscr{E}$ 按同构等价关系分类的两个基本问题是:(1) 同构等价类的代表元是什么?(2) 两个 Euclid 空间属于同一个同构等价类的判别准则是什么?也即两个 Euclid 空间同构的充分必要条件是什么?

我们知道,所有 n 维实的行向量集合 $\mathbf{R}^n$ 连同标准内积构成一个 n 维 Euclid 空间.所谓 $\mathbf{R}^n$ 的标准内积是指,对 $\boldsymbol{x}=(x_1,x_2,\cdots,x_n)$, $\boldsymbol{y}=(y_1,y_2,\cdots,y_n)\in\mathbf{R}^n$, $\boldsymbol{x}$ 与 $\boldsymbol{y}$ 的标准内积 $(\boldsymbol{x},\boldsymbol{y})$ 为

$$(\boldsymbol{x},\boldsymbol{y}) = x_1y_1 + x_2y_2 + \cdots + x_ny_n.$$

定理4 任意 n 维 Euclid 空间 V 都和 Euclid 空间 $\mathbf{R}^n$ 同构.

证明 设 $\{\boldsymbol{\alpha}_1,\boldsymbol{\alpha}_2,\cdots,\boldsymbol{\alpha}_n\}$ 是 n 维 Euclid 空间 V 的一组标准正交基,则 $\boldsymbol{\alpha}\in V$ 可以唯一地表为 $\boldsymbol{\alpha}=x_1\boldsymbol{\alpha}_1+x_2\boldsymbol{\alpha}_2+\cdots+x_n\boldsymbol{\alpha}_n$, $x_1,x_2,\cdots,x_n\in\mathbf{R}$.定义映射 $\sigma: V\to\mathbf{R}^n$ 如下:设 $\boldsymbol{\alpha}=x_1\boldsymbol{\alpha}_1+x_2\boldsymbol{\alpha}_2+\cdots+x_n\boldsymbol{\alpha}_n\in V$,则令 $\sigma(\boldsymbol{\alpha})=\boldsymbol{x}=(x_1,x_2,\cdots,x_n)\in\mathbf{R}^n$.容易验证,映射 σ 是线性空间 V 到 R^n 上的同构映射.现在证明,映射 σ 保向量范数.设 $\boldsymbol{\alpha}=x_1\boldsymbol{\alpha}_1+x_2\boldsymbol{\alpha}_2+\cdots+x_n\boldsymbol{\alpha}_n\in V$,则

$$(\boldsymbol{\alpha},\boldsymbol{\alpha}) = \left(\sum_{i=1}^n x_i\boldsymbol{\alpha}_i,\sum_{j=1}^n x_j\boldsymbol{\alpha}_j\right) = \sum_{i=1}^n\sum_{j=1}^n x_ix_j(\boldsymbol{\alpha}_i,\boldsymbol{\alpha}_j).$$

因为 $\{\boldsymbol{\alpha}_1,\boldsymbol{\alpha}_2,\cdots,\boldsymbol{\alpha}_n\}$ 是 V 的标准正交基,所以 $(\boldsymbol{\alpha}_i,\boldsymbol{\alpha}_j)=\delta_{ij}$, $1\leqslant i,j\leqslant n$,其中 δ_{ij} 是 Kronecker 符号.因此

$$(\boldsymbol{\alpha},\boldsymbol{\alpha}) = x_1^2 + x_2^2 + \cdots + x_n^2 = (\boldsymbol{x},\boldsymbol{x}) = (\sigma(\boldsymbol{\alpha}),\sigma(\boldsymbol{\alpha})),$$

即 $\|\sigma(\boldsymbol{\alpha})\| = \|\boldsymbol{\alpha}\|$.这就证明,映射 σ 保向量范数.所以映射 σ 是 Euclid 空间 V 到 $\mathbf{R}^n$ 上的同构映射.证毕.

定理5 有限维 Euclid 空间 V 与 W 同构的充分必要条件是 $\dim V=\dim W$.

证明 设有限维 Euclid 空间 V 与 W 同构,则由定义1,作为线性空间,V 与

W 同构. 因此 $\dim V = \dim W$. 反之设 $\dim V = \dim W = n$，则由定理 4，Euclid 空间 V 同构于 Euclid 空间 $\mathbf{R}^n$，而 Euclid 空间 $\mathbf{R}^n$ 同构于 W. 由同构关系的传递性，Euclid 空间 V 与 W 同构. 证毕.

定理 4 与定理 5 完全解决了所有有限维 Euclid 空间集合 $\mathscr{E}$ 在同构等价关系下分类的两个基本问题. 定理 5 表明，在 Euclid 空间的一个同构等价类中，所有 Euclid 空间的维数都相同. 定理 4 表明，如果 Euclid 空间的同构等价类中 Euclid 空间的维数为 n，则可取 Euclid 空间 $\mathbf{R}^n$ 作为这个同构等价类的代表元. 也即在同构意义下，n 维 Euclid 空间 V 可以视为 n 维实的行向量空间 $\mathbf{R}^n$.

第 8 章 酉 空 间

将上一章的概念与方法推广到复线性空间,便在复线性空间上引出相应的结果.8.1 节在复线性空间中引进了向量的内积,从而得到了酉空间的概念,并相应产生了复方阵在酉相似下的分类问题.8.2 节解决了规范方阵、酉方阵、Hermite 方阵以及斜 Hermite 方阵这些具有重要几何意义的方阵在酉相似下的分类问题.8.3 节进一步讨论了正定 Hermite 方阵,并通过奇异值的引进解决了方阵在酉相抵下的分类问题.最后用一些例子说明这些结论的应用.由于酉空间是 Euclid 空间的推广,而且在处理有关酉空间的问题时采用的方法也和处理 Euclid 空间中相应问题的方法大致相同,所以在提到酉空间有关结论时大部分只叙不证,一提而过.

8.1 酉空间的概念

先给出复线性空间 V 上内积的定义.

定义 1 设$(\boldsymbol{\alpha},\boldsymbol{\beta})$是复线性空间 V 上的二元复值函数.如果$(\boldsymbol{\alpha},\boldsymbol{\beta})$满足:

(1) Hermite 对称性:对任意 $\boldsymbol{\alpha},\boldsymbol{\beta}\in V$,$\overline{(\boldsymbol{\beta},\boldsymbol{\alpha})}=(\boldsymbol{\alpha},\boldsymbol{\beta})$,这里 $\bar{\mu}$ 表示复数 μ 的共轭复数;

(2) 恒正性:对任意非零向量 $\boldsymbol{\alpha}\in V$,$(\boldsymbol{\alpha},\boldsymbol{\alpha})>0$;

(3) 共轭双线性:对任意 $\boldsymbol{\alpha},\boldsymbol{\alpha}_1,\boldsymbol{\alpha}_2,\boldsymbol{\beta},\boldsymbol{\beta}_1,\boldsymbol{\beta}_2\in V$ 和任意$\lambda_1,\lambda_2,\mu_1,\mu_2\in\mathbf{C}$,

$$(\lambda_1\boldsymbol{\alpha}_1+\lambda_2\boldsymbol{\alpha}_2,\boldsymbol{\beta})=\lambda_1(\boldsymbol{\alpha}_1,\boldsymbol{\beta})+\lambda_2(\boldsymbol{\alpha}_2,\boldsymbol{\beta}),\tag{8.1.1}$$

$$(\boldsymbol{\alpha},\mu_1\boldsymbol{\beta}_1+\mu_2\boldsymbol{\beta}_2)=\bar{\mu}_1(\boldsymbol{\alpha},\boldsymbol{\beta}_1)+\bar{\mu}_2(\boldsymbol{\alpha},\boldsymbol{\beta}_2).\tag{8.1.2}$$

则二元复值函数$(\boldsymbol{\alpha},\boldsymbol{\beta})$称为复线性空间 V 的一个内积.

应当指出,在复线性空间 V 的内积$(\boldsymbol{\alpha},\boldsymbol{\beta})$的定义中,式(8.1.2)可以由内积

$(\boldsymbol{\alpha},\boldsymbol{\beta})$的 Hermite 对称性与式(8.1.1)推得. 为了叙述方便,这里还是把它列入定义中.

容易验证,复线性空间 V 的内积$(\boldsymbol{\alpha},\boldsymbol{\beta})$具有下列性质:

性质 1 对任意 $\boldsymbol{\alpha},\boldsymbol{\beta}\in V$, $(\boldsymbol{\alpha},\boldsymbol{0})=0=(\boldsymbol{0},\boldsymbol{\beta})$;

性质 2 对任意 $\boldsymbol{\alpha}_1,\boldsymbol{\alpha}_2,\cdots,\boldsymbol{\alpha}_p,\boldsymbol{\beta}_1,\boldsymbol{\beta}_2,\cdots,\boldsymbol{\beta}_q\in V$ 和 $\lambda_1,\lambda_2,\cdots,\lambda_p,\mu_1,\mu_2,\cdots,\mu_q\in \mathbf{C}$,

$$\left(\sum_{i=1}^{p}\lambda_i\boldsymbol{\alpha}_i,\sum_{j=1}^{q}\mu_j\boldsymbol{\beta}_j\right)=\sum_{i=1}^{p}\sum_{j=1}^{q}\lambda_i\bar{\mu}_j(\boldsymbol{\alpha}_i,\boldsymbol{\beta}_j).$$

性质 3(Cauchy-Schwartz 不等式) 对任意 $\boldsymbol{\alpha},\boldsymbol{\beta}\in V$,

$$|(\boldsymbol{\alpha},\boldsymbol{\beta})|^2\leqslant(\boldsymbol{\alpha},\boldsymbol{\alpha})(\boldsymbol{\beta},\boldsymbol{\beta}),$$

并且等号当且仅当向量 $\boldsymbol{\alpha}$ 与 $\boldsymbol{\beta}$ 线性相关时成立.

现在给出复线性空间 V 的内积$(\boldsymbol{\alpha},\boldsymbol{\beta})$的方阵表示. 设$\{\boldsymbol{\alpha}_1,\boldsymbol{\alpha}_2,\cdots,\boldsymbol{\alpha}_n\}$是 n 维复线性空间 V 的一组基. V 中向量 $\boldsymbol{\alpha}$ 与 $\boldsymbol{\beta}$ 可以唯一地表为 $\boldsymbol{\alpha}=x_1\boldsymbol{\alpha}_1+x_2\boldsymbol{\alpha}_2+\cdots+x_n\boldsymbol{\alpha}_n$, $\boldsymbol{\beta}=y_1\boldsymbol{\alpha}_1+y_2\boldsymbol{\alpha}_2+\cdots+y_n\boldsymbol{\alpha}_n$. 则向量 $\boldsymbol{\alpha}$ 与 $\boldsymbol{\beta}$ 的内积$(\boldsymbol{\alpha},\boldsymbol{\beta})$为

$$(\boldsymbol{\alpha},\boldsymbol{\beta})=\sum_{i=1}^{n}\sum_{j=1}^{n}x_i\bar{y}_j(\boldsymbol{\alpha}_i,\boldsymbol{\alpha}_j).\tag{8.1.3}$$

记

$$\boldsymbol{G}=\begin{pmatrix}(\boldsymbol{\alpha}_1,\boldsymbol{\alpha}_1) & (\boldsymbol{\alpha}_1,\boldsymbol{\alpha}_2) & \cdots & (\boldsymbol{\alpha}_1,\boldsymbol{\alpha}_n)\\ (\boldsymbol{\alpha}_2,\boldsymbol{\alpha}_1) & (\boldsymbol{\alpha}_2,\boldsymbol{\alpha}_2) & \cdots & (\boldsymbol{\alpha}_2,\boldsymbol{\alpha}_n)\\ & \cdots\cdots\cdots\cdots & & \\ (\boldsymbol{\alpha}_n,\boldsymbol{\alpha}_1) & (\boldsymbol{\alpha}_n,\boldsymbol{\alpha}_2) & \cdots & (\boldsymbol{\alpha}_n,\boldsymbol{\alpha}_n)\end{pmatrix},$$

则 n 阶方阵 $\boldsymbol{G}$ 称为内积$(\boldsymbol{\alpha},\boldsymbol{\beta})$在基$\{\boldsymbol{\alpha}_1,\boldsymbol{\alpha}_2,\cdots,\boldsymbol{\alpha}_n\}$下的**Gram 方阵**. 记 $\boldsymbol{x}=(x_1,x_2,\cdots,x_n)$, $\boldsymbol{y}=(y_1,y_2,\cdots,y_n)$,则式(8.1.3)可以写为

$$(\boldsymbol{\alpha},\boldsymbol{\beta})=\boldsymbol{xGy}^*,$$

其中 $\boldsymbol{y}^*$ 是 $1\times n$ 矩阵 $\boldsymbol{y}$ 的共轭转置.

内积$(\boldsymbol{\alpha},\boldsymbol{\beta})$在基$\{\boldsymbol{\alpha}_1,\boldsymbol{\alpha}_2,\cdots,\boldsymbol{\alpha}_n\}$下的 Gram 方阵 $\boldsymbol{G}$ 具有下面的性质:

(1) Gram 方阵 $\boldsymbol{G}$ 是 Hermite 方阵,即 $\boldsymbol{G}^*=\boldsymbol{G}$;

(2) 对任意非零行向量 $\boldsymbol{x}\in \boldsymbol{C}^n$, $\boldsymbol{xGx}^*>0$.

设 $\boldsymbol{H}$ 是 n 阶 Hermite 方阵. 如果对任意非零行向量 $\boldsymbol{x}\in\mathbf{C}^n$, $\boldsymbol{xHx}^*>0$,则 $\boldsymbol{H}$ 称为**正定 Hermite 方阵**. Gram 方阵的上述性质表明,Gram 方阵 $\boldsymbol{G}$ 是一个正定 Hermite 方阵.

反之,设 $\boldsymbol{G}$ 是一个 n 阶正定 Hermite 方阵. 在 n 维复线性空间 V 的基$\{\boldsymbol{\alpha}_1,\boldsymbol{\alpha}_2,\cdots,\boldsymbol{\alpha}_n\}$下,向量 $\boldsymbol{\alpha},\boldsymbol{\beta}\in V$ 的坐标分别记为 $\boldsymbol{x}=(x_1,x_2,\cdots,x_n)$, $\boldsymbol{y}=(y_1,y_2,\cdots,$

$y_n)\in\mathbf{C}^n$. 定义 V 上的二元复值函数$(\boldsymbol{\alpha},\boldsymbol{\beta})$为

$$(\boldsymbol{\alpha},\boldsymbol{\beta}) = \boldsymbol{x}\boldsymbol{G}\boldsymbol{y}^*.$$

则容易验证，V 上二元复值函数$(\boldsymbol{\alpha},\boldsymbol{\beta})$满足 Hermite 对称性、恒正性以及共轭双线性. 因而二元复值函数$(\boldsymbol{\alpha},\boldsymbol{\beta})$是复线性空间 V 的一个内积. 这表明，在 n 维复线性空间 V 中取定一组基$\{\boldsymbol{\alpha}_1,\boldsymbol{\alpha}_2,\cdots,\boldsymbol{\alpha}_n\}$之后，$V$ 的内积$(\boldsymbol{\alpha},\boldsymbol{\beta})$便和它在这组基下的 Gram 方阵建立了对应. 这一对应是 V 上所有内积的集合到所有 n 阶正定 Hermite方阵集合上的一一对应.

现在讨论 n 维复线性空间 V 一个内积$(\boldsymbol{\alpha},\boldsymbol{\beta})$在不同基下的 Gram 方阵之间的关系. 设内积$(\boldsymbol{\alpha},\boldsymbol{\beta})$在 V 的基$\{\boldsymbol{\alpha}_1,\boldsymbol{\alpha}_2,\cdots,\boldsymbol{\alpha}_n\}$与$\{\boldsymbol{\beta}_1,\boldsymbol{\beta}_2,\cdots,\boldsymbol{\beta}_n\}$下的 Gram 方阵分别为 $\boldsymbol{G}_1$ 与 $\boldsymbol{G}_2$，由基$\{\boldsymbol{\alpha}_1,\boldsymbol{\alpha}_2,\cdots,\boldsymbol{\alpha}_n\}$到基$\{\boldsymbol{\beta}_1,\boldsymbol{\beta}_2,\cdots,\boldsymbol{\beta}_n\}$下的过渡矩阵为 $\boldsymbol{P}=(p_{ij})$，即

$$(\boldsymbol{\beta}_1,\boldsymbol{\beta}_2,\cdots,\boldsymbol{\beta}_n) = (\boldsymbol{\alpha}_1,\boldsymbol{\alpha}_2,\cdots,\boldsymbol{\alpha}_n)P.$$

因此 $\boldsymbol{\beta}_j = \sum\limits_{k=1}^{n} p_{kj}\boldsymbol{\alpha}_k$. 所以

$$(\boldsymbol{\beta}_i,\boldsymbol{\beta}_j) = \left(\sum_{k=1}^{n} p_{ki}\boldsymbol{\alpha}_k,\sum_{l=1}^{n} p_{lj}\boldsymbol{\alpha}_l\right) = \sum_{k=1}^{n} p_{ki}\bar{p}_{lj}(\boldsymbol{\alpha}_k,\boldsymbol{\alpha}_l).$$

由于 $\boldsymbol{G}_1=((\boldsymbol{\alpha}_i,\boldsymbol{\alpha}_j))_{n\times n}$，$\boldsymbol{G}_2=((\boldsymbol{\beta}_i,\boldsymbol{\beta}_j))_{n\times n}$，所以上式即为 $\boldsymbol{G}_2=\boldsymbol{P}\boldsymbol{G}_1\boldsymbol{P}^*$.

一般地说，设 $\boldsymbol{H}_1$ 与 $\boldsymbol{H}_2$ 是 n 阶 Hermite 方阵. 如果存 n 阶可逆复方阵 $\boldsymbol{P}$，使得 $\boldsymbol{H}_2=\boldsymbol{P}\boldsymbol{H}_1\boldsymbol{P}^*$，则方阵 $\boldsymbol{H}_1$ 与 $\boldsymbol{H}_2$ 称为**复相合**的. 上面的讨论表明，同一个内积$(\boldsymbol{\alpha},\boldsymbol{\beta})$在不同的基下的 Gram 方阵是复相合的.

方阵的复相合关系是方阵间的一种重要的等价关系. 以后将详加讨论.

定义 2 复线性空间 V 连同取定的一个内积$(\boldsymbol{\alpha},\boldsymbol{\beta})$一起称为**酉空间**. 仍记为 V.

由于定义酉空间 V 的内积$(\boldsymbol{\alpha},\boldsymbol{\beta})$是恒正的，因此定义 V 中向量$\boldsymbol{\alpha}$ 的范数 $\|\boldsymbol{\alpha}\|=\sqrt{(\boldsymbol{\alpha},\boldsymbol{\alpha})}$. 范数为 1 的向量称为单位向量.

定义 3 设 V 是酉空间，$(\boldsymbol{\alpha},\boldsymbol{\beta})$是定义酉空间 V 的内积. 设 $\boldsymbol{\alpha},\boldsymbol{\beta}\in V$. 如果$(\boldsymbol{\alpha},\boldsymbol{\beta})=0$，则称向量 $\boldsymbol{\alpha}$ 与 $\boldsymbol{\beta}$ 是**正交**的，记作 $\boldsymbol{\alpha}\perp\boldsymbol{\beta}$.

由性质 1，酉空间 V 中的零向量和每个向量都正交.

和 Euclid 空间相仿，可以证明：

定理 1 酉空间 V 中任意 k 个两两正交的非零向量 $\boldsymbol{\alpha}_1,\boldsymbol{\alpha}_2,\cdots,\boldsymbol{\alpha}_k$ 是线性无关的.

证明略.

定理 2 设$\{\boldsymbol{\alpha}_1,\boldsymbol{\alpha}_2,\cdots,\boldsymbol{\alpha}_n\}$是 n 维酉空间 V 的一组基，则 V 中存在一组两两

正交的非零向量$\boldsymbol{\beta}_1,\boldsymbol{\beta}_2,\cdots,\boldsymbol{\beta}_n$，使得对每个$k$，$\{\boldsymbol{\beta}_1,\boldsymbol{\beta}_2,\cdots,\boldsymbol{\beta}_k\}$是$V$中由向量$\boldsymbol{\alpha}_1,\boldsymbol{\alpha}_2,\cdots,\boldsymbol{\alpha}_k$生成的子空间$V_k$的一组基.

证明 令

$$\begin{aligned}\boldsymbol{\beta}_1 &= \boldsymbol{\alpha}_1,\\ \boldsymbol{\beta}_2 &= \boldsymbol{\alpha}_2 + \lambda_{21}\boldsymbol{\beta}_1,\\ &\cdots\cdots\\ \boldsymbol{\beta}_k &= \boldsymbol{\alpha}_k + \lambda_{k,k-1}\boldsymbol{\beta}_{k-1} + \cdots + \lambda_{k1}\boldsymbol{\beta}_1,\end{aligned}$$

其中λ_{ij}是待定常数，$1\leqslant j<i\leqslant k$. 对$i>j$，令

$$(\boldsymbol{\beta}_i,\boldsymbol{\beta}_j) = \left(\boldsymbol{\alpha}_i + \sum_{l=1}^{i-1}\lambda_{il}\boldsymbol{\beta}_l,\boldsymbol{\beta}_j\right) = 0.$$

由此得到

$$\lambda_{ij} = -\frac{(\boldsymbol{\alpha}_i,\boldsymbol{\beta}_j)}{(\boldsymbol{\beta}_j,\boldsymbol{\beta}_j)},\quad j = 1,2,\cdots,i-1.$$

即设

$$\begin{aligned}\boldsymbol{\beta}_1 &= \boldsymbol{\alpha}_1,\\ \boldsymbol{\beta}_2 &= \boldsymbol{\alpha}_2 - \frac{(\boldsymbol{\alpha}_2,\boldsymbol{\beta}_1)}{(\boldsymbol{\beta}_1,\boldsymbol{\beta}_1)}\boldsymbol{\beta}_1,\\ &\cdots\cdots\\ \boldsymbol{\beta}_k &= \boldsymbol{\alpha}_k - \frac{(\boldsymbol{\alpha}_k,\boldsymbol{\beta}_{k-1})}{(\boldsymbol{\beta}_{k-1},\boldsymbol{\beta}_{k-1})}\boldsymbol{\beta}_{k-1} - \cdots - \frac{(\boldsymbol{\alpha}_k,\boldsymbol{\beta}_1)}{(\boldsymbol{\beta}_1,\boldsymbol{\beta}_1)}\boldsymbol{\beta}_1.\end{aligned}$$

则向量$\boldsymbol{\beta}_1,\boldsymbol{\beta}_2,\cdots,\boldsymbol{\beta}_k$属于由$\boldsymbol{\alpha}_1,\boldsymbol{\alpha}_2,\cdots,\boldsymbol{\alpha}_k$生成的子空间$V_k$，且两两正交. 由定理1，$\{\boldsymbol{\beta}_1,\boldsymbol{\beta}_2,\cdots,\boldsymbol{\beta}_k\}$是$V_k$的一组基. 证毕.

定理2中给出的由V的基$\{\boldsymbol{\alpha}_1,\boldsymbol{\alpha}_2,\cdots,\boldsymbol{\alpha}_n\}$得到两两正交的向量组$\{\boldsymbol{\beta}_1,\boldsymbol{\beta}_2,\cdots,\boldsymbol{\beta}_n\}$的过程称为对向量$\boldsymbol{\alpha}_1,\boldsymbol{\alpha}_2,\cdots,\boldsymbol{\alpha}_n$施行 Gram-Shcmidt 正交化. 只要再将$\{\boldsymbol{\beta}_1,\boldsymbol{\beta}_2,\cdots,\boldsymbol{\beta}_n\}$的每个向量$\boldsymbol{\beta}_j$单位化，即令$\boldsymbol{\xi}_j=\dfrac{\boldsymbol{\beta}_j}{\|\boldsymbol{\beta}_j\|}$，$j=1,2,\cdots,n$，则$\{\boldsymbol{\xi}_1,\boldsymbol{\xi}_2,\cdots,\boldsymbol{\xi}_n\}$即是$V$中由两两正交的单位向量构成的一组基. 一般地说，$n$维酉空间$V$中由$n$个两两正交的单位向量构成的基称为$V$的一组标准正交基. 于是得到：

定理3 n维酉空间具有标准正交基.

由定理2还可以得到：

定理4 n维酉空间V中任意一组两两正交的单位向量组$\{\boldsymbol{\alpha}_1,\boldsymbol{\alpha}_2,\cdots,\boldsymbol{\alpha}_k\}$都可以扩成$V$的一组标准正交基.

下面的定理给出n维酉空间V中两组标准正交基之间的关系.

定理5 设n维酉空间V中由标准正交基$\{\boldsymbol{\xi}_1,\boldsymbol{\xi}_2,\cdots,\boldsymbol{\xi}_n\}$到标准正交基$\{\boldsymbol{\eta}_1,$

$\boldsymbol{\eta}_2,\cdots,\boldsymbol{\eta}_n\}$的过渡方阵为 $\boldsymbol{U}$,即

$$(\boldsymbol{\eta}_1,\boldsymbol{\eta}_2,\cdots,\boldsymbol{\eta}_n) = (\boldsymbol{\xi}_1,\boldsymbol{\xi}_2,\cdots,\boldsymbol{\xi}_n)\boldsymbol{U}.$$

则 $\boldsymbol{U}$ 是酉方阵,即 $\boldsymbol{U}$ 满足 $\boldsymbol{U}\boldsymbol{U}^* = \boldsymbol{I}_{(n)} = \boldsymbol{U}^*\boldsymbol{U}$,其中 $\boldsymbol{U}^*$ 表示方阵 $\boldsymbol{U}$ 的共轭转置.

证明略.

反之有:

定理 6 设 $\boldsymbol{U}$ 是 n 阶酉方阵,$\{\boldsymbol{\xi}_1,\boldsymbol{\xi}_2,\cdots,\boldsymbol{\xi}_n\}$是 n 维酉空间 V 的标准正交基.则由

$$(\boldsymbol{\eta}_1,\boldsymbol{\eta}_2,\cdots,\boldsymbol{\eta}_n) = (\boldsymbol{\xi}_1,\boldsymbol{\xi}_2,\cdots,\boldsymbol{\xi}_n)\boldsymbol{U}$$

所确定的向量组$\{\boldsymbol{\eta}_1,\boldsymbol{\eta}_2,\cdots,\boldsymbol{\eta}_n\}$是 V 的标准正交基.

证明略.

酉方阵是一类重要的方阵.容易证明,酉方阵 $\boldsymbol{U}$ 是可逆的,并且它的逆方阵为 $\boldsymbol{U}^{-1} = \boldsymbol{U}^*$;同时酉方阵 $\boldsymbol{U}$ 的逆方阵 $\boldsymbol{U}^{-1}$ 仍是酉方阵;另外,两个酉方阵 $\boldsymbol{U}_1$ 与 $\boldsymbol{U}_2$ 的乘积 $\boldsymbol{U}_1\boldsymbol{U}_2$ 仍是酉方阵;最后,单位方阵显然是酉方阵.

定理 5 表明,在 n 维空间 V 中取定一组标准正交基$\{\boldsymbol{\xi}_1,\boldsymbol{\xi}_2,\cdots,\boldsymbol{\xi}_n\}$之后,$V$ 的标准正交基$\{\boldsymbol{\eta}_1,\boldsymbol{\eta}_2,\cdots,\boldsymbol{\eta}_n\}$便对应于过渡方阵 $\boldsymbol{U}$,由于 $\boldsymbol{U}$ 是酉方阵,所以 V 的所有标准正交基的集合便和所有 n 阶酉方阵集合 $\mathrm{U}_n(\boldsymbol{C})$建立了对应.定理 6 表明,这一对应是 V 的所有标准正交基集合到 $\mathrm{U}_n(\mathbf{C})$上的一一对应.

定理 2 与定理 3 可以写成矩阵形式.

定理 7 任意 n 阶可逆复方阵 $\boldsymbol{A}$ 都可以表为一个酉方阵 $\boldsymbol{U}$ 与一个对角元全为正数的上三角方阵 $\boldsymbol{T}$ 的乘积,即 $\boldsymbol{A} = \boldsymbol{U}\boldsymbol{T}$,并且表法唯一.

证明略.

设 $\mathbf{C}^n$ 是所有 n 维复的行向量集合.在行向量的加法以及复数与行向量的乘法下,$\mathbf{C}^n$ 是复数域 $\mathbf{C}$ 上的线性空间.设 $\boldsymbol{\alpha} = (x_1,x_2,\cdots,x_n)$,$\boldsymbol{\beta} = (y_1,y_2,\cdots,y_n)\in \mathbf{C}^n$,定义 $\mathbf{C}^n$ 上二元复函数$(\boldsymbol{\alpha},\boldsymbol{\beta})$为

$$(\boldsymbol{\alpha},\boldsymbol{\beta}) = x_1\bar{y}_1 + x_2\bar{y}_2 + \cdots + x_n\bar{y}_n = \boldsymbol{\alpha}\boldsymbol{\beta}^*.$$

容易验证,二元复值函数$(\boldsymbol{\alpha},\boldsymbol{\beta})$是 $\mathbf{C}^n$ 的一个内积,它称为 $\mathbf{C}^n$ 的标准内积.复向量空间 $\mathbf{C}^n$ 连同标准内积一起构成一个酉空间,仍记为 $\mathbf{C}^n$.

设 $\boldsymbol{U}$ 是一个酉方阵,将酉方阵 $\boldsymbol{U}$ 按行分块,即记

$$\boldsymbol{U} = \begin{pmatrix} \boldsymbol{\alpha}_1 \\ \boldsymbol{\alpha}_2 \\ \vdots \\ \boldsymbol{\alpha}_n \end{pmatrix}.$$

显然，$\boldsymbol{\alpha}_1,\boldsymbol{\alpha}_2,\cdots,\boldsymbol{\alpha}_n\in\mathbf{C}^n$. 由于 $\boldsymbol{U}$ 是酉方阵，所以 $\boldsymbol{U}\boldsymbol{U}^*=\boldsymbol{I}_{(n)}$. 因此 $(\boldsymbol{\alpha}_i,\boldsymbol{\alpha}_j)=\boldsymbol{\alpha}_i\boldsymbol{\alpha}_j^*=\delta_{ij}$，$1\leqslant i,j\leqslant n$，其中 δ_{ij} 是 Kronecker 符号. 这表明，$\{\boldsymbol{\alpha}_1,\boldsymbol{\alpha}_2,\cdots,\boldsymbol{\alpha}_n\}$ 是 n 维酉空间 $\mathbf{C}^n$ 的标准正交基. 反之，如果行向量组 $\{\boldsymbol{\alpha}_1,\boldsymbol{\alpha}_2,\cdots,\boldsymbol{\alpha}_n\}$ 是 $\mathbf{C}^n$ 的标准正交基，则显然方阵 $\boldsymbol{U}=\begin{pmatrix}\boldsymbol{\alpha}_1\\ \boldsymbol{\alpha}_2\\ \vdots\\ \boldsymbol{\alpha}_n\end{pmatrix}$ 是一个酉方阵. 因此，复方阵 $\boldsymbol{U}$ 为酉方阵的充分必要条件是，$\boldsymbol{U}$ 的 n 个行向量构成 $\mathbf{C}^n$ 的一组标准正交基. 同样，对于方阵的 n 个列向量，也有类似的结论.

酉空间 V 中向量间的正交性可以推广.

定义 4　设 W 是酉空间 V 的子空间，$\boldsymbol{\beta}\in V$. 如果 $\boldsymbol{\beta}$ 与 W 中任意向量 $\boldsymbol{\alpha}$ 都正交，则称向量 $\boldsymbol{\beta}$ 和子空间 W **正交**，V 中所有与子空间 W 正交的向量的集合称为子空间 W 的**正交补**，记为 $W^{\perp}$.

容易看出，$W^{\perp}=\{\boldsymbol{\beta}\in V:(\boldsymbol{\alpha},\boldsymbol{\beta})=0,\boldsymbol{\alpha}\in W\}$，而且 $W^{\perp}$ 是 V 的一个子空间.

定理 8　对 n 维酉空间 V 的子空间 W，有

$$V = W\oplus W^{\perp}.$$

证明略.

最后转到酉空间的同构.

定义 5　设 V 和 W 是酉空间. 如果存在复线性空间 V 到 W 上的同构映射 σ，使得对任意 $\boldsymbol{\alpha},\boldsymbol{\beta}\in V$，均有 $(\sigma(\boldsymbol{\alpha}),\sigma(\boldsymbol{\beta}))=(\boldsymbol{\alpha},\boldsymbol{\beta})$，其中 $(\boldsymbol{\alpha},\boldsymbol{\beta})$ 是定义酉空间 V 的内积，而 $(\sigma(\boldsymbol{\alpha}),\sigma(\boldsymbol{\beta}))$ 是酉空间 W 中向量 $\sigma(\boldsymbol{\alpha}),\sigma(\boldsymbol{\beta})$ 的内积，即映射 σ 是保内积的，则称 σ 是酉空间 V 到 W 上的同构映射，而酉空间 V 与 W 称为同构.

容易证明：

定理 9　任意 n 维酉空间 V 都同构于 n 维复的行向量空间连同标准内积构成的酉空间 $\mathbf{C}^n$. 有限维酉空间 U 与 W 同构的充分必要条件是，$\dim U=\dim W$.

证明略.

习　题

1. 设 a,b,c,d 是复数，$\mathbf{C}^2$ 是 2 维复的行向量空间，定义 $\mathbf{C}^2$ 上的二元复值函数 f 为

$$f(\boldsymbol{\alpha},\boldsymbol{\beta}) = ax_1\bar{y}_1 + bx_2\bar{y}_1 + cx_1\bar{y}_2 + dx_2\bar{y}_2,$$

其中 $\boldsymbol{\alpha}=(x_1,x_2)$，$\boldsymbol{\beta}=(y_1,y_2)\in\mathbf{C}^2$. 试确定 a,b,c 和 d，使得 $f(\boldsymbol{\alpha},\boldsymbol{\beta})$ 是 $\mathbf{C}^2$ 的内积.

2. 证明：酉空间 V 中向量 $\boldsymbol{\alpha}$ 与 $\boldsymbol{\beta}$ 正交的充分必要条件是，对任意一对复数 a 与 b，

$$\| a\boldsymbol{\alpha} + b\boldsymbol{\beta} \|^2 = \| a\boldsymbol{\alpha} \|^2 + \| b\boldsymbol{\beta} \|^2.$$

3. 设 V 是 n 维复线性空间. 如果映射 $\sigma: V\to V$ 满足:对任意 $\boldsymbol{\alpha},\boldsymbol{\beta}\in V$ 和任意复数 λ,$\sigma(\boldsymbol{\alpha}+\boldsymbol{\beta})=\sigma(\boldsymbol{\alpha})+\sigma(\boldsymbol{\beta})$,$\sigma(\lambda\boldsymbol{\alpha})=\bar{\lambda}\sigma(\boldsymbol{\alpha})$,$\sigma^2(\boldsymbol{\alpha})=\boldsymbol{\alpha}$,则 σ 称为共轭映射. V 中适合 $\sigma(\boldsymbol{\alpha})=\boldsymbol{\alpha}$ 的向量 $\boldsymbol{\alpha}$ 称为关于共轭映射 σ 的实向量. 记

$$R_\sigma(V)=\{\boldsymbol{\alpha}\in V:\sigma(\boldsymbol{\alpha})=\boldsymbol{\alpha}\}.$$

证明:

(1) $R_\sigma(V)$ 是 n 维实线性空间;

(2) 每个 $\boldsymbol{\alpha}\in V$ 都可以唯一地表为 $\boldsymbol{\alpha}=\boldsymbol{\beta}+\mathrm{i}\boldsymbol{\gamma}$,其中 $\boldsymbol{\beta},\boldsymbol{\gamma}\in R_\sigma(V)$,$\mathrm{i}^2=-1$;

(3) 设 $(\boldsymbol{\beta}_1,\boldsymbol{\beta}_2)$ 是 $R_\sigma(V)$ 的内积,则

$$(\boldsymbol{\alpha}_1,\boldsymbol{\alpha}_2)=(\boldsymbol{\beta}_1,\boldsymbol{\beta}_2)+(\boldsymbol{\gamma}_1,\boldsymbol{\gamma}_2)+\mathrm{i}((\boldsymbol{\beta}_1,\boldsymbol{\gamma}_2)-(\boldsymbol{\beta}_2,\boldsymbol{\gamma}_1))$$

是 V 的内积,其中 $\boldsymbol{\alpha}_1=\boldsymbol{\beta}_1+\mathrm{i}\boldsymbol{\gamma}_1$,$\boldsymbol{\alpha}_2=\boldsymbol{\beta}_2+\mathrm{i}\boldsymbol{\gamma}_2$,且 $\boldsymbol{\beta}_1,\boldsymbol{\beta}_2,\boldsymbol{\gamma}_1,\boldsymbol{\gamma}_2\in R_\sigma(V)$.

4. 证明:任意二阶酉方阵 $\boldsymbol{U}$ 都可以分解为

$$\boldsymbol{U}=\begin{pmatrix}\mathrm{e}^{\mathrm{i}\theta_1} & 0\\ 0 & \mathrm{e}^{\mathrm{i}\theta_2}\end{pmatrix}\begin{pmatrix}\cos\tau & \sin\tau\\ -\sin\tau & \cos\tau\end{pmatrix}\begin{pmatrix}\mathrm{e}^{\mathrm{i}\theta_3} & 0\\ 0 & \mathrm{e}^{\mathrm{i}\theta_4}\end{pmatrix},$$

其中 $\theta_1,\theta_2,\theta_3,\theta_4$ 和 τ 都是实数.

5. 记 n 阶复方阵 $\boldsymbol{A}$ 为 $\boldsymbol{A}=\boldsymbol{B}+\mathrm{i}\boldsymbol{C}$,其中 $\boldsymbol{B}$ 与 $\boldsymbol{C}$ 是实方阵,且 $\mathrm{i}^2=-1$. 证明:方阵 $\boldsymbol{A}$ 为酉方阵的充分必要条件是,方阵 $\boldsymbol{B}^{\mathrm{T}}\boldsymbol{C}$ 是对称的,且 $\boldsymbol{B}^{\mathrm{T}}\boldsymbol{B}+\boldsymbol{C}^{\mathrm{T}}\boldsymbol{C}=\boldsymbol{I}_{(n)}$.

6. 所有 n 阶复方阵构成的复线性空间记为 $\mathbf{C}^{n\times n}$,取内积为 $(\boldsymbol{A},\boldsymbol{B})=\operatorname{tr}\boldsymbol{A}\boldsymbol{B}^*$,$\boldsymbol{A},\boldsymbol{B}\in\mathbf{C}^{n\times n}$. 求 $\mathbf{C}^{n\times n}$ 中所有对角方阵构成的子空间 W 的正交补.

8.2 复方阵的酉相似

Euclid 空间的线性函数概念可以推广到酉空间.

定义 1 设 f 是酉空间 V 的复值函数. 如果对任意 $\boldsymbol{\alpha}_1,\boldsymbol{\alpha}_2\in V$ 和复数 λ_1,λ_2,

$$f(\lambda_1\boldsymbol{\alpha}_1+\lambda_2\boldsymbol{\alpha}_2)=\lambda_1 f(\boldsymbol{\alpha}_1)+\lambda_2 f(\boldsymbol{\alpha}_2),$$

则 f 称为 V 的线性函数.

n 维酉空间 V 的所有线性函数的集合记为 V^*,集合 V^* 在通常函数的加法以及复数与函数的乘法下成为一个复线性空间,它称为酉空间 V 的对偶空间.

设 $(\boldsymbol{\alpha},\boldsymbol{\beta})$ 是 n 维酉空间 V 的内积,对给定的 $\boldsymbol{\beta}\in V$,$f_{\boldsymbol{\beta}}(\boldsymbol{\alpha})=(\boldsymbol{\alpha},\boldsymbol{\beta})$ 定义了 V 的一个线性函数. 定义映射 $\sigma: V\to V^*$ 如下:设 $\boldsymbol{\beta}\in V$,则令 $\sigma(\boldsymbol{\beta})=f_{\boldsymbol{\beta}}$. 可以验证,映射 σ 是酉空间 V 到线性空间 V^* 的(线性空间)同构映射. 因此 V 与它的对偶空间 V^* 同构. 利用映射 σ,可以证明,如果 $\{\boldsymbol{\beta}_1,\boldsymbol{\beta}_2,\cdots,\boldsymbol{\beta}_n\}$ 是 V 的基,则 $\{f_{\boldsymbol{\beta}_1},f_{\boldsymbol{\beta}_2},\cdots,$

$f_{\beta_n}\}$是 V^* 的一组基,它称为$\{\boldsymbol{\beta}_1,\boldsymbol{\beta}_2,\cdots,\boldsymbol{\beta}_n\}$的对偶基.

设 $\mathscr{A}$ 是 n 维酉空间 V 的线性变换,$(\boldsymbol{\alpha},\boldsymbol{\beta})$是 V 的内积.可以证明,对给定的向量 $\boldsymbol{\beta}\in V$,存在唯一的向量 $\widetilde{\boldsymbol{\beta}}\in V$,使得$(\mathscr{A}(\boldsymbol{\alpha}),\boldsymbol{\beta})=(\boldsymbol{\alpha},\widetilde{\boldsymbol{\beta}})$.定义映射 $\mathscr{A}^*:V\to V$ 如下:设 $\boldsymbol{\beta}\in V$,则令 $\mathscr{A}^*(\boldsymbol{\beta})=\widetilde{\boldsymbol{\beta}}$.可以验证,映射 $\mathscr{A}^*$ 是 V 的一个线性变换,它称为线性变换 $\mathscr{A}$ 的伴随变换.伴随变换具有如下性质:

(1) $(\mathscr{A}+\mathscr{B})^*=\mathscr{A}^*+\mathscr{B}^*$;

(2) $(\lambda\mathscr{A})^*=\bar{\lambda}\mathscr{A}^*$;

(3) $(\mathscr{A}\mathscr{B})^*=\mathscr{B}^*\mathscr{A}^*$;

(4) $(\mathscr{A}^*)^*=\mathscr{A}$;

(5) 设 V 的线性变换 $\mathscr{A}$ 在 V 的标准正交基$\{\boldsymbol{\alpha}_1,\boldsymbol{\alpha}_2,\cdots,\boldsymbol{\alpha}_n\}$下的方阵为 $\boldsymbol{A}$,则它的伴随变换 $\mathscr{A}^*$ 在同一组基下的方阵为 $\boldsymbol{A}^*$,即方阵 A 的共轭转置;

(6) n 维酉空间 V 的线性变换 $\mathscr{A}$ 的不变子空间 W 的正交补 $W^{\perp}$ 是伴随变换 $\mathscr{A}^*$ 的不变子空间.

现在考虑酉空间 V 的一个线性变换在不同的标准正交基下的方阵表示的关系.先引进:

定义 2 设 $\boldsymbol{A}$ 与 $\boldsymbol{B}$ 是 n 阶复方阵.如果存在 n 阶酉方阵 $\boldsymbol{U}$,使得 $\boldsymbol{B}=\boldsymbol{U}^*\boldsymbol{A}\boldsymbol{U}$,则方阵 $\boldsymbol{A}$ 与 $\boldsymbol{B}$ 称为酉相似的.

设 n 维酉空间 V 的线性变换 $\mathscr{A}$ 在 V 的标准正交基$\{\boldsymbol{\xi}_1,\boldsymbol{\xi}_2,\cdots,\boldsymbol{\xi}_n\}$与标准正交基$\{\boldsymbol{\eta}_1,\boldsymbol{\eta}_2,\cdots,\boldsymbol{\eta}_n\}$下的方阵分别为 $\boldsymbol{A}$ 与 $\boldsymbol{B}$,即

$$\mathscr{A}(\boldsymbol{\xi}_1,\boldsymbol{\xi}_2,\cdots,\boldsymbol{\xi}_n)=(\boldsymbol{\xi}_1,\boldsymbol{\xi}_2,\cdots,\boldsymbol{\xi}_n)\boldsymbol{A},$$
$$\mathscr{A}(\boldsymbol{\eta}_1,\boldsymbol{\eta}_2,\cdots,\boldsymbol{\eta}_n)=(\boldsymbol{\eta}_1,\boldsymbol{\eta}_2,\cdots,\boldsymbol{\eta}_n)\boldsymbol{B}.$$

并且设由标准正交基$\{\boldsymbol{\xi}_1,\boldsymbol{\xi}_2,\cdots,\boldsymbol{\xi}_n\}$到标准正交基$\{\boldsymbol{\eta}_1,\boldsymbol{\eta}_2,\cdots,\boldsymbol{\eta}_n\}$的过渡方阵为 $\boldsymbol{U}$,即

$$(\boldsymbol{\eta}_1,\boldsymbol{\eta}_2,\cdots,\boldsymbol{\eta}_n)=(\boldsymbol{\xi}_1,\boldsymbol{\xi}_2,\cdots,\boldsymbol{\xi}_n)\boldsymbol{U}.$$

由上节可知,方阵 $\boldsymbol{U}$ 是酉方阵.于是,由上式,

$$\begin{aligned}\mathscr{A}(\boldsymbol{\eta}_1,\boldsymbol{\eta}_2,\cdots,\boldsymbol{\eta}_n)&=\mathscr{A}((\boldsymbol{\xi}_1,\boldsymbol{\xi}_2,\cdots,\boldsymbol{\xi}_n)\boldsymbol{U})\\&=(\mathscr{A}(\boldsymbol{\xi}_1,\boldsymbol{\xi}_2,\cdots,\boldsymbol{\xi}_n))\boldsymbol{U}\\&=(\boldsymbol{\xi}_1,\boldsymbol{\xi}_2,\cdots,\boldsymbol{\xi}_n)\boldsymbol{A}\boldsymbol{U}\\&=(\boldsymbol{\eta}_1,\boldsymbol{\eta}_2,\cdots,\boldsymbol{\eta}_n)\boldsymbol{U}^*\boldsymbol{A}\boldsymbol{U}.\end{aligned}$$

因此 $\boldsymbol{B}=\boldsymbol{U}^*\boldsymbol{A}\boldsymbol{U}$.所以酉空间 $\boldsymbol{V}$ 中线性变换 $\mathscr{A}$ 在不同的标准正交基下的方阵是酉相似的.

容易验证,方阵之间的酉相似关系满足自反性、对称性与传递性.因此它是所

有 n 阶复方阵集合 $M_n(\mathbf{C})$ 中元素间的一种等价关系. 于是集合 $M_n(\mathbf{C})$ 便按酉相似关系分成酉相似等价类:彼此酉相似的方阵归在同一个酉相似等价类. 彼此不酉相似的方阵划归不同的酉相似等价类. 所有 n 阶复方阵集合 $M_n(\mathbf{C})$ 在酉相似下分类的两个基本问题是:(1) 在酉相似等价类中如何选取代表元,即复方阵在酉相似下的标准形是什么?(2) 如何判定两个复方阵是否酉相似,也即复方阵在酉相似下的全系不变量是什么?

应当指出,如果 n 阶复方阵 $\boldsymbol{A}$ 与 $\boldsymbol{B}$ 酉相似,即 $\boldsymbol{B}=\boldsymbol{U}^*\boldsymbol{A}\boldsymbol{U}$,其中 $\boldsymbol{U}$ 是酉方阵,则因 $\boldsymbol{U}^{-1}=\boldsymbol{U}^*$,故 $\boldsymbol{B}=\boldsymbol{U}^{-1}\boldsymbol{A}\boldsymbol{U}$,即方阵 $\boldsymbol{A}$ 与 $\boldsymbol{B}$ 相似. 反之则不然.

关于酉相似,有:

定理 1 设 $\lambda_1,\lambda_2,\cdots,\lambda_n$ 是 n 阶复方阵 $\boldsymbol{A}$ 的全部特征值,则存在 n 阶酉方阵 $\boldsymbol{U}$,使得

$$\boldsymbol{A}=\boldsymbol{U}\begin{pmatrix}\lambda_1 & * & * & * \\ & \lambda_2 & * & * \\ & & \ddots & * \\ & & & \lambda_n\end{pmatrix}\boldsymbol{U}^*. \tag{8.2.1}$$

简单地说,复方阵 $\boldsymbol{A}$ 酉相似于上三角形.

证明 设 $\boldsymbol{\alpha}_1$ 是 $\boldsymbol{A}$ 的属于特征值 λ_1 的单位特征向量,将 $\boldsymbol{\alpha}_1$ 扩充为 n 维酉空间 $\mathbf{C}^n$ 的一组标准正交基 $\{\boldsymbol{\alpha}_1,\boldsymbol{\alpha}_2,\cdots,\boldsymbol{\alpha}_n\}$. 设 $\boldsymbol{P}=(\boldsymbol{\alpha}_1,\boldsymbol{\alpha}_2,\cdots,\boldsymbol{\alpha}_n)$,则 $\boldsymbol{A}=\boldsymbol{P}\begin{pmatrix}\lambda_1 & * \\ \boldsymbol{0} & \widetilde{\boldsymbol{A}}\end{pmatrix}\boldsymbol{P}^{-1}$,其中 $\widetilde{\boldsymbol{A}}$ 的全部特征值为 $\lambda_2,\cdots,\lambda_n$. 对复方阵的阶数应用归纳法,存在 $n-1$ 阶酉方阵 $\boldsymbol{Q}$,使得 $\widetilde{\boldsymbol{A}}=\boldsymbol{Q}\begin{pmatrix}\lambda_2 & * & * \\ & \ddots & * \\ & & \lambda_n\end{pmatrix}\boldsymbol{Q}^{-1}$. 因此,$\boldsymbol{A}=\boldsymbol{U}\begin{pmatrix}\lambda_1 & * & * & * \\ & \lambda_2 & * & * \\ & & \ddots & * \\ & & & \lambda_n\end{pmatrix}\boldsymbol{U}^*$,其中 $\boldsymbol{U}=\boldsymbol{P}\mathrm{diag}(1,\boldsymbol{Q})$ 是 n 阶酉方阵. 定理 1 证毕.

定义 3 满足 $\boldsymbol{A}^*\boldsymbol{A}=\boldsymbol{A}\boldsymbol{A}^*$ 的 n 阶复方阵 $\boldsymbol{A}$ 称为**规范方阵**. 满足 $\boldsymbol{K}^*=-\boldsymbol{K}$ 的 n 阶复方阵 $\boldsymbol{K}$ 称为**斜 Hermite 方阵**.

显然,酉方阵、Hermite 方阵与斜 Hermite 方阵都是规范方阵.

定理 2(Schur 定理) n 阶复方阵 $\boldsymbol{A}$ 酉相似于对角方阵的充分必要条件是,$\boldsymbol{A}$

为规范方阵.

证明 设方阵 $\boldsymbol{A}$ 酉相似于对角方阵,则存在 n 阶酉方阵 $\boldsymbol{U}$,使得

$$\boldsymbol{A}=\boldsymbol{U}^{*}\operatorname{diag}(\lambda_1,\lambda_2,\cdots,\lambda_n)\boldsymbol{U}.$$

于是

$$\boldsymbol{A}^{*}\boldsymbol{A}=\boldsymbol{U}^{*}\operatorname{diag}(\bar{\lambda}_1\lambda_1,\bar{\lambda}_2\lambda_2,\cdots,\bar{\lambda}_n\lambda_n)\boldsymbol{U}=\boldsymbol{A}\boldsymbol{A}^{*}.$$

因此方阵 $\boldsymbol{A}$ 是规范的.

反之,设方阵 $\boldsymbol{A}$ 是规范的,且它的全部特征值为 $\lambda_1,\lambda_2,\cdots,\lambda_n$.则由定理 1,存在 n 阶酉方阵 $\boldsymbol{U}$ 使得

$$\boldsymbol{A}=\boldsymbol{U}\begin{pmatrix}\lambda_1 & * & * & * \\ & \lambda_2 & * & * \\ & & \ddots & * \\ & & & \lambda_n\end{pmatrix}\boldsymbol{U}^{*}.$$

于是

$$\boldsymbol{A}^{*}\boldsymbol{A}=\boldsymbol{U}\begin{pmatrix}\bar{\lambda}_1 & & & \\ * & \bar{\lambda}_2 & & \\ * & * & \ddots & \\ * & * & * & \bar{\lambda}_n\end{pmatrix}\begin{pmatrix}\lambda_1 & * & * & * \\ & \lambda_2 & * & * \\ & & \ddots & * \\ & & & \lambda_n\end{pmatrix}\boldsymbol{U}^{*}$$

$$=\boldsymbol{A}\boldsymbol{A}^{*}=\boldsymbol{U}\begin{pmatrix}\lambda_1 & * & * & * \\ & \lambda_2 & * & * \\ & & \ddots & * \\ & & & \lambda_n\end{pmatrix}\begin{pmatrix}\bar{\lambda}_1 & & & \\ * & \bar{\lambda}_2 & & \\ * & * & \ddots & \\ * & * & * & \bar{\lambda}_n\end{pmatrix}\boldsymbol{U}^{*},$$

即

$$\begin{pmatrix}\bar{\lambda}_1 & & & \\ * & \bar{\lambda}_2 & & \\ * & * & \ddots & \\ * & * & * & \bar{\lambda}_n\end{pmatrix}\begin{pmatrix}\lambda_1 & * & * & * \\ & \lambda_2 & * & * \\ & & \ddots & * \\ & & & \lambda_n\end{pmatrix}=\begin{pmatrix}\lambda_1 & * & * & * \\ & \lambda_2 & * & * \\ & & \ddots & * \\ & & & \lambda_n\end{pmatrix}\begin{pmatrix}\bar{\lambda}_1 & & & \\ * & \bar{\lambda}_2 & & \\ * & * & \ddots & \\ * & * & * & \bar{\lambda}_n\end{pmatrix}. \tag{8.2.3}$$

比较上式两端方阵的(1,1)位置上元素得到

$$\bar{\lambda}_1\lambda_1=\lambda_1\bar{\lambda}_1+\sigma^2,$$

其中 σ^2 是上三角方阵

$$\begin{pmatrix} \lambda_1 & * & * & * \\ & \lambda_2 & * & * \\ & & \ddots & * \\ & & & \lambda_n \end{pmatrix} \tag{8.2.4}$$

的第1行上非对角元的绝对值之平方和.因此 $\sigma^2=0$.即上三角方阵(8.2.4)中第1行上非对角元全为零;再比较式(8.2.3)两端方阵的(2,2)位置上的元素,如此继续,即知方阵(8.2.4)的非对角元全为零.所以规范方阵 $\boldsymbol{A}$ 酉相似于对角方阵.证毕.

由定理1还可以得到:

定理3(Schur不等式) 设 $\lambda_1,\lambda_2,\cdots,\lambda_n$ 是 n 阶复方阵 $\boldsymbol{A}=(a_{ij})$ 的全部特征值.则

$$\operatorname{tr}\boldsymbol{A}\boldsymbol{A}^* = \sum_{1\leqslant i,j\leqslant n} |a_{ij}|^2 \geqslant \sum_{i=1}^{n} |\lambda_i|^2.$$

并且等号当且仅当方阵 $\boldsymbol{A}$ 为规范方阵时成立.

证明略.

由定理2得到:

定理4 n 阶规范方阵 $\boldsymbol{A}$ 酉相似于对角形,即存在 n 阶酉方阵 $\boldsymbol{U}$,使得

$$\boldsymbol{U}^*\boldsymbol{A}\boldsymbol{U} = \operatorname{diag}(\lambda_1,\lambda_2,\cdots,\lambda_n),$$

其中 $\lambda_1,\lambda_2,\cdots,\lambda_n$ 是规范方阵 $\boldsymbol{A}$ 的特征值.并且规范方阵的特征值是规范方阵在酉相似下的全系不变量.

定理4完全解决了规范方阵在酉相似下的标准形问题.

由于酉方阵的特征值的绝对值为1,因此由定理4得到

定理5 n 阶酉方阵 $\boldsymbol{U}$ 相似于对角形,即存在 n 阶酉方阵 $\boldsymbol{U}_1$,使得

$$\boldsymbol{U}_1^*\boldsymbol{U}\boldsymbol{U}_1 = \operatorname{diag}(\mathrm{e}^{\mathrm{i}\theta_1},\mathrm{e}^{\mathrm{i}\theta_2},\cdots,\mathrm{e}^{\mathrm{i}\theta_n}),$$

其中 $\mathrm{e}^{\mathrm{i}\theta_1},\mathrm{e}^{\mathrm{i}\theta_2},\cdots,\mathrm{e}^{\mathrm{i}\theta_n}$ 是酉方阵 $\boldsymbol{U}$ 的全部特征值.并且酉方阵的特征值是酉方阵在酉相似下的全系不变量.

由于Hermite方阵是规范方阵,而且Hermite方阵的特征值都是实数,所以由定理4得到:

定理6 n 阶Hermite方阵 $\boldsymbol{H}$ 酉相似于对角形,即存在 n 阶酉方阵 $\boldsymbol{U}$,使得

$$\boldsymbol{U}^*\boldsymbol{H}\boldsymbol{U} = \operatorname{diag}(\lambda_1,\lambda_2,\cdots,\lambda_n),$$

其中 $\lambda_1,\lambda_2,\cdots,\lambda_n$ 是方阵 $\boldsymbol{H}$ 的全部特征值,$\lambda_1\geqslant\lambda_2\geqslant\cdots\geqslant\lambda_n$.并且Hermite方阵的特征值是Hermite方阵在酉相似下的全系不变量.

由于斜Hermite方阵是规范方阵,而且斜Hermite方阵的非零特征值都是纯

虚数，因此由定理4得到：

定理7 n 阶斜 Hermite 方阵 $\boldsymbol{K}$ 酉相似于对角形，即存在 n 阶方阵 $\boldsymbol{U}$，使得

$$\boldsymbol{U}^*\boldsymbol{K}\boldsymbol{U}=\operatorname{diag}(\mathrm{i}\lambda_1,\mathrm{i}\lambda_2,\cdots,\mathrm{i}\lambda_r,\underbrace{0,\cdots,0}_{n-r\text{个}}),$$

其中 $\mathrm{i}\lambda_1,\mathrm{i}\lambda_2,\cdots,\mathrm{i}\lambda_r$ 是方阵 K 的全部非零特征值，且 $\lambda_1\geqslant\lambda_2\geqslant\cdots\geqslant\lambda_r$. 并且斜 Hermite 方阵的特征值是斜 Hermite 方阵在酉相似下的全系不变量.

上述定理都具有相应的几何形式. 和定理1相应的是：

定理8 设 $\mathscr{A}$ 是 n 维酉空间 V 的线性变换. 则存在 V 的标准正交基$\{\boldsymbol{\alpha}_1,\boldsymbol{\alpha}_2,\cdots,\boldsymbol{\alpha}_n\}$使得线性变换 $\mathscr{A}$ 在这组基下的方阵是如下的上三角形：

$$\begin{pmatrix}\lambda_1 & a_{12} & \cdots & a_{1,n-1} & a_{1n}\\ 0 & \lambda_2 & \cdots & a_{2,n-1} & a_{2n}\\ & & \cdots\cdots\cdots\cdots & & \\ 0 & 0 & \cdots & 0 & \lambda_n\end{pmatrix},$$

其中 $\lambda_1,\lambda_2,\cdots,\lambda_n$ 是线性变换 $\mathscr{A}$ 的全部特征值.

定义4 适合 $\mathscr{A}^*\mathscr{A}=\mathscr{A}\mathscr{A}^*$ 的线性变换 $\mathscr{A}$ 称为规范变换；适合 $\mathscr{U}^*\mathscr{U}=\mathscr{I}=\mathscr{U}\mathscr{U}^*$ 的线性变换 $\mathscr{U}$ 称为酉变换；适合 $\mathscr{H}^*=\mathscr{H}$ 的线性变换 $\mathscr{H}$ 称为自伴变换；适合 $\mathscr{K}^*=-\mathscr{K}$ 的线性变换 $\mathscr{K}$ 称为斜自伴变换.

可以证明，n 维酉空间 V 的线性变换 $\mathscr{A}$ 为规范变换(或酉变换，或自伴变换，或斜自伴变换)的充分必要条件是，$\mathscr{A}$ 在 V 的标准正交基下的方阵为规范方阵(或酉方阵，或 Hermite 方阵，或斜 Hermite 方阵).

另外，n 维酉空间 V 的线性变换 $\mathscr{A}$ 为酉变换的充分必要条件是，对任意 $\boldsymbol{\alpha}\in V$，$\|\mathscr{A}(\boldsymbol{\alpha})\|=\|\boldsymbol{\alpha}\|$.

n 维酉空间 V 的所有酉变换的集合记为 $\mathrm{U}_n(\mathbf{C})$. 容易验证，n 维空间 V 的单位变换 $\mathscr{I}\in\mathrm{U}_n(\mathbf{C})$；如果 $\mathscr{U}\in\mathrm{U}_n(\mathbf{C})$，则 $\mathscr{U}^{-1}\in\mathrm{U}_n(\mathbf{C})$；如果 $\mathscr{U}_1,\mathscr{U}_2\in\mathrm{U}_n(\mathbf{C})$，则 $\mathscr{U}_1\mathscr{U}_2\in\mathrm{U}_n(\mathbf{C})$. 由于集合 $\mathrm{U}_n(\mathbf{C})$具有这些性质，所以集合 $\mathrm{U}_n(\mathbf{C})$也称为 n 维酉空间 V 上的酉变换群，或简称酉群. 酉群是一类重要的典型群. 这里不拟讨论.

与定理2相应的是：

定理9 设 $\mathscr{A}$ 是 n 维酉空间 V 的线性变换. 则 $\mathscr{A}$ 为规范变换的充分必要条件是，存在 V 的一组标准正交基，使得 $\mathscr{A}$ 在这组基下的方阵为对角方阵.

定理5，定理6与定理7都有相应的几何形式. 请读者补出.

最后给出一些例子.

例1 证明：n 阶复方阵 $\boldsymbol{A}$ 为规范方阵的充分必要条件是，存在复系数多项式 $f(\lambda)$，使得 $\boldsymbol{A}^*=f(\boldsymbol{A})$.

证明 充分性是显然的.下面证明必要性.设 $\lambda_1,\lambda_2,\cdots,\lambda_t$ 是规范方阵$\boldsymbol{A}$ 的全部不同的特征值,它们的代数重数分别是 $n_1,n_2,.\cdots,n_t$.由定理 4,存在 n 阶酉方阵$\boldsymbol{U}$,使得

$$\boldsymbol{A} = \boldsymbol{U}^* \operatorname{diag}(\lambda_1 \boldsymbol{I}_{(n_1)},\lambda_2 \boldsymbol{I}_{(n_2)},\cdots,\lambda_t \boldsymbol{I}_{(n_t)})\boldsymbol{U}.$$

由于方阵 $\boldsymbol{A}$(酉)相似于对角形,所以方阵 $\boldsymbol{A}$ 的最小多项式为

$$d(\lambda) = (\lambda-\lambda_1)(\lambda-\lambda_2)\cdots(\lambda-\lambda_t).$$

记 $d(\lambda)=(\lambda-\lambda_j)d_j(\lambda),j=1,2,\cdots,t$.并记

$$\varphi_j(\lambda) = \frac{\bar{\lambda}_j}{d_j(\lambda_j)}d_j(\lambda),\quad j = 1,2,\cdots,t.$$

设 $\boldsymbol{D}=\operatorname{diag}(\lambda_1 \boldsymbol{I}_{(n_1)},\lambda_2 \boldsymbol{I}_{(n_2)},\cdots,\lambda_t \boldsymbol{I}_{(n_t)})$.则对每个 i,

$$\varphi_j(\lambda_i \boldsymbol{I}_{(n_i)}) = \begin{cases} 0, & \text{当 } i \neq j \text{ 时},\\ \bar{\lambda}_j \boldsymbol{I}_{(n_j)}, & \text{当 } i = j \text{ 时}. \end{cases}$$

因此,对每个 j,

$$\begin{aligned}\varphi_j(\boldsymbol{D}) &= \operatorname{diag}(\varphi_j(\lambda_1 \boldsymbol{I}_{(n_1)}),\varphi_j(\lambda_2 \boldsymbol{I}_{(n_2)}),\cdots,\varphi_j(\lambda_t \boldsymbol{I}_{(n_t)}))\\ &= \operatorname{diag}(0,\cdots,0,\bar{\lambda}_j \boldsymbol{I}_{(n_j)},0,\cdots,0).\end{aligned}$$

令 $f(\lambda) = \sum_{j=1}^{n}\varphi_j(\lambda)$. 则

$$f(\boldsymbol{D}) = \sum_{j=1}^{n}\varphi_j(\boldsymbol{D}) = \operatorname{diag}(\bar{\lambda}_1 \boldsymbol{I}_{(n_1)},\bar{\lambda}_2 \boldsymbol{I}_{(n_2)},\cdots,\bar{\lambda}_t \boldsymbol{I}_{(n_t)}) = \bar{\boldsymbol{D}}.$$

所以

$$f(\boldsymbol{A}) = f(\boldsymbol{U}^*\boldsymbol{D}\boldsymbol{U}) = \boldsymbol{U}^* f(\boldsymbol{D})\boldsymbol{U} = \boldsymbol{U}^*\bar{\boldsymbol{D}}U = \boldsymbol{A}^*.$$

这就证明了必要性.证毕.

例 2 设 n 阶复方阵$\boldsymbol{A}$ 与酉方阵$\boldsymbol{U}$ 适合 $\boldsymbol{UA}=\boldsymbol{AU}^{\mathrm{T}}$.证明:存在 n 阶酉方阵$\boldsymbol{V}$,使得 $\boldsymbol{U}=\boldsymbol{V}^2$,并且 $\boldsymbol{VA}=\boldsymbol{AV}^{\mathrm{T}}$.

证明 由定理 5,存在 n 阶酉方阵$\boldsymbol{U}_1$,使得

$$\boldsymbol{U} = \boldsymbol{U}_1^* \operatorname{diag}(\mathrm{e}^{\mathrm{i}\theta_1},\mathrm{e}^{\mathrm{i}\theta_2},\cdots,\mathrm{e}^{\mathrm{i}\theta_n})\boldsymbol{U}_1,$$

其中 $\mathrm{e}^{\mathrm{i}\theta_1},\mathrm{e}^{\mathrm{i}\theta_2},\cdots,\mathrm{e}^{\mathrm{i}\theta_n}$ 是$\boldsymbol{U}$ 的全部特征值.记

$$\boldsymbol{V} = \boldsymbol{U}_1^* \operatorname{diag}(\mathrm{e}^{\mathrm{i}\theta_1/2},\mathrm{e}^{\mathrm{i}\theta_2/2},\cdots,\mathrm{e}^{\mathrm{i}\theta_n/2})U_1.$$

则 $\boldsymbol{V}^2=\boldsymbol{U}$.

由于 $\boldsymbol{UA}=\boldsymbol{AU}^{\mathrm{T}}$,所以

$$\operatorname{diag}(\mathrm{e}^{\mathrm{i}\theta_1},\mathrm{e}^{\mathrm{i}\theta_2},\cdots,\mathrm{e}^{\mathrm{i}\theta_n})\boldsymbol{U}_1\boldsymbol{A}\boldsymbol{U}_1^{\mathrm{T}} = \boldsymbol{U}_1\boldsymbol{A}\boldsymbol{U}_1^{\mathrm{T}}\operatorname{diag}(\mathrm{e}^{\mathrm{i}\theta_1},\mathrm{e}^{\mathrm{i}\theta_2},\cdots,\mathrm{e}^{\mathrm{i}\theta_n}).$$

记 $\boldsymbol{U}_1\boldsymbol{A}\boldsymbol{U}_1^{\mathrm{T}}=\boldsymbol{B}=(b_{kl})$.比较上式两端方阵的$(k,l)$位置上的元素得到

$$e^{i\theta_k} b_{kl} = e^{i\theta_l} b_{kl},\quad 1 \leqslant k, l \leqslant n.$$

由此得到

$$e^{i\theta_k/2} b_{kl} = e^{i\theta_l/2} b_{kl},\quad 1 \leqslant k, l \leqslant n.$$

于是得到

$$\begin{aligned} &\operatorname{diag}(e^{i\theta_1/2}, e^{i\theta_2/2}, \cdots, e^{i\theta_n/2}) \boldsymbol{U}_1 \boldsymbol{A} \boldsymbol{U}_1^{\mathrm{T}} \\ &\quad = \boldsymbol{U}_1 \boldsymbol{A} \boldsymbol{U}_1^{\mathrm{T}} \operatorname{diag}(e^{i\theta_1/2}, e^{i\theta_2/2}, \cdots, e^{i\theta_2/2}, \cdots, e^{i\theta_n/2}). \end{aligned}$$

即得到 $\boldsymbol{VA} = \boldsymbol{AV}^{\mathrm{T}}$. 证毕.

习　　题

1. 设 $\boldsymbol{\alpha}$ 与 $\boldsymbol{\beta}$ 分别是 n 维酉空间 V 的线性变换 $\mathscr{A}$ 与伴随变换 $\mathscr{A}^*$ 的特征向量. 证明:如果它们所属的特征值不共轭,则它们相互正交.

2. 证明:n 维酉空间 V 的线性变换 $\mathscr{A}$ 为规范的充分必要条件是,$\mathscr{A}$ 的每个特征向量也是它的伴随变换 $\mathscr{A}^*$ 的特征向量.

3. 证明:n 维酉空间 V 的线性变换 $\mathscr{A}$ 为规范的充分必要条件是,$\mathscr{A}$ 的每个不变子空间也是它的伴随变换 $\mathscr{A}^*$ 的不变子空间.

4. 证明:n 维酉空间 V 的线性变换 $\mathscr{A}$ 为规范的充分必要条件是,$\mathscr{A}$ 的每个不变子空间的正交补是 $\mathscr{A}^*$ 的不变子空间.

5. 设规范方阵 $\boldsymbol{A}$ 与方阵 $\boldsymbol{B}$ 可交换. 证明:方阵 $\boldsymbol{A}$ 与方阵 $\boldsymbol{B}^*$ 可交换.

6. 设规范方阵 $\boldsymbol{A}$ 与规范方阵 $\boldsymbol{B}$ 可交换. 证明:$\boldsymbol{AB}$ 是规范方阵.

7. 设 $\boldsymbol{A}$ 与 $\boldsymbol{B}$ 是规范方阵. 证明:方阵 $\boldsymbol{A}$ 与 $\boldsymbol{B}$ 酉相似的充分必要条件是,方阵 $\boldsymbol{A}$ 与 $\boldsymbol{B}$ 相似.

8. 证明:两两可交换的 n 阶规范方阵集合可以同时酉相似于对角形.

9. 设 n 阶规范方阵 $\boldsymbol{A} = \boldsymbol{B} + i\boldsymbol{C}$, $\boldsymbol{B}^* = \boldsymbol{B}$, $\boldsymbol{C}^* = \boldsymbol{C}$,方阵 $\boldsymbol{A}$ 的任意两个特征值的实部与虚部分别不相等,且 $\boldsymbol{x}$ 是方阵 $\boldsymbol{A}$, $\boldsymbol{B}$ 与 $\boldsymbol{C}$ 中某个方阵的特征向量. 证明:存在复数 λ,实数 μ 与 ν,使得

$$\boldsymbol{xA} = \lambda \boldsymbol{x},\quad \boldsymbol{xB} = \mu \boldsymbol{x},\quad \boldsymbol{xC} = \nu \boldsymbol{x},$$

并且 $\lambda = \mu + i\nu$.

10. 所有 n 阶复方阵的集合连同内积 $(\boldsymbol{A}, \boldsymbol{B}) = \operatorname{tr}(\boldsymbol{AB}^*)$ 构成的酉空间记为 $\mathbf{C}^{n\times n}$,其中 $\boldsymbol{A}, \boldsymbol{B} \in \mathbf{C}^{n\times n}$. 设 $\boldsymbol{G} \in \mathbf{C}^{n\times n}$. 定义 $\mathbf{C}^{n\times n}$ 的线性变换 $\mathscr{T}_G(\boldsymbol{A}) = \boldsymbol{GA}$. 证明:$\mathscr{T}_G$ 为酉变换的充分必要条件是,$\boldsymbol{G}$ 为酉方阵.

11. 设 W 是 n 维酉空间 V 的子空间,则 $V = W \oplus W^{\perp}$. 即对每个 $\boldsymbol{\alpha} \in V$,存在唯一一对向量 $\boldsymbol{\beta}, \boldsymbol{\gamma}$, $\boldsymbol{\beta} \in W$, $\boldsymbol{\gamma} \in W^{\perp}$,使得 $\boldsymbol{\alpha} = \boldsymbol{\beta} + \boldsymbol{\gamma}$. 定义 V 的线性变换 $\mathscr{A}$ 为:$\mathscr{A}(\boldsymbol{\alpha}) = \boldsymbol{\beta} - \boldsymbol{\gamma}$. 证明:$\mathscr{A}$ 是酉变换.

12. 设 $\mathscr{A}$ 是 n 维酉空间 V 的自伴变换. 证明:

(1) 对任意 $\boldsymbol{\alpha}\in V$, $\|\boldsymbol{\alpha}+\mathrm{i}\mathscr{A}(\boldsymbol{\alpha})\| = \|\boldsymbol{\alpha}-\mathrm{i}\mathscr{A}(\boldsymbol{\alpha})\|$;

(2) $\boldsymbol{\alpha}+\mathrm{i}\mathscr{A}(\boldsymbol{\alpha})=\boldsymbol{\beta}+\mathrm{i}\mathscr{A}(\boldsymbol{\beta})$的充分必要条件是 $\boldsymbol{\alpha}=\boldsymbol{\beta}$;

(3) $\mathscr{I}-\mathrm{i}\mathscr{A}$ 与 $\mathscr{I}+\mathrm{i}\mathscr{A}$ 都是可逆的;

(4) 变换

$$\mathscr{U}=(\mathscr{I}-\mathrm{i}\mathscr{A})(\mathscr{I}+\mathrm{i}\mathscr{A})^{-1}$$

是酉变换,它称为 $\mathscr{A}$ 的 Cayley 变换.

13. 设方阵 $\boldsymbol{S}$ 与 $\boldsymbol{T}$ 分别是实对称与实斜对称方阵,且 $\det(\boldsymbol{I}_{(n)}-\boldsymbol{T}-\mathrm{i}\boldsymbol{S})\neq 0$. 证明 $(\boldsymbol{I}_{(n)}+\boldsymbol{T}+\mathrm{i}\boldsymbol{S})(\boldsymbol{I}_{(n)}-\boldsymbol{T}-\mathrm{i}\boldsymbol{S})^{-1}$是酉方阵.

14. 设 n 阶复方阵 $\boldsymbol{O}$ 满足 $\boldsymbol{O}\boldsymbol{O}^{\mathrm{T}}=\boldsymbol{I}_{(n)}$, $\boldsymbol{O}^*=\boldsymbol{O}$. 证明 $\boldsymbol{O}$ 实正交相似于如下的准对角形:

$$\mathrm{diag}\left(\begin{pmatrix} a_1 & \mathrm{i}b_1 \\ -\mathrm{i}b_1 & a_1 \end{pmatrix},\cdots,\begin{pmatrix} a_s & \mathrm{i}b_s \\ -\mathrm{i}b_s & a_s \end{pmatrix},\underbrace{1,\cdots,1}_{t\text{个}},\underbrace{-1,\cdots,-1}_{n-2s-t\text{个}}\right),$$

其中 $a_1,a_2,\cdots,a_s,b_1,b_2,\cdots,b_s$ 都是实数,且 $a_j^2-b_j^2=1$, $j=1,2,\cdots,s$.

8.3 正定 Hermite 方阵与矩阵的奇异值分解

实对称方阵的正定性与半正定性等概念都可以推广.

定义 1 设 $\boldsymbol{H}$ 是 n 阶 Hermite 方阵. 如果对任意非零复的行向量 $\boldsymbol{\alpha}\in\mathbf{C}^n$, 依次有

$$\boldsymbol{\alpha}\boldsymbol{H}\boldsymbol{\alpha}^*>0,\ \boldsymbol{\alpha}\boldsymbol{H}\boldsymbol{\alpha}^*\geqslant 0,\ \boldsymbol{\alpha}\boldsymbol{H}\boldsymbol{\alpha}^*<0,\ \boldsymbol{\alpha}\boldsymbol{H}\boldsymbol{\alpha}^*\leqslant 0,$$

则方阵 $\boldsymbol{H}$ 依次称为正定,半正定,负定与半负定的,并且依次记为 $\boldsymbol{H}>0$, $\boldsymbol{H}\geqslant 0$, $\boldsymbol{H}<0$, $\boldsymbol{H}\leqslant 0$.

与正定实对称方阵相仿,可以证明:

定理 1 设 $\boldsymbol{H}$ 是 n 阶 Hermite 方阵,则下列命题等价:

(1) 方阵 $\boldsymbol{H}$ 是正定的;

(2) 方阵 $\boldsymbol{H}$ 的每个特征值都是正的;

(3) 存在正定的 Hermite 方阵 $\boldsymbol{H}_1$,使得 $\boldsymbol{H}=\boldsymbol{H}_1^2$;

(4) 存在可逆复方阵 $\boldsymbol{P}$,使得 $\boldsymbol{H}=\boldsymbol{P}^*\boldsymbol{P}$;

(5) 方阵 $\boldsymbol{H}$ 的每个主子式都是正的;

(6) 方阵 $\boldsymbol{H}$ 的顺序主子式都是正的;

(7) 对每个 k，方阵 $\boldsymbol{H}$ 的所有 k 阶主子式之和都是正的，$k=1,2,\cdots,n$.

关于半正定的 Hermite 方阵，有：

定理2　设 $\boldsymbol{H}$ 是 n 阶 Hermite 方阵. 则下列命题等价：

(1) 方阵 $\boldsymbol{H}$ 是半正定的；

(2) 方阵 $\boldsymbol{H}$ 的每个特征值都是非负的；

(3) 存在半正定 Hermite 方阵 $\boldsymbol{H}_1$，$\operatorname{rank}\boldsymbol{H}_1=\operatorname{rank}\boldsymbol{H}$，使得 $\boldsymbol{H}=\boldsymbol{H}_1^2$；

(4) 存在 n 阶复方阵 $\boldsymbol{P}$，$\operatorname{rank}\boldsymbol{P}=\operatorname{rank}\boldsymbol{H}$，使得 $\boldsymbol{H}=\boldsymbol{P}^*\boldsymbol{P}$；

(5) 方阵 $\boldsymbol{H}$ 的每个主子式都是非负的；

(6) 方阵 $\boldsymbol{H}$ 的所有 k 阶主子式之和都是非负的，$k=1,2,\cdots,n$.

定理3　设 $\boldsymbol{H}$ 与 $\boldsymbol{H}_1$ 是 n 阶半正定 Hermite 方阵，且 $\boldsymbol{H}=\boldsymbol{H}_1^2$，则方阵 $\boldsymbol{H}_1$ 是唯一的. 并且与方阵 $\boldsymbol{H}$ 可交换的方阵 $\boldsymbol{A}$ 也和方阵 $\boldsymbol{H}_1$ 可交换.

实矩阵的正交相抵可以推广到复矩阵.

定义2　设 $\boldsymbol{A}$ 与 $\boldsymbol{B}$ 是 $m\times n$ 复矩阵. 如果存在 m 阶与 n 阶酉方阵 $\boldsymbol{U}_1$ 与 $\boldsymbol{U}_2$，使得 $\boldsymbol{B}=\boldsymbol{U}_1\boldsymbol{A}\boldsymbol{U}_2$，则矩阵 $\boldsymbol{A}$ 与 $\boldsymbol{B}$ 称为**酉相抵**的.

定义3　设 $\boldsymbol{A}$ 是 $m\times n$ 复矩阵. 则 n 阶半正定 Hermite 方阵 $\boldsymbol{A}^*\boldsymbol{A}$ 的非零特征值的算术平方根称为矩阵 $\boldsymbol{A}$ 的**奇异值**.

矩阵 $\boldsymbol{A}$ 的奇异值总是正数，而且它可以定义为 m 阶半正定 Hermite 方阵 $\boldsymbol{A}\boldsymbol{A}^*$ 的非零特征值的平方根.

定理4(矩阵的奇异值分解)　设 $\mu_1,\mu_2,\cdots,\mu_r$ 是 $m\times n$ 复矩阵 $\boldsymbol{A}$ 的所有奇异值，$\mu_1\geqslant\mu_2\geqslant\cdots\geqslant\mu_r>0$. 则矩阵 $\boldsymbol{A}$ 酉相抵于如下的标准形：

$$\operatorname{diag}(\operatorname{diag}(\mu_1,\mu_2,\cdots,\mu_r),\boldsymbol{0}),$$

其中$\boldsymbol{0}$是$(m-r)\times(n-r)$零矩阵. 即存在 m 阶与 n 阶酉方阵 $\boldsymbol{U}_1$ 与 $\boldsymbol{U}_2$，使得

$$\boldsymbol{A}=\boldsymbol{U}_1\operatorname{diag}(\operatorname{diag}(\mu_1,\mu_2,\cdots,\mu_r),\boldsymbol{0})\boldsymbol{U}_2. \tag{8.3.1}$$

并且矩阵的奇异值是矩阵在酉相抵下的全系不变量.

利用复矩阵在酉相抵下的标准形，容易证明：

定理5(矩阵的极分解)　设 $\boldsymbol{A}$ 是 n 阶复方阵. 则存在 n 阶半正定 Hermite 方阵 $\boldsymbol{H}_1$ 与 $\boldsymbol{H}_2$，以及酉方阵 $\boldsymbol{U}$，使得 $\boldsymbol{A}=\boldsymbol{H}_1\boldsymbol{U}=\boldsymbol{U}\boldsymbol{H}_2$，其中 $\boldsymbol{H}_1$ 与 $\boldsymbol{H}_2$ 由方阵 $\boldsymbol{A}$ 唯一确定.

利用矩阵在酉相抵下的标准形，可以给出第3章中关于矩阵的广义逆的存在性的一个简洁证明. 重述一下广义逆的定义. 设 $\boldsymbol{A}$ 是 $m\times n$ 矩阵. 则适合矩阵方程组

$$\left.\begin{aligned} AXA &= A, \\ XAX &= X, \\ (AX)^* &= AX, \\ (XA)^* &= XA \end{aligned}\right\} \qquad (\text{I})$$

的 $n\times m$ 矩阵 $\boldsymbol{X}$ 称为矩阵 $\boldsymbol{A}$ 的 Moore-Penrose 广义逆,记为 $\boldsymbol{A}^+$.

定理 6 任意 $m\times n$ 矩阵 $\boldsymbol{A}$ 的 Moore-Penrose 广义逆 $\boldsymbol{A}^+$ 存在而且唯一.

证 设 $\mu_1,\mu_2,\cdots,\mu_r$ 是矩阵 $\boldsymbol{A}$ 的全部奇异值. 由定理 4,存在 m 阶与 n 阶酉方阵 $\boldsymbol{U}_1$ 与 $\boldsymbol{U}_2$,使得

$$\boldsymbol{A} = \boldsymbol{U}_1\mathrm{diag}(\mathrm{diag}(\mu_1,{}_2,\cdots,\mu_r),\boldsymbol{0})\boldsymbol{U}_2,$$

其中$\boldsymbol{0}$是$(m-r)\times(n-r)$零矩阵. 取

$$\boldsymbol{X} = \boldsymbol{U}_2^*\,\mathrm{diag}(\mathrm{diag}(\mu_1^{-1},\mu_2^{-2},\cdots,\mu_r^{-1}),\boldsymbol{0})\boldsymbol{U}_1^*,$$

其中$\boldsymbol{0}$是$(n-r)\times(m-r)$零矩阵. 容易验证,$n\times m$ 矩阵 $\boldsymbol{X}$ 是矩阵方程组(Ⅰ)的解. 因此 Moore-Penrose 逆 $\boldsymbol{A}^*$ 存在.

唯一性的证明仍如第 3 章 3.7 节定理 2. 证毕.

定理 6 的证明给出了矩阵 $\boldsymbol{A}$ 的 Moore-Penrose 逆 $\boldsymbol{A}^+$ 的表达式. 即如果 $m\times n$ 矩阵 $\boldsymbol{A}$ 的奇异值分解为

$$\boldsymbol{A} = \boldsymbol{U}_1\mathrm{diag}(\boldsymbol{D},\boldsymbol{0})\boldsymbol{U}_2,$$

其中 $\boldsymbol{D}=\mathrm{diag}(\mu_1,\mu_2,\cdots,\mu_r)$,且 $\mu_1,\mu_2,\cdots,\mu_r$ 为矩阵 $\boldsymbol{A}$ 的全部奇异值,则

$$\boldsymbol{A}^+ = \boldsymbol{U}_2^*\,\mathrm{diag}(\boldsymbol{D}^{-1},\boldsymbol{0})\boldsymbol{U}_1^*.$$

习　题

1. 设 n 阶复方阵 $\boldsymbol{A}=\boldsymbol{B}+\mathrm{i}\boldsymbol{C}$,其中 $\boldsymbol{B}=\frac{1}{2}(\boldsymbol{A}+\bar{\boldsymbol{A}})$,$\boldsymbol{C}=-\frac{\mathrm{i}}{2}(\boldsymbol{A}-\bar{\boldsymbol{A}})$,并且 $\boldsymbol{A}$ 是半正定 Hermite 方阵. 证明:rank $\boldsymbol{A}\leqslant$rank $\boldsymbol{B}$,rank $\boldsymbol{C}\leqslant$rank $\boldsymbol{B}$.

2. 设 $\boldsymbol{H}$ 是 n 阶正定 Hermite 方阵,$\boldsymbol{A}$ 是 $n\times m$ 列满秩矩阵. 求逆方阵$\begin{pmatrix}\boldsymbol{H} & \boldsymbol{A}\\ \boldsymbol{A}^* & \boldsymbol{0}\end{pmatrix}^{-1}$.

3. 设 $\boldsymbol{A}$ 是 n 阶复方阵,$\mathbf{C}^n$ 是 n 维复的行向量空间. 记 $K(\boldsymbol{A})=\{\boldsymbol{x}\in\mathbf{C}^n:\boldsymbol{x}\boldsymbol{A}=\boldsymbol{0}\}$,它称为方阵 $\boldsymbol{A}$ 的零空间. 设 $\boldsymbol{H}_1$ 与 $\boldsymbol{H}_2$ 是 n 阶 Hermite 方阵,其中 $\boldsymbol{H}_1\geqslant 0$,rank $\boldsymbol{H}_1=r$,且 $K(\boldsymbol{H}_1)\subseteq K(\boldsymbol{H}_2)$. 证明:存在 $n\times r$ 列满秩矩阵 $\boldsymbol{P}$ 与 r 阶实对角方阵 $\boldsymbol{D}$,使得 $\boldsymbol{H}_1=\boldsymbol{P}\boldsymbol{P}^*$ 且 $\boldsymbol{H}_2=\boldsymbol{P}\boldsymbol{D}\boldsymbol{P}^*$.

4. 设 $\boldsymbol{H}_1$ 与 $\boldsymbol{H}_2$ 是 n 阶正定 Hermite 方阵. 证明:方阵 $\boldsymbol{H}_1\boldsymbol{H}_2$ 的特征值都是正的.

5. 设 λ_1 与 λ_2 分别是 n 阶正定 Hermite 方阵 $\boldsymbol{H}$ 的最大与最小特征值,$\boldsymbol{\alpha}$ 是任意 n 维非零复的行向量. 证明:

$$\frac{\lambda_1}{\lambda_n} = \sup_{\|\boldsymbol{\alpha}\|=1} \boldsymbol{\alpha} \boldsymbol{H} \boldsymbol{\alpha}^* \sup_{\|\boldsymbol{\alpha}\|=1} \boldsymbol{\alpha} \boldsymbol{H}^{-1} \boldsymbol{\alpha}^* .$$

6. 设 $\boldsymbol{A}$ 与 $\boldsymbol{B}$ 是 n 阶 Hermite 方阵. 证明：

$$\operatorname{tr}(\boldsymbol{AB})^2 \leqslant \operatorname{tr}(\boldsymbol{A}^2\boldsymbol{B}^2),$$

并且等号当且仅当 $\boldsymbol{AB} = \boldsymbol{BA}$ 时成立.

7. 设 $\boldsymbol{A}$ 与 $\boldsymbol{B}$ 是 n 阶 Hermite 方阵. 证明：

$$2\operatorname{tr}(\boldsymbol{AB}) \leqslant \operatorname{tr}(\boldsymbol{A}^2) + \operatorname{tr}(\boldsymbol{B}^2),$$

并且等号当且仅当 $\boldsymbol{A} = \boldsymbol{B}$ 时成立.

8. 证明：复方阵 $\boldsymbol{A}$ 的所有奇异值恰是所有非零特征值的充分必要条件是，方阵 $\boldsymbol{A}$ 为半正定 Hermite 方阵.

9. 设 $\boldsymbol{A}$ 是规范方阵. 证明：$\boldsymbol{A}^+\boldsymbol{A} = \boldsymbol{A}\boldsymbol{A}^+$.

10. 设 $\boldsymbol{A}$ 是 $m \times n$ 列满秩矩阵. 证明：$\boldsymbol{A}^+ = \boldsymbol{A}^*$ 的充分必要条件是 $\boldsymbol{A}^*\boldsymbol{A} = \boldsymbol{I}_{(n)}$.

8.4 一 些 例 子

例 1 设 $\boldsymbol{H}_1$ 与 $\boldsymbol{H}_2$ 是 n 阶 Hermite 方阵，且 $\boldsymbol{H}_1 > 0$. 证明：Hermite 方阵 $\boldsymbol{H}_1 + \boldsymbol{H}_2 > 0$ 的充分必要条件是，方阵 $\boldsymbol{H}_1^{-1}\boldsymbol{H}_2$ 的特征值都大于 -1.

证明 因为 $\boldsymbol{H}_1 > 0$，所以由上节定理 1，$(\boldsymbol{P}^*)^{-1}\boldsymbol{H}_1\boldsymbol{P}^{-1} = \boldsymbol{I}_{(n)}$，其中 $\boldsymbol{P}$ 是某个 n 阶可逆复方阵. 显然方阵 $(\boldsymbol{P}^*)^{-1}\boldsymbol{H}_2\boldsymbol{P}^{-1}$ 仍是 Hermite 的. 因此存在 n 阶酉方阵 $\boldsymbol{U}$，使得

$$\boldsymbol{U}^*(\boldsymbol{P}^*)^{-1}\boldsymbol{H}_2\boldsymbol{P}^{-1}\boldsymbol{U} = \operatorname{diag}(\mu_1, \mu_2, \cdots, \mu_n).$$

记 $\boldsymbol{Q} = \boldsymbol{P}^*\boldsymbol{U}$. 显然方阵 $\boldsymbol{Q}$ 可逆，并且

$$\boldsymbol{H}_1 = \boldsymbol{Q}\boldsymbol{Q}^*,$$
$$\boldsymbol{H}_2 = \boldsymbol{Q}\operatorname{diag}(\mu_1, \mu_2, \cdots, \mu_n)\boldsymbol{Q}^*.$$

于是

$$\boldsymbol{H}_1 + \boldsymbol{H}_2 = \boldsymbol{Q}\operatorname{diag}(1+\mu_1, 1+\mu_2, \cdots, 1+\mu_n)\boldsymbol{Q}^*.$$

由于 $\boldsymbol{H}_1 + \boldsymbol{H}_2 > 0$. 所以 $\operatorname{diag}(1+\mu_1, 1+\mu_2, \cdots, 1+\mu_n) > 0$. 因此 $1+\mu_i > 0$，即 $\mu_i > -1, i = 1, 2, \cdots, n$. 由于

$$\boldsymbol{H}_1^{-1}\boldsymbol{H}_2 = (\boldsymbol{Q}^*)^{-1}\operatorname{diag}(\mu_1, \mu_2, \cdots, \mu_n)\boldsymbol{Q}^*,$$

所以 $\mu_1, \mu_2, \cdots, \mu_n$ 是方阵 $\boldsymbol{H}_1^{-1}\boldsymbol{H}_2$ 的特征值. 于是方阵 $\boldsymbol{H}_1^{-1}\boldsymbol{H}_2$ 的特征值都大于 -1.

反之设方阵 $H_1^{-1}H_2$ 的特征值都大于 -1. 则由上段证明, $\mu_1,\mu_2,\cdots,\mu_n$ 都大于 -1. 因此

$$\mathrm{diag}(1+\mu_1,1+\mu_2,\cdots,1+\mu_n)>0.$$

所以方阵 $H_1+H_2>0$. 证毕.

例 2(樊畿(Ky Fan)与 O. Tausky) 设 H_1 与 H_2 是 n 阶 Hermite 方阵, $H_1>0$, 且 H_1H_2 是 Hermite 方阵. 证明: $H_1H_2>0$ 的充分必要条件是, Hermite 方阵 H_2 的特征值都是正的.

证明 因为 $H_1>0$, 所以由上节定理 1, 方阵 H_1 的特征值都是正的. 因此逆方阵 H_1^{-1} 的特征值也都是正的. 于是方阵 $H_1^{-1}>0$. 由上节定理 1, $(P^*)^{-1}H_1^{-1}P^{-1}=I_{(n)}$, 其中 P 是某个 n 阶可逆复方阵. 显然方阵 $(P^*)^{-1}H_2P^{-1}$ 仍是 Hermite 的. 所以存在 n 阶酉方阵 U, 使得

$$U^*(P^*)^{-1}H_2P^{-1}U=\mathrm{diag}(\mu_1,\mu_2,\cdots,\mu_n).$$

又 $U^*(P^*)^{-1}H_1^{-1}P^{-1}U=I_{(n)}$. 记 $Q=U^*P$. 则方阵 Q 可逆, 并且

$$H_1^{-1}=Q^*Q,$$
$$H_2=Q^*\mathrm{diag}(\mu_1,\mu_2,\cdots,\mu_n)Q.$$

因此

$$H_1H_2=Q^{-1}\mathrm{diag}(\mu_1,\mu_2,\cdots,\mu_n)Q.$$

由此可知, 如果 $H_1H_2>0$, 则方阵 H_1H_2 的特征值 $\mu_1,\mu_2,\cdots,\mu_n$ 都是正的. 所以方阵 $H_2>0$. 反之设方阵 $H_2>0$, 则 $\mathrm{diag}(\mu_1,\mu_2,\cdots,\mu_n)>0$. 所以方阵 H_1H_2 的特征值 $\mu_1,\mu_2,\cdots,\mu_n$ 都是正的. 因此 $H_1H_2>0$. 证毕.

例 3(O. Tausky) 设 n 阶正定 Hermite 方阵 $H=A+\mathrm{i}B$, 其中 A 与 B 是 n 阶实方阵, 且 $\mathrm{i}^2=-1$. 证明: $\det A\geqslant\det H$, 并且等号当且仅当 $B=0$ 时成立.

证明 容易验证, 方阵 A 与 B 分别是实对称与实斜对称的, 而且因为 $H>0$, 所以 $A>0$. 由第 7 章 7.7 节定理 3, $(P^{\mathrm{T}})^{-1}AP^{-1}=I_{(n)}$. 其中 P 是某个 n 阶可逆实方阵. 显然方阵 $(P^{\mathrm{T}})^{-1}BP^{-1}$ 仍是实斜对称的. 因此由第 7 章 7.6 节定理 9, 存在 n 阶实正交方阵 O, 使得

$$O^{\mathrm{T}}(P^{\mathrm{T}})^{-1}BP^{-1}O=\mathrm{diag}\left(\begin{pmatrix}0&b_1\\-b_1&0\end{pmatrix},\cdots,\begin{pmatrix}0&b_s\\-b_s&0\end{pmatrix},\underbrace{0,\cdots,0}_{n-2s\text{个}}\right),$$

其中 $b_1\geqslant b_2\geqslant\cdots\geqslant b_s$, 且 $\mathrm{rank}\,B=2s$. 又

$$O^{\mathrm{T}}(P^{\mathrm{T}})^{-1}AP^{-1}O=I_{(n)}.$$

记 $O=P^{\mathrm{T}}O$. 显然方阵 Q 可逆, 并且

$$A=QQ^{\mathrm{T}},$$

$$\boldsymbol{B}=\boldsymbol{Q}\mathrm{diag}\left(\begin{pmatrix}0 & b_1\\ -b_1 & 0\end{pmatrix},\cdots,\begin{pmatrix}0 & b_s\\ -b_s & 0\end{pmatrix},\underbrace{0,\cdots,0}_{n-2s个}\right)\boldsymbol{Q}^{\mathrm{T}}.$$

于是

$$\boldsymbol{H}=\boldsymbol{A}+\mathrm{i}\boldsymbol{B}=\boldsymbol{Q}\mathrm{diag}\left(\begin{pmatrix}1 & \mathrm{i}b_1\\ -\mathrm{i}b_1 & 1\end{pmatrix},\cdots,\begin{pmatrix}1 & \mathrm{i}b_s\\ -\mathrm{i}b_s & 1\end{pmatrix},1,\cdots,1\right)\boldsymbol{Q}^{\mathrm{T}}.$$

因此

$$\det \boldsymbol{H}=(\det \boldsymbol{Q})(\det \boldsymbol{Q}^{\mathrm{T}})(1-b_1^2)(1-b_2^2)\cdots(1-b_s^2).$$

由于 $\boldsymbol{H}>0$，所以方阵 $\boldsymbol{H}$ 的 2 阶子式

$$\det\begin{pmatrix}1 & \mathrm{i}b_j\\ -\mathrm{i}b_j & 1\end{pmatrix}=1-b_j^2>0,\quad j=1,2,\cdots,s.$$

即 $|b_j|<1, j=1,2,\cdots,s$. 所以

$$\det \boldsymbol{H}\leqslant \det \boldsymbol{Q}\boldsymbol{Q}^{\mathrm{T}}=\det \boldsymbol{A}.$$

其中等号当且仅当 $b_1=b_2=\cdots=b_s=0$，即方阵 $\boldsymbol{B}=\boldsymbol{0}$ 时成立. 证毕.

例 4(华罗庚) 设 $\boldsymbol{A}$ 与 $\boldsymbol{B}$ 是 n 阶复方阵，$\boldsymbol{I}_{(n)}-\boldsymbol{A}^*\boldsymbol{A}>0$，且 $\boldsymbol{I}_{(n)}-\boldsymbol{B}^*\boldsymbol{B}>0$. 证明：

$$|\det(\boldsymbol{I}_{(n)}-\boldsymbol{A}^*\boldsymbol{B})|^2\geqslant \det(\boldsymbol{I}_{(n)}-\boldsymbol{A}^*\boldsymbol{A})\det(\boldsymbol{I}_{(n)}-\boldsymbol{B}^*\boldsymbol{B}).\quad(8.4.1)$$

证明 因为

$$\begin{pmatrix}\boldsymbol{I}_{(n)} & \boldsymbol{0}\\ -\boldsymbol{A}^* & \boldsymbol{I}_{(n)}\end{pmatrix}\begin{pmatrix}\boldsymbol{I}_{(n)} & \boldsymbol{B}\\ \boldsymbol{A}^* & \boldsymbol{I}_{(n)}\end{pmatrix}=\begin{pmatrix}\boldsymbol{I}_{(n)} & \boldsymbol{B}\\ \boldsymbol{0} & \boldsymbol{I}_{(n)}-\boldsymbol{A}^*\boldsymbol{B}\end{pmatrix},$$

所以

$$\det\begin{pmatrix}\boldsymbol{I}_{(n)} & \boldsymbol{B}\\ \boldsymbol{A}^* & \boldsymbol{I}_{(n)}\end{pmatrix}=\det(\boldsymbol{I}_{(n)}-\boldsymbol{A}^*\boldsymbol{B}).$$

同理

$$\det\begin{pmatrix}\boldsymbol{I}_{(n)} & -\boldsymbol{A}\\ -\boldsymbol{B}^* & \boldsymbol{I}_{(n)}\end{pmatrix}=\det(\boldsymbol{I}_{(n)}-\boldsymbol{B}^*\boldsymbol{A})=\overline{\det(\boldsymbol{I}_{(n)}-\boldsymbol{A}^*\boldsymbol{B})}.$$

所以

$$\begin{aligned}|\det(\boldsymbol{I}_{(n)}-\boldsymbol{A}^*\boldsymbol{B})|^2&=\det\begin{pmatrix}\boldsymbol{I}_{(n)} & \boldsymbol{B}\\ \boldsymbol{A}^* & \boldsymbol{I}_{(n)}\end{pmatrix}\begin{pmatrix}\boldsymbol{I}_{(n)} & -\boldsymbol{A}\\ -\boldsymbol{B}^* & \boldsymbol{I}_{(n)}\end{pmatrix}\\&=\det\begin{pmatrix}\boldsymbol{I}_{(n)}-\boldsymbol{B}\boldsymbol{B}^* & \boldsymbol{B}-\boldsymbol{A}\\ \boldsymbol{A}^*-\boldsymbol{B}^* & \boldsymbol{I}_{(n)}-\boldsymbol{A}^*\boldsymbol{A}\end{pmatrix}.\end{aligned}$$

由于 $\boldsymbol{I}_{(n)}-\boldsymbol{A}^*\boldsymbol{A}>0$，所以方阵 $\boldsymbol{I}_{(n)}-\boldsymbol{A}^*\boldsymbol{A}$ 可逆. 因此

$$\begin{pmatrix} \boldsymbol{I}_{(n)} & -(\boldsymbol{B}-\boldsymbol{A})(\boldsymbol{I}_{(n)}-\boldsymbol{A}^*\boldsymbol{A})^{-1} \\ \boldsymbol{0} & \boldsymbol{I}_{(n)} \end{pmatrix}\begin{pmatrix} \boldsymbol{I}_{(n)}-\boldsymbol{B}\boldsymbol{B}^* & \boldsymbol{B}-\boldsymbol{A} \\ \boldsymbol{A}^*-\boldsymbol{B}^* & \boldsymbol{I}_{(n)}-\boldsymbol{A}^*\boldsymbol{A} \end{pmatrix}$$

$$=\begin{pmatrix} \boldsymbol{I}_{(n)}-\boldsymbol{B}\boldsymbol{B}^*-(\boldsymbol{B}-\boldsymbol{A})(\boldsymbol{I}_{(n)}-\boldsymbol{A}^*\boldsymbol{A})^{-1}(\boldsymbol{A}^*-\boldsymbol{B}^*) & \boldsymbol{0} \\ \boldsymbol{A}^*-\boldsymbol{B}^* & \boldsymbol{I}_{(n)}-\boldsymbol{A}^*\boldsymbol{A} \end{pmatrix}.$$

于是

$$|\det(\boldsymbol{I}_{(n)}-\boldsymbol{A}^*\boldsymbol{B})|^2=\det(\boldsymbol{I}_{(n)}-\boldsymbol{A}^*\boldsymbol{A})$$
$$\cdot\det[(\boldsymbol{I}_{(n)}-\boldsymbol{B}\boldsymbol{B}^*)+(\boldsymbol{B}-\boldsymbol{A})(\boldsymbol{I}_{(n)}-\boldsymbol{A}^*\boldsymbol{A})^{-1}(\boldsymbol{B}^*-\boldsymbol{A}^*)].$$

由方阵的极分解定理，存在酉方阵 $\boldsymbol{U}$ 与半正定 Hermite 方阵 $\boldsymbol{H}$，使得 $\boldsymbol{B}=\boldsymbol{U}\boldsymbol{H}$. 因此由假设，$\boldsymbol{I}_{(n)}-\boldsymbol{B}^*\boldsymbol{B}=\boldsymbol{I}_{(n)}-\boldsymbol{H}^2>0$. 而 $\boldsymbol{I}_{(n)}-\boldsymbol{B}^*\boldsymbol{B}=\boldsymbol{I}_{(n)}-\boldsymbol{U}\boldsymbol{H}^2\boldsymbol{U}^*=\boldsymbol{U}(\boldsymbol{I}_{(n)}-\boldsymbol{H}^2)\boldsymbol{U}^*$. 由于 Hermite 方阵的正定性在酉相合下不变，所以 $\boldsymbol{I}_{(n)}-\boldsymbol{B}\boldsymbol{B}^*>0$. 另一方面，由于 $\boldsymbol{I}_{(n)}-\boldsymbol{A}^*\boldsymbol{A}>0$，所以 $(\boldsymbol{I}_{(n)}-\boldsymbol{A}^*\boldsymbol{A})^{-1}>0$. 因此方阵 $(\boldsymbol{B}-\boldsymbol{A})\cdot(\boldsymbol{I}_{(n)}-\boldsymbol{A}^*\boldsymbol{A})^{-1}(\boldsymbol{B}-\boldsymbol{A})^*\geqslant 0$. 于是

$$\det[(\boldsymbol{I}_{(n)}-\boldsymbol{B}\boldsymbol{B}^*)+(\boldsymbol{B}-\boldsymbol{A})(\boldsymbol{I}_{(n)}-\boldsymbol{A}^*\boldsymbol{A})^{-1}(\boldsymbol{B}-\boldsymbol{A})^*]\geqslant\det(\boldsymbol{I}_{(n)}-\boldsymbol{B}\boldsymbol{B}^*).$$

因为 $\det(\boldsymbol{I}_{(n)}-\boldsymbol{B}\boldsymbol{B}^*)=\det(\boldsymbol{I}_{(n)}-\boldsymbol{B}^*\boldsymbol{B})$，所以

$$|\det(\boldsymbol{I}_{(n)}-\boldsymbol{A}^*\boldsymbol{B})|^2\geqslant\det(\boldsymbol{I}_{(n)}-\boldsymbol{A}^*\boldsymbol{A})\det(\boldsymbol{I}_{(n)}-\boldsymbol{B}^*\boldsymbol{B}).$$

这就证明华不等式(8.4.1)成立.

例 5 设 n 阶 Hermite 方阵 $\boldsymbol{H}$ 的秩为 r. 证明：

$$r\geqslant\frac{(\mathrm{tr}\,\boldsymbol{H})^2}{\mathrm{tr}\,(\boldsymbol{H}^2)}.$$

证明 因为方阵 $\boldsymbol{H}$ 是 Hermite 的，所以存在 n 阶酉方阵 $\boldsymbol{U}$，使得

$$\boldsymbol{U}\boldsymbol{H}\boldsymbol{U}^*=\mathrm{diag}(\lambda_1,\lambda_2,\cdots,\lambda_n),$$

其中 $\lambda_1,\lambda_2,\cdots,\lambda_n$ 是方阵 $\boldsymbol{H}$ 的全部特征值. 由于 $\mathrm{rank}\,\boldsymbol{H}=r$，所以方阵 $\mathrm{diag}(\lambda_1,\lambda_2,\cdots,\lambda_n)$ 的秩为 r. 因此可设 $\lambda_{r+1}=\cdots=\lambda_n=0$，且 $\lambda_1,\lambda_2,\cdots,\lambda_r$ 全不为零. 所以

$$(\mathrm{tr}\,\boldsymbol{H})^2=(\lambda_1+\lambda_2+\cdots+\lambda_r)^2.$$

利用 Cauchy 不等式得到

$$(\mathrm{tr}\,\boldsymbol{H})^2\leqslant r\sum_{i=1}^{r}\lambda_i^2.$$

显然方阵 $\boldsymbol{H}^2$ 的所有非零特征值为 $\lambda_1^2,\lambda_2^2,\cdots,\lambda_r^2$. 因此

$$\mathrm{tr}(\boldsymbol{H}^2)=\sum_{i=1}^{r}\lambda_i^2.$$

于是，$(\mathrm{tr}\,\boldsymbol{H})^2\leqslant r\,\mathrm{tr}(\boldsymbol{H}^2)$. 证毕.

例 6(Mitchell) 证明：方阵 $\boldsymbol{A}$ 相似于对角形的充分必要条件是，存在正定 Hermite 方阵，使得方阵 $\boldsymbol{H}\boldsymbol{A}\boldsymbol{H}^{-1}$ 为规范方阵.

证明 设方阵 $\boldsymbol{A}$ 相似于对角形,即存在可逆 $\boldsymbol{P}$ 方阵,使得

$$\boldsymbol{A} = \boldsymbol{P}\operatorname{diag}(\lambda_1,\lambda_2,\cdots,\lambda_n)\boldsymbol{P}^{-1}.$$

根据方阵的极分解.存在正定 Hermite 方阵 $\boldsymbol{H}_1$ 与酉方阵 $\boldsymbol{U}$,使得 $\boldsymbol{P}=\boldsymbol{H}_1\boldsymbol{U}$.因此

$$\boldsymbol{H}_1^{-1}\boldsymbol{A}\boldsymbol{H}_1 = \boldsymbol{U}\operatorname{diag}(\lambda_1,\lambda_2,\cdots,\lambda_n)\boldsymbol{U}^*.$$

取 $\boldsymbol{H}=\boldsymbol{H}_1^{-1}$,显然方阵 $\boldsymbol{H}$ 是正定 Hermite 的,而且方阵 $\boldsymbol{H}\boldsymbol{A}\boldsymbol{H}^{-1}$ 是规范的.

反之,因为方阵 $\boldsymbol{H}\boldsymbol{A}\boldsymbol{H}^{-1}$ 是规范的,所以存在酉方阵 $\boldsymbol{U}$,使得

$$\boldsymbol{U}\boldsymbol{H}\boldsymbol{A}\boldsymbol{H}^{-1}\boldsymbol{U}^* = \operatorname{diag}(\lambda_1,\lambda_2,\cdots,\lambda_n).$$

记 $\boldsymbol{P}=\boldsymbol{U}\boldsymbol{H}$.显然,方阵 $\boldsymbol{P}$ 可逆,而且

$$\boldsymbol{P}\boldsymbol{A}\boldsymbol{P}^{-1} = \operatorname{diag}(\lambda_1,\lambda_2,\cdots,\lambda_n).$$

即方阵 $\boldsymbol{A}$ 相似于对角形.证毕.

例 7 设 $\mu_1,\mu_2,\cdots,\mu_r$ 是 n 阶复对称方阵 $\boldsymbol{S}$ 的全部奇异值,$\mu_1\geqslant\mu_2\geqslant\cdots\geqslant\mu_r>0$.证明:存在 n 阶酉方阵 $\boldsymbol{U}$,使得

$$\boldsymbol{U}\boldsymbol{S}\boldsymbol{U}^{\mathrm{T}} = \operatorname{diag}(\mu_1,\mu_2,\cdots,\mu_r,\underbrace{0,\cdots,0}_{n-r\text{个}}).$$

证明 由上节定理 4,存在 n 阶酉方阵 $\boldsymbol{U}_1$ 与 $\boldsymbol{U}_2$,使得

$$\boldsymbol{S} = \boldsymbol{U}_1\operatorname{diag}(\mu_1,\mu_2,\cdots,\mu_r,\underbrace{0,\cdots,0}_{n-r\text{个}})\boldsymbol{U}_2.$$

因为方阵 $\boldsymbol{S}$ 是对称的,所以

$$\bar{\boldsymbol{U}}_2\boldsymbol{U}_1\operatorname{diag}(\mu_1,\mu_2,\cdots,\mu_r,0,\cdots,0) = \operatorname{diag}(\mu_1,\mu_2,\cdots,\mu_r,0,\cdots,0)(\bar{\boldsymbol{U}}_2\boldsymbol{U}_1)^{\mathrm{T}}.$$

显然方阵 $\bar{\boldsymbol{U}}_2\boldsymbol{U}_1$ 是酉方阵.由本章 8.2 节例 2,存在 n 阶酉方阵 $\boldsymbol{V}$,使得 $\bar{\boldsymbol{U}}_2\boldsymbol{U}_1=\boldsymbol{V}^2$,并且

$$\boldsymbol{V}\operatorname{diag}(\mu_1,\mu_2,\cdots,\mu_r,0,\cdots,0) = \operatorname{diag}(\mu_1,\mu_2,\cdots,\mu_r,0,\cdots,0)\boldsymbol{V}^{\mathrm{T}}.$$

于是

$$\begin{aligned}\boldsymbol{V}\boldsymbol{U}_1^*\boldsymbol{S}\bar{\boldsymbol{U}}_1\boldsymbol{V}^{\mathrm{T}} &= \boldsymbol{V}\operatorname{diag}(\mu_1,\mu_2,\cdots,\mu_r,0,\cdots,0)\boldsymbol{U}_2\bar{\boldsymbol{U}}_1\boldsymbol{V}^{\mathrm{T}}\\ &= \operatorname{diag}(\mu_1,\mu_2,\cdots,\mu_r,0,\cdots,0)\boldsymbol{V}^{\mathrm{T}}\bar{\boldsymbol{V}}\cdot\bar{\boldsymbol{V}}\boldsymbol{V}^{\mathrm{T}}\\ &= \operatorname{diag}(\mu_1,\mu_2,\cdots,\mu_r,0,\cdots,0).\end{aligned}$$

记 $\boldsymbol{U}=\boldsymbol{V}\boldsymbol{U}_1^*$.显然方阵 $\boldsymbol{U}$ 是酉方阵,并且

$$\boldsymbol{U}\boldsymbol{S}\boldsymbol{U}^{\mathrm{T}} = \operatorname{diag}(\mu_1,\mu_2,\cdots,\mu_r,0,\cdots,0).$$

证毕.

注 设 $\boldsymbol{A}$ 与 $\boldsymbol{B}$ 是 n 阶复方阵.如果存在 n 阶酉方阵 $\boldsymbol{U}$,使得 $\boldsymbol{B}=\boldsymbol{U}\boldsymbol{A}\boldsymbol{U}^{\mathrm{T}}$,则方阵 $\boldsymbol{A}$ 与 $\boldsymbol{B}$ 称为酉相合的.容易验证,方阵之间的酉相合关系满足自反性、对称性与传递性.所以方阵之间的酉相合关系是所有 n 阶复方阵集合中元素之间的一种等

价关系.于是所有 n 阶复方阵集合在酉相合等价关系下分成酉相合等价类.例7表明,复对称方阵酉相合于对角形,而且非零对角元是方阵的奇异值.由此不难证明,复对称方阵的奇异值是复对称方阵在酉相合下的全系不变量.

习　题

1. 设 n 阶 Hermite 方阵 $\boldsymbol{H}=(h_{ij})>0$.证明:$\det \boldsymbol{H}\leqslant h_{11}h_{22}\cdots h_{nn}$.

2. 设 $\boldsymbol{A}=(a_{ij})$是 n 阶复方阵.证明:

$$|\det \boldsymbol{A}|^2\leqslant\prod_{i=1}^{n}\left(\sum_{j=1}^{n}|a_{ij}|^2\right).$$

3. 设 n 阶 Hermite 方阵 $\boldsymbol{H}>0$.证明:

$$\det \boldsymbol{H}\leqslant \boldsymbol{H}\begin{pmatrix}1 & 2 & \cdots & r\\ 1 & 2 & \cdots & r\end{pmatrix}\boldsymbol{H}\begin{pmatrix}(r+1) & (r+2) & \cdots & n\\ (r+1) & (r+2) & \cdots & n\end{pmatrix}.$$

4. 设 n 阶复方阵 $\boldsymbol{A}$ 的每个元素的模等于1.证明:$|\det \boldsymbol{A}|^2\leqslant n^n$.

5. 设 $\boldsymbol{H}_1$ 与 $\boldsymbol{H}_2$ 是正定 Hermite 方阵,且 $\boldsymbol{H}_1-\boldsymbol{H}_2$ 是正定的.证明:方阵 $\boldsymbol{H}_2^{-1}-\boldsymbol{H}_1^{-1}$ 是正定的.

6. 设 $\boldsymbol{A}$ 是行满秩的 $m\times n$ 复矩阵,$\boldsymbol{B}$ 为 $n\times p$ 复矩阵.证明:

$$\det[\boldsymbol{B}^*(\boldsymbol{I}_{(n)}-\boldsymbol{A}^*(\boldsymbol{A}\boldsymbol{A}^*)^{-1}\boldsymbol{A})\boldsymbol{B}]\leqslant \det \boldsymbol{B}^*\boldsymbol{B}.$$

第 9 章　双线性函数

本章讨论线性空间上的双线性函数，以及由此产生的方阵在相合下的分类问题. 9.1 节首先给出双线性函数的概念，然后指出，在线性空间的不同基下，同一个双线性函数的矩阵表示是彼此相合的方阵. 于是，在几何上研究双线性函数，就相当于研究方阵在相合下的分类. 最有意义的双线性函数是对称双线性函数. 它对应于对称方阵. 9.2 节详尽地讨论了对称方阵在相合下的分类，并利用得到的结论解决了二次型的问题. 9.3 节讨论了斜对称双线性函数，也即斜对称方阵在相合下的分类. 在复线性空间上，将双线性函数稍加推广，便得到共轭双线性函数的概念. 由共轭双线性函数在不同基下的矩阵表示引出了方阵在复相合下的分类问题. 9.4 节讨论了具有重要意义的一类特殊的共轭双线性函数——Hermite 共轭双线性函数，也即研究了 Hermite 方阵在复相合下的分类问题，从而解决了 Hermite 型的相应问题.

9.1　双线性函数的概念

先给出下面的：

定义 1　设 V 是数域 F 上 n 维线性空间，f 是定义在 V 上且取值在数域 F 的二元函数. 如果对任意向量 $\boldsymbol{\alpha}_1,\boldsymbol{\alpha}_2,\boldsymbol{\alpha},\boldsymbol{\beta}_1,\boldsymbol{\beta}_2,\boldsymbol{\beta}\in V,\lambda_1,\lambda_2,\mu_1,\mu_2\in F$，均有

$$f(\lambda_1\boldsymbol{\alpha}_1+\lambda_2\boldsymbol{\alpha}_2,\boldsymbol{\beta})=\lambda_1 f(\boldsymbol{\alpha}_1,\boldsymbol{\beta})+\lambda_2 f(\boldsymbol{\alpha}_2,\boldsymbol{\beta}),\tag{9.1.1}$$

$$f(\boldsymbol{\alpha},\mu_1\boldsymbol{\beta}_1+\mu_2\boldsymbol{\beta}_2)=\mu_1 f(\boldsymbol{\alpha},\boldsymbol{\beta}_1)+\mu_2 f(\boldsymbol{\alpha},\boldsymbol{\beta}_2),\tag{9.1.2}$$

则 f 称为 V 上的**双线性函数**.

例如,设 L_1 与 L_2 是 V 上线性函数.定义 $f(\boldsymbol{\alpha},\boldsymbol{\beta})=L_1(\boldsymbol{\alpha})L_2(\boldsymbol{\beta}),\boldsymbol{\alpha},\boldsymbol{\beta}\in V$.容易验证,$f$ 是 V 上满足条件(9.1.1)和条件(9.1.2)的二元函数.所以 f 是 V 上的双线性函数.

又例如,设 V 是数域 F 上所有 $m\times n$ 矩阵构成的 $m\times n$ 维线性空间.对于给定的 $\boldsymbol{A}\in F^{m\times m}$,定义 V 上二元函数 $f_{\boldsymbol{A}}(\boldsymbol{X},\boldsymbol{Y})=\mathrm{tr}(\boldsymbol{X}^{\mathrm{T}}\boldsymbol{A}\boldsymbol{Y})$,其中 $\boldsymbol{X},\boldsymbol{Y}\in V$.容易验证,二元函数 $f_{\boldsymbol{A}}$ 满足条件(9.1.1)与条件(9.1.2),因此 $f_{\boldsymbol{A}}$ 是 V 上双线性函数.

根据定义 1,容易证明,数域 F 上 n 维线性空间 V 上双线性函数 f 具有如下性质.

命题 1 设 f 是 V 上双线性函数.则 $f(\boldsymbol{0},\boldsymbol{\beta})=0=f(\boldsymbol{\alpha},\boldsymbol{0})$.

命题 2 设 f 是 V 上双线性函数,则对任意向量 $\boldsymbol{\alpha}_1,\boldsymbol{\alpha}_2,\cdots,\boldsymbol{\alpha}_p,\boldsymbol{\beta}_1,\boldsymbol{\beta}_2,\cdots,\boldsymbol{\beta}_q\in V$,以及任意 $\lambda_1,\lambda_2,\cdots,\lambda_p,\mu_1,\mu_2,\cdots,\mu_q\in F$,有

$$f\Big(\sum_{i=1}^{p}\lambda_i\boldsymbol{\alpha}_i,\sum_{j=1}^{q}\mu_j\boldsymbol{\beta}_j\Big)=\sum_{i=1}^{p}\sum_{j=1}^{q}\lambda_i\mu_j f(\boldsymbol{\alpha}_i,\boldsymbol{\beta}_j). \tag{9.1.3}$$

现在给出数域 F 上 n 维线性空间 V 上双线性函数 f 在 V 的基下方阵表示.设 $\{\boldsymbol{\xi}_1,\boldsymbol{\xi}_2,\cdots,\boldsymbol{\xi}_n\}$ 是 V 的一组基,向量 $\boldsymbol{\alpha}$ 与 $\boldsymbol{\beta}$ 在这组基下的坐标分别是 $\boldsymbol{x}=(x_1,x_2,\cdots,x_n)$ 与 $\boldsymbol{y}=(y_1,y_2,\cdots,y_n)$,即 $\boldsymbol{\alpha}=\sum_{i=1}^{n}x_i\boldsymbol{\xi}_i,\boldsymbol{\beta}=\sum_{j=1}^{n}y_j\boldsymbol{\xi}_j$.则由式(9.1.3),

$$f(\boldsymbol{\alpha},\boldsymbol{\beta})=f\Big(\sum_{i=1}^{n}x_i\boldsymbol{\xi}_i,\sum_{j=1}^{n}y_j\boldsymbol{\xi}_j\Big)=\sum_{i=1}^{n}\sum_{j=1}^{n}x_iy_jf(\boldsymbol{\xi}_i,\boldsymbol{\xi}_j).$$

记 n 阶方阵 $\boldsymbol{A}$ 为

$$\boldsymbol{A}=(f(\boldsymbol{\xi}_i,\boldsymbol{\xi}_j))=\begin{pmatrix} f(\boldsymbol{\xi}_1,\boldsymbol{\xi}_1) & f(\boldsymbol{\xi}_1,\boldsymbol{\xi}_2) & \cdots & f(\boldsymbol{\xi}_1,\boldsymbol{\xi}_n)\\ f(\boldsymbol{\xi}_2,\boldsymbol{\xi}_1) & f(\boldsymbol{\xi}_2,\boldsymbol{\xi}_2) & \cdots & f(\boldsymbol{\xi}_2,\boldsymbol{\xi}_n)\\ & \cdots\cdots\cdots & & \\ f(\boldsymbol{\xi}_n,\boldsymbol{\xi}_1) & f(\boldsymbol{\xi}_n,\boldsymbol{\xi}_2) & \cdots & f(\boldsymbol{\xi}_n,\boldsymbol{\xi}_n)\end{pmatrix}.$$

则

$$f(\boldsymbol{\alpha},\boldsymbol{\beta})=\boldsymbol{x}\boldsymbol{A}\boldsymbol{y}^{\mathrm{T}}. \tag{9.1.4}$$

方阵 $\boldsymbol{A}$ 称为双线性函数 f 在基 $\{\boldsymbol{\xi}_1,\boldsymbol{\xi}_2,\cdots,\boldsymbol{\xi}_n\}$ 下的方阵.容易看出,V 上两个不同的双线性函数 f 与 g 在 V 的基 $\{\boldsymbol{\xi}_1,\boldsymbol{\xi}_2,\cdots,\boldsymbol{\xi}_n\}$ 下的方阵 $\boldsymbol{A}=(f(\boldsymbol{\xi}_i,\boldsymbol{\xi}_j))$ 与 $\boldsymbol{B}=(g(\boldsymbol{\xi}_i,\boldsymbol{\xi}_j))$ 是不同的.

数域 F 上 n 维线性空间 V 的所有双线性函数集合记为 $L(V,V,F)$.设 $f,g\in L(V,V,F)$,即设 f 与 g 是 V 上双线性函数.定义

$$(f+g)(\boldsymbol{\alpha},\boldsymbol{\beta}) = f(\boldsymbol{\alpha},\boldsymbol{\beta}) + g(\boldsymbol{\alpha},\boldsymbol{\beta}), \quad \boldsymbol{\alpha},\boldsymbol{\beta} \in V.$$

容易验证，$f+g$ 是 V 上双线性函数，即 $f+g\in L(V,V,F)$. 双线性函数 $f+g$ 称为双线性函数 f 与 g 的和. 设 $f\in L(V,V,F)$，$\lambda\in F$. 定义

$$(\lambda f)(\boldsymbol{\alpha},\boldsymbol{\beta}) = \lambda f(\boldsymbol{\alpha},\boldsymbol{\beta}), \quad \boldsymbol{\alpha},\boldsymbol{\beta} \in V.$$

显然 λf 是 V 上双线性函数，即 $\lambda f\in L(V,V,F)$. 双线性函数 λf 称为双线性函数 f 与纯量 λ 的乘积. 于是在集合 $L(V,V,F)$ 中引进了双线性函数的加法以及纯量与双线性函数的乘法. 可以验证，集合 $L(V,V,F)$ 在如此的加法与乘法下构成一个线性空间.

定理 1　数域 F 上所有 n 阶方阵 $\boldsymbol{A}$ 构成的线性空间记为 $F^{n\times n}$. 则线性空间 $L(V,V,F)$ 与 $F^{n\times n}$ 同构. 从而 $\dim L(V,V,F)=(\dim V)^2$.

证明　设 $\{\boldsymbol{\xi}_1,\boldsymbol{\xi}_2,\cdots,\boldsymbol{\xi}_n\}$ 是 n 维线性空间 V 的一组基，双线性函数 $f\in L(V,V,F)$ 在这组基下的方阵为 $\boldsymbol{A}=(f(\boldsymbol{\xi}_i,\boldsymbol{\xi}_j))$. 建立由线性空间 $L(V,V,F)$ 到 $F^{n\times n}$ 的映射 σ 如下：对于任意 $f\in L(V,V,F)$，令 $\sigma(f)=\boldsymbol{A}$. 由于不同的双线性函数 f，$g\in L(V,V,F)$ 在基 $\{\boldsymbol{\xi}_1,\boldsymbol{\xi}_2,\cdots,\boldsymbol{\xi}_n\}$ 下的方阵 $\boldsymbol{A}=(f(\boldsymbol{\xi}_i,\boldsymbol{\xi}_j))$ 与 $\boldsymbol{B}=(g(\boldsymbol{\xi}_i,\boldsymbol{\xi}_j))$ 是不同的，因此 $\sigma(f)\neq\sigma(g)$. 这表明映射 σ 是单射.

现在设 $\boldsymbol{A}=(a_{ij})\in F^{n\times n}$. 定义 V 上二元函数 $f(\boldsymbol{\alpha},\boldsymbol{\beta})$ 为

$$f(\boldsymbol{\alpha},\boldsymbol{\beta}) = \boldsymbol{x}\boldsymbol{A}\boldsymbol{y}^{\mathrm{T}} = \sum_{i=1}^{n}\sum_{j=1}^{n} a_{ij}x_i y_j,$$

其中 $\boldsymbol{x}=(x_1,x_2,\cdots,x_n)$ 与 $\boldsymbol{y}=(y_1,y_2,\cdots,y_n)$ 分别是向量 $\boldsymbol{\alpha}$ 与 $\boldsymbol{\beta}$ 在基 $\{\boldsymbol{\xi}_1,\boldsymbol{\xi}_2,\cdots,\boldsymbol{\xi}_n\}$ 下的坐标. 容易验证，f 是 V 上双线性函数，即 $f\in L(V,V,F)$. 由于 $\boldsymbol{\xi}_i$ 在基 $\{\boldsymbol{\xi}_1,\boldsymbol{\xi}_2,\cdots,\boldsymbol{\xi}_n\}$ 下的坐标为 $\boldsymbol{\varepsilon}_i=(0,\cdots,0,\underset{\text{第}i\text{个}}{1},0,\cdots,0)$，$i=1,2,\cdots,n$，因此

$$f(\boldsymbol{\xi}_i,\boldsymbol{\xi}_j) = a_{ij}, \quad 1\leqslant i,j\leqslant n.$$

所以 $\boldsymbol{A}$ 是双线性函数 $f(\boldsymbol{\alpha},\boldsymbol{\beta})$ 在基 $\{\boldsymbol{\xi}_1,\boldsymbol{\xi}_2,\cdots,\boldsymbol{\xi}_n\}$ 下的方阵. 于是 $\sigma(f)=\boldsymbol{A}$. 这表明映射 σ 是满射. 从而 σ 是线性空间 $L(V,V,F)$ 到 $F^{n\times n}$ 上的双射.

设 $f,g\in L(V,V,F)$，并且 f 与 g 在基 $\{\boldsymbol{\xi}_1,\boldsymbol{\xi}_2,\cdots,\boldsymbol{\xi}_n\}$ 下的方阵分别为 $\boldsymbol{A}=(f(\boldsymbol{\xi}_i,\boldsymbol{\xi}_j))$ 与 $\boldsymbol{B}=(g(\boldsymbol{\xi}_i,\boldsymbol{\xi}_j))$，即 $\sigma(f)=\boldsymbol{A}$，$\sigma(g)=\boldsymbol{B}$. 则对于 $\lambda,\mu\in F$，

$$\begin{aligned}(\lambda f+\mu g)(\boldsymbol{\xi}_i,\boldsymbol{\xi}_j) &= (\lambda f)(\boldsymbol{\xi}_i,\boldsymbol{\xi}_j) + (\mu g)(\boldsymbol{\xi}_i,\boldsymbol{\xi}_j)\\ &= \lambda f(\boldsymbol{\xi}_i,\boldsymbol{\xi}_j) + \mu g(\boldsymbol{\xi}_i,\boldsymbol{\xi}_j),\end{aligned}$$

其中 $1\leqslant i,j\leqslant n$. 这表明，双线性函数 $\lambda f+\mu g$ 在基 $\{\boldsymbol{\xi}_1,\boldsymbol{\xi}_2,\cdots,\boldsymbol{\xi}_n\}$ 下的方阵 $((\lambda f+\mu g)(\boldsymbol{\xi}_i,\boldsymbol{\xi}_j))$ 满足：

$$((\lambda f+\mu g)(\boldsymbol{\xi}_i,\boldsymbol{\xi}_j)) = \lambda(f(\boldsymbol{\xi}_i,\boldsymbol{\xi}_j)) + \mu(g(\boldsymbol{\xi}_i,\boldsymbol{\xi}_j)) = \lambda\boldsymbol{A} + \mu\boldsymbol{B}.$$

于是

$$\sigma(\lambda f+\mu g) = ((\lambda f+\mu g)(\boldsymbol{\xi}_i,\boldsymbol{\xi}_j)) = \lambda\boldsymbol{A} + \mu\boldsymbol{B}.$$

$$= \lambda\sigma(f) + \mu\sigma(g).$$

这表明,映射 σ 保线性运算.所以映射 σ 是线性空间 $L(V,V,F)$ 到 $F^{n\times n}$ 上的同构映射.

由于线性空间 $L(V,V,F)$ 与 $F^{n\times n}$ 同构,而且线性空间 $F^{n\times n}$ 是 n^2 维的,所以 $\dim L(V,V,F)=(\dim V)^2$.定理1证毕.

现在考虑一个双线性函数在不同基下的方阵表示之间的关系.为此重述一下方阵相合的概念.设 $\boldsymbol{A}$ 与 $\boldsymbol{B}$ 是数域 F 上 n 阶方阵.如果存在数域 F 上 n 阶可逆方阵 $\boldsymbol{P}$,使得 $\boldsymbol{B}=\boldsymbol{P}^{\mathrm{T}}\boldsymbol{A}\boldsymbol{P}$,其中 $\boldsymbol{P}^{\mathrm{T}}$ 是方阵 $\boldsymbol{P}$ 的转置,则方阵 $\boldsymbol{A}$ 与 $\boldsymbol{B}$ 称为相合的.

定理2 设数域 F 上 n 维线性空间 V 上双线性函数 f 在 V 的基 $\{\boldsymbol{\xi}_1,\boldsymbol{\xi}_2,\cdots,\boldsymbol{\xi}_n\}$ 与 $\{\boldsymbol{\eta}_1,\boldsymbol{\eta}_2,\cdots,\boldsymbol{\eta}_n\}$ 下的方阵分别是 $\boldsymbol{A}=(f(\boldsymbol{\xi}_i,\boldsymbol{\xi}_j))$ 与 $\boldsymbol{B}=(f(\boldsymbol{\eta}_i,\boldsymbol{\eta}_j))$,并且

$$(\boldsymbol{\eta}_1,\boldsymbol{\eta}_2,\cdots,\boldsymbol{\eta}_n) = (\boldsymbol{\xi}_1,\boldsymbol{\xi}_2,\cdots,\boldsymbol{\xi}_n)\boldsymbol{P}, \tag{9.1.5}$$

其中 $\boldsymbol{P}$ 是数域 F 上 n 阶可逆方阵.则

$$\boldsymbol{B} = \boldsymbol{P}^{\mathrm{T}}\boldsymbol{A}\boldsymbol{P}.$$

简单地说,同一个双线性函数在不同基下的方阵是相合的.

证明 记 $\boldsymbol{P}=(p_{ij})$.则由式(9.1.5),

$$\boldsymbol{\eta}_k = \sum_{l=1}^{n} p_{lk}\boldsymbol{\xi}_l, \quad k = 1,2,\cdots,n.$$

因此由式(9.1.3),

$$f(\boldsymbol{\eta}_i,\boldsymbol{\eta}_j) = f\left(\sum_{k=1}^{n} p_{ki}\boldsymbol{\xi}_k, \sum_{l=1}^{n} p_{lj}\boldsymbol{\xi}_l\right) = \sum_{k=1}^{n}\sum_{l=1}^{n} p_{ki}p_{lj}f(\boldsymbol{\xi}_k,\boldsymbol{\xi}_l).$$

将此式写成矩阵形式,即得到

$$f(\boldsymbol{\eta}_i,\boldsymbol{\eta}_j) = (p_{1i},p_{2i},\cdots,p_{ni})\begin{pmatrix} f(\boldsymbol{\xi}_1,\boldsymbol{\xi}_1) & f(\boldsymbol{\xi}_1,\boldsymbol{\xi}_2) & \cdots & f(\boldsymbol{\xi}_1,\boldsymbol{\xi}_n) \\ f(\boldsymbol{\xi}_2,\boldsymbol{\xi}_1) & f(\boldsymbol{\xi}_2,\boldsymbol{\xi}_2) & \cdots & f(\boldsymbol{\xi}_2,\boldsymbol{\xi}_n) \\ \multicolumn{4}{c}{\cdots\cdots\cdots\cdots} \\ f(\boldsymbol{\xi}_n,\boldsymbol{\xi}_1) & f(\boldsymbol{\xi}_n,\boldsymbol{\xi}_2) & \cdots & f(\boldsymbol{\xi}_n,\boldsymbol{\xi}_n) \end{pmatrix}\begin{pmatrix} p_{1j} \\ p_{2j} \\ \vdots \\ p_{nj} \end{pmatrix},$$

其中 $1\leqslant i,j\leqslant n$.于是得到

$$\boldsymbol{B} = (f(\boldsymbol{\eta}_i,\boldsymbol{\eta}_j)) = \boldsymbol{P}^{\mathrm{T}}(f(\boldsymbol{\xi}_i,\boldsymbol{\xi}_j))\boldsymbol{P} = \boldsymbol{P}^{\mathrm{T}}\boldsymbol{A}\boldsymbol{P}.$$

定理2证毕.

由于方阵的秩是方阵在相合下的不变量,即相合的方阵具有相同的秩,因此定理2表明,双线性函数 f 在 V 的某组基下的方阵的秩并不依赖于基的选取,而是由双线性函数 f 自身所确定的.于是双线性函数 f 在某组基下的方阵的秩便定义为 f 的秩,记为 $\operatorname{rank} f$.如果双线性函数 f 的秩为 n,即 f 在 V 的基下的方阵是可逆的,则 f 称为非退化的.否则双线性函数 f 称为退化的.

应当指出,在第7章中所讨论的 n 维实线性空间 V 的内积$(\boldsymbol{\alpha},\boldsymbol{\beta})$是 V 上的双线性函数.利用内积$(\boldsymbol{\alpha},\boldsymbol{\beta})$可以引进向量的正交性,即如果向量 $\boldsymbol{\alpha}$ 与 $\boldsymbol{\beta}$ 的内积$(\boldsymbol{\alpha},\boldsymbol{\beta})=0$,则向量 $\boldsymbol{\alpha}$ 与 $\boldsymbol{\beta}$ 称为正交的.向量关于内积$(\boldsymbol{\alpha},\boldsymbol{\beta})$的正交性可以推广到一般双线性函数.

定义 2 设 f 是数域 F 上 n 维线性空间 V 上双线性函数.如果向量 $\boldsymbol{\alpha},\boldsymbol{\beta}\in V$ 满足 $f(\boldsymbol{\alpha},\boldsymbol{\beta})=0$,则称向量 $\boldsymbol{\alpha}$ 关于双线性函数 f 左正交于向量 $\boldsymbol{\beta}$,并称向量 $\boldsymbol{\beta}$ 关于 f 右正交于向量 $\boldsymbol{\alpha}$,且分别记作 $\boldsymbol{\alpha}\perp_L\boldsymbol{\beta},\boldsymbol{\beta}\perp_R\boldsymbol{\alpha}$.

一般地说,向量关于双线性函数 f 的正交性并不是对称的,也就是说,向量 $\boldsymbol{\alpha}$ 关于 f 左正交于向量 $\boldsymbol{\beta}$ 并不意味着向量 $\boldsymbol{\beta}$ 关于 f 也左正交于向量 $\boldsymbol{\alpha}$.

向量关于双线性函数的正交性可以推广到子空间情形.

定义 3 设 f 是数域 F 上 n 维线性空间 V 上双线性函数,W 是 V 的子空间,$\boldsymbol{\alpha}\in V$.如果对任意向量 $\boldsymbol{\beta}\in W$,均有 $f(\boldsymbol{\alpha},\boldsymbol{\beta})=0$(或 $f(\boldsymbol{\beta},\boldsymbol{\alpha})=0$),则向量 $\boldsymbol{\alpha}$ 称为关于 f 左(或右)正交于子空间 W,记为 $\boldsymbol{\alpha}\perp_L W$(或 $\boldsymbol{\alpha}\perp_R W$).

V 中所有左正交于子空间 W 的向量集合记为 $W^{\perp_L}$,即

$$W^{\perp_L}=\{\boldsymbol{\alpha}\in V: f(\boldsymbol{\alpha},\boldsymbol{\beta})=0,\text{对任意 }\boldsymbol{\beta}\in W\}.$$

同样,V 中所有右正交于子空间 W 的向量集合记为 $W^{\perp_R}$,即

$$W^{\perp_R}=\{\boldsymbol{\beta}\in V: f(\boldsymbol{\alpha},\boldsymbol{\beta})=0,\text{对任意 }\boldsymbol{\alpha}\in W\}.$$

特别地,$V^{\perp_L}$ 与 $V^{\perp_R}$ 分别称为空间 V 关于双线性函数 $f(\boldsymbol{\alpha},\boldsymbol{\beta})$的左根基与右根基.

容易验证,$W^{\perp_L}$ 与 $W^{\perp_R}$ 都是 V 的子空间,并且有:

命题 3 设 W 与 U 是 V 的子空间,且 $W\subseteq U$.则有

(1) $U^{\perp_L}\subseteq W^{\perp_L}$, $U^{\perp_R}\subseteq W^{\perp_R}$;

(2) $(W^{\perp_L})^{\perp_R}\supseteq W$, $(W^{\perp_R})^{\perp_L}\supseteq W$.

请读者根据定义自证之.

下面的定理给出双线性函数的秩与左根基及右根基的关系.

定理 3 对数域 F 上 n 维线性空间 V 的双线性函数 f,下面等式成立:

$$\dim V^{\perp_L}=\dim V^{\perp_R}=\dim V-\operatorname{rank} f.$$

证明 设 f 在 V 的基$\{\boldsymbol{\xi}_1,\boldsymbol{\xi}_2,\cdots,\boldsymbol{\xi}_n\}$下的方阵为 $\boldsymbol{A}=(f(\boldsymbol{\xi}_i,\boldsymbol{\xi}_j))$,向量 $\boldsymbol{\alpha},\boldsymbol{\beta}\in V$ 在这组基下的坐标分别为 $\boldsymbol{x}=(x_1,x_2,\cdots,x_n)$ 与 $\boldsymbol{y}=(y_1,y_2,\cdots,y_n)$.则由式(9.1.4),

$$f(\boldsymbol{\alpha},\boldsymbol{\beta})=\boldsymbol{x}\boldsymbol{A}\boldsymbol{y}^{\mathrm{T}}.$$

设 $\boldsymbol{\alpha}\in V^{\perp_L}$,则对任意 $\boldsymbol{\beta}\in V$,$f(\boldsymbol{\alpha},\boldsymbol{\beta})=0$.因此对任意行向量 $\boldsymbol{y}\in F^n$,$\boldsymbol{x}\boldsymbol{A}\boldsymbol{y}^{\mathrm{T}}=0$.所以 $\boldsymbol{x}\boldsymbol{A}=\boldsymbol{0}$.这表明,$V^{\perp_L}$ 中向量 $\boldsymbol{\alpha}$ 在基$\{\boldsymbol{\xi}_1,\boldsymbol{\xi}_2,\cdots,\boldsymbol{\xi}_n\}$下的坐标 $\boldsymbol{x}$ 是齐次方程组 $\boldsymbol{x}\boldsymbol{A}=\boldsymbol{0}$的解.齐次方程组 $\boldsymbol{x}\boldsymbol{A}=\boldsymbol{0}$的解空间记为 $W_{\boldsymbol{A}}$.建立左根基 $V^{\perp_L}$ 到 $W_{\boldsymbol{A}}$ 的映

射 σ 如下：设 $\boldsymbol{\alpha}\in V^{\perp_L}$ 在基$\{\boldsymbol{\xi}_1,\boldsymbol{\xi}_2,\cdots,\boldsymbol{\xi}_n\}$下的坐标为 $\boldsymbol{x}$，则令 $\sigma(\boldsymbol{\alpha})=\boldsymbol{x}$. 由于左根基 $V^{\perp_L}$ 中不同的向量在基$\{\boldsymbol{\xi}_1,\boldsymbol{\xi}_2,\cdots,\boldsymbol{\xi}_n\}$下的坐标是不同的，所以 σ 是单射. 设 $\boldsymbol{x}\in W_{\boldsymbol{A}}$，则 V 中存在向量 $\boldsymbol{\alpha}$，使得 $\boldsymbol{\alpha}$ 在基$\{\boldsymbol{\xi}_1,\boldsymbol{\xi}_2,\cdots,\boldsymbol{\xi}_n\}$下的坐标即为 $\boldsymbol{x}$. 由于 $\boldsymbol{x}\in W_{\boldsymbol{A}}$，所以 $\boldsymbol{xA}=\boldsymbol{0}$. 因此对任意 $\boldsymbol{y}\in F^n$，$\boldsymbol{xAy}^{\mathrm{T}}=\boldsymbol{0}$，所以对任意 $\boldsymbol{\beta}\in V$，$f(\boldsymbol{\alpha},\boldsymbol{\beta})=0$. 即 $\boldsymbol{\alpha}\in V^{\perp_L}$. 而且 $\sigma(\boldsymbol{\alpha})=\boldsymbol{x}$. 这表明，$\sigma$ 是满射. 从而 σ 是左根基 $V^{\perp_L}$ 到解空间 $W_{\boldsymbol{A}}$ 的双射. 另外，容易验证，σ 是保线性运算的. 这就证明，σ 是左根基 $V^{\perp_L}$ 到解空间 $W_{\boldsymbol{A}}$ 的同构映射，即 $V^{\perp_L}$ 与 $W_{\boldsymbol{A}}$ 同构. 由于 $\dim W_{\boldsymbol{A}}=n-\operatorname{rank}\boldsymbol{A}$，所以 $\dim V^{\perp_L}=\dim V-\operatorname{rank} f$.

同理可证，$\dim V^{\perp_R}=\dim V-\operatorname{rank} f$. 定理3证毕.

由定理3直接得到下面的推论.

推论 数域 F 上 n 维线性空间 V 的双线性函数 f 非退化的充分必要条件是，空间 V 关于 f 的左根基 $V^{\perp_L}$ 为零子空间.

将上述推论中的左根基 $V^{\perp_L}$ 改为右根基 $V^{\perp_R}$，结论仍成立.

设 f 是数域 F 上 n 维线性空间 V 的双线性函数. 取定向量 $\boldsymbol{\alpha}_0\in V$，则 $f(\boldsymbol{\alpha}_0,\boldsymbol{\beta})$ 是空间 V 上的一个线性函数，记为 $L(\boldsymbol{\alpha}_0)$，即 $(L(\boldsymbol{\alpha}_0))(\boldsymbol{\beta})=f(\boldsymbol{\alpha}_0,\boldsymbol{\beta})$. V 上线性函数 $L(\boldsymbol{\alpha}_0)$ 显然属于线性空间 V 的对偶空间 V^*. 建立线性空间 V 到它的对偶空间 V^* 的映射 $\mathscr{A}$ 如下：设 $\boldsymbol{\alpha}\in V$，则令 $\mathscr{A}(\boldsymbol{\alpha})=L(\boldsymbol{\alpha})$. 关于映射 $\mathscr{A}$，有：

命题 4 映射 $\mathscr{A}$ 是线性空间 V 到它的对偶空间 V^* 的线性映射.

证明 设 $\lambda_1,\lambda_2\in F$，$\boldsymbol{\alpha}_1,\boldsymbol{\alpha}_2\in V$，则 $\mathscr{A}(\lambda_1\boldsymbol{\alpha}_1+\lambda_2\boldsymbol{\alpha}_2)=L(\lambda_1\boldsymbol{\alpha}_1+\lambda_2\boldsymbol{\alpha}_2)$. 因此对任意 $\boldsymbol{\beta}\in V$，

$$(L(\lambda_1\boldsymbol{\alpha}_1+\lambda_2\boldsymbol{\alpha}_2))(\boldsymbol{\beta})=f(\lambda_1\boldsymbol{\alpha}_1+\lambda_2\boldsymbol{\alpha}_2,\boldsymbol{\beta}).$$

由于 f 是双线性的，所以

$$(L(\lambda_1\boldsymbol{\alpha}_1+\lambda_2\boldsymbol{\alpha}_2))(\boldsymbol{\beta})=\lambda_1 f(\boldsymbol{\alpha}_1,\boldsymbol{\beta})+\lambda_2 f(\boldsymbol{\alpha}_2,\boldsymbol{\beta}).$$

由 $\boldsymbol{\beta}$ 的任意性得到

$$\begin{aligned}(L(\lambda_1\boldsymbol{\alpha}_1+\lambda_2\boldsymbol{\alpha}_2))(\boldsymbol{\beta})&=\lambda_1(L(\boldsymbol{\alpha}_1))(\boldsymbol{\beta})+\lambda_2(L(\boldsymbol{\alpha}_2))(\boldsymbol{\beta})\\&=(\lambda_1 L(\boldsymbol{\alpha}_1)+\lambda_2 L(\boldsymbol{\alpha}_2))(\boldsymbol{\beta}).\end{aligned}$$

所以

$$\begin{aligned}\mathscr{A}(\lambda_1\boldsymbol{\alpha}_1+\lambda_2\boldsymbol{\alpha}_2)&=L(\lambda_1\boldsymbol{\alpha}_1+\lambda_2\boldsymbol{\alpha}_2)=\lambda_1 L(\boldsymbol{\alpha}_1)+\lambda_2 L(\boldsymbol{\alpha}_2)\\&=\lambda_1\mathscr{A}(\boldsymbol{\alpha}_1)+\lambda_2\mathscr{A}(\boldsymbol{\alpha}_2).\end{aligned}$$

因此映射 $\mathscr{A}$ 是线性的. 证毕.

命题 5 线性空间 V 到对偶空间 V^* 的线性映射 $\mathscr{A}$ 的核 $\operatorname{Ker}\mathscr{A}$ 等于空间 V 关于双线性函数 f 的左根基 $V^{\perp_L}$.

证明　设 $\boldsymbol{\alpha}\in \mathrm{Ker}\ \mathscr{A}$,则 $\mathscr{A}(\boldsymbol{\alpha})=L(\boldsymbol{\alpha})=\mathbf{0}$,即 $L(\boldsymbol{\alpha})$是 V 上的零线性函数. 因此对任意 $\boldsymbol{\beta}\in V$,$(L(\boldsymbol{\alpha}))(\boldsymbol{\beta})=f(\boldsymbol{\alpha},\boldsymbol{\beta})=0$. 所以 $\boldsymbol{\alpha}\in V^{\perp_L}$,即 $\mathrm{Ker}\ \mathscr{A}\subseteq V^{\perp_L}$. 将上述证明过程反推,即得 $V^{\perp_L}\subseteq \mathrm{Ker}\ \mathscr{A}$. 所以 $\mathrm{Ker}\ \mathscr{A}=V^{\perp_L}$. 证毕.

利用映射 $\mathscr{A}$,可以给出双线性函数非退化的另一个充分必要条件.

定理4　数域 F 上 n 维线性空间 V 的双线性函数 f 非退化的充分必要条件是,对于 V 上的任意线性函数 g,总存在向量 $\boldsymbol{\alpha}\in V$,使得 $g(\boldsymbol{\beta})=f(\boldsymbol{\alpha},\boldsymbol{\beta})$,对任意 $\boldsymbol{\beta}$ 成立.

证明　必要性　设双线性函数 f 是非退化的,则由定理3的推论,线性空间 V 关于 f 的左根基 $V^{\perp_L}=\{\mathbf{0}\}$. 由命题5,线性空间 V 到对偶空间 V^* 的映射 $\mathscr{A}$ 的核 $\mathrm{Ker}\ \mathscr{A}=\{\mathbf{0}\}$. 根据线性映射的像空间与核的维数定理可知,$\dim\ \mathrm{Im}\ \mathscr{A}=\dim V$,其中 $\mathrm{Im}\ \mathscr{A}$ 是映射 $\mathscr{A}$ 的像空间. 由于线性空间 V 与对偶空间 V^* 的维数相同,所以 $\dim\ \mathrm{Im}\ \mathscr{A}=\dim V^*$. 因此 $\mathrm{Im}\ \mathscr{A}=V^*$. 这表明,映射 $\mathscr{A}$ 是满射. 所以对 V 上的任意函数 g,即 $g\in V^*$,必有向量 $\boldsymbol{\alpha}\in V$,使得 $\mathscr{A}(\boldsymbol{\alpha})=L(\boldsymbol{\alpha})=g$. 因此对任意 $\boldsymbol{\beta}\in V$,$g(\boldsymbol{\beta})=(L(\boldsymbol{\alpha}))(\boldsymbol{\beta})=f(\boldsymbol{\alpha},\boldsymbol{\beta})$.

充分性　设对于 V 上的任意线性函数 g,总存在向量 $\boldsymbol{\alpha}\in V$,使得 $g(\boldsymbol{\beta})=f(\boldsymbol{\alpha},\boldsymbol{\beta})$. 则 $g(\boldsymbol{\beta})=f(\boldsymbol{\alpha},\boldsymbol{\beta})=(L(\boldsymbol{\alpha}))(\boldsymbol{\beta})$. 所以 $g=L(\boldsymbol{\alpha})=\mathscr{A}(\boldsymbol{\alpha})$. 这表明,线性空间 V 到对偶空间 V^* 的映射 $\mathscr{A}$ 是满射. 由线性映射的像空间与核的维数定理可知,$\dim\ \mathrm{Ker}\ \mathscr{A}=0$,即 $\mathrm{Ker}\ \mathscr{A}=\{\mathbf{0}\}$. 由命题5,$V^{\perp_L}=\{\mathbf{0}\}$. 由定理3的推论,双线性函数 f 是非退化的. 定理4证毕.

与定理4相对应的是:

定理5　数域 F 上 n 维线性空间 V 上双线性函数 f 非退化的充分必要条件是,对 V 上任意线性函数 g,总存在向量 $\boldsymbol{\beta}\in V$,使得 $g(\boldsymbol{\alpha})=f(\boldsymbol{\alpha},\boldsymbol{\beta})$,其中 $\boldsymbol{\alpha}$ 遍历 V 中所有的向量.

证明　取定向量 $\boldsymbol{\beta}\in V$,则 $f(\boldsymbol{\alpha},\boldsymbol{\beta})$是 V 上线性函数,记之为$(R(\boldsymbol{\beta}))(\boldsymbol{\alpha})$. 定义线性空间 V 到对偶空间 V^* 的映射 $\mathscr{B}$ 如下:设 $\boldsymbol{\beta}\in V$,则令 $\mathscr{B}(\boldsymbol{\beta})=R(\boldsymbol{\beta})$. 和命题4与命题5相仿,可以证明,$\mathscr{B}$ 是由线性空间 V 到对偶空间 V^* 的线性映射,并且 $\mathrm{Ker}\ \mathscr{B}=V^{\perp_R}$. 再仿照定理4的证明,即可证明定理5. 证毕.

前面曾经指出,向量关于双线性函数 f 的正交性一般是不对称的. 这对讨论向量关于双线性函数 f 的正交性必然带来许多的麻烦. 自然要问,对哪些双线性函数 f,向量关于 f 的正交性是对称的. 为了讨论这个问题,引进下面的定义.

定义4　设 f 是数域 F 上 n 维线性空间 V 上的双线性函数. 如果对任意向量 $\boldsymbol{\alpha},\boldsymbol{\beta}\in V$,均有 $f(\boldsymbol{\beta},\boldsymbol{\alpha})=f(\boldsymbol{\alpha},\boldsymbol{\beta})$,则 f 称为**对称**的. 如果对任意 $\boldsymbol{\alpha},\boldsymbol{\beta}\in V$,均有

$f(\boldsymbol{\beta},\boldsymbol{\alpha})=-f(\boldsymbol{\alpha},\boldsymbol{\beta})$，则 f 称为斜对称或者交代的.

定理 6 设 f 是数域 F 上 n 维线性空间 V 上双线性函数. 则向量关于 f 的正交性是对称的充分必要条件为，双线性函数 f 是对称的，或者是斜对称的.

证明 设向量关于双线性函数 f 的正交性是对称的. 也就是说，如果向量 $\boldsymbol{\alpha}$ 关于 f 左正交于向量 $\boldsymbol{\beta}$，则向量 $\boldsymbol{\beta}$ 关于 f 也左正交于向量 $\boldsymbol{\alpha}$，即若 $f(\boldsymbol{\alpha},\boldsymbol{\beta})=0$，则 $f(\boldsymbol{\beta},\boldsymbol{\alpha})=0$. 任取向量 $\boldsymbol{\alpha},\boldsymbol{\beta},\boldsymbol{\gamma}\in V$. 定义向量 $\boldsymbol{\xi}=f(\boldsymbol{\alpha},\boldsymbol{\beta})\boldsymbol{\gamma}-f(\boldsymbol{\alpha},\boldsymbol{\gamma})\boldsymbol{\beta}$. 则

$$f(\boldsymbol{\alpha},\boldsymbol{\xi})=f(\boldsymbol{\alpha},\boldsymbol{\beta})f(\boldsymbol{\alpha},\boldsymbol{\gamma})-f(\boldsymbol{\alpha},\boldsymbol{\gamma})f(\boldsymbol{\alpha},\boldsymbol{\beta})=0.$$

即 $\boldsymbol{\alpha}\perp_L\boldsymbol{\xi}$. 由正交的对称性，$\boldsymbol{\xi}\perp_L\boldsymbol{\alpha}$. 即对任意向量 $\boldsymbol{\alpha},\boldsymbol{\beta},\boldsymbol{\gamma}\in V$，

$$f(\boldsymbol{\xi},\boldsymbol{\alpha})=f(\boldsymbol{\alpha},\boldsymbol{\beta})f(\boldsymbol{\gamma},\boldsymbol{\alpha})-f(\boldsymbol{\alpha},\boldsymbol{\gamma})f(\boldsymbol{\beta},\boldsymbol{\alpha})=0. \tag{9.1.6}$$

在上式中令 $\boldsymbol{\alpha}=\boldsymbol{\beta}$，则得到

$$f(\boldsymbol{\alpha},\boldsymbol{\alpha})(f(\boldsymbol{\gamma},\boldsymbol{\alpha})-f(\boldsymbol{\alpha},\boldsymbol{\gamma}))=0. \tag{9.1.7}$$

现在我们要证明，要么对所有的 $\boldsymbol{\alpha},\boldsymbol{\gamma}\in V$，均有 $f(\boldsymbol{\gamma},\boldsymbol{\alpha})=f(\boldsymbol{\alpha},\boldsymbol{\gamma})$，要么对所有 $\boldsymbol{\alpha}\in V$，均有 $f(\boldsymbol{\alpha},\boldsymbol{\alpha})=0$. 事实上，设若不然，则存在向量 $\boldsymbol{\eta},\boldsymbol{\zeta}\in V$，使得 $f(\boldsymbol{\eta},\boldsymbol{\zeta})\neq f(\boldsymbol{\zeta},\boldsymbol{\eta})$，同时还存在向量 $\boldsymbol{\varepsilon}\in V$，使得 $f(\boldsymbol{\varepsilon},\boldsymbol{\varepsilon})\neq 0$. 因此由式(9.1.7)，$f(\boldsymbol{\eta},\boldsymbol{\eta})=f(\boldsymbol{\zeta},\boldsymbol{\zeta})=0$，并且 $f(\boldsymbol{\varepsilon},\boldsymbol{\eta})=f(\boldsymbol{\eta},\boldsymbol{\varepsilon})$，$f(\boldsymbol{\varepsilon},\boldsymbol{\zeta})=f(\boldsymbol{\zeta},\boldsymbol{\varepsilon})$. 由于 $f(\boldsymbol{\eta},\boldsymbol{\zeta})\neq f(\boldsymbol{\zeta},\boldsymbol{\eta})$，所以由式(9.1.6)得到，$f(\boldsymbol{\varepsilon},\boldsymbol{\eta})=f(\boldsymbol{\eta},\boldsymbol{\varepsilon})=0$，$f(\boldsymbol{\varepsilon},\boldsymbol{\zeta})=f(\boldsymbol{\zeta},\boldsymbol{\varepsilon})=0$. 于是 $f(\boldsymbol{\eta},\boldsymbol{\varepsilon}+\boldsymbol{\zeta})=f(\boldsymbol{\eta},\boldsymbol{\zeta})\neq f(\boldsymbol{\zeta},\boldsymbol{\eta})=f(\boldsymbol{\varepsilon}+\boldsymbol{\zeta},\boldsymbol{\eta})$. 再由式(9.1.7)得到，$f(\boldsymbol{\varepsilon}+\boldsymbol{\zeta},\boldsymbol{\varepsilon}+\boldsymbol{\zeta})=0$. 但是

$$\begin{aligned}f(\boldsymbol{\varepsilon}+\boldsymbol{\zeta},\boldsymbol{\varepsilon}+\boldsymbol{\zeta})&=f(\boldsymbol{\varepsilon},\boldsymbol{\varepsilon})+f(\boldsymbol{\varepsilon},\boldsymbol{\zeta})+f(\boldsymbol{\zeta},\boldsymbol{\varepsilon})+f(\boldsymbol{\zeta},\boldsymbol{\zeta})\\&=f(\boldsymbol{\varepsilon},\boldsymbol{\varepsilon})\neq 0.\end{aligned}$$

这就产生了矛盾. 所以要么对所有的 $\boldsymbol{\alpha},\boldsymbol{\gamma}\in V$，$f(\boldsymbol{\gamma},\boldsymbol{\alpha})=f(\boldsymbol{\alpha},\boldsymbol{\gamma})$，要么对所有 $\boldsymbol{\alpha}\in V$，$f(\boldsymbol{\alpha},\boldsymbol{\alpha})=0$. 前者表明，双线性函数 f 是对称的. 对于后者，设 $\boldsymbol{\alpha},\boldsymbol{\beta}\in V$，则

$$\begin{aligned}f(\boldsymbol{\alpha}+\boldsymbol{\beta},\boldsymbol{\alpha}+\boldsymbol{\beta})&=f(\boldsymbol{\alpha},\boldsymbol{\alpha})+f(\boldsymbol{\alpha},\boldsymbol{\beta})+f(\boldsymbol{\beta},\boldsymbol{\alpha})+f(\boldsymbol{\beta},\boldsymbol{\beta})\\&=f(\boldsymbol{\alpha},\boldsymbol{\beta})+f(\boldsymbol{\beta},\boldsymbol{\alpha})=0.\end{aligned}$$

因此 $f(\boldsymbol{\beta},\boldsymbol{\alpha})=-f(\boldsymbol{\alpha},\boldsymbol{\beta})$. 所以后者表明，双线性函数 f 是斜对称的. 这就证明了必要性. 至于充分性，则是显然的. 定理 6 证毕.

对于对称或斜对称双线性函数 f，向量关于 f 的正交性是对称的. 因此 f 的左根基 $V^{\perp_L}$ 即是 f 的右根基 $V^{\perp_R}$. 于是可以定义 f 的根基 $V^{\perp}$ 为

$$V^{\perp}=\{\boldsymbol{\alpha}\in V:f(\boldsymbol{\alpha},\boldsymbol{\beta})=0,\forall\boldsymbol{\beta}\in V\}.$$

定理 7 任意一个双线性函数都可以唯一地表为一个对称双线性函数与一个斜对称双线性函数之和.

具体地说，设 f 是数域 F 上 n 维线性空间 V 的双线性函数，则存在 V 上对称双线性函数 g 与斜对称双线性函数 h，使得 $f(\boldsymbol{\alpha},\boldsymbol{\beta})=g(\boldsymbol{\alpha},\boldsymbol{\beta})+h(\boldsymbol{\alpha},\boldsymbol{\beta})$，$\forall\boldsymbol{\alpha},\boldsymbol{\beta}\in$

V,而且 g 与 h 是唯一的.

证明　取 $g(\boldsymbol{\alpha},\boldsymbol{\beta})=\frac{1}{2}(f(\boldsymbol{\alpha},\boldsymbol{\beta})+f(\boldsymbol{\beta},\boldsymbol{\alpha}))$, $h(\boldsymbol{\alpha},\boldsymbol{\beta})=\frac{1}{2}(f(\boldsymbol{\alpha},\boldsymbol{\beta})-f(\boldsymbol{\beta},\boldsymbol{\alpha}))$. 则 g 与 h 显然是 V 上的双线性函数.对任意 $\boldsymbol{\alpha},\boldsymbol{\beta}\in V$,

$$g(\boldsymbol{\beta},\boldsymbol{\alpha})=\frac{1}{2}(f(\boldsymbol{\beta},\boldsymbol{\alpha})+f(\boldsymbol{\alpha},\boldsymbol{\beta}))=\frac{1}{2}(f(\boldsymbol{\alpha},\boldsymbol{\beta})+f(\boldsymbol{\beta},\boldsymbol{\alpha}))=g(\boldsymbol{\alpha},\boldsymbol{\beta}),$$

$$h(\boldsymbol{\beta},\boldsymbol{\alpha})=\frac{1}{2}(f(\boldsymbol{\beta},\boldsymbol{\alpha})-f(\boldsymbol{\alpha},\boldsymbol{\beta}))=-\frac{1}{2}(f(\boldsymbol{\alpha},\boldsymbol{\beta})-f(\boldsymbol{\beta},\boldsymbol{\alpha}))=-h(\boldsymbol{\alpha},\boldsymbol{\beta}).$$

这表明,g 与 h 分别是对称与斜对称双线性函数. 显然,$f(\boldsymbol{\alpha},\boldsymbol{\beta})=g(\boldsymbol{\alpha},\boldsymbol{\beta})+h(\boldsymbol{\alpha},\boldsymbol{\beta})$.这就证明,双线性函数 f 可以表为对称双线性函数 g 与斜对称双线性函数 h 之和.

设 g_1 与 h_1 分别是对称与斜对称双线性函数,并且 $f(\boldsymbol{\alpha},\boldsymbol{\beta})=g_1(\boldsymbol{\alpha},\boldsymbol{\beta})+h_1(\boldsymbol{\alpha},\boldsymbol{\beta})$.则

$$f(\boldsymbol{\beta},\boldsymbol{\alpha})=g_1(\boldsymbol{\beta},\boldsymbol{\alpha})+h_1(\boldsymbol{\beta},\boldsymbol{\alpha})=g_1(\boldsymbol{\alpha},\boldsymbol{\beta})-h_1(\boldsymbol{\alpha},\boldsymbol{\beta}).$$

所以

$$g_1(\boldsymbol{\alpha},\boldsymbol{\beta})=\frac{1}{2}(f(\boldsymbol{\alpha},\boldsymbol{\beta})+f(\boldsymbol{\beta},\boldsymbol{\alpha}))=g(\boldsymbol{\alpha},\boldsymbol{\beta}),$$

$$h_1(\boldsymbol{\alpha},\boldsymbol{\beta})=\frac{1}{2}(f(\boldsymbol{\alpha},\boldsymbol{\beta})-f(\boldsymbol{\beta},\boldsymbol{\alpha}))=h(\boldsymbol{\alpha},\boldsymbol{\beta}).$$

这就证明,将双线性函数 f 表为对称与斜对称双线性函数之和的表法是唯一的. 定理7证毕.

数域 F 上 n 维线性空间 V 的所有对称双线性函数集合与所有斜对称双线性函数集合分别记为 $S(V,V,F)$ 与 $K(V,V,F)$. 容易验证,它们是线性空间 $L(V,V,F)$的子空间.定理7表明,线性空间 $L(V,V,F)$是子空间 $S(V,V,F)$与 $K(V,V,F)$的直和.

对称与斜对称双线性函数是两类重要的双线性函数.下面两节将进行专门讨论.

习　题

1. 设 $\mathbf{R}^2$ 是2维实的行向量空间,向量 $\boldsymbol{\alpha}=(x_1,x_2)$,$\boldsymbol{\beta}=(y_1,y_2)\in\mathbf{R}^2$.下列 $\mathbf{R}^2$ 上二元函数是否是双线性函数:

(1) $f(\boldsymbol{\alpha},\boldsymbol{\beta})=1$;　　(2) $f(\boldsymbol{\alpha},\boldsymbol{\beta})=(x_1-y_1)^2+x_2y_2$;

(3) $f(\boldsymbol{\alpha},\boldsymbol{\beta})=(x_1+y_1)^2-(x_2-y_2)^2$;　　(4) $f(\boldsymbol{\alpha},\boldsymbol{\beta})=x_1y_2-x_2y_1$.

2. 所有2×3实矩阵构成的实线性空间记为 $\mathbf{R}^{2\times 3}$.设方阵 $\boldsymbol{A}$ 为

$$A = \begin{pmatrix} 1 & 2 \\ 3 & 4 \end{pmatrix}.$$

定义空间 $\mathbf{R}^{2\times3}$ 上的双线性函数 f 为

$$f(\boldsymbol{X},\boldsymbol{Y}) = \operatorname{tr}(\boldsymbol{X}^{\mathrm{T}}\boldsymbol{A}\boldsymbol{Y}),\quad \boldsymbol{X},\boldsymbol{Y} \in \mathbf{R}^{2\times3}.$$

(1) 求双线性函数 f 在空间 $\mathbf{R}^{2\times3}$ 的基 $\{\boldsymbol{E}_{11},\boldsymbol{E}_{12},\boldsymbol{E}_{13},\boldsymbol{E}_{21},\boldsymbol{E}_{22},\boldsymbol{E}_{23}\}$ 下的方阵，其中 $\boldsymbol{E}_{ij}$ 是第 i 行第 j 列交叉位置上的元素为 1 而其他元素为 0 的 2×3 矩阵，$1\leqslant i\leqslant2$，$1\leqslant j\leqslant3$；

(2) 判断双线性函数 f 是否是非退化的；

3. 设 $\mathbf{C}^{n\times n}$ 是所有 n 阶复方阵构成的复线性空间，V 是空间 $\mathbf{C}^{n\times n}$ 中所有迹为零的方阵构成的子空间. 定义空间 $\mathbf{C}^{n\times n}$ 上双线性函数 f 为

$$f(\boldsymbol{X},\boldsymbol{Y}) = n\operatorname{tr}(\boldsymbol{X}\boldsymbol{Y}) - (\operatorname{tr}\boldsymbol{X})(\operatorname{tr}\boldsymbol{Y}),\quad \boldsymbol{X},\boldsymbol{Y} \in \mathbf{C}^{n\times n}.$$

证明：

(1) f 是空间 $\mathbf{C}^{n\times n}$ 上退化的双线性函数；

(2) 取双线性函数 f 的定义域为 V，则 V 上双线性函数 f 是非退化的；

(3) 设 $\boldsymbol{A}$ 是 n 阶非零的斜 Hermite 方阵，即 $\boldsymbol{A}^* = -\boldsymbol{A}$，这里 $\boldsymbol{A}^*$ 是方阵 $\boldsymbol{A}$ 的共轭转置，则 $f(\boldsymbol{A},\boldsymbol{A})\leqslant0$.

4. 设 f 是数域 F 上 n 维线性空间 V 的双线性函数. 证明：对空间 V 的任意子空间 V_1 与 V_2，有

$$(V_1 + V_2)^{\perp_L} = V_1^{\perp_L} \cap V_2^{\perp_L};\quad (V_1 + V_2)^{\perp_R} = V_1^{\perp_R} \cap V_2^{\perp_R}.$$

如果 f 非退化，则有

$$(V_1 \cap V_2)^{\perp_L} = V_1^{\perp_L} + V_2^{\perp_L};\quad (V_1 \cap V_2)^{\perp_R} = V_1^{\perp_R} + V_2^{\perp_R}.$$

5. 设 f 是数域 F 上 n 维线性空间 V 的双线性函数，W 是 V 的子空间，将 f 的定义域限定在 W 上时，f 是非退化的. 证明：

$$V = W \oplus W^{\perp_L} = W \oplus W^{\perp_R}.$$

6. 设 f 是数域 F 上 n 维线性空间 V 的非退化双线性函数，h 是 V 上双线性函数. 证明：

(1) 存在 V 的唯一线性变换 $\mathscr{A}_h$，使得对任意 $\boldsymbol{\alpha},\boldsymbol{\beta}\in V$，$h(\boldsymbol{\alpha},\boldsymbol{\beta}) = f(\mathscr{A}_h(\boldsymbol{\alpha}),\boldsymbol{\beta})$；

(2) 双线性函数 h 非退化的充分必要条件是，线性变换 $\mathscr{A}_h$ 可逆；

(3) 存在 V 的唯一可逆线性变换 $\mathscr{B}$，使得对任意 $\boldsymbol{\alpha},\boldsymbol{\beta}\in V$，$f(\boldsymbol{\beta},\boldsymbol{\alpha}) = f(\mathscr{B}(\boldsymbol{\alpha}),\boldsymbol{\beta})$.

7. 设 f 是 V 上非退化双线性函数，$\mathscr{A}$ 是 V 的线性变换，证明：存在 V 的唯一线性变换 $\mathscr{A}^*$，使得对任意 $\boldsymbol{\alpha},\boldsymbol{\beta}\in V$，$f(\mathscr{A}(\boldsymbol{\alpha}),\boldsymbol{\beta}) = f(\boldsymbol{\alpha},\mathscr{A}^*(\boldsymbol{\beta}))$.

8. 设 f 是 V 上双线性函数. 证明：存在 V 的基 $\{\boldsymbol{\alpha}_1,\boldsymbol{\alpha}_2,\cdots,\boldsymbol{\alpha}_n\}$ 与 $\{\boldsymbol{\beta}_1,\boldsymbol{\beta}_2,\cdots,\boldsymbol{\beta}_n\}$，使得

$$(f(\boldsymbol{\alpha}_i,\boldsymbol{\beta}_j)) = \operatorname{diag}(\underbrace{1,1,\cdots,1}_{r个},\underbrace{0,\cdots,0}_{n-r个}),$$

其中 $r = \operatorname{rank} f$.

9. 设 f 是 V 上双线性函数. 对于给定的向量 $\boldsymbol{\beta},\boldsymbol{\gamma}\in V$，定义 V 到自身的映射 $\boldsymbol{\beta}\otimes\boldsymbol{\gamma}$ 如下：设 $\boldsymbol{\alpha}\in V$，则令 $(\boldsymbol{\beta}\otimes\boldsymbol{\gamma})(\boldsymbol{\alpha}) = f(\boldsymbol{\alpha},\boldsymbol{\beta})\boldsymbol{\gamma}$. 显然 $\boldsymbol{\beta}\otimes\boldsymbol{\gamma}$ 是 V 的线性变换. 求线性变换 $\boldsymbol{\beta}\otimes\boldsymbol{\gamma}$ 的

迹 $\mathrm{tr}(\boldsymbol{\beta}\otimes\boldsymbol{\gamma})$.

10. 设 f 是 V 上双线性函数. 证明: f 可以分解为两个线性函数的乘积的充分必要条件是, f 的秩为 1.

9.2 对称双线性函数与二次型

设 V 是数域 F 上 n 维线性空间, $S(V,V,F)$ 是 V 所有对称双线性函数集合.

定理 1 集合 $S(V,V,F)$ 与数域 F 上所有 n 阶对称方阵集合 $S(n,F)$ 之间存在一个一一对应.

证明 设 $\{\boldsymbol{\xi}_1,\boldsymbol{\xi}_2,\cdots,\boldsymbol{\xi}_n\}$ 是 V 的一组基, $f\in S(V,V,F)$ 在这组基下的方阵为 $\boldsymbol{S}=(s_{ij})=(f(\boldsymbol{\xi}_i,\boldsymbol{\xi}_j))$. 由于 $f\in S(V,V,F)$, 所以 $f(\boldsymbol{\xi}_j,\boldsymbol{\xi}_i)=f(\boldsymbol{\xi}_i,\boldsymbol{\xi}_j)$, $1\leqslant i,j\leqslant n$. 所以 $\boldsymbol{S}^{\mathrm{T}}=\boldsymbol{S}$, 即方阵 $\boldsymbol{S}$ 是对称的. 因此 $\boldsymbol{S}\in S(n,F)$.

建立集合 $S(V,V,F)$ 到 $S(n,F)$ 的映射 σ 如下: 对于 $f\in S(V,V,F)$, 令 $\sigma(f)=\boldsymbol{S}$, 其中 $\boldsymbol{S}$ 是双线性函数 f 在基 $\{\boldsymbol{\xi}_1,\boldsymbol{\xi}_2,\cdots,\boldsymbol{\xi}_n\}$ 下的方阵. 由于不同的双线性函数在同一组基下的方阵是不同的, 所以 σ 是单射. 设 $\boldsymbol{S}\in S(n,F)$. 定义 V 上二元函数 $f(\boldsymbol{\alpha},\boldsymbol{\beta})=\boldsymbol{x}\boldsymbol{S}\boldsymbol{y}^{\mathrm{T}}$, 其中 $\boldsymbol{x}=(x_1,x_2,\cdots,x_n)$ 与 $\boldsymbol{y}=(y_1,y_2,\cdots,y_n)$ 分别是 V 中向量 $\boldsymbol{\alpha}$ 与 $\boldsymbol{\beta}$ 在基 $\{\boldsymbol{\xi}_1,\boldsymbol{\xi}_2,\cdots,\boldsymbol{\xi}_n\}$ 下的坐标. 由上节定理 1 的证明, f 是 V 上双线性函数. 由于 $f(\boldsymbol{\beta},\boldsymbol{\alpha})=\boldsymbol{y}\boldsymbol{S}\boldsymbol{x}^{\mathrm{T}}=(\boldsymbol{x}\boldsymbol{S}\boldsymbol{y}^{\mathrm{T}})^{\mathrm{T}}=\boldsymbol{x}\boldsymbol{S}\boldsymbol{y}^{\mathrm{T}}=f(\boldsymbol{\alpha},\boldsymbol{\beta})$, $\boldsymbol{\alpha},\boldsymbol{\beta}\in V$, 所以 $f(\boldsymbol{\alpha},\boldsymbol{\beta})$ 是对称的, 即 $f\in S(V,V,F)$. 显然方阵 $\boldsymbol{S}$ 是双线性函数 f 在基 $\{\boldsymbol{\xi}_1,\boldsymbol{\xi}_2,\cdots,\boldsymbol{\xi}_n\}$ 下的方阵. 因此由映射 σ 的定义, $\sigma(f)=\boldsymbol{S}$. 所以 σ 是满射. 从而 σ 是双射. 定理 1 证毕.

定理 2 设 $f\in S(V,V,F)$. 则存在 V 的一组基 $\{\boldsymbol{\xi}_1,\boldsymbol{\xi}_2,\cdots,\boldsymbol{\xi}_n\}$, 使得 f 在这组基下的方阵是如下的对角形:

$$\mathrm{diag}(a_1,a_2,\cdots,a_r,\underbrace{0,\cdots,0}_{n-r\text{个}}), \tag{9.2.1}$$

其中 $a_1,a_2,\cdots,a_r\in F$ 全不为零, 而 $r=\mathrm{rank}\, f$. 换句话说, $f(\boldsymbol{\alpha},\boldsymbol{\beta})$ 在这组基下的表达式为

$$f(\boldsymbol{\alpha},\boldsymbol{\beta}) = a_1x_1y_1 + a_2x_2y_2 + \cdots + a_rx_ry_r,$$

其中 $\boldsymbol{x}=(x_1,x_2,\cdots,x_n)$ 与 $\boldsymbol{y}=(y_1,y_2,\cdots,y_n)$ 分别是 V 中向量 $\boldsymbol{\alpha}$ 与 $\boldsymbol{\beta}$ 在这组基下的坐标.

证明 对空间的维数 n 用归纳法. 当 $n=1$ 时定理显然成立. 假设定理对 $n-$

1 维线性空间成立.现在证明定理对 n 维空间也成立.如果对称双线性函数是零函数,即对任意 $\boldsymbol{\alpha},\boldsymbol{\beta}\in V$,$f(\boldsymbol{\alpha},\boldsymbol{\beta})=0$,则定理显然成立.因此可设 f 是非零的.于是存在 $\boldsymbol{\alpha}_0,\boldsymbol{\beta}_0\in V$,使得 $f(\boldsymbol{\alpha}_0,\boldsymbol{\beta}_0)\neq 0$.由于 $f(\boldsymbol{\alpha}_0+\boldsymbol{\beta}_0,\boldsymbol{\alpha}_0+\boldsymbol{\beta}_0)-f(\boldsymbol{\alpha}_0-\boldsymbol{\beta}_0,\boldsymbol{\alpha}_0-\boldsymbol{\beta}_0)=4f(\boldsymbol{\alpha}_0,\boldsymbol{\beta}_0)\neq 0$,因此存在 $\boldsymbol{\xi}_1\in V$,使得 $f(\boldsymbol{\xi}_1,\boldsymbol{\xi}_1)\neq 0$.记 $a_1=f(\boldsymbol{\xi}_1,\boldsymbol{\xi}_1)$.$V$ 中由向量 $\boldsymbol{\xi}_1$ 生成的子空间记为 W.由于 $f\in S(V,V,F)$,所以向量关于 f 的正交性是对称的.因此可以不区分"左正交"与"右正交",而统称为"正交".子空间 W 关于 $f(\boldsymbol{\alpha},\boldsymbol{\beta})$ 的正交子空间记为 $W^{\perp}$,即

$$W^{\perp}=\{\boldsymbol{\beta}\in V: f(\boldsymbol{\alpha},\boldsymbol{\beta})=0,\forall\boldsymbol{\alpha}\in W\}.$$

现在证明,$V=W\oplus W^{\perp}$.为此先证明 $W\cap W^{\perp}=\{\mathbf{0}\}$.事实上,设 $\boldsymbol{\alpha}\in W\cap W^{\perp}$,则 $\boldsymbol{\alpha}\in W$.由于 W 是向量 $\boldsymbol{\xi}_1$ 生成的子空间,所以 $\boldsymbol{\alpha}=\lambda_0\boldsymbol{\xi}_1$,$\lambda_0\in F$.由于 $\boldsymbol{\alpha}\in W\cap W^{\perp}$,所以

$$f(\boldsymbol{\alpha},\boldsymbol{\alpha})=\lambda_0^2 f(\boldsymbol{\xi}_1,\boldsymbol{\xi}_1)=0.$$

但 $f(\boldsymbol{\xi}_1,\boldsymbol{\xi}_1)\neq 0$,所以 $\lambda_0=0$.因此 $\boldsymbol{\alpha}=\mathbf{0}$.即 $W\cap W^{\perp}=\{\mathbf{0}\}$.其次证明 $V=W+W^{\perp}$.设 $\boldsymbol{\alpha}\in V$.取 $\boldsymbol{\beta}=\boldsymbol{\alpha}-\lambda\boldsymbol{\xi}_1$,其中 λ 是待定参数.令 $f(\boldsymbol{\xi}_1,\boldsymbol{\beta})=0$,则得到

$$f(\boldsymbol{\xi}_1,\boldsymbol{\alpha})-\lambda f(\boldsymbol{\xi}_1,\boldsymbol{\xi}_1)=0.$$

由于 $f(\boldsymbol{\xi}_1,\boldsymbol{\xi}_1)\neq 0$,所以 $\lambda=\dfrac{f(\boldsymbol{\xi}_1,\boldsymbol{\alpha})}{f(\boldsymbol{\xi}_1,\boldsymbol{\xi}_1)}$.于是 $\boldsymbol{\beta}=\boldsymbol{\alpha}-\dfrac{f(\boldsymbol{\xi}_1,\boldsymbol{\alpha})}{f(\boldsymbol{\xi}_1,\boldsymbol{\xi}_1)}\boldsymbol{\xi}_1\in W^{\perp}$.因此

$$\boldsymbol{\alpha}=\frac{f(\boldsymbol{\xi}_1,\boldsymbol{\alpha})}{f(\boldsymbol{\xi}_1,\boldsymbol{\xi}_1)}\boldsymbol{\xi}_1+\left(\boldsymbol{\alpha}-\frac{f(\boldsymbol{\xi}_1,\boldsymbol{\alpha})}{f(\boldsymbol{\xi}_1,\boldsymbol{\xi}_1)}\boldsymbol{\xi}_1\right)\in W+W^{\perp}.$$

这就证明,$V\subseteq W+W^{\perp}$.显然 $W+W^{\perp}\subseteq V$,所以 $V=W\oplus W^{\perp}$.

由于 $\dim W=1$,$\dim V=n$,所以 $\dim W^{\perp}=n-1$.将双线性函数 f 的定义域限制在子空间 $W^{\perp}$ 上,则 f 是 $n-1$ 维空间 $W^{\perp}$ 上对称双线性函数.由归纳假设,存在 $W^{\perp}$ 的一组基 $\{\boldsymbol{\xi}_2,\boldsymbol{\xi}_3,\cdots,\boldsymbol{\xi}_n\}$,使得 $W^{\perp}$ 上双线性函数 $f(\boldsymbol{\alpha},\boldsymbol{\beta})$ 在这组基下的方阵是如下的对角形:

$$\operatorname{diag}(a_2,a_3,\cdots,a_s,\underbrace{0,\cdots,0}_{n-s\text{个}}).$$

其中 $a_2,\cdots,a_s$ 全不为零.因为 $V=W\oplus W^{\perp}$,所以 $\{\boldsymbol{\xi}_1,\boldsymbol{\xi}_2,\cdots,\boldsymbol{\xi}_n\}$ 是 V 的基,而且 $f(\boldsymbol{\alpha},\boldsymbol{\beta})$ 在这组基下的方阵为

$$\operatorname{diag}(a_1,a_2,\cdots,a_s,\underbrace{0,\cdots,0}_{n-s\text{个}}).$$

由 $f(\boldsymbol{\alpha},\boldsymbol{\beta})$ 的秩的定义可知,$s=\operatorname{rank} f$.定理 2 证毕.

应当指出,在定理 2 中,由于对称双线性函数 f 在基 $\{\boldsymbol{\xi}_1,\boldsymbol{\xi}_2,\cdots,\boldsymbol{\xi}_n\}$ 下的方阵为对角方阵(9.2.1),所以当 $1\leqslant i\neq j\leqslant n$ 时,$f(\boldsymbol{\xi}_i,\boldsymbol{\xi}_j)=0$,也即基向量 $\boldsymbol{\xi}_i,\boldsymbol{\xi}_j$ 关于 $f(\boldsymbol{\alpha},\boldsymbol{\beta})$ 是正交的.一般地说,如果 V 的基 $\{\boldsymbol{\alpha}_1,\boldsymbol{\alpha}_2,\cdots,\boldsymbol{\alpha}_n\}$ 中任意两个向量 $\boldsymbol{\alpha}_i$ 与 $\boldsymbol{\alpha}_j$

关于$f(\boldsymbol{\alpha},\boldsymbol{\beta})$是正交的，则这组基称为 V 的关于$f(\boldsymbol{\alpha},\boldsymbol{\beta})$的正交基. 定理 2 表明，对于对称双线性函数 f，V 中存在关于$f(\boldsymbol{\alpha},\boldsymbol{\beta})$的正交基$\{\boldsymbol{\xi}_1,\boldsymbol{\xi}_2,\cdots,\boldsymbol{\xi}_n\}$，使得 $f(\boldsymbol{\alpha},\boldsymbol{\beta})$ 在这组正交基下的方阵是对角形(9.2.1)，而且 V 中由基向量$\boldsymbol{\xi}_{r+1},\boldsymbol{\xi}_{r+2},\cdots,\boldsymbol{\xi}_n$ 生成的子空间即是$f(\boldsymbol{\alpha},\boldsymbol{\beta})$的根基 $V^{\perp}$. 定理 2 可以写成矩阵形式如下：

定理 3　设 $\boldsymbol{S}\in S(n,F)$. 则存在数域 F 上 n 阶可逆方阵 $\boldsymbol{P}$，使得

$$\boldsymbol{P}^{\mathrm{T}}\boldsymbol{SP} = \operatorname{diag}(a_1,a_2,\cdots,a_r,\underbrace{0,\cdots,0}_{n-r\text{个}}),$$

其中 $a_1,a_2,\cdots,a_r$ 是数域F 中非零的数，而 r 是对称方阵 $\boldsymbol{S}$ 的秩. 简单地说，数域 F 上 n 阶对称方阵相合于对角形.

证明　设$\{\boldsymbol{\alpha}_1,\boldsymbol{\alpha}_2,\cdots,\boldsymbol{\alpha}_n\}$是数域 F 上 n 维线性空间 V 的一组基，向量 $\boldsymbol{\alpha},\boldsymbol{\beta}\in V$ 在这组基下的坐标分别是$\boldsymbol{x}=(x_1,x_2,\cdots,x_n)$与 $\boldsymbol{y}=(y_1,y_2,\cdots,y_n)$. 定义 V 上二元函数$f(\boldsymbol{\alpha},\boldsymbol{\beta})$如下：

$$f(\boldsymbol{\alpha},\boldsymbol{\beta}) = \boldsymbol{xSy}^{\mathrm{T}},\quad \boldsymbol{\alpha},\boldsymbol{\beta}\in V.$$

由定理 1 的证明，$f(\boldsymbol{\alpha},\boldsymbol{\beta})\in S(V,V,F)$. 由定理 2，存在 V 的关于$f(\boldsymbol{\alpha},\boldsymbol{\beta})$的正交基$\{\boldsymbol{\xi}_1,\boldsymbol{\xi}_2,\cdots,\boldsymbol{\xi}_n\}$，使得 $f(\boldsymbol{\alpha},\boldsymbol{\beta})$在这组基下的方阵为对角方阵(9.2.1). 由上节定理 2，方阵 $\boldsymbol{S}$ 与对角方阵(9.2.1)是相合的. 定理 3 证毕.

现在转到 n 维实线性空间 V 上对称双线性函数，即 $F=\mathbf{R}$ 的情形.

定理 4　设 $f\in S(V,V,\mathbf{R})$. 则存在 V 的基$\{\boldsymbol{\xi}_1,\boldsymbol{\xi}_2,\cdots,\boldsymbol{\xi}_n\}$使得 $f(\boldsymbol{\alpha},\boldsymbol{\beta})$在这组基下的方阵是如下的对角形：

$$\operatorname{diag}(\boldsymbol{I}_{(p)},-\boldsymbol{I}_{(q)},\boldsymbol{0}_{(n-p-q)}),\tag{9.2.2}$$

其中$\boldsymbol{0}_{(n-p-q)}$是 $n-p-q$ 阶零方阵，而 $p+q=r$ 是$f(\boldsymbol{\alpha},\boldsymbol{\beta})$的秩. 换句话说，$f(\boldsymbol{\alpha},\boldsymbol{\beta})$在这组基下的表达式为

$$f(\boldsymbol{\alpha},\boldsymbol{\beta}) = x_1y_1+x_2y_2+\cdots+x_py_p-x_{p+1}y_{p+1}-\cdots-x_{p+q}y_{p+q},$$

其中 $\boldsymbol{x}=(x_1,x_2,\cdots,x_n)$与 $\boldsymbol{y}=(y_1,y_2,\cdots,y_n)$分别是 V 中向量$\boldsymbol{\alpha}$ 与$\boldsymbol{\beta}$ 在这组基下的坐标.

证明　由定理 2，存在 V 的基$\{\boldsymbol{\alpha}_1,\boldsymbol{\alpha}_2,\cdots,\boldsymbol{\alpha}_n\}$，使得 $f(\boldsymbol{\alpha},\boldsymbol{\beta})$在这组基下的方阵为对角形(9.2.1). 适当调整基向量 $\boldsymbol{\alpha}_1,\boldsymbol{\alpha}_2,\cdots,\boldsymbol{\alpha}_n$ 的次序，可以假定 $a_1,a_2,\cdots,a_p$ 都是正的，而 $a_{p+1},a_{p+2},\cdots,a_{p+q}$都是负的，其中 $p+q=r=\operatorname{rank} f$. 记

$$\boldsymbol{\xi}_i = \frac{1}{\sqrt{a_i}}\boldsymbol{\alpha}_i,\quad i=1,2,\cdots,p,$$

$$\boldsymbol{\xi}_j = \frac{1}{\sqrt{-a_j}}\boldsymbol{\alpha}_j,\quad j=p+1,p+2,\cdots,p+q,$$

$$\boldsymbol{\xi}_k = \boldsymbol{\alpha}_k,\quad k=p+q+1,p+q+2,\cdots,n.$$

显然$\{\boldsymbol{\xi}_1,\boldsymbol{\xi}_2,\cdots,\boldsymbol{\xi}_n\}$是 V 的一组基. 并且 $f(\boldsymbol{\alpha},\boldsymbol{\beta})$在这组基下的方阵即为对角方阵(9.2.2). 定理 4 证毕.

现在考察定理 4 中对角形 $\mathrm{diag}(\boldsymbol{I}_{(p)},-\boldsymbol{I}_{(q)},\boldsymbol{0}_{(n-p-q)})$的对角元 $+1$ 与 -1 的个数 p 与 q 的几何意义. 为此引进:

定义 1 设 f 是 n 维实线性空间 V 上对称双线性函数. 如果对任意非零向量 $\boldsymbol{\alpha}\in V$,均有 $f(\boldsymbol{\alpha},\boldsymbol{\alpha})>0$,则 f 称为正定的;如果对任意向量 $\boldsymbol{\alpha}\in V$,均有 $f(\boldsymbol{\alpha},\boldsymbol{\alpha})\geqslant 0$,则 f 称为半正定的.

可以类似定义负定与半负定对称双线性函数.

按照定理 4 的记号,V 中由基向量 $\boldsymbol{\xi}_1,\boldsymbol{\xi}_2,\cdots,\boldsymbol{\xi}_p$,基向量 $\boldsymbol{\xi}_{p+1},\boldsymbol{\xi}_{p+2},\cdots,\boldsymbol{\xi}_{p+q}$ 与基向量 $\boldsymbol{\xi}_{p+q+1},\boldsymbol{\xi}_{p+q+2},\cdots,\boldsymbol{\xi}_n$ 生成的子空间依次记为 V^+,V^- 与 $V^\perp$. 显然,$\dim V^+=p$,$\dim V^-=q$,并且 $V=V^+\oplus V^-\oplus V^\perp$,其中 $V^\perp$ 是 $f(\boldsymbol{\alpha},\boldsymbol{\beta})$的根基. 对于向量 $\boldsymbol{\alpha}=a_1\boldsymbol{\xi}_1+a_2\boldsymbol{\xi}_2+\cdots+a_p\boldsymbol{\xi}_p$,显然 $f(\boldsymbol{\alpha},\boldsymbol{\alpha})=a_1^2+a_2^2+\cdots+a_p^2\geqslant 0$,并且等号当且仅当 $\boldsymbol{\alpha}=\boldsymbol{0}$时成立. 也就是说,将 f 限定在 V^+ 上,则 f 是实线性空间 V^+ 上正定对称双线性函数. 同理,将 f 限定在 V^- 上,则 f 是实线性空间 V^- 上负定对称双线性函数. 于是有:

定理 5 设 f 是 n 维实线性空间 V 上对称双线性函数,则空间 V 可以分解为子空间 V^+,V^- 与 $V^\perp$的直和,即 $V=V^+\oplus V^-\oplus V^\perp$,使得 f 在 V^+ 与 V^- 上的限制分别是正定与负定的,而 $V^\perp$是 f 的根基. 如果空间 V 还可以分解为子空间 V_1^+,V_1^- 与 $V^\perp$的直和,即 $V=V_1^+\oplus V_1^-\oplus V^\perp$,使得 f 在 V_1^+ 与 V_1^- 上的限制分别是正定与负定的,则 $\dim V_1^+=\dim V^+$,$\dim V_1^-=\dim V^-$.

证明 定理的前一半结论是定理 4 的另一种叙述方式. 下面证明后一半结论.

设 $\boldsymbol{\alpha}\in V_1^+\cap(V^-\oplus V^\perp)$. 由于 $\boldsymbol{\alpha}\in V_1^+$,所以 $f(\boldsymbol{\alpha},\boldsymbol{\alpha})\geqslant 0$. 由于 $\boldsymbol{\alpha}\in V^-\oplus V^\perp$,所以 $\boldsymbol{\alpha}=\boldsymbol{\beta}+\boldsymbol{\gamma}$,其中 $\boldsymbol{\beta}\in V^-$,$\boldsymbol{\gamma}\in V^\perp$. 因此 $f(\boldsymbol{\alpha},\boldsymbol{\alpha})=f(\boldsymbol{\beta},\boldsymbol{\beta})+f(\boldsymbol{\beta},\boldsymbol{\gamma})+f(\boldsymbol{\gamma},\boldsymbol{\beta})+f(\boldsymbol{\gamma},\boldsymbol{\gamma})$. 由于 $\boldsymbol{\gamma}\in V^\perp$,所以 $f(\boldsymbol{\beta},\boldsymbol{\gamma})=f(\boldsymbol{\gamma},\boldsymbol{\beta})=f(\boldsymbol{\gamma},\boldsymbol{\gamma})=0$. 因此 $f(\boldsymbol{\alpha},\boldsymbol{\alpha})=f(\boldsymbol{\beta},\boldsymbol{\beta})$. 由于 $\boldsymbol{\beta}\in V^-$,所以 $f(\boldsymbol{\alpha},\boldsymbol{\alpha})=f(\boldsymbol{\beta},\boldsymbol{\beta})\leqslant 0$. 于是 $f(\boldsymbol{\alpha},\boldsymbol{\alpha})=0$. 由于 f 在 V_1^+ 上的限制是正定的,因此 $\boldsymbol{\alpha}=\boldsymbol{0}$. 即 $V_1^+\cap(V^-\oplus V^\perp)=\{\boldsymbol{0}\}$. 这表明,$V_1^++(V^-\oplus V^\perp)=V_1^+\oplus(V^-\oplus V^\perp)\subseteq V$. 所以 $\dim V_1^++\dim(V^-\oplus V^\perp)\leqslant\dim V$. 由于 $V=V^+\oplus V^-\oplus V^\perp$,所以 $\dim(V^-\oplus V^\perp)=\dim V-\dim V^+$. 于是 $\dim V_1^+-\dim V^+\leqslant 0$,即 $\dim V_1^+\leqslant\dim V^+$. 考察 $V^+\cap(V_1^-\oplus V^\perp)$,即可得到 $\dim V^+\leqslant\dim V_1^+$. 因此 $\dim V_1^+=\dim V^+$. 同理可证,$\dim V_1^-=\dim V^-$. 定理 5 证毕.

定理 5 说明,对于 n 维实线性空间 V 上对称双线性函数 f,空间 V 可以分解为三个部分 V^+,V^- 与 $V^\perp$,使得 f 在 V^+ 与 V^- 上的限制分别是正定与负定的,而

$V^{\perp}$是f的根基,并且子空间V^+,V^-与$V^{\perp}$的维数与分解的方式都无关,它们是由f自身所决定的.因此$p=\dim V^+$与$q=\dim V^-$分别称为f的**正、负惯性指数**,它们之差$p-q$称为f的**符号差**,记为$\delta(f)$.显然,$\operatorname{rank} f=p+q$,$\delta(f)=2p-\operatorname{rank} f$.于是定理5称为关于对称双线性函数的**惯性定理**.

定理4和定理5可以用来解决实对称方阵在相合下分类的问题.设$\boldsymbol{S}\in S(n,R)$,且$\{\boldsymbol{\alpha}_1,\boldsymbol{\alpha}_2,\cdots,\boldsymbol{\alpha}_n\}$是$n$维实线性空间$V$的一组基.令$f(\boldsymbol{\alpha},\boldsymbol{\beta})=\boldsymbol{x}\boldsymbol{S}\boldsymbol{y}^{\mathrm{T}}$,其中$\boldsymbol{x}$与$\boldsymbol{y}$分别是向量$\boldsymbol{\alpha}$与$\boldsymbol{\beta}$在这组基下的坐标.则$f$是$V$上对称双线性函数.由定理4,存在$V$的基$\{\boldsymbol{\xi}_1,\boldsymbol{\xi}_2,\cdots,\boldsymbol{\xi}_n\}$,使得$f(\boldsymbol{\alpha},\boldsymbol{\beta})$在这组基下的方阵为对角形$\operatorname{diag}(\boldsymbol{I}_{(p)},-\boldsymbol{I}_{(q)},\boldsymbol{0}_{(n-p-q)})$.由于对称双线性函数$f$在不同基下的方阵是相合的,所以方阵$\boldsymbol{S}$相合于对角形$\operatorname{diag}(\boldsymbol{I}_{(p)},-\boldsymbol{I}_{(q)},\boldsymbol{0}_{(n-p-q)})$.如果方阵$\boldsymbol{S}$还相合于对角形$\operatorname{diag}(\boldsymbol{I}_{(p')},-\boldsymbol{I}_{(q')},\boldsymbol{0}_{(n-p'-q')})$,则存在$V$的基$\{\boldsymbol{\eta}_1,\boldsymbol{\eta}_2,\cdots,\boldsymbol{\eta}_n\}$,使得$f(\boldsymbol{\alpha},\boldsymbol{\beta})$在这组基下的方阵即为$\operatorname{diag}(\boldsymbol{I}_{(p')},-\boldsymbol{I}_{(q')},\boldsymbol{0}_{(n-p'-q')})$.由定理5,$p'=p$,$q'=q$.也就是说,方阵$S$相合的对角形$\operatorname{diag}(\boldsymbol{I}_{(p)},-\boldsymbol{I}_{(q)},\boldsymbol{0}_{(n-p-q)})$的对角元中$+1$的个数$p$与$-1$的个数$q$是由方阵$\boldsymbol{S}$自身所决定的.它们也就分别称为方阵$\boldsymbol{S}$的正、负惯性指数.而正、负惯性指数$p$与$q$之差称为方阵$\boldsymbol{S}$的符号差,记为$\delta(\boldsymbol{S})$.显然$p+q=\operatorname{rank}\boldsymbol{S}$,$\delta(S)=2p-\operatorname{rank}\boldsymbol{S}$.由于$\operatorname{diag}(\boldsymbol{I}_{(p)},-\boldsymbol{I}_{(q)},\boldsymbol{0}_{(n-p-q)})$是由方阵$\boldsymbol{S}$自身所决定的,所以它称为方阵$\boldsymbol{S}$在相合下的标准形.

设方阵$\boldsymbol{S}_1,\boldsymbol{S}_2\in S(n,\mathbf{R})$相合,即存在$n$阶可逆实方阵$\boldsymbol{P}$,使得$\boldsymbol{S}_2=\boldsymbol{P}^{\mathrm{T}}\boldsymbol{S}_1\boldsymbol{P}$.则取$n$维实线性空间$V$的一组基$\{\boldsymbol{\alpha}_1,\boldsymbol{\alpha}_2,\cdots,\boldsymbol{\alpha}_n\}$,并令$f(\boldsymbol{\alpha},\boldsymbol{\beta})=\boldsymbol{x}\boldsymbol{S}_1\boldsymbol{y}^{\mathrm{T}}$,其中$\boldsymbol{x}$与$\boldsymbol{y}$分别是向量$\boldsymbol{\alpha}$与$\boldsymbol{\beta}$在这组基下的坐标.显然$f$是空间$V$上对称双线性函数.记

$$(\boldsymbol{\eta}_1,\boldsymbol{\eta}_2,\cdots,\boldsymbol{\eta}_n)=(\boldsymbol{\xi}_1,\boldsymbol{\xi}_2,\cdots,\boldsymbol{\xi}_n)\boldsymbol{P}.$$

则$\{\boldsymbol{\eta}_1,\boldsymbol{\eta}_2,\cdots,\boldsymbol{\eta}_n\}$是$V$的基,并且$f$在这组基下的方阵即为$\boldsymbol{S}_2$.由上一段的说明,方阵$\boldsymbol{S}_1$与$\boldsymbol{S}_2$的正、负惯性指数也就是$f$的正、负惯性指数.因此方阵$\boldsymbol{S}_1$与$\boldsymbol{S}_2$的正、负惯性指数相同,从而它们的符号差相同.由于相合的方阵一定是相抵的,所以方阵$\boldsymbol{S}_1$与$\boldsymbol{S}_2$的秩相同.这表明,实对称方阵的秩和符号差是实对称方阵相合下的不变量.反之,实对称方阵$\boldsymbol{S}_1$与$\boldsymbol{S}_2$的秩与符号差相同,则由$p+q=\operatorname{rank}\boldsymbol{S}$与$p-q=\delta(\boldsymbol{S})$,即知方阵$\boldsymbol{S}_1$与$\boldsymbol{S}_2$的正、负惯性指数相同,分别记为$p$与$q$.由上段说明,方阵$\boldsymbol{S}_1$与$\boldsymbol{S}_2$都相合于对角形$\operatorname{diag}(\boldsymbol{I}_{(p)},-\boldsymbol{I}_{(q)},\boldsymbol{0}_{(n-p-q)})$.由于相合关系满足对称性与传递性,所以方阵$\boldsymbol{S}_1$与$\boldsymbol{S}_2$相合.这表明,实对称方阵的秩与符号差是实对称方阵在相合下的全系不变量.综合上述,即得:

定理6 设n阶实对称方阵$\boldsymbol{S}$的正、负惯性指数分别为p与q,则方阵$\boldsymbol{S}$相合于如下的标准形:

$$\operatorname{diag}(\boldsymbol{I}_{(p)},-\boldsymbol{I}_{(q)},\boldsymbol{0}_{(n-p-q)}),\tag{9.2.2}$$

并且实对称方阵的秩与符号差是实对称方阵在相合下的全系不变量.

由于 Euclid 空间是赋予一个给定的内积的实线性空间,所以可以讨论 Euclid 空间上对称双线性函数.

定义 2 n 维 Euclid 空间 V 上对称双线性函数 f 在 V 的标准正交基 $\{\boldsymbol{\xi}_1,\boldsymbol{\xi}_2,\cdots,\boldsymbol{\xi}_n\}$ 下的方阵 $\boldsymbol{S}$ 的特征值称为 f 的特征值.

由上节定理 2 可以看出,V 上对称双线性函数 f 在 V 的不同标准正交基下的方阵是相合的.由于 V 的一组标准正交基到另一组标准正交基的过渡矩阵是正交方阵,所以 f 在 V 的不同标准正交基下的方阵是正交相似的.而正交相似的方阵具有相同的特征值.所以 f 的特征值的定义与标准正交基 $\{\boldsymbol{\xi}_1,\boldsymbol{\xi}_2,\cdots,\boldsymbol{\xi}_n\}$ 的选取无关.也就是说,对称双线性函数 f 的特征值是有确切定义的.

定理 7 设 $\lambda_1,\lambda_2,\cdots,\lambda_r$ 是 n 维 Euclid 空间 V 上的对称双线性函数 f 的全部非零特征值,$\lambda_1\geqslant\lambda_2\geqslant\cdots\geqslant\lambda_r$, $r=\operatorname{rank} f$.则存在 V 的标准正交基 $\{\boldsymbol{\xi}_1,\boldsymbol{\xi}_2,\cdots,\boldsymbol{\xi}_n\}$,使得 f 在这组基下的方阵为如下的对角形:

$$\operatorname{diag}(\lambda_1,\lambda_2,\cdots,\lambda_r,\underbrace{0,\cdots,0}_{n-r\text{个}}). \tag{9.2.3}$$

换句话说,f 在这组基下的表达式为

$$f(\boldsymbol{\alpha},\boldsymbol{\beta}) = \lambda_1 x_1 y_1 + \lambda_2 x_2 y_2 + \cdots + \lambda_r x_r y_r, \tag{9.2.4}$$

其中 $\boldsymbol{x}=(x_1,x_2,\cdots,x_n)$ 与 $\boldsymbol{y}=(y_1,y_2,\cdots,y_n)$ 分别是向量 $\boldsymbol{\alpha}$ 与 $\boldsymbol{\beta}$ 在这组基下的坐标.

证明 设 $\{\boldsymbol{\alpha}_1,\boldsymbol{\alpha}_2,\cdots,\boldsymbol{\alpha}_n\}$ 是 V 的标准正交基,且 $f(\boldsymbol{\alpha},\boldsymbol{\beta})=\tilde{\boldsymbol{x}}\boldsymbol{S}\tilde{\boldsymbol{y}}^{\mathrm{T}}$,其中 $\tilde{\boldsymbol{x}}$ 与 $\tilde{\boldsymbol{y}}$ 分别是向量 $\boldsymbol{\alpha}$ 与 $\boldsymbol{\beta}$ 在这组基下的坐标,而 $\boldsymbol{S}$ 是 n 阶实对称方阵.由第 7 章 7.6 节定理 3,存在 n 阶实正交方阵 $\boldsymbol{O}$,使得

$$\boldsymbol{S} = \boldsymbol{O}^{\mathrm{T}}\operatorname{diag}(\lambda_1,\lambda_2,\cdots,\lambda_r,\underbrace{0,\cdots,0}_{n-r})\boldsymbol{O},$$

其中 $\lambda_1,\lambda_2,\cdots,\lambda_r$ 是方阵 $\boldsymbol{S}$(也即 $f(\boldsymbol{\alpha},\boldsymbol{\beta})$)的特征值.令

$$(\boldsymbol{\xi}_1,\boldsymbol{\xi}_2,\cdots,\boldsymbol{\xi}_n) = (\boldsymbol{\alpha}_1,\boldsymbol{\alpha}_2,\cdots,\boldsymbol{\alpha}_n)\boldsymbol{O}^{\mathrm{T}},$$

则 $\{\boldsymbol{\xi}_1,\boldsymbol{\xi}_2,\cdots,\boldsymbol{\xi}_n\}$ 是 V 的标准正交基.设向量 $\boldsymbol{\alpha}$ 与 $\boldsymbol{\beta}$ 在这组基下的坐标分别是为 $\boldsymbol{x}=(x_1,x_2,\cdots,x_n)$ 与 $\boldsymbol{y}=(y_1,y_2,\cdots,y_n)$.则 $\tilde{\boldsymbol{x}}=\boldsymbol{x}\boldsymbol{O}$, $\tilde{\boldsymbol{y}}=\boldsymbol{y}\boldsymbol{O}$.因此

$$\begin{aligned} f(\boldsymbol{\alpha},\boldsymbol{\beta}) &= \tilde{\boldsymbol{x}}\boldsymbol{S}\tilde{\boldsymbol{y}}^{\mathrm{T}} = \boldsymbol{x}\boldsymbol{O}\boldsymbol{S}\boldsymbol{O}^{\mathrm{T}}\boldsymbol{y}^{\mathrm{T}} \\ &= \boldsymbol{x}\operatorname{diag}(\lambda_1,\lambda_2,\cdots,\lambda_r,0,\cdots,0)\boldsymbol{y}^{\mathrm{T}} \\ &= \lambda_1 x_1 y_1 + \lambda_2 x_2 y_2 + \cdots + \lambda_r x_r y_r. \end{aligned}$$

定理 7 证毕.

对于复线性空间 V 上的对称双线性函数,由定理 2 得到:

定理 8 设 $f\in S(V,V,\mathbf{C})$，则存在 n 维复线性空间 V 的一组基 $\{\boldsymbol{\xi}_1,\boldsymbol{\xi}_2,\cdots,\boldsymbol{\xi}_n\}$，使得 f 在这组基下的方阵为如下的对角形：

$$\mathrm{diag}(\boldsymbol{I}_{(r)},\boldsymbol{0}_{(n-r)}),\tag{9.2.5}$$

其中 $r=\mathrm{rank}\,f$. 换句话说，

$$f(\boldsymbol{\alpha},\boldsymbol{\beta}) = x_1y_1+x_2y_2+\cdots+x_ry_r,$$

其中 $\boldsymbol{x}=(x_1,x_2,\cdots,x_n)$ 与 $\boldsymbol{y}=(y_1,y_2,\cdots,y_n)$ 分别是向量 $\boldsymbol{\alpha}$ 与 $\boldsymbol{\beta}$ 在这组基下的坐标.

证明 由定理 2，存在 V 的基 $\{\boldsymbol{\alpha}_1,\boldsymbol{\alpha}_2,\cdots,\boldsymbol{\alpha}_n\}$，使得 f 在这组基下的方阵为对角形(9.2.1). 于是当 $1\leqslant i\neq j\leqslant n$ 时，$f(\boldsymbol{\alpha}_i,\boldsymbol{\alpha}_j)=0$，当 $1\leqslant i\leqslant r$ 时，$f(\boldsymbol{\alpha}_i,\boldsymbol{\alpha}_i)=a_i$，而当 $r+1\leqslant i\leqslant n$ 时，$f(\boldsymbol{\alpha}_i,\boldsymbol{\alpha}_i)=0$. 令 $\boldsymbol{\xi}_i=\dfrac{1}{\sqrt{a_i}}\boldsymbol{\alpha}_i$，$1\leqslant i\leqslant r$，$\boldsymbol{\xi}_j=\boldsymbol{\alpha}_j$，$r+1\leqslant j\leqslant n$. 显然 $\{\boldsymbol{\xi}_1,\boldsymbol{\xi}_2,\cdots,\boldsymbol{\xi}_n\}$ 是 V 的基. 容易验证，当 $1\leqslant i\neq j\leqslant n$ 时，$f(\boldsymbol{\xi}_i,\boldsymbol{\xi}_j)=0$，当 $1\leqslant i\leqslant r$ 时，$f(\boldsymbol{\xi}_i,\boldsymbol{\xi}_i)=1$，而当 $r+1\leqslant i\leqslant n$ 时，$f(\boldsymbol{\xi}_i,\boldsymbol{\xi}_i)=0$. 所以 f 在基 $\{\boldsymbol{\xi}_1,\boldsymbol{\xi}_2,\cdots,\boldsymbol{\xi}_n\}$ 下的方阵即为(9.2.5). 定理 8 证毕.

定理 8 的矩阵形式是：

定理 9 设 $\boldsymbol{S}\in S(n,\mathbf{C})$. 则存在 n 阶可逆复方阵 $\boldsymbol{P}$，使得

$$\boldsymbol{P}^{\mathrm{T}}\boldsymbol{S}\boldsymbol{P} = \mathrm{diag}(\boldsymbol{I}_{(r)},\boldsymbol{0}_{(n-r)}),$$

其中 $r=\mathrm{rank}\,\boldsymbol{S}$，即 n 阶复方阵对称方阵 $\boldsymbol{S}$ 相合于对角形(9.2.5). 而且复对称方阵的秩是复对称方阵在相合下的全系不变量.

证明 设 $\{\boldsymbol{\alpha}_1,\boldsymbol{\alpha}_2,\cdots,\boldsymbol{\alpha}_n\}$ 是 n 维复线性空间 V 的一组基. 定义 V 上对称双线性函数 f 为 $f(\boldsymbol{\alpha},\boldsymbol{\beta})=\boldsymbol{x}\boldsymbol{S}\boldsymbol{y}^{\mathrm{T}}$，其中 $\boldsymbol{x}$ 与 $\boldsymbol{y}$ 分别是 V 中向量 $\boldsymbol{\alpha}$ 与 $\boldsymbol{\beta}$ 在这组基下的坐标. 于是 $\boldsymbol{S}$ 即是 f 在这组基下的方阵. 由定理 7，存在 V 的基 $\{\boldsymbol{\xi}_1,\boldsymbol{\xi}_2,\cdots,\boldsymbol{\xi}_n\}$，使得 $f(\boldsymbol{\alpha},\boldsymbol{\beta})$ 在这组基下的方阵为对角形(9.2.5). 由于一个双线性函数在不同基下的方阵是相合的，所以方阵 $\boldsymbol{S}$ 相合于对角形(9.2.5).

设 n 阶复对称方阵 $\boldsymbol{S}_1$ 与 $\boldsymbol{S}_2$ 相合，即存在 n 阶可逆复方阵 $\boldsymbol{P}$，使得 $\boldsymbol{S}_2=\boldsymbol{P}^{\mathrm{T}}\boldsymbol{S}_1\boldsymbol{P}$，因此方阵 $\boldsymbol{S}_1$ 与 $\boldsymbol{S}_2$ 相抵，所以方阵 $\boldsymbol{S}_1$ 与 $\boldsymbol{S}_2$ 的秩相等，也就是说，复对称方阵的秩是复对称方阵在相合下的不变量. 反之，设 n 阶复对称方阵 $\boldsymbol{S}_1$ 与 $\boldsymbol{S}_2$ 的秩相等，且为 r，则由上段证明，方阵 $\boldsymbol{S}_1$ 与 $\boldsymbol{S}_2$ 都相合于对角形(9.2.5). 由于方阵的相合关系满足对称性与传递性，所以方阵 $\boldsymbol{S}_1$ 与 $\boldsymbol{S}_2$ 相合. 这就证明，复对称方阵的秩是复对称方阵在相合下的全系不变量. 定理 9 证毕.

定理 9 完全解决了复对称方阵在相合下的标准形问题. 定理 9 中对角形(9.2.5)称为复对称方阵在相合下的标准形.

与对称双线性函数密切关联的是所谓二次型.

定义 3 设 f 是数域 F 上 n 维线性空间 V 上对称双线性函数. 则 $Q(\boldsymbol{\alpha})=f(\boldsymbol{\alpha},\boldsymbol{\alpha})$ 称为空间 V 上的二次型.

显然二次型 $Q(\boldsymbol{\alpha})$ 是空间 V 上一元函数. 由定理 1 的证明, 对称双线性函数 f 在 V 的基 $\{\boldsymbol{\xi}_1,\boldsymbol{\xi}_2,\cdots,\boldsymbol{\xi}_n\}$ 下的方阵 $\boldsymbol{S}=(a_{ij})$ 是数域 F 上 n 阶对称方阵, 并且 $f(\boldsymbol{\alpha},\boldsymbol{\beta})=\boldsymbol{x}\boldsymbol{S}\boldsymbol{y}^{\mathrm{T}}$, 其中 $\boldsymbol{x}$ 与 $\boldsymbol{y}$ 分别是向量 $\boldsymbol{\alpha}$ 与 $\boldsymbol{\beta}$ 在这组基下的坐标. 因此

$$Q(\boldsymbol{\alpha}) = \boldsymbol{x}\boldsymbol{S}\boldsymbol{x}^{\mathrm{T}} = \sum_{1\leqslant i,j\leqslant n} a_{ij}x_ix_j = \sum_{i=1}^{n} a_{ii}x_i^2 + 2\sum_{1\leqslant i<j\leqslant n} a_{ij}x_ix_j. \tag{9.2.6}$$

式(9.2.6)称为二次型 $Q(\boldsymbol{\alpha})$ 在基 $\{\boldsymbol{\xi}_1,\boldsymbol{\xi}_2,\cdots,\boldsymbol{\xi}_n\}$ 下的表达式, 而方阵 $\boldsymbol{S}$ 称为二次型 $Q(\boldsymbol{\alpha})$ 在这组基下的方阵. 反之, 设 $\boldsymbol{S}=(a_{ij})$ 是数域 F 上 n 阶对称方阵. 令 $f(\boldsymbol{\alpha},\boldsymbol{\beta})=\boldsymbol{x}\boldsymbol{S}\boldsymbol{y}^{\mathrm{T}}$. 则 f 是空间 V 上对称双线性函数. 并且 $Q(\boldsymbol{\alpha})=\boldsymbol{x}\boldsymbol{S}\boldsymbol{x}^{\mathrm{T}}$ 是 V 上二次型.

有关对称双线性函数 f 的术语都可以移到二次型 $Q(\boldsymbol{\alpha})$. 例如, 数域 F 上 n 维线性空间 V 上对称双线性函数 f 的秩称为由 f 决定的二次型 $Q(\boldsymbol{\alpha})$ 的秩. n 维实线性空间 V 上对称双线性函数 f 的正、负惯性指数与符号差分别称为由 f 决定的二次型 $Q(\boldsymbol{\alpha})$ 的正、负惯性指数与符号差. 如果 n 维实线性空间 V 上对称双线性函数 f 是正定(或者半正定, 负定与半负定)的, 则由 f 决定的二次型 $Q(\boldsymbol{\alpha})$ 称为正定(或者半正定、负定与半负定)的.

由于二次型 $Q(\boldsymbol{\alpha})$ 是由对称双线性函数 f 所决定的, 所以有关对称双线性函数 f 的结论都可以移到二次型 $Q(\boldsymbol{\alpha})$.

定理 10 设 $Q(\boldsymbol{\alpha})$ 是数域 F 上 n 维线性空间 V 上二次型. 则存在 V 的基 $\{\boldsymbol{\xi}_1,\boldsymbol{\xi}_2,\cdots,\boldsymbol{\xi}_n\}$, 使得

$$Q(\boldsymbol{\alpha}) = a_1x_1^2 + a_2x_2^2 + \cdots + a_rx_r^2, \tag{9.2.7}$$

其中 $\boldsymbol{x}=(x_1,x_2,\cdots,x_n)$ 是向量 $\boldsymbol{\alpha}$ 在这组基下的坐标, 而 $a_1,a_2,\cdots,a_r\in F$ 全不为零, r 为二次型 $Q(\boldsymbol{\alpha})$ 的秩.

定理 11 设 $Q(\boldsymbol{\alpha})$ 是 n 维实线性空间 V 上二次型, 则存在 V 的基 $\{\boldsymbol{\xi}_1,\boldsymbol{\xi}_2,\cdots,\boldsymbol{\xi}_n\}$, 使得

$$Q(\boldsymbol{\alpha}) = x_1^2 + x_2^2 + \cdots + x_p^2 - x_{p+1}^2 - x_{p+2}^2 - \cdots - x_{p+q}^2, \tag{9.2.8}$$

其中 $\boldsymbol{x}=(x_1,x_2,\cdots,x_n)$ 是向量 $\boldsymbol{\alpha}$ 在这组基下的坐标, 而 p 与 q 分别是二次型 $Q(\boldsymbol{\alpha})$ 的正、负惯性指数.

定理 12 设 $Q(\boldsymbol{\alpha})$ 是 n 维 Euclid 空间 V 上二次型, 则存在 V 的标准正交基 $\{\boldsymbol{\xi}_1,\boldsymbol{\xi}_2,\cdots,\boldsymbol{\xi}_n\}$, 使得

$$Q(\boldsymbol{\alpha}) = \lambda_1x_1^2 + \lambda_2x_2^2 + \cdots + \lambda_rx_r^2, \tag{9.2.9}$$

其中 $\boldsymbol{x}=(x_1,x_2,\cdots,x_n)$ 是向量 $\boldsymbol{\alpha}$ 在这组基下的坐标, 而 $\lambda_1,\lambda_2,\cdots,\lambda_r$ 是二次型 $Q(\boldsymbol{\alpha})$ 的全部非零特征值, 也即决定二次型 $Q(\boldsymbol{\alpha})$ 的对称双线性函数 f 的全部非零

特征值，$\lambda_1 \geqslant \lambda_2 \geqslant \cdots \geqslant \lambda_r$.

应当指出，如果 n 维实线性空间 V 上二次型 $Q(\boldsymbol{\alpha})$ 是正定的，并且它在 V 上的基 $\{\boldsymbol{\xi}_1, \boldsymbol{\xi}_2, \cdots, \boldsymbol{\xi}_n\}$ 下的方阵为 $\boldsymbol{S}$，即 $Q(\boldsymbol{\alpha}) = \boldsymbol{x}\boldsymbol{S}\boldsymbol{x}^{\mathrm{T}}$，其中 $\boldsymbol{x} = (x_1, x_2, \cdots, x_n)$ 是向量 $\boldsymbol{\alpha}$ 在这组基下的坐标. 显然 $\boldsymbol{x} \in \mathbf{R}^n$. 由于 $Q(\boldsymbol{\alpha})$ 是正定的，所以对任意非零 $\boldsymbol{\alpha} \in V$，$Q(\boldsymbol{\alpha}) > 0$，即对任意非零 $\boldsymbol{x} \in \mathbf{R}^n$，$\boldsymbol{x}\boldsymbol{S}\boldsymbol{x}^{\mathrm{T}} > 0$. 因此方阵 $\boldsymbol{S}$ 是正定的. 反之亦然. 这表明，二次型 $Q(\boldsymbol{\alpha})$ 为正定的充分必要条件是，它的方阵 $\boldsymbol{S}$ 是正定的. 于是可以利用第 7 章 7.7 节中关于正定对称方阵的结论来判定二次型 $Q(\boldsymbol{\alpha})$ 的正定性. 当然也可以用定理 11 来判定. 由定理 11 直接得到，二次型 $Q(\boldsymbol{\alpha})$ 半正定的充分必要条件是，它的秩等于符号差. 而 $Q(\boldsymbol{\alpha})$ 正定的充分必要条件是，它的秩等于符号差，并且秩为 n.

定理 13 设 $Q(\boldsymbol{\alpha})$ 是 n 维复线性空间 V 上二次型，则存在 V 的基 $\{\boldsymbol{\xi}_1, \boldsymbol{\xi}_2, \cdots, \boldsymbol{\xi}_n\}$，使得

$$Q(\boldsymbol{\alpha}) = x_1^2 + x_2^2 + \cdots + x_r^2, \tag{9.2.10}$$

其中 $\boldsymbol{x} = (x_1, x_2, \cdots, x_n)$ 是向量 $\boldsymbol{\alpha}$ 在这组基下的坐标，而 r 是二次型 $Q(\boldsymbol{\alpha})$ 的秩.

最后介绍二次型化简方法.

(1) n 维 Euclid 空间的二次型的化简. 设 n 维 Euclid 空间 V 的二次型 $Q(\boldsymbol{\alpha})$ 在 V 的标准正交基 $\{\boldsymbol{\alpha}_1, \boldsymbol{\alpha}_2, \cdots, \boldsymbol{\alpha}_n\}$ 下的表达式为

$$Q(\boldsymbol{\alpha}) = \boldsymbol{x}\boldsymbol{S}\boldsymbol{x}^{\mathrm{T}} = \sum_{i=1}^{n} a_{ii}x_i^2 + 2\sum_{1 \leqslant i < j \leqslant n} a_{ij}x_i x_j,$$

其中 $\boldsymbol{x} = (x_1, x_2, \cdots, x_n)$ 是向量 $\boldsymbol{\alpha}$ 在基 $\{\boldsymbol{\alpha}_1, \boldsymbol{\alpha}_2, \cdots, \boldsymbol{\alpha}_n\}$ 下的坐标，而 $\boldsymbol{S} = (a_{ij})$ 是二次型 $Q(\boldsymbol{\alpha})$ 在这组基下的方阵. 问题是寻求 V 的一组标准正交基 $\{\boldsymbol{\xi}_1, \boldsymbol{\xi}_2, \cdots, \boldsymbol{\xi}_n\}$，使得

$$Q(\boldsymbol{\alpha}) = \lambda_1 y_1^2 + \lambda_2 y_2^2 + \cdots + \lambda_r y_r^2,$$

其中 $\boldsymbol{y} = (y_1, y_2, \cdots, y_n)$ 是向量 $\boldsymbol{\alpha}$ 在基 $\{\boldsymbol{\xi}_1, \boldsymbol{\xi}_2, \cdots, \boldsymbol{\xi}_n\}$ 下的坐标，而 $\lambda_1, \lambda_2, \cdots, \lambda_r$ 是 $Q(\boldsymbol{\alpha})$ 的全部非零特征值，$\lambda_1 \geqslant \lambda_2 \geqslant \cdots \geqslant \lambda_r$. 这就是所谓化二次型 $Q(\boldsymbol{\alpha})$ 为**主轴形式**问题.

化二次型 $Q(\boldsymbol{\alpha})$ 为主轴形式的步骤如下：

Step 1 利用对称方阵 $\boldsymbol{S}$ 的特征多项式 $\varphi(\lambda) = \det(\lambda \boldsymbol{I}_{(n)} - \boldsymbol{S})$，求出方阵 $\boldsymbol{S}$ 的全部不同特征值 $\lambda_1, \lambda_2, \cdots, \lambda_t$，$\lambda_1 \geqslant \lambda_1 \geqslant \lambda_2 \geqslant \cdots \geqslant \lambda_t$，以及它们的代数重数 $e_1, e_2, \cdots, e_t$.

Step 2 对每个 i，确定属于 λ_i 的特征子空间，也即确定齐次方程组 $\boldsymbol{x}(\lambda_i \boldsymbol{I}_{(n)} - \boldsymbol{S}) = \mathbf{0}$ 的解空间 V_{λ_i}，其中 $\boldsymbol{x}$ 是 n 维实行向量. 解空间 V_{λ_i} 是 e_i 维的，$i = 1, 2, \cdots, t$.

Step 3　解空间 V_{λ_i} 是 n 维实行向量空间 $\mathbf{R}^n$ 的子空间，而 $\mathbf{R}^n$ 在标准内积下成为一个 Euclid 空间. 求出解空间 V_{λ_i} 的标准正交基，记为 $\{\boldsymbol{\eta}_1^{(i)},\boldsymbol{\eta}_2^{(i)},\cdots,\boldsymbol{\eta}_{e_i}^{(i)}\}$，$i=1,2,\cdots,t$.

Step 4　将解空间 $V_{\lambda_1},V_{\lambda_2},\cdots,V_{\lambda_t}$ 的标准正交基合并，即得 $\mathbf{R}^n$ 的标准正交基 $\{\boldsymbol{\eta}_1^{(1)},\cdots,\boldsymbol{\eta}_{e_1}^{(1)},\cdots,\boldsymbol{\eta}_1^{(t)},\cdots,\boldsymbol{\eta}_{e_t}^{(t)}\}$. 记

$$\boldsymbol{O}=\begin{pmatrix}\boldsymbol{\eta}_1^{(1)}\\ \vdots\\ \boldsymbol{\eta}_{e_1}^{(1)}\\ \vdots\\ \boldsymbol{\eta}_{e_t}^{(t)}\end{pmatrix}.$$

则 $\boldsymbol{O}$ 是 n 阶实正交方阵，并且

$$\boldsymbol{OSO}^{\mathrm{T}}=\operatorname{diag}(\lambda_1\boldsymbol{I}_{(e_1)},\lambda_2\boldsymbol{I}_{(e_2)},\cdots,\lambda_t\boldsymbol{I}_{(e_t)}).$$

Step 5　设 $(\boldsymbol{\xi}_1,\boldsymbol{\xi}_2,\cdots,\boldsymbol{\xi}_n)=(\boldsymbol{\alpha}_1,\boldsymbol{\alpha}_2,\cdots,\boldsymbol{\alpha}_n)\boldsymbol{O}^{\mathrm{T}}$，则 $\{\boldsymbol{\xi}_1,\boldsymbol{\xi}_2,\cdots,\boldsymbol{\xi}_n\}$ 是 V 的标准正交基，而且 $Q(\boldsymbol{\alpha})$ 在这组基下具有主轴形式：$Q(\boldsymbol{\alpha})=\lambda_1y_1^2+\lambda_2y_2^2+\cdots+\lambda_ny_n^2$.

(2) n 维实线性空间的二次型的化简. 设 n 维实线性空间 V 的二次型 $Q(\boldsymbol{\alpha})$ 在 V 的基 $\{\boldsymbol{\alpha}_1,\boldsymbol{\alpha}_2,\cdots,\boldsymbol{\alpha}_n\}$ 下的表达式为

$$Q(\boldsymbol{\alpha})=\boldsymbol{xSx}^{\mathrm{T}}=\sum_{i=1}^{n}a_{ii}x_i^2+2\sum_{1\leqslant i<j\leqslant n}a_{ij}x_ix_j,\tag{9.2.11}$$

其中 $\boldsymbol{x}=(x_1,x_2,\cdots,x_n)$ 是向量 $\boldsymbol{\alpha}$ 在这组基下的坐标，而 $\boldsymbol{S}=(a_{ij})$ 是 $Q(\boldsymbol{\alpha})$ 在这组基下的方阵. 问题是寻求 V 的一组基 $\{\boldsymbol{\xi}_1,\boldsymbol{\xi}_2,\cdots,\boldsymbol{\xi}_n\}$，使得 $Q(\boldsymbol{\alpha})$ 在这组基下的表达式为

$$Q(\boldsymbol{\alpha})=y_1^2+\cdots+y_p^2-y_{p+1}^2-y_{p+2}^2-\cdots-y_{p+q}^2,\tag{9.2.12}$$

其中 $\boldsymbol{y}=(y_1,y_2,\cdots,y_n)$ 是向量 $\boldsymbol{\alpha}$ 在这组基下的坐标，而 p 与 q 分别是 $Q(\boldsymbol{\alpha})$ 的正、负惯性指数. 这就是所谓化二次型为标准形问题.

如果 $Q(\boldsymbol{\alpha})$ 是零函数，则无需化简. 因此设 $Q(\boldsymbol{\alpha})\neq0$，也即方阵 $\boldsymbol{S}=(a_{ij})\neq\boldsymbol{0}$.

Case 1　设表达式(9.2.11)中含有平方项 $a_{11}x_1^2$，即 $a_{11}\neq0$，则式(9.2.11)可以改写为

$$Q(\boldsymbol{\alpha})=a_{11}x_1^2+2\Big(\sum_{j=2}^{n}a_{1j}x_j\Big)x_1+\sum_{2\leqslant i,j\leqslant n}a_{ij}x_ix_j.$$

将上式配方，即

$$Q(\boldsymbol{\alpha})=a_{11}\left[x_1^2+2\Big(\sum_{j=2}^{n}\frac{a_{1j}}{a_{11}}x_j\Big)x_1+\Big(\sum_{j=2}^{n}\frac{a_{1j}}{a_{11}}x_j\Big)^2\right]$$

$$-a_{11}\left(\sum_{j=2}^{n}\frac{a_{1j}}{a_{11}}x_j\right)^2+\sum_{2\leqslant i,j\leqslant n}a_{ij}x_ix_j. \tag{9.2.13}$$

记

$$Q_1(\boldsymbol{\beta})=\left(\sum_{2\leqslant i,j\leqslant n}a_{ij}x_ix_j\right)-a_{11}\left(\sum_{j=2}^{n}\frac{a_{1j}}{a_{11}}x_j\right)^2.$$

令

$$y_1=\sqrt{|a_{11}|}\left(x_1+\sum_{j=2}^{n}\frac{a_{1j}}{a_{11}}x_j\right),$$
$$y_i=x_i,\quad i=2,3,\cdots,n.$$

即令

$$(y_1,y_2,\cdots,y_n)=(x_1,x_2,\cdots,x_n)\begin{pmatrix}1&0&\cdots&0\\ \frac{a_{12}}{a_{11}}&1&\cdots&0\\ \cdots&\cdots&\cdots&\cdots\\ \frac{a_{1n}}{a_{11}}&0&\cdots&1\end{pmatrix}\begin{pmatrix}\sqrt{|a_{11}|}&0&\cdots&0\\ 0&1&\cdots&0\\ \cdots&\cdots&\cdots&\cdots\\ 0&0&\cdots&1\end{pmatrix}, \tag{9.2.14}$$

则式(9.2.13)化为

$$Q(\boldsymbol{\alpha})=\pm y_1^2+Q_1(\boldsymbol{\beta}), \tag{9.2.15}$$

其中 y_1^2 的系数的正负号与 a_{11} 相同.由式(9.2.14)可以看出,由式(9.2.11)化为(9.2.15)所作的变换是坐标变换.相应的基变换是

$$(\boldsymbol{\xi}_1,\boldsymbol{\xi}_2,\cdots,\boldsymbol{\xi}_n)=(\boldsymbol{\alpha}_1,\boldsymbol{\alpha}_2,\cdots,\boldsymbol{\alpha}_n)\begin{pmatrix}1&-\frac{a_{12}}{a_{11}}&\cdots&-\frac{a_{1n}}{a_{11}}\\ 0&1&\cdots&0\\ \cdots&\cdots&\cdots&\cdots\\ 0&0&\cdots&1\end{pmatrix}$$
$$\cdot\begin{pmatrix}\frac{1}{\sqrt{|a_{11}|}}&0&\cdots&0\\ 0&1&\cdots&0\\ \cdots&\cdots&\cdots&\cdots\\ 0&0&\cdots&1\end{pmatrix}.$$

而式(9.2.15)是 $Q(\boldsymbol{\alpha})$ 在基$\{\boldsymbol{\xi}_1,\boldsymbol{\xi}_2,\cdots,\boldsymbol{\xi}_n\}$下的表达式.式(9.2.15)中的 $Q_1(\boldsymbol{\beta})$ 为

$$Q_1(\boldsymbol{\beta})=\left(\sum_{2\leqslant i,j\leqslant n}a_{ij}y_iy_j\right)-a_{11}\left(\sum_{j=2}^{n}\frac{a_{ij}}{a_{11}}y_j\right)^2,$$

它是 V 中向量 $\boldsymbol{\xi}_2,\boldsymbol{\xi}_3,\cdots,\boldsymbol{\xi}_n$ 生成的 $n-1$ 维实线性空间的二次型.

Case 2　设表达式(9.2.11)中不含平方项 $a_{11}x_1^2$,但含某个平方项 $a_{ii}x_i^2$, $2\leqslant i\leqslant n$,则令

$$\begin{cases} y_1 = x_i, \\ y_i = x_1, \\ y_j = x_j, \quad j\neq 1,i,2\leqslant j\leqslant n. \end{cases}$$

即令

$$(y_1,y_2,\cdots,y_n) = (x_1,x_2,\cdots,x_n)\boldsymbol{P}_{1i}, \tag{9.2.16}$$

其中 $\boldsymbol{P}_{1i}$ 是对换 n 阶单位方阵 $\boldsymbol{I}_{(n)}$ 的第 1 行与第 i 行所得到的初等置换方阵.式(9.2.16)给出的变换是坐标变换,相应的基变换是

$$(\boldsymbol{\xi}_1,\boldsymbol{\xi}_2,\cdots,\boldsymbol{\xi}_n) = (\boldsymbol{\alpha}_1,\boldsymbol{\alpha}_2,\cdots,\boldsymbol{\alpha}_n)\boldsymbol{P}_{1i}.$$

容易看出,$Q(\boldsymbol{\alpha})$ 在基 $\{\boldsymbol{\xi}_1,\boldsymbol{\xi}_2,\cdots,\boldsymbol{\xi}_n\}$ 下的表达式含有平方项 $a_{ii}y_1^2$. 于是就化为 Case 1.

Case 3　设表达式(9.2.11)中不含平方项,即 $a_{11},a_{22},\cdots,a_{nn}$ 全为零,且 $a_{12}\neq 0$. 将式(9.2.11)改写为

$$Q(\boldsymbol{\alpha}) = 2a_{12}x_1x_2 + 2\Big(\sum_{j=3}^{n}(a_{1j}x_1 + a_{2j}x_2)x_j\Big) + 2\sum_{3\leqslant i<j\leqslant n}a_{ij}x_ix_j. \tag{9.2.17}$$

令

$$\begin{aligned} y_1 &= \frac{1}{2}x_1 + \frac{1}{2}x_2, \\ y_2 &= \frac{1}{2}x_2 - \frac{1}{2}x_1, \\ y_i &= x_i, \quad i = 3,4,\cdots,n. \end{aligned}$$

即令

$$(y_1,y_2,\cdots,y_n) = (x_1,x_2,\cdots,x_n)\begin{pmatrix} \frac{1}{2} & -\frac{1}{2} & 0 & \cdots & 0 \\ \frac{1}{2} & \frac{1}{2} & 0 & \cdots & 0 \\ 0 & 0 & 1 & \cdots & 0 \\ \cdots & \cdots & \cdots & \cdots & \cdots \\ 0 & 0 & 0 & \cdots & 1 \end{pmatrix}. \tag{9.2.18}$$

与坐标变换(9.2.18)相应的基变换是

$$(\boldsymbol{\xi}_1,\boldsymbol{\xi}_2,\cdots,\boldsymbol{\xi}_n)=(\boldsymbol{\alpha}_1,\boldsymbol{\alpha}_2,\cdots,\boldsymbol{\alpha}_n)\begin{pmatrix}1 & -1 & 0 & \cdots & 0\\ 1 & 1 & 0 & \cdots & 0\\ 0 & 0 & 1 & \cdots & 0\\ & \cdots & \cdots & \cdots & \\ 0 & 0 & 0 & \cdots & 1\end{pmatrix}.$$

$Q(\boldsymbol{\alpha})$在基$\{\boldsymbol{\xi}_1,\boldsymbol{\xi}_2,\cdots,\boldsymbol{\xi}_n\}$下的表达式为

$$Q(\boldsymbol{\alpha})=2a_{12}y_1^2-2a_{12}y_2^2+2\sum_{j=3}^{n}(a_{1j}+a_{2j})y_1y_j$$
$$+2\sum_{j=3}^{n}(a_{2j}-a_{1j})y_2y_j+2\sum_{3\leqslant i<j\leqslant n}a_{ij}y_iy_j.$$

于是化为 Case 1.

Case 4　设表达式(9.2.11)中不含平方项,即 $a_{11},a_{22},\cdots,a_{nn}$ 全为零,且 $a_{12}=0$,但某个 $a_{ij}\neq 0,i\neq j$.令

$$(y_1,y_2,\cdots,y_n)=(x_1,x_2,\cdots,x_n)\boldsymbol{P}_{1i}\boldsymbol{P}_{2j},$$

即作基变换

$$(\boldsymbol{\xi}_1,\boldsymbol{\xi}_2,\cdots,\boldsymbol{\xi}_n)=(\boldsymbol{\alpha}_1,\boldsymbol{\alpha}_2,\cdots,\boldsymbol{\alpha}_n)\boldsymbol{P}_{1i}\boldsymbol{P}_{2j},$$

也即对换基$\{\boldsymbol{\alpha}_1,\boldsymbol{\alpha}_2,\cdots,\boldsymbol{\alpha}_n\}$中向量 $\boldsymbol{\alpha}_1$ 与 $\boldsymbol{\alpha}_i$ 以及向量$\boldsymbol{\alpha}_2$ 与 $\boldsymbol{\alpha}_j$ 的位置,得 V 的一组新基,并记新基为$\{\boldsymbol{\xi}_1,\boldsymbol{\xi}_2,\cdots,\boldsymbol{\xi}_n\}$.则 $Q(\boldsymbol{\alpha})$在基$\{\boldsymbol{\xi}_1,\boldsymbol{\xi}_2,\cdots,\boldsymbol{\xi}_n\}$下的表达式不含平方项,但乘积项 y_1y_2 的系数为 $2a_{ij}\neq 0$,于是化为 Case 3.

这表明,式(9.2.11)可以经过基变换,使得 $Q(\boldsymbol{\alpha})$在新基下的表达式为(9.2.15).然后再对 $n-1$ 维实线性空间上的二次型 $Q_1(\boldsymbol{\beta})$重复上面的过程,即可将式(9.2.11)化为式(9.2.12).

上述化二次型 $Q(\boldsymbol{\alpha})$为标准形的方法实质上是配方法.这种方法也可以用矩阵形式表达.

设二次型 $Q(\boldsymbol{\alpha})$在基$\{\boldsymbol{\alpha}_1,\boldsymbol{\alpha}_2,\cdots,\boldsymbol{\alpha}_n\}$下的方阵 $\boldsymbol{S}=(a_{ij})\neq\boldsymbol{0}$.如果方阵 $\boldsymbol{S}$ 的对角元$a_{11}=0$,且存在 $a_{ii}\neq 0,2\leqslant i\leqslant n$,则

$$\boldsymbol{S}_1=\boldsymbol{P}_{1i}^{\mathrm{T}}\boldsymbol{S}\boldsymbol{P}_{1i}=\begin{pmatrix}a_{ii} & *\\ * & *\end{pmatrix},\tag{9.2.19}$$

其中 $\boldsymbol{P}_{1i}$是对换n 阶单位方阵$\boldsymbol{I}_{(n)}$的第 1 行与第 i 行所得到的初等置换方阵.对方阵 $\boldsymbol{S}$ 前乘与后乘同一个初等置换方阵,也即对调方阵 $\boldsymbol{S}$ 的第i 行与第j 行,然后对调第 i 列与第j 列,称为对方阵 $\boldsymbol{S}$ 施行一次同步置换.式(9.2.19)表明,当 $a_{11}=0$,且 $a_{ii}\neq 0$ 时,方阵 $\boldsymbol{S}$ 可以经过同步置换,使得到的方阵 $\boldsymbol{S}_1$ 的左上角元素不为零,而且方阵 $\boldsymbol{S}_1$ 是对称的.显然方阵 $\boldsymbol{S}$ 与$\boldsymbol{S}_1$ 相合;如果方阵 $\boldsymbol{S}$ 的对角元全为零,则因

方阵 $\boldsymbol{S}\neq\boldsymbol{0}$,故有某个元素 $a_{ij}\neq 0, i\neq j$. 于是

$$\boldsymbol{S}_2=\boldsymbol{P}_{2j}^{\mathrm{T}}(\boldsymbol{P}_{1i}^{\mathrm{T}}\boldsymbol{S}\boldsymbol{P}_{1i})\boldsymbol{P}_{2j}=\begin{pmatrix}0 & a_{ij} & & * \\ a_{ij} & 0 & & \\ & & \ddots & \\ * & & & 0\end{pmatrix},$$

即对称方阵 $\boldsymbol{S}$ 可以经同步置换化为对称方阵 $\boldsymbol{S}_2$,而方阵 $\boldsymbol{S}_2$ 的第 1 行与第 2 列交叉位置上的元素不为零. 所以当方阵 $\boldsymbol{S}$ 的对角元为零时,可以设方阵 $\boldsymbol{S}$ 的元素 $a_{12}\neq 0$. 取 n 阶可逆实方阵 $\boldsymbol{P}$ 为

$$\boldsymbol{P}=\mathrm{diag}\left(\begin{pmatrix}1 & 1\\ -1 & 1\end{pmatrix}, \boldsymbol{I}_{(n-2)}\right),$$

则

$$\boldsymbol{S}_3=\boldsymbol{P}^{\mathrm{T}}\boldsymbol{S}\boldsymbol{P}=\begin{pmatrix}\begin{pmatrix}-2a_{12} & 0\\ 0 & 2a_{12}\end{pmatrix} & * \\ * & *\end{pmatrix}.$$

对称方阵 $\boldsymbol{S}$ 相合于 $\boldsymbol{S}_3$,而且 $\boldsymbol{S}_3$ 的左上角元素不为零.

上面的讨论表明,如果对称方阵 $\boldsymbol{S}=(a_{ij})\neq\boldsymbol{0}$,则不妨设 $a_{11}\neq 0$. 于是仿照式(9.2.14)的基变换形式,

$$\begin{pmatrix}1 & 0 & \cdots & 0\\ -\dfrac{a_{12}}{a_{11}} & 1 & \cdots & 0\\ \cdots & \cdots & \cdots & \cdots\\ -\dfrac{a_{1n}}{a_{11}} & 0 & \cdots & 1\end{pmatrix}\begin{pmatrix}a_{11} & a_{12} & \cdots & a_{1n}\\ a_{12} & a_{22} & \cdots & a_{2n}\\ \cdots & \cdots & \cdots & \cdots\\ a_{1n} & a_{2n} & \cdots & a_{nn}\end{pmatrix}\begin{pmatrix}1 & -\dfrac{a_{12}}{a_{11}} & \cdots & -\dfrac{a_{1n}}{a_{11}}\\ 0 & 1 & \cdots & 0\\ \cdots & \cdots & \cdots & \cdots\\ 0 & 0 & \cdots & 1\end{pmatrix}$$

$$=\begin{pmatrix}a_{11} & 0 & \cdots & 0\\ 0 & a_{22}-\dfrac{a_{12}a_{12}}{a_{11}} & \cdots & a_{2n}-\dfrac{a_{1n}a_{12}}{a_{11}}\\ \cdots & \cdots & \cdots & \cdots\\ 0 & a_{2n}-\dfrac{a_{1n}a_{12}}{a_{11}} & \cdots & a_{nn}-\dfrac{a_{1n}a_{1n}}{a_{11}}\end{pmatrix}. \tag{9.2.20}$$

将上式写成分块矩阵形式. 设

$$\boldsymbol{S}=\begin{pmatrix}a_{11} & \boldsymbol{\beta}\\ \boldsymbol{\beta}^{\mathrm{T}} & \boldsymbol{S}_{22}\end{pmatrix},$$

其中 $\boldsymbol{S}_{22}$ 是 $n-1$ 阶子方阵,$\boldsymbol{\beta}$ 是 $1\times(n-1)$ 子矩阵,则

$$\begin{pmatrix} 1 & \mathbf{0} \\ -a_{11}^{-1}\boldsymbol{\beta}^{\mathrm{T}} & \boldsymbol{I}_{(n-1)} \end{pmatrix}\begin{pmatrix} a_{11} & \boldsymbol{\beta} \\ \boldsymbol{\beta}^{\mathrm{T}} & \boldsymbol{S}_{22} \end{pmatrix}\begin{pmatrix} 1 & -a_{11}^{-1}\boldsymbol{\beta} \\ \mathbf{0} & \boldsymbol{I}_{(n-1)} \end{pmatrix} = \begin{pmatrix} a_{11} & \mathbf{0} \\ \mathbf{0} & \boldsymbol{S}_{22} - a_{11}^{-1}\boldsymbol{\beta}^{\mathrm{T}}\boldsymbol{\beta} \end{pmatrix}. \tag{9.2.21}$$

顺带指出，式(9.2.21)是式(9.2.20)的分块矩阵形式.式(9.2.20)源于(2)中对式(9.2.11)的二次型 $Q(\boldsymbol{\alpha})$进行配方.而式(9.2.21)是第3章中提到的Schur公式的特殊情形.因此可以说Schur公式是配方法的一种推广.

由于

$$\begin{pmatrix} \dfrac{1}{\sqrt{|a_{11}|}} & \mathbf{0} \\ \mathbf{0} & \boldsymbol{I}_{(n-1)} \end{pmatrix}^{\mathrm{T}}\begin{pmatrix} a_{11} & \mathbf{0} \\ \mathbf{0} & \boldsymbol{S}_{22} - a_{11}^{-1}\boldsymbol{\beta}^{\mathrm{T}}\boldsymbol{\beta} \end{pmatrix}\begin{pmatrix} \dfrac{1}{\sqrt{|a_{11}|}} & \mathbf{0} \\ \mathbf{0} & \boldsymbol{I}_{(n-1)} \end{pmatrix}$$
$$= \begin{pmatrix} \dfrac{a_{11}}{|a_{11}|} & \mathbf{0} \\ \mathbf{0} & \boldsymbol{S}_{22} - a_{11}^{-1}\boldsymbol{\beta}^{\mathrm{T}}\boldsymbol{\beta} \end{pmatrix},$$

其中 $\boldsymbol{S}_{22} - a_{11}^{-1}\boldsymbol{\beta}^{\mathrm{T}}\boldsymbol{\beta}$ 是 $n-1$ 阶实对称方阵，且 $\dfrac{a_{11}}{|a_{11}|} = \pm 1$. 于是只要对 $\boldsymbol{S}_{22} - a_{11}^{-1}\boldsymbol{\beta}^{\mathrm{T}}\boldsymbol{\beta}$重复上面的做法，即可求得 n 阶可逆实方阵 $\boldsymbol{Q}$，使得方阵相合于对角形 $\mathrm{diag}(\delta_1,\delta_2,\cdots,\delta_r,0,\cdots,0)$，其中 $\delta_i = \pm 1, 1\leqslant i\leqslant r$，且 $r=\mathrm{rank}\,\boldsymbol{S}$. 再作适合的同步置换，即可将 $\boldsymbol{S}$ 化为相合下的标准形.

由于正交相似的方阵一定是相合的，因此也可以将实对称方阵 $\boldsymbol{S}$ 按(1)的方法先作为正交相似下的标准形，然后再化为相合下的标准形.

(3) n 维复线性空间 V 上二次型的化简.方法大体同(2)，这里不另介绍.

例1　设3维Euclid空间 V 的二次型$Q(\boldsymbol{\alpha})$在 V 的标准正交基$\{\boldsymbol{\alpha}_1,\boldsymbol{\alpha}_2,\boldsymbol{\alpha}_3\}$下的表达式为

$$Q(\boldsymbol{\alpha}) = x_1x_2 + x_2x_3,$$

其中 $\boldsymbol{x}=(x_1,x_2,x_3)$是 V 中向量$\boldsymbol{\alpha}$ 在基$\{\boldsymbol{\alpha}_1,\boldsymbol{\alpha}_2,\boldsymbol{\alpha}_3\}$下的坐标.将二次型 $Q(\boldsymbol{\alpha})$化为主轴形式.

解　将二次型 $Q(\boldsymbol{\alpha})$在基$\{\boldsymbol{\alpha}_1,\boldsymbol{\alpha}_2,\boldsymbol{\alpha}_3\}$下的表达式写成矩阵形式：

$$Q(\boldsymbol{\alpha}) = \boldsymbol{x}\boldsymbol{S}\boldsymbol{x}^{\mathrm{T}},$$

其中

$$\boldsymbol{S} = \begin{pmatrix} 0 & \dfrac{1}{2} & 0 \\ \dfrac{1}{2} & 0 & \dfrac{1}{2} \\ 0 & \dfrac{1}{2} & 0 \end{pmatrix}.$$

则方阵 $\boldsymbol{S}$ 的特征多项式 $\varphi(\lambda)=\det(\lambda\boldsymbol{I}_{(3)}-\boldsymbol{S})=\lambda^3-\frac{1}{2}\lambda$. 所以方阵 $\boldsymbol{S}$ 的特征值为 $\frac{\sqrt{2}}{2}, -\frac{\sqrt{2}}{2}, 0$.

方阵 $\boldsymbol{S}$ 的属于特征值 $\frac{\sqrt{2}}{2}$ 的单位特征向量 $\boldsymbol{\xi}_1$ 在基 $\{\boldsymbol{\alpha}_1,\boldsymbol{\alpha}_2,\boldsymbol{\alpha}_3\}$ 下的坐标记为 $\boldsymbol{x}=(x_1,x_2,x_3)$. 则 $\boldsymbol{x}$ 满足方程 $\boldsymbol{x}\left(\frac{\sqrt{2}}{2}\boldsymbol{I}_{(3)}-\boldsymbol{S}\right)=\boldsymbol{0}$,即得齐次方程组:

$$\begin{cases}\frac{\sqrt{2}}{2}x_1-\frac{1}{2}x_2=0,\\ -\frac{1}{2}x_1+\frac{\sqrt{2}}{2}x_2-\frac{1}{2}x_3=0,\\ -\frac{1}{2}x_2+\frac{\sqrt{2}}{2}x_3=0.\end{cases}$$

解得 $x_1=x_3, x_2=\sqrt{2}x_3$. 由于 $\boldsymbol{\xi}_1$ 是单位向量,所以 $x_1^2+x_2^2+x_3^2=4x_3^2=1$. 因此 $x_3=\pm\frac{1}{2}$. 取 $x_3=\frac{1}{2}$,则 $\boldsymbol{x}=\left(\frac{1}{2},\frac{\sqrt{2}}{2},\frac{1}{2}\right)$.

同时可以求得分别属于方阵 $\boldsymbol{S}$ 的特征值 $-\frac{\sqrt{2}}{2}$ 与 0 的单位特征向量 $\boldsymbol{\xi}_2$ 与 $\boldsymbol{\xi}_3$ 在基 $\{\boldsymbol{\alpha}_1,\boldsymbol{\alpha}_2,\boldsymbol{\alpha}_3\}$ 下的坐标为 $\left(\frac{1}{2},-\frac{\sqrt{2}}{2},\frac{1}{2}\right)$ 与 $\left(\frac{\sqrt{2}}{2},0,-\frac{\sqrt{2}}{2}\right)$.

由于属于方阵 $\boldsymbol{S}$ 的不同特征值的特征向量是正交的,所以

$$\boldsymbol{O}=\begin{pmatrix}\frac{1}{2} & \frac{\sqrt{2}}{2} & \frac{1}{2}\\ \frac{1}{2} & -\frac{\sqrt{2}}{2} & \frac{1}{2}\\ \frac{\sqrt{2}}{2} & 0 & -\frac{\sqrt{2}}{2}\end{pmatrix},$$

且为正交方阵. 而且

$$\boldsymbol{OSO}^{\mathrm{T}}=\mathrm{diag}\left(\frac{\sqrt{2}}{2},-\frac{\sqrt{2}}{2},0\right),\quad (\boldsymbol{\xi}_1,\boldsymbol{\xi}_2,\boldsymbol{\xi}_3)=(\boldsymbol{\alpha}_1,\boldsymbol{\alpha}_2,\boldsymbol{\alpha}_3)\boldsymbol{O}^{\mathrm{T}}.$$

设向量 $\boldsymbol{\alpha}$ 在基 $\{\boldsymbol{\xi}_1,\boldsymbol{\xi}_2,\boldsymbol{\xi}_3\}$ 下的坐标为 $\boldsymbol{y}=(y_1,y_2,y_3)$,则 $\boldsymbol{x}=\boldsymbol{yO}$. 因此

$$Q(\boldsymbol{\alpha})=\boldsymbol{xSx}^{\mathrm{T}}=\boldsymbol{y}(\boldsymbol{OSO}^{\mathrm{T}})\boldsymbol{y}^{\mathrm{T}}=\boldsymbol{y}\mathrm{diag}\left(\frac{\sqrt{2}}{2},-\frac{\sqrt{2}}{2},0\right)\boldsymbol{y}^{\mathrm{T}}=\frac{\sqrt{2}}{2}y_1^2-\frac{\sqrt{2}}{2}y_2^2.$$

上式即是二次型 $Q(\boldsymbol{\alpha})$在基$\{\boldsymbol{\xi}_1,\boldsymbol{\xi}_2,\boldsymbol{\xi}_3\}$下的表达式，而且是主轴形式.

例 2　把 4 维实线性空间 V 的二次型

$$Q(\boldsymbol{\alpha}) = x_1^2 + x_2^2 + x_3^2 - 2x_4^2 - 2x_1x_2 + 2x_1x_3 - 2x_1x_4 + 2x_2x_3 - 4x_2x_4 \tag{9.2.22}$$

化为标准形.

解　将二次型 $Q(\boldsymbol{\alpha})$配方，

$$\begin{aligned} Q(\boldsymbol{\alpha}) &= x_1^2 + 2x_1(-x_2 + x_3 - x_4) + x_2^2 + x_3^2 - 2x_4^2 + 2x_2x_3 - 4x_2x_4 \\ &= [x_1^2 + 2x_1(-x_2 + x_3 - x_4) + (-x_2 + x_3 - x_4)^2] \\ &\quad - (-x_2 + x_3 - x_4)^2 + x_2^2 + x_3^2 - 2x_4^2 + 2x_2x_3 - 4x_2x_4 \\ &= (x_1 - x_2 + x_3 - x_4)^2 - 3x_4^2 + 4x_2x_3 - 6x_2x_4 + 2x_3x_4. \end{aligned}$$

作坐标变换

$$\begin{cases} u_1 = x_1 - x_2 + x_3 - x_4, \\ u_i = x_i, \quad i = 2,3,4. \end{cases}$$

于是

$$Q(\boldsymbol{\alpha}) = u_1^2 - 3u_4^2 + 4u_2u_3 - 6u_2u_4 + 2u_3u_4.$$

再配方，

$$\begin{aligned} Q(\boldsymbol{\alpha}) &= u_1^2 - \left[\frac{1}{3}(3u_2 - u_3)^2 + 2(3u_2 - u_3)u_4 + 3u_4^2\right] \\ &\quad + 3u_2^2 + 2u_2u_3 + \frac{1}{3}u_3^2 \\ &= u_1^2 - \left(\sqrt{3}u_2 - \frac{1}{\sqrt{3}}u_3 + \sqrt{3}u_4\right)^2 + \left(\sqrt{3}u_2 + \frac{1}{\sqrt{3}}u_3\right)^2. \end{aligned}$$

令

$$\begin{cases} y_1 = u_1, \\ y_2 = \sqrt{3}u_2 + \dfrac{1}{\sqrt{3}}u_3, \\ y_3 = \sqrt{3}u_2 - \dfrac{1}{\sqrt{3}}u_3 + \sqrt{3}u_4, \\ y_4 = u_4. \end{cases}$$

则

$$Q(\boldsymbol{\alpha}) = y_1^2 + y_2^2 - y_3^2. \tag{9.2.23}$$

由式(9.2.22)的二次型 $Q(\boldsymbol{\alpha})$化为标准形(9.2.23)的坐标变换是

$$\begin{cases} y_1 = x_1 - x_2 + x_3 - x_4, \\ y_2 = \sqrt{3}x_2 + \dfrac{1}{\sqrt{3}}x_3, \\ y_3 = \sqrt{3}x_2 - \dfrac{1}{\sqrt{3}}x_3 + \sqrt{3}x_4, \\ y_4 = x_4. \end{cases}$$

例 3 把 3 维实线性空间 V 上的二次型

$$Q(\boldsymbol{\alpha}) = x_1 x_2 + x_2 x_3$$

化为标准形.

解 把二次型 $Q(\boldsymbol{\alpha})$写成矩阵形式,

$$Q(\boldsymbol{\alpha}) = (x_1, x_2, x_3)\begin{pmatrix} 0 & \frac{1}{2} & 0 \\ \frac{1}{2} & 0 & \frac{1}{2} \\ 0 & \frac{1}{2} & 0 \end{pmatrix}\begin{pmatrix} x_1 \\ x_2 \\ x_3 \end{pmatrix} = \boldsymbol{x}\boldsymbol{S}\boldsymbol{x}^{\mathrm{T}}, \qquad (9.2.24)$$

其中 $\boldsymbol{x} = (x_1, x_2, x_3)$,且

$$\boldsymbol{S} = \begin{pmatrix} 0 & \frac{1}{2} & 0 \\ \frac{1}{2} & 0 & \frac{1}{2} \\ 0 & \frac{1}{2} & 0 \end{pmatrix}.$$

记

$$\boldsymbol{Q} = \begin{pmatrix} 1 & -1 & 0 \\ 1 & 1 & 0 \\ 0 & 0 & 1 \end{pmatrix}.$$

则

$$\boldsymbol{Q}^{\mathrm{T}}\boldsymbol{S}\boldsymbol{Q} = \begin{pmatrix} 1 & 0 & \frac{1}{2} \\ 0 & -1 & \frac{1}{2} \\ \frac{1}{2} & \frac{1}{2} & 0 \end{pmatrix}.$$

记

$$R=\begin{pmatrix}1 & 0 & -\frac{1}{2}\\ 0 & 1 & -\frac{1}{2}\\ 0 & 0 & 1\end{pmatrix}.$$

则

$$R^{T}Q^{T}SQR=\text{diag}(1,-1,0).$$

记 $P=(QR)^{-1}$,则

$$S=P^{T}\text{diag}(1,-1,0)P.$$

因此

$$Q(\alpha)=xP^{T}\text{diag}(1,-1,0)Px^{T}.$$

作坐标变换 $y=xP^{T}$,即

$$y_1=\frac{1}{2}x_1+\frac{1}{2}x_2+\frac{1}{2}x_3,$$

$$y_2=-\frac{1}{2}x_1+\frac{1}{2}x_2-\frac{1}{2}x_3,$$

$$y_3=x_3.$$

则二次型 $Q(\alpha)$化为标准形 $Q(\alpha)=y\text{diag}(1,-1,0)y^{T}=y_1^2-y_2^2$.

例4 设 S 是 n 阶可逆实对称方阵,α 是 n 维实的行向量.证明对称方阵 S 的符号差 $\delta(S)$满足:

$$\delta(S)=\begin{cases}\delta(S-\alpha^{T}\alpha)+2, & 当\ \alpha S^{-1}\alpha^{T}>1\ 时,\\ \delta(S-\alpha^{T}\alpha), & 当\ \alpha S^{-1}\alpha^{T}<1\ 时.\end{cases}$$

证明 考虑 $n+1$ 阶实对称方阵

$$S_0=\begin{pmatrix}1 & \alpha\\ \alpha^{T} & S\end{pmatrix}.$$

因为

$$\begin{pmatrix}1 & 0\\ -\alpha^{T} & I_{(n)}\end{pmatrix}\begin{pmatrix}1 & \alpha\\ \alpha^{T} & S\end{pmatrix}\begin{pmatrix}1 & -\alpha\\ 0 & I_{(n)}\end{pmatrix}=\begin{pmatrix}1 & 0\\ 0 & S-\alpha^{T}\alpha\end{pmatrix},$$

$$\begin{pmatrix}1 & -\alpha S^{-1}\\ 0 & I_{(n)}\end{pmatrix}\begin{pmatrix}1 & \alpha\\ \alpha^{T} & S\end{pmatrix}\begin{pmatrix}1 & 0\\ -S^{-1}\alpha^{T} & I_{(n)}\end{pmatrix}=\begin{pmatrix}1-\alpha S^{-1}\alpha^{T} & 0\\ 0 & S\end{pmatrix}.$$

所以 $n+1$ 阶实对称方阵

$$S_1=\begin{pmatrix}1 & 0\\ 0 & S-\alpha^{T}\alpha\end{pmatrix}\quad 与\quad S_2=\begin{pmatrix}1-\alpha S^{-1}\alpha^{T} & 0\\ 0 & S\end{pmatrix}$$

相合，因此它们的符号差相同. 显然 $\delta(\boldsymbol{S}_1)=1+\delta(\boldsymbol{S}-\boldsymbol{\alpha}^{\mathrm{T}}\boldsymbol{\alpha})$. 当 $\boldsymbol{\alpha S}^{-1}\boldsymbol{\alpha}^{\mathrm{T}}>1$，即 $1-\boldsymbol{\alpha S}^{-1}\boldsymbol{\alpha}^{\mathrm{T}}<0$ 时，$\delta(\boldsymbol{S}_2)=\delta(\boldsymbol{S})-1$. 因此，$1+\delta(\boldsymbol{S}-\boldsymbol{\alpha}^{\mathrm{T}}\boldsymbol{\alpha})=\delta(\boldsymbol{S})-1$. 即 $\delta(\boldsymbol{S})=\delta(\boldsymbol{S}-\boldsymbol{\alpha}^{\mathrm{T}}\boldsymbol{\alpha})+2$. 当 $\boldsymbol{\alpha S}^{-1}\boldsymbol{\alpha}^{\mathrm{T}}<1$，即 $1-\boldsymbol{\alpha S}^{-1}\boldsymbol{\alpha}^{\mathrm{T}}>0$ 时，$\delta(\boldsymbol{S}_2)=\delta(\boldsymbol{S})+1$. 因此 $1+\delta(\boldsymbol{S}-\boldsymbol{\alpha}^{\mathrm{T}}\boldsymbol{\alpha})=\delta(\boldsymbol{S})+1$，即 $\delta(\boldsymbol{S})=\delta(\boldsymbol{S}-\boldsymbol{\alpha}^{\mathrm{T}}\boldsymbol{\alpha})$. 证毕.

习　题

1. 已知有理数域 Q 上 3 阶对称方阵 $\boldsymbol{S}$ 为

$$\boldsymbol{S}=\begin{pmatrix}-2 & 3 & 5\\ 3 & 1 & -1\\ 5 & -1 & 4\end{pmatrix}.$$

求 Q 上 3 阶可逆方阵 $\boldsymbol{P}$，使得 $\boldsymbol{P}^{\mathrm{T}}\boldsymbol{SP}$ 是对角形.

2. 求有理数域 Q 上 2 阶可逆方阵 $\boldsymbol{P}$，使得 $\boldsymbol{P}^{\mathrm{T}}\mathrm{diag}(5,5)\boldsymbol{P}=\mathrm{diag}(1,1)$.

3. 求下列实对称方阵在相合(通过实方阵)下的标准形：

(1) $\begin{pmatrix}2 & 5 & 8\\ 5 & 3 & 1\\ 8 & 1 & 0\end{pmatrix}$；　　(2) $\begin{pmatrix}\boldsymbol{0}_{(n)} & \boldsymbol{I}_{(n)}\\ \boldsymbol{I}_{(n)} & \boldsymbol{0}_{(n)}\end{pmatrix}$；

(3) $\begin{pmatrix}1 & 1 & 1 & 1\\ 1 & 2 & 2 & 2\\ 1 & 2 & 3 & 3\\ 1 & 2 & 3 & 4\end{pmatrix}$；　　(4) $\begin{pmatrix}\boldsymbol{0}_{(n)} & \boldsymbol{I}_{(n)} & 0\\ \boldsymbol{I}_{(n)} & \boldsymbol{0}_{(n)} & 0\\ 0 & 0 & 1\end{pmatrix}$；

(5) $\begin{pmatrix}0 & 0 & \cdots & 0 & 1\\ 0 & 0 & \cdots & 1 & 0\\ & & \cdots\cdots & & \\ 0 & 1 & \cdots & 0 & 0\\ 1 & 0 & \cdots & 0 & 0\end{pmatrix}_{n\times n}$；

(6) $\begin{pmatrix}1 & \frac{1}{2} & 0 & \cdots & 0 & 0 & 0\\ \frac{1}{2} & 1 & \frac{1}{2} & \cdots & 0 & 0 & 0\\ 0 & \frac{1}{2} & 1 & \cdots & 0 & 0 & 0\\ & & & \cdots\cdots & & & \\ 0 & 0 & 0 & \cdots & \frac{1}{2} & 1 & \frac{1}{2}\\ 0 & 0 & 0 & \cdots & 0 & \frac{1}{2} & 1\end{pmatrix}_{n\times n}$.

4. 把下列实线性空间 V 上二次型化为标准形：

(1) $2x_1^2+3x_2^2+10x_1x_2+16x_1x_3+2x_2x_3$；

(2) $x_1^2+2x_2^2+2x_3^2+4x_4^2+x_1x_2+x_2x_4$；

(3) $\sum_{j=1}^{n-1}x_jx_{j+1}$；

(4) $\sum_{1\leqslant i<j\leqslant n}x_ix_j$；

(5) $\sum_{1\leqslant i<j\leqslant n}(-1)^{i+j}x_ix_j$；

(6) $\sum_{1\leqslant i<j\leqslant n}|i-j|x_ix_j$.

5. 证明：如果二次型 $Q(\boldsymbol{\alpha})=0$ 的充分必要条件为 $\boldsymbol{\alpha}=\mathbf{0}$，则 $Q(\boldsymbol{\alpha})$ 或者是正定的，或者是负定的.

6. 设二次型 $Q(\boldsymbol{\alpha})=\boldsymbol{xSx}^{\mathrm{T}}$，其中方阵 $\boldsymbol{S}$ 的顺序子式 $\boldsymbol{S}\begin{pmatrix}1\ 2\cdots j\\1\ 2\cdots j\end{pmatrix}\neq0$，$j=1,2,\cdots,n$. 证明：二次型 $Q(\boldsymbol{\alpha})$ 可以化为

$$Q(\boldsymbol{\alpha})=\boldsymbol{S}\begin{pmatrix}1\\1\end{pmatrix}y_1^2+\frac{\boldsymbol{S}\begin{pmatrix}1\ 2\\1\ 2\end{pmatrix}}{\boldsymbol{S}\begin{pmatrix}1\\1\end{pmatrix}}y_2^2+\cdots+\frac{\boldsymbol{S}\begin{pmatrix}1\ 2\ \cdots\ n\\1\ 2\ \cdots\ n\end{pmatrix}}{\boldsymbol{S}\begin{pmatrix}1\ 2\ \cdots\ n-1\\1\ 2\ \cdots\ n-1\end{pmatrix}}y_n^2.$$

7. 求下列复对称方阵在相合(通过复方阵)下的标准形，其中 $\mathrm{i}^2=-1$.

(1) $\begin{pmatrix}1 & 1+\mathrm{i} & 2+\mathrm{i} & \cdots & n+\mathrm{i}\\ 1+\mathrm{i} & 1 & 0 & \cdots & 0\\ 2+\mathrm{i} & 0 & 1 & \cdots & 0\\ & & \cdots\cdots\cdots\cdots & & \\ n+\mathrm{i} & 0 & 0 & \cdots & 1\end{pmatrix}$；

(2) $\begin{pmatrix}1 & \frac{\mathrm{i}}{2} & 0 & \cdots & 0 & 0\\ \frac{\mathrm{i}}{2} & 1 & \frac{\mathrm{i}}{2} & \cdots & 0 & 0\\ 0 & \frac{\mathrm{i}}{2} & 1 & \cdots & 0 & 0\\ & & \cdots\cdots\cdots\cdots & & & \\ 0 & 0 & 0 & \cdots & 1 & \frac{\mathrm{i}}{2}\\ 0 & 0 & 0 & \cdots & \frac{\mathrm{i}}{2} & 1\end{pmatrix}_{n\times n}$；

(3) $\sum_{j=1}^{n-1}x_jx_{j+1}$；　(4) $\sum_{1\leqslant k<l\leqslant n}(k+\mathrm{i}l)x_kx_l$.

8. 设 $f(\boldsymbol{\alpha},\boldsymbol{\beta})$ 是 n 维实线性空间 V 上双线性函数，并且对任意非零向量 $\boldsymbol{\alpha}\in V$，$f(\boldsymbol{\alpha},\boldsymbol{\alpha})>0$. 证明：存在 V 的一组基 $\{\boldsymbol{\xi}_1,\boldsymbol{\xi}_2,\cdots,\boldsymbol{\xi}_n\}$，使得 $f(\boldsymbol{\alpha},\boldsymbol{\beta})$ 在这组基下的方阵是如下的准对角形：

$$\mathrm{diag}\left(\begin{pmatrix}1 & a_1\\-a_1 & 1\end{pmatrix},\cdots,\begin{pmatrix}1 & a_s\\-a_s & 1\end{pmatrix},\underbrace{1,\cdots,1}_{n-2s\text{个}}\right),$$

其中 $a_1 \geqslant a_2 \geqslant \cdots \geqslant a_s > 0$.

9. 定义所有 n 阶实方阵构成的实线性函数空间 $\mathbf{R}^{n\times n}$ 上对称双线性函数 $f(\boldsymbol{X},\boldsymbol{Y})$ 为

$$f(\boldsymbol{X},\boldsymbol{Y}) = \operatorname{tr} \boldsymbol{X}\boldsymbol{Y}^{\mathrm{T}}, \quad \boldsymbol{X},\boldsymbol{Y} \in \mathbf{R}^{n\times n}.$$

求 $f(\boldsymbol{X},\boldsymbol{Y})$ 的正、负惯性指数.

10. 设 $Q(\boldsymbol{\alpha}) = \sum_{1\leqslant i,j\leqslant n} a_{ij}x_ix_j$ 是 n 维实线性空间 V 的正定二次型.证明:

$$Q_1(\boldsymbol{\beta}) = \sum_{\substack{1\leqslant i,j\leqslant n\\ i,j\neq k}} \left(a_{ij} - \frac{a_{ik}a_{jk}}{a_{kk}}\right)x_ix_j$$

是关于自变量 $x_1,x_2,\cdots,x_{k-1},x_{k+1},\cdots,x_n$ 的正定二次型.

11. 设 f 是 n 维实的行向量集合连同标准内积构成的 Euclid 空间 $\mathbf{R}^n$ 上双线性函数,$\mathrm{O}(n,\mathbf{R})$ 是 Euclid 空间 $\mathbf{R}^n$ 的所有正交变换集合.如果对任意 $\mathscr{A}\in \mathrm{O}(n,\mathbf{R})$,均有 $f(\mathscr{A}(\boldsymbol{\alpha}),\mathscr{A}(\boldsymbol{\beta}))=f(\boldsymbol{\alpha},\boldsymbol{\beta})$,则 f 称为在 $\mathrm{O}(n,\mathbf{R})$ 下是不变的.求所有在 $\mathrm{O}(n,\mathbf{R})$ 下不变的双线性函数 f.

12. 将上一习题中实数域 $\mathbf{R}$ 改为复数域 $\mathbf{C}$,即求 n 维复的行向量空间 $\mathbf{C}^n$ 上所有在 $\mathrm{O}(n,\mathbf{C})$ 下不变的双线性函数 $f(\boldsymbol{\alpha},\boldsymbol{\beta})$,这里 $\mathrm{O}(n,\mathbf{C})$ 是所有 n 阶复正交方阵的集合.

13. 设 $\mathbf{C}^2$ 是所有 2 维复的行向量 $\boldsymbol{\alpha}=(x_1,x_2)$ 构成的复线性空间,$Q(\boldsymbol{\alpha})=x_1^2-x_2^2$ 是 $\mathbf{C}^2$ 的二次型.设线性变换 $\mathscr{A}:\mathbf{C}^2\to\mathbf{C}^2$ 满足:

$$Q(\mathscr{A}(\boldsymbol{\alpha})) = Q(\boldsymbol{\alpha}), \quad \boldsymbol{\alpha}\in\mathbf{C}^2,$$

则 $\mathscr{A}$ 称为保二次型 $Q(\boldsymbol{\alpha})$ 的.证明:

(1) 设 $\mathscr{A}$ 在 $\mathbf{C}^2$ 的基 $\{\boldsymbol{\varepsilon}_1,\boldsymbol{\varepsilon}_2\}$ 下的方阵为 $\boldsymbol{A}=(a_{ij})$,其中 $\boldsymbol{\varepsilon}_1=(1,0)$,$\boldsymbol{\varepsilon}_2=(0,1)$,则 $a_{22}=\pm a_{11}$,$a_{21}=\pm a_{12}$,$a_{11}^2-a_{12}^2=1$.

(2) 如果 $\det \boldsymbol{A}=1$,则存在非零复数 c,使得

$$\boldsymbol{A} = \frac{1}{2}\begin{pmatrix} c+\dfrac{1}{c} & c-\dfrac{1}{c} \\ c-\dfrac{1}{c} & c+\dfrac{1}{c} \end{pmatrix};$$

如果 $\det \boldsymbol{A}=-1$,则存在非零复数 c,使得

$$\boldsymbol{A} = \frac{1}{2}\begin{pmatrix} c+\dfrac{1}{c} & c-\dfrac{1}{c} \\ -c+\dfrac{1}{c} & -c-\dfrac{1}{c} \end{pmatrix}.$$

14. (伪 Euclid 空间)所谓 Euclid 空间是指赋以内积 $(\boldsymbol{\alpha},\boldsymbol{\beta})$ 的实线性空间 V,而内积 $(\boldsymbol{\alpha},\boldsymbol{\beta})$ 是 V 上正定对称双线性函数.Euclid 空间概念之推广即是伪 Euclid 空间.其定义如下:n 维实线性空间 V 上非退化对称双线性函数 $(\boldsymbol{\alpha},\boldsymbol{\beta})$ 称为 V 的一个内积.实线性空间 V 连同取定的一个内积 $(\boldsymbol{\alpha},\boldsymbol{\beta})$ 称为伪 Euclid 空间,内积 $(\boldsymbol{\alpha},\boldsymbol{\beta})$ 的正惯性指数 p 称为伪 Euclid 空间 V 的指数.如果 V 的基 $\{\boldsymbol{\xi}_1,\boldsymbol{\xi}_2,\cdots,\boldsymbol{\xi}_n\}$ 满足:

$$(\boldsymbol{\xi}_i,\boldsymbol{\xi}_j) = \varepsilon_i\delta_{ij}, \quad 1\leqslant i,j\leqslant n,$$

其中当 $1\leqslant i\leqslant p$ 时，$\varepsilon_i=1$，当 $p+1\leqslant i\leqslant n$ 时，$\varepsilon_i=-1$，则$\{\boldsymbol{\xi}_1,\boldsymbol{\xi}_2,\cdots,\boldsymbol{\xi}_n\}$称为伪 Euclid 空间 V 的一组标准正交基. 如果线性变换 $\mathscr{A}$: $V\to V$ 满足：

$$(\mathscr{A}(\boldsymbol{\alpha}),\mathscr{A}(\boldsymbol{\beta}))=(\boldsymbol{\alpha},\boldsymbol{\beta}),\quad \boldsymbol{\alpha},\boldsymbol{\beta}\in V,$$

则 $\mathscr{A}$ 称为伪正交变换. 证明：

(1) 伪正交变换是可逆的，并且它的逆变换仍是伪正交变换；

(2) 伪正交变换的乘积仍是伪正交变换.

9.3 斜对称双线性函数

本节讨论数域 F 上 n 维线性空间 V 的斜对称双线性函数. 容易证明，对于斜对称双线性函数，下列命题成立：

命题 1 数域 F 上 n 维线性空间 V 的双线性函数 f 为斜对称的充分必要条件是，对任意向量 $\boldsymbol{\alpha}\in V$，$f(\boldsymbol{\alpha},\boldsymbol{\alpha})=0$.

命题 2 数域 F 上 n 维线性空间 V 的双线性函数 f 为斜对称的充分必要条件是，f 在 V 的基下的方阵是斜对称的.

命题 3 设 f 是数域 F 上 n 维线性空间 V 的斜对称双线性函数，则 V 中向量关于 $f(\boldsymbol{\alpha},\boldsymbol{\beta})$ 的正交性是对称的.

命题 4 数域 F 上 n 维线性空间 V 的所有斜对称双线性函数集合记为 $K(V,V,F)$，数域 F 上所有 n 阶斜对称方阵集合记为 $K(n,F)$. 则集合 $K(V,V,F)$ 与 $K(n,F)$ 之间存在一一对应.

命题 3 是本章 9.1 节定理 6 的直接结论. 其他几个命题的证明留给读者作练习.

定理 1 记 f 是数域 F 上 n 维线性空间 V 的斜对称双线性函数，则存在 V 的基$\{\boldsymbol{\xi}_1,\boldsymbol{\xi}_2,\cdots,\boldsymbol{\xi}_n\}$，使得 $f(\boldsymbol{\alpha},\boldsymbol{\beta})$ 在这组基下的方阵是如下的准对角形：

$$\operatorname{diag}\Bigg(\underbrace{\begin{pmatrix}0&1\\-1&0\end{pmatrix},\cdots,\begin{pmatrix}0&1\\-1&0\end{pmatrix}}_{s个},\underbrace{0,\cdots,0}_{n-2s个}\Bigg),\tag{9.3.1}$$

其中 $\operatorname{rank} f=2s$. 换句话说，

$$f(\boldsymbol{\alpha},\boldsymbol{\beta})=(x_1y_2-x_2y_1)+\cdots+(x_{2s-1}y_{2s}-x_{2s}y_{2s-1}),\tag{9.3.2}$$

其中 $\boldsymbol{x}=(x_1,x_2,\cdots,x_n)$ 与 $\boldsymbol{y}=(y_1,y_2,\cdots,y_n)$ 分别是 V 中向量 $\boldsymbol{\alpha}$ 与 $\boldsymbol{\beta}$ 在这组基

下的坐标.

证明 对空间 V 的维数 n 用归纳法. 当 $n=1$ 时结论显然成立. 假设结论对维数小于 n 的空间成立. 下面证明结论对 n 维空间 V 成立.

如果 f 是零函数, 即对任意 $\boldsymbol{\alpha},\boldsymbol{\beta}\in V$, $f(\boldsymbol{\alpha},\boldsymbol{\beta})=0$, 则结论显然成立. 因此可设存在向量 $\boldsymbol{\eta},\boldsymbol{\zeta}\in V$, 使得 $f(\boldsymbol{\eta},\boldsymbol{\zeta})=b\neq 0$. 记 $\boldsymbol{\xi}_1=\boldsymbol{\eta}$, $\boldsymbol{\xi}_2=b^{-1}\boldsymbol{\zeta}$, 且

$$f(\boldsymbol{\xi}_1,\boldsymbol{\xi}_1)=f(\boldsymbol{\xi}_2,\boldsymbol{\xi}_2)=0,\quad f(\boldsymbol{\xi}_1,\boldsymbol{\xi}_2)=1.$$

如果存在数 $a_1,a_2\in \boldsymbol{F}$, 使得 $a_1\boldsymbol{\xi}_1+a_2\boldsymbol{\xi}_2=0$, 则

$$f(\boldsymbol{\xi}_1,a_1\boldsymbol{\xi}_1+a_2\boldsymbol{\xi}_2)=a_2 f(\boldsymbol{\xi}_1,\boldsymbol{\xi}_2)=0.$$

因此 $a_2=0$. 同理可证 $a_1=0$. 于是向量 $\boldsymbol{\xi}_1,\boldsymbol{\xi}_2$ 线性无关. 所以 V 中由向量 $\boldsymbol{\xi}_1$ 与 $\boldsymbol{\xi}_2$ 生成的子空间 W 是 2 维的. 子空间 W 关于 $f(\boldsymbol{\alpha},\boldsymbol{\beta})$ 的正交子空间记为 $W^{\perp}$. 我们将证明 $V=W\oplus W^{\perp}$.

事实上, 设 $\boldsymbol{\alpha}\in W\cap W^{\perp}$. 由于 $\boldsymbol{\alpha}\in W$, 而子空间 W 是向量 $\boldsymbol{\xi}_1$ 与 $\boldsymbol{\xi}_2$ 生成的, 所以 $\boldsymbol{\alpha}=a_1\boldsymbol{\xi}_1+a_2\boldsymbol{\xi}_2$, $a_1,a_2\in F$. 另一方面, 由于 $\boldsymbol{\alpha}\in W^{\perp}$, 所以

$$\begin{aligned}f(\boldsymbol{\xi}_1,\boldsymbol{\alpha})&=a_2 f(\boldsymbol{\xi}_1,\boldsymbol{\xi}_2)=0,\\ f(\boldsymbol{\xi}_2,\boldsymbol{\alpha})&=a_1 f(\boldsymbol{\xi}_2,\boldsymbol{\xi}_1)=-a_1 f(\boldsymbol{\xi}_1,\boldsymbol{\xi}_2)=0,\end{aligned}$$

因此 $a_1=a_2=0$, 即 $\boldsymbol{\alpha}=\boldsymbol{0}$. 所以 $W\cap W^{\perp}=\{\boldsymbol{0}\}$. 于是

$$W+W^{\perp}=W\oplus W^{\perp}.$$

其次, 设 $\boldsymbol{\alpha}\in V$. 考虑向量 $\boldsymbol{\beta}=\boldsymbol{\alpha}-\lambda_1\boldsymbol{\xi}_1-\lambda_2\boldsymbol{\xi}_2$, 其中 λ_1,λ_2 是待定常数. 令

$$\begin{aligned}f(\boldsymbol{\xi}_1,\boldsymbol{\beta})&=f(\boldsymbol{\xi}_1,\boldsymbol{\alpha})-\lambda_2 f(\boldsymbol{\xi}_1,\boldsymbol{\xi}_2)=0,\\ f(\boldsymbol{\xi}_2,\boldsymbol{\beta})&=f(\boldsymbol{\xi}_2,\boldsymbol{\alpha})+\lambda_1 f(\boldsymbol{\xi}_1,\boldsymbol{\xi}_2)=0.\end{aligned}$$

则得到, $\lambda_1=-f(\boldsymbol{\xi}_2,\boldsymbol{\alpha})$, $\lambda_2=f(\boldsymbol{\xi}_1,\boldsymbol{\alpha})$. 于是

$$\boldsymbol{\alpha}=[-f(\boldsymbol{\xi}_2,\boldsymbol{\alpha})\boldsymbol{\xi}_1+f(\boldsymbol{\xi}_1,\boldsymbol{\alpha})\boldsymbol{\xi}_2]+[\boldsymbol{\alpha}+f(\boldsymbol{\xi}_2,\boldsymbol{\alpha})\boldsymbol{\xi}_1-f(\boldsymbol{\xi}_1,\boldsymbol{\alpha})\boldsymbol{\xi}_2],$$

其中 $-f(\boldsymbol{\xi}_2,\boldsymbol{\alpha})\boldsymbol{\xi}_1+f(\boldsymbol{\xi}_1,\boldsymbol{\alpha})\boldsymbol{\xi}_2\in W$, $\boldsymbol{\alpha}+f(\boldsymbol{\xi}_2,\boldsymbol{\alpha})\boldsymbol{\xi}_1-f(\boldsymbol{\xi}_1,\boldsymbol{\alpha})\boldsymbol{\xi}_2\in W^{\perp}$, 即 $\boldsymbol{\alpha}\in W+W^{\perp}$. 因此 $V=W+W^{\perp}=W\oplus W^{\perp}$.

把斜对称双线性函数 f 限定在 $W^{\perp}$ 上, 则 f 是 $n-2$ 维线性空间 $W^{\perp}$ 上的斜对称双线性函数. 由归纳假设, 存在 $W^{\perp}$ 的基 $\{\boldsymbol{\xi}_3,\boldsymbol{\xi}_4,\cdots,\boldsymbol{\xi}_n\}$, 使得 f 在这组基下的方阵是如下的准对角形:

$$\operatorname{diag}\Bigl(\underbrace{\begin{pmatrix}0&1\\-1&0\end{pmatrix},\cdots,\begin{pmatrix}0&1\\-1&0\end{pmatrix}}_{t\text{个}},\underbrace{0,\cdots,0}_{n-2-2t\text{个}}\Bigr).$$

由于 $V=W\oplus W^{\perp}$, 所以 $\{\boldsymbol{\xi}_1,\boldsymbol{\xi}_2,\boldsymbol{\xi}_3,\cdots,\boldsymbol{\xi}_n\}$ 是 V 的基, 并且 $f(\boldsymbol{\alpha},\boldsymbol{\beta})$ 在这基下的方阵为

$$\operatorname{diag}\Bigl(\underbrace{\begin{pmatrix}0&1\\-1&0\end{pmatrix},\cdots,\begin{pmatrix}0&1\\-1&0\end{pmatrix}}_{t+1\text{个}},\underbrace{0,\cdots,0}_{n-2-2t\text{个}}\Bigr).$$

显然 $2(t+1)=\operatorname{rank} f$. 定理 1 证毕.

定理 1 中的矩阵形式在以下定理中给出.

定理 2 设 $\boldsymbol{K}$ 是数域 F 上 n 阶斜对称方阵. 则存在数域 F 上 n 阶可逆方阵 $\boldsymbol{P}$，使得

$$\boldsymbol{P}^{\mathrm{T}}\boldsymbol{K}\boldsymbol{P}=\operatorname{diag}\Bigl(\underbrace{\begin{pmatrix}0&1\\-1&0\end{pmatrix},\cdots,\begin{pmatrix}0&1\\-1&0\end{pmatrix}}_{s\text{个}},\underbrace{0,\cdots,0}_{n-2s\text{个}}\Bigr)$$

其中 $2s=\operatorname{rank}\boldsymbol{K}$. 换句话说，数域 F 上 n 阶斜对称方阵相合(通过数域 F 上方阵)于标准形(9.3.1)，而且斜对称方阵的秩是斜对称方阵在相合下的全系不变量.

证明 设$\{\boldsymbol{\alpha}_1,\boldsymbol{\alpha}_2,\cdots,\boldsymbol{\alpha}_n\}$是数域 F 上 n 维线性空间 V 的一组基，定义 V 上二元函数 $f(\boldsymbol{\alpha},\boldsymbol{\beta})=\boldsymbol{x}\boldsymbol{K}\boldsymbol{y}^{\mathrm{T}}$，其中 $\boldsymbol{x}$ 与 $\boldsymbol{y}$ 分别是 V 中向量 $\boldsymbol{\alpha}$ 与 $\boldsymbol{\beta}$ 在这组基下的坐标. 由于方阵 $\boldsymbol{K}$ 是斜对称的，所以 f 是 V 上斜对称双线性函数. 由定理 1 存在 V 的基$\{\boldsymbol{\xi}_1,\boldsymbol{\xi}_2,\cdots,\boldsymbol{\xi}_n\}$，使得 f 在这组基下的方阵为准对角形(9.3.1). 由于同一个双线性函数在不同的基下的方阵是相合的，所以方阵 $\boldsymbol{K}$ 相合于准对角方阵(9.3.1). 显然 $2s=\operatorname{rank}\boldsymbol{K}$.

设斜对称方阵 $\boldsymbol{K}_1$ 与 $\boldsymbol{K}_2$ 相合，则方阵 $\boldsymbol{K}_1$ 与 $\boldsymbol{K}_2$ 显然相抵，所以 $\operatorname{rank}\boldsymbol{K}_1=\operatorname{rank}\boldsymbol{K}_2$. 即斜对称方阵的秩是斜对称方阵在相合下的不变量. 反之，设斜对方阵 $\boldsymbol{K}_1$ 与 $\boldsymbol{K}_2$ 的秩相等，且其秩都是 $2s$，则它们都相合于准对角形(9.3.1). 由于方阵的相合关系具有对称性与传递性，所以方阵 $\boldsymbol{K}_1$ 与 $\boldsymbol{K}_2$ 相合. 因此斜对称方阵的秩是斜对称方阵在相合下的全系不变量. 定理 2 证毕.

定理 2 完全解决了斜对称方阵在相合下的标准形问题.

习 题

1. 设 4 阶斜对称方阵 $\boldsymbol{K}$ 为

$$\boldsymbol{K}=\begin{pmatrix}0&2&-1&3\\-2&0&4&-2\\1&-4&0&1\\-3&2&-1&0\end{pmatrix}.$$

求 4 阶有理系数可逆方阵 $\boldsymbol{P}$，使得

$$\boldsymbol{P}^{\mathrm{T}}\boldsymbol{K}\boldsymbol{P}=\operatorname{diag}\Bigl(\begin{pmatrix}0&1\\-1&0\end{pmatrix},\begin{pmatrix}0&1\\-1&0\end{pmatrix}\Bigr).$$

2. 设 V 是数域F 上 n 维线性空间,$L(V,V,F)$是 V 上所有双线性函数构成的数域F 上线性空间.对任意 $f\in L(V,V,F)$,记$(\mathscr{P}(f))(\boldsymbol{\alpha},\boldsymbol{\beta})=\frac{1}{2}f(\boldsymbol{\alpha},\boldsymbol{\beta})-\frac{1}{2}f(\boldsymbol{\beta},\boldsymbol{\alpha})$.显然 $\mathscr{P}(f)\in L(V,V,F)$.定义空间 $L(V,V,F)$的变换 $\mathscr{P}$如下:对于 $f\in L(V,V,F)$,令 F 在 $\mathscr{P}$下的像为 $\mathscr{P}(f)$.证明:

(1) $\mathscr{P}$是 $L(V,V,F)$的线性变换,并且 $\mathscr{P}^2=\mathscr{P}$;

(2) $\mathscr{P}$的秩为$\frac{n(n-1)}{2}$;

(3) 设$\mathscr{B}$是 V 的线性变换,对任意 $f\in L(V,V,F)$,记$(\widetilde{\mathscr{B}}(f))(\boldsymbol{\alpha},\boldsymbol{\beta})=f(\mathscr{B}(\boldsymbol{\alpha}),\mathscr{B}(\boldsymbol{\beta}))$.显然 $\widetilde{\mathscr{B}}(f)\in L(V,V,F)$.定义空间 $L(V,V,F)$的变换 $\widetilde{\mathscr{B}}$ 如下:对于 $f\in L(V,V,F)$,令 f 在 $\widetilde{\mathscr{B}}$下的像为 $\widetilde{\mathscr{B}}(f)$.则 $\widetilde{\mathscr{B}}$ 是 $L(V,V,F)$的线性变换,而且和 $\mathscr{P}$可交换.

3. 设 V 是数域F 上 n 维线性空间,$L_1(\boldsymbol{\alpha})$与 $L_2(\boldsymbol{\alpha})$是 V 上线性函数.证明:$f(\boldsymbol{\alpha},\boldsymbol{\beta})=L_1(\boldsymbol{\alpha})L_2(\boldsymbol{\beta})-L_1(\boldsymbol{\beta})L_2(\boldsymbol{\alpha})$是 V 上斜对称双线性函数,而且当且仅当 $L_1,L_2\in V^*$ 线性相关时 f 为零函数.

4. 设 f 是数域F 上 n 维线性空间 V 的斜对称双线性函数.证明:rank $f=2$ 的充分必要条件是,存在线性无关的 $L_1,L_2\in V^*$,使得

$$f(\boldsymbol{\alpha},\boldsymbol{\beta})=L_1(\boldsymbol{\alpha})L_2(\boldsymbol{\beta})-L_1(\boldsymbol{\beta})L_2(\boldsymbol{\alpha}).$$

5. 设 $\mathbf{R}^3$ 是3维实的行向量空间,f 是 $\mathbf{R}^3$ 上斜对称双线性函数.证明:存在 $L_1,L_2\in(\mathbf{R}^3)^*$,使得

$$f(\boldsymbol{\alpha},\boldsymbol{\beta})=L_1(\boldsymbol{\alpha})L_2(\boldsymbol{\beta})-L_1(\boldsymbol{\beta})L_2(\boldsymbol{\alpha}).$$

6. 设 V 是数域F 上 n 维线性空间,f 与 g 是 V 上斜对称双线性函数.证明:rank $f=$ rank g 的充分必要条件是,存在 V 的线性变换 $\mathscr{A}$使得对任意 $\boldsymbol{\alpha},\boldsymbol{\beta}\in V$,均有 $f(\mathscr{A}(\boldsymbol{\alpha}),\mathscr{A}(\boldsymbol{\beta}))=g(\boldsymbol{\alpha},\boldsymbol{\beta})$.

7. (辛几何)所谓 Euclid 空间是赋以一个给定的内积$(\boldsymbol{\alpha},\boldsymbol{\beta})$的实线性空间,而内积$(\boldsymbol{\alpha},\boldsymbol{\beta})$是正定对称双线性函数,它当然是非退化的.如果将内积取成非退化斜对称双线性函数,则引出所谓辛空间.其定义如下.设 f 是数域F 上 n 维线性空间 V 的非退化斜对称双线性函数,则 f 称为 V 的一个辛内积.线性空间 V 连同一个取定的辛内积f 称为辛空间.显然辛空间 V 应是偶数维的.设 $\dim V=n=2k$.如果辛空间 V 的向量组$\{\boldsymbol{\alpha}_1,\boldsymbol{\alpha}_2,\cdots,\boldsymbol{\alpha}_k,\boldsymbol{\beta}_1,\boldsymbol{\beta}_2,\cdots,\boldsymbol{\beta}_k\}$满足

$$f(\boldsymbol{\alpha}_i,\boldsymbol{\alpha}_j)=0,\ f(\boldsymbol{\beta}_i,\boldsymbol{\beta}_j)=0,\ f(\boldsymbol{\alpha}_i,\boldsymbol{\beta}_j)=\delta_{ij},\quad 1\leqslant i,j\leqslant k,$$

其中 δ_{ij}是 Kronecker 符号,则$\{\boldsymbol{\alpha}_1,\boldsymbol{\alpha}_2,\cdots,\boldsymbol{\alpha}_k,\boldsymbol{\beta}_1,\boldsymbol{\beta}_2,\cdots,\boldsymbol{\beta}_k\}$称为 V 的一组辛基.如果线性变换 $\mathscr{A}:V\to V$ 适合$f(\mathscr{A}(\boldsymbol{\alpha}),\mathscr{A}(\boldsymbol{\beta}))=f(\boldsymbol{\alpha},\boldsymbol{\beta})$,则 $\mathscr{A}$称为辛变换.如果 $\mathscr{A}:V\to V$ 是辛空间V 的线性变换,则由

$$f(\mathscr{A}(\boldsymbol{\alpha}),\boldsymbol{\beta})=f(\boldsymbol{\alpha},\widetilde{\mathscr{A}}(\boldsymbol{\beta})),\quad \boldsymbol{\alpha},\boldsymbol{\beta}\in V$$

所定义的变换 $\widetilde{\mathscr{A}}:V\to V$ 称为 $\mathscr{A}$的辛伴随变换.如果 $\widetilde{\mathscr{A}}=\mathscr{A}$(或者 $\widetilde{\mathscr{A}}=-\mathscr{A}$),则线性变换 $\mathscr{A}$

称为辛自伴(或者辛斜自伴)的.证明:

(1) 每一个辛空间 V 都具有辛基;

(2) 设 $h(\boldsymbol{\alpha},\boldsymbol{\beta})$与 $g(\boldsymbol{\alpha},\boldsymbol{\beta})$是 V 的辛内积,则存可逆线性变换 $\mathscr{A}: V\to V$,使得对任意 $\boldsymbol{\alpha}$, $\boldsymbol{\beta}\in V$, $g(\boldsymbol{\alpha},\boldsymbol{\beta})=h(\mathscr{A}(\boldsymbol{\alpha}),\mathscr{A}(\boldsymbol{\beta}))$;

(3) 对每个线性变换 $\mathscr{A}: V\to V$,均有$(\tilde{\tilde{\mathscr{A}}})=\mathscr{A}$,并且都可以唯一地分解为一个辛自伴变换与一个辛斜自伴变换的和;

(4) 辛空间 V 的辛斜自伴变换 $\mathscr{A}$在 V 的辛基下的方阵$\boldsymbol{A}$ 具有如下形式:

$$\boldsymbol{A}=\begin{pmatrix}\boldsymbol{M} & \boldsymbol{N}\\ \boldsymbol{K} & \boldsymbol{L}\end{pmatrix},$$

其中 $\boldsymbol{M},\boldsymbol{N},\boldsymbol{K}$ 与$\boldsymbol{L}$ 都是数域F 上 k 阶方阵,并且 $\boldsymbol{N}^*=\boldsymbol{N},\boldsymbol{K}^*=\boldsymbol{K},\boldsymbol{L}=-\boldsymbol{M}^*$,这里 $\boldsymbol{B}^*$表示方阵 $\boldsymbol{B}$ 的共轭转置.

9.4　共轭双线性函数与 Hermite 型

本节将推广双线性函数的概念.

定义 1　设 f 是n 维复线性空间V 上二元函数.如果对任意向量 $\boldsymbol{\alpha},\boldsymbol{\alpha}_1,\boldsymbol{\alpha}_2,\boldsymbol{\beta}$, $\boldsymbol{\beta}_1,\boldsymbol{\beta}_2,\in V$,以及任意复数 $\lambda_1,\lambda_2,\mu_1,\mu_2\in\mathbf{C}$,均有

$$f(\lambda_1\boldsymbol{\alpha}_1+\lambda_2\boldsymbol{\alpha}_2,\boldsymbol{\beta})=\lambda_1 f(\boldsymbol{\alpha}_1,\boldsymbol{\beta})+\lambda_2 f(\boldsymbol{\alpha}_2,\boldsymbol{\beta}),\tag{9.4.1}$$

$$f(\boldsymbol{\alpha},\mu_1\boldsymbol{\beta}_1+\mu_2\boldsymbol{\beta}_2)=\bar{\mu}_1 f(\boldsymbol{\alpha},\boldsymbol{\beta}_1)+\bar{\mu}_2 f(\boldsymbol{\alpha},\boldsymbol{\beta}_2),\tag{9.4.2}$$

其中 $\bar{\mu}$ 表示复数 μ 的共轭复数,则二元函数 f 称为共轭双线性的.

容易看出,V 上共轭双线性函数$f(\boldsymbol{\alpha},\boldsymbol{\beta})$具有如下性质.

命题 1　设 f 是V 上共轭双线性函数,则对任意 $\boldsymbol{\alpha},\boldsymbol{\beta}\in V$,

$$f(\boldsymbol{\alpha},\mathbf{0})=0=f(\mathbf{0},\boldsymbol{\beta}).$$

命题 2　设 f 是V 上共轭双线性函数,则对任意 $\boldsymbol{\alpha}_1,\boldsymbol{\alpha}_2,\cdots,\boldsymbol{\alpha}_p,\boldsymbol{\beta}_1,\boldsymbol{\beta}_2,\cdots,\boldsymbol{\beta}_q\in V,\lambda_1,\lambda_2,\cdots,\lambda_p,\mu_1,\mu_2,\cdots,\mu_p\in\mathbf{C}$,

$$f\Big(\sum_{k=1}^{p}\lambda_k\boldsymbol{\alpha}_k,\sum_{l=1}^{q}\mu_l\boldsymbol{\beta}_l\Big)=\sum_{k=1}^{p}\sum_{l=1}^{q}\lambda_k\bar{\mu}_l f(\boldsymbol{\alpha}_k,\boldsymbol{\beta}_l).\tag{9.4.3}$$

现在给出 V 上共轭双线性函数f 在 V 的基$\{\boldsymbol{\xi}_1,\boldsymbol{\xi}_2,\cdots,\boldsymbol{\xi}_n\}$下的方阵表示.设向量 $\boldsymbol{\alpha},\boldsymbol{\beta}\in V$ 在V 的基$\{\boldsymbol{\xi}_1,\boldsymbol{\xi}_2,\cdots,\boldsymbol{\xi}_n\}$下的坐标分别是 $\boldsymbol{x}=(x_1,x_2,\cdots,x_n)$与 $\boldsymbol{y}=(y_1,y_2,\cdots,y_n)$,即 $\boldsymbol{\alpha}=\sum_{k=1}^{n}x_k\boldsymbol{\xi}_k$, $\boldsymbol{\beta}=\sum_{l=1}^{n}y_l\boldsymbol{\xi}_l$,则由式(9.4.3),

$$f(\boldsymbol{\alpha},\boldsymbol{\beta}) = f(\sum_{k=1}^{n} x_k\boldsymbol{\xi}_k, \sum_{l=1}^{n} y_l\boldsymbol{\xi}_l) = \sum_{1\leqslant k,l\leqslant n} x_k\bar{y}_l f(\boldsymbol{\xi}_k,\boldsymbol{\xi}_l). \tag{9.4.4}$$

记 n 阶方阵 $\boldsymbol{A}=(f(\boldsymbol{\xi}_k,\boldsymbol{\xi}_l))_n$. 则上式化为

$$f(\boldsymbol{\alpha},\boldsymbol{\beta}) = \boldsymbol{x}\boldsymbol{A}\boldsymbol{y}^*, \tag{9.4.5}$$

其中 $\boldsymbol{y}^*$ 是 $\boldsymbol{y}=(y_1,y_2,\cdots,y_n)$ 的共轭转置. 方阵 $\boldsymbol{A}$ 称为共轭双线性函数 f 在基 $\{\boldsymbol{\xi}_1,\boldsymbol{\xi}_2,\cdots,\boldsymbol{\xi}_n\}$ 下的方阵. 而式(9.4.4)称为 $f(\boldsymbol{\alpha},\boldsymbol{\beta})$ 在基 $\{\boldsymbol{\xi}_1,\boldsymbol{\xi}_2,\cdots,\boldsymbol{\xi}_n\}$ 下的表达式. 显然,不同的共轭双线性函数在基 $\{\boldsymbol{\xi}_1,\boldsymbol{\xi}_2,\cdots,\boldsymbol{\xi}_n\}$ 下的方阵是不同的. 反之,设 $\boldsymbol{A}$ 是 n 阶复方阵,则令 $f(\boldsymbol{\alpha},\boldsymbol{\beta})=\boldsymbol{x}\boldsymbol{A}\boldsymbol{y}^*$,其中 $\boldsymbol{x}$ 与 $\boldsymbol{y}$ 分别是向量 $\boldsymbol{\alpha},\boldsymbol{\beta}$ 在基 $\{\boldsymbol{\xi}_1,\boldsymbol{\xi}_2,\cdots,\boldsymbol{\xi}_n\}$ 下的坐标. 容易验证,$f(\boldsymbol{\alpha},\boldsymbol{\beta})=\boldsymbol{x}\boldsymbol{A}\boldsymbol{y}^*$ 定义了 V 上共轭双线性函数. 这表明,如果在 V 中取定一组基,并建立 V 上所有共轭双线性函数的集合到所有 n 阶复方阵集合的映射 σ:共轭双线性函数在映射 σ 下的像为它在这组基下的方阵,则映射 σ 是双射. 所以,V 上所有共轭双线性函数集合与所有 n 阶复方阵集合之间存在一一对应.

为了给出 V 上共轭双线性函数 f 在不同基下的方阵表示之间的关系,先引进下面的定义.

定义 2 设 $\boldsymbol{A}$ 与 $\boldsymbol{B}$ 是 n 阶复方阵. 如果存在 n 阶可逆复方阵 $\boldsymbol{P}$,使得 $\boldsymbol{B}=\boldsymbol{P}^*\boldsymbol{A}\boldsymbol{P}$,其中 $\boldsymbol{P}^*$ 是方阵 $\boldsymbol{P}$ 的共轭转置,则方阵 $\boldsymbol{A}$ 与 $\boldsymbol{B}$ 称为**复相合**的.

容易验证,复方阵间的复相合关系满足自反性、对称性与传递性. 因此复相合关系是 n 阶复方阵集合 $\mathbf{C}^{n\times n}$ 中方阵间的一种等价关系. 集合 $\mathbf{C}^{n\times n}$ 便按照复相合等价关系划分为复相合等价类.

定理 1 设 n 维复线性空间 V 上共轭双线性函数 f 在 V 的基 $\{\boldsymbol{\xi}_1,\boldsymbol{\xi}_2,\cdots,\boldsymbol{\xi}_n\}$ 与 $\{\boldsymbol{\eta}_1,\boldsymbol{\eta}_2,\cdots,\boldsymbol{\eta}_n\}$ 下的方阵分别为 $\boldsymbol{A}=(f(\boldsymbol{\xi}_k,\boldsymbol{\xi}_l))_{n\times n}$ 与 $\boldsymbol{B}=(f(\boldsymbol{\eta}_k,\boldsymbol{\eta}_l))_{n\times n}$,并且

$$(\boldsymbol{\eta}_1,\boldsymbol{\eta}_2,\cdots,\boldsymbol{\eta}_n) = (\boldsymbol{\xi}_1,\boldsymbol{\xi}_2,\cdots,\boldsymbol{\xi}_n)\bar{P},$$

其中 $\bar{\boldsymbol{P}}$ 是 n 阶可逆复方阵 $\boldsymbol{P}$ 的共轭. 则 $\boldsymbol{B}=\boldsymbol{P}^*\boldsymbol{A}\boldsymbol{P}$. 也就是说,同一个共轭双线性函数在不同基下的方阵是复相合的.

证明 与 9.1 节定理 2 的证明相仿. 略.

由于复相合的方阵是相抵的,因此它们的秩相等. 所以根据定理 1,共轭双线性函数 f 在 V 的基下的方阵的秩定义为 f 的秩. 记为 $\operatorname{rank} f$. 特别地,如果 $\operatorname{rank} f=\dim V$,则 f 称为非退化的.

在共轭双线性函数中,重要的是 Hermite 共轭双线性函数,其定义如下:

定义 3 设 f 是 V 上共轭双线性函数. 如果对任意向量 $\boldsymbol{\alpha},\boldsymbol{\beta}\in V$,有 $\overline{f(\boldsymbol{\beta},\boldsymbol{\alpha})}=$

$f(\boldsymbol{\alpha},\boldsymbol{\beta})$，则 f 称为 Hermite 的.

定理 2 设 V 上共轭双线性函数 f 在 V 的基$\{\boldsymbol{\xi}_1,\boldsymbol{\xi}_2,\cdots,\boldsymbol{\xi}_n\}$下的方阵为 $\boldsymbol{A}=(f(\boldsymbol{\xi}_k,\boldsymbol{\xi}_l))_{n\times n}$. 则 f 为 Hermite 的充分必要条件是，方阵 $\boldsymbol{A}$ 为 Hermite 方阵，即方阵 $\boldsymbol{A}$ 满足 $\boldsymbol{A}^*=\boldsymbol{A}$.

证明 由于 f 是 Hermite 的，所以对任意 $k,l,1\leqslant k,l\leqslant n$，有$\overline{f(\boldsymbol{\xi}_l,\boldsymbol{\xi}_k)}=f(\boldsymbol{\xi}_k,\boldsymbol{\xi}_l)$. 也即 $\boldsymbol{A}^*=\boldsymbol{A}$. 因此方阵 $\boldsymbol{A}$ 是 Hermite 方阵.

反之，设 $\boldsymbol{A}$ 是 Hermite 方阵. 由于 $\boldsymbol{A}$ 是 $f(\boldsymbol{\alpha},\boldsymbol{\beta})$ 在基$\{\boldsymbol{\xi}_1,\boldsymbol{\xi}_2,\cdots,\boldsymbol{\xi}_n\}$下的方阵，所以 $f(\boldsymbol{\alpha},\boldsymbol{\beta})=\boldsymbol{x}\boldsymbol{A}\boldsymbol{y}^*$，其中 $\boldsymbol{x}$ 与 $\boldsymbol{y}$ 分别是向量 $\boldsymbol{\alpha}$ 与 $\boldsymbol{\beta}$ 在基$\{\boldsymbol{\xi}_1,\boldsymbol{\xi}_2,\cdots,\boldsymbol{\xi}_n\}$下的坐标. 于是

$$\overline{f(\boldsymbol{\alpha},\boldsymbol{\beta})}=\overline{(\boldsymbol{x}\boldsymbol{A}\boldsymbol{y}^*)}=\bar{\boldsymbol{x}}\bar{\boldsymbol{A}}\boldsymbol{y}^{\mathrm{T}}=(\bar{\boldsymbol{x}}\bar{\boldsymbol{A}}\boldsymbol{y}^{\mathrm{T}})^{\mathrm{T}}=\boldsymbol{y}\boldsymbol{A}^*\boldsymbol{x}^*.$$

由于 $\boldsymbol{A}$ 是 Hermite 方阵，所以 $\boldsymbol{A}^*=\boldsymbol{A}$. 因此

$$\overline{f(\boldsymbol{\alpha},\boldsymbol{\beta})}=\boldsymbol{y}\boldsymbol{A}\boldsymbol{x}^*=f(\boldsymbol{\beta},\boldsymbol{\alpha}),\quad \boldsymbol{\alpha},\boldsymbol{\beta}\in V.$$

即 $f(\boldsymbol{\alpha},\boldsymbol{\beta})$ 是 Hermite 方阵. 定理 2 证毕.

由定理 2 可以得到，V 上所有 Hermite 共轭双线性函数集合与所有 Hermite 方阵集合之间存在一一对应.

利用 Hemite 方阵在酉相似下的标准形，可以证明：

定理 3 设 $\boldsymbol{H}$ 是 n 阶 Hermite 方阵. 则存在 n 阶可逆复方阵 $\boldsymbol{P}$，使得

$$\boldsymbol{P}^*\boldsymbol{H}\boldsymbol{P}=\mathrm{diag}(\boldsymbol{I}_{(p)},-\boldsymbol{I}_{(q)},\boldsymbol{0}_{(n-p-q)}),\tag{9.4.6}$$

其中 $\boldsymbol{0}_{(n-p-q)}$ 是 $n-p-q$ 阶零方阵，并且 $p+q=r$. 简单地说，Hermite 方阵 $\boldsymbol{H}$ 复相合于对角形(9.4.6).

证明 设 $\lambda_1,\lambda_2,\cdots,\lambda_r$ 是 Hermite 方阵 $\boldsymbol{H}$ 的全部非零特征值，$\lambda_1\geqslant\lambda_2\geqslant\cdots\geqslant\lambda_r$，则存在 n 阶酉方阵 $\boldsymbol{U}$，使得

$$\boldsymbol{U}^*\boldsymbol{H}\boldsymbol{U}=\mathrm{diag}(\lambda_1,\lambda_2,\cdots,\lambda_r,\underbrace{0,\cdots,0}_{n-r\text{个}}).$$

可设 $\lambda_1\geqslant\lambda_2\geqslant\cdots\geqslant\lambda_p>0>\lambda_{p+1}\geqslant\lambda_{p+2}\geqslant\cdots\geqslant\lambda_{p+q}$，$p+q=r$. 记

$$\boldsymbol{Q}=\mathrm{diag}\left(\frac{1}{\sqrt{\lambda_1}},\frac{1}{\sqrt{\lambda_2}},\cdots,\frac{1}{\sqrt{\lambda_p}},\frac{1}{\sqrt{-\lambda_{p+1}}},\cdots,\frac{1}{\sqrt{-\lambda_{p+q}}},\underbrace{1,\cdots,1}_{n-r\text{个}}\right).$$

则方阵 $\boldsymbol{Q}$ 可逆，并且

$$\boldsymbol{Q}^*\boldsymbol{U}^*\boldsymbol{H}\boldsymbol{U}\boldsymbol{Q}=\mathrm{diag}(\boldsymbol{I}_{(p)},-\boldsymbol{I}_{(q)},\boldsymbol{0}_{(n-p-q)}).$$

记 $\boldsymbol{P}=\boldsymbol{U}\boldsymbol{Q}$. 显然方阵 $\boldsymbol{P}$ 可逆，并且式(9.4.6)成立. 定理 3 证毕.

由定理 3 的证明可以看出，式(9.4.6)中 p 与 q 分别是 Hermite 方阵 $\boldsymbol{H}$ 的正特征值与负特征值的个数. 由定理 3 立即得到：

定理 4 设 f 是 n 维复线性空间 V 上 Hermite 共轭双线性函数. 则存在 V 的

基$\{\boldsymbol{\xi}_1,\boldsymbol{\xi}_2,\cdots,\boldsymbol{\xi}_n\}$，使得$f(\boldsymbol{\alpha},\boldsymbol{\beta})$在这组基下的方阵为对角形(9.4.6)：

$$\mathrm{diag}(\boldsymbol{I}_{(p)},-\boldsymbol{I}_{(q)},\boldsymbol{0}_{(n-p-q)}).$$

换句话说，$f(\boldsymbol{\alpha},\boldsymbol{\beta})$在这组基下的表达式为

$$f(\boldsymbol{\alpha},\boldsymbol{\beta})=x_1\bar{y}_1+x_2\bar{y}_2+\cdots+x_p\bar{y}_p-x_{p+1}\bar{y}_{p+1}-\cdots-x_{p+q}\bar{y}_{p+q},$$

其中$\boldsymbol{x}=(x_1,x_2,\cdots,x_n)$与$\boldsymbol{y}=(y_1,y_2,\cdots,y_n)$分别是向量$\boldsymbol{\alpha}$与$\boldsymbol{\beta}$在这组基下的坐标.

证明略.

现在分析定理4中式(9.4.6)的非负整数p与q的意义.

定义4 设f是n维复线性空间V上Hermite共轭双线性函数.如果对任意非零向量$\boldsymbol{\alpha}\in V$，$f(\boldsymbol{\alpha},\boldsymbol{\alpha})>0$，则$f$称为正定的；如果对任意向量$\boldsymbol{\alpha}\in V$，$f(\boldsymbol{\alpha},\boldsymbol{\alpha})\geqslant 0$，则$f$称为半正定的.

可以类似地定义负定或半负定的Hermite共轭双线性函数.

对于n维复线性空间V上Hermite共轭双线性函数f，记

$$V^{\perp}=\{\boldsymbol{\alpha}\in V:f(\boldsymbol{\alpha},\boldsymbol{\beta})=0,\forall\boldsymbol{\beta}\in V\}.$$

容易验证，$V^{\perp}$是V的子空间.它称为f的根基.

定理4说明，对于V上Hermite共轭双线性函数f，V中存在一组基$\{\boldsymbol{\xi}_1,\boldsymbol{\xi}_2,\cdots,\boldsymbol{\xi}_n\}$，使得对任意$k$与$l$，$1\leqslant k\neq l\leqslant n$，都有$f(\boldsymbol{\xi}_k,\boldsymbol{\xi}_l)=0$.具有这一性质的基$\{\boldsymbol{\xi}_1,\boldsymbol{\xi}_2,\cdots,\boldsymbol{\xi}_n\}$称为关于$f$的正交基.于是定理4断言，关于$f$的正交基是存在的.其次，$V$中由基向量$\boldsymbol{\xi}_1,\boldsymbol{\xi}_2,\cdots,\boldsymbol{\xi}_p$生成的子空间记为$V^+$，由基向量$\boldsymbol{\xi}_{p+1},\boldsymbol{\xi}_{p+2},\cdots,\boldsymbol{\xi}_{p+q}$生成的子空间记为$V^-$，而由基向量$\boldsymbol{\xi}_{p+q+1},\boldsymbol{\xi}_{p+q+2},\cdots,\boldsymbol{\xi}_n$生成的子空间记为$W$.则$V=V^+\oplus V^-\oplus W$，并且对任意非零向量$\boldsymbol{\alpha}\in V^+$，均有$f(\boldsymbol{\alpha},\boldsymbol{\alpha})>0$，即$f$限定在$V^+$上正定的.同样，$f$在$V^-$上的限制是负定的.最后，容易证明，$W$是关于$f$的根基$V^{\perp}$.于是有：

定理5 设f是n维复线性空间V上Hermite共轭双线性函数.则V可以分解为子空间V^+，V^-与$V^{\perp}$的直和，使得f在V^+上的限制是正定的，在V^-上的限制是负定的，而$V^{\perp}$是关于f的根基.如果V还可以分解为子空间V_1^+，V_1^-与$V^{\perp}$的直和，使得f在V_1^+与V_1^-上的限制分别是正定与负定的，则$\dim V_1^+=\dim V^+$，$\dim V_1^-=\dim V^-$.

证明 前一结论是定理4的另一种说法，后一结论的证明与本章9.2节定理5相仿.略.

定理5说明，对于n维复线性空间V上Hermite共轭双线性函数f，可以将它的定义域V分成三个部分：V^+，V^-，$V^{\perp}$，而且子空间V^+，V^-与$V^{\perp}$的维数与分解的方式无关，是由f自身所决定的.因此，V^+与V^-的维数分别称为f的正、负

惯性指数.而 V^+ 与 V^- 的维数之差,也即正、负惯性指数之差称为 f 的符号差,记为 $\delta(f)$.

由定理4,如果Hermite共轭双线性函数 $f(\boldsymbol{\alpha},\boldsymbol{\beta})$ 在 V 的基 $\{\boldsymbol{\xi}_1,\boldsymbol{\xi}_2,\cdots,\boldsymbol{\xi}_n\}$ 下的方阵为对角形(9.4.6),则 $f(\boldsymbol{\alpha},\boldsymbol{\beta})$ 的正、负惯性指数即是对角元中 $+1$ 的个数 p 与 -1 的个数 q.

现在考虑 n 阶Hermite方阵在复相合下的标准形.设 $\boldsymbol{H}$ 是 n 阶Hermite方阵,$\{\boldsymbol{\alpha}_1,\boldsymbol{\alpha}_2,\cdots,\boldsymbol{\alpha}_n\}$ 是 n 维复线性空间 V 的一组基.令

$$f(\boldsymbol{\alpha},\boldsymbol{\beta}) = \boldsymbol{x}\boldsymbol{H}\boldsymbol{y}^*,$$

其中 $\boldsymbol{x}$ 与 $\boldsymbol{y}$ 分别是 V 中向量 $\boldsymbol{\alpha}$ 与 $\boldsymbol{\beta}$ 在这组基下的坐标.定理2表明,f 是 V 上Hermite共轭双线性函数.由定理3,方阵 $\boldsymbol{H}$ 复相合于对角形 $\mathrm{diag}(\boldsymbol{I}_{(p)},-\boldsymbol{I}_{(q)},\boldsymbol{0}_{(n-p-q)})$.如果方阵 $\boldsymbol{H}$ 复相合于另一个对角形 $\mathrm{diag}(\boldsymbol{I}_{(p_1)},-\boldsymbol{I}_{(q_1)},\boldsymbol{0}_{(n-p_1-q_1)})$,则由定理5,$p=p_1$,$q=q_1$.因此对角方阵 $\mathrm{diag}(\boldsymbol{I}_{(p)},-\boldsymbol{I}_{(q)},\boldsymbol{0}_{(n-p-q)})$ 的对角元 $+1$ 的个数 p 与 -1 的个数 q 是由方阵 $\boldsymbol{H}$ 自身决定的.于是对角形(9.4.6)称为Hermite方阵 $\boldsymbol{H}$ 在复相合下的标准形.而 p 与 q 分别称为方阵 $\boldsymbol{H}$ 的正、负惯性指数,正、负惯性指数之差称为方阵 $\boldsymbol{H}$ 的符号差,记为 $\delta(\boldsymbol{H})$.显然,$p+q=r$,$\delta(\boldsymbol{H})=2p-r$.

定理6 n 阶Hermite方阵 $\boldsymbol{H}$ 复相合于如下的标准形:

$$\mathrm{diag}(\boldsymbol{I}_{(p)},-\boldsymbol{I}_{(q)},\boldsymbol{0}_{(n-p-q)}),$$

其中 p 与 q 分别是方阵 $\boldsymbol{H}$ 的正、负惯性指数.而且Hermite方阵 $\boldsymbol{H}$ 的秩与符号差是Hermite方阵在复相合下的全系不变量.

证明 只需证明后一结论.设Hermite方阵 $\boldsymbol{H}_1$ 与 $\boldsymbol{H}_2$ 复相合,即设 $\boldsymbol{H}_2=\boldsymbol{P}^*\boldsymbol{H}_1\boldsymbol{P}$,其中 $\boldsymbol{P}$ 是 n 阶可逆方阵.显然方阵 $\boldsymbol{H}_1$ 与 $\boldsymbol{H}_2$ 相抵,所以方阵 $\boldsymbol{H}_1$ 与 $\boldsymbol{H}_2$ 的秩相等.下面证明方阵 $\boldsymbol{H}_1$ 与 $\boldsymbol{H}_2$ 的符号差相等.事实上,设 $\{\boldsymbol{\xi}_1,\boldsymbol{\xi}_2,\cdots,\boldsymbol{\xi}_n\}$ 是 n 维复线性空间 V 的一组基.定义 V 上二元函数 $f(\boldsymbol{\alpha},\boldsymbol{\beta})=\boldsymbol{x}\boldsymbol{H}_2\boldsymbol{y}^*$,其中 $\boldsymbol{x}$ 与 $\boldsymbol{y}$ 分别是向量 $\boldsymbol{\alpha}$ 与 $\boldsymbol{\beta}$ 在这组基下的坐标.由定理2,f 是Hermite共轭双线性函数.设

$$(\boldsymbol{\eta}_1,\boldsymbol{\eta}_2,\cdots,\boldsymbol{\eta}_n) = (\boldsymbol{\xi}_1,\boldsymbol{\xi}_2,\cdots,\boldsymbol{\xi}_n)\bar{\boldsymbol{P}}.$$

由于方阵 $\boldsymbol{P}$ 可逆,所以 $\{\boldsymbol{\eta}_1,\boldsymbol{\eta}_2,\cdots,\boldsymbol{\eta}_n\}$ 是 V 的一组基.向量 $\boldsymbol{\alpha}$ 在基 $\{\boldsymbol{\eta}_1,\boldsymbol{\eta}_2,\cdots,\boldsymbol{\eta}_n\}$ 下的坐标记为 $\tilde{\boldsymbol{x}}$,则 $\tilde{\boldsymbol{x}}=\boldsymbol{x}\boldsymbol{P}^*$.因此 $f(\boldsymbol{\alpha},\boldsymbol{\beta})=\boldsymbol{x}\boldsymbol{H}_2\boldsymbol{y}^*=\tilde{\boldsymbol{x}}\boldsymbol{H}_1\tilde{\boldsymbol{y}}^*$,其中 $\tilde{\boldsymbol{x}}$ 与 $\tilde{\boldsymbol{y}}$ 分别是向量 $\boldsymbol{\alpha}$ 与 $\boldsymbol{\beta}$ 在基 $\{\boldsymbol{\eta}_1,\boldsymbol{\eta}_2,\cdots,\boldsymbol{\eta}_n\}$ 下的坐标.所以方阵 H_1 是Hermite共轭双线性函数 $f(\boldsymbol{\alpha},\boldsymbol{\beta})$ 在基 $\{\boldsymbol{\eta}_1,\boldsymbol{\eta}_2,\cdots,\boldsymbol{\eta}_n\}$ 下的方阵.也就是说,复相合的Hermite方阵决定同一个共轭双线性函数.由定理4与定理5,存在 V 的基 $\{\boldsymbol{\zeta}_1,\boldsymbol{\zeta}_2,\cdots,\boldsymbol{\zeta}_n\}$ 使得 f 在这组基下的方阵即为 $\mathrm{diag}(\boldsymbol{I}_{(p)},-\boldsymbol{I}_{(q)},\boldsymbol{0}_{(n-p-q)})$,其中 p 与 q 分别是 f 的正、负

惯性指数.由于一个共轭双线性函数在不同基下的方阵是复相合的,所以方阵 $\boldsymbol{H}_1$ 与 $\boldsymbol{H}_2$ 都复相合于对角形 $\mathrm{diag}(\boldsymbol{I}_{(p)},-\boldsymbol{I}_{(q)},\boldsymbol{0}_{(n-p-q)})$.这表明,方阵 $\boldsymbol{H}_1$ 与 $\boldsymbol{H}_2$ 的正、负惯性指数都是 p 与 q.由于方阵 $\boldsymbol{H}_1$ 与 $\boldsymbol{H}_2$ 的秩相等.因此它们的符号差也相等.所以 Hermite 方阵的秩与符号差是 Hermite 方阵在复相合下的不变量.

反之,设 Hermite 方阵 $\boldsymbol{H}_1$ 与 $\boldsymbol{H}_2$ 的秩和符号差分别相等,则它们的正、负惯性指数分别相等,且设它们的正、负惯性指数分别是 p 与 q.于是由定理前一结论,方阵 $\boldsymbol{H}_1$ 与 $\boldsymbol{H}_2$ 都复相合于对角形 $\mathrm{diag}(\boldsymbol{I}_{(p)},-\boldsymbol{I}_{(q)},\boldsymbol{0}_{(n-p-q)})$.由于复相合关系满足对称性与传递性,所以方阵 $\boldsymbol{H}_1$ 与 $\boldsymbol{H}_2$ 复合.这就证明,Hermite 方阵的秩与符号差是 Hermite 方阵在复相合下的全系不变量.定理 6 证毕.

最后讨论 Hermite 型.

定义 5 设 f 是 n 维复线性空间 V 上 Hermite 共轭双线性函数.则 $H(\boldsymbol{\alpha})=f(\boldsymbol{\alpha},\boldsymbol{\alpha})$ 称为 V 上 Hermite 型,其中 $\boldsymbol{\alpha}\in V$.如果 f 是正定(或者半正定,负定与半负定)的,则 Hermite 型 $H(\boldsymbol{\alpha})$ 称为**正定**(或者**半正定**,**负定**与**半负定**)的.

设 Hermite 共轭双线性函数 f 在 V 的基$\{\boldsymbol{\xi}_1,\boldsymbol{\xi}_2,\cdots,\boldsymbol{\xi}_n\}$下的方阵为 $\boldsymbol{H}=(h_{kl})_{n\times n}$,其中 $h_{kl}=f(\boldsymbol{\xi}_k,\boldsymbol{\xi}_l)$,$1\leqslant k,l\leqslant n$,即 $f(\boldsymbol{\alpha},\boldsymbol{\beta})=\boldsymbol{x}\boldsymbol{H}\boldsymbol{y}^*$,其中 $\boldsymbol{x}$ 与 $\boldsymbol{y}$ 分别是向量 $\boldsymbol{\alpha}$ 与 $\boldsymbol{\beta}$ 在这组在下的坐标.则

$$H(\boldsymbol{\alpha})=f(\boldsymbol{\alpha},\boldsymbol{\alpha})=\boldsymbol{x}\boldsymbol{H}\boldsymbol{x}^*=\sum_{1\leqslant k,l\leqslant n}h_{kl}x_k\bar{x}_l.$$

上式称为 Hermite 型 $H(\boldsymbol{\alpha})$ 在这组基下的表达式,方阵 $\boldsymbol{H}$ 称为 $H(\boldsymbol{\alpha})$ 在这组基下的方阵.而 f 的秩、正、负惯性指数与符号差即称为 $H(\boldsymbol{\alpha})$ 的秩、正、负惯性指数与符号差.

由定理 4 立即得到:

定理 7 设 $H(\boldsymbol{\alpha})$ 是 n 维线性空间 V 上 Hermite 型.则存在 V 的基$\{\boldsymbol{\xi}_1,\boldsymbol{\xi}_2,\cdots,\boldsymbol{\xi}_n\}$,使得

$$H(\boldsymbol{\alpha})=x_1\bar{x}_1+\cdots+x_p\bar{x}_p-x_{p+1}\bar{x}_{p+1}-\cdots-x_{p+q}\bar{x}_{p+q},$$

其中 p 与 q 分别是 Hermite 型 $H(\boldsymbol{\alpha})$ 的正、负惯性指数,而 $\boldsymbol{x}=(x_1,x_2,\cdots,x_n)$ 是向量 $\boldsymbol{\alpha}$ 在这组基下的坐标.

证明略.

与二次型相仿,可以证明:

定理 8 n 维复线性空间 V 上 Hermite 型 $H(\boldsymbol{\alpha})$ 为正定(或半正定)的充分必要条件是,Hermite 型 $H(\boldsymbol{\alpha})$ 在 V 的基下的方阵为正定(或半正定)Hermite 方阵.

证明略.

利用 Hermite 方阵在酉相似下的标准形,可以证明:

定理 9 设 $H(\boldsymbol{\alpha})$ 是 n 维酉空间 V 上 Hermite 型.则存在 V 的标准正交基

$\{\xi_1, \xi_2, \cdots, \xi_n\}$，使得

$$H(\alpha) = \lambda_1 x_1 \bar{x}_1 + \lambda_2 x_2 \bar{x}_2 + \cdots + \lambda_r x_r \bar{x}_r,$$

其中 r 是 $H(\alpha)$ 的秩，而 $x = (x_1, x_2, \cdots, x_n)$ 是向量 α 在这组基下的坐标.

习　题

1. 把下列 Hermite 型 $H(\alpha)$ 化为标准形：

(1) $H(\alpha) = \sum_{j=1}^{n-1}(x_j\bar{x}_{j+1} + x_{j+1}\bar{x}_j)$；

(2) $H(\alpha) = \sum_{1\leqslant k,l\leqslant n} |k - \mathrm{i}l| x_k\bar{x}_l$，其中 $\mathrm{i}^2 = -1$.

2. 求下列 Hermite 型 $H(\alpha)$ 的秩与符号差：

(1) $H(\alpha) = a\sum_{j=1}^{n} x_j\bar{x}_j + \sum_{1\leqslant k\neq l\leqslant n}(x_k\bar{x}_l + x_l\bar{x}_k)$；

(2) $H(\alpha) = \sum_{1\leqslant k\neq l\leqslant n} |x_k - x_l|^2$.

3. 设 n 维复线性空间 V 上 Hermite 型为

$$H(\alpha) = \sum_{1\leqslant k,l\leqslant n}(akl + k + l)x_k\bar{x}_l,$$

其中 a 是常数，证明：$H(\alpha)$ 的秩与符号差和复数 a 无关.

4. 设 r 与 s 分别是 n 维复线性空间 V 上的 Hermite 型 $H(\alpha)$ 的秩与符号差，证明：存在 V 的子空间 W，使得 $\dim W = \frac{1}{2}(r - s)$，并且对任意非零向量 $\alpha \in W$，均有 $H(\alpha) < 0$.

5. 把下列 Hermite 方阵在复相合下化为标准形：

(1) $\begin{pmatrix} 1 & 1+\mathrm{i} & 2+\mathrm{i} & \cdots & (n-1)+\mathrm{i} \\ 1-\mathrm{i} & 1 & 0 & \cdots & 0 \\ 2-\mathrm{i} & 0 & 1 & \cdots & 0 \\ \cdots & \cdots & \cdots & \cdots & \cdots \\ (n-1)-\mathrm{i} & 0 & 0 & \cdots & 1 \end{pmatrix}$；

(2) $\begin{pmatrix} 1 & \frac{\mathrm{i}}{2} & 0 & \cdots & 0 & 0 & 0 \\ -\frac{\mathrm{i}}{2} & 1 & \frac{\mathrm{i}}{2} & \cdots & 0 & 0 & 0 \\ 0 & -\frac{\mathrm{i}}{2} & 1 & \cdots & 0 & 0 & 0 \\ \cdots & \cdots & \cdots & \cdots & \cdots & \cdots & \cdots \\ 0 & 0 & 0 & \cdots & -\frac{\mathrm{i}}{2} & 1 & \frac{\mathrm{i}}{2} \\ 0 & 0 & 0 & \cdots & 0 & -\frac{\mathrm{i}}{2} & 1 \end{pmatrix}_{n\times n}$.

深圳大学教材出版资助
高等学校工程管理专业教材

全过程工程咨询20问及经典案例

蒋卫平　潘多忠◎编著

机械工业出版社
CHINA MACHINE PRESS

全过程工程咨询是对传统工程咨询服务在模式上、理念上、方式上、流程上的变革与升级。本书以问题的形式呈现全过程工程咨询的组织、实施、相关政策、取费标准、方法与手段、相关企业的发展等内容，辅以经典案例，并给出了具体的解决方法，旨在为全过程工程咨询的真正落地提供一定的指导。本书可供工程咨询企业高管及中层干部、科研院所咨询研究人员、工程管理专业在校学生等读者学习、参考。

图书在版编目（CIP）数据

全过程工程咨询20问及经典案例/蒋卫平，潘多忠编著.—北京：机械工业出版社，2020.8

ISBN 978-7-111-66029-3

Ⅰ.①全…　Ⅱ.①蒋…②潘…　Ⅲ.①建筑工程–咨询服务–案例
Ⅳ.①F407.9

中国版本图书馆CIP数据核字（2020）第122291号

机械工业出版社（北京市西城区百万庄大街22号　邮政编码100037）
策划编辑：徐文京　责任编辑：徐文京　李　前
责任校对：李　杨　责任印制：谢朝喜
装帧设计：高鹏博
北京宝昌彩色印刷有限公司印刷
2020年8月第1版·第1次印刷
170mm×242mm·11.125印张·137千字
标准书号：ISBN 978-7-111-66029-3
定价：48.00元

电话服务	网络服务
客服电话：010-88361066	机　工　官　网：www.cmpbook.com
010-88379833	机　工　官　博：weibo.com/cmp1952
010-68326294	金　　书　　网：www.golden-book.com
封底无防伪标均为盗版	机工教育服务网：www.cmpedu.com

序

改革开放以来，我国工程咨询服务市场化快速发展，形成了投资咨询、招标代理、勘察、设计、监理、造价、项目管理等专业化的咨询服务业态。在实际工作中，这些专业化的咨询服务都是以各自相对独立的形式，为固定资产投资及工程建设活动的不同阶段与不同环节提供智力与技术服务。

全过程工程咨询服务模式的推出，给原有的专业咨询服务业态带来了新的机遇，对咨询服务人员来说无疑也是新的挑战。

蒋卫平博士从事工程咨询工作多年，并且具有扎实的项目管理理论基础，对如何指导全过程工程咨询服务实操进行了积极的探索。全过程工程咨询服务是实践性很强的活动，理论指导不可或缺。他在从事教学的同时，不忘深入项目管理的实践，参与过多个工程项目的前期决策咨询及项目管理实践，并从理论上去研究全过程工程咨询服务中遇到的各类问题及其解决之道。

功夫不负有心人，蒋卫平博士将自己的研究成果及业内专家学者的成果编辑成书，为从事工程咨询服务的专业人员进行全过程工程咨询服务实操提供了全面的解决方案，如全过程工程咨询的组织如何建立、全过程工程咨询如何取费、项目前期策划如何与设计衔接、设计如何与施工衔接等。此书也不失为初入工程咨询行业的人士及项目管理专业的学生了解、掌握全过程工程咨询有关知识的一份难得的教材。

深圳市建筑设计研究总院有限公司
工程咨询中心顾问
宋竞辉

前　言

工程咨询市场在近20年来并没有发生较大的变化。实际上，各类专业咨询公司从事本专业咨询服务，但缺乏有效的整合和集成。工程咨询公司提供的服务水平参差不齐，工程咨询在市场上的认可度不高，主要表现为：①大量工程咨询业务为被动需求，如项目建议书、可行性研究、工程监理等，都是现有建设项目投资管理体制所要求的；②工程咨询人员在业主眼中的地位普遍不高，甚至在工程项目执行过程中也得不到应有的尊重；③工程咨询创造的价值较小或者价值没有发挥和体现出来。

如今，工程咨询正处在一个时代的转折点，即全过程工程咨询模式的提出和推广。全过程工程咨询是对传统工程咨询服务在模式上、理念上、方式上、流程上的变革与升级。结合信息技术的发展，运用BIM（建筑信息模型）技术、信息平台、大数据技术、人工智能等，打破专业分割，实现专业融合，提供涵盖工程全过程的集成化、一揽子式的高附加值工程咨询服务，已成为可能。在新旧动能转换的大背景下，全过程工程咨询为工程咨询行业的升级改造提供了方向。

从丁士昭教授提出概念、住房与城乡建设部发文推进试点工作到今天，全过程工程咨询已成为一个时髦和热门的话题。很多地方政府已经明确要求政府投资项目必须采取全过程工程咨询模式，市面上也出现了大量关于全过程工程咨询的书籍，但并没有较好地回答全过程工程咨询如何组织、如何实施、如何取费、如何保证工程咨询质量、如何使用信息技术手段等关键问题。全过程工程咨询究竟如何落地仍然是一个悬而未决的问题。这正是本书编写的出发点。

本书以问题的形式呈现全过程工程咨询的组织、实施、相关政策、取费标准、方法与手段、相关企业的发展等内容，并给出了具体的解决措施；针对实施操作类的问题给出了专门的案例，并在本书最后提供了一个综合性案例。本书旨在阐述全过程工程咨询的基础知识，为全过程工程咨询的真正落地提供一定的指导。

由于作者编著水平有限，本书错漏之处在所难免，希望读者批评指正。“雄关漫道真如铁，而今迈步从头越。”祝愿我国全过程工程咨询事业发展得越来越好！

蒋卫平

2020 年 5 月于深圳大学

目　　录

第 1 章　什么是全过程工程咨询?

1.1　全过程工程咨询的定义

全过程工程咨询的提法在工程咨询领域由来已久，近些年来，政府对全过程工程咨询的推广使其越发被重视。《国务院办公厅关于促进建筑业持续健康发展的意见》（国办发〔2017〕19 号）在完善工程建设组织模式中提出了培育全过程工程咨询，首次明确了“全过程工程咨询”这一理念。该文件指出，“鼓励投资咨询、勘察、设计、监理、招标代理、造价等企业采取联合经营、并购重组等方式发展全过程工程咨询”。

广东省住房和城乡建设厅在《建设项目全过程工程咨询服务指引（咨询企业版）（征求意见稿)》中明确了全过程工程咨询的含义，即对建设项目全生命周期提供组织、管理、经济和技术等各有关方面的工程咨询服务，包括全过程工程项目管理，以及投资咨询、勘察、设计、造价咨询、招标代理、监理、运行维护咨询、BIM（建筑信息模型）咨询等专业咨询服务。全过程工程咨询服务可采用多种组织方式，由投资人授权一家单位负责或牵头，为项目决策至运营持续提供局部或整体解决方案及管理服务。

1.2 全过程工程咨询与相近概念的辨析

与全过程工程咨询比较接近和经常一起被提及的概念主要有“全过程工程项目管理”“建筑师负责制”“工程总承包”。

全过程工程项目管理与全过程工程咨询的含义比较接近，它们的区别在于涉及的范围有所差异。全过程工程项目管理与全过程工程咨询类似，是运用系统的理论和方法，对建设工程项目进行计划、组织、指挥、协调和控制等活动，它关注项目投资、进度及质量管理，一般不涉及项目运营维护阶段。而全过程工程咨询的范围要更广，可包括技术咨询、商务咨询、设施管理等，这些内容一般不列入项目管理的范围。

《工程勘察设计行业发展“十三五”规划》中提出试行建筑师负责制，“从设计总包开始，由建筑师统筹协调建筑、结构、机电、环境、景观等各专业设计，在此基础上延伸建筑师服务范围，按照权责一致的原则，鼓励建筑师依据合同约定提供项目策划、技术顾问咨询、施工指导监督和后期跟踪等服务，推进工程建设全过程建筑师负责制”。可以说，建筑师负责制是我国建筑业推行全过程工程咨询的鼓励实施方式。建筑师负责制能够有效地将项目前期决策与项目实施进行衔接，保证项目前期的建设初衷及设计意图得以贯彻执行。但是，除了建筑师，施工管理人员、监理人员等只要具备足够的技术、经济、管理、法律等方面的知识，能够胜任全过程工程咨询工作，也可担任全过程工程咨询负责人。广东省住房和城乡建设厅发布的《建设项目全过程工程咨询服务指引（咨询企业版）（征求意见稿）》中提出了“总咨询师”的概念，认为总咨询师“是指全过程工程咨询机构委派或投资人指定，具有相关资格和能力，为建设项目提供全过程工程咨询的项目总负责人，原则上由具有注册建筑师、注册结构工程师及其他勘察设计注册工程师、注册造价工程师、注册监理工程师、注册建造师、注册咨询工程师中一个或多个执业资格的人员担任”。

工程总承包是指从事工程总承包的企业受业主委托，按照合同约定，对工程项目的可行性研究、勘察、设计、采购、施工、试运行（竣工验收）等实行全过程或若干阶段的承包。从工作性质和提交成果看，全过程工程咨询是“包服务”，工程总承包是“包工程”。从管理范围和工作内容看，提供全过程咨询服务的企业管理范围更广，工作内容涵盖了项目的整个生命周期所有的管理和咨询服务，除了前期帮助业主进行机会研究、项目建议和可行性研究、选择相关合作方等，还包括对相关合作方的管理和监督，提供招标、造价、监理等各方面的咨询。而工程总承包单位根据和业主谈判的结果，依据合同约定，部分参与工程价值链的某些环节，最为典型的是设计-采购-施工环节。从承担的风险来看，总承包商需要对项目的质量、造价、工期等全面负责，风险较大；而工程咨询公司主要为整个项目提供一整套咨询服务，并按照合同的约定收取一定的报酬和承担一定的管理责任，风险相对较小。

工程总承包与全过程工程咨询都是政府所提倡的项目建设过程中的集成化组织方式，都强调设计的关键性与全局性，但就法律关系而言，全过程工程咨询与工程总承包单位之间存在管理与被管理的关系。两者都减少了工程项目中各部门、各流程之间的界面，提高了工作效率，并最终为工程项目增值。

1.3 全过程工程咨询的范围与内容

根据以上对全过程工程咨询的界定，可细化全过程工程咨询的范围与内容，如图1-1所示。

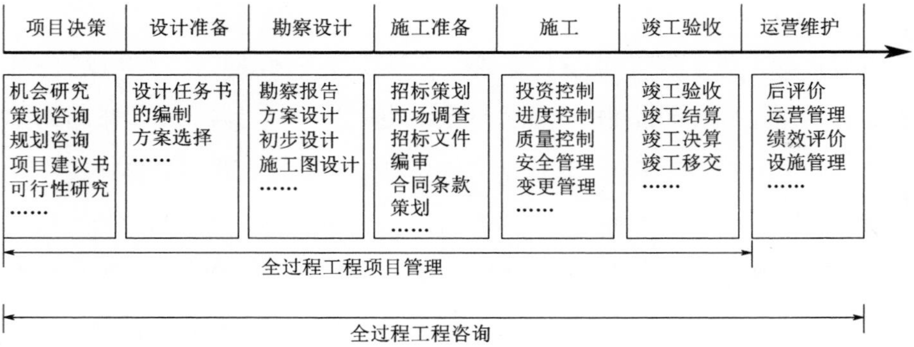

图1-1 全过程工程咨询的范围与内容

全过程工程咨询包括全过程工程项目管理（从项目决策阶段到竣工验收阶段为止），也可按专业咨询分成投资咨询（对应项目决策阶段）、勘察、设计、造价咨询、招标代理、工程监理等各业务。

项目决策阶段主要包括机会研究、策划咨询、规划咨询、项目建议书、可行性研究、投资估算、方案比选等；项目设计准备阶段主要包括设计任务书的编制、方案选择等；勘察设计阶段主要包括勘察报告、方案设计、初步设计、施工图设计、设计概算、施工图预算等；施工准备阶段主要包括招标策划、市场调查、招标文件（含工程量清单、投标限价）编审、合同条款策划、招投标过程管理等；施工阶段主要包括工程投资、进度、质量控制，勘察及设计现场配合管理，安全生产管理，工程变更、索赔及合同争议处理等；竣工验收阶段包括竣工验收、竣工资料管理、竣工结算、竣工决算、竣工移交、质量缺陷期管理等；运营维护阶段包括项目后评价、运营管理、绩效评价、设施管理、资产管理等。

1.4　全过程工程咨询的特点

全过程工程咨询具有集成化、强调智力服务及覆盖范围广的特点。

（1）集成化。全过程工程咨询将碎片化的投资咨询、勘察设计、造价咨询、招标代理、工程监理和项目管理等专项咨询进行有机整合，从而实现设计、施工、运营维护的集成，人员与团队的集成，知识、技术与管理的集成。

（2）强调智力服务。工程咨询单位要运用工程技术、经济学、管理学、法学等多学科的知识和经验，为业主方提供智力服务。特别是在项目决策阶段，业主方需要借助工程咨询单位的经验与智慧，为项目进行准确定位、建设内容策划及可行性研究。

（3）覆盖范围广。全过程工程咨询可涉及项目决策、设计准备、勘察设计、施工准备、施工、竣工验收、运营维护等项目全生命周期的各个阶段，包括组织、管理、经济和技术等各有关方面的工程咨询服务。

1.5　全过程工程咨询的作用

（1）全过程工程咨询能够在咨询团队内部建立具有系统性和一致性的组织体系与工作流程，保证组织体系与工作体系的完整性。

（2）全过程工程咨询能够改变传统咨询模式中各专业咨询碎片化的缺点；能够减少工作界面，提高工作效率和服务质量；能够让工程咨询单位真正实现为项目增值。

（3）全过程工程咨询能将项目决策阶段建设的初衷及相关管理意图最大限度地贯彻执行下去，实现决策阶段与实施阶段的无缝衔接。

（4）全过程工程咨询能改变传统咨询模式下专项咨询单位之间对于工作失误的互相推诿甚至索赔，将咨询责任归由全过程工程咨询团队承担，减少以往传统模式下协作单位之间的冲突。

（5）全过程工程咨询的推行将加大工程项目各参与单位之间的互动与协作，增加项目参与单位，特别是各专项咨询单位之间的互信，为改善建筑行业的合作氛围、提高整个行业的信任度提供有利的条件。

1.6　全过程工程咨询的适用范围

对于全过程工程咨询的适用范围，可以从建设项目的特点及成本角度来考虑。

（1）从建设项目的特点看，工程项目具有较大的复杂性，需要各个专业协同合作解决问题，比较适合采用全过程工程咨询模式，发挥各专业集成的优势。此外，如果项目决策阶段的建设初衷及项目定位是在实施期不打折扣地执行项目，也比较适合采用全过程工程咨询模式。

（2）从成本角度看，只有当业主采取全过程工程咨询模式所带来的效益大于成本时，全过程工程咨询才具有持续的生命力。虽然实施全过程工程咨询的表面成本与传统分专业委托模式没有差异，但在实施过程中存在隐性成本，如各项目参与单位间增加了很多沟通与协作及克服变革阻力等活动，都势必会增加实施成本。图 1-2 为站在全社会角度，推行全过程工程咨询的效益与成本的关系。刚开始推行全过程工程咨询时，许多做法还不成熟，实施成本较大，相应的效益不高；但随着时间的推移，相关做法越来越科学和成熟，实施成本逐渐降低，效益会逐渐显现。当全社会普遍习惯和接受全过程工程咨询时，其成本也会降至很低。所以，只有当实施全过程工程咨询模式的效益大于成本时，工程项目才适合采用该模式。否则，则不适合采用全过程工程咨询模式，而可以使用局部的整合咨询或各专业分别委托模式。

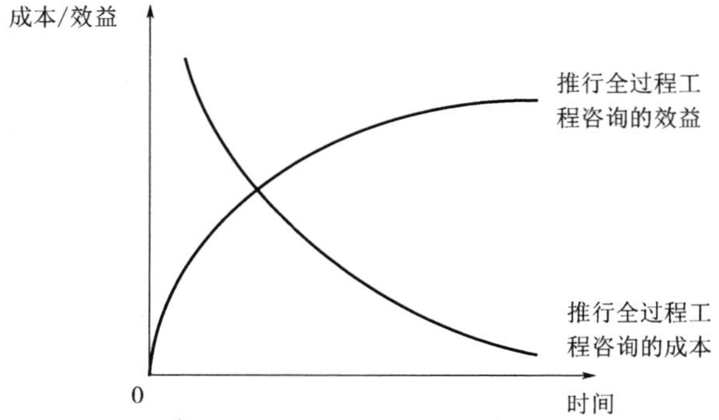

图 1-2　推行全过程工程咨询的成本与效益

可以预见，当全社会习惯了采用全过程工程咨询时，实施该模式的成本将降至很低。除了少量简单的小型项目，大多数工程项目将适合采用全过程工程咨询模式。

第2章　全过程工程咨询由谁主导？

2.1　全过程工程咨询需要由一方牵头或独立完成

欧洲、美国等国家和地区的全过程工程咨询普遍采用建筑师负责制，其实质是由建筑师所领导的团队主导。由于我国建筑业发展历史的特殊性，在很长的一段时间内，工程咨询都是按专业（如投资、设计、工程监理等）分别委托，由建筑师负责制为核心要素的全过程工程咨询模式迟迟没有实现。

我国住房与城乡建设部发布的《关于推进全过程工程咨询服务发展的指导意见（征求意见稿）》中提出，“全过程工程咨询服务可由一家具有综合能力的工程咨询企业实施，或可由多家具有不同专业特长的工程咨询企业联合实施”“由多家工程咨询企业联合实施全过程工程咨询的，应明确牵头单位，并明确各单位的权利、义务和责任”。全过程工程咨询如果由一家具有综合能力的企业实施，则所涉及的界面及协调问题都将在其内部解决。但当由多家工程咨询企业联合实施全过程工程咨询时，各个单位将承担相应的专业内容，如果没有一家负责组织协调及集成整合的牵头单位，则与传统的分专业委托没有区别。牵头单位既要承担自己的专业咨询内容，也要对全过程工程咨询负责。牵头单位承担着信息枢纽、总集成与总负责的角色，如图 2-1 所示。

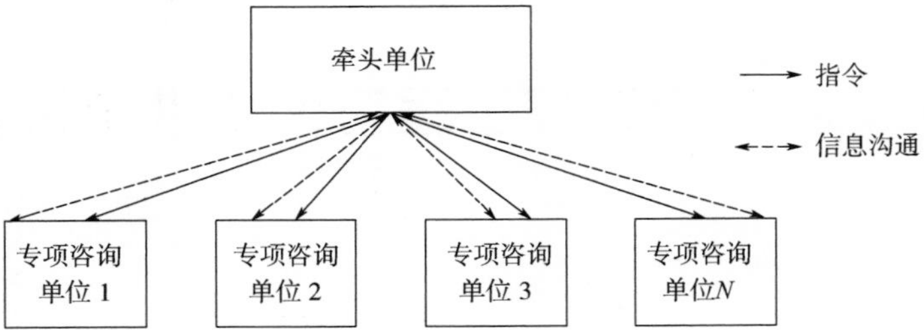

图 2-1　全过程工程咨询牵头单位的角色

2.2　全过程工程咨询应由团队主导，而不应由个人主导或单位主导

首先，全过程工程咨询不适合由个人主导。从国际惯例看，欧美推行建筑师负责制，实际上是由建筑师领导的团队来主导。主要原因在于工程项目专业任务多，任务之间的关系较为复杂，涉及工程咨询的专业团队众多，沟通协调非常烦琐，很难由个人来主导。

其次，全过程工程咨询也不应由单位主导。如果全过程工程咨询可以由多家咨询企业以联合、收购、重组等简单的资源整合方式共同实施，不管由哪一家企业牵头，都可能会遇到达不到理想效果的困境。这是因为全过程工程咨询的实施最终需要通过项目团队来执行。只要没有建立总咨询师领导的一体化专业团队制度，都可能会产生与预期背道而驰的虚假全过程咨询。

最后，全过程工程咨询应由项目负责人领导的一体化专业团队主导。如果全过程工程咨询由一家单位独立实施，其管理和协调相对简单；如果全过程工程咨询由多家专业咨询单位联合实施，管理和协调的难度将会加大。一体化专业团队既能保证工程咨询的专业性，又能提供集成化、综合性的咨询服务，进而实现真正意义上的全过程工程咨询。

综上所述，全过程工程咨询应由一方牵头（只有一家咨询单位时则由其负责）、团队主导。总咨询师领导的一体化专业团队的组建问题将在全过程工程咨询组织模式中详细探讨。

第 3 章　全过程工程咨询的组织模式有哪些？

3.1　全过程工程咨询中牵头单位的选择

在多家工程咨询单位联合实施全过程工程咨询时，可以承担牵头单位角色的有投资咨询单位、设计单位、造价咨询单位和工程监理单位。

投资咨询单位在项目决策阶段介入，其服务的范围与内容也主要局限在项目决策阶段的项目建议书、可行性研究及融资计划等方面。投资咨询单位来担任牵头单位将会有很大的局限性，如无法有效掌控组织、技术、管理等，因而不是较好的牵头单位人选。

设计单位主要完成设计工作，并可对工程施工提供现场指导，其所完成的工作在工程项目中具有承前启后的重要作用，即对接项目决策意图，根据设计任务书进行设计并对施工进行指导。在有些项目中，设计单位甚至将服务阶段向前延伸至项目决策阶段，参与项目前期策划。所以，设计单位在与业主单位接洽的过程中，最能理解业主的初衷及设想，并对项目竣工后的运营能有所考虑，又具备与施工衔接的条件，因而由设计单位牵头提供全过程工程咨询具有一定的优势。但设计单位需要在施工管理、沟通协调等薄弱项上予以加强。

造价咨询单位一般在施工图设计之后才参与项目，如果由其牵头全过程工程咨询，存在两个局限性。第一，造价咨询单位介入项目的时间偏晚，对项目信息的总体把握较弱。即使由造价咨询单位来完成全过程工程造价咨询，其关注点也主要在造价信息上。第二，造价单位可能不擅长设计优化，对施工现场的协调也有所欠缺。

工程监理单位主要在施工阶段对项目进行投资控制、进度控制及质量（安全）控制。但在实际工作中，工程监理单位的主要职责落在质量控制上。工程监理单位的优势在于能较好地进行施工现场的沟通与管理。如果工程监理回归监理制推出之初的定位（即增强投资控制与进度控制的能力），再将咨询服务范围适当往前延伸至工程项目决策阶段（发挥经济分析能力）及设计阶段（发挥设计优化咨询能力），那么工程监理单位有可能成为全过程工程咨询牵头单位的较佳选择。

综上，承担全过程工程咨询牵头单位的各专业咨询单位的最优选择是设计单位，其次是工程监理单位，其他单位都不太适合担任全过程工程咨询的牵头单位。但设计单位需要在施工管理、组织协调方面有所加强，工程监理单位需要在前期决策咨询、设计优化咨询等方面增强能力。

3.2　全过程工程咨询的组织模式

鉴于对全过程工程咨询中牵头单位的考虑，国内著名工程管理专家丁士昭教授提出了三种全过程工程咨询的组织模式，如图 3-1 所示。

在 A 模式中，业主只与一家企业签约，这家企业应具备承担全过程工

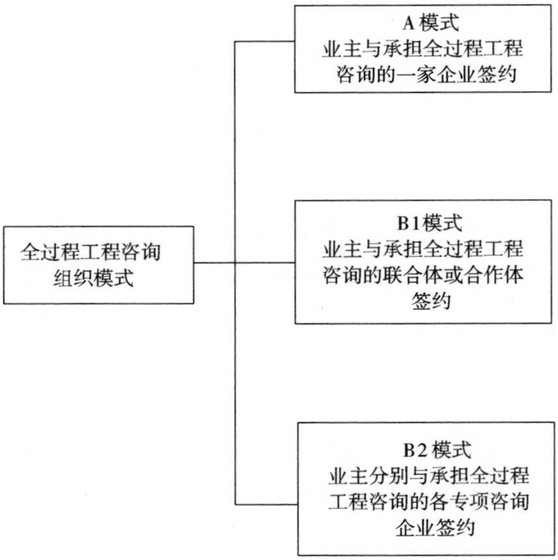

图3-1　全过程工程咨询组织模式

程咨询的能力。在目前的市场情况下，几乎不存在此类能够独立承担全过程工程咨询的企业。在未来市场发展中，应培养一定数量的能够独立承担全过程工程咨询的企业。

在B1模式中，业主与承担全过程工程咨询的联合体或合作体签约。联合体或合作体一般以设计单位为主体，监理企业或造价企业作为联合体或合作体的成员单位。

在B2模式中，业主分别与承担全过程工程咨询的各专项咨询企业签约，仍然是以设计单位为主体。

显然，在这三种模式中，全过程工程咨询团队合作的紧密程度逐渐降低，协作难度逐渐增大（按A、B1、B2顺序）。三种模式存在各自的优缺点，见表3-1。

表 3-1　全过程工程咨询各组织模式的优缺点

模式	优点	缺点
A 模式	全过程工程咨询由一家企业独立完成；协调便利，协调成本低	市场很难找到能独立承担全过程工程咨询的单位
B1 模式	较容易找到能承担全过程工程咨询的联合体或合作体；发挥了合作单位各自的专业优势	联合体或合作体的协调成本相对较高；在联合体或合作体间可能出现合同纠纷
B2 模式	容易找到各专业的优秀咨询单位	整合与协调难度大；协调成本高；各专业单位可能互相推脱责任

此外，在 B1 模式中，可以根据具体情况来选择联合体模式或合作体模式。如果项目较为复杂，可以采取联合体模式，由联合体单位进行风险分担和利益共享。如果项目比较简单，可以采取合作体模式，在统一协调的基础上，合作体单位获取各自的利益。

3.3　总咨询师组建一体化的专业团队

针对全过程工程咨询的不同组织模式，总咨询师可以有相应的一体化专业团队的构建模式。

在 A 模式下，总咨询师可从企业内部抽调各专业咨询工程师来组建一体化的专业咨询团队，也可从外部招聘项目团队成员。所组建的团队一定是各成员间优势互补，团队具有全面的咨询能力，能够胜任前期策划、设计、监理、造价等咨询任务。

在 B1 模式下，总咨询师需要根据联合体或合作体间的信任度，决定是否需要额外招聘本单位承担的服务范围以外的专业人士。当信任度较高时，联合体或合作体间的合作存在不诚实行为的可能性较低，总咨询师无须额外招聘本单位承担的服务范围以外的专业人士。当信任度较低时，为了避免被欺骗及出现纠纷，总咨询师可考虑招聘本单位承担的服务范围以外的专业人士，让其帮助应付与合作方之间的协作。在B1模式下，需要设计一个良好的责权利分担机制，实现联合体之间的利益共享、风险共担。联合体内部可采用“成本+利润”的分配模式，即参与单位根据自己的成本再提取一定比例的利润，也可以构建联合体之间共同的“成本池”和“利润池”，根据贡献度最终决定利润的分配比例。

在B2模式下，牵头单位为了保证对其他各咨询单位的协调顺畅及自身的专业权威性，很有必要招聘自己承担的服务范围以外的专业人士，让其应付与其他专业咨询单位之间的沟通与协调，保证牵头单位的权威效力。

很显然，A模式的沟通与协调成本最低，其次是B1模式，而B2模式的协调成本最高。业主单位在选择全过程工程咨询的组织模式及成本时需要考虑到这一点。

第 4 章　全过程工程咨询的主要方法有哪些?

全过程工程咨询所涉及的方法与工具有很多，包括经济、组织、管理、技术等各方面。在此重点介绍经济与技术、管理与技术结合的方法，主要有价值工程法、挣值法及基于 BIM + 的信息集成管控法。在这些方法中，价值工程法与挣值法在现实的工程咨询中尚未得到足够的重视和使用，而基于 BIM + 的信息集成管控法使用了前沿的信息技术，更应给予相应的重视。

4.1　价值工程法

价值工程法主要应用于设计阶段，由设计人员具体开展使用。价值工程是寻找在经济成本相对较低的情况下实现业主功能需求的较佳方案的一种方法。若价值工程法运用得当，能够优化设计，从而使工程总成本大幅下降。但在现实中，设计单位由于工作任务量大，时间紧迫，一般很少使用该方法。在我国基础设施建设增量减少，从追求项目数量到追求质量的背景下，价值工程法的应用将会逐渐增多。

价值工程中的“价值”是指对象所具有的功能与获得该功能的全部费

用之比，也就是常说的“性价比”。价值工程的目的是以较少的费用来实现强大的功能。价值的“值”一般越大越好，如图4-1所示。

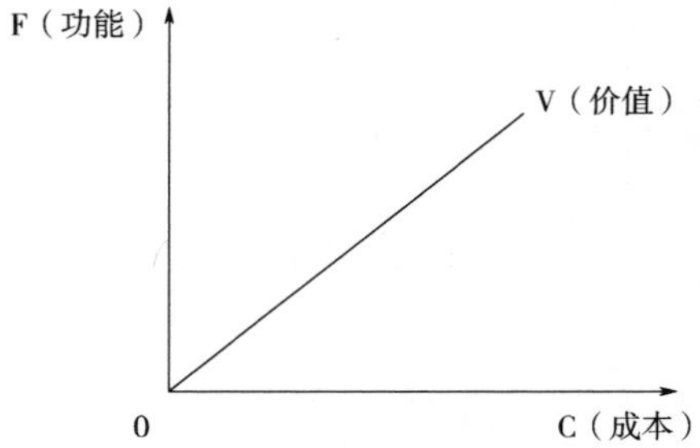

图4-1　价值示意图

提高价值的途径主要有：①在保持成本不变的情况下，增强功能；②在功能不变的情况下，降低成本；③在成本小幅增加的情况下，大幅增强功能；④功能增强，而成本下降（这是最理想的情形）；⑤在降低功能的同时，大幅降低成本。

4.2　挣值法

挣值法（Earned Value Management，EVM）一般应用于施工阶段，由承包商或项目管理方使用。挣值法综合了成本与进度信息，是一种综合管控方法，能够反映出实际成本和进度与计划的成本和进度的差距，从而有利于制定相关纠偏措施。若挣值法运用得当，能够让项目进度与成本相协调，有效地完成项目计划，取得较好的经济效果。

挣值法是一种能全面衡量工程成本、进度状况的整体方法，其基本要素是用货币量代替工程量来测量工程的进度。它不以投入资金的多少来反映工程的进展，而是以资金已经转化为工程成果的量来衡量，是一种完整和有效的工程项目监控指标和方法。

1. 基本参数

（1）已完工作预算费用。

已完工作预算费用（Budgeted Cost for Work Performed，BCWP）或挣值（Earned Value，EV）是指在某一时间已经完成的工作（或部分工作），以批准认可的预算为标准所需要的资金总额。由于业主正是根据这个值为承包人完成的工作量支付相应的费用，也就是承包人获得（挣得）的金额，故其也被称为赢得值或挣值。

$$已完工作预算费用 = 已完成工作量 \times 预算单价$$

（2）计划工作预算费用。

计划工作预算费用（Budgeted Cost for Work Scheduled，BCWS）或计划费用（Plan Value，PV），即根据进度计划，在某一时刻应该完成的工作以预算为标准所需要的资金总额。一般来说，除非合同有变更，计划工作预算费用在工程实施过程中应保持不变。

$$计划工作预算费用 = 计划工作量 \times 预算单价$$

（3）已完工作实际费用。

已完工作实际费用（Actual Cost for Work Performed，ACWP）或实际成本（Actual Cost，AC），即到某一时刻为止，已完成的工作所实际花费的总金额。

$$已完工作实际费用 = 已完成工作量 \times 实际单价$$

2. 评价指标

（1）费用偏差（Cost Variance，CV）。

费用偏差 = 已完工作预算费用 - 已完工作实际费用

CV = BCWP - ACWP 或 CV = EV - AC

当费用偏差为负值时，即表示项目运行超出预算费用；反之，则表示实际费用没有超出预算费用。

（2）进度偏差（Schedule Variance，SV）。

进度偏差 = 已完工作预算费用 - 计划工作预算费用

SV = BCWP - BCWS 或 SV = EV - PV

当进度偏差为负值时，表示进度延误，即实际进度落后于计划进度；当进度偏差为正值时，表示进度提前，即实际进度快于计划进度。

（3）费用绩效指数（Cost Performance Index，CPI）。

费用绩效指数 = 已完工作预算费用/已完工作实际费用

CPI = BCWP/ACWP 或 CPI = EV/AC

当费用绩效指数 <1 时，表示超支，即实际费用高于预算费用；

当费用绩效指数 >1 时，表示节支，即实际费用低于预算费用。

（4）进度绩效指数（Schedule Performance Index，SPI）。

进度绩效指数 = 已完工作预算费用/计划工作预算费用

SPI = BCWP/BCWS 或 SPI = EV/PV

当进度绩效指数 <1 时，表示进度延误，即实际进度比计划进度慢；

当进度绩效指数 >1 时，表示进度提前，即实际进度比计划进度快。

4.3 基于 BIM + 的信息集成管控方法

在现实的工程项目管理中，项目各阶段的参与方存在严重的信息割裂与信息流失，如设计与施工、施工与运营及设计与运营等，它们之间存在不同程度的信息流失，即上一阶段的完成者所掌握的信息未有效地传递给下一阶段的执行者或信息没能在下一阶段得到有效的使用。此外，业主与承包商之间就工程款支付和工程结算很难达成一致，以致经常出现纠纷。而基于 BIM + 的信息集成管控方法能较大程度解决以上问题。基于 BIM + 的信息集成管控方法能够有效地保证工程项目全过程的相关信息完整地得到管理，并得以有效使用，进而有效地指导设计、施工乃至项目运营。

（1）基于 BIM 技术，能够直观地形成 3D 工程设计，便于整合各专业（如暖通、水电等），有效指导施工图的绘制。相较于传统二维图，BIM 模型信息传递的完整性更佳，不易造成信息丢失。BIM 模型也能应用于项目运营，如构建房间手册、指导设施运营管理等。

（2）以 BIM 模型为载体，能创建 BIM + 信息（如成本信息、进度信息等），实现项目信息的综合集成，并指导项目集成管控。BIM5D 模型（即 BIM 三维 + 进度 + 成本）目前在工程实践中已有应用，市面上现有的软件包括斯维尔 5D 软件、广联达 BIM5D 等。

4.4　案例：深圳大学体育馆建设工程 BIM5D 模型应用

深圳大学体育馆建设工程为深圳大学南区运动场，建筑设计使用年限为 50 年，建筑物安全等级为二级，建筑抗震设防类别为丙类，抗震设防烈度为 7 度，建筑物场地类别为Ⅱ类，结构抗震等级为二级，结构安全等级为二级，建筑耐火等级为二级，防水等级为二级。建筑层数为 2 层，建筑高度为12.45m，总用地面积为34 080.95m^2，总建筑面积为19 508.81m^2，容积率为0.57，绿化率为45%。结构类型为钢筋混凝土，结构体系为框架结构。

4.4.1 RVTPlanner 简介

RVTPlanner是深圳大学建设管理房地产系研发的一款基于Revit的BIM4D和BIM5D的插件型混合编程（Hybrid Coding）原型软件。该软件能将模型中的构件与项目（Project）施工组织的各个任务关联，基于国内的工程定额计算或设置给出每个任务的工程量和成本，也能得出每一个分解任务的子目下所需的资源量，使施工组织管理者能更有效地监控成本和进度。

RVTPlanner以附加模块的形式植入Revit，如图4-2所示。BIM建模是将二维平面图建成一个三维可视的空间模型。RVTPlanner则是在三维模型的基础上，增加了时间（Time）和成本（Cost）两个维度，更符合动态的施工管理需求。

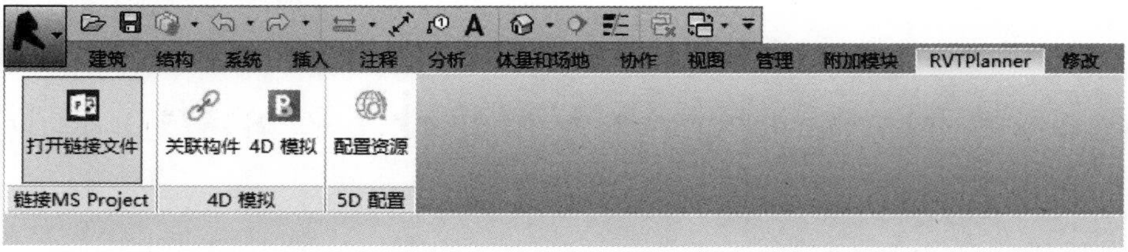

图4-2　RVTPlanner界面（截图）

4.4.2 操作流程

在插件研发前，需要在《广东省建筑与装饰工程综合定额（2010）》

中获取定额名称、计量单位、标准费率、材料、作业、综合工日等信息，并将信息通过 Excel 编制成综合定额表，如图 4-3 所示。

	A	B	C	D	E	F	G	H	I
1	ID	定额编号	RBS	定额名称	计量单位	标准费率	材料	作业	综合工日
2	1	1001-1	01.01.01	平整场地	100m^2	¥217.36	场地	平整	3.690
3	2	1001-2	01.01.01	原土打夯 人工夯实	100m^2	¥104.97	土	原土打夯 人工夯实	1.782
4	3	1001-3	01.01.01	原土打夯 机械夯实 夯实机夯实	100m^2	¥88.23	土	原土打夯 机械夯实 夯实机夯实	1.224
5	4	1001-4	01.01.01	原土打夯 机械夯实 压路机碾压	100m^2	¥13.70	土	原土打夯 机械夯实 压路机碾压	0.090
6	5	1001-5	01.01.02	人工挖土方 一、二类土（深度在1.5m内）	100m^3	¥861.49	土方	人工挖	14.625
7	6	1001-6	01.01.02	人工挖土方 三类土（深度在1.5m内）	100m^3	¥1,557.56	土方	人工挖	26.442
8	7	1001-7	01.01.02	人工挖土方 四类土（深度在1.5m内）	100m^3	¥2,387.78	土方	人工挖	40.536
9	8	1001-8	01.01.02	人工挖淤泥流砂	100m^3	¥3,544.31	淤泥流砂	人工挖	60.170
10	9	1001-9	01.01.02	人工挖沟槽、基坑 一、二类土（深度在2m内）	100m^3	¥1,591.50	沟槽、基坑	人工挖	27.018
11	10	1001-10	01.01.02	人工挖沟槽、基坑 一、二类土（深度在4m内）	100m^3	¥1,974.26	沟槽、基坑	人工挖	33.516
12	11	1001-11	01.01.02	人工挖沟槽、基坑 一、二类土（深度在6m内）	100m^3	¥2,415.34	沟槽、基坑	人工挖	41.004
13	12	1001-12	01.01.02	人工挖沟槽、基坑 三类土（深度在2m内）	100m^3	¥2,836.81	沟槽、基坑	人工挖	48.159
14	13	1001-13	01.01.02	人工挖沟槽、基坑 三类土（深度在4m内）	100m^3	¥3,110.89	沟槽、基坑	人工挖	52.812
15	14	1001-14	01.01.02	人工挖沟槽、基坑 三类土（深度在6m内）	100m^3	¥3,410.43	沟槽、基坑	人工挖	57.897
16	15	1001-15	01.01.02	人工挖沟槽、基坑 四类土（深度在2m内）	100m^3	¥4,185.50	沟槽、基坑	人工挖	71.055
17	16	1001-16	01.01.02	人工挖沟槽、基坑 四类土（深度在4m内）	100m^3	¥4,360.97	沟槽、基坑	人工挖	74.034
18	17	1001-17	01.01.02	人工挖沟槽、基坑 四类土（深度在6m内）	100m^3	¥4,616.50	沟槽、基坑	人工挖	78.372
19	18	1001-18	01.01.03.01	挖土机挖土 一、二类土	1000m^3	¥2,358.26	土	挖土机挖	5.400
20	19	1001-19	01.01.03.01	挖土机挖土 三类土	1000m^3	¥2,745.09	土	挖土机挖	5.400

图 4-3　综合定额表部分内容（截图）

1. 分解工程项目的工作任务

按照工程的分部分项构成进行工作任务分解。在 Project 中列出整个工程的清单，使得模型中各个构件都能跟任务清单对应和关联上，如图 4-4 所示。

2. 关联构件与配置资源

在 Revit 模型中使用插件链接打开 Project 文件，将 Project 甘特图中每个任务分别跟模型里的构件关联。例如，在 Project 文件选中桩基础任务，在插件里点击关联构件，将模型中所有的桩基础构件选中，所关联到的构件就会显示出来，并在 Project 文件中有对应的工作任务。

关联构件后再配置资源。仍以桩基础任务为例，将桩基础构件所需的资源量按照实际需求配置到任务中。由于模型里没有布置钢筋，插件无法计算钢筋的工程量，需要手动添加，但是，其他资源，如混凝土、桩的工程量等，是可以直接从插件里获取的，读取当前任务配置资源即可。桩基础配置资源界面如图 4-5 所示。

若模型中没有布置构件，但在实际施工过程中存在的任务，如平整土地、回填土方等，也可以通过手动配置资源，如图 4-6 所示。

		WBS	任务名称
0		**0**	**南区运动场**
1		1	平整场地
2		**2**	**A区**
3		**2.1**	**地基与基础**
4		2.1.1	PHC预应力管桩
5		**2.1.2**	**基础承台**
6		2.1.2.1	挖基坑土方
7		2.1.2.2	承台和基础梁
8		**2.2**	**主体结构**
9		**2.2.1**	**混凝土结构**
10		2.2.1.1	首层柱
11		**2.2.1.2**	**二层**
12		2.2.1.2.1	梁板
13		2.2.1.2.2	柱
14		**2.2.1.3**	**屋面**
15		2.2.1.3.1	梁板
16		2.2.1.3.2	楼梯间顶层柱
17		2.2.1.3.3	楼梯间屋面梁板
18		**2.2.1.4**	**楼梯**
19		2.2.1.4.1	一层楼梯
20		2.2.1.4.2	二层楼梯
21		**2.2.2**	**砌筑工程**
22		**2.2.2.1**	**首层**
23		2.2.2.1.1	外墙
24		2.2.2.1.2	构造柱
25		2.2.2.1.3	内墙
26		2.2.2.1.4	卫生间隔墙
27		2.2.2.1.5	玻璃隔板
28		**2.2.2.2**	**二层**
29		2.2.2.2.1	外墙
30		2.2.2.2.2	构造柱
31		2.2.2.2.3	内墙
32		2.2.2.2.4	卫生间隔墙
33		**2.2.2.3**	**屋面**
34		2.2.2.3.1	女儿墙
35		2.2.2.3.2	楼梯间外墙
36		**2.3**	**建筑装饰装修**
37		2.3.1	幕墙

甘特图

		WBS	任务名称
137		3.3.2.3	楼梯间天台门
138		3.3.3	室内栏杆扶手
139		**3.3.4**	**内墙面饰**
140		**3.3.4.1**	**首层**
141		3.3.4.1.1	内墙1
142		3.3.4.1.2	内墙2
143		**3.3.4.2**	**二层**
144		3.3.4.2.1	内墙1
145		3.3.4.2.2	内墙2
146		3.3.4.3	屋面
147		**3.3.5**	**外墙贴面**
148		3.3.5.1	首层
149		3.3.5.2	二层
150		3.3.5.3	屋顶
151		**3.3.6**	**楼地面**
152		3.3.6.1	回填土方
153		3.3.6.2	地面混凝土浇筑
154		**3.3.6.3**	**首层**
155		3.3.6.3.1	地1
156		3.3.6.3.2	地2
157		3.3.6.3.3	地3
158		3.3.6.3.4	地4
159		3.3.6.3.5	地5
160		3.3.6.3.6	地8
161		**3.3.6.4**	**二层**
162		3.3.6.4.1	楼2
163		3.3.6.4.2	楼3
164		3.3.6.4.3	楼4
165		**3.3.6.5**	**屋面**
166		3.3.6.5.1	屋1
167		3.3.6.5.2	屋2
168		**3.3.7**	**钢结构**
169		3.3.7.1	铝合金遮阳板
170		**3.3.8**	**零星工程**
171		3.3.8.1	室外楼梯
172		3.3.8.2	室外楼梯栏杆
173		3.3.8.3	室外台阶
174		3.3.8.4	花坛
175		3.3.9	附属设施

图 4-4　Project 部分任务清单（截图）

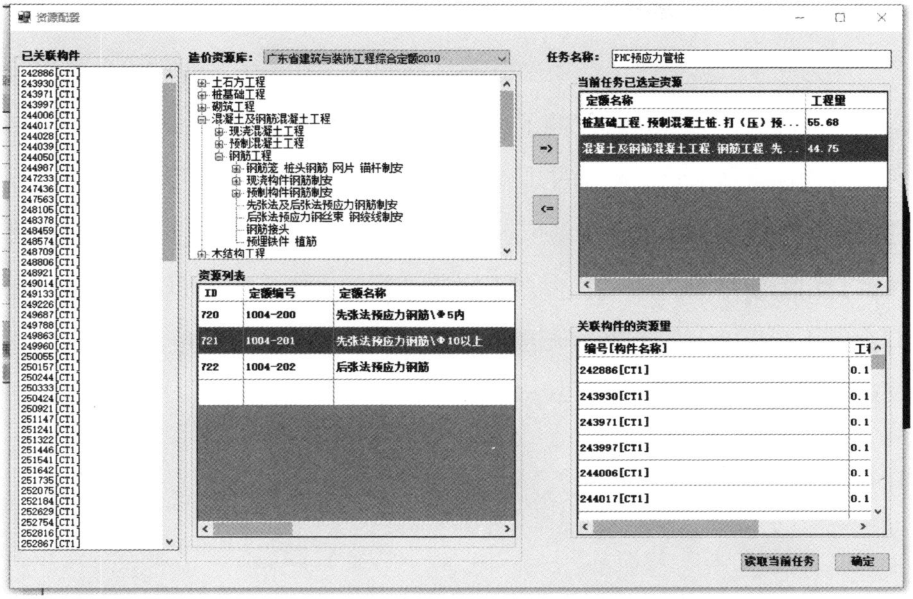

图 4-5　桩基础配置资源界面（截图）

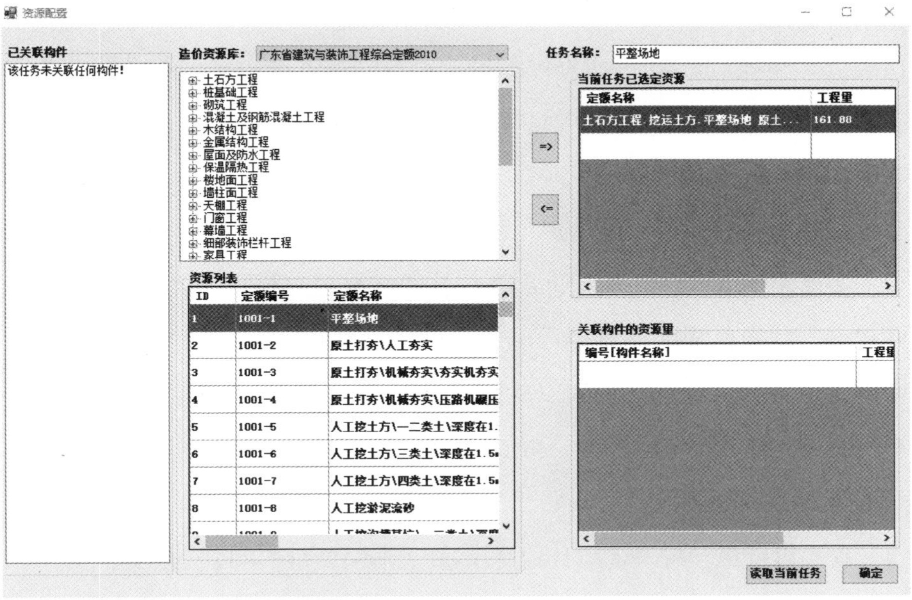

图 4-6　平整场地配置资源界面（截图）

3. Project 进度计划

因为深圳大学南区运动场分为 A 区和 B 区，在施工过程中可以采用流水施工的方法。如做完 A 区的承台和基础再做 B 区的承台和基础，做完 A 区首层的柱再做 B 区首层的柱，使得各工作队可以实行专业化施工，充分提高劳动生产率，有助于保证工程质量。流水作业的连续性不仅使各种材料得到均衡使用，而且可以消除工作组的施工间歇，在大大缩短工期的同时，也能减少工人人数和临时设施数量，从而达到节约投资、降低成本的目标。横道图进度计划如图 4-7 所示。

4.4.3 输出数据分析

1. 输出成本表与汇总

进度计划横道图完成后，可以从中提取数据、输出成果。在视图的资源工作表中可以看到每一项资源的工时（工程量）与标准费率，在资源工作表中插入列“成本”，即可得出每项资源的成本并汇总。在甘特图视图中插入列“成本”，也可以得到每项任务的成本，汇总即为该工程的总成本，如图 4-8 所示。

2. “BCWS”与“BCWP”分析

在软件中输入实际施工进度情况，即可得到实际施工成本。图 4-9 为“BCWS”与“BCWP”分析图，综合反映了进度和成本信息。通过对“BC-WS”和“BCWP”的实时监控分析，能比较准确地掌握项目成本、进度状况和趋势，进而采取纠正措施，使项目成本控制在事先指定的基准范围以内。

3. 资源采购计划

软件可以统计每日资源计划使用量。图 4-10、图 4-11 分别为混凝土和钢筋的用料计划累计量统计。

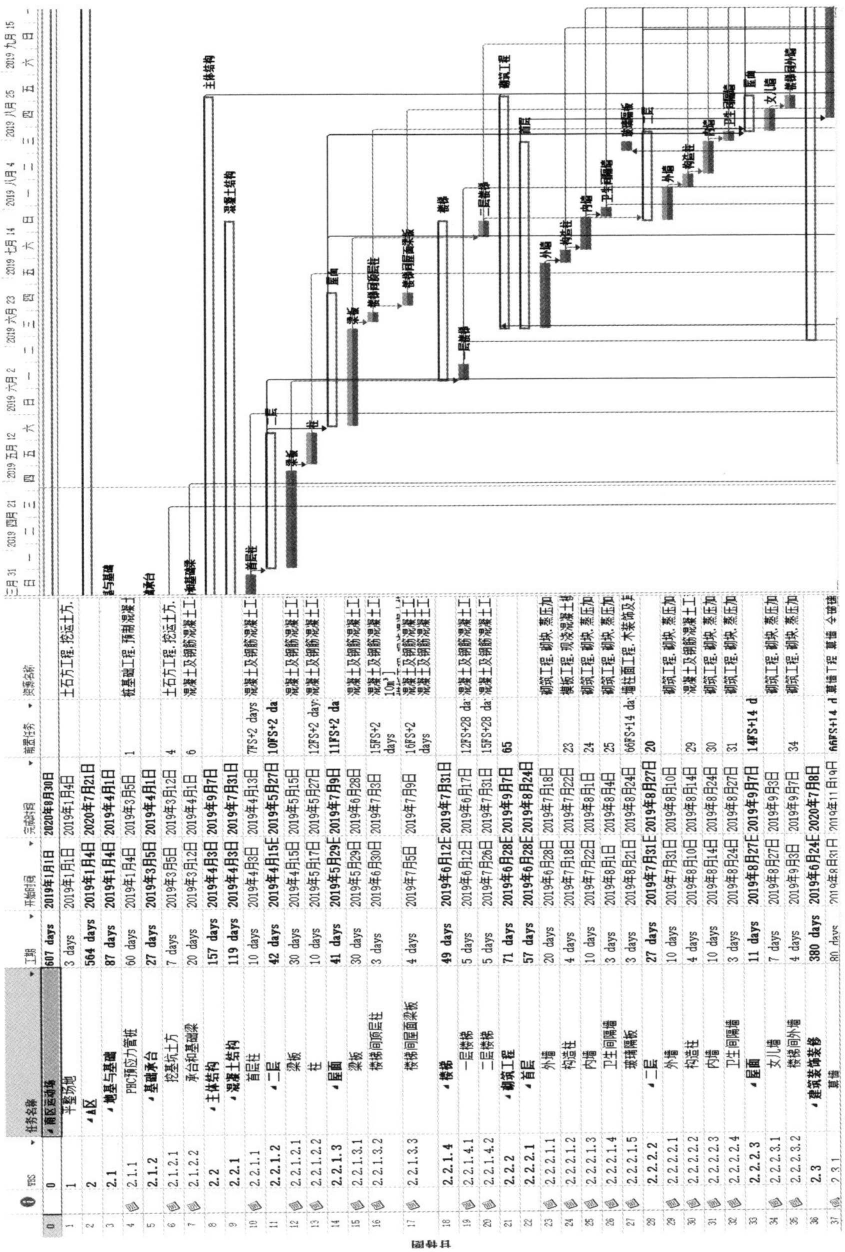

图4-7　横道图进度计划（截图）

		WBS	任务名称	工期	开始时间	完成时间	成本	前置任务
0		0	**南区运动场**	**607 days**	**2019年1月1日**	**2020年8月30日**	**¥29,774,084.58**	
1		1	平整场地	3 days	2019年1月1日	2019年1月4日	¥35,186.96	
2		**2**	**A区**	**564 days**	**2019年1月4日**	**2020年7月21日**	**¥17,868,182.23**	
3		**2.1**	**地基与基础**	**87 days**	**2019年1月4日**	**2019年4月1日**	**¥2,395,006.63**	
4		2.1.1	PHC预应力管桩	60 days	2019年1月4日	2019年3月5日	¥1,277,962.92	1
5		**2.1.2**	**基础承台**	**27 days**	**2019年3月5日**	**2019年4月1日**	**¥1,117,043.71**	
6		2.1.2.1	挖基坑土方	7 days	2019年3月5日	2019年3月12日	¥728,326.40	4
7		2.1.2.2	承台和基础梁	20 days	2019年3月12日	2019年4月1日	¥388,717.31	6
8		**2.2**	**主体结构**	**157 days**	**2019年4月3日**	**2019年9月7日**	**¥4,330,003.89**	
9		**2.2.1**	**混凝土结构**	**119 days**	**2019年4月3日**	**2019年7月31日**	**¥3,870,620.48**	
10		2.2.1.1	首层柱	10 days	2019年4月3日	2019年4月13日	¥437,058.86	7FS+2 days
11		**2.2.1.2**	**二层**	**42 days**	**2019年4月15E**	**2019年5月27日**	**¥979,419.43**	**10FS+2 days**
12		2.2.1.2.1	梁板	30 days	2019年4月15日	2019年5月15日	¥702,856.32	
13		2.2.1.2.2	柱	10 days	2019年5月17日	2019年5月27日	¥276,563.12	12FS+2 days
14		**2.2.1.3**	**屋面**	**41 days**	**2019年5月29E**	**2019年7月9日**	**¥2,003,004.41**	**11FS+2 days**
15		2.2.1.3.1	梁板	30 days	2019年5月29日	2019年6月28日	¥1,888,213.32	
16		2.2.1.3.2	楼梯间顶层柱	3 days	2019年6月30日	2019年7月3日	¥33,505.15	15FS+2 days
17		2.2.1.3.3	楼梯间屋面梁板	4 days	2019年7月5日	2019年7月9日	¥81,285.94	16FS+2 days
18		**2.2.1.4**	**楼梯**	**49 days**	**2019年6月12E**	**2019年7月31日**	**¥451,137.77**	
19		2.2.1.4.1	一层楼梯	5 days	2019年6月12日	2019年6月17日	¥173,088.70	12FS+28 days
20		2.2.1.4.2	二层楼梯	5 days	2019年7月26日	2019年7月31日	¥278,049.07	15FS+28 days
21		**2.2.2**	**砌筑工程**	**71 days**	**2019年6月28E**	**2019年9月7日**	**¥459,383.42**	**65**
22		**2.2.2.1**	**首层**	**57 days**	**2019年6月28E**	**2019年8月24日**	**¥294,138.61**	
23		2.2.2.1.1	外墙	20 days	2019年6月28日	2019年7月18日	¥93,158.65	
24		2.2.2.1.2	构造柱	4 days	2019年7月18日	2019年7月22日	¥4,346.13	23
25		2.2.2.1.3	内墙	10 days	2019年7月22日	2019年8月1日	¥121,051.21	24
26		2.2.2.1.4	卫生间隔墙	3 days	2019年8月1日	2019年8月4日	¥1,643.25	25
27		2.2.2.1.5	玻璃隔板	3 days	2019年8月21日	2019年8月24日	¥73,939.37	66FS+14 days
28		**2.2.2.2**	**二层**	**27 days**	**2019年7月31E**	**2019年8月27日**	**¥102,655.64**	**20**
29		2.2.2.2.1	外墙	10 days	2019年7月31日	2019年8月10日	¥50,445.87	
30		2.2.2.2.2	构造柱	4 days	2019年8月10日	2019年8月14日	¥2,964.11	29
31		2.2.2.2.3	内墙	10 days	2019年8月14日	2019年8月24日	¥47,230.35	30
32		2.2.2.2.4	卫生间隔墙	3 days	2019年8月24日	2019年8月27日	¥2,015.31	31
33		**2.2.2.3**	**屋面**	**11 days**	**2019年8月27E**	**2019年9月7日**	**¥62,589.16**	**14FS+14 day**
34		2.2.2.3.1	女儿墙	7 days	2019年8月27日	2019年9月3日	¥38,913.72	
35		2.2.2.3.2	楼梯间外墙	4 days	2019年9月3日	2019年9月7日	¥23,675.44	34
36		**2.3**	**建筑装饰装修**	**380 days**	**2019年6月24E**	**2020年7月8日**	**¥10,005,491.35**	
37		2.3.1	幕墙	80 days	2019年8月31日	2019年11月19日	¥5,608,254.61	**66FS+14 day**
38		**2.3.2**	**门窗**	**128 days**	**2019年9月14E**	**2020年1月20日**	**¥45,286.16**	

图 4-8　任务成本汇总表部分内容（截图）

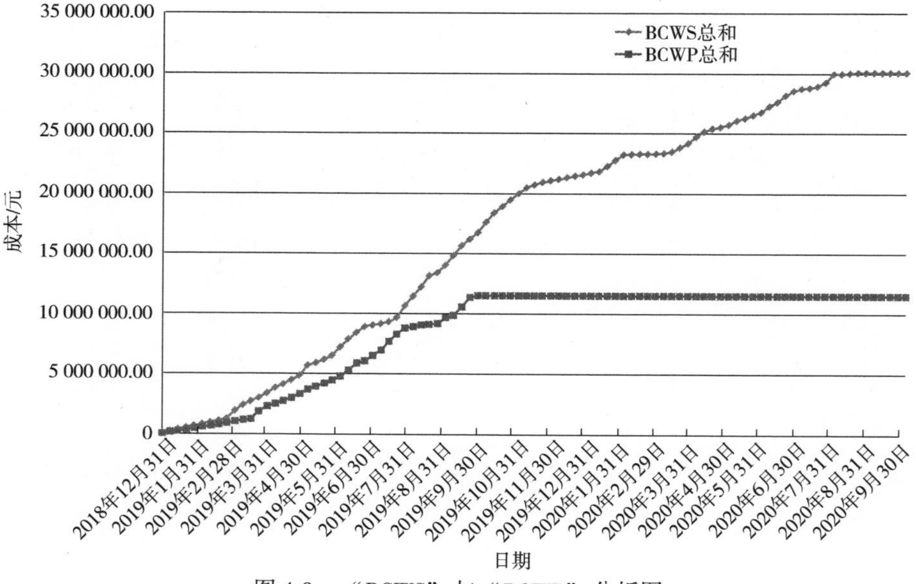

图 4-9　“BCWS”与“BCWP”分析图

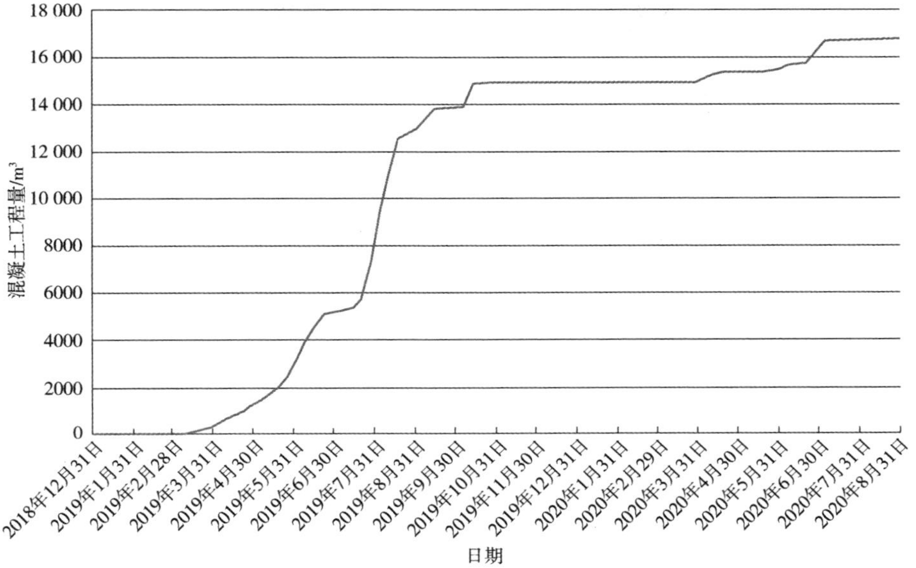

图 4-10　混凝土工程量累计分布图

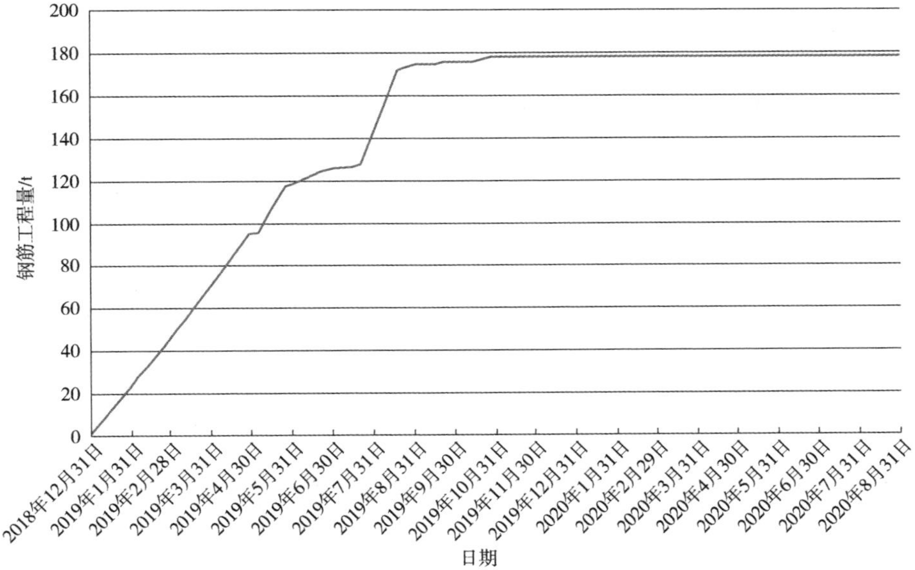

图 4-11　钢筋工程量累计分布图

在图4-10中，从2019年7月28日开始，曲线斜率加大，这是因为该时间点处于B区屋面梁板施工阶段，有大量的混凝土资源需要消耗，故混凝土资源消耗增长速度较快。在图4-11中，2019年11月3日后，曲线斜率几乎没有变化，这是因为工程主体结构已经施工完毕，对钢筋资源的需求大大降低。

根据资源的累计分布图，可以指定一定时期的资源采购计划。如果施工单位在采购钢筋时，能较为准确地估算一定时期的钢筋需求量，即可绘制钢筋采购包络图，为资源采购提供可靠的依据，如图4-12所示。

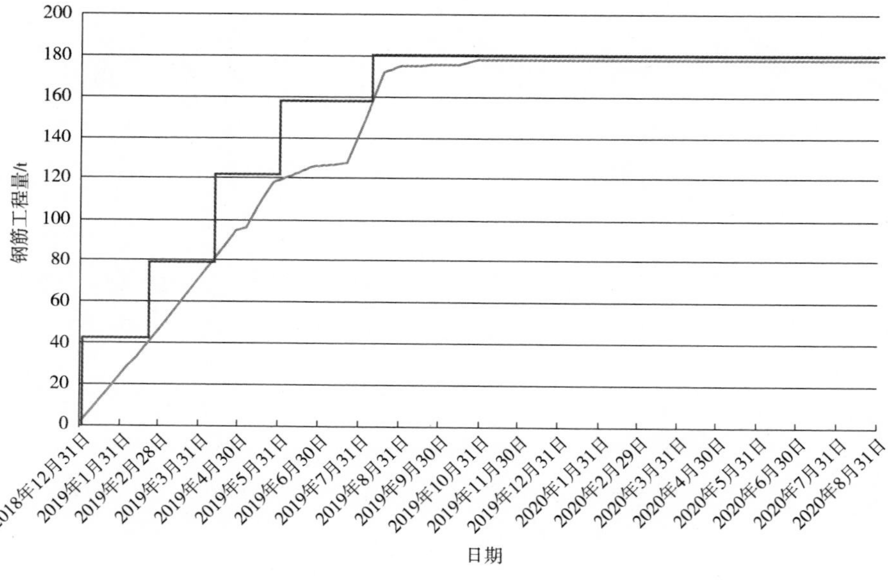

图4-12　钢筋采购包络图

由图4-12可知，2019年2月17日所需要消耗的钢筋量为37.94t，2019年4月7日所需要消耗的钢筋量为77.67t。采购方可以在2019年1月1日采购40t钢筋，在2019年2月17日再采购40t钢筋，从而避免一次性采购过多或过少导致资源堆积或资源短缺的现象，做到资源的高效利用。

第 5 章　全过程工程咨询如何取费？

工程咨询机构提供的工程咨询属于智力服务。在绝大多数情况下，工程咨询按照服务内容和服务质量来收取费用，但一般不承担风险。原因主要有两个：第一，工程项目实施的成败主要取决于实施单位能力（如承包商的施工管理能力）的大小，工程咨询单位固然发挥着重要作用，但不是最主要的因素；第二，工程咨询单位的主要资产是人才，资金实力有限，当工程项目的绩效不理想甚至出现亏损时，工程咨询单位没有资金实力来承担责任。

全过程工程咨询模式在我国的应用尚处于探索阶段，对于全过程工程咨询收费尚无成熟的做法与经验。结合全过程工程咨询的特点及国外的相关做法，在此提出全过程工程咨询取费的三种视角，即传统视角、成本 + 利润视角、成本 + 效益视角。

5.1　传统视角下的全过程工程咨询取费

所谓传统视角，即在现有各专业咨询服务费的基础上加收统筹协调费用。在现有建设工程咨询市场上，各专业咨询的服务费用是公开透明的，比较容易进行协商确定，但全过程工程咨询牵头单位的统筹协调费用比较难确定。统筹协调费用可以在各专项咨询服务费总和的基础上计取。该模式的全过程工程咨询取费如图 5-1 所示。

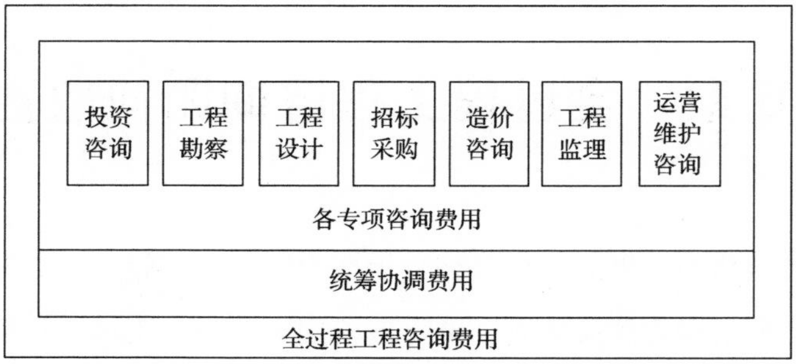

图 5-1　传统视角下的全过程工程咨询费用构成

传统视角下全过程工程咨询取费模式的优点在于，和现行的工程咨询取费模式接近，易于操作。在各专项咨询合同中都可以明确固定的费用。该模式适用于全过程工程咨询推行初期。随着全过程工程咨询的逐渐发展，该模式将逐渐暴露其缺陷。

这种取费模式与现有工程咨询计费模式区别不大，对各专业咨询单位的激励作用有限。各咨询单位仍可能按现有模式开展工程咨询，而不是站在项目的全生命周期角度开展咨询服务工作。

5.2　成本 + 利润视角下的全过程工程咨询取费

所谓成本 + 利润视角，是指牵头单位组织各专业咨询单位构建跨组织的团队，约定各自权益比例，一般成本分担和利益分享比例相同，但根据具体情况可以有所差异；建立成本和利润管理委员会，负责成本核算和利润分配。牵头单位代表所有咨询单位与业主方签订合同，合同的费用一般是固定的。该模式的全过程工程咨询取费如图 5-2 所示。

这种模式的优点包括：加强各单位之间的联动，更能发挥全过程工程咨询的集成效应；各单位有加强成本管控的动力；各单位紧密协作，能提高工作效率和质量。该模式的缺点在于：协调难度大，特别是关于成本的核算和利润的分配，极易引起争议；对牵头单位要求极高，牵头单位要有较强的沟通、协调、管控能力。

这种模式适用于全过程工程咨询的参与单位之间拥有长期合作关系，如战略合作、战略联盟等，各单位能够相互配合、不计小利，共同提供优质的全过程工程咨询服务。

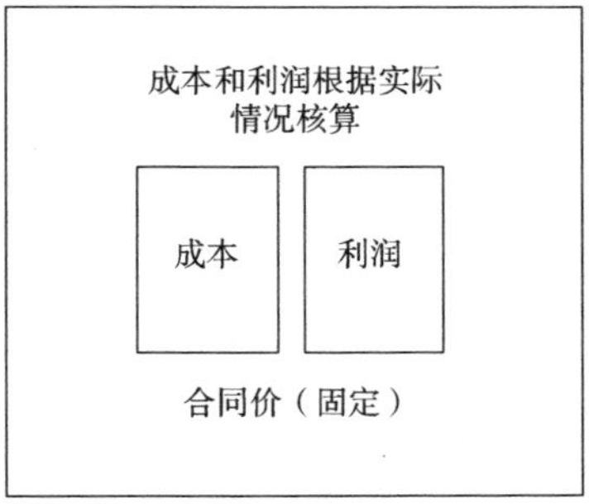

图 5-2　成本 + 利润视角下的全过程工程咨询取费

5.3　成本 + 效益视角下的全过程工程咨询取费

所谓成本 + 效益视角，是指牵头单位组织各专业咨询单位构建跨组织的团队，与业主签订费用可变合同，总费用包括所有的咨询成本加上为业主节约投资的一定比例的分成。与成本＋利润视角类似，该视角下的取费模式可约定各专业咨询单位的权益比例。该模式的全过程工程咨询取费如图5-3所示。

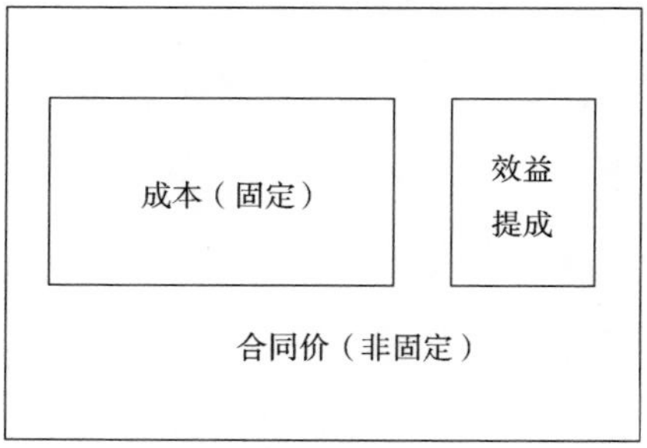

图5-3　成本＋效益视角下的全过程工程咨询取费

这种模式与成本＋利润视角的最大区别在于全过程咨询团队需要承担一定的风险，即如果咨询不善，项目未能进行较大的投资节约，有可能无法获取相应的收益。该模式的优点在于，比成本＋利润视角更能激发各咨询单位提供优质咨询服务的积极性，并且能够有效地促进项目节约投资。该模式的缺点也很明显，即可能导致各专业咨询单位急功近利，为了节约当下的项目投资而不考虑工程项目的全生命周期的成本。

这种模式适合全过程工程咨询的各参与单位具有良好的长期合作关系，并且项目具有一定的复杂性和挑战性，项目存在较大的节约投资的可能性，同时业主具有一定的专业性，能够从项目全生命周期视角对全过程咨询服务的质量进行评价和把控。

5.4　案例：广东金融学院北校区图书信息中心项目全过程工程咨询取费

5.4.1　项目概况

广东金融学院北校区图书信息中心项目工程估算总投资额为 2.3 亿元，可研批复总建筑面积为 45 636m^2，建设工期为 510 天。该项目拟建为独栋建筑，地下一层为人防地下车库、设备机房等。地上拟建五层：首层为教学中心；二层为门厅、服务台、自修室等；三层、四层为书库、阅览区等；五层为档案馆、影视制作中心、读者培训厅、管理辅助用房等。其中：图书馆为 28 708m^2，实训室为 2500m^2，档案馆为 2000m^2，地下车库为 12 428m^2。同时配套建设地块内道路、广场、绿化等室外配套工程面积为 15 858m^2。建成后图书馆阅览座位约为 5000 座。

全过程工程咨询服务内容包括前期咨询、勘察、设计、造价咨询、施工监理及项目管理工作。

5.4.2　全过程工程咨询取费构成

1. 前期咨询费用

项目前期咨询的取费标准见表 5-1。前期咨询费 $=(23\ 000-10\ 000)/(50\ 000-10\ 000)\times(37-14)+14+(23\ 000-10\ 000)/(50\ 000-10\ 000)\times(75-28)+28=64.75$（万元）。

表 5-1　项目前期咨询取费标准

估算投资额 咨询评估项目	0.3 亿～ 1 亿元	1 亿～ 5 亿元	5 亿～ 10 亿元	收费依据
编制项目建议书	6 万～ 14 万元	14 万～ 37 万元	37 万～ 55 万元	《国家计委关于印发建设项目前期工作咨询收费暂行规定的通知》（计价格〔1999〕1283 号）
编制可行性 研究报告	12 万～ 28 万元	28 万～ 75 万元	75 万～ 110 万元	

2. 勘察费用

勘察总量暂定为 3000m，取费标准参考《工程勘察设计收费管理规定》（计价格〔2002〕10 号），以 180 元/m 单价包干。工程勘察费 = 3000 × 0.018 = 54（万元）。

3. 设计费用

参照《工程勘察设计收费管理规定》（计价格〔2002〕10 号），投资额为 2 亿元的项目，设计费为 566.8 万元；投资额为 4 亿元的项目，设计费为 1054 万元。工程复杂调整系数是对同一专业不同建设项目的工程设计复杂程度和工作量差异进行调整的系数。工程复杂程度分为一般、较复杂和复杂 3 个等级，其调整系数分别为：一般（Ⅰ级）0.85；较复杂（Ⅱ级）1；复杂（Ⅲ级）1.15。该项目调整系数取 0.85。工程设计费 = 0.85 × [（23 000 − 20 000）/（40 000 − 20 000）×（1054 − 566.8）+ 566.8] = 543.898（万元）。

4. 造价咨询费

造价咨询费参考《中价协关于规范工程造价咨询服务收费的通知》（中价协〔2013〕35 号），见表 5-2。造价咨询费 = 10 000 × 0.012 +（23

000 - 10 000）×0.01 = 250（万元）。

表 5-2　造价咨询取费标准

收费基数（X）	划分标准（万元）					
	X≤200	200 < X ≤500	500 < X ≤2 000	2 000 < X ≤10 000	10 000 < X ≤50 000	X > 50 000
建安工程费用	—	—	—	12‰	10‰	8‰

5. 工程监理费

表 5-3 为工程监理取费标准。监理费 = (23 000 - 20 000)/(40 000 - 20 000) × (708.2 - 393.4) + 393.4 = 440.62（万元）。

表 5-3　工程监理费取费标准

计算额（万元）	取费基价（万元）	依据
500	16.5	《国家发展改革委关于进一步放开建设项目专业服务价格的通知》（发改价格〔2015〕299 号）
1000	30.1	
3000	78.1	
5000	120.8	
8000	181.0	
10 000	218.6	
20 000	393.4	
40 000	708.2	
60 000	991.4	

6. 项目管理费

项目管理费取费标准见表 5-4。项目管理费 = 1000 × 2% +（5000 - 1000）× 1.5% + (10 000 - 5000) × 1.2% + (23 000 - 10 000) × 1% = 270（万元）。

表 5-4　项目管理费取费标准

工程总概算（万元）	费率（%）	依据
1000 以下	2.0	《财政部关于印发〈基本建设项目建设成本管理规定〉的通知》（财建〔2016〕504 号）
1001～5000	1.5	
5001～10 000	1.2	
10 001～50 000	1.0	
50 001～100 000	0.8	
100 000 以上	0.4	

总咨询费：64.75＋54＋543.898＋250＋440.62＋270＝1 623.268（万元）。

第 6 章　总咨询师应该具备什么素质？

2018 年 4 月 4 日，广东省住房和城乡建设厅发布了《建设项目全过程工程咨询服务指引（咨询企业版）（征求意见稿)》和《建设项目全过程工程咨询服务指引（投资人版）（征求意见稿)》，在这两个文件中明确提出了总咨询师的概念，即具有相关资格和能力，为建设项目提供全过程工程咨询的项目总负责人。

6.1　总咨询师的任职资格

在广东省住房和城乡建设厅发布的相关征求意见稿中，对总咨询师的任职资格提出了要求，即原则上由具有注册建筑师、注册结构工程师及其他勘察设计注册工程师、注册造价工程师、注册监理工程师、注册建造师、注册咨询工程师中一个或多个执业资格的人员担任。

首先，由于建筑师在项目策划与设计阶段就参与项目决策与设计工作，因此具有作为全过程工程咨询项目负责人的天然优势。《工程勘察设计行业发展“十三五”规划》中提出，试行建筑师负责制，鼓励建筑师依据合同约定提供项目策划、技术顾问咨询、施工指导监督和后期跟踪等服务。但是，由于职业特性，建筑师比较偏重于设计理念、设计构思，注重建筑艺术和设计技巧，在施工指导、管理协调上存在一定的缺陷。

其次，投资咨询工程师虽然很早就介入工程项目前期，但其存在“偏科”，即主要擅长工程项目的必要性论证、项目财务分析及经济分析等，对项目的技术、管理等方面可能存在知识与能力缺陷，因而很难担任全过程工程咨询项目的负责人。

再次，造价咨询工程师擅长工程项目造价，参与工程项目的施工阶段，对技术和管理有一定的了解，但在设计优化、施工现场管理等方面存在一定的缺陷。

最后，监理工程师擅长对施工的监督、指导和管理，以及组织协调，具备一定的工程项目组织、管理、技术、经济知识，但对设计、造价等可能存在能力不足的情况。

综上，各专业咨询工程师在承担总咨询师角色时，都有可能面临不擅长的领域。专业咨询工程师在承担本专业咨询任务的同时，应积极拓宽知识领域并提升组织、管理、技术、经济等全方位的能力，为担任总咨询师创造条件。

此外，由于目前各执业资格考试所涉及的专业知识比较狭窄，尚不能完全覆盖全过程工程咨询所涉及的范围。因此，在国内可以尝试建立总咨询师执业资格考试，所涉及的知识领域较现有的各专业执业资格考试更为广泛。除此以外，要担任总咨询师，相关的工作经验必不可少，也可在总咨询师执业资格考试中设定工作经验的要求。

6.2　总咨询师的知识结构

总咨询师必须具备广博的知识，涵盖工程技术、经济、管理、政策等各个方面，但又要在某些专业领域比较擅长，做到术业有专攻。根据这个要求，总咨询师的知识结构包括通用知识和专业知识两大部分，如图 6-1 所示。

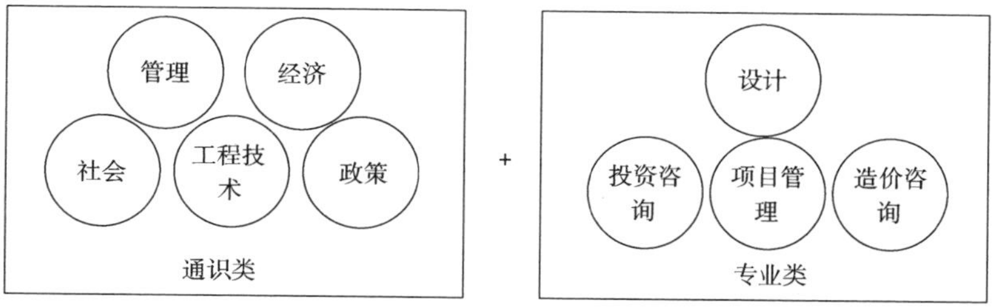

图 6-1　总咨询师的知识结构

通用知识包括经济、管理、技术、社会、政策等多个方面，特别是需要加强经济、管理、技术三方面的通识类知识，因为这极有可能影响总咨询师在开展项目咨询时采用的经济、管理、技术等手段。

在专业知识方面，可根据总咨询师所在单位从事的主要工作及个人喜爱，着意进行培养。如来自于设计院的总咨询师比较擅长设计，来自于投资咨询单位的总咨询师比较擅长项目前期的投资咨询。

6.3 总咨询师的软技能

总咨询师除具备相应的知识结构以外，还应具备相应的软技能，即知识所不能反映的技能。总咨询师作为项目全过程咨询的集成者和信息中枢，要具备足够的领导力、沟通协调能力，以及善于授权且能掌控事态和局面的能力。

首先，全过程工程咨询的参与单位较多，总咨询师若没有足够的领导力，很难将咨询团队凝聚起来，共同解决工程咨询难题。其次，全过程工程咨询各参与单位之间的信息交互频繁，许多工程咨询难题都需要通过良好的沟通来解决。最后，总咨询师必须要善于授权。全过程工程咨询任务不可能由一个人或一家单位独立完成，需要多人、多团队的通力合作，这就要求授权。但授权不等于不管，在授权的同时，要加强对事态进展的把控能力。如果全过程工程咨询的过程中出现问题，要及时采取补救措施，避免事态恶化。

第 7 章　国外全过程工程咨询发展情况如何？

7.1　发展历程

国外工程咨询业从 19 世纪中叶开始，经过 100 多年的发展，制度建设和运营模式不断完善。概括起来，国外工程咨询行业大致经历了 3 个发展阶段。

一是个人咨询阶段。代表性事件是 19 世纪 90 年代美国建筑师梅斯丁成立了土木工程协会。该协会独立承担从土木工程建设中分离出来的技术咨询业务。

二是合伙咨询时期。20 世纪前期，个体咨询已从土木工程扩展到工业、农业、交通等领域，咨询形式也由个人咨询转向合伙咨询。

三是综合发展时期。第二次世界大战以后，工程咨询从专业咨询发展到综合咨询，从单纯的技术咨询发展到战略咨询、管理咨询等；咨询市场由国内扩展到国际，出现了一大批国际工程咨询公司，如美国 AECOM（艾奕康）设计集团、美国 JACOBS 工程集团公司、美国 FLUOR 公司（福陆）等。

7.2 行业发展业态

国外工程咨询市场化程度高，其发展业态主要由市场决定。例如，在德国和法国工程咨询市场上，工程咨询公司呈现两极分布状态，以大型综合性咨询机构和具有某一专业技术特长的小型咨询机构为主。这两者可以分别响应不同业主的需求。大型综合性咨询机构可以应对大型复杂工程项目的多样化咨询需求，小型咨询机构则可为业主解决某一方面的技术与管理难题。

7.3 服务内容与取费

不同于国内咨询企业多以专业咨询模块进行业务区分，国外并没有把咨询业务进行人为分割，而是业主根据项目特点选择合适的咨询公司参与阶段性或全过程的工程咨询。随着项目规模的增大、技术复杂程度的上升、项目参与主体的增多及项目管理越来越精细化，全过程工程咨询业务在市场竞争中自发形成。从事全过程工程咨询的服务机构往往通过兼并重组等方式，拓展业务范围，延长产业链，满足客户多样化的需求。一些技术实力雄厚的公司逐渐转型为国际工程公司，既可以为客户提供工程咨询、工程项目管理服务，也可以做设计、采购、施工等项目管理承包。以德国和法国为例，两国中标的咨询公司可以负责项目的设计、工程保险、招投标服务、工程监理及建成后的服务。

国际上通用的工程咨询费计费原则为：咨询费为成本与合理利润之和。国外一般通过制定条例等方式形成一定的取费标准，服务范围也涵盖了项目的全过程。例如，德国的咨询工程师对项目管理的取费主要依据《建筑师和工程师咨询服务收费条例》（HOAI）。该条例由建筑师和工程师协会制定，并经过德国政府认可。HOAI 只对基本任务的收费标准做了规定，而其他专项任务的收费标准主要根据业主的委托由双方协定。

不同国家的咨询费标准不一。法国的工程咨询费按工程总投资额的 2.5%~9% 收取，德国的工程咨询费按土建工程造价的 20% 收取，如果工程决算超出咨询公司所做的预算，则从咨询公司的利润中扣除。东南亚多数国家的工程咨询费为工程总价的 1%~3%。韩国的工程咨询费为工程总价的 2%~5%。日本将工程咨询费称为设计监理费，为工程总价的 2.3%~4.5%。可见，东方国家的工程咨询费取费标准普遍低于西方国家。

7.4　行业协会的作用

国外政府对咨询市场的管理主要通过行业协会进行自律性管理，行业协会在行业中具有很大的声望和权威。例如，国际咨询工程师联合会（FIDIC）、美国建筑师联合会（AIA）等，它们一方面代表咨询机构和咨询者个人利益，负责与政府和有关团体联系；另一方面，负责把政府的法律法规、政策变成具体的制度、方法和标准。在市场准入方面，国外对咨询市场的管理主要体现在对个人执业的管理上，对企业的准入则不设置门槛。例如，在美国，工程咨询师可以由建筑师、土木工程师和具有注册执照的建筑商担任，也可以是注册的咨询工程师。不过，无论工程咨询师由谁担任，都必须具有注册执业资格。以美国咨询工程师协会（ACEC）为例，其成立于1910年，总部设在华盛顿，拥有会员单位6000余家。该协会主要设有两大部门：一个部门负责与政府协调，另一个部门负责为会员单位提供服务。该协会会员主要以咨询单位为主，近些年也有许多工程承包公司和设计公司加入。

7.5 保险公司的作用

保险公司在欧洲、美国工程咨询中发挥了重要的作用。以德国和法国为例，两国保险公司介入项目咨询过程，对工程咨询公司承担的建设项目给予承保，既承保不可预见因素（如物价上涨幅度过大），也对工程咨询技术责任进行承保。为此，保险公司设立了专门的部门，对工程投资、进度和质量等进行核查，确保工程咨询公司完成工作的合理性，减少建设工作的随意性和失误。如果咨询公司造成项目重大失误，以后不会有保险公司为其承保，该公司将无法再承揽工程咨询项目。

7.6 中外对比与建议

（1）从行业业态看，在我国工程咨询市场上，大而强的咨询公司较少，能参加国际工程咨询市场竞争的企业屈指可数。一个合理的工程咨询市场应该既存在足够数量的大型综合咨询机构，也存在众多小而专的咨询公司。目前，在我国工程咨询市场上，咨询公司同质化现象严重，普遍缺乏市场竞争力。

（2）在行业协会方面，我国的行业协会的作用尚未全面发挥，其影响力有限。应授予工程咨询行业协会更大的权力，通过行业的自治治理机制来实现行业自律与自我完善。通过行业协会的有序管理，提高工程咨询行业的影响力。

（3）在工程保险方面，我国尚未开展关于工程咨询的保险应用，这极大地限制了工程咨询行业的发展。如果保险公司能够对工程咨询项目进行承保，工程咨询公司将有更大的动力去承担其应该承担的责任，而业主方也可获得真正有价值的咨询服务。倘若如此，工程咨询市场将会获得较为广阔的发展空间。

（4）在工程咨询服务取费方面，较之于西方国家，我国工程咨询服务的取费标准相对较低。可通过提高我国工程咨询服务的取费标准，促进工程咨询公司招揽优秀人才，提高人力资源水平，增强企业竞争力。

总之，我国工程咨询行业的市场自我驱动力较小，主要依靠政策引导与政府扶持。从行业视角看，应更多关注市场需求，发展多元化、个性化的咨询服务，打造大而强并能在“一带一路”倡议下参与国际竞争的工程咨询公司；利用行业协会自治机制进行自我管理，实现行业可持续发展。从工程咨询公司视角看，应提高风险管理能力，依托工程咨询保险，真正放开手脚，竭尽智慧，为业主服务。

第 8 章 我国工程咨询政策如何演变至今？

1984 年 11 月，在国务院批转的原国家计委《关于工程设计改革的几点意见》（国发〔1984〕157 号）中，首次引入了工程咨询的概念，被视为工程设计工作的拓展和验收。但长期以来，工程咨询和设计分别由国家发展和改革委员会（以下简称“国家发展改革委”）与住房和城乡建设部分别管理，形成了工程咨询与设计相分离的格局。从工程咨询概念的引入到今天全过程工程咨询概念的提出，可总结为 3 个阶段：初步发展阶段、内容明确阶段、集成发展阶段。这 3 个阶段都离不开政策的引导和支持。3 个阶段的政策发展历程如图 8-1 所示。

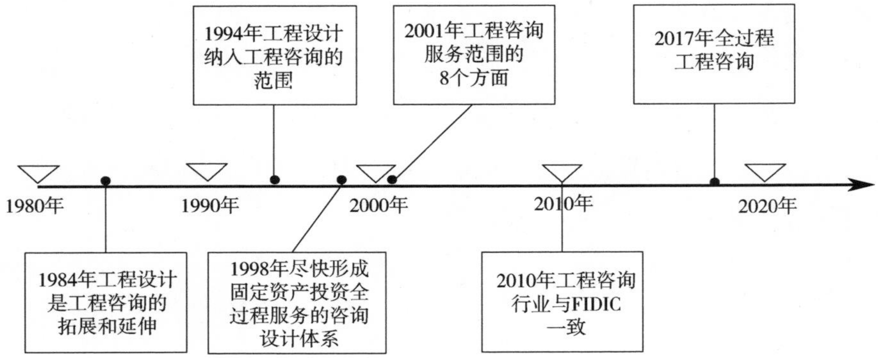

图 8-1 我国工程咨询政策发展历程

8.1　初步发展阶段

在初步发展阶段（1984—1999 年），工程咨询的概念已经被提出，但尚不成熟，内容仍不成体系，也不够明确。表 8-1 为市场萌芽阶段发布的工程咨询政策文件。1984 年 11 月，原国家计委颁发《关于工程设计改革的几点意见》，引入了工程咨询的概念，将工程设计作为工程咨询的延伸，并鼓励国营、集体、个体设计进行竞争。1994 年 4 月，原国家计委颁发《工程咨询业管理暂行办法》（第 2 号令），参照国际惯例，将工程设计、工程监理纳入工程咨询的范围。1999 年，《国务院办公厅转发建设部等部门关于工程勘察设计单位体制改革若干意见的通知》（国办发〔1999〕101 号），提出必须尽快形成固定资产投资活动全过程的技术性、管理性的咨询设计服务体系。在这个阶段，工程咨询的概念基本形成，随着发展逐渐完善了内容体系。

表 8-1　工程咨询初步发展阶段的相关政策

时间	文件名称	政策要点
1984 年	《关于工程设计改革的几点意见》	引入工程咨询的概念
1994 年	《工程咨询业管理暂行办法》	将工程设计、工程监理纳入工程咨询的范围
1999 年	《关于工程勘察设计单位体制改革的若干意见》	尽快形成固定资产投资活动全过程的技术性、管理性的咨询设计服务体系

8.2 内容明确阶段

在内容明确阶段（2000—2010年），工程咨询包含的范围逐渐明确。2001年，国家计委颁发《工程咨询单位资格认定实施办法（修订）》，提出工程咨询服务包括规划咨询、项目建议书编制、项目可行性研究编制、评估咨询、工程勘察设计、招投标咨询、工程监理、管理咨询8项内容。2010年，《国家发展改革委关于印发工程咨询业2010—2015年发展规划纲要的通知》（发改投资〔2010〕264号），参考国际咨询工程师协会对工程咨询行业的界定，提出了工程咨询行业包括的内容，即工程建设全过程经济和管理服务。具体而言，工程咨询包括规划编制与咨询、投资机会研究、可行性研究、评估咨询、勘察设计、招标代理、工程和设备监理。该文件同时指出，工程咨询单位要加快熟悉工程项目管理规则，大力加强工程项目策划、准备、实施阶段的管理能力建设，努力提高工程项目全过程管理水平，积极开拓国内外工程项目管理市场；鼓励各类投资主体选择具有工程项目管理资质的工程咨询单位，以全过程管理方式实施项目建设。在内容明确阶段，工程咨询行业有了快速发展，形成了可以提供各种咨询服务的工程咨询单位。工程咨询行业发挥的作用和实现的产值都有了较大的突破。

8.3　集成发展阶段

在集成发展阶段（2011 年至今），政策引导工程咨询向多元化和集成化发展，相关政策文件见表 8-2。2017 年 2 月，《国务院办公厅关于促进建筑业持续健康发展的意见》，鼓励发展工程总承包模式和全过程工程咨询及建筑师负责制。具体而言，鼓励投资咨询、勘察、设计、监理、招标代理、造价等企业采取联合经营、并购重组等方式发展全过程工程咨询；政府投资工程应带头推行全过程工程咨询，鼓励非政府投资工程委托全过程工程咨询服务；在民用建筑项目中，充分发挥建筑师的主导作用，鼓励提供全过程工程咨询服务。2017 年 7 月，国家发展改革委投资司颁发《工程咨询行业管理办法（征求意见稿）》，对工程咨询进行了系统定义，即“工程咨询是以技术为基础，遵循独立、公正、科学的原则，综合运用多学科

表 8-2　工程咨询集成发展阶段的相关政策

时间	文件名称	政策要点
2017 年 2 月	《国务院办公厅关于促进建筑业持续健康发展的意见》	鼓励发展程总承包模式和全过程工程咨询及建筑师负责制
2017 年 7 月	《工程咨询行业管理办法（征求意见稿）》	明确全过程工程咨询的范围
2019 年 3 月	《关于推进全过程工程咨询服务发展的指导意见》	提出全过程工程咨询的组织方式
2020 年 4 月	《房屋建筑和市政基础设施建设项目全过程工程咨询服务技术标准（征求意见稿）》	建立全过程工程咨询服务技术标准

知识、工程实践经验、现代科学和管理方法，在经济社会发展、投资建设项目决策与实施活动中，为各类投资者和政府部门提供阶段性或全过程咨询和管理的智力服务”。该办法明确了工程咨询的服务范围，包括规划咨询、项目前期咨询、评估咨询、项目后评价、项目概预结决算审查、工程设计、招标代理、工程（设备）监理、工程项目管理等，全过程工程咨询概念基本形成。2019 年 3 月，国家发展改革委联合住房和城乡建设部印发《关于推进全过程工程咨询服务发展的指导意见》，提出以工程建设环节为重点推进全过程咨询。在房屋建筑、市政基础设施等工程建设中，鼓励建设单位委托咨询单位提供招标代理、勘察、设计、监理、造价、项目管理等全过程咨询服务，满足建设单位一体化服务需求，增强工程建设过程的协同性；在组织上，工程建设全过程咨询服务应当由一家具有综合能力的咨询单位实施，也可由多家具有招标代理、勘察、设计、监理、造价、项目管理等不同能力的咨询单位联合实施；明确了提供全过程工程咨询服务的单位资质要求及人员资格要求。在此阶段，全过程工程咨询提上日程，相关政策文件对全过程工程咨询如何组织与实施给出了实质性的指导意见。2020 年 4 月，国家发展改革委与住房和城乡建设部推出《房屋建筑和市政基础设施建设项目全过程工程咨询服务技术标准（征求意见稿)》，明确了全过程工程咨询的内涵和外延，全过程工程咨询的范围和内容，全过程工程咨询的程序、方法及成果，指导工程咨询类企业为委托方提供全过程工程咨询服务。至此，全过程工程咨询企业具有了可借鉴的全过程工程咨询服务标准。

第 9 章　工程监理行业如何发展?

我国工程监理制度从 1986 年原建设部发文开始试点到 1996 年全面推行至今，一直在政府推动和市场引导双重作用的环境下实施。在政策推动下，我国的工程监理制度虽然是以工程建设管理领域适应市场经济机制为导向的，但其起点并不是市场经济下社会分工的产物。在这种情况下，极易由于社会对该行业市场定位认识的落后，导致人们对该行业的产业性质及其基本特征认识的模糊，进而在其市场运作模式中产生偏差。

鉴于此，有必要对工程监理行业的性质、特征、角色、行为准则和职业责任等进行分析，并提出一些发展措施，以期解决相应的问题，推动监理行业走出当前的发展困境。

9.1　工程监理的咨询属性

工程咨询行业是在工程建设领域参与工程建设过程的咨询行业的总称。在实际的社会分工中，它包括工程规划设计、勘察、建设投资决策顾问、工程管理咨询等行业或部门。工程规划设计行业专门在接受客户的委托后，提供工程的规划、设计等技术服务，通过专业人员对相关知识和实践经验的应用，提交相应的规划、设计文件，以体现规划设计专业人员的设想，并提供设计施工实施过程中的设计配合服务。工程勘察行业专门在接受客户的委托后，提供对工程现场有限范围内的地质水文资料的调查信息，通过专业人员对相关知识、实践经验和专门设备的应用，提交相应的地质勘查报告文件并提出工程需要的关键地质参数，以体现工程勘察专业人员的判断。建设投资决策顾问行业专门在接受客户的委托后，提供工程项目的策划、方案评估、项目可行性研究等多方面的技术服务，通过专业人员对相关知识和实践经验的应用，提交相应的策划、评估文件，以体现专业人员对项目建设计划的设想。工程管理咨询行业在接受客户的委托后，专门提供工程项目在实施阶段的项目管理服务，包括项目成本、工程进度和工程品质的管理，还涉及项目的合同管理、多方面人力资源的管理及参与者间工程信息的协调和沟通，有时也可以扩展到与建设有关的其他环节的咨询服务；在管理方案实施前，也需要提出相应的管理组织计划，以体现其管理方式设想。不同的工程咨询行业在相同的项目中都是项目建设业主的受委托咨询人，需要在不同的阶段和方面进行充分的协作。

这些行业的经营活动模式均符合咨询行业的共同性质和特征。由于国际建筑业发展历史的原因，现代工程咨询行业的经营业务有的仍覆盖工程咨询中多个甚至全部业务范围。在工程咨询领域有着极高专业地位的国际咨询工程师联合会（FIDIC），针对这些行业，在1979年和1980年分别提出过相应的，但内容相似的客户委托标准协议范本，后又在1990年将这些范本归纳为一个统一的工程咨询客户委托标准协议范本。显然，FIDIC在制定此统一的标准协议范本时，毫无疑问地确认了它们是性质相同的工程咨询行业，并且有意识地使用“协议（Agreement）”一词，有别于适用业主与承包商之间的标准范本中使用的“合同（Contract）”，以示对此类行业的工程咨询性质与工程承包的区别。而在此方面，我国即使是从事该行业的人，也通常有一些认识上的模糊和偏差，尤其在涉及此类行业的职业权利、责任与义务时。

我国的工程监理制度逻辑上并不妨碍其按工程咨询行业的市场定位发展。从本质属性上看，工程监理显然当属工程咨询行业中的一种。

9.2　工程监理行业的现状与困境

对工程监理行业而言，为了清楚地分析其当前存在的问题，找出其真实症结所在，并提出相应的解决问题的措施，先要明确工程监理行业的合理和理想的目标设想。为此，需要以我国建立工程监理制度的产生背景作为分析的出发点。简单而言，我国的工程监理制度是在改革开放思想的指导下，在工程建设投资主体多元化的背景下，基于旧的行政性工程质量管理体制效率低、工作范围狭窄的特点，借鉴国际工程项目管理的市场化体制，由政府倡导、落实试点直至全面推广实施的工程项目管理体制安排，其被明确为一项工程管理市场化的重大改革措施。我国工程监理体制尽管不是建设工程领域的社会分工和市场产业细化的自然结果，但从出发点看，逻辑上并不妨碍工程监理可以按市场化规律发展。虽然我国工程监理的基本方法和理论明显地存在与国际上关于项目管理的理论基础的继承性，但在实际工程实践中，工程监理发展到今天，人们发现其体制规则和运作模式也更多地受政策法规的主导，而不是由市场灵活多变的需求主导。事实上，我国工程监理行业的发展已经与其出发点有了明显的区别，而且这种异化的倾向从工程监理制度的产生背景出发并不难以预见和理解。个中缘由可能是多方面的，由此也会衍生出各种结果。以下对我国工程监理行业目前所处状况的原因及由此衍生的逻辑结果进行分析。

如上所述，在我国，人们对监理的认识和管理是一个逐步深化的过程。政府为此逐步颁布了多项关于工程监理的行政法规，从监理市场进入门槛、经营方式到执业收费标准均做出了相应的规定和指导。于是，从官方行业协会到大量从相关行业转移到新的监理行业的从业人员，都将熟悉和遵守有关法规作为知识更新的重点。从我国监理工程师资格考试培训的教材内容上就可以明显地看到这种倾向，其中除了法规内容，对项目管理的基本理论、方法和手段的内容则流于宽泛、粗糙和零散，难以和国际项目管理成熟的知识体系协同。工程监理行业不能顺利超越工程现场质量监督的工作范围，从而向更高端的项目管理咨询业务发展，从某种角度看，不能简单归因于此类单一的因素，一般情况下还包括以下因素，这些因素之间甚至可以看作是交叉作用、互为因果的。

在政府倡导的监理制度下，政府工程项目中按相关规定委托的监理机制总是在官方所认为监理应有的运作模式下进行，这种模式充分地反映在已经颁布实施的国家标准（如《建设工程监理规范》）中。由于监理行业政府主管部门在其主管事务范围上的限制，该监理规范标准文件无法涉及更多工程项目的前期和后期多样性的咨询业务方式。现实中，只有当政府项目（通常是一些国家级的特大型项目）在融资、设计、管理等环节有涉外等特殊情形时，项目管理的运作才可能采用更“特殊”的运作方式，即更可能与国际惯例相协调的全面专业化项目管理模式。即使在这种情况下，国内模式的监理行业也通常成为涉外全面项目管理的一项被采购的管理“分包”或单独部分，以期降低总的管理成本和提高地方适应能力。这类涉外性质项目的全面委托授权管理模式的优秀示范作用，曾经是我国监理制度建立的重要促进因素。问题是，在一些非国家级的地方政府项目中，规范标准的、运作范围受限的监理运作模式，还不能对社会投资项目关于提倡全面项目管理起到良好的示范作用。

建设市场的国内社会性投资主体作为工程管理咨询的需求者，由于受传统计划体制下工程监管模式影响深远，同样对全面项目管理咨询的性质和效用理解不够，信心不足。在缺少示范项目引导的情况下，这种理解、信心的建立和需求的产生可能需要相当长的时间。当政府主管部门以各种形式要求社会投资主体必须委托监理，并要求监理行业一定程度上约束社会投资主体行为时，强制委托监理的规定更可能导致投资人的一种排斥应付心态。投资人或将委托监理视作向政府主管部门交代的门面手续，且同时可能缩小委托授权程度，甚至仅仅因为现场质量监督责任风险大、工作繁重，才将其委托给监理行业。

监理行业缺少对项目管理的全面正确理解，同样在缺少示范项目引导的条件下，不能适应全过程、全方位项目管理的实操模式，也就缺少吸引技术人员之外的高级项目管理人才的优势，难以提高工程监理的服务层次和能力。

监理行业长期持续地处于较低的业务层次，极易使社会各方对监理的性质形成误解，认为既然技术含量及人员素质不高，则其应为一种劳务性行业而不是一种咨询行业，甚至不论具体情况如何，一概认为监理行业应当对工程质量结果负有责任。也许是出于对监理行业的人员素质一般仍高于几乎完全市场化的工程承包行业，以及监理人员在现场工作具有便利性的认识，社会公众，有关政府部门、行政性工程质量监督机构人员和投资人等，在工程施工质量方面，正越来越多地倾向于直接与相关的监理行业人员进行对话。监理行业人员承担的期望大了，额外的义务也就产生了。

当前监理行业的问题还在于，社会各方对该行业权利、责任和义务的不正确解读导致的评价机制缺失和模糊。同时，在社会、政府对建设项目应承担社会责任的严厉要求下，监理行业有可能成为投资人和承包商眼中责任风险的转移对象，而社会公众和政府似乎也并不热衷于改变监理行业成为他人责任风险顶替者的趋势。这种“不可承受之痛”很可能使这个行业走向穷途末路。当前监理行业高级人才大量流失的现实正在证明这个逻辑。很难相信这种现状是监理制度产生的初衷。

9.3 工程监理行业发展的措施

基于以上分析，可在充分尊重市场经济机制的指导思想下，通过采取以下措施解决相应的问题，使监理行业走出当前的发展困境。

（1）按照《中华人民共和国建筑法》的精神，通过相应的法规明确定义工程监理行业作为工程咨询行业的性质，据此明确其职业权利、责任与义务三者的要求和限制，以及它们相互之间的联系。

（2）明确划分政府投资工程项目、以国有资产为主的工程项目与社会投资项目的区别，当工程监理行业发展到一定的成熟程度，应当通过法规规定政府投资工程项目和以国有资产为主的工程项目必须委托监理。其规定的合理性根据在于，政府作为政府项目投资主体和当前体制下的国有资产授权管理者的身份，有权对该范围内的建设投资项目规定相应的管理模式，以防止项目运作过程中具体的经营者可能损害政府资产和国有资产的行为。

（3）淡化监理行业对社会投资主体和非社会投资项目具体经营者的行为进行监督约束的义务，必须明确行为者责任自负的原则，突出强调监理行业守法、诚信、公正、科学、积极、独立的职业行为准则。

（4）改变监理行业的市场进入门槛机制，淡化监理行业以企业资格条件为主的控制机制，强调监理行业以专业人员个人资格条件为主的职业准入机制。

（5）作为示范导向，首先在政府投资工程项目中，淡化监理行业市场招标中监理费用的财务竞争色彩，探索以服务内容和服务质量为主、服务费用为次的监理行业项目前评价及项目后评价机制。在此类评价机制建立并成熟后，通过一定的认证或特许资格机制，建立监理行业进入政府投资工程项目和以国有资产为主的工程项目的门槛。

（6）作为示范导向，在政府项目中根据客观条件积极提倡与国际项目管理体系接轨的委托管理服务模式。在监理行业能力有限的情况下，根据世界贸易组织（WTO）和《内地与香港关于建立更紧密经贸关系的安排》（CEPA）的规则，引进、委托境外有良好声誉和业绩的工程管理咨询公司或通过合作的方式进行示范性运作。

（7）通过政府示范项目，组织国内主要社会投资主体和业绩相对较好的监理企业深入学习和研究现代化的项目管理操作模式。随着市场的逐渐认可，建立监理行业客观的服务费用社会期望。

（8）建立工程监理行业面向监理专业人员的自律协会，并通过协会系统科学地建立专业人员的职业操守准则和职业道德标准。

（9）组织相应的监理行业高级培训课程，对监理行业高级管理专业人员进行职业继续教育，以形成监理行业的职业教育知识体系，不断更新监理工程师资格考试培训内容。

第 10 章　工程监理企业如何转型发展?

我国工程监理企业经过 30 年的发展，无论是数量上还是规模上都得到了很大的发展，人员素质也有了明显的提高，企业产值和行业产值稳步增长。图 10-1 为 2006—2018 年我国监理企业营业收入情况。工程监理企业对我国建筑业做出了重要贡献。但是，监理企业发展模式粗犷，发展过程中存在不少问题，已经出现跟不上行业前沿的苗头。在我国推行全过程工程咨询的浪潮下，监理企业如果不积极转型，就很有可能被市场淘汰。

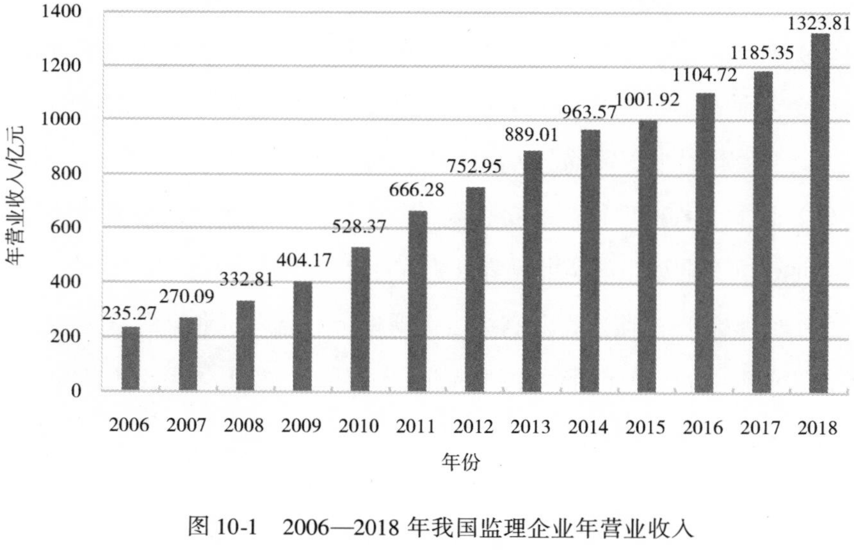

图 10-1　2006—2018 年我国监理企业年营业收入

10.1 工程监理企业存在的问题

1. 市场竞争能力弱

我国对于一定类型及一定投资额以上的项目（覆盖了绝大多数项目）强制实行工程监理。因此，我国工程监理市场在一定程度上是政府引导的市场，大多数监理企业因强制监理政策而获得业务。强制监理在监理市场培育初期发挥了重要作用，但也容易让监理企业不思进取。在目前情况下，监理企业整体服务水平低，不能有效满足业主的三大控制目标（投资、进度、质量），相当一部分监理企业只能提供质量管理服务，并且在质量管理上还不能提供专业化服务。业主对于监理的期望值越来越低，聘请监理主要是因为政策的强制要求，并不是因为监理服务能够给业主带来附加价值。

2. 监理从业人员素质不高

监理人员在为业主提供服务的过程中，整体职业素养不高，在施工现场不能及时发现和解决问题。此外，还有部分监理人员缺乏职业道德和责任感，现场监理不负责任，任由隐患存在。监理企业不能提供优质、全方位、专业化的项目管理服务，监理服务的范围逐渐收缩，监理人员的地位和福利水平不高，高素质专业人才不愿意进入这个行业，有能力的从业人员也不愿意在此久留，形成了“整体素质不高—业主不认可—监理人员地位低”的恶性循环怪圈。当然，在近几年的发展中，一些大型工程监理企业在这方面有了显著的改善，但是从整体上看，监理从业人员素质不高仍是一个普遍的问题。

3. 大多数监理企业的服务内容仅为施工阶段的监督管理

工程监理制度创建的初衷为推行现代化的项目管理。但在工程监理制度的推行过程中，大多数监理企业发展为只能提供施工阶段的监督管理服务，有些监理企业甚至连合格、到位的施工监督管理服务都不能提供，沦为强制政策下的摆设。对于项目管理三大目标（投资、进度、质量）的控制服务尚不能提供，工程监理企业很难奢谈提供多元化、个性化的服务。

4. 在理念、技术和方法上守旧

在管理理念、科学技术快速发展的今天，企业必须在理念、技术和方法上不断学习，才能跟上时代发展的节奏。而我国大多数监理企业仍然比较守旧，在理念、技术和方法上还没有进行及时的创新与变革。在企业管理方面，多数监理企业仍然使用等级森严的“金字塔式”组织结构，不能有效地发挥员工的工作积极性，在突发情况处理上缺乏灵活性；在技术方面，多数监理企业没有与时俱进，对于BIM技术、大数据技术、智慧建造技术等仍较为陌生，尚不具备使用这些技术的能力；在方法方面，多数监理企业缺乏成熟的方法体系，对于比较重要的项目综合管控方法，如挣值法、基于BIM+的信息集成管控法等，缺乏了解与使用。

5. 监理取费低

我国现行的监理取费标准相对较低，一般为工程造价的0.5%~2.5%。而在实际操作中，由于恶性竞争带来压价竞标，监理取费甚至只有国家最低标准的40%~50%。相比国外建设工程咨询的取费标准，显然该标准偏低。例如，韩国工程咨询的取费标准为工程造价的3%~5%，德国工程咨询的取费标准为工程造价的7.5%~14%。监理服务取费低严重限制了监理企业的发展（无法从利润中提取资金用于储备技术与人才资源），更是阻断了大量优秀的工程人才走向监理之路。

10.2　工程监理企业转型发展的目标

工程监理企业转型发展的目标为：监理企业回归本位，提供现代化的项目管理服务，在工程监理过程中恪守职业道德并利用专业知识解决存在的问题，形成良好的业界口碑，成为值得被尊重的企业；形成一批公平、公正、专业的现代化监理人员队伍，具备优质的企业文化、完备的人才管理体系，为社会提供高素质、高职业道德的监理人才；吸引更多高素质的人才进入监理行业，为社会提供更广泛、更专业和更值得信赖的咨询服务；提高我国工程监理企业在国际上的地位，积极参与“一带一路”建设，形成一批具有中国特色与国际影响力的全过程工程咨询服务企业。

10.3　工程监理企业转型的措施

1. 尊重市场选择机制

监理企业应充分尊重市场，在服务业主的过程中，善于发现业主需要的服务，在与其他企业竞争时，能够挖掘业主更深层次的需求。根据市场需求提供相应的服务，优化企业的资源配置，形成高性价比的服务，以便在国家取消强制监理政策时，能够做到心中有“粮”、稳扎稳打。

2. 从施工阶段的监理走向多元化发展道路

有实力的大中型监理企业可以拓宽咨询范围，通过兼并收购的方式，向产业链前端发展，可以做市场调查、可行性研究报告、招标代理、造价咨询业务；向产业链后端发展，可以做竣工验收和运营维修等工作，成为综合性的全过程工程咨询公司。小企业则可以利用自身的灵活性和在某一领域的专业性，加深、加宽自己所在领域的“护城河”，为业主提供个性化、特殊化、专业化的服务；也可以和其他优质的上下游企业形成联合经营体。

3. 加强责任意识和保险意识

工程保险制度在国外工程中得到了普遍使用。工程保险有助于企业规避风险，防止一次风险而导致企业破产。工程保险可以防止自然灾害、意外事故及人为过失导致的经济赔偿。保险公司为了减少信息不对称性，一般也会介入企业的咨询服务，对工程质量进行核查。如果咨询方的不作为而造成工程损失，监理企业就会被列入保险公司的“黑名单”，以后将无法获得保险服务。这迫使监理企业提高责任意识，为业主提供有价值的专业服务。

4. 提高监理取费标准

监理取费可以参照国际取费标准，采用成本 + 利润的取费模式。成本按人员数计，包括咨询工程师的所有花费，如工资、差旅费、教育培训费、社会保险费、医疗保险费、电话费、计算机购置费、相关行政人员的费用等。利润是企业的合理收益，提高监理取费标准，有利于改善监理人员的福利水平，使其全身心投入监理工作，从而增强企业的竞争力。

5. 提升企业文化与运营机制

企业文化是一家企业的灵魂，指明企业未来的发展方向和战略规划，控制着企业的“命脉”。因此，形成一种团结、有创新力、关注企业的长远利益、诚实、敢于承担责任、有归属感的企业文化是十分必要的。打造企业文化必须落实在企业运营机制上。运营机制可以参考合伙人制度，对企业优秀骨干、青年骨干给予股份并充分授权，让优秀工程咨询人员能享受企业发展的红利，与企业共创共享财富。

10.4　案例：北京帕克国际工程咨询股份有限公司组织变革

10.4.1　公司简介

1993 年，经原建设部核定，北京帕克国际工程咨询股份有限公司（以下简称“帕克国际”）被评为首批甲级资质监理单位。多年来，该公司力求把国外的项目管理模式，包括全生命周期项目管理、项目总控、项目管理（PM）、工程监理等，应用于中国的工程项目管理实践，以推进中国工程管理实践走向更高层次。

在这个发展过程中，帕克国际完成了诸多类型的工程管理和项目管理任务。在这些任务中，涉及很多地区标志性的建筑。其所承担的任务类型又涉及各行各业，如基础设施、商业地产、工业厂房、商业住宅、学校、医院等。另外，在管理、技术、经济、人才等方面，帕克国际也具备相当的优势。自成立以来，帕克国际所承接的项目种类多，投资金额巨大也是其一大特点。该公司项目优秀率达到 90% 以上，也因此获得了众多行业奖项，如“北京市市政工程金奖”“国家优质工程奖”“样板工程奖”“詹天佑大奖”“北京市长城杯”“钢结构金奖”“鲁班奖”“优质结构奖”等。

随着经营业绩的不断增长，帕克国际的管理能力也逐步提升，项目数量和营业收入越来越多，目前的业务范围已不能满足市场需要。因此，该公司决定进行转型升级，实现跨越发展。管理者对市场需求和公司现状进行分析考量后，决定向业务范围更广的工程项目管理企业转型。

10.4.2 变革措施

1. 拓宽业务资质

帕克国际拓宽了业务范围，申请了房屋建筑和招标咨询等新资质，这是其走向转型道路的第一步。在申请资质的同时，帕克国际及时发现现有组织结构的不足，并逐步向矩阵式组织模式转化。

2. 设立项目管理办公室

项目管理办公室作为矩阵式组织结构的一个重要节点，具有固定性和临时性双重特点，如图10-2所示。帕克国际承接的主体业务和需求变化不频繁的业务由纵向的固定式管理部门进行管理，随着公司的发展壮大，只需要增添专业技术人员和资金即可。但随着业务的不断拓展，帕克国际承

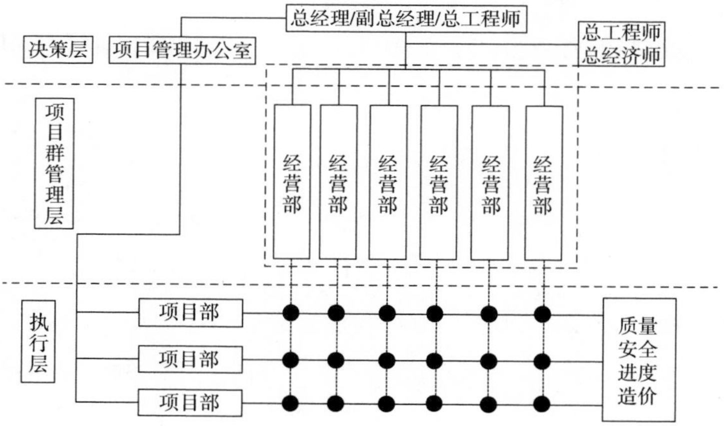

图10-2 项目管理办公室与矩阵式组织结构

接的项目越来越多元化，为了适应这一变化，需要的临时性组织结构会越来越多。

项目管理办公室的主要作用如下：

（1）沟通协调职责。对公司的公共文件和准则进行上传下达，实现信息的及时传递；与负责项目的各部门进行沟通并确保各部门之间保持良好的沟通，以便促进项目的顺利实施，协助各部门对任务进行分配，做好人力资源的有效安排。

（2）服务职责。制定公司的各种流程标准、管理制度等，确保公司健康有序发展；向各个需要帮助的组织和部门提供支持和服务；对项目实施过程进行监督和改善，提供意见和帮助。

（3）监督管理职责。对项目当中有代表性的部分进行专业的示范和指导，在帮助项目建设者完成工作的同时，提高管理组的领导调度能力。

3. 实行两层级管理

帕克国际实行了项目群和项目级两层管理。项目群管理的对象为项目群，旨在从战略高度对项目招标采购管理、造价管理、设计管理、工期管理等进行指导；项目级管理是以具体项目为管理对象，针对具体项目进行战术上的操作。具体见表 10-1。

表 10-1　两层级管理的内容和工作划分

管理内容	战略层（项目群）	战术层（项目级）
招标采购管理	指导项目层级的招标采购管理工作，对项目层级在招标采购管理过程中出现的问题进行及时研究并提出解决方案	负责权限范围内的非公开招标的招标采购管理；权限之上的，配合业主做好项目范围内的招标策划、招标文件技术支持工作

（续）

管理内容	战略层（项目群）	战术层（项目级）
造价管理	指导项目层级的造价管理工作，对项目层级在造价管理过程中出现的问题进行及时研究并提出解决方案	项目上造价管理权限内的造价管理提交上级部门备案，权限之上的索赔、变更、签证的费用由相关部门实施管理
设计管理	初步设计之前的管理	初步设计之后的管理，包括施工图、各专业设计、深化设计及工程量变更、设备选型等
工期管理	为各项目制订公司管理进度计划	根据关键节点和目标制订项目进度计划及各专业进度计划
现场管理	制定现场管理标准、规范	按照标准规范实施项目现场管理
质量安全文明施工	制定标准，对各项目质量安全和文明施工进行宏观控制	对项目的质量安全和文明施工实施细化管理

两级管理的优势在于：

（1）能够对任务确立明确的目标。从目标入手，分析承接项目的管理层级，可以帮助管理者有针对性地组织设立管理机构，不会造成层级跨度过大、能力不足的情况。

（2）能够更好地发挥工程师的专业性和员工的协作性。通过对项目进行分层，可以让各个层面的管理部门的职能得到充分发挥，同时这种跨部门的协作还可以激发员工的潜力，促进其综合发展。

（3）各司其职是一家企业良好发展的完美状态，对项目群进行分层，可以实现权利的充分利用，让每一名员工在其负责的项目上充分发挥潜能，提高工作效率。

（4）可以减少专业人士在工程上的投入时间，做到专业人才的连续利用，同时能够解决项目群和单个项目在策划方面存在差异的问题。

10.4.3　变革成功的原因分析

帕克国际成功转型之后，得到了外界的高度评价和认可。通过对帕克国际本身转型过程的分析，并考虑外界对其各方面的评价和认可，总结出其成功的原因，主要有以下 3 个：

1. 选择合适的组织结构模式

帕克国际针对自身特点，在转型过程中建立了适合自身的矩阵式组织结构，即不同于传统的直线型或职能型的管理模式。矩阵式是近些年较新的组织结构，这种管理模式能够适用于更大、更复杂的公司。工程项目管理公司应用矩阵式组织结构，能够承载更多的业务，为更多、更复杂的项目提供服务。匹配合理的组织结构，能为企业日后的常规管理提供必要的框架基础。

2. 建立项目管理办公室

项目管理办公室是战略与战术的结合体，既具有固定性，又具有临时性。在战略上，帕克国际制定了项目管理标准，对专家、技术、设备等资源进行集约使用；在战术上，帕克国际协调各部门资源，为具体的工程项目提供服务。项目管理办公室特别适合业务种类较多、发展迅速的项目管理公司。

3. 分层级实施项目管理

分层级对项目实施管理，就是将项目宏观的层次与微观的层次区分开来。对宏观层面的项目内容进行战略管理，站得更高，更为长远利益考虑，相对应的管理决策也更加重要，影响更加深远；微观的项目管理则是细致的、更多应用于实战的，如造价、技术等，非常具体和实用。一般对于大型工程项目而言，项目管理需要宏观层面与微观层面相结合，既需要专业管理团队战略上的指导，也需要专业技术团队在实践中的主导作用，还需要公司内外部的专家一起为项目实施出谋划策，共同为项目的顺利实施和管理过程提供保障。

第 11 章　工程前期咨询企业如何发展?

在我国目前实行的建设项目投资体制下，建设项目各阶段有不同的工程咨询企业参与。工程前期咨询涉及投资咨询、造价咨询和设计咨询等。与设计咨询企业不同，投资咨询企业与造价咨询企业具有一定的相似性。在此重点探讨投资咨询企业和造价咨询企业的发展策略。

11.1　投资咨询企业的发展

投资咨询企业普遍具有专业性较强、对政策依赖度高、发展相对缓慢等特点。在我国工程咨询市场上，投资咨询企业的规模普遍较小，参与咨询项目的周期相对较短，对项目的研究相对较浅。投资咨询业务包括项目建议书、项目可行性研究、区域发展规划及园区发展规划等。总之，投资咨询企业涉及的专业业务较广，项目周期短，但企业规模难以做大。

在推行全过程工程咨询的背景下，投资咨询企业的生存空间将受到一定的挤压，因此需要重视转型发展。投资咨询企业的发展路径如下，可供参考：

（1）聚焦于前期咨询中的特色专业服务（如社会专项评估、区域政策规划等）。这类服务需要对特定区域的政策、社会环境非常熟悉，可以据此构成企业发展的“护城河”。目前，市场上已经涌现出了一些能提供特色服务且初具规模的投资咨询企业。

(2) 与设计单位等可能作为全过程工程咨询服务的牵头单位进行合作，配合承担全过程工程咨询中的投资咨询业务。在此模式下，投资咨询企业需要与全过程工程咨询牵头单位建立稳定的合作关系。

(3) 拓展业务范围，可向管理咨询、经济咨询等方面拓展，拓宽企业发展空间，增强企业发展实力。

11.2 造价咨询企业的发展

长期以来，造价咨询企业在咨询市场上独树一帜，发展稳定，已经涌现出了一批具有一定规模的企业。造价咨询企业与房地产企业联系紧密，造价咨询项目数量较多，但在房地产市场饱和及存在长期调控政策的背景下，面临造价咨询业务萎缩的风险。此外，造价咨询与建设项目其他咨询的联系较少，大多数仅提供已完施工项目的静态造价数据，对项目的投资控制指导作用有限。全过程工程咨询的推行，对造价咨询服务方式有了新的需求，对造价咨询服务质量也有了更高的要求。对于造价咨询单位，有以下发展路径供其选择：

(1) 加强研发能力，提高最新技术的应用能力。如基于BIM的造价技术及信息集成技术，改变造价信息提供方式，定期动态地利用BIM+大数据技术输出造价信息，提高对业主投资控制的指导作用；也可加强与造价软件研发公司的合作，提供全方位的有价值的造价咨询服务。

(2) 与全过程工程咨询牵头企业建立长期、稳定的合作关系，明确在全过程工程咨询中的角色、定位及服务内容。

(3) 在条件允许的情况下，将业务往上游发展，即可兼并设计企业，延伸咨询产业链，打造设计与造价集成服务，提高市场竞争力。

11.3　成功案例与失败案例综合分析

工程咨询企业要在市场上发展得一帆风顺，诚非易事。以下就两家工程咨询公司的发展情况（一家相对成功，一家相对失败）作为案例进行分析。

11.3.1　A 公司发展案例

1. A 公司简介

A 公司为某地级市工程咨询协会副会长单位，中国工程咨询协会理事会员，国际咨询工程师联合会（FIDIC）会员。它成立于 2004 年，成立之初即获批工程咨询甲级资质。

A 公司具有经济、建筑、通信、电子、城市规划、市政公用工程、公路、生态与环境工程、林业等专业执业资格。经过十余年的发展，A 公司累计完成各类项目总计 3000 多个。A 公司被认定为国家级高新技术企业，获得了省“企业管理咨询 30 强”“守合同重信用企业”、市“自主创新百强企业”等荣誉称号。

A 公司的客户群体包括市党政机关和事业单位、战略新兴行业的龙头企业及高成长科技企业，项目涵盖基础设施、环保、教育、卫生、文化、体育、能源、交通、物流、通信、房地产、金融、电子政务、服务等众多行业领域。

2. A公司发展历程

A公司在成立之初只有5人。适逢我国工程咨询市场的起步阶段，A公司与当地政府部门、事业单位保持密切联系，在成立之后的5年内发展迅速：营业额不断攀升，咨询人员的专业水平得到持续提升并积累了丰富的经验，人员规模也得以扩大。大约在2009年，A公司发展到巅峰时期，拥有专业咨询人员30多人，年营业额达800万元左右。此时，A公司高层建议董事长与设计院合作，互相参股，形成强强联合，扩大业务来源，但此建议被董事长否决。A公司高层又建议实施员工持股，并成立多个咨询事业部，独立发展，多头并进，也被董事长否决。

错过这一发展良机之后，A公司开始走下坡路，核心高管、部门经理及专业咨询人才持续流失。A公司在近几年毫无起色，靠着以前积累的行业声誉勉强能接到一些业务。

A公司现有咨询人员十多名，核心专业人才比较缺乏。A公司发展到如今的地步，董事长开始绞尽脑汁，广泛与各大高校及行业协会建立联系，但合作又浅尝辄止，没有形成具有竞争力的核心产品。

由于缺乏专业人才，虽然依靠过去的声誉有业务找上门，但A公司却不敢做或怕做不好。A公司现在的状况只能以“苟延残喘”来形容。

11.3.2　B公司发展案例

1. B公司简介

B公司是一家专门为政府部门和投资者提供投资建设咨询服务的专业咨询公司。服务范围包括编制及评估项目（资金）申请报告、节能评估报告、项目建议书、可行性研究报告，同时提供专题研究、规划咨询、融资咨询、项目后评价、项目（商业）策划、项目全过程策划与管理服务。服务专业范围涉及建筑工程、房地产开发、生物医药、化工、机械、电子、轻工，以及新能源、物联网、新材料等专业领域。B 公司做了大量前期咨询项目，积累了丰富的经验，在行业内树立了良好的口碑。

B 公司具有工程咨询乙级资信，并与某具有工程咨询甲级资信的集团进行合作，在当地成立了分公司。

2. B 公司发展历程

B 公司成立于 2010 年，公司创始人在创业前为某大型工程咨询公司部门经理。B 公司成立之初只有 3 名员工，业务主要为网络客户委托。随着公司线下客户的开拓和行业影响力的提升，现在业务主要来源于关系客户的委托。显然，网络委托数量多，但项目金额小、利润薄。而线下客户委托项目的金额相对较大，利润也较为丰厚。

B 公司董事长秉承“没有做不了的业务”的开拓理念，凡是能力所及，不管哪个行业、哪种类型的项目都承接下来。所以，B 公司从事咨询的业务范围很广、很杂。如今，B 公司已经安全度过了初创危险期，进入平稳发展期。

B 公司现有员工 11 人，年营业额稳定在 400 万元左右；专业咨询人员能力较强，对公司发展较有信心；团队具有较强的凝聚力，发展一片向好。

11.3.3　综合分析

A 公司作为一家具有工程咨询甲级资质的企业，如何从巅峰期发展到只剩一个空壳？而 B 公司作为一家初创企业，为何成长得如此稳健？可以从两家公司的对比分析中得到答案。

（1）两家公司所处形势不一样。A公司在2009年前后处于发展的最佳时期，但在董事长否决了高层的两次积极建议之后，错过了发展期，彻底走向下坡路。B公司本为初创企业，但多元化发展策略使其抓住了每一个可能的发展机会。

（2）A公司董事长长期退居二线，不知工程咨询落地实操的方法和手段，与高校、科研机构的合作多数务虚，对公司经营并无较大帮助。B公司董事长较为务实，团结了高校、科研机构人员作为智囊团，提高了公司的咨询服务质量和水平。

（3）A公司士气涣散，已经没有了凝聚力和作战力，连具有一定难度的可行性研究报告都不能做，只能应付项目建议书等常规业务；B公司规模虽小，但士气很高，团队凝聚力较强，提供的工程咨询服务质量较高。

（4）本质原因是人才问题。A公司已经没有能够独当一面的核心专业人才，而B公司拥有一定的核心专业人才，具有应付常规业务（项目建议书、可行性研究等）的能力。

两家公司的普遍问题是，缺乏核心产品和能力较强的高端咨询人才，这也是投资咨询企业的通病。相较于设计咨询、造价咨询等，项目前期投资咨询门槛低，咨询价值难以得到体现。目前，A公司日薄西山，没有向好发展的迹象；B公司则受制于高端咨询人才的缺乏，业务很难扩张，成长性有限。

第 12 章　工程设计企业如何发展?

我国工程设计企业众多，市场产值较大，已经涌现出一批设计能力很强、可以参与国际竞争的优秀企业。推行全过程工程咨询，不仅有利于设计企业拓展产业链，而且有利于设计企业适应国际工程咨询惯例，跟随“一路一带”倡议，参与国际市场竞争。

12.1　工程设计企业应对全过程工程咨询的优势

勘察企业、设计企业、监理企业都有可能成为全过程工程咨询服务的提供主体。相比其他主体，设计类工程企业发展全过程工程咨询服务的优势在于，能较好地控制工程质量和安全，协调工程进度。设计类工程企业发展全过程工程咨询服务的优势主要体现在以下 4 个方面。

1. 程序优势天然存在

在推行全过程工程咨询的背景下，设计企业因设计处于项目前期的重要核心环节而具有先天的优势。《工程勘察设计行业发展“十三五”规划》中提出，试行建筑师负责制，从设计总包开始，由建筑师统筹协调建筑、结构、机电、环境、景观等各专业设计，在此基础上延伸建筑师服务范围，按照权责一致的原则，鼓励建筑师依据合同约定提供项目策划、技术顾问咨询、施工指导监督和后期跟踪等服务，推进建筑师在整个工程建设过程中的主导作用。设计企业对业主方的意图和工程功能非常清楚，由其来主导全过程工程咨询，能够保证工程项目不偏离业主的建设初心。

2. 技术优势明显

设计企业技术咨询能力较强，可以充分发挥技术对工程质量、工程安全等方面的把控；同时，设计类工程企业的业务涉及工程建设的前期、施工、验收等各个环节。此外，在设计阶段必须考虑未来运营的需要，因此设计企业对项目的后续运维管理也有一定的了解。设计类工程企业见证和参与了工程项目实施的大部分过程，相较其他咨询企业，对工程有更加全面的了解，更容易开展全过程工程咨询服务。

3. 协同管理优势突出

工程项目的施工阶段是项目实施的关键阶段，受外界环境干扰较大，需要调配的资源较多，组织协同管理较为复杂。设计类工程企业的设计施工管理经验丰富，且有时会代表业主与各个不同阶段、提供不同咨询服务的供应商发生关联，涉足投资咨询、市场调研、法务顾问、工程造价、绿色建筑、物业运维管理等相关咨询服务领域和知识。因此，设计类工程企业与项目参建各方均有一定的关联，具备较为突出的协同管理优势。

4. 行业声誉良好

全过程工程咨询很大程度上代替了业主方进行项目管理，业主的信任自然是该模式能够实际发挥作用的关键。相比之下，设计类工程企业的行业声誉普遍较好，发展全过程工程咨询服务比较容易得到业主方的认可。

12.2　工程设计企业应对全过程工程咨询可能存在的问题

我国大部分工程设计企业在面对全过程工程咨询这一潮流时仍显准备不足，在组织结构、人才储备、技术应用等方面存在一定的问题。

在组织结构方面，设计院普遍采用“工作室”模式，即以某一核心人员为主，组建专业团队，独立承担设计业务，所获得的设计业务收入扣除上缴的管理费之后，完全由团队自由分配。在这种模式下，容易形成“山头主义”，设计院很难统一协调资源、对外提供优质服务。某工程设计企业的组织结构如图 12-1 所示。

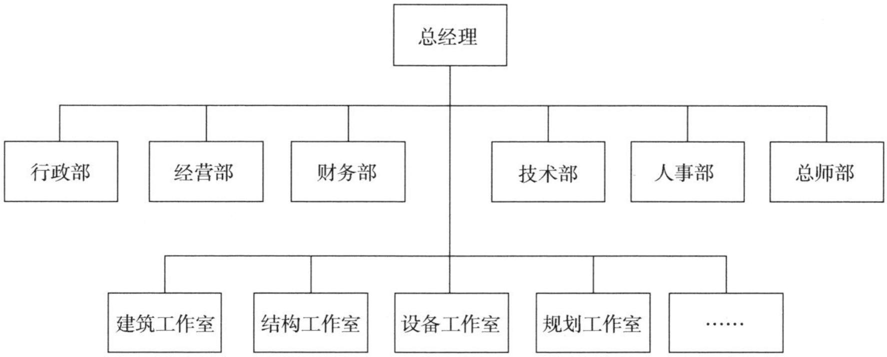

图 12-1　某工程设计企业的组织结构

在人才储备方面，工程设计企业具有大量优秀的设计人才，但缺乏工程管理人才和造价管理人才，或这些设计人才缺乏工程现场管理经验及经济管理知识。尽管工程管理和造价管理可在全过程工程咨询业务中分包给相应的专业咨询企业，但工程设计企业如果作为全过程工程咨询的牵头单位，则需要配备必要的经济管理人才，来负责全过程工程咨询中的资源整合和协调工作。

在技术应用方面，大部分设计企业将重心放在传统设计软件的应用上，对BIM（建筑信息模型）、GIS（地理信息系统）、VR（虚拟现实）、大数据等技术不够重视，应用程度不够深入，并且对智慧建造、智慧工地等较新的工程管理概念理解不深，应用较浅。

12.3 工程设计企业发展策略

工程设计企业发展全过程工程咨询服务时，需要把握好以下5点。

1. 变革组织结构，实现资源集成应用

在采用传统的组织架构时，设计院很难通过有效整合资源来承接全过程工程咨询业务，因为各专业资源都分散在各工作室，要打破原有利益格局，提供满足全过程工程咨询所需的集成式服务是很难的。所以，在面对全过程工程咨询时，设计院有必要进行组织机构的变革，要打破“山头”，构建一个能够集中各类专业资源、对工程全过程可能出现的各类问题快速响应的组织结构。建议工程设计企业采取矩阵式组织结构，如图12-2所示。

2. 延伸咨询服务内容，向全过程化发展

工程设计企业应根据自身基础和条件，审时度势，确定发展方向，形成全过程、全方位、多元化的咨询服务能力，在设计施工的基础上，向前延伸到前期策划阶段，向后延伸到运维管理阶段；打破历史原因造成的

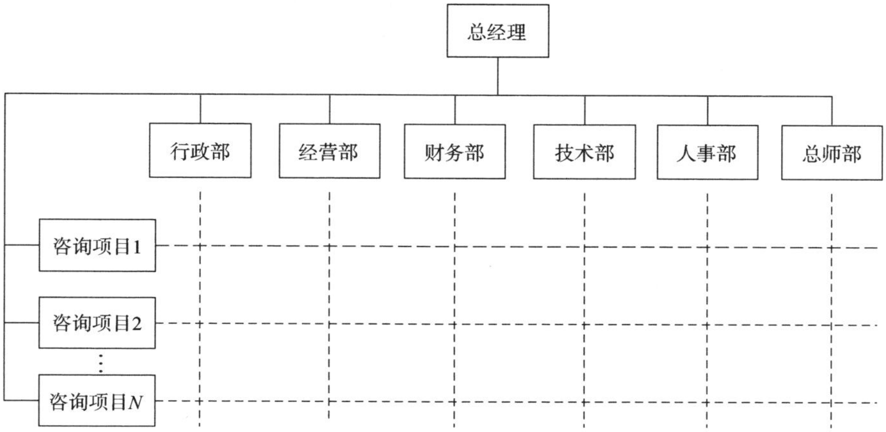

图 12-2　工程设计企业矩阵式组织结构

“条块分割”现象，从碎片化咨询走向全过程咨询，真正发挥自身作为智力密集型企业的价值；要充分意识到设计对前期策划的“承前”及对施工的“启后”作用，充分将设计与其他专业咨询进行融合。例如，在前期策划时，可让设计人员介入，从而有利于项目功能的策划与阐述；在设计阶段，充分发挥经济管理人员的智慧，利用价值工程方法对设计进行优化。

3. 拓宽经营资质，向宽深化发展

鉴于设计类工程企业的现状，直接发展全过程工程咨询业务的现实难度较大，可考虑在实施全过程工程咨询前期，以联合体的形式打开市场，积累业绩和经验。在积累一定的工程业绩和经验后，设计类工程企业可通过企业并购、重组、合作、参股来延伸产业链，补齐资质、资格短板，拓展规划、设计、评估咨询等经营资质，向宽深化发展，最终覆盖项目建设全过程——从项目的前期论证到项目实施管理，直至后期评估等一整套系统咨询业务范围，实现对项目全生命周期投资控制、进度控制、质量控制这三大目标的统筹管理，真正成为工程领域系统服务的主体。

4. 提高人员素质，培养复合型工程咨询服务人员

全过程工程咨询服务涉及从工程前期决策到项目运营保修的全过程生命周期，对各种专业技术、现场管理人员的水平、能力要求较高。因此，设计类工程企业一定要把全过程工程咨询人才的培养作为企业战略实施的基础，按照全过程工程咨询业务对从业人员的内在要求，树立人力资源是第一资源的观念，加强企业内部技术、管理人员的培训与再教育，培养一批具有前期咨询、勘察、设计、采购、监理等综合素质的复合型人才。同时，企业还应加强与相关院校、科研机构、专业化企业建立稳定的合作关系，以便在全过程工程咨询服务中提供能满足各种咨询需求的高素质人才，建立人才储备机制。

5. 加大技术投入，提升全过程工程咨询服务质量

工程设计企业可加大对 BIM、GIS、VR 等智慧设计技术的投入，提高设计咨询质量；结合智慧工地、智慧建造等理念，重视以上技术在全过程工程咨询中的融合应用，全面提升全过程工程咨询服务的质量与效果。

12.4 案例：某景观规划设计公司转型发展

12.4.1 公司简介

某景观规划设计公司于 2001 年创立，经过十多年的发展，以景观规划设计为基础，逐渐成长为从事新型城镇化土地开发的大型综合性文创机构。目前，该公司总部设在深圳，并在香港、上海、北京、西安、青岛、成都、长沙设有 3 家分公司及 4 家子公司，成为拥有近 550 人的国际化专

业团队。

该景观规划设计公司致力于成为新型城镇化的综合服务商和文创产业的品牌运营商，为我国城镇化发展提供从用地分析、经济策划、土地规划到城市设计、景观设计、生态技术咨询的全程化、一体化及专业化的解决方案，创造具有地域特色、人性化和充满活力的城市和城市空间。发展至今，该景观规划设计公司在用地规划、城市公共空间、绿地系统规划、旅游景区与农业规划、商业和住宅、旧城改造、体育综合体、度假酒店与度假村、工业与科技园区、景观标识等领域共完成了近千项具有影响力和较高声誉的作品。

12.4.2　发展历程

在起步阶段，该景观规划设计公司聚焦生态景观设计，关注设计技术的提高。此阶段，该公司立志做生态景观的先行者和领导者，主要策略有：创建遵循生态原则的绿色社区，降低工程造价，减少维护成本；强调艺术表现；注重细部设计，强调个性。

发展起来以后，该景观规划设计公司紧随我国城镇化浪潮，又进行了战略变革，立志成为新型城镇化整合设计咨询综合服务商，提供系统的城镇化设计产品，包括景观规划、园区规划、城镇规划等。

现在，该景观规划设计公司结合多年发展积累的规划设计及经济策划等技术性优势，通过收购、重组等扩张手段，介入及实地运营全产业链式的服务体系，包括设计、采购、施工、金融、运营等环节，立志做我国创新文旅开发与文创产业开发的综合性企业。

12.4.3 分析

毫无疑问，该景观规划设计公司紧跟我国建设发展的每一个关键节点，取得了成功。发展策略的成功直接表现为获得了十分可观的经济效益。如今，该景观规划设计公司正谋求登陆我国 A 股资本市场。如果能顺利搭上资本的“快车”，该公司发展前景将不可限量。

第 13 章　如何选择和确定全过程工程咨询单位?

在工程项目中，全过程工程咨询成功实现的关键主体是工程咨询的负责单位，因此选择和确定优秀的全过程工程咨询单位显得尤为重要。选择咨询单位的时间点、评估咨询单位的原则及评估的视角和指标是选择和确定工程咨询单位的重要因素。

13.1　选择全过程工程咨询单位的时间点

应在项目意图明确以后就开始选择全过程工程咨询单位。全过程工程咨询单位介入项目的时间点越早越好，介入得越早，咨询单位就越能全面了解项目的来历、建设意图及实现路径。在项目前期，咨询单位可介入项目策划、项目建议书及可行性研究报告的编制。在可行性研究阶段，咨询单位应考虑设计及施工中可能出现的重要问题，特别是要处理好可行性研究与设计的关系。在现有的政府投资管理模式中，有些项目为了加快进度，将初步设计置于可行性研究之前，违背了工程项目管理的科学规律。推行全过程工程咨询模式，让全过程工程咨询单位尽早介入，可有效改善工程前期管理效果。

从现有全过程工程咨询推行的实际情况看，多数项目在完成项目建设书之后就进行了全过程工程咨询的招标。

13.2 确定全过程工程咨询单位的原则

确定全过程工程咨询单位的原则包括客观公正、包容性、综合性及诚信第一。

（1）客观公正评价全过程工程咨询单位的能力、态度和技术手段等。为了避免主观的偏向及倾向，可以构建客观的评价指标体系，来定量评价全过程工程咨询单位是否满足建设项目的要求。

（2）包容全过程工程咨询单位在某一方面的不足。现今，我国仍处于推行全过程工程咨询的早期阶段，市场上尚不具备能够完全满足全过程工程咨询要求的企业。所以，在确定全过程工程咨询单位时，需要考虑清楚哪些是硬指标，即咨询单位必须达到的标准；哪些是软指标，即允许咨询单位在后续努力后可能达到的标准；或者业主单位可以培养咨询单位的能力标准。包容性可以促进全过程工程咨询单位的可持续发展。

（3）综合全面考察全过程工程咨询单位。从大处着眼、细处着手，全方位地评估咨询单位。

（4）考察全过程工程咨询单位的诚信度。全过程工程咨询单位对于工程项目的成败至关重要，因此，一定要选择诚信可靠的全过程工程咨询单位。一旦选择了不够诚信的咨询单位，就极有可能给项目带来损失。可以从咨询单位以往的项目记录来考察其行为是否可靠。此外，也可通过考察咨询单位主要负责人的过往执业经历及诚信态度来评估其个人行为是否可靠。

13.3　全过程工程咨询单位评估的视角与指标

根据以上确定全过程工程咨询单位的原则，可从业绩、能力、服务报价、交互性等方面对咨询单位进行评估。其中，业绩、能力、服务报价为客观性视角，交互性为主观性视角。

根据以上视角，可开发出全过程工程咨询单位评估指标，见表 13-1。

在业绩视角上，分为企业级和项目级 2 个一级指标。企业级包括企业规模、业务领域覆盖面、市场占有率、市场信用、注册资金、营业收入、销售（营业）利润增长率、企业荣誉 8 个二级指标；项目级包括完成项目的数量、规模、所获荣誉、业主方评价 4 个二级指标。

在能力视角上，包括组织、人员、技术和设备 4 个一级指标。组织方面包括组织结构、业务流程、管理制度 3 个二级指标；人员方面包括经营管理人才、员工数量、人才结构、咨询人员资历 4 个二级指标；技术方面包括已具备的技术、技术学习能力、技术转化能力 3 个二级指标；设备方面包括仪器设备、信息设备 2 个二级指标。

在报价视角上，只有报价 1 个一级指标，又可分为报价额、报价与服务的匹配性 2 个二级指标。

在交互性视角上，分为职业道德、服务态度、专业匹配 3 个一级指标。职业道德包括守法经营、公正客观、诚信勤勉 3 个二级指标；服务态度包括关注委托人价值、配合性 2 个二级指标；专业匹配包括项目负责人资历、团队能力、学习能力 3 个二级指标。

表 13-1　全过程工程咨询单位评估指标

视角	一级指标	二级指标	属性（客观/主观）
业绩	企业级	企业规模、业务领域覆盖面、市场占有率、市场信用、注册资金、营业收入、销售（营业）利润增长率、企业荣誉	客观
	项目级	完成项目的数量、规模、所获荣誉、业主方评价	
能力	组织	组织结构、业务流程、管理制度	客观
	人员	经营管理人才、员工数量、人才结构、咨询人员资历	
	技术	已具备的技术、技术学习能力、技术转化能力	
	设备	仪器设备、信息设备	
报价	报价	报价额、报价与服务的匹配性	客观
交互性	职业道德	守法经营、公正客观、诚信勤勉	主观
	服务态度	关注委托人价值、配合性	主观
	专业匹配	项目负责人资历、团队能力、学习能力	主观

第 14 章　项目前期策划如何与设计衔接?

项目前期策划是指在项目建设前期，通过调查研究和收集资料，在充分占有信息的基础上，针对项目决策和实施，进行组织、管理、经济和技术等方面的科学分析和论证，为项目建设的决策和实施增值。项目前期策划解决为什么要建、建什么、建成什么样的问题。项目设计是在项目前期策划的基础上构思和提出用于指导施工的设计图的过程。如何保证设计遵循策划意图是项目管理者应该重视的问题。在我国众多工程项目实践中，项目前期策划与设计脱节的情况较多，即前期策划的思想并未很好地传导到设计阶段，导致项目建设的初衷被偏离；同时，项目前期策划的成果也未能很好地指导设计工作，导致前期策划与设计分离，项目前期策划的作用没有很好地发挥出来。项目前期策划与设计的衔接可从思想、成果两方面进行阐述。

14.1　项目前期策划的思想与设计衔接

前期策划的思想与宗旨直接确定了项目的基调与灵魂，如果其不能很好地传递给设计阶段的设计人员，将会使项目偏离初衷，最糟糕的是有可能带来项目失败的后果。所以，必须要让设计人员领会项目前期策划的思想。项目设计人员应清楚项目的宗旨和目的，以及项目具备的相关特点。

尽管项目前期策划的成果能够一定程度上体现项目策划的思想，但所能体现的程度有限。策划思想与策划成果的关系是“神”与“形”的关系，再好的设计师可能都不能完全将策划思想表达到位。这就需要设计人员尽量在前期就参与项目策划过程。设计人员如果没有条件参与项目策划过程，则必须通过策划人员与设计人员的交底会议来学习策划思想及策划成果。在会议过程中，设计人员应与策划人员充分交流，多问多想，有分歧及时在会议中讨论解决。除此以外，项目设计人员可通过会议纪要、谈话记录等策划的过程资料学习来加强自身对项目的理解。所以，项目策划人员应养成在策划过程中尽量形成除策划成果以外的书面材料的习惯，便于设计人员学习。

项目前期策划与设计的思想对接是两者衔接的最关键和难度最大的环节。项目策划的思想与精神主要属于隐性知识，较难用客观定量的数据来描述，也很容易在信息传递过程中被遗失。所以，要求项目前期策划人员尽量将策划思想显性化，变成显性知识，以便保存与传递。

总之，项目前期策划的思想传递方法可总结为3个：①过程资料，如项目策划过程中收集的文档、相关会议纪要或谈话记录等；②项目前期策划人员与设计人员的对接会议；③设计人员参与和介入策划过程，获取详细的感性认识。

14.2 项目前期策划的成果与设计衔接

项目前期策划包括决策策划和实施策划。在决策策划方面，主要的成果包括环境调查与分析报告、项目产业策划报告、项目功能策划报告、项目经济策划报告、项目组织与管理总体方案等。在实施策划方面，主要的成果包括项目实施目标的分析与再论证、项目组织策划、项目目标控制策划（项目管理制度）等。

在决策策划成果中，环境调查与分析报告是背景资料，可以让设计者清楚项目的基本背景与相关环境，更好地理解项目意图，从而设计出符合业主需求的建筑产品。项目产业策划报告分析对设计者而言也属于背景资料，能让设计者了解产业发展状况，城市社会、经济发展趋势等信息，有利于设计的创意研究。项目功能策划对设计具有直接的指导作用，在功能策划报告中将直接明确项目功能定位、项目面积分配等与设计息息相关的信息。项目经济策划报告主要明确项目投资估算及融资方案，可指导设计者考虑项目的规模和建造标准。项目实施策划方面的成果（项目实施目标的分析与再论证、项目组织策划、项目目标控制策划等）将帮助设计人员对工程项目的进度安排、组织安排等有所了解，有利于设计方案的构思和创造。

14.3　项目前期策划与设计的过渡环节

项目前期策划的成果用于指导设计，可能存在一定的难度，需要将其转化为设计师的语言。这就需要在前期策划与设计之间增加一个环节，即建筑策划。

建筑策划已经被我国建筑师在业界呼吁多年。建筑策划是用设计语言来定义设计方案，即设计方案要做什么、做成什么样。在我国现有工程项目设计活动中，一般以设计任务书来指导设计活动，规定设计成果的质量和数量。但如果没有项目前期策划的过程，设计单位所提供的设计任务书一般来说就会深度不够，不足以很好地指导设计。一份深度不够的设计任务书不仅使业主非常迷茫，经常朝令夕改，而且使设计单位疲于应付业主的各种要求，无法高效高质地完成设计活动。所以，建筑策划是项目前期策划与设计的过渡环节，必须高度重视。一般来说，设计任务书在建筑策划的基础上进行编制。从项目前期策划到建筑设计的基本过程如图 14-1 所示。

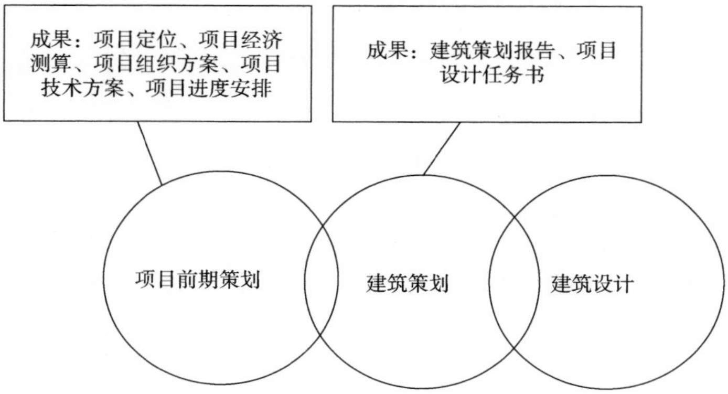

图 14-1　从项目前期策划到建筑设计的过程

建筑策划与项目前期策划类似，都需要通过充分的调研、分析来论证项目建设内容，但两者的视角不同。建筑策划关注在一定的约束条件下（投资额或建设规模）如何运用建筑形式表达出业主所想，而项目前期策划正是挖掘业主需求的过程。所以，建筑策划一般在项目前期策划之后，或被纳入项目前期策划范围。

参考庄惟敏院士的观点，建筑策划可定义为在建筑学领域内，建筑师根据总体规划的目标设定，从建筑学的学科角度出发，不仅依赖于经验和规范，更以实态调查为基础，通过运用计算机等近现代科技手段，对研究目标进行客观的分析，最终定量地得出实现既定目标所应遵循的方法及程序的研究工作。它为建筑设计能够最充分地实现总体规划的目标，保证项目在设计完成之后具有较高的经济效益、环境效益和社会效益提供科学的依据。

建筑策划包括五方面的内容：①对建设目标的明确；②对建设项目外部条件的把握；③对建设项目内部条件的把握；④建设项目具体的构想和表现；⑤建设项目运作方法和程序研究。建筑策划决定了建筑的性质、性格、规模、利用方式、建设周期、项目投资等，从而拟定项目设计任务书。

14.4　案例：丹东市第一医院新院区项目前期策划与方案设计

14.4.1　项目简介

丹东市第一医院是当地一所三级甲等综合性医院。2005 年，由于发展需要，该医院拟在八道沟原住院部地块修建新院区。业主方委托清华大学建筑设计研究院对医院新院区进行建筑策划研究，并进行方案和施工图设计。医院新院区建成后总面积达 7 万 m^2。

由于医院建设本身所具有的复杂性较其他各类建筑都大，所以在丹东市第一医院新院区的设计过程中，应甲方（丹东市第一医院）的要求，建筑师从前期就开始全面介入，包括建筑策划、概念设计及总体规划、前期方案设计，环环相扣，密集而高效。设计阶段项目进度计划见表14-1。

表14-1　设计阶段项目进度计划表

<table>
<tr><th rowspan="2">时间
阶段</th><th colspan="6">2005年</th><th colspan="6">2006年</th></tr>
<tr><th>7月</th><th>8月</th><th>9月</th><th>10月</th><th>11月</th><th>12月</th><th>1月</th><th>2月</th><th>3月</th><th>4月</th><th>5月</th><th>6月</th></tr>
<tr><td>1</td><td colspan="2">前期准备</td><td></td><td></td><td></td><td></td><td></td><td></td><td></td><td></td><td></td><td></td></tr>
<tr><td>2</td><td></td><td colspan="4">建筑策划</td><td></td><td></td><td></td><td></td><td></td><td></td><td></td></tr>
<tr><td>3</td><td></td><td></td><td></td><td colspan="3">概念设计及总体规划</td><td></td><td></td><td></td><td></td><td></td><td></td></tr>
<tr><td>4</td><td></td><td></td><td></td><td></td><td></td><td colspan="3">前期方案设计</td><td></td><td></td><td></td><td></td></tr>
<tr><td>5</td><td></td><td></td><td></td><td></td><td></td><td></td><td></td><td colspan="3">初步设计</td><td></td><td></td></tr>
<tr><td>6</td><td></td><td></td><td></td><td></td><td></td><td></td><td></td><td></td><td></td><td colspan="3">施工图设计</td></tr>
</table>

1. 团队组成

丹东市第一医院建筑策划团队（以下简称“策划团队”）由三部分组成：清华大学建筑设计研究院组成建筑专业团队；北京协和医院与清华大学附属医院的医疗专家学者、医学投融资专家及日本佐藤综合计画建筑专家共同构成专家团队；投资方、建设方、运营方、使用方和政府部门代表等构成项目运作决策团队。3个团队通过开放式会议形成合力，把建筑策划向前推进。这在一定程度上也体现了当代建筑策划团队主体多元化、研究和实践领域多学科交叉的特点。项目团队组成如图14-2所示。

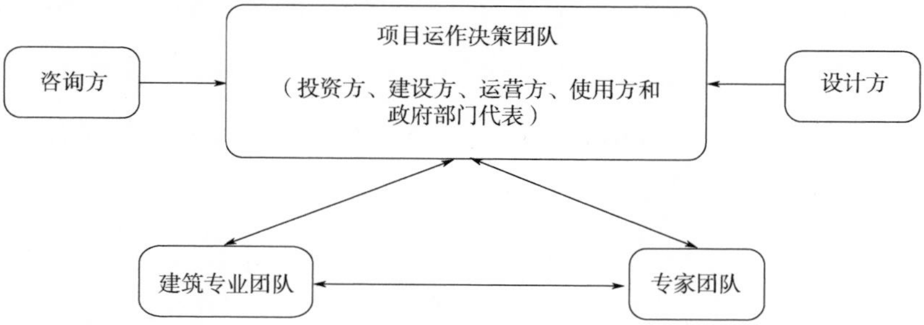

图14-2　项目团队构成

2. 工作模式

丹东市第一医院新院区策划案不同于一般的策划过程，由于讨论的参与方较多，因此策划采用循环论证的方式。经过详细的调研，清华大学建筑设计研究院在和甲方充分交换意见后提出基本策划模型，首先由佐藤综合计画提出反馈意见，进行一次论证；调整后的结果提供给使用方——丹东市第一医院，进行二次论证；二次调整后，提交给投资方医疗顾问团进行三次论证；在三次论证的过程中，将每一次的修改体现并标明，同时整个过程中随时与投资方沟通并调整；三次论证后，由甲方主持四方会议，进行综合讨论，形成真正切合丹东市第一医院实际的策划框架。

14.4.2　前期策划

1. 市场细分与医院定位

对于市场细分，策划团队首先从辽宁省及丹东市的地理与人口统计、收入支出状况、医疗消费需求和偏好、医疗消费行为 4 个层面进行分析；然后优化细分策略，对消费者予以研究，提出目标市场的选择战略；接着就市场环境对战略的影响进行分析，进而明确了丹东市第一医院的股份制非营利医院定位。随后，专家们对这一市场定位的有效性予以测试并通过。

2. 目标客户与医院营销

策划团队从丹东市的社会阶层、不同收入、所患疾病等方面进行分析，推演出目标客户的定位模型（包括需求和行为模式）；再针对目标客户的偏好，提出医院整合营销的应对策略。建筑团队在建筑空间的安排上，针对不同目标客户需求和医院多种形式的营销活动进行通盘考虑。

3. 空间指标与学科发展

根据丹东市第一医院专家提出的学科发展规划，策划团队在建筑空间指标上为学科的发展做出了相应的布置。一方面，由于现代医院不同科室划分日益细致，专业化程度越来越高，以及诊断和医技协同的重要性不断加强，策划团队在项目之初就对此方面予以介入，根据需求，就单元模块和空间指标与医院管理团队进行了互动探讨。另一方面，由于投资方把医院建设当作产生现金流的装置，策划团队需要评估医院各个学科发展在医院所在城市和地区的市场份额和投资回报率，再据此判断医院管理团队提出的各个学科需要的空间面积是否合理、空间指标是否需要适当调整。

4. 选址与规模

丹东市第一医院有两处办公地点：门诊部位于丹东市最繁华的步行街与七经街之间；住院部位于元宝区八道沟，是凤城市、宽甸县的入市处，距门诊部约2000m。由于土地供给的制约，该医院最后决定在住院部用地的基础上进行拓展，修建新院区。确定医院规模的主要衡量标准是医院床位数。策划团队综合考虑住院费用占总收入份额下降、平均出院病人占床日减少、护理单元的整合等多方面因素，确认了600床的建设规模。

5. 投资与分期

在此阶段，策划团队对医院建设总投资进行估算（粗估），协助投资方明确投资意向和基本的投资额度，主要方法为比照估算和因素估算。同时，策划团队也需要从当地医疗市场有效容量出发，对医院经营目标做逆向测算，评估各科室收益，并根据医疗市场需求情况和学科发展规划，对不同科室的空间设置予以协调。根据投资额度，策划团队一致决定采取分期建设的模式。这也同时要求建筑团队在未来概念设计中需要兼顾一期、二期的门诊、急诊、医技、病房、动力后勤中心等单元模块的联系。

6. 策划框架

医院总体策划模型及任务书形成的核心内容是多次差距分析的结果：甲方的最终目标是建立一家服务于丹东人民，同时辐射周边的经济型三甲医院。①根据《三级医院综合评审标准》《医疗机构设置标准》《综合医院建设标准》建立三甲医院的总体标准模型，相应地制定医疗规划（医疗本部及单元的设定及组织）和规模规划（空间设置）；②根据对医院规模现状及医疗的调研建立医院现状模型，同已建立的总体标准模型进行差距分析，从医疗和规模方面分析差距所在，提出结合丹东市实际情况的建设步骤、建设量及相应的医疗配置；③进行经济分析，根据市场分析和投资回报分析调整建设步骤、建设量及相应的医疗配置。最终制定“两步走”的建设策略，形成医院总体策划模型和总体任务书（一期和二期），如图 14-3 所示。

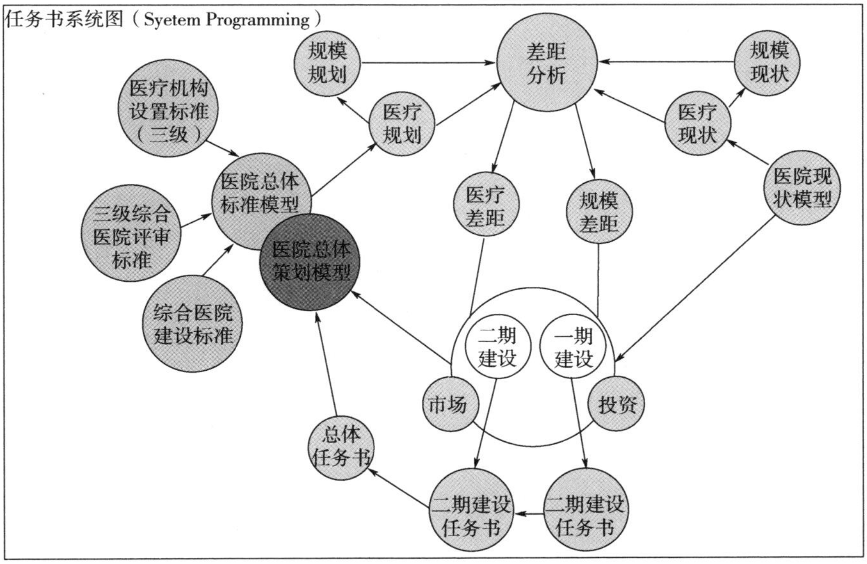

图 14-3　医院总体策划模型形成过程

7. 量化分析

在项目前期策划中，尽量量化设计任务，可以更好地指导设计活动。丹东市第一医院新院区首期建设的核心内容包括3个方面：第一，现状是医院门诊和病房分居两地，首期建设中必须将门诊和病房整合，形成完整连续的医疗系统；第二，将现有部分医疗功能移入首期建筑并根据实际情况配置空间；第三，保留部分现有医疗用房并加以改造，如病房、透析中心等。首期建设和改造完成后，该医院形成了一个新旧建筑整合的完整医疗体系，如图14-4和图14-5所示。

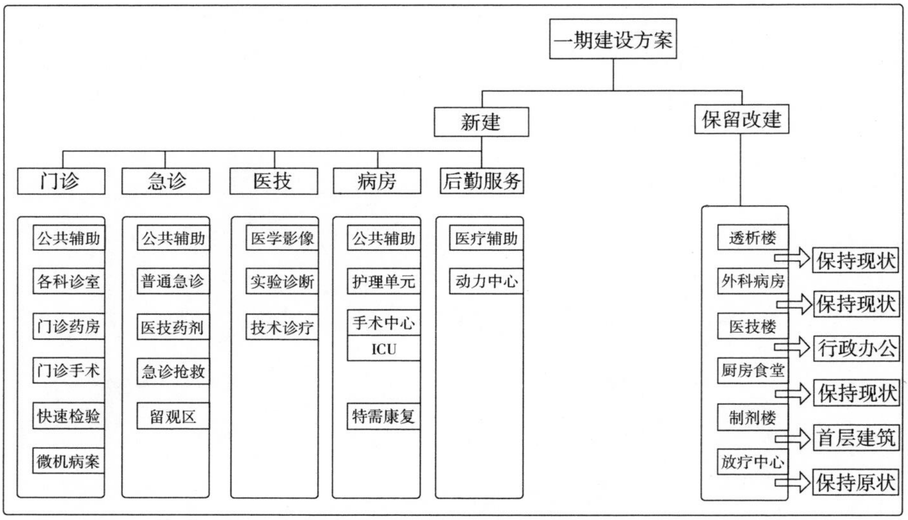

图14-4　一期医疗体系

量化分析从小单元开始。根据医疗功能的需要，对每一种医疗空间的大小和数量进行定位。量化的基础是设计者对于每一个医疗功能单元空间设置的了解，而同一个医疗功能单元的空间配置也可能差别很大，必须同医疗专家保持密切联系，尽量准确地将医疗需求反映在任务书中。量化分析是一个

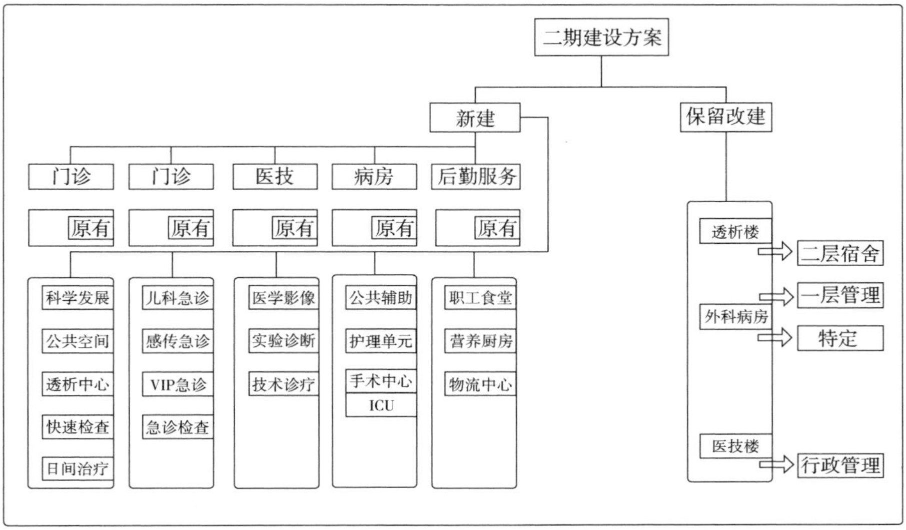

图 14-5　二期医疗体系

繁杂的过程，但是其对于医疗功能的体现及建筑规模的控制起到决定性的作用。只有量化分析不断完善，才真正意味着策划模型的逐渐丰满。

量化分析一定要经过实际量化计算，而不能简单地依靠通用的经验数值，因为量化分析同时也是一种连锁反应。空间大小的确定实际是对设备数量、大小，运转模式、时间等元素进行反复计算的结果，如洗衣房面积，实际是通过多方面调研及同洗衣机厂家的密切配合而确定的。同时，在策划的量化分析中，还应该对于设备有可能产生影响的特殊空间进行定位，如手术单元、层流病房等。

14.4.3　设计任务书的拟定

1. 与各种专家顾问团队的协调

现代医院的建设是一个多学科交融的复杂系统，需要医疗技术专家、医疗设备专家、医疗工艺专家、信息技术专家、医院投融资专家、设计监理顾问等各种专家顾问团队的介入，建筑团队在制定设计任务书阶段需要与各种专家团队协调。与医疗技术专家、医疗工艺专家主要探讨医疗的流程清晰和功能模块之间的关系，以及功能单元的面积指标。与医疗设备专家主要探讨医技设备的各种要求（如MRI、DSA、CT等），房间面积高度指标，房间内部的相应处理、强弱电的配置等。与医院信息技术专家主要探讨支撑医院各种信息系统的建设所需要的空间和面积。与医院投资融资专家主要探讨医院建设的战略规划、品牌的构建、建筑空间对于细分市场的考虑、建设成本的控制、建设过程节奏控制与融资计划的配合等。

2. 与多方的沟通

在制定设计任务书阶段，建筑团队要与多方进行沟通，分别是：投资方、建设方、运营方、使用方、当地政府有关部门（规划局、卫生局等）。在这一过程中，建筑师要以与专家团队的会议纪要为依据，通过互动沟通，吸纳协调各方的意见，推进设计任务书的制定。

3. 与建筑团队中各工种配合完善

在此阶段，建筑师要与规划、结构、水电暖通各个专业工种配合，确定结构选型、构造、环境装置和材料等，针对前期管理阶段按国家规范和经验粗估的面积和设备，要根据项目实际情况，并考虑未来发展可持续性，量体裁衣地确定最适宜的面积和设备。尤其对城市市政管线的接入、洁净部手术间的设置、医技部分变配电和动力中心变配电的关系、医院供暖能源和设备的选择、医院信息系统的选择等环节，都要进行经济测算，在兼顾未来发展的同时，论证其投入、建设、维护、运行的经济合理性。

4. 设计任务书的编制

作为最后一个阶段，设计任务书编制主要由建筑师完成。设计任务书包括项目概况、设计的目标和定位、设计的任务和原则、规划设计条件要求、建筑工艺功能要求、建筑技术要求、设计成果要求、附件等部分。

14.4.4　案例总结

丹东市第一医院新院区项目聚集建筑、医疗、经济、管理等多方专家，建立了包括投资方、建设方、运营方、使用方、咨询方等单位在内的跨组织团队，使项目前期策划与设计紧密结合，实现了专业集成、团队集成、过程集成，最终形成了一份严密的设计任务书，并对设计起到了很好的指导作用。

第 15 章　设计如何与施工衔接?

设计与施工脱离产生的问题一直困扰着工程界。随着管理与技术的发展，设计与施工脱离存在的问题有望得到有效解决，设计与施工衔接的可操作性越来越强。

15.1　设计与施工衔接的意义

在传统建设模式中，设计作为工程咨询的前期重要环节，着眼于设计单位本身的视角，很少与施工衔接和结合起来考虑。设计缺乏可施工性，导致施工阶段问题重重，施工进度缓慢。总之，设计单位很少考虑到后续施工的难度、成本及进度。此外，在大多数管理模式下，施工单位无法参与设计阶段，也不能对设计提出建议，只有在施工中遇到难题时，才提出反馈意见。但在施工阶段出现问题时才反馈或修改设计，为时已晚，可能会严重影响施工进度或提高施工成本。

将设计与施工衔接起来加以通盘考虑，可以使建设项目在工程成本、进度、质量等方面得到全面的改善。设计与施工的衔接能够提高项目的可施工性，减少施工阶段的设计变更，提高项目的建设效率和质量，减少项目建设成本。

在全过程工程咨询中，站在全过程集成的角度，必须重视设计与施工的有效衔接与集成。

15.2　高效高质实现设计与施工的衔接

要实现设计与施工的良好衔接，可以从组织、管理、技术、经济等方面考虑。

（1）在组织方面，使用更容易促进设计与施工一体化的组织模式，如 DB（Design and Build，设计-建造）模式、EPC（Engineering，Procurement and Construction，设计-采购-施工）模式等，能有效减少设计与施工衔接在组织上可能面临的问题；增加设计与施工交流的深度与频次，实现设计与施工的无缝衔接。

（2）在管理方面，重视设计的可施工性审查，重点对工程项目的总图设计、预采用的施工方案、项目总进度规划等进行审查，重点评价设计与施工的协调一致行。可施工性审查的要点如图 15-1 所示。在项目设计阶段，在缺乏经验丰富的施工管理人员的情况下，可以借助外部资源，请求专家指导，对设计方案进行可施工性评审。

（3）在技术方面，重视最新建造技术和信息化技术的使用，将设计施工集成在技术应用框架内，自然地化解设计与施工脱离的问题。例如，使用 BIM（建筑信息模型）技术，进行设计图的管线碰撞检查，对施工安排与施工过程进行模拟仿真，减少施工中可能出现的冲突。

（4）在经济方面，将可施工性审查列入设计费用，在设计合同中强调设计单位对施工的支持，或在设计合同中设立经济刺激条款，如当设计变

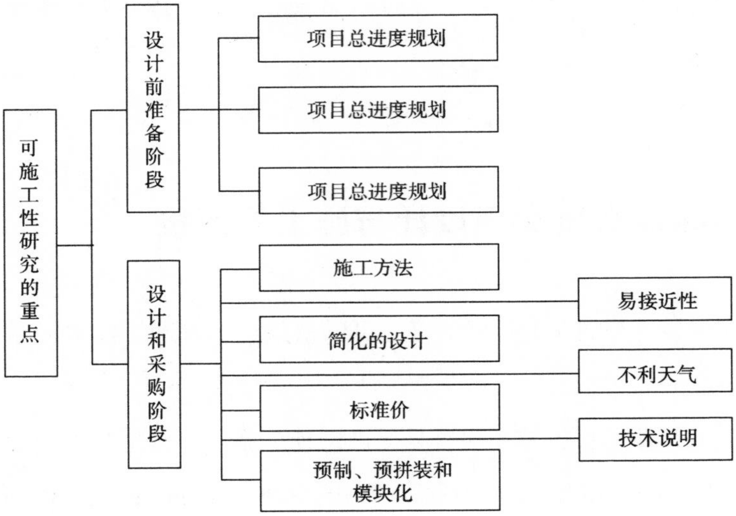

图 15-1　可施工性审查的要点

更减少时，可以给予设计单位相应的奖励。

15.3　案例：　基于 BIM 的设计与施工融合

15.3.1　项目概况

项目位于辽宁营口鲅鱼圈青龙山大街与蝴蝶泉路交汇处，占地面积为 5.33 万 m^2，建筑面积为 9.7 万 m^2，地下 1 层，地上 3 层（局部 5 层），建筑高度为 26.7m，是集购物、餐饮、娱乐为一体的综合性商业项目。中建八局大连公司为施工承包商。

15.3.2　BIM 应用框架

项目将 BIM 技术与施工过程相结合，以深化设计为开端，贯穿整个工程施工阶段，进而达到降低成本、提升质量的目的。

1. 施工总平面布置管理 BIM 应用

本项目工程施工场地狭小，借助 BIM 进行场地布置规划，并建立标注临建设施族库，制作三维虚拟漫游，论证方案的可行性，最终确定最佳平面布置方案。此外，项目还进行了塔吊防碰撞分析并确定了塔吊的平面布置方案。

2. 技术质量管理 BIM 应用

项目利用 BIM 技术进行施工图会审、信息化检查、工艺交底、样板引入和三维扫描，提高了工程施工质量。

（1）施工图会审。在 BIM 模式下，可直观地发现施工图中“错、漏、碰、缺”等问题，在施工前加以解决，能减少拆改返工现象的发生，并降低施工返工成本。

（2）信息化检查。将 BIM 技术与云技术相结合，将模型上传到移动终端，与现场实际情况进行对比，校核工程实际施工质量。

（3）工艺交底。用 BIM 三维模型替代传统二维平面交底方式，使交底内容更加易于理解。

（4）样板引入。采用虚拟样板代替实体样板的做法，取代现场样板制作，指导现场施工，满足绿色施工要求。各类虚拟样板如图 15-2 所示。

（5）三维扫描。引入三维激光扫描技术，生成实体模型，与 BIM 模型进行对比，分析施工质量精度，对关键部位施工质量进行检测，提升工程质量。

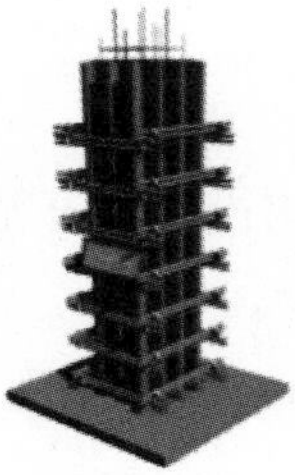

柱模板样板

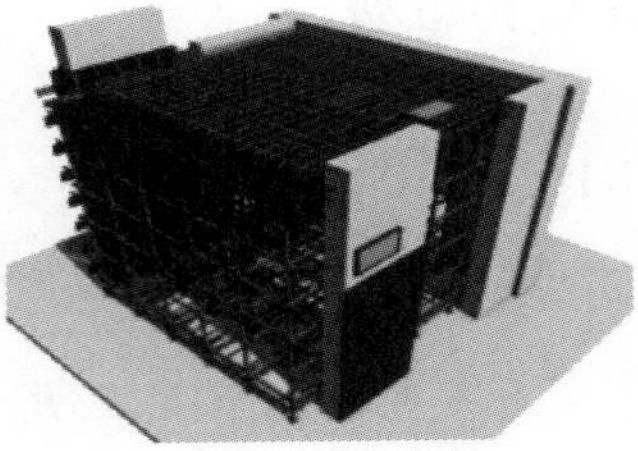

模板支撑架样板

砌筑样板

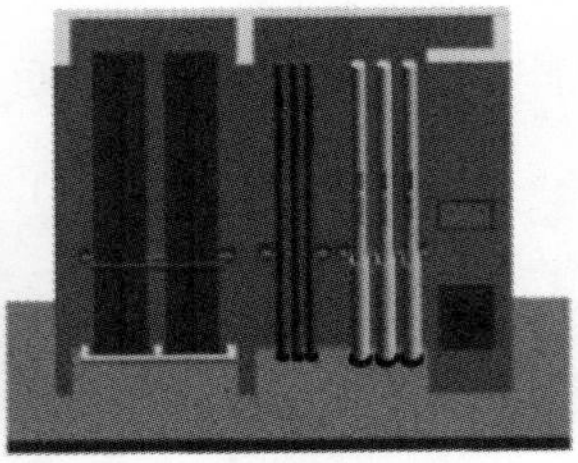

管井安装样板

图 15-2　主要虚拟样板

第 16 章　设计如何与运营相结合?

建设项目建成的价值和目的之一就是满足未来运营的需要。将设计与运营结合起来，能够从项目全生命周期角度进行考虑，实现项目的全生命周期成本最优和项目价值最大化。

16.1　工程实践中设计与运营结合现状

在我国目前的工程实践中，设计与运营的结合还比较少，主要表现如下：

（1）在设计阶段，设计单位没有考虑运营的需求，或者运营单位在项目前期的缺位导致项目建成以后无法满足运营单位的需求，严重影响了项目的使用价值。

（2）在现有的项目建设中，普遍存在重建设、轻运营的现象，如图 16-1 所示。传统建设管理模式过分关注建设成本，忽视运营维护成本，没有在建设与运营之间找到一个平衡点，也无法实现项目综合成本最优。而全生命周期管理模式考虑到了一次性建设成本与运营维护成本的平衡。

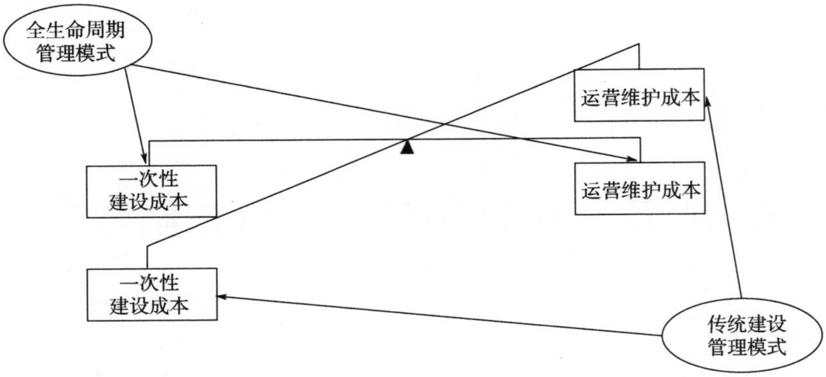

图 16-1　传统建设管理模式与全生命周期管理模式的区别

（3）在项目建设前期，运营单位没有将需求考虑清楚，无法提供详细的功能需求，导致设计单位在没有足够约束的情况下进行设计，项目建成后能否满足运营需求成了未知数。

16.2　推进设计与运营相结合

为了推进设计与运营相结合，可以在组织、技术、经济及项目后评价标准上进行努力。

在组织方面，在项目前期尽早建立项目治理结构（包括投资方、建设单位、运营单位等），明确运营单位的权利和义务，让运营单位参与提出项目功能需求。在技术手段上，充分使用 BIM + VR（建筑信息模型 + 虚拟现实）的场景模拟技术，实现“所见即所得”的应用效果，为运营单位完整和正确地提出需求提供有力的技术支持。在经济上，可提前考虑运营成本，将建设成本和运营成本综合起来测算，追求建设成本与运营成本的最佳平衡。在项目后评价标准上，可将“建成后的项目能否满足运营需求”作为重要评价标准之一，并实行严格的职责管理，对失职一方（运营单位或设计单位）进行经济上的惩罚。

第 17 章　如何对全过程工程咨询服务进行评价？

对所完成的全过程工程咨询服务进行评价，可以帮助各参与单位（包括业主）吸取经验教训，提高自身工作水平。所以，当工程项目完成之时，对全过程工程咨询服务进行评价并反馈，是很有必要的。但要有效地评价全过程工程咨询服务并非易事，需要系统性地设计评价方案，关注全过程中产生的各类数据与资料。只有这样，才能客观地评价咨询服务，并有针对性地提出咨询服务改进建议。

17.1　全过程工程咨询服务评价的原则

全过程工程咨询服务评价的原则包括客观与主观相结合、过程与结果相结合、全面性 3 个原则。

1. 客观与主观相结合

以客观的绩效、数据与资料为基础和依据，同时结合对服务过程的主观感知与主观性评价，如服务态度、配合态度、对业主的价值是否关注等，对全过程工程咨询服务进行有效和真实的评价。

2. 过程与结果相结合

以结果为导向，注重工程项目的最终绩效，如成本、进度、质量、安全等；同时关注工程咨询过程中的各种表现，如对问题的响应、是否对相关项目问题进行提前预判、与业主的配合程度及配合态度等。

3. 全面性

全面性是指在进行全过程工程咨询服务评价时，关注工程项目的全过程及其涉及的各个方面，如决策咨询、投资控制、进度控制、质量控制、安全管理、合同管理、信息管理、组织协调等。

要综合兼顾以上 3 个原则来设计全过程工程咨询服务评价体系与内容。

17.2　全过程工程咨询服务评价的主体

全过程工程咨询服务评价的主体为业主方，也可由业主方委托给第三方咨询单位。业主方内部又可分为投资方、建设方和运营方，不同的评价主体，其评价视角和标准有所差异。可在评价时，给不同的评价主体以相应的权重，来综合评价全过程工程咨询服务。

17.3　全过程工程咨询服务评价体系

根据全过程工程咨询服务评价的原则，设计全过程工程咨询服务评价体系，包括服务态度、专业水平、服务质量、项目绩效和协调一致性 5 个一级指标，见表17-1。

（1）服务态度指标包括关注业主方价值与配合性。关注业主方价值由关注委托人需求、服务投入指标构成。配合性由配合的积极性、配合投入指标构成。

（2）专业水平指标包括专业能力、技术手段、问题解决。专业能力包括项目经理专业能力、团队专业能力指标。技术手段由技术先进性、技术投入指标构成。问题解决由问题解决时效性、问题解决质量指标构成。

（3）服务质量指标包括（服务）准时性、有形性和委托人好感性。准时性由进度计划、响应时间、成果时效指标构成。有形性由成果规范、成果契合性、延伸服务指标构成。委托人好感性由尽职尽力、客户满意、回头率指标构成。

（4）项目绩效包括项目硬绩效和项目软绩效两部分。项目硬绩效由项目投资、项目进度、项目质量、项目安全指标构成。项目软绩效由与业主的合作关系、与其他利益主体的协作关系指标构成。

（5）协调一致性包括专业协调一致性和组织协调一致性。专业协调一致性由专业间匹配、专业间冲突解决指标构成。组织协调一致性包括沟通协调、流程协调、任务协调指标。

表17-1　全过程工程咨询服务评价体系

一级指标	二级指标	三级指标
服务态度	关注业主方价值	关注委托人需求、服务投入
	配合性	配合的积极性、配合投入
专业水平	专业能力	项目经理专业能力、团队专业能力
	技术手段	技术先进性、技术投入
	问题解决	问题解决时效性、问题解决质量

（续）

一级指标	二级指标	三级指标
服务质量	准时性	进度计划、响应时间、成果时效
	有形性	成果规范、成果契合性、延伸服务
	委托人好感性	尽职尽力、客户满意、回头率
项目绩效	项目硬绩效	项目投资、项目进度、项目质量、项目安全
	项目软绩效	与业主的合作关系、与其他利益主体的协作关系
协调一致性	专业协调一致性	专业间匹配、专业间冲突解决
	组织协调一致性	沟通协调、流程协调、任务协调

第 18 章　如何做好项目全生命周期评估?

18.1　背景

项目评估是科学项目管理的必要和重要环节，其对于项目投资人和建设管理单位来说都具有重要意义。项目评估对于政府投资项目尤为重要。政府投资项目数量多、金额大、影响范围广，项目评估较为复杂，评估的结果对今后新建类似项目具有重要的借鉴和参考意义。所以，在此主要对政府投资项目的后评价进行阐述。

政府投资项目建设往往涉及公共事业与公众利益，投资额一般较大，需要实行项目全生命周期管理，以保证：①在决策阶段，投资方向正确，项目建设目标与经济、社会、环境和谐一致；②在项目建设实施阶段，项目的成本、质量、进度、安全等目标通过控制手段顺利实现；③在项目使用阶段，项目设施科学高效地运行并达到节能环保目标。

在现行的政府投资项目管理中，各阶段（决策、建设实施、使用）参与单位众多并承担不同的角色。目前普遍存在项目建设各阶段信息割裂的问题，导致前后各阶段的各参与主体思想和行为上的不一致，并存在较多的重复劳动（由前后阶段的参与者未进行资源共享所导致），不能实现科学高效的项目管理。更重要的是，在项目全生命周期结束后，其经验教训尚缺乏相应的机制为后续类似项目所学习。虽然我国开始重视项目后评价机制，但目前仍有很多地方政府尚未完整地开展项目后评价方面的工作。此外，项目后评价仅在项目结束后进行，而对于被评价的项目而言，其决策阶段及实施阶段的评估显得更为重要，因为这两个阶段的评估可在事前防范很多项目风险，为项目顺利实施提供有益的建议。从决策科学与工程管理学科视角看，工程项目管理最重要的工作在项目决策阶段，因为项目决策对项目成本、进度等存在重要影响。所以，我国在政府投资项目建设中实行全生命周期项目评估已迫在眉睫。

在我国社会主义发展的新时代，建设工程项目管理方式要实现从粗放到集约、从注重效率到注重效果的转变。大数据技术为实现项目管理方式的转变及项目全生命周期评估提供了可能。下文在分析政府投资项目评估存在问题的基础上，提出基于大数据技术的政府投资项目全生命周期评估的应用框架及需要解决的关键问题。

18. 2　建设项目评估的概念

尽管“建设项目评估”一词被广泛使用，但其内涵却并不为人所知。参考南开大学戚安邦教授的研究，狭义的项目评估是指对一个项目进行经济特性方面的评估与审定，即按照给定的项目目标去权衡项目的经济得失并给出相应结论的一种工作。而广义的项目评估包含的内容远不止经济评估，如图 18-1 所示。广义的项目评估可包括项目前评估、项目跟踪评估和项目后评估，即全生命周期项目评估。前评估包括项目建议书、可行性研究，以及对项目建议书、可行性研究的审批。项目跟踪评估是指在项目实施过程中对项目实施情况的评估。项目后评估则为项目在运营期对项目决策、实施、运营的全面反思。

在我国现有的政府投资项目建设管理体制下，前评估、后评估机制已基本建立，但对于实施阶段的跟踪评估则较为缺乏。一般地，在项目前期决策阶段，由建设单位编制项目建议书和可行性研究报告，发展改革部门负责审批项目建议书和可行性研究报告。在项目实施阶段，建设单位和施工单位都可对项目进行跟踪评估。在项目运营阶段，可由发展改革部门委托专业的第三方咨询单位或由使用单位进行项目后评估。

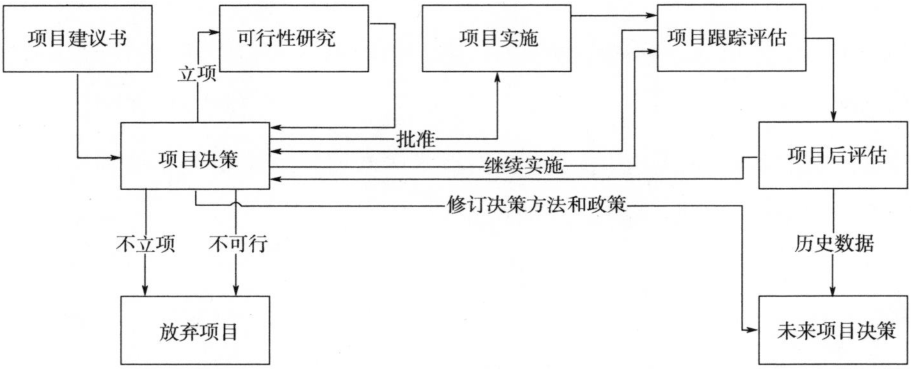

图 18-1　全生命周期项目评估体系

18.3　政府投资项目评估中存在的问题

在目前政府投资项目评估中，存在项目评估体系缺乏系统性、评估配套制度不齐全、评估人员缺乏，以及评估结果的应用缺乏连贯性和系统性等问题。

（1）项目评估体系缺乏系统性，主要表现在以下 3 个方面：

1）项目评估过程不完整，缺乏系统性。项目评估的时间点主要在项目前期决策和项目建设实施结束时，而对项目建设实施的跟踪评估及项目后评估比较缺乏。

2）项目评估内容缺乏系统性。项目前期评估包括对项目建议书、项目可行性研究的评审，重点对项目概算、预算进行审查。项目建设实施结束后，主要为项目审计，关注概算、预算的执行。这些评估主要关注资金的使用情况，而对项目的进度（或效率）、质量等关注不够。

3）项目评估的主体较多，主体之间缺乏统一协调。在政府投资项目中，一般由发展改革部门负责或委托专业机构进行项目前期评估，由发展改革部门组织项目单位进行项目后评价，由审计机关负责项目审计。这些评估主体的视角各不相同，容易出现相冲突的评估结论。

（2）项目评估配套制度不齐全。项目评估的经费来源、取费标准及项目评估的指标体系等尚未建立完善规范的相关制度。在没有明确制度要求的情况下，项目评估容易流于形式，形成“只说好话，不说坏话”的评估结果，从而使项目评估失去意义。

（3）项目评估人员缺乏。自 2008 年国家发展改革委颁布《中央政府投资项目后评价管理办法（试行）》以来，后评价方面已面临专业人员不足、评估经验缺乏等问题。而系统的项目评估人员就更显不足。

（4）项目评估结果的应用缺乏连贯性和系统性。如图 18-2 所示，在项目前期阶段，建设单位编写项目建议书与可行性研究报告，经发展改革部门审批通过后进行项目立项。项目前期决策过程中产生的大量信息，施工单位可能无法获得。尽管部分信息不便公开，但在实际工程项目中仍有重要信息需要建设单位与施工单位共享，如项目建设的制约因素、对项目定位及建设内容的理解等。在建设阶段与运营阶段之间，同样存在信息交互的缺失。项目建设竣工后，施工单位将竣工图、相关的质量合格文件、使用说明等移交给使用单位。但这些都是静态信息，对于项目运营阶段应该注意的重要部位、重要环节，施工单位应提供更多具体的信息，以便运营单位制定相应的运营策略。

在经验反馈上，在项目内部，各过程的参与主体缺乏逆向反馈机制。例如，使用单位将遇到的问题反馈给建设单位及发展改革部门，建设单位将所遇到的问题和总结的经验反馈给发展改革部门。除项目内部反馈外，项目外部反馈（即将本项目经验传递给后续建设项目）更是缺乏，导致政府投资项目无法可持续地提高管理水平。

大数据技术通过集成项目建设各阶段的参与主体提供的信息，能够为项目评估的完整性和系统性提供技术支持；通过在设定信息查阅权限的情况下提供共享平台，不仅能提高项目信息的内部应用效果，也能促进行业项目间的学习和借鉴，从而促进政府投资项目管理的可持续发展。此外，基于大数据的项目评估，以数据为基础，以事实为依据，能保证评估的客观性和准确性。

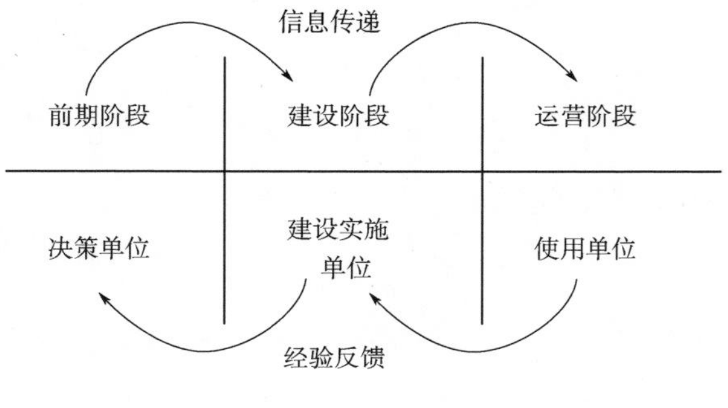

图 18-2　项目评估结果应用的连贯性

18.4　政府投资项目全生命周期评估的关键问题

基于大数据的政府投资项目评估框架如图 18-3 所示。利用大数据平台，各参与单位连贯使用信息进行项目评估，同时将项目经验与问题进行逆向反馈，项目经验将为后续项目所借鉴。但在该框架具体的应用过程中势必面对 4 个关键点。

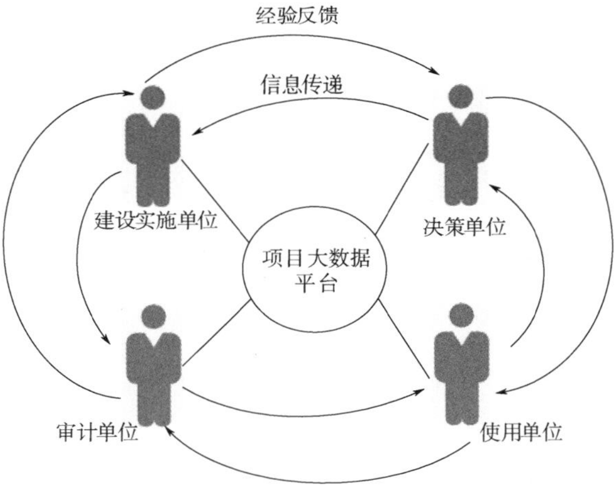

图 18-3　基于大数据技术的政府投资项目评估框架

（1）大数据平台由谁来建。从政府视角看，由发展改革部门来建设大数据平台最为合适。因为只有发展改革部门才有权限整合所有政府投资项目的信息，为后续建设项目的决策提供参考。另外，需要建立协同整合机制，将建设单位、施工单位、使用单位纳入平台，在为平台提供项目信息的同时，也从平台获取信息，应用于正在建设的项目。

（2）大数据平台应将数据进行标准化存储，减少信息冗余，并具备搜索和查询的功能。在新项目前期决策阶段，可通过搜索已建成的类似项目，查询项目的功能及建设规模与经济指标，为本项目的建设规模、投资额等参数的决策提供参考。在项目建设实施阶段，可参照类似项目的成功与失败经验，主要聚焦于组织管理模式、建设施工关键技术、质量安全处理措施等。在项目运营阶段，则可参照类似项目运营的数据，为本项目运营成本目标、运营标准的制定提供参考。与此同时，本项目在全生命周期内产生的数据将纳入大数据平台，可为后续类似项目提供参考。

（3）为建设项目的各参与主体赋予不同的权限。发展改革部门和建设单位可查看较为全面的信息，涉及类似项目的前期决策信息、实施过程信息及运营信息；施工单位主要查看类似项目的施工过程信息；使用单位主要参看类似项目的运营信息，制定新建项目的运营管理策略；审计部门主要查看类似项目的成本与经营信息，实现对建设项目的大数据审计，即根据以往类似项目大数据统计，判断出新建项目的成本是否处在合理范围内。

（4）大数据平台能够应用人工智能算法，实现对建设项目相关决策的持续改进。例如，利用大数据平台的海量数据，通过数据挖掘与应用，寻找新建项目关于投资规模、投资额等指标的优化方案。

18.5　总结

在新时代背景下，我国政府投资项目的投入将有所减缓，政府投资项目建设将从以往的追求速度向追求质量转变。在此情境下，加强对政府投资项目的评估势在必行。广义的建设项目评估包括项目前评估、项目跟踪评估和项目后评估。我国现有政府投资项目的评估体系重点关注项目前评估，后评估机制才刚刚建立，项目跟踪评估比较缺乏。此外，项目评估的配套制度尚不健全，项目评估结果的应用缺乏连贯性。利用大数据技术构建政府投资项目数据平台，可在一定程度上解决以上问题。通过构建政府投资项目大数据平台，将项目数据进行标准化存储，为项目建设各参与主体赋予不同的权限，实现大数据的具体运用，并利用人工智能技术，实现政府投资项目评估的可持续改进。政府投资项目大数据平台的建设与应用，将能够较大程度上提高建设项目评估的效率和水平。

第 19 章　如何做好设施管理咨询？

近 20 年来，伴随着我国城镇化的发展，大量基础设施与房屋建筑被建造。我国即将从以建设为重心过渡到以设施管理为重心的阶段。设施管理咨询是全过程工程咨询中的重要一环，事关工程项目建成以后的运营阶段，短则可能涉及十多年，长则达到百年，必须给予高度重视。在我国，设施管理尚处于初级发展阶段，提高专业化程度势在必行。

19.1　设施管理与设施管理咨询

设施是组织所拥有的一种重要资源，是保证生产、生活和运作过程得以进行的必备条件，它包括基础设施、空间、环境、信息及支持性服务。国际设施管理协会（International Facility Management Association，IFMA）认为，设施管理是包含多种学科的专业，它通过人员、空间、过程和技术的集成来确保建成的建筑环境功能的实现，如图 19-1 所示。英国设施管理协会（Britain Institute of Facility Management，BIFM）则认为，设施管理是在组织中对约定的服务进行维护和发展的过程的集成，能够支持并促进组织的基本活动的效益。设施管理在建筑环境及其对人员、工作场所影响的管理中包含多学科的活动。以上是较为权威的关于设施管理的两个定义，其中国际设施管理协会的定义所涉及的内涵相对更广。总之，设施管理可以理解为以空间为载体，实现人员、空间、过程和技术的集成，确保建筑功能的实现。

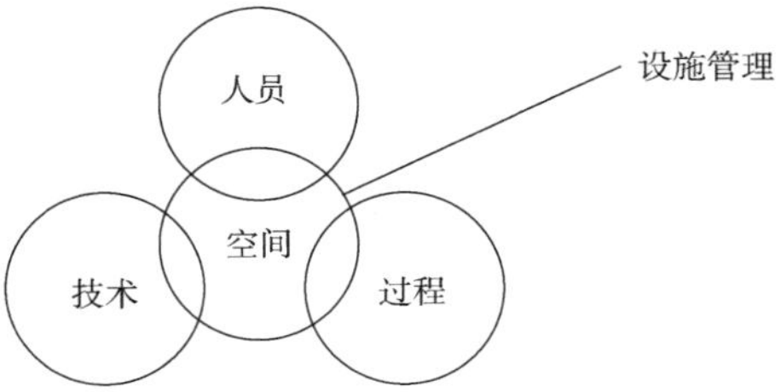

图 19-1　国际设施管理协会对设施管理的定义

设施管理的目的在于：①提供高品质的业务空间，助力企业核心业务发展；②提高设施的价值，从而提高投资收益；③作为组织战略实施的辅助工具，实现组织战略发展。

设施管理的特点可从以下视角理解：①在对象上，适用于各类生产、生活和经营组织的设施；②在目标上，通常是非营利性的，大多从设施拥有主体和最终客户的角度出发，发挥载体作用，支持组织战略层面主营业务目标的实现；③在范围上，覆盖了组织除核心业务以外的硬性和软性服务，支持核心业务的运行，通常包括组织战略层、经营层、作业层 3 个层面；④在组织上，由组织内部设施经理负责、专业设施管理部门或团队承担，也可将部分设施管理业务外包给专业设施服务商，或组成嵌入式的管理团队共同实施；⑤在周期上，涉及设施规划、设计、施工和运行阶段的全生命周期；⑥在内容上，设施管理包括支持服务、设施运营维护、高新技术设备运营与维护、设施/物业管理、工作场所管理与顾问、资产管理。设施管理所涉及的详细内容如图 19-2 所示。

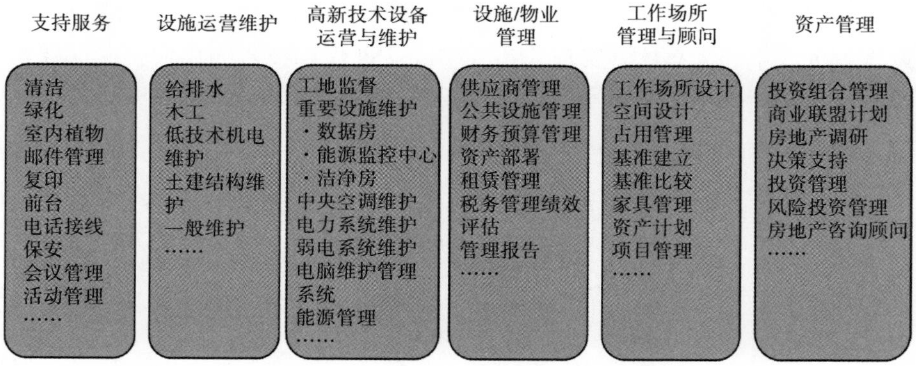

图 19-2　设施管理包括的详细内容

设施管理咨询是咨询方接受业主方委托就业主将拥有或租赁的设施进行代管或提供专业化建议的过程。

19.2　设施管理咨询趋势

近些年来，国际上越来越意识到设施管理的重要性，对设施管理的重视趋向于与核心业务一样，设施管理的专业化程度和市场活跃度也逐渐提高，越来越多的客户愿意将设施交给设施管理服务商进行管理，如图 19-3 所示。20 世纪 90 年代初，设施管理咨询的客户群体主要为外资金融机构；到 20 世纪 90 年代末，外资电子科技企业也加入了委托设施管理咨询的行列；进入 21 世纪后，国内企业开始重视设施管理，委托设施管理咨询的客户增加了制造业、商业、能源科技等领域的企业。从该发展路径可以看出，委托设施管理咨询的企业要具备一定的规模和经济实力。

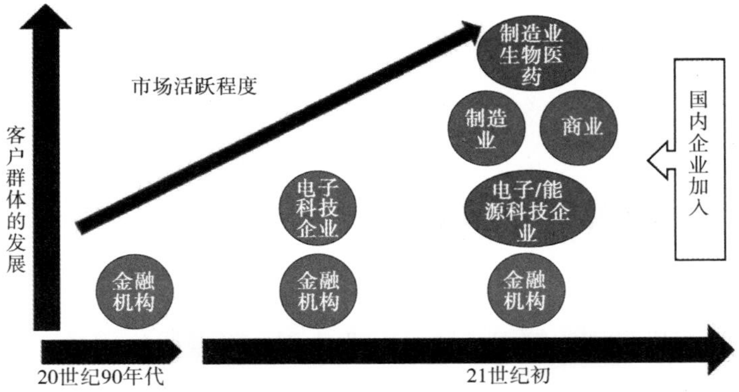

图 19-3　委托设施管理咨询的客户群体发展趋势

此外，设施管理咨询近些年来在管理对象、时间、所需知识和技术、涉及部门等方面都有较大的变化，如图 19-4 所示。在管理对象方面，设施管理咨询的对象从问题设施拓展到了全部资产设施；在时间方面，设施管理咨询涉及的阶段从设施运行阶段扩展到了项目的全生命周期；在涉及的知识和技术方面，建筑和设备知识已不能应对设施管理咨询，还需要市场、财务、经济、法律、环境、信息技术等知识；在涉及部门方面，设施

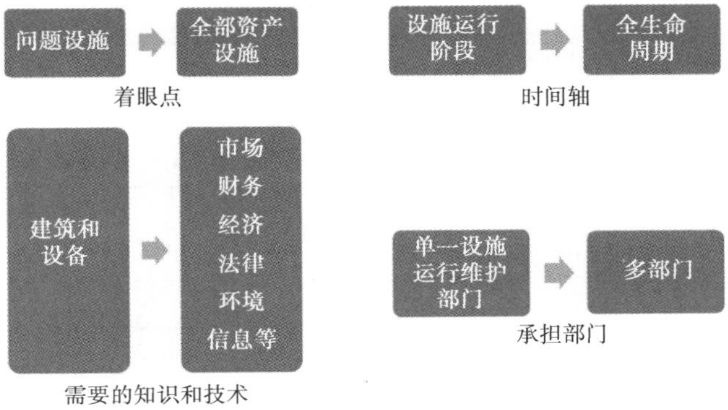

图 19-4　设施管理咨询发展趋势

管理已发展到无法由单一的设施运行维护部门所能独立承担，而需要多部门配合、协助与支持。

19.3 设施管理咨询组织

业主方可以将设施管理外包给专业公司，根据业务关系性质的不同，合作模式可分为普通关系、业务伙伴关系和战略伙伴关系，见表19-1。在普通关系中，设施服务供应商因低价中标而与业主方建立一次性的合作关系，服务要求简单明确，主要针对非战略地位且标准化的业务。在业务伙伴关系中，设施服务供应商与业主方具有共同的组织目标，可持续地合作发展，服务要求具有一定的专业化水平，针对战略地位适中的业务。在战略伙伴关系中，设施服务供应商与业主方进行长期稳定的战略合作，具有共同的远见及战略目标，针对具有较高战略地位的业务。业主方可以根据业务特点来选择业务合作模式。

表19-1 设施管理外包模式

特点	普通关系	业务伙伴关系	战略伙伴关系
外包业务特性	针对非战略地位且标准化业务	针对战略地位适中的业务	针对具有较高战略地位的业务
供应商选择原则	低价中标原则	多重标准	通过密切商谈确定供应商
供应商数量	多个	3～5个	1～2个
服务水平要求	要求简单明确	要求具有一定专业化水平	指定书面服务管理规范

（续）

特点	普通关系	业务伙伴关系	战略伙伴关系
双方目标关联度	无共同的组织目标	有共同的组织目标	具有共同的远见及战略目标
信息沟通	仅在出现问题的业务层面进行交流	在不同的组织层面均有沟通	共享大量的信息
合同周期	较短（通常为 1 年）	持续性发展	长期稳定的诚信合作
设施服务供应市场	大量可供选的设施服务供应商	几个可供选的设施服务供应商	少量可选的设施服务供应商

在确定设施管理外包模式之后，可以构建业主方和设施服务供应商合作的组织结构。一般来说，上层组织为业主方设施管理人员，如设施经理、总工程师、项目经理等；中层组织为外包服务商管理团队；底层组织为专业服务供应商，如餐厅、清洁公司、健身房等。

某跨国公司大中华区设施管理的组织结构如图 19-5 所示。该跨国公司大中华区总部园区总建筑面积达 5.5 万 m^2，可容纳超过 2000 名员工。园区的主体建筑为会议中心大楼和办公楼，兼有大型活动与新品发布场所，独立的会议中心，餐厅，足球场、篮球场等室内外健身场所等。在该组织结构中，第一层为业主单位设施管理团队，共计 5 人；第二层为国际化设施管理综合供应商的现场管理团队，约 25 人；第三层为专业服务供应商，共计 160 多人。

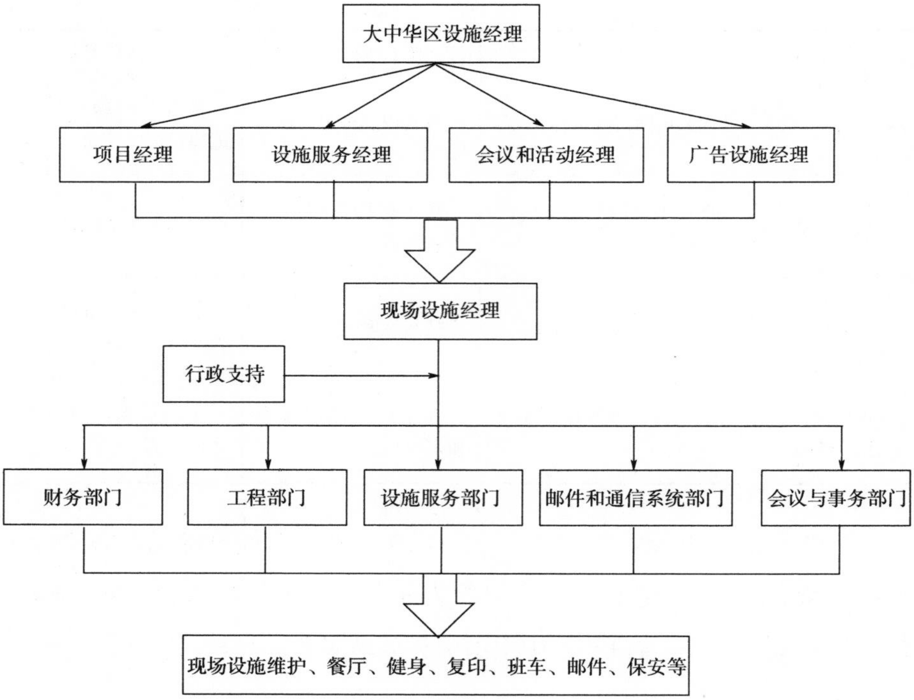

图 19-5　某跨国公司大中华区设施管理的组织结构

19.4　设施管理咨询成功的关键

1. 摸清企业发展脉络

将设施管理与企业发展战略、发展脉络紧密联系起来。在做设施管理规划时，不仅要考虑企业当下情况，而且要考虑到企业发展过程中对设施的需求，从而合理规划企业设施。所以，在进行设施管理咨询时，必须做好尽职调查和访谈工作，与企业高层进行有效沟通，把准企业发展脉络。

只有这样，才能形成一个符合企业战略和实际情况的设施规划。

2. 根据企业人力资源合理配置设施

以企业人力资源规划为依据，建立人员占用设施标准，配置企业设施。根据企业发展态势，有弹性地配置企业设施。

3. 把握现代企业办公的最新潮流

把握现代企业办公设施的最新潮流，创造符合现代办公潮流的办公设施和办公环境，给员工创造舒适的办公条件。特别要根据企业的属性和规模，来设计企业办公设施。例如，制造业企业和创意企业的办公格局必然不同，前者注重规范和流程，后者注重宽松和创造的氛围。

4. 跟随最新技术趋势

现代化的办公设施一定需要具备与现代技术（信息技术等）相匹配的软件和硬件。30 年前，具备在线沟通功能的办公条件是不可想象的，而现在已经司空见惯。未来，随着 5G 时代的到来，全球跨区域实时沟通将非常便捷，但必须具备相关的设施基础。

第 20 章　哪些原因可能导致全过程工程咨询的失败？

为了促成全过程工程咨询的成功，需要明确项目成功的标准，进而确定实现项目成功的路径和手段；还需要清楚项目失败的原因，从而避免出现同样的项目失败案例。

20.1　项目成功的标准

成功被定义为在规定的成本、进度和质量要求范围内完成工作。所有的项目在完成的过程中，都对成本、进度和质量进行过取舍或者改变这三方面的范围。也就是说，项目只要处于成本、进度和质量要求所构成的立方体范围内，就可以成功。成本、进度和质量是衡量项目成功与否的主要标准。

除此之外，就企业内部而言，项目成果被客户认可且还能获得后续合同，则该项目可被认为是成功的。项目成功的标准可概括为表 20-1 中的内容。

表 20-1　项目成功的标准

主要的	次要的
在成本范围内 在进度范围内 在质量范围内 被客户接受	获得后续合同 高效运作 维护道德行为 形成战略联盟 保持良好的合作声誉 使范围变化最小化 不改变企业文化

20.2　项目失败的表现

项目失败可定义为未满足客户的期望。项目失败可以分为两种：第一种叫计划失败（Planning Failure），是计划绩效和可实现绩效之间有差异；第二种叫实际失败（Actual Failure），是可实现的绩效与实际完成绩效之间的差异。感觉失败（Perceived Failure）是实际失败与计划失败的混合。图 20-1、图 20-2 解释了失败的情形。

在计划不充分的情形下，实际失败是没有尽最大努力去实现可以实现的，但感觉失败却因实际完成的没有达到计划而产生，如图 20-1 所示。类似地，在计划过高的情形下，感觉失败要大于实际失败和计划失败，如图 20-2所示。

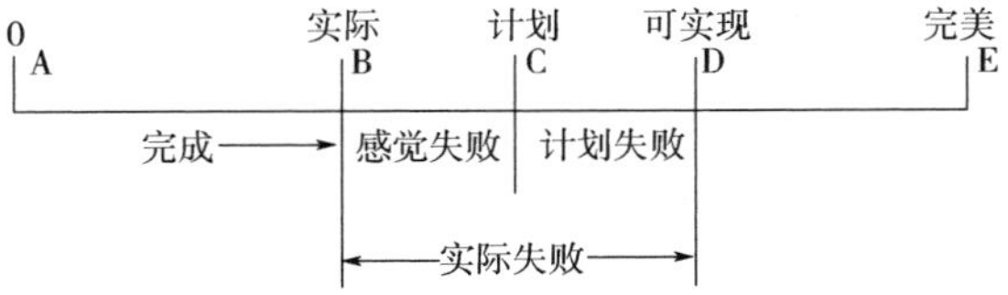

图 20-1　失败的情形（计划不充分）

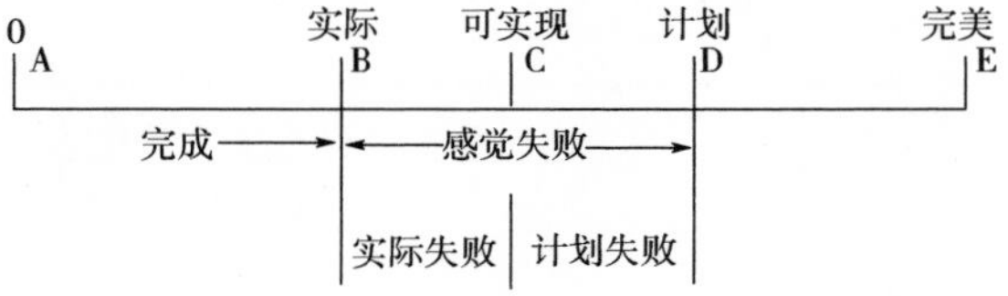

图 20-2　失败的情形（计划过高）

20.3　项目失败的原因

项目失败，可能是部分失败，也可能是完全失败，而且大部分项目失败是由多种原因引起的。有些失败的原因之间还有直接或间接的因果关系。例如，商业环境分析的失败可能导致计划和执行的失败。简单起见，项目失败的原因可以分成以下三大类。

1. 计划执行的失败

（1）商务论证不到位。

（2）在项目过程中，商务论证的要求发生了极大的变化。

（3）遭遇技术壁垒。

（4）计划要求在技术上难以实现。

（5）没有清晰的洞察力。

（6）计划拟定的工期太短，要完成的任务太多。

（7）估计不全面，特别是对资金估计不足。

（8）不清晰或不实际的期望。

（9）假设（如果存在的话）不现实。

（10）制订计划所用的信息不完整。

（11）没有系统化的计划程序。

（12）由计划小组实施计划。

（13）项目要求不全面或者不充分。

（14）资源不足。

（15）分配到的人员没有经验或没有掌握必要的技能。

（16）项目成员不专注或没有动力。

（17）未全面了解组员要求。

（18）人员不断流动。

（19）计划极其不全面。

（20）设立了不可衡量的“里程碑”。

（21）设立的“里程碑”之间，时间间隔太长。

（22）错过了截止时间，而且没有补救措施。

（23）预算超支或不受控制。

（24）缺乏对计划进行定期的重新规划。

（25）不关注项目的人力和组织方面。

（26）项目估计不是以历史数据或同类标准为准绳，而是单纯靠猜。

（27）进行项目估计的时间不充足。

（28）团队成员的任务与要求冲突。

（29）项目人员不断变化，对进度漠不关心。

（30）缺乏成本控制或成本控制不连续。

（31）风险估计不足。

（32）缺乏项目管理概念。团队成员不了解项目管理理念，特别是重要员工。

（33）技术目标凌驾于商务目标之上。

（34）指派重点技术人员临时供职于项目，尤其是临时性项目经理，不能全程跟随项目。

（35）对任务执行监督不足。

（36）缺乏风险管理意识。

2. 治理（项目关联方）的失败

（1）最终用户关联方无法干涉项目。

（2）没有得到或只得到极少数项目相关方的支持。

（3）管理层内部视角不同，目标不一。

（4）组织基层没能领会企业目标或企业愿景。

（5）各相关方要求不明晰。

（6）项目相关方不断变化。

（7）各相关方采取不同的组织流程配置，可能造成各流程相互间不适应。

（8）项目团队与项目相关方沟通不足。

（9）无法使各项目相关方达成共识。

3. 不可抗力

不可抗力主要为政治动乱、战争、自然灾害等，在此不做深入探讨。

20.4 预防项目失败

要预防项目失败，需要对项目可能失败的原因进行系统归纳和分析，再制定应对策略。

（1）纵观所有可能失败的原因，制定系统性、整体性的预防策略。

（2）区别对待主要原因和次要原因，重点针对主要原因制定预防措施，针对次要原因制定必要的预防措施。

（3）分析内因和外因，主要制定针对内因的措施，使用一切资源来化解外因可能带来的危害。

（4）制定动态监控项目进展的措施，特别是“里程碑”要合理设置，科学防控项目失败的风险。

20.5　案例：　某保障房建设项目管理

每个项目成功的原因各异，但失败的原因却是有规律可循的。每个项目成功和失败都有复杂的原因，且没有完全成功的项目或完全失败的项目。有的项目在某些方面很成功，在另外一些方面可能就是失败的。

20.5.1　项目概况

某保障房建设项目为安置动迁居民的配套项目。规划总用地面积为 204 121m^2，其中居住用地面积为 172 668m^2，规划道路用地面积为 26 580m^2，道路绿地面积为 4873m^2；容积率为 1.47；绿地率为 35%。某国内知名房地产开发公司受当地政府委托负责开发建设该项目。该公司尝试将项目管理工作委托给某项目管理公司承担，如果合作取得成功，将有可能在集团所有项目推广。

20.5.2　项目管理

1. 组织

本项目的管理组织结构如图 20-3 所示。项目管理单位受业主委托对项目进行管理，为管理组织结构的核心。甲方（房地产开发公司）虽然有一个事业部分管此项目，但基本不参与具体项目管理，也不常驻现场，只是传达项目指令。造价咨询及工程监理公司虽然与甲方签订了合同，但需要接受项目管理方的指令。

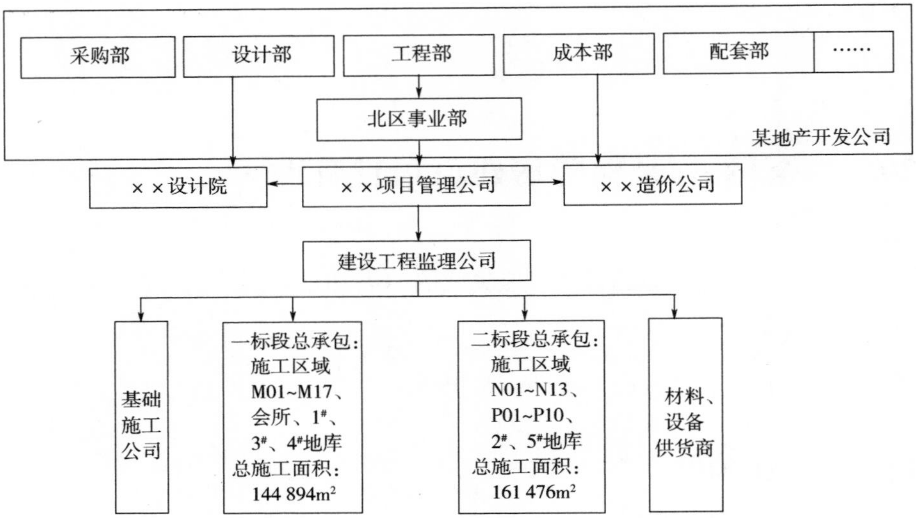

图 20-3　项目管理组织结构

2. 项目投资控制

在投资控制上，造价咨询公司负责工程造价的确定和控制，输出造价成果文件，审核施工单位提交的工程进度款申请及结算申请报告。与此同时，工程监理单位和项目管理单位主要负责工程量的审核。

在工程款支付流程上，先由施工单位提出工程款申请，经工程监理单位审核工程完成的实际情况，再交由项目管理单位审核，最终交给业主单位审核并发放工程款。

3. 进度控制

在项目启动阶段，项目管理方通过与业主方沟通，根据业主方要求，提出项目总体进度计划，要求施工单位据此编制各自的施工进度计划。但在执行过程中，渐渐出现实际进度滞后于计划进度的情况。进度计划指导实际施工的作用越来越小。最终，进度计划系统没有得到及时更新。施工进度管理处于接受来自业主方的指令而经常变更的状态，缺乏科学性和严谨性。

甲方与当地政府对于施工进度目标有明确的约定，但甲方出于自身利益考虑，并没有明确公布进度目标，而是有所保留。所以，在项目执行的过程中，甲方不断地对外调整进度目标，项目管理单位和施工单位不清楚进度底线，导致施工进度处于无序控制的状态。

4. 项目综合管理

项目管理方建立了项目的办事流程体系及沟通制度，如定期的工程例会制度、工程变更流程、工程款支付流程等。但在执行过程中，由于施工单位低价中标，想通过工程变更来获取利润，立场的冲突导致了项目管理方与施工单位的沟通效率和效果都欠佳。而甲方一味以本公司的质量标准来要求此保障房项目，并对工期提出了非常高的要求。总之，项目的综合管理情况也不理想。

20.5.3　项目失败原因分析

显然，本项目属于计划目标过高的失败情形。政府和甲方没有考虑到项目的具体情况，设置的进度目标过高。甲方清楚政府要求的进度目标，但从未将此目标公开过，而是为了给自己留有余地，提出了更高的进度目标。在实际的执行过程中，进度目标一再修改，导致进度管理系统基本失效。除此之外，导致项目失败的主要原因还包括以下6个方面。

（1）授权。项目管理方应得到甲方的充分授权，来树立项目管理中的权威形象。但在此项目中，业主方没有对项目管理方进行充分授权。项目管理方对项目的重大问题，如进度调整、工程变更等，没有处理权限，导致施工方对其也不太尊重。项目管理方几乎成为摆设，没有发挥其应有的作用。

（2）沟通。甲方不常驻现场，项目管理方与之沟通比较缺乏。项目管理方会定期输出项目管理周报与月报，但除此之外没有其他沟通渠道。甲方也不太认可项目管理方输出的成果。由于缺乏沟通，甲方对项目管理方的认可度较低。

（3）管控。项目管理方缺乏对项目进行管控的手段和能力，特别是缺乏信息化管控的能力，对项目的掌控手段主要为现场巡查并主要通过口头发出指令，难以对项目形成客观的判断。而施工单位对指令也不以为然，以至敷衍了事。

（4）利益相关者管理失效。甲方和承包商之间没有形成共同的利益关系，相反形成了对立的关系。业主方希望能够加快施工进度，尽快回笼资金，而承包商考虑的是如何通过工程变更和索赔来增加项目收入与利润。立场的冲突导致双方无法共同为项目目标而努力。

（5）人员流失频繁。项目管理团队是临时组建的，又由于项目经理的沟通协调能力有限及待遇等原因，人员流失频繁，团队缺乏稳定性。

（6）团队凝聚力不强。项目管理团队缺乏文化建设，团队缺乏凝聚力。团队内各工程师分管各自专业内的事情，没有形成一致对外的工作局面。

20.5.4　案例总结

尽管此案例不具备较强的典型性，但对于如何避免项目失败还是具有借鉴意义的。该项目在目标设置上存在问题，过多层级传递目标，导致目标形同虚设；在授权、沟通、管控、利益相关者管理及团队建设上都存在问题，最终导致项目以失败收场。

第 21 章　综合案例：深圳某大学艺术综合楼全过程工程咨询服务创新

21.1　项目概况

深圳某大学艺术综合楼建设工程项目总概算为 110 540 万元，其中建安工程费为 96 127.56 万元。项目占地面积为 49 933.24m^2，总建筑面积为 128 694.33m^2，建筑基底总面积为 14 422m^2。艺术综合楼工程项目由三座单体建筑——艺术楼、外语楼、建筑与城市规划学院扩建工程组成，其中地上建筑面积为 49 194m^2，地下建筑面积为 79 480m^2。艺术楼地上 8 层、地下 4 层；外语楼地上 14 层、地下 3 层；建筑与城市规划学院扩建工程地上 5 层、地下 1 层。再加上在建的吴玉章楼地下室，4 个单体建筑物地下室连通。项目用地范围内存在较大高差，其中西北侧最高点比东南侧最低点高约 15m。

21.1.1　工程建设内容

工程建设内容如下：

(1) 前期工程包括：既有构筑物的拆迁、既有道路的改迁和移树等。

（2）基坑支护、基坑土方与桩基工程。

（3）总包工程包括：各单体土建、给排水、人防、消防、变配电、电气、通风空调、常规性装饰装修；电梯、柴油发电机、冷水机组、冷却塔、多联室外机、新风机等采购与安装；室外道路及地下管线、广场铺装、景观绿化等海绵城市、泛光照明、标识、白蚁防治等。

（4）弱电智能化工程包括：线缆桥架、光分配网、设备网、无线网、综合布线、有线电视、电梯五方对讲、安防视频监控、建筑设备管理、机房、门禁、校园广播系统等。

（5）精装饰工程包括：公共走廊、主入口、电梯厅、3 个剧场和音乐厅、舞蹈教室、排练厅、音乐教室、琴房、多媒体教室、录音棚、有吸音的设备房、多功能厅、会议室、报告厅等；舞台灯光及音响系统主要有 3 个剧场和音乐厅的音响扩声、视频显示、舞台灯光、声学集成系统；玻璃幕墙 + 氟碳铝板 + 铝合金装饰线条等。

（6）艺术楼舞台机械设备。艺术楼建设内容中包括众多专业设备的安装，在建设中应考虑这些设备的运维。这也是本项目的一大难点，在项目目标设置上有专门针对这一点的要求。

21. 1. 2　项目目标

（1）设计目标：完善功能、合理布置、节能、创新，力争国家级建筑设计类一等奖、装饰设计类一等奖。

（2）投资目标：合理优化、追求效益、杜绝浪费，严格控制在概算范围以内。

（3）进度目标：科学策划、合理安排，严格控制在 1095 天以内。

（4）质量目标：成为国家标准合格工程，精细化，具有工匠精神，获省市优质结构工程奖、省市优质工程奖、全国绿色建筑与绿色施工示范工程、国家级装饰工程一等奖、新技术应用示范工程、BIM应用全国大赛一等奖、装配式技术应用奖，完成装饰工程现场施工工法1~2项，力争广东省建设工程金匠奖、国家“鲁班奖”。

（5）安全文明管理目标（属于创新类目标）：获省市双优安全文明奖。结合深圳市施工现场实名制管理等最新要求，借鉴香港经验，联合施工单位对工人和技术人员进行安全教育和职业培训，实施平安卡管理，统一平台化管理。

（6）项目管理目标（属于创新类目标）：①基于BIM + GIS + Smart Campus项目建设全过程数字化集成与云平台管理应用研究；②工程项目全过程咨询数据模型与数据共享和互操作方式研究；③实现基于BIM技术的深圳某大学艺术楼楼宇系统与设备运维模型。

（7）合同管理及信息档案管理目标：基于平台的信息集成与共享。

21.2 全过程工程咨询服务内容

本项目的工程咨询涉及项目前期阶段、设计阶段及施工阶段。咨询服务内容可分为项目咨询（包括项目管理）、工程监理和设计管理，具体内容如下。

1. 项目管理

项目管理包括项目计划统筹及总体管理、前期工作管理、技术管理、进度管理、投资管理、质量安全管理、舞台工艺咨询管理、项目组织协调管理、招标采购管理、合同管理、BIM制作咨询及总协调服务管理、档案信息管理、报批报建管理、竣工验收及移交管理、工程结算管理，以及与项目建设管理相关的其他工作。

2. 工程监理

工程监理包括施工准备阶段监理、施工阶段监理、保修监理及后续服务管理，以及与工程监理相关的其他工作。

3. 设计管理

（1）要求设计单位按时提交合格的设计成果，检查并控制设计单位的设计进度，检查施工图的设计深度及质量，分阶段、分专项对设计成果文件进行设计审查。

（2）负责组织对施工图设计阶段及各专业（包括但不限于：总图、建筑、结构、装饰、景观园林、幕墙、电气、泛光照明、通风与空调、给排水、建筑智能化系统、室外道路、建筑节能环保与绿色建筑、民防、消防、电梯钢结构、预应力、建筑声学、灯光、音响、基坑支护工程、地基处理、边坡治理、建设用地范围外的管线接入工程、水土保持、10kV 外接线工程、污水处理工程、建筑永久性标识系统、海绵城市，以及其他与本项目密切相关的特殊系统）施工图的设计深度及设计质量进行审查，减小由于设计错误造成的设计变更、增加投资、拖延工期等情况；对设计方案、装修方案及各专业系统和设备选型进行优化比选，并提交审查报告。

（3）协调使用各方对已有设计文件进行确认。确认设计样板，组织解决设计问题及设计变更，预估设计问题解决涉及的费用变更、施工方案变化和工期影响等，必要时开展价值工程并据此解决设计变更问题。

（4）组织专项审查，包括但不限于：舞台工艺、舞台机械设计与吊装方案、幕墙设计方案、灯光音响、结构桩基、结构超限审查论证、消防性能化论证、深基坑审查、建筑节能审查等。根据评估单位提出的异议进行修改、送审，直到通过各种专业评估。

（5）对项目全过程进行投资控制管理。负责组织设计单位进行工程设计优化、技术经济方案比选并进行投资控制，要求限额设计，施工图设计以批复的项目总概算作为控制限额。

21.3 全过程工程咨询服务取费

本项目工程咨询的服务内容包括设计管理、工程监理、项目管理，参考当地工务部门的取费标准，最终得出全过程工程咨询的总服务费为1759万元，约占总投资额的1.59%。

取费计算公式为：全过程工程咨询服务酬金＝项目管理费＋项目监理费＋奖金＋暂列金额。

（1）项目管理费结算金额＝［项目监理费×20%＋（勘察费＋设计费）×10%］×（1－投标下浮率）。

项目管理费按上述公式进行结算。其中：投标下浮率＝1－中标项目管理费/项目管理费招标控制价，中标项目管理费为投标人报价中的项目管理费，不包括暂列金额、项目监理费；设计费、勘察费以最终概算批复的金额为准；项目监理费为监理费结算金额。

（2）项目监理费以项目最终概算批复的总投资中监理范围内的建筑安装工程费（含设备购置费）为基数，根据《关于贯彻国家发展改革委、建设部〈建设工程监理与相关服务收费管理规定〉的通知》（深价规〔2009〕1号）的取费标准进行结算。

1）项目监理费结算金额＝施工阶段监理服务费＋保修阶段监理服

务费。

施工阶段监理服务费 = 施工监理服务收费基价 × 专业调整系数 × 工程复杂程度调整系数 × 高程调整系数（结算时专业调整系数、高程调整系数取1，工程复杂程度调整系数取 1.15，不因项目规模、指标等变化而调整）。

保修阶段监理服务费 = 施工阶段监理服务费 ×5%。

2）监理费以概算批复的监理范围内的监理费为结算上限。

（3）暂列金额是可能发生也可能不发生的，招标时难以确定的金额，是表明投标人一旦中标后，对此有合同义务。除合同另有规定外，应结合工程具体情况，报经招标人批准后，指令全部或部分地使用，或者根本不予动用。

（4）奖金按投标人实际取得的符合招标文件要求的奖项进行结算。

21.4　全过程工程咨询服务组织

全过程工程咨询的组织结构如图 21-1 所示。全过程工程咨询服务由一家单位来承担，在总咨询师的领导下，总监理工程师、行政管理经理、BIM 管理经理、土建管理经理、合同管理经理、机电设备经理、设计管理经理各司其职，实行“一套班子、多项职能”的工作整合团队，有利于各专业之间的融合，提高全过程工程咨询服务的质量。

除了工程咨询单位内部全职人员，咨询单位还聘请了 × × 大学工程管理领域的资深教授及资深设计师作为项目顾问。

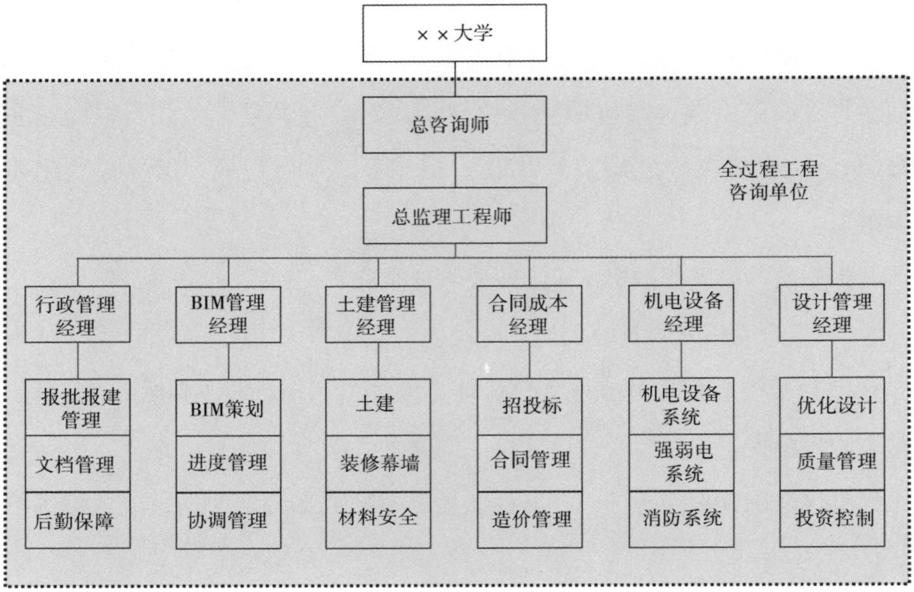

图21-1　全过程工程咨询的组织结构

21.5　工程咨询技术手段——基于BIM的全过程工程咨询云平台

21.5.1　基于BIM的全过程工程咨询云平台的作用

基于BIM的全过程工程咨询云平台具有以下作用。

(1) 基于云架构与微服务框架的创新性的全过程工程咨询云平台，颠覆了传统咨询管理系统。

（2）基于云计算实现信息全生命周期管理，注重BIM信息的精确度、管理的精细度。

（3）设计/施工阶段的应用效能最大化，项目、计划、进度管理高度流程化。

（4）面向大型业主的长期建设发展需求，具备融合多个单体工程项目数据的能力，能实现大规模的数据管理与互联互通。

（5）在BIM数据与虚拟地球（Virtual Earth）的基础上，为智慧校园，智慧园区等项目的大数据应用、数据资产化等提供数据源和基础平台；提高资产管理价值，为业主带来最大的收益。

21.5.2　全过程工程咨询云平台的架构

全过程工程咨询云平台的功能模块主要包括微服务基础架构、BIM + 3D GIS模型数据仓库、工程项目管理、内容管理等。以下分别说明其内容，重点与现有的施工管理系统进行比较，突出其技术方案特点和主要优势。

1. 微服务基础架构

全过程工程咨询的工作覆盖了从可研、设计、施工到竣工交付的各个阶段。传统的方法是采用一台或几台服务器，运行相应的软件。对于大量项目涉及的多家参与单位，数据量的不断增加给服务器管理和资源管理带来了不便。基于目前的云计算模式，项目实现了可承载海量数据的软件平台，结合底层的数据库管理技术，可以灵活、有效地配置不同阶段的工具和系统服务。如图21-2所示，整个系统功能被分解为BIM + GIS模型仓库、项目管理、内容服务三大模块，其中每一模块内部又由多个功能子模块组成。通过微服务标准化端口访问将这些功能连接在一起，不同项目、不同阶段的用户可以灵活采用。相比一般的云计算虚拟机，以微服务模式启动的功能以秒级计算，同时为高可用、可扩展性提供了良好的支持。

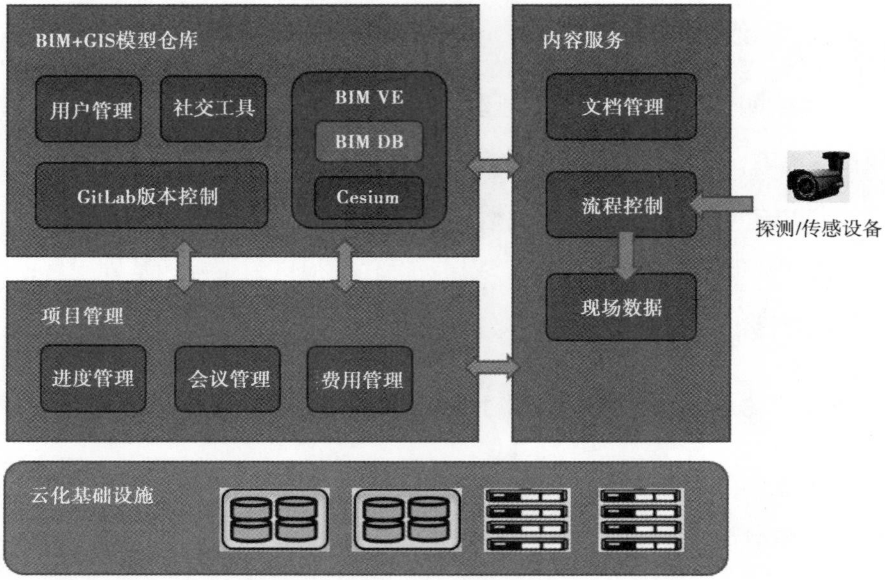

图 21-2　全过程工程咨询功能模块

2. BIM + 3D GIS 模型数据仓库

BIM 模型在工程项目管理中起到关键的作用，是工程数据的核心。传统的 BIM 模型主要应用于土建算量、可视化、质量安全定位等，数据层面的管理能力较弱。全过程工程咨询云平台采用国家 BIM 标准，参考国际上通行的 IFC（Industry Foundation Class，工业基础类）标准，实现对构件数据的解析，从而将工程 BIM 构件的各类信息——尺寸、材料、性能、安装位置等进行关联和整合，实现模型的查询、抽取、分析和利用。由于 BIM 模型信息已经作为数据存储，平台更可以针对多个模型，以及多个项目中的大量模型进行统计，形成真正的工程项目综合管理能力。

当前，对于大型工程项目，BIM 建模是一个复杂的过程。如何实现从设计图到 BIM 模型的管理是一大难点。为了对项目全过程的建模进行协同管理，全过程工程咨询云平台对模型采取了分专业和索引化的办法，确保设计图和复杂的 BIM 模型的提交、审核、交付。

传统的 BIM 施工管理平台往往基于单个项目，主要关联该项目中使用的模型。不同项目中的 BIM 模型往往分开存储。全过程工程咨询云平台通过元数据管理，形成了整合大量模型的数据库。同时，全过程工程咨询云平台结合了虚拟地球 3D GIS 技术，可以实现大规模实景预览，通过空间分析、日照分析支持项目设计修改和提升，如图 21-3 所示。此外，依赖 GIS 模型的定位功能，可以对现场施工设备、人员管理提供支持。

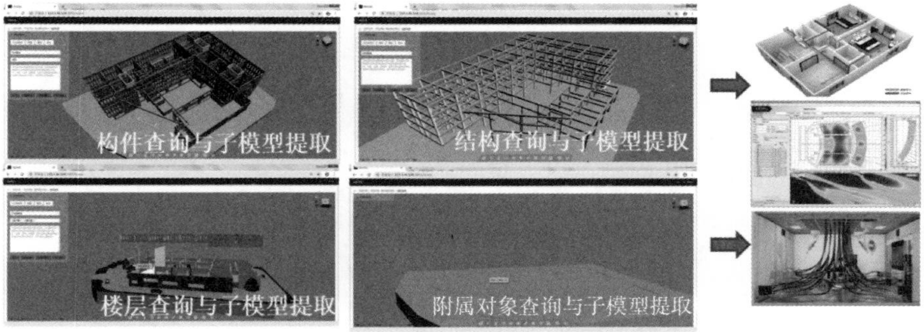

图 21-3　基于 BIM 数据管理的应用（截图）

3. 工程项目管理

工程项目管理主要关注的是现场质量安全、人员管理、采购库存管理等。对于全过程工程咨询项目而言，除了跟踪解决以上这些问题，还需要进行组织会议、协调进度、费用调整、文档汇总等工作。

基于前述 BIM 模型的组织，全过程工程咨询云平台将相应的工程信息与之关联，并将费用与模型挂接。在进度管理中，通过和BIM模型结合，实现细化的进度控制，并结合费用信息，预测全过程咨询的进度费用。在费用管理中，通过导入预算清单，并且进行签证审批，在系统上形成明确清晰的费用更新列表。除此之外，系统可进行各种申请的提交和记录，如会议资料、质量安全等信息，实施流程化管理，并集成手机端，提供关键的数据积累和利用。

工程项目管理模块与BIM模型采用标准化接口的办法传递数据，可确保两者之间高效的数据交换。这样做的好处是，在更新工程项目管理功能时，BIM模块部分可以继续工作，确保了平台的整体稳定性。

4. 内容管理

内容管理大致可以分为两部分，一部分是文档管理。传统系统中通行的办法是通过文件夹模式进行管理，这一方法有几个弊端。第一，文件相互之间缺乏关联，无法很快地根据专业、文件版本、日期、所属项目类型进行检索；第二，系统不保留文件分发历史记录，无法留痕也就不能追踪；第三，文件夹系统的命名比较随意，最后很难从中提取一套完整的项目手册进行交付。

全过程工程咨询云平台针对以上问题，采用版本控制技术，并对工作文件进行文件名规范。系统基于标签、文件日期、专业、负责人等维护一个文件索引，对整个文档的提交和审核进行有效管理和控制，帮助全过程咨询方查询历史文件，进行高效的交付。

内容管理的另一部分是实时数据管理。系统需要实现异构工程数据集成功能：通过大数据技术，将多种工程数据，如3D激光扫描数据、现场照片、文档信息、设计图等进行整合。内容管理服务导入这些数据，全过程工程咨询云平台能够利用这些信息和数据进行查询和分析，对工程项目的实施起到支撑和优化作用。典型的应用如：通过现场设备自动获取施工设备使用时长和状况，预测工程进度；通过施工现场的三维扫描成型和 BIM 模型比对，评估施工质量等。

总之，全过程工程咨询云平台基于云架构和微服务，为用户提供灵活的、功能强大的项目管理手段。表 21-1 是传统平台和全过程工程咨询云平台的主要差异。

表 21-1　传统平台和全过程工程咨询云平台的主要差异

对比项	传统平台	全过程工程咨询云平台
工作内容	施工中的人员管理、费用管理、进度管理、安全质量管理等	除监督施工管理单位完成相关工作外，需代表业主进行总体协调、费用控制、整体交付和其他服务
数据库技术	关系型数据库	关系型数据库 + 非关系型数据库
数据容量	每个项目分别管理，单个项目 TB（存储单位）级别	大量项目同时管理，PB（存储单位）级别
展示能力	单个项目的 BIM 展示	多个项目结合 3D GIS
文档管理	施工阶段的各类文档资料	各类设计文档、施工文档、监理文档、报审报批资料、其他相关信息等
BIM 模型一致性	比较差，管理不便	兼容多种 BIM 工具，并按目录管理
分析应用	主要是针对施工质量、进度、采购收集各类信息，对施工管理提供支撑。分析能力较弱	全过程工程咨询也涉及施工单位的数据分析，但更多地从管理层面分析，挖掘所需要的信息。提供基于大数据的分析能力

21.5.3　BIM 模型协同服务

BIM 是工程信息的重要组成部分。对于全过程咨询工作，需要从数据的视角去对 BIM 模型进行组织和应用。这方面的关键是数据的可交换性，即能够使 BIM 模型提供分空间、时间、类型等维度的信息，并对构件级信息进行综合查询和提取。为了实现这一目标，全过程工程咨询云平台采用了兼容的国际标准——IFC，将 BIM 模型转换成 IFC 并形成可管理的数据库。通过 IFC 格式，BIM 信息可以进一步应用于更为复杂的场景，因为此时的 BIM 数据可以转换为其他形式的信息，不再局限于 Revit 等建模工具内的有限的应用。图 21-4 为 BIM 技术在本咨询项目中的拓展应用。

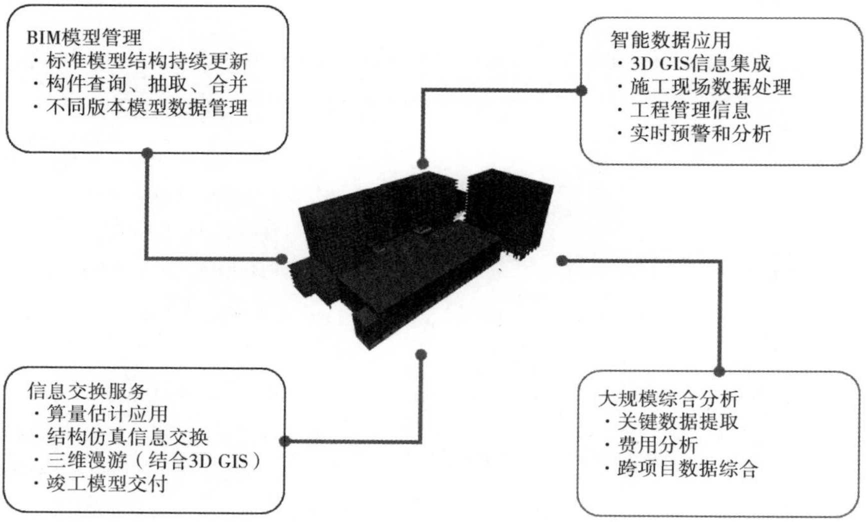

图 21-4　基于 BIM 模型的项目管理拓展应用

在全过程工程咨询云平台的流程中，总体的 BIM 模型由各子模型组成。该模型集群由项目专门人员进行维护和更新，以确保数据的有效性和一致性。随着工程进度的不断推进，模型的精细度也逐步提高，并形成可支持具体施工应用的中间格式，最后通过数据提取，获得可以交付的竣工模型。全过程工程咨询云平台从最初的设计图开始到 BIM 粗模的建立，再到各专业的 BIM 精细化模型，逐步合并成为整个项目模型。在这一过程中，用户可以自定义 BIM 专业、文件夹，以区分不同区域，如楼层的模型。全过程工程咨询云平台可以实现模型的合并，某专业的某一区域的模型变更可以自动反映到平台上，供其他相关人员使用和检查。

全过程工程咨询云平台上的模型按照用户的需求进行组织，相应的设计、建模，审批人员可以按专业进行协同。针对单个模型文件，全过程工程咨询云平台提供三维模型校审的功能，模型审核人员无须使用Revit即可直接在线浏览对应模型，并添加批注意见。对于复杂的合规性计算，可以进一步将模型导入专用的模型审核工具（如Solibri Model Checker）中进行分析。此外，如果用户需要，也可以直接使用Revit进行模型检查。所有模型按照其关键字形成索引关系，便于管理和版本控制。

通过BIM数据库，可以实现一系列查询、统计、合并等典型的数据库操作。有一些功能通过Revit的参数化插件（如Dynamo）也能完成，但是一个经过封装的数据库，可以实现标准化接口、并行处理等信息化功能，显著提高易用性和数据管理能力。例如，通过IFC模型的交换能力，实现进行广泛的设计和施工应用，包括算量估计、结构计算、漫游展示等。

在传统的模型管理中，模型按照文件夹进行组织，BIM相关的进度、安全、质量等信息一般和构件编号发生关联。大型项目可能拥有数十万个构件，构件编号的方式不利于BIM构件的管理，也不便于修改构件与其他信息的关联关系。全过程工程咨询云平台通过数据库索引的方式对BIM模型进行优化管理。所谓索引，是对数据库表中一列或多列的值进行排序的一种结构。使用索引，可快速访问数据库表中的特定信息。这一点是和传统平台依赖于Revit模型进行应用的重要区别。例如，利用数据库索引，可以在几秒钟内提取出项目符合某一条件（构件名称、空间位置、特点属性，如镀锌管）的所有构件。这些构件可随即被导出成单独的IFC模型或数据表，并应用于其他场景，如图21-5所示。这就大大拓展了BIM模型的应用范围，为全过程应用提供了准确的数据资源。

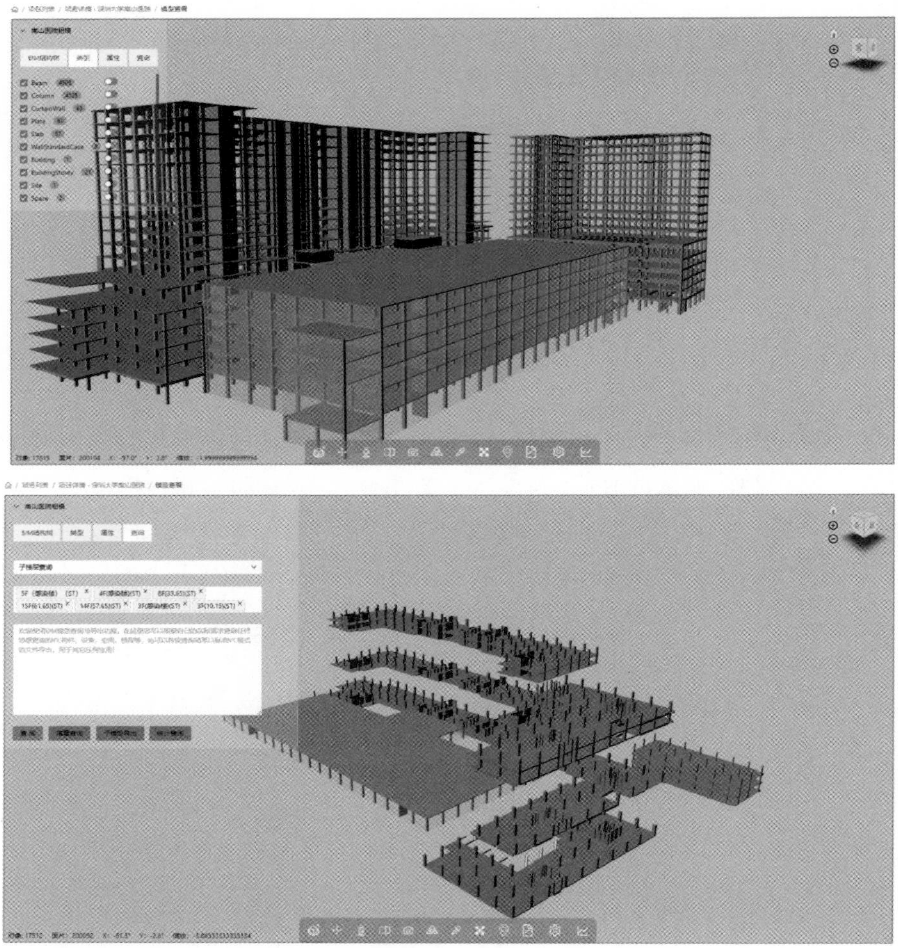

图 21-5　项目模型及分楼层查询结果（截图）

为了满足 IFC 的数据要求，也为了对信息进行有效管理，在建模前即需要设立建模规范，如明确建模原点，设立 Revit-IFC 类别映射，统一构件/空间命名等。通过这些手段，确保 BIM 模型信息得到完整处理。另外，由于目前 Revit 模型中一些属性信息不能很好地被转换到 IFC 中，如涉及算量抵扣的部分，可以将其通过 Revit 插件，提取成为可用的数据信息，为后续的深入应用建立基础。

在 BIM 模型展示方面，全过程工程咨询云平台使用自行开发的动态加载技术，实现了单项目模型总量 > 10GB、多项目 > 200GB 的快速浏览器展示，为终端用户提供了优秀的体验。

21.5.4　基于智能管理平台的数据集成

全过程工程咨询云平台的核心是数据管理，除了 BIM 数据，系统还将集成其他关键数据信息。总体而言，平台上集成的数据包括以下三大类。

1. 3D GIS 数据

全过程工程咨询云平台支持虚拟地球的 3D GIS 数据集成。采用独特的 3D GIS 与 BIM 模型平台化管理，可形成智慧城市级的 BIM + 3D GIS 能力。通过集成 3D GIS 信息，打破了传统的施工 BIM 只能够针对单一项目的 BIM 模型进行处理的限制，可以实现真实定位，日照、通风等分析，以及全景展示的功能，是对传统 BIM 模型管理的一次重要拓展。不仅如此，平台的底层提供了跨项目的多个 BIM 数据综合管理，这就使得真正的多项目的工程事务分析成为可能。3D GIS 的管理基于开源的 Cesium 虚拟地球开发，兼容国际上主流的空间数据格式 3D Tile，具有强大的功能和数据承载能力。

2. 现场数据

全过程工程咨询云平台提供的数据接口，使得现场的关键数据可以实时进入平台，确保快速的响应和高效的管理。这些数据可以是质量安全检查人员现场拍摄的照片信息，也可以是现场摄像头自动采集的照片/视频。

随着智慧工地技术的推行，施工企业采集的车辆进出信息、工地运行状况等，均可通过平台展示。全过程咨询单位可针对现场某一方面的数据进行专项采集。比如，通过现场摄像头获取某施工设备（如塔吊）工作的总时间，并利用该数据进行工作效率分析。再比如，通过对某施工斜面的平整度扫描，导入系统后与模型叠加分析比对，得到精确的施工质量评估结果。这些对于全过程咨询单位提供工程项目的细化管理能力具有重要意义。平台数据整合如图21-6所示。

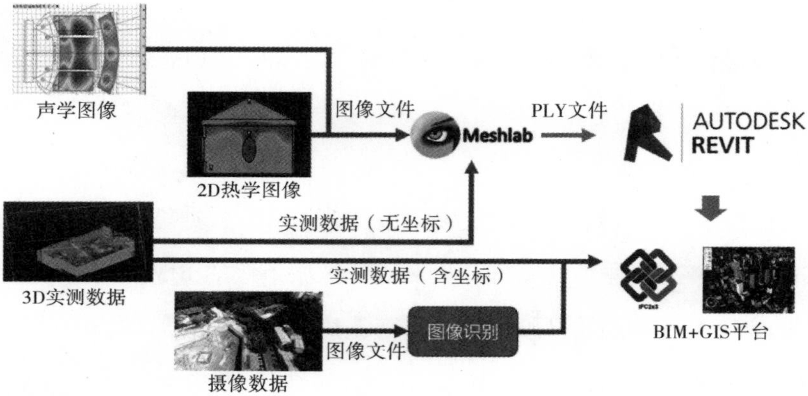

图21-6　多种现场数据与平台整合

3. 项目管理数据

项目管理数据是指包括项目进度、工程量、预算、会议资料及各类工程文档、表单在内的信息。传统上，工程项目管理的各类文件的签署、流转、收集是通过纸质手段由人工处理完成的。一些重要信息，如项目进度，采用的是电子表格或单一软件格式MPP文件。工程算量和预算较多采用的是广联达工具，导出Excel。对于全过程咨询单位，这些信息最终散落在各个电子或纸质文件中，无法做到快速签署和更新，也不易追溯。全过程工程咨询云平台通过各种数据导入模板和在线表单，将关键信息进行数据化，并通过在线审批和签字进行快速流转，提高整个项目的管理效率。同时，对于会议纪要、工程文档进行标签化处理，便于后续的收集、查询和竣工交付工作。

全过程工程咨询云平台使用大数据的基础架构对以上信息进行管理。对于全过程咨询而言，数据的整合极为重要。所谓大数据（Big Data），不是指单纯地堆砌项目数据，将不同版本的文件、质量安全表单、模型进行存储。计算机领域所说的大数据，是通过分布式存储和元数据等技术手段，形成多源异构数据的高效组织、查询、分析利用能力，这才是大数据技术的实际意义所在。

所谓元数据，是指从信息资源中提炼出特征后的结构化数据，即用来组织、描述、管理信息和知识的数据。通过元数据等技术，可以对大量不同来源的数据进行整理，形成一个整体的数据资源库。对于实时数据，全过程工程咨询云平台提供了流数据处理能力，以及实时进行数据 ETL（Extract/抽取、Transform/转换、Load/加载），确保将重要监测情况及时推送给用户和做出响应。图 21-7 是全过程工程咨询云平台的数据处理框架示意图。

基于大数据基础架构和实时数据，全过程工程咨询云平台可以开展大规模的综合分析，绕开复杂的人员、设备、采购等细节信息，对项目的总体形成把控；同时，通过对历史的其他项目数据进行统计和比对，根据预设的指标去计算评估工程项目运行的实际状况，为优化管理、节约成本提供支撑。表 21-2 比较了传统管理模式和全过程工程咨询云平台的数据管理分析能力。

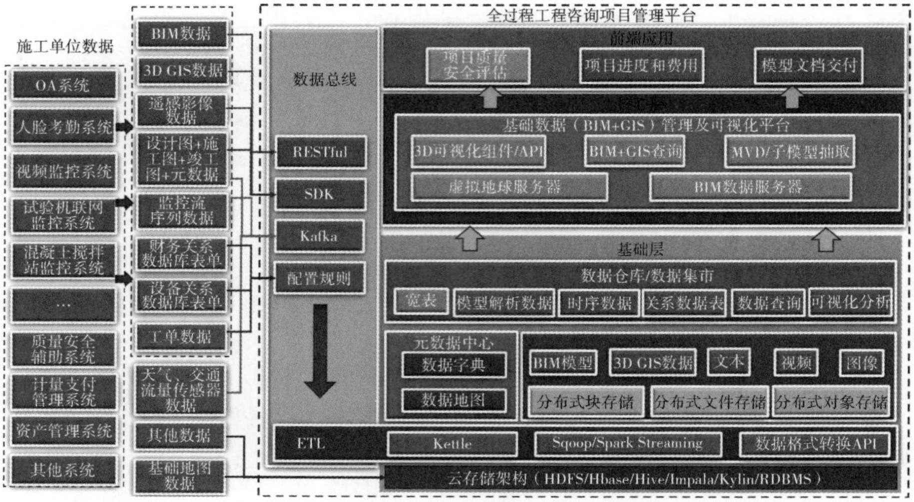

图 21-7　全过程工程咨询云平台的数据处理架构

表 21-2　传统管理模式与全过程工程咨询云平台数据管理分析能力对比

对比项	传统管理模式	全过程工程咨询云平台
算量和造价	主要是土建，也有少量其他专业	采用专业软件进行算量，管理导出量/价的数据
现场实测数据	一般不包括	实测实量数据可与系统模型叠加进行施工质量评估
预制构件生产进度规划	人工或半自动的规划	专业的建模和规划工具确保进度可以在系统上显示
仿真数据集成	仿真数据整合困难	多种仿真软件的结果可以在 BIM +3D GIS 上显示
模型抽取	效率不高且结果与实际存在差异	从建模标准开始规范模型信息，以数据库手段进行处理，确保高效和准确
数据挖掘分析	缺乏可靠的数据分析能力	高效的数据抽取、合并、挖掘分析能力

21.5.5　平台工程项目应用

1. 在线协同办公

在项目施工前期，主要推广电子签章、自定义流程，以及导入算量清单，并根据施工过程形成明确的更改签证记录。在此过程中，将进度与 BIM 模型结合，随着工程进展预估费用。全过程工程咨询云平台集成了会议管理功能，以确保从项目前期开始的进展和相关会议问题能够得到及时处理和跟踪。用户将从进度、费用、模型图、文档等方面获取全面的数据信息，并根据需要对工程项目进行实时统计，提供决策依据，如图 21-8 所示。

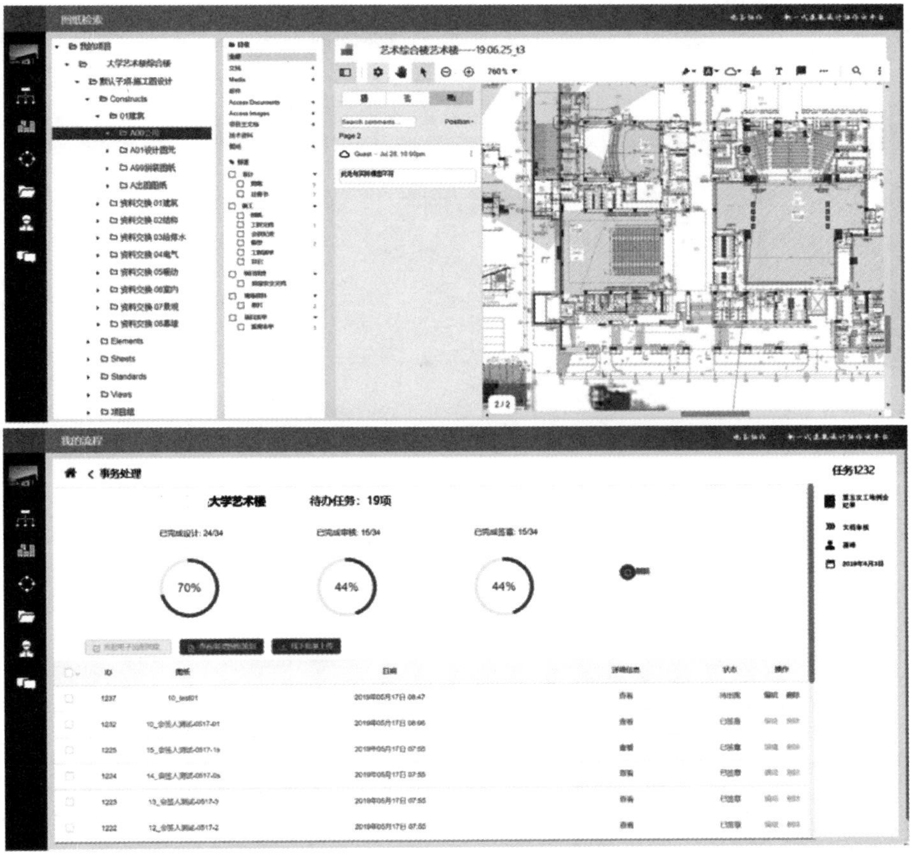

图 21-8　某大学艺术综合楼施工图审批和项目事务清单（截图）

2. 成本控制

利用经过优化和深化后的BIM模型，直接、快速地计算工程量。结合清单，可以完成以下工作：①进度工程量分析；②投资完成统计分析；③进度款计算；④主要材料进度用量与费用。如图21-9所示。

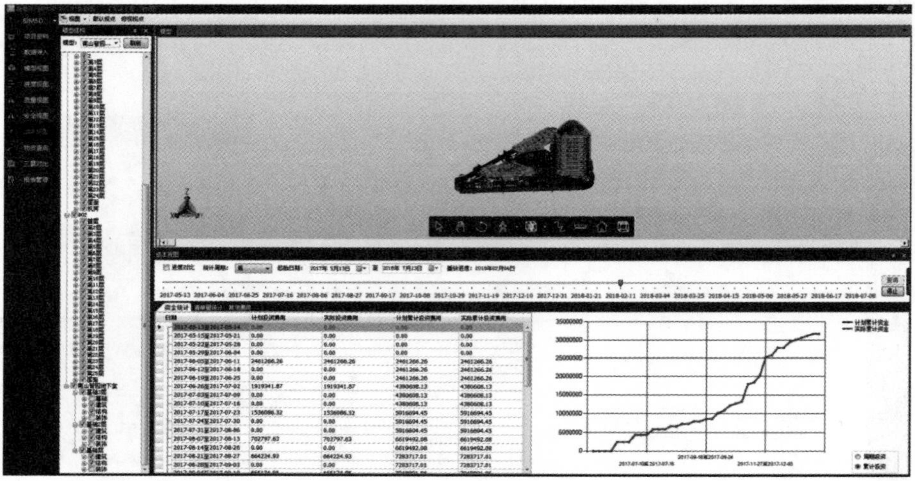

图21-9　基于云平台的投资控制（截图）

3. 进度控制

（1）结合施工进度计划，合理采用BIM模型的各类模拟分析工具，优化施工组织方案论证，解决施工过程中的疑点、难点等，起到加快工程进度的效果。

（2）将现场施工进度与模型进行关联，并在项目平台上发布，使项目相关人员可及时了解到最新的施工进度情况，掌握关键工程信息。

4. 质量控制

质量控制包含质量问题的录入、推送、关闭、复查等闭环动作。基于云平台的质量问题统计如图21-10所示。

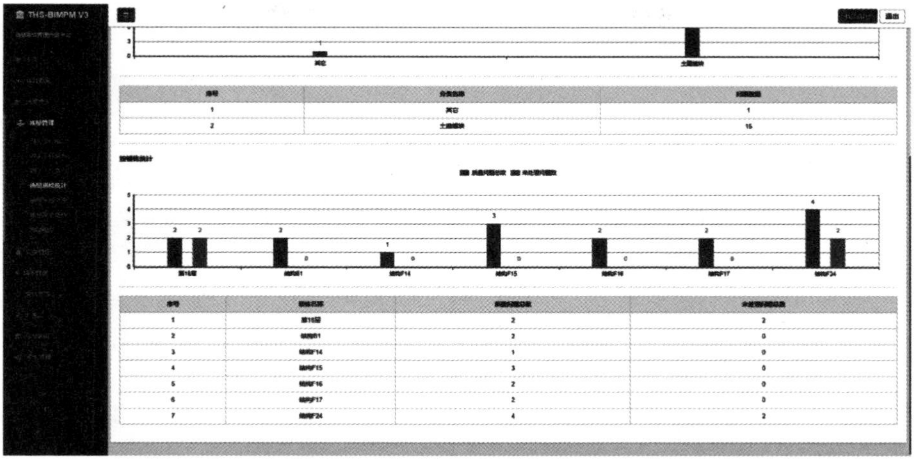

图 21-10　基于云平台的质量问题统计（截图）

5. 安全控制

全过程工程咨询云平台收录安全检查标准，结合二维码，提供安全巡检记录功能。同时，还可记录安全晨会、安全资料等信息。

6. 智慧工地

全过程工程咨询云平台与施工现场的扬尘检测、噪声监测、基坑位移监测等系统连通，实现工地现场 360 度无死角监控，达到智慧工地的效果，如图 21-11 所示。

21.6　管理创新总结

全过程咨询方对于项目具有总体把控和专业化服务的优势。基于这一特点，新一代全过程工程咨询云平台采取了云架构，研究了基于数据库管

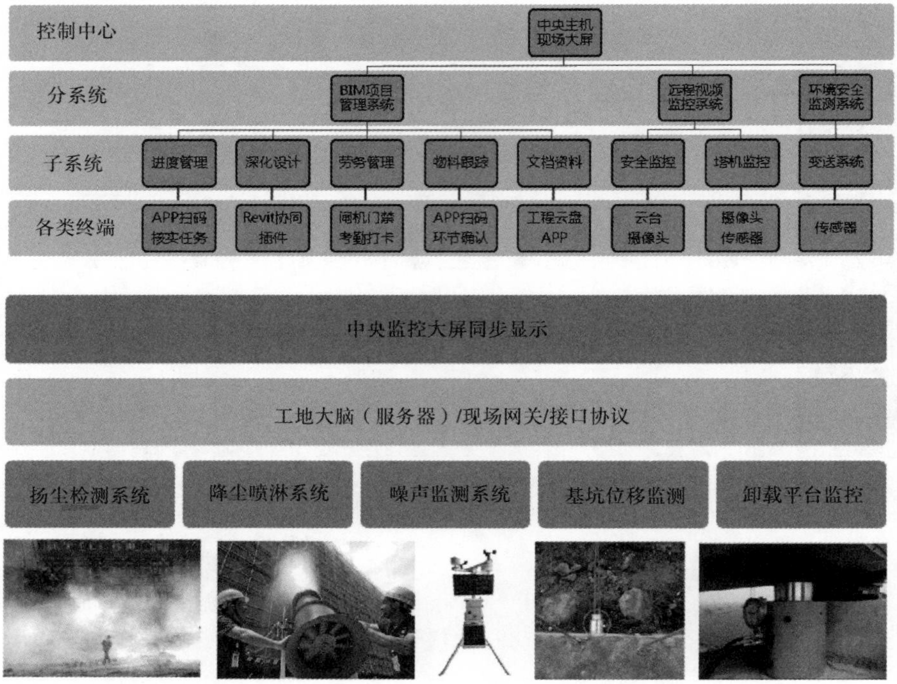

图 21-11　智慧工地系统

理的平台应用；推动从数据角度去管理，将 BIM 与进度、费用等工程信息连接起来，并持续跟踪和优化项目的推进。

全过程工程咨询平台通过将 BIM 数据索引化，并结合 3D GIS 虚拟地球技术，实现了大量工程项目的综合管理能力；通过大数据的分布式存储，形成了 BIM 模型的管理和工程数据的有效集成，支持全过程咨询单位增强深化管理的能力。平台的功能包括全量模型在线浏览和审批、多方协同、会议和电子会签、模型流转和分析应用等，确保了工程项目数据及时得到收集和响应，提高了全过程咨询方控制、协调的能力，在项目运行上起到了重要作用。

参 考 文 献

［1］国务院．国务院办公厅关于促进建筑业持续健康发展的意见：国办发〔2017〕19号［A/OL］．（2017-02-24）［2019-11-16］．http：//www. gov. cn/zhengce/content/2017-02/24/content_5170625. htm.

［2］王宏海，邓晓梅，申长均．全过程工程咨询须以设计为主导、建筑策划先行［J］．建筑设计管理，2017(10)：20-25.

［3］住房和城乡建设部．工程勘察设计行业发展"十三五"规划［A/OL］．(2017-05-02)［2019-09-15］．http：//www. mohurd. gov. cn/wjfb/201705/t20170508_231759. html.

［4］广东省住房和城乡建设厅．建设项目全过程工程咨询服务指引(投资人版)(征求意见稿)［A/OL］．(2018-04-09)［2019-10-20］．http：//zfcxjst. gd. gov. cn/gkmlpt/content/1/1457/post_1457456. html#1424.

［5］广东省住房和城乡建设厅．建设项目全过程工程咨询服务指引(咨询企业版)(征求意见稿)［A/OL］．(2018-04-09)［2019-10-20］．http：//zfcxjst. gd. gov. cn/gkmlpt/content/1/1457/post_1457456. html#1424.

［6］杨卫东．关于全过程工程咨询的思考和认识［EB/OL］．(2018-02-13)［2019-08-10］．https：//www. sohu. com/a/222584806_100018932.

［7］邓晓梅，姜涌，廖彬超，等．首席监造人制：建筑师负责制的中国化［J］．中国勘察设计，2016，283(4)：58-65.

［8］生青杰．全过程咨询应由谁主导［EB/OL］．(2018-07-18)［2020-02-24］．http：//www. 360doc. com/content/18/0718/16/57912016_771439773. shtml.

［9］丁士昭．全过程工程咨询的概念和核心理念［J］．中国勘察设计，2018(9)：30-33.

［10］谭大璐，赵世强．工程经济学［M］．武汉：武汉理工大学出版社，2008.

[11] 丁士昭．工程项目管理 [M]．北京：中国建筑工业出版社，2010.
[12] 成虎．工程管理概论[M]．北京：中国建筑工业出版社，2007.
[13] 尹贻林，解文雯，杨先贺，等．建设项目全过程工程咨询收费机制研究[J]．项目管理技术，2019，17(11)：7-11.
[14] 苏旬．德国、法国工程咨询业有关情况报告 [J]．中国工程咨询，2001(6)：31-32.
[15] 逄宗展．工程咨询设计收费标准和办法考察团考察报告 [J]．中国勘察设计，2000(9)：14-16.
[16] 雷艺君．中国建设监理协会赴瑞士考察团考察报告 [J]．建设监理，2003(4)：68-71.
[17] 徐波，燕平．工程项目管理学习考察团赴美考察报告 [J]．建设监理，2001 (3)：56-58.
[18] 亿诚建设项目管理有限公司．国外全过程工程咨询发展情况[EB/OL]．(2019-01-19)[2019-07-10]．http：//www. ycjt2007. com/newshy/gwqgcgczxf_1. html.
[19] 曹一峰，刘铭．工程监理行业30年发展及转型探究[J]．建设监理，2019 (2)：10-16.
[20] 郭宏，陈意玲，陈义武．工程监理市场的发展和规范 [J]．长江科学院院报，2003(6)：59-61.
[21] 黄良海．我国工程监理制度发展探讨 [J]．中国建设信息，2006(6)：39-41.
[22] 何伯森．我国工程建设监理的定位与发展 [J]．建设监理，2003(3)：10-12.
[23] 张谦，蒋卫平．工程监理行业的发展困境及应对措施 [J]．项目管理技术，2011，9(6)：39-42.
[24] 李维平，蔡金墀．工程建设监理行业的现状及发展趋势 [J]．建设监理，2002(1)：16-18.
[25] 罗星．工程监理企业转型发展模式研究[D]．北京：北京建筑大学，2018.
[26] 谢坚勋，叶勇，欧阳光辉．浅谈工程监理和项目管理接轨 [J]．建设监理，2004(2)：22-24.

[27] 黄金枝，斜逢光．工程监理向项目管理发展的若干问题探讨［J］．技术经济与管理研究，2004（3）：92.

[28] 陈飞．建设工程监理发展中的问题和对策［J］．建设监理，2005(6)：24-26.

[29] 蒋卫平，张谦．工程监理企业向项目管理转型的必要性以及路径分析[J]．服务科学和管理，2012，1(2)：32-35.

[30] 丁士昭．建设监理导论［M］．上海：上海快必达软件出版发行公司，1990.

[31] 张秋菊，王启昕．设计类工程企业发展全过程工程咨询服务的思考[J]．工程建设与设计，2018，387(13)：15-16.

[32] 浙江省全过程工程咨询与监理管理协会．关于印发《建设项目全过程工程咨询企业服务能力评价办法(试行)》的通知：浙咨监协〔2019〕16 号[A/OL]．(2019-05-14)[2020-04-04]．http：//www. caec-china. org. cn/difangdongtai/wa2019051514285452784354. shtml.

[33] 方云飞．生成·延续：丹东市第一医院建筑策划与建筑设计[C]//2006 年北京医院建筑设计及装备国际研讨会论文集．北京：中国医院协会，2006：76-84.

[34] 张维．现代医院建筑策划的一种程序：以丹东市第一医院为例[J]．华中建筑，2006，24(10)：59-61.

[35] 庄惟敏．建筑策划与设计[M]．北京：中国建筑工业出版社，2016.

[36] 中建八局大连公司．一次 BIM 技术与施工全过程的完美融合[EB/OL]．(2016-12-29)[2020-04-17]．https：//www. sohu. com/a/304782680_99903943.

[37] 孙继德，廖前哨．建设项目的可施工性研究［J］．同济大学学报(自然科学版)，2002(8)：1001-1004.

[38] 蒋卫平．基于大数据技术的政府投资建设项目全生命周期评估[J]．项目管理技术，2018，16(12)：46-49.

[39] 戚安邦．项目评估学[M]．北京：科学出版社，2012.

[40] 曹吉鸣．综合设施管理理论与方法［M］．上海：同济大学出版社，2018.

[41] KERZNER H. 项目管理：计划、进度和控制的系统方法［M］. 12版. 杨爱华，等译. 北京：电子工业出版社，2018.

[42] 潘多忠，程嘉，余渊. 基于大数据架构的全过程工程咨询项目管理平台［J］. 土木建筑工程信息技术，2019，11(6)：27-35.

[43] 陈远，逯瑶. 基于IFC标准的BIM模型空间结构组成与程序解析［J］. 计算机应用与软件，2018，35(4)：162-167，194.

[44] 住房和城乡建设部. 房屋建筑和市政基础设施建设项目全过程工程咨询服务技术标准（征求意见稿）［A/OL］.（2020-04-23）［2020-05-08］. http：//www.mohurd.gov.cn/zqyj/202004/t20200427_245200.html.